中文版

AutoCAD2013 室内设计与实例精讲

云海科技　编著

化学工业出版社
·北京·

本书是一本系统介绍使用 AutoCAD 2013 进行室内装潢设计的专业教程。

全书共分为四大篇，第 1 篇为基础知识篇（第 1 章~第 7 章），介绍了室内设计师必须了解和掌握的室内装潢设计理论知识和 AutoCAD 软件基本操作；第 2 篇为家装设计实战篇（第 8 章~第 10 章），以东南亚风格小户型、现代简约风格两居室和古典欧式风格别墅三个典型案例，按照家庭装潢设计的流程，依次讲解了平面布置、地面、顶棚和空间立面施工图的绘制方法；第 3 篇为公装设计实战篇（第 11 章~第 13 章），以办公空间、酒店大堂和客房、中西餐厅三个案例，分别介绍了办公空间、商业空间、休闲空间的设计方法；第 4 篇为详图及施工图打印篇（第 14 章~第 16 章），介绍了室内设计电气图、冷热水管走向图、剖面图和详图的绘制及施工图打印输出的方法。

本书附 DVD 学习光盘，配备了 8 个多小时的多媒体教学视频，读者可以在家享受专家课堂式的讲解，提高学习效率。

本书知识丰富、内容全面，密切结合工程实际，具有很强的操作性和实用性，十分适合建筑设计、室内外装饰装潢设计、环境设计、房地产等相关专业设计师、工程技术人员和相关专业的师生学习。

图书在版编目（CIP）数据

中文版 AutoCAD 2013 室内设计与实例精讲 / 云海科技编著.
北京：化学工业出版社，2013.1
（AutoCAD 2013 入门与实战）
ISBN 978-7-122-16184-0
ISBN 978-7-89472-656-8（光盘）

Ⅰ. 中… Ⅱ. 云… Ⅲ. 室内装饰设计-计算机辅助设计-AutoCAD 软件 Ⅳ. TU238-39

中国版本图书馆 CIP 数据核字（2012）第 319572 号

责任编辑：李 萃　　　　装帧设计：王晓宇

出版发行：化学工业出版社（北京市东城区青年湖南街 13 号 邮政编码 100011）
印　　装：化学工业出版社印刷厂
787mm×1092mm　1/16　印张 $24^3/_4$　字数 630 千字　2013 年 3 月北京第 1 版第 1 次印刷

购书咨询：010-64518888（传真：010-64519686）　售后服务：010-64518899
网　　址：http://www.cip.com.cn
凡购买本书，如有缺损质量问题，本社销售中心负责调换。

定　　价：49.80 元（含 1DVD-ROM）

PREFACE

AutoCAD 软件简介

AutoCAD 是美国 Autodesk 公司开发的专门用于计算机辅助绘图与设计的一款软件，具有界面友好、功能强大、易于掌握、使用方便和体系结构开放等特点，在机械设计、室内装潢、建筑施工、园林土木等领域有着广泛的应用。作为第一个引进中国市场的 CAD 软件，经过 20 多年的发展和普及，AutoCAD 已经成为国内使用最广泛的 CAD 应用软件之一。本书系统、全面地讲解了使用 AutoCAD 进行室内设计的方法和技巧。

本书特点

总的来说，本书具有以下特色。

零点起步　知识全面	从用户界面到绘图与编辑，再到尺寸标注、文字和表格、图块和设计中心，均以 AutoCAD 当前最常用的内容为主线，采用阶梯式学习方法，针对室内绘图的需要，进行了筛选和整合，突出实用和高效。相关知识点讲解深入、透彻，可逐步提高读者绘图技能，使读者掌握 AutoCAD 的绘图要点
步骤详细　绘图规范	本书将 AutoCAD 软件操作与室内制图紧密结合，使读者在学习软件的同时，了解和掌握我国室内设计国家标准和绘图规范，积累行业从业经验，并可以快速应用到工作实践中
工程案例　贴近实际	本书的绘图案例经过编者精挑细选，经典、实用，从家装到公装、从小户型到大型别墅，全部来自一线工程实践，具有典型性和实用性，使读者倍感亲切，易于触类旁通、举一反三
视频讲解　效率翻倍	本书配套光盘收录全书所有实例的长达 8 小时的高清语音视频文件，读者可以在家享受专家课堂式的讲解，成倍提高学习效率

内容简介

全书分为四篇，共 16 章，主要内容介绍如下。

篇　名	内 容 纲 要
第 1 篇 基础知识篇	系统讲解了 AutoCAD 2013 和室内装潢设计的基本知识，使 AutoCAD 初学者能够快速掌握其基本操作，包括 AutoCAD 2013 绘图基础、二维图形的绘制与编辑、文字和表格的添加、尺寸标注、图块和设计中心等
第 2 篇 家装设计实战篇	以实例精讲的形式，通过东南亚风格小户型、现代简约风格两居室和古典欧式风格别墅三个典型案例，按照家庭装潢设计的流程，依次讲解了平面布置、地面、顶棚和空间立面施工图的绘制方法

续表

篇　名	内 容 纲 要
第 3 篇 公装设计实战篇	以办公空间、酒店大堂和客房、中西餐厅三个案例，分别介绍了办公空间、商业空间、休闲空间的设计方法
第 4 篇 详图及施工图打印篇	介绍了室内设计电气图、冷热水管走向图、剖面图和详图的绘制及施工图打印输出的方法

● 关于光盘

本书所附光盘内容分为以下两大部分。

DWG 格式的图形文件	MP4 格式的动画文件
本书所有实例和用到的或完成的“.dwg”图形文件都按章节收录在“素材”文件夹下，图形文件的编号与章节的编号是一一对应的，读者可以调用和参考这些图形文件	本书所有实例的绘制过程都录制成了“mp4”有声动画文件，并按章收录在附盘的“视频\第 2 章～第 16 章”文件夹下，编号规则与“.dwg”图形文件相同

● 本书编者

本书由云海科技组织编写，具体参与编写的有陈运炳、申玉秀、李红萍、李红艺、李红术、陈云香、陈文香、陈军云、彭斌全、林小群、陈志民、刘清平、钟睦、江凡、张洁、刘里锋、朱海涛、廖博、喻文明、易盛、陈晶、张绍华、黄柯、何凯、黄华、陈文轶、杨少波、杨芳、刘有良等。

由于编者水平有限，书中疏漏与不妥之处在所难免。在感谢您选择本书的同时，也希望您能够把对本书的意见和建议告诉我们。联系信箱：lushanbook@qq.com。

云海科技

2012 年 12 月

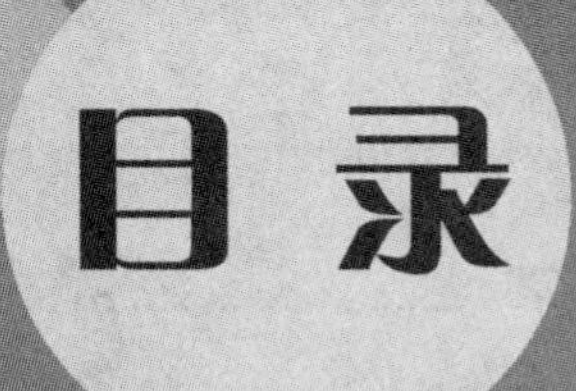

目录

CONTENTS

第1篇 基础知识篇

第3篇 公装设计实战篇

第 4 篇　详图及施工图打印篇

第1篇 基础知识篇

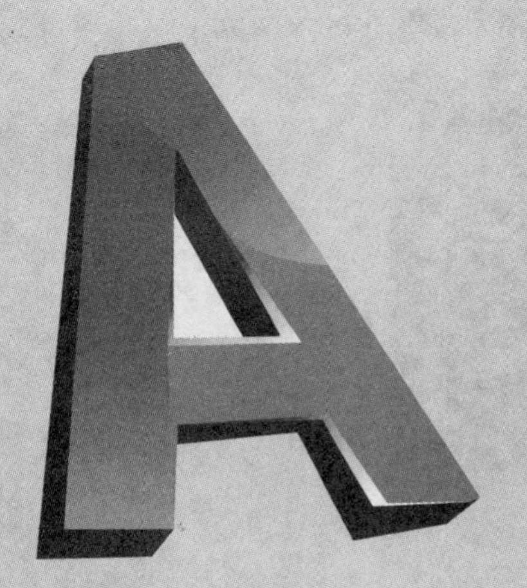

第章　室内设计基础

⊙学习目的：

本章主要介绍了与室内设计有关的基础知识，包括室内设计的内容、风格、材料和各室内空间要求等，使读者对室内设计有一个大概的了解，为本书后面的深入学习打下坚实的基础。

⊙学习重点：

★★★★ 室内设计制图内容　　★★☆☆ 室内设计风格

★★★★ 室内设计内容　　★★☆☆ 室内设计与人体工程学

★★★☆ 室内各空间设计要求　　★★☆☆ 室内设计装饰材料

1.1　室内设计内容

现代室内设计是一门实用艺术，也是一门综合性科学，包含的内容同传统意义上的室内装饰相比较，其内容更加丰富、深入，相关的因素更为广泛。

1．室内空间设计

室内空间设计就是对建筑所提供的内部空间进行处理，对建筑所界定的内部空间进行二次处理，并以现有空间尺寸为基础重新进行划定。

现代室内空间往往借助组织成开、合、断续等空间形式，并通过色彩、光照和质感的协调或对比，取得不同的环境气氛和心理效果——或抬高或降低顶棚和地面，或采用隔墙、家具、绿化、水面等的分隔，来改变空间的比例、尺度，从而满足不同的功能需要，如图 1-1 所示。

图 1-1　室内空间设计

2．室内建筑、装饰构件设计

室内建筑、装饰构件设计主要是对建筑内部空间的各大界面（如天花、墙面、地面、门窗、隔断及梁柱、护栏等），按照一定的设计要求进行二次处理，以满足私密性、风格、审美和心理方面的要求，如图 1-2 所示。

图 1-2　装饰构件设计

3．室内家具与陈设设计

室内家具与陈设设计主要是对室内家具、设备、装饰织物、陈设艺术品、照明灯具和绿化方面进行设计处理，如图 1-3 所示。

室内陈设设计包括两大类：一类是生活中必不可少的日用品，如家具、日用器皿、家用电器等；一类是为观赏而陈设的艺术品，如字画、工艺品、古玩、盆景等。

4．室内物理环境设计

要享受舒适健康的生活空间，室内物理环境设计是不容忽视的，设计的内容包括：光环境、声环境、热环境、空气环境和电磁环境等。例如国内北方的冬天天气比较寒冷，房间内一般都要安装暖气片供暖，以调节室内的温度，如图 1-4 所示。

图 1-3　家具和陈设设计

图 1-4　室内温度设计

随着社会生活发展和科技的进步，室内物理环境设计需要考虑的因素还会有许多新的内容。作为室内设计人员，应了解与该室内设计项目关系密切、影响最大的物理环境因素，使设计时能主动和自觉地考虑诸项因素，还应与有关工种专业人员相互协调、密切配合，有效地提高室内环境设计的内在质量。

1.2 室内设计风格

室内设计风格的形成，是随着不同时代思潮和地域的特点，通过创作构思和表现，逐渐发展成为具有代表性的室内设计形式。

1．新中式风格

新中式风格是通过对传统文化的认识，将现代元素和传统元素结合在一起，以现代人的审美需求来打造富有传统韵味的事物，让传统艺术在当今社会得到合适的体现，表达对清雅含蓄、端庄丰华的东方式精神境界的追求。新中式风格主要表现在传统家具（多以明清家具为主）、装饰品及以黑、红为主的装饰色彩上。室内多采用对称式的布局方式，格调高雅、造型简朴优美、色彩浓重而成熟。中国传统室内陈设包括字画、匾幅、挂屏、盆景、瓷器、古玩、屏风、博古架等，追求一种修身养性的生活境界，迎合了中式家居追求内敛、质朴的设计风格，使中式风格更加实用、更富现代感，如图 1-5 所示。

2．现代简约风格

现代简约风格强调突破旧传统，创造新建筑，重视功能和空间组织，注意发挥结构构成本身的形式美，造型简洁；反对多余装饰，崇尚合理的构成工艺；尊重材料的性能，讲究材料自身的质地和色彩的配置效果，发展了以非传统的功能布局为依据的不对称的构图手法，如图 1-6 所示。

图 1-5 新中式风格

图 1-6 现代简约风格

3．欧式古典风格

典型的欧式古典风格，以华丽的装饰、浓烈的色彩、精美的造型达到雍容华贵的装饰效果。客厅顶部喜用大型灯池，并用华丽的枝形吊灯营造气氛。门窗上半部多做成圆弧形，并用带有花纹的石膏线勾边。室内有真正的壁炉或假的壁炉造型。墙面用高档壁纸或优质乳胶漆，以烘托豪华效果，如图 1-7 所示。

4．美式乡村风格

美式乡村风格摒弃了繁琐和奢华，并将不同风格中的优秀元素汇集融合，强调“回归自然”，使这种风格变得更加轻松、舒适。美式乡村风格突出了生活的舒适和自由，特别是在墙面色彩的选择上，自然、怀旧、散发着浓郁泥土芬芳的色彩是美式乡村风格的典型特征。

美式乡村风格的色彩以自然色调为主，绿色、土褐色最为常见；壁纸多为纯纸浆质地；家具颜色多仿旧漆，式样厚重；设计中多有地中海样式的拱，如图 1-8 所示。

图1-7　欧式古典风格

图1-8　美式乡村风格

5．地中海风格

地中海风格是指在9~11世纪，在地中海沿岸开始兴起的一种家居风格，最近几年在全世界都比较流行。具体说来，地中海风格强调的是文化多元性的和谐相容和对舒适自然生活的倡导。地中海风格的建筑特色是，拱门与半拱门、马蹄状的门窗。建筑中的圆形拱门及回廊通常采用数个连接或以垂直交接的方式，在走动观赏中，出现延伸般的透视感，如图1-9所示。

6．新古典风格

新古典主义的设计风格是经过改良的古典主义风格。新古典风格从简单到繁杂、从整体到局部，精雕细琢，镶花刻金都给人一丝不苟的印象。一方面保留了材质、色彩的大致风格，仍然可以很强烈地感受传统的历史痕迹与浑厚的文化底蕴，同时又摒弃了过于复杂的肌理和装饰，简化了线条，如图1-10所示。

图1-9　地中海风格

图1-10　新古典风格

7．东南亚风格

东南亚风格是一个东南亚民族岛屿特色及精致文化品味相结合的设计。东南亚风格的家居设计以其来自热带雨林的自然之美和浓郁的民族特色风靡世界，广泛地运用木材和其他的天然原材料，如藤条、竹子、石材、青铜和黄铜，深木色的家具，局部采用一些金色的壁纸、丝绸质感的布料，灯光的变化体现了稳重及豪华感。由于东南亚地处热带，气候闷热潮湿，为了避免空间的沉闷压抑，因此在装饰上用夸张艳丽的色彩冲破视觉的沉闷；斑斓的色彩其实就是大自然的色彩，色彩回归自然也是东南亚家居的特色，如图1-11所示。

8．日式风格

日式设计风格受日本和式建筑影响，讲究空间的流动与分隔，流动则为一室，分隔则分几个功能空间，空间中总能让人静静地思考，禅意无穷。

日式风格特别能与大自然融为一体，借用外在自然景色，为室内带来无限生机，选用材料上也特别注重自然质感，以便与大自然亲切交流，其乐融融，如图1-12所示。

图1-11　东南亚风格

图1-12　日式风格

1.3　室内设计与人体工程学

人体工程学是室内设计不可缺少的基础之一。从室内设计的角度来说，人体工程学的主要作用在于通过对于生理和心理的正确认识，根据人的体能结构、心理形态和活动需要等综合因素，充分运用科学的方法，通过合理的室内空间和设施家具的设计，使室内环境因素满足人类生活活动的需要，进而达到提高室内环境质量，使人在室内的活动高效、安全和舒适的目的。

1.3.1　人体工程学概述

人体工程学，也称人类工程学、人间工学或工效学。人体工程学主要以人为中心，研究人在劳动、工作和休息过程中，在保障人类安全、舒适、有效的基础上，如何提高室内环境空间的使用功能和精神品味。

1．感觉、感知与室内设计

感觉和感知是指人对外界环境的一切刺激信息的接受和反应能力。它是人的生理活动的一个重要方面。了解感觉与感知，不但有助于对人类心理的了解，而且对在环境中的人的感觉和感知器官的适应能力的确定提供科学依据：人的感觉器官什么情况下可以感觉到刺激物，什么样的环境是可

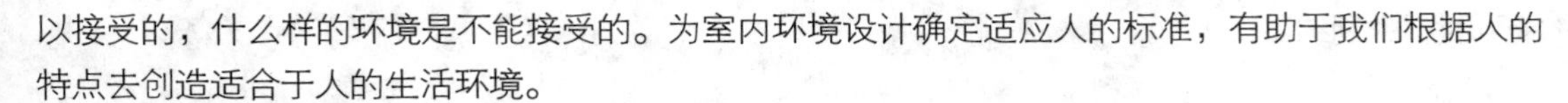

以接受的，什么样的环境是不能接受的。为室内环境设计确定适应人的标准，有助于我们根据人的特点去创造适合于人的生活环境。

2．行为心理与室内设计

人的行为心理对室内空间具有决定性作用，如一个房间如何去使用，最终呈现的空间形态都是由人决定的。比如卧室、会议室、舞厅等，由于人的不同行为方式都必定成为不同形态。但反过来环境也会影响人的心理感受或行为方式，如一个安静并且尺度亲切的环境会使人流连忘返，而一个空旷而又嘈杂的环境会使人敬而远之。这种空间环境与人的行为心理的对应关系是室内设计师在处理空间形态时的重要依据。

1.3.2　人体的基本尺寸

人体尺寸是人体工程学研究的最基本数据之一。人体尺寸可分为构造尺寸和功能尺寸。

1．构造尺寸

人体构造尺寸往往是指静态的人体尺寸，它是人体处于固定的标准状态下测量的，可以测量许多不同的标准状态和不同部位，如手臂长度、腿长度和座高等。构造尺寸较为简单，它与人体直接关系密切的物体有较大的关系，如家具、服装和手动工具等。

2．功能尺寸

功能尺寸是指动态的人体尺寸，包括在工作状态或运动中的尺寸，它是人在进行某种功能活动时肢体所能达到的空间范围，在动态的人体状态下测得。它是由关节的活动、转动所产生的角度与肢体的长度协调产生的范围尺寸，功能尺寸比较复杂，它对于解决许多带有空间范围、位置的问题很有用。

1.3.3　特殊设计人群

在各个国家里，残疾人都占一定比例，因此，残疾人是一个相当重要的社会群体，需要引起设计师的重视。

1．乘轮椅患者

乘轮椅患者有四肢瘫痪或部分肢体瘫痪等多种类型，肌肉机能障碍程度不一样，轮椅对四肢活动的影响也不一样，因此不能按正常姿态的普通人的坐姿设想相关尺寸。

2．能走动的残疾人

对于能走动的残疾人，必须考虑是使用拐杖、手杖、助步车、支架或其他帮助行走的工具。所以，除了应知道一些人体测量数据之外，还应把这些工具加进去作为一个整体来考虑。

1.4　室内设计装饰材料

材料是室内设计的重要组成部分，也是体现室内装饰效果的基本要素，室内设计在很大程度上受到材料的制约。

1.4.1 装饰材料及其使用原则

装饰材料是用来提高其使用功能和美观程序，保护主体结构在各种环境因素下的稳定性和耐久性的建筑材料及其制品，又称饰面材料，主要有草、木、石、砂、砖、瓦、水泥、石膏、石棉、石灰、玻璃、马赛克、陶瓷、油漆涂料、纸、金属、塑料、织物等，以及各种复合制品。

使用装饰材料时应遵循以下原则。

1．装饰效果

选择材料最重要的一个因素是材料的装饰效果，即材料给人的视觉感受。材料运用在室内设计当中，在满足了使用功能后，必须体现出它的审美价值，来满足人们在心理上的需要。

不同质感材料组合所产生的视觉效果也完全不一样，材料的纹理、肌理和软硬等也会因设计功能和审美的需要而产生千变万化的装饰效果，把室内点缀得色彩丰富、情趣盎然。

2．耐久性

选择室内设计材料时，要求既美观又耐久，要能经受摩擦、潮湿和洗刷等考验，这是满足施工功能的一种需要。

3．经济性

从经济角度考虑材料的选择，应有一个整体观念，既要考虑到一次性投资的多少，也要考虑到日后的维修费用。

4．环保性

随着生活水平日益提高，在对室内设计材料进行选择时，人们越来越重视材料对健康和环境的影响，其环保性现已居装饰效果、耐久性、经济性和环保性四大因素之首。

1.4.2 装饰材料的分类

室内装饰材料主要分为墙体材料和地面材料。

1．墙体材料

墙体材料常用的有建筑涂料、壁纸、墙面砖、饰面板、墙布、墙面转等。

- 建筑涂料：涂料是具有装饰性和保护性或其他特殊功能（如吸音）的物质。其施工工艺简单，适用于各种材料的表面，可任意调成所需颜色，工效高，经济性好，维修方便，因而应用极其广泛。涂料的种类主要有机涂料、无机涂料、溶剂型涂料和水性涂料等。室内墙体装饰常用的乳胶漆就是一种以水为介质的建筑涂料。
- 壁纸：市场上的壁纸以塑料壁纸为主，其最大优点是色彩、图案和质感变化无穷，远比涂料丰富，如图 1-13 所示。选购壁纸时，主要是挑选其图案和色彩，注意在铺贴时色彩图案的组合，做到整体风格、色彩相统一。
- 饰面板：内墙面饰材有各种护墙壁板、木墙裙或罩面板，所用材料有胶合板、塑料板、铝合金板、不锈钢板及镀塑板、镀锌板、搪瓷板等。胶合板为内墙饰面板中的主要类型，按其层数可分为三合板、五合板等，按其树种可分为水曲柳、榉木、楠木、柚木等，如图 1-14 所示。

图 1-13　壁纸

图 1-14　饰面板

- 墙布（墙纸）：墙布的价位比壁纸高，具有隔音、吸音和调节室内湿度等功能。常用的有无纺贴墙布和玻璃纤维贴墙布，如图 1-15 所示。
- 墙面砖：在家庭装修中，经常用陶瓷制品来修饰墙面、铺地面和装饰厨卫。陶瓷制品吸水率低，抗腐蚀、抗老化能力强。瓷砖品种花样繁多，包括釉面砖、斑釉砖和白底图案砖等，如图 1-16 所示。

图 1-15　墙布

图 1-16　墙面砖

2．地面材料

地面材料一般有实木地板、复合地板、实木复合地板、地砖、石材板材、地毯。

- 实木地板：实木地板是木材经烘干，加工后形成的地面装饰材料。它具有花纹自然、脚感好、施工简便、使用安全、装饰效果好等特点，如图 1-17 所示。
- 复合地板：复合地板是以原木为原料，经过粉碎、填加粘合及防腐材料后，加工制作成为地面铺装的型材，如图 1-18 所示。

图 1-17　实木地板

图 1-18　复合地板

- 实木复合地板：实木复合地板是实木地板与复合地板之间的新型地材，它具有实木地板的自然文理、质感与弹性，又具有复合地板的抗变形、易清理等优点，如图 1-19 所示。
- 地砖：地砖是主要铺地材料之一，品种有通体砖、釉面砖、通体抛光砖、渗花砖、渗花抛光砖。它的特点是质地坚实、耐热、耐磨、耐酸、耐碱、不渗水、易清洗、吸水率小、色彩图案多、装饰效果好，如图 1-20 所示。

图 1-19　实木复合地板

图 1-20　地砖

- 石材板材：石材板材是天然岩石经过荒料开采、锯切、磨光等加工过程制成的板状装饰面材。石材板材具有构造致密、强度大的特点，具有较强的耐潮湿、耐候性，如图 1-21 所示。
- 地毯：地毯质感柔软厚实，富有弹性，并有很好的隔音、隔热效果，如图 1-22 所示。

图 1-21　石材板材

图 1-22　地毯

1.5　室内各空间设计要求

居住建筑是人类生活的重要场所，它为人们提供了工作之外的休息、学习和生活的空间。根据居住建筑的不同功能，可以将居室分为客厅、餐厅、卧室、书房、厨房、卫生间等空间，下面分别介绍这些空间的设计原则和方法。

1.5.1　客厅的设计

客厅，是指专门接待客人的地方。中国大部分人的客厅，是兼有接待客人和生活日常起居作用的。部分经济富裕的家庭也会有专门的客厅和专门的起居室。客厅，往往最显示一个人的个性和品味。在家居装潢中，人们越来越重视对客厅的装饰，如图 1-23 所示。

图 1-23 客厅示例

- 空间的宽敞化：制造宽敞的感觉非常重要，不管空间是大还是小，在室内设计中都需要注意这一点。宽敞的感觉可以带来心境的轻松和欢愉。
- 空间的最高化：客厅是家居中最主要的公共活动空间，不管是否做人工吊顶，都必须确保空间的高度，这个高度是指客厅应是家居中空间净高最大者（楼梯间除外）。
- 景观的最佳化：在室内设计中，必须确保从哪个角度所看到的客厅都具有美感，这也包括主要视点（沙发处）向外看到的室外风景的最佳化。客厅应是整个居室装修最漂亮或最有个性的空间。
- 照明的最亮化：客厅应是整个居室光线（不管是自然采光或人工采光）最亮的地方。
- 风格的普及化：必须确保其风格被大众所接受。
- 材质的通用化：在客厅装修中确保所采用的装修材质，尤其是地面材质能适用于绝大部分或者全部家庭成员。例如在客厅铺设太光滑的砖材，可能会对老人或小孩造成伤害或妨碍他们的行动。
- 交通的最优化：客厅的布局应是最为顺畅的，无论是侧边通过式的客厅还是中间横穿式的客厅，都应确保进入客厅或通过客厅的顺畅。
- 家具的适用化：客厅使用的家具，应考虑家庭活动的适用性和成员的适用性。

1.5.2 餐厅的设计

现代家居中，餐厅正日益成为重要的活动场所，布置好餐厅，既能创造一个舒适的就餐环境，还会使居室增色不少，如图 1-24 所示。

图 1-24 餐厅示例

- 顶面：应以素雅、洁净的材料做装饰，如漆、局部木制、金属，并用灯具作衬托，有时可适当降低吊顶，给人以亲切感。
- 墙面：齐腰位置考虑用些耐磨的材料，如选择木饰、玻璃、镜子做局部护墙处理，而且能营造出一种清新、优雅的氛围，以增加就餐者的食欲，给人以宽敞感。
- 地面：选用表面光洁、易清洁的材料，如大理石、地砖和地板，局部用玻璃而且下面有光源，便于制造浪漫气氛和神秘感。
- 餐桌：可采用方桌、圆桌、折叠桌或者不规则型桌，不同的桌子造型给人的感受也不同。方桌感觉规正，圆桌感觉亲近，折叠桌感觉灵活方便，不规则型桌则感觉神秘。
- 灯具：灯具造型不宜繁琐，但要足够亮。可以安装方便实用的上下拉动式灯具；把灯具位置降低；也可以用发光孔，通过柔和光线，既限定空间，又可获得亲切的光感。
- 绿化：可以在餐厅角落摆放一株绿色植物，也可在竖向空间上点缀以绿色植物。
- 装饰：字画、壁挂、特殊装饰物品等，可根据餐厅的具体情况灵活安排，用以点缀环境，但要注意不可过多而喧宾夺主，让餐厅显得杂乱无章。

1.5.3 卧室的设计

在卧室的设计上，设计师要追求的是功能与形式的完美统一，优雅独特、简洁明快的设计风格。在卧室设计的审美上，设计师要追求时尚而不浮躁，庄重典雅而不乏轻松浪漫的感觉。因此，设计师在卧室的设计上，会更多地运用丰富的表现手法，使卧室看似简单，实则韵味无穷。

1. 儿童卧室

在必备家具的设置上，首先应该满足儿童阅读、写字、使用电脑、更衣的功能，其次要体现儿童天真、活泼的个性。在墙角处或窗两侧放置木制角柜，把儿童玩具、工艺品、宠物造型及生活照片摆放其中，点缀空间。墙面涂料应由儿童性别、年龄及爱好而定，最好是浅色调，还要与家具颜色相匹配。地面最好用复合木地板或地砖，地砖颜色很重要，要整体考虑，这样简洁、明快，也容易清洗。床罩、窗帘的选择，色调选用要合理，图案要满足儿童的个性。光源要亮一点，尤其是写字桌旁，如图1-25所示。

图1-25　儿童卧室示例

2. 中、青年卧室

要结合自身的经历、阅历、爱好进行通盘考虑，当然要满足睡眠、更衣、看书、写字（有书房者除外）的需要。整体墙面颜色要略暗一些，要考虑与家具颜色及个性相结合。床罩、窗帘整体要协调，床头上方应配以油画等点缀物，梳妆台摆放应以床头两侧及墙角为最佳位置。如是木制作，应考虑在卧室柜（或多用柜）之中配以灯光，这样会使室内整体效果更佳。地面应以地砖、木地板为主，颜色应与家具、涂料颜色相匹配。灯光配置除顶灯外，地灯、床头灯也可在考虑之内，灯光颜色应以柔和的光线为宜，如图 1-26 所示。

图 1-26　中、青年卧室示例

3. 老年人卧室

老年人由于年龄及身体原因，行动可能不便，所以卧室装修首先要考虑这一特性。家具要简洁，床两侧尽可能要宽敞一些，使老人活动方便。光线一定要以柔和为主。地面应以铺设木地板为宜，以使老人行走安全。另外，窗帘以暗色调为主，室内保暖、通风是必须条件，如图 1-27 所示。

图 1-27　老年人卧室

1.5.4　书房的设计

书房又称家庭工作室，是作为阅读、写作以及业余学习的空间。书房是为个人而设的私人天地，最能体现居住者习惯、个性、爱好、品味和专长的场所。功能上要求创造静态空间，以幽雅、宁静为原则，同时要提供主人书写、阅读、创作、研究、书刊资料贮存以及兼有会客交流的条件。当今社会已是信息时代，因此，一些必要的辅助设备如电脑、传真机等也应容纳在书房中，以满足人们更广泛的使用要求，如图 1-28 所示。

1. 书房的位置

书房需要的环境是安静，少干扰，但不一定要私密。如果各个房间均在同一层，可以布置在私密区的外侧，或门口旁边单独的房间。如果同卧室是一个套间，则在外间比较合适。读书不能影响家人的休息，而且读书的活动经常会延续至深夜，中间也许要吃夜宵，或要去卫生间，所以最好不要路经卧室。

图 1-28　书房示例

复式结构房屋的优点和特点在于分层而治，互不影响。在这样的房子里，选择单独的一层作为书房最恰当不过了。例如安静的三层小阁楼，带有坡顶和天窗。

对于单独建造的别墅，室外环境与室内环境的结合是考虑的重点。书房不要靠近道路、活动场所，最好布置在后侧。

2．内部格局

书房中的空间主要有收藏区、读书区、休息区。对于 8~15m^2 的书房，收藏区适合沿墙布置，读书区靠窗布置，休息区占据余下的角落。而对于 15m^2 以上的大书房，布置方式就灵活多了，如圆形可旋转的书架位于书房中央，有较大的休息区可供多人讨论，或者有一个小型的会客区。

3．采光

书房应该尽量占据朝向好的房间，相比于卧室，它的自然采光更重要。读书是怡情养性，能与自然交融是最好的。

书桌的摆放位置与窗户位置很有关系，一要考虑光线的角度，二要考虑避免电脑屏幕的眩光。

人工照明主要把握明亮、均匀、自然、柔和的原则，不加任何色彩，这样不易疲劳。重点部位要有局部照明。如果是有门的书柜，可在层板里藏灯，方便查书籍。如果是敞开的书架，可在天花板上方安装射灯，进行局部补光。台灯是很重要的，最好选择可以调节角度、明暗的灯，读书的时候可以增加舒适度。

4．材质和色彩

书房墙面比较适合上亚光涂料，壁纸和壁布也很合适，因为可以增加静音效果、避免眩光，让情绪少受环境的影响。地面最好选用地毯。

颜色的要点是柔和，使人平静，最好以冷色为主，如蓝、绿、灰紫等，尽量避免跳跃和对比的颜色。

5．饰品

书房是家中文化气息最浓的地方，不仅要有各类书籍，许多收藏品，如绘画、雕塑和工艺品都可装点其中，塑造浓郁的文化气息。

1.5.5　厨房的设计

厨房设计是指将橱柜、厨具和各种厨用家电按其形状、尺寸及使用要求进行合理布局，巧妙搭配，实现厨房用具一体化。依照家庭成员的身高、色彩偏好、文化修养、烹饪习惯及厨房空间结构、照明结合人体工程学、人体工效学、工程材料学和装饰艺术的原理进行科学合理的设计。

1．一字型

把所有的工作区都安排在一面墙上，通常在空间不大、走廊狭窄的情况下采用。所有工作都在一条直线上完成，节省空间。但工作台不宜太长，否则易降低效率，如图 1-29 所示。

2．L 型

将清洗、配膳与烹调三大工作中心，依次配置于相互连接的 L 型墙壁空间。最好不要将 L 型的一面设计过长，以免降低工作效率，这种空间运用比较普遍、经济，如图 1-30 所示。

图 1-29　一字型厨房

图 1-30　L 型厨房

3．U 型

工作区共有两处转角，和 L 型的功用大致相同，空间要求较大。水槽最好放在 U 型底部，并将配膳区和烹饪区分设两旁，使水槽、冰箱和炊具连成一个正三角形。U 型之间的距离以 120 ~ 150cm 为准，使三角形总长、总和在有效范围内。此设计可增加更多的收藏空间，如图 1-31 所示。

4．走廊型

将工作区安排在两边平行线上，如图 1-32 所示。在工作中心分配上，常将清洁区和配膳区安排在一起，而烹调独居一处。如有足够空间，餐桌可安排在房间尾部。

图 1-31　U 型厨房

图 1-32　走廊型厨房

5．变化型

根据四种基本形态演变而成，可依空间及个人喜好有所创新。将厨台独立为岛型，是一款新颖而别致的设计；在适当的地方增加了台面设计，灵活运用于早餐、熨衣服、插花、调酒等，如图 1-33 所示。

图 1-33　变化型厨房

1.5.6　卫生间的设计

随着人们生活水平的日益提高，家庭装修对卫生间的要求越来越高，美观实用、功能齐全的卫生间逐渐成为了居室新宠。卫生间一般面积较小，但由于其实用性强、利用率高，所以更应该合理、巧妙地利用空间，从功能结构、材料选择、色彩、洁具选择等几个方面精心设计。

由最早的一套住宅配置一个卫生间——单卫到现在的双卫（主卫、客卫）和多卫（主卫、客卫、公卫），由于卫生间是集盥洗、如厕、洗浴等各种功能于一体的室内空间，因此无论在空间布置上，还是设备材料、色彩、灯光设计等方面都不应忽视，如图 1-34 所示。

图 1-34　卫生间设计

1.6　室内设计制图内容

完整的室内设计图包括施工图和效果图。施工图包括平面图、立面图、电气图和剖面图等。

1.6.1 施工图与效果图

施工图是表示工程项目总体布局，建筑物的外部形状、内部布置、结构构造、内外装修、材料作法以及设备、施工等要求的图样。如图 1-35 所示为施工图中的地材图。

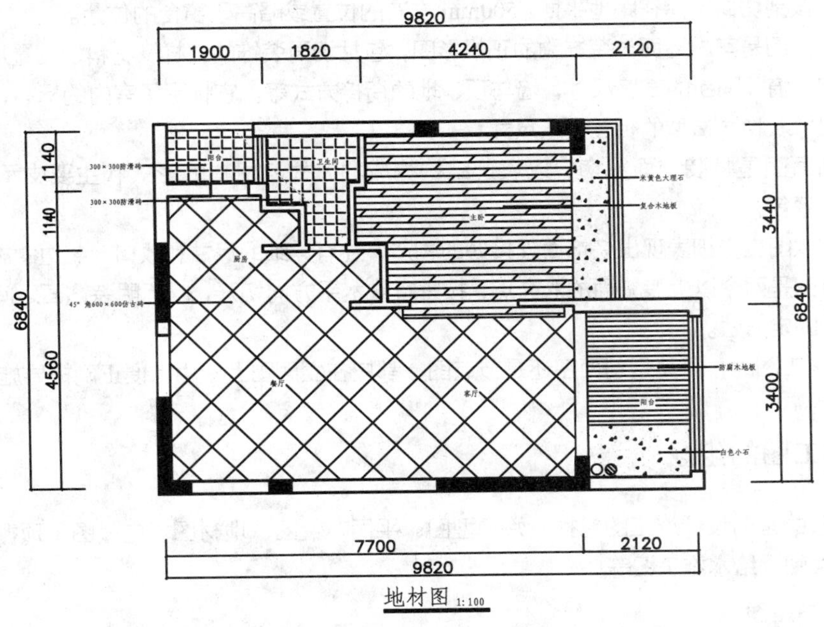

图 1-35 地材图

效果图反映的是装修的用材、家具布置和灯光设计的综合效果，由于是三维透视彩色图像，没有任何装修专业知识的普通业主也可轻易地看懂设计方案，了解最终的装修效果。效果图一般使用 3ds Max 绘制，它根据施工图的设计进行建模、编辑材质、设置灯光和渲染，最终得到一张彩色图像，如图 1-36 所示。

图 1-36 效果图

效果图是在施工图的基础上，把装修后的结果用彩色透视图的形式表现出来，以便对装修进行评估。

1.6.2 施工图的分类

施工图可分为平面图、立面图、剖面图和节点图四种类型。

- 平面图是以一平行于地平面的剖切面将建筑物剖切后，移去上部分而形成的正投影图，通常该剖切面选择在距地平面 1500mm 左右的位置或略高于窗台的位置。
- 立面图是室内墙面与装饰物的正投影图，包括墙面装饰的式样及材料、位置尺寸，墙面与门、窗、隔断的高度尺寸，墙与顶、地的衔接方式等。它标明了室内的标高，吊顶装修的尺寸及梯次造型的相互关系尺寸。
- 剖面图是将装饰面剖切，以表达结构构成的方式、材料的形式和主要支承构件的相互关系等。
- 节点图应详细表现出装饰面连接处的构造，注有详细的尺寸和收口、封边的施工方法。节点图是两个以上装饰面的汇交点，按垂直或水平方向切开，以标明装饰面之间的对接方式和固定方法。

在设计施工图时，无论是剖面图还是节点图，都应在立面图上标明以便正确指导施工。

1.6.3 施工图的组成

一套完整的室内设计施工图包括原始户型图、平面布置图、地材图、电气图、顶棚图、主要空间和构件立面图、给水施工图等。

1．原始户型图

原始户型图需要绘制的内容有房型结构、空间关系、尺寸等，这是室内设计绘制的第一张图，即原始房型图。其他专业的施工图都是在原始房型图的基础上进行绘制的，包括平面布置图、地材图、电气图和顶棚图等。

2．平面布置图

平面布置图是室内装饰施工图纸中的关键性图纸。它是在原建筑结构的基础上，根据业主的要求和设计师的设计意图，对室内空间进行详细的功能划分和室内设施定位的图样，反映室内家具及其他设施的平面布置、绿化、窗帘和灯饰在平面中的位置。

3．地材图

地材图是用来表示地面做法的图样，包括地面用材和形式。其形成方法与平面布置图相同，所不同的是地材图不需绘制室内家具，只需绘制地面所使用的材料和固定于地面的设备与设施图形。

4．电气图

电气图包括配电箱规格、型号、配置以及照明、插座、开关等线路的敷设方式和安装说明等，主要用来反映室内的配电情况。

5．顶棚图

顶棚图是假设室内地坪为整片镜面，并在该镜面上所形成的图像，主要用来表示顶棚的造型和灯具的布置，同时也反映了室内空间组合的标高关系和尺寸等。其内容主要包括各种装饰图形、灯具、说明文字、尺寸和标高。顶棚图也是室内装饰设计图中不可缺少的图样。

6．主要空间和构件立面图

立面图通常是假设以一平行室内墙面的切面将前部切去而形成的正投影图。

立面图所要表达的内容为四个面（左、右墙，地面和顶棚）所围合成的垂直界面的轮廓和轮廓里面的内容，包括按正投影原理能够投影到画面上的所有构配件，如门、窗、隔断和窗帘、壁饰、灯具、家具、设备与陈设等。

7．给水施工图

家庭装潢中，管道有给水（包括热水和冷水）和排水两个部分。给水施工图用于描述室内给水和排水管道、开关等用水设施的布置和安装情况。

第2章 AutoCAD 2013的基本操作

⊙学习目的：

本章主要讲解了AutoCAD 2013的工作空间和用户界面，并介绍了一些常用的基本操作，使读者在快速熟悉AutoCAD 2013操作环境的同时，能够掌握文件管理、图形显示、图层管理等基本操作。

⊙学习重点：

★★★★ 图形文件管理

★★★★ 图形显示控制

★★★☆ 工作空间和工作界面

★★★☆ 图层的创建和管理

★★☆☆ 命令调用方法

★★☆☆ 栅格、捕捉和正交

2.1 AutoCAD 2013的工作空间

为了满足不同用户的需要，中文版AutoCAD 2013提供了【草图与注释】、【三维基础】、【三维建模】和【AutoCAD经典】共四种工作空间，用户可以根据绘图的需要选择相应的工作空间。AutoCAD 2013的默认工作空间为【草图与注释】工作空间。下面分别对四种工作空间的特点、应用范围及其切换方式进行简单的介绍。

2.1.1 【AutoCAD经典】工作空间

对于习惯AutoCAD传统界面的用户来说，可以采用【AutoCAD经典】工作空间，以沿用以前的绘图习惯和操作方式。该工作界面的主要特点是显示了菜单栏和工具栏，用户可以通过选择菜单栏中的命令，或者单击工具栏中的工具按钮，调用所需的命令，如图2-1所示。

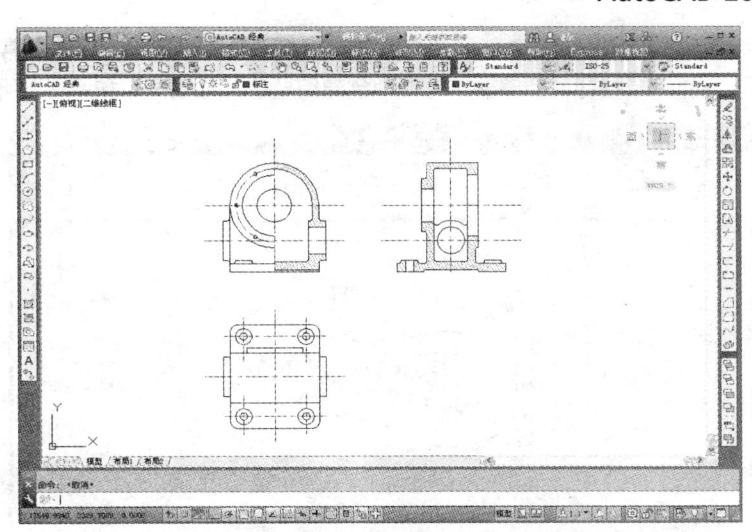

图 2-1 【AutoCAD 经典】工作空间

2.1.2 【草图与注释】工作空间

【草图与注释】工作空间是 AutoCAD 2013 默认的工作空间，该空间用功能区替代了工具栏和菜单栏，这也是目前比较流行的一种界面形式，已经在 Office 2007、SolidWorks 2012 等软件中得到了广泛的应用。当需要调用某个命令时，需要先切换至功能区下的相应面板，然后再单击面板中的按钮。【草图与注释】工作空间的功能区，包含的是最常用的二维图形的绘制、编辑和标注命令，因此非常适合绘制和编辑二维图形时使用，如图 2-2 所示。

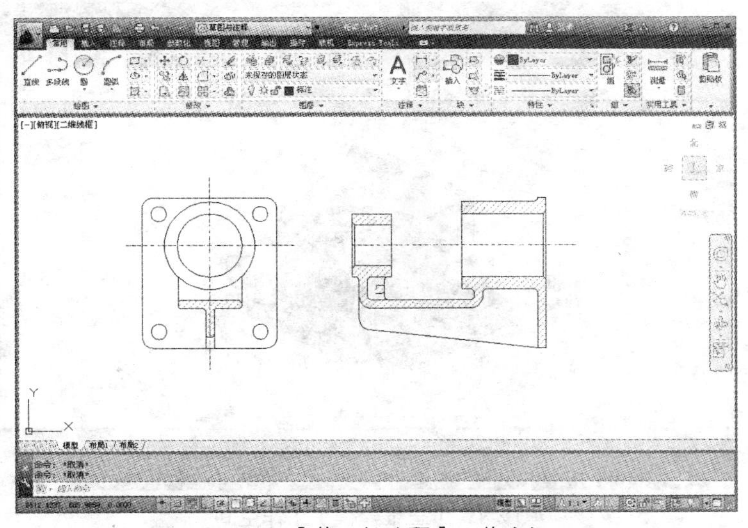

图 2-2 【草图与注释】工作空间

2.1.3 【三维基础】工作空间

【三维基础】工作空间与【草图与注释】工作空间类似，主要以单击功能区面板按钮的方式调用命令。但【三维基础】工作空间的功能区包含的是基本的三维建模工具，如各种常用的三维建模、布尔运算以及三维编辑工具按钮，能够非常方便地创建简单的三维模型，如图 2-3 所示。

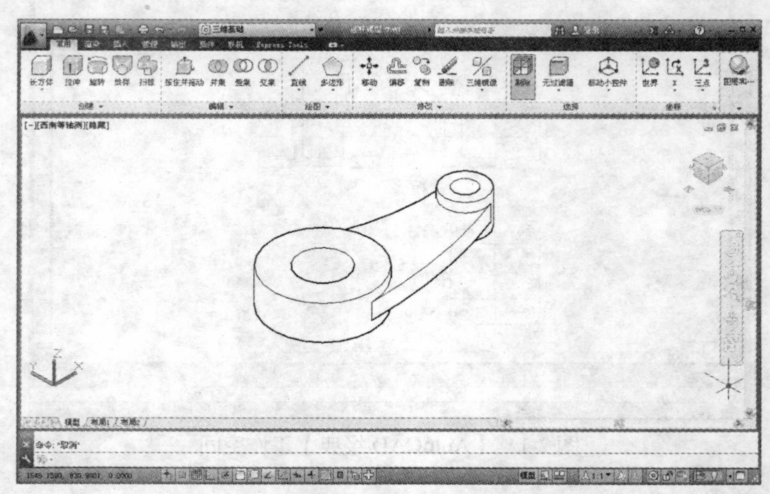

图 2-3 【三维基础】工作空间

2.1.4 【三维建模】工作空间

【三维建模】工作空间适合创建、编辑复杂的三维模型，其功能区集成了【三维建模】、【视觉样式】、【光源】、【材质】、【渲染】和【导航】等面板，为绘制和观察三维图形、附加材质、创建动画、设置光源等操作提供了非常便利的环境，如图 2-4 所示。

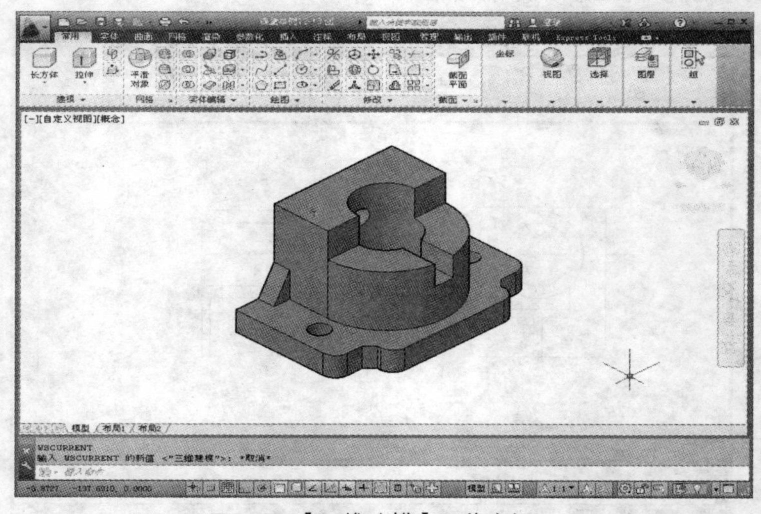

图 2-4 【三维建模】工作空间

2.1.5 切换工作空间

用户可以根据绘图的需要，灵活、自由地切换相应的工作空间，具体方法有以下几种。

- 菜单栏：选择【工具】|【工作空间】命令，在弹出的子菜单中选择相应的命令，如图 2-5 所示。
- 状态栏：单击状态栏中的【切换工作空间】按钮，在弹出的子菜单中选择相应的命令，如图 2-6 所示。

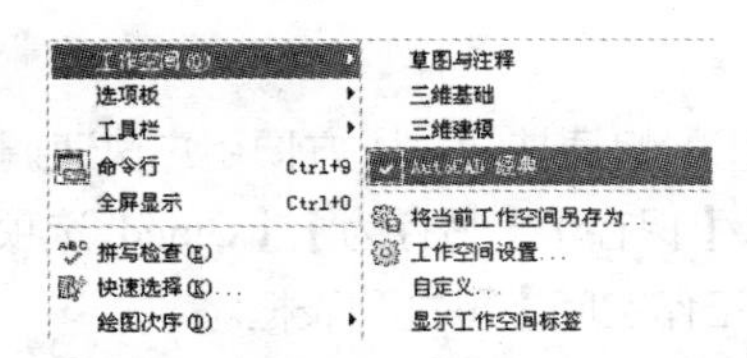

图 2-5　通过菜单栏切换工作空间

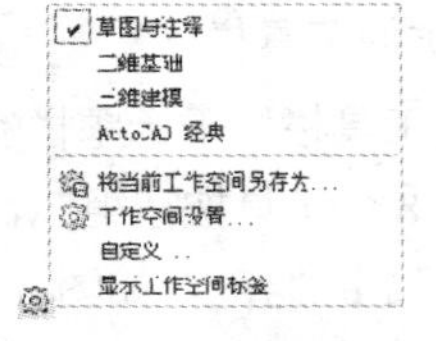

图 2-6　通过【切换工作空间】按钮切换工作空间

- 工具栏：单击快速访问工具栏【工作空间】下拉列表框 AutoCAD 经典，在弹出的下拉列表中选择所需的工作空间，如图 2-7 所示。

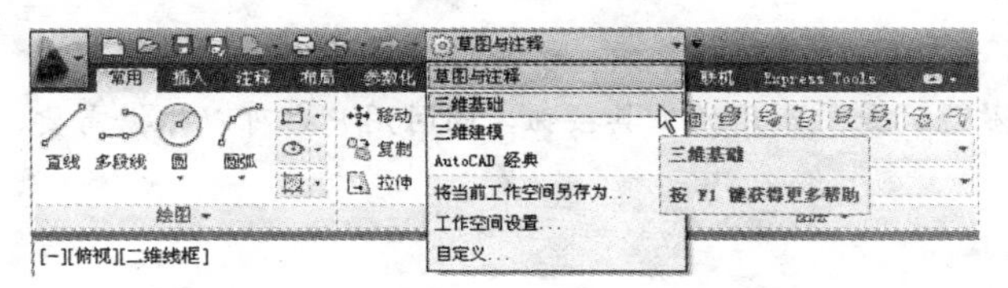

图 2-7　【工作空间】列表框

2.2　AutoCAD 2013 的工作界面

室内装潢设计主要使用的是 AutoCAD 的二维绘图功能，本书将以【AutoCAD 经典】工作空间为例进行讲解。

【AutoCAD 经典】工作空间的界面如图 2-8 所示，主要由标题栏、快速访问工具栏、菜单栏、绘图区、工具栏、布局标签状态栏、命令行、十字光标、坐标系图标和滚动条等元素组成。

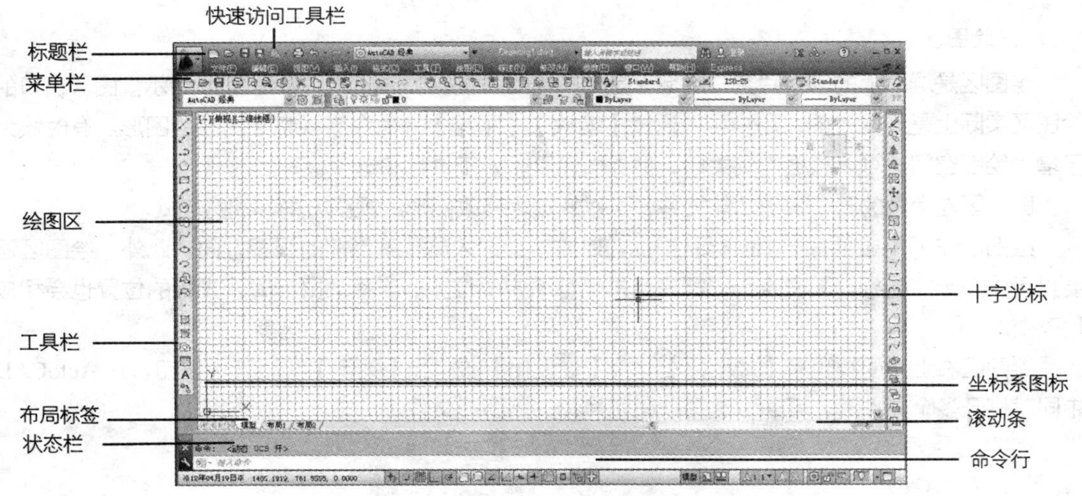

图 2-8　【AutoCAD 经典】工作空间的界面

1．标题栏

标题栏位于 AutoCAD 窗口的最上端，它显示了系统正在运行的应用程序和用户正在打开的图形文件的信息。单击标题栏右端的【最小化】、【恢复窗口大小】（或【最大化】）和【关闭】三个按钮，可以对 AutoCAD 窗口进行相应的操作。

2．快速访问工具栏

快速访问工具栏位于标题栏的左上角，它包含了最常用的快捷按钮，以方便用户快速调用。默认状态下它由 8 个工具按钮组成，依次为【新建】、【打开】、【保存】、【另存为】、【Cloud 选项】、【打印】、【重做】和【放弃】，如图 2-9 所示，工具栏右侧为【工作空间】下拉列表框。

图 2-9　快速访问工具栏

技巧点拨

快速访问工具栏放置的是最常用的工具按钮，同时用户也可以根据需要，添加更多的常用工具按钮。

3．菜单栏

菜单栏位于标题栏的下方，与其他 Windows 程序一样，AutoCAD 的菜单栏也是下拉形式的，并在下拉菜单中包含了子菜单。AutoCAD 2013 的菜单栏包括了 13 个菜单：【文件】、【编辑】、【视图】、【插入】、【格式】、【工具】、【绘图】、【标注】、【修改】、【参数】、【窗口】、【帮助】和【Express】，几乎包含了所有的绘图命令和编辑命令。

专家提醒

除【AutoCAD 经典】工作空间外，其他三种工作空间都默认不显示菜单栏，以避免给一些操作带来不便。如果需要在这些工作空间中显示菜单栏，可以单击快速访问工具栏右端的下拉按钮，在弹出的菜单中选择【显示菜单栏】命令。

4．绘图区

绘图区是屏幕上的一大片空白区域，是用户绘图的主要工作区域，如图 2-10 所示。图形窗口的绘图区实际上是无限大的，用户可以通过【缩放】、【平移】等命令来观察绘图区的图形。有时候为了增大绘图空间，可以根据需要关闭其他界面元素，如工具栏和选项板等。

图形区左上角的三个快捷功能控件，可以快速地修改图形的视图方向和视觉样式。

绘图区左下角显示有一个坐标系图标，以方便绘图人员了解当前的视图方向。此外，绘图区还会显示一个十字光标，其交点为光标在当前坐标系中的位置。当移动鼠标时，光标的位置也会相应地改变。

绘图区右上角同样也有【最小化】、【最大化】和【关闭】三个按钮，在 AutoCAD 中同时打开多个文件时，可通过这些按钮切换和关闭图形文件。

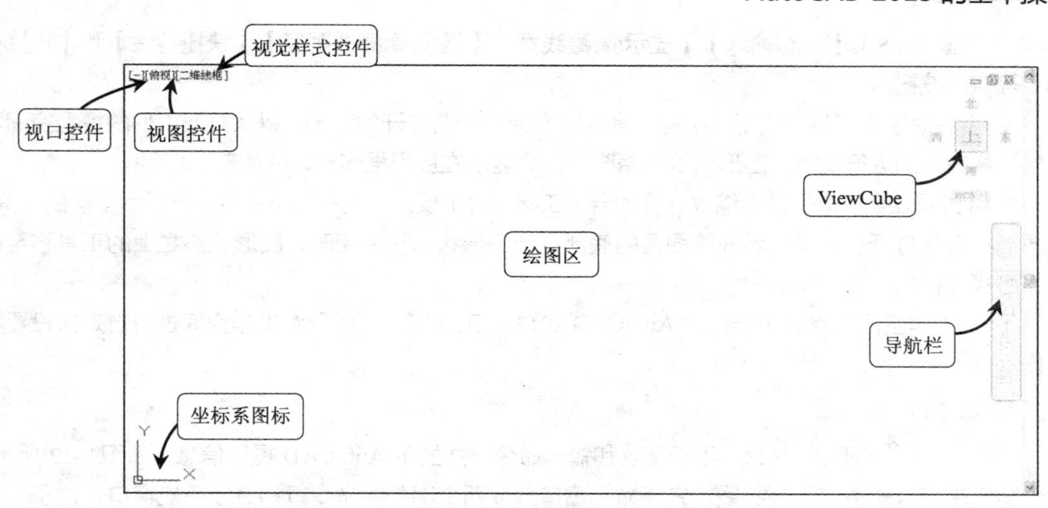

图 2-10　绘图区

绘图区右侧显示 ViewCube 工具和导航栏，用于切换视图方向和控制视图。

5. 工具栏

工具栏是【AutoCAD 经典】工作空间调用命令的主要方式之一，它是图标型工具按钮的集合，工具栏中的每个按钮图标都形象地表示出了该工具的作用。单击这些图标按钮，即可调用相应的命令。

AutoCAD 2013 共有 50 余种工具栏，在【AutoCAD 经典】工作空间中，默认只显示【标准】、【图层】、【绘图】、【编辑】等几个常用的工具栏，通过下列方法，可以显示更多的所需工具栏。

- 菜单栏：选择【工具】|【工具栏】|【AutoCAD】命令，在下级菜单中进行选择。
- 快捷菜单：在任意工具栏上单击鼠标右键，在弹出的快捷菜单中进行选择。

专家提醒

工具栏在【草图与注释】、【三维基础】和【三维建模】工作空间中默认为隐藏状态，但可以通过在这些工作空间显示菜单栏，然后通过上面介绍的方法将其显示出来。

6. 状态栏

状态栏位于屏幕的底部，主要用于显示和控制 AutoCAD 的工作状态，由 5 部分组成，如图 2-11 所示。

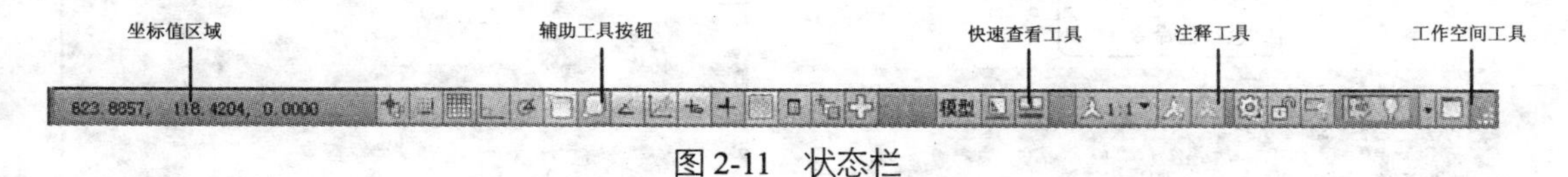

图 2-11　状态栏

（1）坐标值区域。坐标值区域显示了绘图区中当前光标的位置坐标。移动光标，坐标值也会随之变化。

（2）辅助工具按钮。辅助工具按钮主要用于控制绘图的状态，其中包括【推断约束】、【捕捉模式】、【栅格显示】、【正交模式】、【极轴追踪】、【对象捕捉】、【三维对象捕捉】、【对象捕捉追踪】、【允

许/禁止动态 UCS】、【动态输入】、【显示/隐藏线宽】、【显示/隐藏透明度】、【快捷特性】和【选择循环】等控制按钮。

（3）快速查看工具。使用其中的工具可以方便地预览打开的图形，以及打开图形的模型空间与布局，并在其间进行切换。图形将以缩略图的形式显示在应用程序窗口的底部。

（4）注释工具。用于显示缩放注释的若干工具。对于模型空间和图纸空间，将显示不同的工具。当图形状态栏打开后，将显示在绘图区的底部；当图形状态栏关闭时，图形状态栏上的工具移至应用程序状态栏。

（5）工作空间工具。用于切换 AutoCAD 2013 的工作空间，以及对工作空间进行自定义设置等操作。

7. 命令行

命令行位于绘图区的底部，用于接收和输入命令，并显示 AutoCAD 提示信息，如图 2-12 所示。命令窗口中间有一条水平分界线，它将命令窗口分成两个部分：命令行和命令历史窗口，位于水平分界线下方的为命令行，它用于接收用户输入的命令，并显示 AutoCAD 提示信息。

位于水平分界线下方的为命令历史窗口，它含有 AutoCAD 启动后所用过的全部命令及提示信息，该窗口有垂直滚动条，可以上下滚动查看以前用过的命令。

专家提醒

命令行是 AutoCAD 的工作界面区别于其他 Windows 应用程序的一个显著的特征。

命令窗口是用户和 AutoCAD 进行对话的窗口，通过该窗口发出绘图命令，与菜单和工具栏按钮操作等效。在绘图时，应特别注意这个窗口，输入命令后的提示信息，如错误信息、命令选项及其提示信息将在该窗口中显示。

AutoCAD 文本窗口相当于放大了的命令行，它记录了对文档进行的所有操作，包括命令操作的各种信息，如图 2-13 所示。

文本窗口默认不显示，调出文本窗口有以下两种方法。

- 菜单栏：选择【视图】|【显示】|【文本窗口】命令。
- 快捷键：按【F2】键。

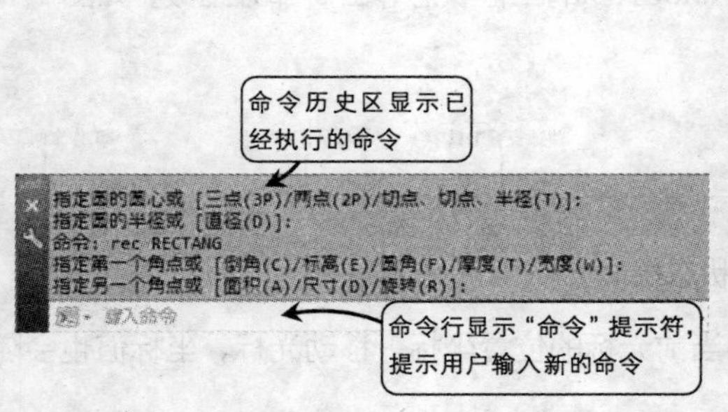

图 2-12　命令行

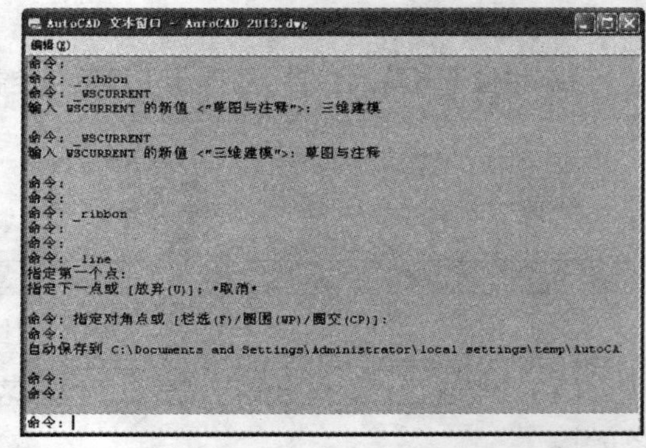

图 2-13　AutoCAD 文本窗口

2.3 AutoCAD 2013 的命令操作

要使 AutoCAD 为我们工作，必须知道如何向软件下达相关的指令，然后软件根据用户的指令执行相关的操作。由于 AutoCAD 不同的工作空间拥有不同的界面元素，因此在命令调用方式上略有不同。

2.3.1 调用命令的 5 种方式

在 AutoCAD 2013 中，命令的调用方式有以下几种。

- 命令行：在命令行使用键盘输入命令。例如在命令行输入 OFFSET 或其简写形式 O 并按回车键，即可调用【偏移】命令。
- 菜单栏：使用菜单栏调用命令，例如选择【修改】|【偏移】命令。
- 工具栏：使用工具栏调用命令，例如单击【修改】工具栏中的【偏移】按钮。
- 功能区：在非【AutoCAD 经典】工作空间，可以通过单击功能区的工具按钮执行命令，例如在【常用】选项卡中，单击【绘图】面板中的【多段线】按钮，即可执行 PLINE【多段线】命令。
- 快捷菜单：使用快捷菜单调用命令，即单击或按住鼠标右键，在弹出菜单中选择命令。

专家提醒 

不管采用哪种方式执行命令，命令行都将显示相应的提示信息，以方便用户选择相应的命令选项，或者输入命令参数。

1. 命令行调用命令

使用命令行输入命令是 AutoCAD 的一大特色功能，同时也是最快捷的绘图方式，这就要求用户熟记各种绘图命令。一般对 AutoCAD 比较熟悉的用户都用此方式绘制图形，因为这样可以大大提高绘图的速度和效率。

专家提醒 

AutoCAD 绝大多数命令都有其相应的简写方式。例如【直线】命令 LINE 的简写方式是 L，绘制矩形命令 RECTANGLE 地简写方式是 REC。对于常用的命令，用简写方式输入将大大减少键盘输入的工作量，提高工作效率。另外，AutoCAD 对命令或参数输入不区分大小写，因此操作者不必考虑输入的大小写。

在执行命令过程中，系统经常会提示用户进行下一步的操作，其命令行提示的各种特殊符号的含义如下。

- 在命令行“[ ]”符号中有以“/”符号隔开的内容：表示该命令中可执行的各个选项。若要选择某个选项，只需输入圆括号中的字母即可，该字母既可以是大写形式的，也可以是小写形式的。例如，在执行【圆】命令过程中输入“3P”，就可以 3 点方式绘制圆。

- 某些命令提示的后面有一个尖括号“<>”：其中的值是当前系统默认值或是上次操作时使用的值。若在这类提示下，直接按【Enter】键，则采用系统默认值或者上次操作使用的值并执行命令。
- 动态输入：使用该功能可以在鼠标光标附近看到相关的操作信息，而无需再看命令提示行中的提示信息了。

专家提醒 

在 AutoCAD 2013 中，增强了命令行输入的功能。除了以上键盘输入命令选项外，也可以直接单击选择命令选项，而不再需要键盘的输入，避免了鼠标和键盘反复切换，可以提高画图效率。

2．菜单栏调用命令

使用菜单栏调用命令是 Windows 应用程序调用命令的常用方式。AutoCAD 2013 将常用的命令分门别类地放置在 10 多个菜单中，用户先根据操作类型单击展开相应的菜单项，然后从中选择相应的命令即可。下面举例进行说明。

专家提醒 

除了【AutoCAD 经典】工作空间外，其他工作空间默认情况下没有显示菜单栏，需要用户自己调出，具体操作方法请参考本书第 1 章的内容。

3．工具栏调用

与菜单栏一样，工具栏默认显示于【AutoCAD 经典】工作空间。单击工具栏中的按钮，即可执行相应的命令。用户在其他工作空间绘图，也可以根据实际需要调出工具栏，如【UCS】、【三维导航】、【建模】、【视图】、【视口】等。

技巧点拨

为了获取更多的绘图空间，可以按【Ctrl+0】组合键隐藏工具栏，再按一次即可将其重新显示。

4．功能区调用命令

除【AutoCAD 经典】工作空间外，另外三个工作空间都是以功能区作为调用命令的主要方式。相比其他调用命令的方法，在功能区调用命令更加直观，非常适合于不能熟记绘图命令的 AutoCAD 初学者。

5．鼠标的使用

鼠标是绘制图形时使用频率较高的工具。在绘图区以十字光标显示，在各选项板、对话框中以箭头显示。当单击或按住鼠标键时，都会执行相应的命令或动作。在 AutoCAD 中，鼠标各键的作用如下。

- 左键：主要用于指定绘图区的对象、选择工具按钮和菜单命令等。
- 右键：主要用于结束当前使用的命令或执行部分快捷操作，系统会根据当前绘图状态弹出不同的快捷菜单。
- 滑轮：按住滑轮拖动可执行【平移】命令，滚动滑轮可执行【缩放】命令。

- 【Shift】+鼠标右键：使用此组合键，系统会弹出一个快捷菜单，用于设置捕捉点的方法。

2.3.2 放弃与重做

执行完一个操作后，如果发现效果不好，可以放弃前一次或者前几次命令的执行结果，方法主要有以下几种。

- 快捷键：按【Ctrl+Z】组合键。
- 菜单栏：选择【编辑】|【放弃】命令。
- 工具栏：单击快速访问工具栏中的【放弃】按钮。
- 命令行：输入 UNDO/U 命令。

连续执行上述操作，可以放弃前几次执行的操作。如果要精确撤销到某一步操作，可以单击快速访问工具栏【放弃】按钮右侧的下拉三角按钮，在弹出的下拉列表中准确选择放弃到哪一步操作，如图 2-14 所示。

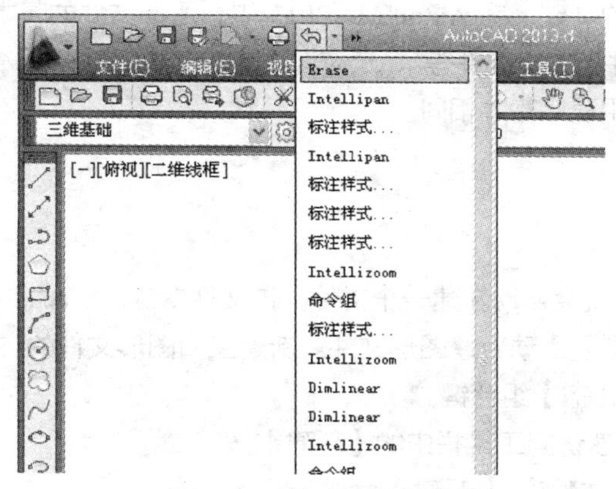

图 2-14　精确放弃操作

与放弃操作相反的是重做操作，通过重做操作，可以恢复前一次或者前几次已经放弃执行的操作，方法主要有以下几种。

- 快捷键：按【Ctrl+Y】组合键。
- 菜单栏：选择【编辑】|【重做】命令。
- 工具栏：单击快速访问工具栏中的【重做】按钮。
- 命令行：输入 REDO 命令。

2.3.3 中止当前命令

在绘图过程中难免会遇到调用命令出错的情况，此时，需要中止当前命令才能重新调用新命令。中止当前命令的方法有以下几种。

- 快捷键：按【Esc】键。
- 快捷菜单：单击鼠标右键，在弹出菜单中选择【取消】命令。

2.3.4 重复调用命令

在绘图时常常会遇到需要重复调用一个命令的情况，此时不必再单击该命令的工具按钮或者在命令行中输入该命令，使用下列方法，可以快速重复调用命令。

- 快捷键：按【Enter】键或按空格键重复使用上一个命令。
- 命令行：在命令行输入 MULTIPLE/MUL 命令。
- 快捷菜单：在命令行中单击鼠标右键，在弹出菜单中选择【最近使用命令】下需要重复的命令。

2.4 图形文件的管理

文件管理是软件操作的基础，在 AutoCAD 2013 中，图形文件的基本操作包括新建文件、打开文件、保存文件、查找文件和输出文件等。AutoCAD 是符合 Windows 标准的应用程序，因此其基本的文件操作方法和其他应用程序基本相同。

2.4.1 新建文件

启动 AutoCAD 时，系统会自动新建一个文件，该文件默认以“acadiso.dwt”为样板。如果要从头开始一个新的项目，就需要手动新建图形文件。新建空白图形文件的方法有以下几种。

- 快捷键：按【Ctrl+N】组合键。
- 工具栏：单击快速访问工具栏中的【新建】按钮。
- 菜单栏：选择【文件】|【新建】命令。
- 应用程序：单击【应用程序】按钮，在下拉菜单中选择【新建】|【图形】命令。

执行上述任何一个新建文件命令后，将打开如图 2-15 所示的【选择样板】对话框。若要创建基于默认样板的图形文件，单击【打开】按钮即可。用户也可以在【名称】列表框中选择其他的样板文件。

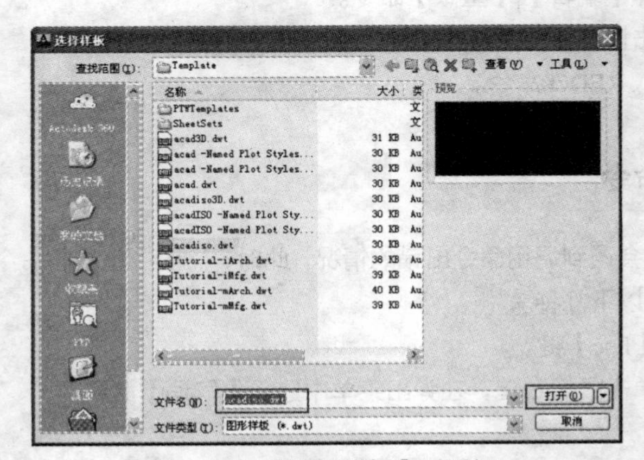

图 2-15 【选择样板】对话框

专家提醒 

单击【打开】按钮右侧的按钮，在弹出菜单中可以选择图形文件的绘图单位【英制】或者【公制】。

2.4.2 打开文件

当需要查看或者重新编辑已经保存的文件时，需要将其重新打开。打开已有文件的方法有以下几种。

- 应用程序：单击【应用程序】按钮，在下拉菜单中选择【打开】命令。
- 工具栏：单击快速访问工具栏中的【打开】按钮。
- 菜单栏：选择【文件】|【打开】命令。
- 快捷键：按【Ctrl+O】组合键。

执行上述命令后，将打开【选择文件】对话框，选择所需的文件，单击【打开】按钮，即可打开指定的文件。

课堂举例【2-1】：使用【打开】命令打开文件

Step 01 启动 AutoCAD 2013，选择菜单栏中的【文件】|【打开】命令，如图 2-16 所示，或者按【Ctrl+O】快捷键，打开【选择文件】对话框。

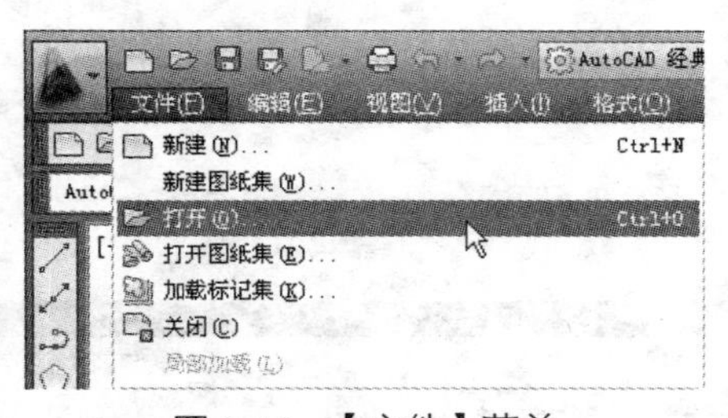

图 2-16 【文件】菜单

Step 02 在【查找范围】下拉列表框中指定打开文件的路径，然后选中待打开的文件，最后单击【打开】按钮，即可打开选中的文件，如图 2-17 所示。

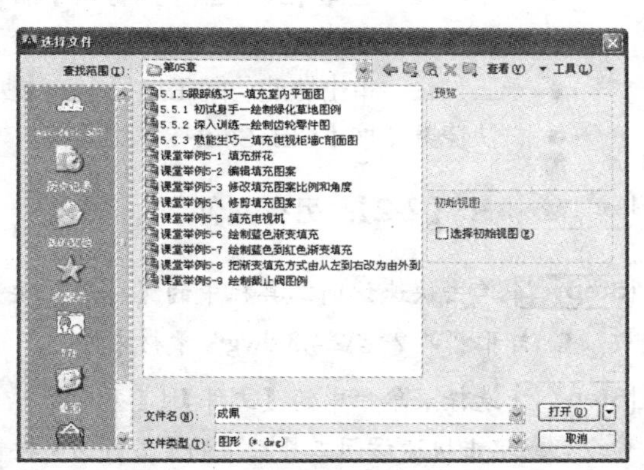

图 2-17 【选择文件】对话框

专家提醒 

在计算机【我的电脑】窗口中找到要打开的 AutoCAD 图形文件，如图 2-18 所示，然后直接双击文件图标，可以跳过【选择文件】对话框，直接打开 AutoCAD 文件。

图 2-18 AutoCAD 图形文件

2.4.3 保存文件

保存的作用是将新绘制或修改过的文件保存到计算机磁盘中，以方便再次使用，避免因为断电、关机或死机而丢失。在 AutoCAD 2013 中，可以使用多种方式将所绘图形存入磁盘。

1．保存

这种保存方式主要是针对第一次保存的文件，或者针对已经存在但被修改后的文件。保存图形的方法有以下几种。

- 应用程序：单击【应用程序】按钮，在下拉菜单中选择【保存】命令。
- 菜单栏：选择【文件】|【保存】命令。
- 命令行：在命令行输入 SAVE 命令。
- 工具栏：单击快速访问工具栏中的【保存】按钮。
- 快捷键：按【Ctrl+S】组合键。

2．另存为

这种保存方式可以将文件另设路径或文件名进行保存，比如在修改了原来的文件之后，但是又不想覆盖原文件，那么就可以把修改后的文件另存一份，这样原文件也将继续保留。

另存图形的方法有以下几种。

- 应用程序：单击【应用程序】按钮，在下拉菜单中选择【另存为】命令。
- 菜单栏：选择【文件】|【另存为】命令。
- 命令行：在命令行输入 SAVEAS 命令。
- 工具栏：单击快速访问工具栏中的【另存为】按钮。
- 快捷键：按【Ctrl+Shift+S】组合键。

课堂举例【2-2】：另存文件

Step 01 单击快速访问工具栏中的【打开】按钮，打开“第 2 章\2.4.3.dwg”素材文件。

Step 02 选择菜单栏中的【文件】|【另存为】命令，或单击快速访问工具栏中的【另存为】按钮，打开【图形另存为】对话框，如图 2-19 所示。

Step 03 在【保存于】下拉列表框中设置文件的保存路径，在【文件名】文本框中输入保存文件的名称，单击【保存】按钮，即可将原文件以不同的路径或者文件名保存。

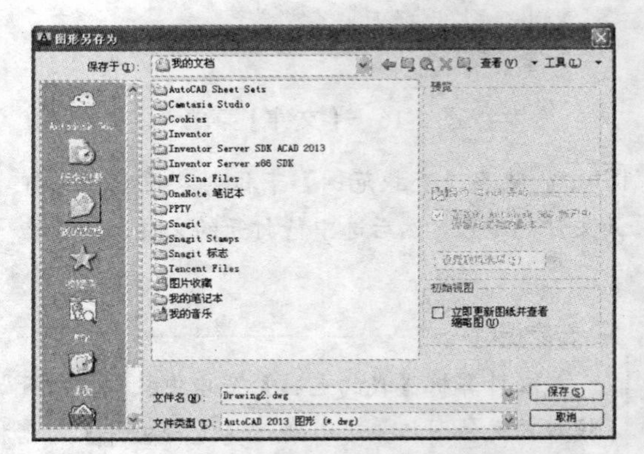

图 2-19　【图形另存为】对话框

专家提醒

【另存为】方式相当于对原文件进行备份。保存之后原文件仍然存在，只是两个文件的保存路径或文件名不同而已。

2.4.4 查找文件

使用 AutoCAD 的文件查找功能，可以快速找到指定条件的图形文件。查找可以按照名称、类型、位置以及创建时间等方式进行。

单击快速访问工具栏中的【打开】按钮，打开【选择文件】对话框，选择【工具】按钮下拉菜单中的【查找】命令，如图 2-20 所示，打开【查找】对话框。在默认打开的【名称和位置】选项卡中，可以通过【名称】、【类型】及【查找范围】搜索图形文件，如图 2-21 所示。单击【浏览】按钮，即可在【浏览文件夹】对话框中指定路径查找所需文件。

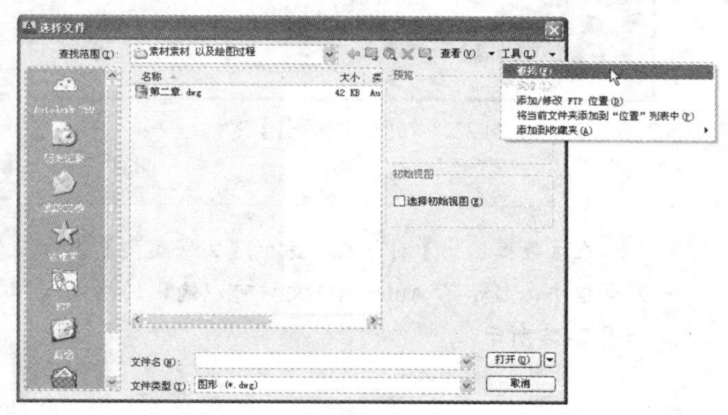

图 2-20 【选择文件】对话框

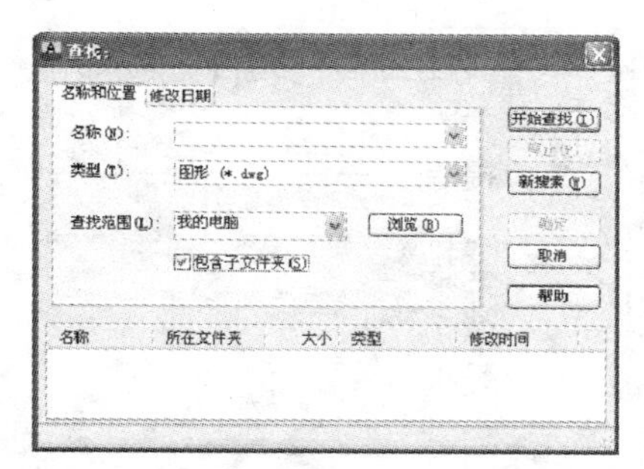

图 2-21 【查找】对话框

2.4.5 输出文件

输出图形文件是将 AutoCAD 文件转换为其他格式进行保存，方便在其他软件中使用该文件。输出文件的方法有以下几种。

- 应用程序：单击【应用程序】按钮，在下拉列表中选择【输出】命令并选择一种输出格式，如图 2-22 所示。
- 菜单栏：选择【文件】|【输出】命令。
- 命令行：在命令行输入 EXPORT 命令。
- 功能区：在【输出】选项卡中，单击【输出为 DWF/PDF】面板中的【输出】按钮，选择需要的输出格式，如图 2-23 所示。

执行输出命令后，将打开如图 2-24 所示的【数据输出】对话框，选择输出路径和输出类型，单击【保存】按钮即可完成文件的输出。

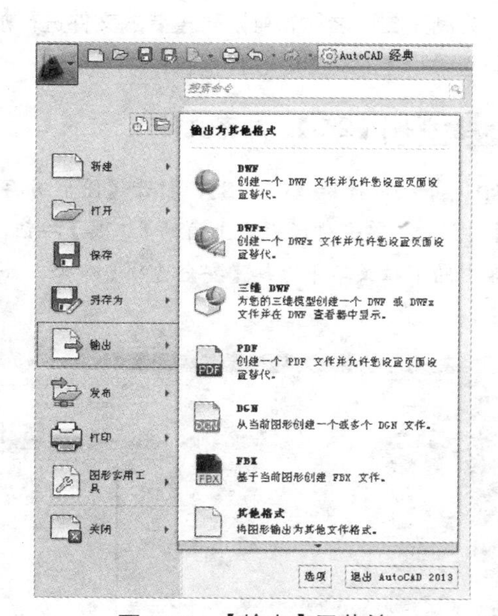

图 2-22 【输出】子菜单

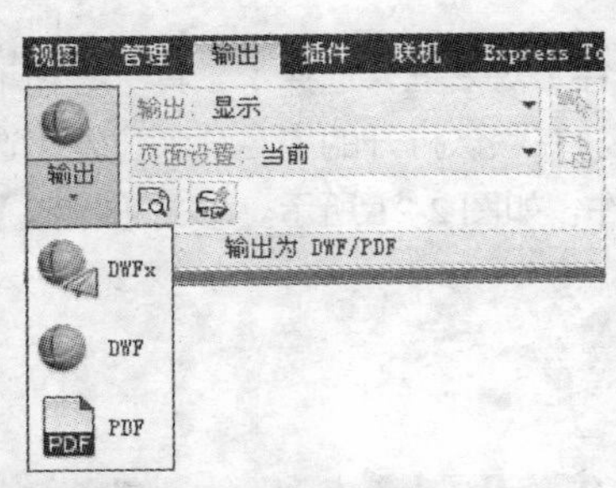

视图
管理
输出
插件
联机
Express To
输出: 显示
页面设置: 当前
输出
输出为 DWF/PDF
DWFx
DWF
PDF

图 2-23 【输出】选项卡

输出数据
保存于(I):
桌面
查看(V)
工具(L)
名称
大小
类型
修改日期
文件名(N):
文件类型(T):
三维 DWF (*.dwf)
保存(S)
取消

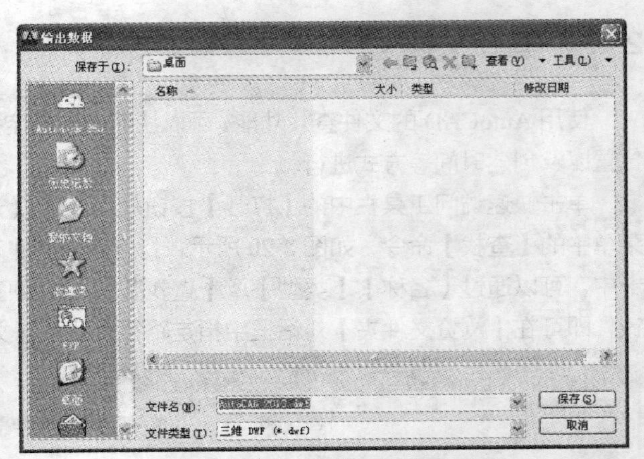

图 2-24 【数据输出】对话框

专家提醒

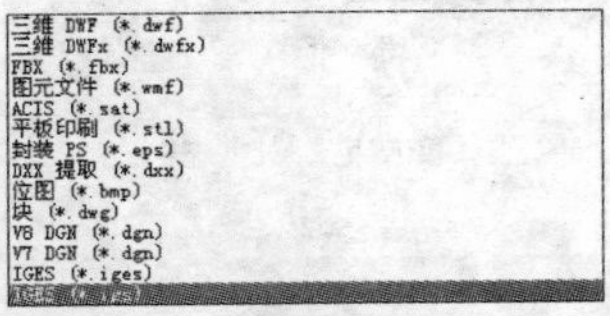

三维 DWF (*.dwf)
三维 DWFx (*.dwfx)
FBX (*.fbx)
图元文件 (*.wmf)
ACIS (*.sat)
平板印刷 (*.stl)
封装 PS (*.eps)
DXX 提取 (*.dxx)
位图 (*.bmp)
块 (*.dwg)
V8 DGN (*.dgn)
V7 DGN (*.dgn)
IGES (*.iges)

图 2-25 数据输出类型

在【数据输出】对话框下方的【文件类型】下拉列表框中，显示了 AutoCAD 文件可以输出的格式，如图 2-25 所示。

2.4.6 加密文件

绘制完图形之后，可以对重要的文件进行加密保存。加密后的图形文件在打开时，只有输入正确的密码后才能对图形进行查看和修改。

课堂举例【2-3】：加密文件

Step 01 按快捷键【Ctrl+S】，打开【图形另存为】对话框，单击对话框右上角的【工具】按钮，在弹出的下拉菜单中选择【安全选项】命令，如图 2-26 所示。

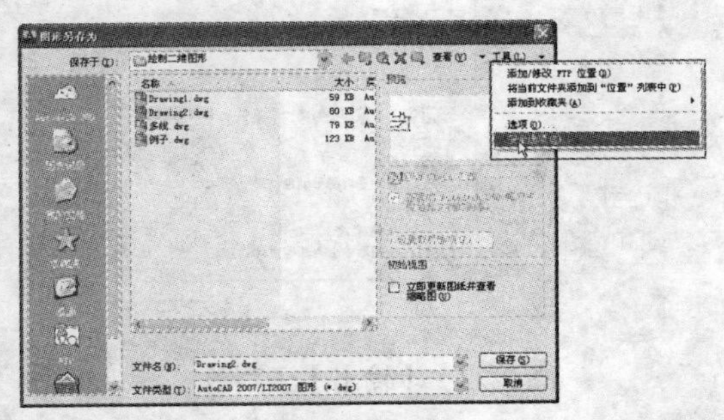

图 2-26 【图形另存为】对话框 1

Step 02 打开【安全选项】对话框，在其中的文本框中输入打开图形的密码，单击【确定】按钮，如图 2-27 所示。

安全选项
密码
数字签名
用于打开此图形的密码或短语(Q):
当前加密类型:
Microsoft Base Cryptographic Provider v1.0
确定
取消
帮助

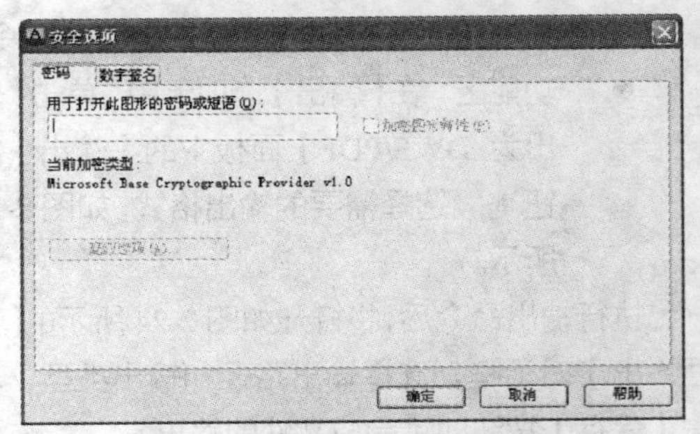

图 2-27 【安全选项】对话框

Step 03 系统弹出【确认密码】对话框，提示用户再次确认上一步设置的密码，此时要输入与上一步完全相同的密码，如图 2-28 所示。

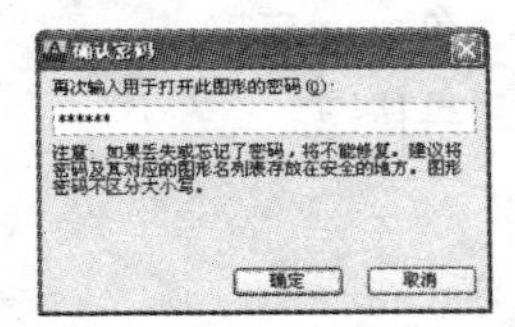

图 2-28 【确认密码】对话框

Step 04 密码设置完成后，系统返回【图形另存为】对话框，设置好保存路径和文件名称，单击【保存】按钮即可保存文件，如图 2-29 所示。

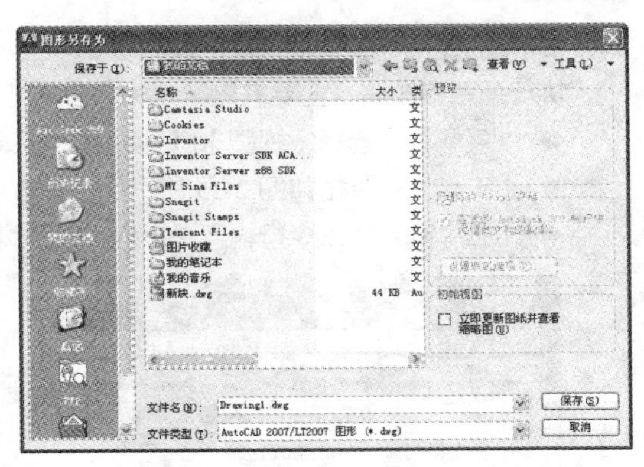

图 2-29 【图形另存为】对话框 2

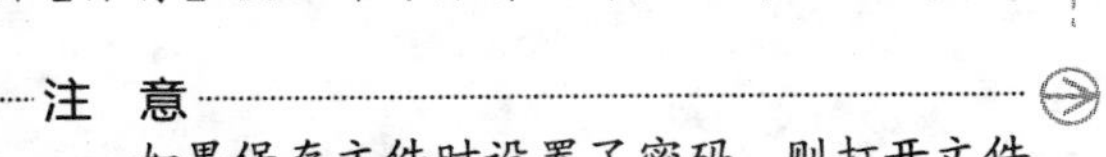

注 意

如果保存文件时设置了密码，则打开文件时就要输入打开密码。AutoCAD 会通过【密码】对话框提示用户输入正确密码，如图 2-30 所示，如果输入的密码不正确，将无法打开文件。

图 2-30 【密码】对话框

2.4.7 关闭文件

绘制完图形并保存后，用户可以将图形文件关闭。关闭图形文件有以下几种方法。

- 菜单栏：选择【文件】|【关闭】命令。
- 按钮法：单击绘图区右侧的【关闭】按钮 x 。
- 命令行：输入 CLOSE 命令。
- 快捷键：按【Ctrl+F4】组合键。

执行上述操作后，如果当前图形文件没有保存，系统将打开如图 2-31 所示的提示对话框。用户如果需要保存修改，可单击【是】按钮，否则单击【否】按钮，也可单击【取消】按钮取消关闭操作。

图 2-31 提示对话框

2.5 控制图形的显示

在绘图过程中，为了方便观察视图及更好地绘图，经常需要对视图进行缩放、平移、重生成等操作。

2.5.1 视图缩放

视图缩放用于调整当前视图大小，这样既能观察较大的图形范围，又能观察图形的细节，而不改变图形的实际大小。

执行视图缩放命令主要有以下几种方法。

- 菜单栏：选择【视图】|【缩放】子菜单下的各命令，如图 2-32 所示。
- 工具栏：单击如图 2-33 所示的【缩放】工具栏中的各工具按钮。
- 命令行：在命令行输入 ZOOM/Z 命令。

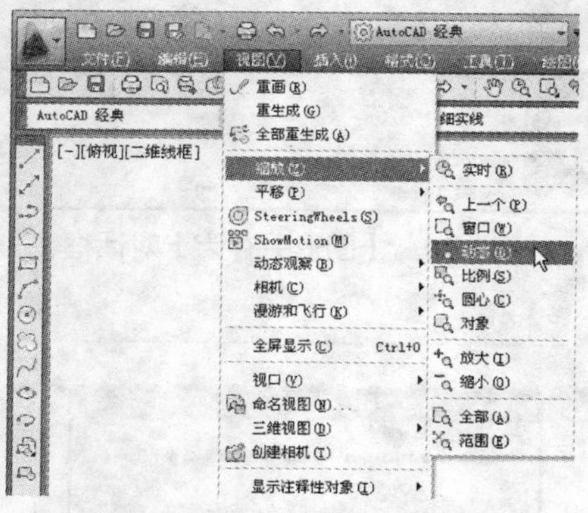

图 2-32 【缩放】子菜单

图 2-33 【缩放】工具栏

执行 ZOOM【缩放】命令后，命令行提示如下。

```
命令: zoom
指定窗口的角点，输入比例因子 (nX 或 nXP)，或者
[全部(A)/中心(C)/动态(D)/范围(E)/上一个(P)/比例(S)/窗口(W)/对象(O)] <实时>:
```

命令行中各选项及【缩放】工具栏中各按钮的含义如下。

1. 全部缩放

在当前视窗中显示全部图形。当绘制的图形均包含在用户定义的图形界限内时，以图形界限范围作为显示范围；当绘制的图形超出了图形界限，则以图形范围作为显示范围。如图 2-34 所示为全部缩放前后对比效果。

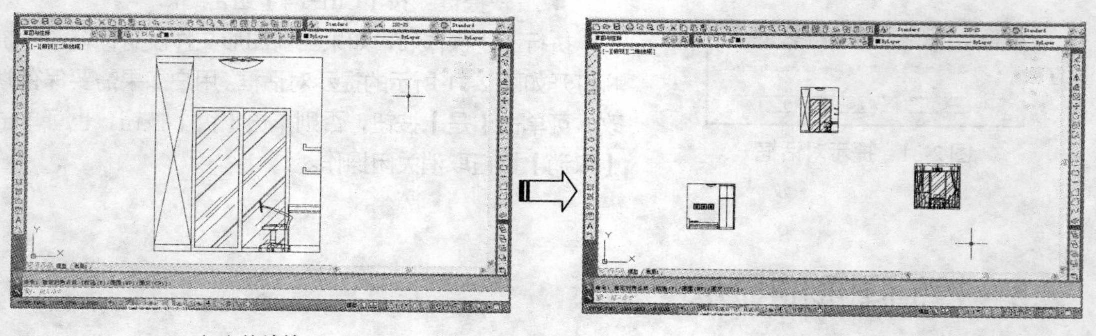

（a）缩放前　　（b）缩放后

图 2-34 全部缩放

2. 中心缩放

以指定点为中心点，整个图形按照指定的缩放比例缩放，而这个点在缩放操作之后将成为新视图的中心点。执行【中心缩放】后，命令行提示如下。

```
指定中心点：                                //指定一点作为新视图的显示中心点
输入比例或高度 <当前值>:                     //输入比例或高度
```

“当前值”为当前视图的纵向高度。若输入的高度值比当前值小，则视图将放大；若输入的高度值比当前值大，则视图将缩小。其缩放系数等于“当前窗口高度/输入高度”的比值。也可以直接输入缩放系数，或后跟字母 X 或 XP，含义同“比例”缩放选项。

3．动态缩放

对图形进行动态缩放。选择该选项后，绘图区将显示几个不同颜色的方框，拖动鼠标移动当前视区框到所需位置，单击鼠标左键调整大小后按回车键，即可将当前视区框内的图形最大化显示。如图 2-35 所示为缩放前后的对比效果。

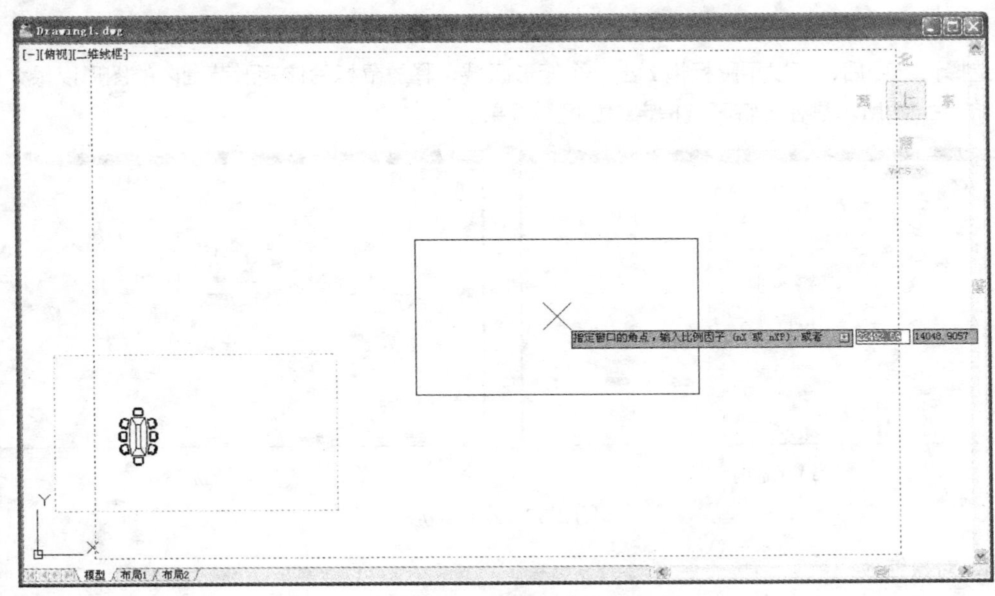

图 2-35　动态缩放

4．范围缩放

使所有图形对象尽可能最大化显示，充满整个视窗。

技巧点拨

双击鼠标中键可以快速显示出绘图区的所有图形，相当于执行了【范围缩放】操作。

5．上一个

返回前一个视图。当使用其他选项对视图进行缩放以后，需要使用前一个视图时，可直接选择此选项。

6．比例缩放

按输入的比例值进行缩放。有三种输入方法：直接输入数值，表示相对于图形界限进行缩放；在数值后加 X，表示相对于当前视图进行缩放；在数值后加 XP，表示相对于图纸空间单位进行缩放。如图 2-36 所示为对当前视图缩放 2 倍后效果对比。

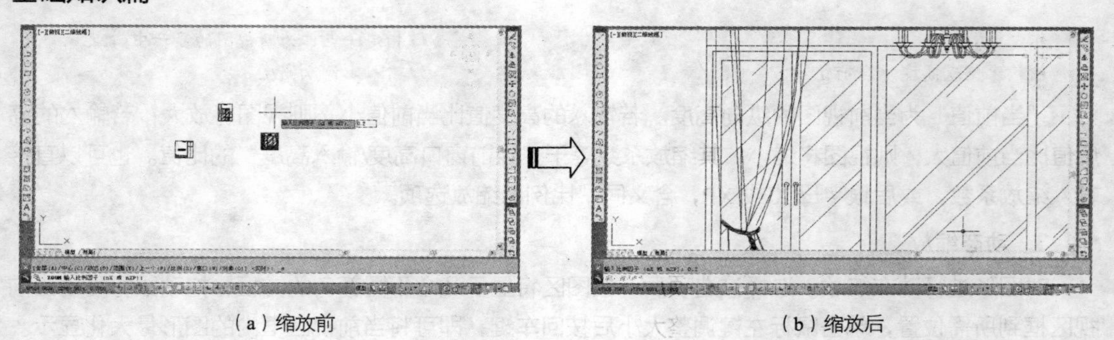

（a）缩放前　　（b）缩放后

图 2-36　比例缩放

7．窗口缩放

选择该选项后，可以用鼠标拖▮出一个矩形区域，释放鼠标后该矩形范围内的图形以最大化显示。如图 2-37 所示是在吊灯区域指定缩放区域效果。

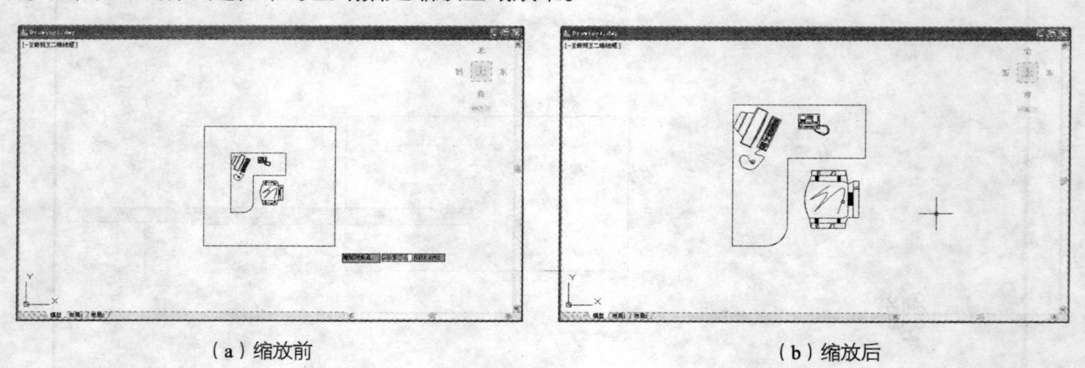

（a）缩放前　　（b）缩放后

图 2-37　窗口缩放

8．对象缩放

选择的图形对象最大限度地显示在屏幕上。如图 2-38 所示为选择餐厅立面图作为缩放对象。

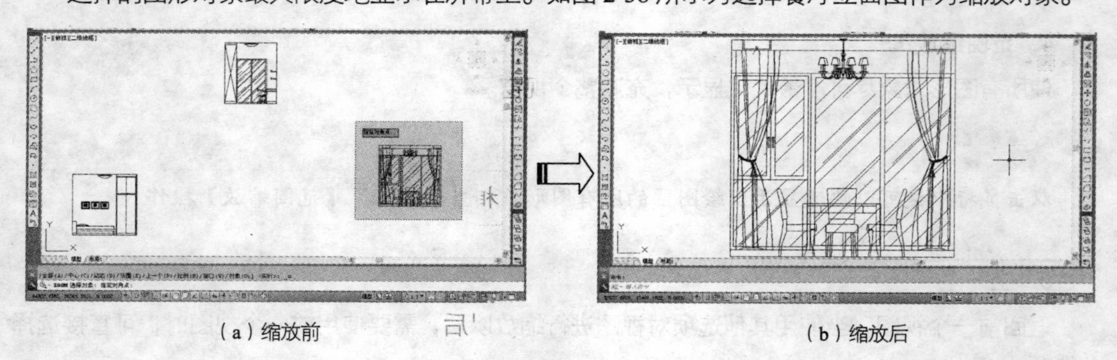

（a）缩放前　　（b）缩放后

图 2-38　对象缩放

9．实时缩放

该项为默认选项。执行【缩放】命令后，直接按回车键即可使用该选项。在屏幕上会出现一个形状的光标，按住鼠标左键不放向上或向下移动，则可实现图形的放大或缩小。

10．放大

单击该按钮一次，视图中的实体显示比当前视图大一倍。

11．缩小

单击该按钮一次，视图中的实体显示比当前视图小一倍。

技巧点拨

滚动鼠标滚轮，可以快速地实时缩放视图。

2.5.2 视图平移

视图平移不改变视图的显示比例，只改变视图显示的区域，以便于观察图形的其他组成部分，如图 2-39 所示。当图形显示不全，致部分区域不可见时，就可以使用视图平移。

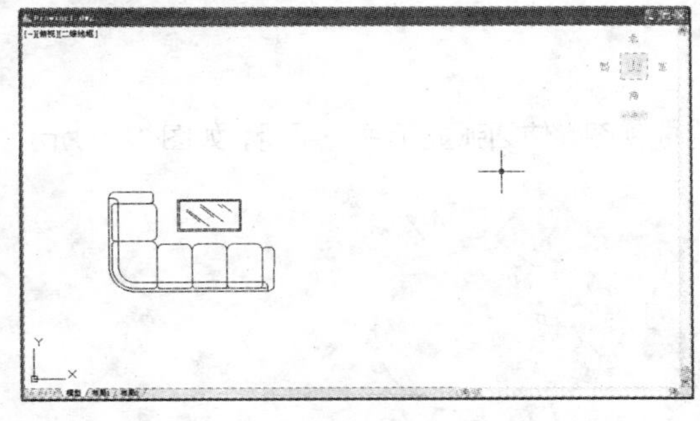

（a）平移前

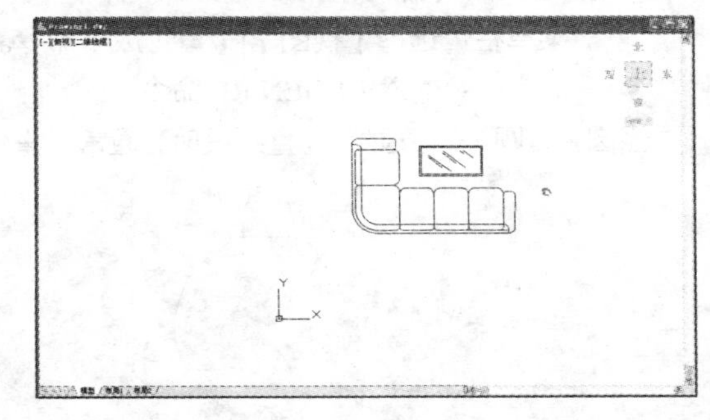

（b）平移后

图 2-39　视图平移前后对比

执行【平移】命令主要有以下几种方法。

- 菜单栏：选择【视图】|【平移】命令，然后在弹出的子菜单中选择相应的命令。
- 工具栏：单击【标准】工具栏中的【实时平移】按钮。
- 命令行：输入 PAN/P 命令。

视图平移可以分为【实时平移】和【定点平移】两种，其含义分别如下。

- 实时平移：光标形状变为手型，按住鼠标左键拖动可以使图形的显示位置随鼠标向同一方向移动。
- 定点平移：通过指定平移起始点和目标点的方式进行平移。

技巧点拨

按住鼠标滚轮拖动，可以快速进行视图平移。

2.5.3 重画视图

在 AutoCAD 中，某些操作完成后，其效果往往不会立即显示出来，或者在屏幕上留下了绘图的痕迹与标记。因此，需要通过刷新视图重新生成当前图形，以观察到最新的编辑效果。

【重画】命令用于快速地刷新视图，以反映当前的最新修改。执行【重画】命令方法有如下几种。

- 菜单栏：选择【视图】|【重画】命令。
- 命令行：输入 REDRAW/REDRAWALL/R 命令。

专家提醒

调用 REDRAWALL 命令会刷新当前图形窗口所有显示的视口，而 REDRAW 命令只刷新当前视口。

2.5.4 重生成视图

当使用【重画】命令无效时，可以使用【重生成】命令刷新当前视图。【重生成】命令由于会计算图形后台数据，因此会耗费比较长的计算时间。

执行【重生成】命令的方法有以下几种。

- 菜单栏：选择【视图】|【重生成】命令。
- 命令行：输入 REGEN/RE 命令。

当圆弧、圆等对象显示为直线段时，通常可重生成视图，使圆弧显示更为平滑，如图 2-40 所示。

（a）重生成前

（b）重生成后

图 2-40　重生成视图

专家提醒

在进行复杂的图形处理时，应当充分考虑重画和重生成命令的不同工作机制，合理使用。

在开启【对象捕捉】功能的情况下，将光标移动到某些特征点（如直线端点、圆中心点、两直线交点、垂足等）附近时，系统能够自动地捕捉这些点的位置。因此，对象捕捉的实质是对图形对象特征点的捕捉。

2.5.5 开启对象捕捉

根据实际需要，可以打开或关闭【对象捕捉】功能。开启和关闭【对象捕捉】功能的方法有以下几种。

- 状态栏：单击状态栏中的【对象捕捉】按钮。
- 快捷键：按【F3】快捷键。

选择菜单栏中的【工具】｜【草图设置】命令，或在命令行输入 DSETTINGS/SE 命令，打开【草图设置】对话框。单击【对象捕捉】选项卡，选中或取消选中【启用对象捕捉】复选框，也可以打开或关闭【对象捕捉】功能，但由于操作麻烦，在实际工作中并不常用。

专家提醒

如果命令行并没有提示输入点位置，则【对象捕捉】功能是不会生效的。因此，【对象捕捉】功能实际上是通过捕捉特征点的位置，来代替命令行输入特征点的坐标。

2.5.6 设置对象捕捉点

在使用【对象捕捉】功能之前，需要设置好对象捕捉模式，也就是确定当探测到对象特征点时，哪些点捕捉，而哪些点可以忽略，从而避免视图混乱。对象捕捉模式的设置在如图 2-41 所示的【草图设置】对话框中进行。

在状态栏中的【对象捕捉】按钮上单击鼠标右键，在弹出菜单中选择【设置】命令，打开【草图设置】对话框，如图 2-41 所示。

【草图设置】对话框共列出了 13 种对象捕捉点和对应的捕捉标记，较为常用的捕捉模式为端点、中点、圆心、象限点、交点和垂足等。需要捕捉哪些对象捕捉点，就选中这些点前面的复选框。设置完毕后，单击【确定】按钮关闭对话框即可。

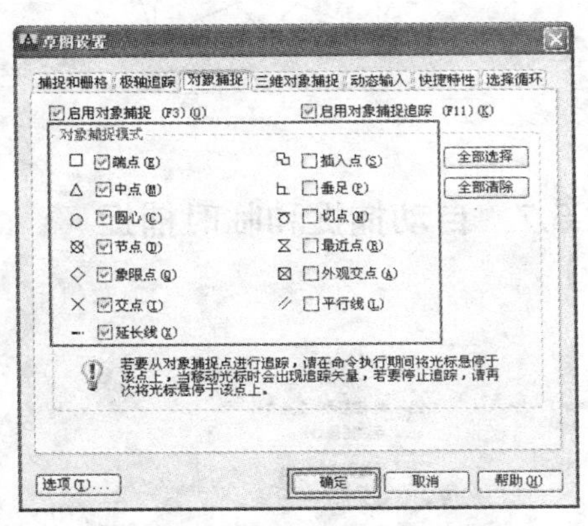

图 2-41 【草图设置】对话框

课堂举例 【2-4】：使用【对象捕捉】功能绘制窗花

Step 01 在【常用】选项卡中，单击【绘图】面板中的【多边形】按钮，绘制一个正五边形，如图 2-42 所示，命令行操作如下：

```
命令：_polygon↙      //调用【多边形】命令
输入侧面数 <5>:5↙    //输入侧面数
指定正多边形的中心点或 [边(E)]:
输入选项 [内接于圆(I)/外切于圆(C)] <C>: C↙
                     //输入选项
指定圆的半径: 70↙    //指定圆的半径
```

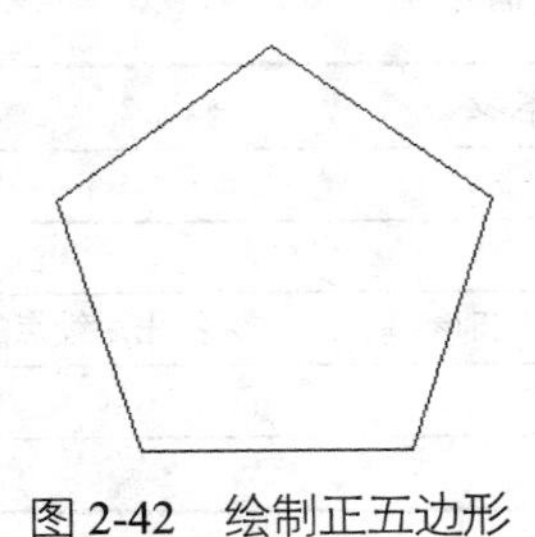

图 2-42 绘制正五边形

Step 02 在状态栏中的【对象捕捉】按钮上单击鼠标右键，在弹出菜单中选择【中点】和【端点】选项，如图 2-43 所示。

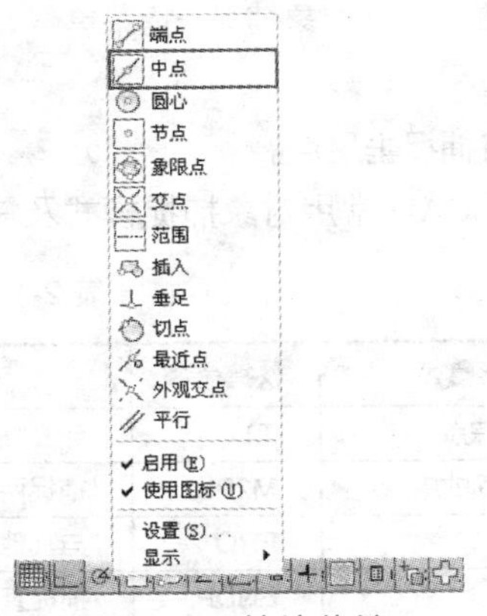

图 2-43 快捷菜单

Step 03 在【常用】选项卡中，单击【绘图】

面板中的【直线】按钮，配合【中点捕捉】和【端点捕捉】功能，捕捉各边中点绘制直线，如图 2-44 所示。

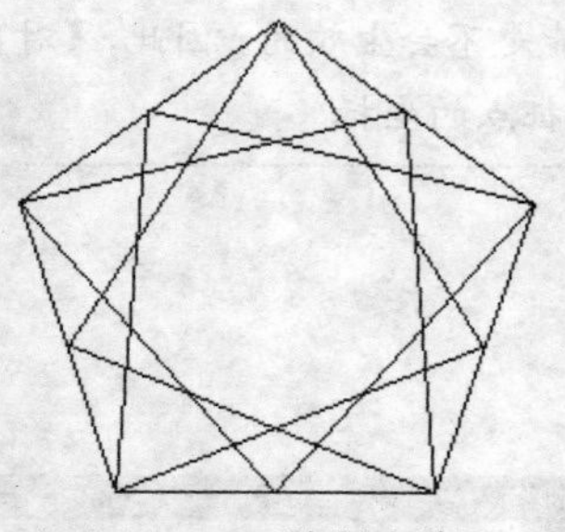

图 2-44　绘制直线

Step 04 单击【修改】工具栏中的【修剪】按钮，修剪图形，最终效果如图 2-45 所示。

图 2-45　修剪图形

2.5.7　自动捕捉和临时捕捉

AutoCAD 提供了两种捕捉模式：自动捕捉和临时捕捉。自动捕捉需要用户在捕捉特征点之前设置需要的捕捉点，当鼠标移动到这些对象捕捉点附近时，系统就会自动捕捉特征点。

临时捕捉是一种一次性捕捉模式，这种模式不需要提前设置，当用户需要时临时设置即可。且这种捕捉只是一次性的，就算是在命令未结束时也不能反复使用。而在下次需要时则要再一次调出。

在命令行提示输入点坐标时，同时按住【Shift】键+鼠标右键，系统会弹出如图 2-46 所示的快捷菜单，在其中可以选择需要的捕捉类型。

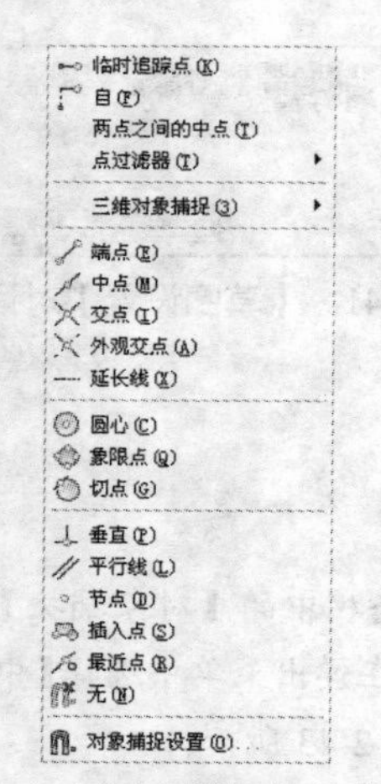

图 2-46　对象捕捉快捷菜单

此外，也可以直接执行捕捉对象的快捷命令来选择捕捉模式。例如在绘制或编辑图形的过程中，输入并执行 MID 快捷命令，将临时捕捉图形的中点；输入并执行 PER 命令，将捕捉垂足点。

AutoCAD 常用对象捕捉模式及快捷命令如表 2-1 所示。

表 2-1　常用对象捕捉模式及快捷命令

捕捉模式	快捷命令	含义
临时追踪点	TT	建立临时追踪点
两点之间的中点	M2P	捕捉两个独立点之间的中点
捕捉自	FRO	与其他的捕捉方式配合使用，建立一个临时参考点，作为指出后续点的基点
端点	ENDP	捕捉直线或曲线的端点
中点	MID	捕捉直线或弧段的中间点

续表

捕捉模式	快捷命令	含义
圆心	CEN	捕捉圆、椭圆或弧的中心点
节点	NOD	捕捉用 POINT 或 DIVIDE 等命令绘制的点对象
象限点	QUA	捕捉位于圆、椭圆或弧段上 0°、90°、180°和 270°处的点
交点	INT	捕捉两条直线或弧段的交点
延长线	EXT	捕捉对象延长线路径上的点
插入点	INS	捕捉图块、标注对象或外部参照等对象的插入点
垂足	PER	捕捉从已知点到已知直线的垂线的垂足
切点	TAN	捕捉圆、弧段及其他曲线的切点
最近点	NEA	捕捉处在直线、弧段、椭圆或样条线上，而且距离光标最近的特征点
外观交点	APP	在三维视图中，从某个角度观察两个对象可能相交，但实际并不一定相交，可以使用【外观交点】捕捉对象在外观上相交的点
平行	PAR	选定路径上一点，使通过该点的直线与已知直线平行
无	NON	关闭对象捕捉模式
对象捕捉设置	OSNAP	设置对象捕捉

2.5.8 三维捕捉

【三维捕捉】是建立在三维绘图的基础上的一种捕捉功能，与【对象捕捉】功能类似。

开启与关闭【三维捕捉】功能的方法有以下几种。

- 快捷键：按【F4】快捷键，可在开、关状态间切换。
- 状态栏：单击状态栏中的【三维捕捉】按钮。

鼠标移动到【三维捕捉】按钮上并单击右键，在弹出菜单中选择【设置】命令，如图 2-47 所示，系统打开【草图设置】对话框，选中需要的选项即可，如图 2-48 所示。

图 2-47 快捷菜单

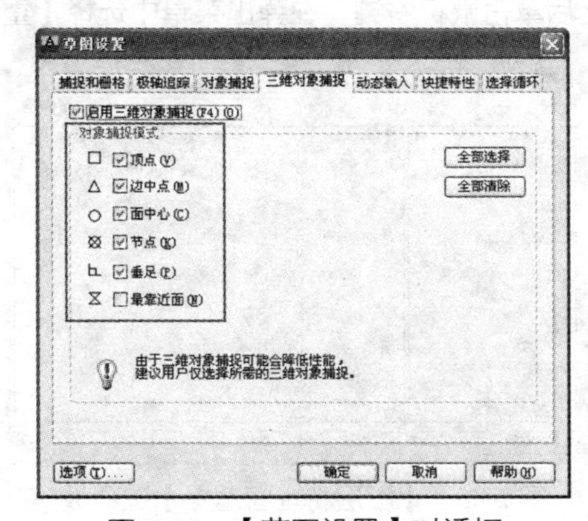

图 2-48 【草图设置】对话框

【草图设置】对话框中共列出 6 种三维捕捉点和对应的捕捉标记，含义如下。

- 顶点：捕捉三维对象的最近顶点。
- 边中点：捕捉面边的中点。
- 面中心：捕捉面的中心。

- 节点：捕捉样条曲线上的节点。
- 垂足：捕捉垂直于面的点。
- 最靠近面：捕捉最靠近三维对象面的点。

2.6 图层的创建和管理

图层是 AutoCAD 提供给用户的组织图形的强有力工具。AutoCAD 的图形对象必须绘制在某个图层上，它可以是默认的图层，也可以是用户自己创建的图层。利用图层的特性，如颜色、线型、线宽等，可以非常方便地区分不同的对象。此外，AutoCAD 还提供了大量的图层管理功能（打开/关闭、冻结/解冻、加锁/解锁等），这些功能使用户在组织图层时非常方便。

2.6.1 创建和删除图层

创建一个新的 AutoCAD 文档时，AutoCAD 默认只存在一个【0 层】。在用户新建图层之前，所有的绘图都是在这个【0 层】进行。为了方便管理图形，用户可以根据需要创建自己的图层。

图层的创建在【图层特性管理器】选项板中进行，打开该对话框有以下几种方法。

- 菜单栏：选择【格式】|【图层】命令。
- 工具栏：单击【图层】工具栏中的【图层特性管理器】按钮。
- 命令行：在命令行中输入 LAYER/LA 命令。
- 功能区：在【常用】选项卡中，单击【图层】面板中的【图层特性】按钮。

执行上述操作之后，将打开【图层特性管理器】选项板，如图 2-49 所示。单击选项板左上角的【新建图层】按钮，即可新建图层。新建的图层默认以【图层 1】为名，双击文本框或是选择图层之后单击鼠标右键，在弹出菜单中选择【重命名】命令，即可重命名图层，如图 2-50 所示。

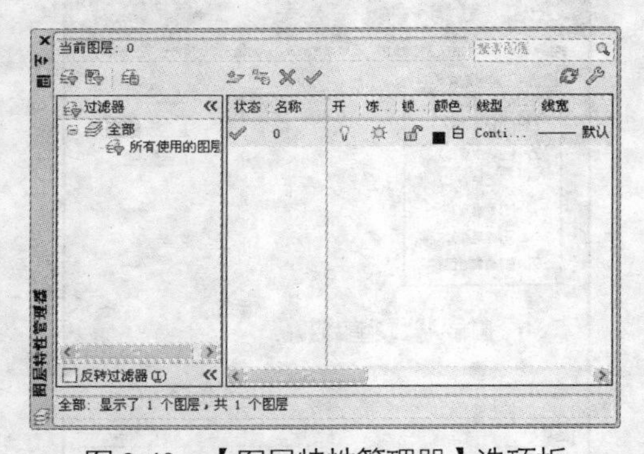

图 2-49 【图层特性管理器】选项板

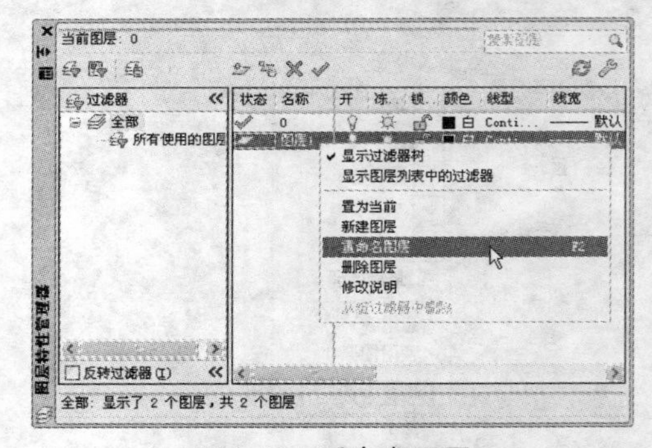

图 2-50 重命名图层

及时清理图形中不需要的图层，可以简化图形。在【图层特性管理器】选项板中选择需要删除的图层，然后单击【删除图层】按钮，即可删除选择的图层。

AutoCAD 规定以下 4 类图层不能被删除。

- 0 层和 Defpoints 图层。
- 当前层。要删除当前层，可以先改变当前层到其他图层。

- 插入了外部参照的图层。要删除该层，必须先删除外部参照。
- 包含了可见图形对象的图层。要删除该层，必须先删除该层中的所有图形对象。

2.6.2 设置当前图层

当前层是当前工作状态所处的图层。当设定某一图层为当前层后，接下来所绘制的全部图形对象都将位于该图层中。如果以后需要在其他图层中绘图，就需要更改当前层设置。

在如图 2-49 所示的【图层特性管理器】选项板中，在某图层的【状态】属性上双击，或在选定某图层后，单击上方的【置为当前】按钮，即可设置该层为当前层。在【状态】列上，当前层显示“√”符号。

当前层也会显示在【图层】工具栏或面板中。如图 2-51 所示，在【图层】下拉列表框中选择某图层，也可以将该图层设为当前层。

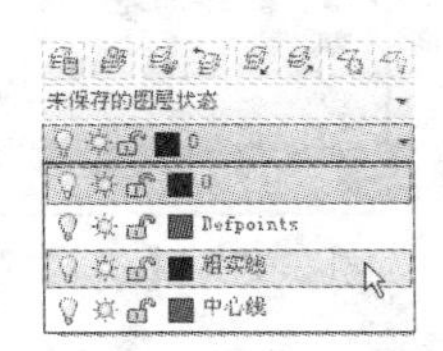

图 2-51 【图层】下拉列表框

2.6.3 切换图形所在图层

在 AutoCAD 2013 中还可以十分灵活地进行图层转换，即将某一图层内的图形转换至另一个图层，同时使其颜色、线型、线宽等特性发生改变。

如果某图形对象需要转换图层，此时可以先选择该图形对象，然后单击展开【图层】工具栏或者面板中的【图层】下拉列表框，选择要转换到的目标图层即可，如图 2-51 所示。

此外，通过【特性】和【快捷特性】选项板也可以转换图形所在图层。选择需要转换图层的图形，打开【快捷特性】或者【特性】选项板，在【图层】下拉列表框中选择目标图层即可，如图 2-52 所示。

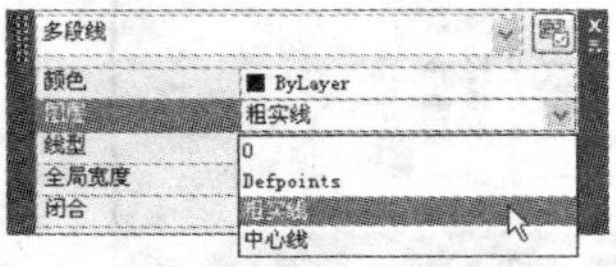

图 2-52 选择目标图层

2.6.4 设置图层特性

图层特性是属于该图层的图形对象所共有的外观特性，包括层名、颜色、线型、线宽和打印样式等。设置图层特性时，在【图层特性管理器】选项板中选中某图层，然后双击需要设置的特性项进行设置。

1. 设置图层颜色

使用颜色可以非常方便地区分各图层上的对象。

单击某图层的【颜色】属性项，打开【选择颜色】对话框，如图 2-53 所示。根据需要选择一种颜色之后，单击【确定】按钮即可完成颜色选择。

2. 设置图层线型

线型是沿图形显示的线、点和间隔（窗格）组成的图样。在绘制对象时，将对象设置为不同的线型，可以方便对象间的相互区分，而且图形也易于观察。

单击某图层的【线型】属性项，打开【选择线型】对话框，如图2-54所示。该对话框显示了目前已经加载的线型样式列表，在一个新的AutoCAD文档中仅加载了实线样式。

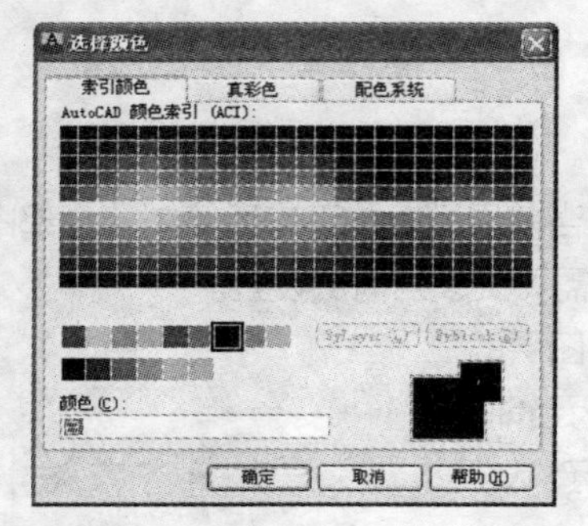

图2-53 【选择颜色】对话框

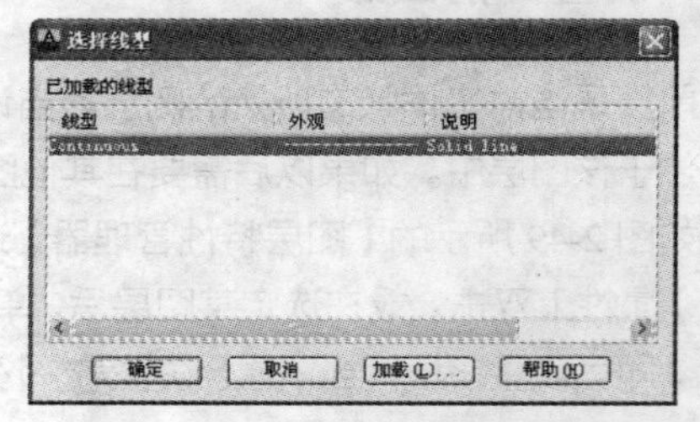

图2-54 【选择线型】对话框

单击对话框中的【加载】按钮，打开【加载或重载线型】对话框，如图2-55所示。选择所需的线型，单击【确定】按钮，返回【选择线型】对话框，即可看到刚才加载的线型。从中选择所需的线型，单击【确定】按钮关闭对话框，即可完成图层线型设置。

3．设置图层线宽

单击某图层的【线宽】属性项，打开如图2-56所示的【线宽】对话框，选择合适的线宽作为图层的线宽，然后单击【确定】按钮。

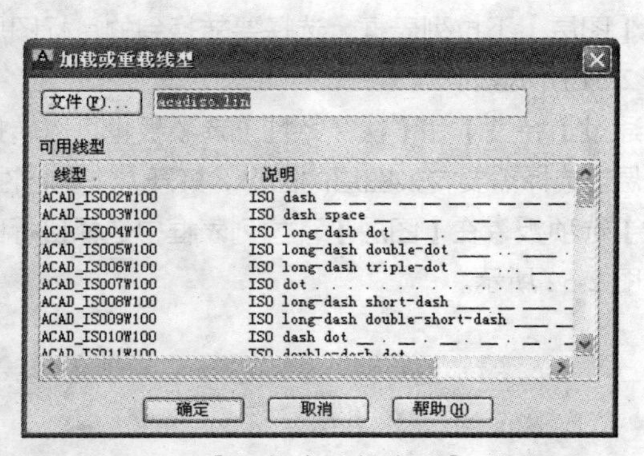

图2-55 【加载或重载线型】对话框

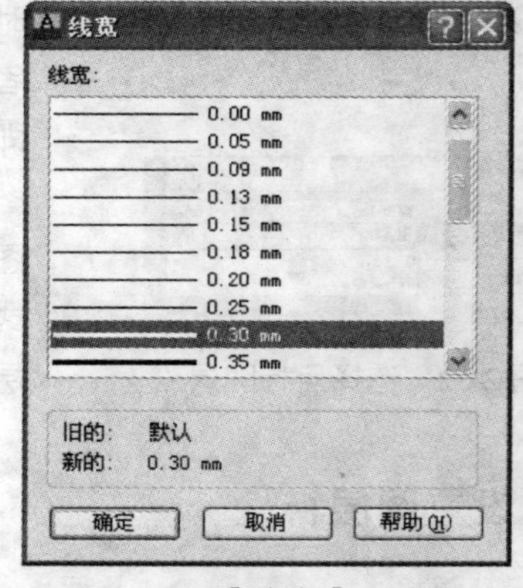

图2-56 【线宽】对话框

为图层设置了线宽后，如果要在屏幕上显示出线宽，还需要打开线宽显示开关。单击状态栏中的【线宽】按钮+，可以控制线宽是否显示。

课堂举例【2-5】：创建【中心线】图层并设置相关特性

Step 01 单击快速访问工具栏中的【新建】按钮，新建空白文件。

Step 02 在【常用】选项卡中，单击【图层】面板中的【图层特性】按钮，打开【图层特性管理器】选项板，如图2-57所示。

Step 03 单击对话框左上角的【新建图层】按钮，新建一个图层，并命名为【中心线】，如图2-58所示。

Step 04 单击【中心线】图层的【颜色】属性项，打开【选择颜色】对话框，选择【索引颜色：

1】，如图 2-59 所示。

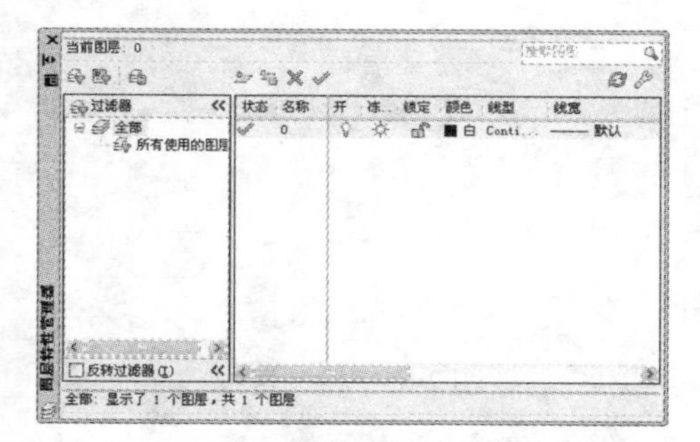

图 2-57 【图层特性管理器】选项板

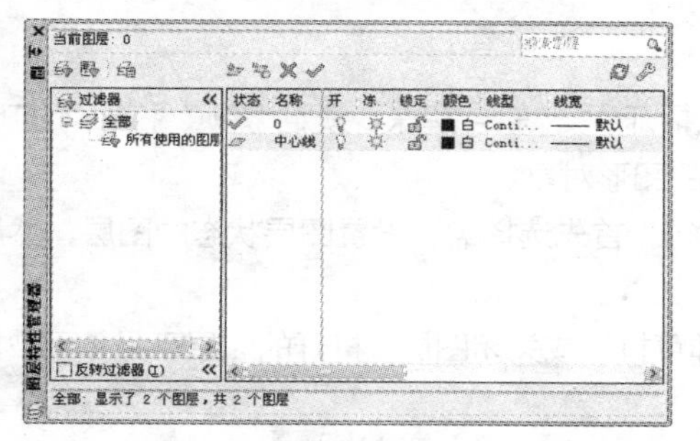

图 2-58 新建【中心线】图层

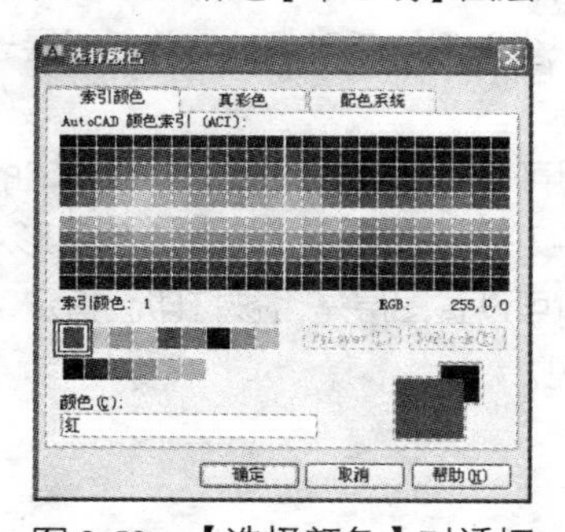

图 2-59 【选择颜色】对话框

Step 05 单击【确定】按钮，返回【图层特性管理器】选项板，即可看到刚才设置的图层颜色，如图 2-60 所示。

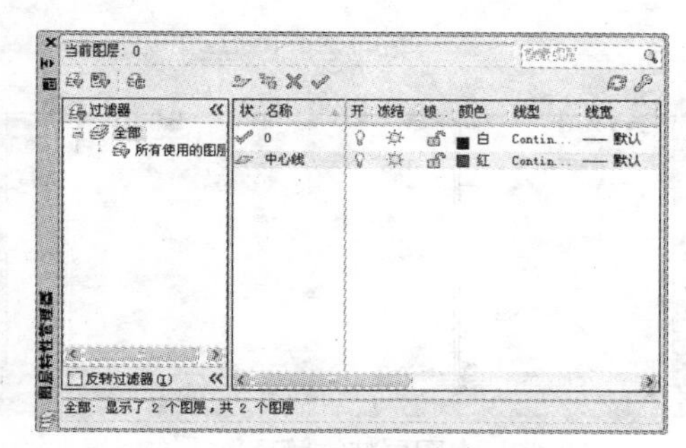

图 2-60 设置图层颜色效果

Step 06 单击【中心线】图层的【线型】属性项，打开【选择线型】对话框，单击【加载】按钮，打开【加载或重载线型】对话框，选择其中的【CENTER】线型，如图 2-61 所示。

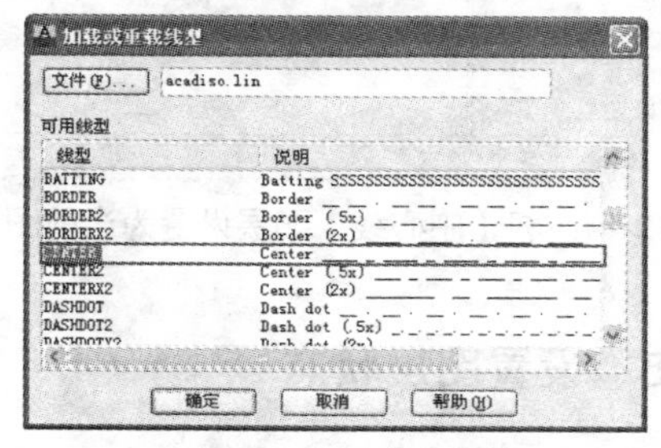

图 2-61 【加载或重载线型】对话框

Step 07 单击【确定】按钮，返回【选择线型】对话框，在【线型】列表中选择【CENTER】线型，如图 2-62 所示。

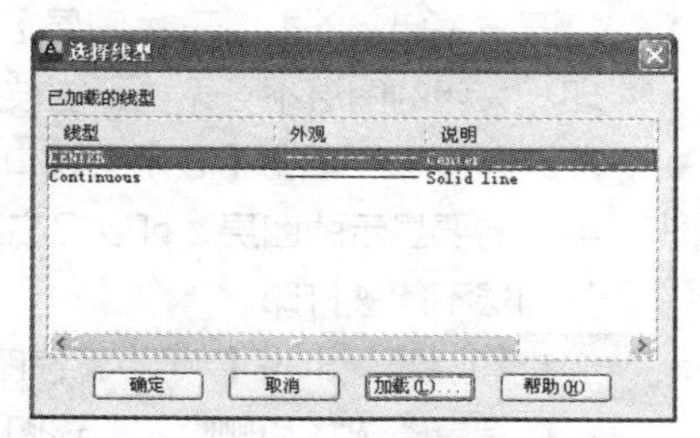

图 2-62 【选择线型】对话框

Step 08 单击【确定】按钮，关闭【选择线型】对话框。设置线型后的效果如图 2-63 所示。

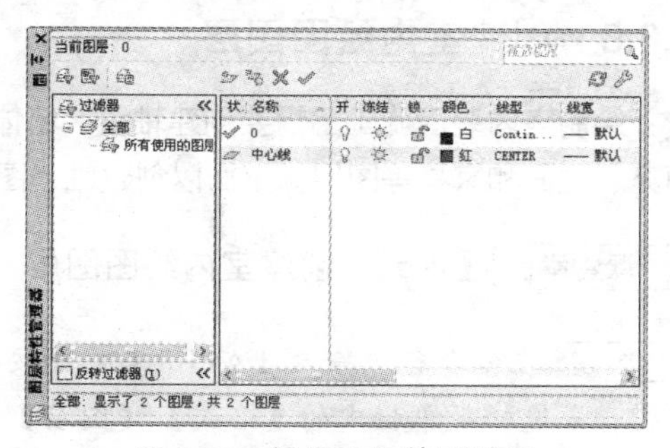

图 2-63 设置图层线型效果

Step 09 双击【中心线】图层的【状态】属性项，将该图层设置为当前图层，如图 2-64 所示。

Step 10 单击【绘图】面板中的【直线】按钮，任意绘制直线，即可看出当前图层的线型和颜色效果，如图 2-65 所示。

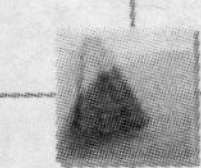

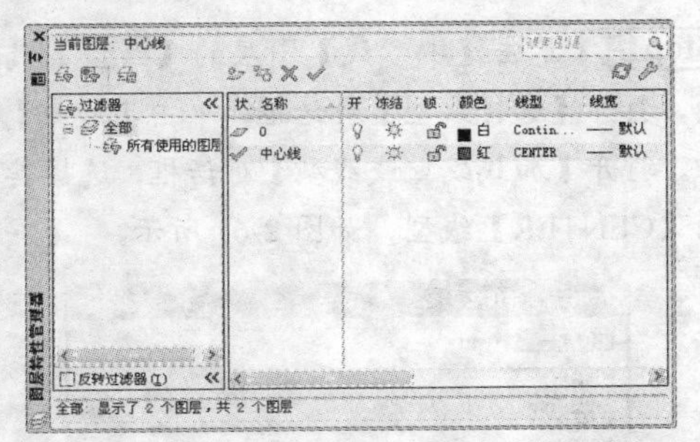

图 2-64 将【中心线】图层设置为当前图层

图 2-65 绘制直线

2.6.5 设置图层状态

图层状态是用户对图层整体特性的开/关设置，包括开/关、冻结/解冻、锁定/解锁、打印/不打印等。对图层的状态进行控制，可以更好地管理图层上的图形对象。

图层状态设置在【图层特性管理器】选项板中进行，首先选择需要设置图层状态的图层，然后单击相关的状态图标，即可控制其图层状态。

- 打开与关闭：单击【开/关图层】图标，即可打开或关闭图层。打开的图层可见，可被打印；关闭的图层不可见，不能被打印。
- 冻结与解冻：单击【在所有视口中冻结/解冻】图标，即可冻结或解冻某图层。冻结长期不需要显示的图层，可以提高系统运行速度，减少图形刷新时间。与关闭图层一样，冻结图层不能被打印。
- 锁定与解锁：单击【锁定/解锁图层】图标，即可锁定或解锁某图层。被锁定的图层不能被编辑、选择和删除，但该图层仍然可见，而且可以在该图层上添加新的图形对象。
- 打印与不打印：单击【打印/不打印】图标，即可设置图层是否被打印。指定某图层不被打印，该图层上的图形对象仍然在图形窗口可见。

2.6.6 创建室内绘图图层

绘制室内装潢施工图需要创建轴线、墙体、门、窗、楼梯、标注、节点、电气、吊顶、地面、填充、立面和家具等图层。下面以创建轴线图层为例，介绍室内图层的创建与设置方法。

课堂举例【2-6】：创建室内绘图图层

Step 01 在命令行中输入 LAYER/LA 并按回车键，或选择菜单栏中的【格式】|【图层】命令，打开如图 2-66 所示的【图层特性管理器】选项板。

Step 02 单击【新建图层】按钮，创建一个新的图层，在【名称】框中输入新图层名称【ZX_轴线】，如图 2-67 所示。

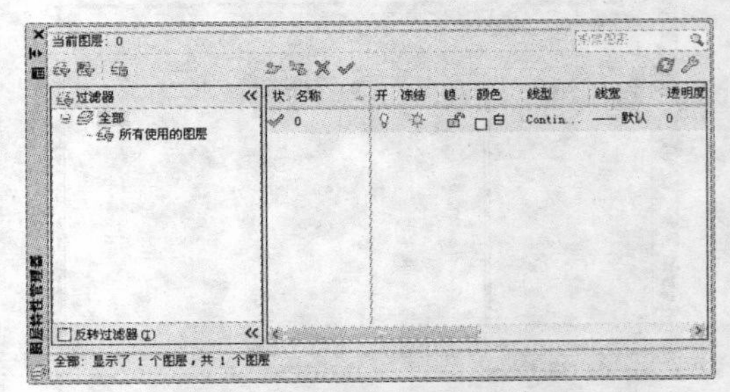

图 2-66 【图层特性管理器】选项板

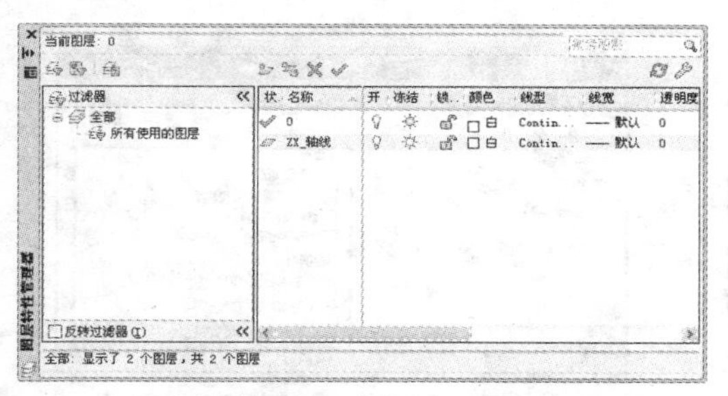

图 2-67　创建【ZX_轴线】图层

专家提醒

为了避免外来图层（如从其他文件中复制的图块或图形）与当前图像中的图层掺杂在一起而产生混乱，每个图层名称前面使用了字母（中文图层名的缩写）与数字的组合，同时也可以保证新增的图层能够与其相似的图层排列在一起，从而方便查找。

Step 03 设置图层颜色。为了区分不同图层上的图线，增加图形不同部分的对比性，可以在【图层特性管理器】线型中单击相应图层【颜色】标签下的颜色色块，打开【选择颜色】对话框，如图 2-68 所示，在该对话框中选择需要的颜色。

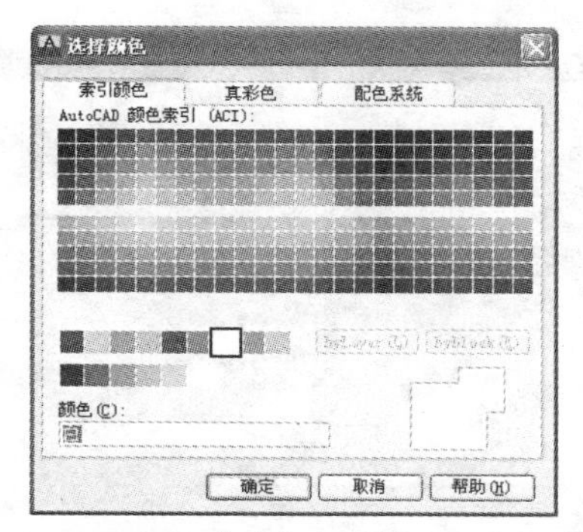

图 2-68　【选择颜色】对话框

Step 04 【ZX_轴线】图层的其他特性保持默认值，图层创建完成。使用相同的方法创建其他图层，创建完成的图层如图 2-69 所示。

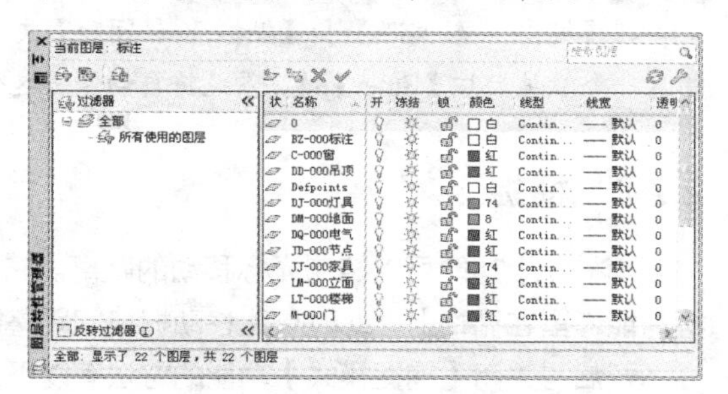

图 2-69　创建其他图层

2.7　栅格、捕捉和正交

【正交】功能可以保证绘制的直线完全呈水平或垂直状态。【捕捉】功能经常与【栅格】功能联用，以控制光标点移动的距离。

2.7.1　栅格

栅格是一些按照相等间距排布的网格，就像传统的坐标纸一样，能直观地显示图形界限的范围，如图 2-70 所示。用户可以根据绘图的需要，开启或关闭栅格在绘图区的显示，并在【草图设置】对话框中设置栅格的间距大小，如图 2-71 所示，从而达到精确绘图的目的。栅格不属于图形的一部分，打印时不会被输出。

开启与关闭【栅格】功能的方法有以下几种。

- 菜单栏：选择【工具】|【草图设置】命令。
- 状态栏：单击状态栏中的【栅格显示】按钮（仅限于打开与关闭）。
- 命令行：在命令行输入 GRID 或 SE 命令。
- 快捷键：按【F7】快捷键（仅限于打开与关闭）。

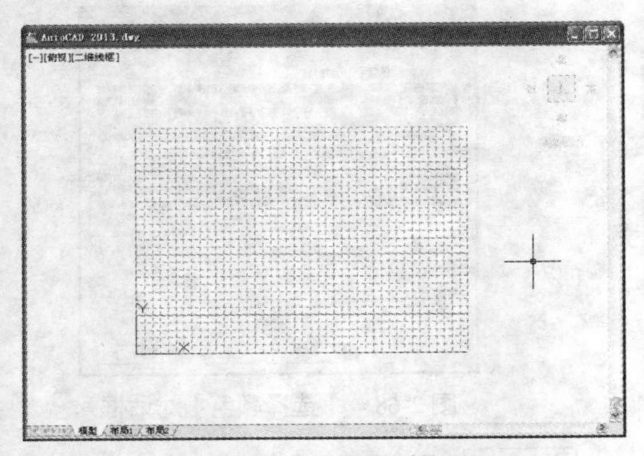

图 2-70 显示栅格

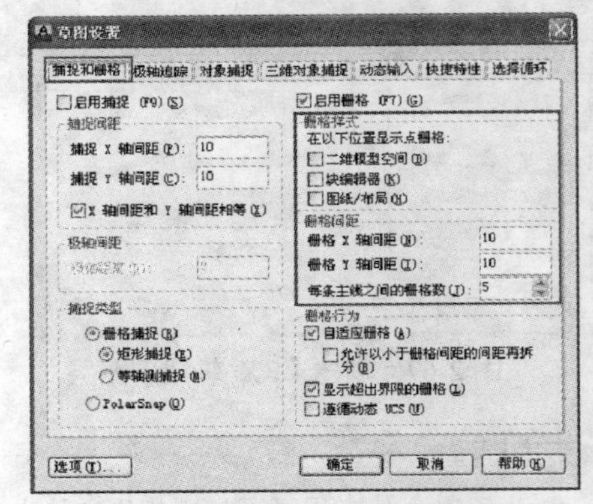

图 2-71 【捕捉和栅格】选项卡

技巧点拨

在【栅格 X 轴间距】和【栅格 Y 轴间距】文本框中输入数值时，若在【栅格 X 轴间距】文本框中输入一个数值后按【Enter】键，系统将自动传送这个值给【栅格 Y 轴间距】文本框，这样可减少工作量。

2.7.2 捕捉

【捕捉】功能可以控制光标移动的距离。它经常和【栅格】功能联用。打开【捕捉】功能，光标只能停留在栅格上，此时只能移动栅格间距整数倍的距离。

开启与关闭【捕捉模式】功能的方法有以下几种。。

- 状态栏：单击状态栏中的【捕捉模式】按钮。
- 快捷键：按【F9】快捷键。

2.7.3 正交

无论是机械制图还是建筑制图，有相当一部分直线是水平或垂直的。针对这种情况，AutoCAD 提供了一个正交开关，以方便绘制水平或垂直直线。

开启与关闭【正交】功能的方法有以下几种。

- 快捷键：按【F8】快捷键，可在开、关状态间切换。
- 状态栏：单击状态栏中的【正交】按钮。
- 命令行：在命令行输入 ORTHO 命令。

因为【正交】功能限制了直线的方向，打开正交模式后，系统就只能画出水平或垂直的直线。更方便的是，由于正交功能已经限制了直线的方向，所以在绘制一定长度的直线时，用户只需要输入直线的长度即可。如图 2-72 所示为使用正交模式绘制的楼梯图形。

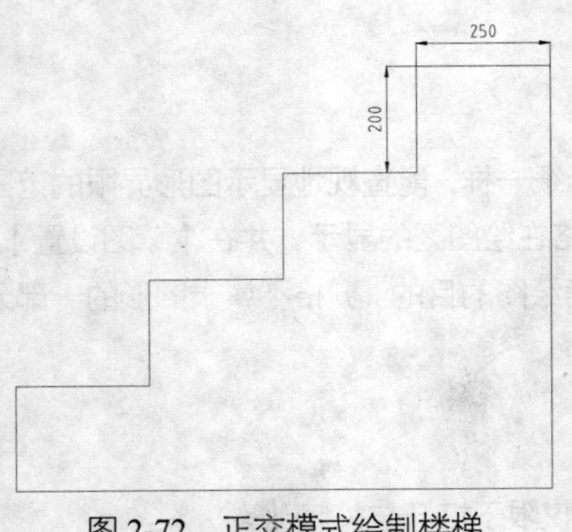

图 2-72 正交模式绘制楼梯

2.7.4 自动追踪

自动追踪的作用也是辅助精确绘图。制图时，自动追踪能够显示出许多临时辅助线，帮助用户在精确的角度或位置上创建图形对象。自动追踪包括极轴追踪和对象捕捉追踪两种模式。

1. 极轴追踪

【极轴追踪】功能实际上是极坐标的一个应用。该功能可以使光标沿着指定角度移动，从而找到指定点。

开启与关闭【极轴追踪】功能的方法有以下几种。

- 快捷键：按【F10】快捷键，可切换其开、关状态。
- 状态栏：单击状态栏中的【极轴追踪】按钮。

在使用极轴追踪之前，应设置正确的追踪角度。移动光标到状态栏中的【极轴追踪】按钮上单击右键，在弹出菜单中选择【设置】命令，如图 2-73 所示，打开【草图设置】对话框，如图 2-74 所示，在【极轴追踪】选项卡中设置所需的极轴追踪角度和增量角。当光标的相对角度等于该角，或者是该角的整数倍时，屏幕上将显示追踪路径，如图 2-75 所示。

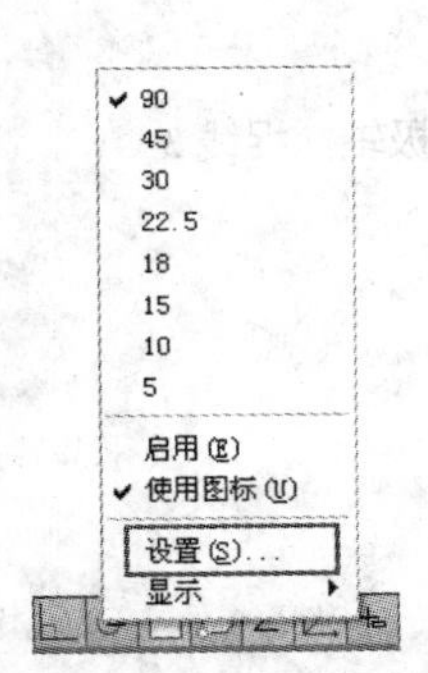

图 2-73　快捷菜单

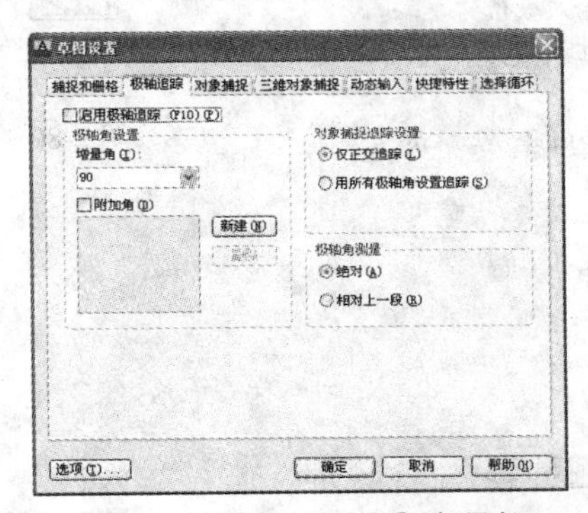

图 2-74　【极轴追踪】选项卡

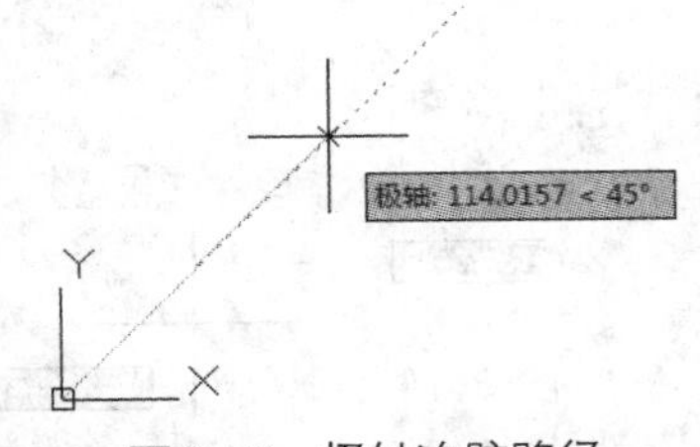

图 2-75　极轴追踪路径

课堂举例【2-7】：使用极轴追踪绘制四边形

Step 01 设置对象捕捉模式。在命令行输入 SE 命令，打开【草图设置】对话框，单击【对象捕捉】选项卡，在其中设置参数，如图 2-76 所示。

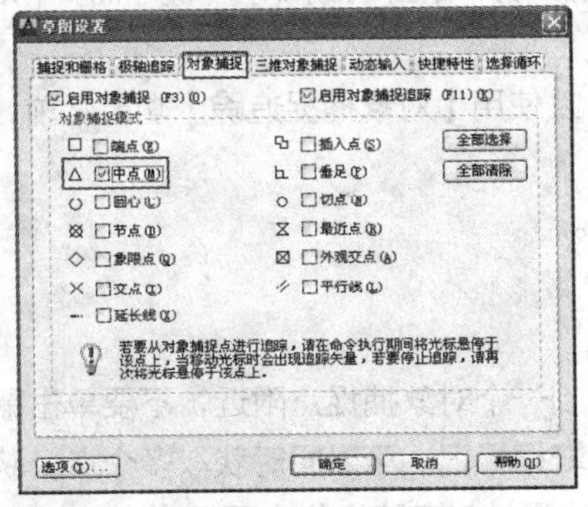

图 2-76　【对象捕捉】选项卡

Step 02 设置极轴追踪角。单击【极轴追踪】选项卡，勾选【启用极轴追踪】复选框，设置【增量角】为 45°，如图 2-77 所示。

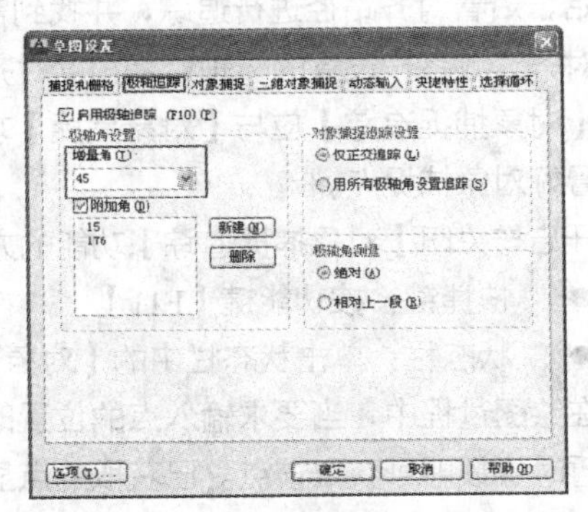

图 2-77　【极轴追踪】选项卡

Step 03 绘制图形。在【常用】选项卡中，单击【绘图】面板中的【多段线】按钮，绘制四边形，命令行提示如下：

```
命令：PL↙        //调用【多段线】命令
指定起点：        //在绘图区任意位置指定一点
当前线宽为 0.0000
指定下一个点或 [圆弧(A)/半宽(H)/长度(L)/放弃(U)/宽度(W)]: 1000↙
        //将光标移动至起点右下方,引出如图2-78所示的315°极轴追踪线，然后输入线段长度数值
指定下一点或 [圆弧(A)/闭合(C)/半宽(H)/长度(L)/放弃(U)/宽度(W)]: 1000↙
        //将光标移动至上一点左下方，引出如图2-79所示的225°极轴追踪线，然后输入线段长度数值
指定下一点或 [圆弧(A)/闭合(C)/半宽(H)/长度(L)/放弃(U)/宽度(W)]: 1000↙
        //将光标移动至上一点左上方，引出如图2-80所示的135°极轴追踪线，然后输入数值
指定下一点或 [圆弧(A)/闭合(C)/半宽(H)/长度(L)/放弃(U)/宽度(W)]:↙
        //输入C闭合图形，结果如图2-81所示
```

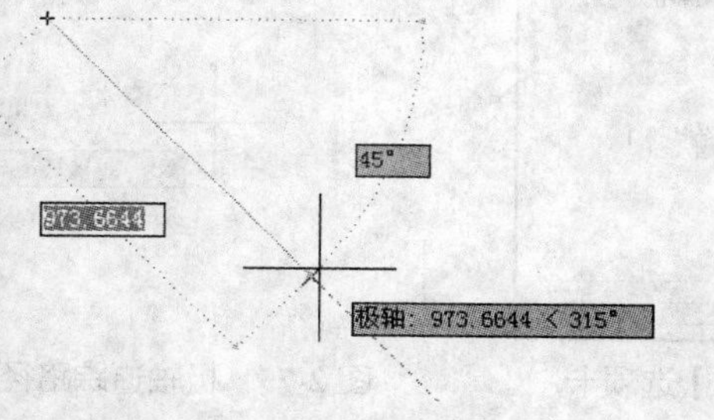

图2-78　引出极轴追踪线1

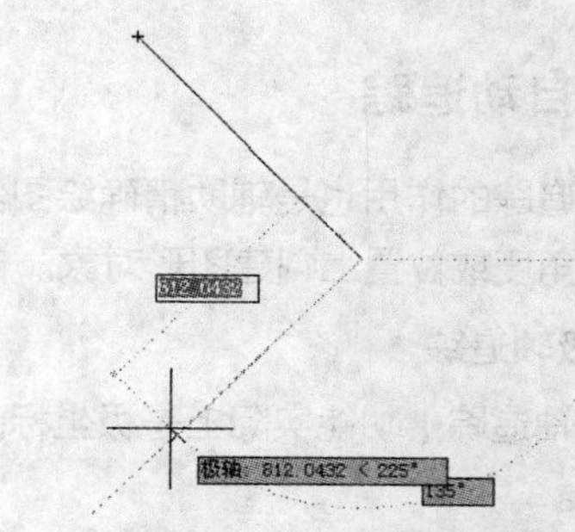

图2-79　引出极轴追踪线2

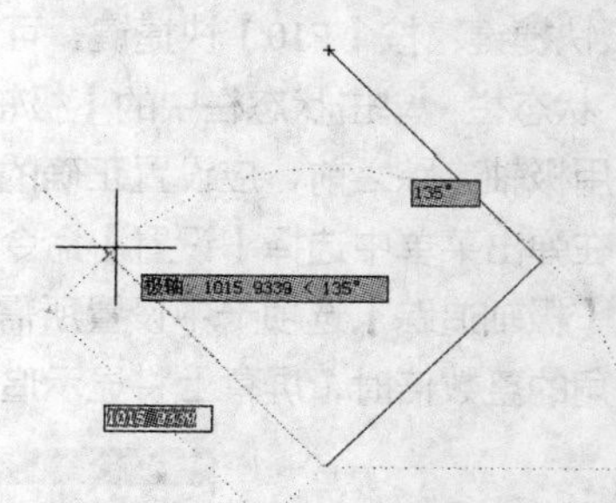

图2-80　引出极轴捕捉线3

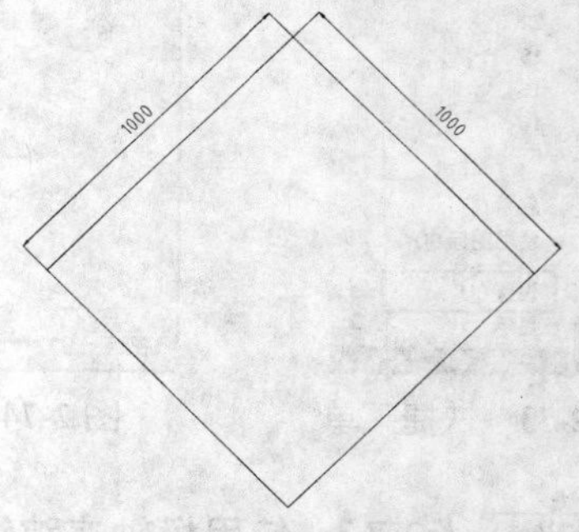

图2-81　绘制多段线

2. 对象捕捉追踪

【对象捕捉追踪】是在【对象捕捉】功能的基础上发展起来的，该功能可以使光标从对象捕捉点开始，沿着对齐路径进行追踪，并找到需要的精确位置。对齐路径是指和对象捕捉点水平对齐、垂直对齐，或者按设置的极轴追踪角度对齐的方向。

【对象捕捉追踪】应与【对象捕捉】功能配合使用，且使用【对象捕捉追踪】功能之前，需要先设置好对象捕捉点。

开启与关闭【对象捕捉追踪】功能的方法有以下几种。

- 快捷键：按功能键【F11】。
- 状态栏：单击状态栏中的【对象追踪】按钮。

在绘图过程中，当要求输入点的位置时，将光标移动到一个对象捕捉点附近，不要单击鼠标，只需暂时停顿即可获取该点。已获取的点显示为一个蓝色靶框标记。可以同时获取多个点。获取点之后，当在绘图路径上移动光标时，相对点的水平、垂直或极轴对齐路径将会显示出来，如图 2-82

所示，而且还可以显示多条对齐路径的交点。

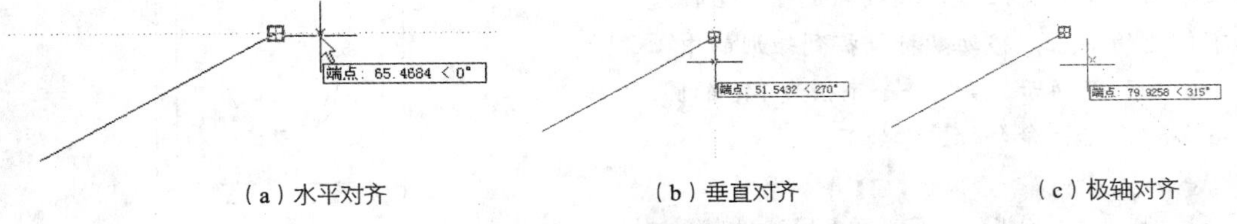

（a）水平对齐　（b）垂直对齐　（c）极轴对齐

图 2-82　对象捕捉追踪

课堂举例【2-8】：使用【对象捕捉追踪】功能绘制床头柜

Step 01 在【常用】选项卡中，单击【绘图】面板中的【矩形】按钮，绘制一个 600×600 的矩形，如图 2-83 所示，命令行操作如下：

```
命令：rec↙          //调用【矩形】命令
指定第一个角点或 [倒角(C)/标高(E)/圆角(F)/厚度(T)/宽度(W)]：
指定另一个角点或 [面积(A)/尺寸(D)/旋转(R)]:D↙          //激活“尺寸”选项
指定矩形的长度 <600.0000>: 600↙
                    //输入矩形长度
指定矩形的宽度 <600.0000>: 600↙
                    //输入矩形宽度
```

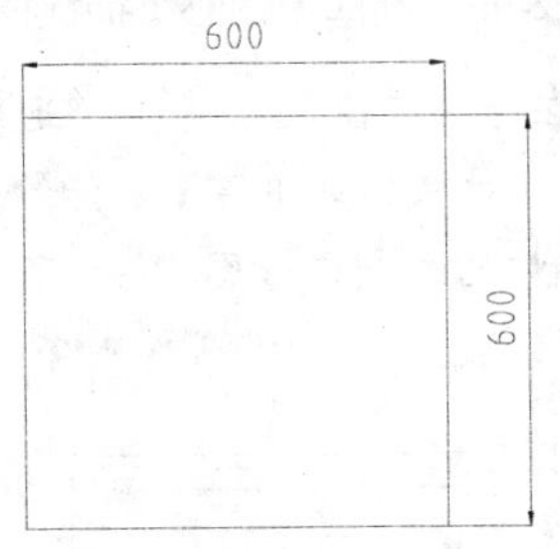

图 2-83　绘制矩形

Step 02 在【常用】选项卡中，单击【绘图】面板中的【偏移】按钮，将矩形向内偏移 50 的距离，如图 2-84 所示。

图 2-84　偏移矩形

Step 03 右键单击状态栏中的【对象捕捉】按钮，在弹出菜单中选择【设置】命令，如图 2-85 所示。

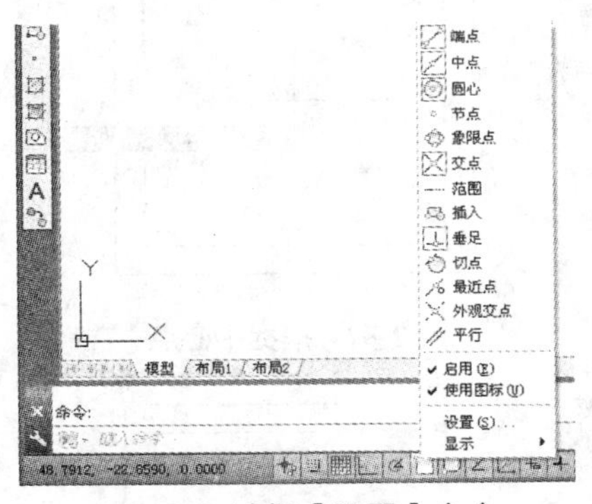

图 2-85　选择【设置】命令

Step 04 打开【草图设置】对话框，单击【对象捕捉】选项卡，选中【中点】复选框，单击【确定】按钮，完成【中点】捕捉模式的设置，如图 2-86 所示。

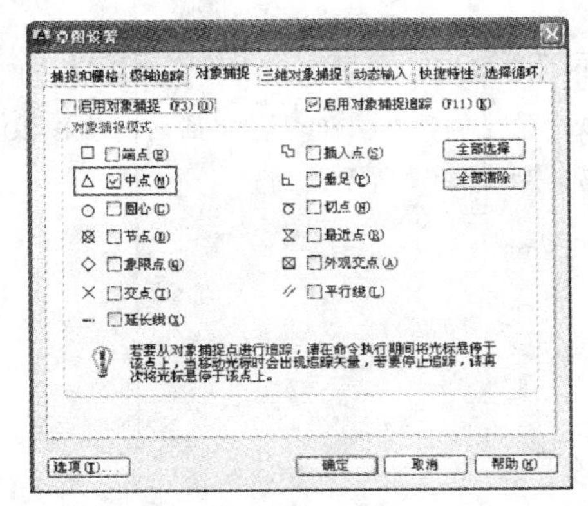

图 2-86　【对象捕捉】选项卡

Step 05 单击状态栏中的【对象捕捉追踪】按钮，启用【对象捕捉追踪】功能。

Step 06 在【常用】选项卡中，单击【绘图】面板中的【圆】按钮，捕捉内侧矩形上侧边和下侧边的中点，移动鼠标捕捉到矩形的中心点，如图 2-87 所示，绘制一个半径为 140 的圆，如图 2-88 所示，命令行操作如下：

```
    命令: _circle //调用【圆】命令
    指定圆的圆心或 [三点(3P)/两点(2P)/切点、切点、半径(T)]:
    指定圆的半径或 [直径(D)]: 140↙
                    //输入半径值
```

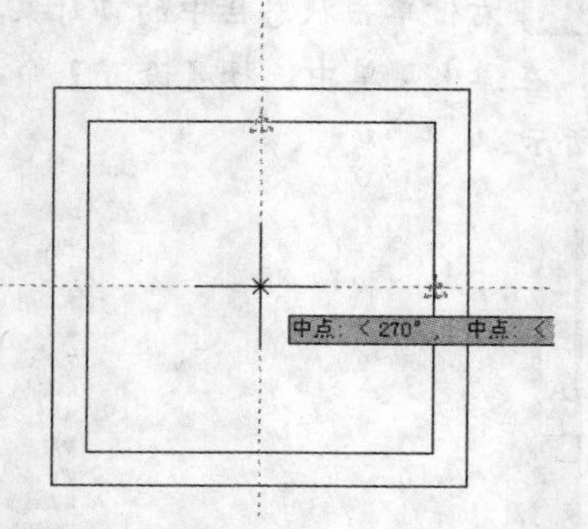

图 2-87　捕捉中心点

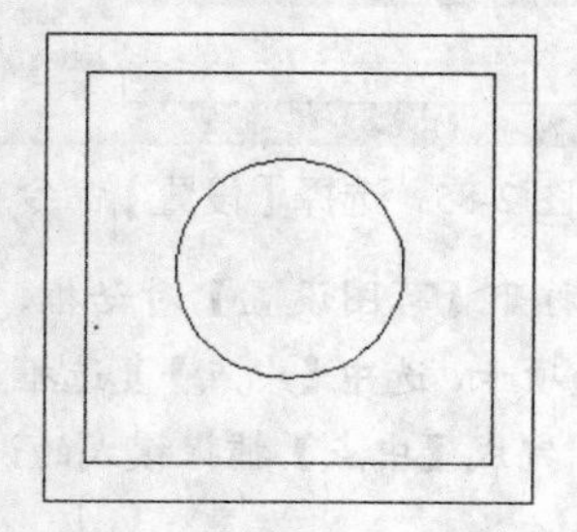
图 2-88　绘制圆

Step 07 在【常用】选项卡中，单击【绘图】面板中的【偏移】按钮，将圆向内偏移 20 的距离，如图 2-89 所示。

图 2-89　偏移圆

Step 08 右击状态栏中的【对象捕捉】按钮，在弹出菜单中选择【圆心】捕捉模式，如图 2-90 所示。

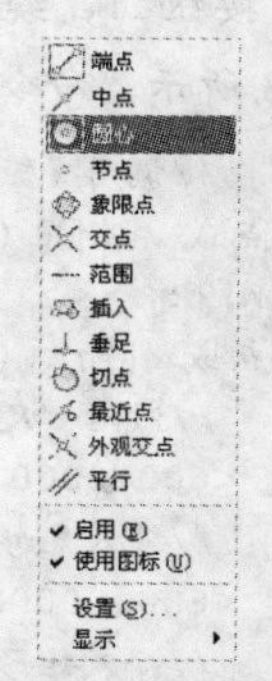

图 2-90　选择【圆心】捕捉模式

Step 09 在命令行输入 L 命令，通过【圆心捕捉】功能与【对象捕捉追踪】功能绘制直线，完成床头柜台灯的绘制，如图 2-91 所示。至此，床头柜绘制完成。

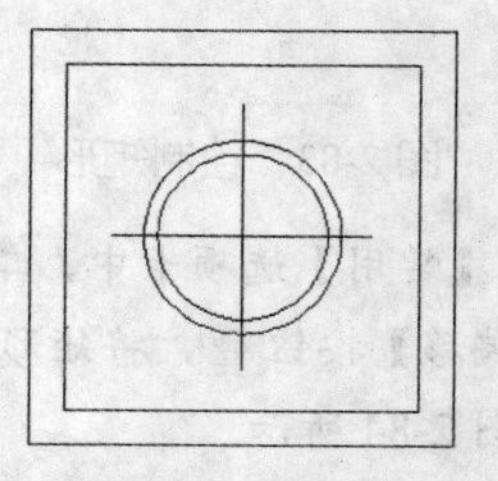
图 2-91　绘制直线

第  章　基本二维图形的绘制

⊙学习目的：

本章讲解室内基本二维图形的绘制方法，包括点、直线、射线、构造线、多段线、多线、矩形、多边形和圆等。通过学习本章，读者应能够熟练掌握二维常用绘图命令的使用方法。

⊙学习重点：

★★★★ 绘制直线　　★★★☆ 绘制曲线

★★★☆ 绘制多边形　　★☆☆☆ 绘制点

3.1 点对象的绘制

在 AutoCAD 中，点对象可以用做捕捉和偏移对象的节点或参考点。AutoCAD 2013 提供了多种形式的点，包括单点、多点、定数等分点和定距等分点 4 种类型。

3.1.1 设置点样式

在 AutoCAD 中，系统默认情况下绘制的点显示为一个小黑点，不便于用户观察。因此，在绘制点之前一般要设置点样式，使其清晰明了。

执行【点样式】命令的方式有以下几种。

- 命令行：输入 DDPTYPE 命令。
- 菜单栏：选择【格式】|【点样式】命令。

课堂举例【3-1】：设置点样式

Step 01 按【Ctrl+O】快捷键，打开"第 3 章\3.1.1 设置点样式.dwg" 图形文件，如图 3-1 所示。此时矩形交点显示为小黑点，无法识别。

Step 02 选择菜单栏中的【格式】|【点样式】命令，打开【点样式】对话框，如图 3-2 所示。

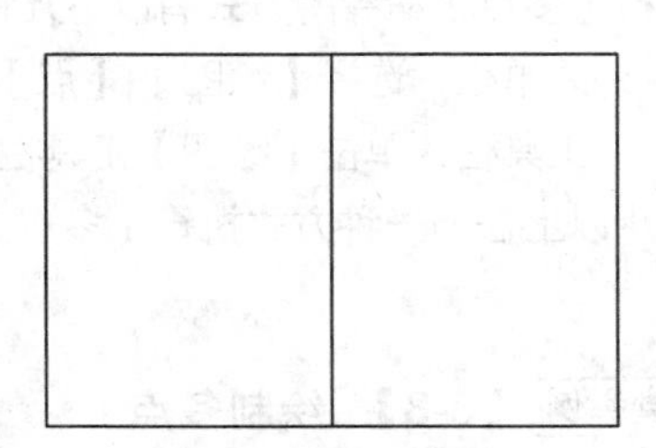

图 3-1　打开图形

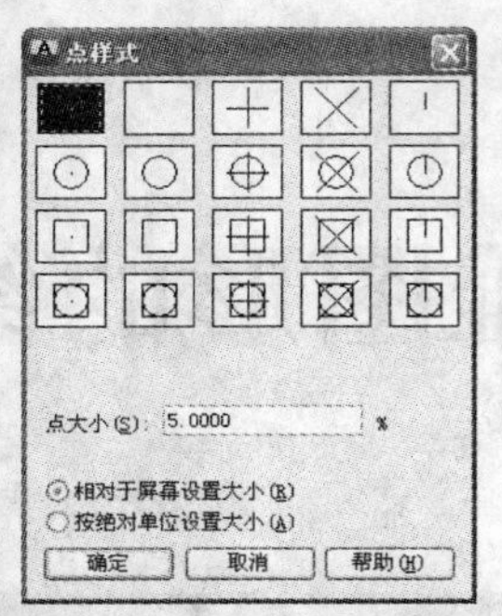
图 3-2 【点样式】对话框

Step 03 在对话框中选择一种易于识别的点样式，单击【确定】按钮，完成点样式的设置，此时点显示效果如图 3-3 所示。

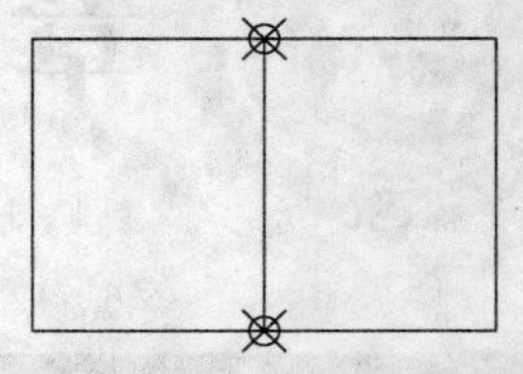
图 3-3 更改点样式后的效果

3.1.2 绘制单点

该命令执行一次只能绘制一个点。

执行【单点】命令的方式有以下几种。

- 命令行：输入 POINT/PO 命令。
- 菜单栏：选择【绘图】|【点】|【单点】命令。

课堂举例【3-2】：绘制单点

Step 01 按【Ctrl+O】快捷键，打开“第 3 章\3.1.2 绘制单点.dwg”图形文件，如图 3-4 所示。

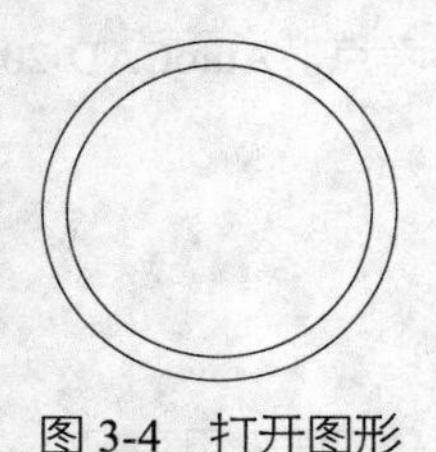
图 3-4 打开图形

Step 02 选择菜单栏中的【绘图】|【点】|【单点】命令，在外圆上端象限点位置单击鼠标，即可创建一个单点，效果如图 3-5 所示。

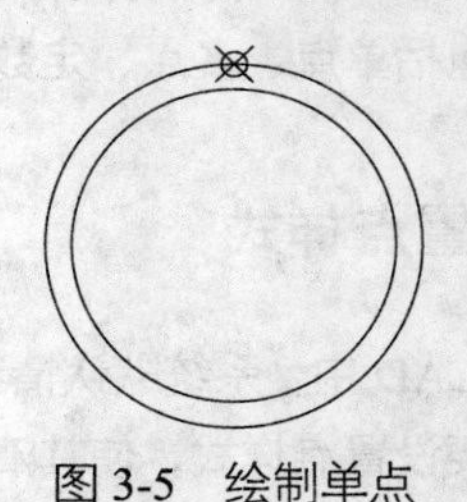
图 3-5 绘制单点

3.1.3 绘制多点

绘制多点是指执行一次命令后可以连续绘制多个点，直到按【Esc】键结束命令为止。

执行【多点】命令的方式有以下几种。

- 菜单栏：选择【绘图】|【点】|【多点】命令。
- 工具栏：单击【绘图】工具栏中的【多点】按钮。

使用以上任何一种方式执行【多点】命令后，移动鼠标在需要添加点的地方单击，即可创建多个点。

课堂举例【3-3】：绘制多点

Step 01 按【Ctrl+O】快捷键，打开“第 3 章\3.1.3 绘制多点.dwg”图形文件，如图 3-6 所示。

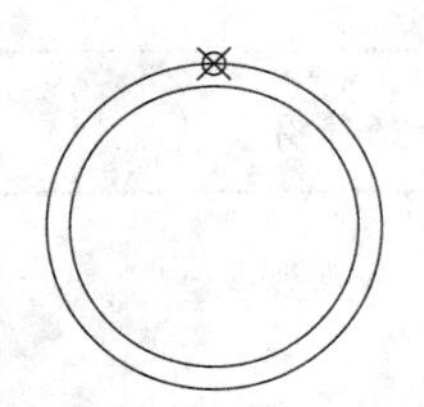

图 3-6　打开图形

Step 02 选择菜单栏中的【绘图】|【点】|【多点】命令，在其他象限点和圆心位置连续单击，即可创建多点，如图 3-7 所示。

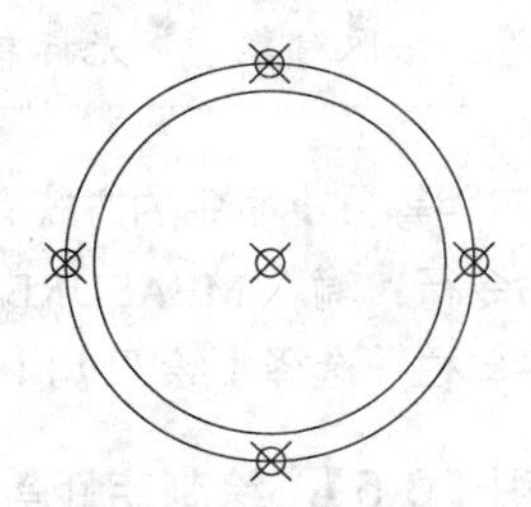

图 3-7　绘制多点

3.1.4　绘制定数等分

定数等分是以相等的长度设置点或图块的位置，被等分的对象可以是线段、圆、圆弧以及多段线等图形。

执行【定数等分】命令的方式有以下几种。

- 命令行：输入 DIVIDE/DIV 命令。
- 菜单栏：选择【绘图】|【点】|【定数等分】命令。

课堂举例【3-4】：绘制定数等分点

Step 01 按【Ctrl+O】快捷键，打开"第 3 章\3.1.4 绘制定数等分.dwg"图形文件，如图 3-8 所示。

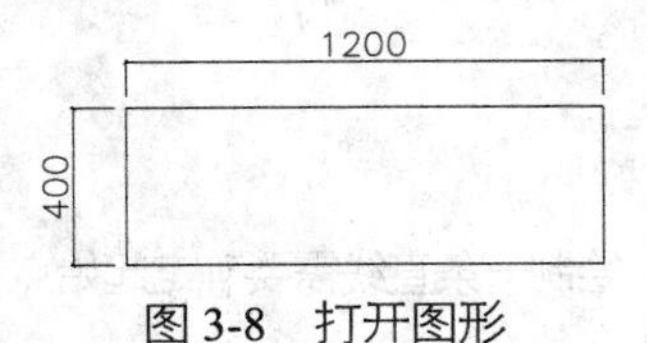

图 3-8　打开图形

Step 02 选择菜单栏中的【修改】|【分解】命令，分解矩形。

Step 03 选择菜单栏中的【绘图】|【点】|【定数等分】命令，将矩形上侧边等分为 4 段，命令行操作如下：

```
命令：_divide↙      //调用【定数等分】命令
选择要定数等分的对象：//选择矩形上侧边
输入线段数目或 [块(B)]：4↙
                    //输入等分数，按回车键
结束，定数等分结果如图 3-9 所示
```

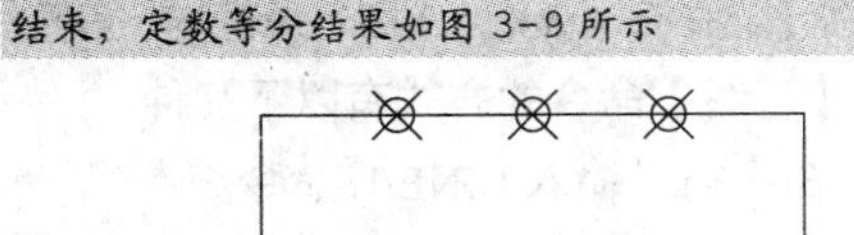

图 3-9　定数等分

专家提醒

在等分矩形、多边形等复合对象时，会按所有边的总长度进行等分。如果需要等分单独的某条边，应先调用 EXPLODE【分解】命令进行分解。

3.1.5　绘制定距等分

定距等分用于在选择的实体上按给定的距离放置点或图块。与定数等分不同的是，因为等分后的子线段数目是线段总长除以等分距，所以由于等分距的不确定性，定距等分后可能会出现剩余线段。

专家提醒

定距等分拾取对象时，光标靠近对象哪一端，就从哪一端开始等分。

执行【定距等分】命令的方式有以下几种。

- 命令行：输入 MEASURE/ME 命令。
- 菜单栏：选择【绘图】|【点】|【定距等分】命令。

课堂举例【3-5】：绘制定距等分

Step 01 调用 LINE【直线】命令，绘制一条长为 1500 的水平线段。

Step 02 选择菜单栏中的【绘图】|【点】|【定距等分】命令，以 300 等分距离对直线进行定距等分，命令行操作如下：

```
命令: _measure↙    //调用【定距等分】命令
选择要定距等分的对象:        //选择线段
指定线段长度或 [块(B)]: 300↙
        //输入等分距离 300，按回车键结束，定距等分结果如图 3-10 所示
```

图 3-10 定距等分

3.2 直线型对象的绘制

线是图纸中最常用的图形，在 AutoCAD 2013 中可以绘制直线、射线、构造线、多段线和多线等各种形式的线。在绘制这些线时，要灵活运用前面介绍的坐标输入方法，精确绘制图形。

3.2.1 绘制直线

【直线】命令在 AutoCAD 中是最基本、最常用的命令之一，绘制一条直线需要确定起始点和终止点。执行【直线】命令的方式有以下几种。

- 命令行：输入 LINE/L 命令。
- 菜单栏：选择【绘图】|【直线】命令。
- 工具栏：单击【绘图】工具栏中的【直线】按钮。

课堂举例【3-6】：使用直线绘制书柜图形

Step 01 按【Ctrl+O】快捷键，打开“第 3 章\3.2.1 绘制直线.dwg”图形文件，如图 3-11 所示。

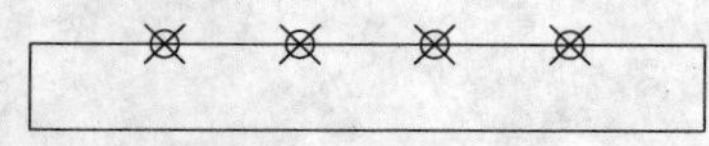
图 3-11 打开图形

Step 02 单击【绘图】工具栏中的【直线】按钮，绘制书柜隔断，命令行操作如下：

```
命令: _line ↙         //调用【直线】命令
指定第一点: //以等分点为起点垂直向下绘制线段
指定下一点或 [放弃(U)]://继续绘制线段
指定下一点或 [闭合(C)/放弃(U)]: ↙
            //按【Enter】键完成直线绘制
```

Step 03 书柜隔断绘制完成后，选择删除等分点，结果如图 3-12 所示。

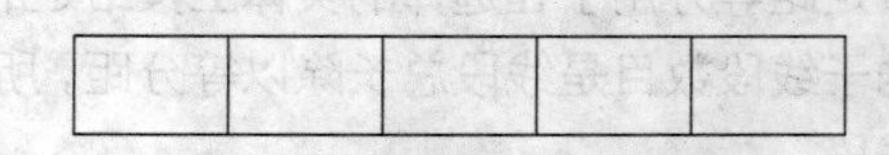
图 3-12 绘制线段划分书柜

Step 04 继续调用 L【直线】命令，在书柜中绘制对角线，表示是到顶的书柜，效果如图 3-13 所示。

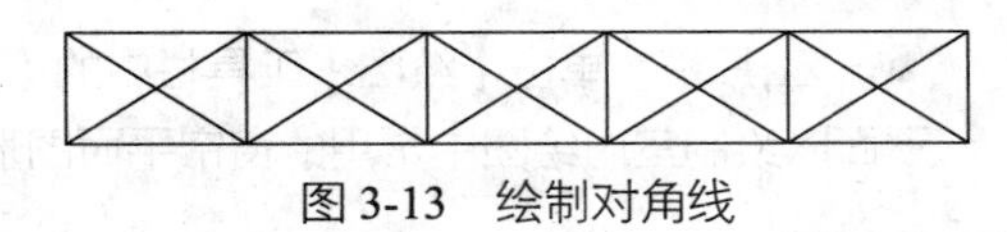
图 3-13　绘制对角线

3.2.2　绘制射线

射线是只有一个端点，另一端无限延伸的直线。

执行【射线】命令的方式有以下几种。

- 命令行：输入 RAY 命令。
- 菜单栏：选择【绘图】|【射线】命令。

在绘图区指定起点，通过该点即可绘制射线，可以绘制经过相同起点的多条射线，直到按【Esc】键或【Enter】键退出为止。

3.2.3　绘制构造线

构造线是两端可以无限延伸的直线，没有起点，主要用于绘制辅助线。

执行【构造线】命令的方式有以下几种。

- 命令行：输入 XLINE/XL 命令。
- 菜单栏：选择【绘图】|【构造线】命令。
- 工具栏：单击【绘图】工具栏中的【构造线】按钮。

执行上述任意一种命令，命令行操作如下：

```
命令: _xline
指定点或 [水平(H)/垂直(V)/角度(A)/二等分(B)/偏移(O)]:
```

命令行中各选项的含义如下。

- 水平：绘制水平构造线。
- 垂直：绘制垂直构造线。
- 角度：按指定的角度创建构造线。
- 二等分：用来创建已知角的角平分线。使用该项创建的构造线，平分两条指定线的夹角，且通过该夹角的顶点。
- 偏移：用来创建平行于另一个对象的平行线。创建的平行线可以偏移一段距离与对象平行，也可以通过指定的点与对象平行。

3.2.4　绘制多段线

多段线是由首尾相连的直线段和弧线段组成的复合对象。AutoCAD 默认这些对象为一个整体，不能单独编辑。

执行【多段线】命令的方式有以下几种。

- 命令行：输入 PLINE/PL 命令。
- 菜单栏：选择【绘图】|【多段线】命令。

- 工具栏：单击【绘图】工具栏中的【多段线】按钮。

下面以绘制室内绘图中常用的窗帘平面图形为例，讲解多段线的具体画法。

课堂举例【3-7】：绘制窗帘

Step 01 单击【绘图】工具栏中的【多段线】按钮，绘制多段线，命令行操作如下：

```
命令:PLINE↙    //调用【多段线】命令
指定起点：      //在任意位置拾取一点，确定多段线的起点
当前线宽为 0.0000
指定下一个点或[圆弧(A)/半宽(H)/长度(L)/放弃(U)/宽度(W)]：    //向右移动光标到 0° 极轴追踪线上，在适当位置拾取一点，确定多段线的第二点
指定下一个点或[圆弧(A)/半宽(H)/长度(L)/放弃(U)/宽度(W)]:A↙  //选择“圆弧(A)”选项
指定圆弧的端点或[角度(A)/圆心(CE)/方向(D)/半宽(H)/直线(L)/半径(R)/第二个点(S)/放弃(U)/宽度(W)]:A↙    //选择“角度(A)”选项
指定包含角:180↙  //设置圆弧角度为 180°
指定圆弧的端点或[圆心(CE)/半径(R)]:30↙
                //向右移动光标到 0° 极轴追踪线上，输入 30，并按回车键，确定圆弧端点，如图 3-14 所示
指定圆弧的端点或[角度(A)/圆心(CE)/闭合(CL)/方向(D)/半宽(H)/直线(L)/半径(R)/第二个点(S)/放弃(U)/宽度(W)]:30↙
                //保持光标在 0° 极轴追踪线上不变，输入 30，按回车键，确定第二个圆弧端点
……              //重复上述操作，绘制出若干个圆弧，如图 3-15 所示
指定圆弧的端点或[角度(A)/圆心(CE)/闭合(CL)/方向(D)/半宽(H)/直线(L)/半径(R)/第二个点(S)/放弃(U)/宽度(W)]:L↙
                //选择“直线(L)”选项
指定下一点或[圆弧(A)/闭合(C)/半宽(H)/长度(L)/放弃(U)/宽度(W)]：
                //向右移动光标到 0° 极轴追踪线上，在适当的位置拾取一点，如图 3-16 所示
指定下一点或[圆弧(A)/闭合(C)/半宽(H)/长度(L)/放弃(U)/宽度(W)]:W↙//选择“宽度(W)”选项
指定起点宽度<0.0000>:20↙
                //设置多段线起点宽度为 20
指定端点宽度<10.0000>:0.1↙
                //设置端点宽度为 0.1
指定下一点或[圆弧(A)/闭合(C)/半宽(H)/长度(L)/放弃(U)/宽度(W)]：
                //在适当的位置拾取一点，完成窗帘的绘制
指定下一点或[圆弧(A)/闭合(C)/半宽(H)/长度(L)/放弃(U)/宽度(W)]:↙ //按空格键退出命令
```

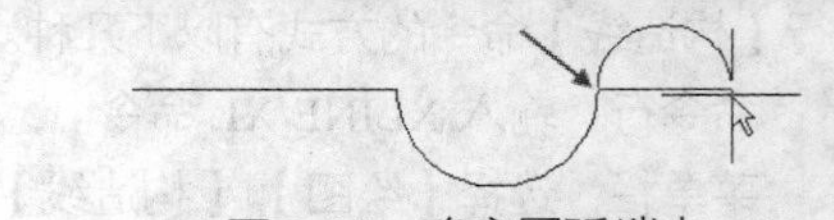

图 3-14　确定圆弧端点

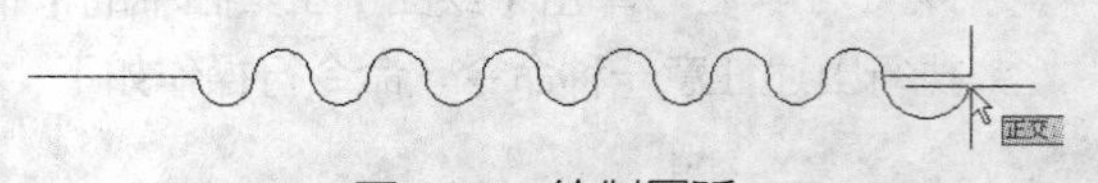

图 3-15　绘制圆弧

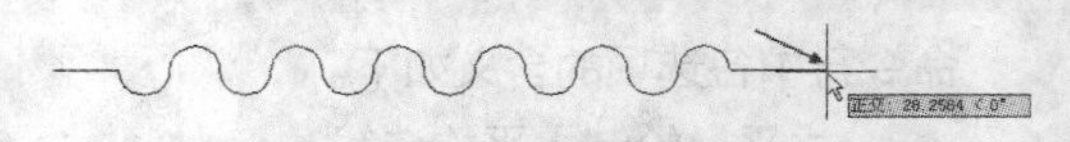

图 3-16　指定多段线端点

Step 02 绘制完成的窗帘图形如图 3-17 所示。

图 3-17　绘制完成的窗帘

3.2.5 绘制多线

多线是由多条平行直线组成的一组平行线，在室内设计中常用来绘制墙和窗图形。在 AutoCAD 2013 中，用户可以对组成多线的平行线数、平行线间的距离，以及多线起点和端点的闭合方式进行设置。

执行【多线】命令的方式有以下几种。

- 命令行：输入 MLINE/ML 命令。
- 菜单栏：选择【绘图】|【多线】命令。

调用【多线】命令后，命令行操作如下：

```
命令: mline
当前设置: 对正 = 上, 比例 = 1.00, 样式 = STANDARD
指定起点或 [对正(J)/比例(S)/样式(ST)]:
```

命令行中各选项的含义如下。

- 对正：设置多线起点的对正方式。可以分别选择以多线最顶端的直线元素的端点（上）、以中心线的端点（无）或最底端直线元素的端点（下）作为多线的对正起点。
- 比例：控制多线的全局宽度。这个比例基于在多线样式定义中建立的宽度。比例因子为 2，绘制多线时，其宽度是样式定义的宽度的两倍。如果是负比例因子则将翻转偏移线的次序：当从左至右绘制多线时，偏移最小的多线绘制在顶部。负比例因子的绝对值也会影响比例。比例因子为 0，将使多线变为单一的直线。
- 样式：设置当前多线样式。

课堂举例【3-8】：使用多线绘制墙体

Step 01 按【Ctrl+O】快捷键，打开“第 3 章\3.2.5 绘制多线.dwg”图形文件，如图 3-18 所示。

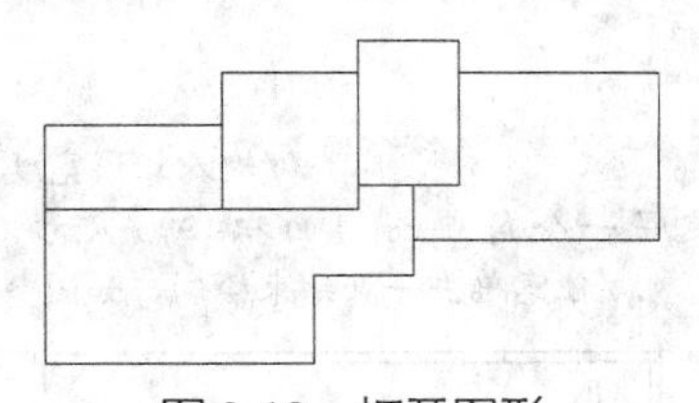

图 3-18 打开图形

Step 02 调用 MLINE 命令，在轴线基础上绘制墙体，命令行操作如下：

```
命令:MLINE↙    //调用【多线】命令
当前设置: 对正 = 上, 比例 = 1.00, 样式 = STANDARD
指定起点或 [对正(J)/比例(S)/样式(ST)]: s↙
        //选择“比例(S)”选项
输入多线比例 <1.00>: 240↙
        //根据墙体厚度,设置多线比例为 240
当前设置: 对正 = 上, 比例 = 240.00, 样式 = STANDARD
指定起点或 [对正(J)/比例(S)/样式(ST)]: J↙
        //选择“对正(J)”选项
输入对正类型 [上(T)/无(Z)/下(B)] <上>: Z↙
        //选择“无(Z)”选项
当前设置: 对正 = 无, 比例 = 240.00, 样式 = STANDARD
指定起点或 [对正(J)/比例(S)/样式(ST)]:
        //捕捉左上角轴线交点为多线起点, 如图 3-19 所示
指定下一点: //捕捉右上角的轴线交点为多线的第二个端点, 如图 3-20 所示
指定下一点或 [放弃(U)]:……
        //继续指定多线端点, 绘制外墙线, 如图 3-21 所示
```

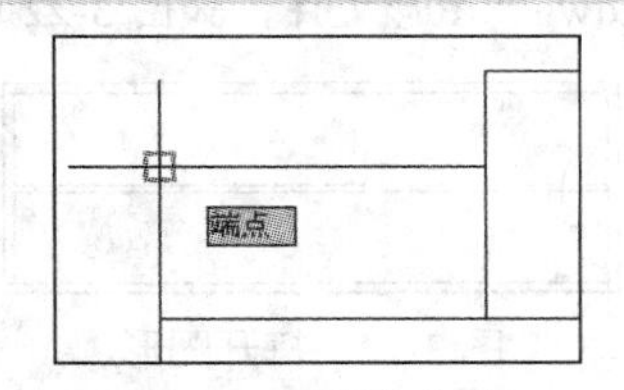

图 3-19 指定起点

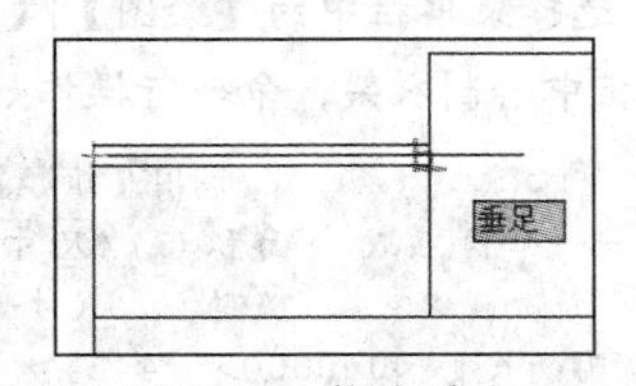

图 3-20 指定端点

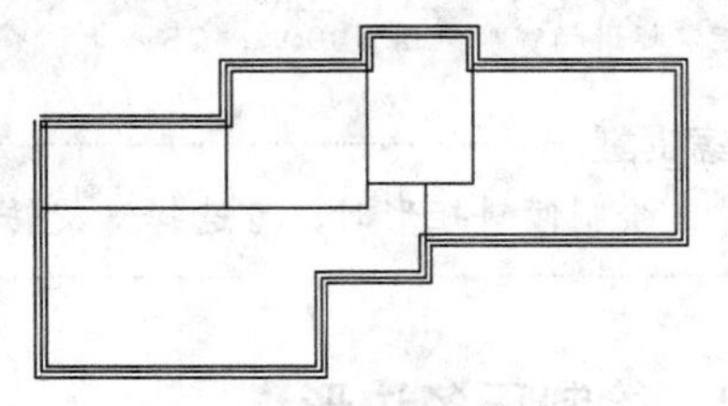

图 3-21 绘制的外墙线

专家提醒

可以通过设置不同的比例和对正方式来绘制内墙，内墙的比例通常为 120。

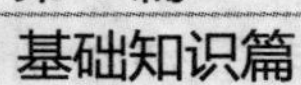

3.3 多边形对象的绘制

多边形对象包括矩形和正多边形，这些图形都是由多条直线围合而成的封闭图形，构成图形的各条边线组合为一个整体，不能单独进行编辑。

3.3.1 绘制矩形

在绘制矩形时，可以为其设置倒角、圆角，以及宽度和厚度值等参数。

执行【多线】命令的方式有以下几种。

- 命令行：输入 RECTANG/REC 命令。
- 菜单栏：选择【绘图】|【矩形】命令。
- 工具栏：单击【绘图】工具栏中的【矩形】按钮▭。

课堂举例【3-9】：使用矩形绘制衣架

Step 01 按【Ctrl+O】快捷键，打开“第 3 章\3.3.1 绘制矩形.dwg”图形文件，如图 3-22 所示。

图 3-22　打开图形

Step 02 选择菜单栏中的【绘图】|【矩形】命令，在衣柜中绘制衣架，命令行操作如下：

```
命令：_rectang↙    //调用【矩形】命令
指定另一个角点或 [面积(A)/尺寸(D)/旋转(R)]：D↙    //激活“尺寸(D)”选项
指定矩形的长度 <0.0000>：445↙
                    //输入矩形长度
指定矩形的宽度 <0.0000>：25↙
                    //输入矩形宽度
指定另一个角点或 [面积(A)/尺寸(D)/旋转(R)]：    //任意单击一点结束绘制，如图 3-23 所示
```

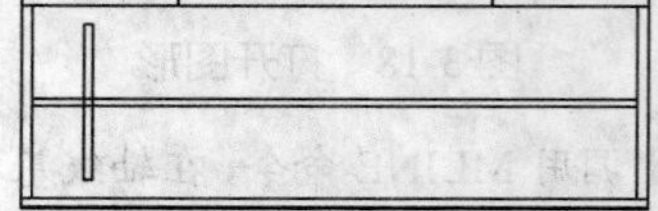

图 3-23　绘制矩形

Step 03 使用同样的方法，继续绘制矩形，表示衣柜中的衣架，如图 3-24 所示。

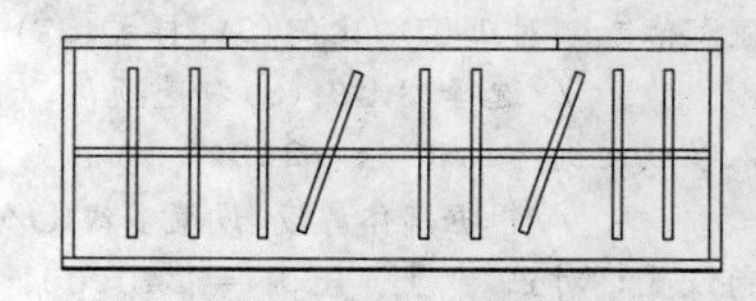

图 3-24　绘制衣架

专家提醒

在绘制倾斜矩形时，可选择“旋转（R）”选项。

3.3.2 绘制正多边形

由 3 条以上的线段所组成的封闭图形称为多边形，如果多边形的所有线段的长度均相等，则组成的是正多边形。

执行【正多边形】命令的方式有以下几种。

- 命令行：输入 POLYGON/POL 命令。
- 菜单栏：选择【绘图】|【正多边形】命令。
- 工具栏：单击【绘图】工具栏中的【正多边形】按钮⬠。

多边形通常有唯一的外接圆和内切圆，外接/内切圆的圆心决定了多边形的位置，多边形的边长或者外接/内切圆的半径决定了多边形的大小。

根据边数、位置和大小三个参数的不同，有多种绘制多边形的方法。

1. 内接于圆

内接于圆的多边形绘制方法，主要通过输入多边形的边数、外接圆的圆心和半径来画多边形，多边形的所有顶点都在此圆周上。

课堂举例【3-10】：绘制花窗格

Step 01 按【Ctrl+O】快捷键，打开“第 3 章\3.3.2 绘制花窗格.dwg” 图形文件，如图 3-25 所示。

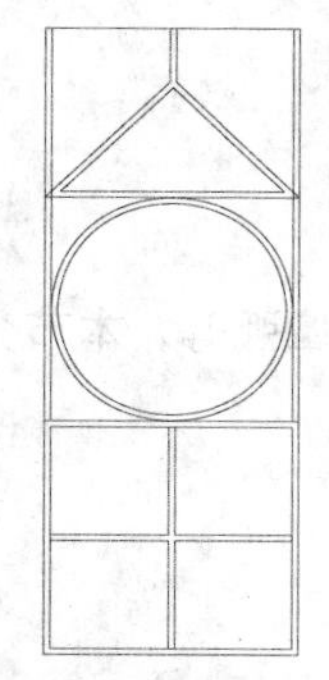

图 3-25 打开图形

Step 02 选择菜单栏中的【绘图】|【多边形】命令，绘制半径为 90 的正多边形，命令行操作如下：

```
命令：_polygon↙    //调用【多边形】命令
输入侧面数 <5>：5↙          //输入侧边数
指定正多边形的中心点或 [边(E)]：
                //拾取圆心作为正多边形的中心点
输入选项 [内接于圆(I)/外切于圆(C)] <I>：i↙
                //激活“内接于圆（I）”选项
指定圆的半径：90↙          //输入圆的半径
```

Step 03 绘制完成的内接于圆的多边形如图 3-26 所示。

图 3-26 绘制内接于圆的正多边形

2. 外切于圆

外切于圆的多边形绘制方法，主要通过输入正多边形的边数、内切圆的圆心位置和内切圆的半径来画正多边形，内切圆的半径也为正多边形中心点到各边中点的距离。

课堂举例【3-11】：绘制遮阳伞平面图

Step 01 按【Ctrl+O】快捷键，打开“第 3 章\3.3.2 绘制遮阳伞.dwg” 图形文件，如图 3-27 所示。

图 3-27 打开图形

Step 02 选择菜单栏中的【绘图】|【多边形】命令，绘制半径为 800 的正多边形，命令行操作如下：

```
命令：_polygon↙    //调用【多边形】命令
输入侧面数 <5>：6↙ //输入侧边数
指定正多边形的中心点或 [边(E)]：
```

```
        //拾取圆心作为正多边形的中心点
输入选项 [内接于圆(I)/外切于圆(C)] <I>: i↙
        //激活"外切于圆(C)"选项
指定圆的半径: 800↙
        //输入圆的半径
```

Step 03 绘制完成的外切于圆的多边形如图3-28所示。

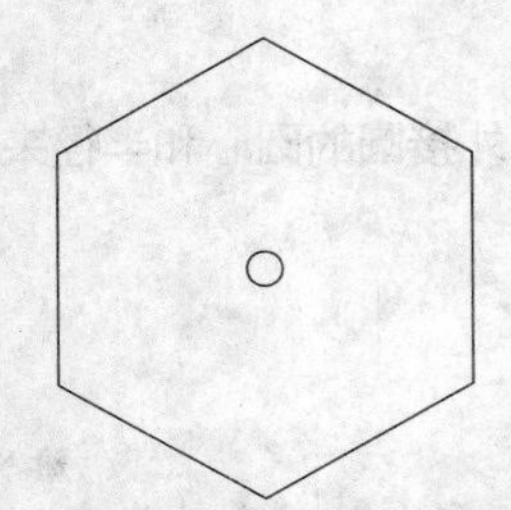

图3-28　外切于圆的正多边形

Step 04 调用LINE【直线】命令，绘制线段，得到遮阳伞平面图，如图3-29所示。

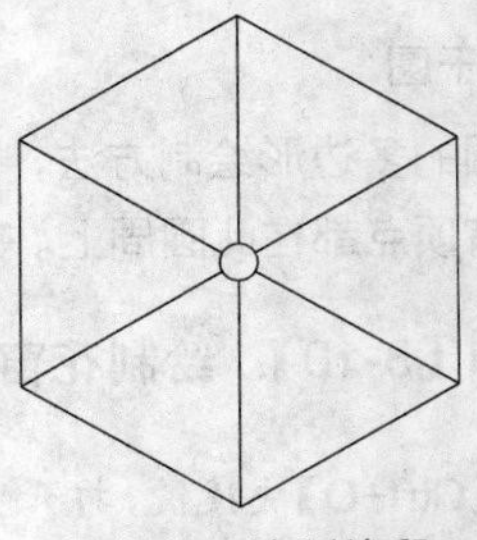

图3-29　绘制线段

3.4　曲线对象的绘制

曲线对象包括样条曲线、圆、圆弧、圆环、填充圆、椭圆和椭圆弧等，本节介绍它们的绘制方法。

3.4.1　绘制样条曲线

样条曲线是一种能够自由编辑的曲线，在曲线周围将显示控制点，可以通过调整曲线上的起点、控制点来控制曲线形状。

执行【样条曲线】命令的方式有以下几种。

- 命令行：输入SPLINE/SPL命令。
- 菜单栏：选择【绘图】|【样条曲线】命令。
- 工具栏：单击【绘图】工具栏中的【样条曲线】按钮。

在绘制室内剖面图和大样图时，往往需要绘制样条曲线连接两个图形。下面通过实例，讲解样条曲线的绘制方法。

课堂举例【3-12】：绘制样条曲线

Step 01 按【Ctrl+O】快捷键，打开"第3章\3.4.1 绘制样条曲线.dwg"图形文件，如图3-30所示。

Step 02 绘制样条曲线连接两个图形，命令行操作如下：

```
命令: SPLINE↙          //调用【样条曲线】命令
当前设置: 方式=拟合   节点=弦
指定第一个点或 [方式(M)/节点(K)/对象(O)]:
    //在剖面图的圆上指定一点作为样条曲线的起点
输入下一个点或 [起点切向(T)/公差(L)]:
    //指定样条曲线的下一个点
输入下一个点或 [端点相切(T)/公差(L)/放弃(U)]:          //再次指定样条曲线的下一个点
输入下一个点或 [端点相切(T)/公差(L)/放弃(U)/闭合(C)]: ↙//结束绘制，按回车键结束点的指定
输入下一个点或 [端点相切(T)/公差(L)/放弃(U)/闭合(C)]:  //指定样条曲线起点切线方向
```

输入下一个点或 [端点相切(T)/公差(L)/放弃(U)/闭合(C)]：　　//指定样条曲线起点切线方向

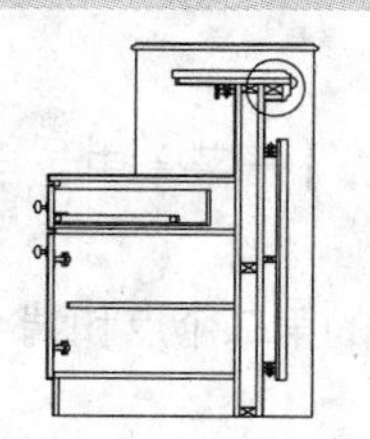
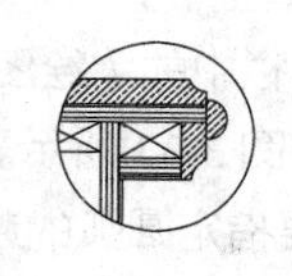

图3-30　打开图形

Step 03 样条曲线绘制结果如图3-31所示。

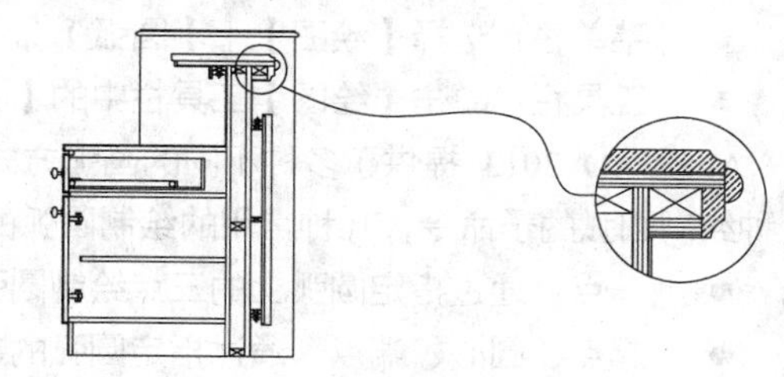

图3-31　绘制样条曲线

3.4.2　绘制圆和圆弧

1. 绘制圆

当一条线段绕着它的一个端点在平面内旋转一周时，其另一个端点的轨迹就是圆。

执行【圆】命令的方式有以下几种。

- 命令行：输入CIRCLE/C命令。
- 菜单栏：选择【绘图】|【圆】命令。
- 工具栏：单击【绘图】工具栏中的【圆】按钮。

菜单栏中的【绘图】|【圆】子菜单提供了6种绘制圆的子命令，各子命令的含义如图3-32所示。

- 圆心、半径：用圆心和半径方式绘制圆。
- 圆心、直径：用圆心和直径方式绘制圆。
- 三点：通过三点绘制圆，系统会提示指定第一点、第二点和第三点。
- 两点：通过两个点绘制圆，系统会提示指定圆直径的第一端点和第二端点。
- 相切、相切、半径：通过两个其他对象的切点和输入半径值来绘制圆。系统会提示指定圆的第一切线和第二切线上的点及圆的半径。
- 相切、相切、相切：通过三条切线绘制圆。

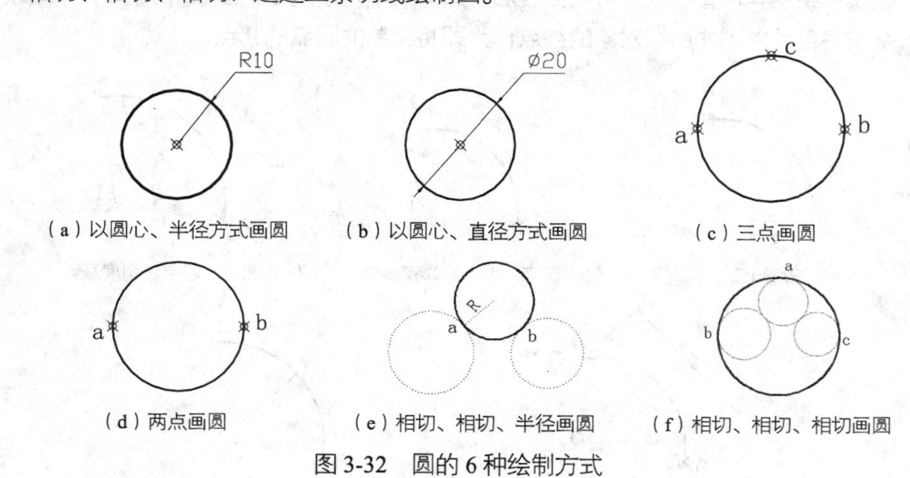

图3-32　圆的6种绘制方式

2. 绘制圆弧

圆弧是圆上任意两点间的部分。执行【圆弧】命令的方式有以下几种。

- 命令行：输入 ARC/A 命令。
- 菜单栏：选择【绘图】|【圆弧】命令。
- 工具栏：单击【绘图】工具栏中的【圆弧】按钮。

AutoCAD 2013 提供了多种不同的画弧方式，菜单栏中的【绘图】|【圆弧】子菜单中包含了 11 种绘制圆弧的子命令，几种常用的绘制圆弧的方法如图 3-33 所示。

- 三点：通过指定圆弧上的三点绘制圆弧，需要指定圆弧的起点、通过的第二个点和端点。
- 起点、圆心、端点：通过指定圆弧的起点、圆心、端点绘制圆弧。
- 起点、圆心、角度：通过指定圆弧的起点、圆心、包含角绘制圆弧。执行此命令时会出现“指定包含角：”的提示，在输入角度时，如果当前环境设置逆时针方向为角度正方向，且输入正的角度值，则绘制的圆弧是从起点绕圆心沿逆时针方向绘制，反之则沿顺时针方向绘制。
- 起点、圆心、长度：通过指定圆弧的起点、圆心、弦长绘制圆弧。另外，在命令行“指定弦长：”提示信息下，如果所输入的值为负，则该值的绝对值将作为对应整圆的空缺部分圆弧的弦长。
- 起点、端点、角度：通过指定圆弧的起点、端点、包含角绘制圆弧。
- 起点、端点、方向：通过指定圆弧的起点、端点和圆弧的起点切向绘制圆弧。命令执行过程中会出现“指定圆弧的起点切向：”提示信息，此时拖动鼠标动态地确定圆弧在起始点处的切线方向与水平方向的夹角。拖动鼠标时，AutoCAD 会在当前光标与圆弧起始点之间形成一条线，即为圆弧在起始点处的切线。确定切线方向后，单击拾取键即可得到相应的圆弧。
- 起点、端点、半径：通过指定圆弧的起点、端点和圆弧半径绘制圆弧。
- 圆心、起点、端点：以圆弧的圆心、起点、端点方式绘制圆弧。
- 圆心、起点、角度：以圆弧的圆心、起点、圆心角方式绘制圆弧。
- 圆心、起点、长度：以圆弧的圆心、起点、弦长方式绘制圆弧。
- 继续：绘制其他直线或非封闭曲线后，选择菜单栏中的【绘图】|【圆弧】|【继续】命令，系统将自动以刚才所绘对象的终点作为即将绘制的圆弧的起点。

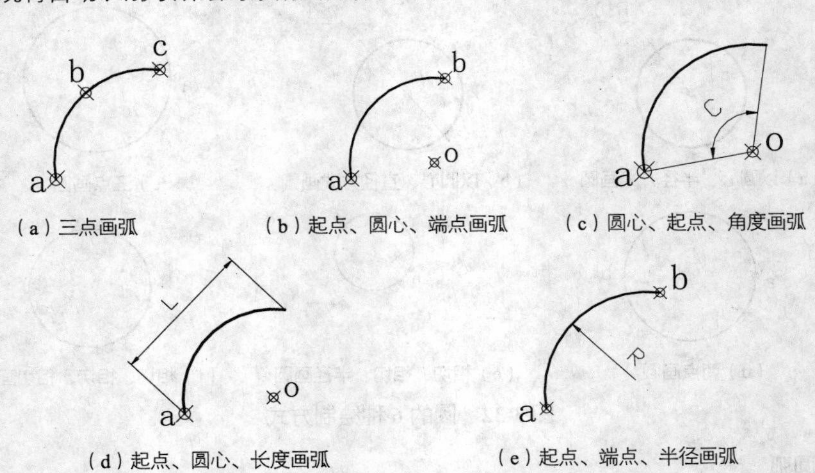

（a）三点画弧 （b）起点、圆心、端点画弧 （c）圆心、起点、角度画弧

（d）起点、圆心、长度画弧 （e）起点、端点、半径画弧

图 3-33　几种常用的绘制圆弧的方法

专家提醒

绘制圆弧时，要注意起点与端点的前后顺序，这决定着圆弧的朝向。

3.4.3 绘制圆环和填充圆

圆环是由同一圆心、不同直径的两个同心圆组成的，控制圆环的主要参数是圆心、内直径和外直径。如果圆环的内直径为0，则圆环为填充圆。

执行【圆环】命令的方式有以下几种。

- 命令行：输入DONUT/DO命令。
- 菜单栏：选择【绘图】|【圆环】命令。

课堂举例【3-13】：绘制圆环

Step 01 按【Ctrl+O】快捷键，打开“第3章\3.4.3绘制圆环.dwg”图形文件，如图3-34所示。

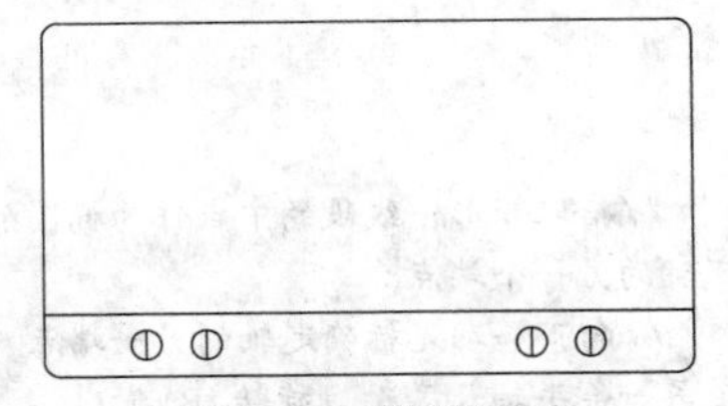

图3-34 打开图形

Step 02 选择菜单栏中的【绘图】|【圆环】命令，在燃气灶内绘制圆环作为灶台支架，命令行操作如下：

```
命令：_donut↙          //调用【圆环】命令
指定圆环的内径 <150.0000>: 150↙
                       //输入圆环的内径参数
指定圆环的外径 <180.0000>: 130↙
                       //输入圆环的外径参数
指定圆环的中心点或 <退出>:
      //在燃气灶中确定圆环的位置，如图3-35所示
```

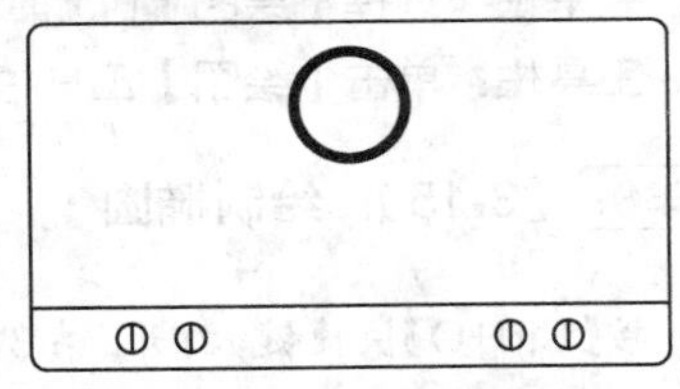

图3-35 绘制圆环

Step 03 调用REC【矩形】命令、RO【旋转】命令、TRIM【修剪】命令和COPY【复制】命令，绘制其他图形，最终结果如图3-36所示。

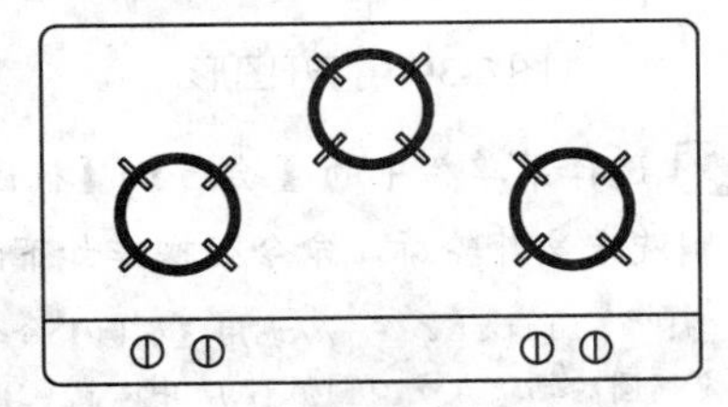

图3-36 绘制其他图形

课堂举例【3-14】：绘制单控开关

Step 01 调用DONUT命令，绘制填充圆，命令行操作如下：

```
命令：_donut↙          //调用【圆环】命令
指定圆环的内径 <0.5000>: 0↙
                       //输入圆环的内径参数
指定圆环的外径 <1.0000>: 100↙
                       //输入圆环的外径参数
指定圆环的中心点或 <退出>:
                       //在任意位置拾取一点确
定填充圆的位置，效果如图3-37所示
```

图3-37 绘制填充圆

Step 02 调用 LINE【直线】命令和 RO【旋转】命令，绘制其他图形，得到单控开关，如图 3-38 所示。

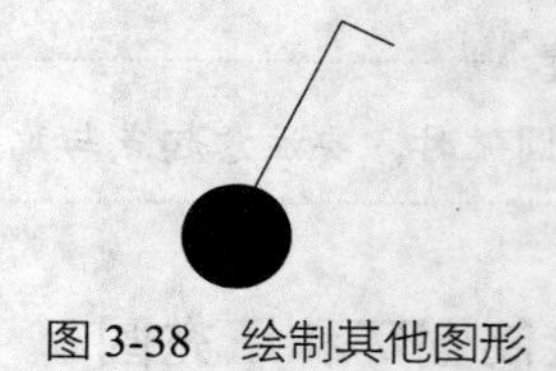
图 3-38 绘制其他图形

3.4.4 绘制椭圆和椭圆弧

椭圆是平面上到定点距离与到指定直线间距离之比为常数的所有点的集合。椭圆弧是椭圆的一部分，它类似于椭圆，不同的是它的起点和终点没有闭合。

1. 绘制椭圆

执行【椭圆】命令的方式有以下几种。

- 命令行：ELLIPSE/EL 命令。
- 菜单栏：选择【绘图】|【椭圆】命令。
- 工具栏：单击【绘图】工具栏中的【椭圆】按钮。

课堂举例【3-15】：绘制椭圆

Step 01 按【Ctrl+O】快捷键，打开“第 3 章\3.4.4 绘制椭圆.dwg”图形文件，如图 3-39 所示。

图 3-39 打开图形

Step 02 选择菜单栏中的【绘图】|【椭圆】命令，绘制洗手盆外轮廓，命令行操作如下：

```
命令：_ellipse↙        //调用【椭圆】命令
指定椭圆的轴端点或 [圆弧(A)/中心点(C)]
                       //拾取矩形中线段的中点作为椭圆的轴端点
指定轴的另一个端点：
                       //向下移动光标确定轴的另一端点
指定另一条半轴长度或 [旋转(R)]：
                       //向左或向右移动光标确定另一条半轴长度
```

Step 03 绘制完成的椭圆如图 3-40 所示。

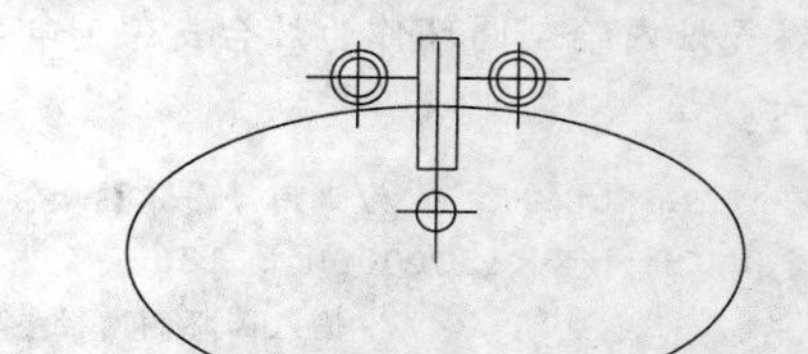
图 3-40 绘制椭圆

2. 绘制椭圆弧

圆弧是圆上任意两点间的一部分。

执行【椭圆弧】命令的方式有以下几种。

- 菜单栏：选择【绘图】|【椭圆】|【圆弧】命令。
- 工具栏：单击【绘图】工具栏中的【椭圆弧】按钮。

课堂举例【3-16】：绘制椭圆弧

Step 01 按【Ctrl+O】快捷键，打开“第 3 章\3.4.4 绘制椭圆弧.dwg”图形文件，如图 3-41 所示。

Step 02 在饮水机中绘制椭圆弧。选择菜单栏中的【绘图】|【椭圆】|【圆弧】命令，命令行

操作如下：

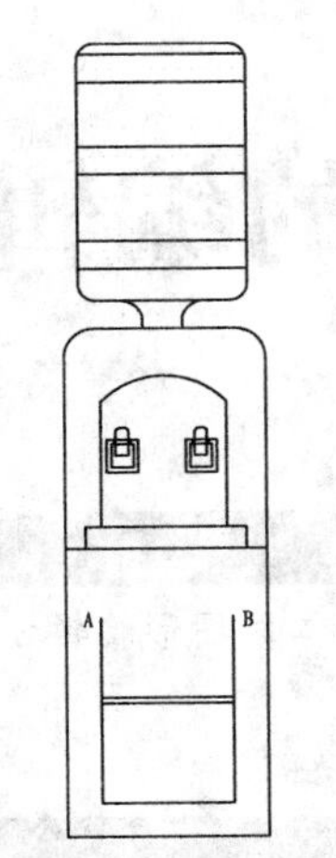

图 3-41　打开图形

```
命令：_ellipse↙    //调用【圆弧】命令
指定椭圆的轴端点或 [圆弧(A)/中心点(C)]：_a
        //拾取 A 点作为椭圆的轴端点
指定椭圆弧的轴端点或 [中心点(C)]：
指定轴的另一个端点：
        //拾取 B 点作为轴的另一个端点
指定另一条半轴长度或 [旋转(R)]：80↙
        //输入半轴长度
指定起点角度或 [参数(P)]：180↙
        //指定起点角度
指定端点角度或 [参数(P)/包含角度(I)]：0↙
        //指定端点角度，最终结果如图 3-42 所示
```

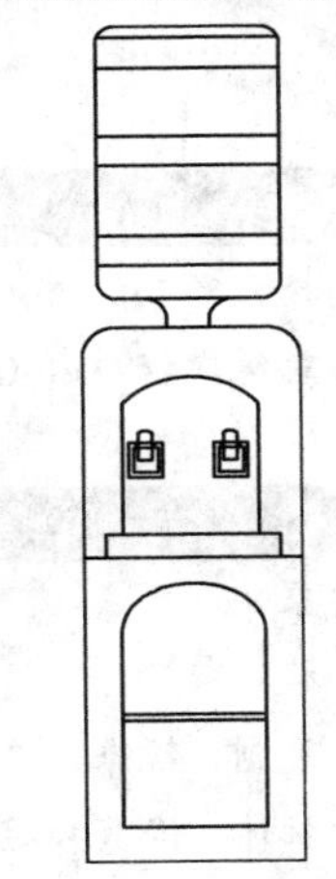
图 3-42　绘制椭圆弧

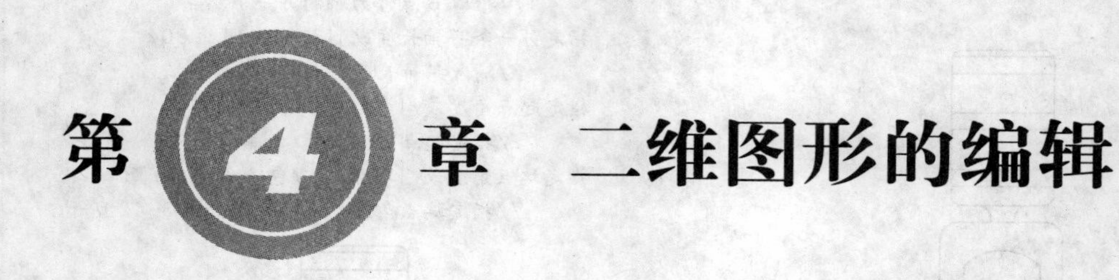

第4章 二维图形的编辑

⊙学习目的：

本章讲解选择、移动、复制、修整、变形、倒角与圆角等常用二维图形编辑方法。通过学习本章，读者能够熟练掌握 AutoCAD 二维图形编辑命令的用法。

⊙学习重点：

★★★★ 选择对象

★★★★ 移动和旋转

★★★☆ 删除、复制、镜像、偏移和阵列

★★★☆ 缩放、拉伸、修剪和延伸

★★☆☆ 打断、合并和分解

★★☆☆ 倒角和圆角

★☆☆☆ 夹点编辑

4.1 选择对象的方法

在编辑图形之前，首先需要选择想要编辑的图形。在 AutoCAD 中，选择对象的方法有很多，本节介绍几种常用的选择方法。

4.1.1 点选

如果选择的是单个图形对象，可以使用点选的方法。直接将拾取光标移动到选择对象上方，此时该图形对象会虚线亮显表示，单击鼠标左键，即可完成单个对象的选择。如图 4-1 所示。

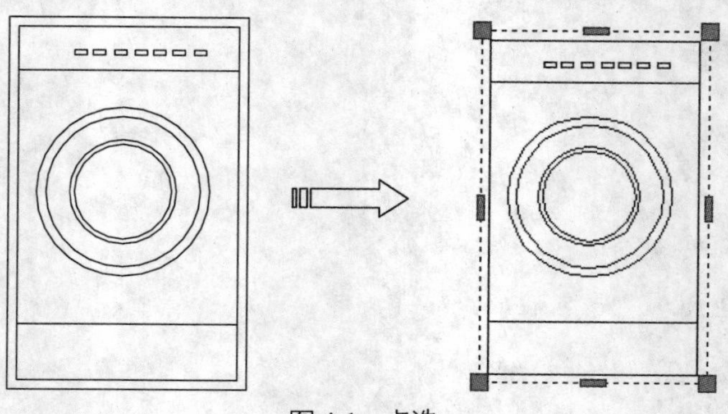

图 4-1 点选

技巧点拨

连续单击需要选择的对象，可以同时选择多个对象。按下【Shift】键并再次单击已经选中的对象，可以将这些对象从当前选择集中删除。按【Esc】键，可以取消对当前全部选定对象的选择。

4.1.2 窗口选择

窗口选取对象是以指定对角点的方式定义矩形选取范围的一种选取方法。利用该方法选取对象时，从左往右拉出选择框，只有全部位于矩形窗口中的图形对象才会被选中。

下面通过 ERASE【删除】命令来讲解这种选择方法。

课堂举例【4-1】：窗口选择

Step 01 按【Ctrl+O】快捷键，打开“4.1.2 地花.dwg”图形文件，如图 4-2 所示。

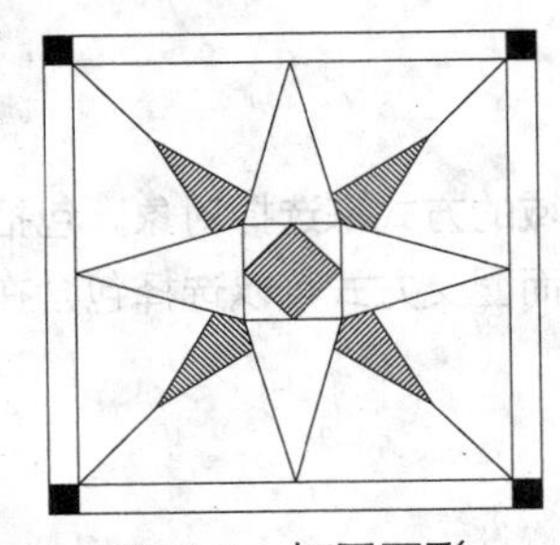

图 4-2 打开图形

Step 02 调用 ERASE【删除】命令，整理地花图形，命令行操作如下：

```
命令：ERASE↙  //调用【删除】命令
选择对象：指定对角点：找到 6 个
        //在 A 点拖动鼠标至 B 点，如图 4-3 所示
选择对象：↙      //按回车键结束对象选择
```

Step 03 全部位于矩形选择范围框内的图形被删除，结果如图 4-4 所示。

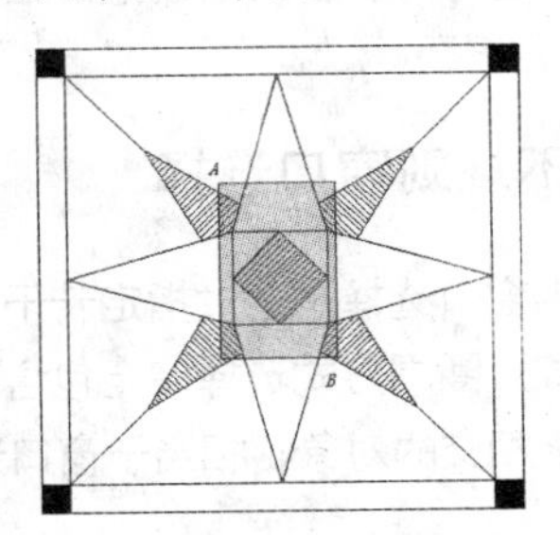

图 4-3 窗口选择图形

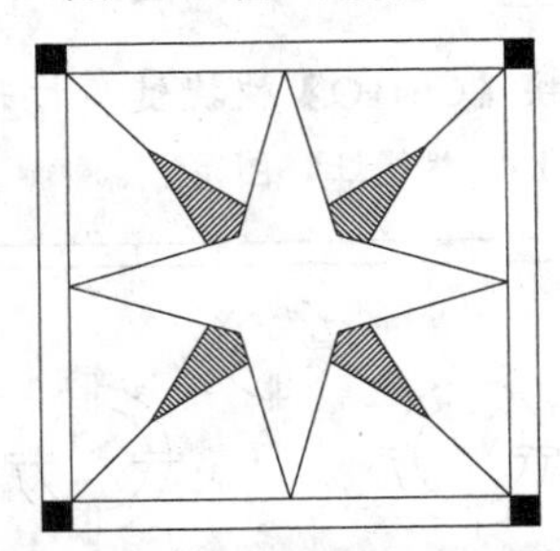

图 4-4 窗口选择删除结果

4.1.3 窗交选择

窗交选择方式与窗口选择方式刚好相反，需要从右往左拉出选择框，全部和部分位于选择框中的图形对象都将被选中。

课堂举例【4-2】：窗交选择

Step 01 调用 ERASE【删除】命令，删除拼花地砖内的图案，命令行操作如下：

```
命令：ERASE↙          //调用【删除】命令
选择对象：指定对角点：找到 6 个
        //从 C 点拖动鼠标至 D 点，如图 4-5 所示
选择对象：↙      //按回车键结束
```

Step 02 拼花地砖内的图案被全部选择删除，最终结果如图 4-6 所示。

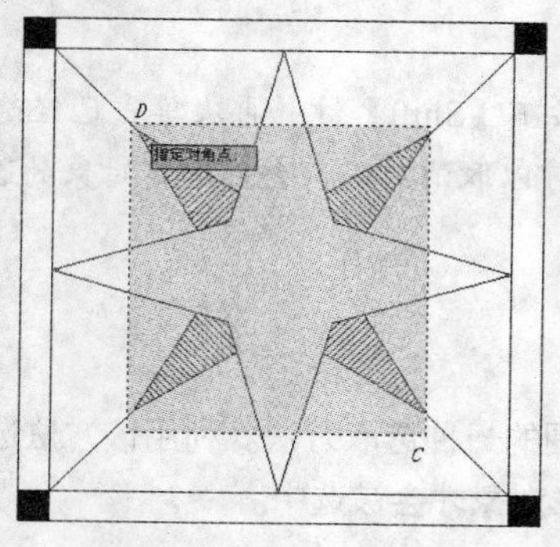

图 4-5　窗交选择图形

图 4-6　窗交选择删除结果

专家提醒 

窗口选择时拉出的选择范围框为实线框，窗交选择时拉出的选择范围框为虚线框。

4.1.4　不规则窗口选择

不规则窗口选择是通过指定若干点以定义不规则形状的区域的方式来选择对象，包括圈围和圈交两种方式：圈围方式选择完全包含在多边形窗口内的对象，而圈交方式可以选择包含在多边形窗口内或与之相交的对象，相当于窗口选择和窗交选择的区别。

课堂举例【4-3】：圈围图形

Step 01 按【Ctrl+O】快捷键，打开如图 4-7 所示的“4.1.4 燃气灶”图形。

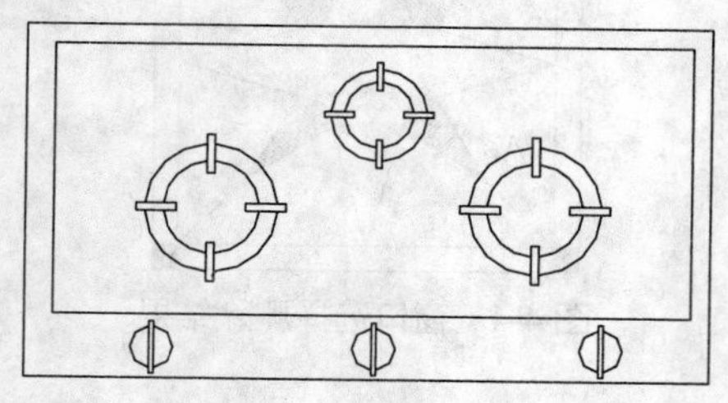

图 4-7　打开图形

Step 02 调用 ERASE【删除】命令，清理不需要的灶台，命令行操作如下：

```
命令: ERASE↙              //调用【删除】命令
选择对象:WP↙              //激活圈围选择方式
第一圈围点:……             //指定圈围点，确定圈围范围，如图 4-8 所示
指定直线的端点或 [放弃(U)]:
                          //按空格键结束圈围选择
找到 48 个
选择对象: ↙               //按回车键结束对象选择
```

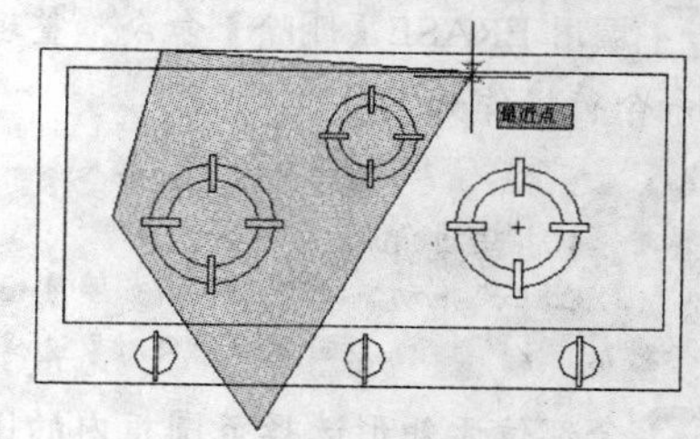

图 4-8　圈围图形

Step 03 圈围选择对象删除结果如图 4-9 所示，只有全部包含在多边形选择范围的图形被删除。

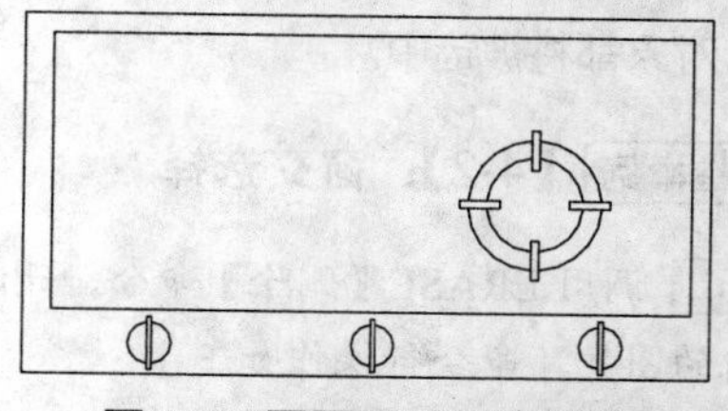

图 4-9　圈围图形删除结果

课堂举例【4-4】：圈交图形

Step 01 按【Ctrl+O】快捷键，打开“4.1.4 燃气灶”图形。

Step 02 调用 ERASE【删除】命令，清理图形，命令行操作如下。

```
命令:ERASE↙        //调用【删除】命令
选择对象:CP↙       //激活圈交选项
第一圈围点:……      //指定圈围点，如图 4-10 所示
指定直线的端点或 [放弃(U)]: ↙
                   //按空格键结束圈交范围指定
找到 55 个
选择对象:          //按回车键结束对象选择
```

Step 03 清理图形结果如图 4-11 所示，包含在圈交范围内和与圈交范围框相交的图形都被删除。

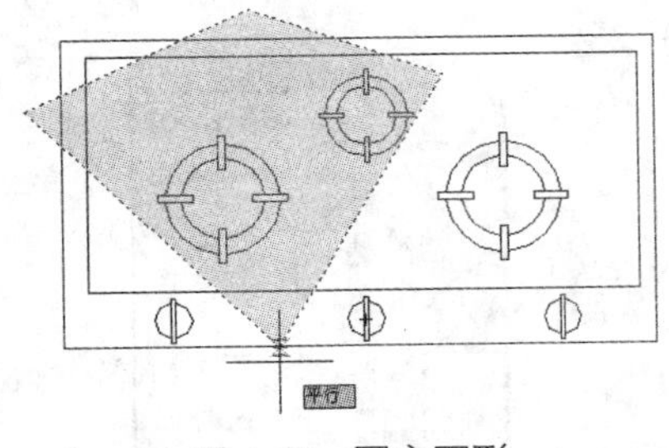

图 4-10 圈交图形

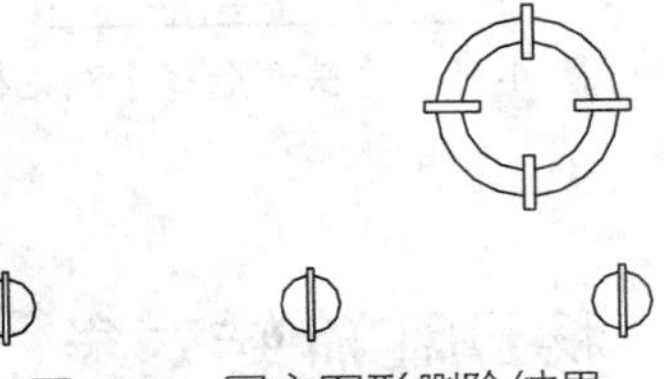
图 4-11 圈交图形删除结果

4.1.5 栏选

使用该选择方式能够以画链的方式选择对象。所绘制的线链可以由一段或多段直线组成，所有与其相交的对象均被选中。

根据命令行提示，输入字母 F，按【Enter】键，然后在需要选择对象处绘制线链，线链绘制完成后按【Enter】键，即可完成对象选择。

课堂举例【4-5】：栏选择修剪楼梯线

Step 01 按【Ctrl+O】快捷键，打开“4.1.5 楼梯.dwg”文件，如图 4-12 所示。

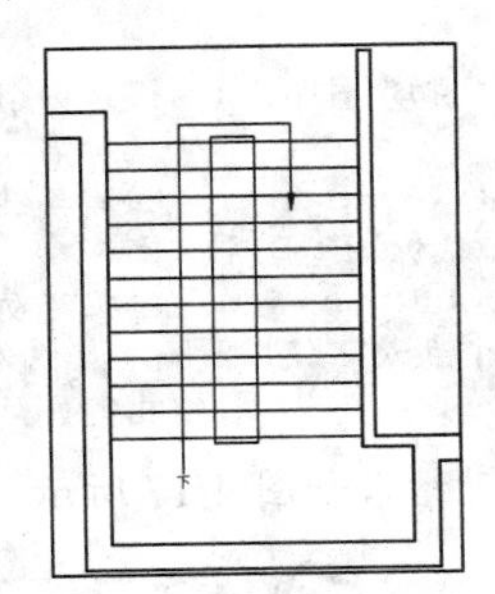
图 4-12 打开图形

Step 02 调用 TRIM【修剪】命令，修剪多余的楼梯线段，命令行操作如下:

```
命令: TRIM↙                         //调用【修剪】命令
当前设置:投影=UCS, 边=延伸
选择剪切边...
选择对象或 <全部选择>:↙            //按回车键，默认全部对象为修剪边
    选择要修剪的对象，或按住 Shift 键选择要延伸的对象，或[栏选(F)/窗交(C)/投影(P)/边(E)/删除(R)/放弃(U)]:F↙          //激活栏选选择方式
    指定第一个栏选点:……//在 A 和 B 点分别单击，绘制栏选链条，如图 4-13 所示
    选择要修剪的对象，或按住 Shift 键选择要延伸的对象，或[栏选(F)/窗交(C)/投影(P)/边(E)/删除(R)/放弃(U)]: ↙          //按回车键结束对象选择
```

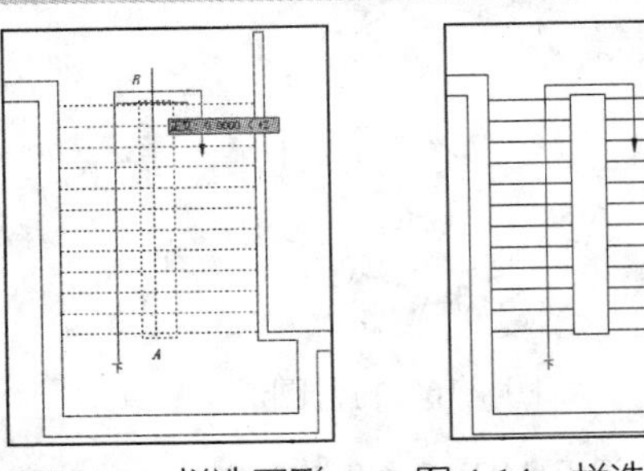

图 4-13 栏选图形　　图 4-14 栏选修剪结果

Step 03 栏选修剪结果如图 4-14 所示。

4.1.6 快速选择

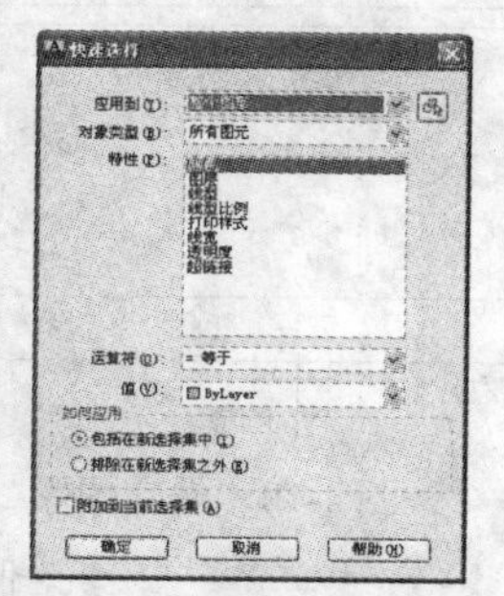

图 4-15 【快速选择】对话框

快速选择可以根据对象的图层、线型、颜色、图案填充等特性和类型创建选择集，从而准确快速地从复杂的图形中选择满足某种特性的图形对象。

选择菜单栏中的【工具】|【快速选择】命令，打开【快速选择】对话框，如图 4-15 所示。根据要求设置选择范围，单击【确定】按钮，即可完成选择操作。

4.2 移动和旋转对象

本节所介绍的编辑工具是对图形位置、角度进行调整的，此类工具在室内设计的过程中使用非常频繁。

4.2.1 移动对象

使用【移动】命令，可以重新定位图形，而不改变图形的大小、形状和倾斜角度。

执行【移动】命令的方式有几下几种。

- 命令行：输入 MOVE/M 命令。
- 菜单栏：选择【修改】|【移动】命令。
- 工具栏：单击【修改】工具栏中的【移动】按钮。

课堂举例【4-6】：移动盆栽对象

Step 01 按【Ctr+O】快捷键，打开“4.2.1 移动对象.dwg”文件，如图 4-16 所示。

图 4-16 打开图形

Step 02 调用 MOVE【移动】命令，移动盆栽植物至会议桌中心位置，命令行操作如下：

```
命令：MOVE↙                //调用【移动】命令
选择对象：指定对角点：找到 1 个
                           //选择需要移动的图形
选择对象：↙                //按回车键结束选择对象
指定基点或 [位移(D)] <位移>:
                           //捕捉移动对象的基点 B
指定第二个点或 <使用第一个点作为位移>:
                           //指定目标点 A
```

Step 03 移动结果如图 4-17 所示。

图 4-17 移动结果

4.2.2 旋转对象

使用【旋转】命令可以绕指定基点旋转图形中的对象。

执行【旋转】命令的方法如下。

- 命令行：输入 ROTATE/RO 命令。
- 菜单栏：选择【修改】|【旋转】命令。
- 工具栏：单击【修改】工具栏中的【旋转】按钮。

课堂举例【4-7】：使用【旋转】命令调整沙发组的方向

Step 01 按【Ctrl+O】快捷键，打开"4.2.2 旋转对象.dwg"文件，如图 4-18 所示。

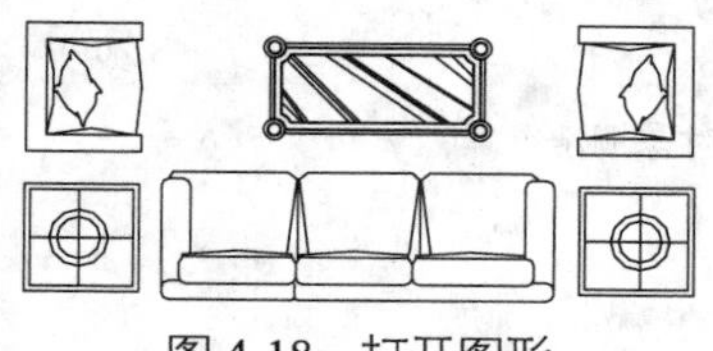

图 4-18 打开图形

Step 02 调用 ROTATE【旋转】命令，调整沙发组的方向，命令行操作如下：

```
命令：ROTATE↙          //调用【旋转】命令
UCS 当前的正角方向：  ANGDIR=逆时针 ANGBASE=0
选择对象：指定对角点：找到 6 个
                        //选择沙发组对象
指定基点：  //捕捉沙发组左下角点为旋转基点
指定旋转角度，或 [复制(C)/参照(R)] <0>: 90↙
                        //输入旋转角度
```

Step 03 沙发组旋转结果如图 4-19 所示。

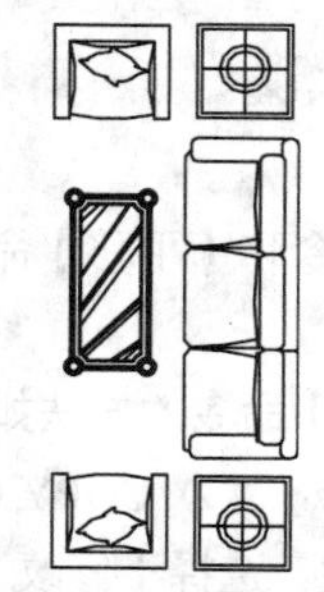

图 4-19 旋转结果

4.3 删除、复制、镜像、偏移和阵列对象

本节介绍的编辑工具是以现有图形对象为源对象，绘制出与源对象相同或相似的图形，从而可以简化具有重复性或近似性特点图形的绘制步骤，以达到提高绘图效率和绘图精度的目的。

4.3.1 删除对象

在 AutoCAD 2013 中，可以使用【删除】命令删除选中的对象。

执行【删除】命令的方法如下。

- 命令行：输入 ERASE/E 命令。
- 菜单栏：选择【修改】|【删除】命令。
- 工具栏：单击【修改】工具栏中的【删除】按钮。

通常，当执行【删除】命令后，需要选择删除的对象，然后按回车键或空格键结束对象选择，同时删除已选择的对象。如果在【选项】对话框的【选择集】选项卡中，选中【选择集模式】选项组中的【先选择后执行】复选框，就可以先选择对象，然后单击【删除】按钮，如图 4-20 所示。

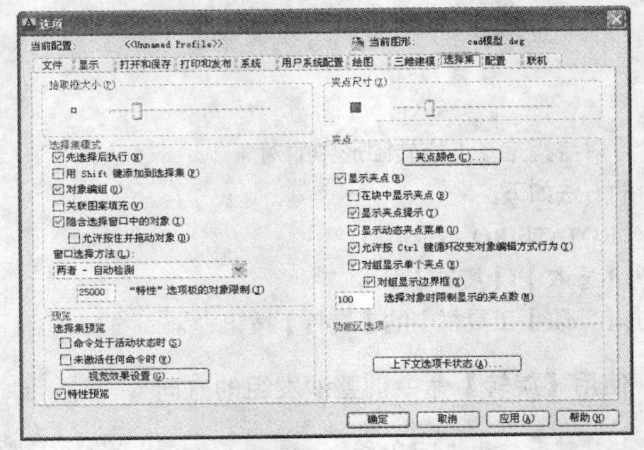

图 4-20 【选项】对话框

技巧点拨

选中要删除的对象后，直接按【Delete】键，也可以将对象删除。

4.3.2 复制对象

【复制】命令和【平移】命令相似，只不过它在平移图形的同时，会在源图形位置处创建一个副本。

执行【复制】命令的方法如下。

- 命令行：输入 COPY/CO 命令。
- 菜单栏：选择【修改】|【复制】命令。
- 工具栏：单击【修改】工具栏中的【复制】按钮。

课堂举例【4-8】：复制办公桌椅

Step 01 按【Ctrl+O】快捷键，打开“4.3.2 办公桌椅.dwg”文件，如图 4-21 所示。

Step 02 调用 COPY【复制】命令，将办公桌向下复制，命令行操作如下：

```
命令：COPY↙        //调用【复制】命令
选择对象：指定对角点：找到 1 个
                   //选择办公桌图形
选择对象：↙        //按回车键结束选择对象
当前设置： 复制模式 = 多个
指定基点或 [位移(D)/模式(O)] <位移>:
                   //拾取办公桌A点作为移动基点
指定第二个点或 [阵列(A)] <使用第一个点作为
位移>:             //指定B点作为目标点
指定第二个点或 [阵列(A)/退出(E)/放弃(U)]
<退出>:↙          //按回车键结束命令
```

Step 03 复制结果如图 4-22 所示，得到相同的另一组办公桌椅。

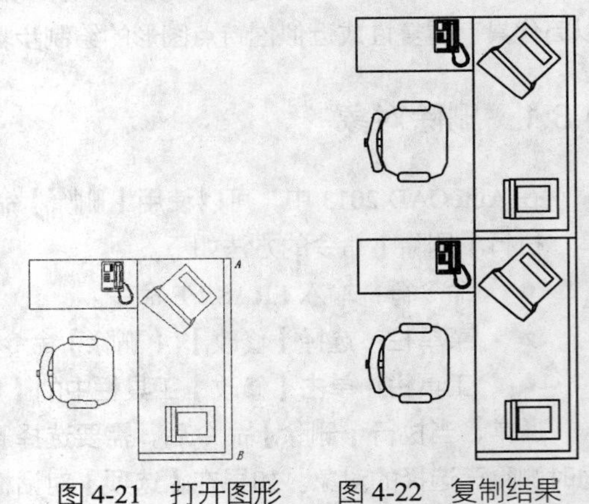

图 4-21 打开图形　　图 4-22 复制结果

4.3.3 镜像对象

【镜像】命令是一个特殊的复制命令。通过镜像生成的图形对象与源对象相对于对称轴呈左右对称的关系。在实际工程中，许多室内物体都设计成对称形状。如果绘制了这些图例的一半，就可以利用【镜像】命令迅速得到另一半。

执行【镜像】命令的方法如下。

- 命令行：输入 MIRROR/MI 命令。
- 菜单栏：选择【修改】|【镜像】命令。
- 工具栏：单击【修改】工具栏中的【镜像】按钮。

技巧点拨

在 AutoCAD 2013 中，使用系统变量 MIRRTEXT 可以控制文字的镜像方向，如果 MIRRTEXT 值为 1，则文字完全镜像，镜像出来的文字变得不可读；如果 MIRRTEXT 值为 0，则文字不镜像。

课堂举例【4-9】：镜像复制创建双开门

Step 01 按【Ctrl+O】快捷键，打开“4.3.3 单开门.dwg”文件，如图 4-23 所示。

Step 02 使用【镜像】命令复制单开门，得到双开门图形，命令行操作如下：

```
命令：MIRROR ↙
  //调用【镜像】命令
选择对象：找到 1 个↙
 //选择单开门图形
选择对象：↙
 //按回车键结束对象选择
选择对象： 指定镜像线的第一点：
 //捕捉门的圆弧下端点作为镜像的第一点
指定镜像线的第二点：
 //垂直向上移动光标，单击鼠标左键指定第二点
要删除源对象吗？[是(Y)/否(N)] <N>:↙
 //按回车键结束命令
```

Step 03 镜像结果如图 4-24 所示。

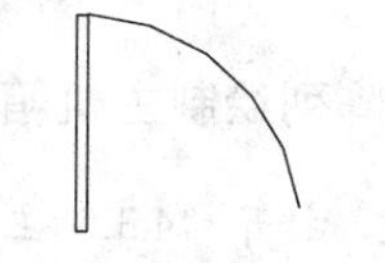

图 4-23 打开图形

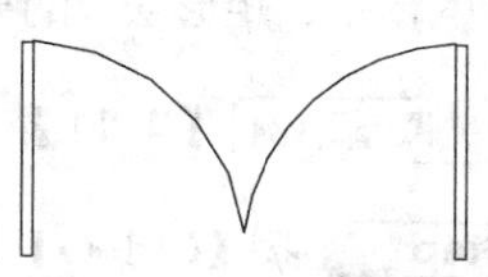

图 4-24 镜像结果

4.3.4 偏移对象

使用【偏移】命令，可对指定的直线、圆弧和圆等对象做偏移复制。在实际应用中，常使用【偏移】命令创建平行线或等距离分布。

执行【偏移】命令的方法如下。

- 命令行：输入 OFFSET/O 命令。
- 菜单栏：选择【修改】|【偏移】命令。
- 工具栏：单击【修改】工具栏中的【偏移】按钮。

在进行偏移操作时，需要指定偏移距离和偏移方向，以复制出对象。

课堂举例【4-10】：偏移复制绘制门套

Step 01 按【Ctrl+O】快捷键，打开“4.3.4 立面门.dwg”文件，如图 4-25 所示。

Step 02 调用 OFFSET【偏移】命令，绘制门套线，命令行操作如下：

```
命令: OFFSET↙        //调用【偏移】命令
当前设置:删除源=否 图层=源 OFFSETGAPTYPE=0
指定偏移距离或 [通过(T)/删除(E)/图层(L)] <100.000>: 40↙        //指定偏移距离
选择要偏移的对象，或 [退出(E)/放弃(U)] <退出>:
                        //选择门外框线为偏移对象
指定要偏移的那一侧上的点，或[退出(E)/多个(M)/放弃(U)] <退出>:    //在门框线外侧单击鼠标，指定偏移方向
```

Step 03 重复执行【偏移】命令一次，绘制的立面门门套如图 4-26 所示。

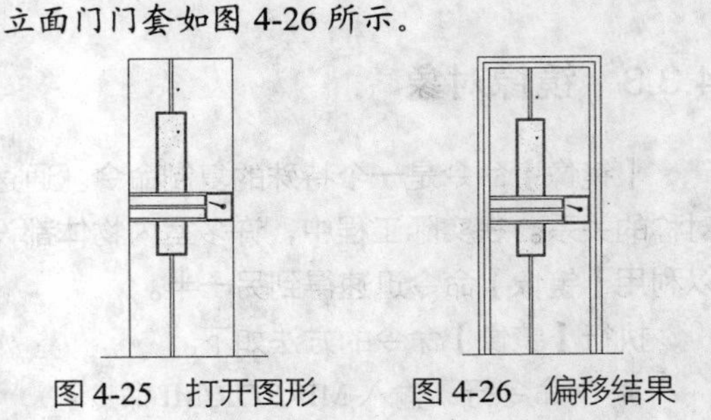

图 4-25　打开图形　　图 4-26　偏移结果

4.3.5　阵列对象

【阵列】命令是一个功能强大的多重复制命令，它可以一次将选择的对象复制多个，并按一定规律进行排列。

执行【阵列】命令的方法如下。

- 命令行：输入 ARRAY/AR 命令。
- 菜单栏：选择【修改】|【阵列】命令。
- 工具栏：单击【修改】工具栏中的【阵列】按钮。

根据阵列方式不同，可以分为矩形阵列、环形阵列和路径阵列。

1. 矩形阵列

矩形阵列就是将图形像矩形一样排列，用于多重复制那些呈行列状排列的图形，如建筑物立面图的窗格、矩形摆放的桌椅等。

课堂举例【4-11】：矩形阵列绘制主机箱装饰

Step 01 按【Ctrl+O】快捷键，打开“4.3.5 主机箱.dwg”文件，如图 4-27 所示。

Step 02 调用 ARRAY【阵列】命令，矩形排列圆形装饰图案，命令行操作如下：

```
命令:ARRAY↙            //调用【阵列】命令
选择对象: 找到 1 个  //选择圆形
选择对象:              //按回车键结束选择
输入阵列类型 [矩形(R)/路径(PA)/极轴(PO)] <矩形>:R↙          //选择矩形阵列方式
类型 = 矩形  关联 = 是
选择夹点以编辑阵列或 [关联(AS)/基点(B)/计数(COU)/间距(S)/列数(COL)/行数(R)/层数(L)/退出(X)] <退出>:COU↙    //选择“计数(COU)”选项
输入列数数或 [表达式(E)] <4>: 4↙
                        //设置阵列的列数为 4
输入行数数或 [表达式(E)] <3>: 4↙
                        //设置阵列的行数为 4
选择夹点以编辑阵列或 [关联(AS)/基点(B)/计数(COU)/间距(S)/列数(COL)/行数(R)/层数(L)/退出(X)] <退出>:S↙    //选择“间距(S)”选项
指定列之间的距离或 [单位单元(U)] <1507.8062>: 25↙ //输入列之间的距离
选择夹点以编辑阵列或 [关联(AS)/基点(B)/计数(COU)/间距(S)/列数(COL)/行数(R)/层数(L)/退出(X)] <退出>:↙    //按回车键应用阵列，结果如图 4-28 所示
```

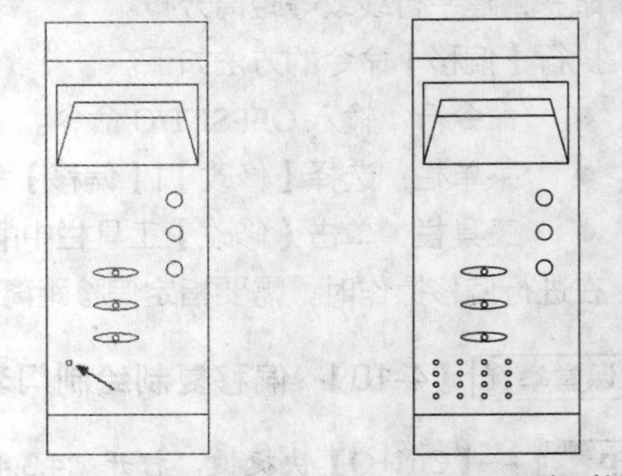

图 4-27　打开图形　　图 4-28　矩形阵列结果

2. 极轴阵列

极轴阵列就是将图形呈环形复制排列。

课堂举例【4-12】：极轴阵列

Step 01 按【Ctrl+O】快捷键，打开“4.3.5 餐桌椅.dwg”文件，如图 4-29 所示。

Step 02 调用 ARRAY【阵列】命令，环形复制桌椅图形，命令行操作如下：

```
命令:ARRAY↙                    //调用【阵列】命令
选择对象: 找到 1 个↙           //选择餐椅图形
选择对象: ↙       //按回车键结束对象选择
输入阵列类型 [矩形(R)/路径(PA)/极轴(PO)] <矩形>:PO↙          //选择“极轴(PO)”阵列类型
类型 = 极轴  关联 = 是
指定阵列的中心点或 [基点(B)/旋转轴(A)]:
        //拾取圆的圆心作为阵列的中心点
选择夹点以编辑阵列或 [关联(AS)/基点(B)/项目(I)/项目间角度(A)/填充角度(F)/行(ROW)/层(L)/旋转项目(ROT)/退出(X)] <退出>: F↙
        //选择“填充角度(F)”选项
指定填充角度(+=逆时针、-=顺时针)或 [表达式(EX)] <360>: 360↙ //输入填充角度
选择夹点以编辑阵列或 [关联(AS)/基点(B)/项目(I)/项目间角度(A)/填充角度(F)/行(ROW)/层(L)/旋转项目(ROT)/退出(X)] <退出>: i↙
        //选择“项目(I)”选项
输入阵列中的项目数或 [表达式(E)] <6>: 8↙
        //输入项目数
选择夹点以编辑阵列或 [关联(AS)/基点(B)/项目(I)/项目间角度(A)/填充角度(F)/行(ROW)/层(L)/旋转项目(ROT)/退出(X)] <退出>:↙
        //按回车键完成阵列，效果如图 4-30 所示
```

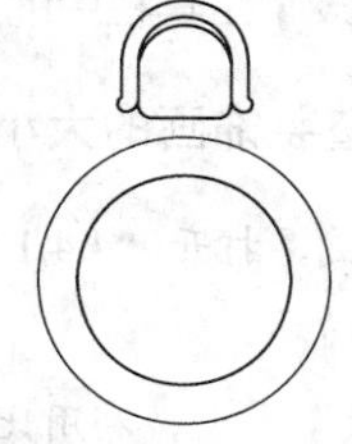

图 4-29 打开图形

图 4-30 环形阵列结果

3. 路径阵列

在路径阵列中，项目将均匀地沿路径或部分路径分布，路径可以是直线、多段线、三维多段线、样条曲线、螺旋、圆弧、圆或椭圆。

课堂举例【4-13】：沿弧线复制座椅

Step 01 按【Ctrl+O】快捷键，打开“4.3.5 路径阵列.dwg”文件，如图 4-31 所示。

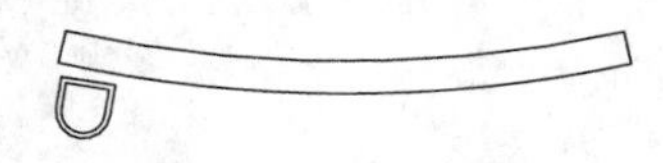

图 4-31 打开图形

Step 02 将座椅沿弧形桌面进行排列，命令行操作如下：

```
命令:ARRAY↙              //调用【阵列】命令
选择对象: 找到 1 个↙//选择桌椅为阵列对象
选择对象: ↙              //按回车键结束选择
输入阵列类型 [矩形(R)/路径(PA)/极轴(PO)] <极轴>: pa↙          //选择“路径(PA)”选项
类型 = 路径  关联 = 是
选择路径曲线: ↙        //选择桌面外圆弧
选择夹点以编辑阵列或 [关联(AS)/方法(M)/基点(B)/切向(T)/项目(I)/行(R)/层(L)/对齐项目(A)/Z 方向(Z)/退出(X)] <退出>:I↙
                    //选择“项目(I)”选项
指定沿路径的项目之间的距离或 [表达式(E)] <16.444>: 670↙    //输入阵列图形之间的距离
最大项目数 = 8
指定项目数或 [填写完整路径(F)/表达式(E)] <8>: 8↙           //输入阵列的项数
选择夹点以编辑阵列或 [关联(AS)/方法(M)/基点(B)/切向(T)/项目(I)/行(R)/层(L)/对齐项目(A)/Z 方向(Z)/退出(X)] <退出>:↙
                    //按回车键应用阵列
```

Step 03 阵列结果如图 4-32 所示。

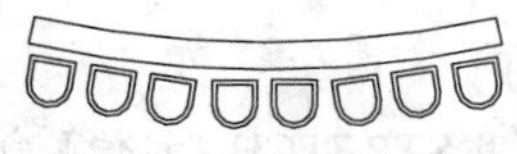

图 4-32 路径阵列结果

4.4 缩放、拉伸、修剪和延伸对象

使用【修剪】和【延伸】命令可以缩短或拉长对象，以与其他对象的边相接。也可以使用【缩放】、【拉伸】命令，在一个方向上调整对象的大小，或按比例增大或缩小对象。

4.4.1 缩放对象

利用【缩放】命令可以调整对象大小，使其按比例增大或缩小。

执行【缩放】命令的方法如下。

- 命令行：输入 SCALE/SC 命令。
- 菜单栏：选择【修改】|【缩放】命令。
- 工具栏：单击【修改】工具栏中的【缩放】按钮。

课堂举例【4-14】：调整装饰画的大小

Step 01 按【Ctrl+O】快捷键，打开“4.4.1 装饰画.dwg”文件，如图 4-33 所示。

Step 02 调用 SCALE【缩放】命令，利用比例因子调整装饰画的大小，命令行操作如下：

```
命令:SCALE↙    //调用【缩放】命令
选择对象: 指定对角点: 找到 1731 个
                //选择装饰画为缩放对象
选择对象: ↙     //按回车键结束选择
指定基点://在装饰画上拾取任意一点作为缩放的基点
指定比例因子或 [复制(C)/参照(R)]: 1.3↙
            //输入比例因子，缩放结果如图 4-34 所示
```

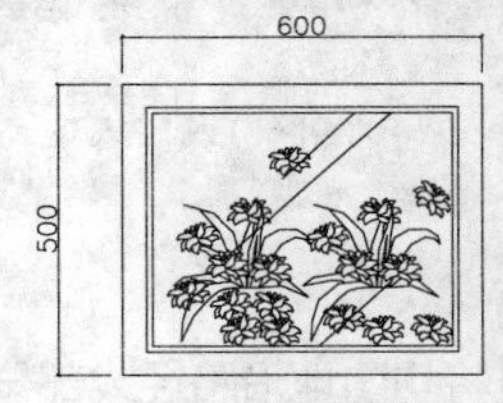

图 4-33 打开图形

图 4-34 缩放结果

4.4.2 拉伸对象

利用【拉伸】命令可以将选择对象按规定的方向和角度拉长或缩短，并且使对象的形状发生改变。

执行【拉伸】命令的方法如下。

- 命令行：输入 STRETCH/S 命令。
- 菜单栏：选择【修改】|【拉伸】命令。
- 工具栏：单击【修改】工具栏中的【拉伸】按钮。

执行该命令时，可以使用窗口方式或者圈交方式选择对象，然后依次指定位移基点和位移矢量，将会移动全部位于选择窗口之内的对象，并拉伸与选择窗口边界相交的对象。

课堂举例【4-15】：调整书桌长度

Step 01 按【Ctrl+O】快捷键，打开“4.4.2 拉伸.dwg”文件，如图 4-35 所示。

Step 02 调用 STRETCH【拉伸】命令，将书桌长度从 1500 调整为 1800，命令行操作如下：

```
命令: STRETCH ↙    //调用【拉伸】命令
以交叉窗口或交叉多边形选择要拉伸的对象...
选择对象: 指定对角点: 找到 3 个↙
```

```
        //交叉框选书桌
选择对象：↙
        //按回车键结束对象选择
指定基点或 [位移(D)] <位移>:↙
        //捕捉拾取书桌的中点
指定第二个点或 <使用第一个点作为位移>:
300↙  //水平向右移动光标，指定拉伸的方向，然后在命令行输入拉伸距离，结果如图 4-36 所示
```

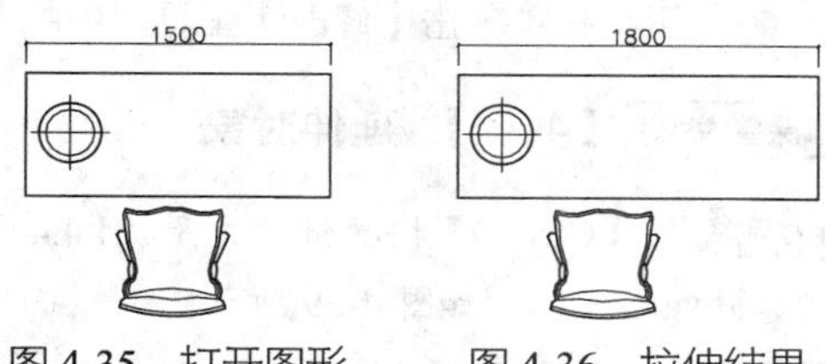

图 4-35　打开图形　　图 4-36　拉伸结果

4.4.3　修剪对象

修剪是将超出边界的多余部分修剪、删除掉。在命令执行过程中，需要设置的参数有修剪边界和修剪对象两类。在选择修剪对象时，需要注意光标所在的位置，需要删除哪一部分，则在该部分上单击。

执行【修剪】命令的方法如下。

- 命令行：输入 TRIM/TR 命令。
- 菜单栏：选择【修改】|【修剪】命令。
- 工具栏：单击【修改】工具栏中的【修剪】按钮。

课堂举例【4-16】：修剪对象

Step 01 按【Ctrl+O】快捷键，打开“4.4.3 中式门.dwg”文件，如图 4-37 所示。

Step 02 调用 TRIM【修剪】命令，修剪多余的图形，命令行操作如下：

```
命令：TRIM↙            //调用【修剪】命令
当前设置：投影=UCS，边=延伸
选择剪切边...
选择对象或 <全部选择>：↙
        //按回车键默认全部对象为修剪边界
选择要修剪的对象，或按住 Shift 键选择要延伸的对象，或[栏选(F)/窗交(C)/投影(P)/边(E)/删除(R)/放弃(U)]：↙   //在需要修剪的线段位置单击
选择要修剪的对象，或按住 Shift 键选择要延伸的对象，或[栏选(F)/窗交(C)/投影(P)/边(E)/删除(R)/放弃(U)]：     //继续选择需要修剪的线段
…… //继续修剪，最终结果如图 4-38 所示
```

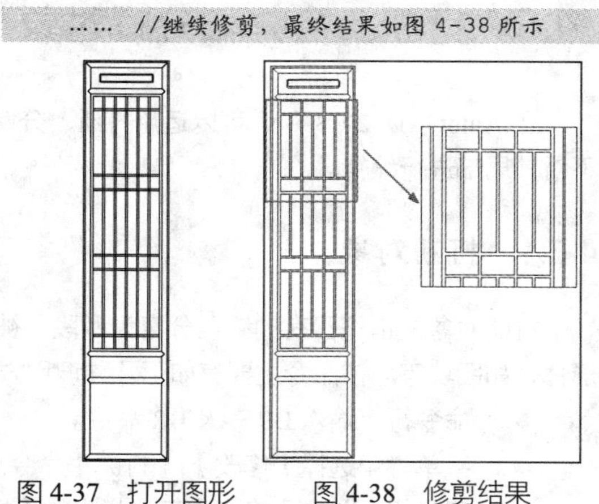
图 4-37　打开图形　　图 4-38　修剪结果

4.4.4　延伸对象

【延伸】命令用于将没有和边界相交的部分延伸补齐，它和【修剪】命令是一组相对的命令。在命令执行过程中，需要设置的参数有延伸边界和延伸对象两类。

执行【延伸】命令的方法如下。

- 命令行：输入 EXTEND/EX 命令。
- 菜单栏：选择【修改】|【延伸】命令。

- 工具栏：单击【修改】工具栏中的【延伸】按钮--/。

课堂举例 【4-17】：延伸对象

Step 01 按【Ctrl+O】快捷键，打开“4.4.4 延伸对象.dwg”文件，如图4-39所示。

Step 02 调用 EXTEND【延伸】命令，命令行操作如下：

```
命令：EXTEND↙          //调用【延伸】命令
当前设置：投影=UCS，边=延伸
选择边界的边...
选择对象或 <全部选择>：  找到 1 个
                        //选择圆弧 A 作为延伸边界
选择对象：↙            //按回车键结束边界选择
选择要延伸的对象，或按住 Shift 键选择要修剪的对象，或
[栏选(F)/窗交(C)/投影(P)/边(E)/放弃(U)]:
                        //选择要延伸的线段 B
选择要延伸的对象，或按住 Shift 键选择要修剪的对象，或
[栏选(F)/窗交(C)/投影(P)/边(E)/放弃(U)]:
                        //按回车键结束
```

Step 03 使用同样的方法延伸其他线段，结果如图4-40所示。

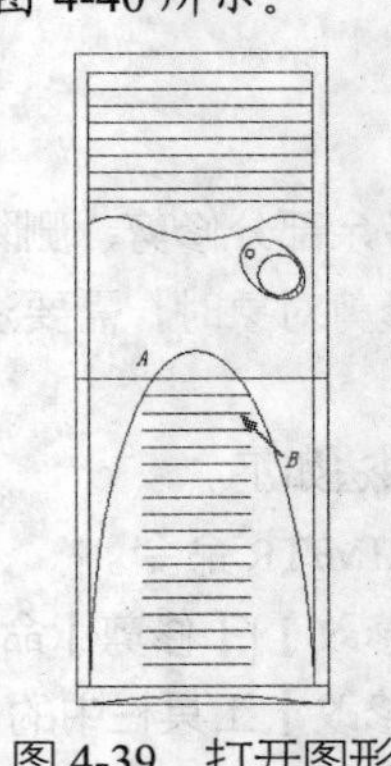

图4-39 打开图形

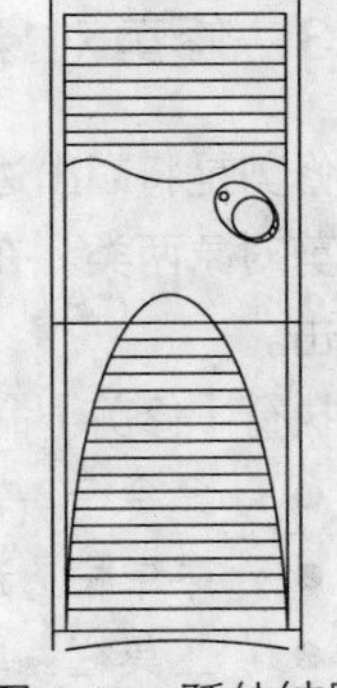
图4-40 延伸结果

4.5 打断、合并和分解对象

在 AutoCAD 2013 中，可以运用打断、分解、合并工具编辑图形，在使其总体形状不变的情况下对其局部进行编辑。

4.5.1 打断对象

打断对象是指把已有的线条分离为两段，被分离的线段只能是单独的线条，不能打断任何组合形体，如图块等。该命令主要有如下几种调用方法。

- 命令行：输入 BREAK/BR 命令。
- 菜单栏：选择【修改】|【打断】命令。
- 工具栏：单击【修改】工具栏中的【打断于点】按钮□或【打断】按钮□。

1．将对象打断于一点

将对象打断于一点是指将线段进行无缝断开，分离成两条独立的线段，但线段之间没有空隙。单击工具栏中的【打断于点】按钮□，可对线条进行无缝断开操作，命令行操作如下：

```
命令：BREAK↙                        //调用【打断】命令
选择对象：                          //选择要打断的对象
指定第二个打断点或[第一点(F)]：_f↙  //系统自动选择“第一点”选项，表示重新指定打断点
指定第一个打断点：                  //在对象上要打断的位置单击鼠标
指定第二个打断点：@↙                //系统自动输入@符号，表示第二个打断点与第一个打断点为同一点，然后系统将对象无缝断开，并退出【打断】命令
```

2. 以两点方式打断对象

以两点方式打断对象是指在对象上创建两个打断点，使对象以一定的距离断开。单击【修改】工具栏中的【打断】按钮，可以两点方式打断对象。

课堂举例【4-18】：打断对象

Step 01 按【Ctrl+O】快捷键，打开“4.5.1 床.dwg”文件，如图4-41所示。

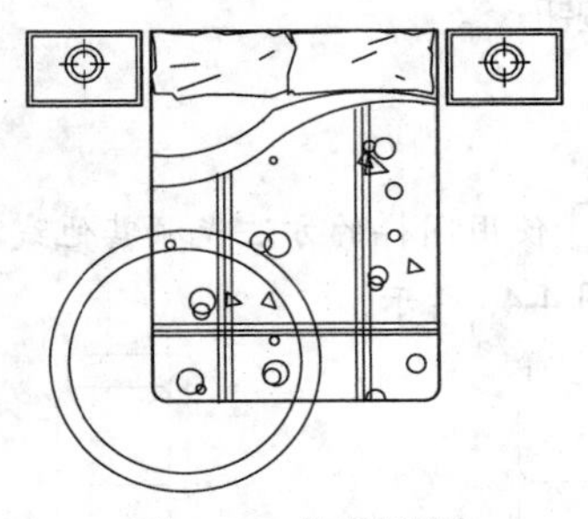

图4-41 打开图形

Step 02 调用BREAK【打断】命令，去除多余的地毯图形，命令行操作如下：

```
命令：BREAK↙                //调用【打断】命令
选择对象：                  //选择圆
指定第二个打断点 或 [第一点(F)]: f↙
                            //选择“第一点(F)”选项
指定第一个打断点：          //捕捉并单击圆边与床相交的点，指定第一个打断点
指定第二个打断点：          //捕捉并单击圆边与床相交的点，打断结果如图4-42所示
```

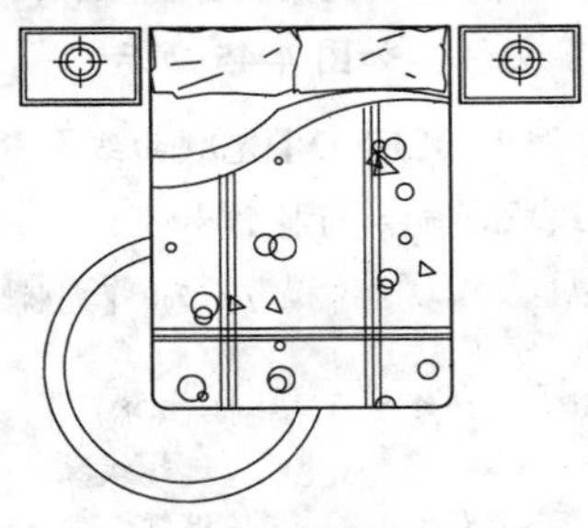

图4-42 打断结果

4.5.2 合并对象

合并图形是指将相似的图形对象合并为一个对象，可以合并的对象包括圆弧、椭圆弧、直线、多段线和样条曲线。

执行【合并】命令的方法如下。

- 命令行：输入JOIN/J命令。
- 菜单栏：选择【修改】|【合并】命令。
- 工具栏：单击【修改】工具栏中的【合并】按钮。

课堂举例【4-19】：合并对象

Step 01 按【Ctrl+O】快捷键，打开“4.5.2 会议桌.dwg”文件，如图4-43所示。

Step 02 调用JOIN【合并】命令，将开放的会议桌桌面调整为封闭式，命令行操作如下：

```
命令：JOIN↙                 //调用【合并】命令
选择源对象或要一次合并的多个对象：找到 1 个
                            //选择圆弧
选择要合并的对象：
选择圆弧，以合并到源或进行 [闭合(L)]:L↙
                            //选择“闭合(L)”选项
已将圆弧转换为圆。
```

Step 03 删除多余的线段，得到封闭式的会议桌，如图4-44所示。

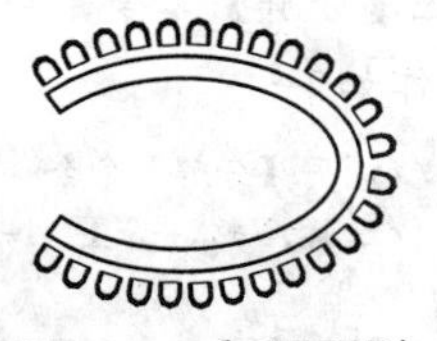

图4-43 打开图形

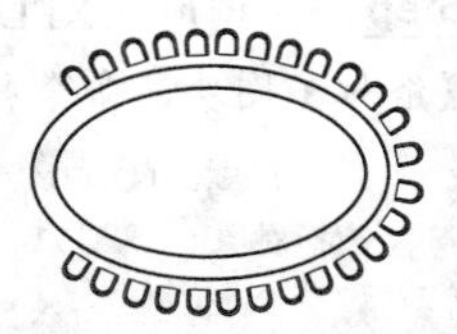

图4-44 合并结果

4.5.3 光顺曲线

【光顺曲线】命令可在两条开放曲线的端点绘制相切或平滑的样条曲线。

执行【光顺曲线】命令的方法如下。

- 命令行：输入 BLEND 命令。
- 菜单栏：选择【修改】|【光顺曲线】命令。
- 工具栏：单击【修改】工具栏中的【光顺曲线】按钮。

课堂举例【4-20】：光顺曲线

Step 01 按【Ctrl+O】快捷键，打开“4.5.3 沙发组.dwg”文件，如图 4-45 所示。

Step 02 调用 BLEND【光顺曲线】命令，封闭左下角的线段，命令行操作如下：

```
命令：BLEND↙            //调用【光顺曲线】命令
连续性 = 平滑
选择第一个对象或 [连续性(CON)]:
                        //选择线段
选择第二个点：          //继续选择另一条线段
```

Step 03 使用同样的方法光顺其他线段，最终结果如图 4-46 所示。

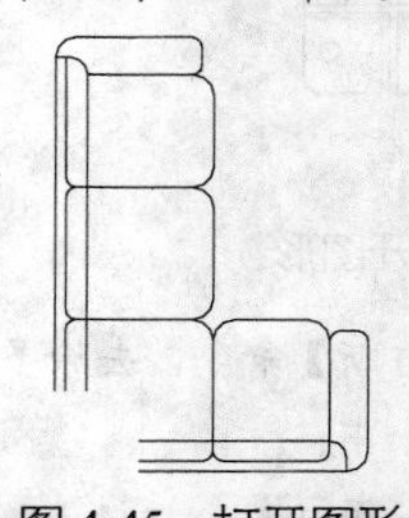
图 4-45　打开图形

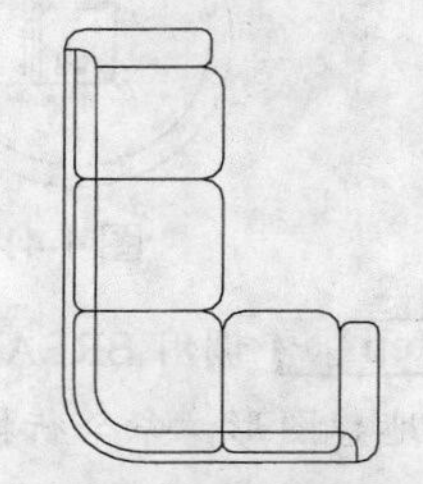
图 4-46　光顺曲线结果

4.5.4 分解对象

【分解】命令主要用于将复合对象，如多段线、图案填充和块等对象，还原为一般对象。任何被分解对象的颜色、线型和线宽都可能会改变，其他结果取决于所分解的合成对象的类型。

执行【分解】命令的方法如下。

- 命令行：输入 EXPLODE/X 命令。
- 菜单栏：选择【修改】|【分解】命令。
- 工具栏：单击【修改】工具栏中的【分解】按钮。

课堂举例【4-21】：修改【浴缸】图块

Step 01 按【Ctrl+O】快捷键，打开“4.5.4 浴缸”图形，如图 4-47 所示，该浴缸图形通过调入块的方式插入，在编辑前需要进行分解。

Step 02 调用 EXPLODE【分解】命令，分解【浴缸】图块，命令行操作如下：

```
    命令：EXPLODE↙        //调用【分解】命令
    选择对象：找到 1 个  //选择浴缸，如图 4-48
所示
    选择对象:↙            //按回车键结束对象的选
择，选择的对象即被分解
```

Step 03 图块分解后，可将线段单独向内偏移，如图 4-49 所示。

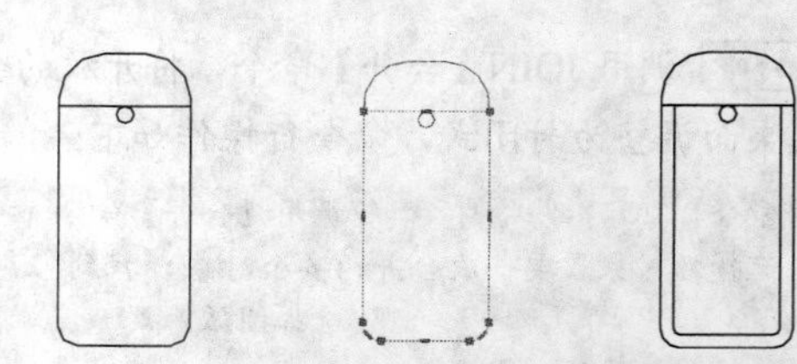
图 4-47　打开图形　　图 4-48　分解圆角矩形　　图 4-49　编辑图形

4.6 倒角和圆角对象

倒角与圆角可使工件相邻两表面在相交处以斜面或圆弧面过渡。在室内绘图中，使用【倒角】和【圆角】命令，可使墙体或者家具连线以平角或圆角相接。

4.6.1 倒角对象

【倒角】命令用于制作两条非平行直线或多段线的斜度倒角。

调用【倒角】命令的方法如下。

- 命令行：选择 CHAMFER/CHA 命令
- 菜单栏：选择【修改】|【倒角】命令。
- 工具栏：单击【修改】工具栏中的【倒角】按钮。

课堂举例【4-22】：倒角绘制三角式浴缸

Step 01 按【Ctrl+O】快捷键，打开"4.6.1 不规则浴缸.dwg"文件，如图 4-50 所示。

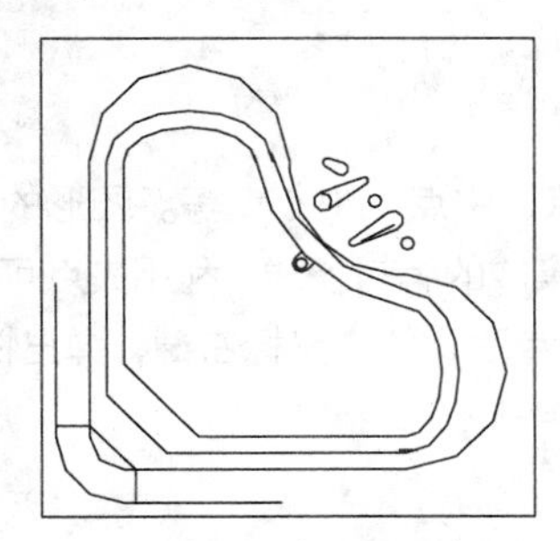

图 4-50 打开图形

Step 02 调用 CHAMFER【倒角】命令，绘制三角式浴缸，命令行操作如下：

```
命令：CHAMFER↙                //调用【倒角】命令
("修剪"模式) 当前倒角距离 1 = 0.5000，距离 2 = 0.5000
选择第一条直线或 [放弃(U)/多段线(P)/距离(D)/角度(A)/修剪(T)/方式(E)/多个(M)]: D↙
                    //选择"距离(D)"选项
指定 第一个 倒角距离 <0.5000>: 690↙
                    //设置第一条倒角线段的倒角距离
指定 第二个 倒角距离 <690.0000>: 690↙
                    //设置第二条倒角线段的倒角距离
选择第一条直线或 [放弃(U)/多段线(P)/距离(D)/角度(A)/修剪(T)/方式(E)/多个(M)]:
                    //选择水平线段
选择第二条直线，或按住 Shift 键选择直线以应用角点或 [距离(D)/角度(A)/方法(M)]:
                    //选择垂直线段
```

Step 03 倒角结果如图 4-51 所示。

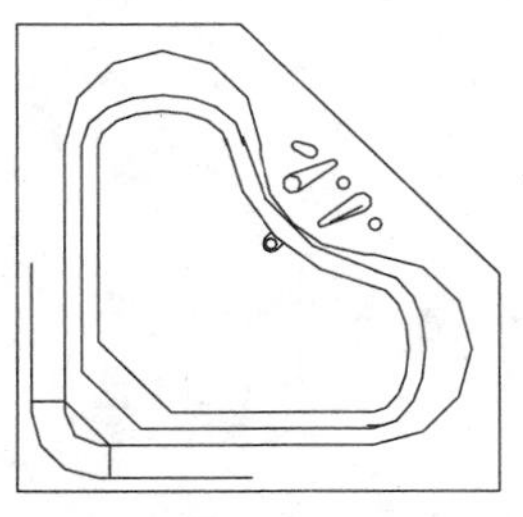

图 4-51 倒角结果

4.6.2 圆角对象

【圆角】与【倒角】类似，它是将两条相交的直线通过一个圆弧连接起来，圆弧半径可以自由指定。

调用【圆角】命令的方法如下。

- 命令行：输入 FILLET/F 命令。
- 菜单栏：选择【修改】|【圆角】命令。
- 工具栏：单击【修改】工具栏中的【圆角】按钮。

课堂举例【4-23】：圆角对象

Step 01 按【Ctrl+O】快捷键，打开“4.6.2 办公桌.dwg”文件，如图 4-52 所示。

Step 02 调用 FILLET【圆角】命令，圆角办公桌边线，命令行操作如下：

```
命令：FILLET↙        //调用【圆角】命令
当前设置：模式 = 修剪，半径 = 0.0000
/系统提示当前圆角设置/
选择第一个对象或 [放弃(U)/多段线(P)/半径(R)/修剪(T)/多个(M)]:R↙//选择“半径(R)”选项
指定圆角半径 <0.0000>: 225↙
                              //输入圆角半径
选择第一个对象或[放弃(U)/多段线(P)/半径(R)/修剪(T)/多个(M)]:   //选择第一条圆角边线
选择第二个对象，或按住 Shift 键选择要应用角点的对象：          //选择第二条圆角连线
```

Step 03 办公桌边线圆角结果如图 4-53 所示。

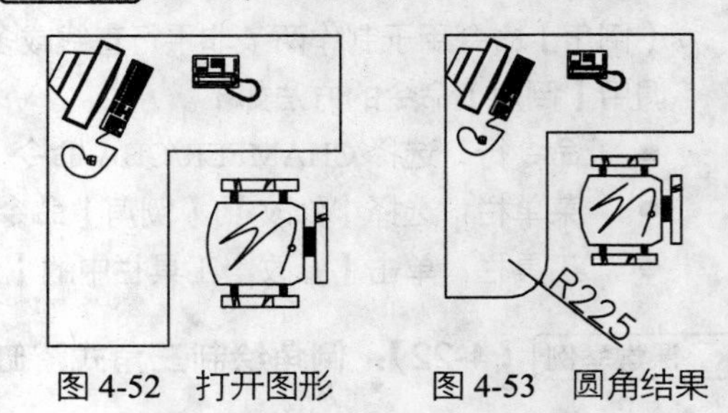

图 4-52 打开图形　　图 4-53 圆角结果

4.7 使用夹点编辑对象

所谓夹点指的是图形对象上的一些特征点，如端点、顶点、中点、中心点等。图形的位置和形状通常是由夹点的位置决定的。在 AutoCAD 中，夹点是一种集成的编辑模式，利用夹点可以编辑图形的大小、位置、方向以及对图形进行镜像复制操作。激活夹点后，单击鼠标右键，弹出快捷菜单，如图 4-54 所示，通过此快捷菜单选择某种编辑方法。

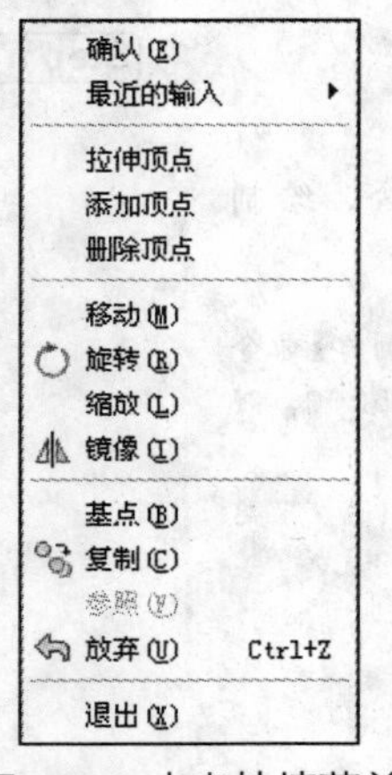

图 4-54 夹点快捷菜单

1. 使用夹点拉伸对象

在不执行任何命令的情况下选择对象，显示其夹点，然后单击其中一个夹点作为拉伸基点，命令行提示拉伸点，指定拉伸点后，AutoCAD 把对象拉伸或移动到新的位置。因为对于某些夹点，移

动时只能移动对象而不能拉伸对象，如文字、块、直线中点、圆心、椭圆中心和点对象上的夹点。

课堂举例【4-24】：使用夹点拉伸调整轴线尺寸

Step 01 按【Ctrl+O】快捷键，打开“4.7 轴网.dwg”文件，如图4-55所示。

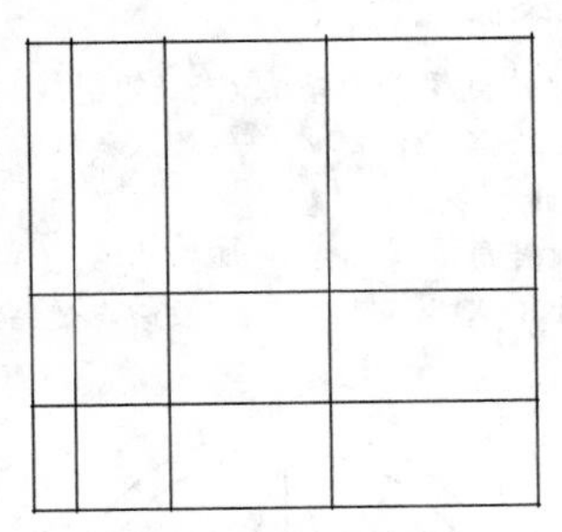

图4-55 打开图形

Step 02 选择最左侧垂直轴线，如图4-56（a）所示，单击选择线段上端的夹点，垂直向下移动光标到尺寸1710的轴线上端，当出现“交点”捕捉标记时单击鼠标，如图4-56（b）所示，确定线段端点的位置，如图4-56（c）所示。

Step 03 继续调整其他轴线线段的长度，调整结果如图4-57所示。

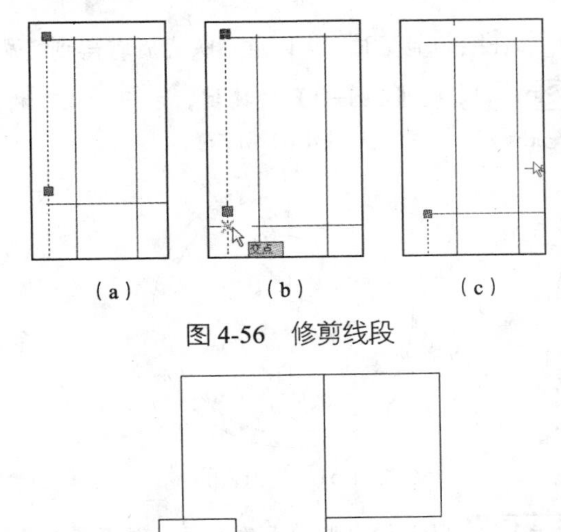

图4-56 修剪线段

图4-57 夹点拉伸结果

2. 使用夹点移动对象

移动对象仅仅是位置上的平移，对象的方向和大小并不会改变。要精确地移动对象，可使用捕捉模式、坐标、夹点和对象捕捉模式。在夹点编辑模式下确定基点后，在命令提示行下输入MO进入移动模式。

课堂举例【4-25】：使用夹点移动对象

Step 01 按【Ctrl+O】快捷键，打开“4.7 门锁.dwg”文件，如图4-58所示。

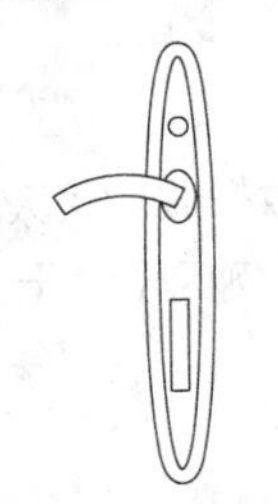

图4-58 打开图形

Step 02 使用夹点编辑，调整圆形的位置，命令行操作如下：

```
命令：                          //选择圆
命令：                          //选择圆上的夹点
** 拉伸 **                      //进入拉伸模式
指定拉伸点或 [基点(B)/复制(C)/放弃(U)/退出(X)]: _move
    //拾取夹点单击鼠标右键，选择“移动(M)选项”，将圆向下移动，如图4-59所示
```

Step 03 夹点移动的结果如图4-60所示。

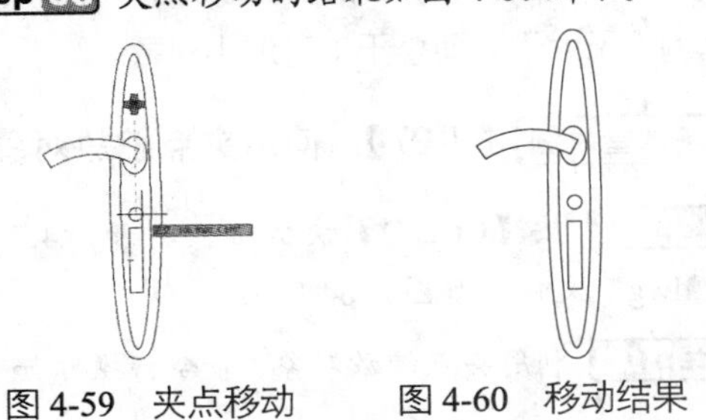

图4-59 夹点移动　　图4-60 移动结果

3．使用夹点旋转对象

在夹点编辑模式下，确定基点后，在命令行提示下输入RO进入旋转模式。

课堂举例【4-26】：使用夹点旋转对象

在绘制地花时，可以通过夹点旋转得到特殊地花的造型图案。

Step 01 按【Ctrl+O】快捷键，打开“4.7 拼花.dwg”文件，如图4-61所示。

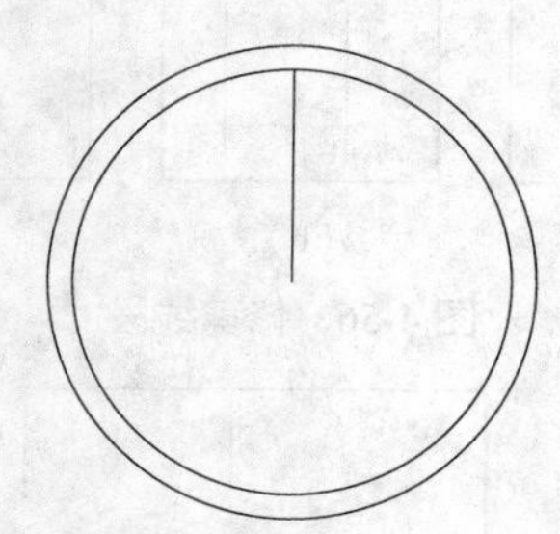

图4-61　打开图形

Step 02 以半径上侧的点为基点，对其进行夹点编辑，选择“旋转”选项，命令行操作如下：

```
命令:                        //选择线段
命令:                        //选择线段上侧的夹点
** 拉伸 **                   //进入拉伸模式
指定拉伸点或 [基点(B)/复制(C)/放弃(U)/退出(X)]:_rotate            //单击鼠标右键，在弹出的快捷菜单中选择【旋转】命令
** 旋转 **
指定旋转角度或 [基点(B)/复制(C)/放弃(U)/参照(R)/退出(X)]:C↙        //利用“复制(C)”选项进行复制
** 旋转 (多重) **
指定旋转角度或 [基点(B)/复制(C)/放弃(U)/参照(R)/退出(X)]: -20↙   //输入旋转角度
** 旋转 (多重) **
指定旋转角度或 [基点(B)/复制(C)/放弃(U)/参照(R)/退出(X)]: 20↙    //输入旋转角度
** 旋转 (多重) **
指定旋转角度或 [基点(B)/复制(C)/放弃(U)/参照(R)/退出(X)] ↙        //按回车键结束，结果如图4-62所示
```

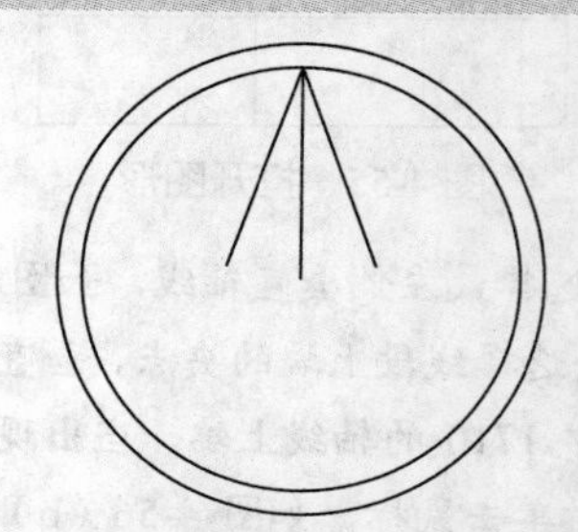

图4-62　旋转结果

Step 03 继续旋转、复制和阵列等操作可得到如图4-63所示的拼花图形。

图4-63　拼花图形

4．使用夹点缩放对象

在夹点编辑模式下确定基点后，在命令行提示下输入SC进入缩放模式。默认情况下，当确定了缩放的比例因子后，AutoCAD将相对于基点进行缩放对象操作。当比例因子大于1时放大对象；当比例因子大于0而小于1时缩小对象。

课堂举例【4-27】：使用夹点缩放对象

Step 01 按【Ctrl+O】快捷键，打开“4.7 栏杆.dwg”文件，如图4-64所示。

Step 02 利用夹点缩放对象，命令行操作如下：

```
命令:                        //选择圆A
命令:                        //选择圆A的圆心作为夹点
** 拉伸 **                   //进入拉伸模式
指定拉伸点或 [基点(B)/复制(C)/放弃(U)/退
```

出(X)]: _scale　　　　　　//单击鼠标右键，在弹出快捷菜单中选择【缩放】命令

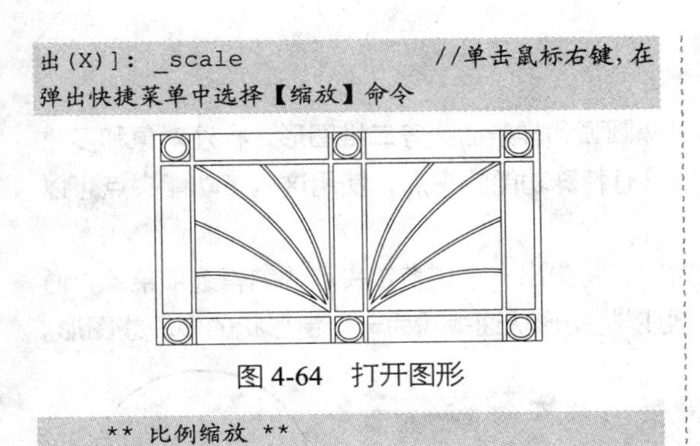

图 4-64　打开图形

** 比例缩放 **

指定比例因子或 [基点(B)/复制(C)/放弃(U)/参照(R)/退出(X)]: 0.5↙　　　//输入缩放比例因子，结果如图 4-65 所示

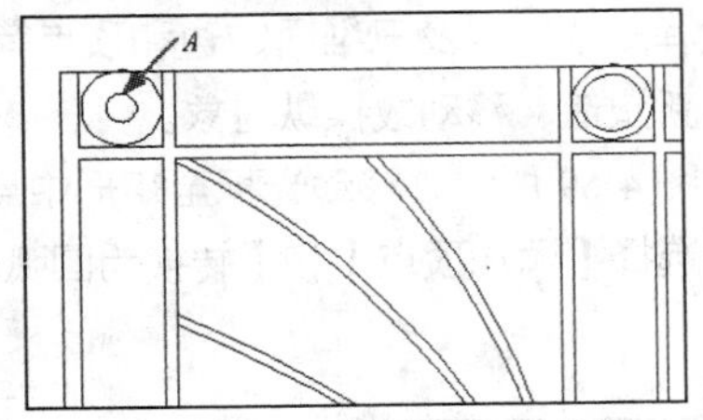

图 4-65　夹点缩放结果

5．使用夹点镜像对象

与镜像命令的功能相似，镜像操作后将删除原对象。在夹点编辑模式下确定基点后，在命令提示行输入 MI 进入镜像模式。

课堂举例【4-28】：使用夹点镜像对象

Step 01 按【Ctrl+O】快捷键，打开“4.7 门.dwg”文件，如图 4-66 所示。

命令:　　　　　　　　//选择要镜像的对象
命令:　　　　　　　　//选择夹点 A，如图 4-67 所示
** 拉伸 **　　　　　//进入拉伸模式
指定拉伸点或 [基点(B)/复制(C)/放弃(U)/退出(X)]:_mirror　　//单击鼠标右键，在弹出的快捷菜单中选择【镜像】命令
** 镜像 **　　　　　//进入镜像模式
指定第二点或 [基点(B)/复制(C)/放弃(U)/退出(X)]: C↙　　//镜像并复制
** 镜像 (多重) **
指定第二点或 [基点(B)/复制(C)/放弃(U)/退出(X)]:　　　　//捕捉夹点 B
** 镜像 (多重) **
指定第二点或 [基点(B)/复制(C)/放弃(U)/退出(X)]: ↙　　//按回车键结束

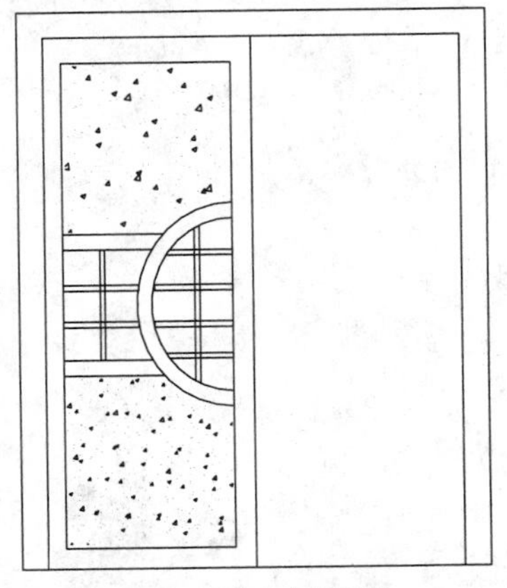

图 4-66　打开图形

Step 02 镜像复制结果如图 4-68 所示。

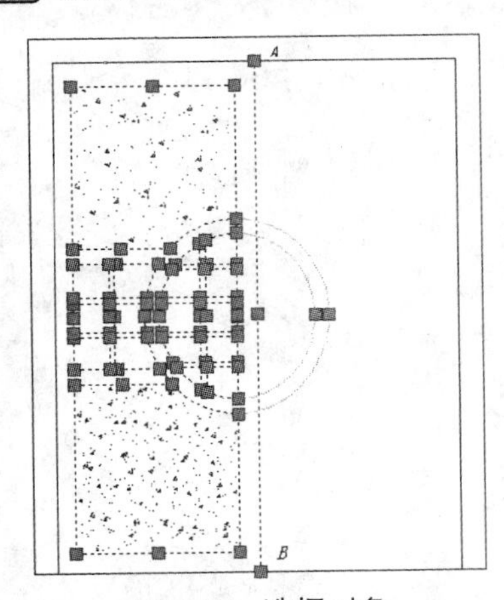

图 4-67　选择对象

图 4-68　夹点镜像结果

6. 多功能夹点编辑

在 AutoCAD 2013 中，直线、多段线、圆弧、椭圆弧和样条曲线等二维图形，标注对象和多重引线注释对象，以及三维面、边和顶点等三维实体具有特殊功能的夹点，使用这些多功能夹点可以快速重新塑造、移动或操纵对象。

如图 4-69 所示，移动光标至矩形中点夹点位置时，将弹出一个该特定夹点的编辑选项菜单，通过分别选择【添加顶点】和【转换为圆弧】命令，可以将矩形快速编辑为一个窗形状的多段线图形。

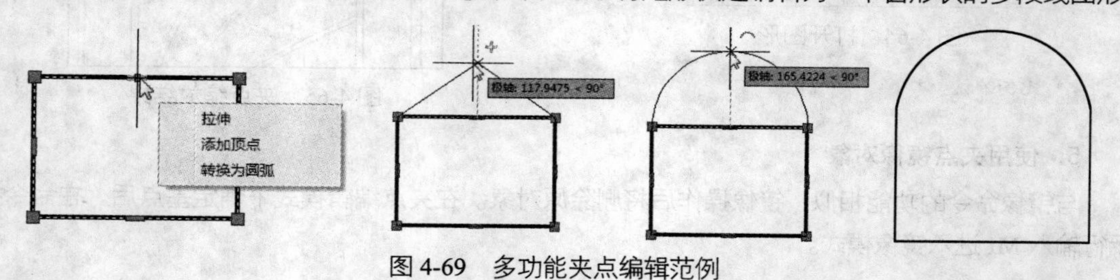

图 4-69　多功能夹点编辑范例

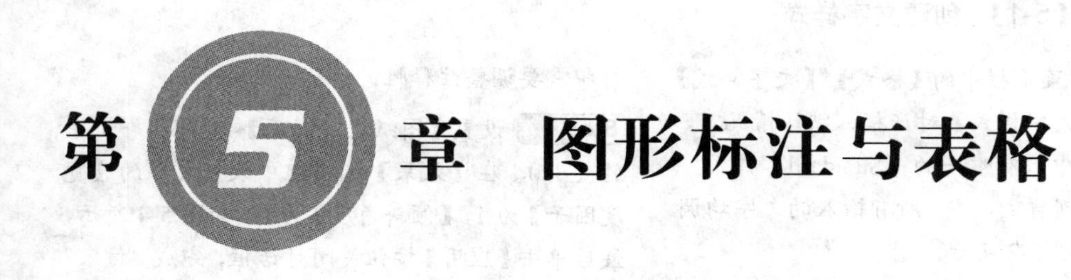

第5章 图形标注与表格

⊙学习目的：

本章讲解室内施工图纸中文字、标注和表格的添加方法，使施工人员能了解室内装饰的尺寸和施工工艺，使施工工作能够顺利进行。

⊙学习重点：

★★★★ 尺寸标注

★★★☆ 多重引线标注

★★★☆ 文字标注

★★☆☆ 创建和编辑表格

★☆☆☆ 尺寸标注样式

5.1 文字标注

当图形不能准确或者直接表达设计意图时，可以在图纸中添加文字说明，如装饰工艺、设计要求等。

5.1.1 创建文字样式

所有 AutoCAD 图形中的文字都有与之对应的文字样式，当创建文本对象时，AutoCAD 默认使用当前的文字样式。文字样式是用来控制文字外观的相应设置。

设置文字样式需要在【文字样式】对话框中进行设置，打开该对话框的方式有以下几种。

- 命令行：输入 STYLE/ST 命令。
- 菜单栏：选择【格式】|【文字样式】命令。

这里以创建“仿宋”汉字标注样式和“尺寸标注”数字标注样式为例，讲解文字样式的标注方法。如图 5-1 所示为这两种文字样式的标注效果。

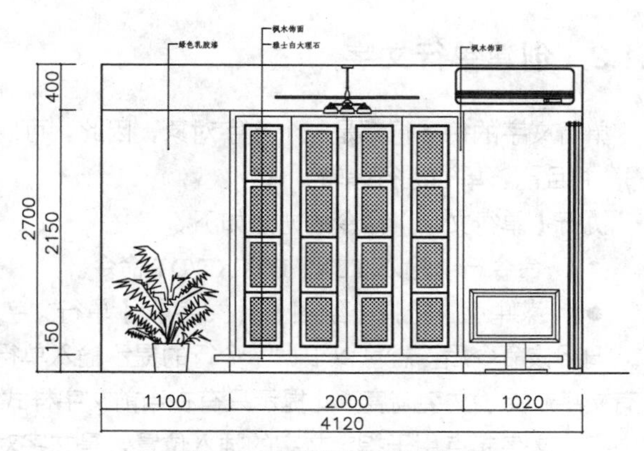

图 5-1 文字样式标注效果

课堂举例【5-1】：创建文字样式

Step 01 选择菜单栏中的【格式】|【文字样式】命令，打开【文字样式】对话框。默认情况下，【样式】列表中只有唯一的【Standard】样式，在用户未创建新样式之前，所有输入的文字均调用该样式，如图5-2所示。

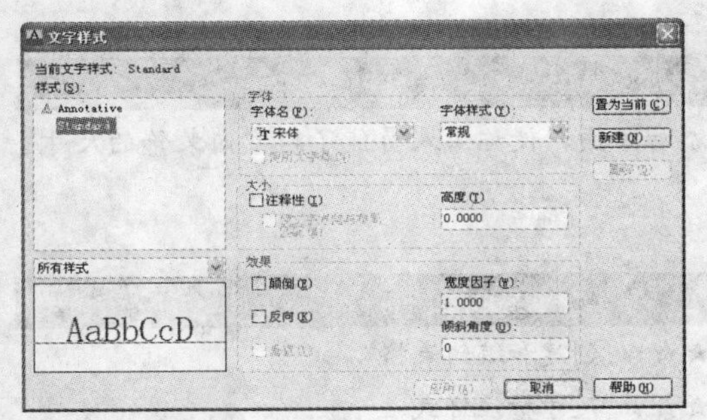

图5-2 【文字样式】对话框

Step 02 单击【新建】按钮，打开【新建文字样式】对话框，在【样式名】文本框中输入新建文字样式名称【仿宋】，如图5-3所示。单击【确定】按钮，返回【文字样式】对话框。

图5-3 【新建文字样式】对话框

Step 03 在【大小】选项组中勾选【注释性】复选框，使该文字样式成为注释性的文字样式，调用注释性文字样式创建的文字，可以随时根据打印需要调整注释性的比例。

Step 04 设置【图纸文字高度】为1.5（即文字的大小），在【效果】选项组中设置文字的【宽度因子】为1，【倾斜角度】为0，如图5-4所示，最后单击【应用】按钮关闭对话框，完成“仿宋”文字样式的创建。

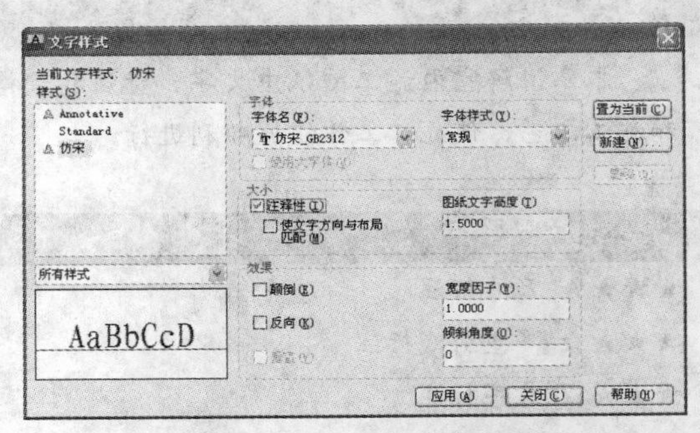

图5-4 设置文字样式参数

Step 05 使用同样的方法创建“尺寸标注”文字样式，将其【字体名】设置为 romans.shx，该文字样式主要用于数字尺寸标注，效果如图5-5所示。

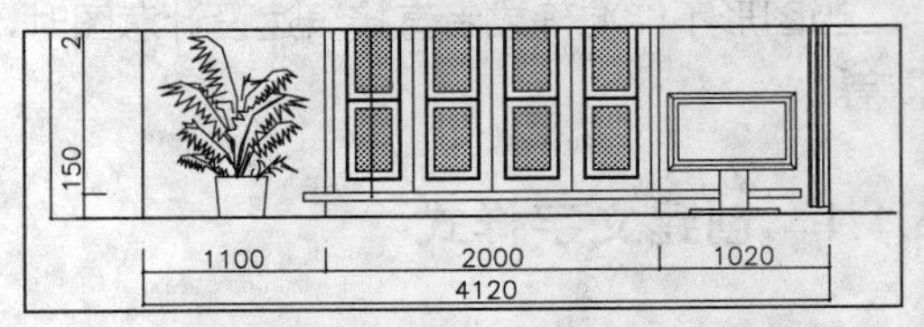

图5-5 尺寸标注文字样式效果

5.1.2 创建单行文字

单行文字的每一行都是一个文字对象，因此，可以用来创建内容比较简短的文字对象（如标签等），并且能够单独进行编辑。

执行【单行文字】命令的方法如下。

- 命令行：输入TEXT/DTEXT/DT命令。
- 菜单栏：选择【绘图】|【文字】|【单行文字】命令。

调用该命令后，就可以根据命令行的提示输入单行文字。在调用命令的过程中，需要输入的参数有文字起点、文字高度（此提示只有在当前文字样式中的字高为0时才显示）、文字旋转角度和文字内容。文字起点用于指定文字的插入位置，是文字对象的左下角点。文字旋转角度指文字相对于水平位置的倾斜角度。

课堂举例【5-2】：创建单行文字

Step 01 按【Ctrl+O】快捷键，打开“第 5 章\5.1.2 创建单行文字.dwg” 文件，如图 5-6 所示。

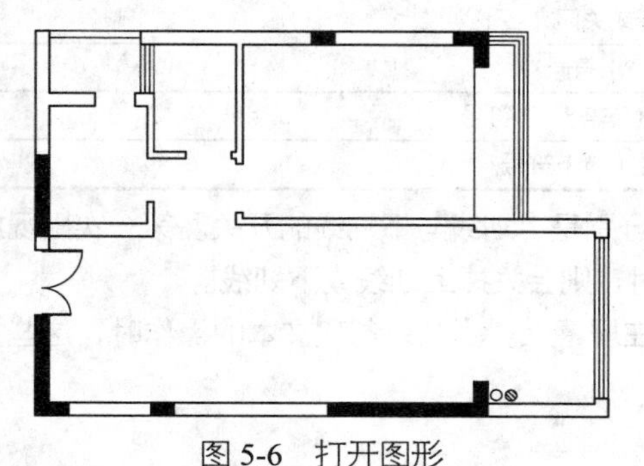

图 5-6　打开图形

Step 02 在【文字】工具栏中单击【单行文字】按钮 A，在客厅区域输入名称，命令行操作如下：

```
命令: _text↙            //调用【单行文字】命令
当前文字样式: "标注样式"  文字高度:
2.0000  注释性: 否
    指定文字的起点或 [对正(J)/样式(S)]:
                              //指定文字的起点
    指定文字的旋转角度 <0>:
                              //输入文字，按回车键退
出命令，如图 5-7 所示
```

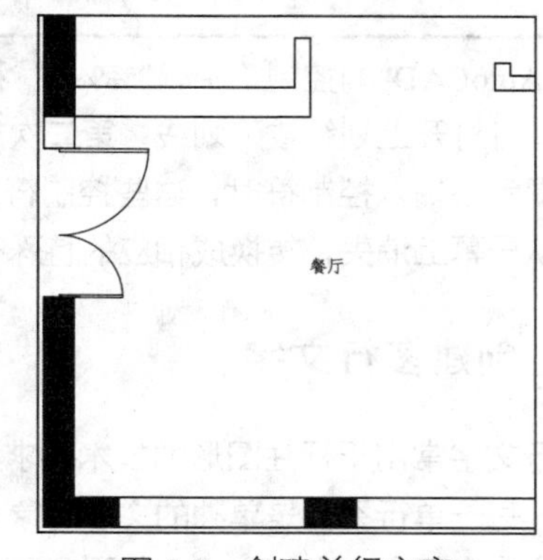

图 5-7　创建单行文字

Step 03 使用同样的方法创建其他空间单行文字，如图 5-8 所示。

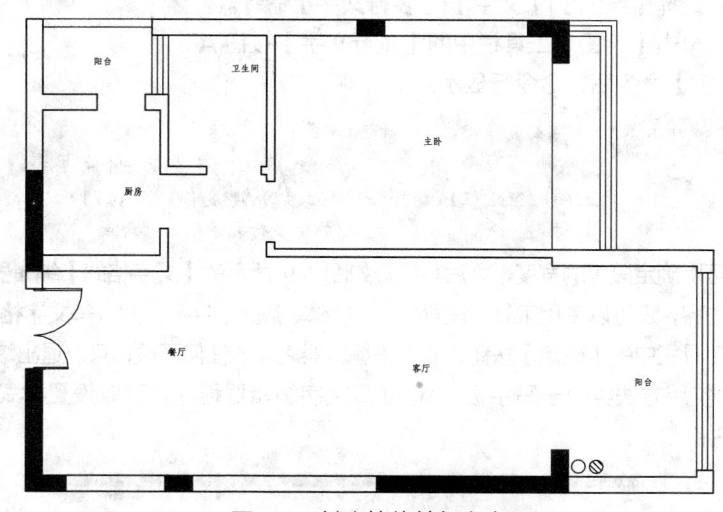

图 5-8　创建其他单行文字

5.1.3　输入特殊符号

在创建单行文字时，有些特殊符号是不能直接输入的，如指数、在文字上方或下方添加划线、度（°）、正负公差（±）等。这些特殊字符不能从键盘上直接输入，因此 AutoCAD 提供了相应的文字控制符，以实现这些标注要求。

AutoCAD 的特殊符号文字控制符由“两个百分号（%%）+一个字符”构成，常用的特殊符号输入方法如表 5-1 所示。

表 5-1　AutoCAD 文字控制符

特殊符号	功能
%%O	打开或关闭文字上划线
%%U	打开或关闭文字下划线
%%D	度（°）符号
%%P	正负公差（±）符号
%%C	直径（ϕ）符号

在 AutoCAD 的控制符中，“%%O”和“%%U”分别是上划线与下划线的开关。第一次出现此符号时，可打开上划线或下划线；第二次出现此符号时，则会关掉上划线或下划线。

在提示下输入控制符时，这些控制符也临时显示在屏幕上。当结束创建文本的操作时，这些控制符将从屏幕上消失，转换成相应的特殊符号。

5.1.4　创建多行文字

多行文字常用于标注图形的技术要求和说明等，与单行文字不同的是，多行文字整体是一个文字对象，每一单行不再是单独的文字对象，也不能单独编辑。

创建【多行文字】的方式有如下几种。

- 命令行：输入 MTEXT/T 命令。
- 菜单栏：选择【绘图】|【文字】|【多行文字】命令。
- 工具栏：单击【绘图】工具栏中的【多行文字】按钮 A。

调用【多行文字】命令后，命令行显示如下：

```
当前文字样式: "Standard"  文字高度: 2.5  注释性: 否
指定第一角点:                                   //指定多行文字框的第一个角点
指定对角点或 [高度(H)/对正(J)/行距(L)/旋转(R)/样式(S)/宽度(W)/栏(C)]:
                                                //指定多行文字框的对角点
```

执行以上操作可以确定段落的宽度，之后将打开如图 5-9 所示的【文字格式】编辑器。在下面的文本框中可以输入文字内容，还可以使用工具栏设置样式、字体、颜色、字高、对齐等文字格式。完成输入后，单击【文字格式】工具栏中的【确定】按钮，或单击编辑器之外的任何区域，可以退出编辑器窗口。

文字编辑器的使用方法类似于写字板、Word 等文字编辑器程序，可以设置样式、字体、颜色、字高、对齐等文字格式。

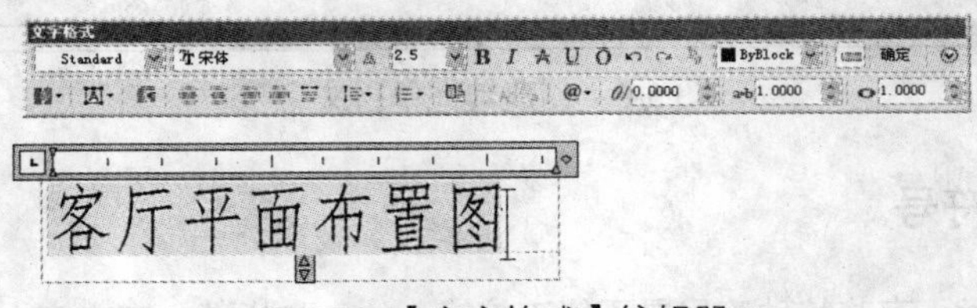

图 5-9　【文字格式】编辑器

5.1.5　编辑单行和多行文字

在文字输入完成后，还可以对文字的内容和格式进行编辑。

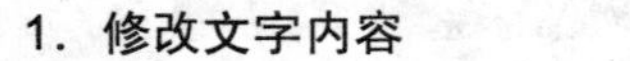

1. 修改文字内容

修改文字内容的方式有如下几种。

- 命令行：输入 DDEDIT/ED 命令。
- 菜单栏：选择【修改】|【对象】|【文字】|【编辑】命令。
- 工具栏：单击【文字】工具栏中的【编辑】按钮。
- 直接在要修改的文字上双击鼠标。

执行以上任意一种操作后，文字将变成可输入状态，如图 5-10 所示。此时可以重新输入需要的文字内容，然后按【Enter】键退出即可，如图 5-11 所示。

室内装设计

图 5-10　可输入状态

室内装潢设计

图 5-11　编辑文字内容

2. 修改文字特性

在标注的文字出现错输、漏输及多输入的状态下，可以运用上面的方法修改文字的内容。但是它只能修改文字的内容，而很多时候还需要修改文字的高度、大小、旋转角度、对正等特性。

修改单行文字特性的方式有如下几种。

- 菜单栏：选择【修改】|【对象】|【文字】|【对正】命令。
- 在【文字样式】对话框中修改文字的颠倒、反向和垂直效果。

5.2 尺寸标注样式

标注样式用来控制标注的外观，如箭头样式、文字位置和尺寸公差等。在同一个 AutoCAD 文档中，可以同时定义多个不同的标注样式。修改某个样式后，就可以自动修改所有用该样式创建的对象。

5.2.1 创建标注样式

标注样式的创建和编辑通常通过【标注样式管理器】对话框完成。

打开该对话框有如下几种方式。

- 命令行：输入 DIMSTYLE/D 命令。
- 菜单栏：选择【格式】|【标注样式】命令。
- 工具栏：单击【标注】工具栏中的【标注样式】按钮。

下面以创建“室内标注样式”为例，讲解标注样式的创建方法，本书所有施工图将调用该样式进行标注。

课堂举例【5-3】：创建标注样式

Step 01 选择菜单栏中的【格式】|【标注样式】命令，打开【标注样式管理器】对话框，如图 5-12 所示。

Step 02 单击【新建】按钮，打开【创建新标注样式】对话框，在【新样式名】文本框中输入样式的名称，如图 5-13 所示。

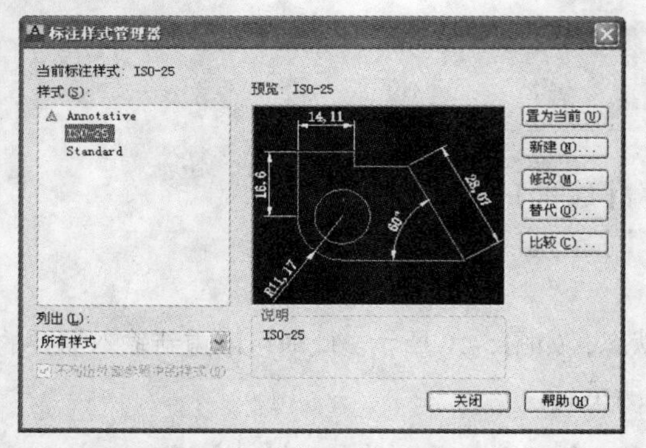

图 5-12 【标注样式管理器】对话框

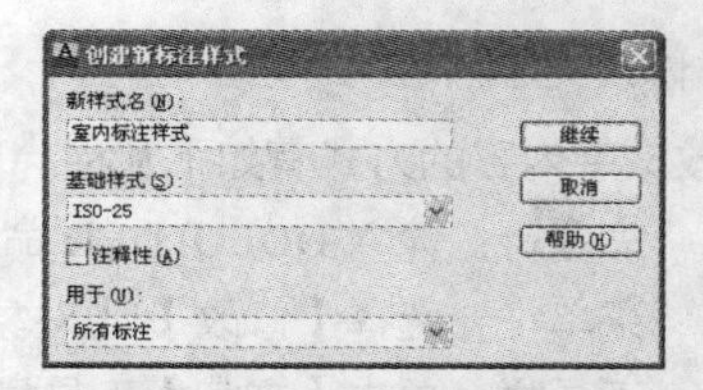

图 5-13 创建“室内标注样式”标注样式

Step 03 单击【继续】按钮，可以打开【新建标注样式：室内标注样式】对话框，以编辑和设置新建的标注样式参数，单击【确定】按钮关闭对话框，完成标注样式的创建。

【创建新标注样式】对话框的【用于】下拉列表框用于指定新建标注样式的适用范围，包括“所有标注”、“线性标注”、“角度标注”、“半径标注”、“直线标注”、“坐标标注”和“引线与公差”等选项；选中【注释性】复选框，可将标注定义成可注释对象。

技巧点拨

在【基础样式】下拉列表框中选择一种基础样式，新样式将在该基础样式的基础上进行修改，可以提高样式设置的效率。

5.2.2 编辑并修改标注样式

在新建标注样式之后，用户可以根据需要针对【线】、【符号和箭头】、【文字】、【主单位】、【公差】等标注内容进行设置。这里以设置“室内标注样式”为例，讲解标注样式的设置方法，以及室内标注的规范和要求。

课堂举例【5-4】：设置室内标注样式

Step 01 在命令行输入 D 并按回车键，打开【标注样式管理器】对话框。

Step 02 在【样式】列表中选择新建的【室内标注样式】，单击【修改】按钮，打开【新建标注样式：室内标准样式】对话框。

Step 03 单击【线】选项卡，设置尺寸线、尺寸界线、超出尺寸线长度值和起点偏移量等参数，如图 5-14 所示。

Step 04 单击【符号和箭头】选项卡，设置箭头的类型、大小、引线类型、圆心标记和折断标注等参数，如图 5-15 所示。

Step 05 单击【文字】选项卡，设置文字样式为“尺寸标注”，其他参数设置如图 5-16 所示。

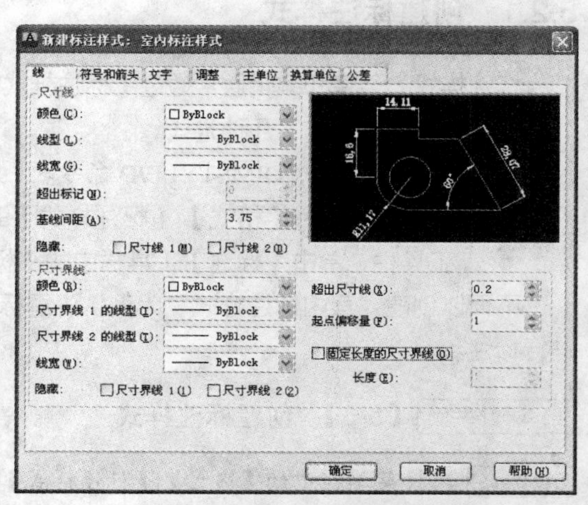

图 5-14 【线】选项卡参数设置

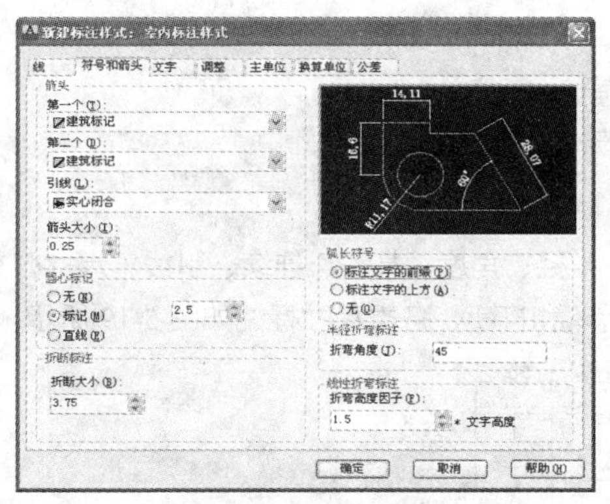

图 5-15 【符号和箭头】选项卡参数设置

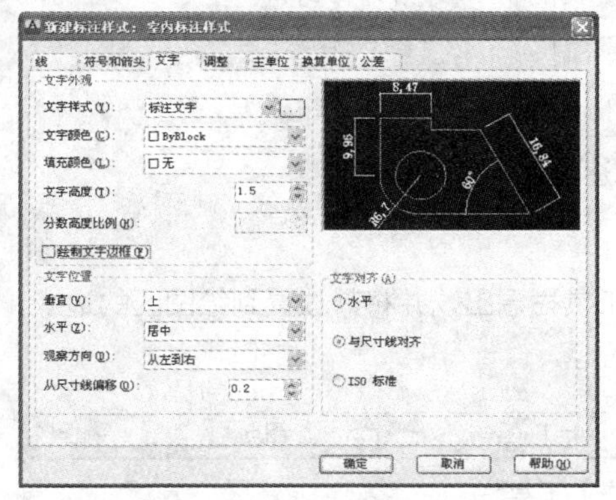

图 5-16 【文字】选项卡参数设置

Step 06 单击【调整】选项卡，对标注文字、尺寸线、尺寸箭头等进行调整，在【标注特征比例】选项组中选中【注释性】复选框，使标注具有注释性功能，如图 5-17 所示。

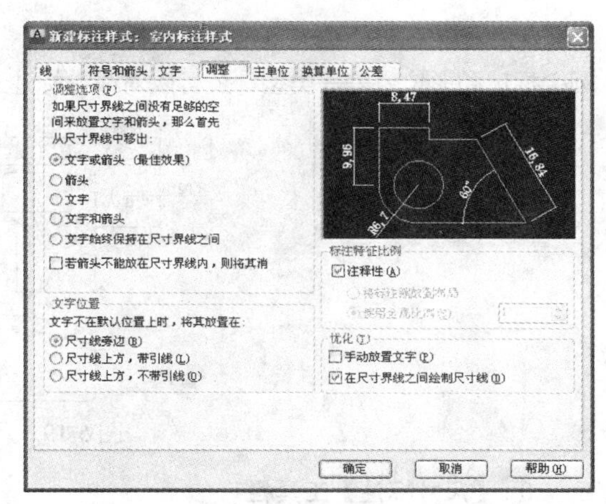

图 5-17 【调整】选项卡参数设置

Step 07 完成设置后，单击【确定】按钮，返回【标注样式管理器】对话框，单击【置为当前】按钮，然后关闭对话框。

5.3 尺寸标注

由于各种施工图的机构和施工方法不同，所以在进行尺寸标注时需要采用不同的表示方式和标注类型。在 AutoCAD 中有多种标注的样式和标注的种类，进行尺寸标注时应根据需要来选择，从而使标注的尺寸符号设计要求，方便施工和测量。

5.3.1 尺寸标注简介

1. 尺寸标注的基本要素

尺寸标注的类型和外观多种多样，一个完整的尺寸标注由尺寸线、尺寸界线、尺寸文本和尺寸箭头四个部分组成，如图 5-18 所示。

- 尺寸界线：尺寸界线用来表示所标准尺寸的范围。尺寸界线一般要与标注的对象轮廓线垂直，必要时也可以倾斜。

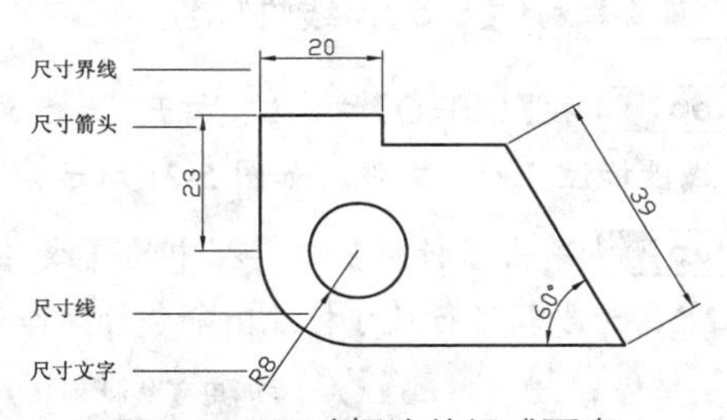

图 5-18 尺寸标注的组成要素

- 尺寸线：尺寸线用来表示尺寸度量的方向。
- 尺寸箭头：尺寸箭头用来表示尺寸的起止位置。
- 尺寸文字：尺寸文字用来表示图形对象的实际性质和大小。

2. 尺寸标注的类型

尺寸标注可分为线性、对齐、直径、坐标、折弯、半径、角度、基线、连续、引线、尺寸公差、圆心标记和形位公差等类型，还可以对线性标注进行折弯和打断，各类尺寸标注如图 5-19 所示。

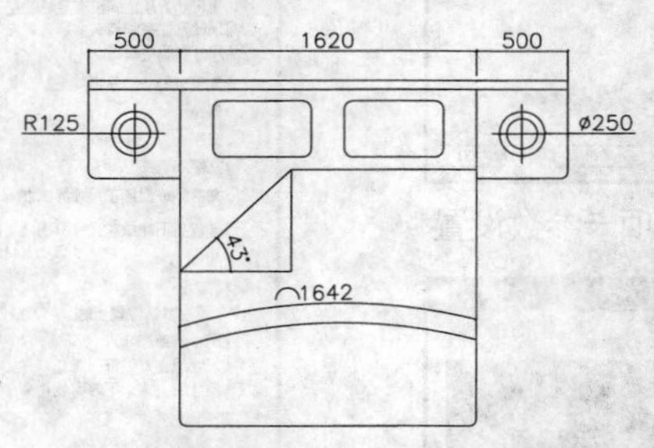

图 5-19　尺寸标注类型

3.【尺寸标注】工具栏

在对图形进行尺寸标注时，可以将【尺寸标注】工具栏调出，并将其放置到绘图区的边缘，从而可以方便地调用标注尺寸的各种命令，如图 5-20 所示。

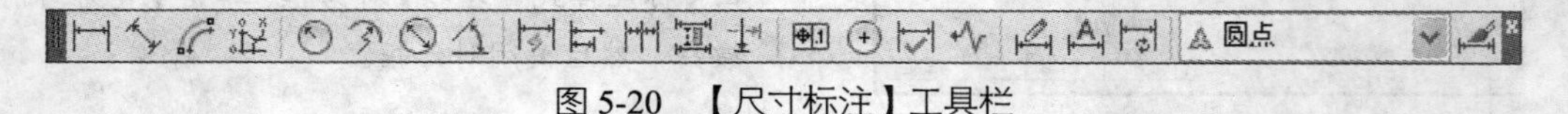

图 5-20　【尺寸标注】工具栏

5.3.2　创建尺寸标注

尺寸标注的类型很多，下面讲解一些主要的尺寸标注工具。

1. 线性标注

线性标注包括水平标注和垂直标注两种类型，用于标注任意两点之间的距离。

执行【线性】标注命令的方法如下。

- 命令行：输入 DIMLINEAR/DLI 命令。
- 菜单栏：选择【标注】|【线性】命令。
- 工具栏：单击【标注】工具栏中的【线性】按钮。

课堂举例【5-5】：线性标注

Step 01 按【Ctrl+O】快捷键，打开“第 5 章\5.3.2 线性标注.dwg”文件，如图 5-21 所示。

Step 02 单击【标注】工具栏中的【线性】按钮，为冰箱进行尺寸标注，命令行操作如下：

```
命令: _dimlinear↙ //调用【线性标注】命令
指定第一个尺寸界线原点或 <选择对象>:
        //拾取冰箱左侧顶点为第一个尺寸界线原点
指定第二条尺寸界线原点:
        //向下移动鼠标到水平线段左侧端点位置
指定尺寸线位置或[多行文字(M)/文字(T)/角度(A)/水平(H)/垂直(V)/旋转(R)]:
        //向左移动，单击鼠标，确定尺寸线位置，效果如图 5-22 所示
标注文字 = 440
```

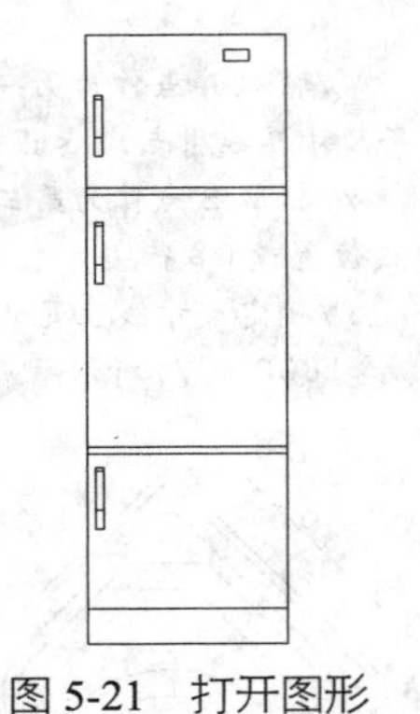

图 5-21 打开图形

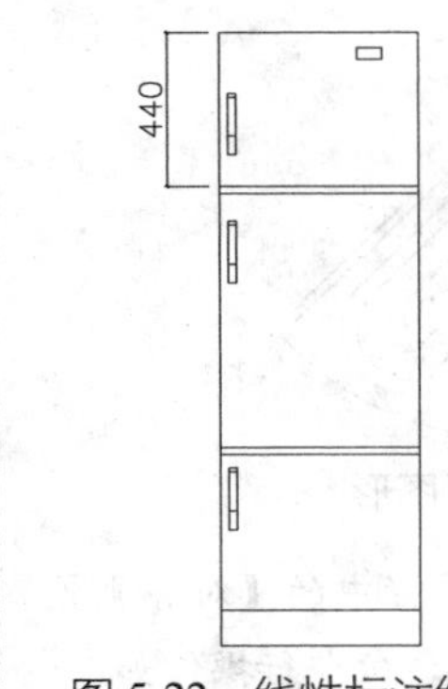

图 5-22 线性标注结果

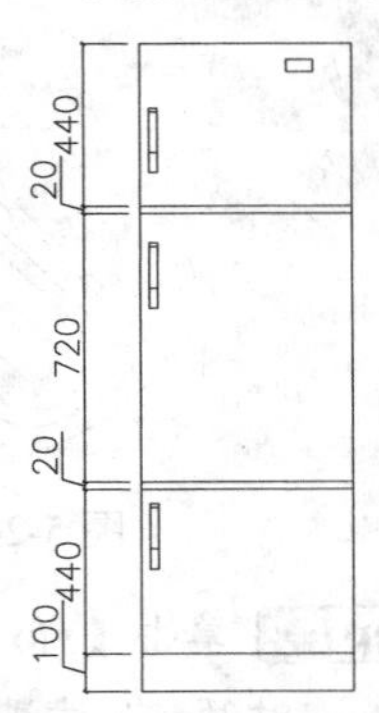

图 5-23 连续标注结果

2. 连续标注

连续标注又称为链式标注或尺寸链，是多个线性尺寸的组合。连续标注从某一基准尺寸界线开始，按某一方向顺序标注一系列尺寸，相邻的尺寸共用一条尺寸界线，而且所有的尺寸线都在同一直线上。

执行【连续】标注命令的方法如下。

- 命令行：输入 DIMCONTINUE/DCO 命令。
- 菜单栏：选择【标注】|【连续】命令。
- 工具栏：单击【标注】工具栏中的【连续】按钮。

下面以【课堂举例 5-5】冰箱标注为例，讲解连续标注的方法。

课堂举例【5-6】：连续标注

Step 01 单击【标注】工具栏中的【连续】按钮，继续标注其他垂直尺寸，命令行操作如下：

```
命令：_dimcontinue↙
        //调用【连续标注】命令
指定第二条尺寸界线原点或 [放弃(U)/选择(S)]
<选择>:   //系统根据创建的上一个标注开始线性标注
标注文字 = 20
指定第二条尺寸界线原点或 [放弃(U)/选择(S)]
<选择>:
标注文字 = 720
……          //继续标注
指定第二条尺寸界线原点或 [放弃(U)/选择(S)]
<选择>:          //按回车键完成标注
```

Step 02 最终标注结果如图 5-23 所示。

3. 对齐标注

在对直线段进行标注时，如果该直线的倾斜角度未知，那么使用【线性标注】的方法将无法得到准确的测量结果，这时可以使用【对齐】命令进行标注。

执行【对齐】标注命令的方法如下。

- 命令行：输入 DIMALIGNED/DAL 命令。
- 菜单栏：选择【标注】|【对齐】命令。
- 工具栏：单击【标注】工具栏中的【对齐】按钮。

课堂举例【5-7】：对齐标注

Step 01 按【Ctrl+O】快捷键，打开“第 5 章\5.3.2 对齐标注.dwg”文件，如图 5-24 所示。

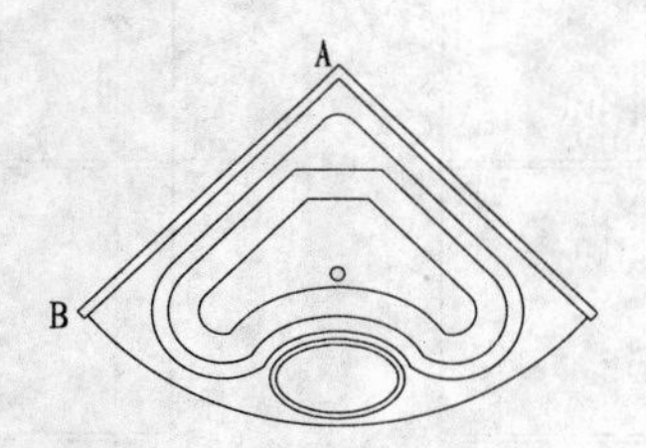

图 5-24　打开图形

Step 02 单击【标注】工具栏中的【对齐】按钮，对倾斜尺寸进行标注，命令行操作如下：

```
命令：_dimaligned↙
                //调用【对齐标注】命令
指定第一个尺寸界线原点或 <选择对象>:
                //拾取 A 点作为第一个尺寸界线原点
指定第二条尺寸界线原点： <正交 关>
                //拾取 B 点作为第二个尺寸界线原点
指定尺寸线位置或[多行文字(M)/文字(T)/角度(A)]:           //确定尺寸线位置
标注文字 = 1800    //标注结果如图 5-25 所示
```

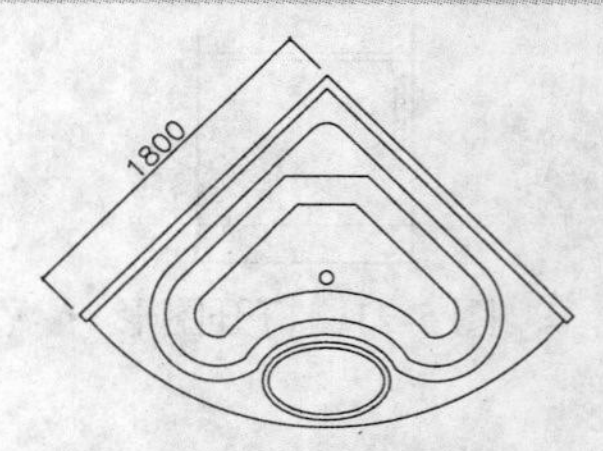

图 5-25　对齐标注结果

4. 角度尺寸标注

利用【角度】标注工具不仅可以标注两条呈一定角度的直线或三个点之间的夹角，还可以标注圆弧的圆心角。

执行【角度】标注命令的方法如下。

- 命令行：输入 DIMANGULAR/DAN 命令。
- 菜单栏：选择【标注】|【角度】命令。
- 工具栏：单击【标注】工具栏中的【角度】按钮。

课堂举例【5-8】：角度尺寸标注

Step 01 按【Ctrl+O】快捷键，打开"第 5 章\5.3.2 角度标注.dwg"文件，如图 5-26 所示。

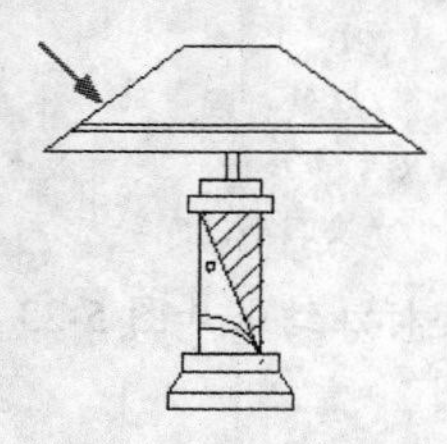

图 5-26　打开图形

Step 02 单击【标注】工具栏中的【角度】按钮，命令行操作如下：

```
命令：_dimangular↙//调用【角度标注】命令
选择圆弧、圆、直线或 <指定顶点>:
                //选择如图 5-26 所示箭头所指线段
选择第二条直线：
                //选择台灯上侧的水平线段
指定标注弧线位置或 [多行文字(M)/文字(T)/角度(A)/象限点(Q)]:      //确定标注位置，如图 5-27 所示
标注文字 = 142
```

图 5-27　角度标注结果

5. 半径标注

利用【半径】标注可以快速获得圆或圆弧的半径大小。根据国家规定，标注半径时，应在尺寸数字前加注前缀符号"*R*"。

执行【半径】标注命令的方法如下。

- 命令行：输入 DIMRADIUS/DRA 命令。

- 菜单栏：选择【标注】|【半径】命令。
- 工具栏：单击【标注】工具栏中的【半径】按钮。

课堂举例 【5-9】：半径标注

Step 01 按【Ctrl+O】快捷键，打开“第5章\5.3.2半径标注.dwg”文件，如图5-28所示。

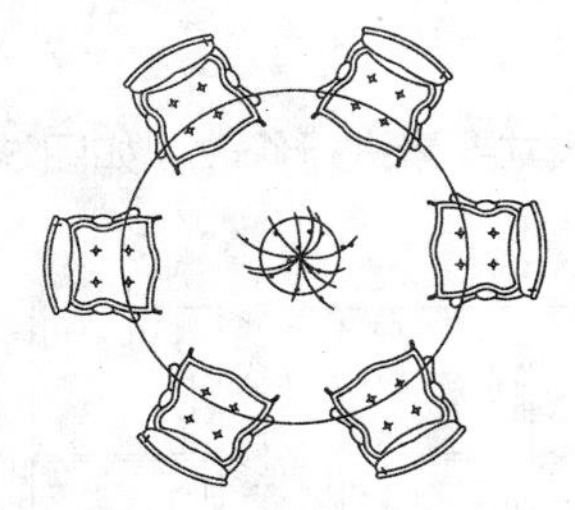

图5-28 打开图形

Step 02 单击【标注】工具栏中的【半径】按钮，命令行操作如下：

```
命令：_dimradius↙//调用【半径标注】命令
选择圆弧或圆：          //选择表示餐桌的圆
标注文字 = 650
指定尺寸线位置或 [多行文字(M)/文字(T)/角度
(A)]：                  //确定标注的位置，如图
5-29所示
```

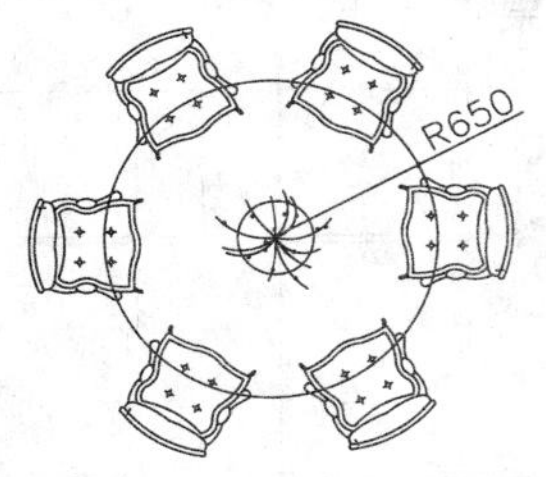

图5-29 半径标注结果

6．直径标注

利用【直径】标注可以快速获得圆或圆弧的直径大小。根据国家规定，标注直径时，应在尺寸数字前加注前缀符号“ϕ”。

执行【直径】标注命令的方法如下。

- 命令行：输入DIMDIAMETER/DDI命令。
- 菜单栏：选择【标注】|【直径】命令。
- 工具栏：单击【标注】工具栏中的【直径】按钮。

课堂举例 【5-10】：直径标注

Step 01 按【Ctrl+O】快捷键，打开“第5章\5.3.2直径标注.dwg”文件，如图5-28所示。

Step 02 单击【标注】工具栏中的【直径】按钮，命令行操作如下：

```
命令：_dimdiameter↙
                //调用【直径标注】命令
选择圆弧或圆：  //选择表示餐桌的圆
标注文字 = 1300
指定尺寸线位置或 [多行文字(M)/文字(T)/角
度(A)]：                  //确定标注的位置
```

Step 03 直径标注结果如图5-30所示。

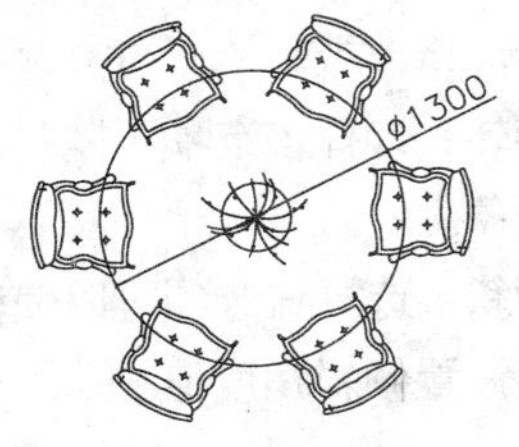

图5-30 直径标注结果

5.3.3 编辑尺寸标注

在AutoCAD 2013中，可以对已标注对象的文字、位置及样式等内容进行修改，而不必删除所标注的尺寸对象再重新进行标注。

1. 编辑标注文字

【编辑标注文字】命令用于改变尺寸文字的放置位置，如图5-31所示。

执行【编辑标注】命令的方法如下。

- 命令行：输入DIMTEDIT/DIMTED命令。
- 菜单栏：选择【标注】|【对齐文字】命令。
- 工具栏：单击【标注】工具栏中的【编辑标注文字】按钮。

2. 编辑标注

【编辑标注】是一个综合的尺寸编辑命令，可以同时对各尺寸要素进行修改。如图5-32所示为倾斜标注结果。

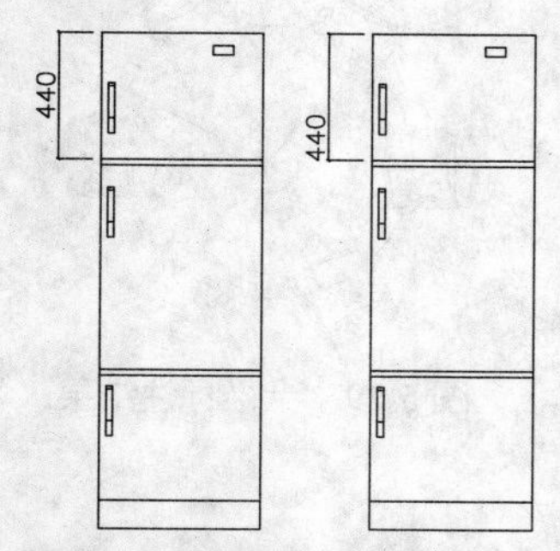

图5-31　编辑标注文字位置

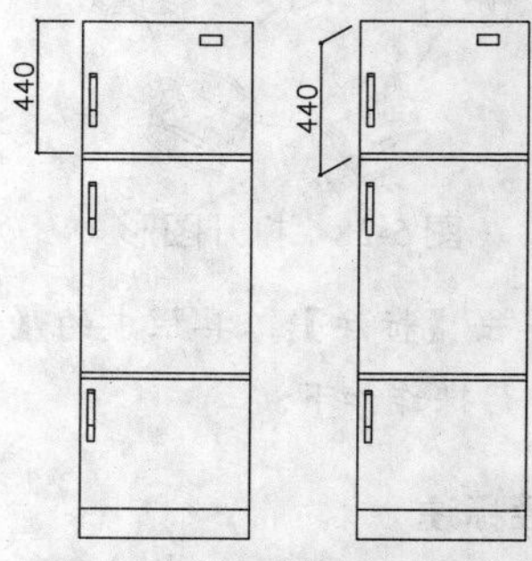

图5-32　倾斜标注结果

执行【编辑标注】命令的方法如下。

- 命令行：输入DIMEDIT/DED命令。
- 工具栏：单击【标注】工具栏中的【编辑标注】按钮。

通过以上任意一种方法执行该命令后，命令行提示如下：

```
输入标注编辑类型 [默认(H)/新建(N)/旋转(R)/倾斜(O)] <默认>:
```

和其他标注修改命令不同的是，DIMEDIT命令是先选择一种修改方式，再选择需要修改的尺寸对象。这样，可以用选定的修改方式同时修改多个尺寸对象。命令行中各选项的含义如下。

- 默认：选择该选项并选择尺寸对象，可以按默认位置和方向放置尺寸文字。
- 新建：选择该选项可以修改尺寸文字，此时系统将显示【文字格式】工具栏和文字输入窗口。修改或输入尺寸文字后，选择需要修改的尺寸对象即可。
- 旋转：选择该选项可以将尺寸文字旋转一定的角度，同样是先设置角度值，然后选择尺寸对象。
- 倾斜：选择该选项可以使非角度标注的延伸线倾斜一角度。这时需要先选择尺寸对象，然后设置倾斜角度值。

3. 使用【特性】选项板编辑标注

除了上面介绍的各类尺寸标注命令外，还可以使用【特性】选项板来编辑标注。

打开【特性】选项板有以下几种方式。

- 命令行：输入PROPERTIES/PR命令。
- 菜单栏：选择【工具】|【选项板】|【特性】命令。

专家提醒

除了编辑标注文字外，【特性】选项板还可以修改标注的颜色、线型、箭头等。

4．打断尺寸标注

打断尺寸标注可以使标注、尺寸延伸线或引线不显示，可以自动或手动将折断线标注添加到标注或引线对象。

执行【打断标注】命令的方法如下。

- 命令行：输入DIMBREAK命令。
- 菜单栏：选择【标注】|【标注打断】命令。
- 工具栏：单击【标注】工具栏中的【折断标注】按钮。

5．标注间距

利用【标注间距】功能，可根据指定的间距数值，调整尺寸线互相平行的线性尺寸或角度尺寸之间的距离，使其处于平行等距或对齐状态。

执行【标注间距】命令的方法如下。

- 命令行：输入DIMSPACE命令。
- 菜单栏：选择【标注】|【标注间距】命令。
- 工具栏：单击【标注】工具栏中的【等距标注】按钮。

6．更新标注

利用【标注更新】功能可以实现两个尺寸样式之间的互换，将已标注的尺寸以新的样式显示出来，满足各种尺寸标注的需要，无需对尺寸进行反复修改。

执行【标注更新】的命令的方法如下。

- 菜单栏：选择【标注】|【更新】命令。
- 工具栏：单击【标注】工具栏中的【标注更新】按钮。

5.4 多重引线标注

引注是另外一类常用的尺寸标注类型，由箭头、引线和注释文字构成。箭头是引注的起点，从箭头处引出引线，在引线边上加注注释文字。在室内制图中，引注常用来标注装饰材质和工艺。

AutoCAD 2013提供了【快速引线】和【多重引线】等引线标注命令，本节重点讲解室内绘图常用的【多重引线】命令的用法。

5.4.1 创建多重引线样式

与标注一样，在创建多重引线之前，应设置其多重引线样式。通过【多重引线样式管理器】对话框可以设置【多重引线】的箭头、引线、文字等特征。

在AutoCAD 2013中打开【多重引线样式管理器】对话框的方法如下。

- 命令行：输入MLEADERSTYLE/MLS命令。

- 菜单栏：选择【格式】|【多重引线样式】命令。
- 工具栏：单击【多重引线】工具栏中的【多重引线样式】按钮。

下面以创建本书室内标注使用的“圆点”多重引线标注样式为例，讲解多重引线样式的创建方法。

课堂举例【5-11】：创建多重引线样式

Step 01 在命令行输入 MLS 命令，打开【多重引线样式管理器】对话框，如图 5-33 所示。

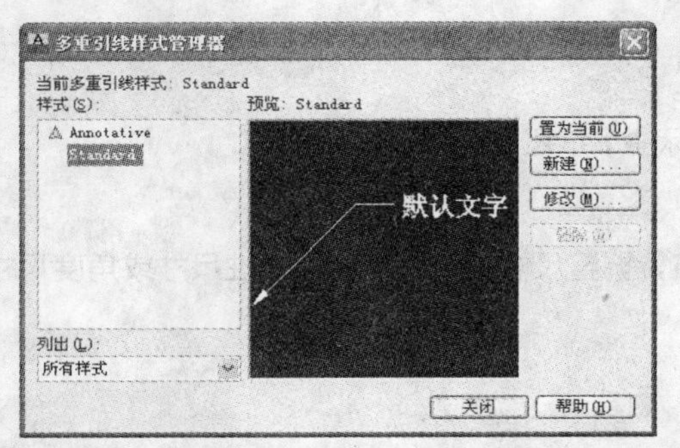

图 5-33 【多重引线样式管理器】对话框

Step 02 单击【新建】按钮，打开【创建多重引线样式】对话框，在【新样式名】文本框中输入“圆点”，选中【注释性】复选框，如图 5-34 所示。

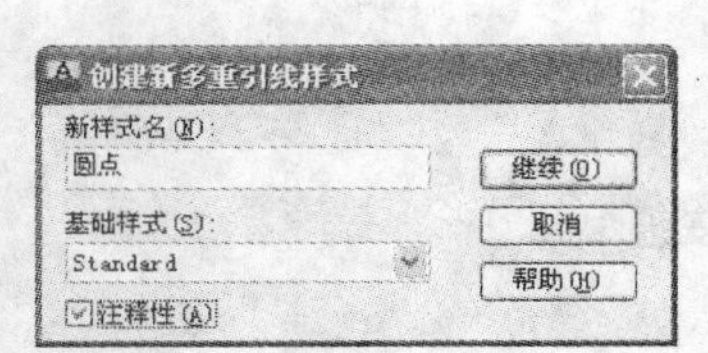

图 5-34 新建多重引线样式

Step 03 单击【继续】按钮，打开【修改多重引线样式：圆点】对话框，单击【引线格式】选项卡，设置【箭头符号】为【点】，【大小】为 0.25，其他参数设置如图 5-35 所示。

Step 04 单击【引线结构】选项卡，参数设置如图 5-36 所示。

Step 05 单击【内容】选项卡，设置【文字样式】为【仿宋】，其他参数设置如图 5-37 所示。设置完参数后，单击【确定】按钮返回【多重引线样式管理器】对话框，“圆点”引线样式创建完成。

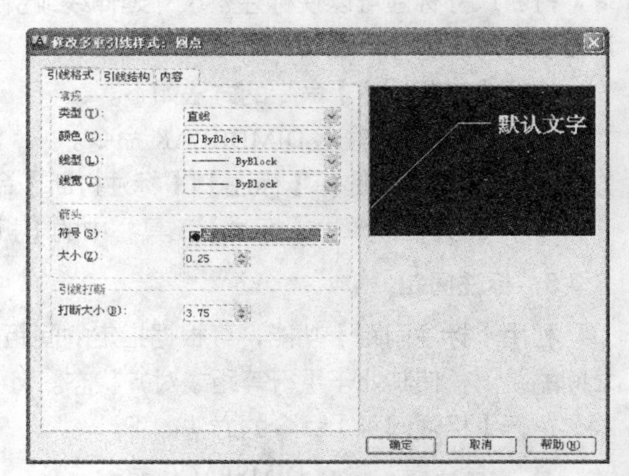

图 5-35 【引线格式】选项卡

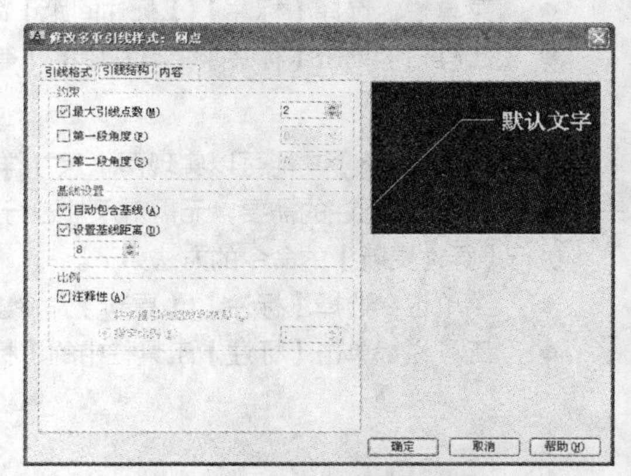

图 5-36 【引线结构】选项卡

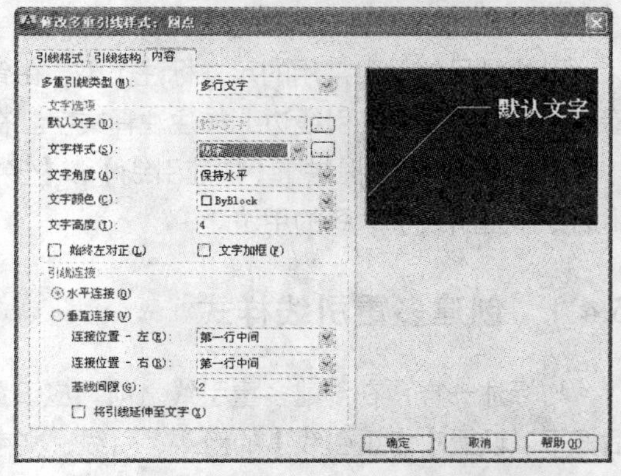

图 5-37 【内容】选项卡

5.4.2 创建与修改多重引线

当用户创建了多重引线样式之后，就可以通过此样式来创建多重引线，并且可以根据需要来修改多重引线。

执行【多重引线】命令的方法如下。

- 命令行：输入 MLEADER/MLD 命令。
- 菜单栏：选择【标注】|【多重引线】命令。
- 工具栏：单击【多重引线】工具栏中的【多重引线】按钮。

课堂举例【5-12】：创建与修改多重引线

Step 01 按【Ctrl+O】快捷键，打开“第5章\5.4.2 创建与修改多重引线.dwg”文件，如图5-38所示。

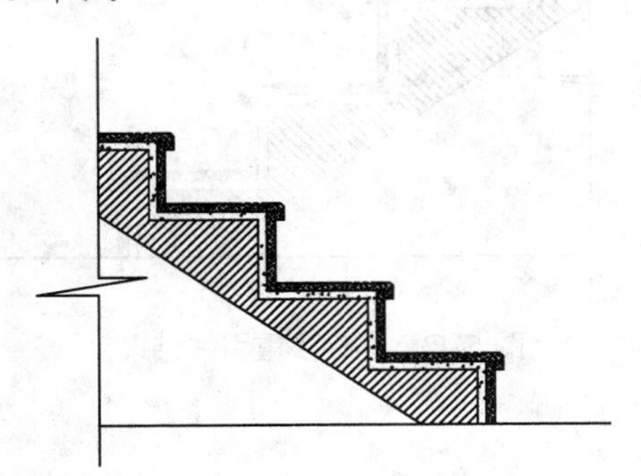

图5-38 打开图形

Step 02 调用【多重引线】命令之后，为剖面图标注装饰材料，命令行操作如下：

```
命令：_mleader↙  //调用【多重引线】命令
指定引线箭头的位置或 [引线基线优先(L)/内容优先(C)/选项(O)] <选项>:  //在需要标注的位置拾取一点，并水平向右移动光标
指定引线基线的位置：  //单击鼠标左键确定引线位置，输入材料名称，如图5-39所示
```

Step 03 当需要修改所创建的多重引线样式时，可以右击该多重引线对象，在弹出菜单中选择【特性】命令，打开【特性】选项板，从而可以修改多重引线的样式、箭头样式、大小、是否水平基线、引线类型和基线间距等，如图5-40所示。

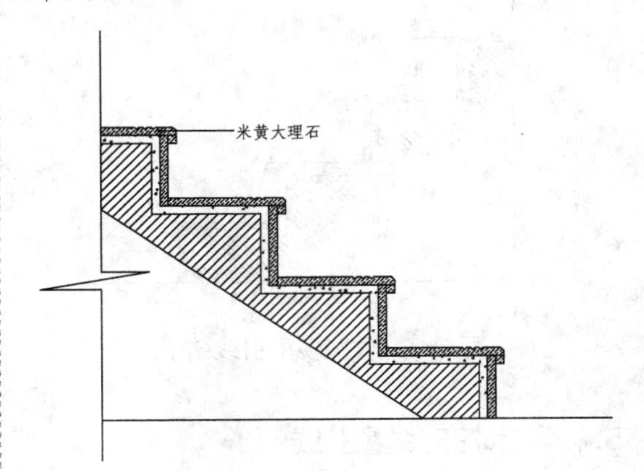

图5-39 创建多重引线

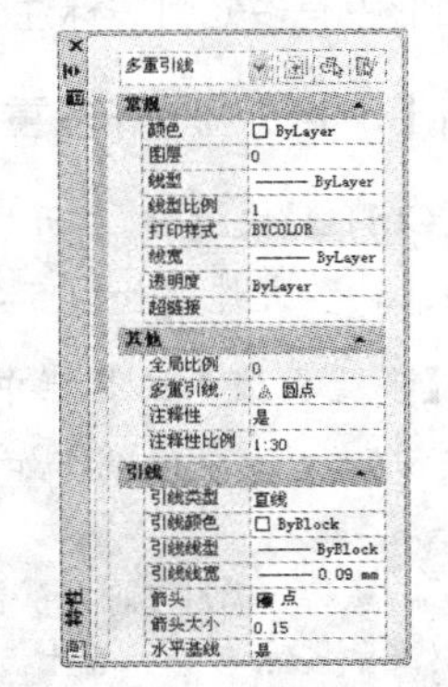

图5-40 【特性】选项板

5.4.3 添加与删除多重引线

当需要同时引出几个相同部分的引出线时，可采取相互平行或画成集中于一点的放射线，这时就可以采用添加多重引线。

课堂举例【5-13】：添加与删除多重引线

Step 01 在【多重引线】工具栏中单击【添加多重引线】按钮，命令行操作如下：

```
命令： _u 添加引线 GROUP
      //调用【添加多重引线】命令
选择多重引线：
      //选择上一次创建的多重引线
找到 1 个
指定引线箭头位置或 [删除引线(R)]：
      //将引线箭头位置定位到相同的材质区域
指定引线箭头位置或 [删除引线(R)]：
      //按回车键退出，结果如图 5-41 所示
```

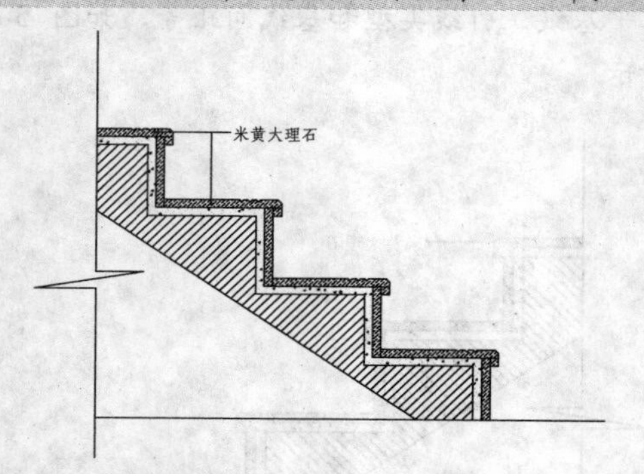

图 5-41　添加多重引线结果

Step 02 添加了多重引线后，又觉得不符合需要，可以将多余的多重引线删除。在【多重引线】工具栏中单击【删除多重引线】按钮，命令行操作如下：

```
选择多重引线：                //选择引线
找到 1 个
指定要删除的引线或 [添加引线(A)]：
      //按回车键即可删除引线，如图 5-42 所示
```

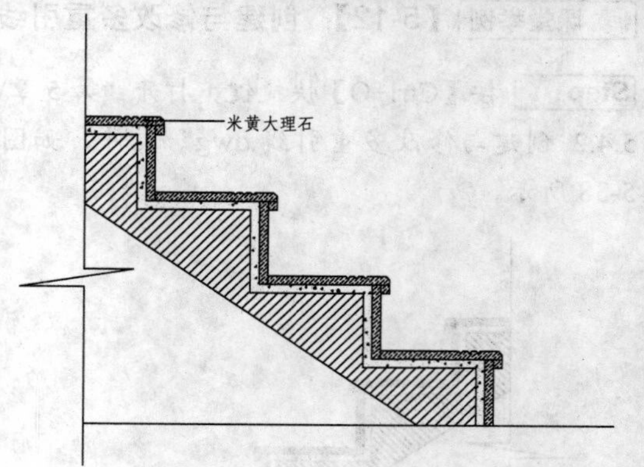

图 5-42　删除多重引线结果

5.4.4　对齐多重引线

当一个图形中有多处引线标注时，可以通过多重引线对齐功能快速将引线对齐。

课堂举例【5-14】：对齐多重引线

Step 01 按【Ctrl+O】快捷键，打开“第 5 章\5.4.4 对齐多重引线.dwg”文件，如图 5-43 所示。

Step 02 在【多重引线】工具栏中单击【多重引线对齐】按钮，命令行操作如下：

```
命令： _mleaderalign
                  //调用【对齐多重引线】命令
选择多重引线：找到 1 个，总计 6 个
                  //选择需要对齐的多重引线
选择多重引线：
                  //按回车键结束选择
当前模式：使用当前间距
选择要对齐到的多重引线或 [选项(O)]：
                  //选择要作为对齐的基准引线
指定方向：        //选择方向
```

Step 03 对齐多重引线结果如图 5-44 所示。

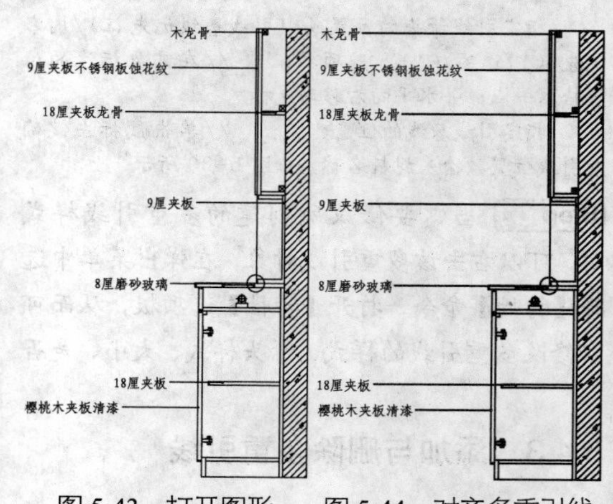

图 5-43　打开图形　　图 5-44　对齐多重引线结果

5.5 创建和编辑表格

表格主要用来展示与图形相关的标准、数据信息、材料信息等内容。在实际的绘图过程中，由于图形类型的不同，使用的表格以及该表格表现的数据信息也不同。可以使用 AutoCAD 自身提供的表格功能，对表格进行创建、合并单元格、在单元格中使用公式等操作。

5.5.1 定义表格样式

在 AutoCAD 2013 中，可以使用【表格样式】命令创建表格。在创建表格前，先要设置表格的样式，包括表格内文字的字体、颜色、高度以及表格的行高、行距等。

执行【表格样式】命令的方法如下。

- 命令行：输入 TABLESTYLE/TS 命令。
- 菜单栏：选择【格式】|【表格样式】命令。
- 工具栏：单击【样式】工具栏中的【表格样式】按钮。

调用该命令后，将打开如图 5-45 所示的【表格样式】对话框，其中显示了已创建的表格样式列表，可以通过右边的按钮新建、修改和删除表格样式。

单击【新建】按钮，打开【创建新的表格样式】对话框，如图 5-46 所示。

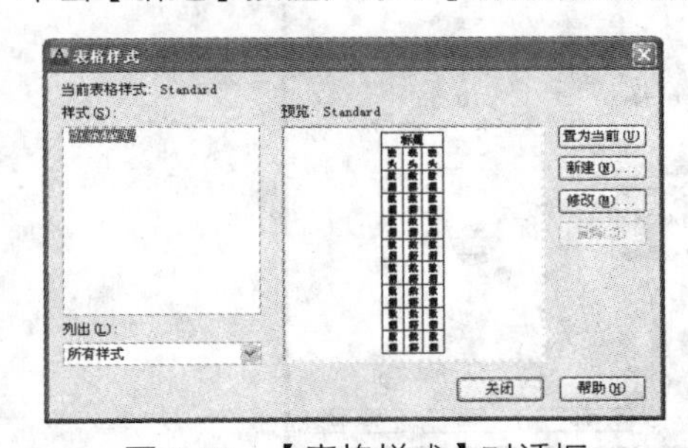

图 5-45 【表格样式】对话框

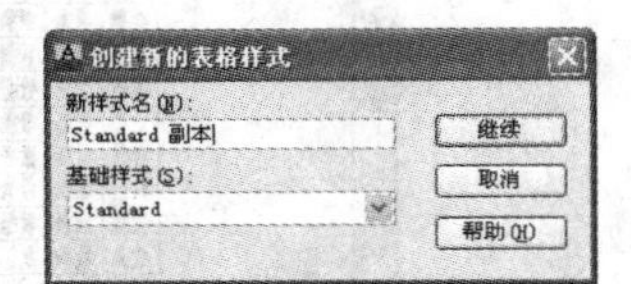

图 5-46 【创建新的表格样式】对话框

在【新样式名】文本框中输入表格样式名称，在【基础样式】下拉列表框中选择一个表格样式为新的表格样式提供默认设置，单击【继续】按钮，打开【新建表格样式：Standard 副本】对话框，如图 5-47 所示，可以对新建表格样式进行具体设置。

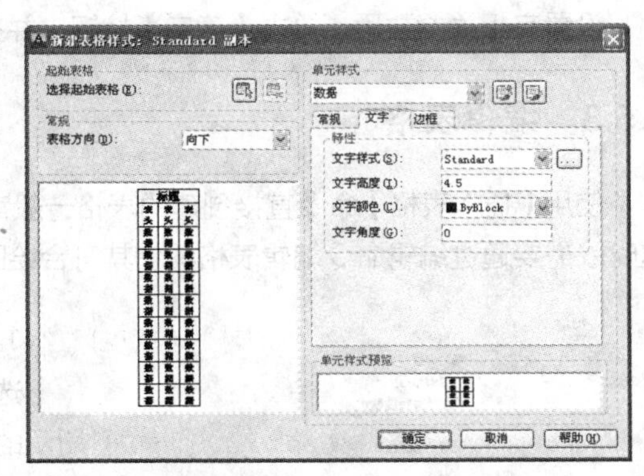

图 5-47 【新建表格样式：Standard 副本】对话框

【新建表格样式：Standard 副本】对话框中各选项组的含义如下。

- 【起始表格】选项组：该选项组允许用户在图形中指定一个表格用作样例来设置此表格样式的格式。单击【选择表格】按钮，进入绘图区，可以在绘图区选择表格录入。【删除表格】按钮与【选择表格】按钮作用相反。

- 【常规】选项组：该选项组用于更改表格方向，通过【表格方向】下拉列表框选择【向下】或【向上】来设置表格方向；【预览框】显示当前表格样式设置效果的样例。
- 【单元样式】选项组：该选项组用于定义新的单元样式或修改现有单元样式。系统默认提供了数据、标题和表头三种单元样式，可以单击【创建新单元样式】按钮，创建新的单元样式。
- 【单元样式预览】选项组：在预览框中显示创建的表格单元样式。

5.5.2 插入表格

创建好表格样式后，便可以该表格样式为模板创建所需的表格。

执行【插入表格】命令的方法如下。

- 命令行：输入 TABLE/TB 命令。
- 菜单栏：选择【绘图】|【表格】命令。
- 工具栏：单击【绘图】工具栏中的【表格】按钮。

调用该命令后，将打开如图 5-48 所示的【插入表格】对话框，可对插入的表格进行设置。

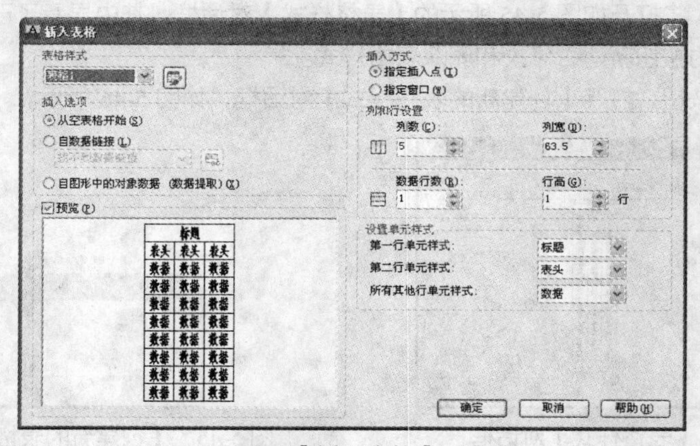

图 5-48　【插入表格】对话框

设置完相关参数后，单击【确定】按钮，并在绘图区指定插入点，即可插入表格。

5.5.3 编辑表格

使用【插入表格】命令直接创建的表格一般都不能满足要求，尤其是当绘制的表格比较复杂时。这时就需要通过编辑命令编辑表格，使其符合绘图的要求。

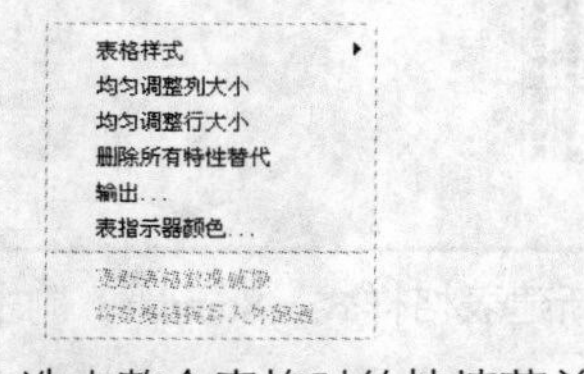

图 5-49　选中整个表格时的快捷菜单

1. 编辑表格

选择整个表格，单击鼠标右键，系统将弹出如图 5-49 所示的快捷菜单，可以在其中对表格进行剪切、复制、删除、移动、缩放和旋转等简单操作，也可以均匀调整表格的行、列大小，删除所有特性替代。当选择【输出】命令时，还可以打开【输出数据】对话框，以 csv 格式输出表格中的数据。

2．编辑单元格

选择表格中的某个单元格后，在其上单击鼠标右键，将弹出如图 5-50 所示的快捷菜单，可以在其中编辑单元格。

其中的【插入点】命令用于插入块、字段或公式等外部参数。如选择【插入点】|【块】命令，将打开如图 5-51 所示的【在表格单元中插入块】对话框，在其中可以设置插入块在表格单元中的对齐方式、比例和旋转角度等特性。

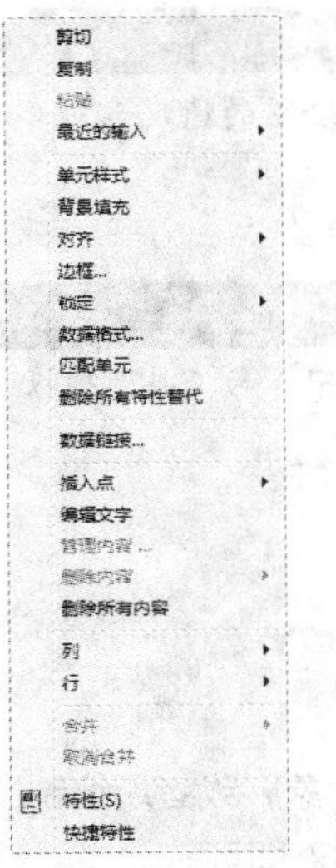

图 5-50　选中单元格时的快捷菜单

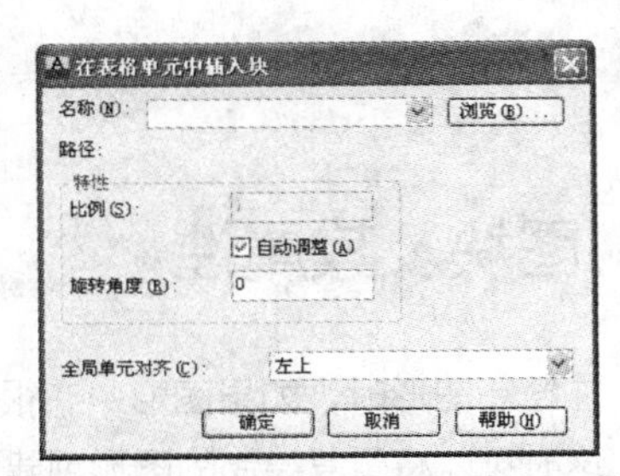

图 5-51　【在表格单元中插入块】对话框

技巧点拨

单击单元格时，按住【Shift】键，可以选择多个连续的单元格；通过【特性】选项板，也可以修改表格单元格的属性。

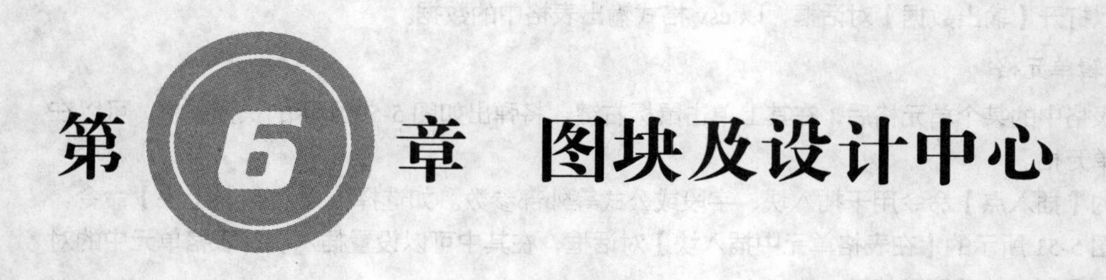

第6章 图块及设计中心

⊙学习目的：

本章讲解了图块的创建、插入和属性定义的方法，以提高绘图的速度和效率；并简单介绍了利用设计中心和工具选项板管理图形的方法。

⊙学习重点：

★★★★ 图块及其属性　　　　★★☆☆ 设计中心与工具选项板

6.1 图块及其属性

用户在绘制图形时，如果图形中有很多相同或相似的图形对象，或者所绘制的图形与已有的图形相同，这时可以将重复绘制的图形创建为块，然后在需要时插入即可。

6.1.1 定义块

用 BLOCK 命令可以将图形的一部分或整个图形创建成图块，用户可以给图块命名，并可定义插入基点。

执行【创建块】命令的方法如下。

- 命令行：输入 BLOCK/B 命令。
- 菜单栏：选择【绘图】|【块】|【创建】命令。
- 工具栏：单击【绘图】工具栏中的【创建块】按钮。

要定义一个新的图块，首先要用绘图和修改命令绘制出组成图块的所有图形对象，然后再用块定义命令定义块。下面通过具体实例，讲解创建内部块的方法。

课堂举例【6-1】：定义块

Step 01 按【Ctrl+O】快捷键，打开“第 6 章\6.1.1 盆栽.dwg”文件，如图 6-1 所示。

Step 02 单击【绘图】工具栏中的【创建块】按钮，打开【块定义】对话框，如图 6-2 所示。

图 6-1　打开图形

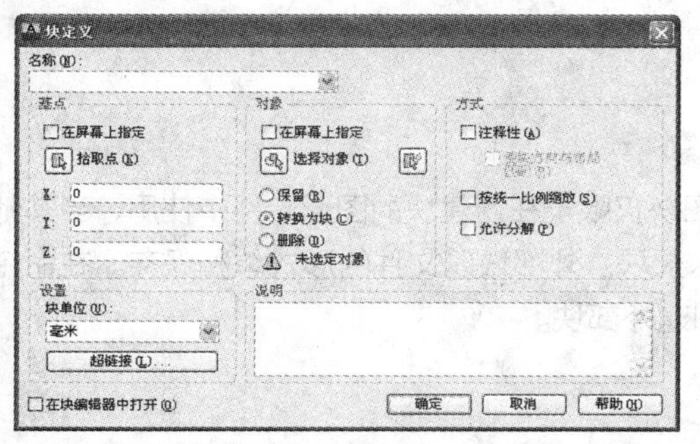

图 6-2　【块定义】对话框

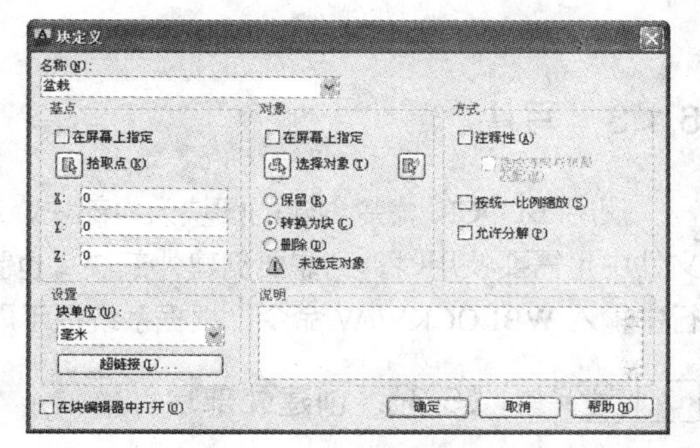

图 6-3　输入图块名

Step 03 在【名称】文本框中输入图块名"盆栽"，如图 6-3 所示。

Step 04 单击【选择对象】按钮，在绘图区选取组成植物的所有图形对象。

Step 05 单击【拾取点】按钮，在屏幕上捕捉盆栽底座的中点作为插入基点。

Step 06 单击【确定】按钮，退出对话框。"盆栽"图块创建完成。

专家提醒

重新打开【块定义】对话框，单击【名称】文本框右侧的下拉三角按钮，可以看到刚才创建的名为"盆栽"的图块。

6.1.2　插入块

当用户在图形文件中定义块之后，即可在内部文件中进行任意的插入块操作，还可以改变所插入块的比例和旋转角度。

执行【插入块】命令的方法如下。

- 命令行：输入 INSERT/I 命令。
- 菜单栏：选择【插入】|【块】命令。
- 工具栏：单击【绘图】工具栏中的【插入块】按钮。

执行【插入块】命令后，将打开如图 6-4 所示的【插入】对话框，以指定插入块名称、插入点位置、块实例的缩放比例和旋转角度。

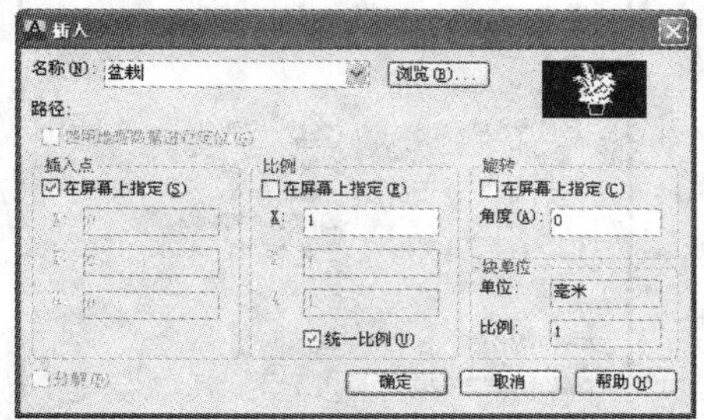

图 6-4　【插入】对话框

课堂举例【6-2】：插入块

Step 01 调用 INSERT【插入块】命令，打开【插入】对话框，如图 6-4 所示。

Step 02 在【名称】下拉列表框中选择"盆栽"图块，在【插入点】选项组中选中【在屏幕上指定】复选框。

Step 03 单击【确定】按钮退出对话框，在立面图左侧单击鼠标拾取一点作为插入点，插入图块结果如图 6-5 所示。

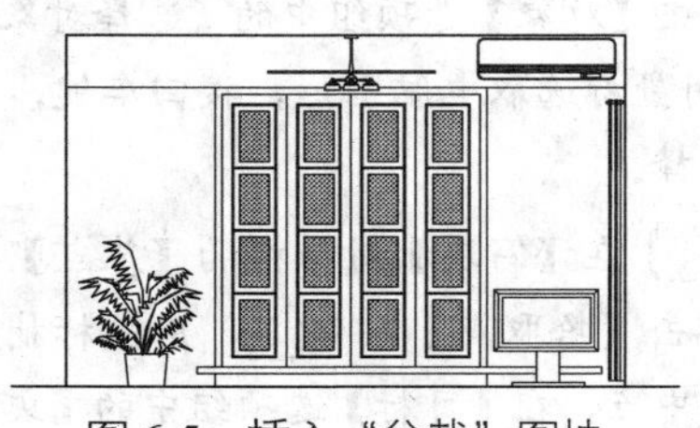

图 6-5　插入"盆栽"图块

6.1.3　写块

使用 BLOCK 命令创建的图块为内部块，该类图块仅限于在创建块的图形文件中使用，当其他文件中也需要使用时，则需要创建外部块，也就是永久块。外部块以文件的形式单独保存。在命令行中输入 WBLOCKW/W 命令，根据系统提示即可创建外部块。

课堂举例【6-3】：创建外部块

Step 01 按【Ctrl+O】快捷键，打开“第 6 章\6.1.3 电脑.dwg”图形文件，如图 6-6 所示。

图 6-6　打开图形

Step 02 在命令行中输入 W 命令，打开【写块】对话框，如图 6-7 所示。

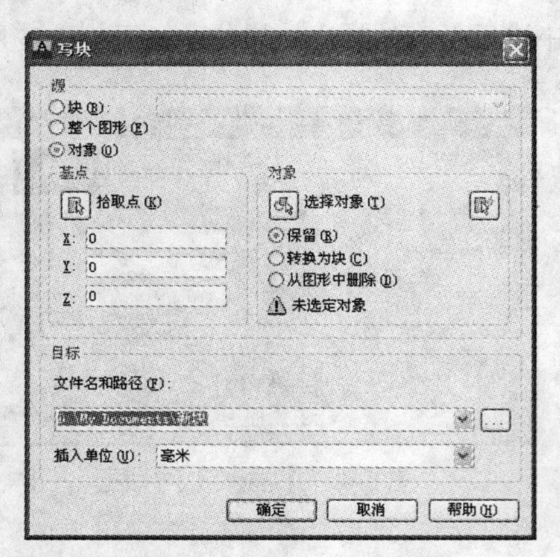

图 6-7　【写块】对话框

Step 03 点选【源】选项组中的【对象】单选钮，单击【对象】选项组中的【选择对象】按钮，用鼠标选取电脑图形，按回车键，完成对象的选择。

Step 04 在【写块】对话框的【基点】选项组中，单击【拾取点】按钮，用鼠标捕捉电脑后背的中点，在【目标】选项组中的【文件名和路径】文本框中指定新图形的名称和路径，如图 6-8 所示。

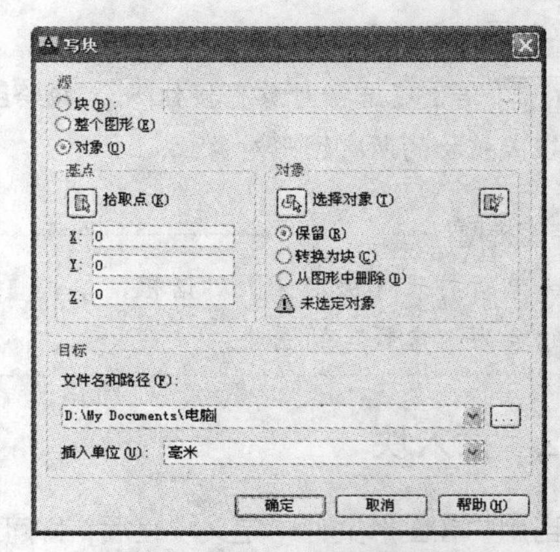

图 6-8　指定名称和路径

Step 05 单击【确定】按钮，现在将已选定的对象创建了一个新图形。

Step 06 选择菜单栏中的【文件】|【打开】命令，打开【选择文件】对话框，找出存储的子目录。选择电脑，在预览框内显示电脑图形，如图 6-9 所示。

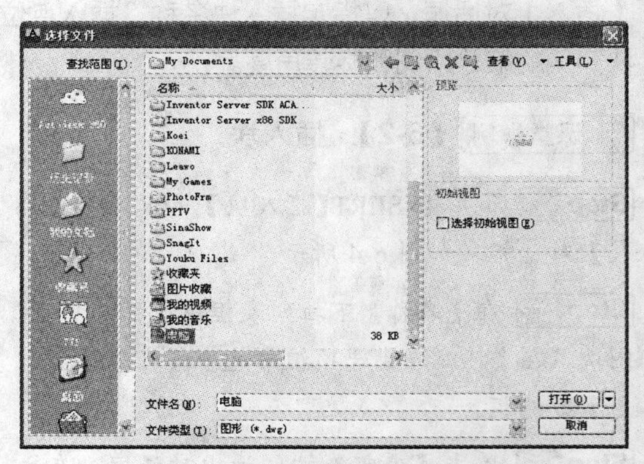

图 6-9　【选择文件】对话框

6.1.4 分解块

块实例是一个整体，AutoCAD 不允许对块实例进行局部修改。因此需要修改块实例时，必须先用 EXPLODE【分解】命令将块实例分解。

专家提醒

块实例被分解为彼此独立的普通图形对象后，每一个对象可以单独被选中，而且可以分别对这些对象进行修改操作。

执行【分解】命令的方法如下。

- 命令行：输入 EXPLODE/X 命令。
- 菜单栏：选择【修改】|【分解】命令。
- 工具栏：单击【修改】工具栏中的【分解】按钮。

课堂举例【6-4】：分解块

Step 01 按【Ctrl+O】快捷键，打开“6.1.4 分解块.dwg”文件，如图 6-10 所示。

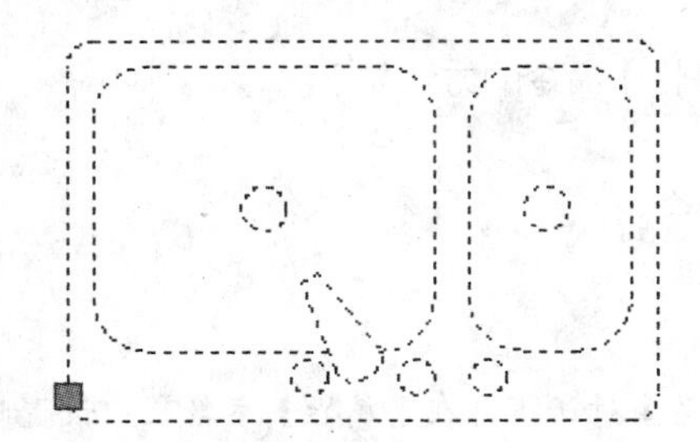

图 6-10 打开图形

Step 02 选择菜单栏中的【修改】|【分解】命令，命令行操作如下：

```
命令：EXPLODE↙          //调用【分解】命令
选择对象：找到 1 个     //选择需要分解的块实例
选择对象：              //选择结束后按回车键，结束命令，结果如图 6-11 所示
```

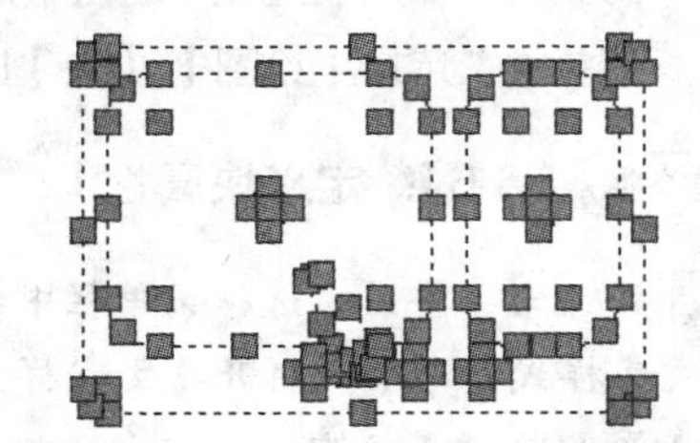

图 6-11 分解块结果

6.1.5 图块的重定义

重定义块会影响在当前图形中已经和将要进行的块插入，以及所有的关联性。

课堂举例【6-5】：图块的重定义

Step 01 按【Ctrl+O】快捷键，打开“6.1.5 图块的重定义.dwg”文件，如图 6-12 所示。

Step 02 调用 EXPLODE【分解】命令，将“餐桌”图块分解。

Step 03 选择删除餐桌上下两张座位，如图 6-13 所示。

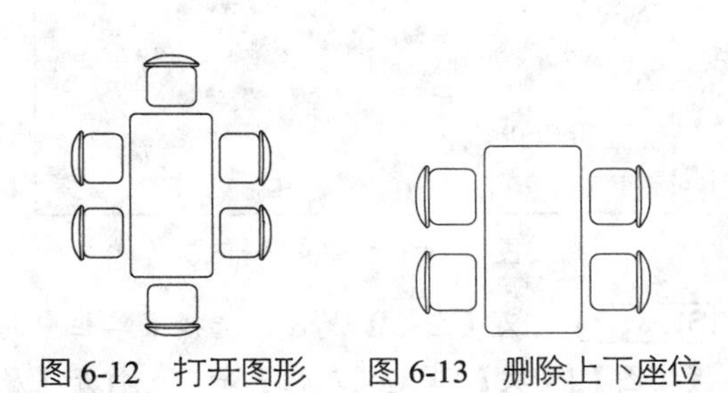

图 6-12 打开图形　　图 6-13 删除上下座位

Step 04 调用 BLOCK【创建块】命令，打开【块定义】对话框。在【名称】下拉列表框中选择“餐桌”，选择被分解的餐桌图形对象，确定插入基点，单击【确定】按钮。此时，AutoCAD 会提示是否替代已经存在的“餐桌”块定义，单击【是】按钮。重定义块操作完成。

专家提醒

上述操作完成后，将会发现图形中所有的“餐桌”块实例都已经被修改，由 6 个座位更改成了 4 个。

6.1.6 图块属性

属性有助于快速产生关于设计项目的信息报表，或者作为一些符号块的可变文字对象。其次，属性页常用来预定文本设置、内容或提供文本默认值等。

1. 添加块属性

在 AutoCAD 中添加和使用块属性的步骤如下。

（1）定义块属性。

（2）在定义图块时附加块属性。

（3）在插入图块时输入属性值。

2. 定义块属性

定义块属性必须在定义块之前进行。执行【定义块属性】命令的方法如下。

- 命令行：输入 ATTDEF/ATT 命令。
- 菜单栏：选择【绘图】|【块】|【定义属性】命令。

课堂举例【6-6】：定义块属性

Step 01 定义文字样式。选择菜单栏中的【格式】|【文字样式】命令，打开【文字样式】对话框，创建“仿宋 2”文字样式，文字高度设置为 3，并勾选【注释性】复选框，其他参数设置如图 6-14 所示。

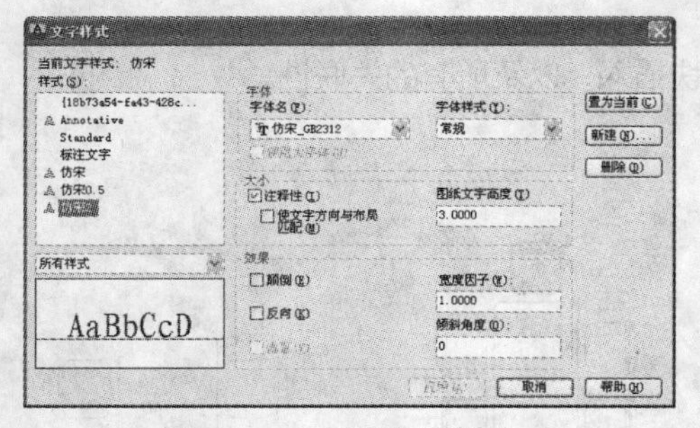

图 6-14　创建文字样式

Step 02 定义【图名】属性。选择菜单栏中的【绘图】|【块】|【定义属性】命令，打开【属性定义】对话框，在【属性】参数栏中设置【标记】为【图名】，设置【提示】为【请输入图名:】，设置【默认】为【图名】。

Step 03 在【文字设置】参数栏中设置【文字样式】为【仿宋 2】，勾选【注释性】复选框，如图 6-15 所示。

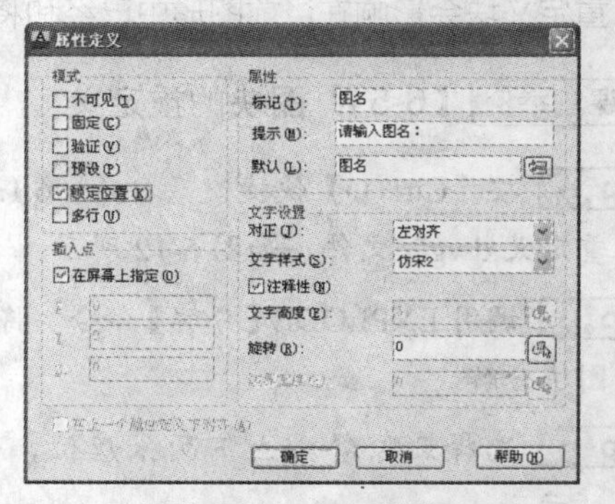

图 6-15　定义属性

Step 04 单击【确定】按钮确认，在窗口内拾取一点确定属性位置，如图6-16所示。

图6-16　指定属性位置

Step 05 采用相同的方法，创建【比例】属性，参数设置如图6-17所示，【文字样式】设置为【仿宋】。

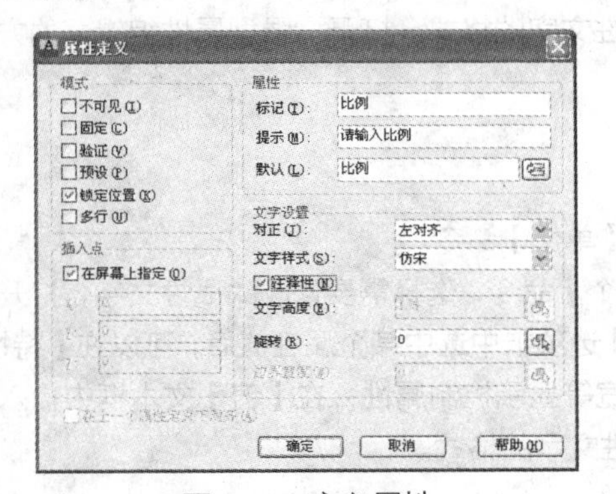

图6-17　定义属性

Step 06 调用MOVE命令将【图名】与【比例】文字移动到同一水平线上。

Step 07 调用PLINE命令，在文字下方绘制宽度为20和1的多段线，图名图形绘制完成，如图6-18所示。

图名　　　　比例

图6-18　绘制下划线

Step 08 创建块。选择【图名】和【比例】文字及下划线，调用BLOCK/B命令，打开【块定义】对话框。

Step 09 在【块定义】对话框中设置块【名称】为【图名】。单击【拾取点】按钮，在图形中拾取下划线左端点作为块的基点，勾选【注释性】复选框，使图块可随当前注释比例变化，其他参数设置如图6-19所示。

Step 10 单击【确定】按钮完成块定义。

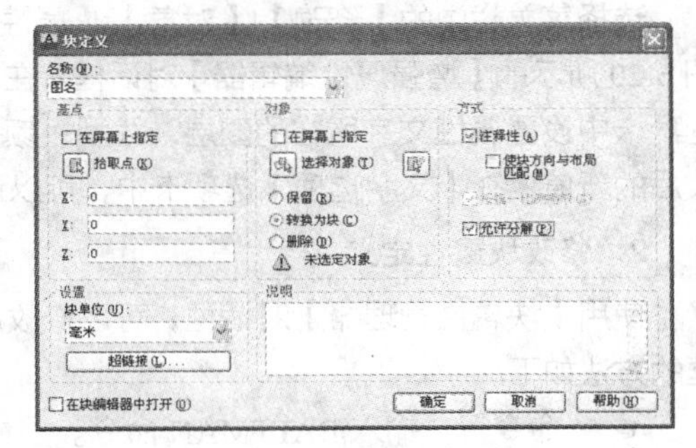

图6-19　创建块

在【属性定义】对话框中，【属性】选项组用于确定属性文本的格式。

【模式】选项组则提供了一些设置属性输入和显示模式的复选框，各选项含义如下。

- 不可见：控制属性值在图形中的可见性。
- 固定：勾选该复选框，属性值将为常量。
- 验证：控制命令行是否要求用户对输入值加以确认。
- 预置：控制是否在插入包含预置属性值的块时，将属性设置为默认值。

3. 插入图块

调用【插入图块】命令，并根据命令行提示依次输入各属性项的属性值。

课堂举例【6-7】：插入图块

插入图块，命令行操作如下：

```
命令：I↙          //调用【插入】命令
INSERT
指定插入点或[基点(B)/比例(S)/X/Y/Z/旋转(R)/预览比例(PS)/PX/PY/PZ/预览旋转(: PR)]:
                  //确定插入基点
输入属性值
请输入比例：<比例>:
                  //输入绘制图形时所用的比例
请输入图名：<图名>:
                  //输入图纸的名称
```

专家提醒

命令行中的提示信息正是【提示】文本框中输入的内容，而尖括号中的默认值正是【值】文本框中输入的内容。

6.1.7 修改块属性

若属性已被创建成为块，则用户可用 EATTEDIT 命令来编辑属性值及属性的其他特征。

1．修改属性值

使用增强属性编辑器可以方便地修改属性值和属性文字的格式。打开增强型属性编辑器的方法如下。

- 命令行：输入 EATTEDIT 命令。
- 鼠标操作：直接双击块实例中的属性文字。
- 菜单栏：选择【修改】|【对象】|【属性】|【单个】命令。

选择菜单栏中的【修改】|【对象】|【属性】|【单个】命令，选择需要修改的属性文字，打开如图 6-20 所示的【增强属性编辑器】对话框。在【属性】选项卡中选中某个属性值后，可以在【特性】选项卡中设置属性文字所在的图层、线型、颜色、线宽等显示控制属性；在【值】文本框中输入修改后的新值；在【文字选项】选项卡中，可以设置属性文字的格式。

2．修改块属性定义

使用【块属性管理器】对话框，可以修改所有图块的块属性定义。打开【块属性管理器】对话框的方法如下。

- 命令行：输入 BATTMAN 命令。
- 菜单栏：选择【修改】|【对象】|【属性】|【块属性管理器】命令。

执行上述操作后，打开如图 6-21 所示的【块属性管理器】对话框，其中显示了已附加到图块的所有块属性列表。双击需要修改的属性项，可以在随之出现的【编辑属性】对话框中编辑属性项。选中某属性项，然后单击【删除】按钮，可以从块属性定义中删除该属性项。

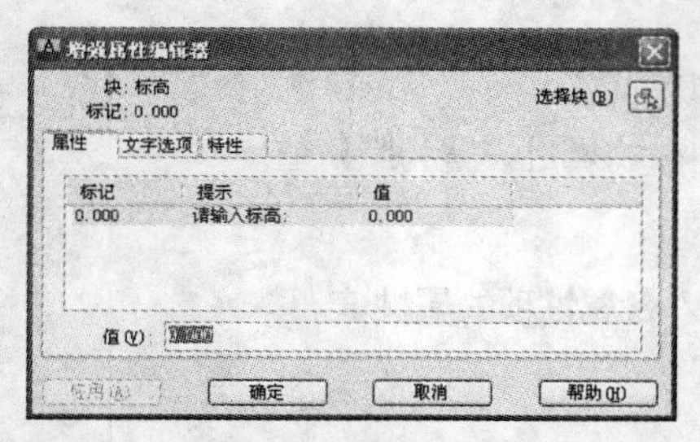

图 6-20 【增强属性编辑器】对话框

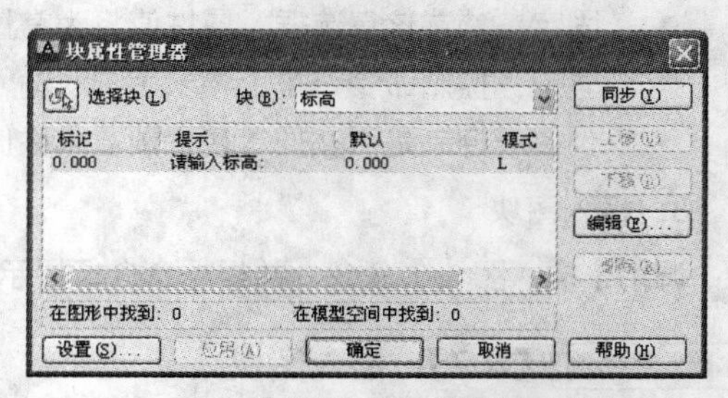

图 6-21 【块属性管理器】对话框

对块属性定义修改完成后，单击【同步】按钮，可以更新相应的所有的块实例。但同步操作仅能更新块属性定义，不能修改属性值。

3. 提取块属性

附加在块实例上的块属性数据是重要的工程数据。在实际工作中，通常需要将块属性数据提取出来，供其他程序或外部数据库分析利用。属性提取功能可以将图块属性数据输出到表格或外部文件中，供分析使用。

利用 AutoCAD 提供的属性提取向导，只需根据向导提示按步骤操作，即可方便地提取块属性数据。打开属性提取向导的方法如下。

- 命令行：输入 EATTEXT 命令。
- 菜单栏：选择【工具】|【数据提取】命令。

6.2 设计中心与工具选项板

使用设计中心可以将任何资源复制粘贴到其他文档中，也可以拖放到工具选项板上，从而实现了对图形资源的共享和重复利用，简化了绘图过程。

工具选项板以选项卡的形式布置在选项板窗口中，是组织、共享和放置块及填充图案的有效方法。

6.2.1 设计中心

利用设计中心，可以对图形设计资源实现以下管理功能。

- 从本地磁盘、网络甚至 Internet 上浏览图形文件内容，并可通过设计中心打开文件。
- 设计中心可以将某一图形文件中包含的块、图层、文本样式和尺寸样式等信息展示出来，并提供预览的功能。
- 利用拖放操作就可以将一个图形文件或块、图层和文字样式等插入另一图形中使用。
- 可以快速查找存储在其他位置的图样、图块、文字样式、标注样式和图层等信息，搜索完成后，可将结果加载到设计中心或直接拖入到当前图形中使用。

打开【设计中心】选项板的方法如下。

- 命令行：输入 ADCENTER 命令
- 快捷键：按【Ctrl+2】组合键。。
- 菜单栏：选择【工具】|【设计中心】命令。
- 工具栏：单击【标准】工具栏中的【设计中心】按钮。

6.2.2 【设计中心】选项板

在【视图】选项卡中，单击【选项板】面板中的【设计中心】按钮，打开【设计中心】选项板，如图 6-22 所示，其中包含三个选项卡。

- 文件夹：在左侧的树状目录中定位到图形文件中，可以观察该文件中的标注、表格、布局、图块等所有图形资源的信息。
- 打开的图形：显示了当前已经打开的所有图形文件的资源结构。

- 历史记录：显示最近访问过的图形文件，包括文件的完整路径。

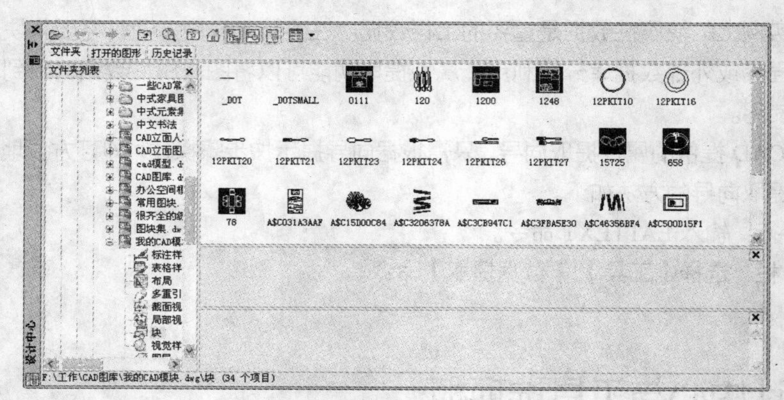

图 6-22　【设计中心】选项板

6.2.3　使用图形资源

1．打开图形文件

如图 6-23 所示，在【设计中心】选项板的【打开的图形】选项卡中，选择需要打开的文件，单击鼠标右键，在弹出菜单中选择【插入为块】命令即可。

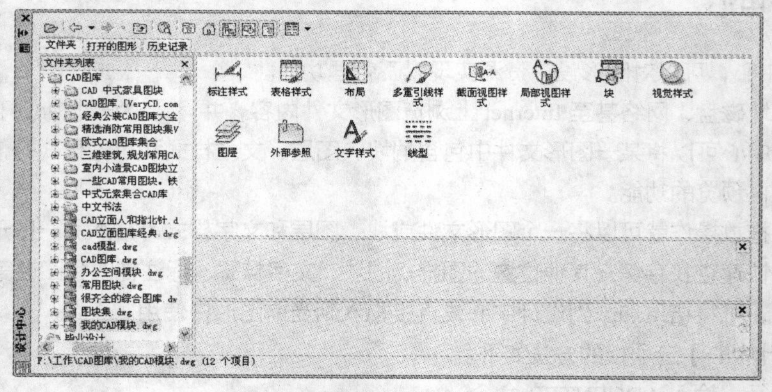

图 6-23　【打开的图形】选项卡

2．插入图形资源

直接插入图形资源，是设计中心最实用的功能。可以直接将某个 AutoCAD 图形文件作为外部块或者外部参照插入到当前文件中；也可以直接将某图形文件中已经存在的图层、线型、样式、图块等命名对象直接插入到当前文件，而不需要在当前文件中对样式进行重复定义。

如图 6-24 所示，选择【插入块】命令，可以将 DWG 图形文件作为外部块插入到当前文件中。

如果要插入线型、样式、标注、图层和图块等任意资源对象，可以从内容窗口直接拖放到当前图形的工作区中。

3．图块重新编辑

在设计中心中可以方便地对图块进行编辑。如图 6-25 所示，右击需要编辑的图块，在弹出菜单中选择相应的命令，可以对图块进行重新编辑。

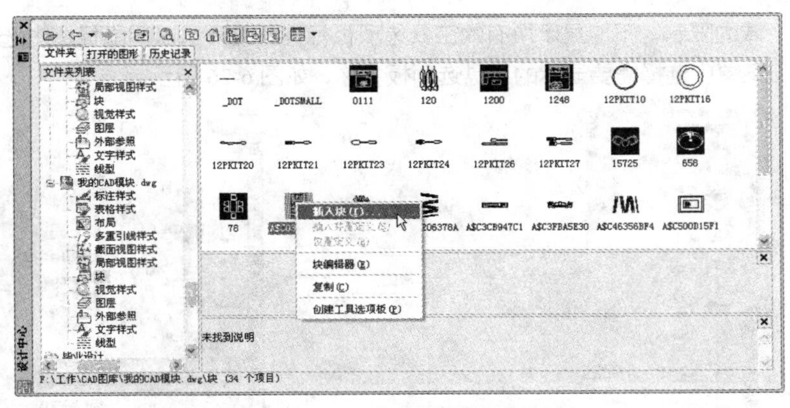

图 6-24　打开图形文件

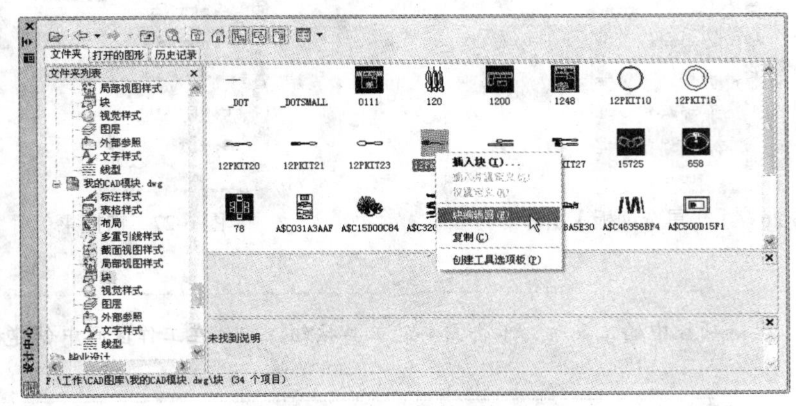

图 6-25　图块插入和重定义

6.2.4　联机设计中心及工具选项板

1. 联机设计中心

联机设计中心是 AutoCAD 为方便所有用户共享图形资源而提供的一个基于网络的图形资源库，包含了许多通用的预绘制内容，如制造商内容、图块、符号库和联机目录等。

计算机必须与 Internet 连接后，才能访问这些图形资源。可以在其中浏览、搜索并下载可以在图形中使用的内容。需要在当前图形中使用这些资源时，将相应的资源对象拖放到当前工作区中即可。

2. 工具选项板

工具选项板以选项卡的形式布置在选项板窗体中，如图 6-26 所示。

如图 6-27 所示，【工具选项板】窗体默认由【填充图案】、【表格】等若干个工具选项板组成。每个选项板中包含各种样例等图形资源。工具选项板中的图形资源和命令工具都称为“工具”。

打开【工具选项板】窗体的方法如下。

- 命令行：输入 TOOLPALETTES 命令。
- 快捷键：按【Ctrl+3】组合键。
- 菜单栏：选择【工具】|【工具选项板窗口】命令。
- 工具栏：单击【标准】工具栏中的【工具选项板】按钮。

由于显示区域的限制，不能显示所有的工具选项板标签。此时可以用鼠标单击选项板标签的端部位置，在弹出菜单中选择需要显示的工具选项板名称，如图 6-26 所示。

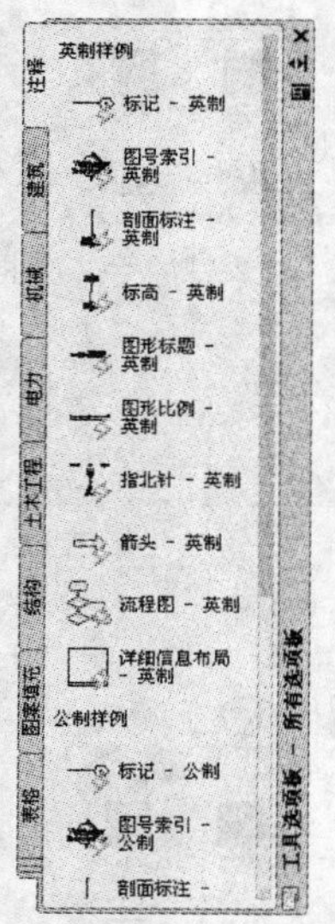

图 6-26 【工具选项板】窗体

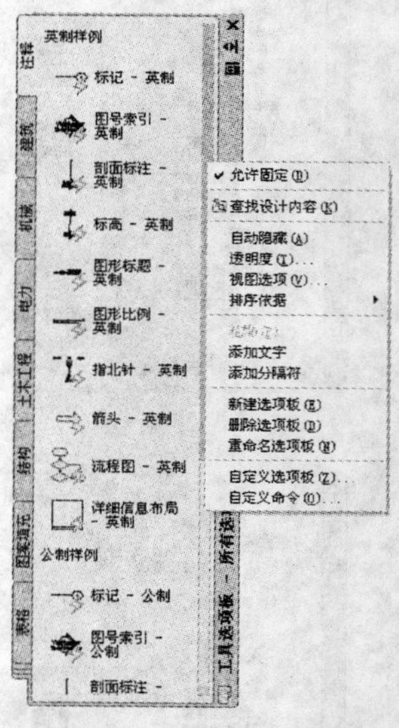

图 6-27 快捷菜单

专家提醒

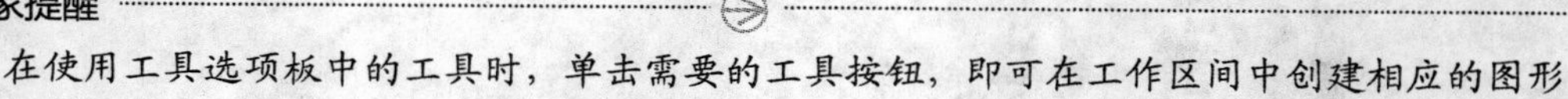

在使用工具选项板中的工具时，单击需要的工具按钮，即可在工作区间中创建相应的图形对象。

第7章 室内常用符号与家具绘制

⊙学习目的：

本章讲解室内施工图中常见的图示符号和家具图形的绘制方法，包括标高、索引符号、门窗、室内家具、厨卫等图形。通过这些图形的绘制练习，可进一步掌握前面所学的AutoCAD绘图和编辑命令。

⊙学习重点：

★★★★ 绘制符号类图形

★★★☆ 绘制室内家具陈设

★★★☆ 绘制门窗图形

★★☆☆ 绘制厨卫设备

★☆☆☆ 绘制阳台等装饰物品

7.1 绘制符号类图形

本节讲解室内符号类图形的绘制方法，以便让读者更加了解室内常用符号，以及这些符号的规范和具体尺寸。

7.1.1 绘制室内标高

标高用于表示地面装修完成的高度和顶棚造型的高度。

课堂举例【7-1】：绘制室内标高符号

Step 01 单击【绘图】工具栏中的【矩形】按钮，绘制一个如图7-1所示大小的矩形。

Step 02 单击【修改】工具栏中的【分解】按钮，分解矩形。

Step 03 单击【绘图】工具栏中的【直线】按钮，捕捉矩形端点和中点，绘制直线，如图7-2所示。

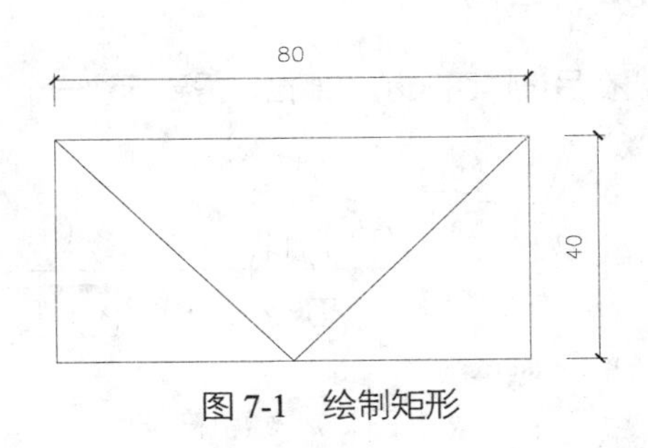

图7-1 绘制矩形

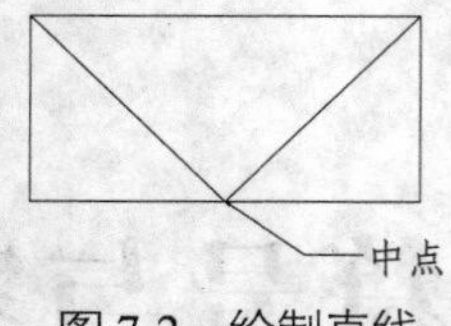

图 7-2　绘制直线

Step 04 删除多余的线段，只留下一个三角形；选择菜单栏中的【修改】|【拉长】命令，将上端直线向右拉长，如图 7-3 所示，标高符号绘制完成。

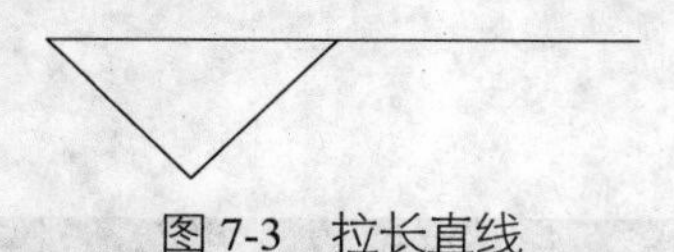

图 7-3　拉长直线

Step 05 选择菜单栏中的【绘图】|【块】|【定义属性】命令，打开【属性定义】对话框。在【属性】选项组中设置【标记】为【0.000】，设置【提示】为【请输入标高值】，设置【默认】为【0.000】。

Step 06 在【文字设置】选项组中设置【文字样式】为【仿宋 2】，选中【注释性】复选框，如图 7-4 所示。

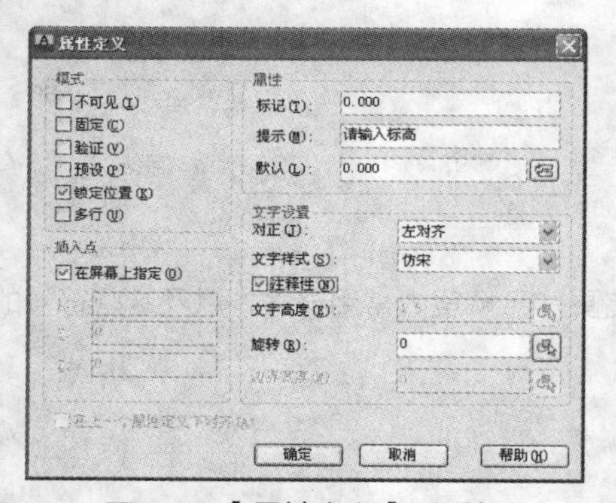

图 7-4　【属性定义】对话框

Step 07 单击【确定】按钮，将文字放置在前面绘制的图形上，如图 7-5 所示。

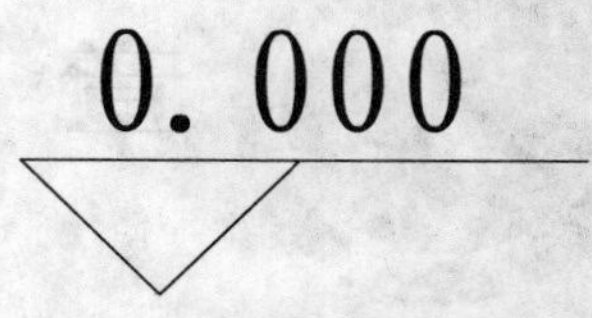

图 7-5　放置文字

Step 08 选择图形和文字，单击【绘图】工具栏中的【创建块】按钮，打开【块定义】对话框，如图 7-6 所示。

Step 09 在【对象】选项组中单击【选择对象】按钮，在绘图区选择标高图形，按回车键返回【块定义】对话框。

Step 10 在【基点】选项组中单击【拾取点】按钮，捕捉并单击三角形下角点，作为图块的插入点。

Step 11 单击【确定】按钮关闭对话框，完成【标高】图块的创建。

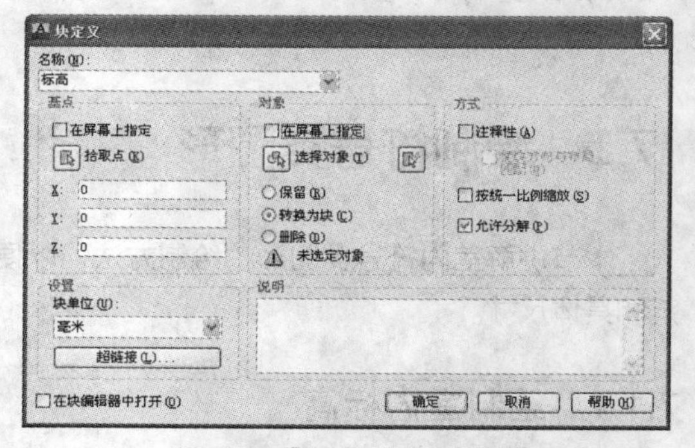

图 7-6　【块定义】对话框

7.1.2　绘制索引符号

在另设详图表示的部位，需要标注一个索引符号，以表明该详图的位置。

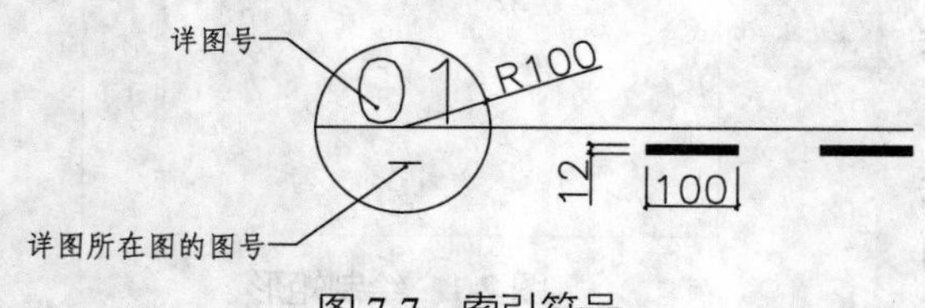

图 7-7　索引符号

索引符号由圆和水平线段组成，A0、A1、A2 图幅索引符号的圆直径为 12mm，A3、A4 图幅索引符号的圆直径为 10mm。需要注意的是，室内施工图打印输出比例一般为 1:100，所以在绘制剖切符号时要放大 100 倍，如图 7-7 所示。剖切符号圆内上面的内容表示详图号，下面的内容表示详图所在图的图号。

课堂举例【7-2】：绘制索引符号

Step 01 调用 C【圆】命令，绘制半径为 100 的圆，如图 7-8 所示。

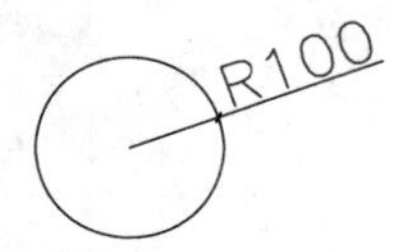

图 7-8　绘制圆

Step 02 调用 L【直线】命令，绘制一条过圆心的水平线段，如图 7-9 所示。

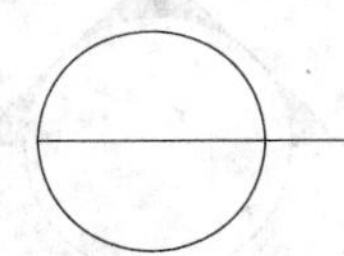

图 7-9　绘制线段

Step 03 调用 PL【多段线】命令，在线段下方绘制有宽度的多段线，如图 7-10 所示。

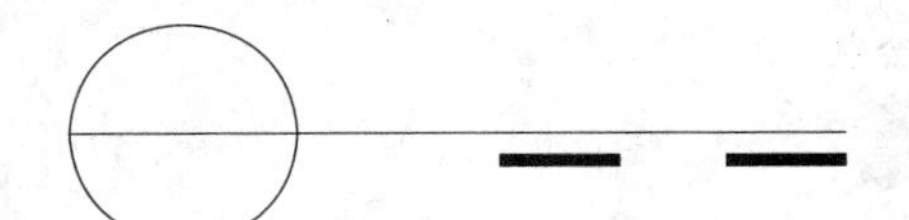

图 7-10　绘制多段线

Step 04 定义【详图号】属性。选择菜单栏中的【绘图】|【块】|【定义属性】命令，打开【属性定义】对话框。在【属性】选项组中设置【标记】为【01】，设置【提示】为【请输入详图号:】，设置【默认】为【01】。

Step 05 在【文字设置】选项组中设置【文字样式】为【标注文字】，选中【注释性】复选框，如图 7-11 所示。

Step 06 单击【确定】按钮，将属性位置确定在前面绘制的详图符号的上半圆内，如图 7-12 所示。

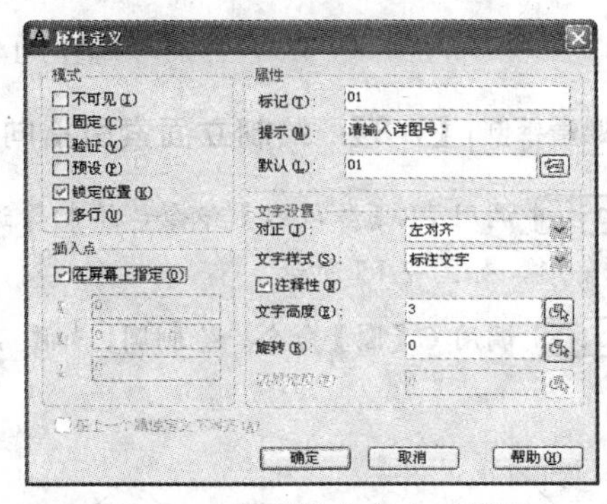

图 7-11　【属性定义】对话框

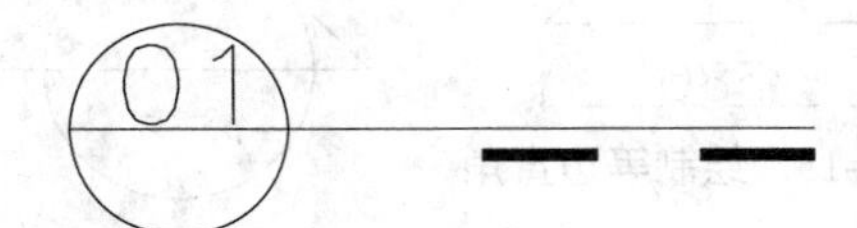

图 7-12　放置【详图号】

Step 07 使用相同的方法，创建【详图所在图的图号】属性。

Step 08 调用 B【创建块】命令，将索引符号图形创建为图块，如图 7-13 所示。

图 7-13　创建块

7.1.3　绘制立面索引指向符号

立面索引指向符是室内装修施工图中特有的一种标识符号，主要用于立面图编号。

立面索引指向符由等边直角三角形、圆和字母组成，其中字母为立面图的编号，黑色的箭头指向立面的方向。如图 7-14（a）所示为单向内视符号，如图 7-14（b）所示为双向内视符号，如图 7-14（c）所示为四向内视符号（按顺时针方向进行编号）。

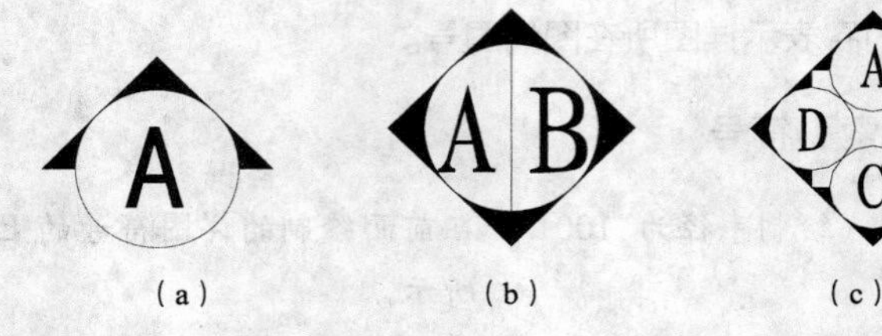

图 7-14 立面索引指向符

课堂举例 【7-3】：绘制立面索引指向符

Step 01 调用 PL【多段线】命令，绘制等边直角三角形，如图 7-15 所示。

Step 02 调用 C【圆】命令，绘制圆，如图 7-16 所示。

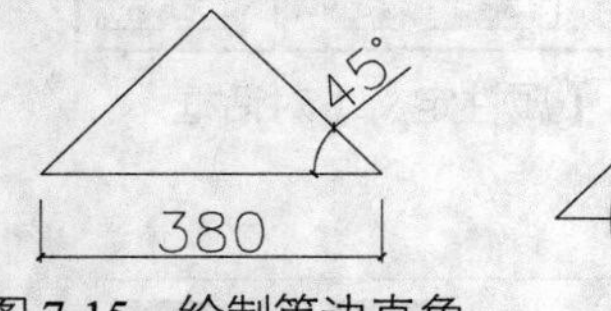

图 7-15 绘制等边直角三角形

图 7-16 绘制圆

Step 03 调用 TR【修剪】命令，修剪三角形，如图 7-17 所示。

Step 04 调用 H【填充】命令，在三角形内填充【SOLID】图案，如图 7-18 所示。

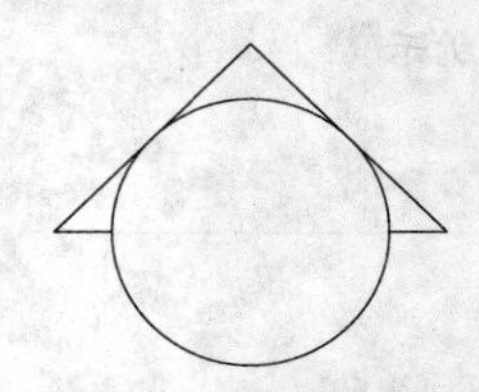

图 7-17 修剪三角形　　图 7-18 填充图案

Step 05 调用 MT【多行文字】命令，在圆内填写字母表示立面图的编号，完成立面指向符的绘制。

7.1.4 绘制指北针

指北针是一种用于指示方向的工具，如图 7-19 所示为绘制完成的指北针。

课堂举例 【7-4】：绘制指北针

Step 01 调用 C【圆】命令，绘制半径为 1185 的圆，如图 7-20 所示。

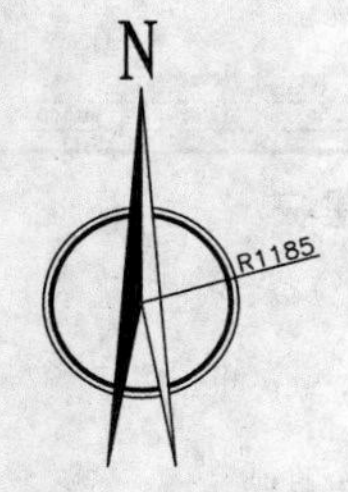

图 7-19 指北针

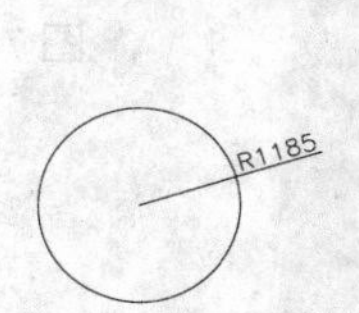

图 7-20 绘制圆

Step 02 调用 O【偏移】命令，将圆向内偏移 80 和 40，如图 7-21 所示。

Step 03 调用 PL【多段线】命令，绘制多段线，如图 7-22 所示。

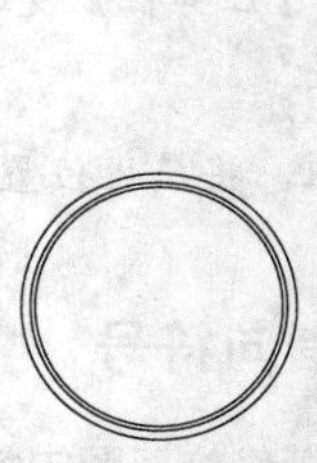

图 7-21 偏移圆

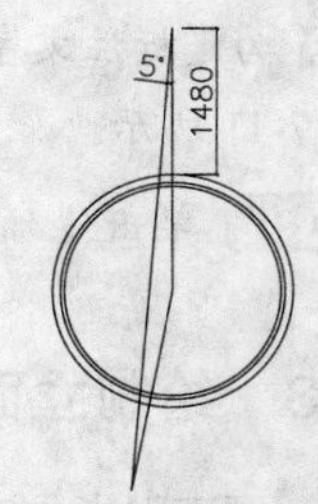

图 7-22 绘制多段线

Step 04 调用 MI【镜像】命令，将多段线镜像到另一侧，如图 7-23 所示。

Step 05 调用 TR【修剪】命令，对图形相交的位置进行修剪，如图 7-24 所示。

图 7-23　镜像多段线

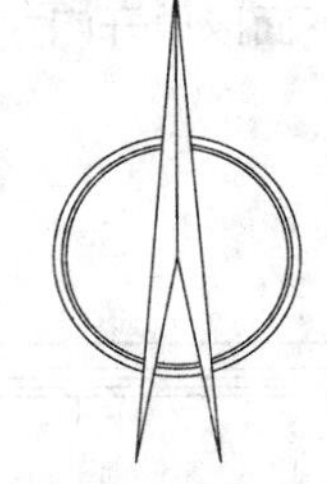

图 7-24　修剪圆

Step 06 调用 H【填充】命令，在图形中填充【SOLID】图案，填充参数设置和效果如图 7-25 所示。

图 7-25　填充参数设置和效果

Step 07 调用 MT【多行文字】命令，在图形上方标注文字，如图 7-19 所示，完成指北针的绘制。

7.2　绘制门窗图形

门窗是室内施工图必不可少的内容，本节介绍门窗图形的绘制方法。

7.2.1　绘制门平面图

本节讲解如图 7-26 所示的门图形的绘制方法。

课堂举例【7-5】：绘制门平面图

Step 01 调用 REC【矩形】命令，绘制尺寸为 40 × 1000 的矩形，如图 7-27 所示。

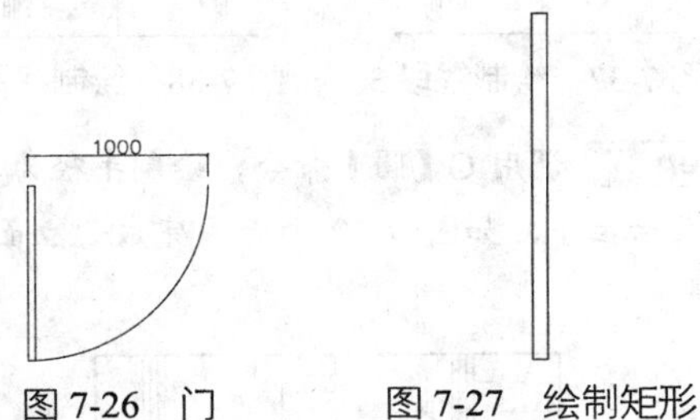

图 7-26　门　　　图 7-27　绘制矩形

Step 02 调用 L【直线】命令，绘制长度为 1000 的水平线段，如图 7-28 所示。

Step 03 调用 C【圆】命令，以长方形左上角端点为圆心绘制半径为 1000 的圆，如图 7-29 所示。

Step 04 调用 TR【修剪】命令，修剪圆多余部分，然后删除前面绘制的线段，得到门图形，如图 7-30 所示。

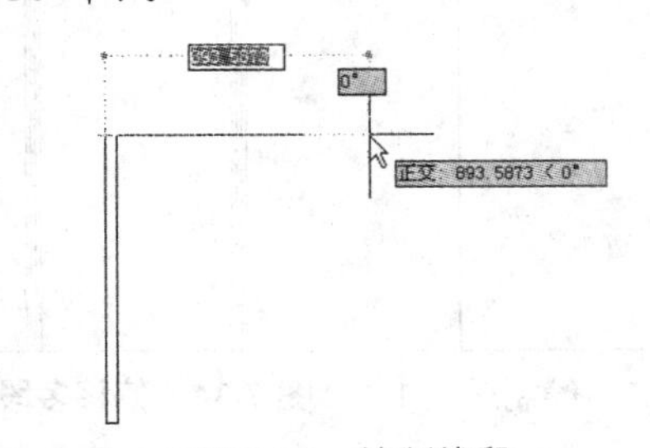

图 7-28　绘制线段

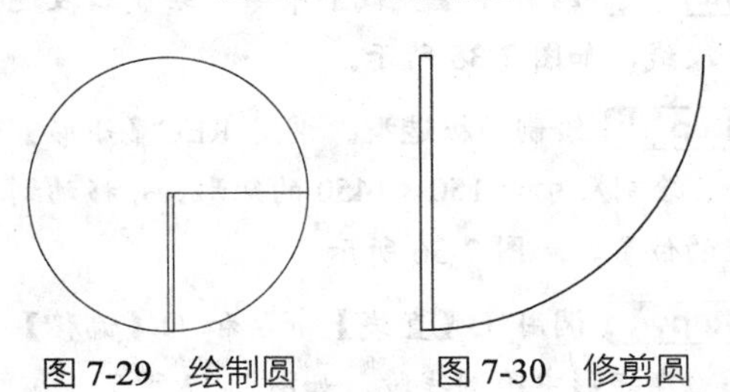

图 7-29　绘制圆　　　图 7-30　修剪圆

7.2.2 绘制门立面图

门立面图主要反映了门板的造型，如图 7-31 所示。下面以单开门立面为例介绍门立面图的绘制方法。

课堂举例【7-6】：绘制门立面图

Step 01 绘制门套。调用 PL【多段线】命令，绘制多段线，如图 7-32 所示。

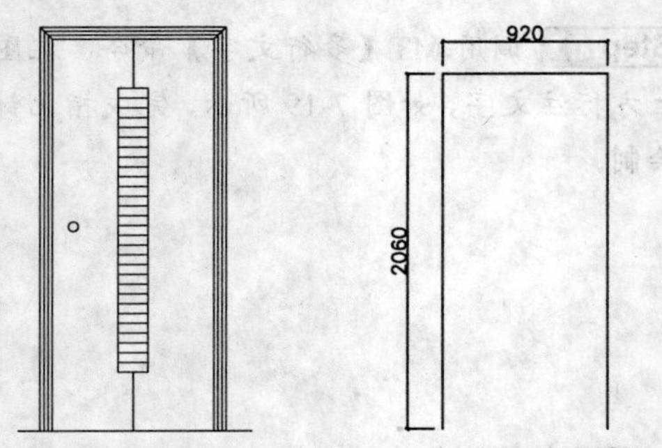

图 7-31 门立面图　　图 7-32 绘制多段线

Step 02 调用 L【直线】命令，在多段线下方绘制一条线段表示地面，如图 7-33 所示。

Step 03 调用 O【偏移】命令，将多段线向内偏移 3 次 20，如图 7-34 所示。

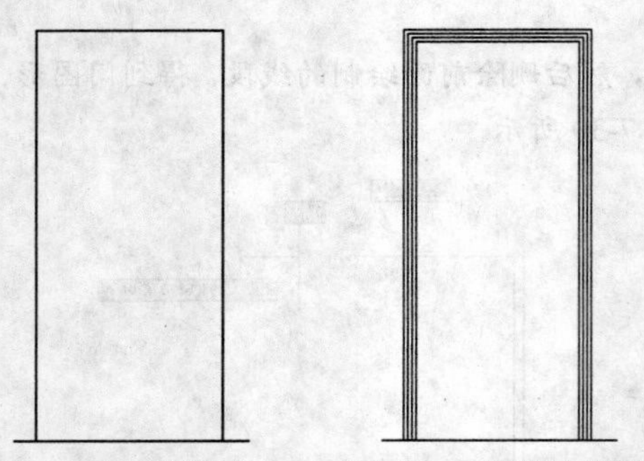

图 7-33 绘制线段 1　　图 7-34 偏移多段线

Step 04 调用 L【直线】命令，绘制线段连接多段线，如图 7-35 所示。

Step 05 绘制门板造型。调用 REC【矩形】命令，绘制尺寸为 150×1450 的矩形，并移动到相应的位置，如图 7-36 所示。

Step 06 调用 L【直线】命令和 O【偏移】命令，在矩形中绘制线段，如图 7-37 所示。

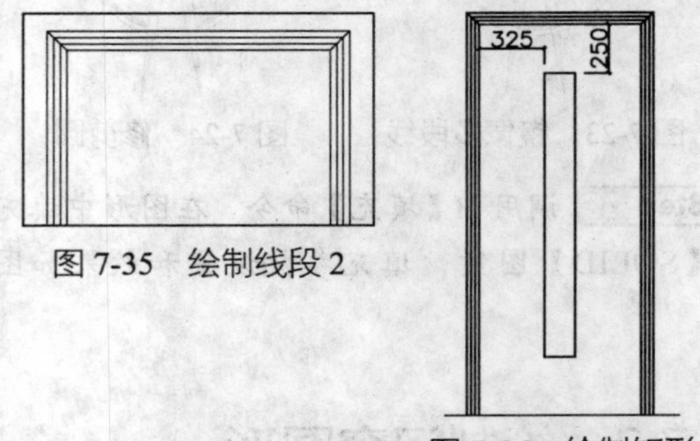

图 7-35 绘制线段 2　　图 7-36 绘制矩形

Step 07 调用 L【直线】命令，以矩形的中点为起点绘制线段，如图 7-38 所示。

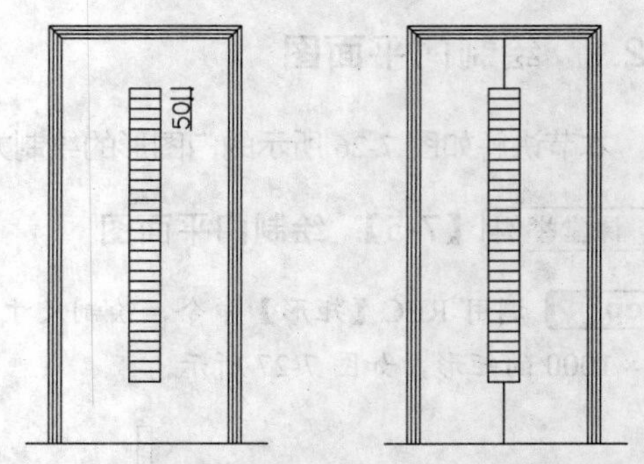

图 7-37 绘制线段 3　　图 7-38 绘制线段 4

Step 08 调用 C【圆】命令，绘制半径为 25 的圆表示拉手，如图 7-39 所示，完成门立面图的绘制。

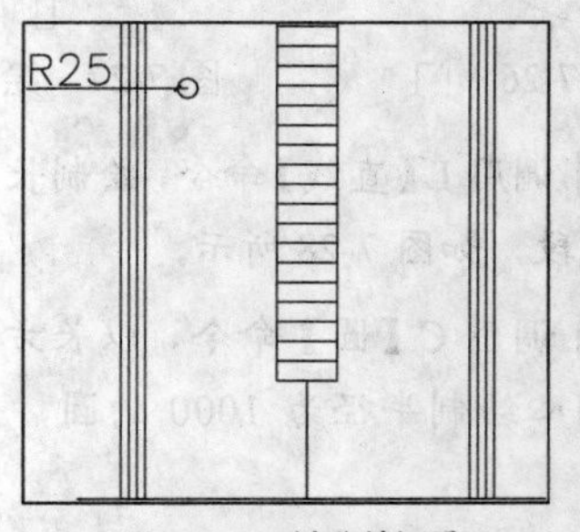

图 7-39 绘制拉手

7.2.3 绘制窗户立面图

如图 7-40 所示为平开窗立面图形，下面讲解绘制方法。

课堂举例【7-7】：绘制窗户立面图

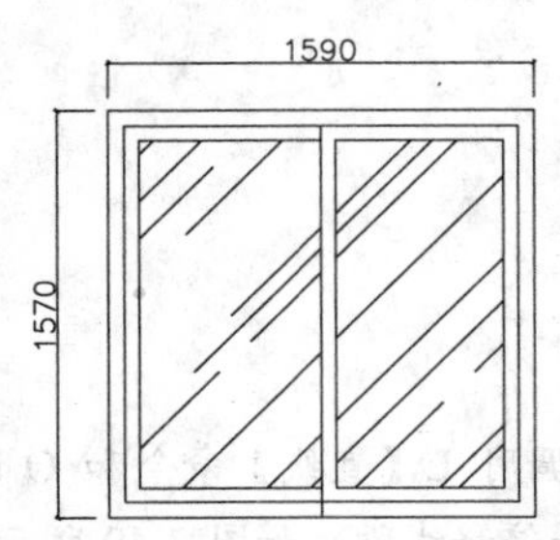

图 7-40 窗户立面图

Step 01 调用 REC【矩形】命令，绘制尺寸为 1590×1570 的矩形，如图 7-41 所示。

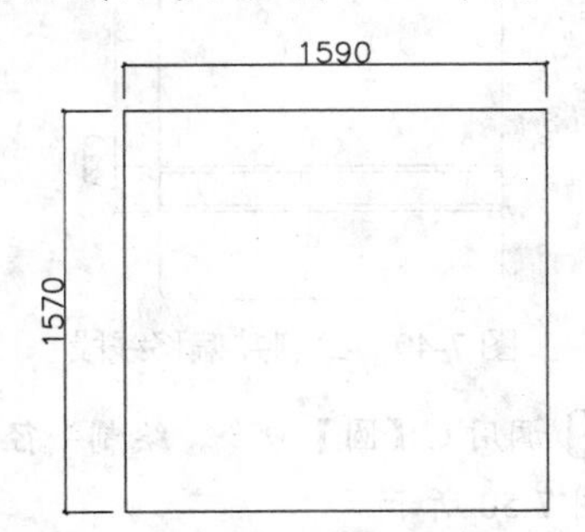

图 7-41 绘制矩形 1

Step 02 调用 O【偏移】命令，将矩形向内偏移 60，如图 7-42 所示。

图 7-42 偏移矩形

Step 03 调用 L【直线】命令，绘制线段，如图 7-43 所示。

Step 04 调用 REC【矩形】命令，绘制矩形，如图 7-44 所示。

图 7-43 绘制线段

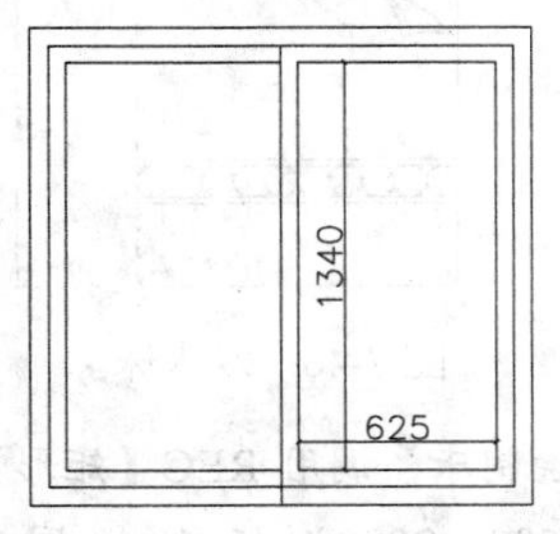

图 7-44 绘制矩形 2

Step 05 调用 H【填充】命令，在矩形中填充【AR-RROOF】图案，填充参数设置和效果如图 7-45 所示，完成窗户立面图的绘制。

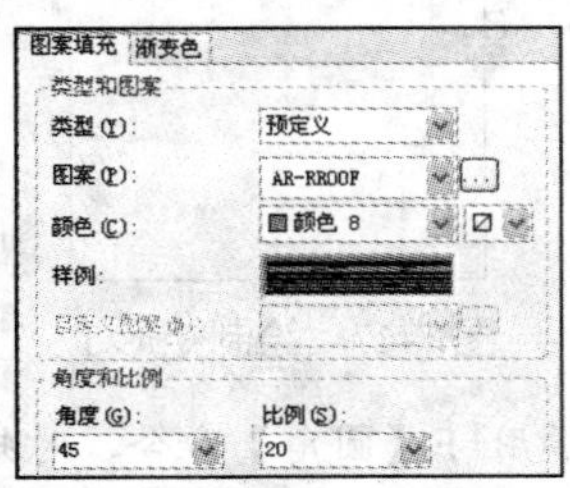

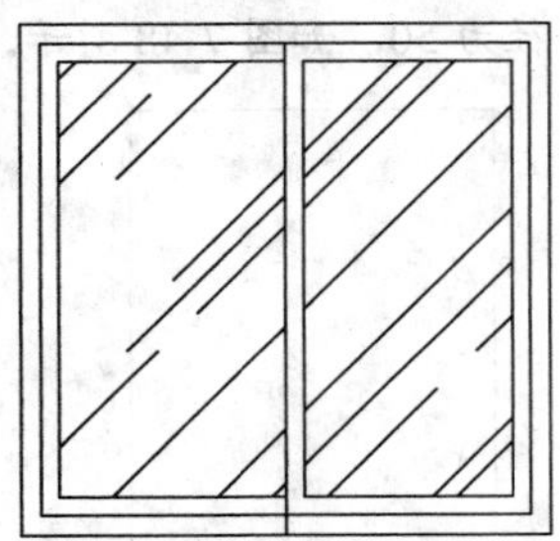
图 7-45 填充参数设置和效果

7.3 绘制室内家具陈设

家具是室内陈设艺术中的主要构成部分，本节讲解室内家具的绘制方法。

7.3.1 绘制双人床

双人床的尺寸通常为 1.5m 和 1.8m 两种，如图 7-46 所示。

课堂举例【7-8】：绘制双人床

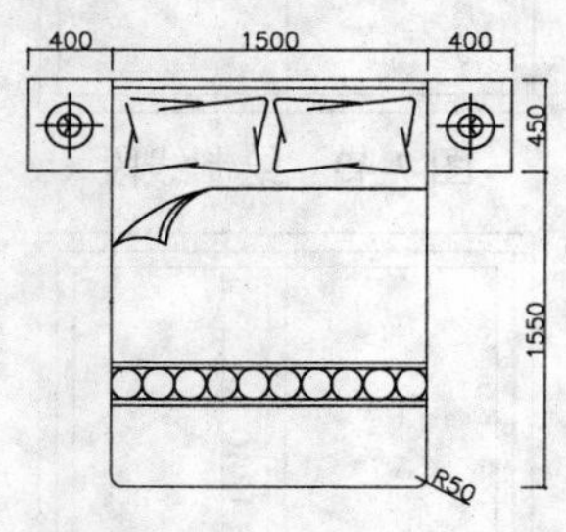

图 7-46 双人床

Step 01 绘制床。调用 REC【矩形】命令，绘制尺寸为 1500×2000 的矩形，如图 7-47 所示。

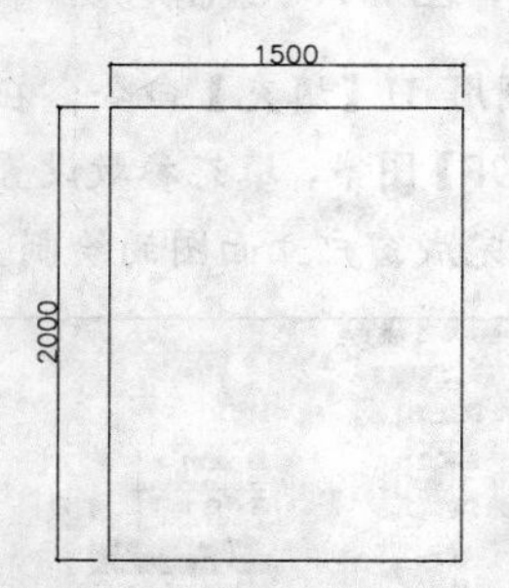

图 7-47 绘制矩形 1

Step 02 调用 F【圆角】命令，对矩形进行圆角，圆角半径为 50，如图 7-48 所示。

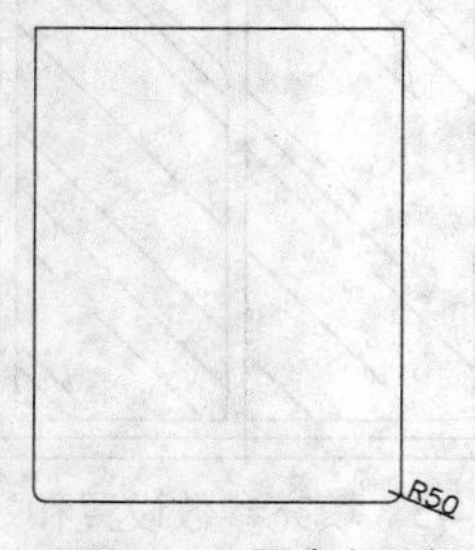

图 7-48 圆角矩形

Step 03 调用 L【直线】命令和 O【偏移】命令，绘制并偏移线段，如图 7-49 所示。

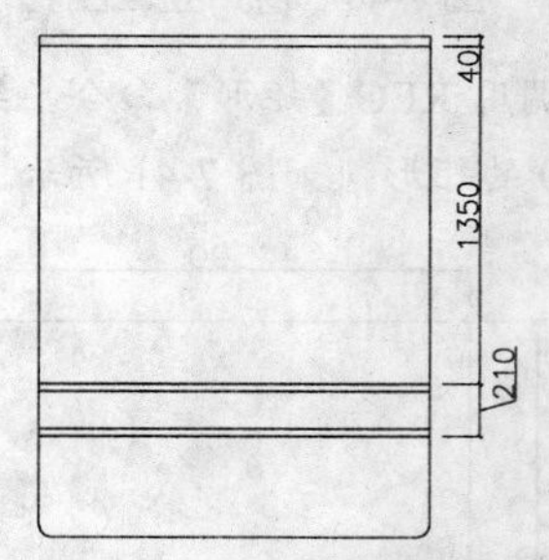

图 7-49 绘制并偏移线段

Step 04 调用 C【圆】命令，绘制半径为 75 的圆，如图 7-50 所示。

图 7-50 绘制圆

Step 05 调用 CO【复制】命令，将圆向右复制，如图 7-51 所示。

Step 06 绘制床头柜。调用 REC【矩形】命令，绘制尺寸为 400×450 的矩形，如图 7-52 所示。

Step 07 调用 C【圆】命令、O【偏移】命令和 L【直线】命令，绘制台灯，如图 7-53 所示。

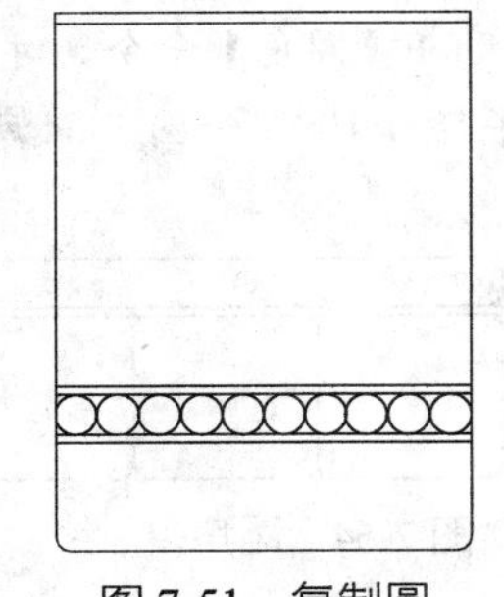

图 7-51　复制圆

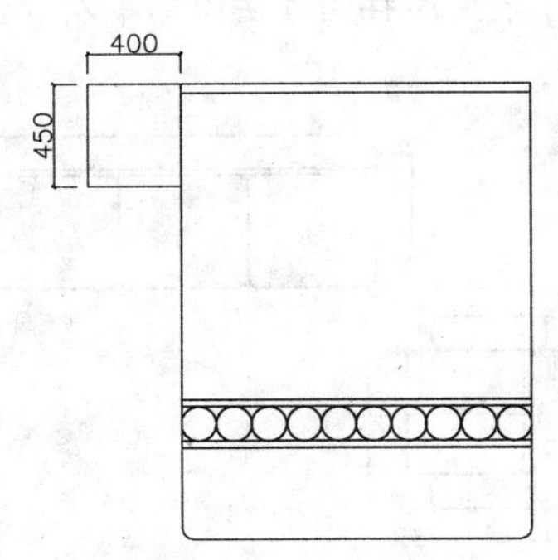

图 7-52　绘制矩形 2

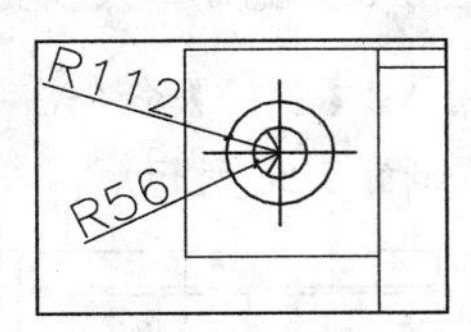

图 7-53　绘制台灯

Step 08 调用 MI【镜像】命令，将床头柜和台灯镜像到右侧，如图 7-54 所示。

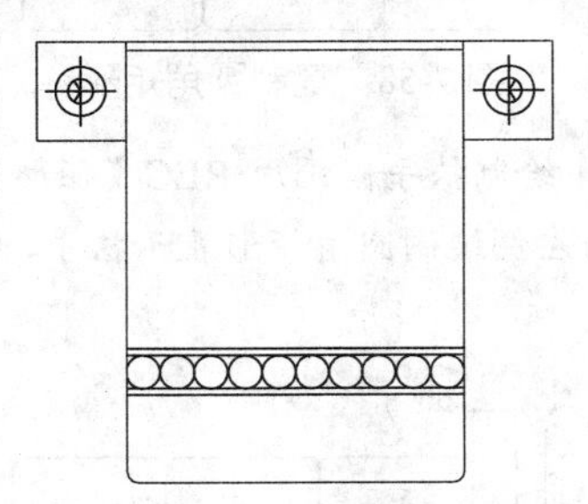

图 7-54　镜像床头柜和台灯

Step 09 插入图块。按【Ctrl+O】快捷键，打开配套光盘中的“第 8 章\家具图例.dwg”文件，选择其中的【枕头】和【被子】图块，将其复制到床的区域，如图 7-55 所示，完成双人床的绘制。

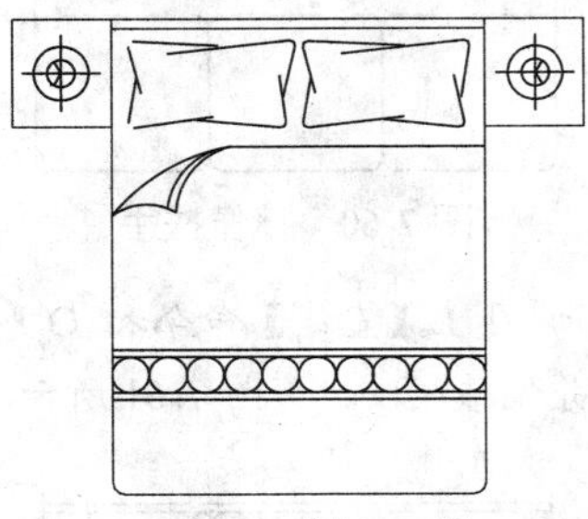

图 7-55　插入图块

7.3.2　绘制沙发与茶几

沙发与茶几是客厅的主角，通常也摆放在办公空间和酒店休息区等区域，如图 7-56 所示。

课堂举例【7-9】：绘制沙发与茶几

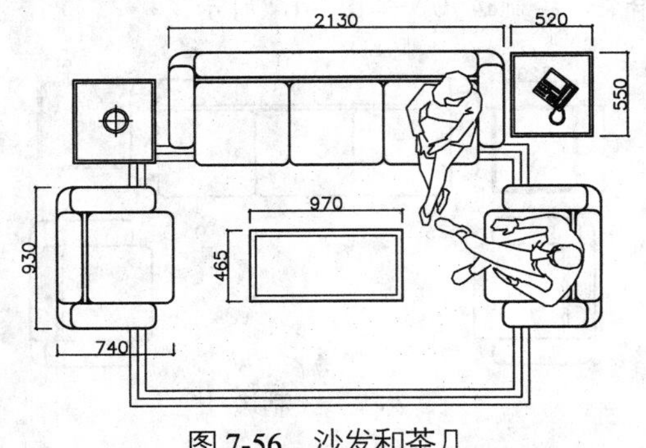

图 7-56　沙发和茶几

Step 01 绘制三人座沙发。调用 REC【矩形】命令，绘制尺寸为 600×550、圆角半径为 50 的圆角矩形，如图 7-57 所示。

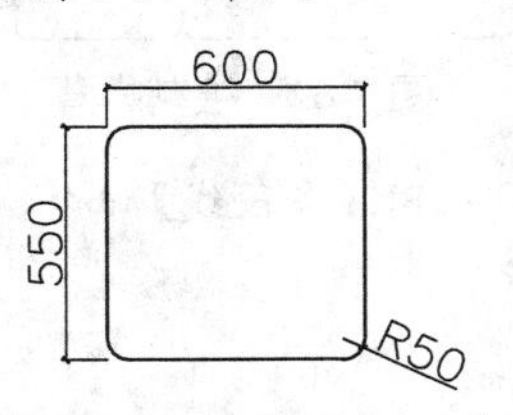

图 7-57　绘制圆角矩形

Step 02 调用 CO【复制】命令，对圆角矩形进行复制，如图 7-58 所示。

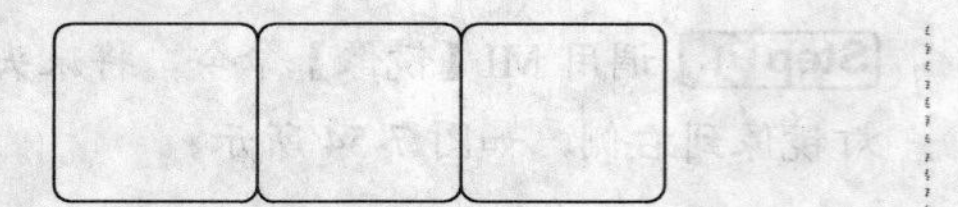
图 7-58　复制圆角矩形

Step 03 绘制扶手。调用 REC【矩形】命令，在坐垫的左侧绘制圆角矩形表示扶手，如图 7-59 所示。

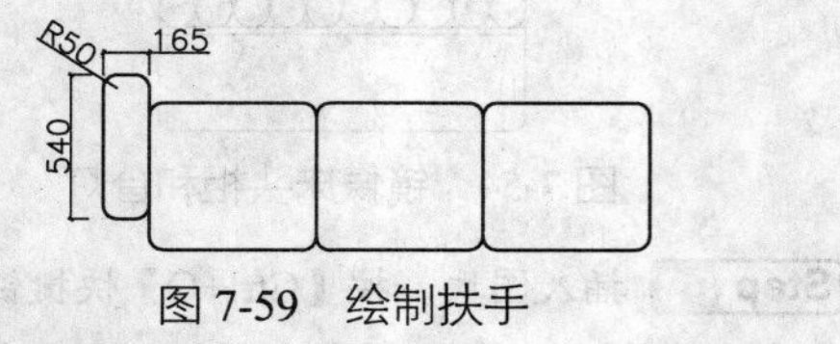

图 7-59　绘制扶手

Step 04 调用 MI【镜像】命令，将扶手镜像到右侧，如图 7-60 所示。

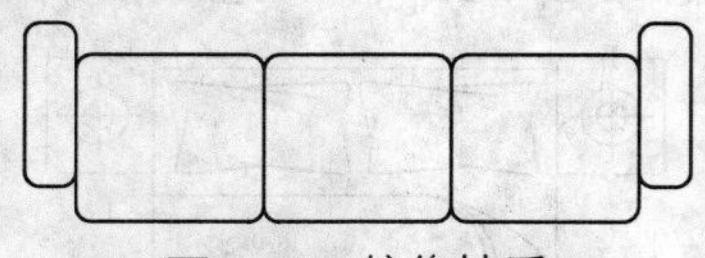
图 7-60　镜像扶手

Step 05 调用 L【直线】命令和 O【偏移】命令，绘制并偏移线段，如图 7-61 所示。

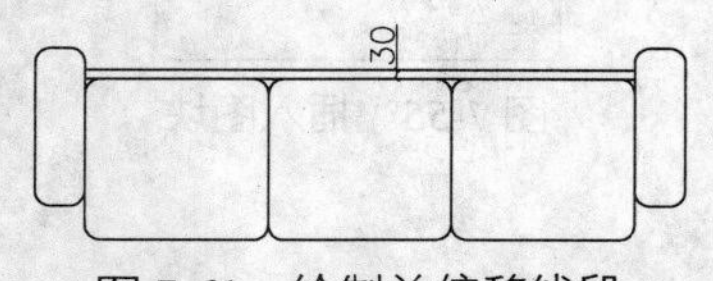

图 7-61　绘制并偏移线段

Step 06 调用 REC【矩形】命令，绘制圆角矩形表示靠背，如图 7-62 所示。

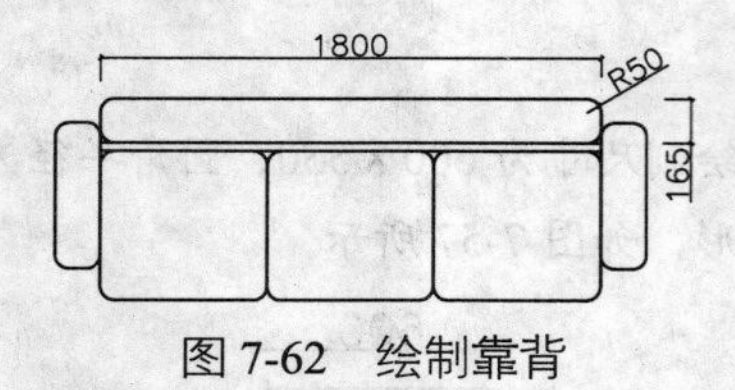

图 7-62　绘制靠背

Step 07 调用 PL【多段线】命令，绘制多段线，如图 7-63 所示。

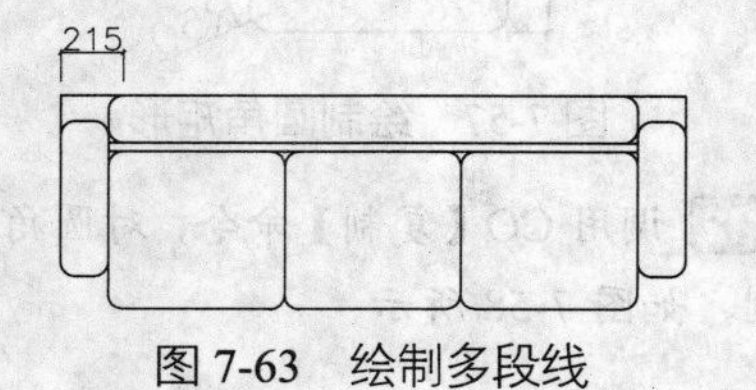

图 7-63　绘制多段线

Step 08 调用 F【圆角】命令，对多段线进行圆角，圆角半径为 100，如图 7-64 所示。

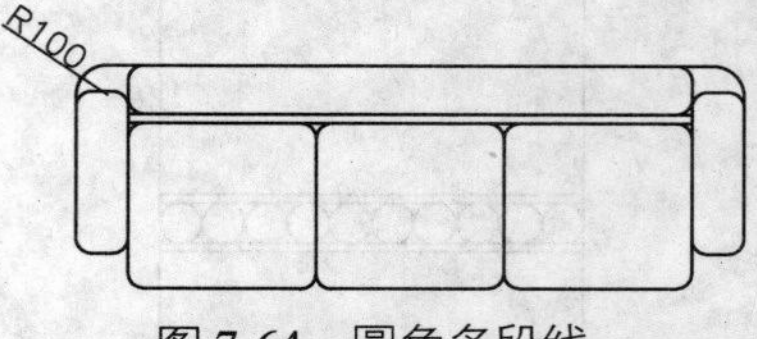

图 7-64　圆角多段线

Step 09 使用同样的方法绘制单人沙发，如图 7-65 所示。

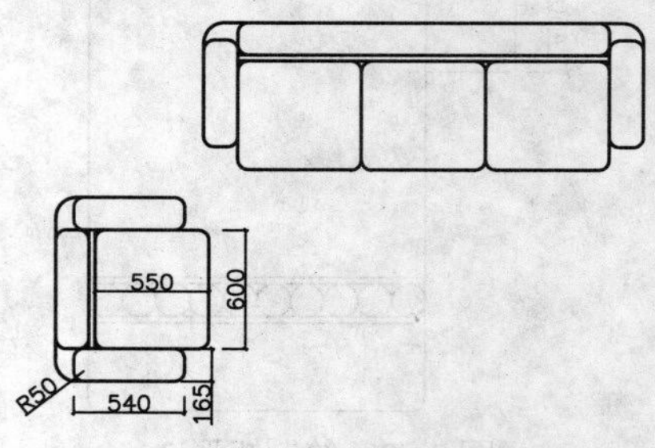

图 7-65　绘制单人沙发

Step 10 调用 MI【镜像】命令，将单人沙发镜像到另一侧，如图 7-66 所示。

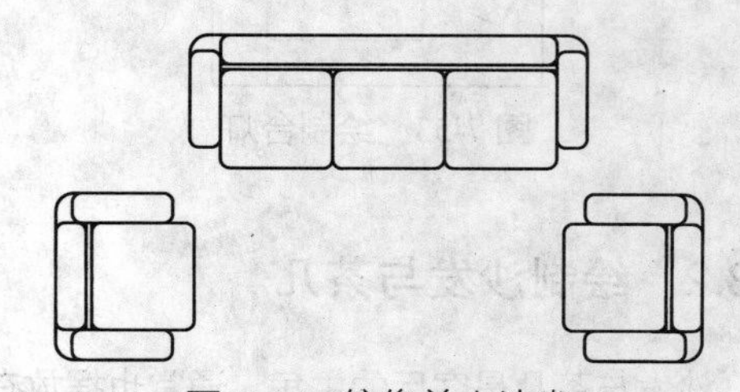
图 7-66　镜像单人沙发

Step 11 调用 REC【矩形】命令和 O【偏移】命令，绘制边几，如图 7-67 所示。

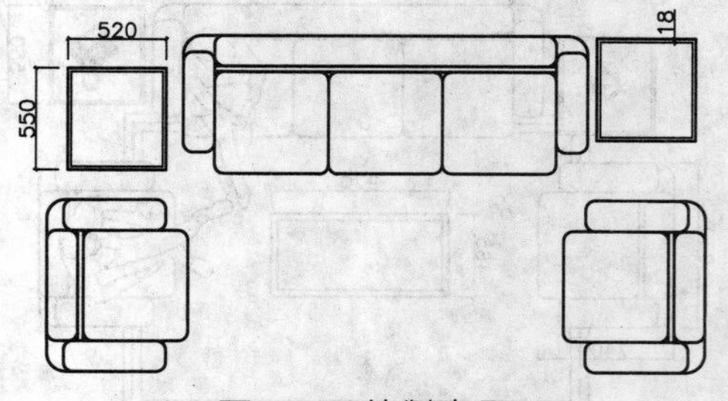

图 7-67　绘制边几

Step 12 继续调用 REC【矩形】命令和 O【偏移】命令，绘制茶几，如图 7-68 所示。

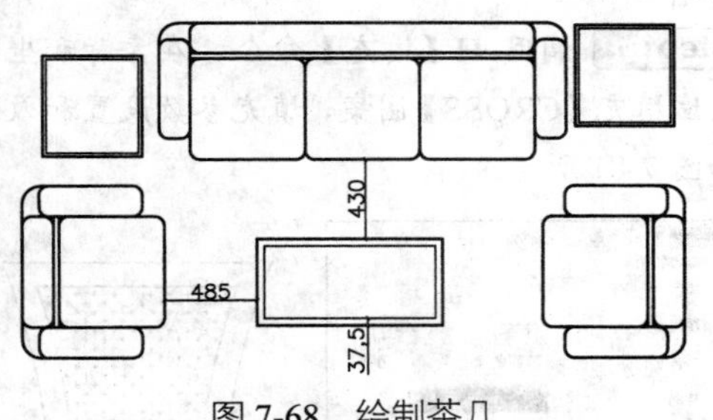

图 7-68　绘制茶几

Step 13 绘制地毯。调用 REC【矩形】命令，绘制尺寸为 2545×1715 的矩形，并移动到相应的位置，如图 7-69 所示。

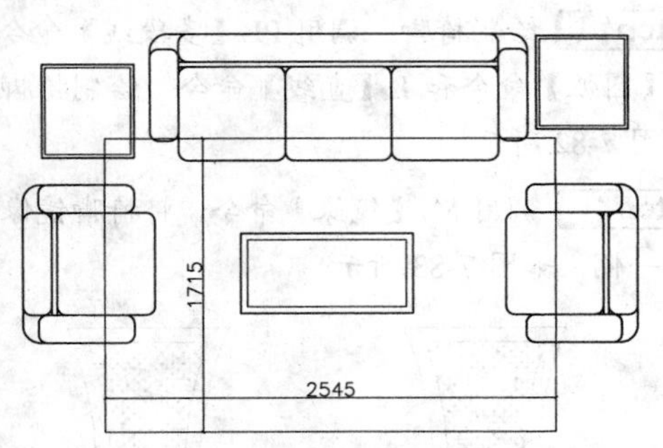

图 7-69　绘制矩形

Step 14 调用 O【偏移】命令，将矩形向内偏移两次 50，如图 7-70 所示。

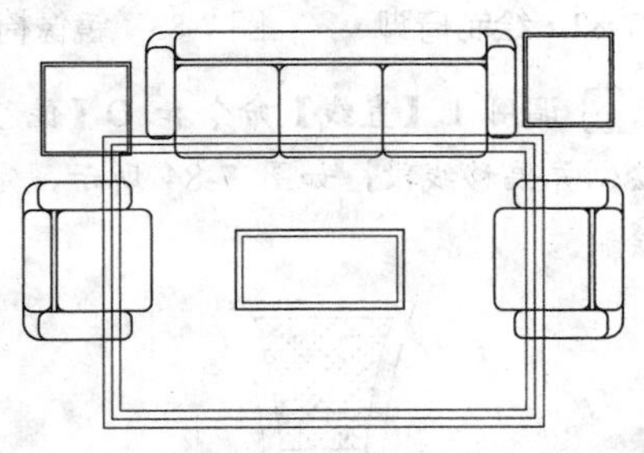

图 7-70　偏移矩形

Step 15 调用 TR【镜像】命令，对线段相交的位置进行修剪，如图 7-71 所示。

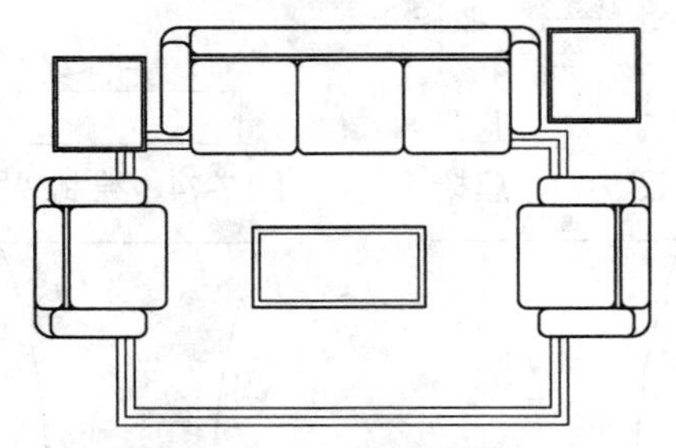

图 7-71　修剪线段

Step 16 调用 H【填充】命令，在地毯内填充【AR-SAND】图案，填充参数设置和效果如图 7-72 所示。

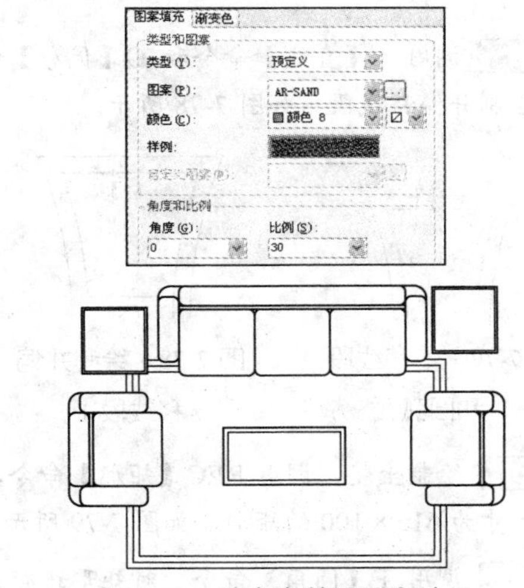

图 7-72　填充参数设置和效果

Step 17 插入【台灯】、【电话】和【人物】等图块到沙发中，并对图形相交的位置进行修剪，如图 7-56 所示，完成沙发和茶几的绘制。

7.3.3　绘制座椅

座椅是一种有靠背、有的还有扶手的坐具，如图 7-73 所示，下面讲解其绘制方法。

课堂举例【7-10】：绘制座椅

Step 01 绘制靠背。调用 L【直线】命令，绘制长度为 550 的线段，如图 7-74 所示。

Step 02 调用 A【圆弧】命令，绘制圆弧，如图 7-75 所示。

Step 03 调用 MI【镜像】命令，将圆弧镜像到另一侧，如图 7-76 所示。

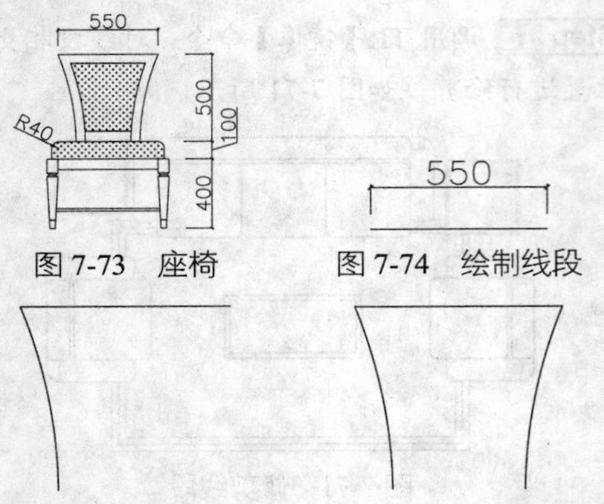

图 7-73　座椅　　图 7-74　绘制线段

图 7-75　绘制圆弧　　图 7-76　镜像圆弧

Step 04 调用 O【偏移】命令，将线段和圆弧向内偏移 50，并对线段进行调整，如图 7-77 所示。

Step 05 调用 L【直线】命令和 O【偏移】命令，绘制并偏移线段，如图 7-78 所示。

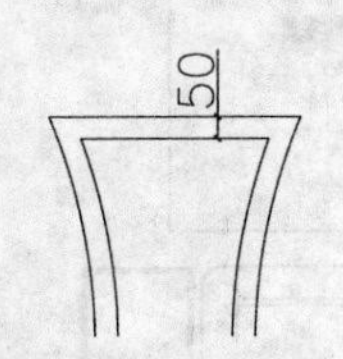

图 7-77　偏移线段和圆弧　　图 7-78　绘制并偏移线段 1

Step 06 绘制坐垫。调用 REC【矩形】命令，绘制尺寸为 615×100 的矩形，如图 7-79 所示。

Step 07 调用 F【圆角】命令，对矩形进行圆角，圆角半径为 40，如图 7-80 所示。

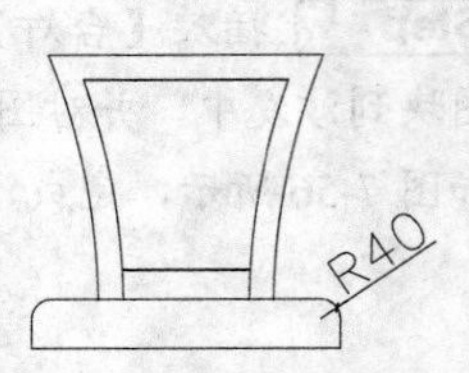

图 7-79　绘制矩形　　图 7-80　圆角矩形

Step 08 调用 H【填充】命令，在靠背和坐垫区域填充【CROSS】图案，填充参数设置和效果如图 7-81 所示。

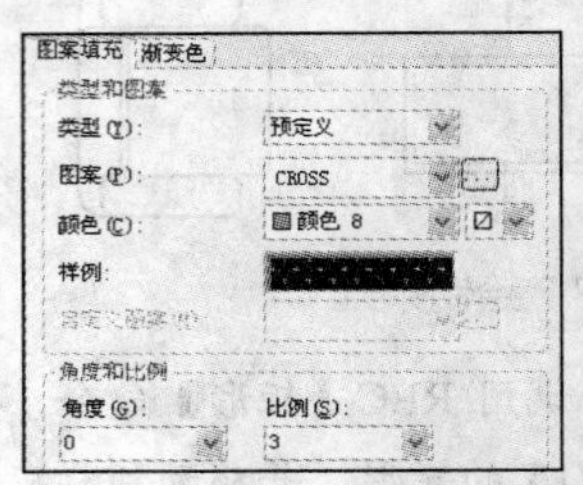

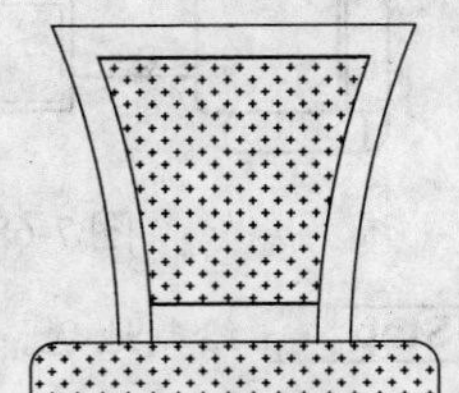

图 7-81　填充参数设置和效果

Step 09 绘制椅脚。调用 PL【多段线】命令、A【圆弧】命令和 L【直线】命令，绘制椅脚，如图 7-82 所示。

Step 10 调用 MI【镜像】命令，将椅脚镜像到另一侧，如图 7-83 所示。

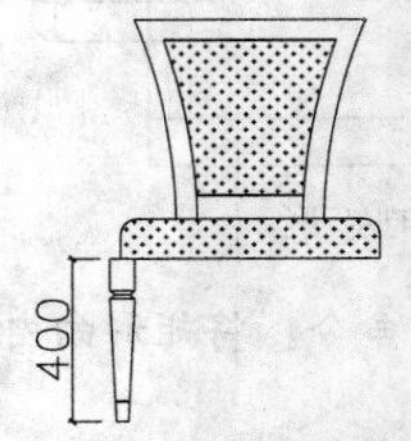

图 7-82　绘制椅脚　　图 7-83　镜像椅脚

Step 11 调用 L【直线】命令和 O【偏移】命令，绘制并偏移线段，如图 7-84 所示，完成座椅的绘制。

图 7-84　绘制并偏移线段 2

7.3.4　绘制八仙桌

八仙桌，指桌面四边长度相等的、桌面较宽的方桌。大方桌四边，每边可坐两人，四边围坐八人（犹如八仙），故称八仙桌，如图 7-85 所示。

课堂举例【7-11】：绘制八仙桌

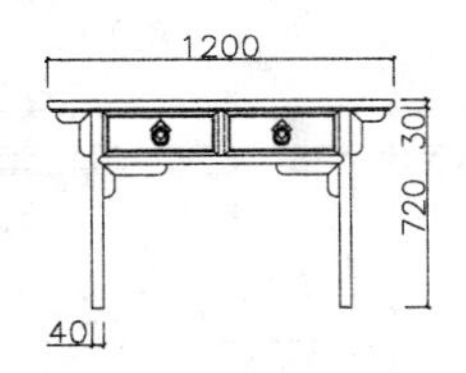

图 7-85 八仙桌

Step 01 调用 REC【矩形】命令，绘制尺寸为1200×30的矩形，如图7-86所示。

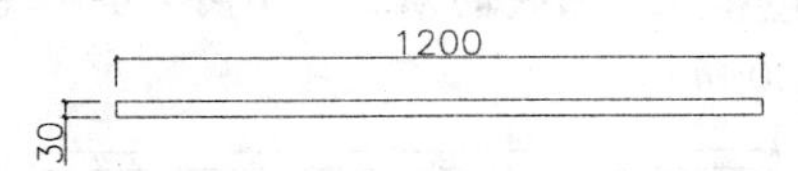

图 7-86 绘制矩形 1

Step 02 调用 CHA【倒角】命令，对矩形进行倒角，倒角的距离为8，如图7-87所示。

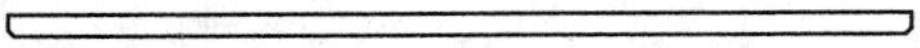

图 7-87 倒角矩形

Step 03 调用 PL【多段线】命令，绘制多段线，如图7-88所示。

图 7-88 绘制多段线 1

Step 04 调用 REC【矩形】命令，绘制矩形，如图7-89所示。

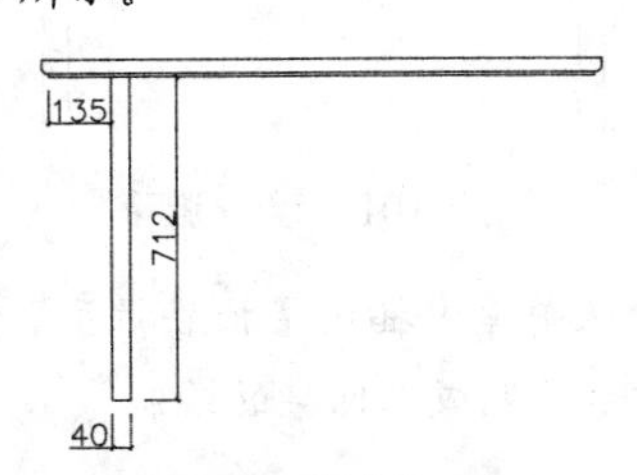

图 7-89 绘制矩形 2

Step 05 调用 CO【复制】命令，将矩形向右复制，如图7-90所示。

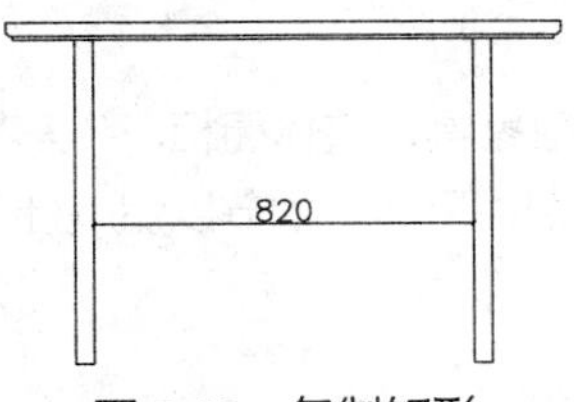

图 7-90 复制矩形

Step 06 调用 REC【矩形】命令，绘制尺寸为400×160的矩形，如图7-91所示。

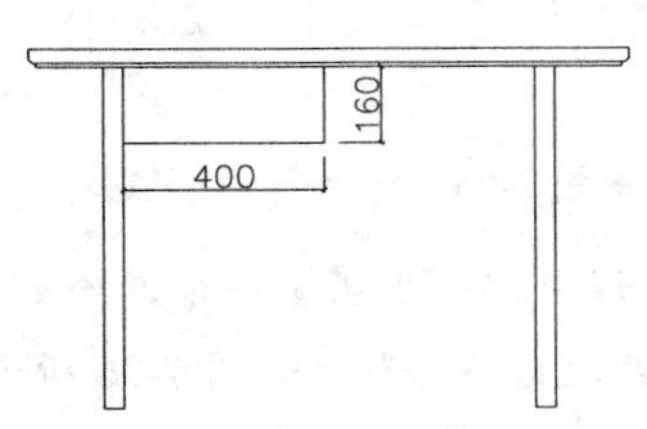

图 7-91 绘制矩形 3

Step 07 调用 O【偏移】命令，将矩形向内偏移15和5，如图7-92所示。

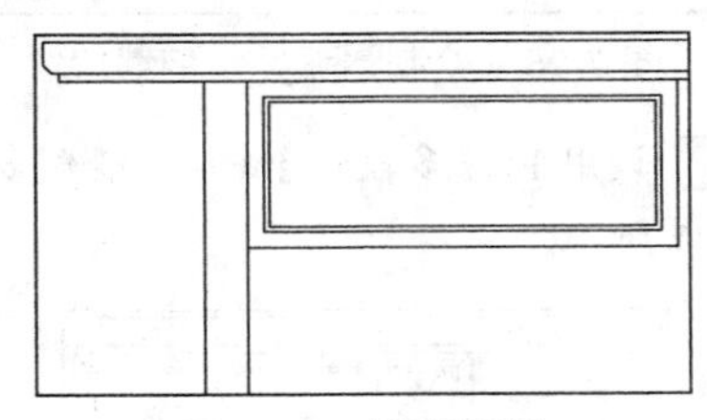

图 7-92 偏移矩形

Step 08 调用 L【直线】命令，绘制线段连接矩形，如图7-93所示。

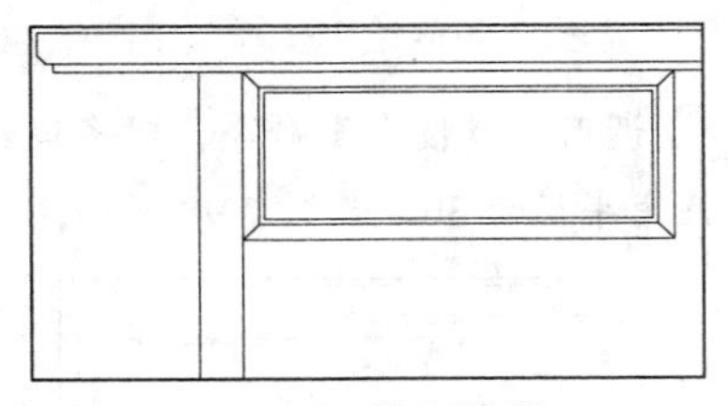

图 7-93 绘制线段

Step 09 调用 MI【镜像】命令，将抽屉镜像到另一侧，如图7-94所示。

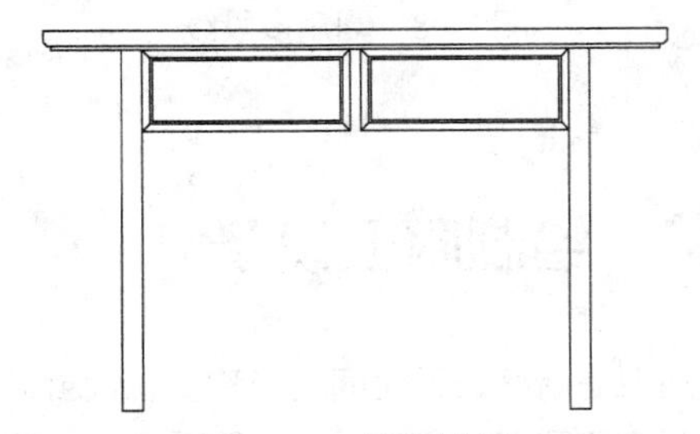

图 7-94 镜像抽屉

Step 10 调用 L【直线】命令和 O【偏移】命令，绘制并偏移线段，如图7-95所示。

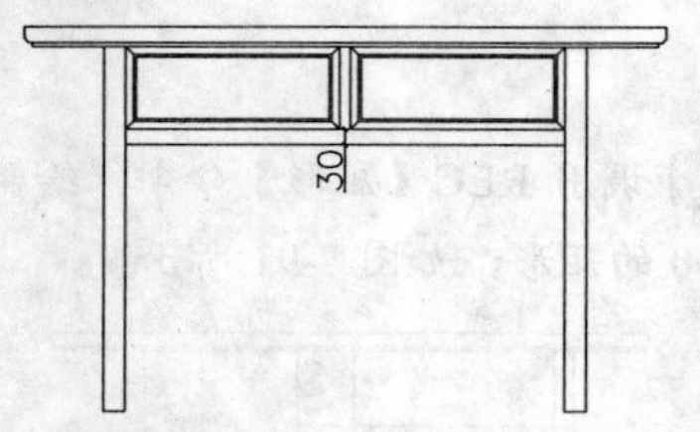

图 7-95　绘制并偏移线段

Step 11 调用 A【圆弧】命令，绘制圆弧，并对多余的线段进行修剪，如图 7-96 所示。

图 7-96　绘制圆弧并修剪线段

Step 12 调用 PL【多段线】命令，绘制多段线，如图 7-97 所示。

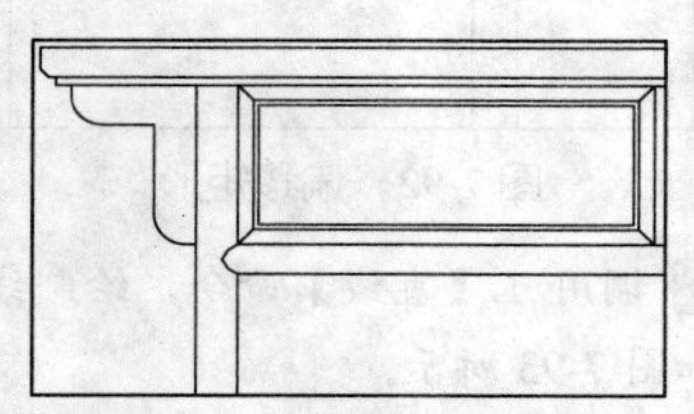

图 7-97　绘制多段线 2

Step 13 调用 F【圆角】命令，对多段线进行圆角，圆角半径为 30，如图 7-98 所示。

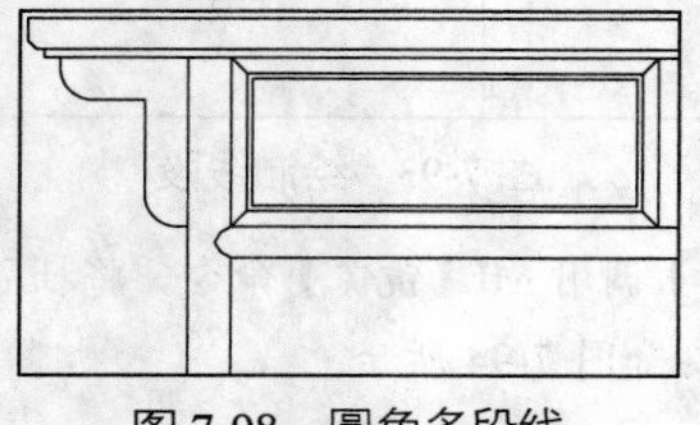

图 7-98　圆角多段线

Step 14 调用 L【直线】命令，绘制线段，如图 7-99 所示。

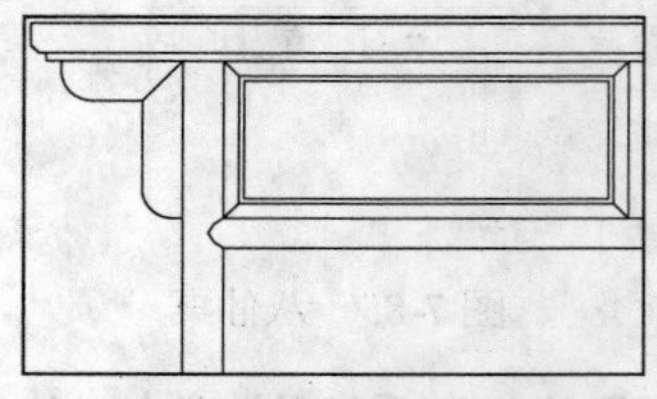

图 7-99　绘制线段

Step 15 使用同样的方法绘制同类型雕花，如图 7-100 所示。

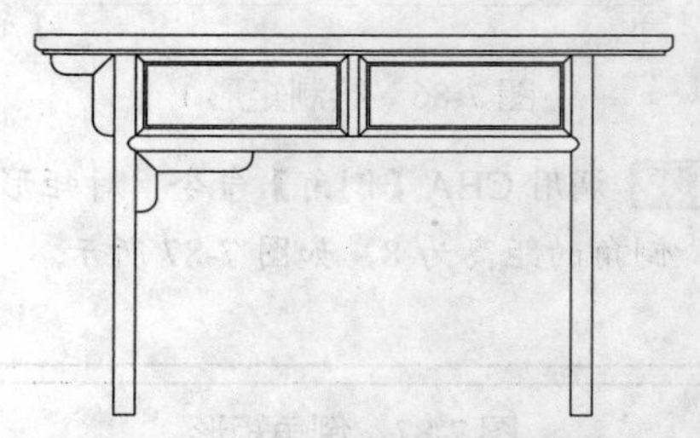

图 7-100　绘制同类型雕花

Step 16 调用 MI【镜像】命令，将雕花镜像到另一侧，如图 7-101 所示。

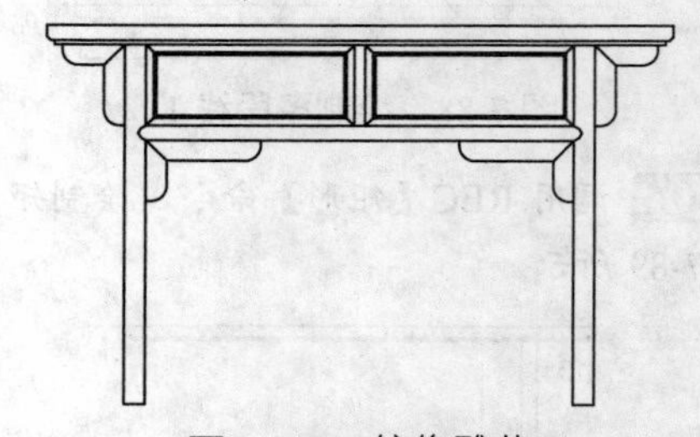

图 7-101　镜像雕花

Step 17 从图库中插入【抽屉拉手】图块，如图 7-85 所示，完成八仙桌的绘制。

7.4　绘制厨卫设备

厨卫是厨房、卫生间的简称。现代厨卫包含天花吊顶、厨卫家具、整体橱柜、浴室柜、智能家电、浴室取暖器、换气扇、照明系统、集成灶具等厨房卫生间相关用品。本节以燃气灶、洗手盆、洗衣机、淋浴缸和座便器为例，介绍厨卫设备的绘制方法。

7.4.1 绘制燃气灶

燃气灶是厨房中必备的厨具，如图 7-102 所示，下面讲解其绘制方法。

课堂举例【7-12】：绘制燃气灶

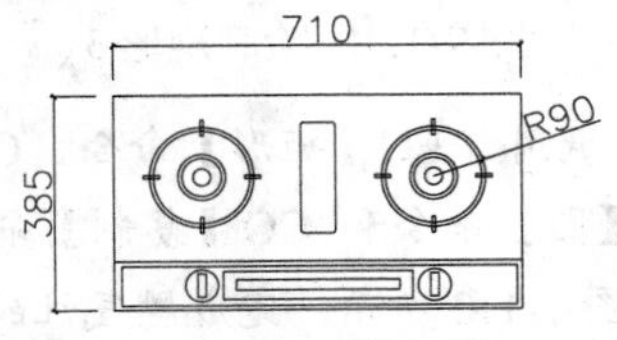

图 7-102 燃气灶

Step 01 调用 REC【矩形】命令，绘制尺寸为 710×385 的矩形，如图 7-103 所示。

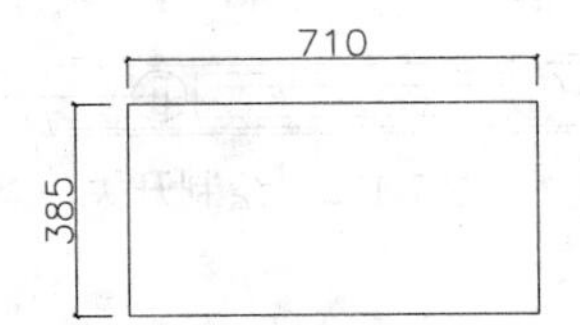

图 7-103 绘制矩形 1

Step 02 调用 L【直线】命令和 O【偏移】命令，绘制辅助线，如图 7-104 所示。

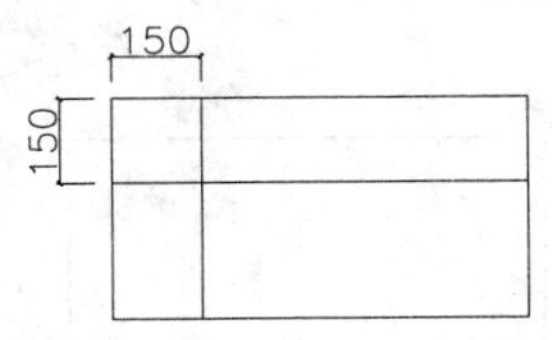

图 7-104 绘制辅助线

Step 03 调用 C【圆】命令，以辅助线的交点为圆心，绘制半径为 90、83、40、35 和 15 的同心圆，然后删除辅助线，如图 7-105 所示。

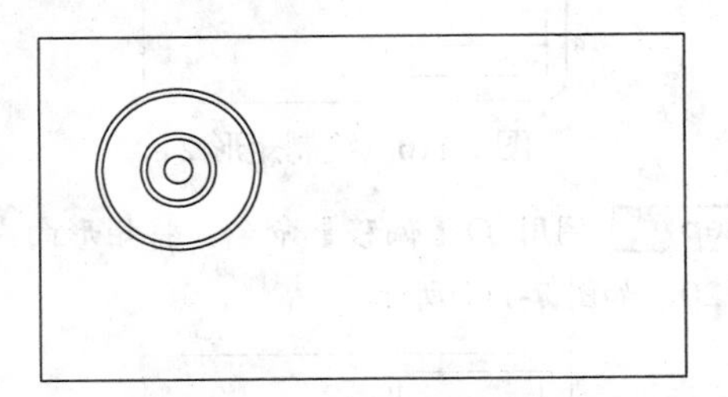

图 7-105 绘制同心圆

Step 04 调用 REC【矩形】命令，绘制尺寸为 6×28 的矩形，并移动到相应的位置，如图 7-106 所示。

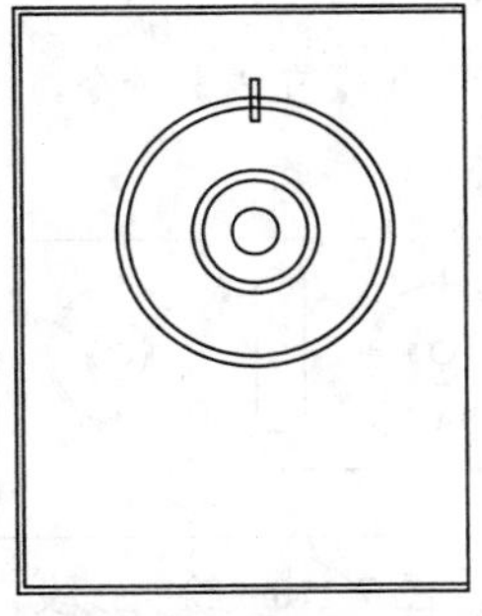

图 7-106 绘制矩形 2

Step 05 调用 CO【复制】命令和 RO【旋转】命令，对矩形进行复制和旋转，如图 7-107 所示。

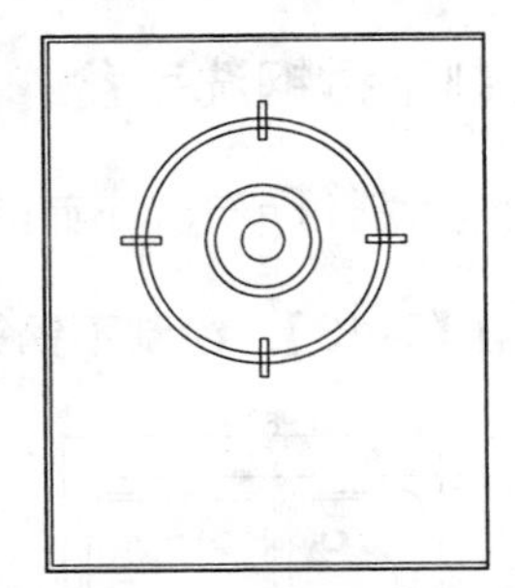

图 7-107 复制和旋转矩形

Step 06 调用 CO【复制】命令，将图形复制到右侧，如图 7-108 所示。

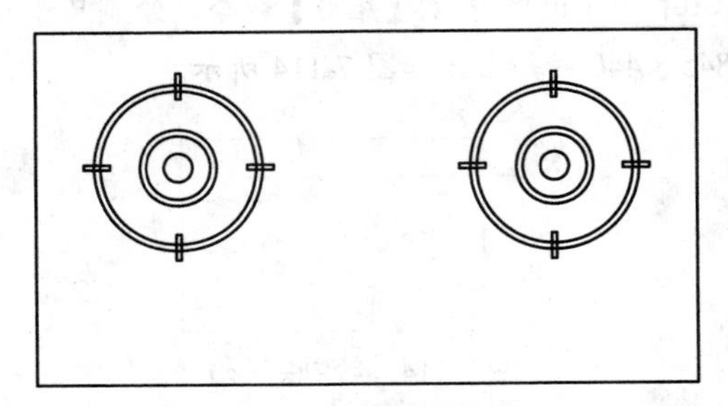

图 7-108 复制图形

Step 07 调用 REC【矩形】命令，在燃气灶中间位置绘制尺寸为 60×200、圆角半径为 5 的圆角矩形，如图 7-109 所示。

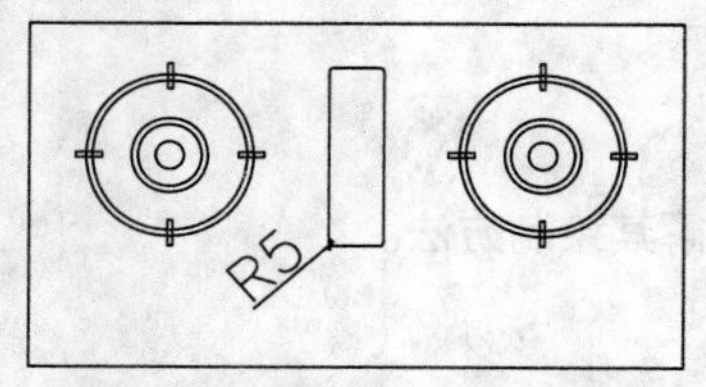

图 7-109　绘制圆角矩形

Step 08 调用 L【直线】命令，绘制线段，如图 7-110 所示。

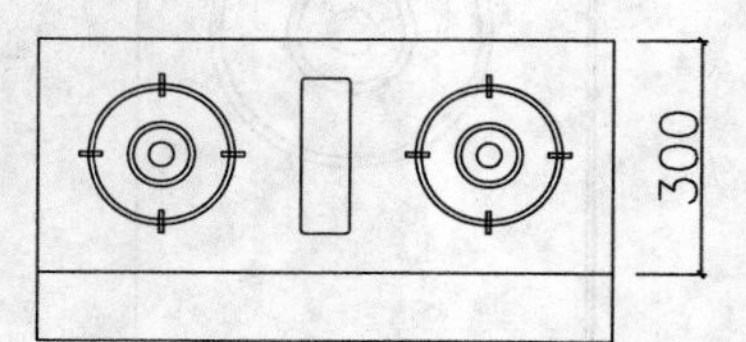

图 7-110　绘制线段

Step 09 调用 REC【矩形】命令，在线段下方绘制尺寸为 690×70 的矩形，如图 7-111 所示。

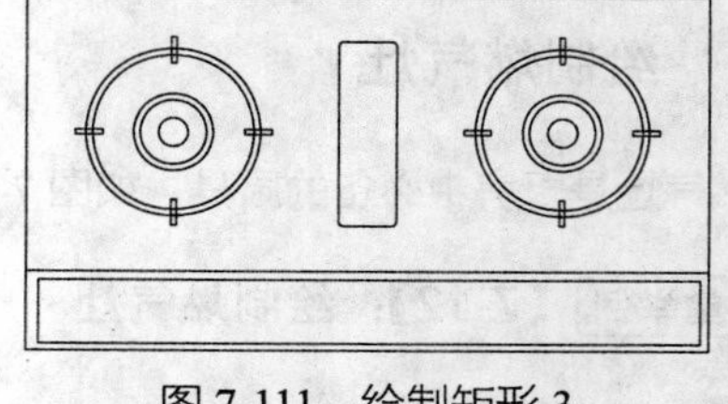
图 7-111　绘制矩形 3

Step 10 调用 REC【矩形】命令、O【偏移】命令、C【圆】命令和 CO【复制】命令，绘制开关，如图 7-112 所示，完成燃气灶的绘制。

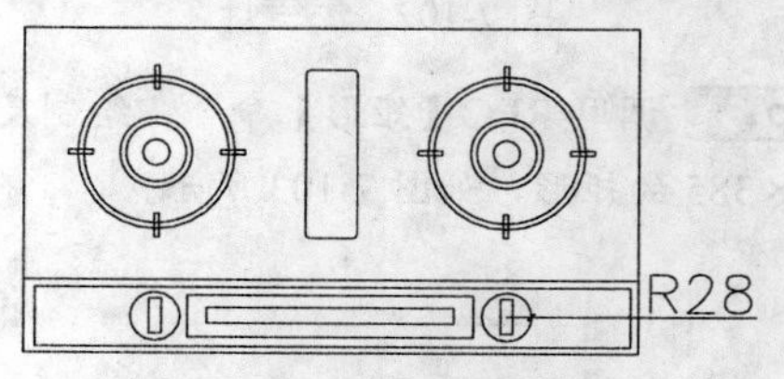

图 7-112　绘制开关

7.4.2　绘制不锈钢洗手盆

洗手盆如图 7-113 所示，下面讲解绘制方法。

课堂举例【7-13】：绘制不锈钢洗手盆

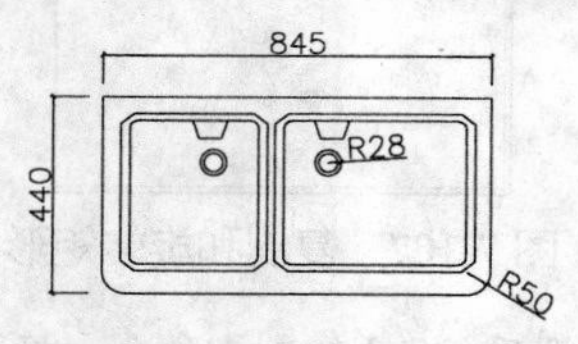

图 7-113　洗手盆

Step 01 调用 REC【矩形】命令，绘制尺寸为 845×440 的矩形，如图 7-114 所示。

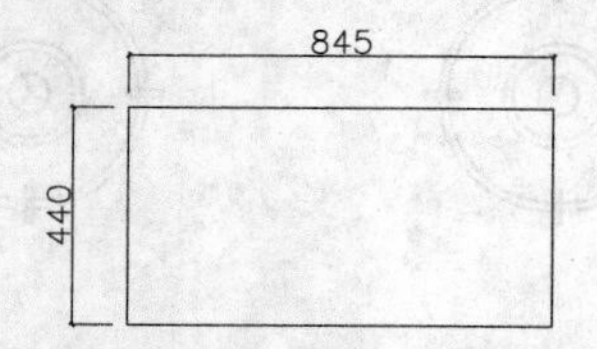

图 7-114　绘制矩形 1

Step 02 调用 C【圆】命令，对矩形进行圆角，圆角半径为 50，如图 7-115 所示。

Step 03 调用 REC【矩形】命令，绘制尺寸为 320×350 的矩形，如图 7-116 所示。

图 7-115　圆角矩形

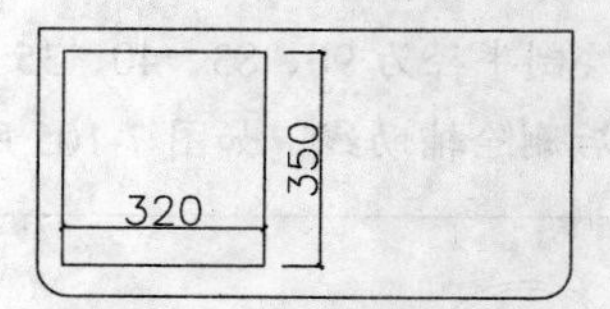

图 7-116　绘制矩形 2

Step 04 调用 O【偏移】命令，将矩形向内偏移 20，如图 7-117 所示。

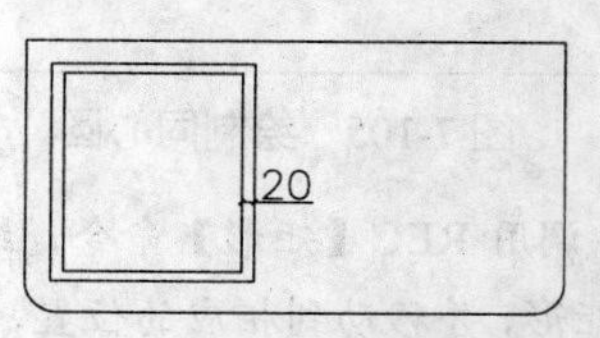

图 7-117　偏移矩形

Step 05 调用 CHA【倒角】命令，对矩形进行倒角，倒角的距离为 20，如图 7-118 所示。

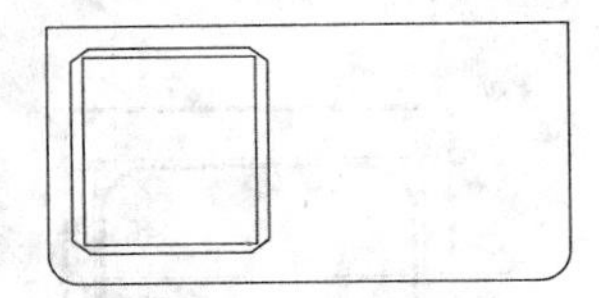

图 7-118　倒角矩形

Step 06 调用 F【圆角】命令，对偏移后的矩形进行圆角，圆角半径为 30，如图 7-119 所示。

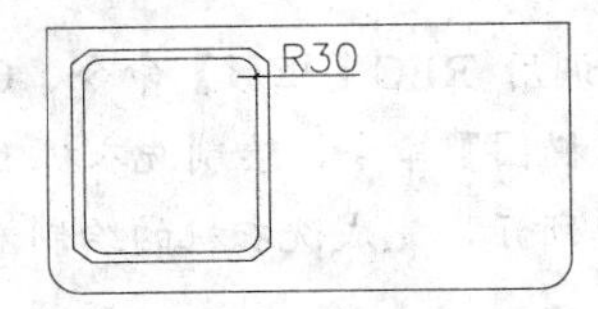

图 7-119　圆角矩形

Step 07 调用 PL【多段线】命令，绘制多段线，如图 7-120 所示。

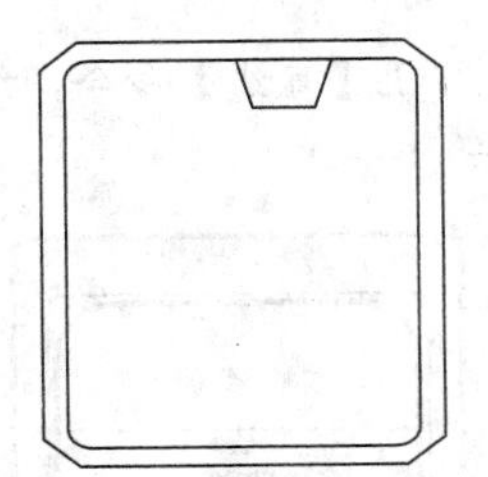

图 7-120　绘制多段线

Step 08 调用 C【圆】命令和 O【偏移】命令，绘制下水口，如图 7-121 所示。

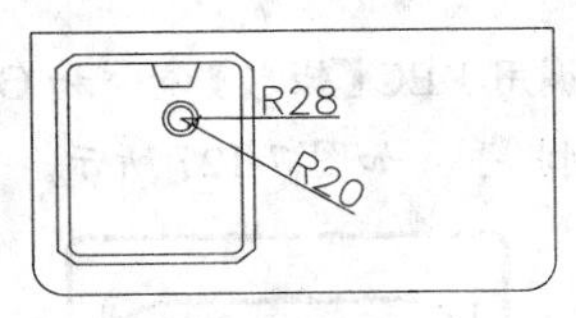

图 7-121　绘制下水口

Step 09 使用同样的方法绘制另一侧的洗手盆，如图 7-113 所示，完成不锈钢洗手盆的绘制。

7.4.3　绘制洗衣机

洗衣机是现代家庭中的常备电器，如图 7-122 所示，下面讲解其绘制方法。

课堂举例【7-14】：绘制洗衣机

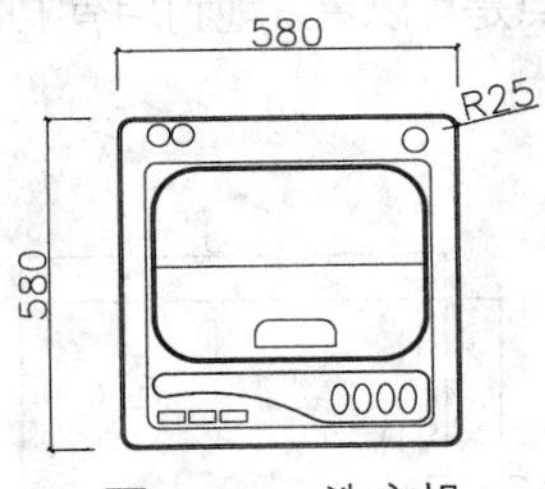

图 7-122　洗衣机

Step 01 调用 REC【矩形】命令，绘制边长为 580、圆角半径为 25 的圆角正方形，如图 7-123 所示。

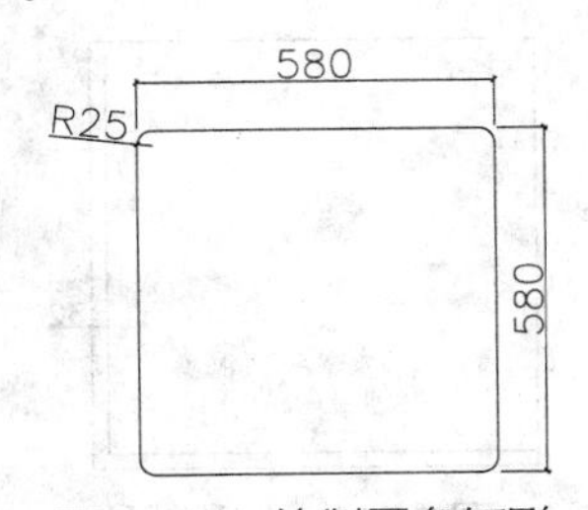

图 7-123　绘制圆角矩形

Step 02 调用 O【偏移】命令，将圆角正方形向内偏移 5，如图 7-124 所示。

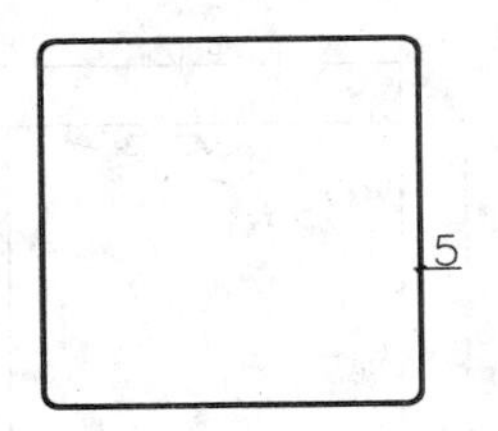

图 7-124　偏移圆角矩形

Step 03 调用 REC【矩形】命令和 O【偏移】命令，绘制并偏移圆角正方形，如图 7-125 所示。

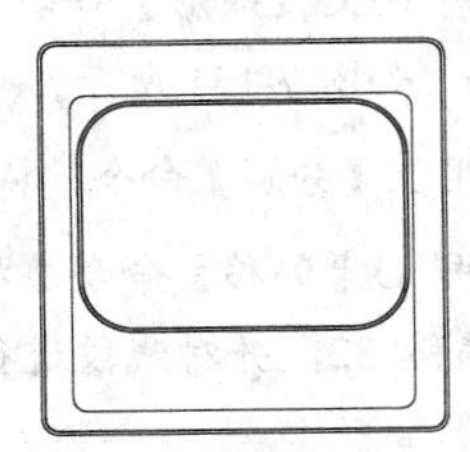

图 7-125　绘制并偏移圆角矩形

Step 04 调用 L【直线】命令，绘制线段，如图 7-126 所示。

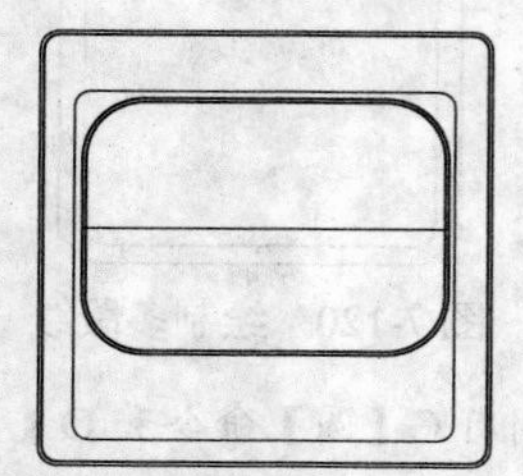
图 7-126　绘制线段

Step 05 调用 REC【矩形】命令和 CHA【倒角】命令，绘制拉手，如图 7-127 所示。

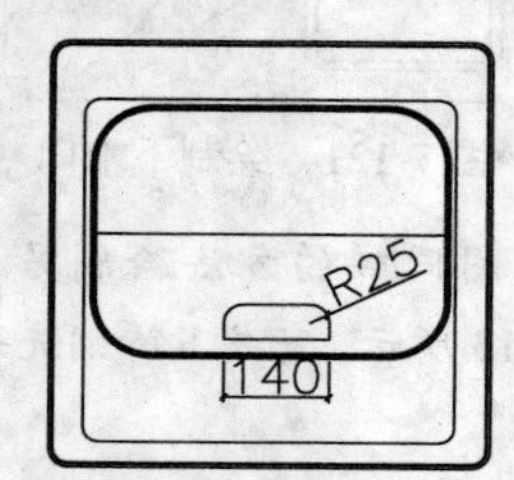

图 7-127　绘制拉手

Step 06 调用 REC【矩形】命令、A【圆弧】命令和 TR【修剪】命令，绘制图形，如图 7-128 所示。

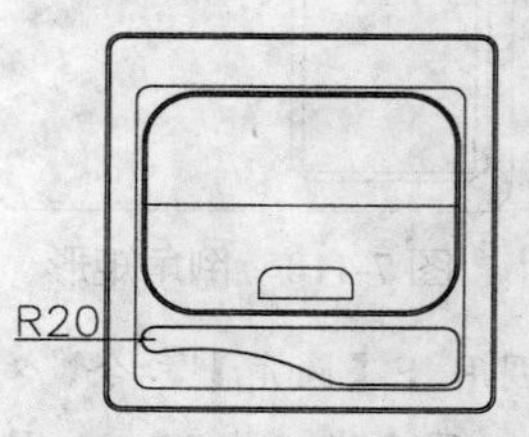

图 7-128　绘制图形

Step 07 调用 REC【矩形】命令、C【圆】命令和 EL【椭圆】命令，绘制洗衣机上的按钮，如图 7-129 所示，完成洗衣机的绘制。

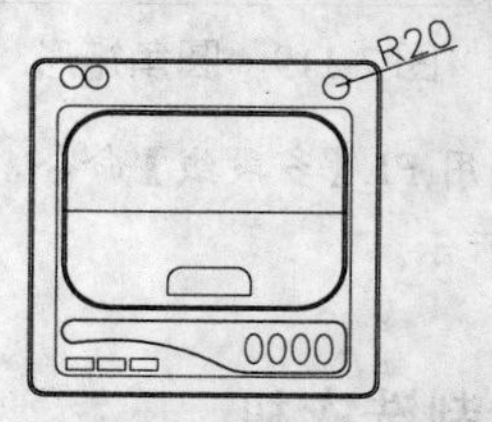

图 7-129　绘制按钮

7.4.4　绘制淋浴缸

如图 7-130 所示为淋浴缸，形状是立式角形。角式最大的特点是可以更好地利用有限的浴室面积。

课堂举例【7-15】：绘制淋浴缸

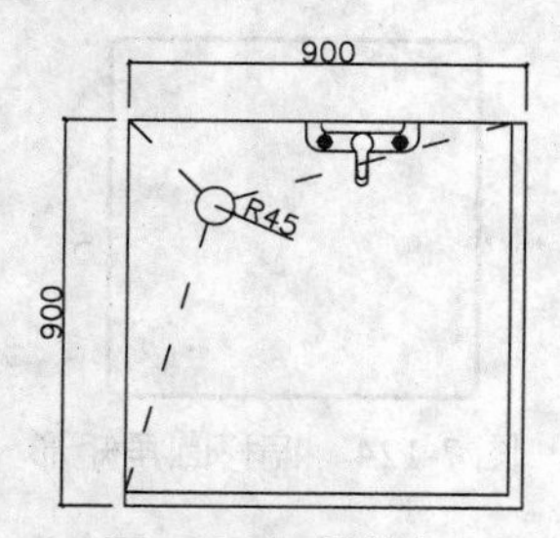

图 7-130　淋浴缸

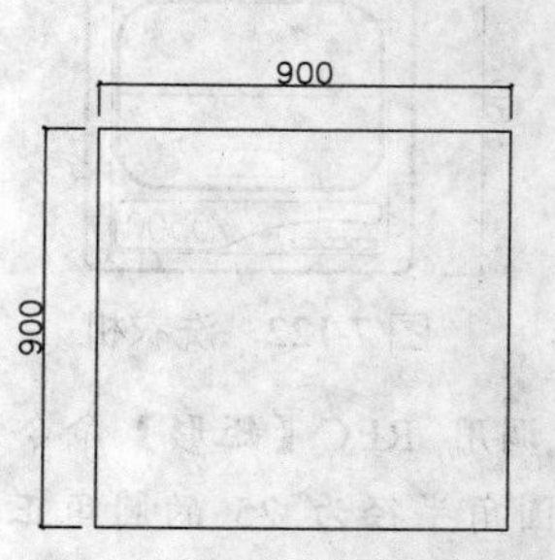

图 7-131　绘制正方形

Step 01 调用 REC【矩形】命令，绘制边长为 900 的正方形，如图 7-131 所示。

Step 02 调用 X【分解】命令，将正方形分解。

Step 03 调用 O【偏移】命令，将右侧和下面的线段向内偏移 32，并对线段进行调整，如图 7-132 所示。

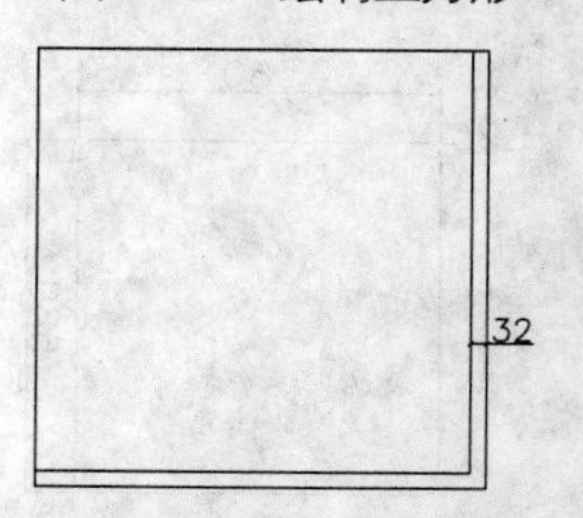

图 7-132　偏移线段

Step 04 调用 O【偏移】命令，绘制辅助线，如图 7-133 所示。

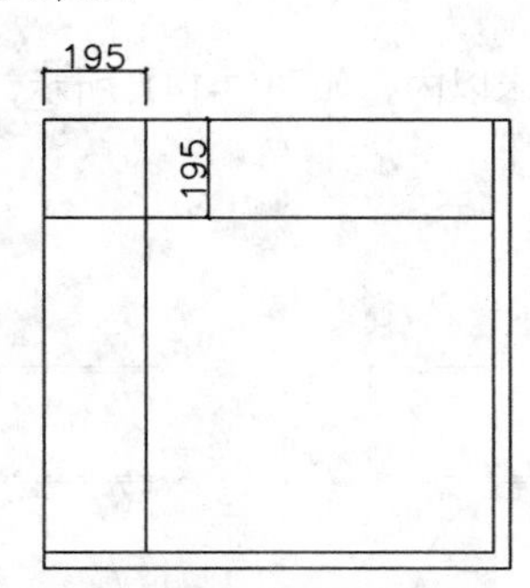

图 7-133　绘制辅助线

Step 05 调用 C【圆】命令，以辅助线的交点为圆心绘制半径为 45 的圆，然后删除辅助线，如图 7-134 所示。

图 7-134　绘制圆

Step 06 调用 L【直线】命令，绘制线段，并将线段设置为虚线，如图 7-135 所示。

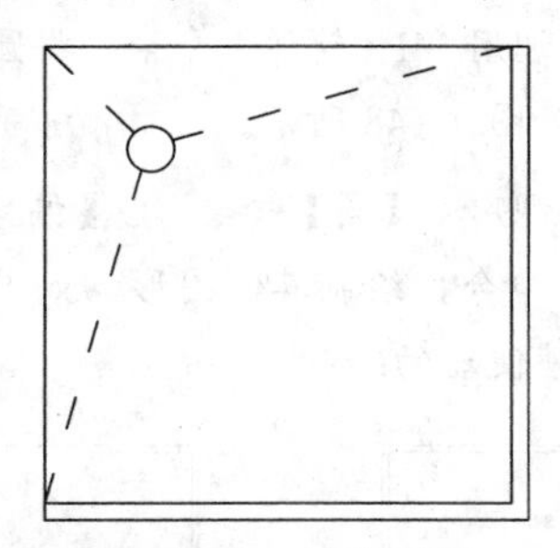

图 7-135　绘制线段

Step 07 调用 PL【多段线】命令，绘制多段线，如图 7-136 所示。

Step 08 调用 F【圆角】命令，对多段线进行圆角，圆角半径为 10，如图 7-137 所示。

Step 09 调用 O【偏移】命令，将多段线向外偏移 40，如图 7-138 所示。

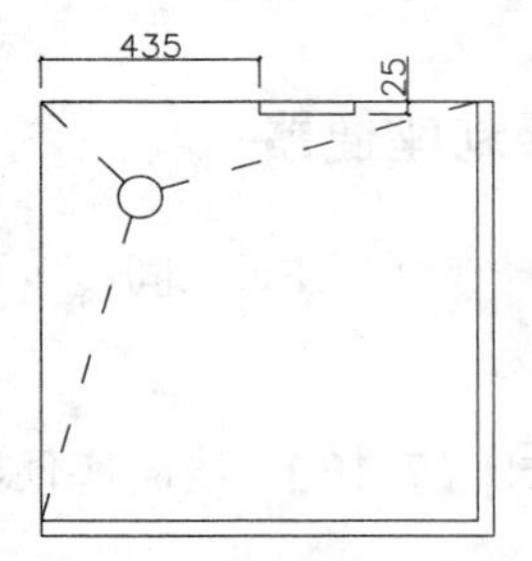

图 7-136　绘制多段线

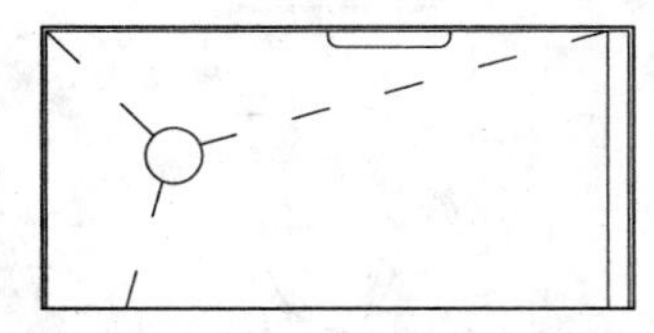

图 7-137　圆角多段线

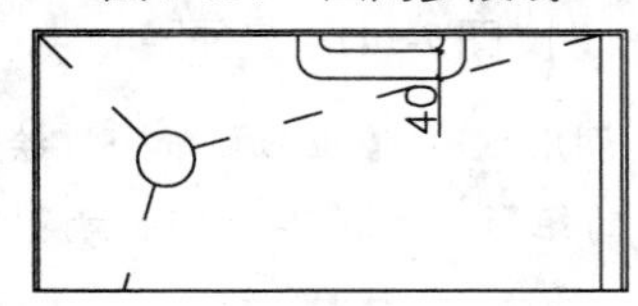

图 7-138　偏移多段线

Step 10 调用 C【圆】命令、O【偏移】命令和 L【直线】命令，绘制冷热水管开关，如图 7-139 所示。

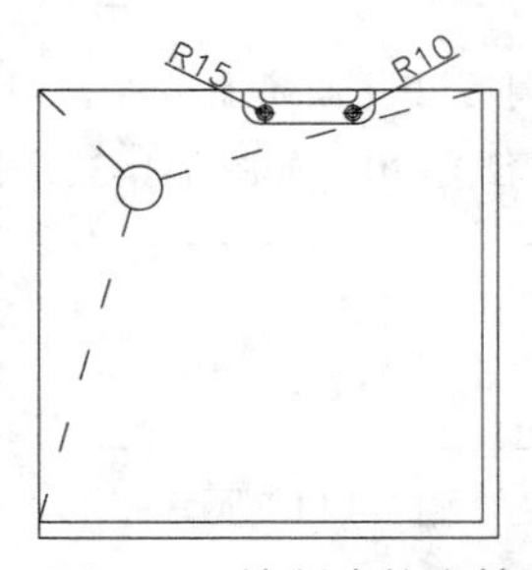

图 7-139　绘制冷热水管

Step 11 调用 C【圆】命令、L【直线】命令和 TR【修剪】命令，绘制开关，如图 7-140 所示，完成淋浴缸的绘制。

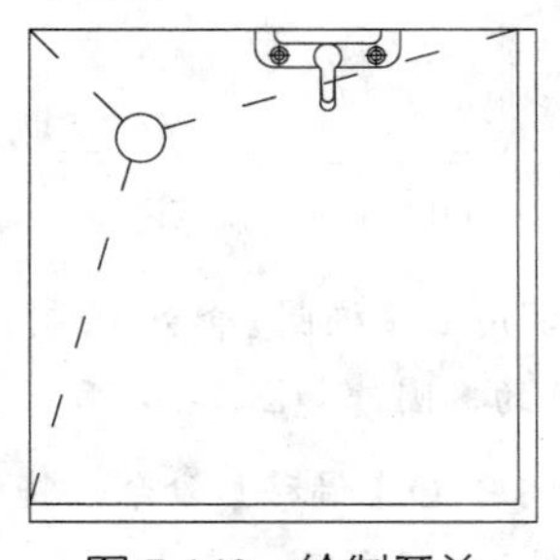

图 7-140　绘制开关

7.4.5 绘制座便器

座便器一般用于主卫生间，其下水口与座便器的距离为半米以内，如图 7-141 所示，下面讲解其绘制方法。

课堂举例【7-16】：绘制座便器

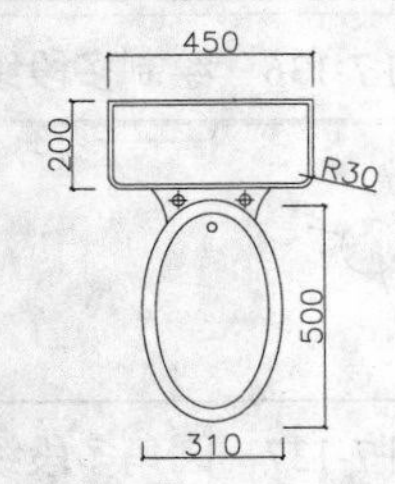

图 7-141 座便器

Step 01 调用 REC【矩形】命令，绘制尺寸为 450×200 的矩形，如图 7-142 所示。

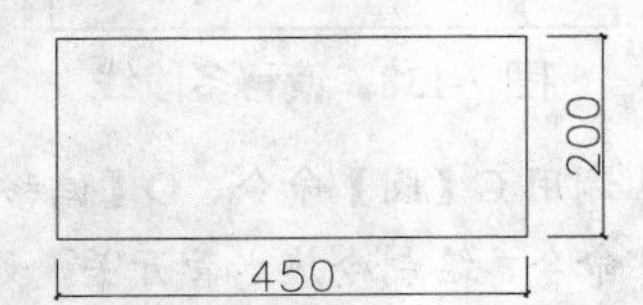

图 7-142 绘制矩形

Step 02 调用 F【圆角】命令，对矩形进行圆角，圆角半径为 30，如图 7-143 所示。

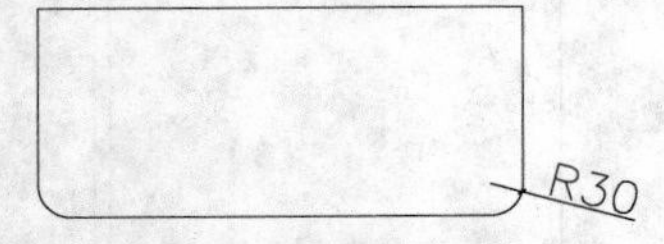

图 7-143 圆角矩形

Step 03 调用 O【偏移】命令，将图形向内偏移 10，如图 7-144 所示。

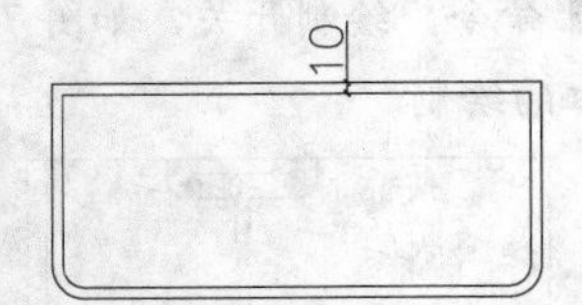

图 7-144 偏移图形

Step 04 调用 EL【椭圆】命令，绘制长轴为 500、短轴为 310 的椭圆，如图 7-145 所示。

Step 05 调用 O【偏移】命令，将椭圆向内偏移 30，如图 7-146 所示。

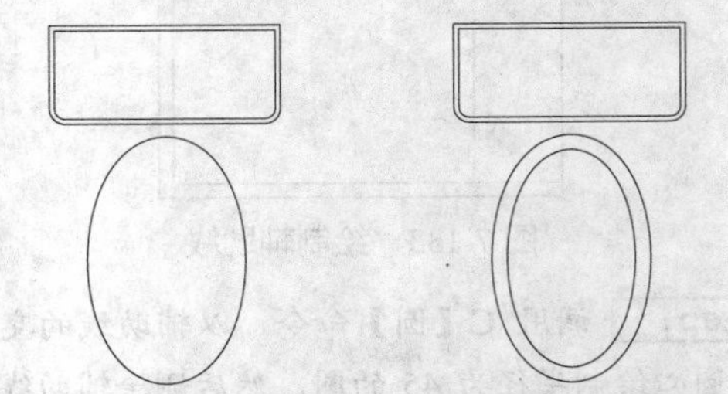
图 7-145 绘制椭圆　　图 7-146 偏移椭圆

Step 06 调用 A【圆弧】命令，绘制圆弧，如图 7-147 所示。

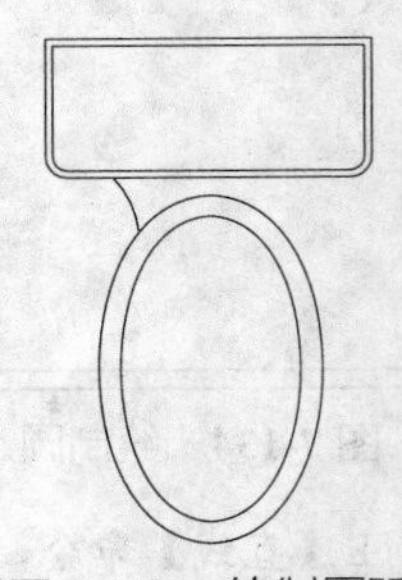
图 7-147 绘制圆弧

Step 07 调用 MI【镜像】命令，将圆弧镜像到另一侧，如图 7-148 所示。

Step 08 调用 C【圆】命令、O【偏移】命令和 L【直线】命令，绘制其他图形，如图 7-149 所示，完成座便器的绘制。

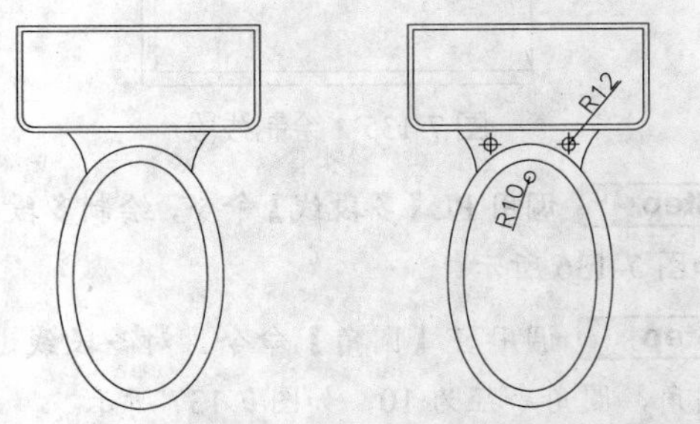

图 7-148 镜像圆弧　图 7-149 绘制其他图形

7.5 绘制阳台等装饰物品

通常会在阳台摆放植物，这样可以美化阳台。本节介绍盆景立面图和平面图的绘制方法。

7.5.1 绘制盆景立面图

如图 7-150 所示为盆景立面图，下面讲解绘制方法。

课堂举例【7-17】：绘制盆景立面图

Step 01 调用 REC【矩形】命令，绘制边长为 235 的正方形，如图 7-151 所示。

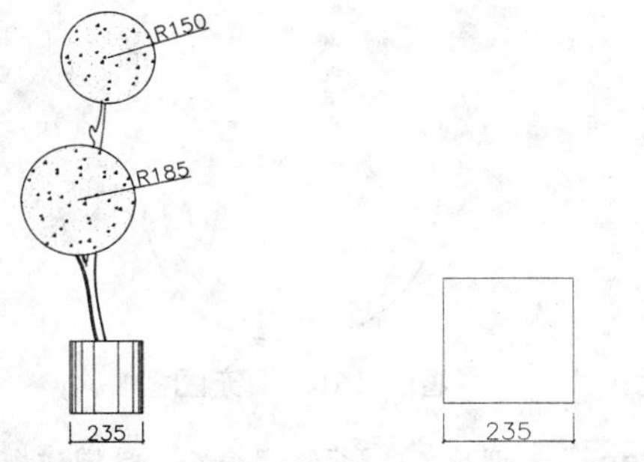

图 7-150 盆景立面 图 7-151 绘制正方形

Step 02 调用 L【直线】命令和 O【偏移】命令，绘制并偏移线段，如图 7-152 所示。

Step 03 用 A【圆弧】命令和 O【偏移】命令，绘制枝干，如图 7-153 所示。

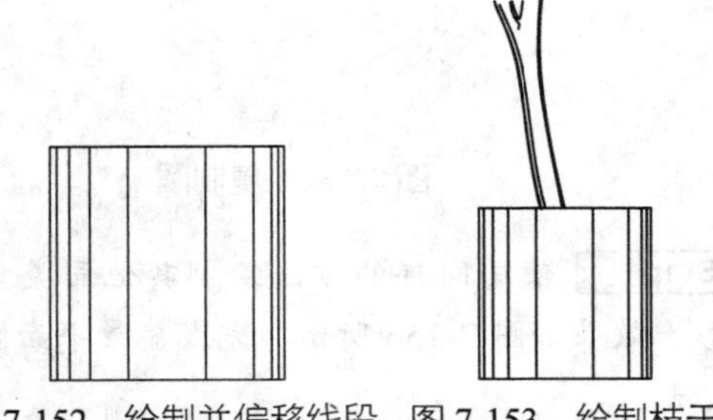

图 7-152 绘制并偏移线段 图 7-153 绘制枝干

Step 04 调用 C【圆】命令，绘制半径为 185 的圆，如图 7-154 所示。

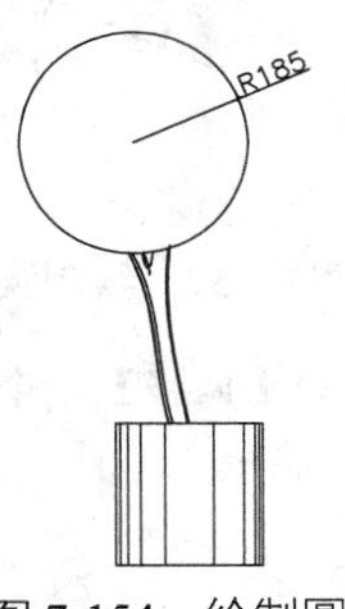

图 7-154 绘制圆

Step 05 调用 H【填充】命令，在圆内填充【AR-CONC】图案，填充参数设置和效果如图 7-155 所示。

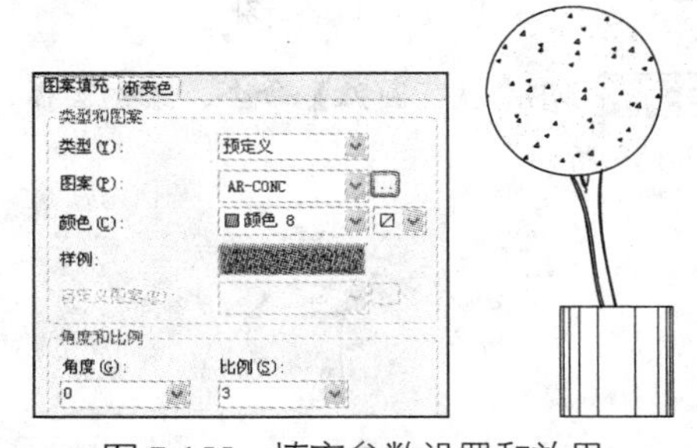

图 7-155 填充参数设置和效果

Step 06 用同样的方法绘制其他同类型图形，完成盆景立面图的绘制。

7.5.2 绘制盆景平面图

盆景平面图如图 7-156 所示，下面讲解绘制方法。

课堂举例【7-18】：绘制盆景平面图

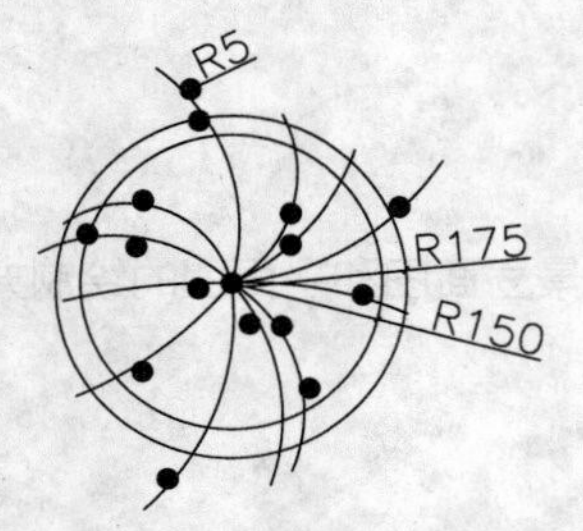

图7-156 盆景平面图

Step 01 调用 C【圆】命令，绘制半径为 175 的圆，如图 7-157 所示。

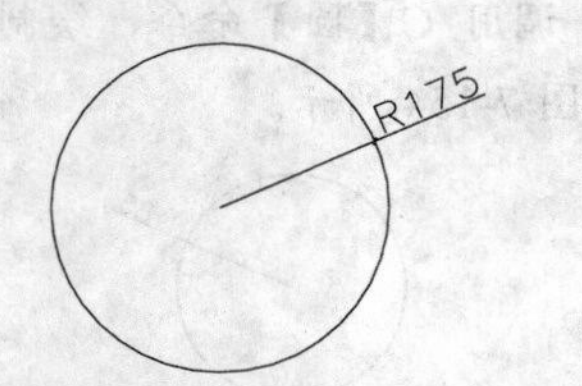

图7-157 绘制圆1

Step 02 调用 O【偏移】命令，将圆向内偏移 25，如图 7-158 所示。

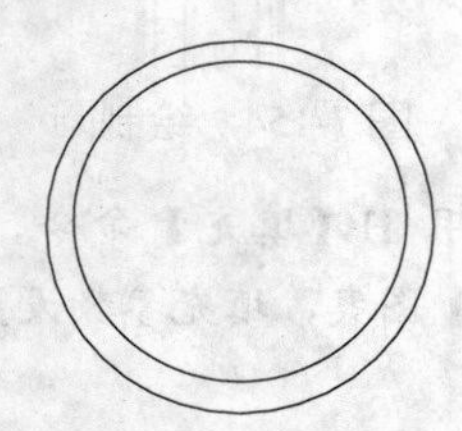
图7-158 偏移圆

Step 03 调用 A【圆弧】命令，绘制圆弧，如图 7-159 所示。

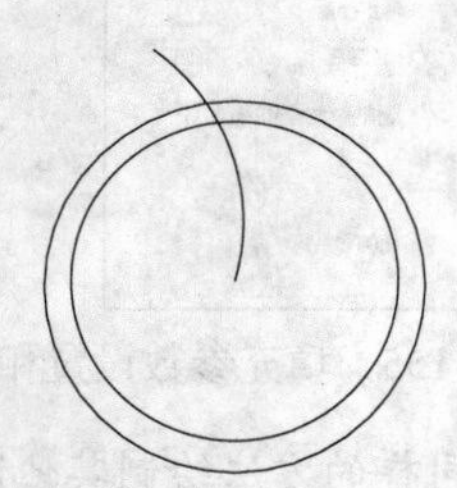
图7-159 绘制圆弧

Step 04 调用 C【圆】命令，绘制半径为 5 的圆，如图 7-160 所示。

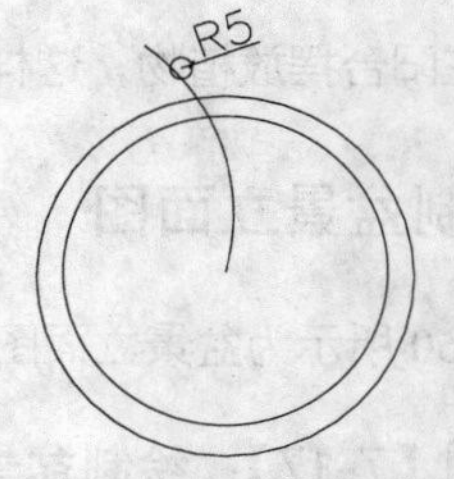

图7-160 绘制圆2

Step 05 调用 H【填充】命令，在圆内填充【SOLID】图案，如图 7-161 所示。

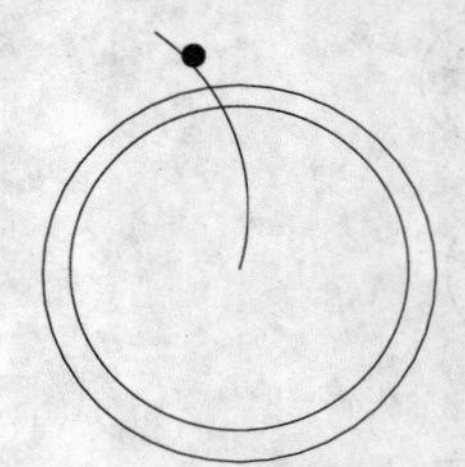
图7-161 填充图案

Step 06 调用 CO【复制】命令，对圆进行复制，如图 7-162 所示。

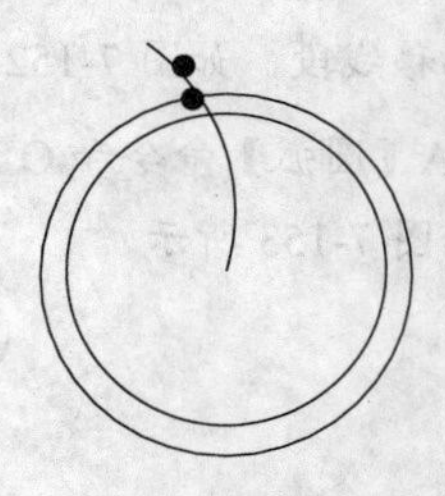
图7-162 复制圆

Step 07 使用同样的方法绘制其他同类型图形，效果如图 7-156 所示，完成盆景平面图的绘制。

第2篇

家装设计实战篇

第 8 章 东南亚风格小户型室内设计

⊙学习目的：

本章通过一套东南亚风格小户型案例，讲解了小户型的设计思路和装潢施工图的绘制方法。“麻雀虽小，五脏俱全”，通过小户型的设计，读者可熟悉室内装潢设计的整个流程。

⊙学习重点：

★★★★ 绘制小户型原始户型图

★★★☆ 绘制小户型平面布置图

★★☆☆ 绘制小户型立面图

★★☆☆ 绘制小户型地材图

★★☆☆ 绘制小户型顶棚图

★☆☆☆ 小户型设计特点

★☆☆☆ 小户型设计概述

8.1 小户型设计概述

小户型多为年轻人的首选，如何巧妙地在有限的空间中创造最大的使用功能，是小户型室内设计追求的设计理念。

1. 小户型空间的布置技巧

小户型通常都只有一个房间，需要容纳起居、会客、储存和学习等多种功能活动，既要满足生活的需要，还要使室内不产生杂乱感，这就需要对居室空间进行充分合理的布置，并掌握以下空间布置技巧。

- 选用简单迷你的家具：小户型的空间有限，不能摆设太多家具，所以在空间布置上宜选择比较简单低矮的或者是可以折叠的家具，如图 8-1 所示。
- 色调上宜选择浅色：不要选择深沉而压力的色调，浅色有放大空间的效果，如图 8-2 所示。窗户也尽可能选择与外墙齐平，向外扩散的窗户能起到放大室内空间的效果。
- 增加隔断：巧妙地运用隔断，可在小空间内加入书房，不仅可以提高空间的利用率，而且可以实现各个空间的互动和交流，如图 8-3 所示。
- 配套材质：配套的材质可以扩大视野，例如金属边几与床的材质一致，床品和配饰应都以淡色为主，如图 8-4 所示。

图 8-1 折叠家具

图 8-2 浅色装饰色调

图 8-3 增加隔断

图 8-4 配套材质

2．小户型设计的注意事项

小户型设计应注意以下几个问题。

- 功能区分享：由于小户型空间有限，可以让单一空间具有多种用途。
- 减少硬性隔墙：尽量采取软隔断，软隔断是指形式上起到隔断作用，却又不阻挡视线，如玻璃、纱帘和珠帘等。
- 用色：用色不可太杂，一套设计不可超过 4～5 种颜色。
- 后期配饰：后期配饰要注重整体效果，在选择配饰时，应考虑放在整体环境中是否和谐。

8.2 绘制小户型原始户型图

原始户型图的主要内容有组成房间的名称、尺寸、轴线、墙厚和楼梯、门窗和管道位置等。其他的施工图都是在原始户型图的基础上进行绘制的，包括平面布置图、地材图、立面图和电气图等。如图 8-5 所示为小户型原始户型图，下面讲解绘制方法。

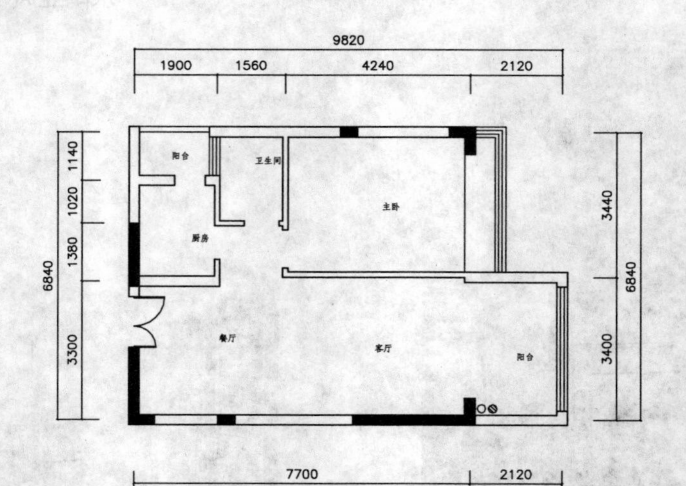

图 8-5 原始户型图

8.2.1 绘制轴线

如图 8-6 所示为绘制完成的轴网，其绘制方法如下。

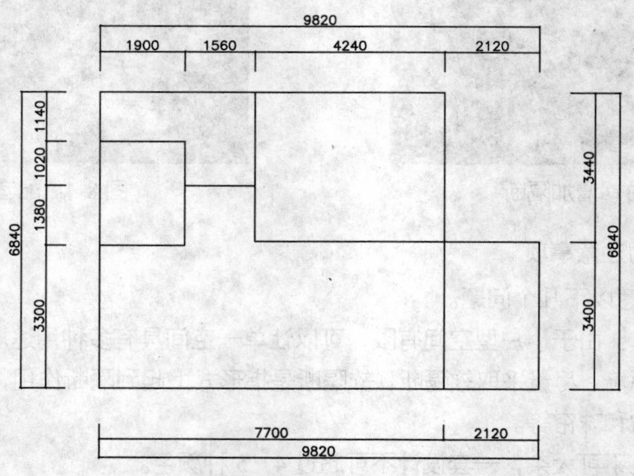

图 8-6 完整的轴网

Step 01 设置【ZX_轴线】图层为当前图层。

Step 02 调用 PL【多段线】命令，绘制轴网的外轮廓，如图 8-7 所示。

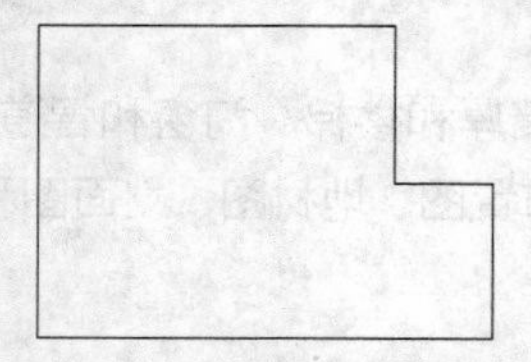

图 8-7 绘制外轮廓

Step 03 找到需要分隔的房间，调用 L【直线】命令，绘制内轮廓，如图 8-8 所示。

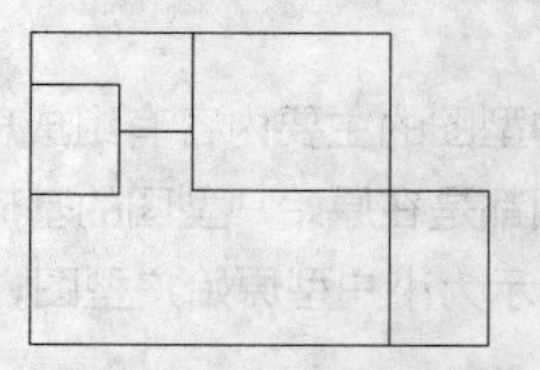

图 8-8 绘制内轮廓

8.2.2 尺寸标注

接来下对轴线进行尺寸标注，避免因轴线太多而产生视觉上的混乱，使用 DLI【线性标注】命令进行尺寸标注。

Step 01 在【样式】工具栏中选择【室内标注样式】为当前标注样式，如图 8-9 所示。

图 8-9 设置标注样式

Step 02 在状态栏右侧设置当前注释比例为 1:100，设置【BZ_标注】图层为当前图层。

Step 03 调用 REC【矩形】命令，绘制一个比图形稍大的矩形，作为辅助图形，以方便标注定位，如图 8-10 所示。

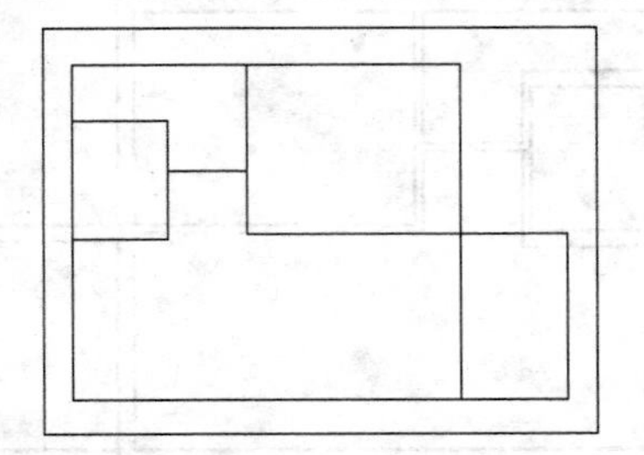

图 8-10 绘制矩形

Step 04 调用 DLI【线性标注】命令，命令行操作如下：

命令：DIMLINEAR↙ //调用【线性标注】命令
指定第一个尺寸界线原点或 <选择对象>:
//将鼠标放在最左侧垂直轴线下端端点，当出现交点时，鼠标垂直向下移动至矩形上，并单击鼠标，如图 8-11 所示

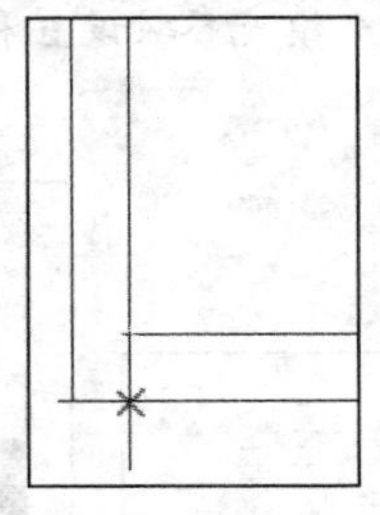

图 8-11 指定原点

指定第二条尺寸界线原点：
//水平向右移动至第二条垂直轴线下端的端点，并垂直向下移动至矩形上，如图 8-12 所示

指定尺寸线位置或
[多行文字(M)/文字(T)/角度(A)/水平(H)/垂直(V)/旋转(R)]:
//单击鼠标再向下移动鼠标，确定尺寸线位置，如图 8-13 所示
标注文字 = 7695
//系统自动退出命令，第一个尺寸标注完成

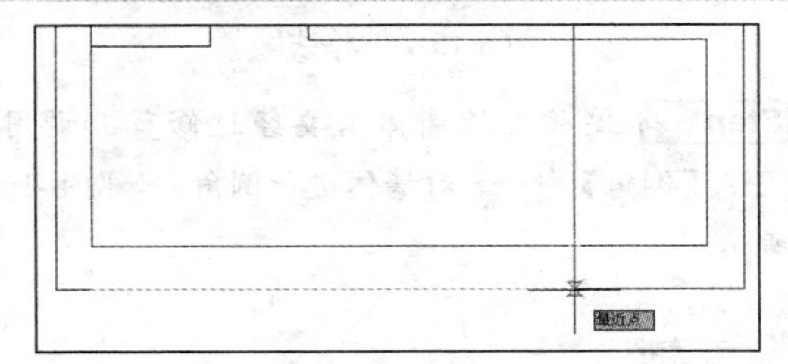

图 8-12 指定原点

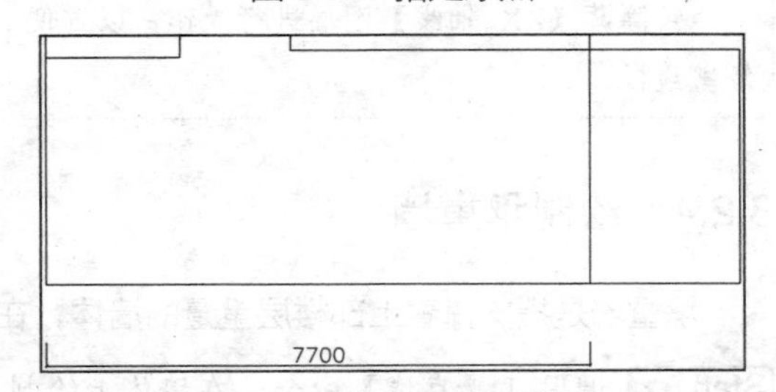

图 8-13 确定尺寸线位置

Step 05 调用 DCO【连续性标注】命令，继续进行尺寸标注，如图 8-14 所示。

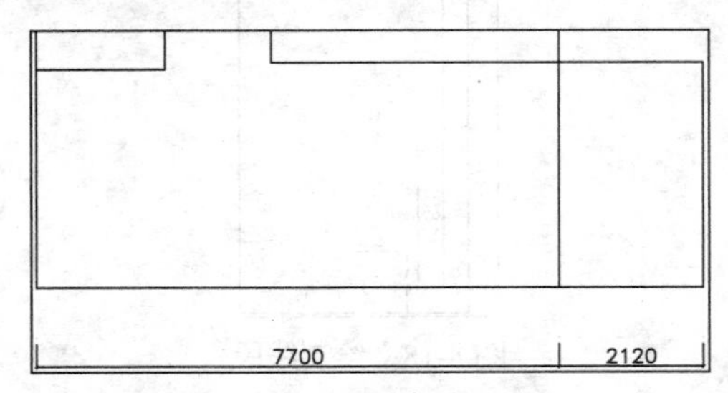

图 8-14 继续标注尺寸

Step 06 使用同样的方法标注其他尺寸，标注尺寸后删除前面绘制的辅助矩形，结果如图 8-6 所示。

8.2.3 绘制墙体

这里介绍使用 O【偏移】命令，通过偏移线段得到墙体的操作方法。墙体的宽度有 240 和 120 两种，可以通过设置不同的偏移距离得到。

Step 01 调用 O【偏移】命令，将轴线向两侧各偏移 120 或 60 的距离，即可得到墙体，并将偏移后的线段转换至【QT_墙体】图层，如图 8-15 所示。

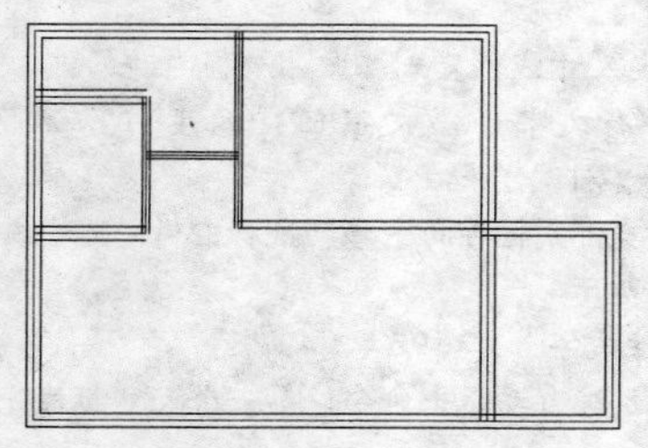

图 8-15　偏移线段

Step 02 偏移后的墙体需要经过修剪。调用 CHA【倒角】命令，对墙体进行倒角，如图 8-16 所示。

专家提醒

可隐藏【ZX_轴线】图层进行操作，以方便修剪线段。

Step 03 调用 TR【修剪】命令，对墙体进行修剪，如图 8-17 所示。

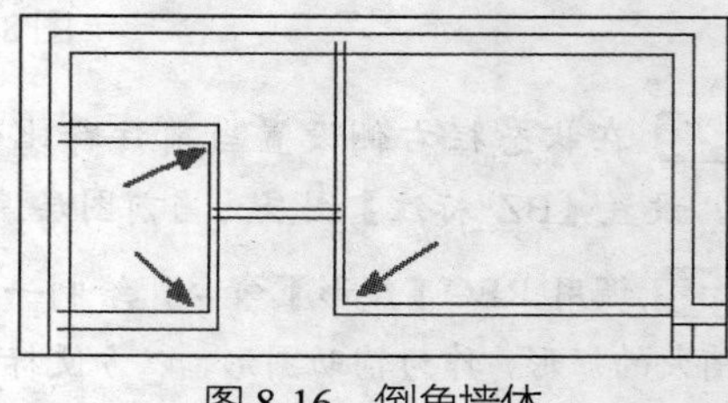

图 8-16　倒角墙体

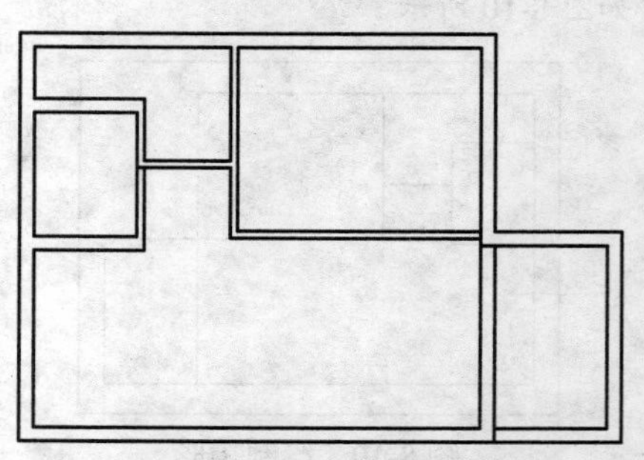

图 8-17　修剪墙体

8.2.4 绘制承重墙

承重墙是指支撑着上部楼层重量的墙体，在施工图上用填充实体表示。

Step 01 调用 L【直线】命令，在墙体上绘制线段，得到一个闭合的区域，如图 8-18 所示。

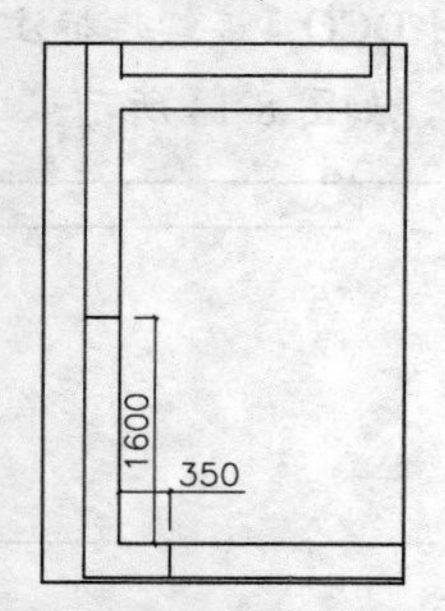

图 8-18　绘制线段

Step 02 调用 H【填充】命令，在线段内填充【SOLID】图案，填充参数设置和效果如图 8-19 所示。

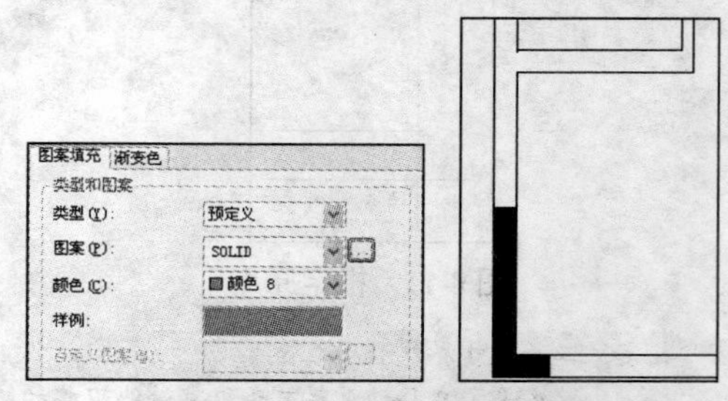

图 8-19　填充参数设置和效果

Step 03 使用相同的方法绘制其他承重墙，如图 8-20 所示。

> **专家提醒**
>
> 在进行墙体改造时，需要注意的是承重墙不能进行拆、砸等操作。

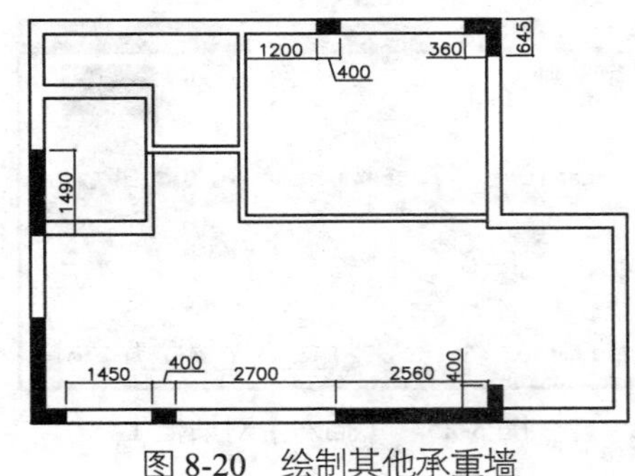

图 8-20　绘制其他承重墙

8.2.5　绘制门窗

在绘制原始户型图时，需要将门窗的位置和大小准备地表达出来。

Step 01 开门洞。设置【QT_墙体】图层为当前图层。

Step 02 调用 O【偏移】命令，偏移墙体，如图 8-21 所示。

Step 03 使用夹点功能延长线段至另一侧墙体，如图 8-22 所示。

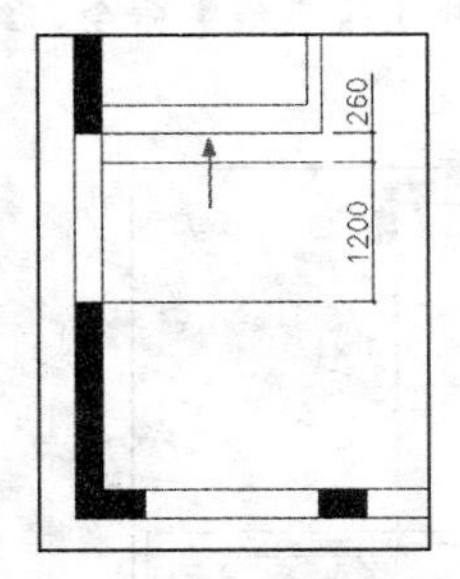

图 8-21　偏移墙体

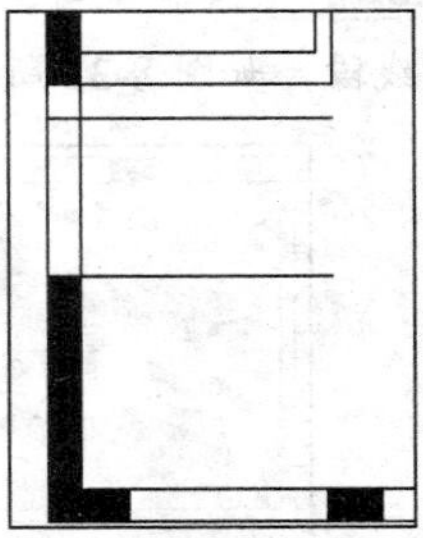

图 8-22　延长线段

Step 04 调用 TR【修剪】命令，对线段进行修剪，得到门洞，如图 8-23 所示。

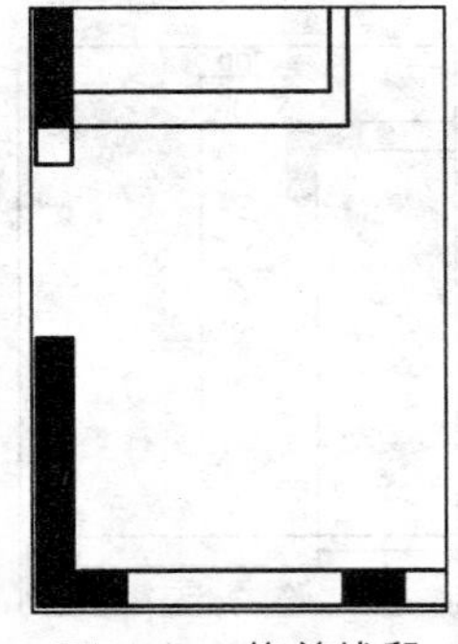
图 8-23　修剪线段

Step 05 使用同样的方法绘制其他门洞和窗洞，如图 8-24 所示。

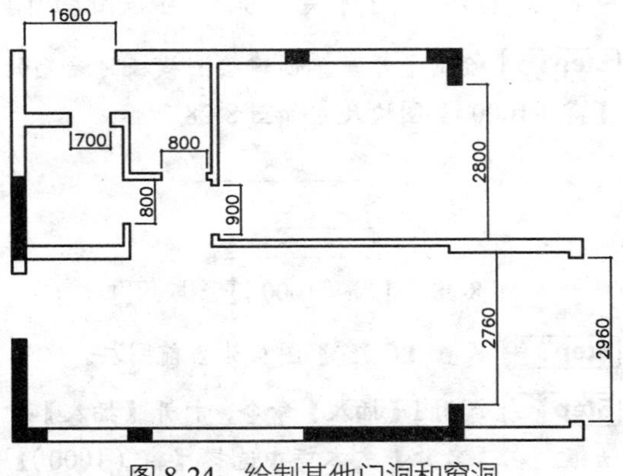

图 8-24　绘制其他门洞和窗洞

Step 06 绘制门。设置【M_门】图层为当前图层。

Step 07 调用 I【插入】命令，打开【插入】对话框。在【名称】文本框中选择【门（1000）】图块，设置【X】轴方向的缩放比例为【0.5】，（本例为子母门，其中一扇门宽为 500），【旋转角度】为【90】，如图 8-25 所示。单击【确定】按钮，关闭对话框返回绘图界面，将【门】图块定位到如图 8-26 所示的位置。

Step 08 调用 MI【镜像】命令，对门进行镜像。并缩放，得到子母门，如图 8-27 所示。

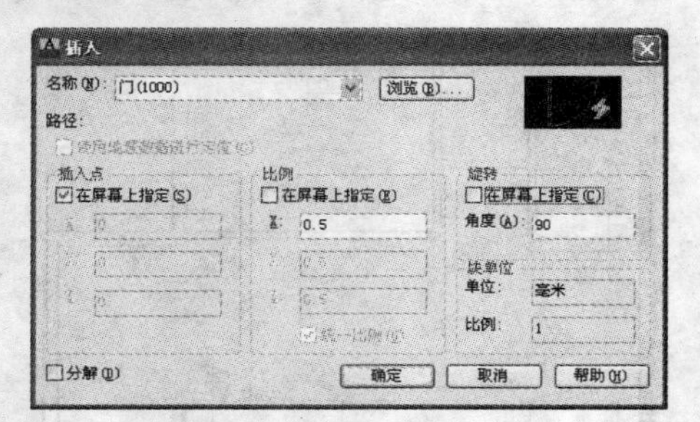

图 8-25　【插入】对话框 1

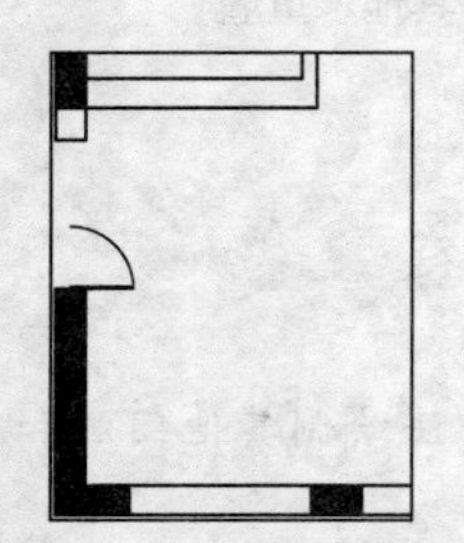

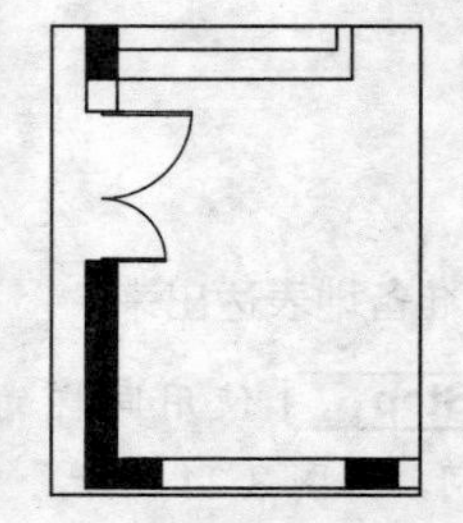

图 8-26　插入【门】图块 图 8-27　镜像和缩放门

Step 09 绘制平开窗。创建绘图模板时绘制的【窗（1000）】图块尺寸如图 8-28 所示。

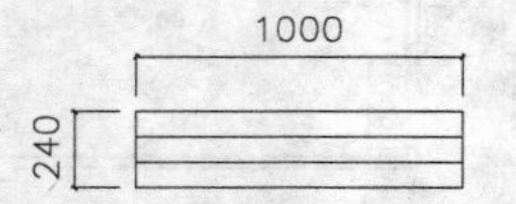

图 8-28　【窗（1000）】图块尺寸

Step 10 设置【C_窗】图层为当前图层。

Step 11 调用 I【插入】命令，打开【插入】对话框。在【名称】文本框中选择【窗（1000）】图块，设置【X】轴缩放比例为【2.96】，【旋转角度】设置为【90】，如图 8-29 所示。

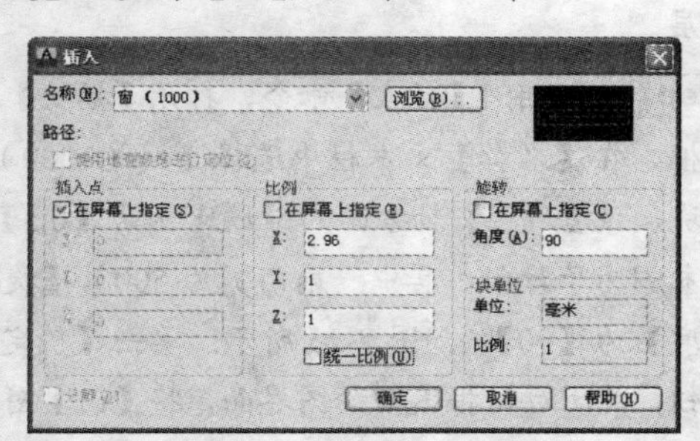

图 8-29　【插入】对话框 2

Step 12 单击【确定】按钮，关闭【插入】对话框，将【窗】图块定位到窗洞位置，如图 8-30 所示。

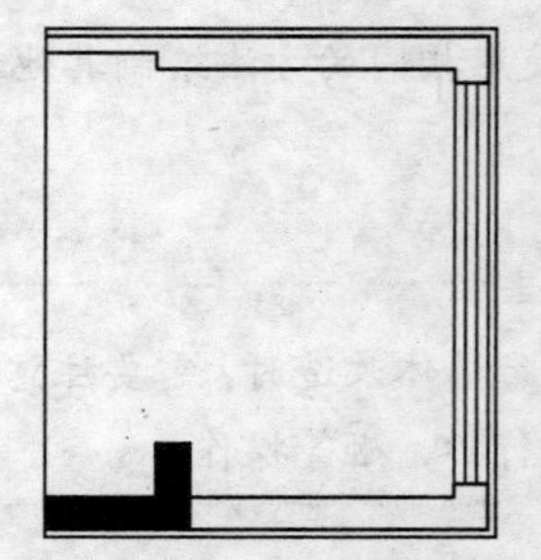

图 8-30　定位【窗】图块

Step 13 使用同样的方法绘制其他窗，如图 8-31 所示。

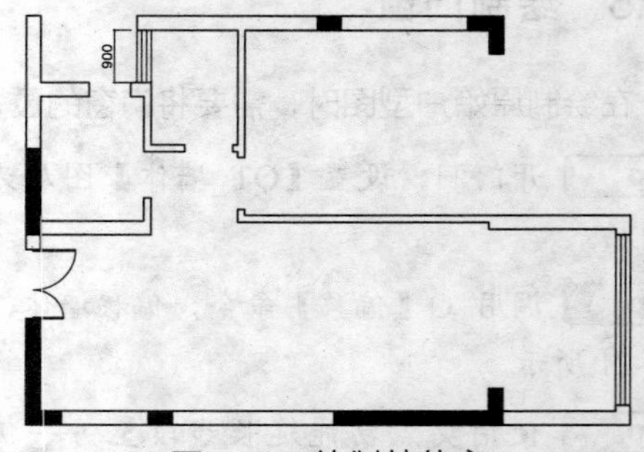

图 8-31　绘制其他窗

Step 14 绘制飘窗。调用 L【直线】命令，绘制线段，如图 8-32 所示。

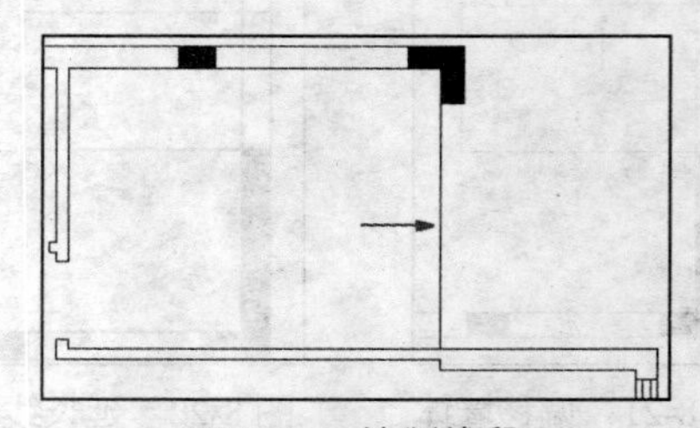

图 8-32　绘制线段

Step 15 调用 PL【多段线】命令，绘制多段线，如图 8-33 所示。

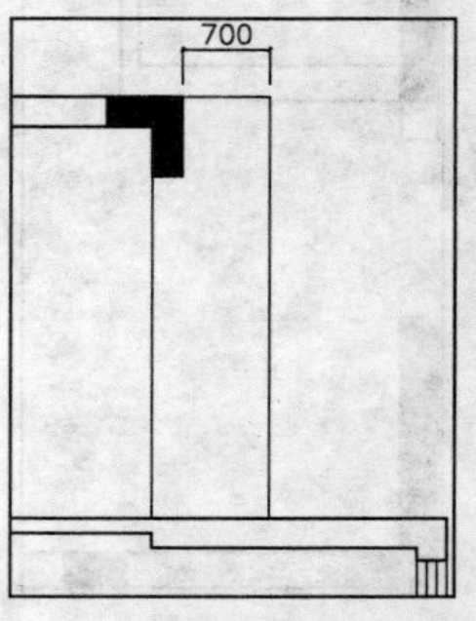

图 8-33　绘制多段线

Step 16 调用 O【偏移】命令，将多段线向内偏移80，偏移次数为3次，得到飘窗，如图8-34所示。

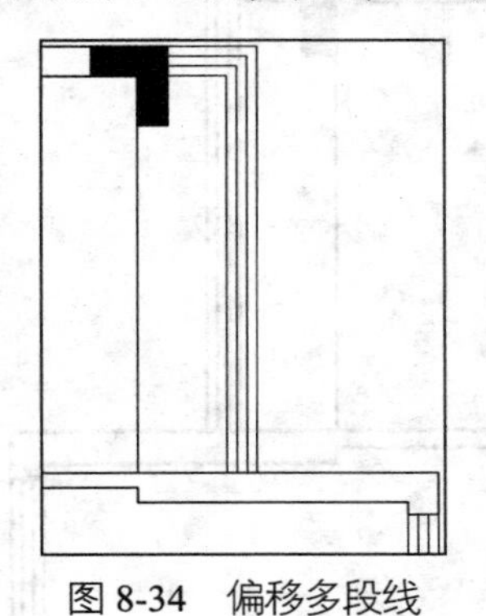

图8-34　偏移多段线

Step 17 调用 L【直线】命令和 O【偏移】命令，绘制阳台的栏杆，如图8-35所示。

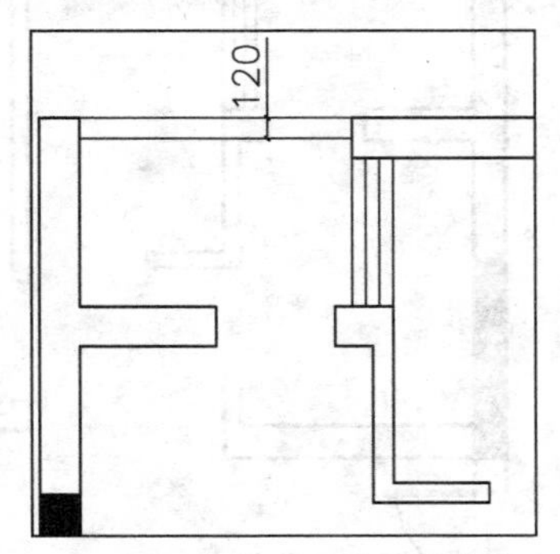

图8-35　绘制阳台的栏杆

8.2.6　文字标注

文字标注是指为各空间标注房间的名称。

Step 01 调用 MT【多行文字】命令，在需要标注文字的位置画一个框，弹出【文字格式】对话框，输入房间文字内容【餐厅】，如图8-36所示，单击【确定】按钮。

图8-36　【文字格式】对话框

Step 02 将房间名称复制到其他空间，如图8-37所示。

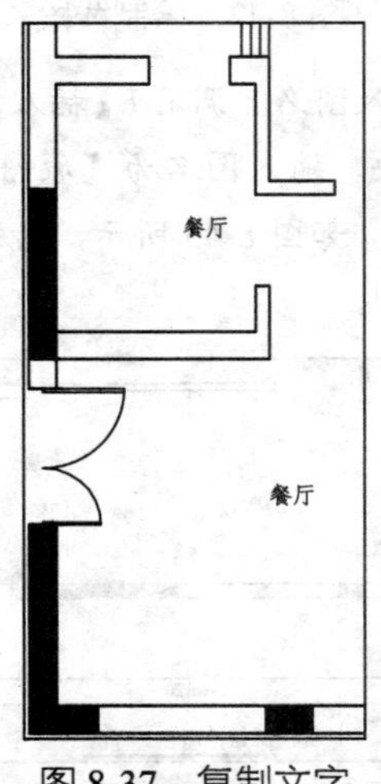

图8-37　复制文字

Step 03 双击文字，打开【文字格式】对话框，可对文字进行修改，如图8-38所示。

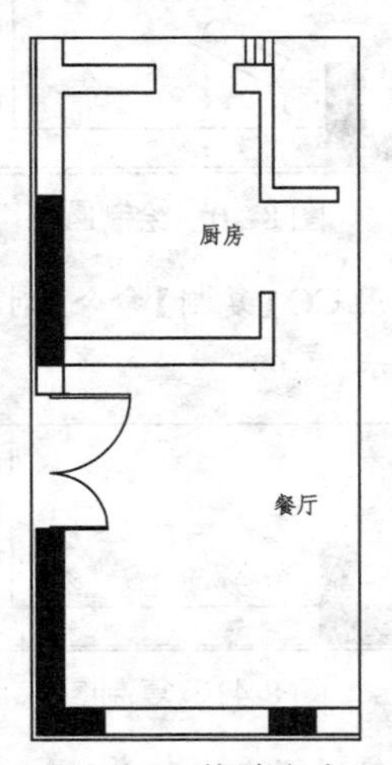

图8-38　修改文字

Step 04 使用同样的方法标注其他空间名称，如图8-39所示。

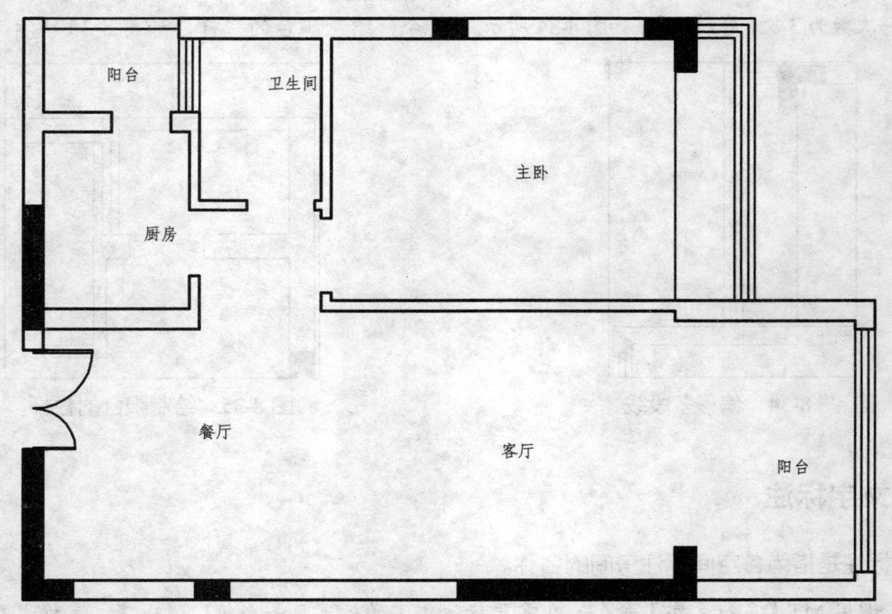

图 8-39　标注其他空间名称

8.2.7　绘制地漏和图名

地漏是连接排水管道与室内地面的重要接口，是居室空间中排水系统的重要部件。

Step 01 绘制地漏。调用 C【圆】命令，在阳台绘制半径为 100 的圆，如图 8-40 所示。

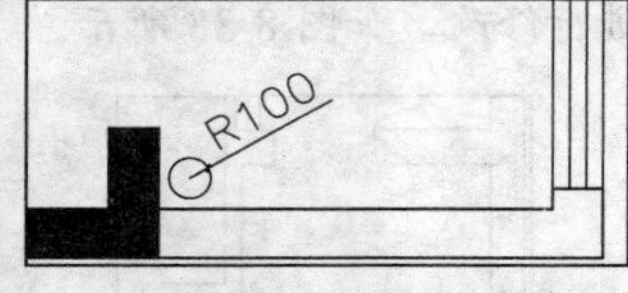

图 8-40　绘制圆

Step 02 调用 CO【复制】命令，对圆进行复制，如图 8-41 所示。

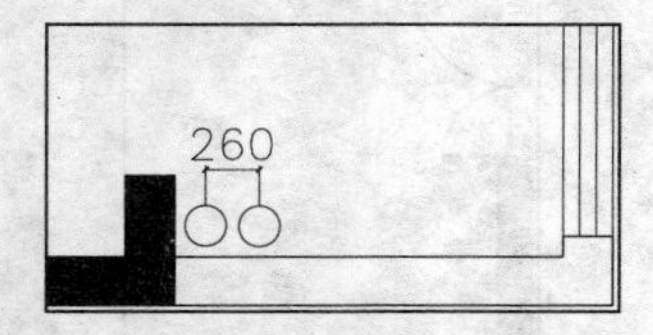

图 8-41　复制圆

Step 03 调用 L【直线】命令和 O【偏移】命令，在圆内绘制线段，并对线段进行调整，如图 8-42 所示。

图 8-42　绘制线段

Step 04 插入图名。调用 I【插入】命令，插入【图名】图块，输入图名为【原始户型图】，比例为【1:100】，如图 8-43 所示，完成小户型原始户型图的绘制。

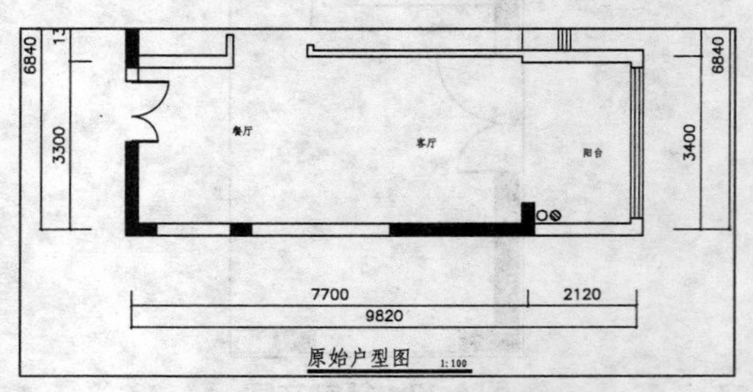

图 8-43　插入【图名】图块

8.3 墙体改造

在不满足原有房屋结构造型的条件下，会在装修的时候进行一定的结构拆改，但不能对承重墙进行拆除和改造。本例墙体改造的位置在厨房、卫生间和主卧。如图 8-44 所示为墙体改造后的效果。

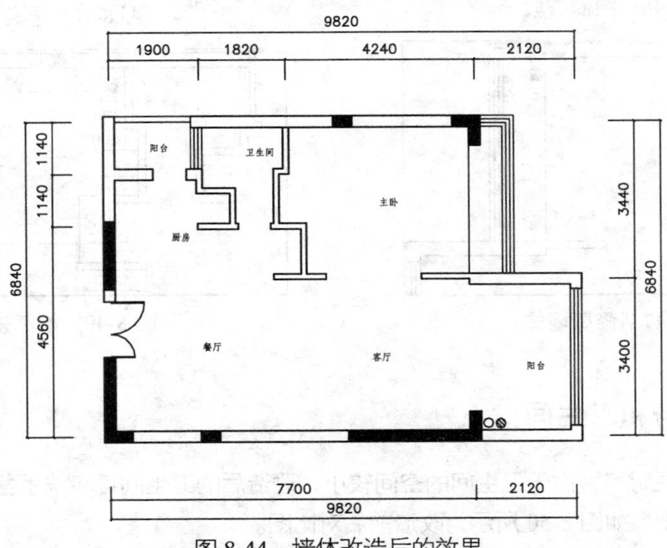

图 8-44　墙体改造后的效果

8.3.1 改造主卧

主卧和客厅改造后在同一区域内，用隔断进行分隔，扩大了空间的使用率，如图 8-45 所示为改造前后对比图。

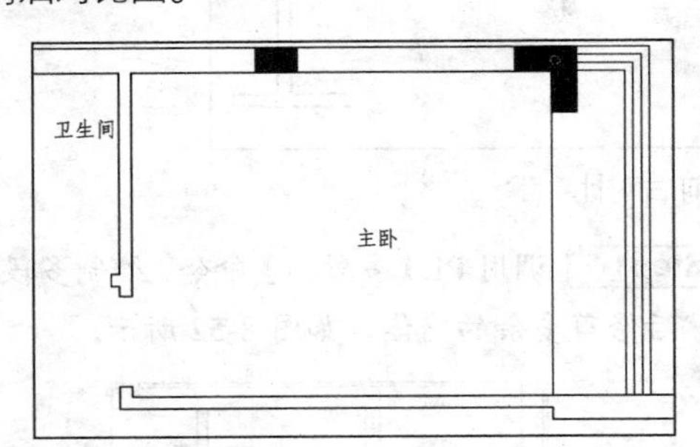

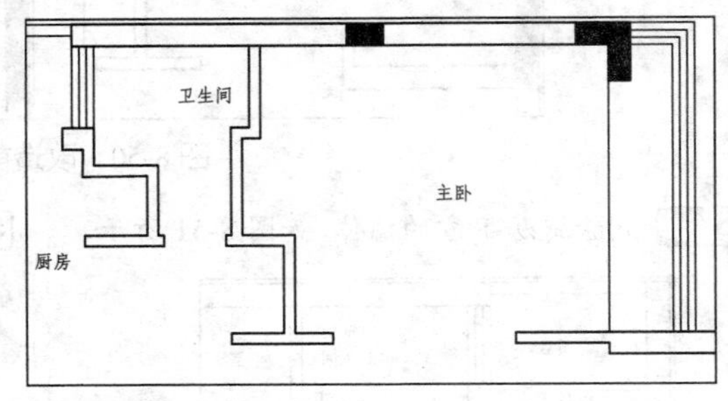

图 8-45　改造前后对比

Step 01 调用 L【直线】命令，绘制线段，如图 8-46 所示。

Step 02 调用 TR【修剪】命令，修剪左侧的墙体，如图 8-47 所示。

Step 03 选择卧室左侧的墙体，按【Delete】键删除，并使用夹点功能封闭墙体，如图 8-48 所示。

Step 04 调用 PL【多段线】命令，绘制多段线，如图 8-49 所示。

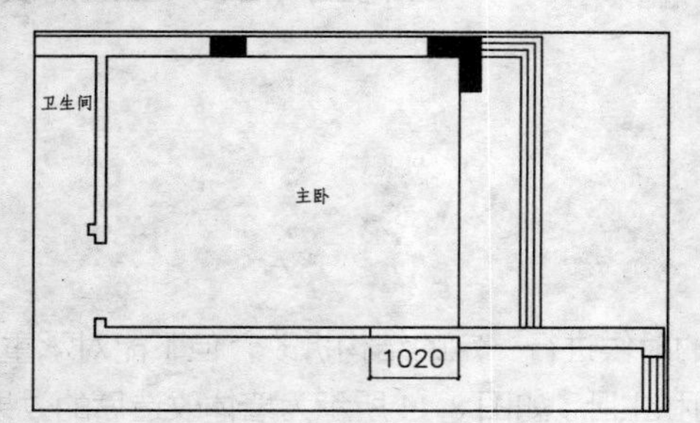

图 8-46　绘制线段

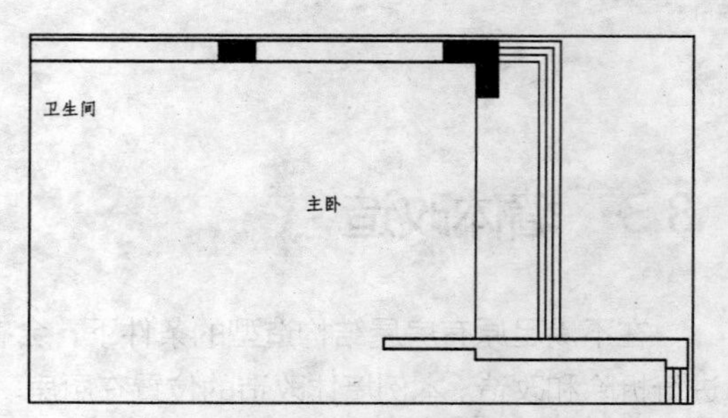

图 8-48　删除墙体

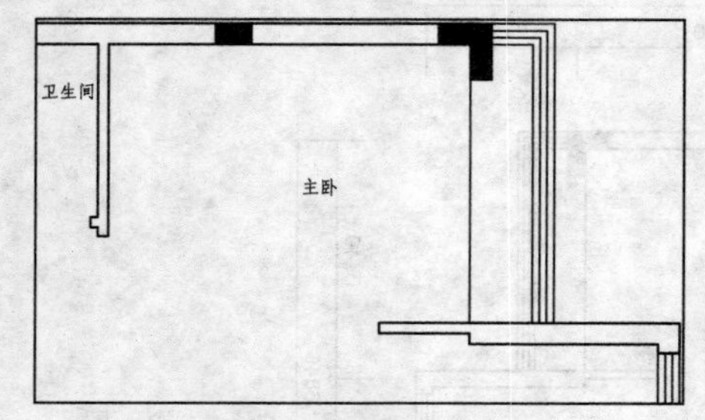

图 8-47　修剪墙体

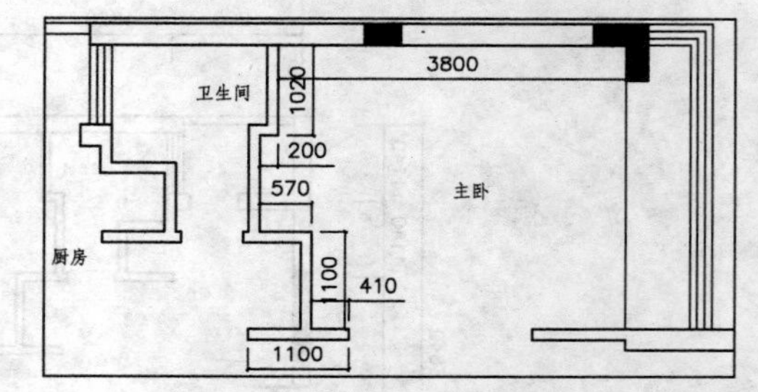

图 8-49　绘制多段线

8.3.2　改造厨房和卫生间

厨房改为开放式厨房，由于卫生间的空间较小，改造后的卫生间可将洗手盆设置在卫生间门外区域，既方便又实用，如图 8-50 所示为改造前后对比图。

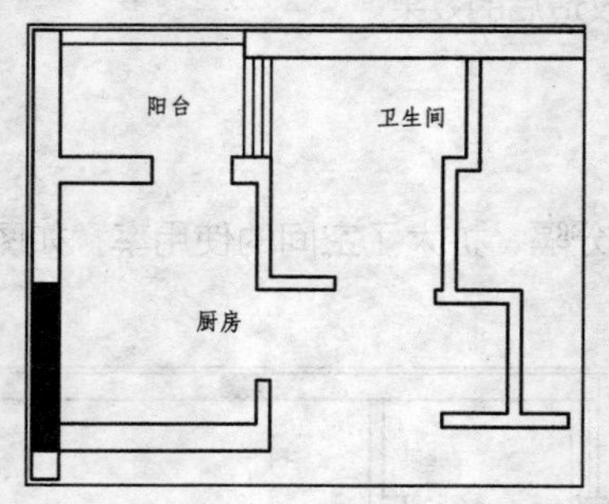

图 8-50　改造前后对比

Step 01 删除厨房下方的墙体，如图 8-51 所示。

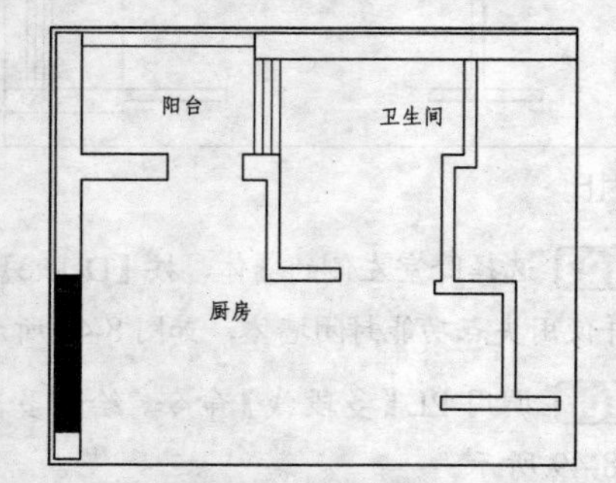

图 8-51　删除墙体

Step 02 调用 PL【多段线】命令，绘制多段线，然后修剪多余的墙体，如图 8-52 所示。

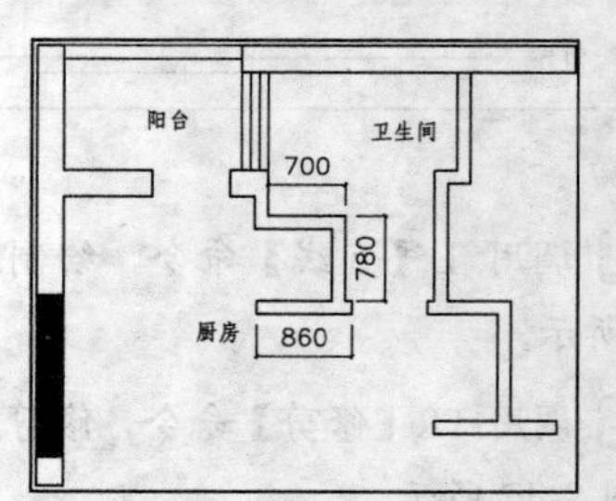

图 8-52　绘制多段线并修剪墙体

Step 03 改造后的空间轴线会发生偏移，所以需要对尺寸进行调整，选择尺寸标注，使用夹点功能将尺寸线移动到相应位置，如图 8-50 所示。

8.4 绘制小户型平面布置图

墙体改造后，即可对小户型进行平面布置。平面布置图用以表示家具和电器等设备的相对平面位置。如图 8-53 所示为绘制完成的小户型平面布置图。

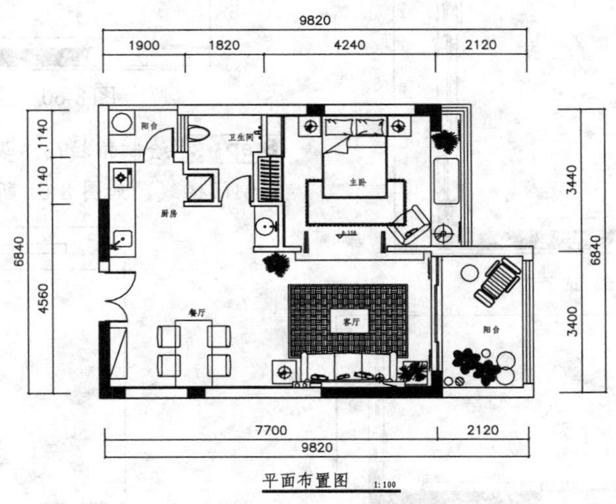

图 8-53 平面布置图

8.4.1 绘制客厅和餐厅平面布置图

客厅和餐厅布置在同一区域内，客厅和餐厅的背景墙采用的是护墙板。护墙板又称墙裙或壁板，对墙面起保护作用。如图 8-54 所示为客厅和餐厅平面布置图。

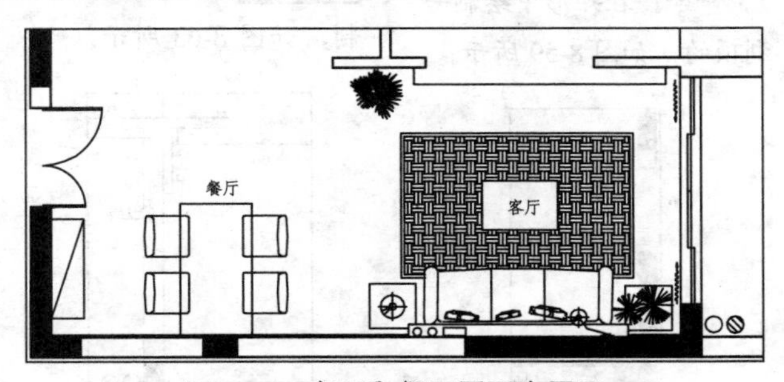

图 8-54 客厅和餐厅平面布置图

Step 01 设置【JJ_家具】图层为当前图层。

Step 02 绘制层板和护墙板。调用 PL【多段线】命令，绘制多段线表示层板，如图 8-55 所示。

Step 03 调用 C【圆】和 REC【矩形】命令，绘制圆和矩形表示层板上的装饰品，如图 8-56 所示。

Step 04 调用 L【直线】命令，在距离墙体 30 的位置绘制线段表示护墙板，如图 8-57 所示。

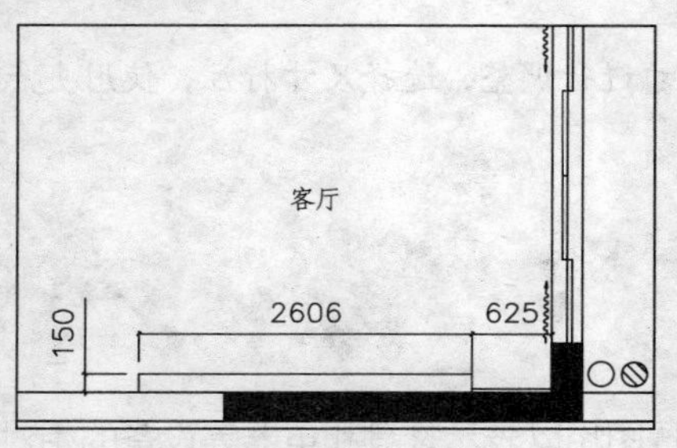

图 8-55 绘制层板

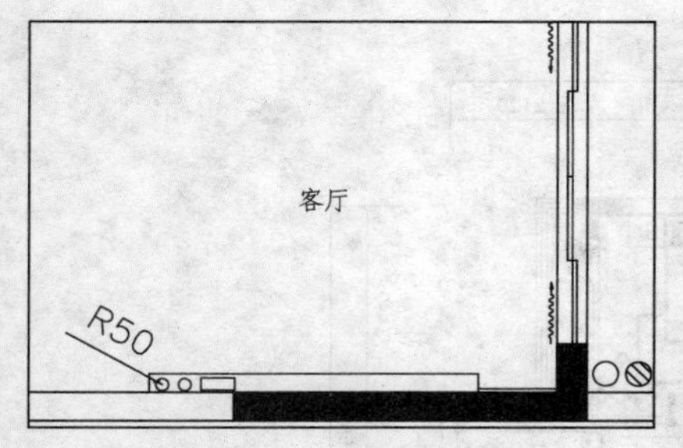

图 8-56 绘制装饰品

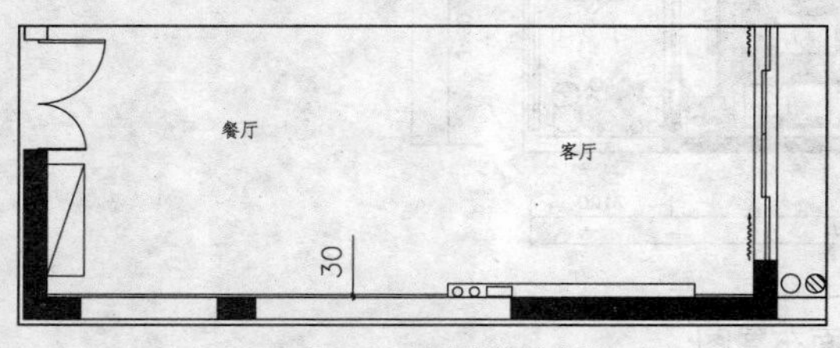

图 8-57 绘制护墙板

Step 05 绘制鞋柜。调用 REC【矩形】命令，绘制一个尺寸为 390×1220 的矩形，如图 8-58 所示。

Step 06 调用 L【直线】命令，在矩形中绘制一条线段，表示鞋柜是不到顶的，如图 8-59 所示。

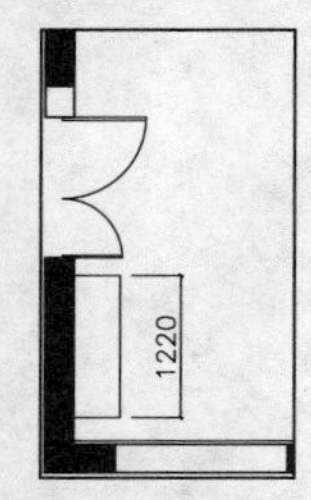

图 8-58 绘制矩形 1

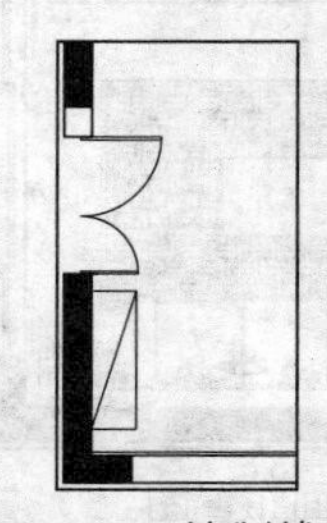

图 8-59 绘制线段

专家提醒

不到顶的柜体用一条对角线表示，到顶的柜体用两条对角线表示。

Step 07 绘制台阶。调用 PL【多段线】命令，绘制多段线表示台阶，如图 8-60 所示。

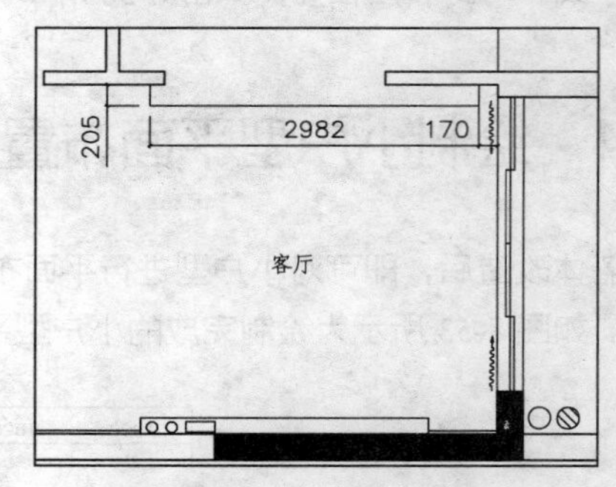

图 8-60 绘制台阶

Step 08 绘制推拉门。调用 L【直线】命令，绘制门槛线，如图 8-61 所示。

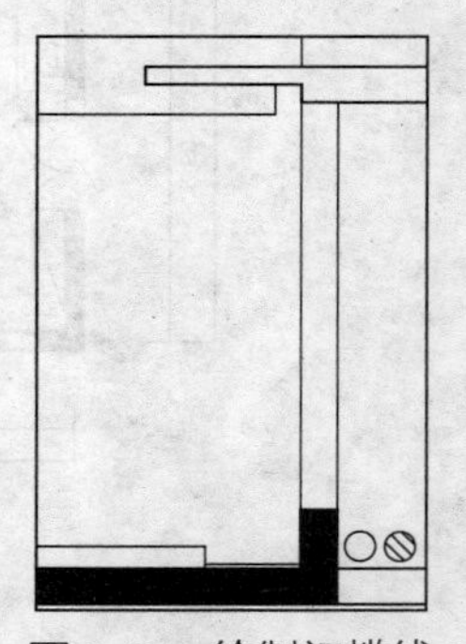

图 8-61 绘制门槛线

Step 09 调用 REC【矩形】命令，绘制一个尺寸为 40×690 的矩形，如图 8-62 所示。

Step 10 调用 CO【复制】命令，将矩形向下复制，如图 8-63 所示。

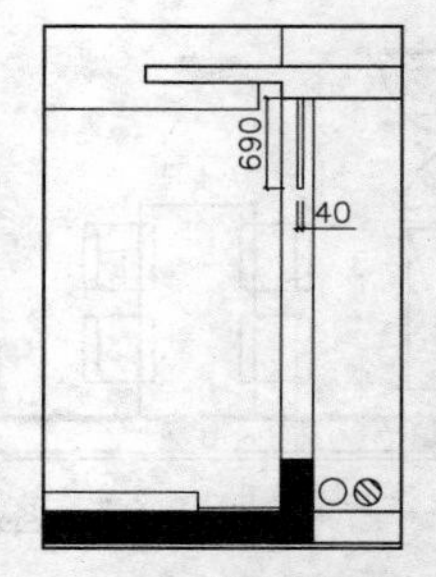

图 8-62 绘制矩形 2

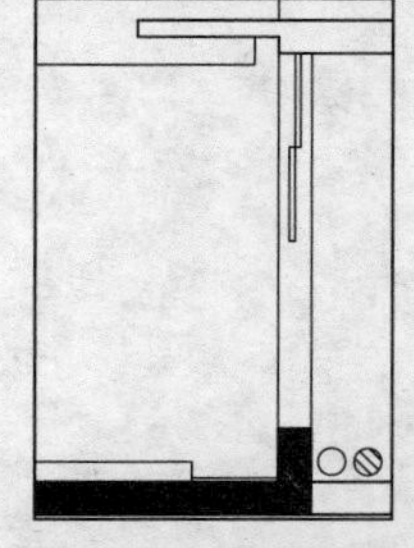

图 8-63 复制矩形

Step 11 调用 MI【镜像】命令，对矩形进行镜像得到推拉门，如图 8-64 所示。

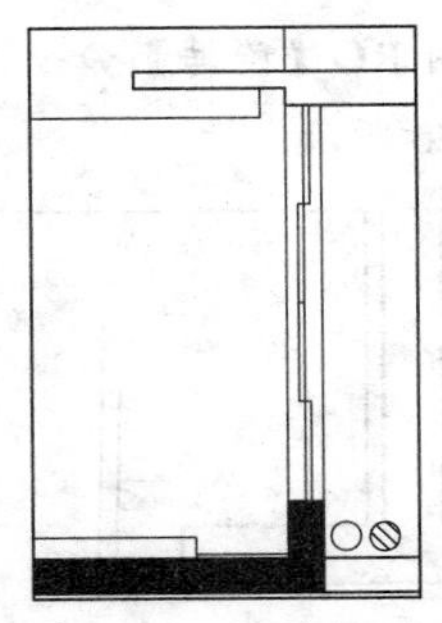
图8-64　镜像矩形

Step 12 绘制窗帘。调用PL【多段线】命令，绘制窗帘平面图形，如图8-65所示。

图8-65　绘制窗帘

Step 13 选择窗帘图形，调用M【移动】命令和RO【旋转】命令，将窗帘移动到窗帘盒内，如图8-66所示。

Step 14 调用MI【镜像】命令，镜像得到另一侧窗帘，如图8-67所示。

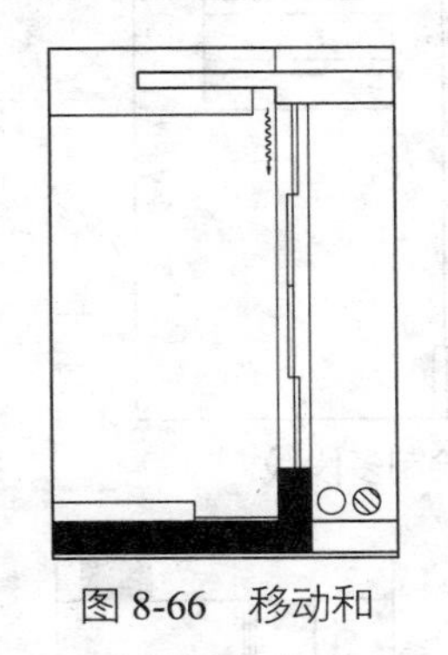
图8-66　移动和旋转窗帘

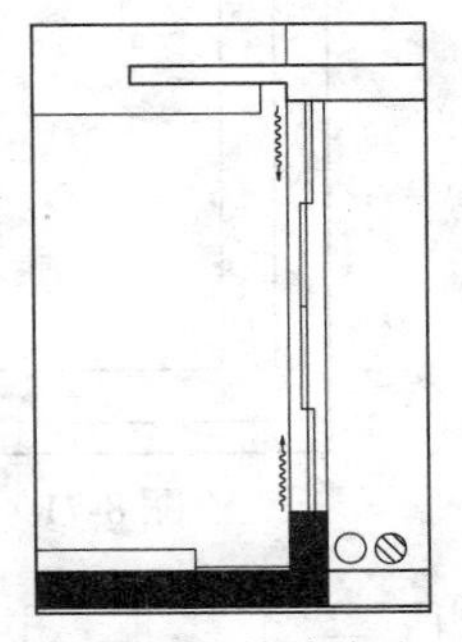
图8-67　镜像窗帘

Step 15 插入图块。按【Ctrl+O】快捷键，打开配套光盘中的"第8章\家具图例.dwg"文件，选择其中的【餐桌椅】、【植物】和【沙发组】等图块，将其复制至客厅和餐厅区域，如图8-54所示。

8.4.2　绘制主卧平面布置图

主卧不仅是睡眠、休息的地方，而且是最具私隐性的空间。本例主卧的飘窗设计了坐垫，可以在上面阅读休息，欣赏室外美丽的景色。如图8-68所示为绘制完成的主卧平面布置图。

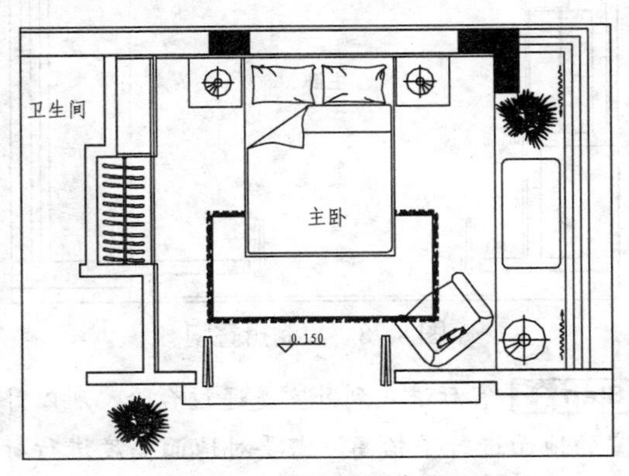

图8-68　主卧平面布置图

Step 01 绘制衣柜。调用REC【矩形】命令，绘制矩形表示衣柜门和装饰面板，如图8-69所示。

Step 02 调用L【直线】命令和O【偏移】命令，绘制并偏移线段，如图8-70所示。

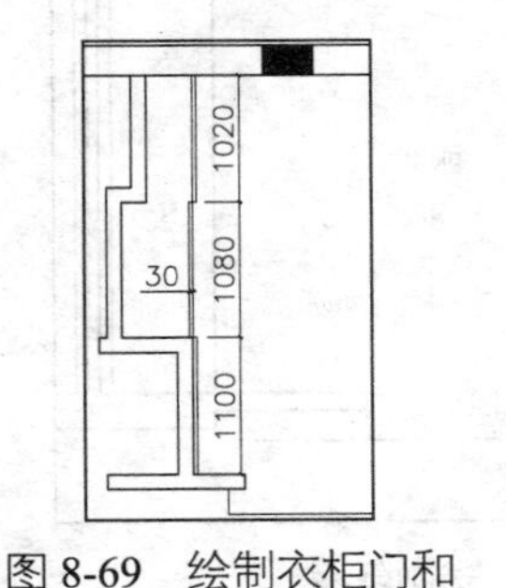

图8-69　绘制衣柜门和装饰面板

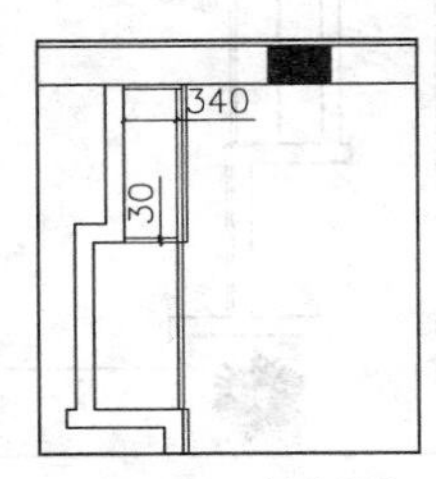

图8-70　绘制并偏移线段1

Step 03 绘制挂衣杆。调用PL【多段线】命令，绘制多段线，如图8-71所示。

Step 04 调用MI【镜像】命令，将多段线镜像到下方，如图8-72所示。

Step 05 调用L【直线】命令和O【偏移】命令，绘制并偏移线段，如图8-73所示。

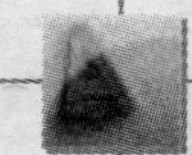

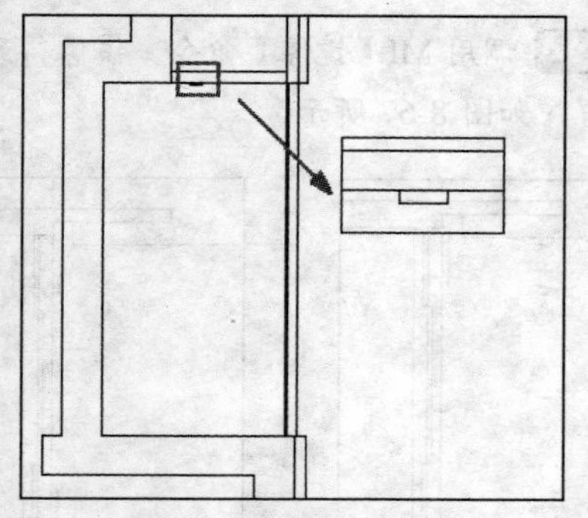

图 8-71　绘制多段线

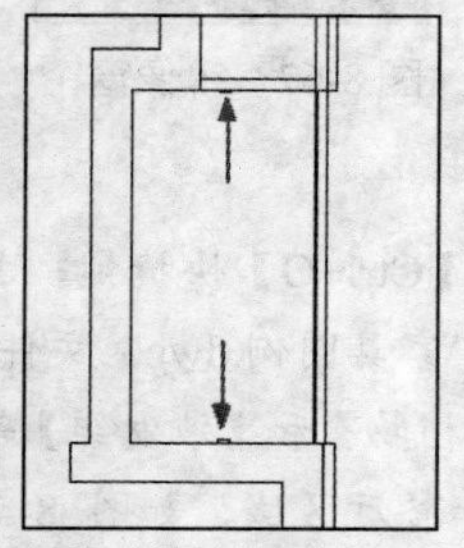

图 8-72　镜像多段线

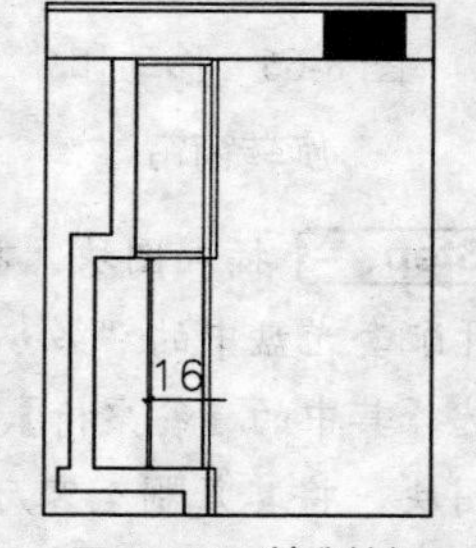

图 8-73　绘制并偏移线段 2

Step 06 绘制床背景墙。调用 L【直线】命令，绘制线段，如图 8-74 所示。

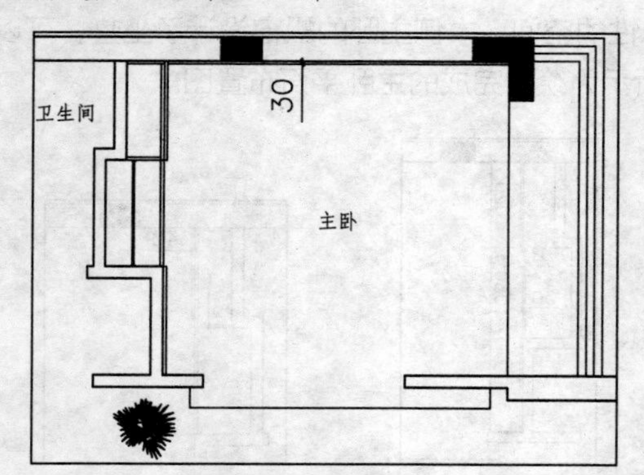

图 8-74　绘制线段

Step 07 绘制折叠门。调用 REC【矩形】命令，绘制尺寸为 35×500 的矩形，如图 8-75 所示。

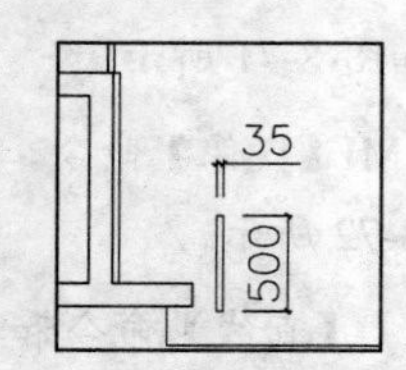

图 8-75　绘制矩形

Step 08 调用 RO【旋转】命令，将矩形旋转 5°，如图 8-76 所示。

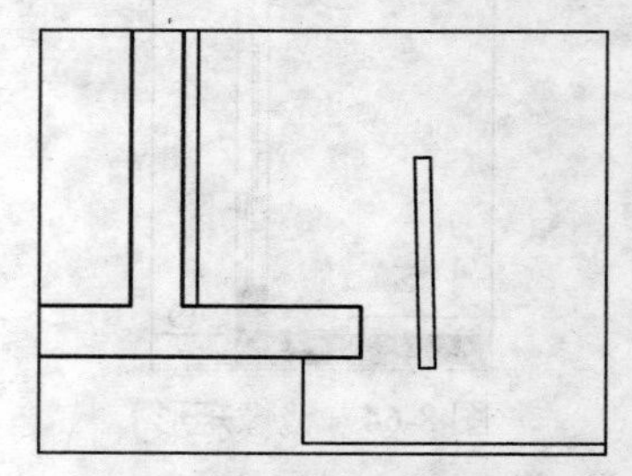

图 8-76　旋转矩形

Step 09 调用 MI【镜像】命令，对矩形进行镜像，如图 8-77 所示。

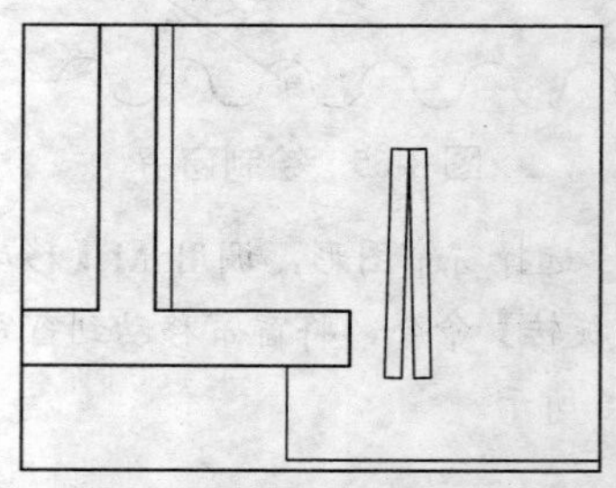

图 8-77　镜像矩形

Step 10 调用 CO【复制】命令，将折叠门复制到右侧，如图 8-78 所示。

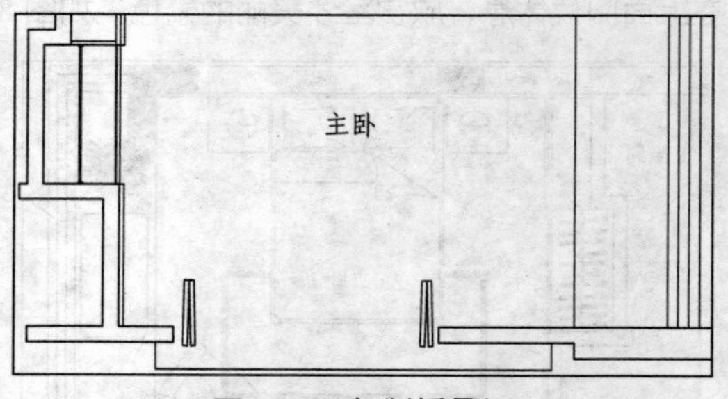

图 8-78　复制折叠门

Step 11 客厅进入到卧室是通过台阶，所以卧室的地面进行了抬高，需要对地面高度进行标注。调用 I【插入】命令，插入【标高】图块，如图 8-79 所示。

Step 12 绘制窗帘。调用 CO【复制】命令，将客厅的窗帘图形复制到主卧飘窗中，如图 8-80 所示。

Step 13 绘制飘窗坐垫。调用 REC【矩形】命令，绘制尺寸为 575×1095、圆角半径为 50 的圆角矩形，如图 8-81 所示。

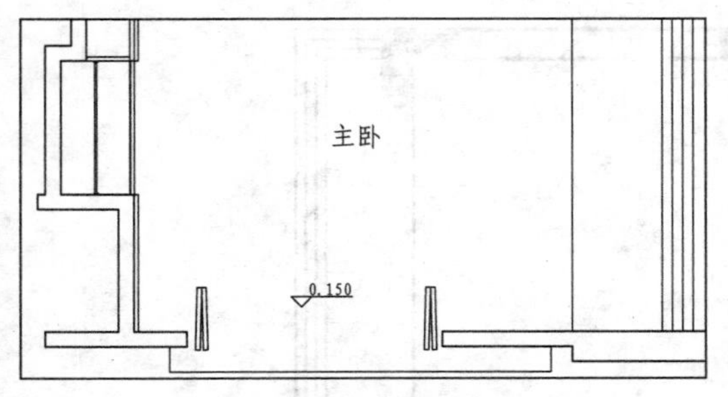

图 8-79　插入【标高】图块

Step 14 插入图块。主卧中需要的【衣架】、【床】、【床头柜】、【地毯】、【沙发】、【台灯】和【植物】等图块，可以从本书光盘中的“第 8 章\家具图例.dwg”文件中直接调用，绘制完成的主卧平面布置图如图 8-68 所示。

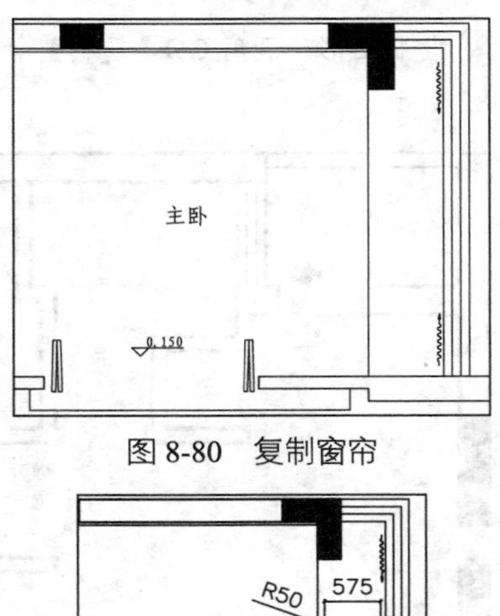

图 8-80　复制窗帘

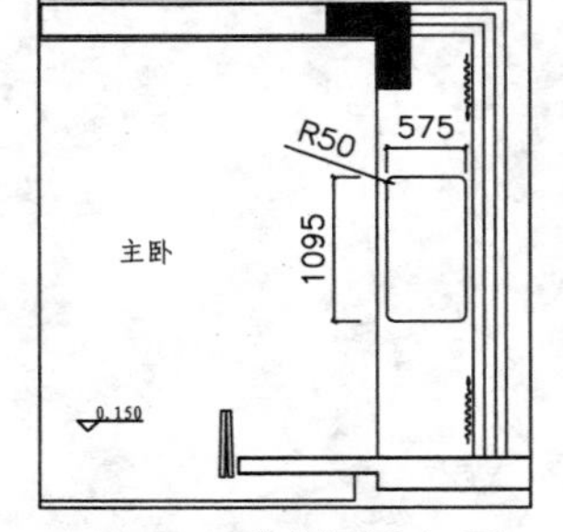

图 8-81　绘制圆角矩形

8.5　绘制小户型地材图

本例采用的地面材质有防滑砖、仿古砖、大理石、复合木地板和防腐木地板，可采用 H【填充】命令，直接填充。如图 8-82 所示为小户型地材图。

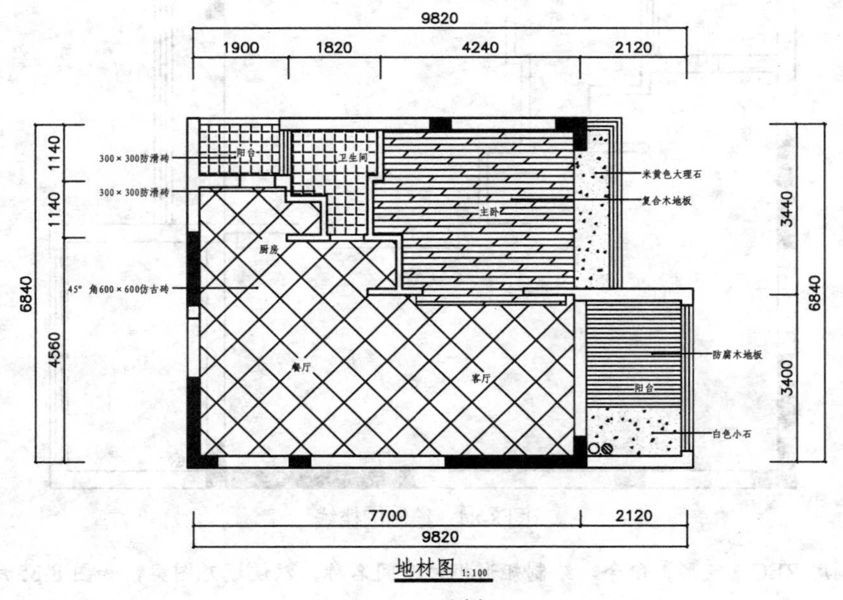

图 8-82　地材图

Step 01 复制图形。调用 CO【复制】命令，复制小户型平面布置图，并删除与地材图无关的图形，如图 8-83 所示。

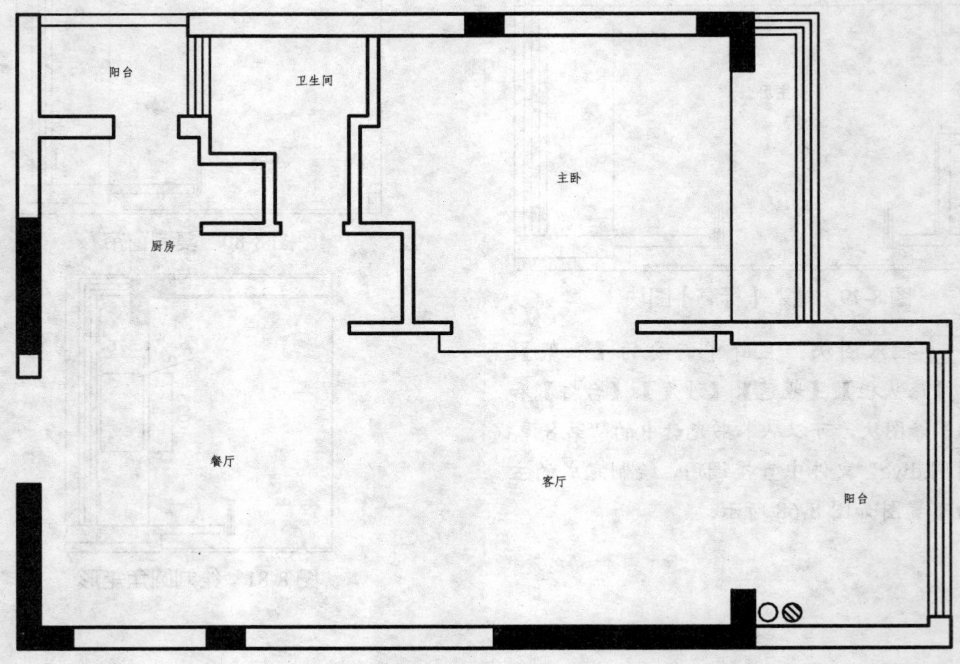

图 8-83 整理图形

Step 02 绘制门槛线。设置【DM_地面】图层为当前图层，调用 L【直线】命令，在门洞位置绘制门槛线，如图 8-84 所示。

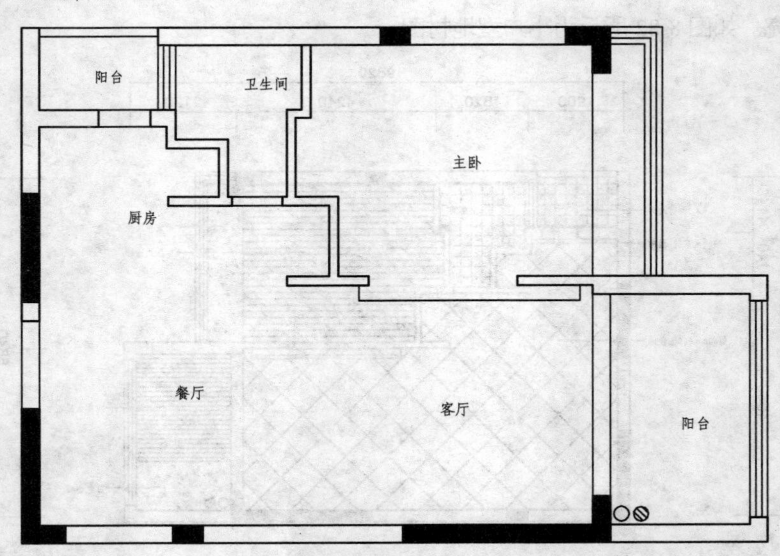

图 8-84 绘制门槛线

Step 03 调用 REC【矩形】命令，绘制矩形框住房间名称，以便填充图案，如图 8-85 所示。

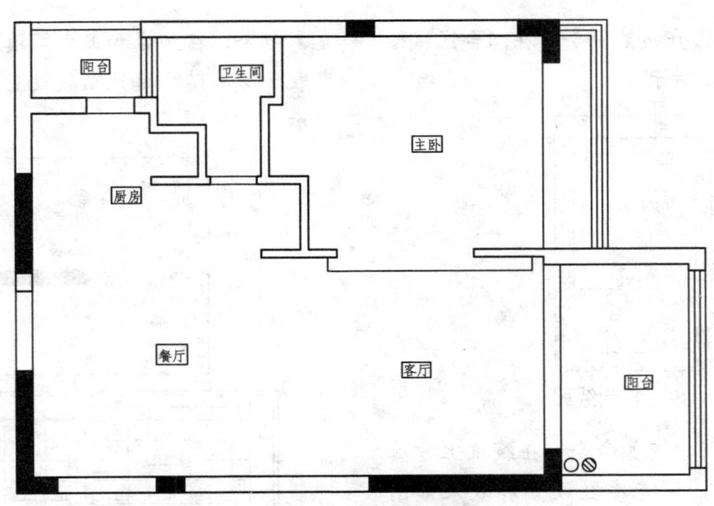

图 8-85　绘制矩形

Step 04 填充地面图例。调用 H【填充】命令，对客厅区域填充【用户定义】图案，选中【双向】复选框，具体参数设置和效果如图 8-86 所示。

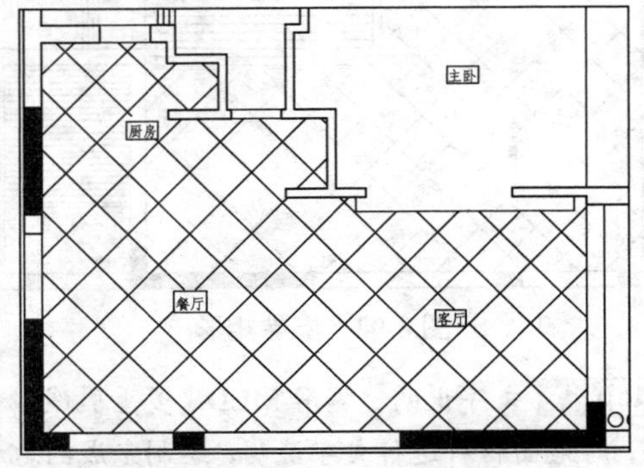

图 8-86　填充参数设置和效果 1

Step 05 调用 H【填充】命令，对主卧区域填充【DOLMIT】图案，填充参数设置和效果如图 8-87 所示。

Step 06 调用 H【填充】命令，对飘窗填充【AR-CONC】图案，填充参数设置和效果如图 8-88 所示。

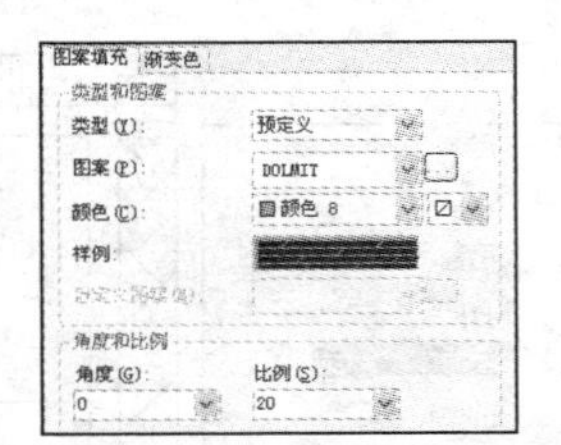

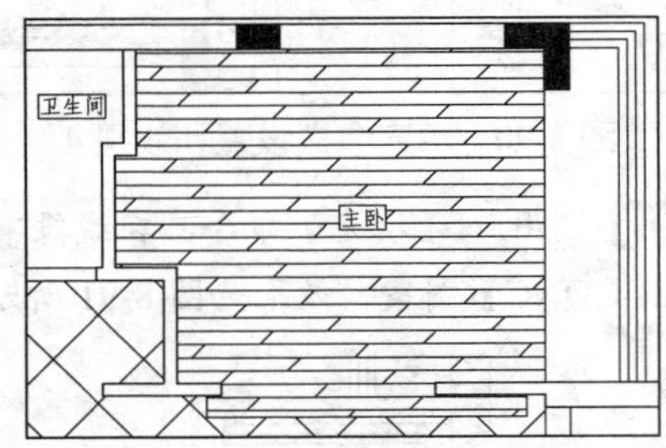

图 8-87　填充参数设置和效果 2

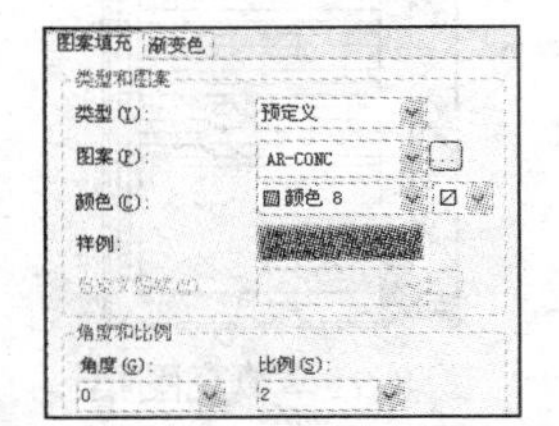

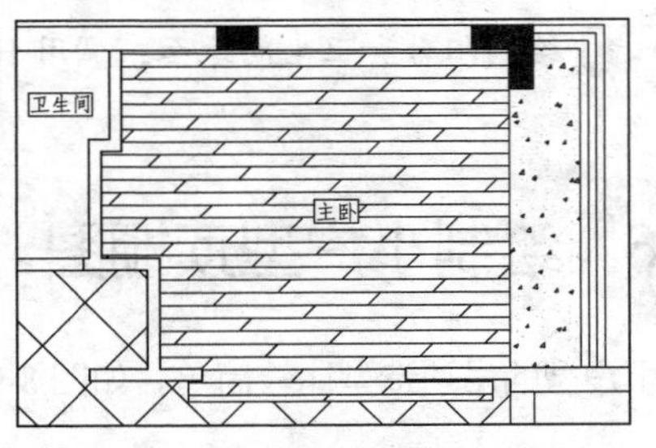

图 8-88　填充参数设置和效果 3

Step 07 调用 L【直线】命令，在阳台区域绘制线段，如图 8-89 所示。

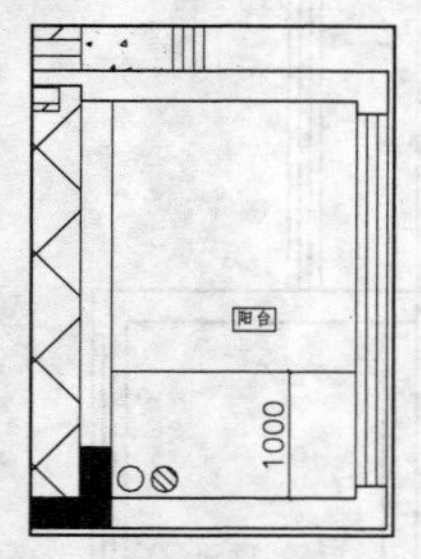

图 8-89 绘制线段

Step 08 调用 H【填充】命令，在线段上方填充【LINE】图案，填充参数设置和效果如图 8-90 所示。

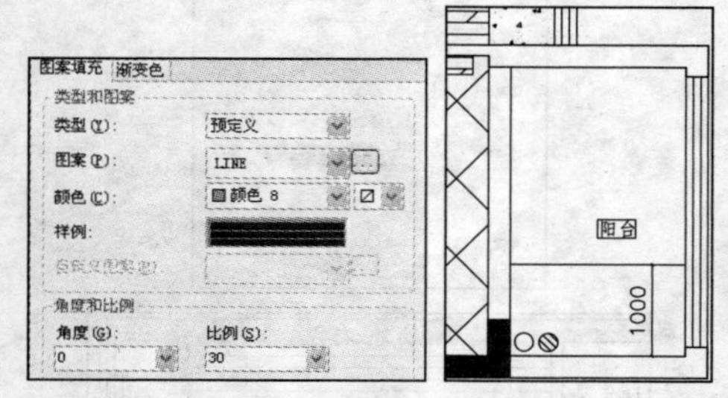

图 8-90 填充参数设置和效果 4

Step 09 调用 H【填充】命令，在线段下方填充【AR-CONC】图案，效果如图 8-91 所示。

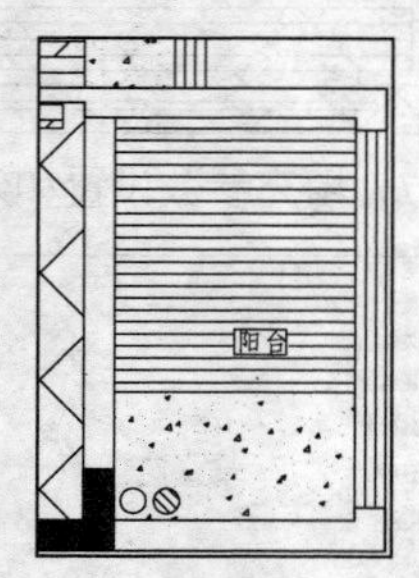

图 8-91 填充图案

Step 10 绘制阳台和卫生间地面。调用 H【填充】命令，在阳台和卫生间填充【ANGLE】图案表示防滑砖，填充参数设置和效果如图 8-92 所示。

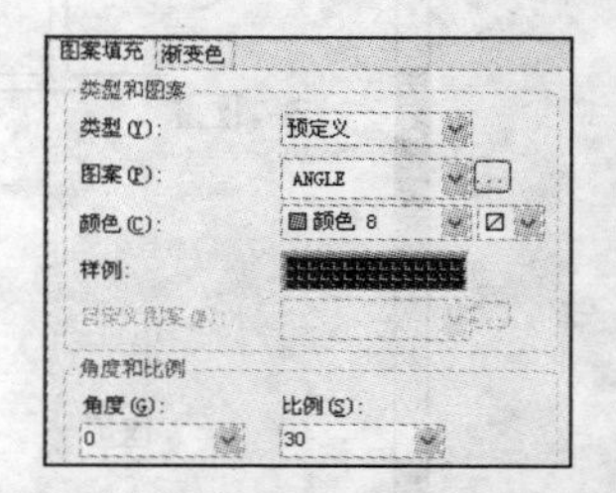

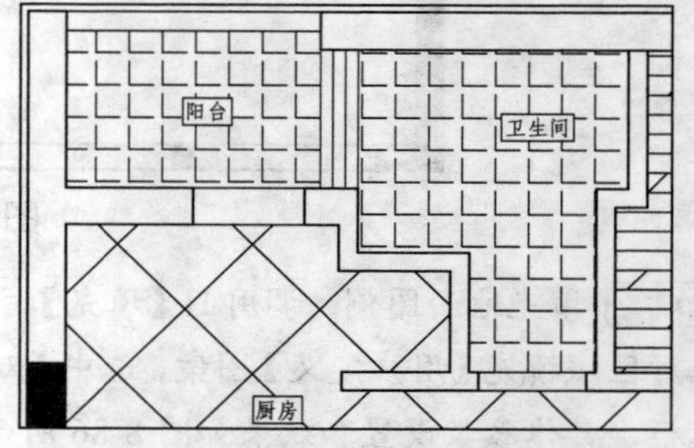

图 8-92 填充参数设置和效果 5

Step 11 填充后删除前面绘制的矩形，如图 8-93 所示。

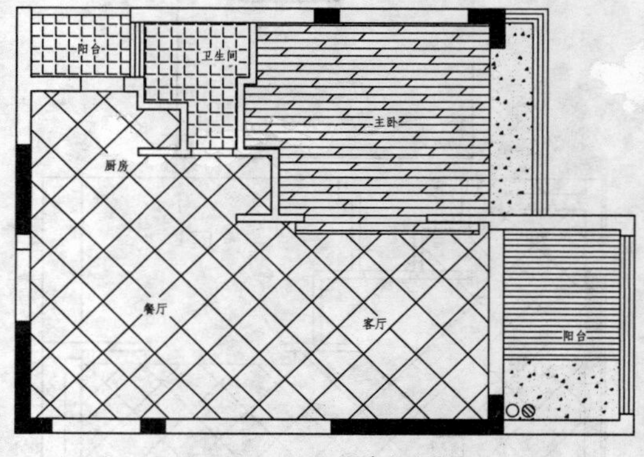

图 8-93 删除矩形

Step 12 文字说明。调用 MLD【多重引线】命令，对地面材料进行文字说明，绘制完成的地材图如图 8-82 所示。

8.6 绘制小户型顶棚图

小户型的吊顶造型比较简单，如图 8-94 所示为绘制完成的顶棚图，下面讲解绘制方法。

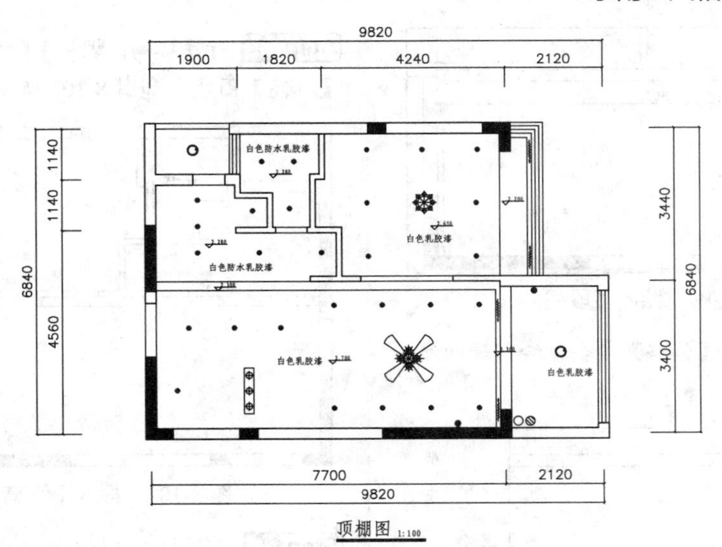

图 8-94　顶棚图

Step 01 复制图形。调用 CO【复制】命令，复制小户型平面布置图，并删除与顶棚图无关的图形，如图 8-95 所示。

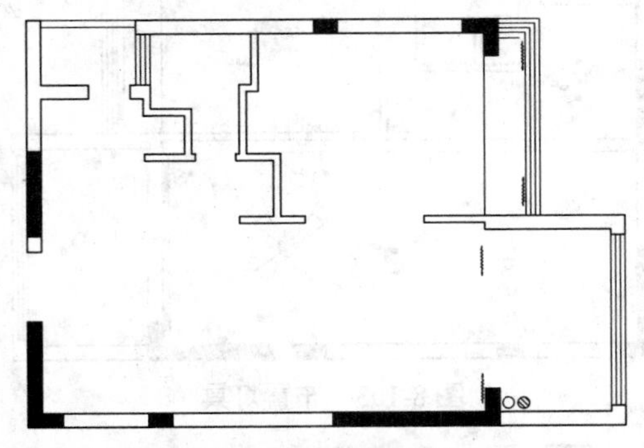

图 8-95　整理图形

Step 02 绘制墙体线。调用 L【直线】命令，绘制线段表示墙体线，如图 8-96 所示。

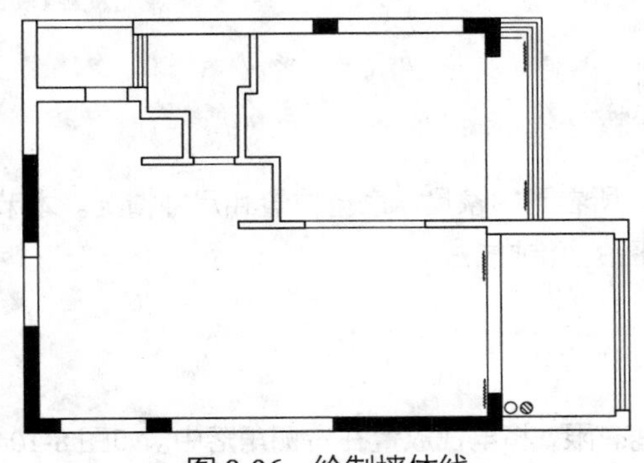

图 8-96　绘制墙体线

Step 03 绘制窗帘盒。设置【DD_吊顶】图层为当前图层。

Step 04 调用 PL【多段线】命令，绘制线段表示窗帘盒，如图 8-97 所示。

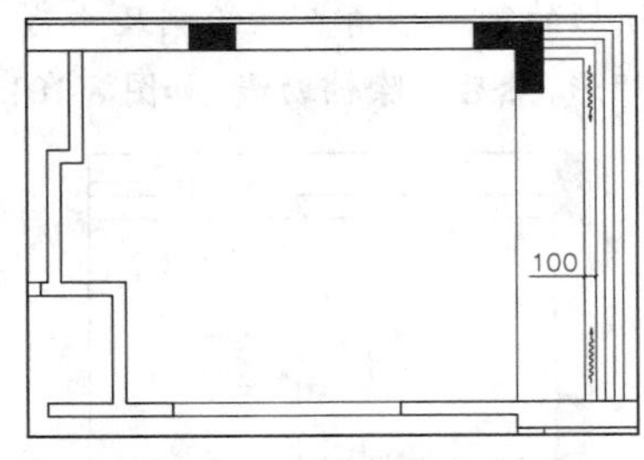

图 8-97　绘制窗帘盒

Step 05 绘制吊顶造型。调用 L【直线】命令，绘制线段，如图 8-98 所示。

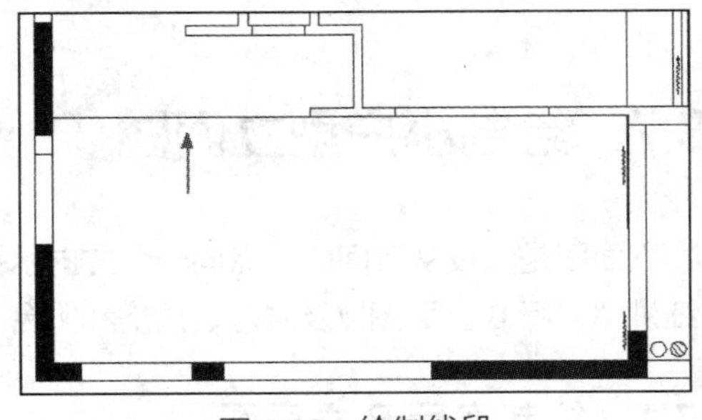

图 8-98　绘制线段

Step 06 调用 PL【多段线】命令，绘制多段线，如图 8-99 所示。

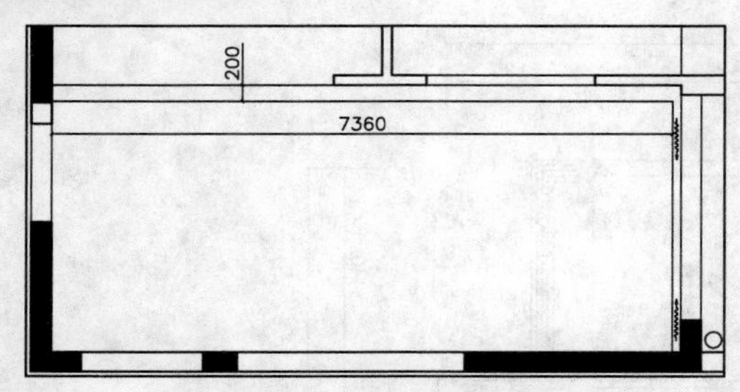

图 8-99　绘制多段线

Step 07 调用 O【偏移】命令，绘制辅助线，如图 8-100 所示。

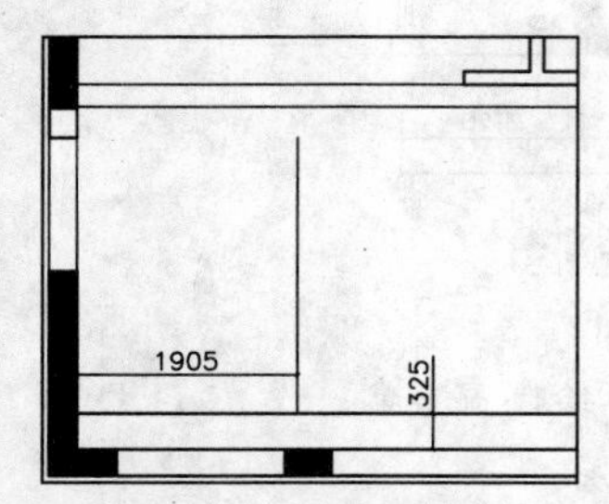

图 8-100　绘制辅助线

Step 08 调用 REC【矩形】命令，以辅助线的交点为矩形的第一个角点，绘制尺寸为 210×1025 的矩形，然后删除辅助线，如图 8-101 所示。

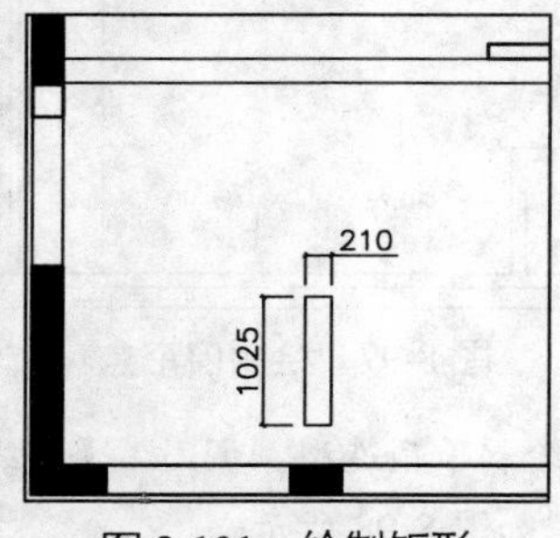

图 8-101　绘制矩形

Step 09 标注标高。调用 I【插入】命令，插入【标高】图块，如图 8-102 所示。

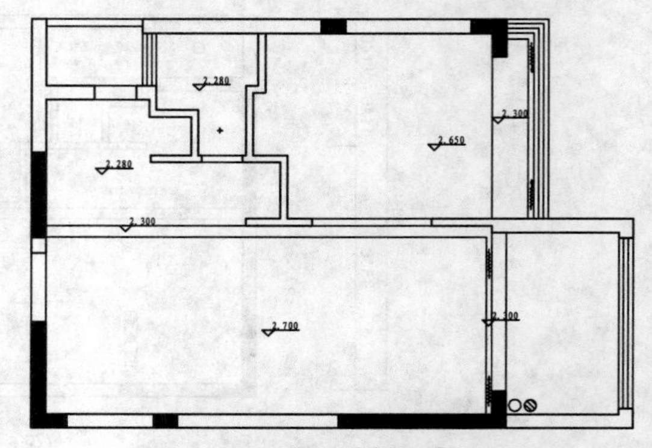
图 8-102　插入【标高】图块

Step 10 布置灯具。打开配套光盘提供的"第 8 章\家具图例.dwg"文件，调用 CO【复制】命令，将灯具图形复制到顶棚图中，如图 8-103 所示。

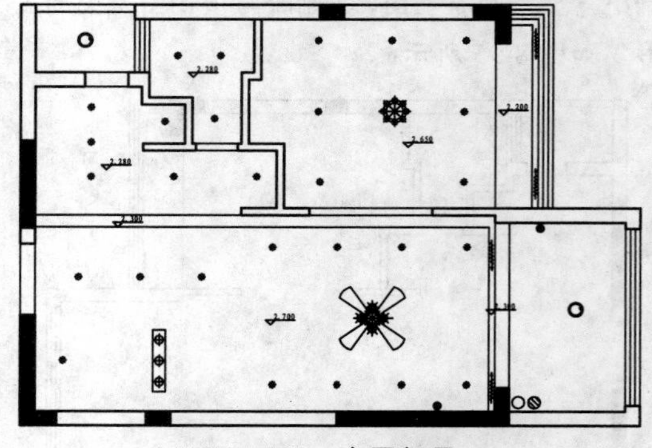
图 8-103　布置灯具

Step 11 文字说明。调用 MT【多行文字】命令，对顶面的材料进行标注，绘制完成的顶棚图如图 8-94 所示。

8.7 绘制小户型立面图

立面图是假设从房间的一点向一个方向水平望去，所看到的家具、家电位置和尺寸情况。本节详细讲解客厅 B 立面图以及餐厅、厨房和阳台 A 立面图的绘制方法。

8.7.1 绘制客厅 B 立面图

客厅 B 立面图是电视所在的墙面，由于小户型空间有限，将电视放置在右侧角落中。如图 8-104 所示为绘制完成的客厅 B 立面图。

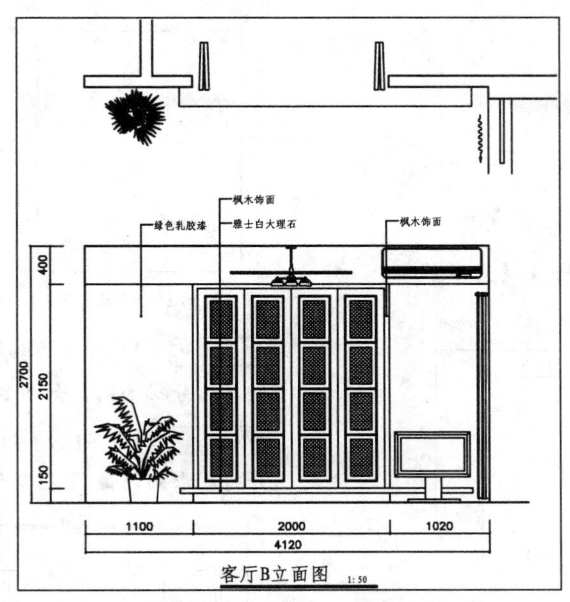

图 8-104　客厅 B 立面图

Step 01 复制图形。调用 CO【复制】命令，复制小户型平面布置图上客厅 B 立面的平面部分。

Step 02 绘制立面基本轮廓。设置【LM_立面】图层为当前图层。

Step 03 调用 L【直线】命令，绘制 B 立面左、右侧墙体，如图 8-105 所示。

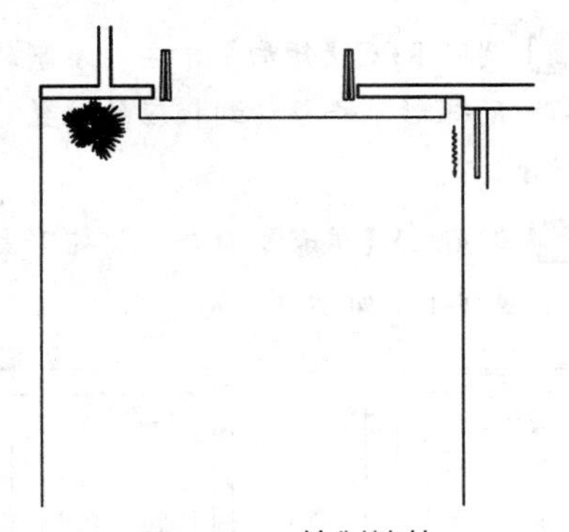

图 8-105　绘制墙体

Step 04 继续调用 L【直线】命令，在墙体的下方绘制一条线段表示地面轮廓线，如图 8-106 所示。

Step 05 根据顶棚图客厅的标高，调用 O【偏移】命令，向上偏移地面轮廓线，偏移高度为 2700，如图 8-107 所示。

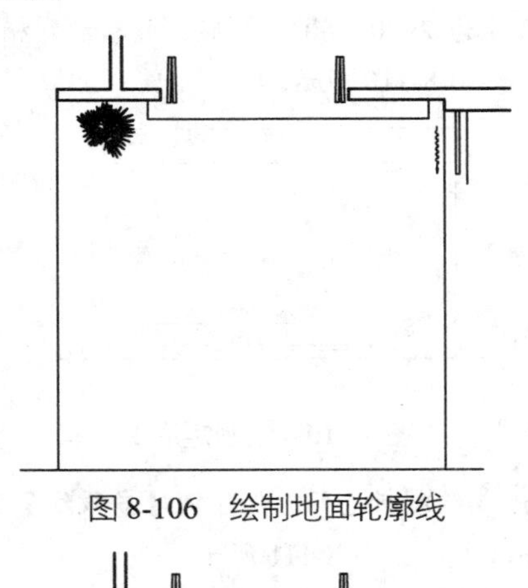

图 8-106　绘制地面轮廓线

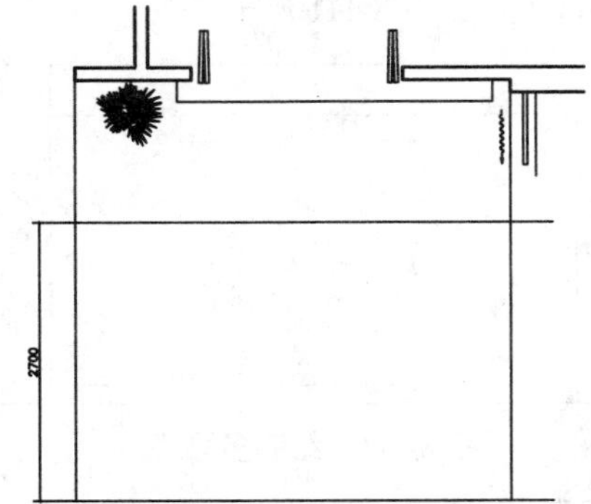

图 8-107　偏移地面轮廓线

Step 06 调用 TR【修剪】命令，修剪立面轮廓线，然后将立面轮廓转换至【QT_墙体】图层，如图 8-108 所示。

图 8-108　修剪立面轮廓

Step 07 绘制吊顶。调用 L【直线】命令，绘制线段，如图 8-109 所示。

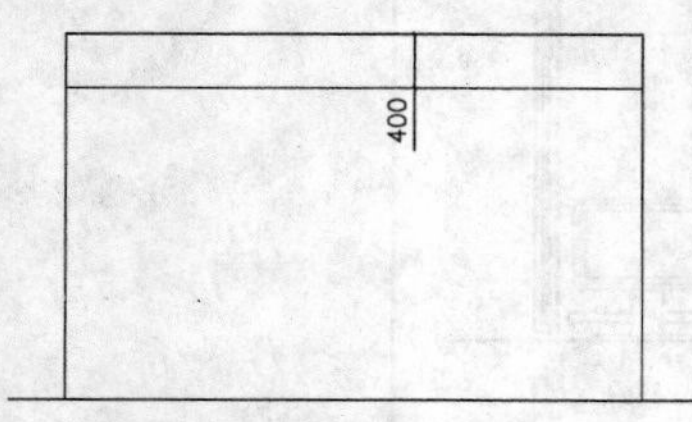

图 8-109　绘制线段

Step 08 绘制台阶。调用 REC【矩形】命令，绘制尺寸为 2980 × 50 的矩形，并移动到相应的位置，如图 8-110 所示。

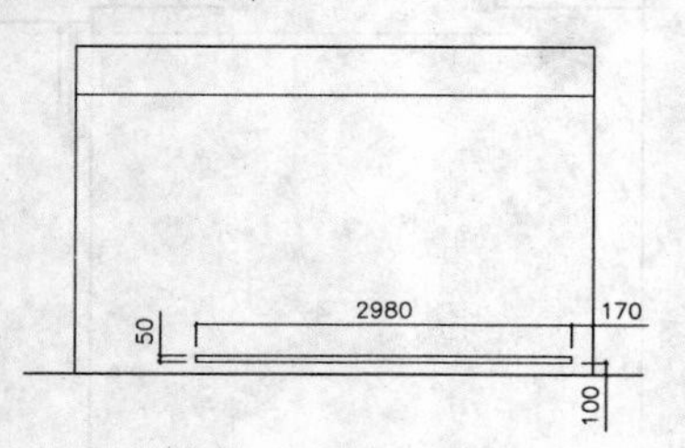

图 8-110　绘制矩形 1

Step 09 绘制折叠门。调用 PL【多段线】命令，绘制多段线，如图 8-111 所示。

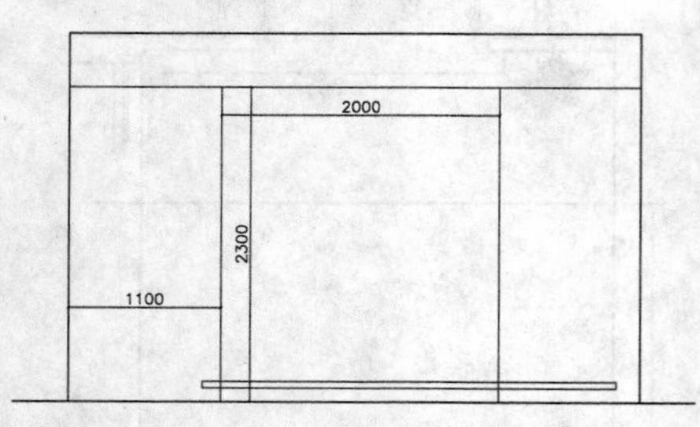

图 8-111　绘制多段线

Step 10 调用 TR【修剪】命令，对多段线与台阶相交的位置进行修剪，如图 8-112 所示。

Step 11 调用 O【偏移】命令，将多段线向内偏移 50，如图 8-113 所示。

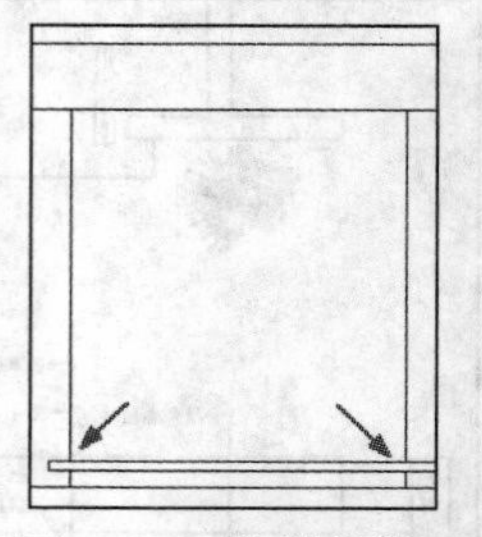

图 8-112　修剪线段 1　　图 8-113　偏移多段线

Step 12 调用 L【直线】命令和 O【偏移】命令，划分折叠门，如图 8-114 所示。

Step 13 调用 REC【矩形】命令，绘制矩形，并将矩形向内偏移 75，如图 8-115 所示。

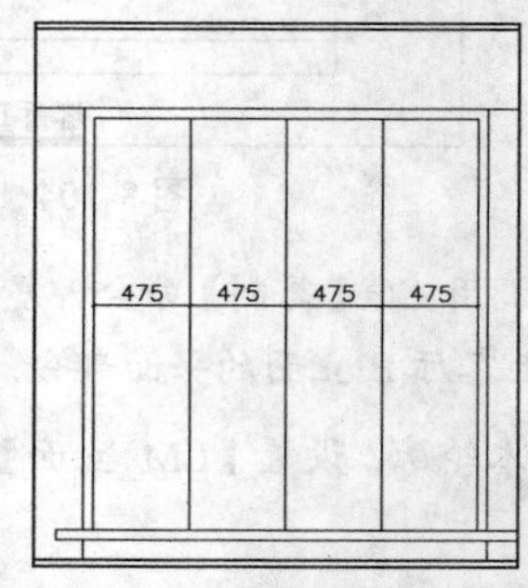

图 8-114　划分折叠门

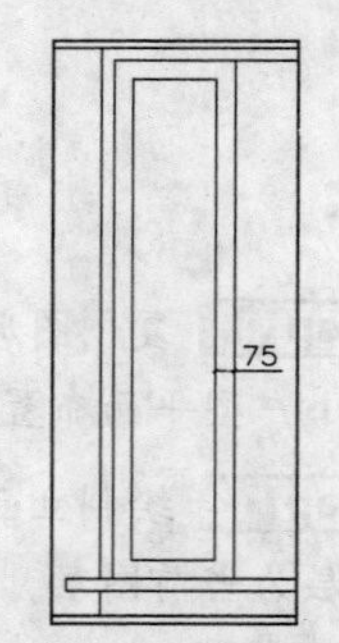

图 8-115　绘制并偏移矩形

Step 14 调用 REC【矩形】命令，绘制尺寸为 305 × 475 的矩形，并移动到相应的位置，如图 8-116 所示。

Step 15 调用 O【偏移】命令，将矩形向内偏移 45，如图 8-117 所示。

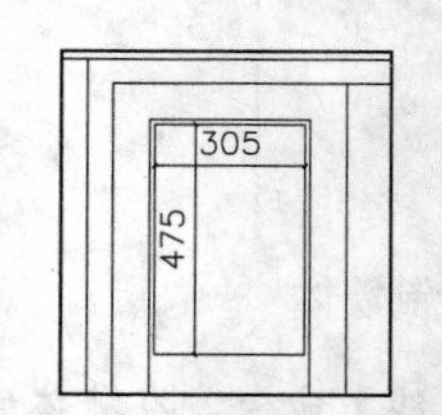

图 8-116　绘制矩形 2

图 8-117　偏移矩形 1

Step 16 调用 H【填充】命令，在矩形内填充【CROSS】图案，填充参数设置和效果如图 8-118 所示。

Step 17 调用 AR【阵列】命令，对图形进行阵列，设置行数为 4、列数为 1、项目数为 4、项目距离为 485，阵列结果如图 8-119 所示。

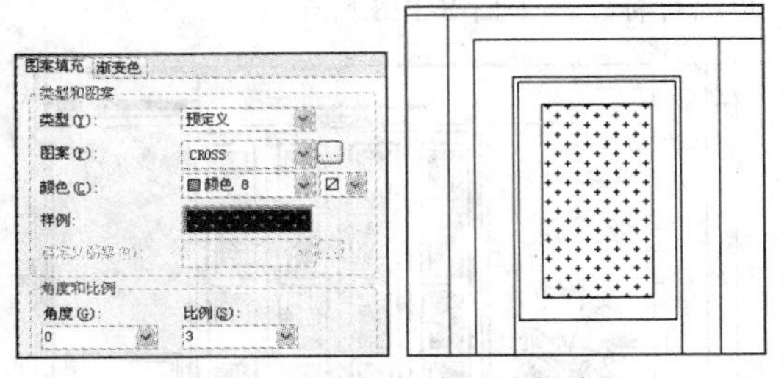

图 8-118　填充参数设置和效果

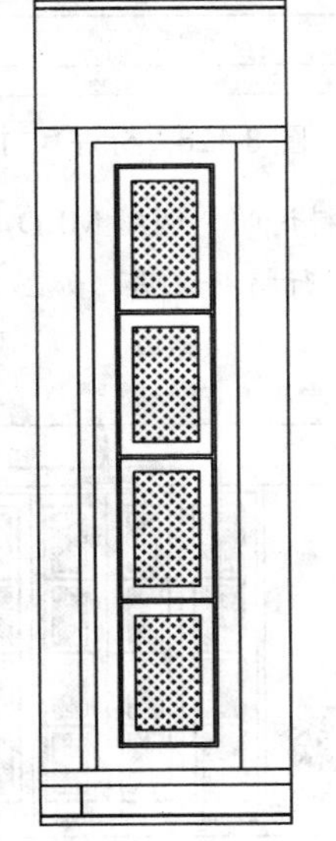

图 8-119　阵列结果

Step 18 调用 CO【复制】命令，将单个折叠门图形向右复制，如图 8-120 所示。

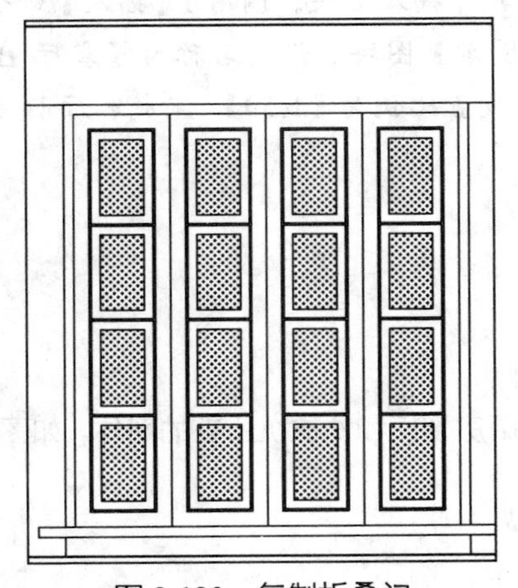

图 8-120　复制折叠门

Step 19 绘制液晶电视。调用 REC【矩形】命令，绘制尺寸为 768×470 的矩形，并移动到相应的位置，如图 8-121 所示。

Step 20 调用 O【偏移】命令，将矩形向内偏移 2 次 30，如图 8-122 所示。

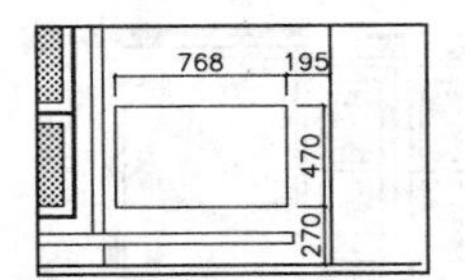

图 8-121　绘制矩形 3

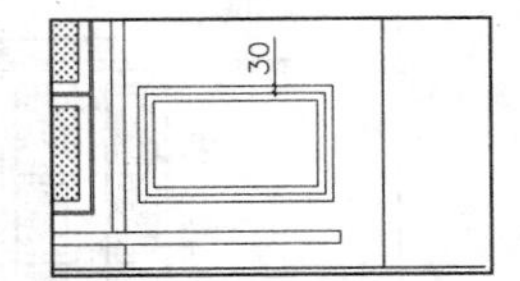

图 8-122　偏移矩形 2

Step 21 调用 L【直线】命令，绘制线段连接矩形，如图 8-123 所示。

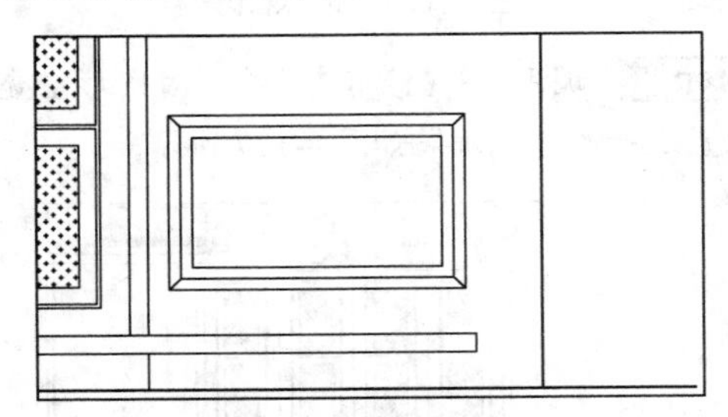

图 8-123　绘制线段

Step 22 调用 L【直线】命令、O【偏移】命令和 REC【矩形】命令，绘制电视的底座，如图 8-124 所示。

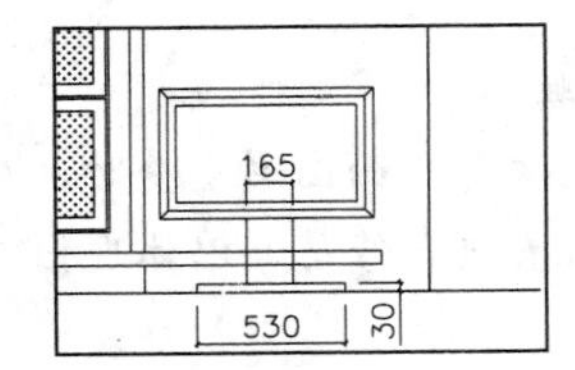

图 8-124　绘制底座

Step 23 调用 TR【修剪】命令，对电视与台阶相交的位置进行修剪，如图 8-125 所示。

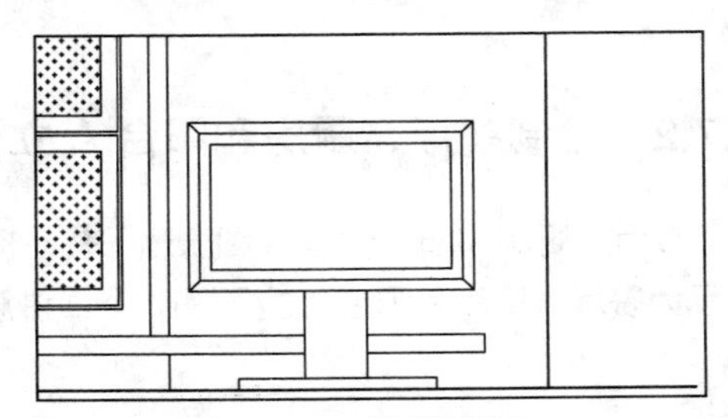

图 8-125　修剪线段 2

Step 24 插入图块。按【Ctrl+O】快捷键，打开配套光盘中的“第 8 章\家具图例.dwg”文件，选择其中的【植物】、【空调】、【吊灯】和【窗帘】等图块，将其复制至客厅立面区域，如图 8-126 所示。

图 8-126　插入图块

Step 25 调用 TR【修剪】命令，对图形重叠的位置进行修剪，效果如图 8-127 所示。

图 8-127　修剪图形

专家提醒 

当图块与立面图形重叠时，应对图形重叠的位置进行修剪，以体现出前后的层次关系。

Step 26 标注尺寸。设置【BZ_标注】图层为当前图层。设置当前注释比例为 1:50。

Step 27 调用 DLI【线性标注】命令和 DCO【连续性标注】命令，在立面图的垂直方向和水平方向进行标注，如图 8-128 所示。

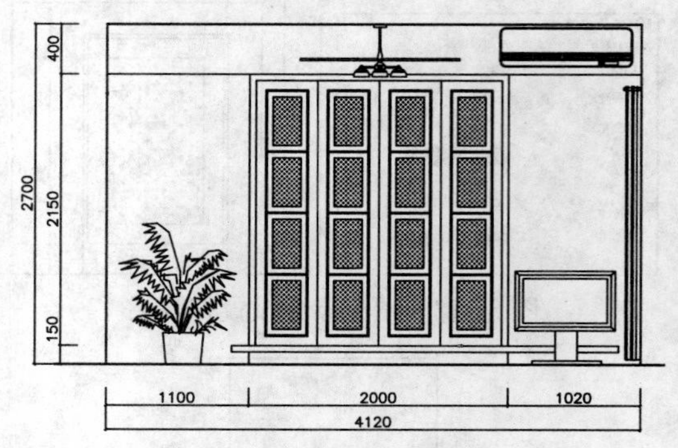

图 8-128　标注尺寸

Step 28 材料说明。调用 MLD【多重引线】命令，对立面进行材料说明，如图 8-129 所示。

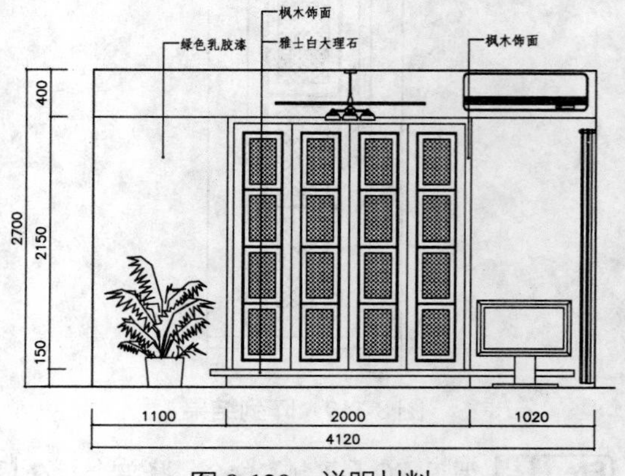

图 8-129　说明材料

Step 29 插入图块。调用 I【插入】命令，插入【图名】图块，设置名称为【客厅 B 立面图】，设置比例为【1:50】，完成客厅 B 立面图的绘制。

8.7.2　绘制餐厅、厨房和阳台 A 立面图

餐厅、厨房和阳台 A 立面图表达了餐桌椅、入户门、厨房橱柜和洗衣机所在的墙体，如图 8-130 所示为餐厅、厨房和阳台 A 立面图，下面讲解绘制方法。

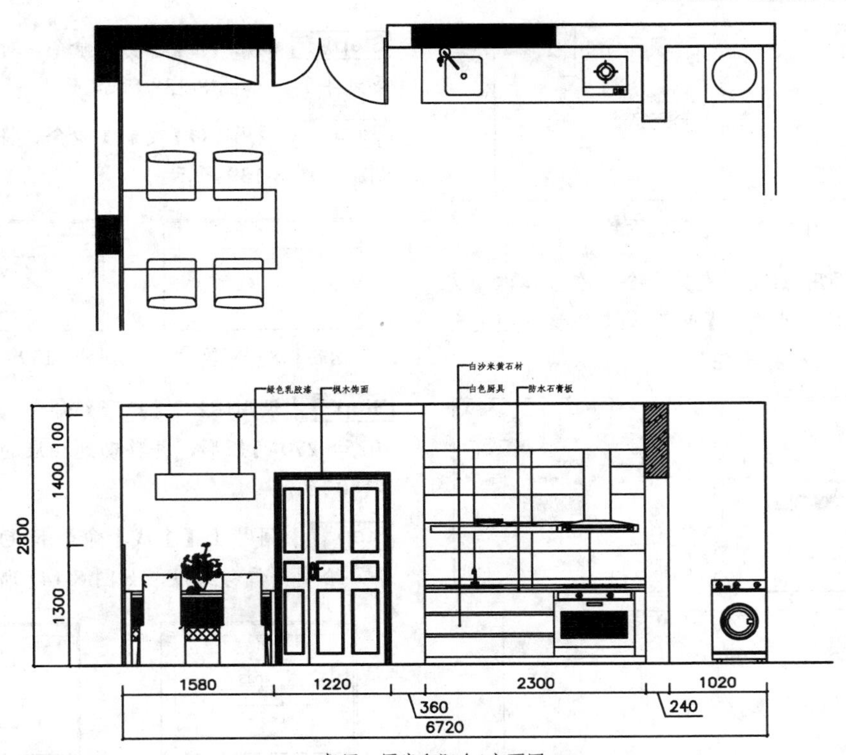

图 8-130 餐厅、厨房和阳台 A 立面图

Step 01 复制图形。调用 CO【复制】命令，复制平面布置图上餐厅、厨房和阳台 A 立面图的平面部分，并对图形进行旋转。

Step 02 绘制立面基本轮廓。设置【LM_立面】图层为当前图层。

Step 03 调用 L【直线】命令，根据平面布置图绘制墙体投影线和地面轮廓线，如图 8-131 所示。

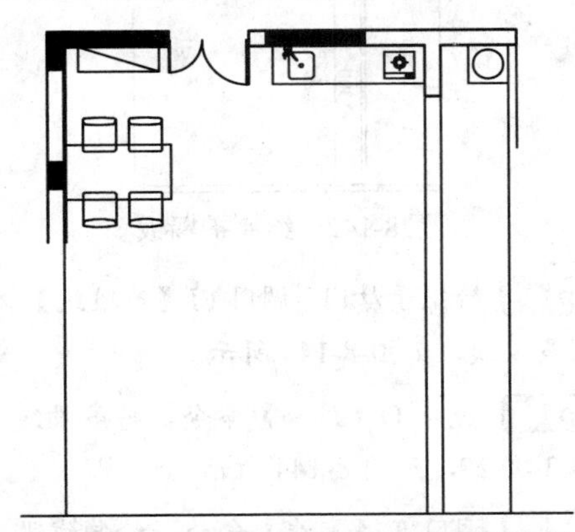

图 8-131 绘制墙体投影线和地面轮廓线

Step 04 调用 O【偏移】命令，向上偏移地面轮廓线，偏移的距离为 2800 和 2000，如图 8-132 所示。

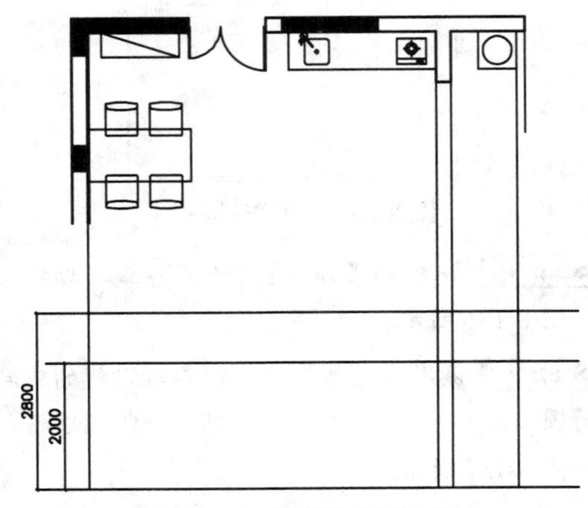

图 8-132 偏移地面轮廓线

Step 05 调用 TR【修剪】命令，修剪多余的线段，并将修剪后的线段转换至【QT_墙体】图层，如图 8-133 所示。

图 8-133　修剪立面轮廓

Step 06 调用 H【填充】命令，在墙体内填充【AR-CONC】图案和【ANSI31】图案，填充参数设置和效果如图 8-134 所示。

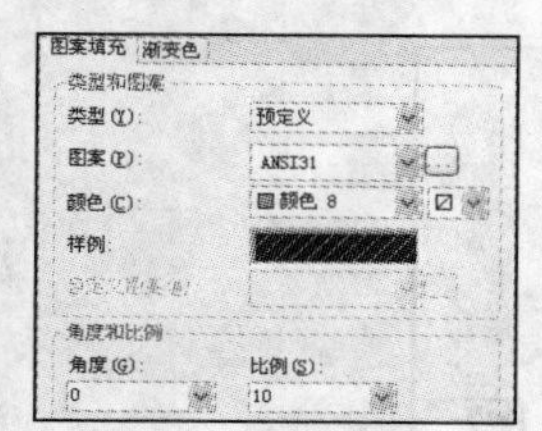

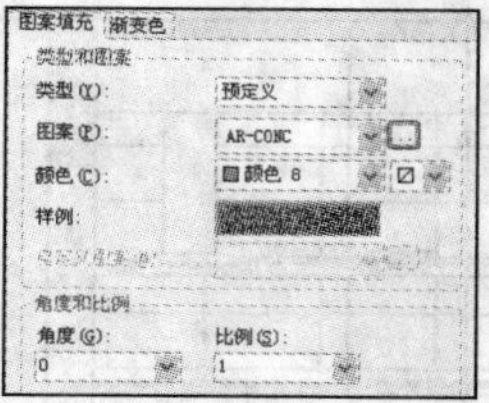

图 8-134　填充参数设置和效果 1

Step 07 绘制餐厅吊顶。调用 PL【多段线】命令，绘制多段线，如图 8-135 所示。

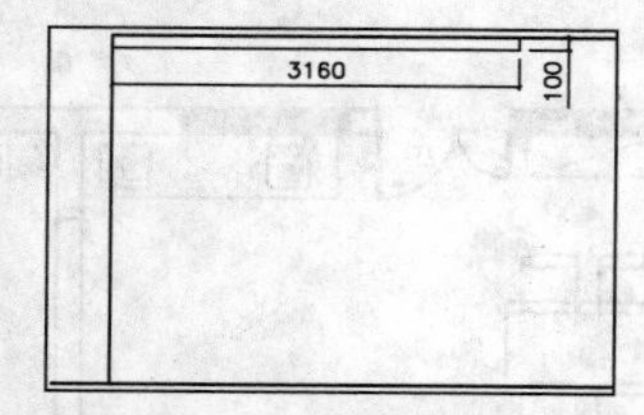

图 8-135　绘制多段线 1

Step 08 调用 O【偏移】命令，绘制辅助线，如图 8-136 所示。

Step 09 调用 C【圆】命令，以辅助线的交点为圆心绘制半径为 35 的圆，然后删除辅助线，如图 8-137 所示。

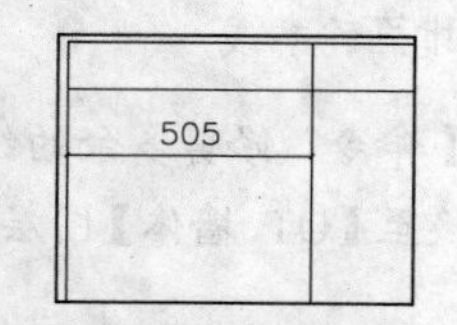

图 8-136　绘制辅助线

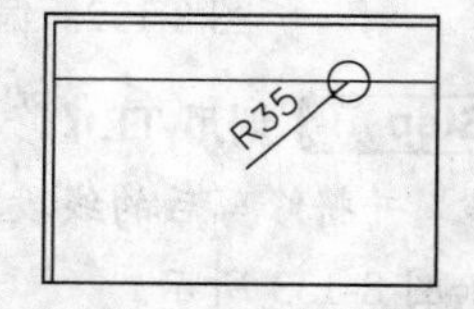

图 8-137　绘制圆

Step 10 调用 TR【修剪】命令，对圆进行修剪得到半圆，如图 8-138 所示。

Step 11 调用 CO【复制】命令，将半圆向右复制，如图 8-139 所示。

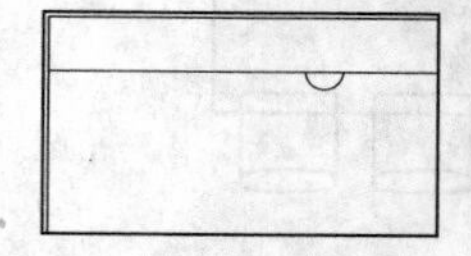

图 8-138　修剪圆

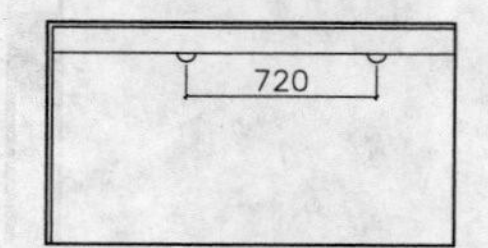

图 8-139　复制半圆

Step 12 调用 REC【矩形】命令，绘制尺寸为 1025 × 270 的矩形，并移动到相应的位置，如图 8-140 所示。

Step 13 调用 L【直线】命令和 O【偏移】命令，绘制并偏移线段，如图 8-141 所示。

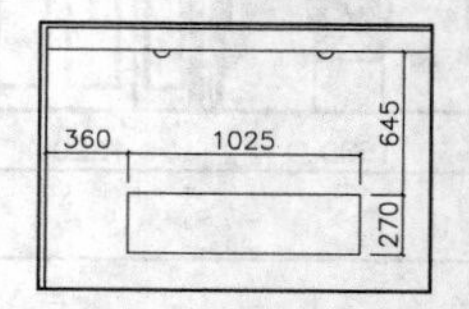

图 8-140　绘制矩形 1

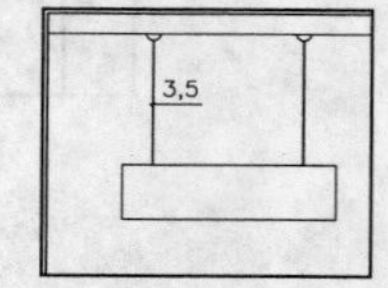

图 8-141　绘制并偏移线段 1

Step 14 绘制护墙板。调用 PL【多段线】命令，绘制多段线表示护墙板，如图 8-142 所示。

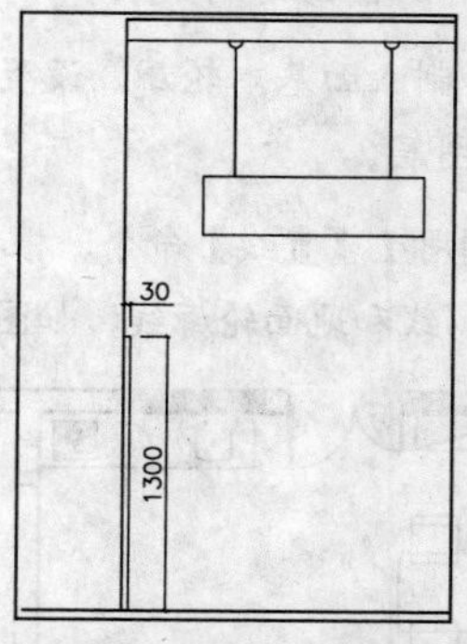

图 8-142　绘制护墙板

Step 15 绘制子母门。调用 PL【多段线】命令，绘制多段线，如图 8-143 所示。

Step 16 调用 O【偏移】命令，将多段线向内偏移 3 次 20，如图 8-144 所示。

Step 17 调用 L【直线】命令，绘制线段，如图 8-145 所示。

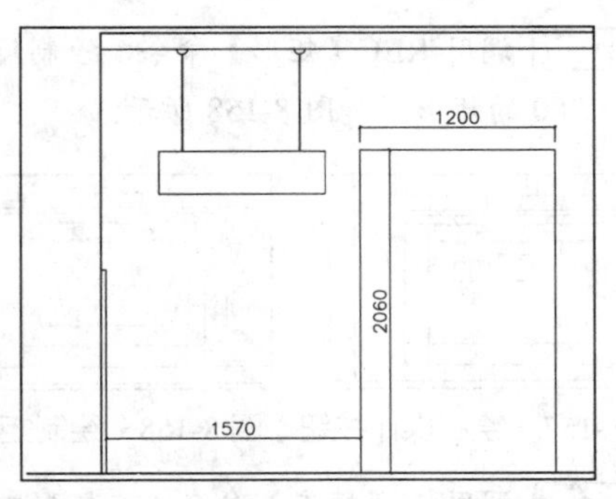

图 8-143 绘制多段线 2

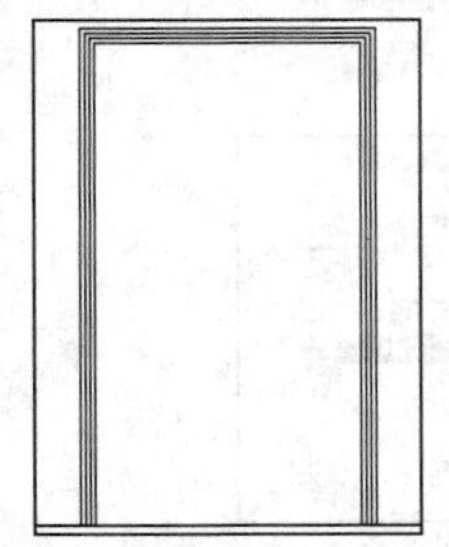
图 8-144 偏移多段线

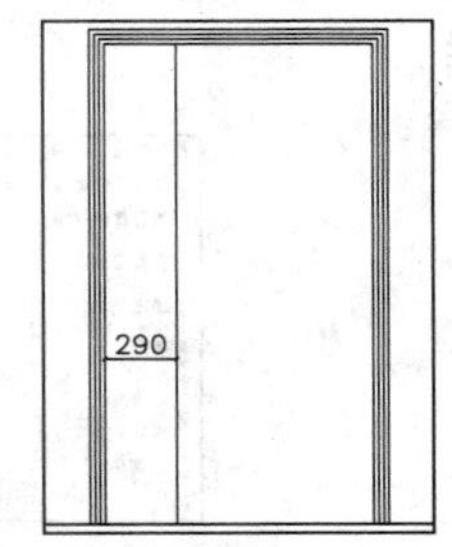

图 8-145 绘制线段 1

Step 18 调用 REC【矩形】命令，绘制尺寸为 195×690 的矩形，如图 8-146 所示。

Step 19 调用 O【偏移】命令，将矩形向内偏移 12，如图 8-147 所示。

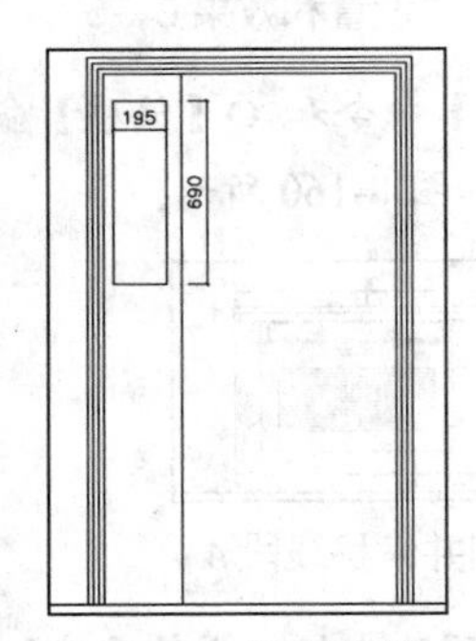

图 8-146 绘制矩形 2

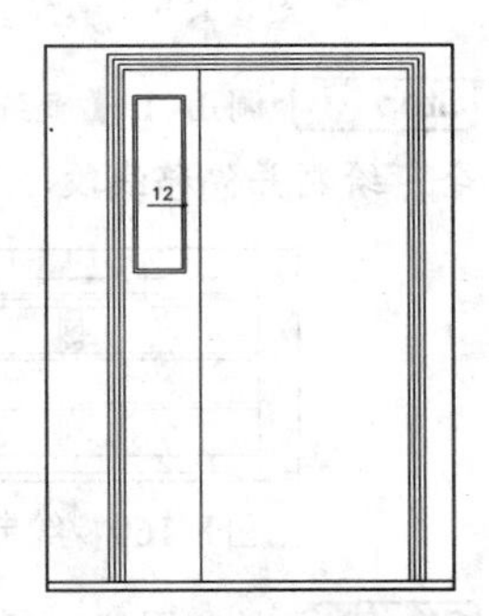

图 8-147 偏移矩形

Step 20 调用 REC【矩形】命令、O【偏移】命令和 CO【复制】命令，绘制其他门板造型，如图 8-148 所示。

Step 21 绘制厨房。调用 L【直线】命令，绘制线段，如图 8-149 所示。

Step 22 绘制墙面。调用 L【直线】命令和 O【偏移】命令，绘制墙面造型，如图 8-150 所示。

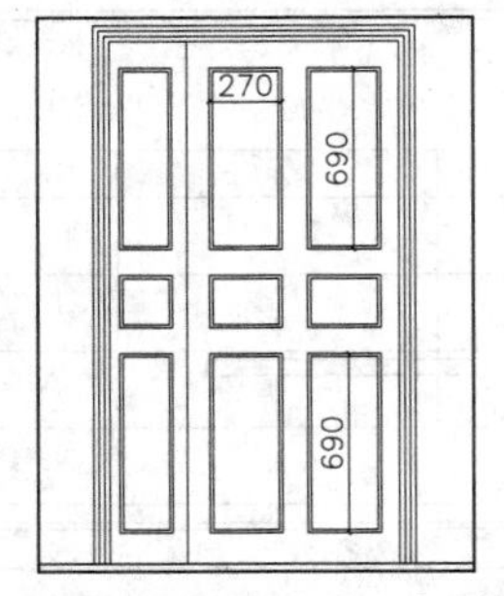

图 8-148 绘制其他门板造型

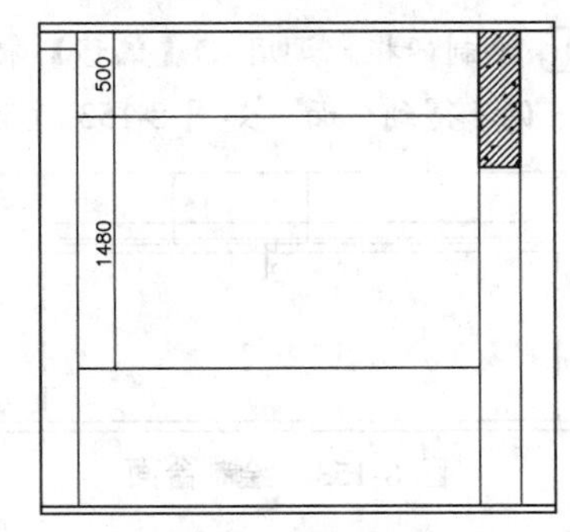

图 8-149 绘制线段 2

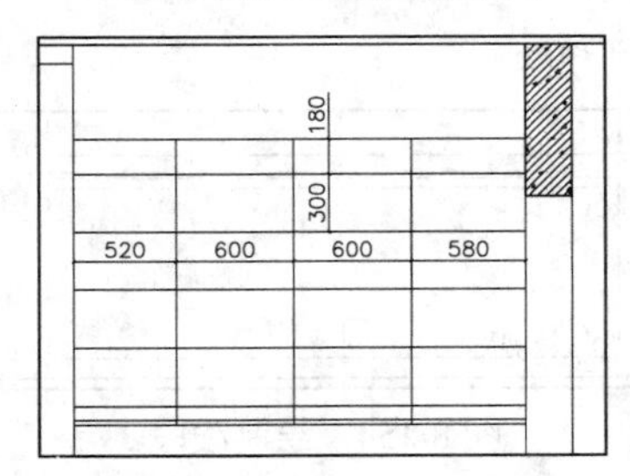

图 8-150 绘制墙面造型

Step 23 绘制层板。调用 REC【矩形】命令，绘制尺寸为 1320×65 的矩形表示层板，如图 8-151 所示。

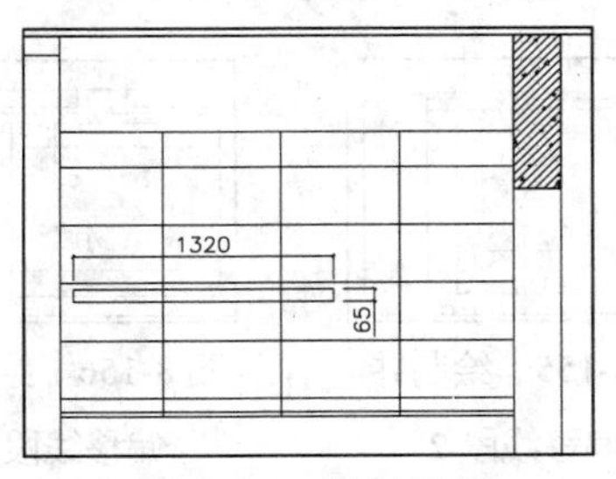

图 8-151 绘制层板

Step 24 调用 TR【修剪】命令，对层板与墙面相交的位置进行修剪，如图 8-152 所示。

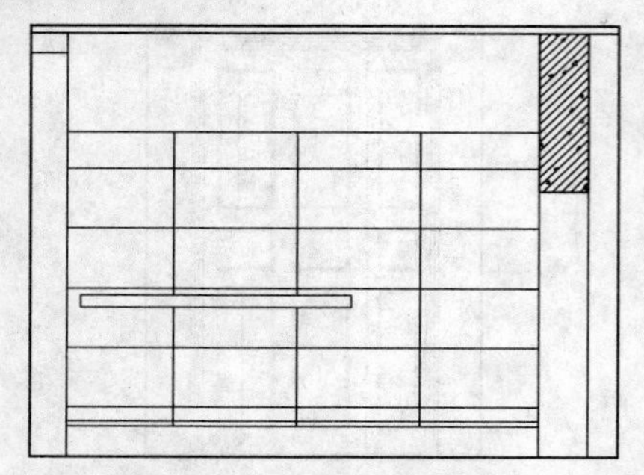

图 8-152　修剪线段

Step 25 绘制橱柜。调用 O【偏移】命令，将线段向下偏移得到台面，如图 8-153 所示。

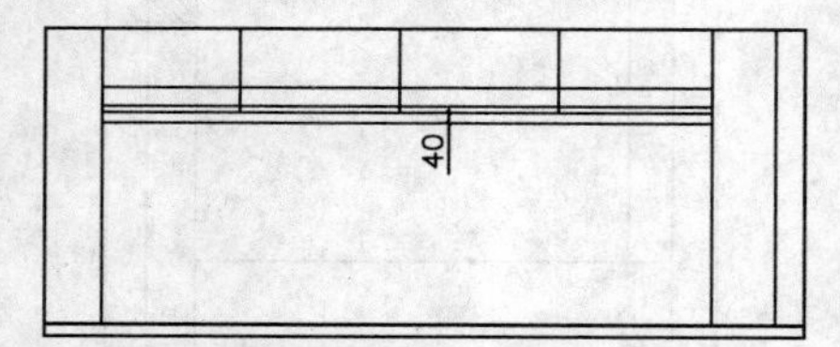

图 8-153　绘制台面

Step 26 调用 L【直线】命令，绘制线段，如图 8-154 所示。

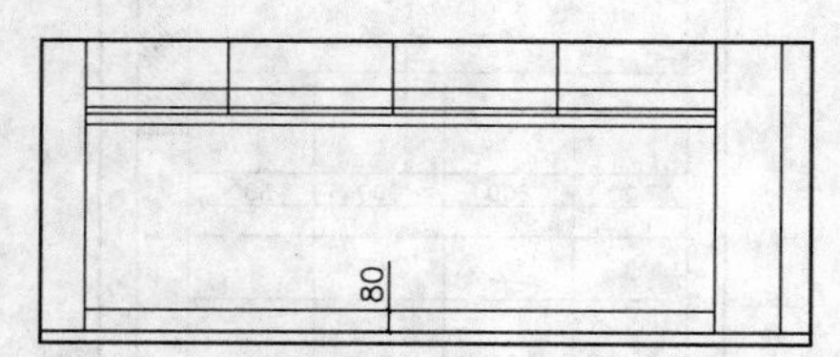

图 8-154　绘制线段 3

Step 27 绘制消毒柜。调用 L【直线】命令和 O【偏移】命令，绘制并偏移线段，如图 8-155 所示。

Step 28 继续调用 L【直线】命令和 O【偏移】命令，绘制并偏移线段，如图 8-156 所示。

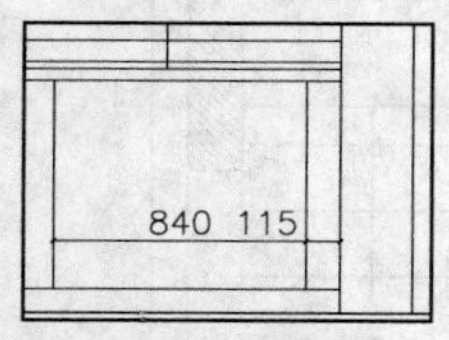

图 8-155　绘制并偏移线段 2

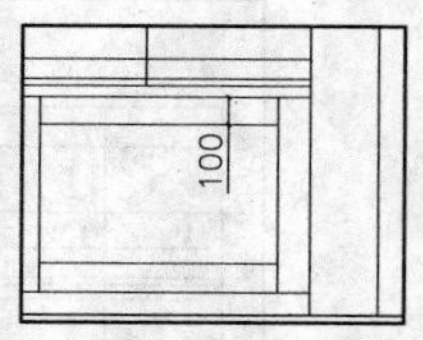

图 8-156　绘制并偏移线段 3

Step 29 调用 REC【矩形】命令、C【圆】命令和 O【偏移】命令，绘制操作按钮，如图 8-157 所示。

Step 30 调用 REC【矩形】命令，绘制尺寸为 685 × 280 的矩形，如图 8-158 所示。

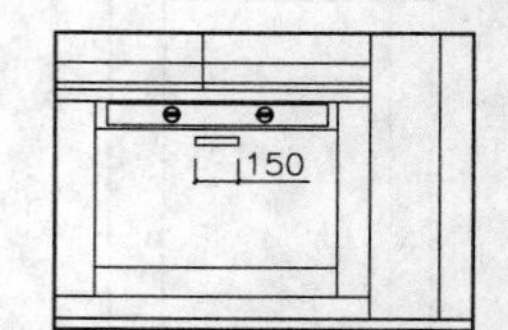

图 8-157　绘制操作按钮

图 8-158　绘制矩形 3

Step 31 调用 H【填充】命令，在矩形中填充【LINE】图案，填充参数设置和效果如图 8-159 所示。

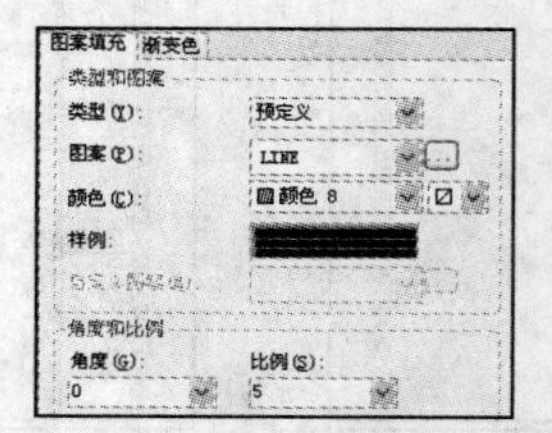

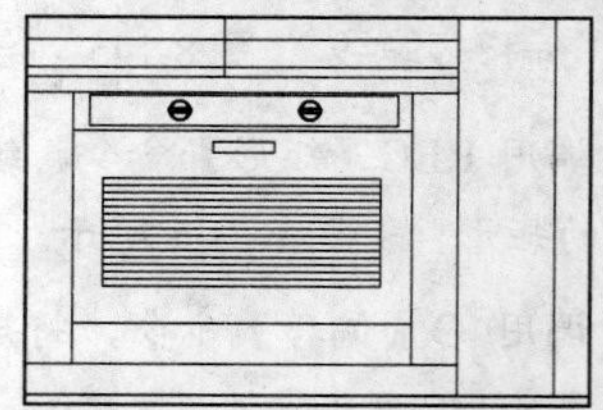

图 8-159　填充参数设置和效果 2

Step 32 调用 L【直线】命令和 O【偏移】命令，绘制并偏移线段，如图 8-160 所示。

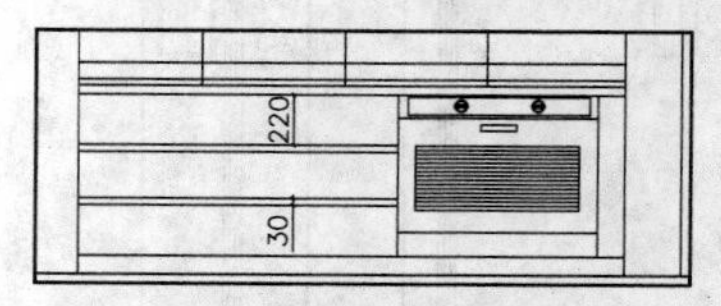

图 8-160　绘制并偏移线段 4

Step 33 插入图块。从图块中插入【餐桌椅】、【抽油烟机】、【燃气灶】和【洗衣机】等图块到立面图中，并对与图块相交的部分进行修剪，如图 8-161 所示。

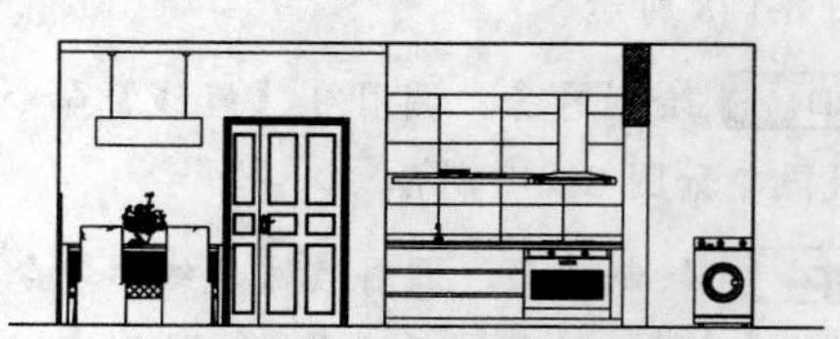

图 8-161　插入图块并修剪图形

Step 34 标注尺寸和文字说明。调用 DLI【线性标注】命令和 DCO【连续性标注】命令，进行尺寸标注，如图 8-162 所示。

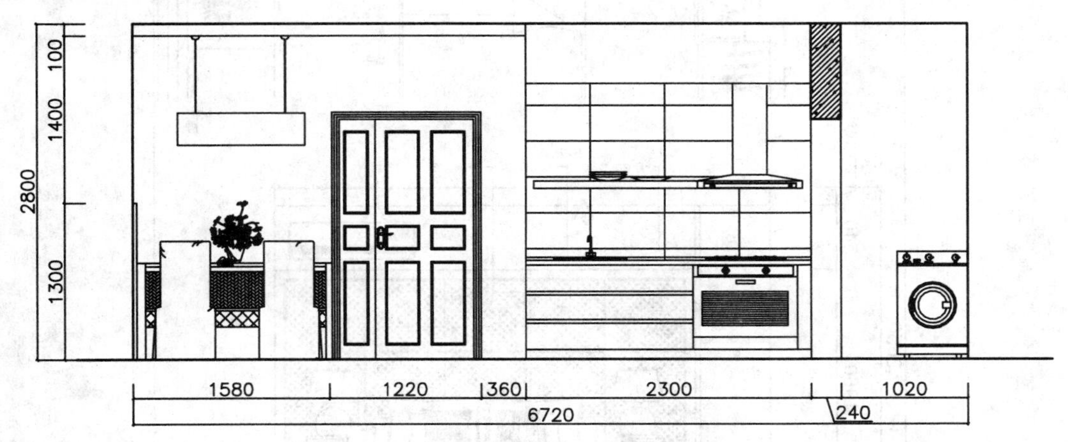

图 8-162　标注尺寸

Step 35 调用 MLD【多重引线】命令，进行材料标注，如图 8-163 所示。

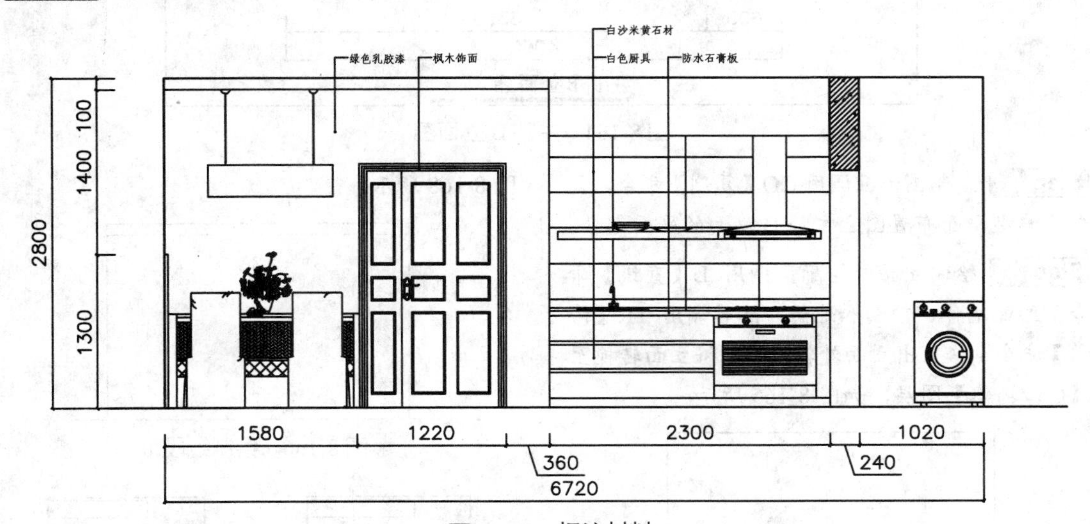

图 8-163　标注材料

Step 36 调用 I【插入】命令，插入【图名】图块，设置名称为【餐厅、厨房和阳台 A 立面图】，餐厅、厨房和阳台 A 立面图绘制完成。

8.7.3　绘制主卧 B 立面图

主卧 B 立面图是床所在的立面，如图 8-164 所示为绘制完成的主卧 B 立面图，下面讲解绘制方法。

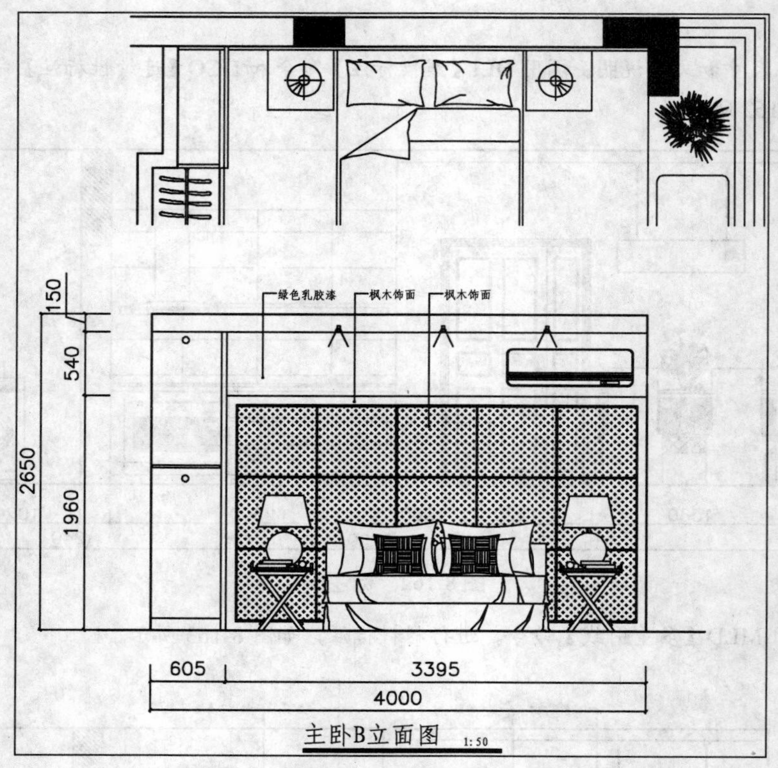

图 8-164　主卧 B 立面图

Step 01 复制图形。调用 CO【复制】命令，复制小户型平面布置图上主卧 B 立面的平面部分。

Step 02 绘制立面外轮廓。调用 L【直线】命令，绘制墙体、顶面和地面，然后调用 TR【修剪】命令，修剪出立面外轮廓，并将立面转换至【QT_墙体】图层，如图 8-165 所示。

图 8-165　绘制立面外轮廓

Step 03 绘制吊顶。调用 L【直线】命令，绘制线段，如图 8-166 所示。

Step 04 绘制衣柜。调用 L【直线】命令和 O【偏移】命令，绘制并偏移线段，如图 8-167 所示。

Step 05 调用 L【直线】命令，绘制线段，如图 8-168 所示。

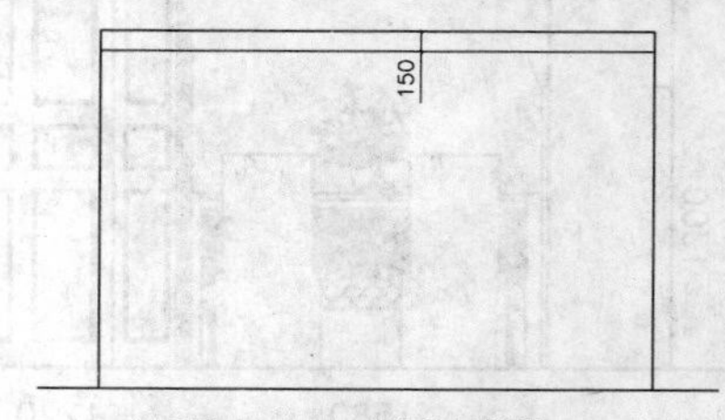

图 8-166　绘制线段 1

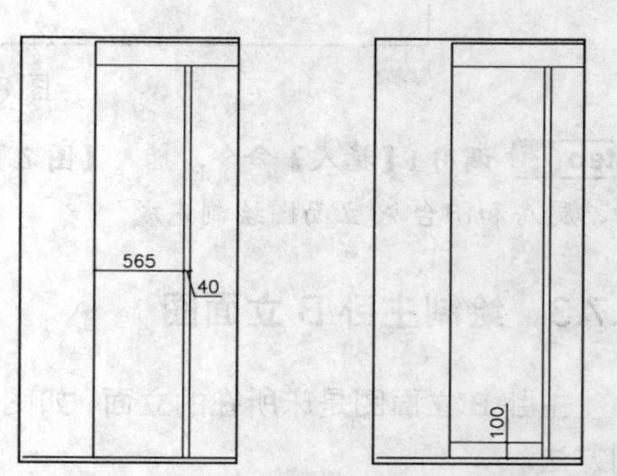

图 8-167　绘制并偏移线段　　图 8-168　绘制线段 2

Step 06 调用 REC【矩形】命令，绘制尺寸为540×20的矩形表示层板，如图8-169所示。

Step 07 调用C【圆】命令和CO【复制】命令，绘制半径为30的圆表示挂衣杆，如图8-170所示。

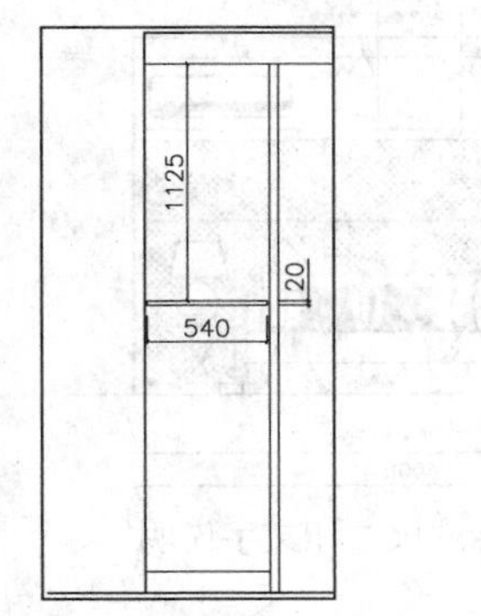

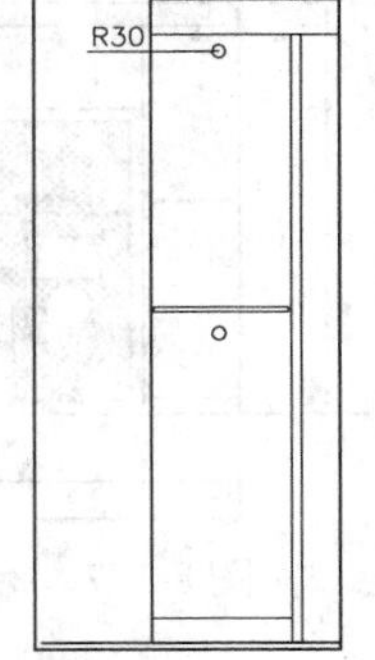

图8-169 绘制层板　　图8-170 绘制挂衣杆

Step 08 绘制床背景墙。调用L【直线】命令，绘制线段，如图8-171所示。

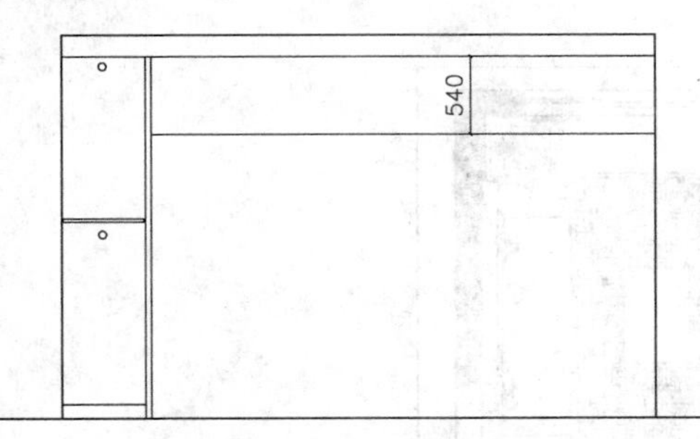

图8-171 绘制线段3

Step 09 调用 REC【矩形】命令，绘制尺寸为3240×1810的矩形，并移动到相应的位置，如图8-172所示。

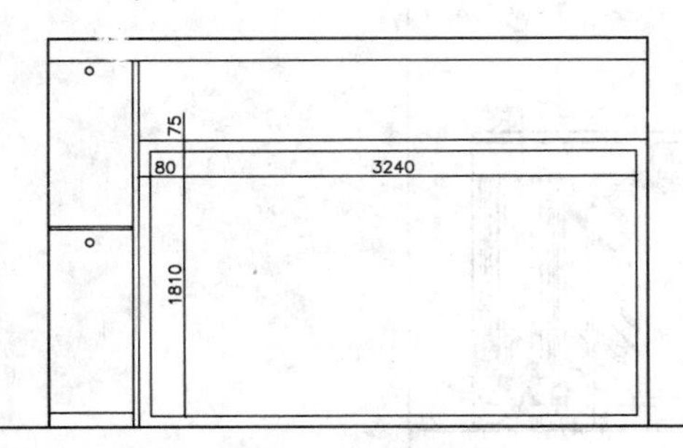

图8-172 绘制矩形1

Step 10 继续调用 REC【矩形】命令，绘制尺寸为636×590的矩形，如图8-173所示。

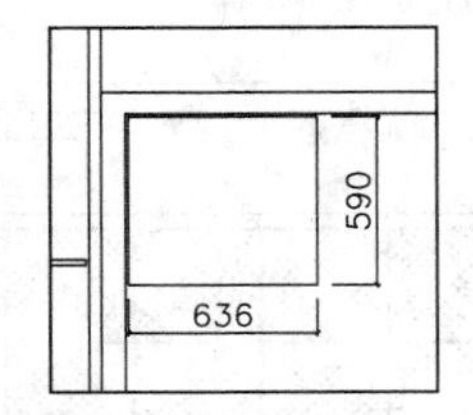

图8-173 绘制矩形2

Step 11 调用AR【阵列】命令，对矩形进行阵列，设置阵列行数为3、列数为5、行距离为600、列距离为646，阵列效果如图8-174所示。

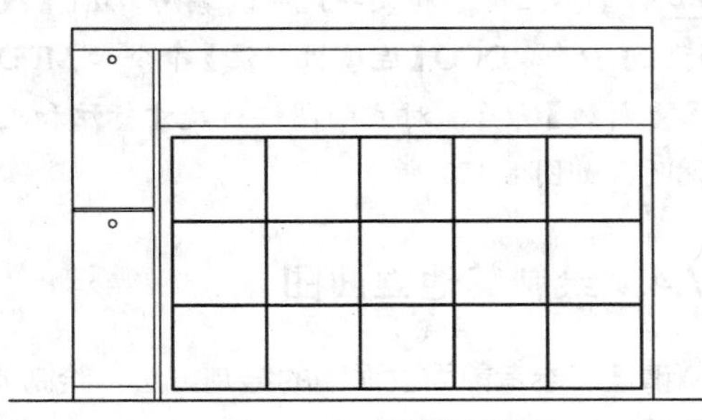

图8-174 阵列效果

Step 12 从图库中插入【床】、【空调】、【射灯】和【床头柜】等图块，并对图块与图形相交的位置进行修剪，如图8-175所示。

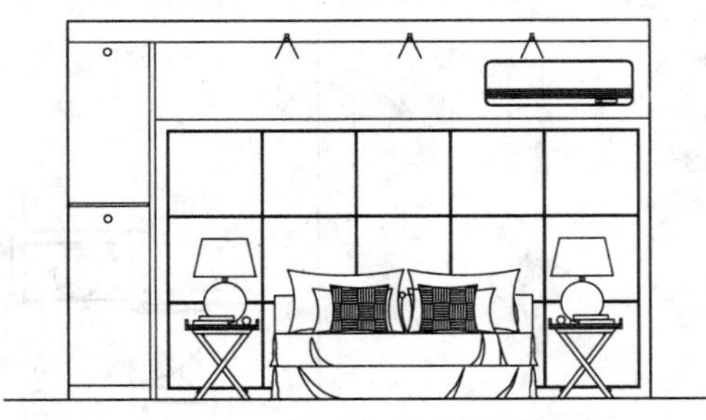

图8-175 插入图块并修剪图形

Step 13 填充墙面。调用H【填充】命令，对墙面填充【CROSS】图案，填充参数设置和效果如图8-176所示。

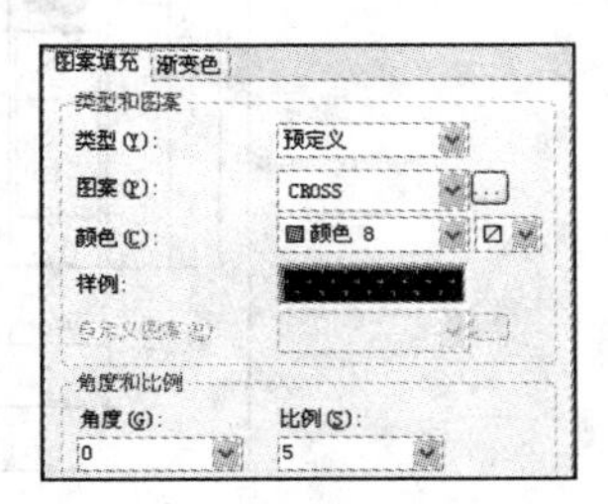

图8-176

图 8-176　填充参数设置和效果

Step 14 标注尺寸和文字说明。调用 DLI【线性标注】命令、DCO【连续性标注】命令和 MLD【多重引线】命令，对立面图进行尺寸标注和文字说明，如图 8-177 所示。

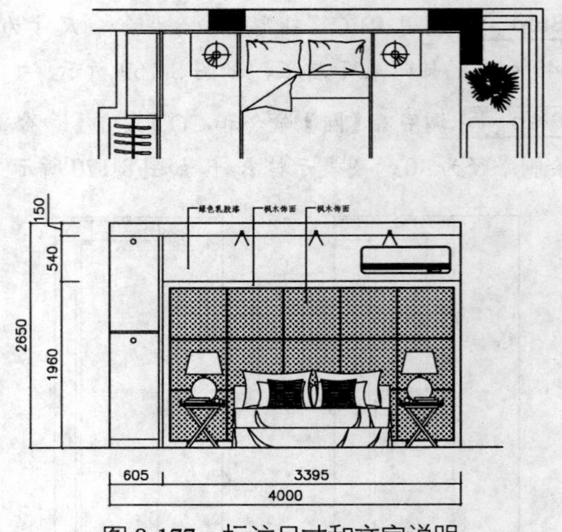

图 8-177　标注尺寸和文字说明

8.7.4　绘制其他立面图

请读者参考前面立面图的绘制方法，绘制如图 8-178、图 8-179 和图 8-180 所示的立面图，这里就不再详细讲解了。

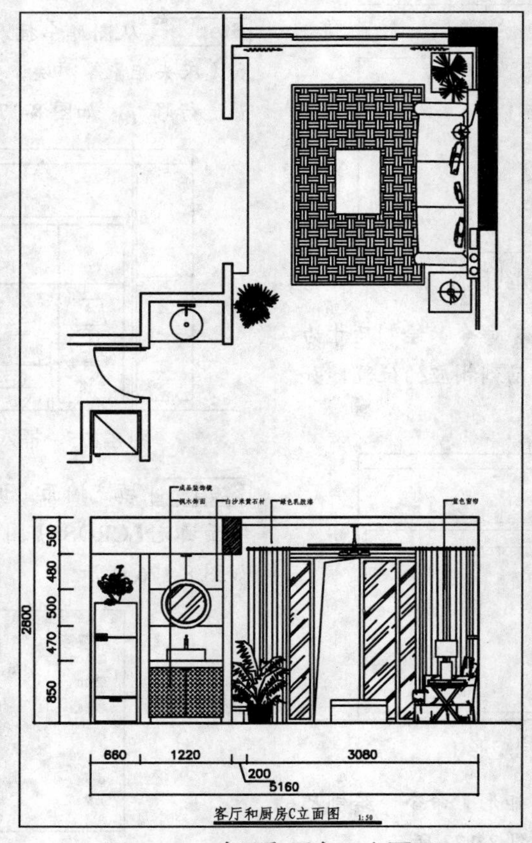

图 8-178　客厅和厨房 C 立面图

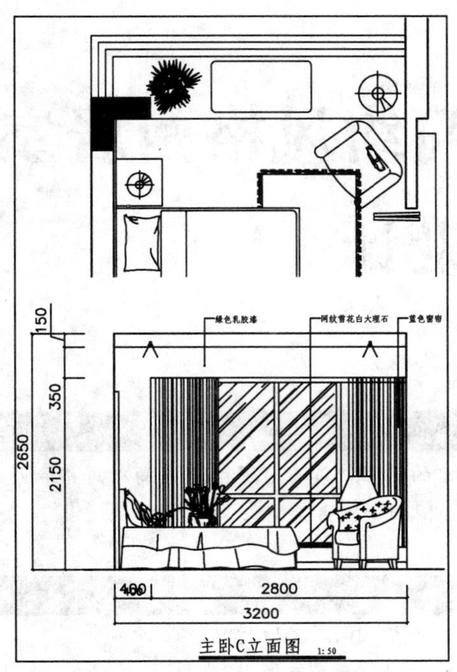

图 8-179　主卧 C 立面图

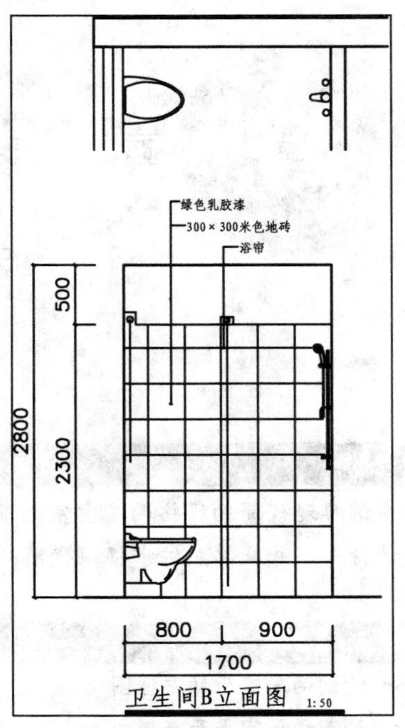

图 8-180　卫生间 B 立面图

第9章 现代简约风格两居室室内设计

⊙学习目的：

本章讲解现代简约风格两居室室内设计。通过本章的学习，读者可了解现代简约风格和两居室的设计特点，并能够熟练掌握现代简约风格室内施工图的绘制方法。

⊙学习重点：

★★★★ 绘制两居室原始户型图

★★★☆ 绘制两居室平面布置图

★★☆☆ 绘制两居室立面图

★★☆☆ 绘制两居室地材图

★★☆☆ 绘制两居室顶棚图

★☆☆☆ 现代简约风格设计概述

9.1 现代简约风格设计概述

现代简约风格是将设计的元素、色彩、照明和材质进行简化，强调色彩和材料的质感，以简洁的表现形式来满足人们对空间环境的需求。正所谓“简约而不简单”。

1. 现代简约风格的特点

现代简约风格是目前家居装修采用最多的风格类型，它的特点主要体现在以下几个方面。

- 简约不等于简单，它是经过深思熟虑后经过创新得出的设计和思路的延展，不是简单的“堆砌”和平淡的“摆放”，强调的是美观和实用。
- 现代简约风格在家具和配饰上，以黑白灰为主色调，以简洁的造型、完美的细节，营造出时尚前卫的感觉。
- 现代简约风格强调一切要从务实出发，体现一种现代“消费观”：即注重生活品位，注重健康时尚，注重合理节约科学消费。
- 现代简约风格大量使用钢化玻璃、不锈钢等新型材料作为辅材，给人带来前卫、不受拘束的感觉。由于线条简单、装饰元素少，现代风格家具需要完美的软装配合才能显示出美感。例如沙发需要靠垫、餐桌需要餐桌布、床需要窗帘和床单陪衬。软装到位是现代风格家具装饰的关键。

2. 现代简约风格设计的注意事项

现代简约风格设计的注意事项如下。

- 空间构成：现代设计追求的是空间的实用性和灵活性。可通过家具、吊顶、地面材料、陈列品或光线的变化来表达不同功能空间的划分，这种划分又随着不同的时间段表现出灵活性、兼容性和流动性，如图 9-1 所示。
- 装饰材料与色彩设计：选材上可选用金属、涂料、玻璃、塑料以及合成材料，力求表现出一种完全区别于传统风格、高技术含量的室内空间气氛，如图 9-2 所示。

图 9-1　现代风格空间设计

图 9-2　现代风格选材和色彩设计

- 家具、灯具和陈列品：现代室内家具、灯具和陈列品要根据整体空间的设计氛围来选择。家具应依据人体一定姿态下的肌肉、骨▮结构来选择、设计，从而调整人的体力损耗，减少肌肉的疲劳；灯具可选择照明灯光、背景灯光和艺术灯光三类；陈列品应选择尽量突出个性和美感的饰品，如图 9-3 所示。

图 9-3　家具和阵列品设计

9.2　绘制两居室原始户型图

两居室具有两个独立的卧室，如图 9-4 所示为本例两居室原始户型图，下面讲解绘制方法。

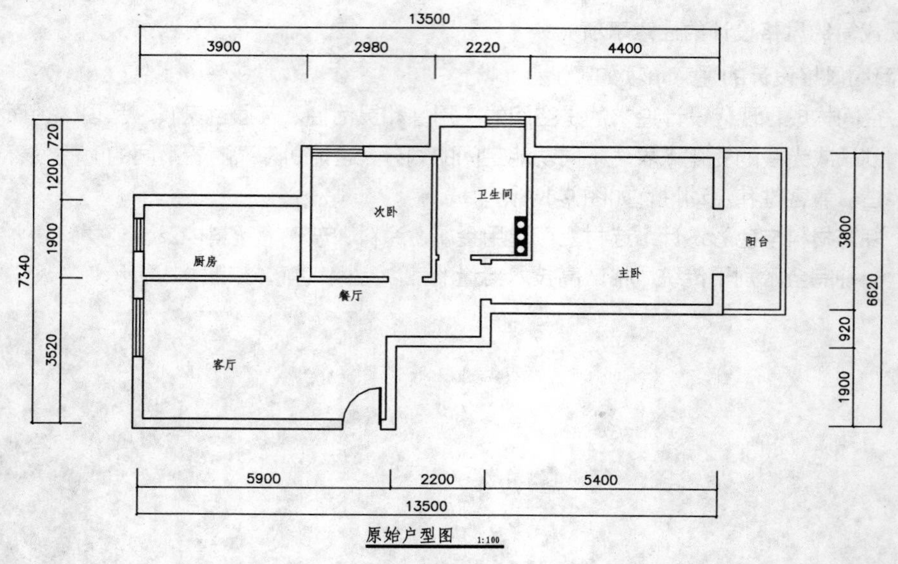

图 9-4　原始户型图

9.2.1　绘制轴线

这里介绍使用【偏移】命令来绘制轴线，再进行修剪得到完善的轴网。如图 9-5 所示为绘制完成的轴网。

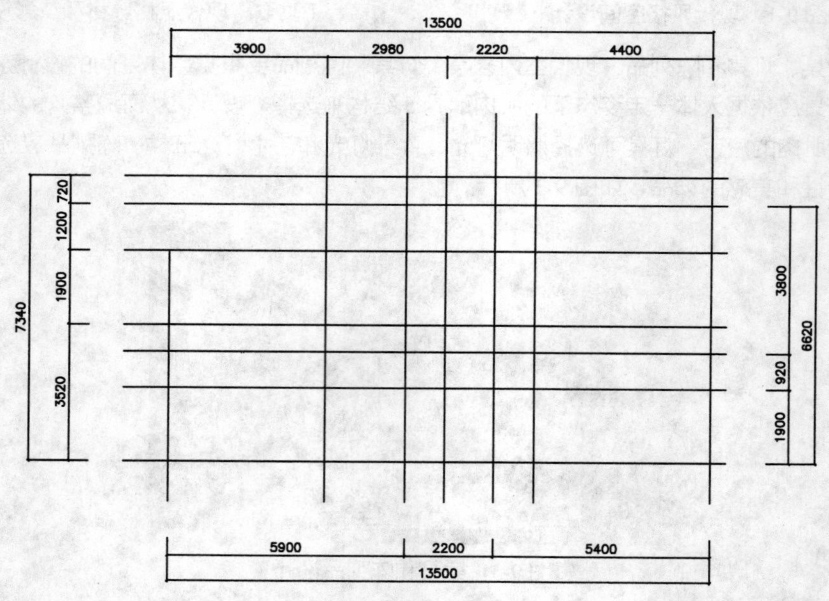

图 9-5　完善的轴网

Step 01 设置【ZX_轴线】图层为当前图层。

Step 02 调用 L【直线】命令，绘制长度为 15000（略大于原始平面最大尺寸）的水平线段，确定水平方向范围，如图 9-6 所示。

图 9-6　绘制水平线段

Step 03 继续调用 L【直线】命令，在如图 9-7 所示的位置绘制一条长约 10000 的垂直线段，确定垂直方向尺寸范围。

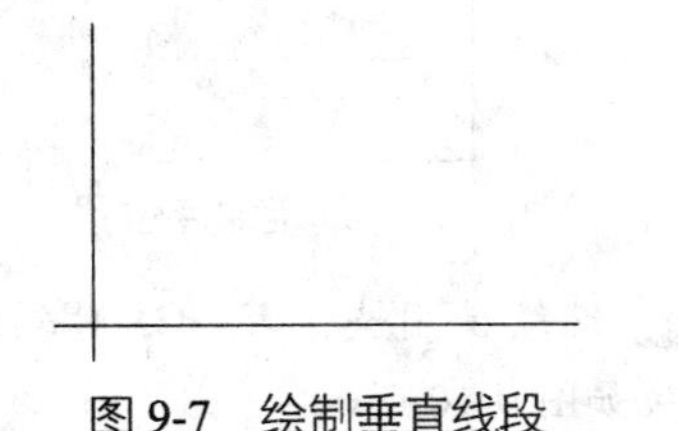

图 9-7 绘制垂直线段

Step 04 调用 O【偏移】命令，根据如图 9-5 所示的尺寸，依次向右偏移上开间、下开间墙体的垂直轴线，再依次向上偏移上进深、下进深墙体的水平轴线，如图 9-8 所示。

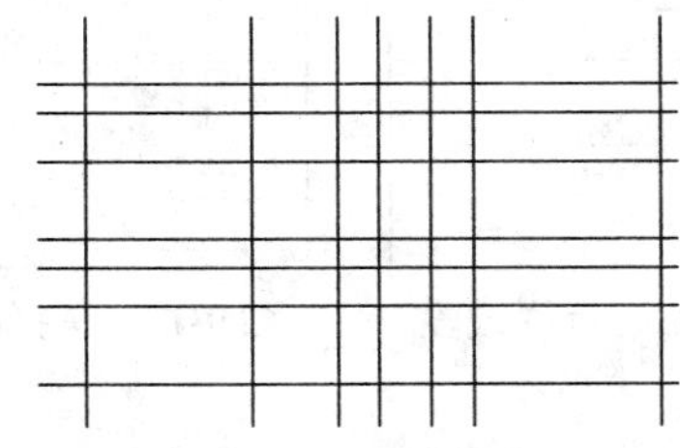

图 9-8 偏移轴线

9.2.2 标注尺寸

绘制完轴线后，即可对轴线进行尺寸标注。

Step 01 设置【BZ_标注】图层为当前图层，设置当前注释比例为 1:100。

Step 02 调用 DLI【线性标注】命令和 DCO【连续线标注】命令，对轴线进行尺寸标注，如图 9-9 所示。

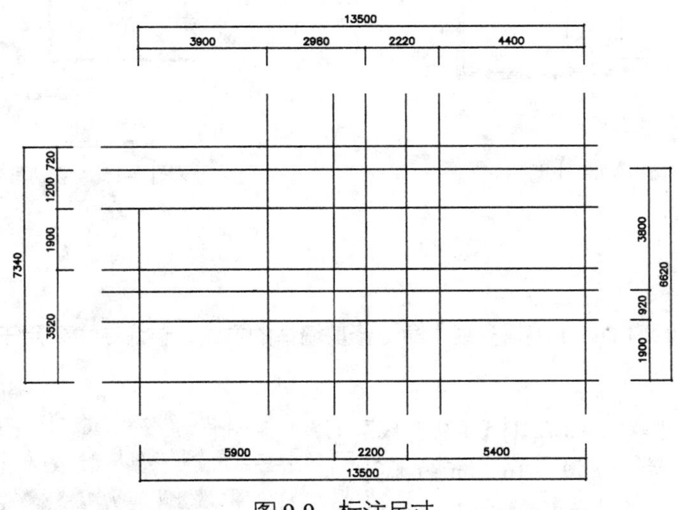

图 9-9 标注尺寸

9.2.3 修剪轴线

这里介绍如何使用夹点拉伸法修剪轴网，轴网修剪后的效果如图 9-10 所示。

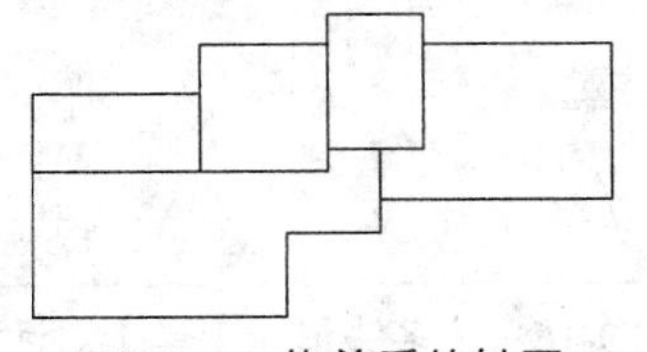

图 9-10 修剪后的轴网

Step 01 选择最左侧的垂直线段，如图 9-11 所示，单击选择线段上端的夹点，垂直向下移动光标到 1200 的轴线下端，当出现“交点”捕捉标记时单击鼠标，如图 9-12 所示；然后确定线段端点的位置，如图 9-13 所示。

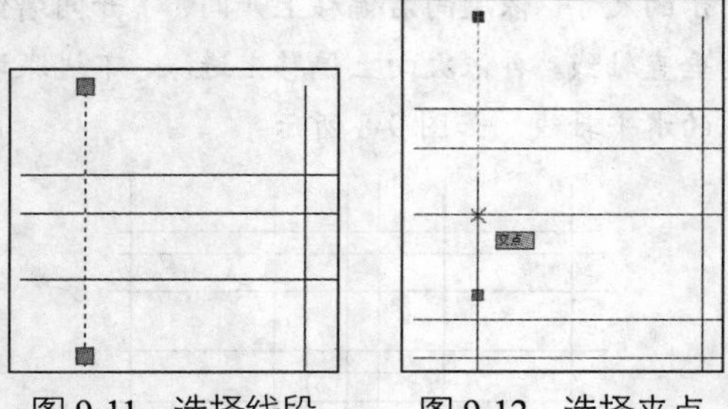

图 9-11　选择线段　　　图 9-12　选择夹点

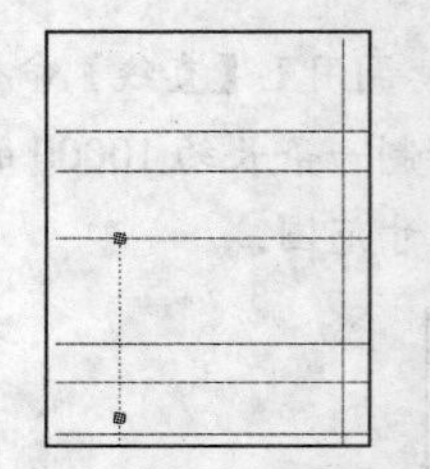

图 9-13　确定端点位置

Step 02 继续使用夹点拉伸法对轴线进行拉伸，效果如图 9-10 所示。

9.2.4　绘制墙体

使用多线可以非常轻松地绘制墙体图形。

Step 01 设置【QT_墙体】图层为当前图层。

Step 02 调用 ML【多线】命令，设置多线比例为 240，绘制外墙，如图 9-14 所示。

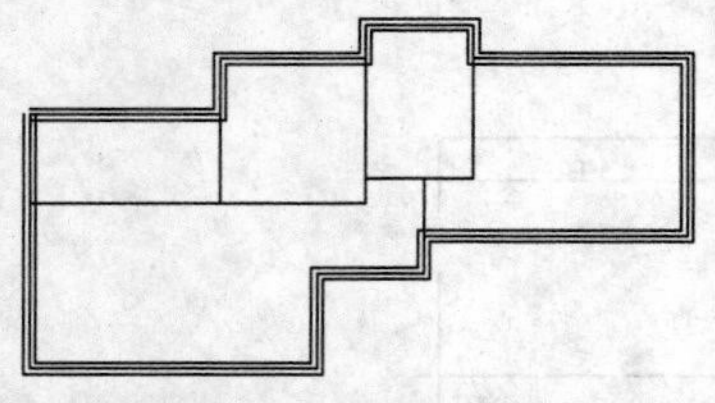

图 9-14　绘制外墙

Step 03 继续调用 ML【多线】命令，绘制其他墙体，如图 9-15 所示。

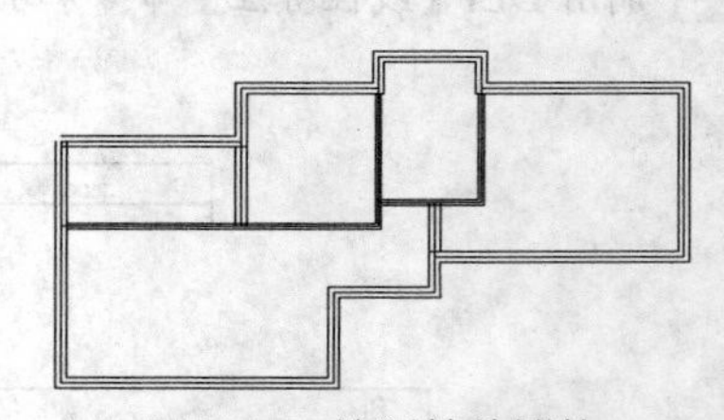

图 9-15　绘制其他墙体

9.2.5　修剪墙体

本节介绍调用 MLEDIT【编辑多线】命令修剪墙体的方法，该命令主要用于编辑多线相交或相接部分。

Step 01 在命令行中输入 MLEDIT【编辑多线】命令，并按回车键，打开如图 9-16 所示的【多线编辑工具】对话框。该对话框第一列用于处理十字交叉的多线；第二列用于处理 T 形交叉的多线；第三列用于处理交点连接和顶点；第四列用于处理多线的剪切和接合。

Step 02 单击第一行第三列【角点接合】样例图标，然后按系统提示进行如下操作：

```
命令：MLEDIT↙          //调用 MLEDIT 命令
选择第一条多线：
选择第二条多线：          //单击选择如图 9-17 所示虚框内的多线，得到的修剪效果如图 9-18 所示
选择第一条多线 或 [放弃(U)]：↙          //按回车键退出命令，或继续单击需要修剪的多线
```

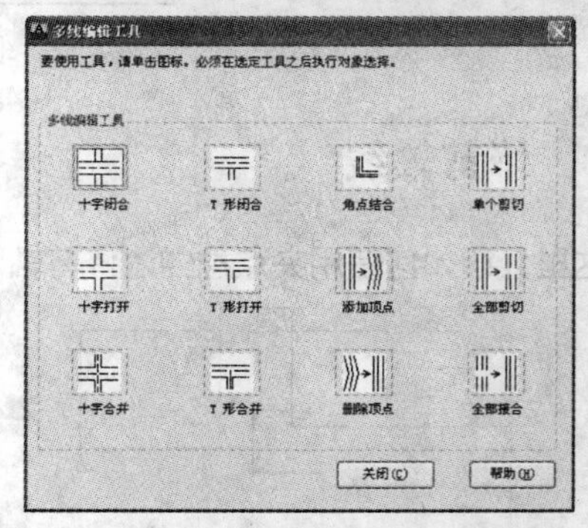

图 9-16　【多线编辑工具】对话框

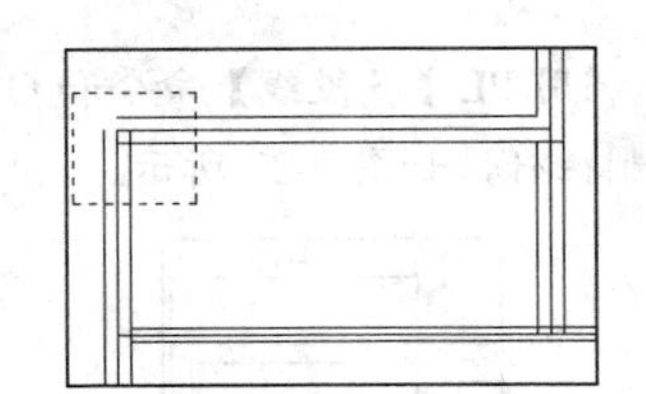
图 9-17　修剪虚框内的多线 1

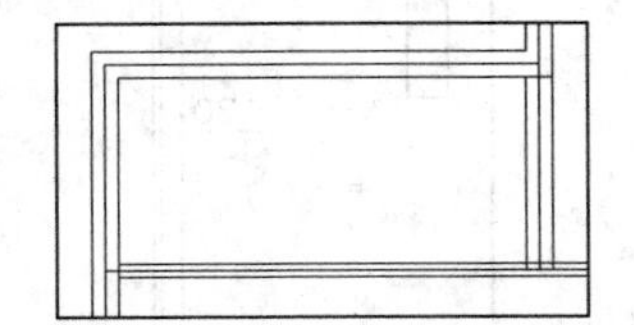
图 9-18　角点结合方式修剪图形

Step 03 继续调用 MLEDIT【编辑多线】命令，在【多线编辑工具】对话框中选择第二列第二行的【T 形打开】样例图标，然后分别单击如图 9-19 所示虚框内的多线（先单击水平多线，再单击垂直多线），得到如图 9-20 所示的修剪效果。

Step 04 继续使用其他编辑方法修剪墙体，最终结果如图 9-21 所示。

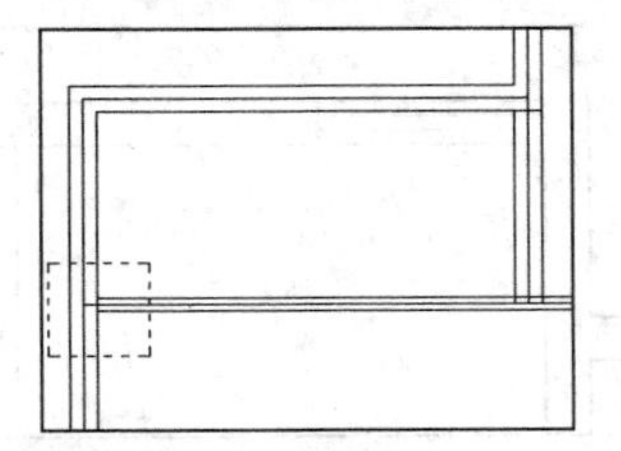
图 9-19　修剪虚框内的多线 2

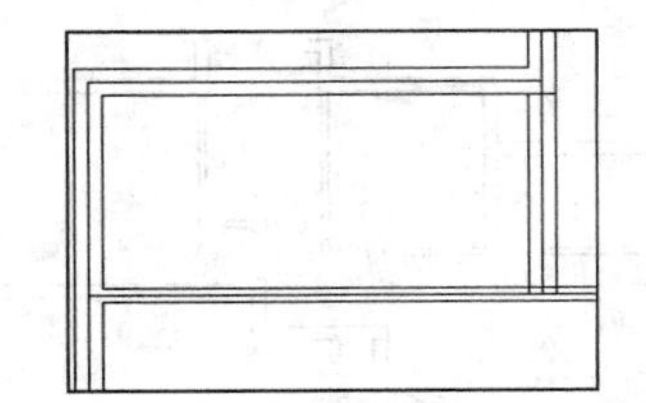
图 9-20　T 形打开方式修剪图形

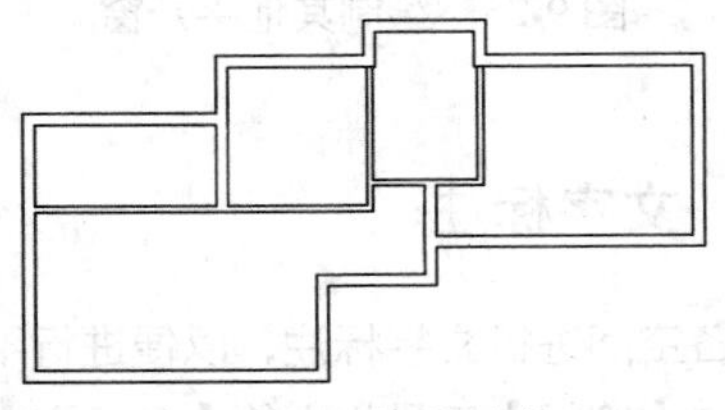
图 9-21　修剪墙体

9.2.6　绘制门窗

两居室采用的是单开门和平开窗，下面讲解绘制方法。

Step 01 开门洞和窗洞。调用 O【偏移】命令和 TR【修剪】命令，开门洞和窗洞，如图 9-22 所示。

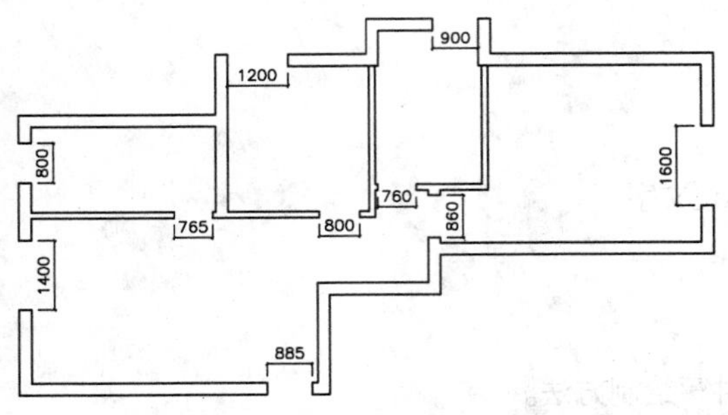

图 9-22　开门洞和窗洞

Step 02 绘制门。调用 I【插入】命令，插入【门】图块，如图 9-23 所示。

Step 03 绘制窗。调用 L【直线】命令，绘制线段连接墙体，如图 9-24 所示。

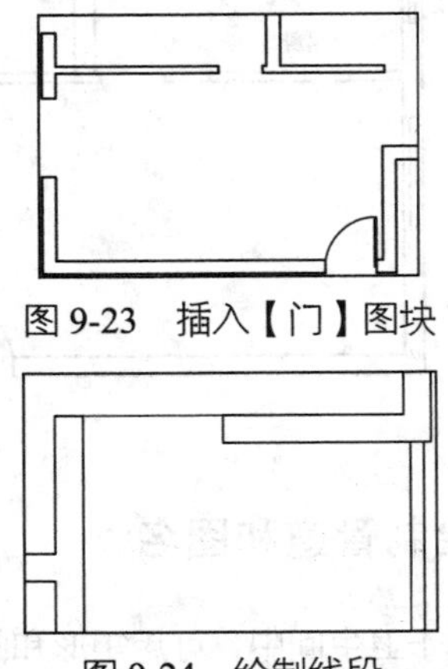
图 9-23　插入【门】图块

图 9-24　绘制线段

Step 04 调用 O【偏移】命令，连续偏移绘制的线段 3 次，偏移距离为 80，得到平开窗图形，如图 9-25 所示。

Step 05 使用同样的方法绘制其他平开窗，如图 9-26 所示。

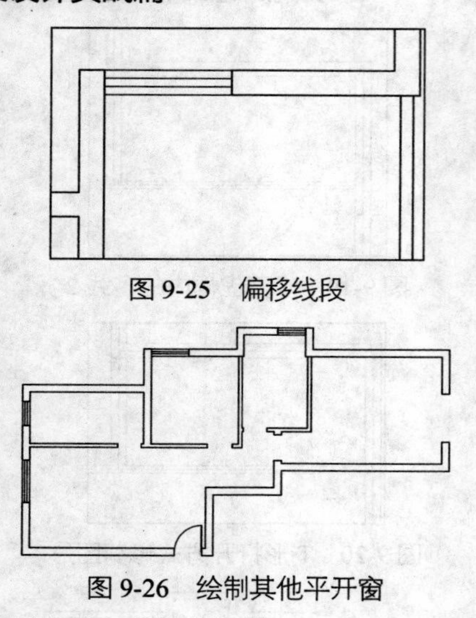

图 9-25　偏移线段

图 9-26　绘制其他平开窗

Step 06 调用 PL【多段线】命令和 O【偏移】命令，绘制栏杆，如图 9-27 所示。

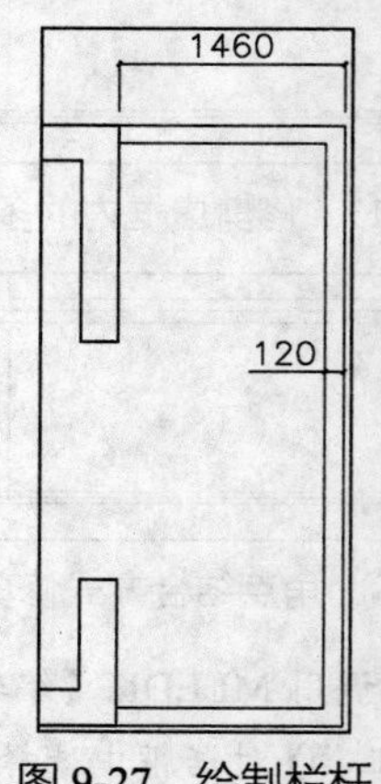

图 9-27　绘制栏杆

9.2.7 文字标注

对各空间进行文字标注，以便进行平面布置。

单击【绘图】工具栏中的【多行文字】按钮 A，标注各房间名称，如图 9-28 所示。

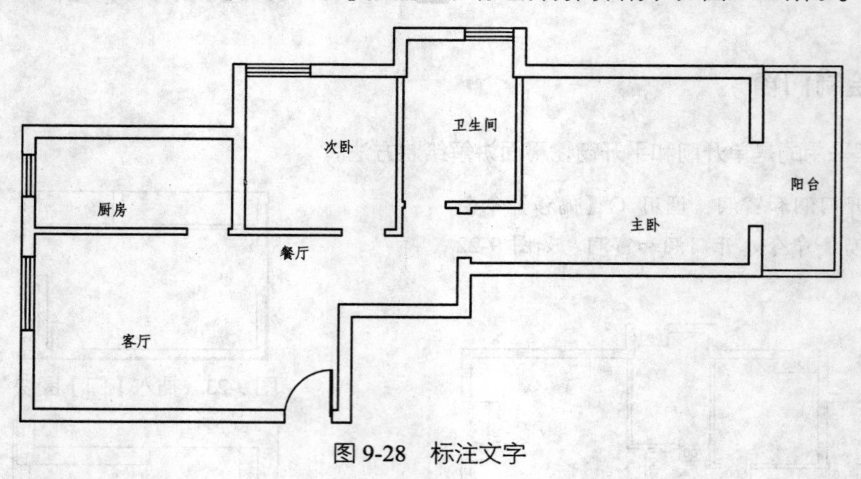

图 9-28　标注文字

9.2.8 绘制管道和图名

管道位于卫生间中，可用矩形和圆表示，下面讲解绘制方法。

Step 01 调用 REC【矩形】命令，在卫生间中绘制一个尺寸为 270×930 的矩形，如图 9-29 所示。

Step 02 调用 L【直线】命令，绘制辅助线，如图 9-30 所示。

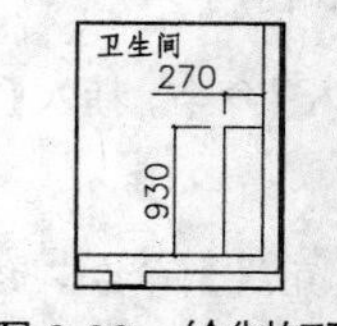

图 9-29　绘制矩形

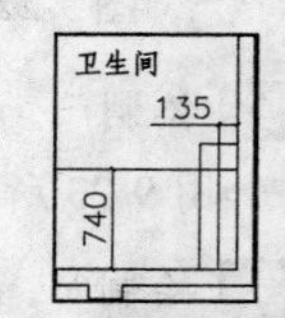

图 9-30　绘制辅助线

Step 03 调用 C【圆】命令，以辅助线的交点为圆心绘制半径为 110 的圆，然后删除辅助线，如图 9-31 所示。

Step 04 调用 CO【复制】命令，将圆向下复制，如图 9-32 所示。

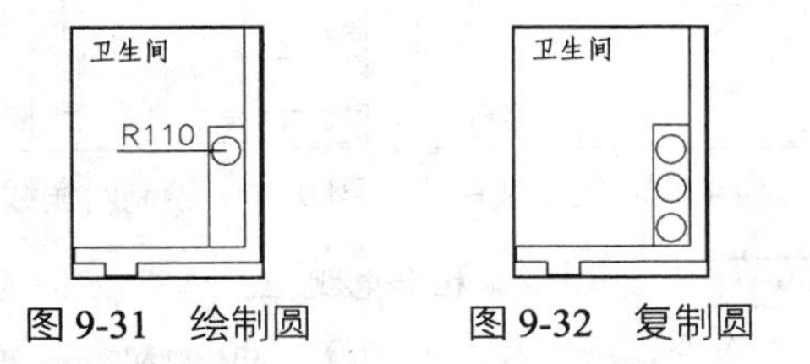

图 9-31　绘制圆　　图 9-32　复制圆

Step 05 调用 H【填充】命令，在矩形中填充【ANSI31】图案，填充参数设置和效果如图 9-33 所示。

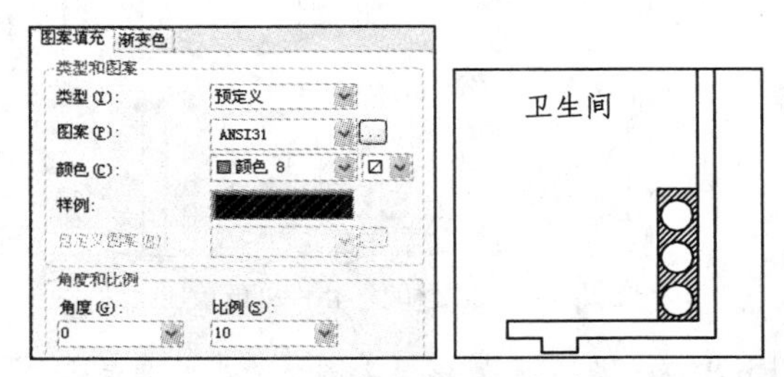

图 9-33　填充参数设置和效果

Step 06 插入图名。调用 I【插入】命令，插入【图名】图块，结果如图 9-4 所示。

9.3　绘制两居室平面布置图

如图 9-34 所示为两居室平面布置图，下面讲解绘制方法。

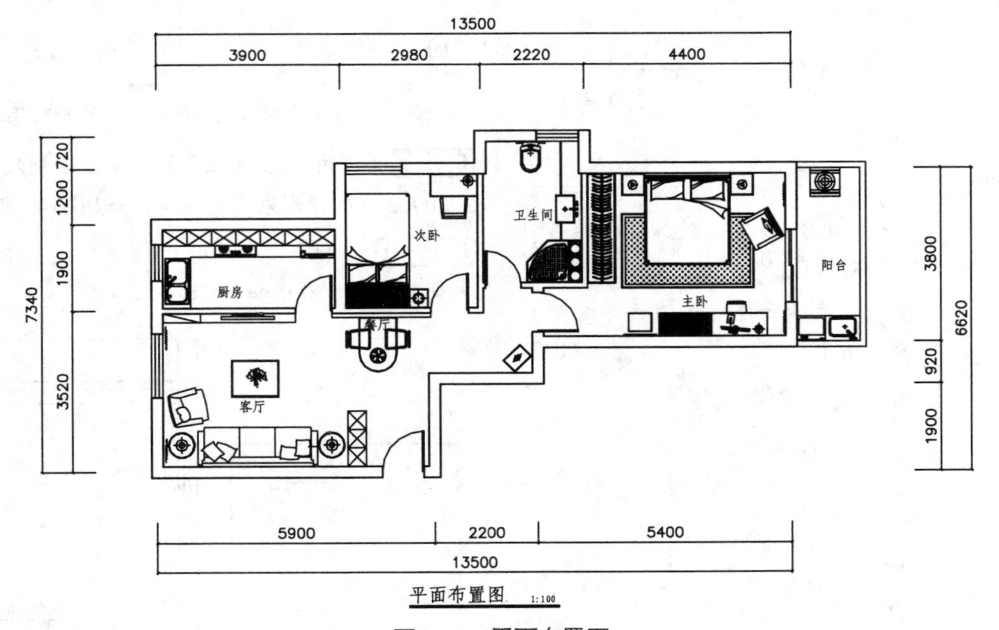

图 9-34　平面布置图

9.3.1　绘制客厅和餐厅平面布置图

如图 9-35 所示为客厅和餐厅平面布置图。

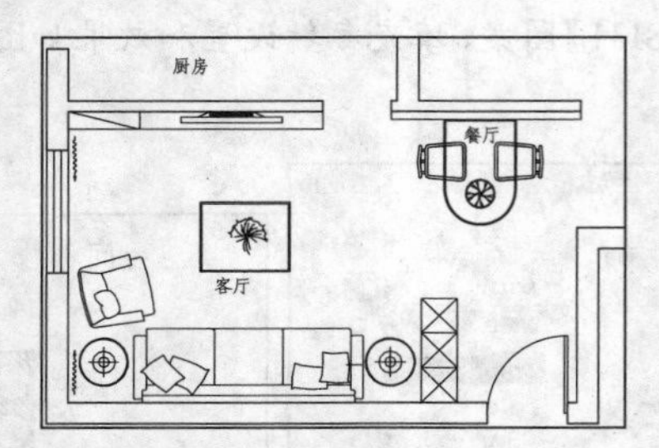

图 9-35　客厅和餐厅平面布置图

Step 01 设置【JJ_家具】图层为当前图层。

Step 02 绘制鞋柜。调用 REC【矩形】命令，绘制尺寸为 400 × 1200 的矩形，如图 9-36 所示。

Step 03 调用 X【分解】命令，对矩形进行分解。

Step 04 调用 DIV【定数等分】命令，将线段分成三等分，如图 9-37 所示。

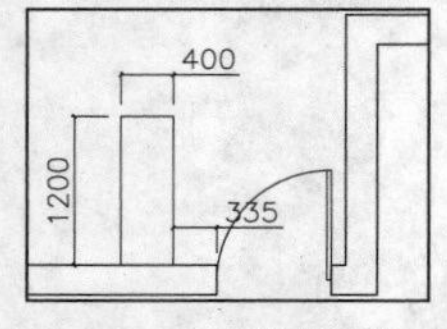

图 9-36　绘制矩形 1　　图 9-37　定数等分

专家提醒

如果看不到等分点，只需选择菜单栏中的【格式】|【点样式】命令，在打开的【点样式】对话框中选择一种特殊的点样式即可，如图 9-38 所示。

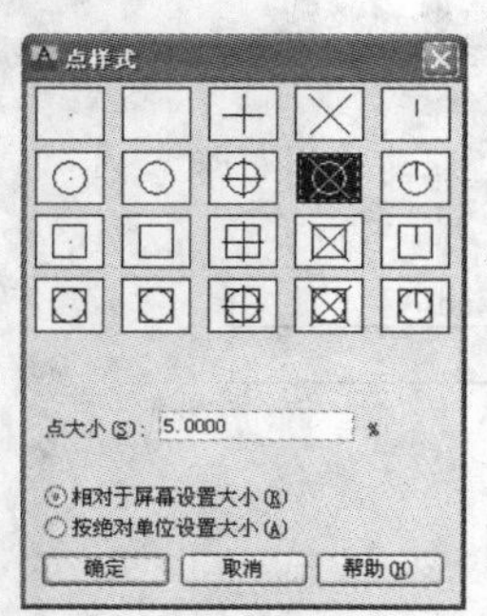

图 9-38　【点样式】对话框

Step 05 调用 L【直线】命令，以等分点为起点绘制线段，然后删除等分点，如图 9-39 所示。

Step 06 继续调用 L【直线】命令，绘制对角线，如图 9-40 所示。

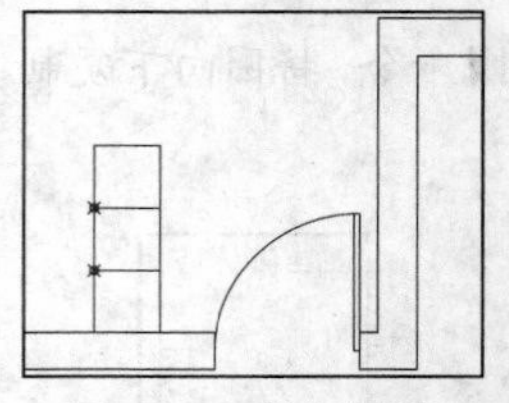

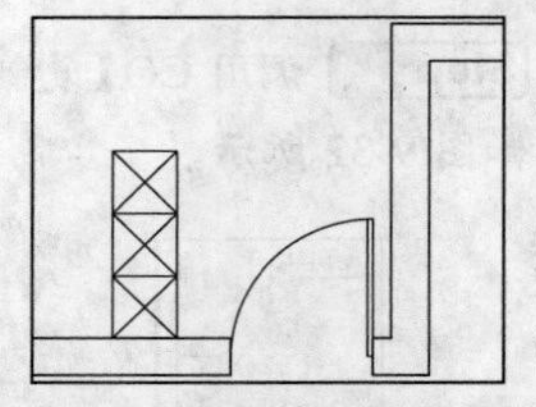

图 9-39　绘制线段　　图 9-40　绘制对角线 1

Step 07 绘制装饰柜和电视柜。调用 REC【矩形】命令，绘制尺寸为 800 × 200 的矩形，如图 9-41 所示。

Step 08 调用 L【直线】命令，在矩形中绘制一条对角线，如图 9-42 所示。

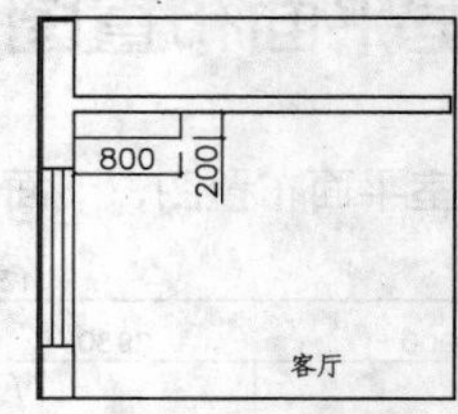

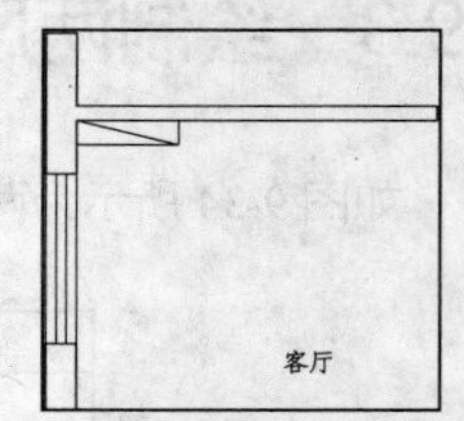

图 9-41　绘制矩形 2　　图 9-42　绘制对角线 2

Step 09 调用 REC【矩形】命令，绘制尺寸为 2030 × 200 的矩形表示电视柜，如图 9-43 所示。

Step 10 绘制窗帘。调用 PL【多段线】命令，绘制窗帘，如图 9-44 所示。

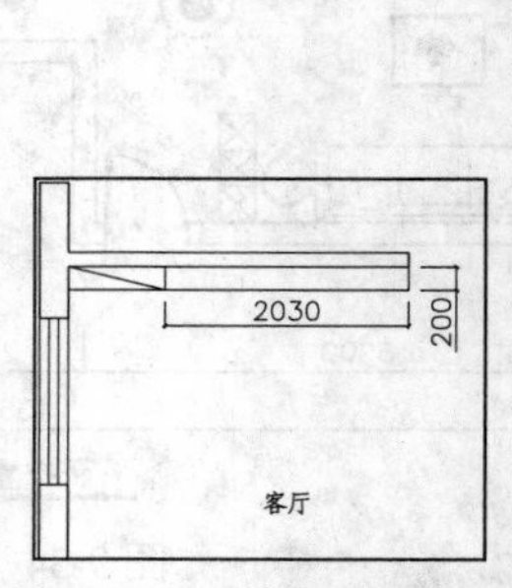

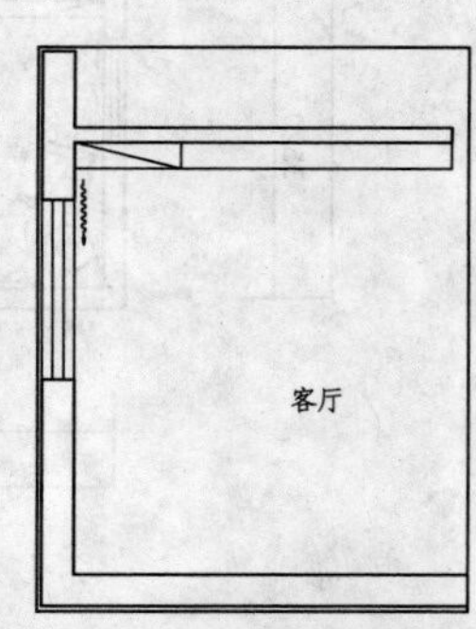

图 9-43　绘制电视柜　　图 9-44　绘制窗帘

Step 11 调用 MI【镜像】命令，对窗帘进行镜像，如图 9-45 所示。

Step 12 绘制餐厅背景墙。调用 PL【多段线】命令，绘制多段线，如图 9-46 所示。

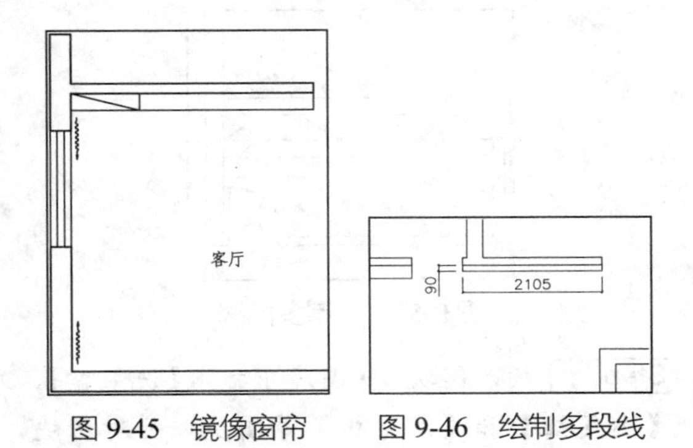

图 9-45　镜像窗帘　　图 9-46　绘制多段线

Step 13 绘制餐桌。调用 REC【矩形】命令，绘制边长为 800 的矩形，如图 9-47 所示。

Step 14 调用 C【圆】命令，绘制半径为 400 的圆，如图 9-48 所示。

Step 15 调用 TR【修剪】命令，对圆和矩形进行修剪，如图 9-49 所示。

Step 16 调用 O【偏移】命令，将矩形和半圆向内偏移 15，如图 9-50 所示。

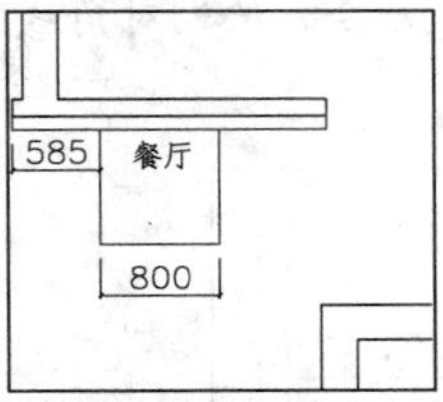

图 9-47　绘制矩形 3 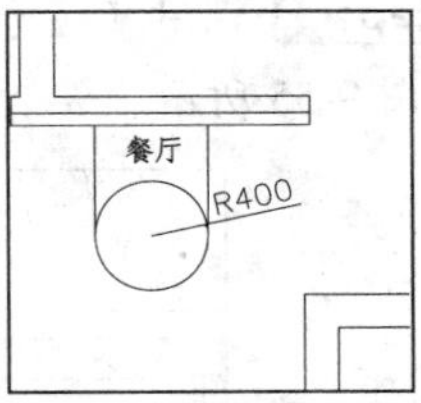　　图 9-48　绘制圆

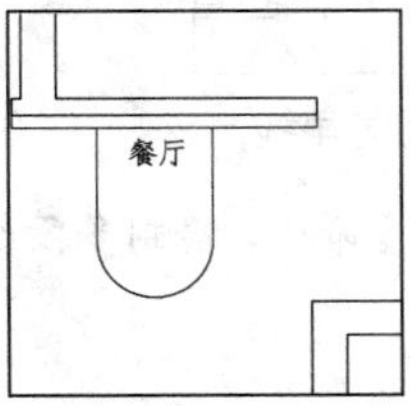

图 9-49　修剪矩形和圆 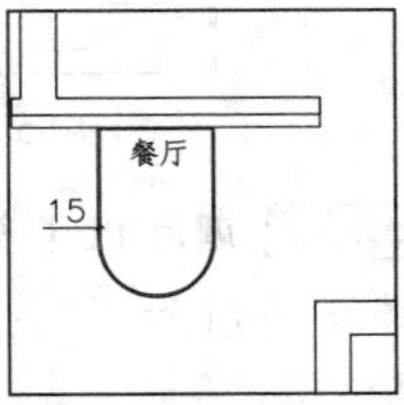　　图 9-50　偏移矩形和半圆

Step 17 插入图块。按【Ctrl+O】快捷键，打开配套光盘提供的“第 9 章\家具图例.dwg 文件”，选择其中的【电视】、【餐椅】和【沙发组】等图块，复制到客厅和餐厅区域，如图 9-35 所示。

9.3.2　绘制厨房平面布置图

两居室的厨房采用的是“L”型橱柜，如图 9-51 所示为厨房平面布置图。

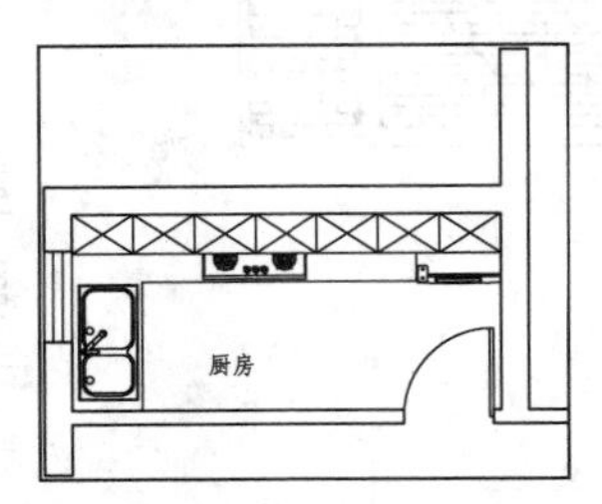

图 9-51　厨房平面布置图

Step 01 调用 I【插入】命令，插入【门】图块，如图 9-52 所示。

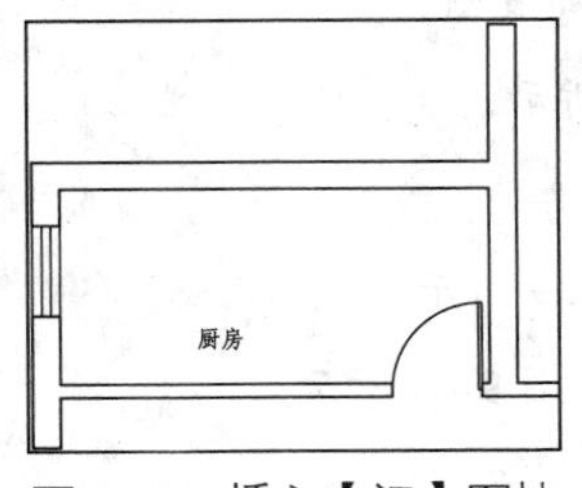

图 9-52　插入【门】图块

Step 02 绘制橱柜。调用 L【直线】命令，绘制线段，如图 9-53 所示。

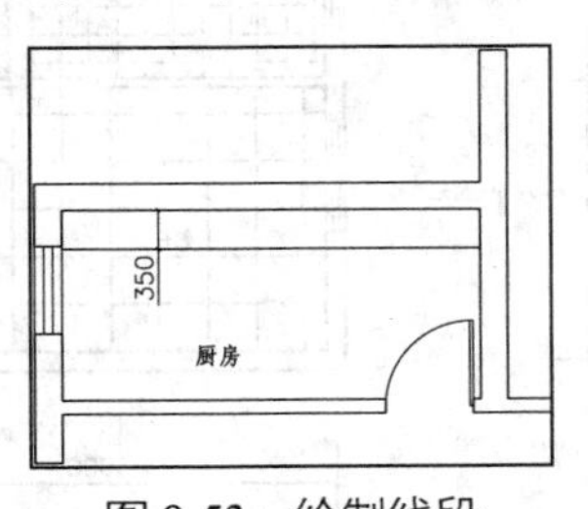

图 9-53　绘制线段

Step 03 调用 L【直线】命令和 O【偏移】命令，划分橱柜，如图 9-54 所示。

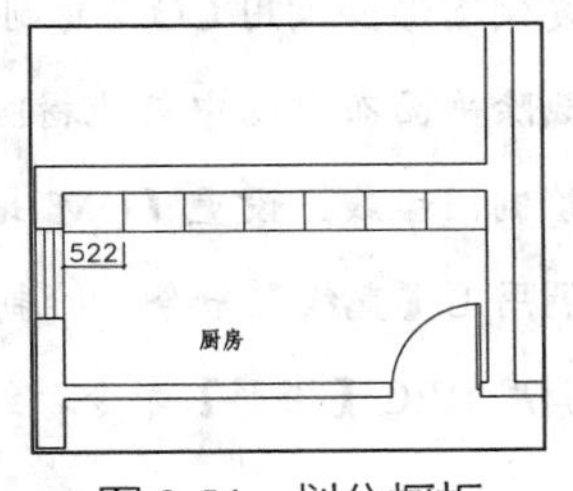

图 9-54　划分橱柜

Step 04 调用 L【直线】命令，绘制对角线，如图 9-55 所示。

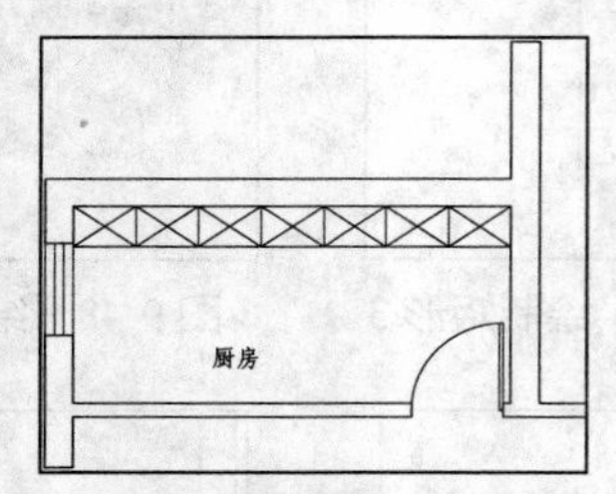

图 9-55 绘制对角线

Step 05 调用 PL【多段线】命令，绘制多段线，如图 9-56 所示。

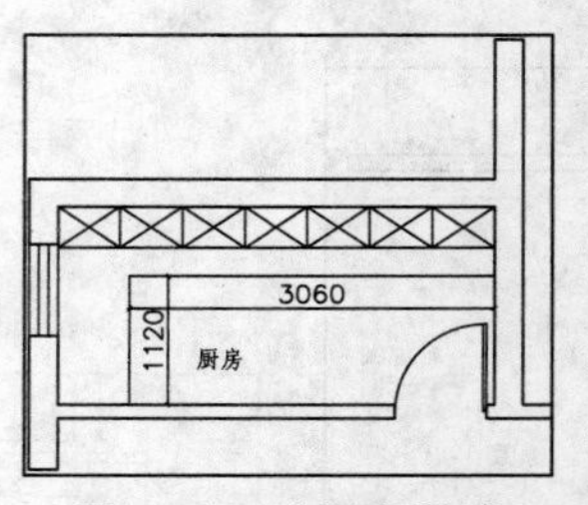

图 9-56 绘制多段线

Step 06 插入图块。从图库中插入【洗菜盆】、【燃气灶】和【消毒柜】等图块，并对图块与图形相交的位置进行修剪，结果如图 9-51 所示。

9.4 绘制两居室地材图

两居室地材图如图 9-57 所示，使用了实木地板、防滑砖、抛光地砖和仿古砖等地面材料。

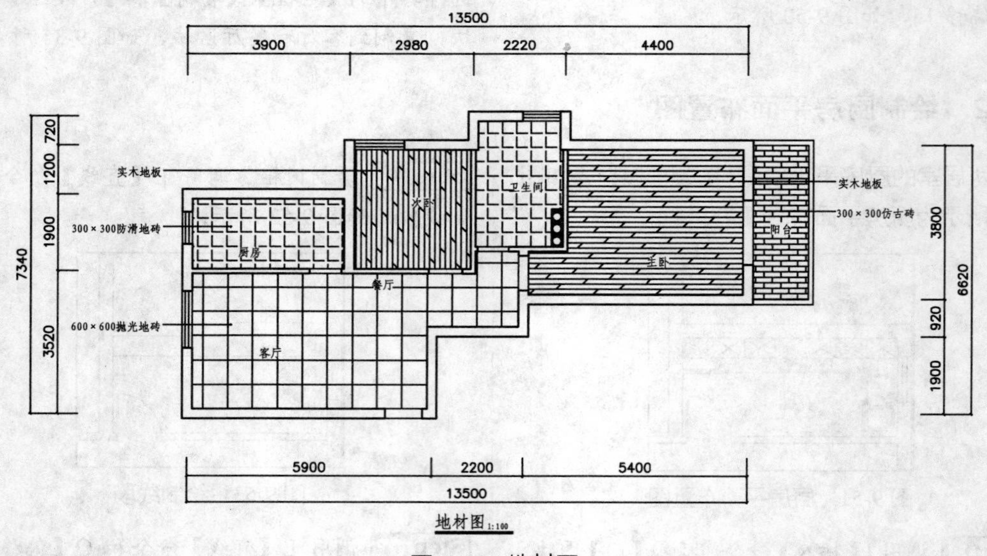

图 9-57 地材图

Step 01 复制图形。调用 CO【复制】命令，复制两居室平面布置图。

Step 02 删除平面布置图中与地材图无关的图形，如图 9-58 所示。

Step 03 绘制门槛线。设置【DM_地面】图层为当前图层。

Step 04 调用 L【直线】命令，绘制线段表示门槛线，如图 9-59 所示。

Step 05 调用 REC【矩形】命令，绘制矩形框住房间名称，如图 9-60 所示。

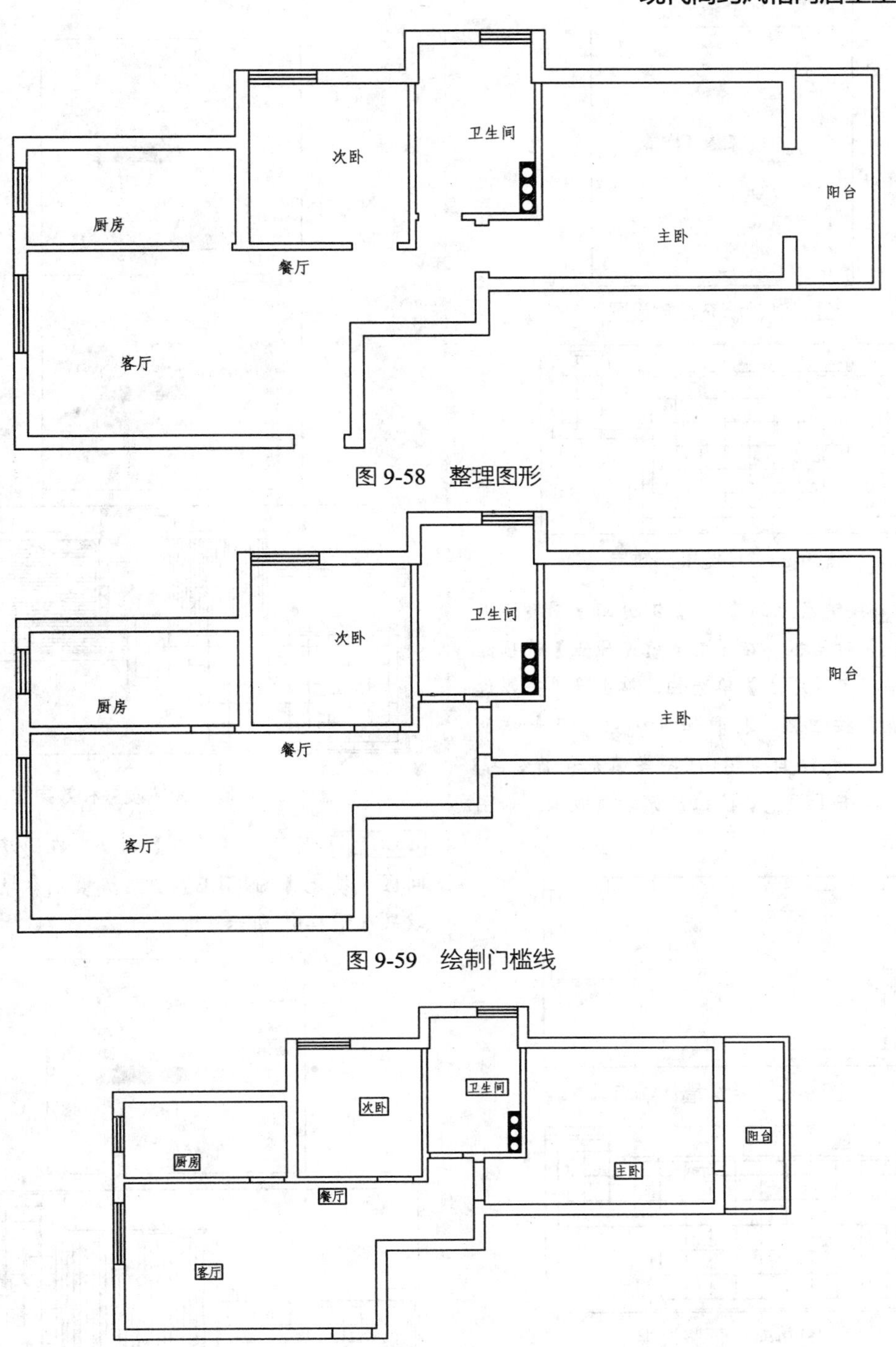

图 9-58　整理图形

图 9-59　绘制门槛线

图 9-60　绘制矩形

Step 06 填充地面图例。调用 H【填充】命令，对客厅和餐厅区域填充【用户定义】图案，填充参数设置如图 9-61 所示。单击【图案填充和渐变色】对话框中的【预览】按钮，显示当前填充效果如图 9-62 所示。此时的填充图案不符合使用的要求，如图 9-62 虚线方框所示，下面对其进行调整。

图 9-61　填充参数设置

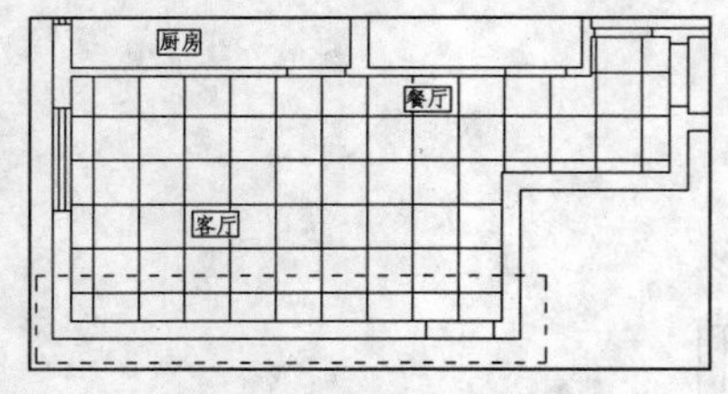

图 9-62　预览填充效果

Step 07 按键盘上的【Esc】键返回【图案填充和渐变色】对话框，在【图案填充原点】选项组中点选【指定的原点】单选钮，单击【单击以设置新原点】按钮，拾取如图 9-63 所示箭头所指墙体端点，系统自动返回【图案填充和渐变色】对话框。单击【预览】按钮预览当前效果，如图 9-64 所示。

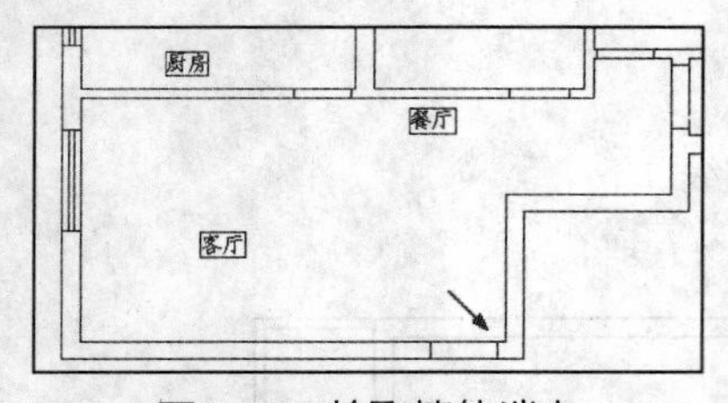

图 9-63　拾取墙体端点

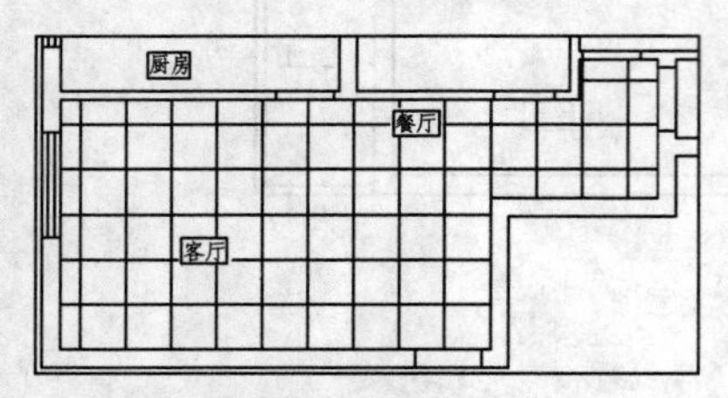

图 9-64　预览效果

Step 08 调用 H【填充】命令，在主卧和次卧区域填充【DOLMIT】图案，填充参数设置和效果如图 9-65 所示。

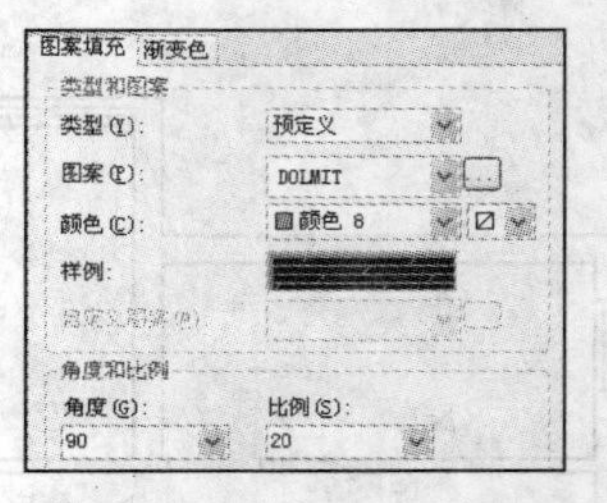

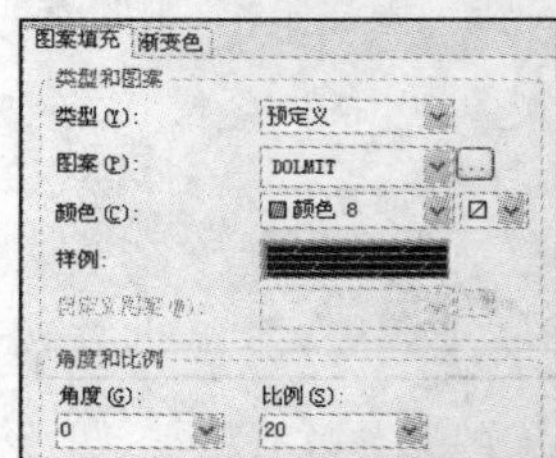

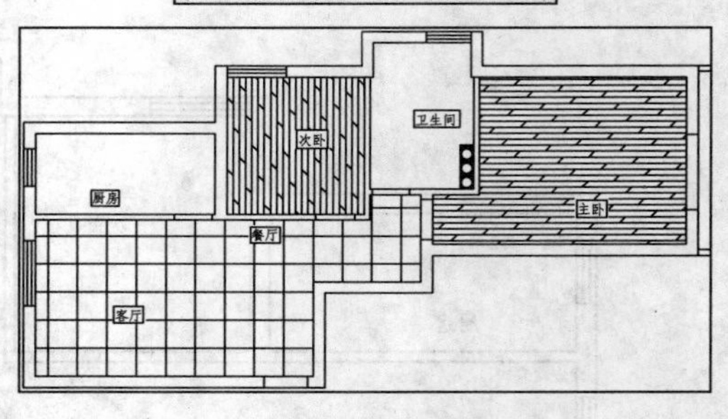

图 9-65　填充参数设置和效果 1

Step 09 调用 H【填充】命令，在厨房和卫生间区域填充【ANGLE】图案，填充参数设置和效果如图 9-66 所示。

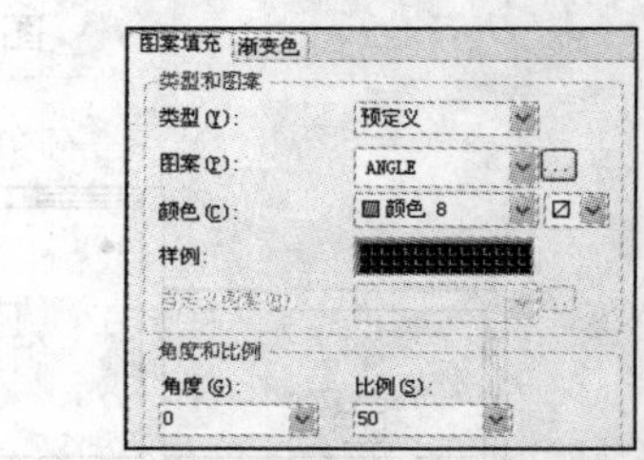

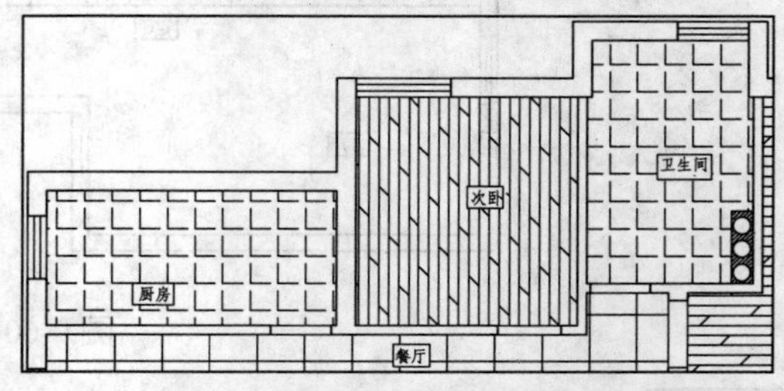

图 9-66　填充参数设置和效果 2

Step 10 调用 H【填充】命令，在主卧阳台区域填充【AR-BRSTD】图案，填充参数设置和效果如图 9-67 所示。

Step 11 填充后删除前面绘制的矩形，如图 9-68 所示。

Step 12 调用 MLD【多重引线】命令，对地面进行材料标注，绘制完成的效果如图 9-57 所示。

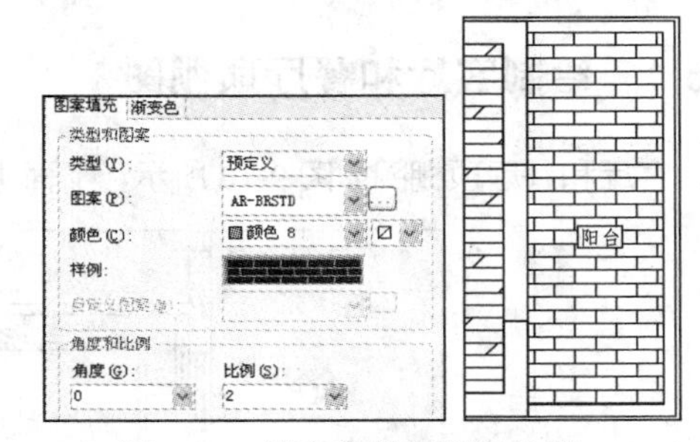

图 9-67　填充参数设置和效果 3

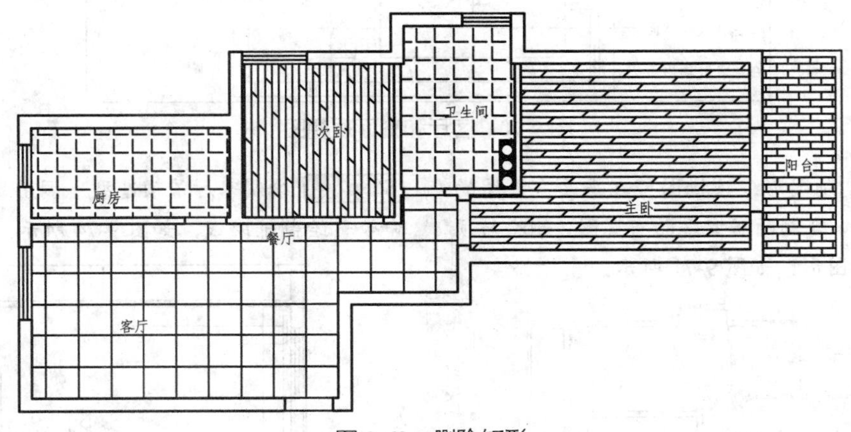

图 9-68　删除矩形

9.5　绘制两居室顶棚图

两居室顶棚图如图 9-69 所示，主要采用的材料是白色乳胶漆和铝扣板，下面讲解绘制方法。

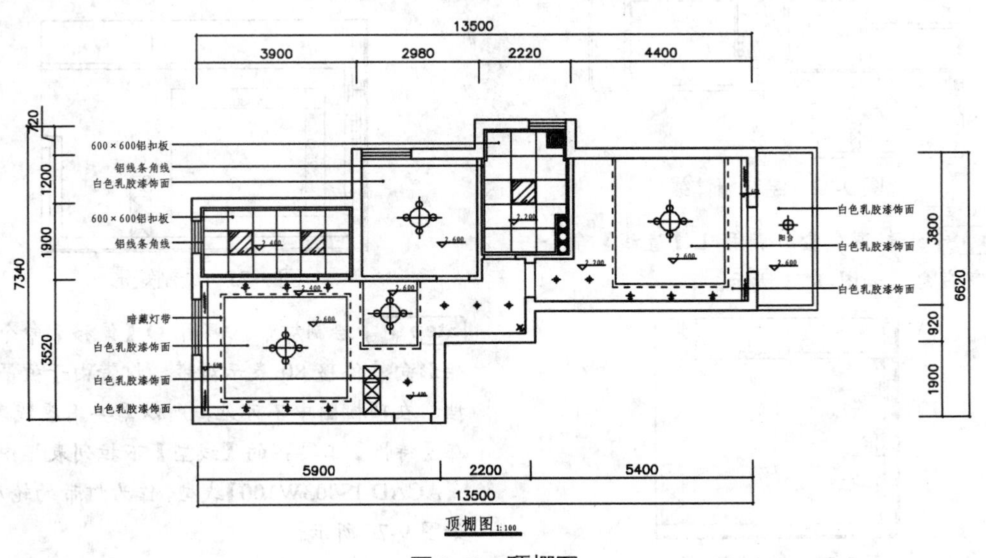

图 9-69　顶棚图

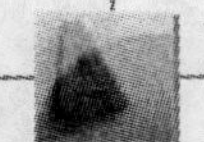

9.5.1 绘制客厅和餐厅顶棚图

客厅和餐厅顶棚图如图 9-70 所示，下面讲解绘制方法。

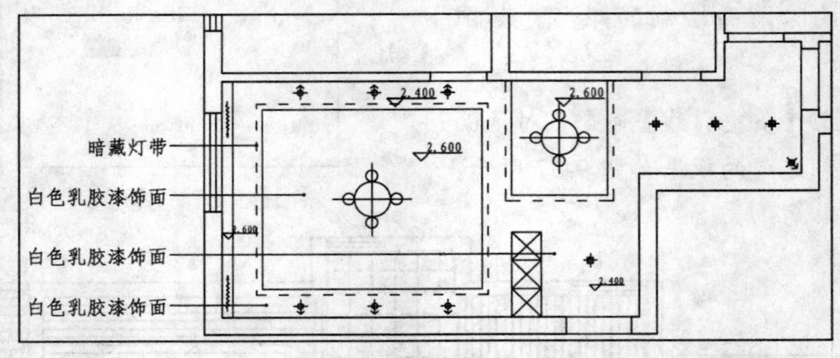

图 9-70 客厅和餐厅顶棚图

Step 01 复制图形。顶棚图可在平面布置图的基础上绘制，复制两居室平面布置图，删除与顶棚图无关的图形，如图 9-71 所示。

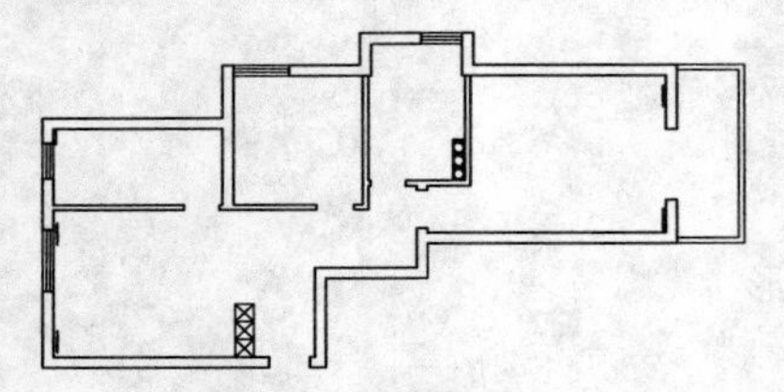

图 9-71 整理图形

Step 02 调用 L【直线】命令，在门洞处绘制墙体线，如图 9-72 所示。

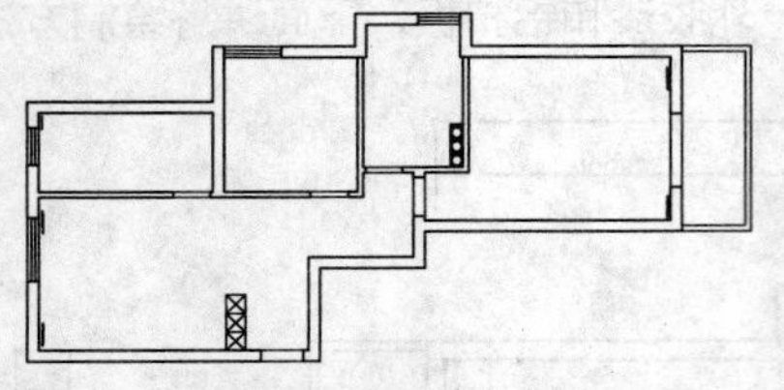

图 9-72 绘制墙体线

Step 03 绘制窗帘盒。调用 L【直线】命令，绘制窗帘盒，如图 9-73 所示。

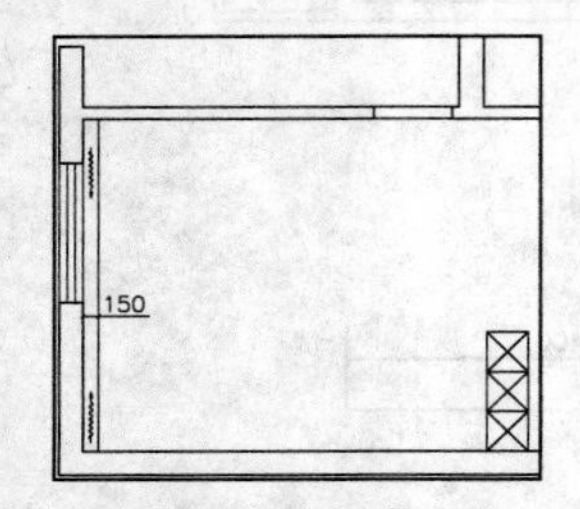

图 9-73 绘制窗帘盒

Step 04 绘制客厅吊顶造型。调用 O【偏移】命令，绘制辅助线，如图 9-74 所示。

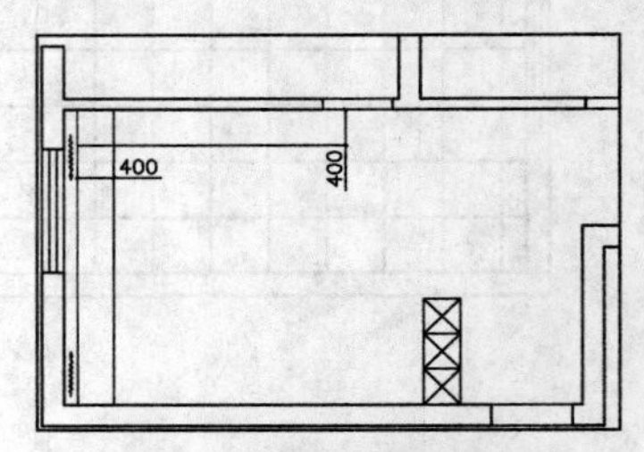

图 9-74 绘制辅助线 1

Step 05 调用 REC【矩形】命令，以辅助线的交点为矩形的第一个角点绘制尺寸为 2980 × 2540 的矩形，然后删除辅助线，如图 9-75 所示。

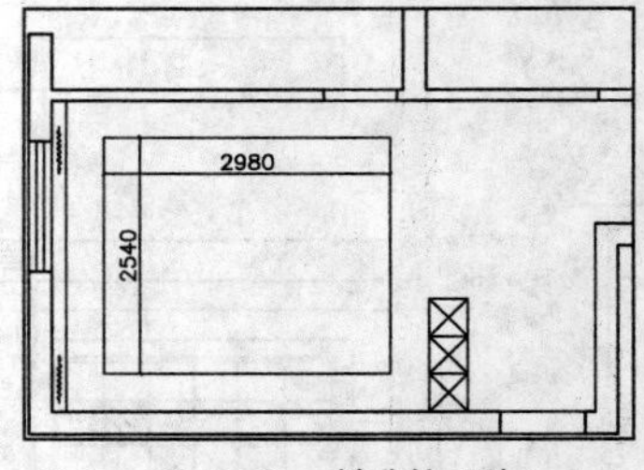

图 9-75 绘制矩形

Step 06 绘制灯带。调用 O【偏移】命令，将矩形向外偏移 80 表示灯带，灯带由于被吊顶遮挡，在顶棚图中不可见，所以需要用虚线表示。在【特性】工具栏的【线型】下拉列表框中选择【ACAD-IS003W100】线型，作为灯带的轮廓线，如图 9-76 所示。

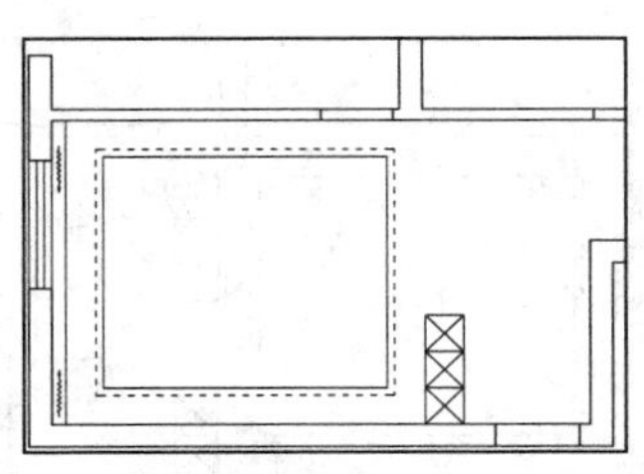

图 9-76　绘制灯带 1

Step 07 绘制餐厅吊顶造型。调用 PL【多段线】命令，绘制多段线，如图 9-77 所示。

Step 08 调用 O【偏移】命令，将多段线向外偏移 80，并设置为虚线表示灯带，如图 9-78 所示。

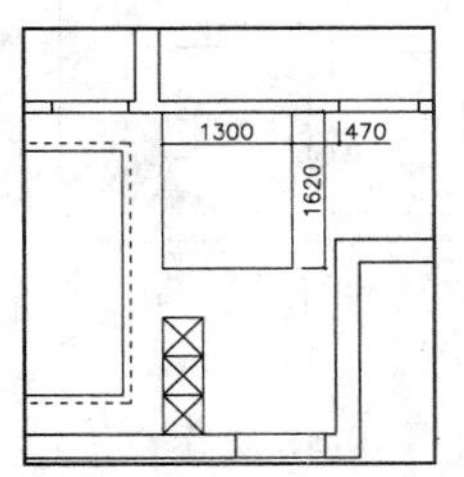

图 9-77　绘制多段线

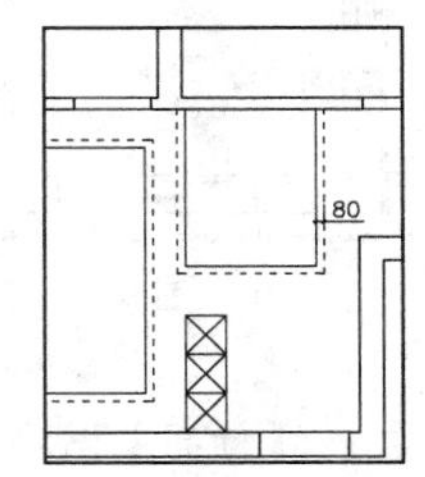

图 9-78　绘制灯带 2

Step 09 布置灯具。调用 L【直线】命令，绘制辅助线，如图 9-79 所示。

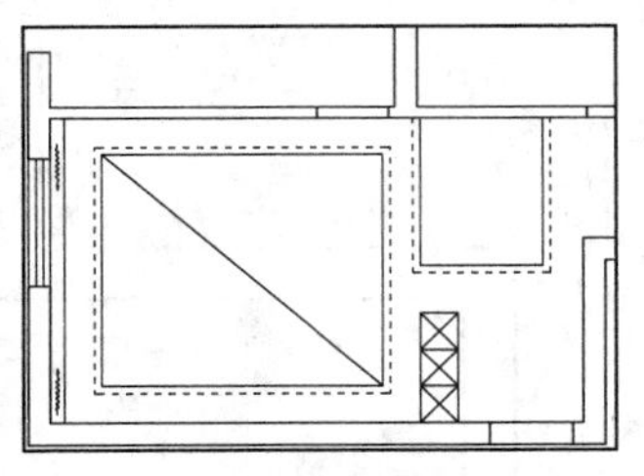

图 9-79　绘制辅助线 2

Step 10 打开配套光盘中的“第 9 章\家具图例.dwg”文件，将该文件中事先绘制好的灯具图例表（见图 9-80）复制到本图中。

名称	图例
吊灯	
吸顶灯	
吸顶灯	
射灯	
石英角度射灯	
排气扇	

图 9-80　图例表

Step 11 选择灯具图例表中的吊灯图形，调用 CO【复制】命令，将吊灯复制到客厅顶棚图中，注意吊灯中心点与辅助线中点对齐，然后删除辅助线，如图 9-81 所示。

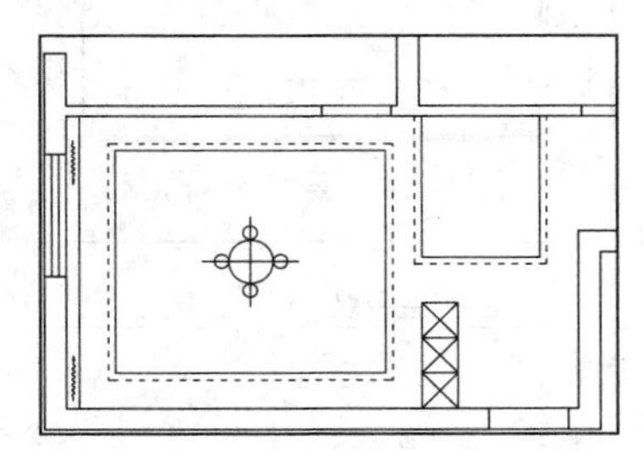

图 9-81　复制灯具

Step 12 使用同样的方法布置餐厅的吊灯，如图 9-82 所示。

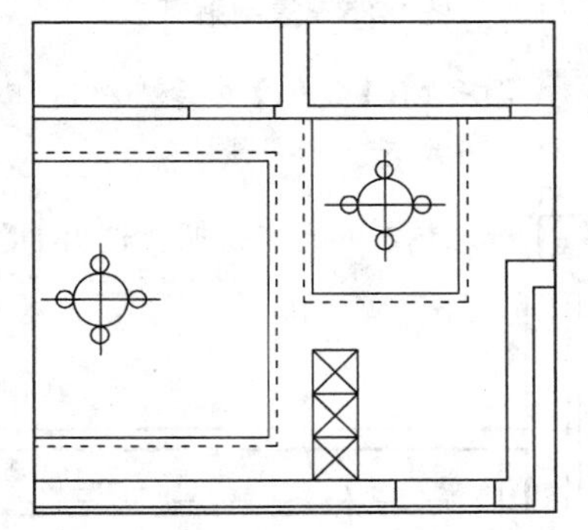

图 9-82　布置餐厅灯具

Step 13 布置射灯。调用 O【偏移】命令，绘制辅助线，如图 9-83 所示。

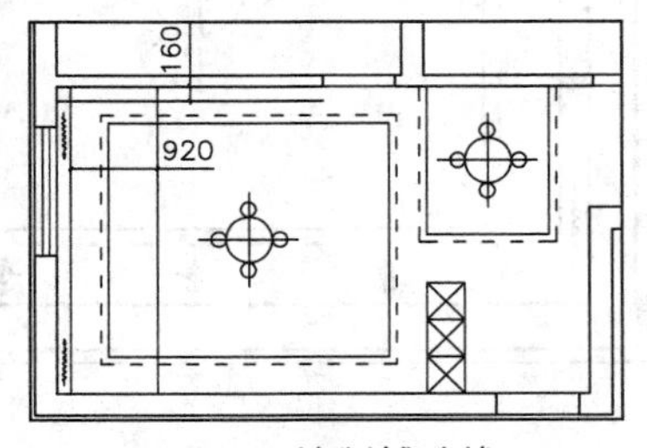

图 9-83　绘制辅助线 3

Step 14 调用 CO【复制】命令，复制射灯图形，使其的中心点与辅助线的交点对齐，然后删除辅助线，如图 9-84 所示。

Step 15 调用 CO【复制】命令，将射灯向右复制，如图 9-85 所示。

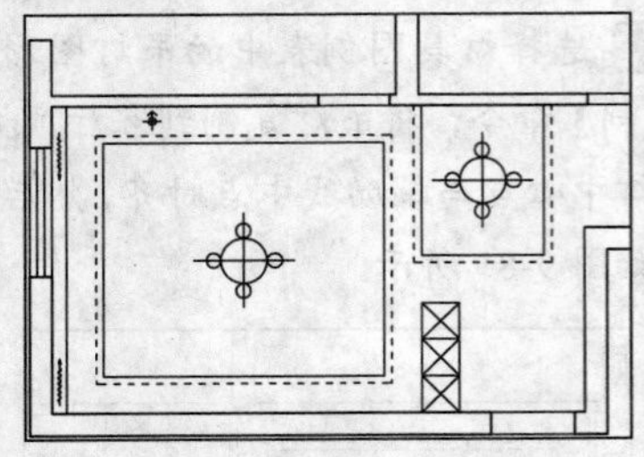
图9-84　复制射灯1

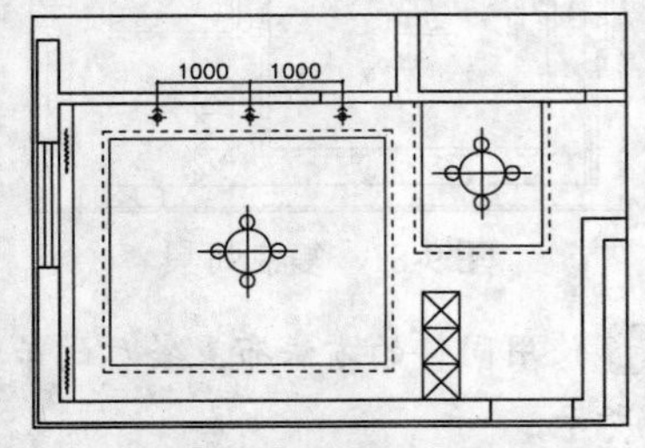

图9-85　复制射灯2

Step 16 调用MI【镜像】命令，对射灯进行镜像，如图9-86所示。

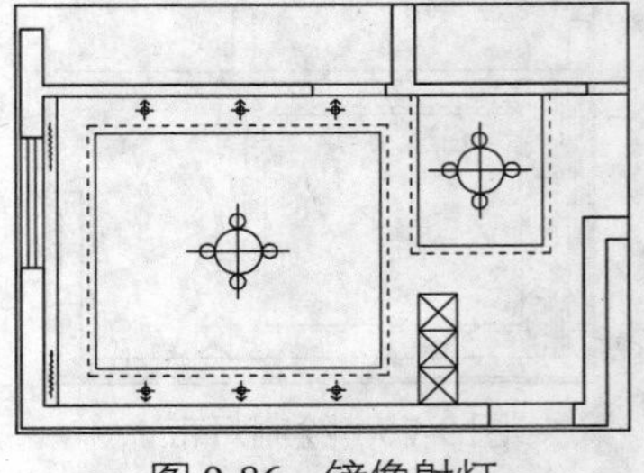
图9-86　镜像射灯

Step 17 使用同样的方法布置其他灯具，如图9-87所示。

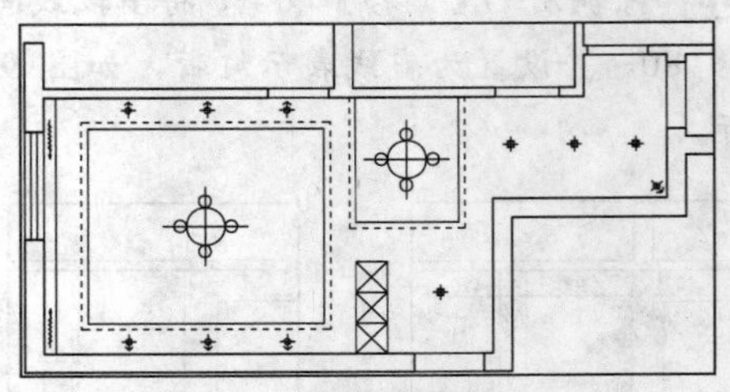
图9-87　布置其他灯具

Step 18 标注标高和文字说明。调用I【插入】命令，插入【标高】图块，如图9-88所示。

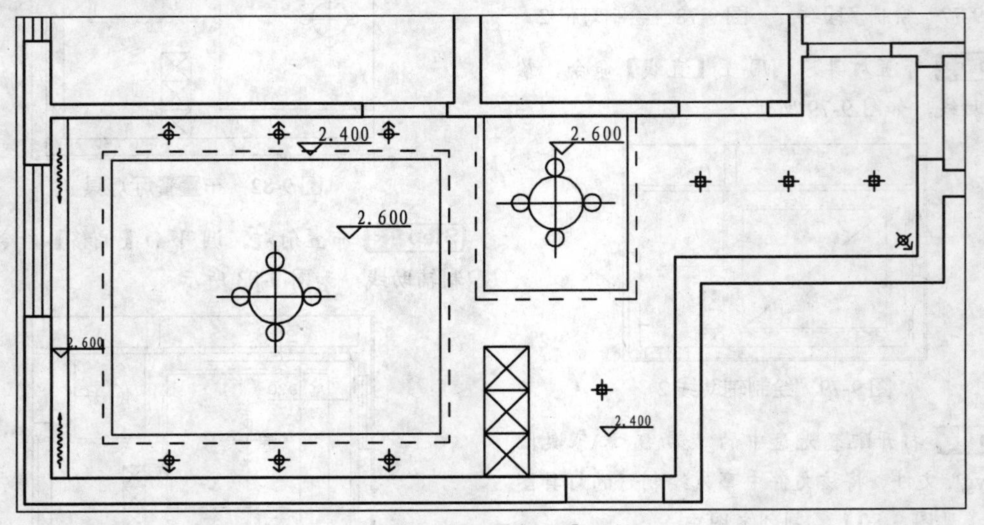

图9-88　插入【标高】图块

Step 19 调用MLD【多重引线】命令，对顶面材料进行文字说明，最终结果如图9-70所示。

9.5.2　绘制厨房顶棚图

厨房的顶面是600×600铝扣板吊顶，属于无造型悬吊式顶棚。由于没有造型，可以直接用图案表示出顶面材料和分格，并不布置灯具、标注标高和文字说明，如图9-89所示。

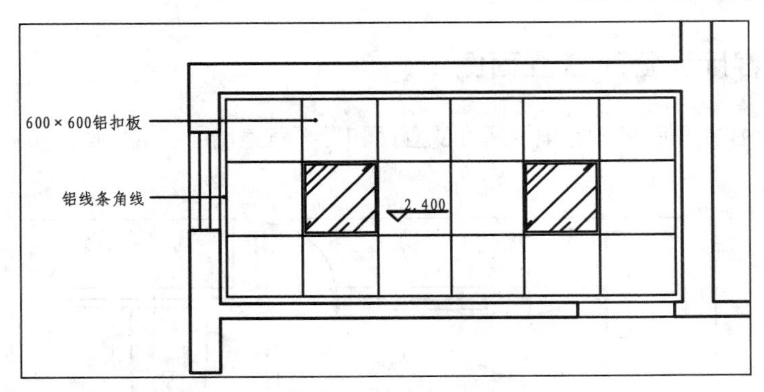

图 9-89　厨房顶棚图

Step 01 绘制角线。调用 REC【矩形】命令，绘制矩形，然后将矩形向内偏移 55，如图 9-90 所示。

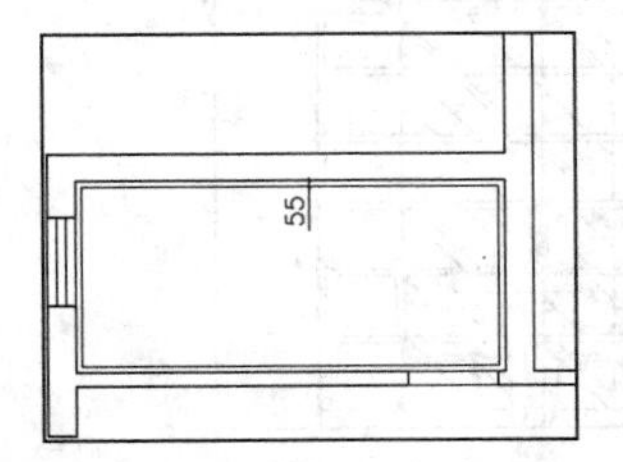

图 9-90　绘制并偏移矩形

Step 02 填充图案。调用 H【填充】命令，对厨房顶棚填充【用户定义】图案，效果如图 9-91 所示。

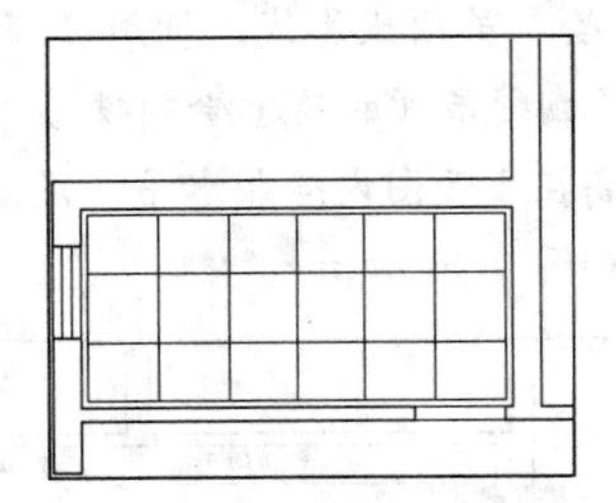
图 9-91　填充图案

Step 03 布置灯具。为方便捕捉灯具，调用 X【分解】命令，分解填充的图案。

Step 04 调用 CO【复制】命令，复制吸顶灯到顶棚图中，如图 9-92 所示。

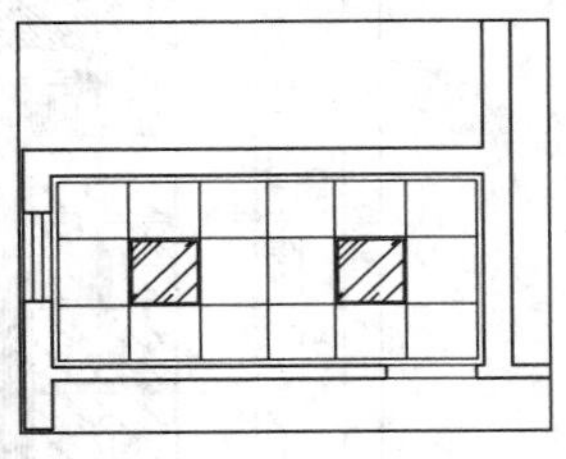
图 9-92　复制灯具

Step 05 标注标高和文字说明。调用 I【插入】命令，插入【标高】图块，如图 9-93 所示。

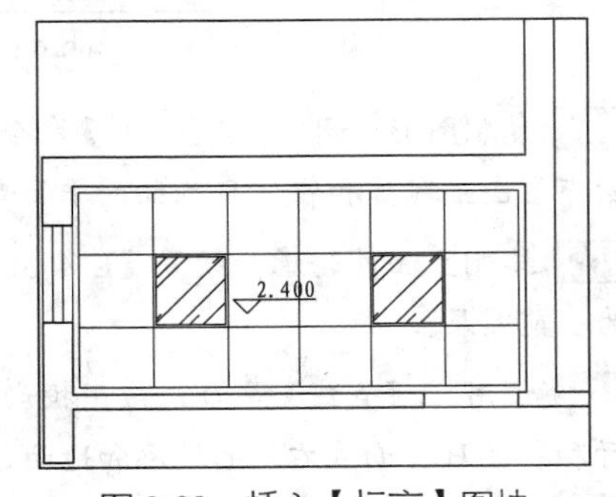

图 9-93　插入【标高】图块

Step 06 调用 MLD【多重引线】命令，对顶面材料进行文字说明，绘制结果如图 9-89 所示。

9.6　绘制两居室立面图

本节以客厅、餐厅、主卧和次卧立面为例，介绍立面图的画法。

9.6.1 绘制客厅和餐厅 B 立面图

客厅和餐厅 B 立面图是客厅电视所在的立面和餐桌背景墙所在的立面，如图 9-94 所示，下面讲解绘制方法。

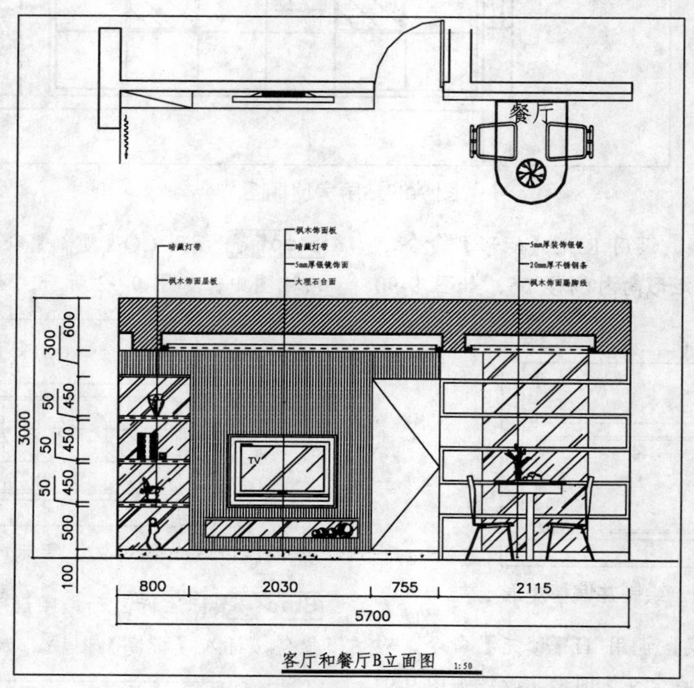

图 9-94 客厅和餐厅 B 立面图

Step 01 复制图形。调用 CO【复制】命令，复制平面布置图上客厅和餐厅 B 立面的平面部分。

Step 02 绘制立面外轮廓。设置【LM_立面】图层为当前图层。

Step 03 调用 L【直线】命令，应用投影法绘制客厅和餐厅 B 立面左右侧的轮廓和地面，如图 9-95 所示。

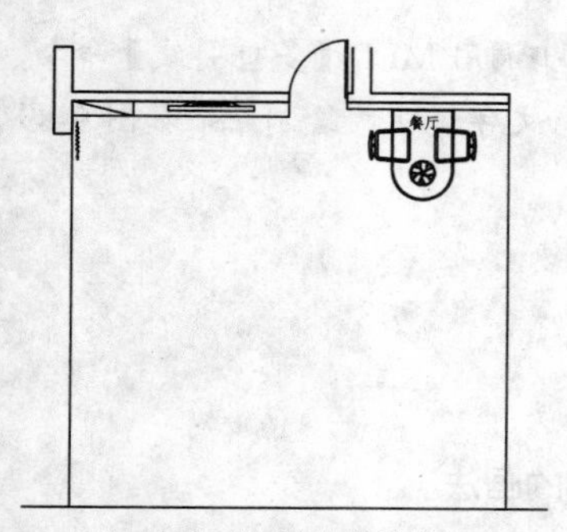

图 9-95 绘制墙体和地面

Step 04 绘制吊顶投影线。调用 L【直线】命令，按照顶棚图吊顶的轮廓绘制投影线，再根据吊顶的标高在立面图内绘制水平线段，以确定吊顶位置，如图 9-96 所示。

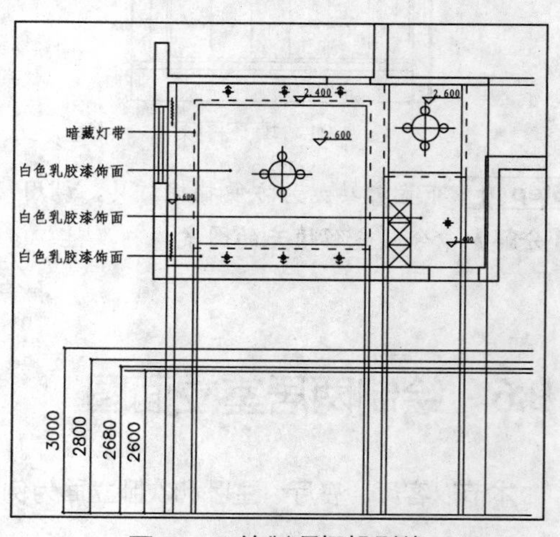

图 9-96 绘制顶棚投影线

Step 05 调用 TR【修剪】命令，修剪出吊顶轮廓，并将外轮廓线转换至【QT_墙体】图层，如图 9-97 所示。

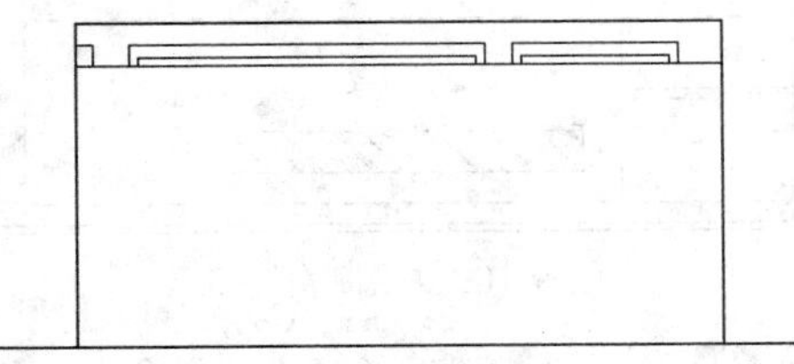

图 9-97 修剪轮廓

Step 06 绘制板材。吊顶板材的厚度是 12，调用 O【偏移】命令，偏移轮廓线，偏移后进行修剪，如图 9-98 所示。

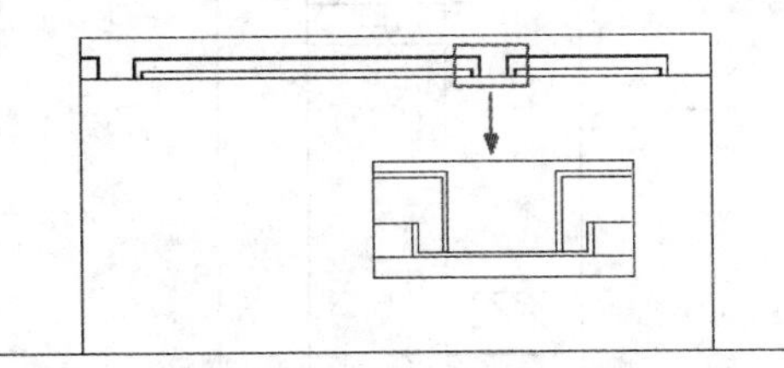

图 9-98 绘制板材

Step 07 绘制灯带。调用 L【直线】命令，绘制线段，并设置为虚线表示灯带，如图 9-99 所示。

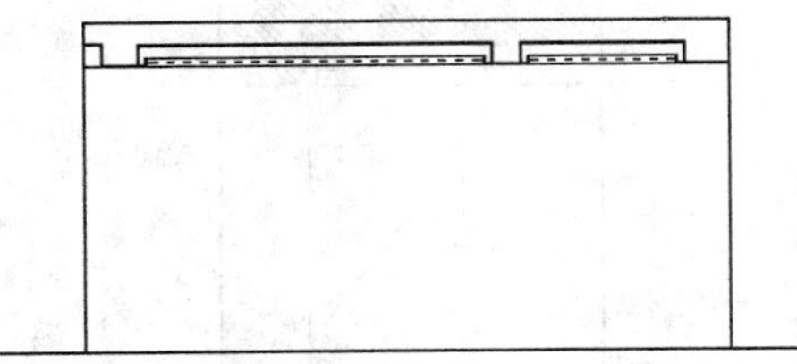

图 9-99 绘制灯带 1

Step 08 填充吊顶。调用 H【填充】命令，在吊顶区域填充【ANSI31】图案，填充参数设置和效果如图 9-100 所示。

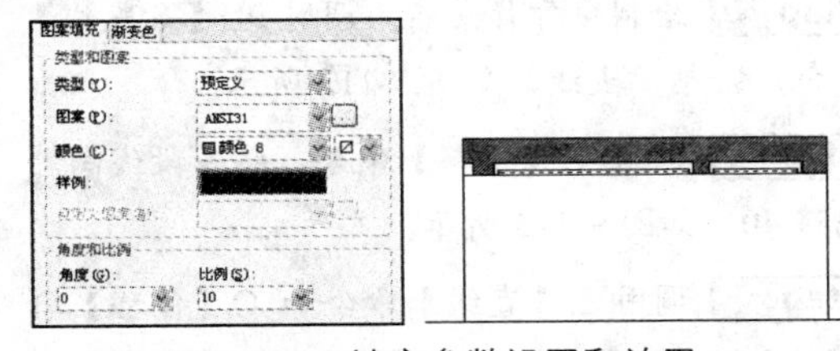

图 9-100 填充参数设置和效果 1

Step 09 调用 L【直线】命令，绘制线段划分区域，如图 9-101 所示。

Step 10 绘制台面。调用 L【直线】命令，绘制线段，如图 9-102 所示。

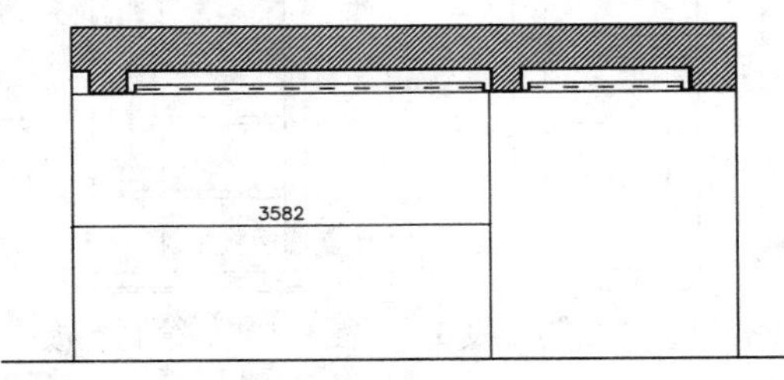

图 9-101 绘制线段 1

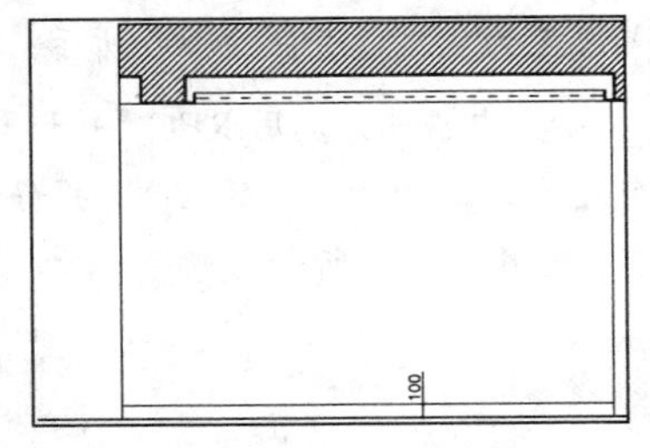

图 9-102 绘制线段 2

Step 11 调用 H【填充】命令，对台面填充【AR-CONC】图案，填充参数设置和效果如图 9-103 所示。

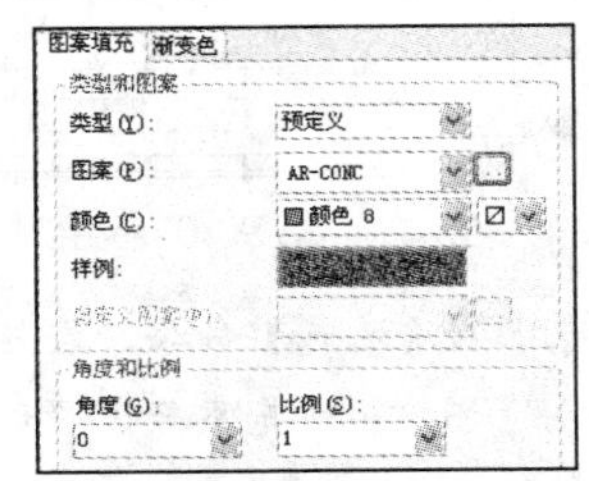

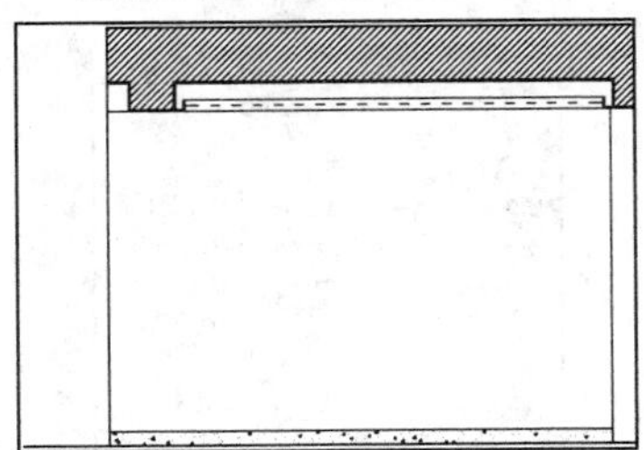

图 9-103 填充参数设置和效果 2

Step 12 绘制装饰柜。调用 L【直线】命令，绘制线段，如图 9-104 所示。

Step 13 调用 L【直线】命令和 O【偏移】命

令，绘制层板，如图 9-105 所示。

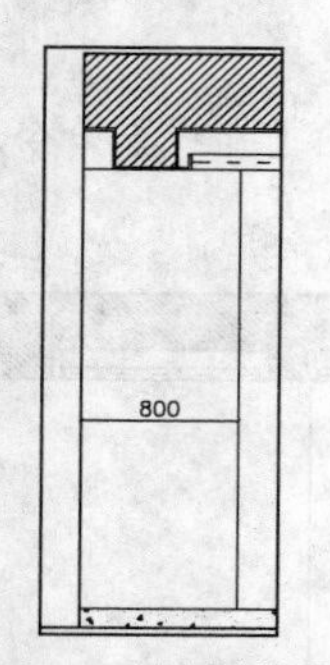

图 9-104　绘制线段 3

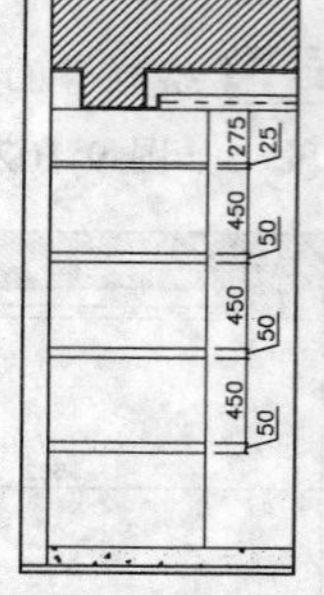

图 9-105　绘制层板

Step 14 调用 O【偏移】命令，通过偏移得到灯带，并设置为虚线，如图 9-106 所示。

Step 15 绘制电视柜。调用 REC【矩形】命令，绘制一个尺寸为 1700×200 的矩形，并移动到相应的位置，如图 9-107 所示。

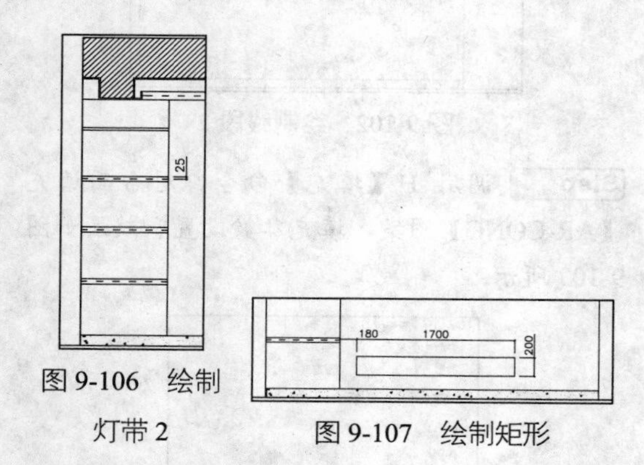

图 9-106　绘制灯带 2

图 9-107　绘制矩形

Step 16 调用 H【填充】命令，在矩形中填充【AR-RROOF】图案，填充参数设置和效果如图 9-108 所示。

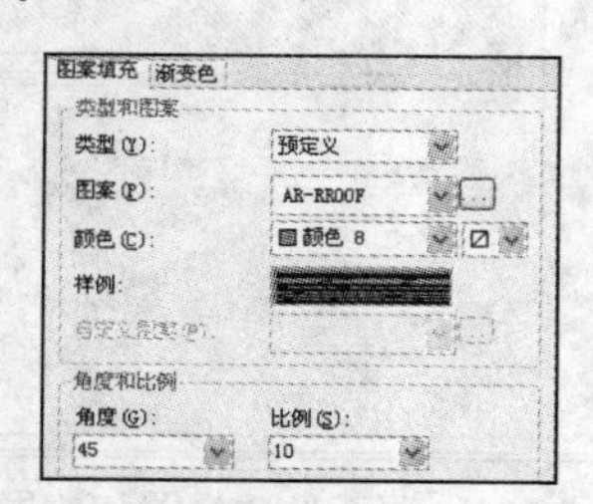

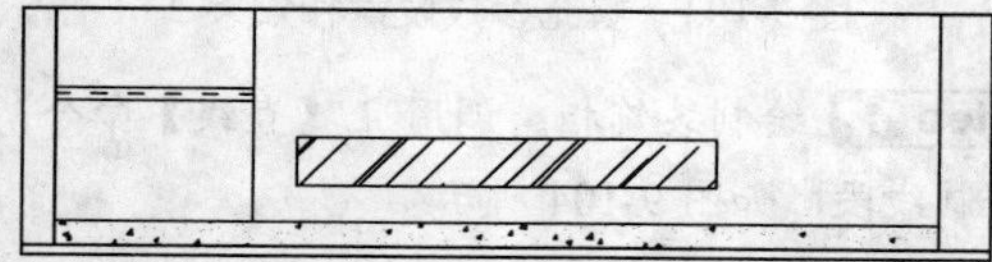

图 9-108　填充参数设置和效果 3

Step 17 调用 L【直线】命令，在矩形上方绘制一条线段，并设置为虚线表示灯带，如图 9-109 所示。

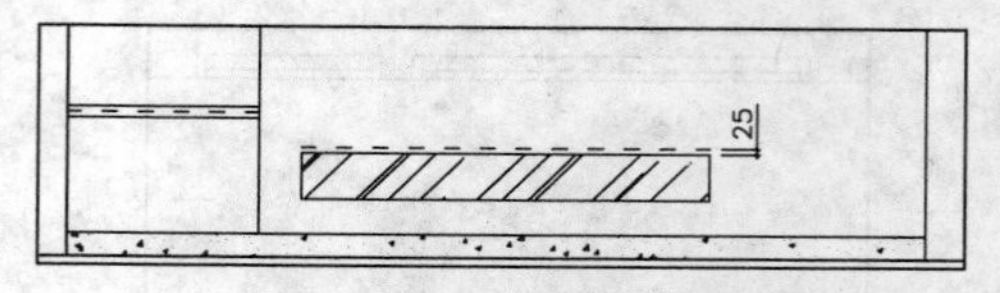

图 9-109　绘制灯带 3

Step 18 绘制门。调用 L【直线】命令，绘制线段，如图 9-110 所示。

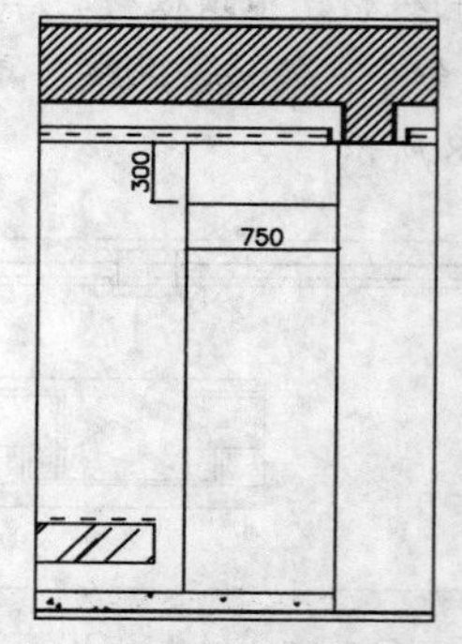

图 9-110　绘制线段 4

Step 19 继续调用 PL【多段线】命令，绘制多段线表示门开启方向，如图 9-111 所示。

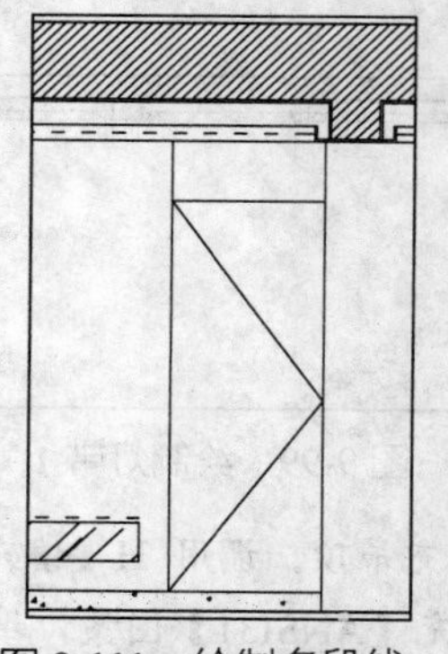

图 9-111　绘制多段线 1

Step 20 绘制餐厅背景墙。调用 PL【多段线】命令，绘制多段线，如图 9-112 所示。

Step 21 调用 O【偏移】命令，将多段线向外偏移 40，如图 9-113 所示。

Step 22 调用 L【直线】命令和 O【偏移】命令，绘制并偏移线段，如图 9-114 所示。

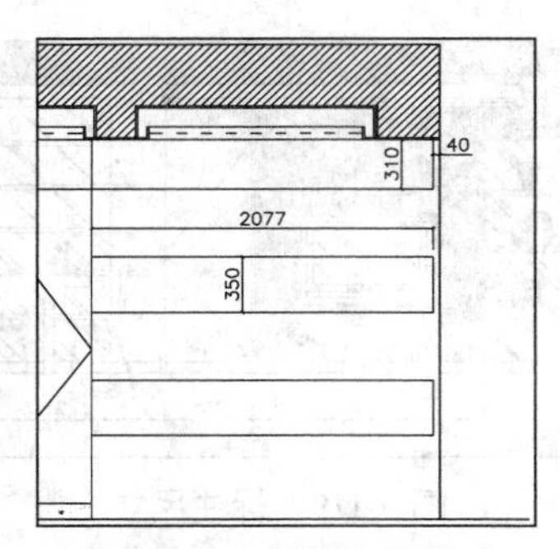

图 9-112 绘制多段线 2

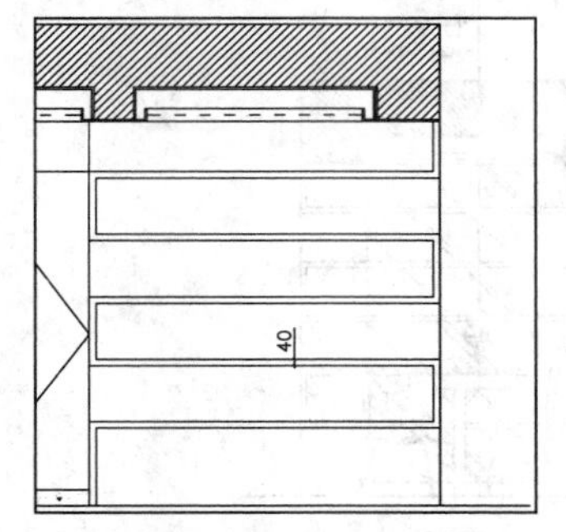

图 9-113 偏移多段线

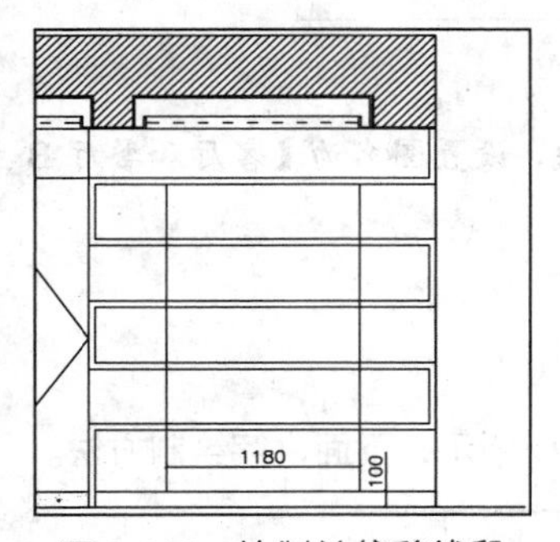

图 9-114 绘制并偏移线段

Step 23 调用 TR【修剪】命令，对图形相交的部分进行修剪，如图 9-115 所示。

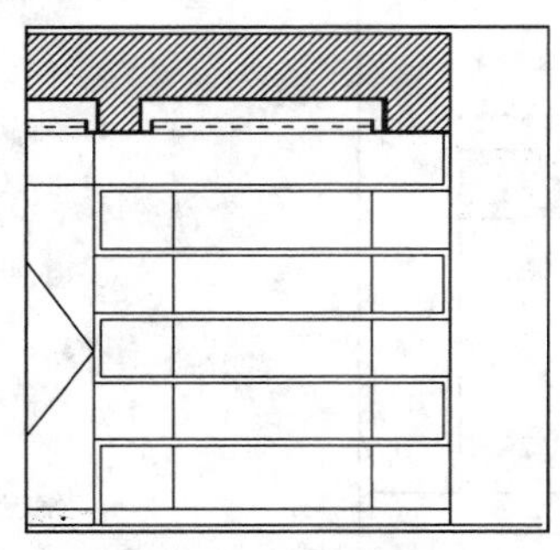
图 9-115 修剪图形

Step 24 插入图块。按【Ctrl+O】快捷键，打开配套光盘中的“第 9 章\家具图例.dwg”文件，选择其中的【装饰品】、【电视】、【灯具】和【餐桌椅】等图块至客厅和餐厅立面区域，并对图形相交的部分进行修剪，如图 9-116 所示。

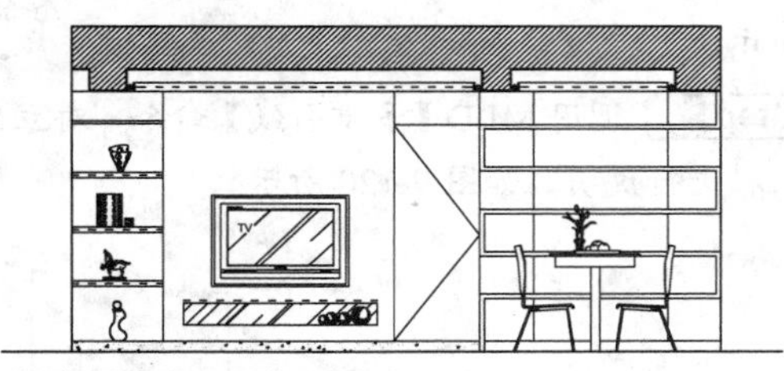

图 9-116 插入图块

Step 25 填充墙面。调用 H【填充】命令，对电视背景墙填充【BRASS】图案，填充参数设置和效果如图 9-117 所示。

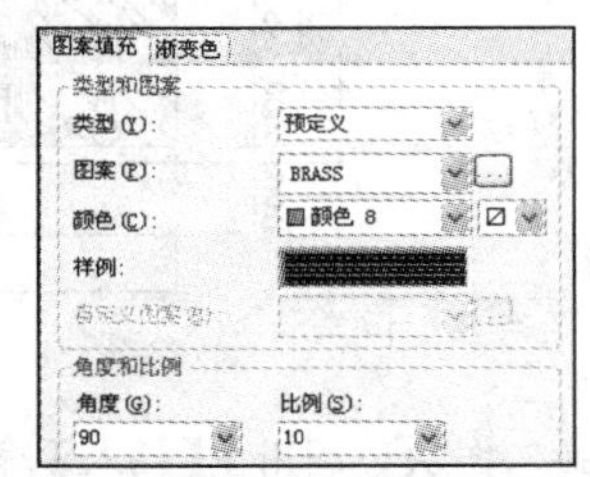

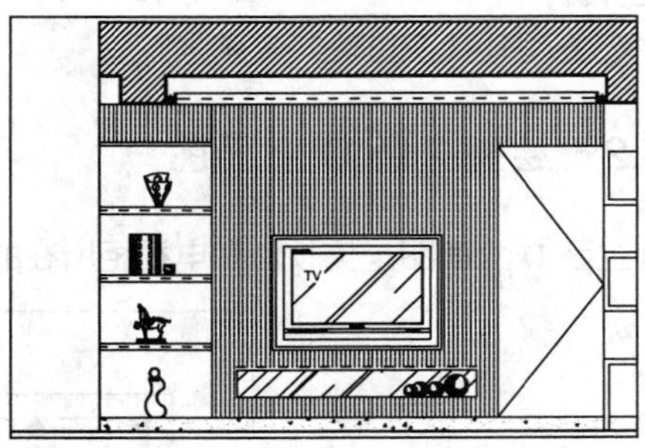

图 9-117 填充参数设置和效果 4

Step 26 调用 H【填充】命令，对装饰柜和餐厅背景墙填充【AR-RROOF】图案，填充效果如图 9-118 所示。

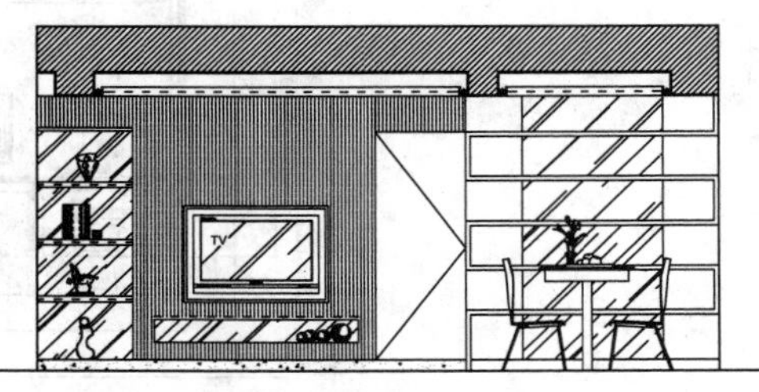

图 9-118 填充图案

Step 27 标注尺寸和材料说明。设置【BZ_标注】图层为当前图层,设置当前注释比例为 1:50。

Step 28 调用 DLI【线性标注】命令和 DCO【连续线标注】命令，标注立面的尺寸，如图 9-119 所示。

Step 29 调用 MLD【多重引线】命令，对立面材料进行说明，如图 9-120 所示。

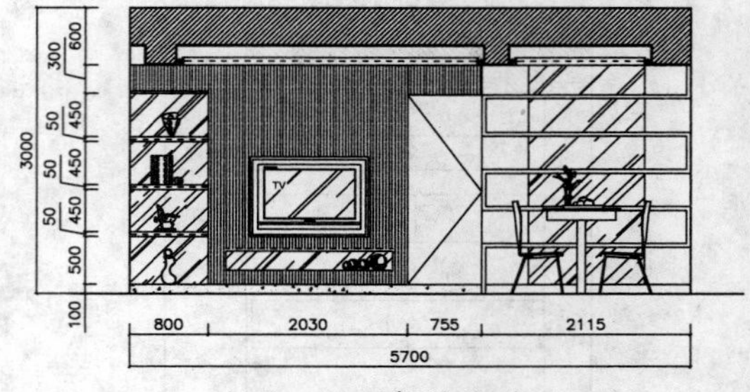

图 9-119　标注尺寸

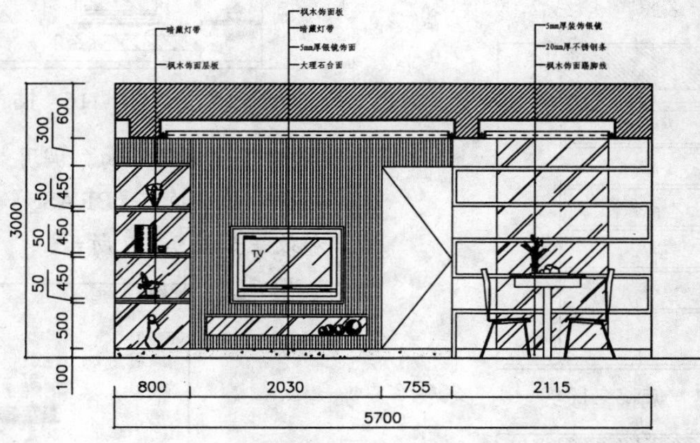

图 9-120　说明材料

Step 30 插入图块。调用 I【插入】命令，插入【图名】图块，设置图名为【客厅和餐厅 B 立面图】，客厅和餐厅 B 立面图绘制完成。

9.6.2　绘制主卧 D 立面图

主卧 D 立面图是梳妆台和电视柜所在的墙面，如图 9-121 所示，下面讲解绘制方法。

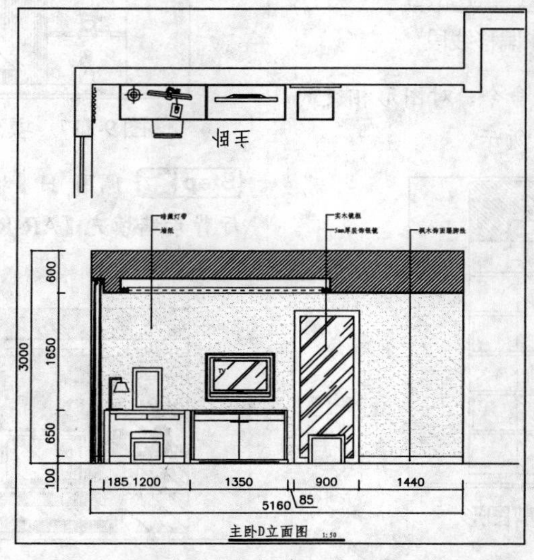

图 9-121　主卧 D 立面图

Step 01 绘制立面轮廓。使用前面介绍的方法绘制立面外轮廓和吊顶，如图 9-122 所示。

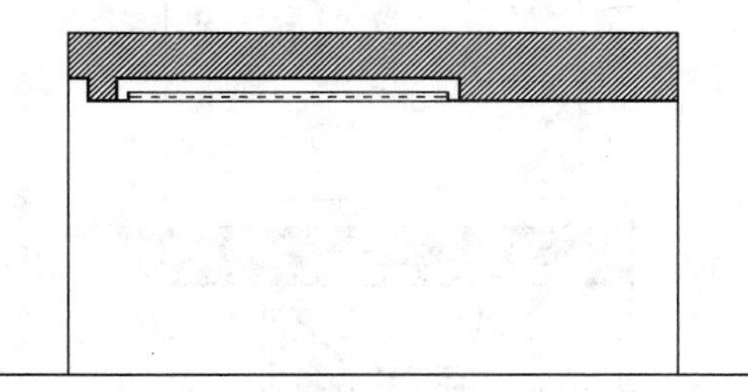
图 9-122　绘制立面外轮廓和吊顶

Step 02 绘制梳妆台。调用 PL【多段线】命令，绘制多段线，如图 9-123 所示。

Step 03 调用 L【直线】命令，绘制线段，如图 9-124 所示。

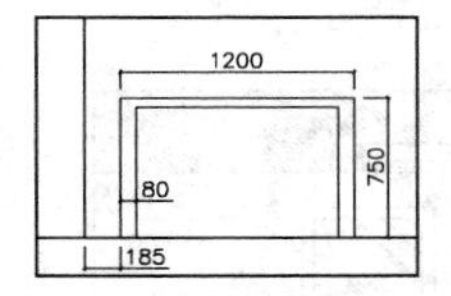

图 9-123　绘制多段线 1

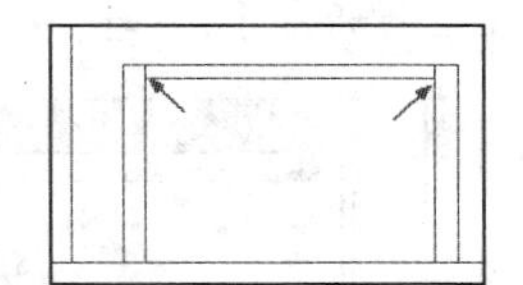
图 9-124　绘制线段

Step 04 调用 PL【多段线】命令和 L【直线】命令，绘制抽屉，如图 9-125 所示。

Step 05 调用 REC【矩形】命令和 O【偏移】命令，绘制镜子，如图 9-126 所示。

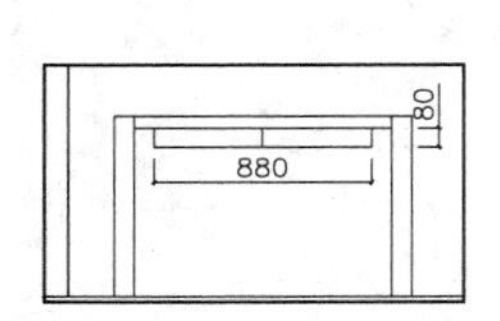

图 9-125　绘制抽屉

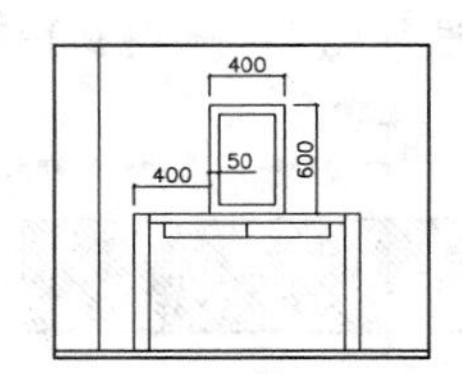

图 9-126　绘制镜子

Step 06 绘制电视柜。调用 PL【多段线】命令，绘制电视柜轮廓，如图 9-127 所示。

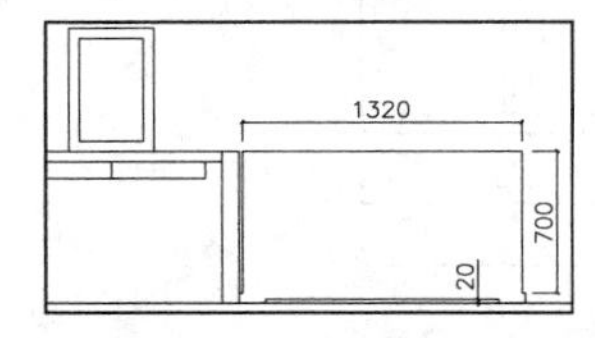

图 9-127　绘制电视柜轮廓

Step 07 调用 L【直线】命令和 O【偏移】命令，细化电视柜，如图 9-128 所示。

Step 08 调用 PL【多段线】命令，绘制多段线，如图 9-129 所示。

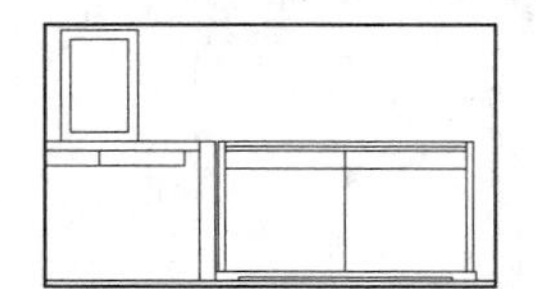
图 9-128　细化电视柜

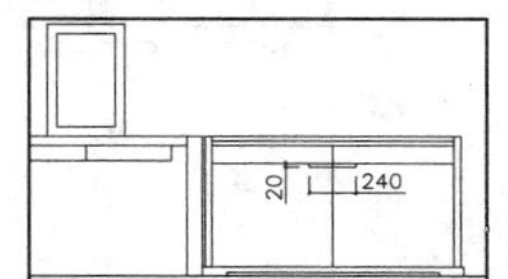

图 9-129　绘制多段线 2

Step 09 绘制装饰银镜。调用 REC【矩形】命令，绘制尺寸为 900×2150 的矩形，如图 9-130 所示。

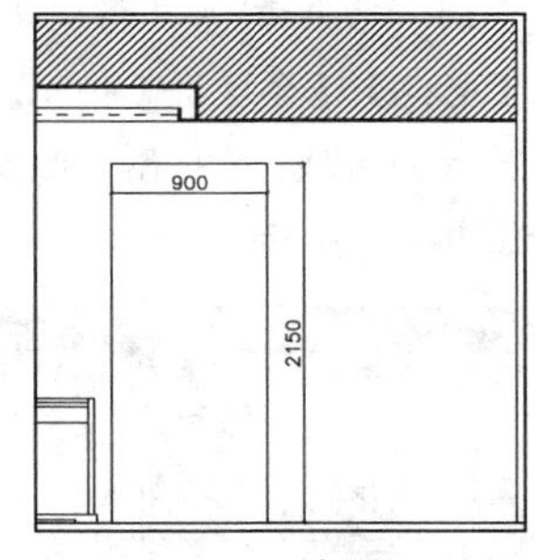

图 9-130　绘制矩形

Step 10 调用 O【偏移】命令，将矩形向内偏移 80，如图 9-131 所示。

图 9-131　偏移矩形

Step 11 调用 H【填充】命令，在矩形内填充【AR-RROOF】图案，如图 9-132 所示。

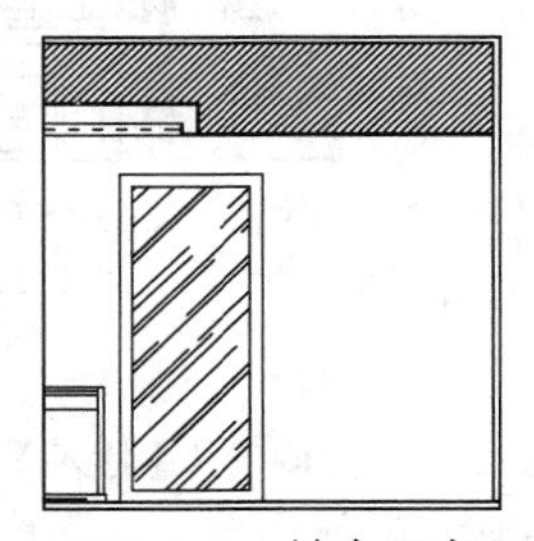
图 9-132　填充图案

Step 12 调用 L【直线】命令，绘制线段表示踢脚线，如图 9-133 所示。

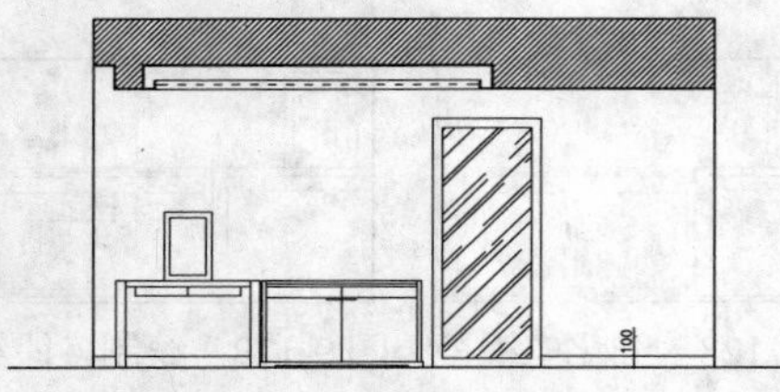

图 9-133　绘制踢脚线

Step 13 插入图块。按【Ctrl+O】快捷键，打开配套光盘中的“第 9 章\家具图例.dwg”文件，选择其中的【电视】、【台灯】、【窗帘】和【凳子】等图块至主卧立面区域，并对图形相交的位置进行修剪，如图 9-134 所示。

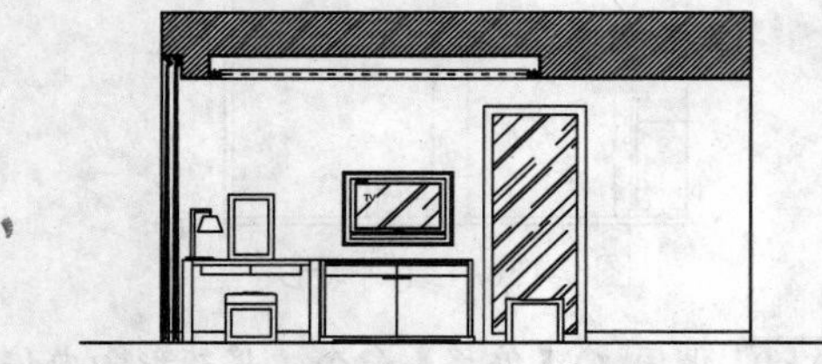

图 9-134　插入图块

Step 14 填充墙面。调用 H【填充】命令，对墙面填充【AR-SAND】图案，填充参数设置和效果如图 9-135 所示。

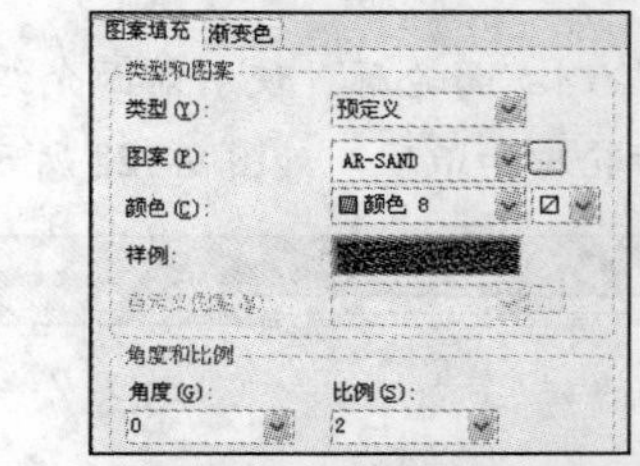

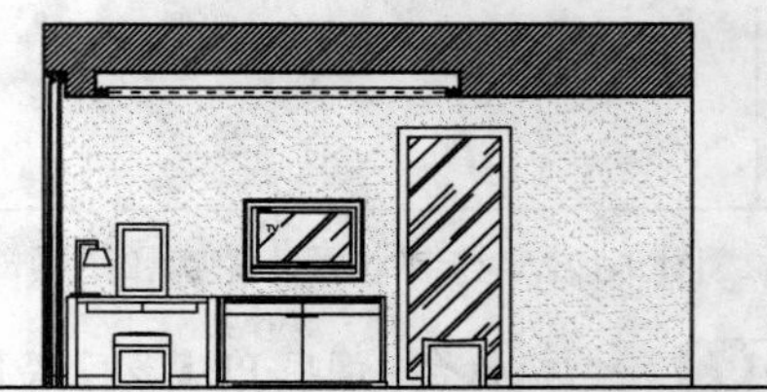

图 9-135　填充参数设置和效果

Step 15 标注尺寸和材料说明。调用 DLI【线性标注】命令和 DCO【连续线标注】命令，标注立面的尺寸，如图 9-136 所示。

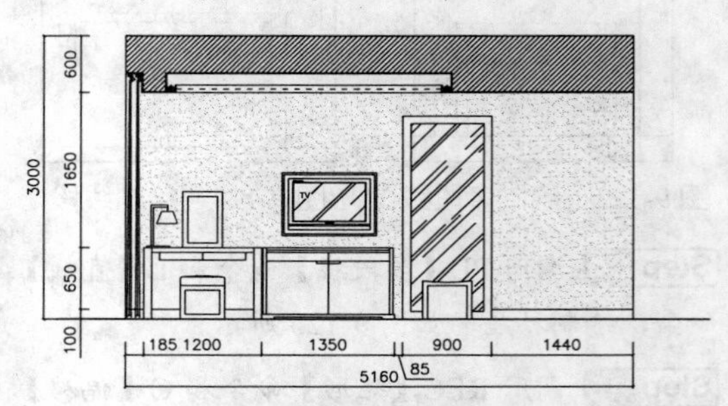

图 9-136　标注尺寸

Step 16 调用 MLD【多重引线】命令，对立面材料进行说明，如图 9-137 所示。

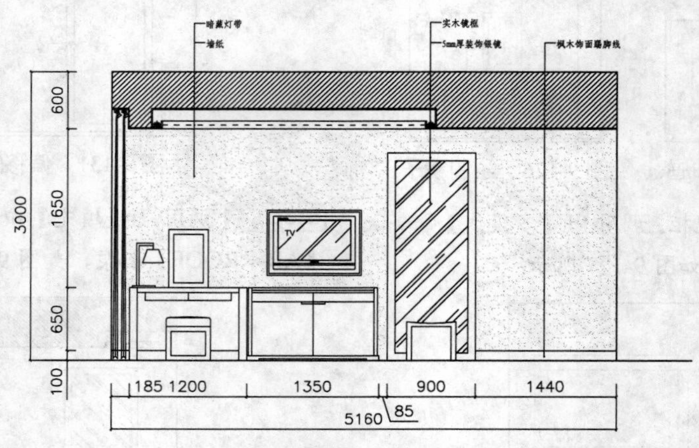

图 9-137　说明材料

Step 17 插入图块。调用 I【插入】命令，插入【图名】图块，设置图名为【主卧 D 立面图】，主卧 D 立面图绘制完成。

9.6.3 绘制次卧B立面图

次卧 B 立面图是书桌和原始建筑窗所在的墙面，如图9-138所示为次卧B立面图，下面讲解绘制方法。

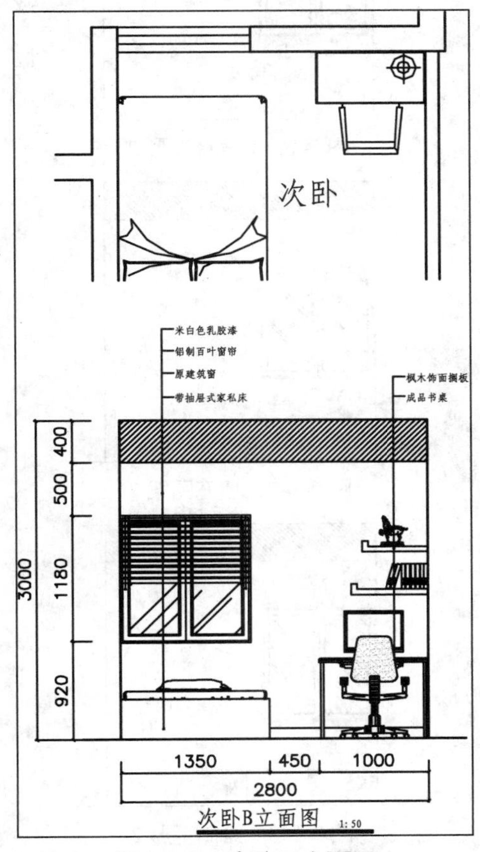

图9-138 次卧B立面图

Step 01 复制图形。调用 CO【复制】命令，复制两居室平面布置图上次卧B立面的平面部分。

Step 02 绘制立面基本轮廓。设置【LM_立面】图层为当前图层。

Step 03 调用 L【直线】命令和 O【偏移】命令，绘制墙体投影线、地面轮廓线和顶棚轮廓线，如图 9-139 所示。

Step 04 调用 TR【修剪】命令，修剪多余的线段，然后转换至【QT_墙体】图层，如图 9-140 所示。

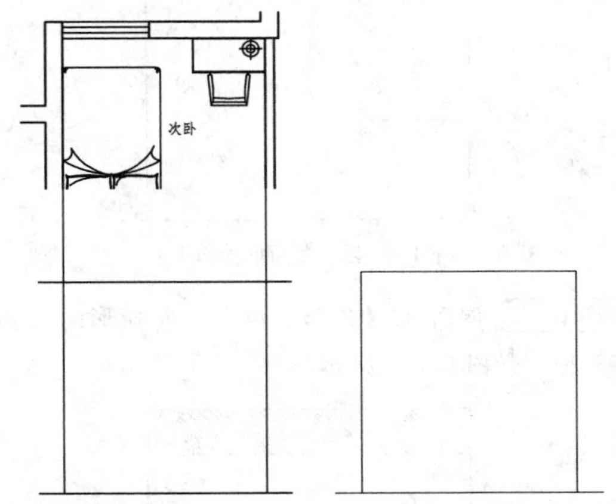

图9-139 绘制轮廓线　　图9-140 修剪线段

Step 05 绘制顶棚。调用 L【直线】命令，绘制线段，如图 9-141 所示。

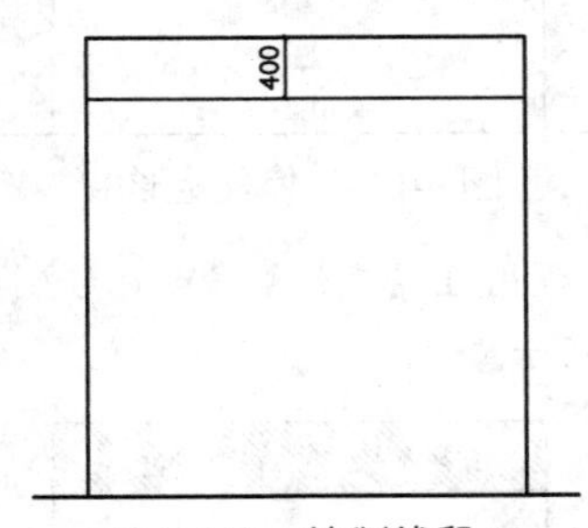

图9-141 绘制线段1

Step 06 调用 H【填充】命令，在线段上方填充【ANSI31】图案，如图 9-142 所示。

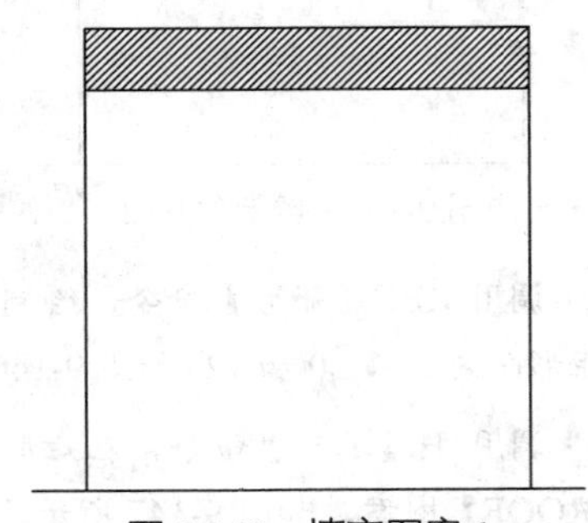

图9-142 填充图案1

Step 07 绘制原始建筑窗。调用 REC【矩形】命令，绘制尺寸为1185×1200的矩形，如图9-143所示。

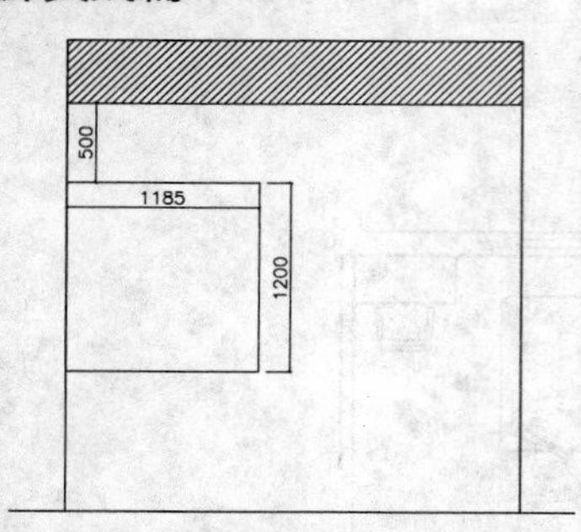

图 9-143　绘制矩形 1

Step 08 调用 O【偏移】命令，将矩形向内偏移 20，如图 9-144 所示。

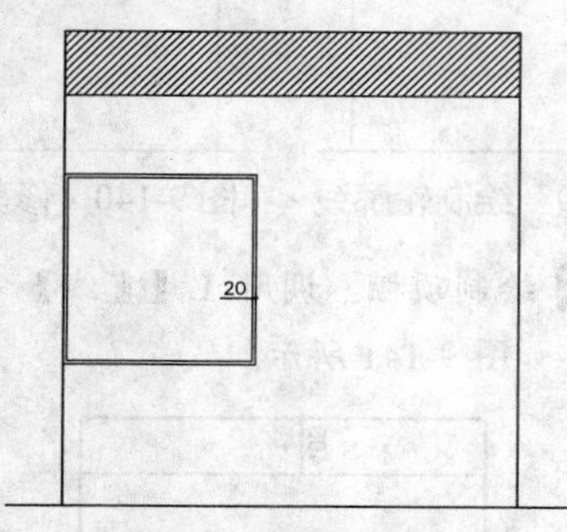

图 9-144　偏移矩形 1

Step 09 调用 L【直线】命令，绘制线段，如图 9-145 所示。

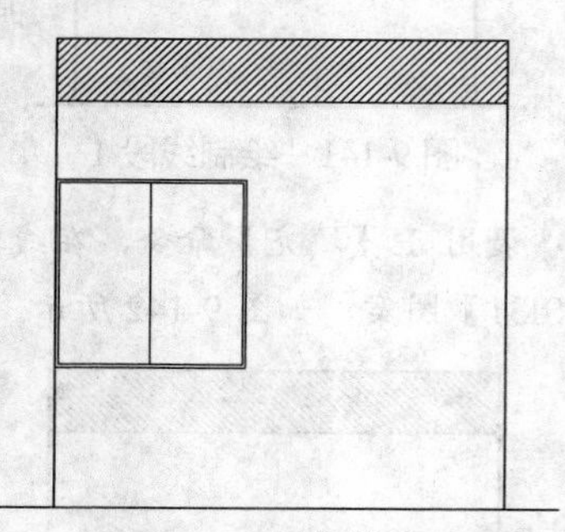
图 9-145　绘制线段 2

Step 10 调用 REC【矩形】命令，绘制矩形，然后将矩形向内偏移 50 和 12，如图 9-146 所示。

Step 11 调用 H【填充】命令，在矩形内填充【AR-RROOF】图案，如图 9-147 所示。

Step 12 绘制床。调用 REC【矩形】命令，绘制尺寸为 1350×375 的矩形表示床，如图 9-148 所示。

Step 13 调用 L【直线】命令，绘制踢脚线，如图 9-149 所示。

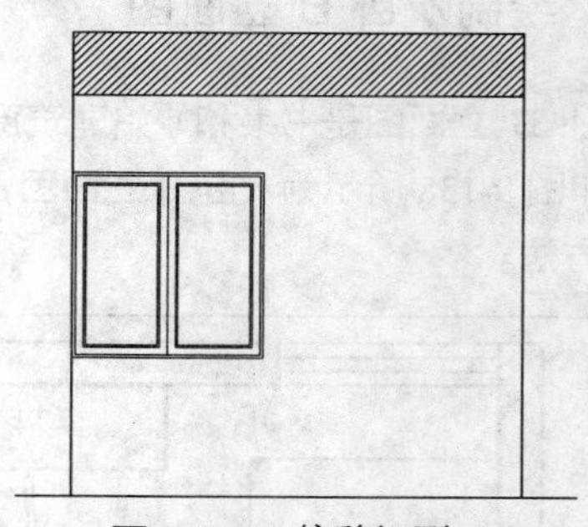
图 9-146　偏移矩形 2

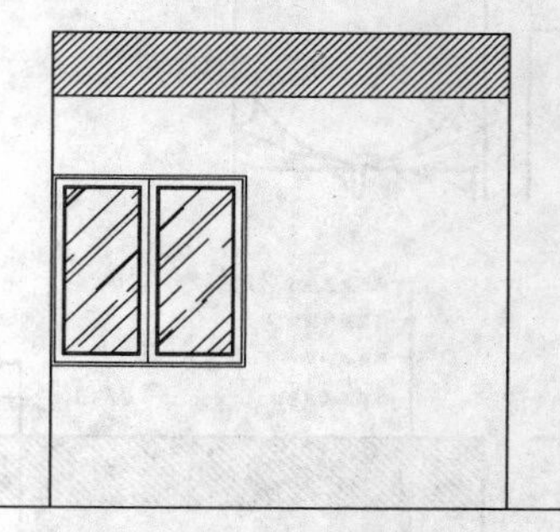
图 9-147　填充图案 2

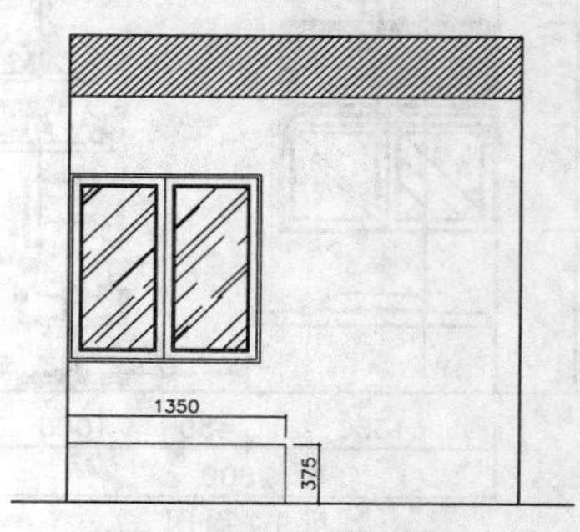

图 9-148　绘制矩形 2

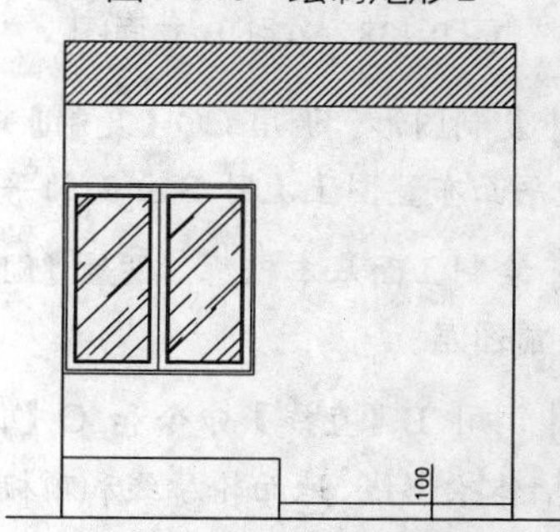

图 9-149　绘制踢脚线

Step 14 绘制搁板。调用 PL【多段线】命令，绘制搁板，如图 9-150 所示。

Step 15 继续调用 PL【多段线】命令，绘制另一个搁板，如图 9-151 所示。

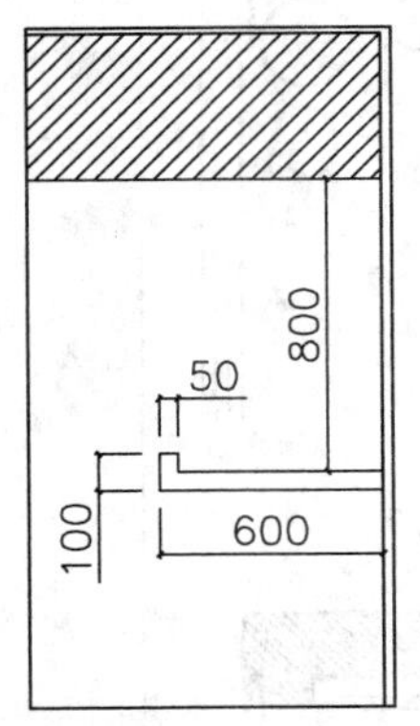

图 9-150　绘制搁板 1

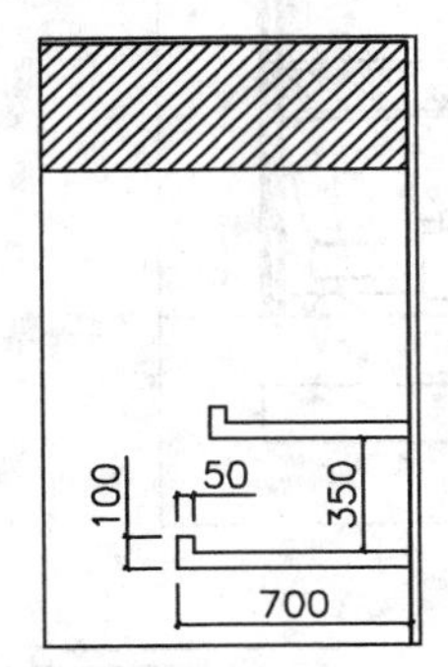

图 9-151　绘制搁板 2

Step 16 插入图块。从图库中插入【百叶窗帘】、【床垫】、【装饰品】、【书桌】和【电脑灯】等图块，并对图形相交的位置进行修剪，如图 9-152 所示。

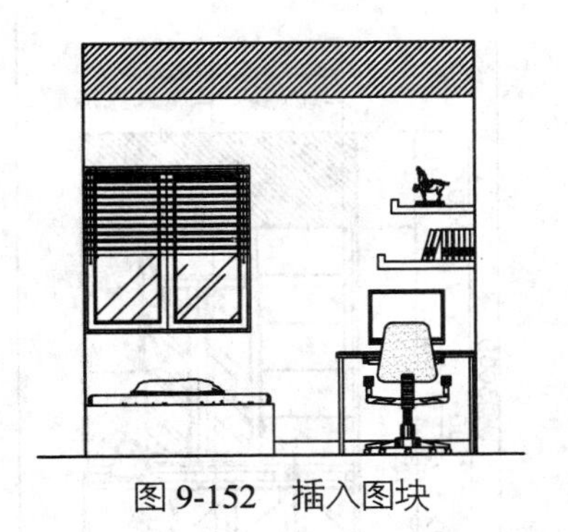

图 9-152　插入图块

Step 17 标注尺寸。调用 DLI【线性标注】命令和 DCO【连续线标注】命令，进行尺寸标注，如图 9-153 所示。

Step 18 调用 MLD【多重引线】命令，对材料进行说明，如图 9-154 所示。

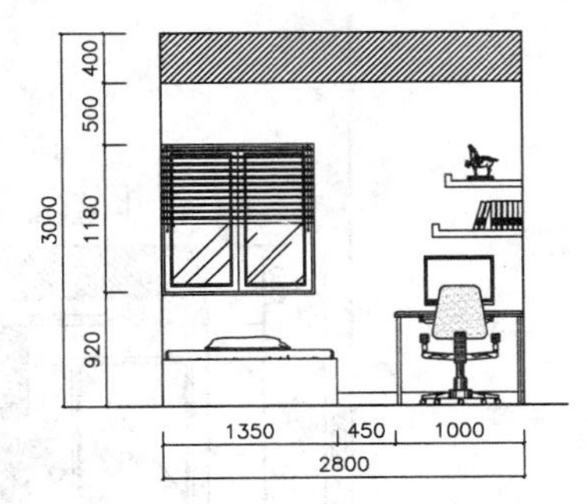

图 9-153　标注尺寸

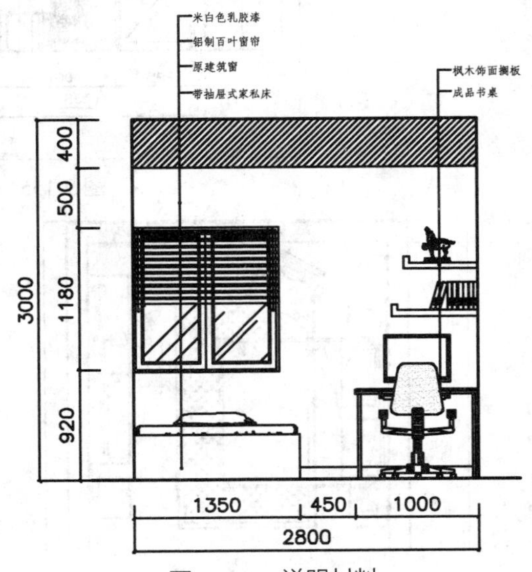

图 9-154　说明材料

Step 19 插入图名。调用 I【插入】命令，插入【图名】图块，设置 B 立面图名称为【次卧 B 立面图】，完成次卧 B 立面图的绘制。

9.6.4　绘制其他立面图

请读者参考前面讲解的方法绘制如图 9-155、图 9-156、图 9-157、图 9-158 和图 9-159 所示的立面图，这里就不再详细讲解了。

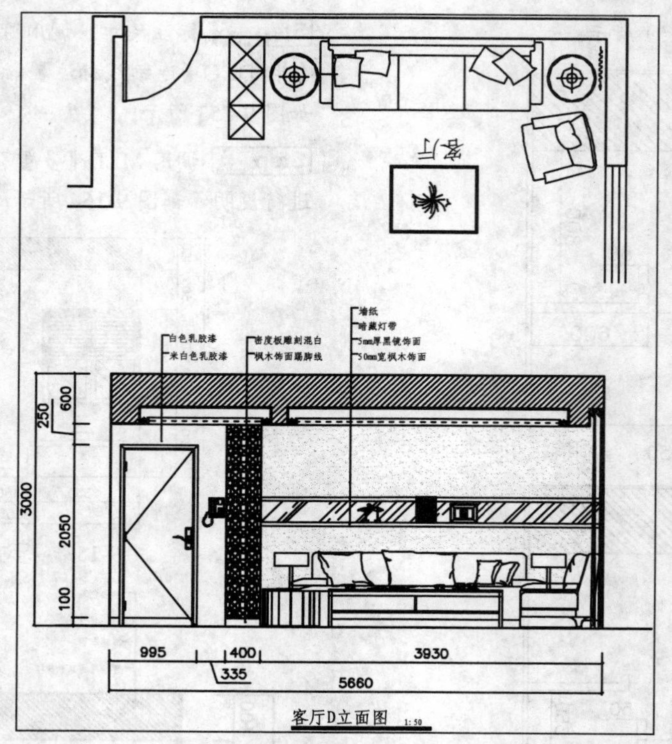

图 9-155　客厅 D 立面图

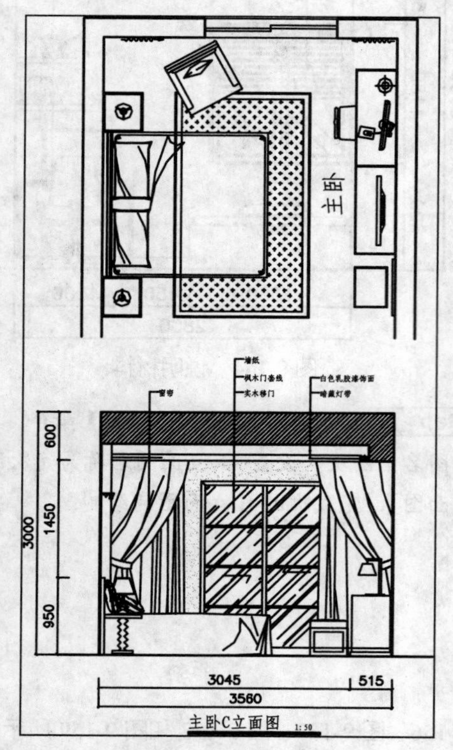

图 9-156　主卧 C 立面图

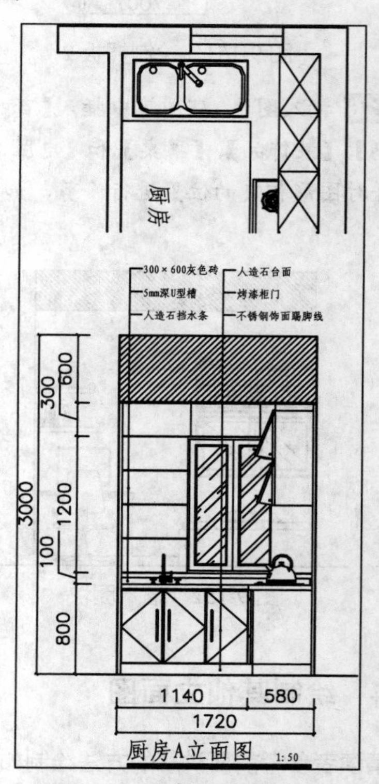

图 9-157　厨房 A 立面图

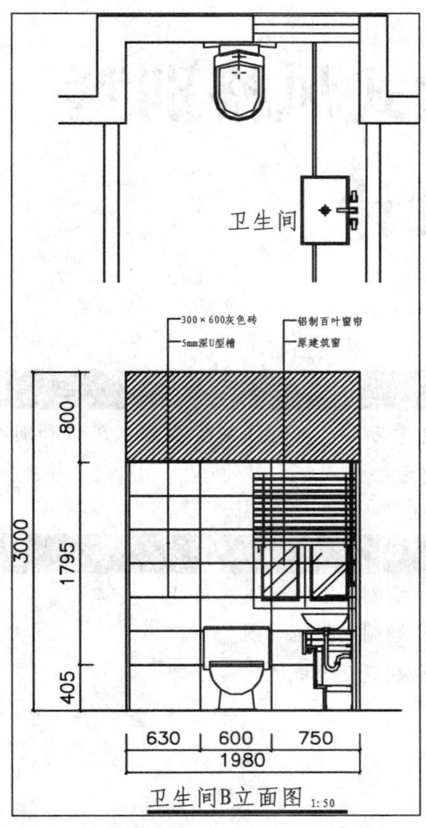

图 9-158　卫生间 B 立面图

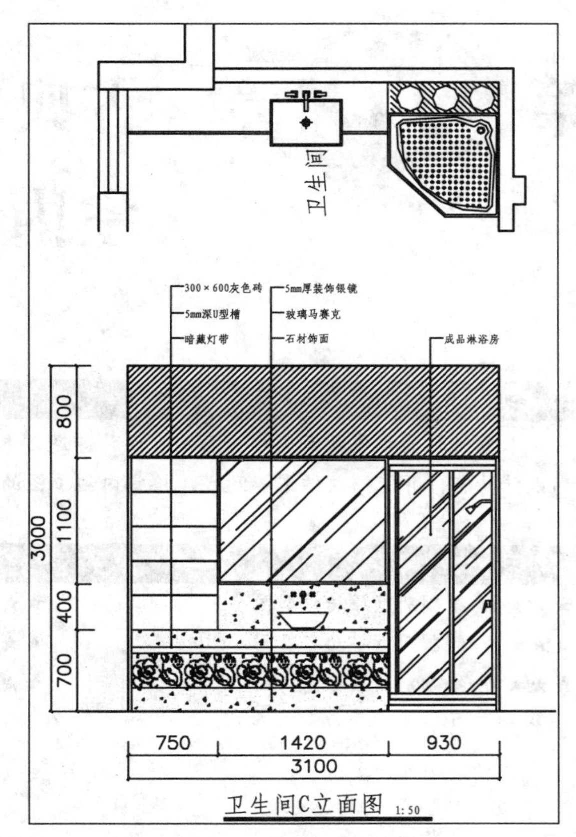

图 9-159　卫生间 C 立面图

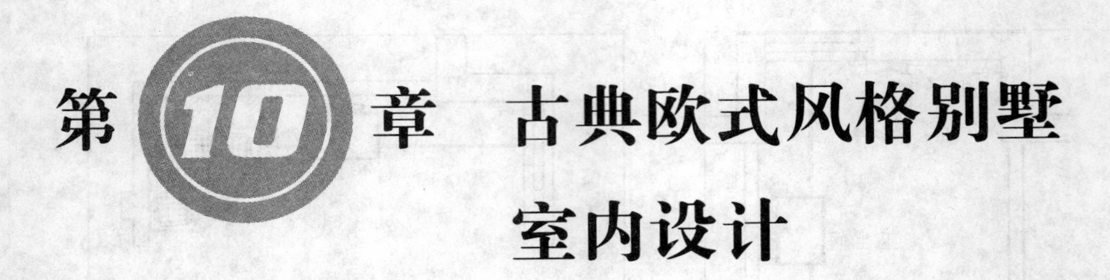

第10章 古典欧式风格别墅室内设计

⊙学习目的:

本章讲解某古典欧式风格三层别墅设计。通过本章的学习，读者可了解古典欧式风格和别墅的设计特点，并能够熟练掌握欧式风格室内施工图的绘制方法。

⊙学习重点:

★★★★ 绘制别墅原始户型图
★★★☆ 绘制别墅平面布置图
★★★☆ 绘制别墅顶棚图
★★☆☆ 绘制别墅立面图
★★☆☆ 绘制别墅地材图
★☆☆☆ 别墅设计概述

10.1 别墅设计概述

别墅的设计重点是对功能和风格的把握，由于别墅面积较大，因此需要合理地布局，以满足业主对生活功能的要求。

别墅在合理的平面布局下着重于表现立面，有些别墅中格局的不合理性会影响整个空间的使用，合理地拆建墙体，利用墙体的结构有利于更好地进行设计。

1. 古典欧式风格特点

古典欧式风格在家具选择上，一般采用宽大精美的家具，搭配精致的雕刻，整体营造出华丽、高贵和温馨的感觉。通常壁炉作为居室的中心，是古典欧式风格最明显的特征；在色调上，常以白色系和黄色系为主，搭配墨绿色、深棕色或金色等，表现出古典欧式风格的华贵气质；在材质上，一般采用樱桃木、水曲柳或胡桃木等高档实木，表现出高贵典雅的贵族气质，如图10-1所示。

图 10-1　古典欧式风格设计

2．欧式装饰元素设计

欧式风格通常通过门、柱和壁炉等元素设计，以体现欧式风格的特点。

- 门：门的造型设计，包括柜门和房间门，既要突出凹凸感，又要有优美的弧线，如图 10-2 所示。
- 柱：可以设计成典型的罗马柱造型，使整体空间具有强烈的西方传统审美气息，如图 10-3 所示。

图 10-2　欧式门

图 10-3　欧式柱

- 壁炉：壁炉是欧式风格设计中的典型载体，可以设计一个真壁炉，也可以设计一个壁炉造型，加上辅助灯光，营造生活情调，如图 10-4 所示。

图 10-4　欧式壁炉

10.2 绘制别墅原始户型图

本例的别墅一共三层，本节以二层原始户型图为例讲解别墅原始户型图的绘制方法，如图 10-5 所示。

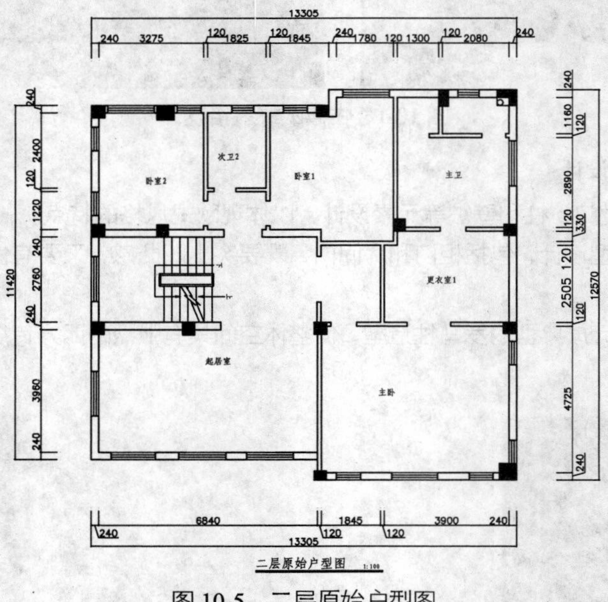

图 10-5 二层原始户型图

10.2.1 绘制墙体

墙体通常使用两条平行线表示，本例介绍如何使用偏移的方法绘制墙体，如图 10-6 所示为绘制完成的墙体。

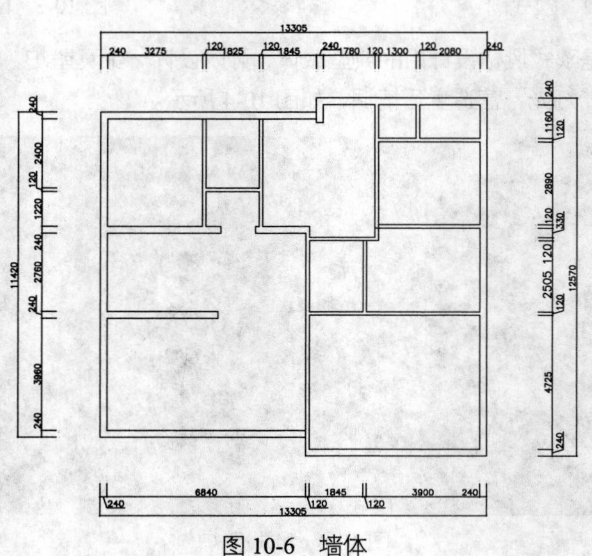

图 10-6 墙体

为了方便讲解，将别墅墙体分为上开间、下开间、左进深和右进深墙体。所谓开间，是指房间或建筑的宽度，进深是指房间或建筑纵向的长度。

1. 绘制上开间墙体

二层别墅上开间墙体尺寸如图 10-7 所示。

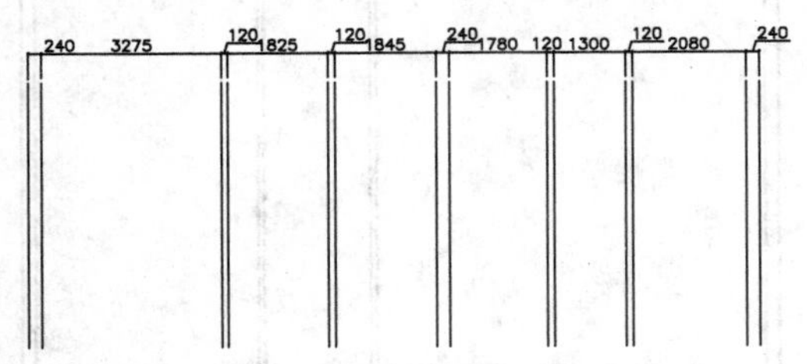

图 10-7　上开间墙体尺寸

Step 01 设置【QT_墙体】图层为当前图层。

Step 02 调用 L【直线】命令，绘制一条垂直线段，表示最右侧的墙体线，如图 10-8 所示。

Step 03 调用 O【偏移】命令，将绘制的垂直线段向左偏移 240，得到墙体厚度（本例外墙厚度均为 240），如图 10-9 所示。

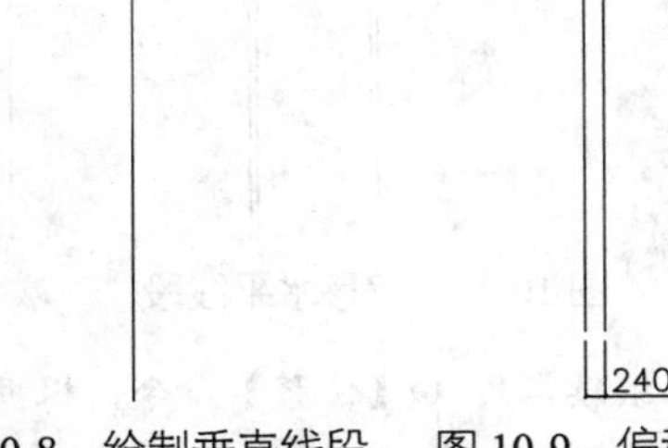

图 10-8　绘制垂直线段　　图 10-9　偏移线段 1

Step 04 继续调用 O【偏移】命令，向左偏移第二条垂直线段，为开间尺寸，如图 10-10 所示。

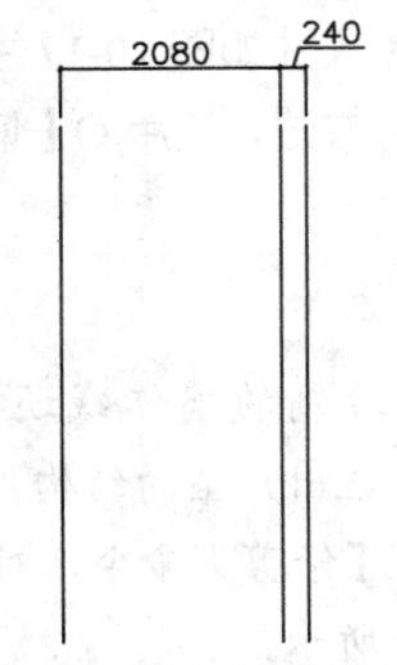

图 10-10　偏移线段 2

Step 05 使用相同的方法，根据如图 10-7 所示尺寸偏移得出其他上开间的墙体线。

2. 绘制下开间墙体

下开间墙体尺寸如图 10-11 所示，绘制过程如下。

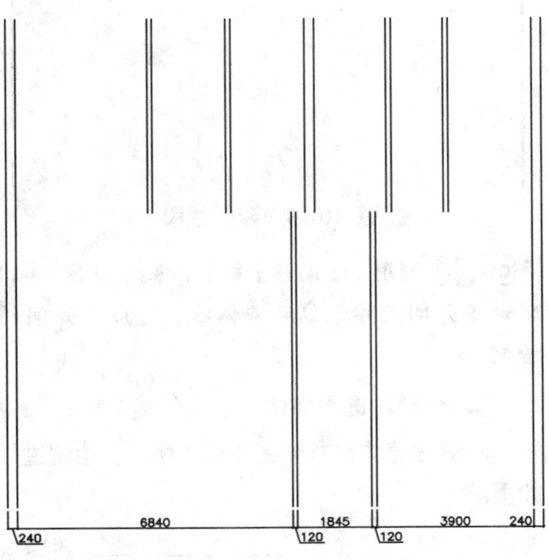

图 10-11　下开间墙体

Step 01 选择上开间最右侧的墙体线，使用夹点功能，将线段向下延长，使其长度与进深尺寸相符，如图 10-12 所示。

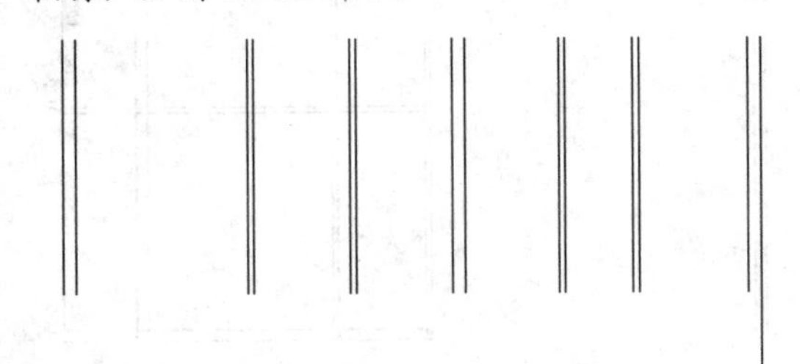

图 10-12　延长线段

Step 02 延长左侧墙体线，使其长度与右侧墙体线相等，如图 10-13 所示。

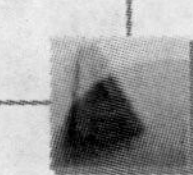

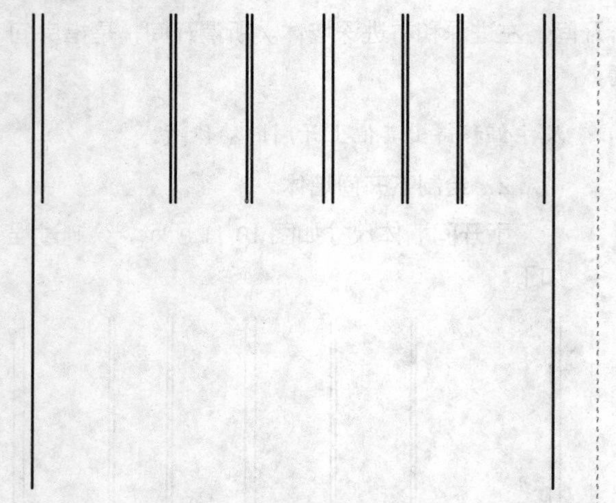

图 10-13　延长线段

Step 03 调用 O【偏移】命令，根据如图 10-11 所示下开间尺寸，偏移墙体线，完成下开间的绘制。

3．绘制右进深墙体

右进深墙体尺寸如图 10-14 所示，绘制过程如下。

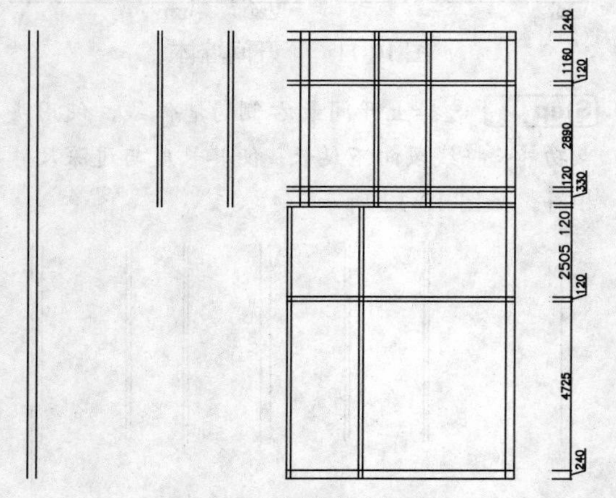

图 10-14　右进深墙体尺寸

Step 01 调用 L【直线】命令，以上开间最右侧垂直墙体线的顶点为起点，水平向左绘制线段，如图 10-15 所示。

Step 02 调用 O【偏移】命令，向下偏移绘制的水平线段，偏移距离为 240，得到墙体厚度，如图 10-16 所示。

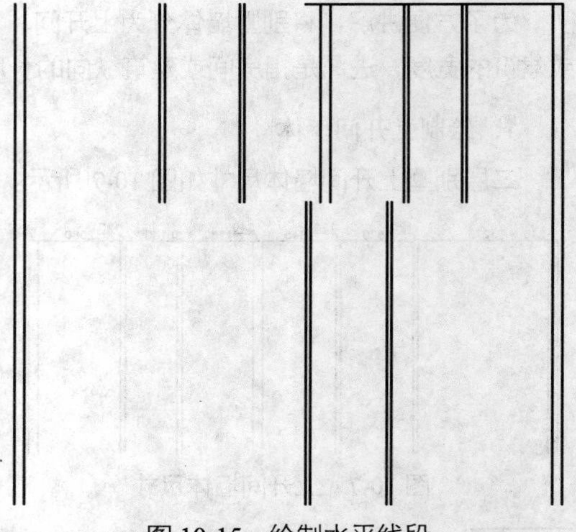

图 10-15　绘制水平线段

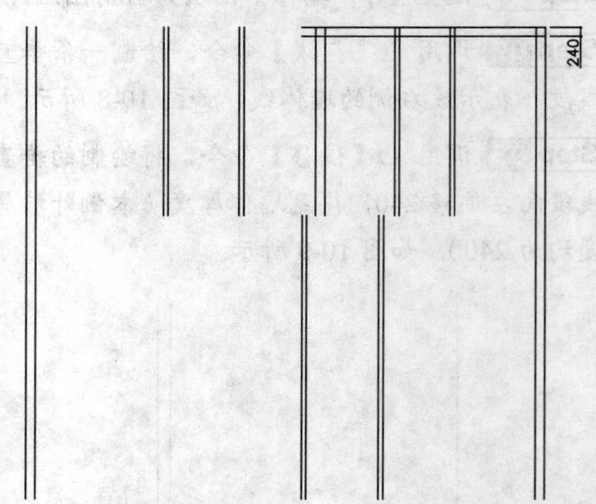

图 10-16　偏移水平线段

Step 03 继续调用 O【偏移】命令，根据如图 10-14 所示右进深尺寸，偏移得出其他水平线段，完成右进深墙体的绘制。

4．绘制左进深墙体

左进深墙体尺寸如图 10-17 所示，请读者参考右进深的绘制方法，使用 O【偏移】命令偏移线段得出。

5．修剪墙体

Step 01 前面绘制的墙体线还要进一步的修剪，才能准确表达出户型的结构。调用 CHA【倒角】命令和 TR【修剪】命令，对墙体线进行修剪，如图 10-18 所示。

Step 02 调用 L【直线】命令，绘制线段，如图 10-19 所示。

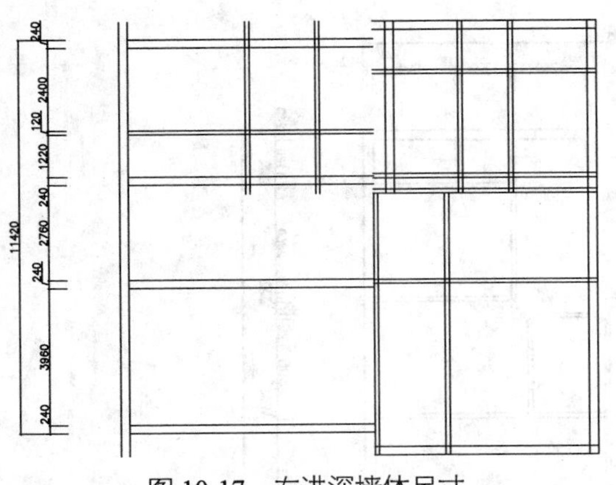

图10-17　左进深墙体尺寸

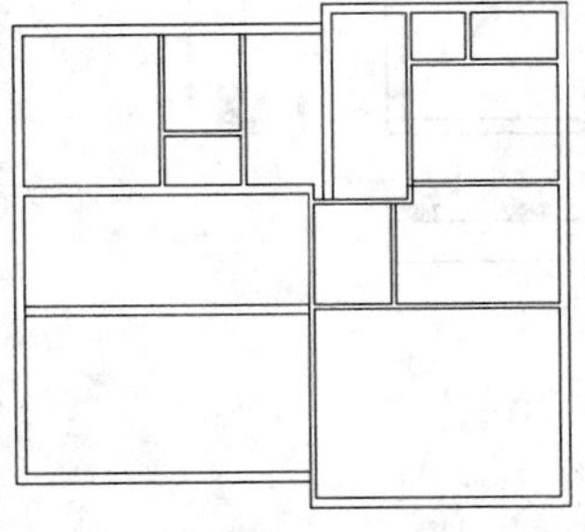
图10-18　修剪墙体1

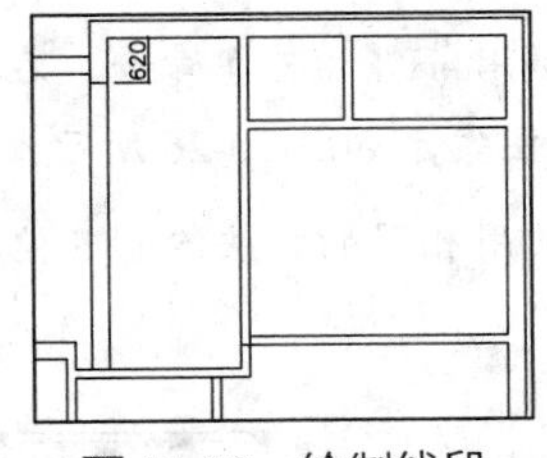

图10-19　绘制线段

Step 03 调用TR【修剪】命令，修剪线段下方的墙体，如图10-20所示。

Step 04 使用相同的方法修剪其他墙体，如图10-21所示。

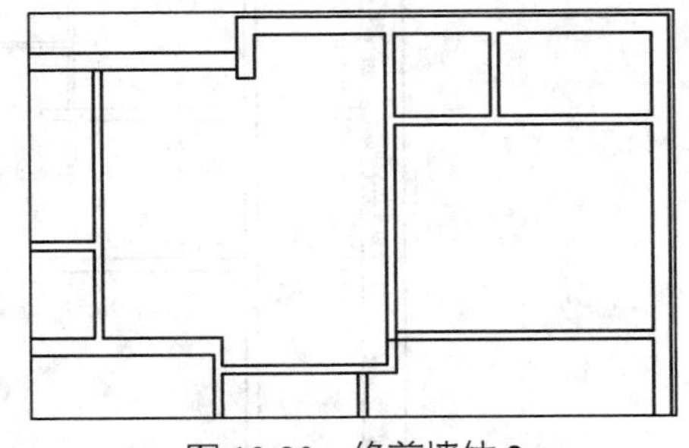
图10-20　修剪墙体2

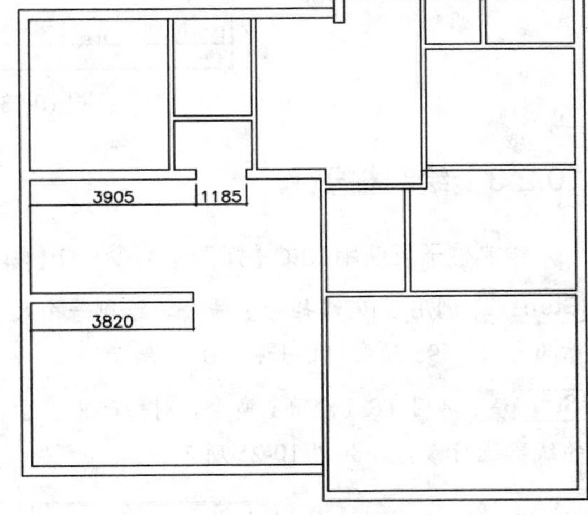

图10-21　修剪其他墙体

10.2.2　标注尺寸

本例标注尺寸需要对墙体的厚度也进行标注。

Step 01 设置【BZ_标注】图层为当前图层。设置当前注释比例为1:100。

Step 02 调用REC【矩形】命令，绘制矩形框住墙体，以方便标注，如图10-22所示。

Step 03 调用DLI【线性标注】命令和DCO【连续性标注】命令，对墙体进行标注，标注后删除前面绘制的矩形，如图10-23所示。

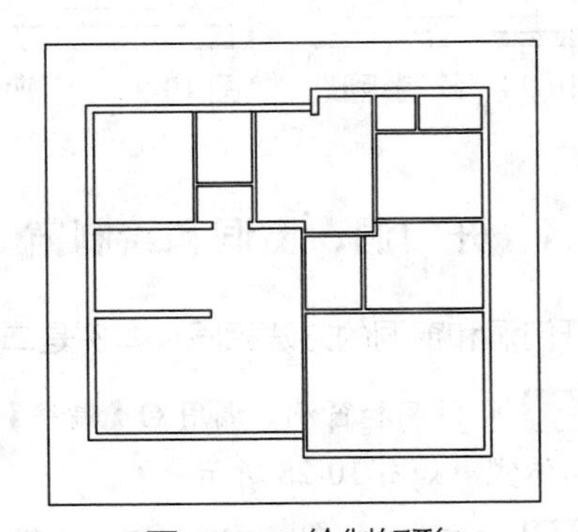
图10-22　绘制矩形

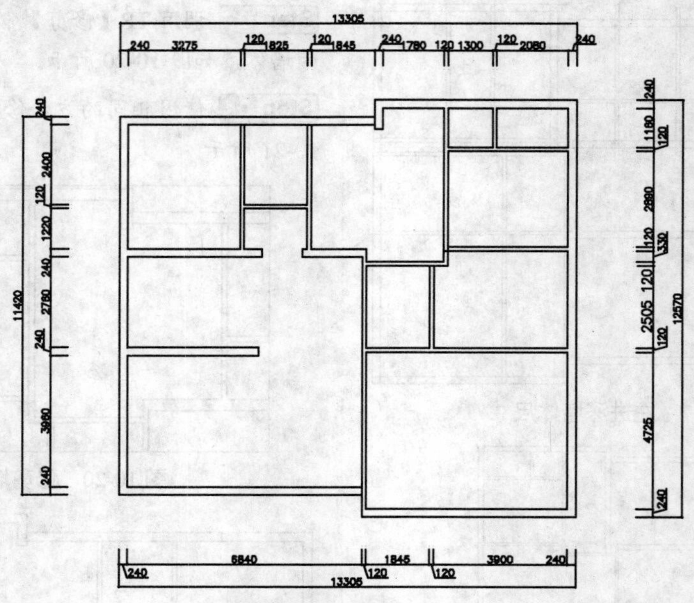

图 10-23　标注尺寸

10.2.3　绘制柱子

绘制柱子可使用 REC【矩形】命令、H【填充】命令和 CO【复制】命令。

Step 01 调用 REC【矩形】命令，绘制一个尺寸为 430×395 的矩形，如图 10-24 所示。

Step 02 调用 TR【修剪】命令，对矩形内多余的线段进行修剪，如图 10-25 所示。

Step 03 调用 H【填充】命令，在矩形内填充【SOLID】图案，如图 10-26 所示。

Step 04 使用相同的方法绘制其他柱子，如图 10-27 所示。

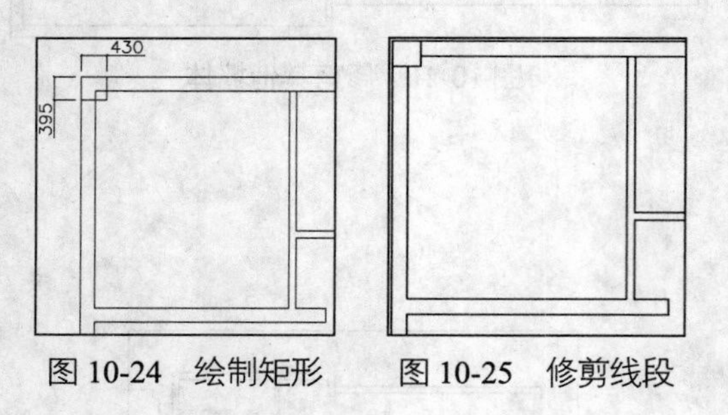

图 10-24　绘制矩形　　图 10-25　修剪线段

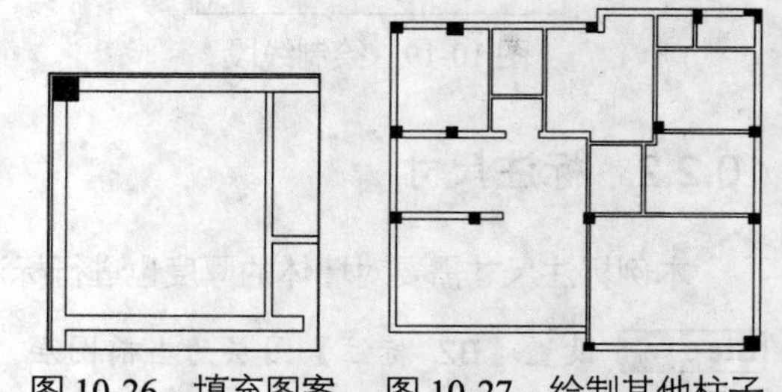

图 10-26　填充图案　　图 10-27　绘制其他柱子

10.2.4　开门洞、窗洞和绘制窗

开门洞和窗洞的方法相同，本例是二层，无需绘制门，绘制过程如下。

Step 01 开门洞和窗洞。调用 O【偏移】命令，偏移墙体线，如图 10-28 所示。

Step 02 使用夹点功能延长线段，如图 10-29 所示。

Step 03 调用 TR【修剪】命令，对线段进行修剪，得出门洞，如图 10-30 所示。

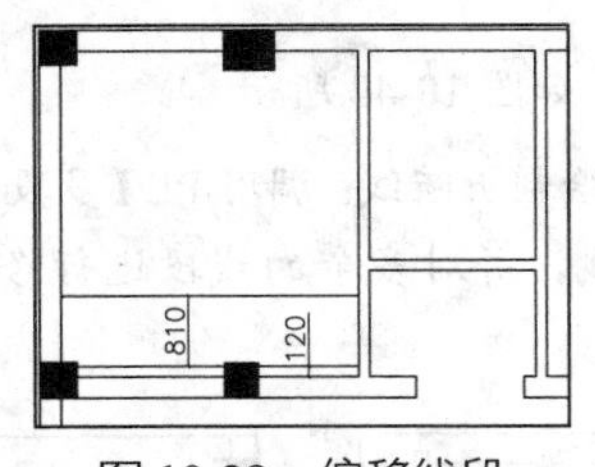

图 10-28　偏移线段

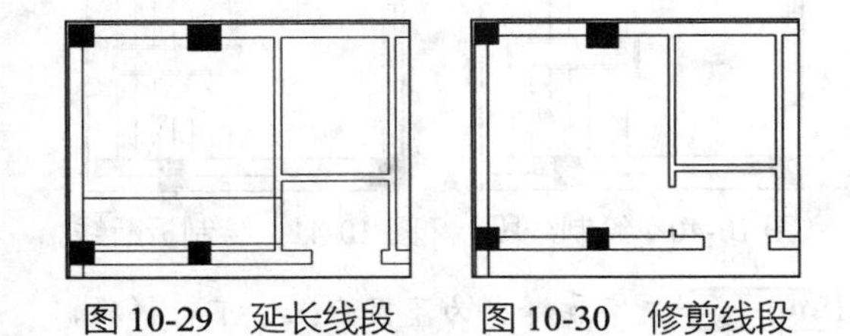

图 10-29　延长线段　　图 10-30　修剪线段

Step 04 使用同样的方法开其他门洞和窗洞，如图 10-31 所示。

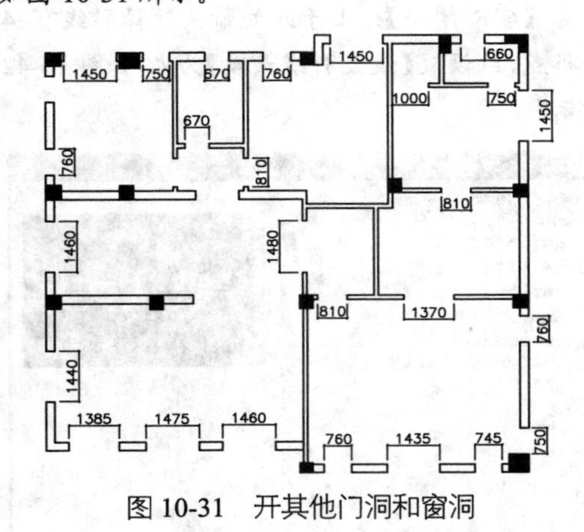

图 10-31　开其他门洞和窗洞

Step 05 绘制窗。调用 L【直线】命令和 O【偏移】命令，绘制平开窗，如图 10-32 所示。

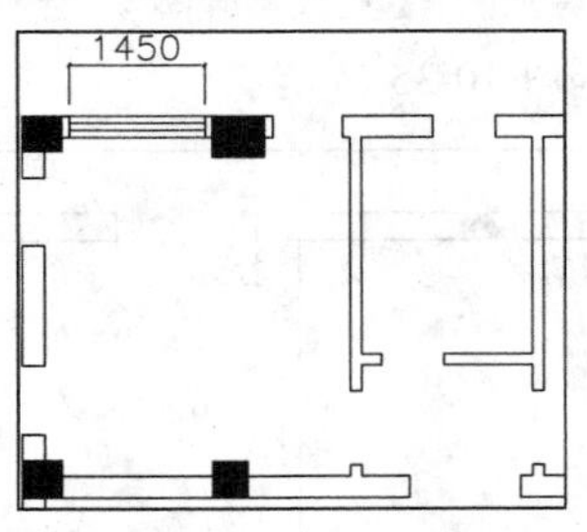

图 10-32　绘制平开窗

Step 06 使用相同的方法绘制其他窗，如图 10-33 所示。

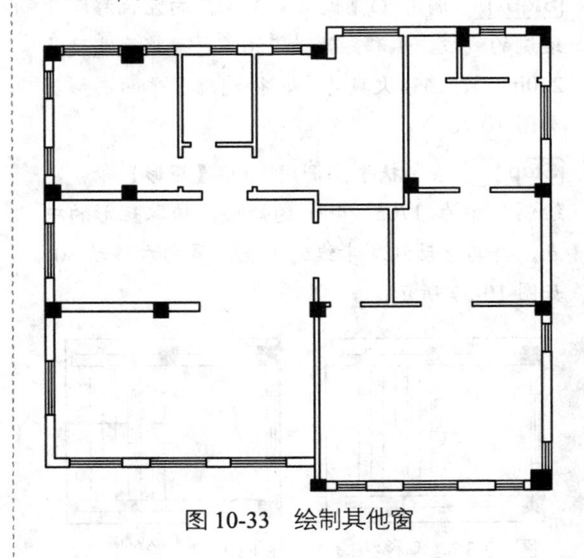

图 10-33　绘制其他窗

10.2.5　绘制楼梯

楼梯由楼梯段、平台和栏板等组成。楼梯平面图是各层楼梯的水平剖面图，本例别墅中采用的是折线形楼梯。如图 10-34 所示为别墅的二层楼梯平面图。

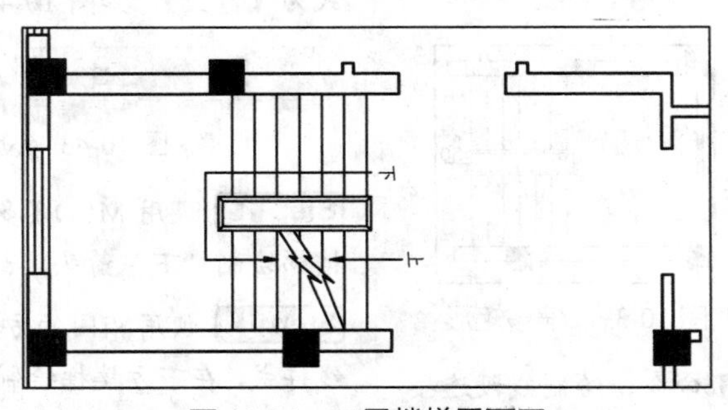

图 10-34　二层楼梯平面图

Step 01 设置【LT_楼梯】图层为当前图层。

Step 02 调用 L【直线】命令，绘制一条楼板边界线，如图 10-35 所示。

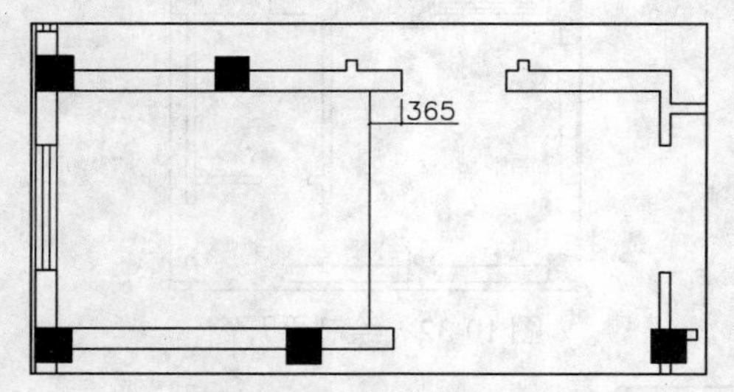

图 10-35 绘制楼板边界线

Step 03 调用 O【偏移】命令，向左偏移刚才绘制的线段，偏移距离为 250（每一踏面宽度为 250mm），偏移次数为 6，得到踏步平面图形）如图 10-36 所示。

Step 04 绘制扶手。调用 REC【矩形】命令，绘制尺寸为 1705×400 的矩形，拾取矩形的中点，将其移动到踏步线的中点，再向右移动 50，如图 10-37 所示。

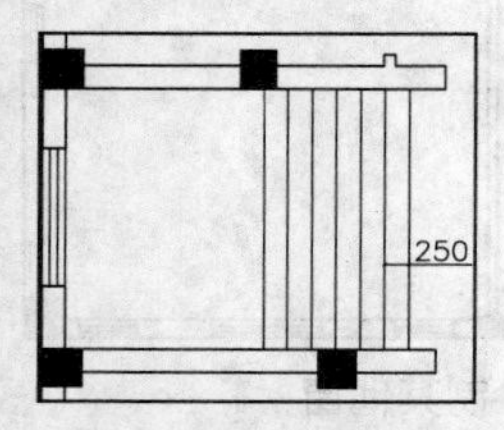

图 10-36 偏移线段　图 10-37 绘制矩形

Step 05 调用 TR【修剪】命令，修剪矩形内的踏步线，如图 10-38 所示。

Step 06 调用 O【偏移】命令，将矩形向内偏移 50，如图 10-39 所示。

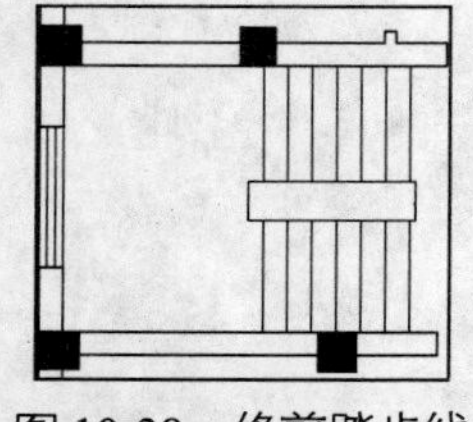

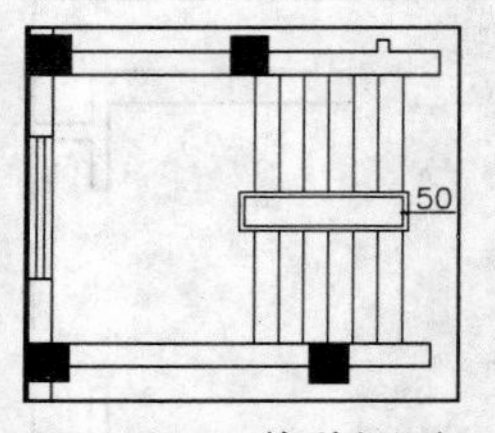

图 10-38 修剪踏步线　图 10-39 偏移矩形

Step 07 调用 L【直线】命令，绘制线段连接两个矩形，如图 10-40 所示。

Step 08 绘制折断线。调用 PL【多段线】命令，绘制折断线，并对多余的线段进行修剪，如图 10-41 所示。

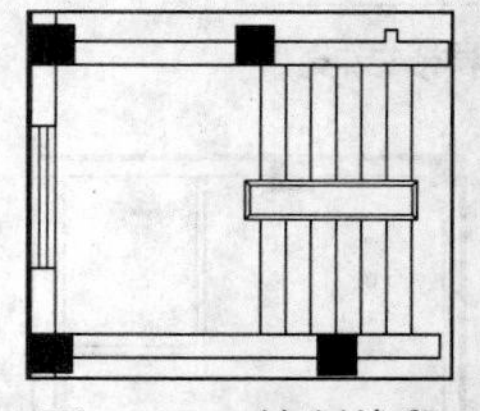

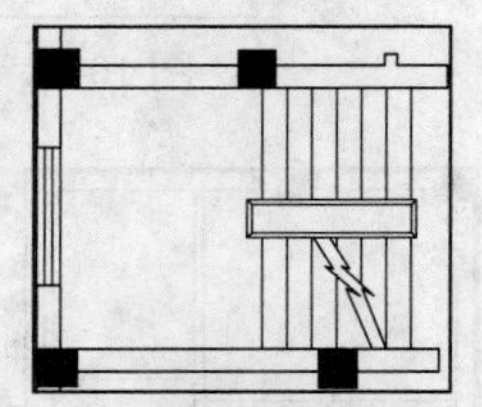

图 10-40 绘制线段　图 10-41 绘制折断线

Step 09 文字注释。为了区分上、下行梯段，需要标注箭头注释，在多重引线样式中新建一个名称为【箭头】的多重引线样式，其箭头符号设置为【实心闭合】。由于此处箭头注释引线有 4 个折点，故设置【最大引线点数】为 4，如图 10-42 所示。

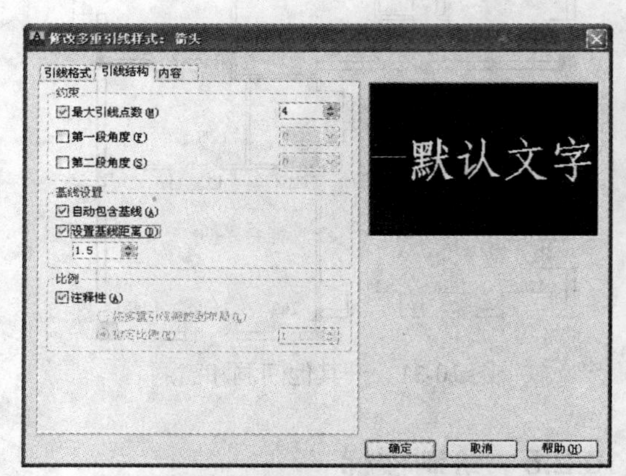

图 10-42 新建多重引线样式

Step 10 在【样式】工具栏中设置多重引线样式为【箭头】，如图 10-43 所示。

图 10-43 设置引线样式

Step 11 调用 MLD【多重引线】命令，在上方楼梯绘制“下”箭头，如图 10-44 所示。

Step 12 使用相同的方法，新建另一个多重引线样式，在下方楼梯绘制“上”箭头，如图 10-45 所示。

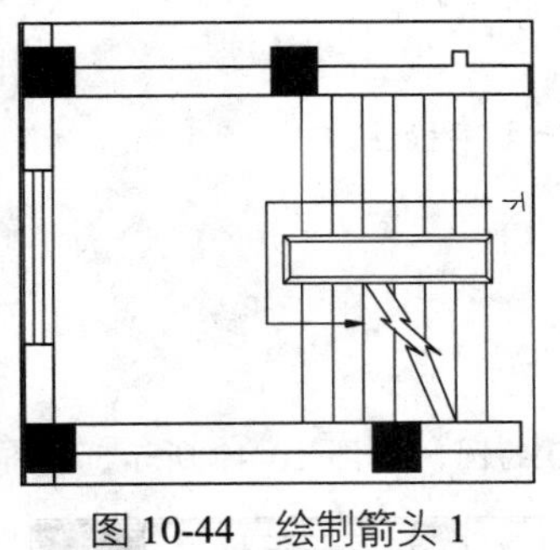

图 10-44　绘制箭头 1

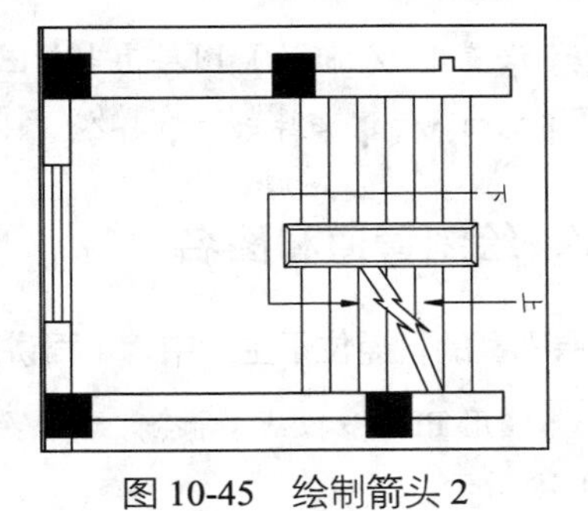

图 10-45　绘制箭头 2

注　意

不同楼层的楼梯图形是不相同的，本例一层和三层楼梯平面图如图 10-46 所示。

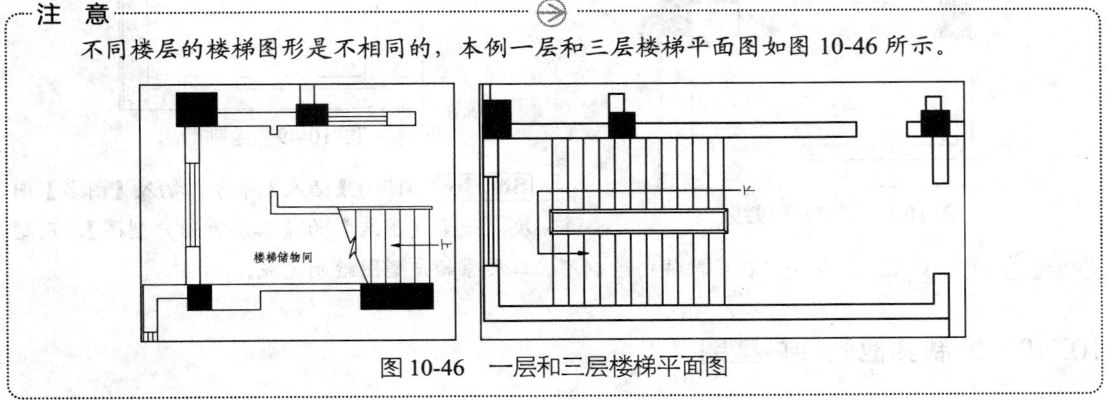

图 10-46　一层和三层楼梯平面图

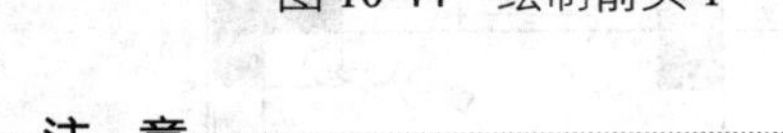

10.2.6　文字标注

文字标注后的效果如图 10-47 所示，其绘制方法如下。

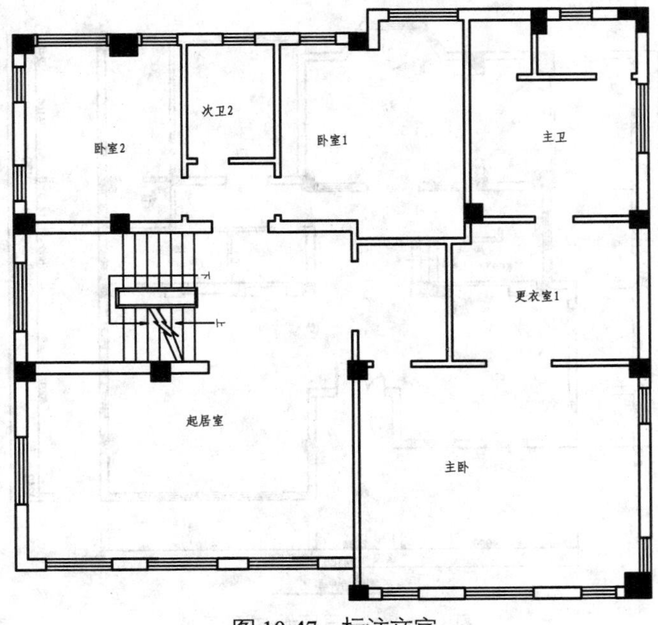

图 10-47　标注文字

Step 01 设置【BZ_标注】图层为当前图层。

Step 02 调用 MT【多行文字】命令，对别墅二层各空间进行文字标注。

10.2.7 绘制管道和图名

二层别墅的管道位于主卫中，下面讲解绘制方法。

Step 01 调用 PL【多段线】命令，绘制多段线，如图 10-48 所示。

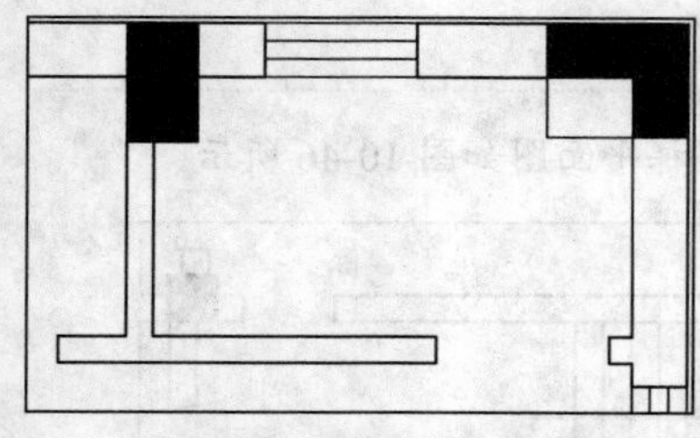

图 10-48 绘制多段线

Step 02 调用 C【圆】命令，在多段线内绘制半径为 90 的圆，如图 10-49 所示。

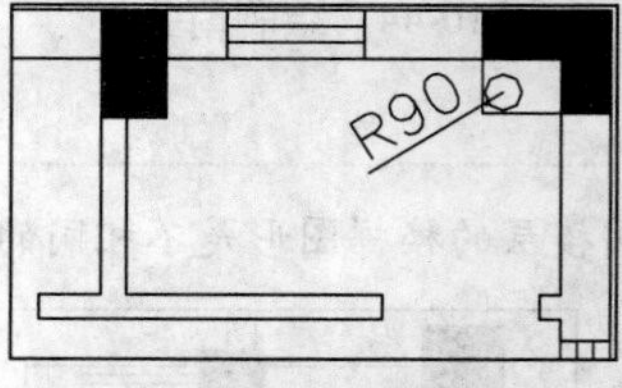

图 10-49 绘制圆

Step 03 调用 I【插入】命令，插入【图名】图块，设置【图名】为【二层原始户型图】，别墅二层原始户型图绘制完成。

10.2.8 绘制其他原始户型图

别墅一层和三层原始户型图如图 10-50 和图 10-51 所示，请读者参考前面讲解的方法绘制，这里就不再详细讲解了。

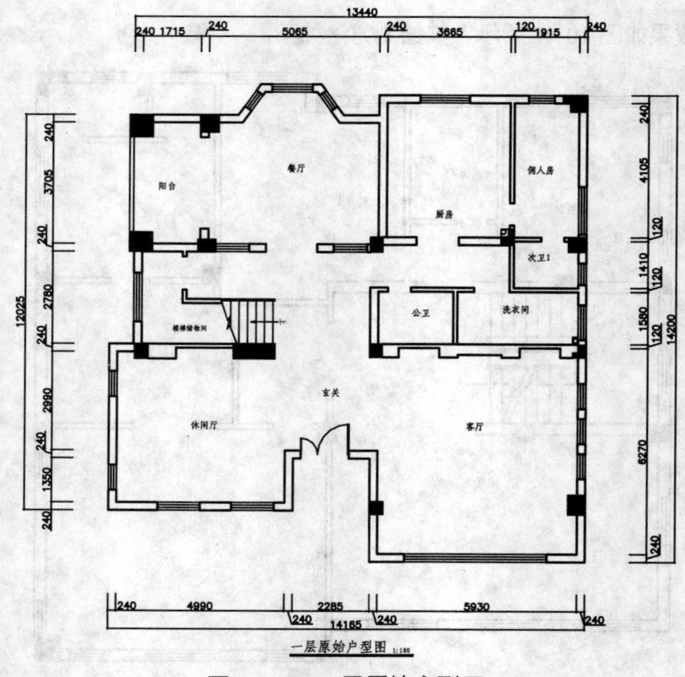

图 10-50 一层原始户型图

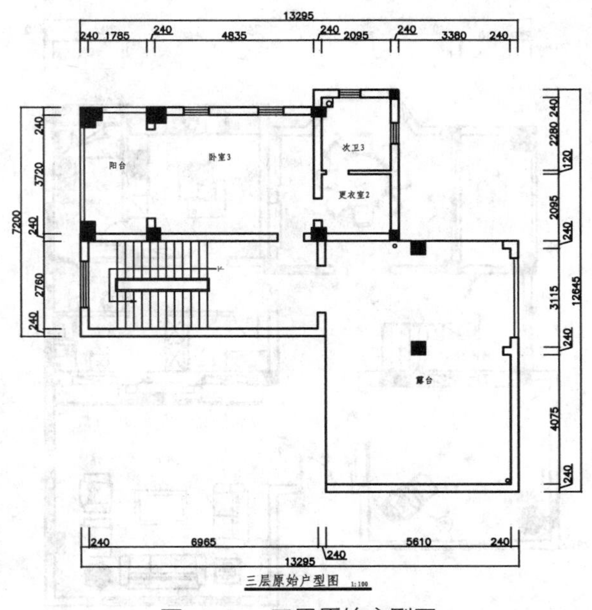

图 10-51　三层原始户型图

10.3　绘制别墅平面布置图

别墅平面布置图如图 10-52、图 10-53 和图 10-54 所示，本节以餐厅、主卧和更衣室 1 为例讲解别墅平面布置图的绘制方法。

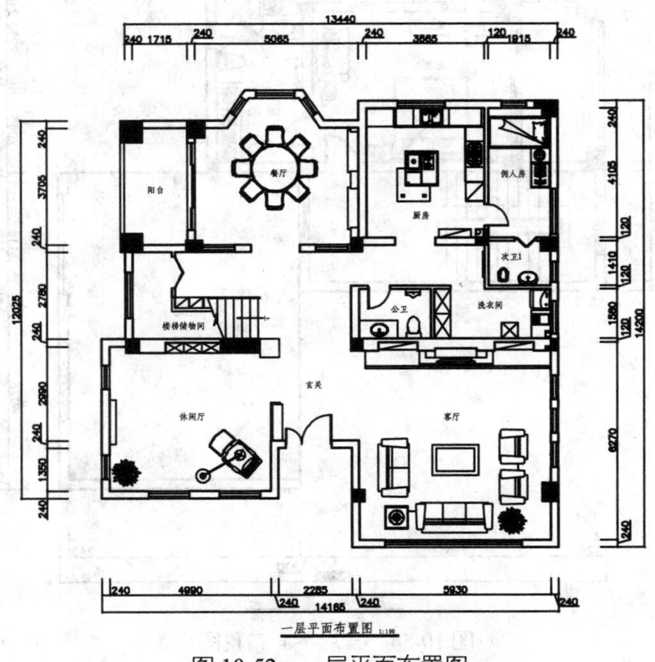

图 10-52　一层平面布置图

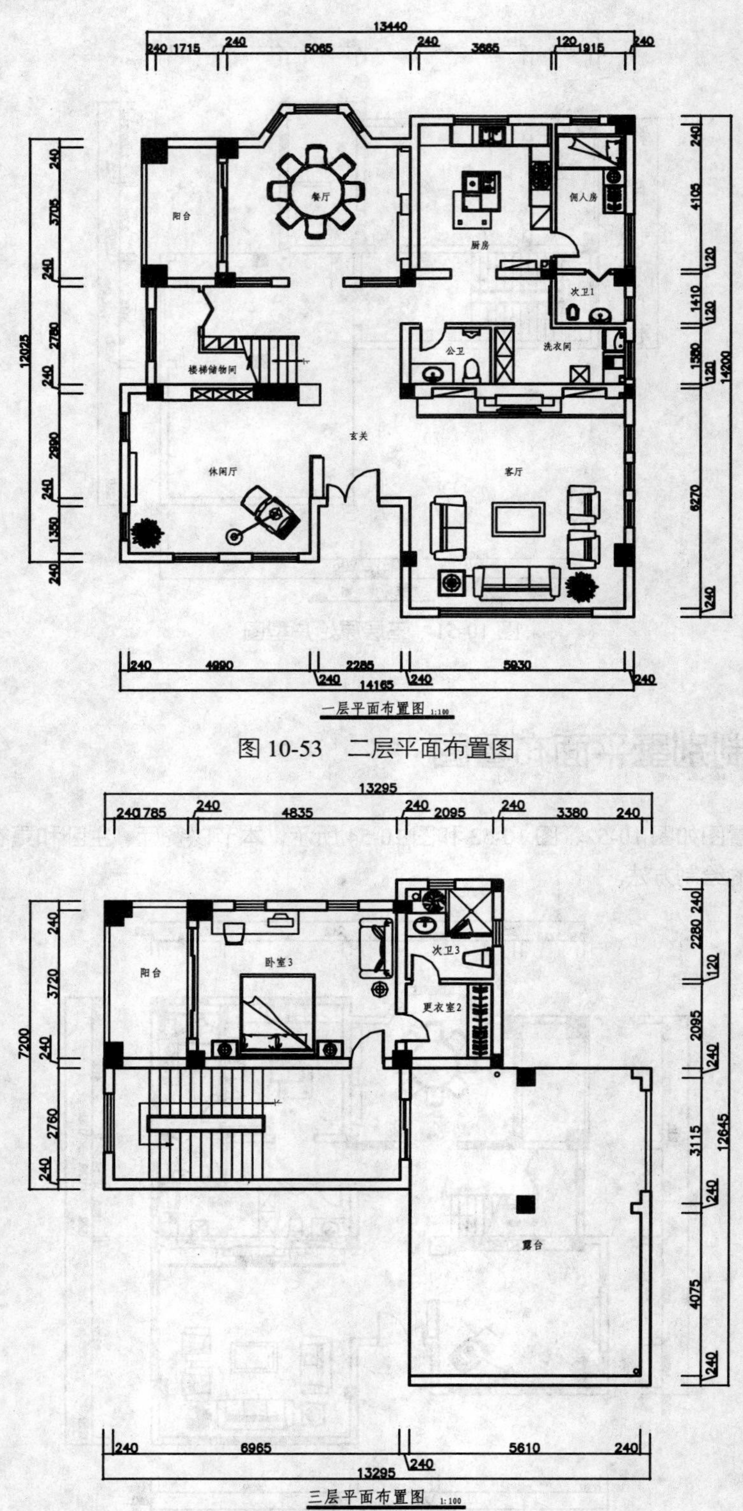

图 10-53 二层平面布置图

图 10-54 三层平面布置图

10.3.1 绘制一层餐厅平面布置图

餐厅位于别墅的一层，设置了壁炉，如图10-55所示，下面讲解绘制方法。

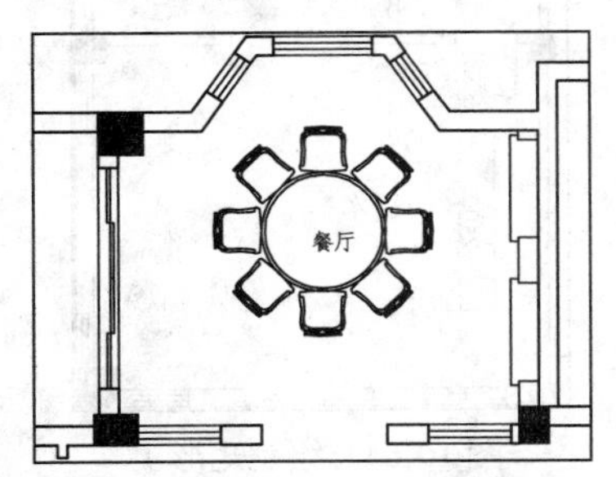

图10-55 一层餐厅平面布置图

Step 01 绘制推拉门。设置【M_门】图层为当前图层。

Step 02 调用L【直线】命令，绘制门槛线，如图10-56所示。

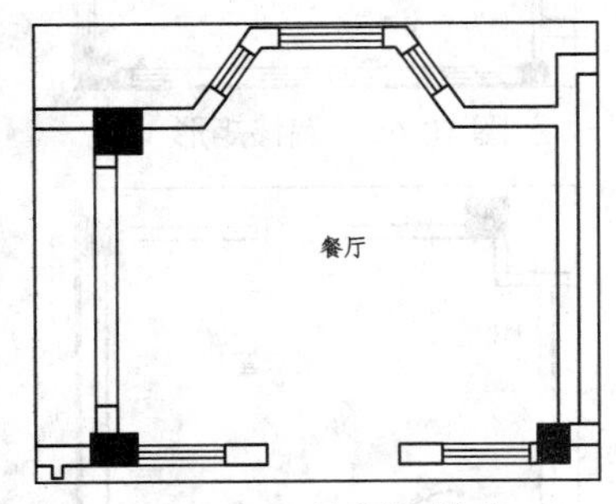

图10-56 绘制门槛线

Step 03 调用REC【矩形】命令，绘制尺寸为40×695的矩形，如图10-57所示。

Step 04 调用CO【复制】命令和MI【镜像】命令，对矩形进行复制和镜像，得到推拉门，如图10-58所示。

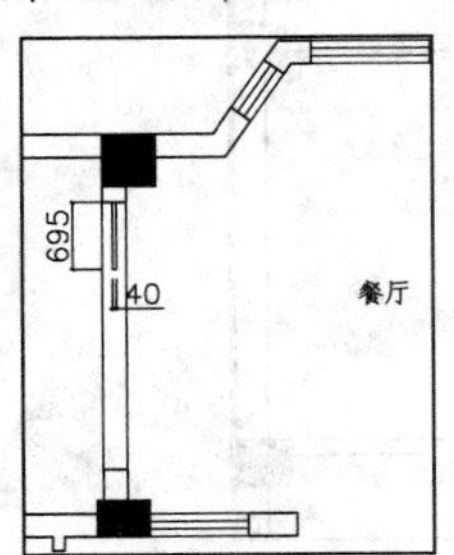

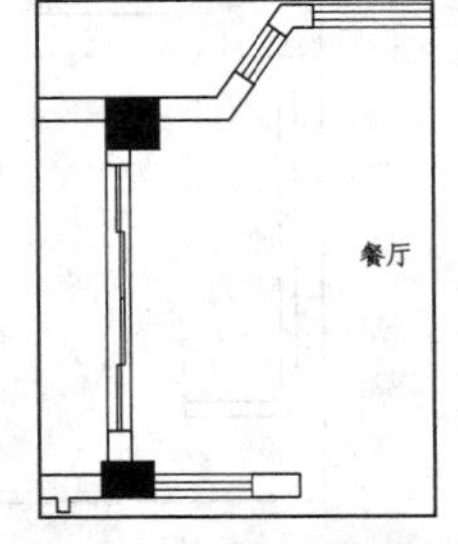

图10-57 绘制矩形 图10-58 复制、镜像矩形

Step 05 设置【JJ_家具】图层为当前图层。

Step 06 绘制壁炉。调用PL【多段线】命令，绘制多段线，如图10-59所示。

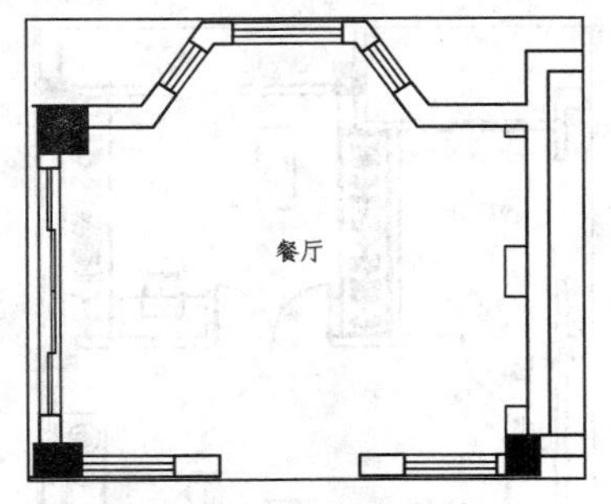

图10-59 绘制多段线1

Step 07 继续调用PL【多段线】命令，绘制多段线，如图10-60所示。

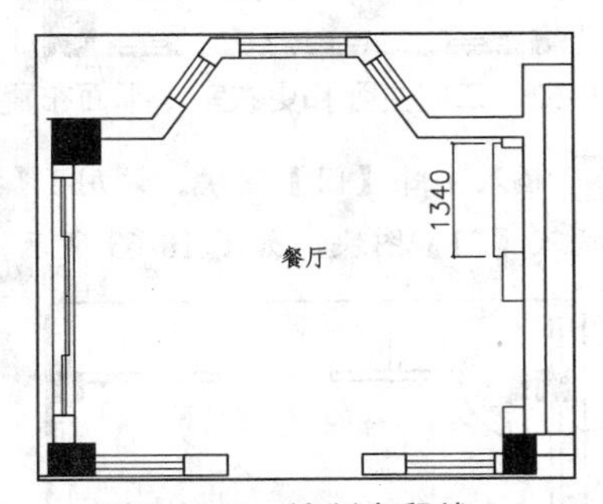

图10-60 绘制多段线2

Step 08 调用CO【复制】命令，将多段线复制到下方，如图10-61所示。

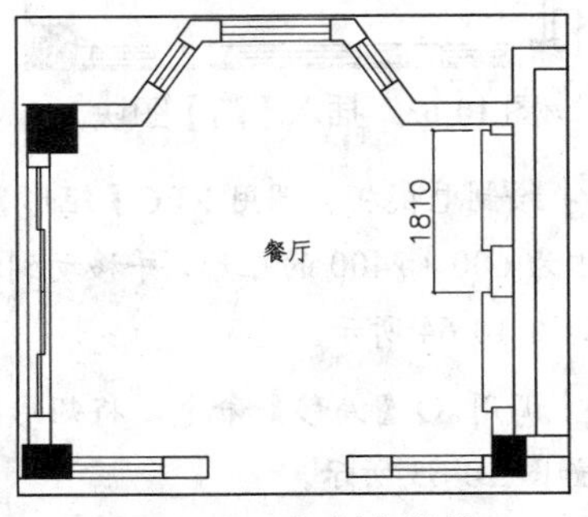

图10-61 复制多段线

Step 09 插入图块。打开配套光盘中的“第10章\家具图例.dwg”文件，选择其中的餐桌椅图

形，复制到一层餐厅平面布置图中，绘制结果如图 10-55 所示，一层餐厅平面布置图绘制完成。

10.3.2　绘制二层主卧和更衣室 1 平面布置图

二层主卧和更衣室 1 如图 10-62 所示，下面讲解绘制方法。

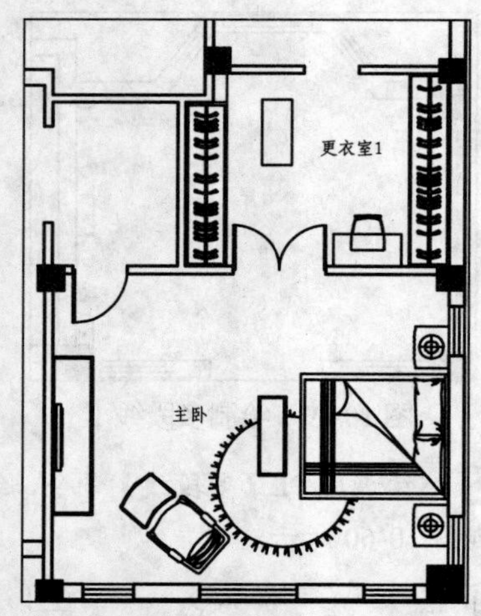

图 10-62　二层主卧和更衣室 1 平面布置图

Step 01 插入主卧【门】图块。调用 I【插入】命令，插入【门】图块，如图 10-63 所示。

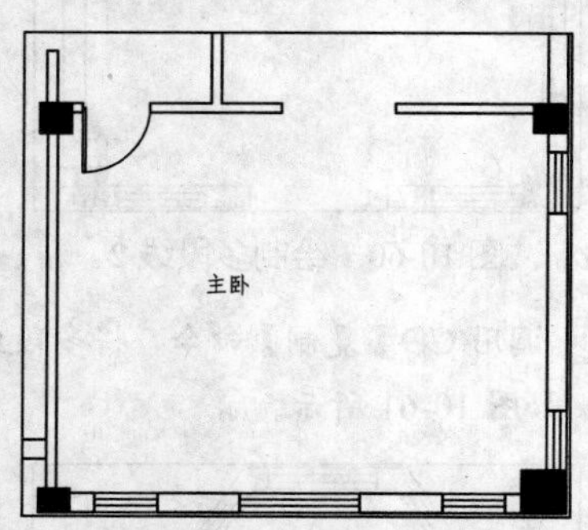

图 10-63　插入【门】图块 1

Step 02 绘制电视柜。调用 REC【矩形】命令，绘制尺寸为 600 × 2400 的矩形，并移动到相应的位置，如图 10-64 所示。

Step 03 调用 O【偏移】命令，将矩形向内偏移 30，如图 10-65 所示。

Step 04 绘制更衣室门。调用 I【插入】命令，插入【门】图块，如图 10-66 所示。

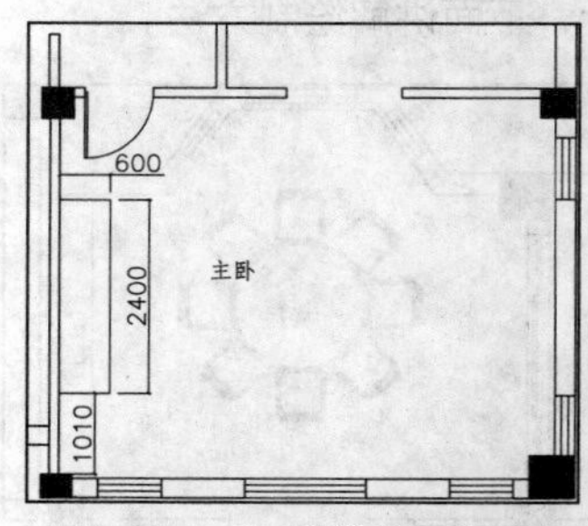

图 10-64　绘制矩形 1

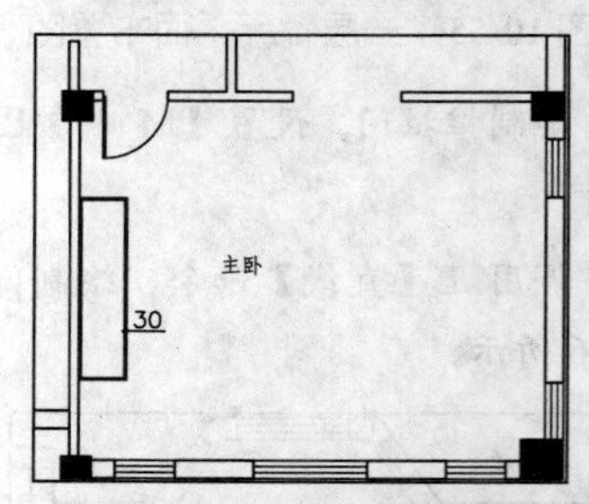

图 10-65　偏移矩形 1

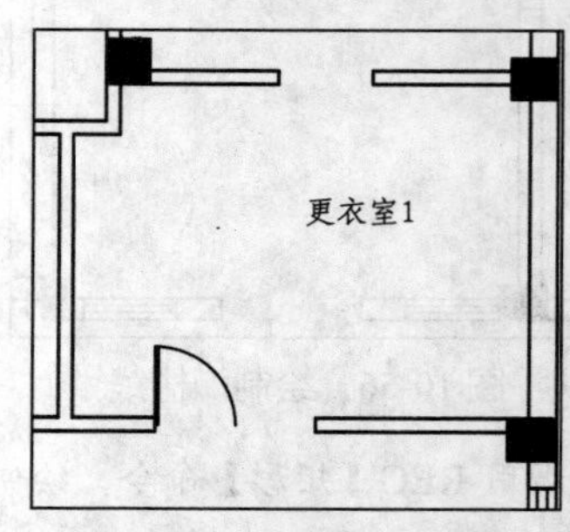

图 10-66　插入【门】图块 2

Step 05 调用 MI【镜像】命令，对门进行镜像，得到双开门，如图 10-67 所示。

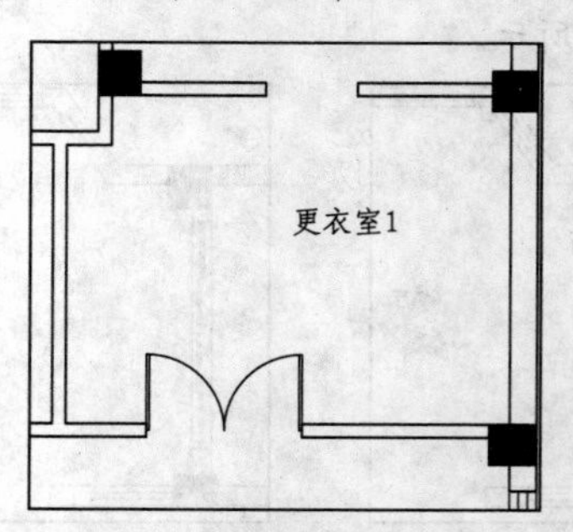

图 10-67　镜像门

Step 06 绘制衣柜。调用 REC【矩形】命令，绘制尺寸为 600 × 2505 的矩形，如图 10-68 所示。

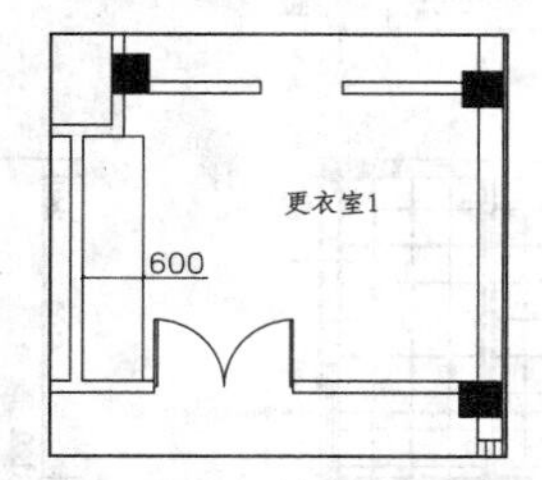

图 10-68 绘制矩形 2

Step 07 调用 O【偏移】命令，将矩形向内偏移 30，如图 10-69 所示。

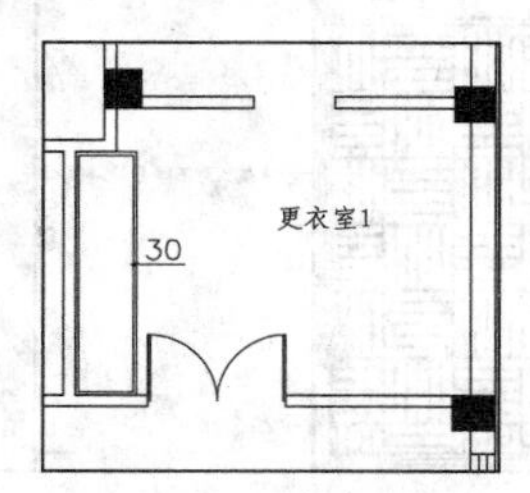

图 10-69 偏移矩形 2

Step 08 调用 L【直线】命令和 O【偏移】命令，绘制挂衣杆，如图 10-70 所示。

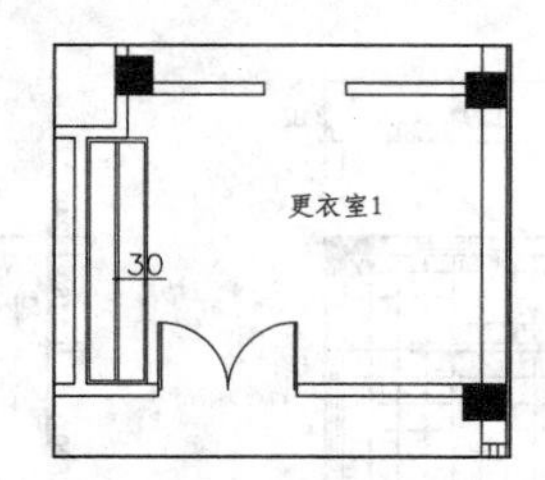

图 10-70 绘制挂衣杆

Step 09 调用 L【直线】命令，绘制线段，如图 10-71 所示。

Step 10 使用相同的方法绘制另一侧的衣柜，如图 10-72 所示。

Step 11 调用 REC【矩形】命令，绘制尺寸为 1000 × 500 的矩形表示梳妆台，如图 10-73 所示。

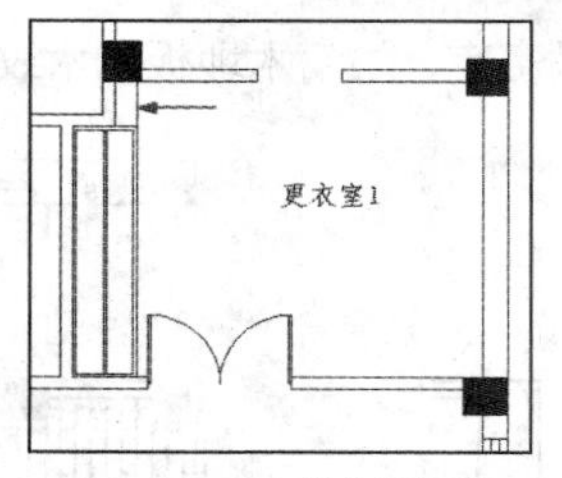

图 10-71 绘制线段

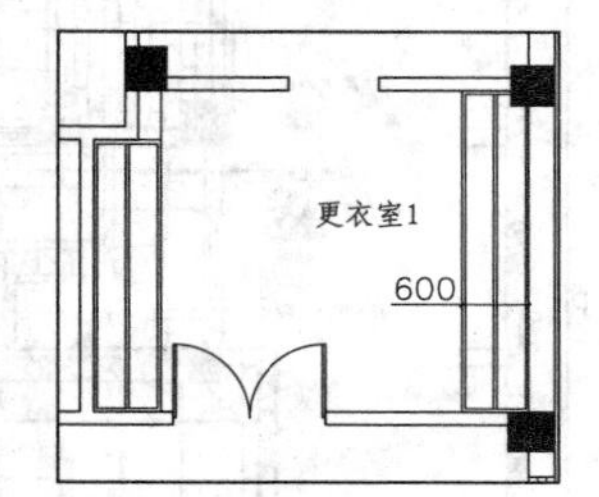

图 10-72 绘制另一侧衣柜

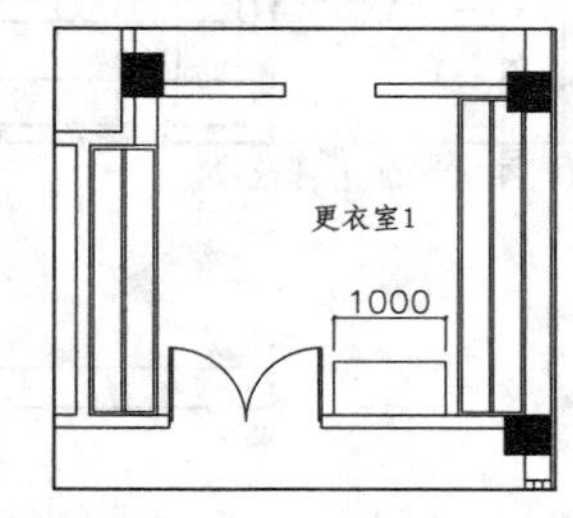

图 10-73 绘制梳妆台

Step 12 继续调用 REC【矩形】命令，绘制尺寸为 450 × 1000 的矩形表示长条凳，如图 10-74 所示。

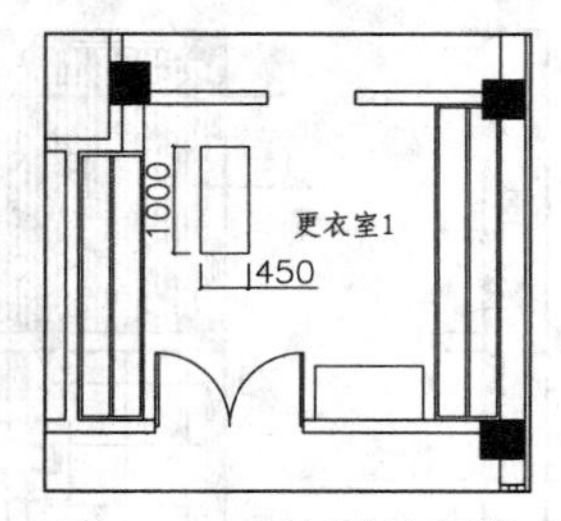

图 10-74 绘制长条凳

Step 13 从图库中插入床、床头柜、床尾凳、休闲沙发、妆凳和衣架等图形到主卧和更衣室 1 平面布置图中，主卧和更衣室 1 平面布置图绘制完成。

10.4 绘制别墅地材图

别墅地材图如图 10-75、图 10-76 和图 10-77 所示，使用了大理石、玻化砖、实木地板、地砖、防滑砖、马赛克、防腐木地板和木纹大理石等地面材料。下面以别墅一层地材图为例讲解绘制方法。

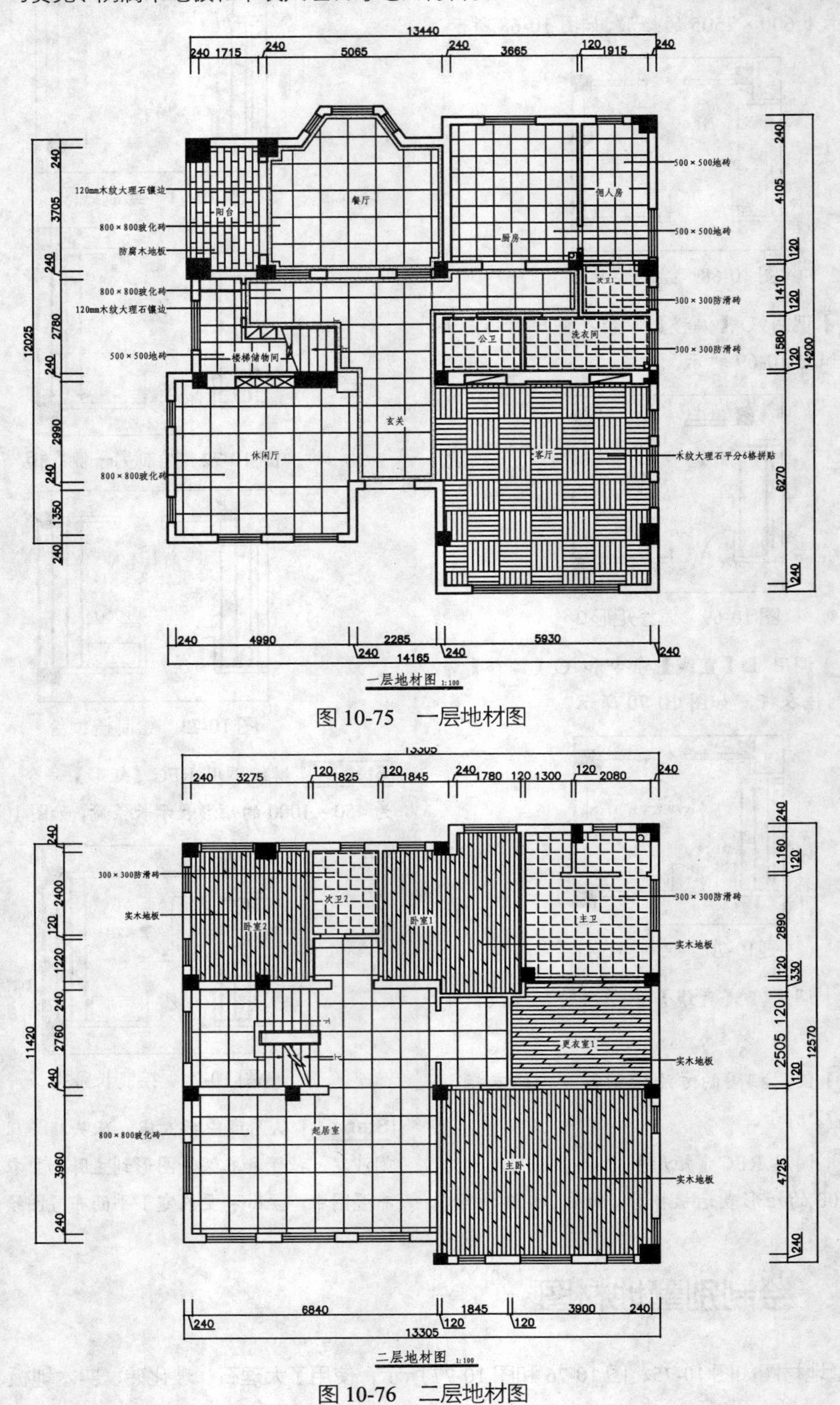

图10-75　一层地材图

图10-76　二层地材图

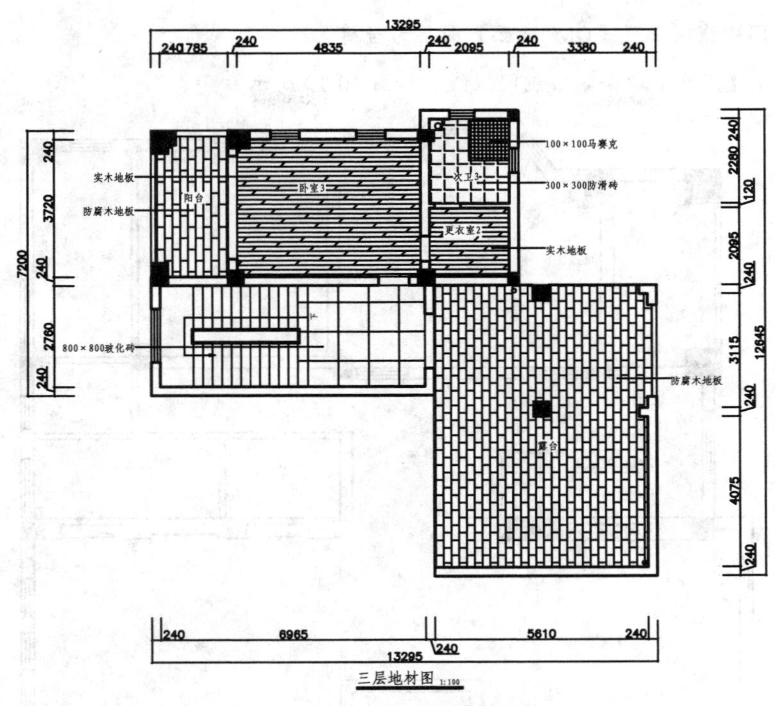

图 10-77　三层地材图

一层地材图使用了大理石镶边，其他地面材料可使用填充命令完成。

Step 01 复制图形。调用 CO【复制】命令，复制别墅一层平面布置图。

Step 02 删除平面布置图中与地材图无关的图形，如图 10-78 所示。

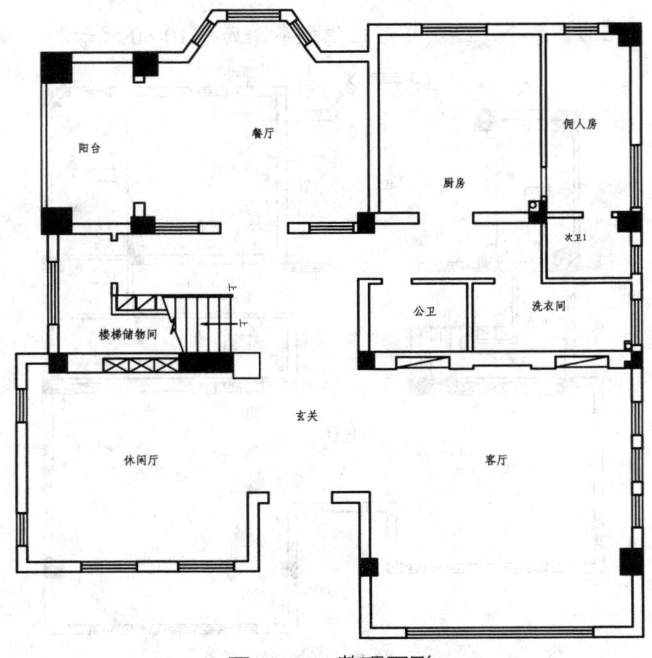

图 10-78　整理图形

Step 03 绘制门槛线。设置【DM_地面】图层为当前图层。

Step 04 调用 L【直线】命令，绘制门槛线，如图 10-79 所示。

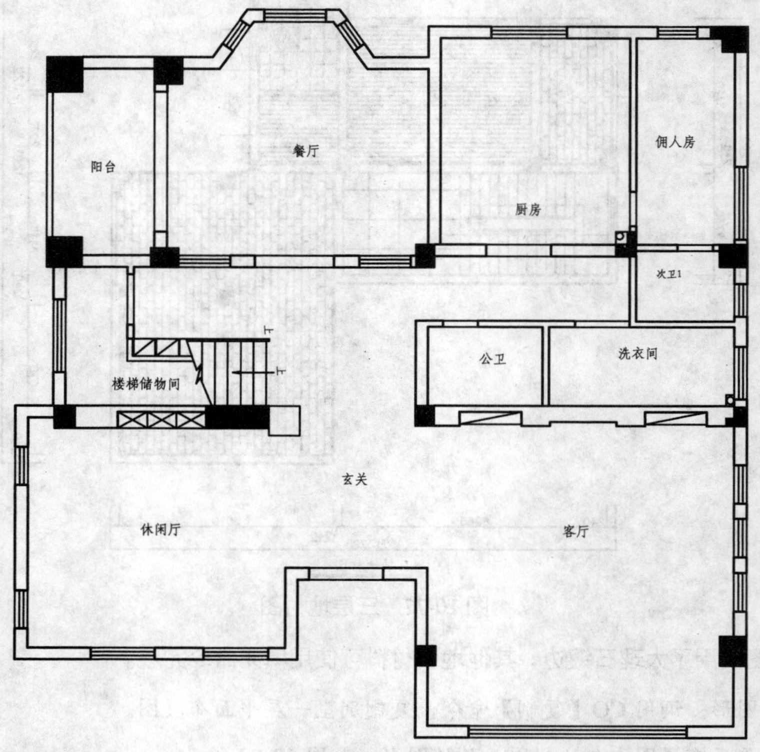

图 10-79　绘制门槛线

Step 05 调用 REC【矩形】命令，绘制矩形框住文字，如图 10-80 所示。

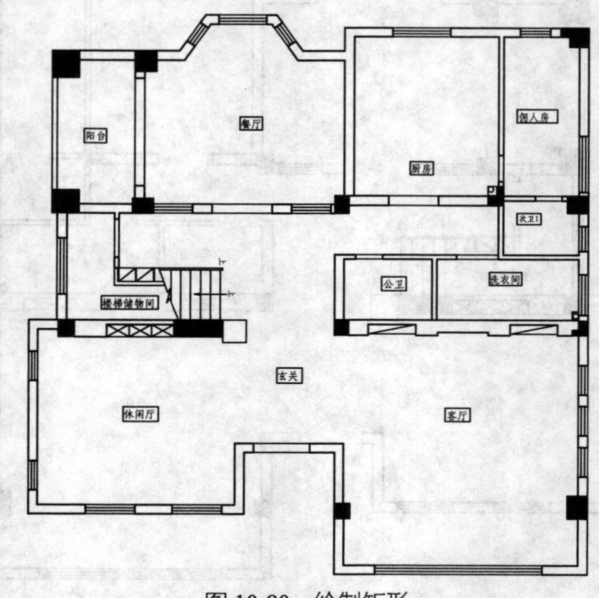

图 10-80　绘制矩形

Step 06 绘制餐厅地面。调用 PL【多段线】命令，绘制多段线，然后将多段线向内偏移 120，如图 10-81 所示。

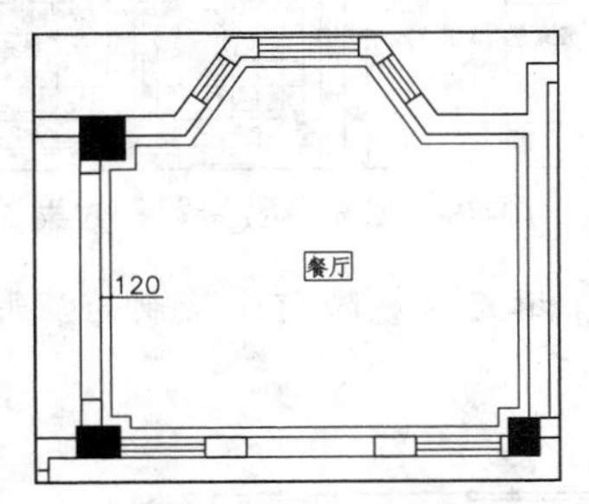

图 10-81　绘制并偏移多段线

Step 07 调用 H【填充】命令，在多段线内填充【AR-SAND】图案，填充参数设置和效果如图 10-82 所示。

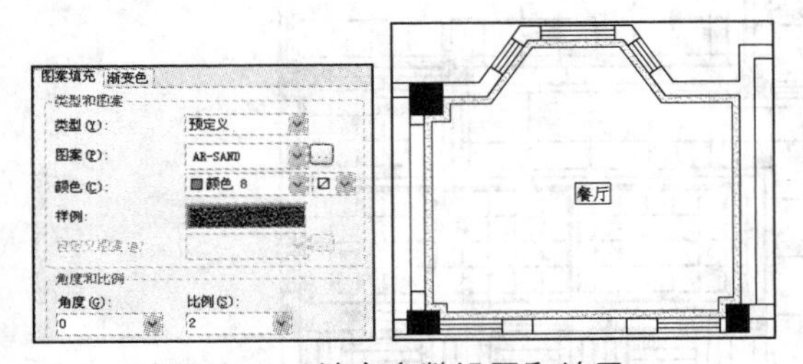

图 10-82　填充参数设置和效果 1

Step 08 继续调用 H【填充】命令，在餐厅内填充【用户定义】图案，填充参数设置和效果如图 10-83 所示。

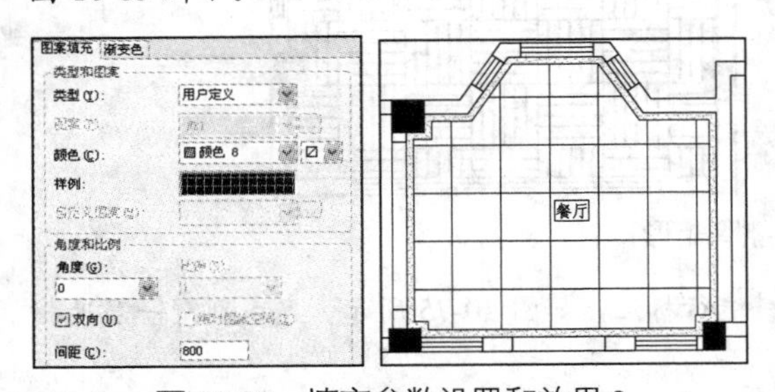

图 10-83　填充参数设置和效果 2

Step 09 使用同样的方法绘制玄关和过道地材图，如图 10-84 所示。

Step 10 调用 H【填充】命令，在客厅区域填充【AR-PARQ1】图案，填充参数设置和效果如图 10-85 所示。

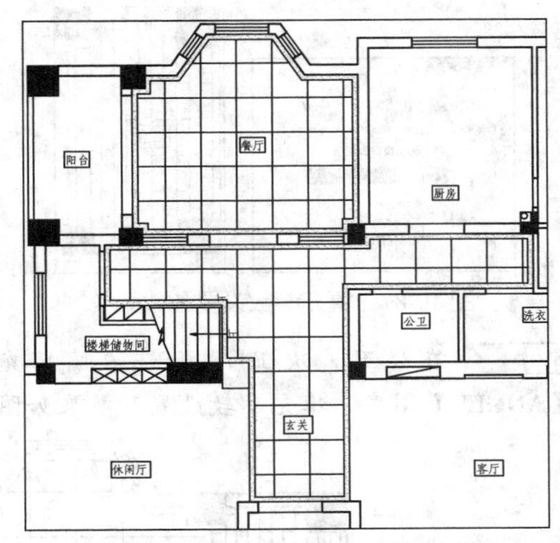

图 10-84　绘制玄关和过道地面

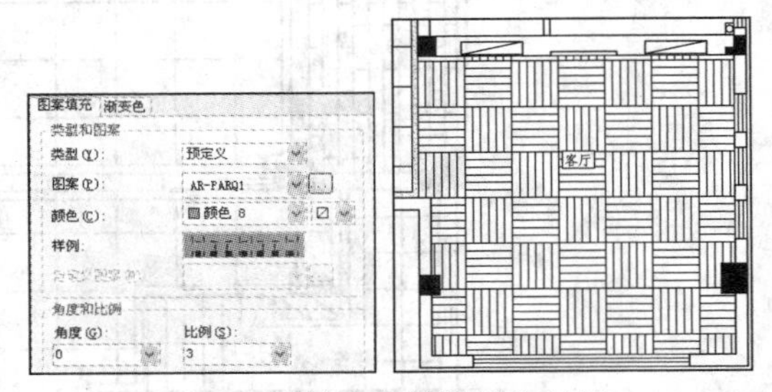

图 10-85　填充参数设置和效果 3

Step 11 在休闲厅、楼梯储物间厨房和佣人房 2 区域填充【用户定义】图案，如图 10-86 所示。

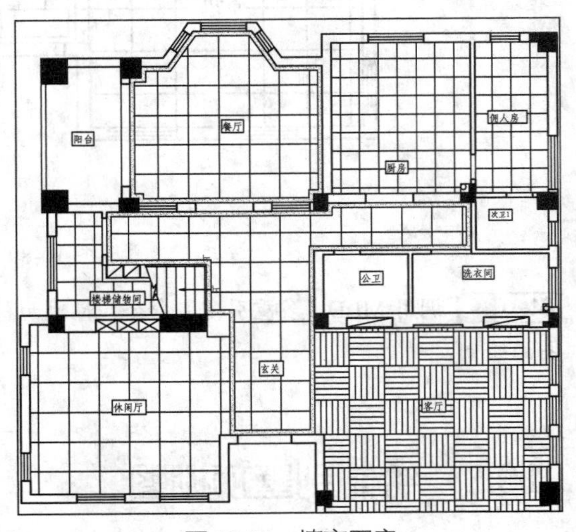

图 10-86　填充图案

Step 12 在阳台区域填充【AR-BRSTD】图案，填充参数设置和效果如图 10-87 所示。

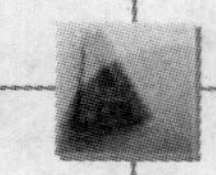

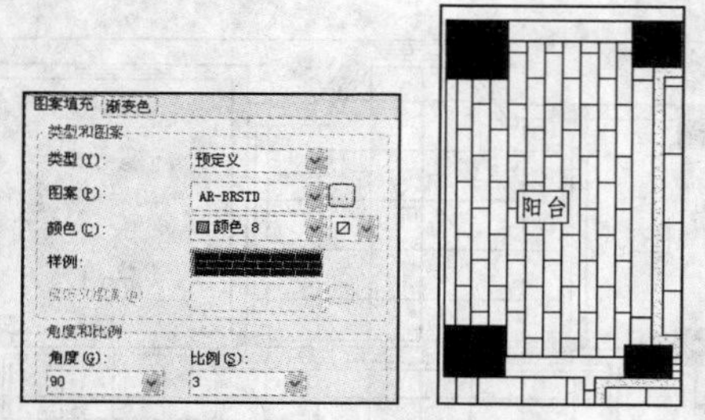

图 10-87　填充参数设置和效果 4

Step 13 在公卫、次卫 1 和洗衣间填充【ANGLE】图案，填充参数设置和效果如图 10-88 所示。

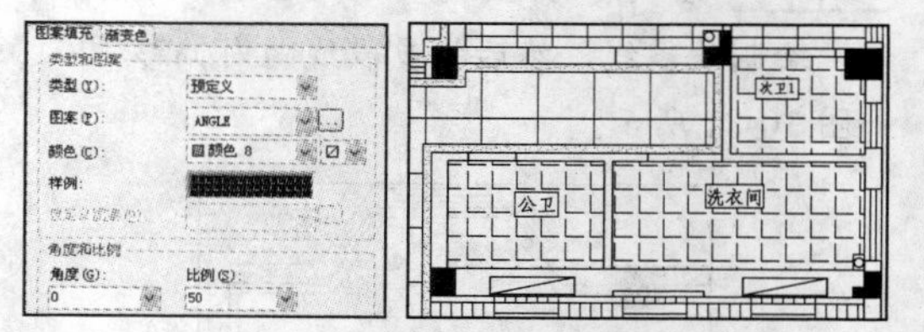

图 10-88　填充参数设置和效果 5

Step 14 填充后删除前面绘制的矩形，如图 10-89 所示。

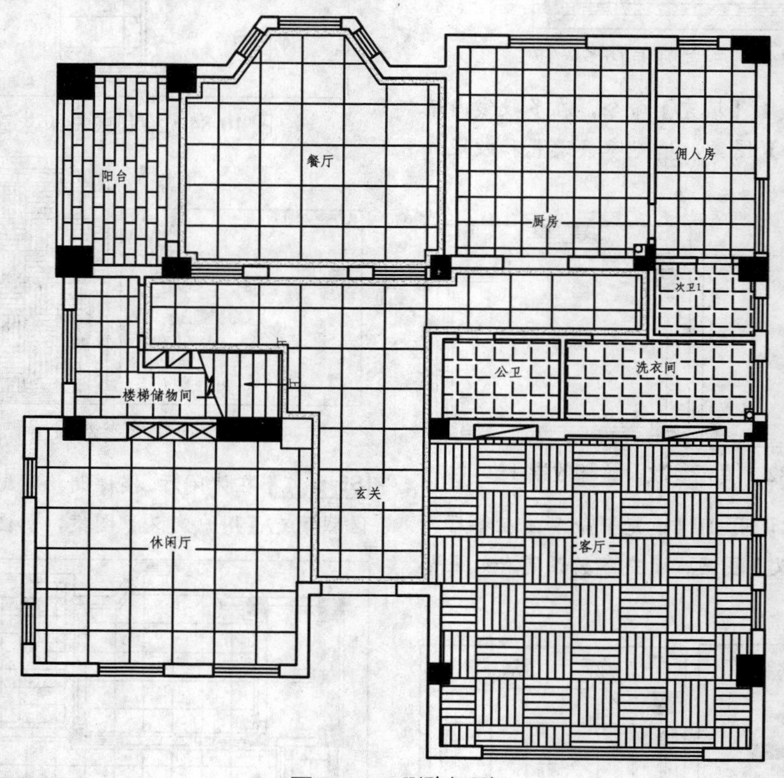

图 10-89　删除矩形

Step 15 调用 MLD【多重引线】命令，对地面材料进行标注，如图 10-75 所示，完成别墅一层地材图的绘制。

10.5　绘制别墅顶棚图

别墅的顶棚较复杂，如图 10-90、图 10-91 和图 10-92 所示。本节以餐厅、玄关、休闲厅和主卧顶棚为例介绍别墅顶棚图的绘制方法。

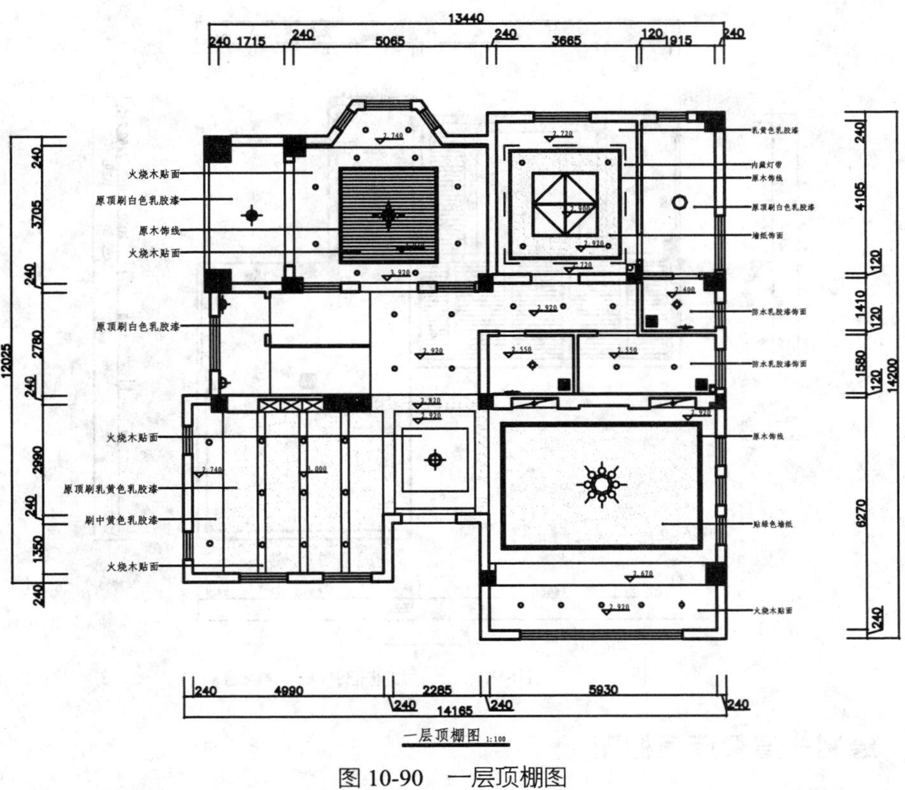

图 10-90　一层顶棚图

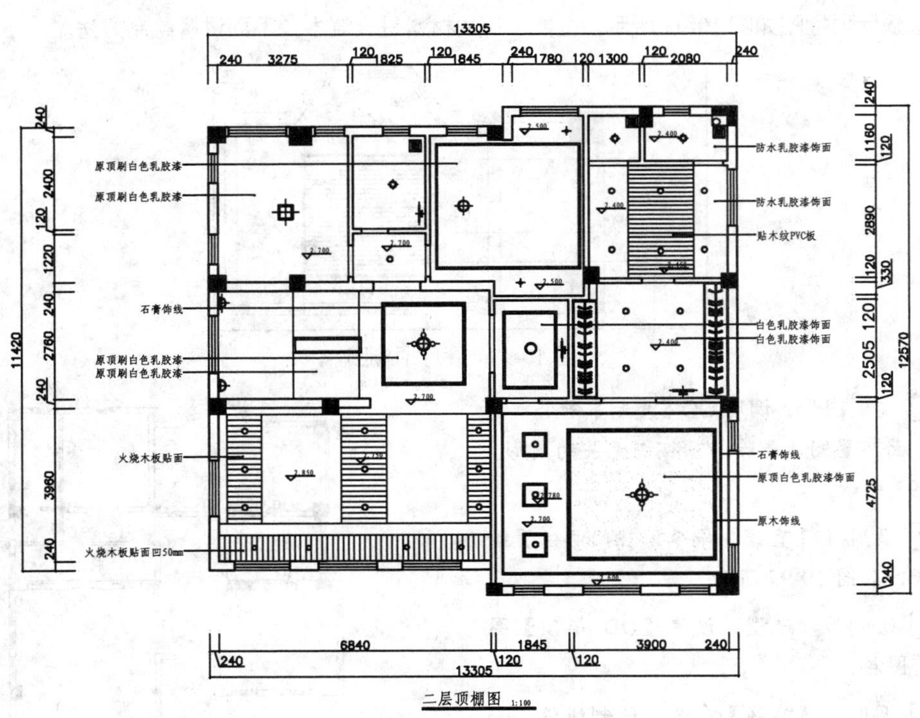

图 10-91　二层顶棚图

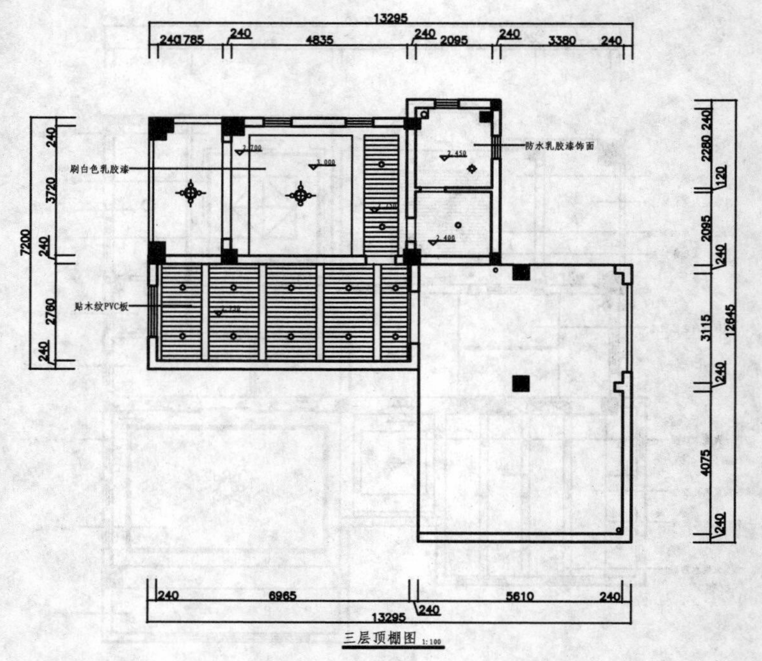

图 10-92　三层顶棚图

10.5.1　绘制一层餐厅顶棚图

一层餐厅顶棚图如图 10-93 所示，主要使用的材料是火烧木，下面讲解绘制方法。

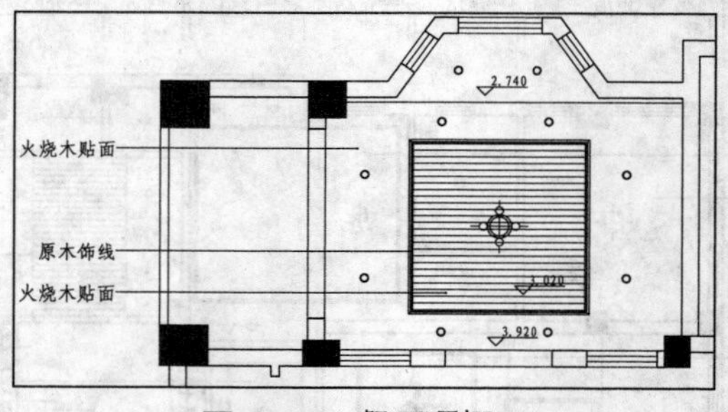

图 10-93　餐厅顶棚图

Step 01 复制图形。调用 CO【复制】命令，复制餐厅平面布置图，删除与顶棚图无关的图形，如图 10-94 所示。

Step 02 调用 L【直线】命令，在门洞位置绘制墙体线，如图 10-95 所示。

Step 03 绘制吊顶造型。设置【DD_吊顶】图层为当前图层。

Step 04 调用 L【直线】命令，绘制线段，如图 10-96 所示。

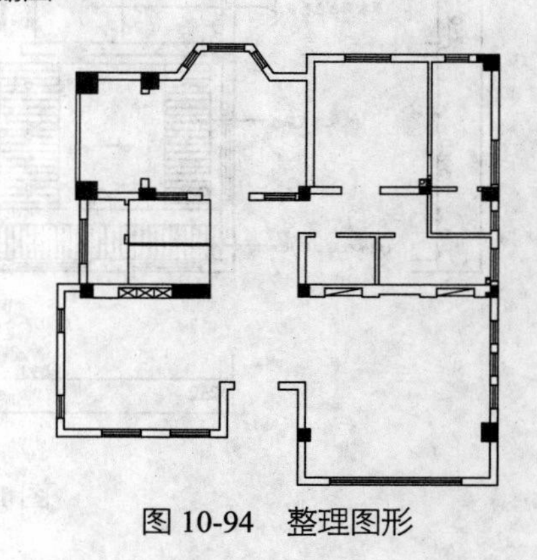

图 10-94　整理图形

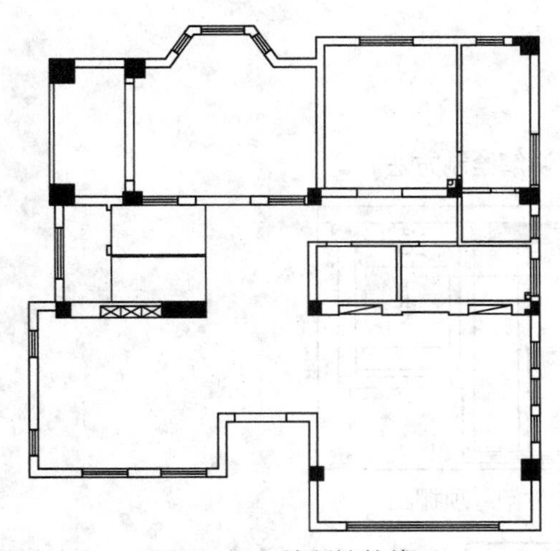

图 10-95　绘制墙体线

Step 05 调用 O【偏移】命令，绘制辅助线，如图 10-97 所示。

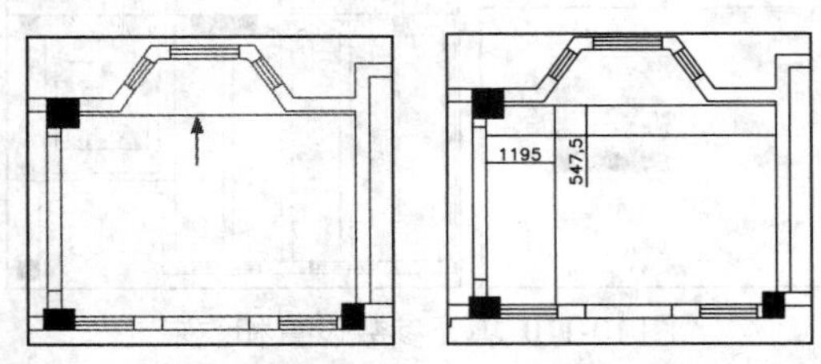

图 10-96　绘制线段 1　图 10-97　绘制辅助线 1

Step 06 调用 REC【矩形】命令，以辅助线的交点为矩形的第一个角点，绘制边长为 2560 的矩形，然后删除辅助线，如图 10-98 所示。

Step 07 调用 O【偏移】命令，将矩形向内偏移 30、10 和 20，如图 10-99 所示。

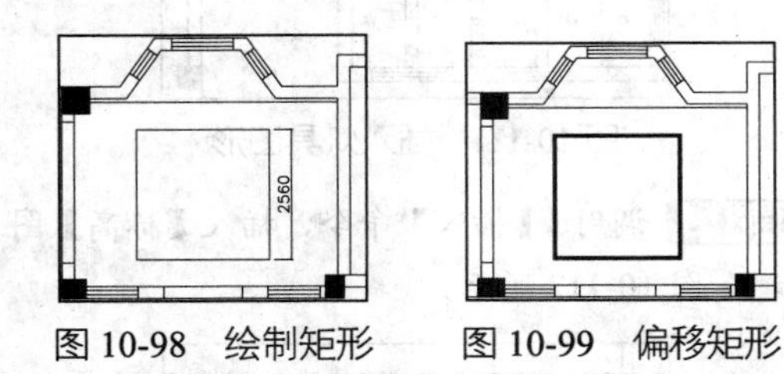

图 10-98　绘制矩形　图 10-99　偏移矩形

Step 08 调用 L【直线】命令，绘制线段连接矩形，如图 10-100 所示。

Step 09 调用 H【填充】命令，在最小的矩形内填充【LINE】图案，填充参数设置和效果如图 10-101 所示。

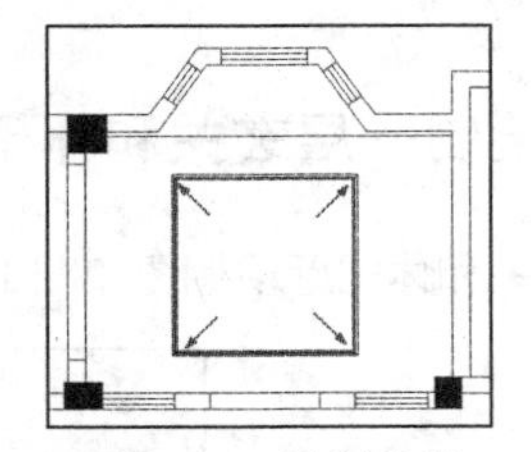

图 10-100　绘制线段 2

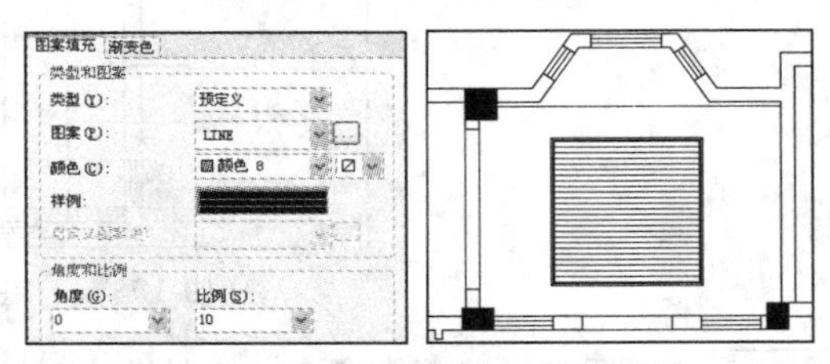

图 10-101　填充参数设置和效果

Step 10 布置灯具。调用 L【直线】命令，绘制辅助线，如图 10-102 所示。

Step 11 打开配套光盘中“第 10 章\家具图例.dwg”文件，复制灯具图形到一层餐厅中，注意吊灯中心点与辅助线中点对齐，然后删除辅助线，如图 10-103 所示。

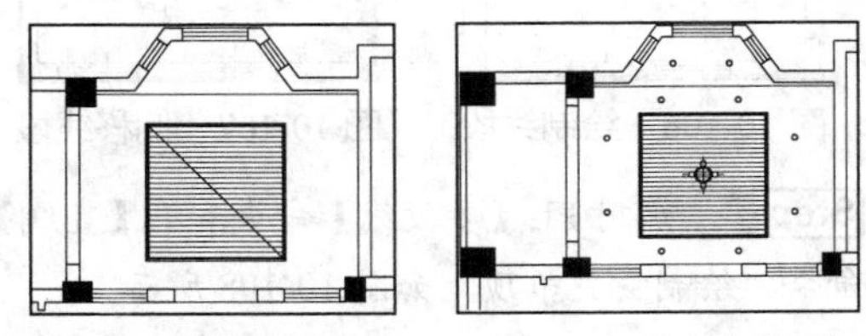

图 10-102　绘制辅助线 2　图 10-103　复制灯具

Step 12 调用 I【插入】命令，插入【标高】图块，如图 10-104 所示。

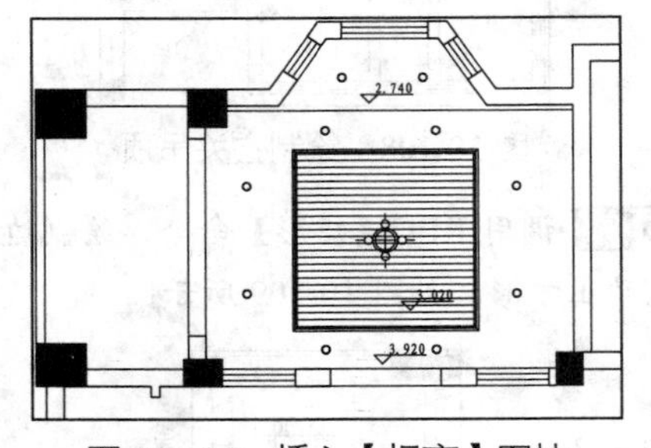

图 10-104　插入【标高】图块

Step 13 调用 MLD【多重引线】命令，使用 MLD【多重引线】命令标注顶棚的材料，完成一层餐厅顶棚图的绘制。

10.5.2 绘制一层玄关和休闲厅顶棚图

一层玄关和休闲厅顶棚图如图 10-105 所示，下面讲解绘制方法。

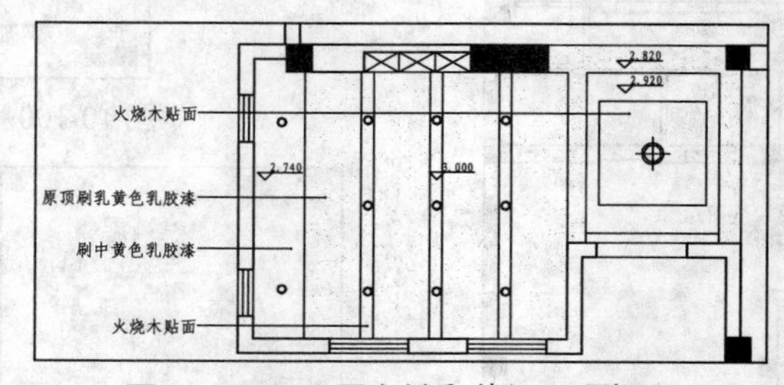

图 10-105 一层玄关和休闲厅顶棚图

Step 01 调用 L【直线】命令，绘制线段，如图 10-106 所示。

Step 02 调用 O【偏移】命令，对线段进行偏移，如图 10-107 所示。

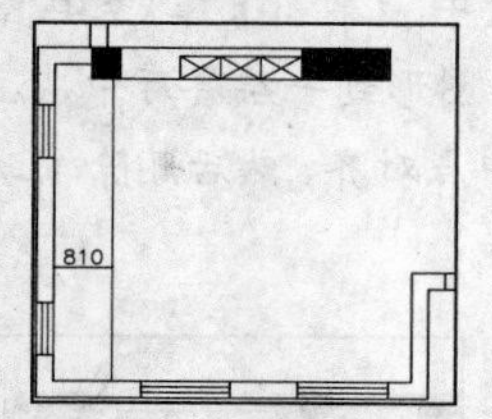

图 10-106 绘制线段

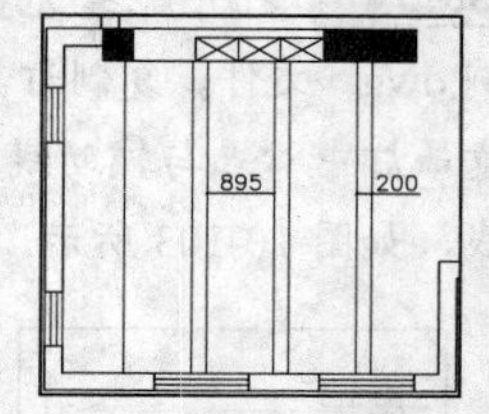

图 10-107 偏移线段

Step 03 调用 PL【多段线】命令和 L【直线】命令，绘制玄关吊顶，如图 10-108 所示。

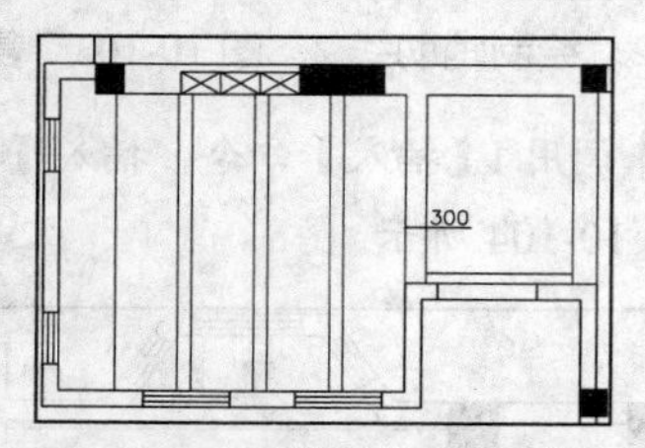

图 10-108 绘制玄关吊顶

Step 04 调用 REC【矩形】命令，绘制边长为 1700 的正方形，如图 10-109 所示。

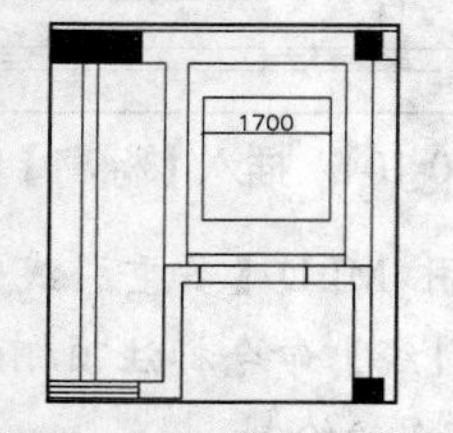

图 10-109 绘制正方形

Step 05 调用 H【填充】命令，对玄关和休闲厅顶棚填充【AR-SAND】图案，填充参数设置和效果如图 10-110 所示。

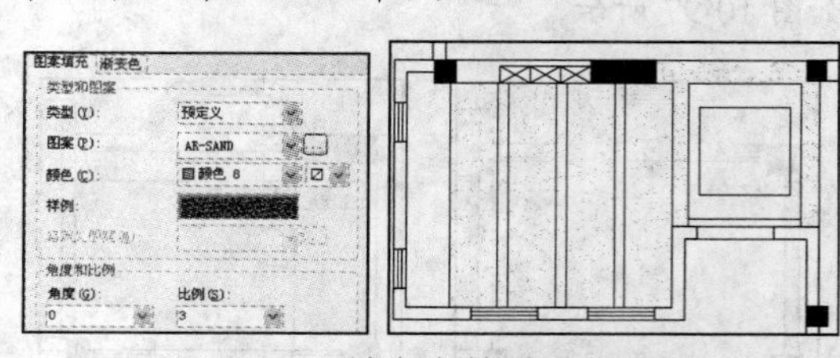

图 10-110 填充参数设置和效果

Step 06 从图库中插入【筒灯】和【吊灯】图块到顶棚图中，如图 10-111 所示。

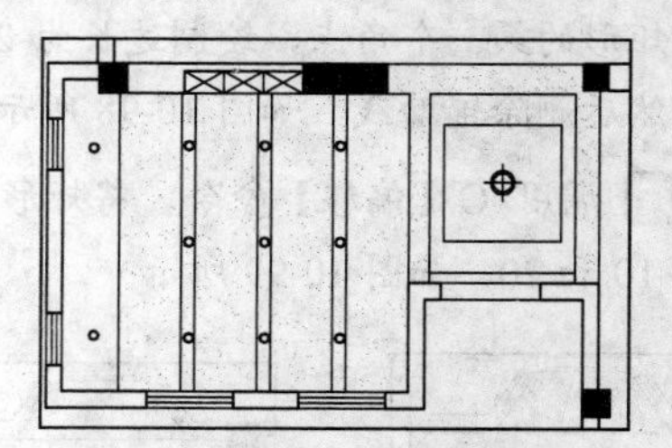

图 10-111 插入灯具图形

Step 07 调用 I【插入】命令，插入【标高】图块，如图 10-112 所示。

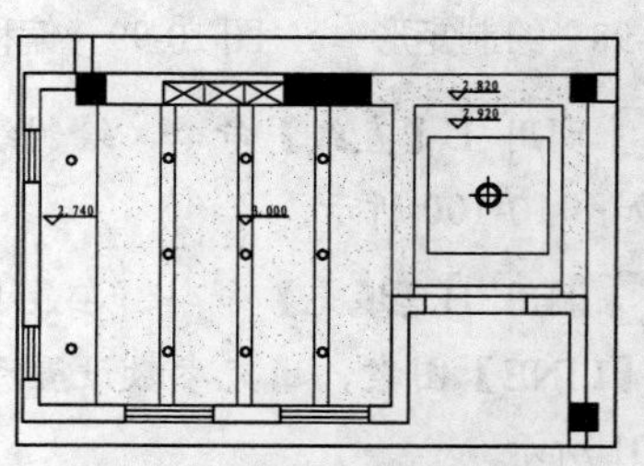

图 10-112 插入【标高】图块

Step 08 调用 MLD【多重引线】命令，使用多重引线命令标注顶棚的材料，完成一层玄关和休闲厅顶棚图的绘制。

10.5.3 绘制二层主卧顶棚图

二层主卧顶棚图如图 10-113 所示，下面讲解绘制方法。

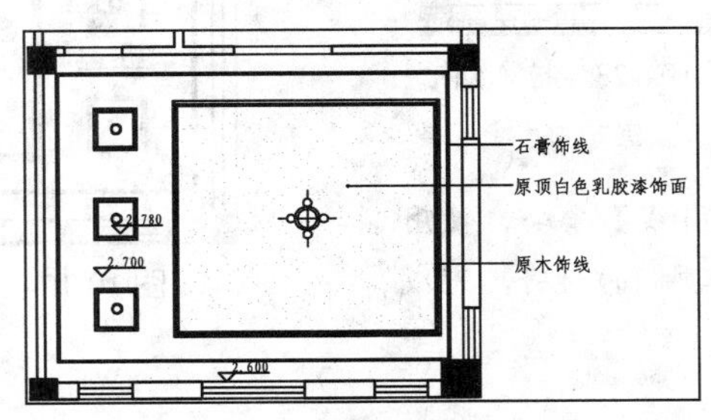

图 10-113 主卧顶棚图

Step 01 调用 REC【矩形】命令，绘制尺寸为 5515×4170 的矩形，并移动到相应的位置，如图 10-114 所示。

Step 02 调用 O【偏移】命令，将矩形向内偏移 20 和 10，如图 10-115 所示。

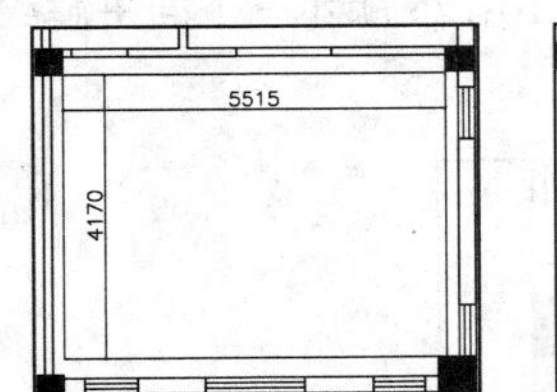

图 10-114 绘制矩形 1

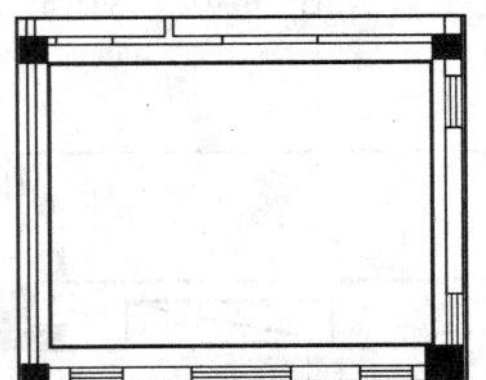

图 10-115 偏移矩形 1

Step 03 继续调用 REC【矩形】命令和 O【偏移】命令，绘制同类型吊顶，如图 10-116 所示。

Step 04 调用 L【直线】命令，绘制线段连接矩形，如图 10-117 所示。

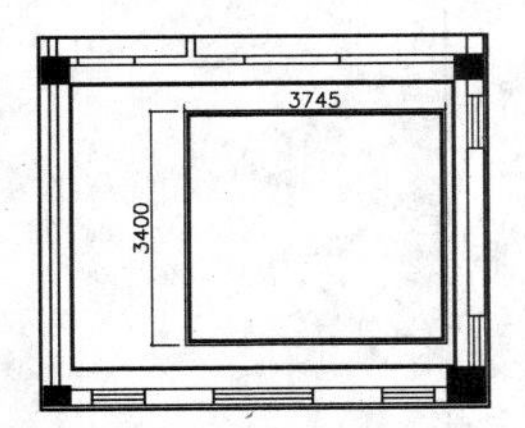

图 10-116 绘制同类型吊顶

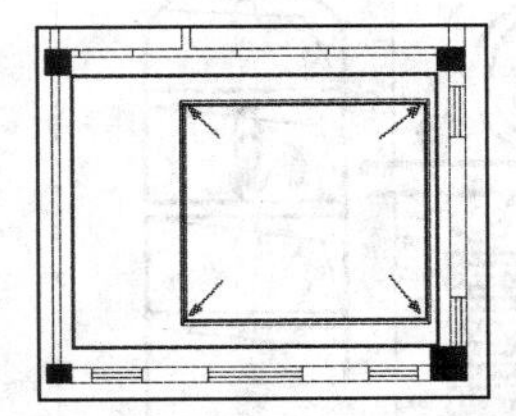

图 10-117 绘制线段 1

Step 05 调动 H【填充】命令，在最小的矩形内填充【AR-SAND】图案，如图 10-118 所示。

Step 06 调用 REC【矩形】命令，绘制边长为 600 的矩形，并移动到相应的位置，如图 10-119 所示。

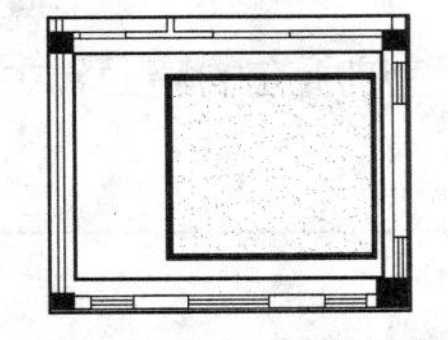

图 10-118 填充图案

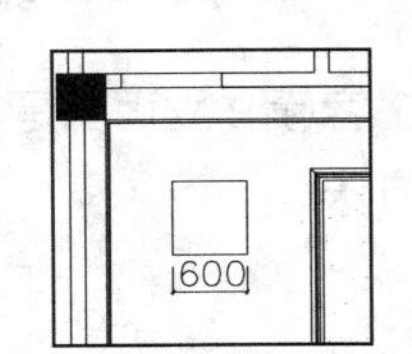

图 10-119 绘制矩形 2

Step 07 调用 O【偏移】命令，将矩形向内偏移 30 和 20，如图 10-120 所示。

Step 08 调用 L【直线】命令，绘制线段连接矩形，如图 10-121 所示。

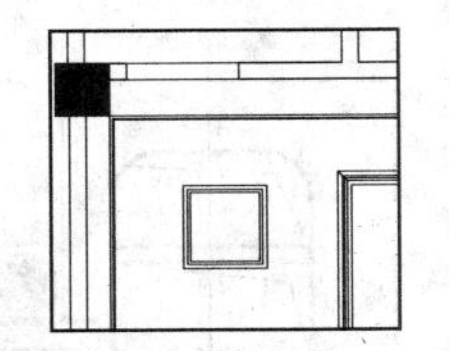

图 10-120 偏移矩形 2

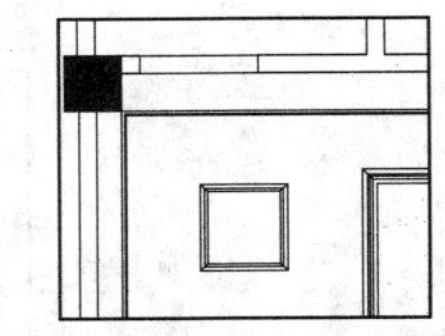

图 10-121 绘制线段 2

Step 09 调用 CO【复制】命令，将图形向下复制，如图 10-122 所示。

Step 10 从图库中插入【筒灯】和【吊灯】图块到顶棚图中，如图 10-123 所示。

Step 11 调用 I【插入】命令，插入【标高】图块，如图10-124所示。

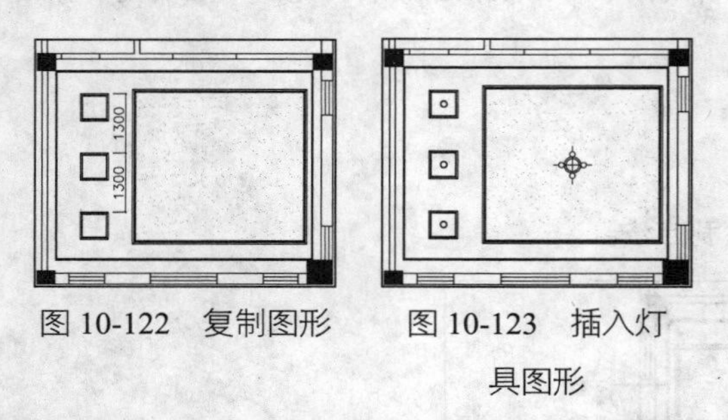

图10-122 复制图形　　图10-123 插入灯具图形

Step 12 调用 MLD【多重引线】命令，使用MLD【多重引线】命令标注顶棚的材料，完成二层主卧顶棚图的绘制。

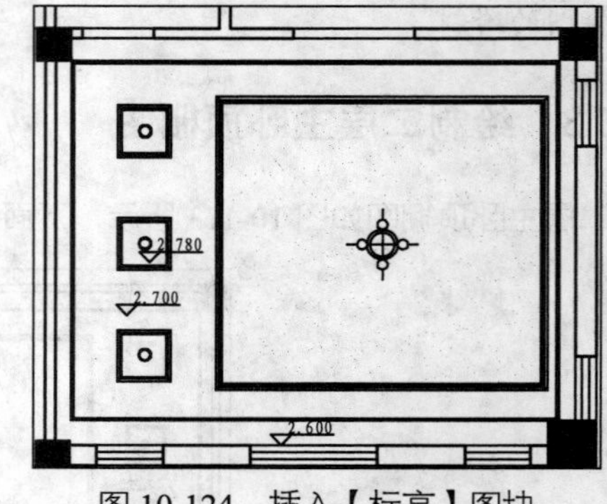

图10-124 插入【标高】图块

10.6 绘制别墅立面图

本节以客厅、玄关、楼梯间和衣柜立面为例，介绍立面图的画法。

10.6.1 绘制客厅B立面图

客厅B立面图是客厅壁炉所在的墙面，主要表达了壁炉的做法，如图10-125所示，下面讲解绘制方法。

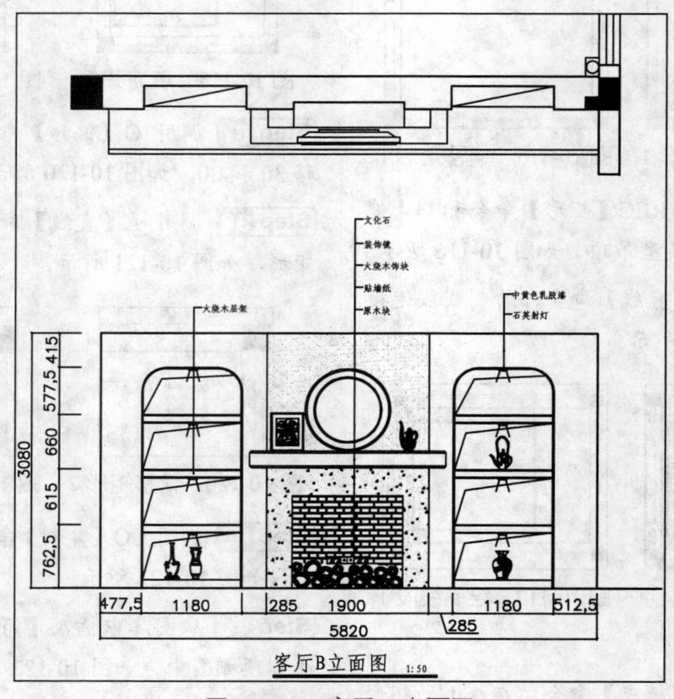

图10-125 客厅B立面图

Step 01 复制图形。调用 CO【复制】命令，复制别墅一层平面布置图上客厅 B 立面的平面部分。

Step 02 绘制立面外轮廓。设置【LM_立面】图层为当前图层。

Step 03 调用 L【直线】命令，从客厅 B 立面图中绘制出左右墙体的投影线，调用 PL【多段线】命令，绘制地面轮廓线，如图 10-126 所示。

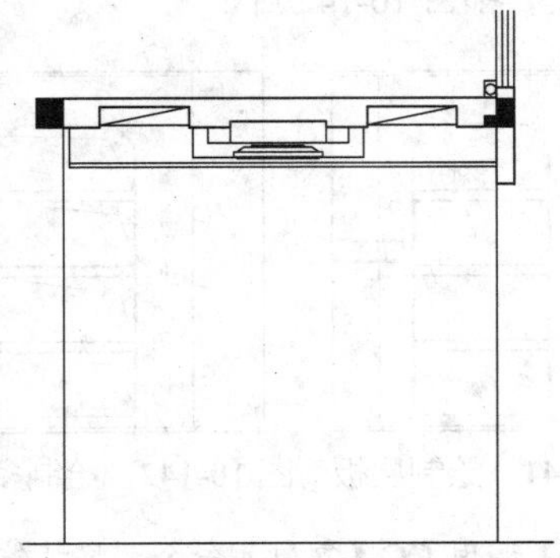

图 10-126 绘制墙体和地面

Step 04 调用 L【直线】命令，绘制顶棚底面，如图 10-127 所示。

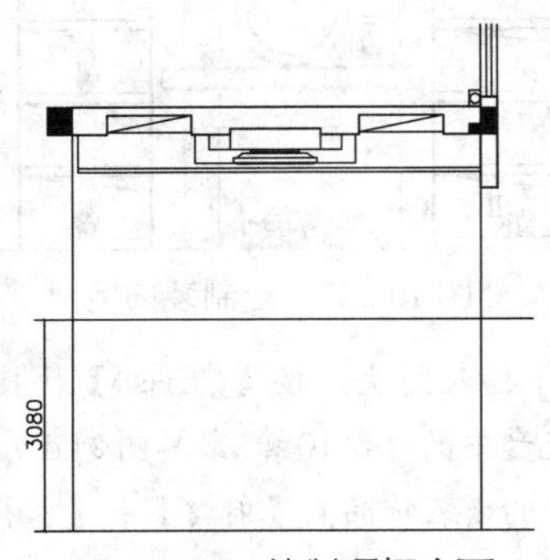

图 10-127 绘制顶棚底面

Step 05 调用 TR【修剪】命令，修剪得出 B 立面图的外轮廓，并转换至【QT_墙体】图层，如图 10-128 所示。

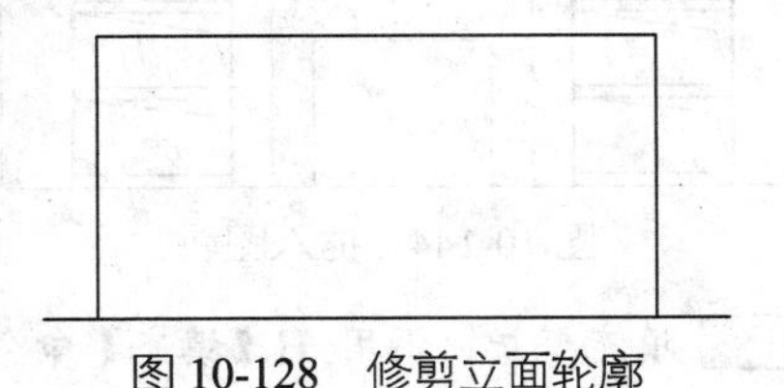

图 10-128 修剪立面轮廓

Step 06 绘制壁炉。调用 REC【矩形】命令，绘制尺寸为 2300×160 的矩形，并移动到相应的位置，如图 10-129 所示。

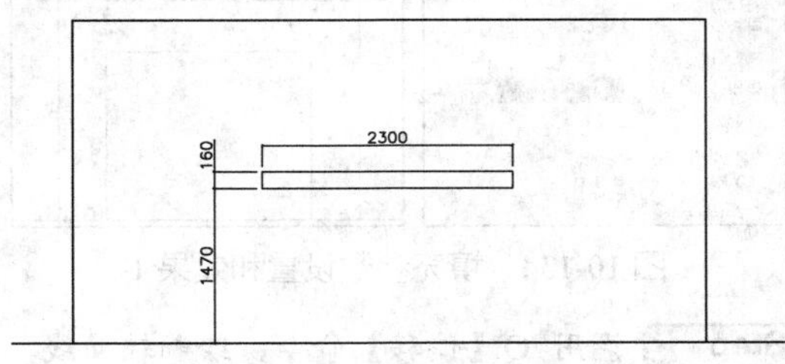

图 10-129 绘制矩形

Step 07 调用 PL【多段线】命令，绘制多段线，如图 10-130 所示。

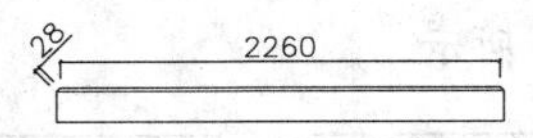

图 10-130 绘制多段线 1

Step 08 调用 MI【镜像】命令，对多段线进行镜像，如图 10-131 所示。

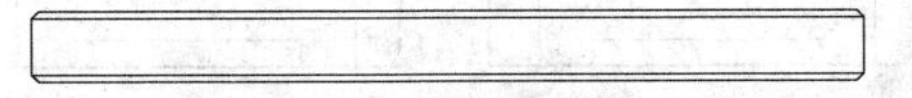

图 10-131 镜像多段线

Step 09 调用 L【直线】命令和 O【偏移】命令，绘制并偏移线段，如图 10-132 所示。

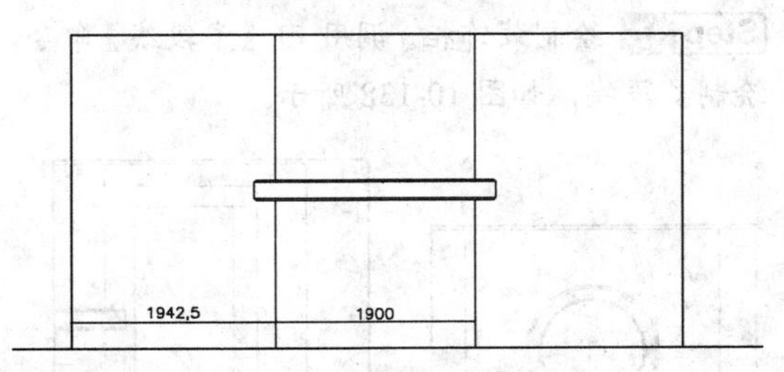

图 10-132 绘制并偏移线段

Step 10 调用 PL【多段线】命令，绘制多段线，如图 10-133 所示。

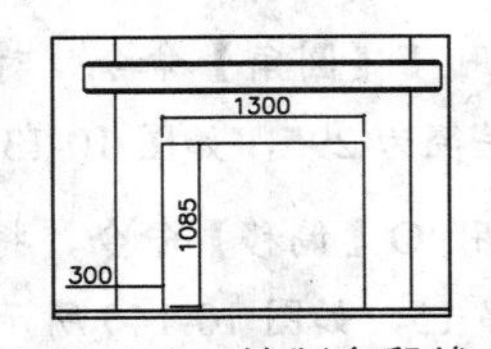

图 10-133 绘制多段线 2

Step 11 调用 H【填充】命令，在多段线外填充【AR-CONC】图案，填充参数设置和效果如图 10-134 所示。

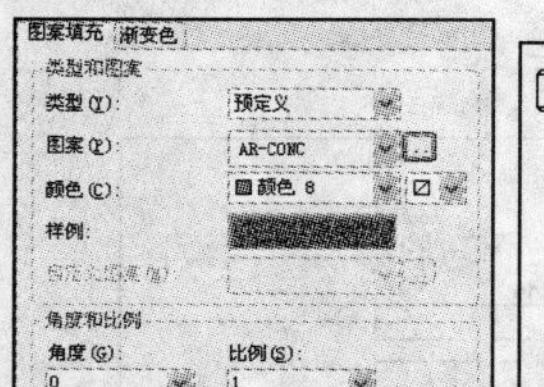

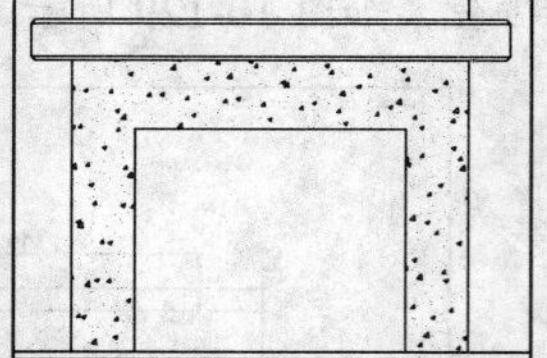

图 10-134　填充参数设置和效果 1

Step 12 调用 O【偏移】命令，绘制辅助线，如图 10-135 所示。

Step 13 调用 C【圆】命令，以辅助线的交点为圆心绘制半径为 500 的圆，然后删除辅助线，如图 10-136 所示。

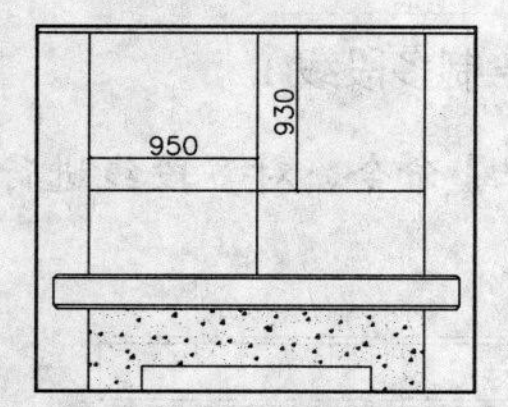

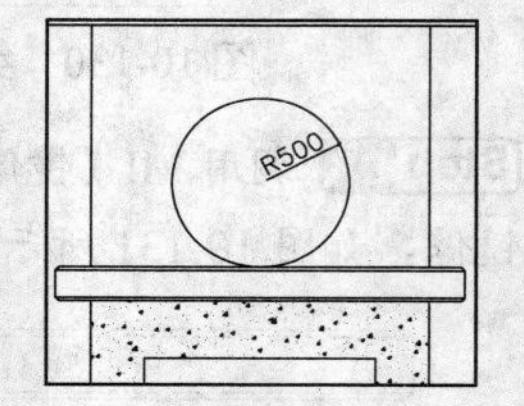

图 10-135　绘制辅助线　　图 10-136　绘制圆

Step 14 调用 O【偏移】命令，将圆向内偏移 20、100 和 15，如图 10-137 所示。

Step 15 绘制装饰柜。调用 PL【多段线】命令，绘制多段线，如图 10-138 所示。

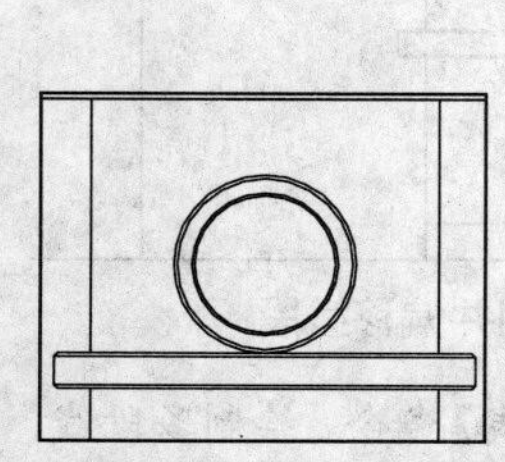

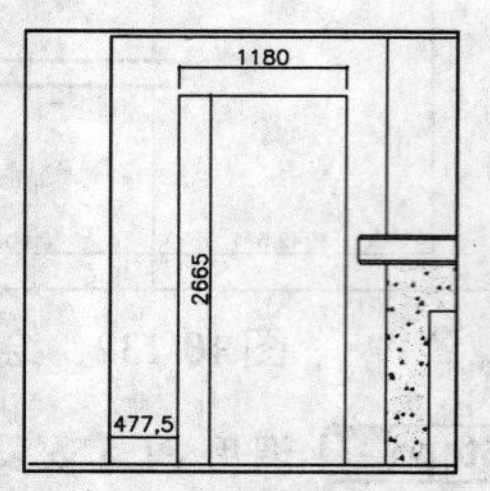

图 10-137　偏移圆　　图 10-138　绘制多段线 3

Step 16 调用 F【圆角】命令，对多段线进行圆角，圆角半径为 295，如图 10-139 所示。

Step 17 调用 O【偏移】命令，将圆角后的多段线向内偏移 15，如图 10-140 所示。

Step 18 调用 L【直线】命令和 O【偏移】命令，绘制线段表示层板，如图 10-141 所示。

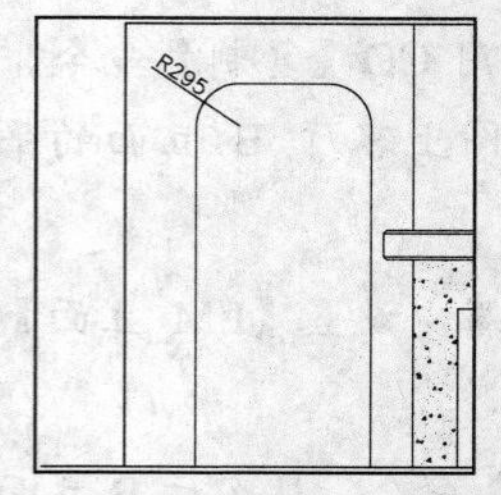

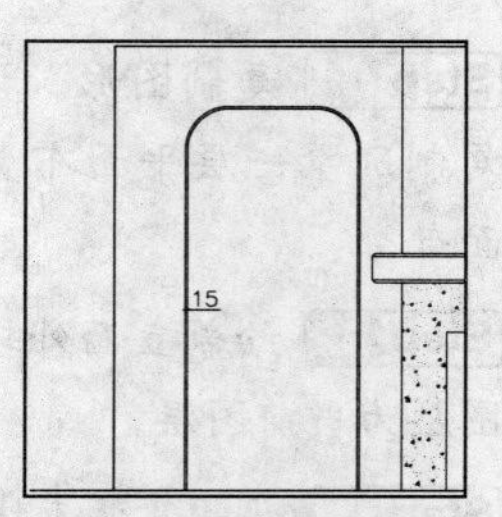

图 10-139　圆角多段线　图 10-140　偏移多段线

Step 19 调用 PL【多段线】命令，绘制多段线表示镂空，如图 10-142 所示。

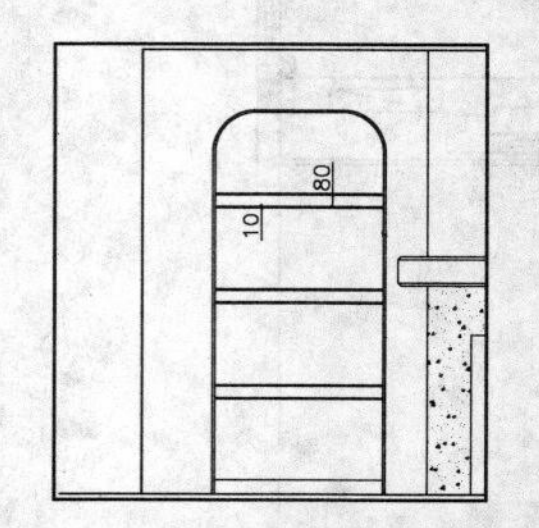

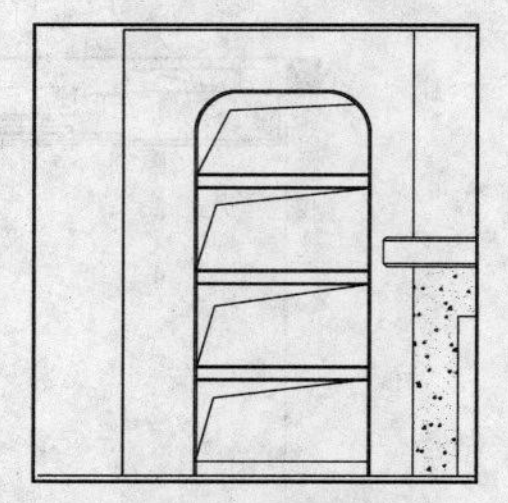

图 10-141　绘制层板　图 10-142　绘制多段线 4

Step 20 调用 CO【复制】命令，将装饰柜复制到右侧，如图 10-143 所示。

图 10-143　复制装饰柜

Step 21 插入图块。按【Ctrl+O】快捷键，打开配套光盘中的“第 10 章\家具图例.dwg”文件，选择其中的【装饰品】、【射灯】和【木材】等图块复制至客厅区域，如图 10-144 所示。

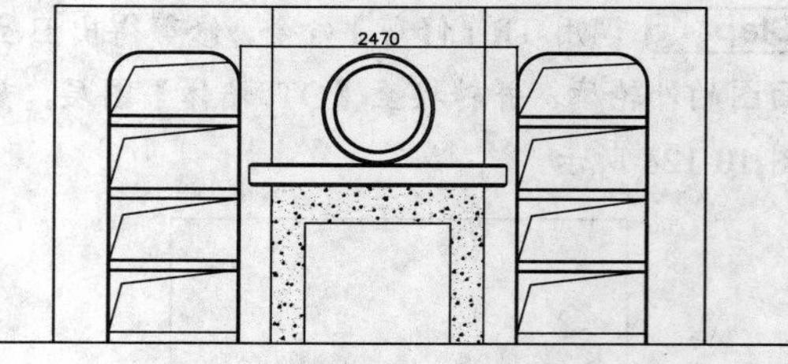

图 10-144　插入图块

Step 22 填充壁炉。调用 H【填充】命令，在壁炉内填充【AR-BRSTD】图案，填充参数设置和效果如图 10-145 所示。

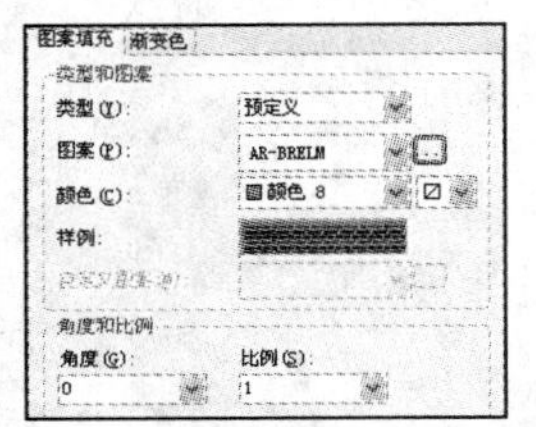

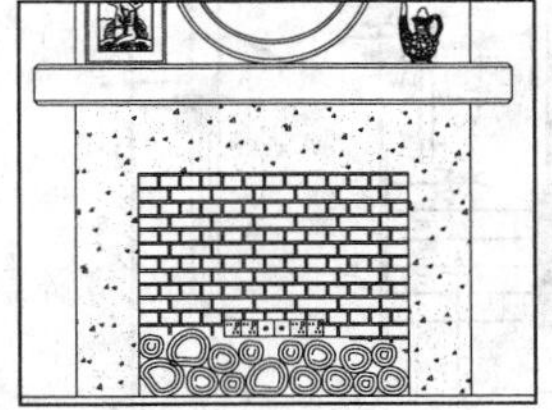

图 10-145　填充参数设置和效果 2

Step 23 继续调用 H【填充】命令，在壁炉上方填充【AR-SAND】图案，填充参数设置和效果如图 10-146 所示。

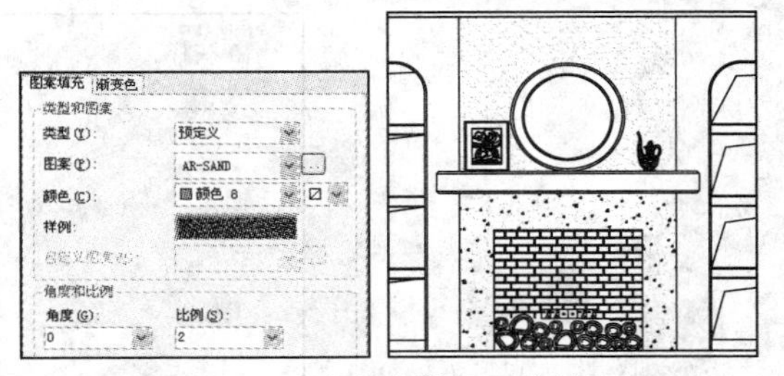

图 10-146　填充参数设置和效果 3

Step 24 标注尺寸和材料说明。设置【BZ_标注】图层为当前图层，设置当前注释比例为 1:50。

Step 25 调用 DLI【线性标注】命令和 DCO【连续性标注】命令，进行尺寸标注，如图 10-147 所示。

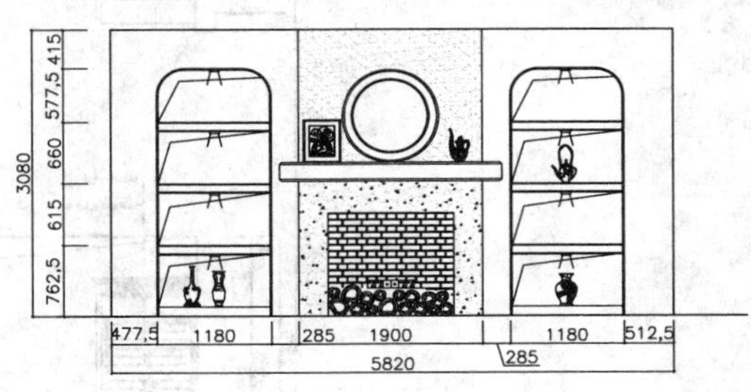

图 10-147　标注尺寸

Step 26 调用 MLD【多重引线】命令，进行材料说明，如图 10-148 所示。

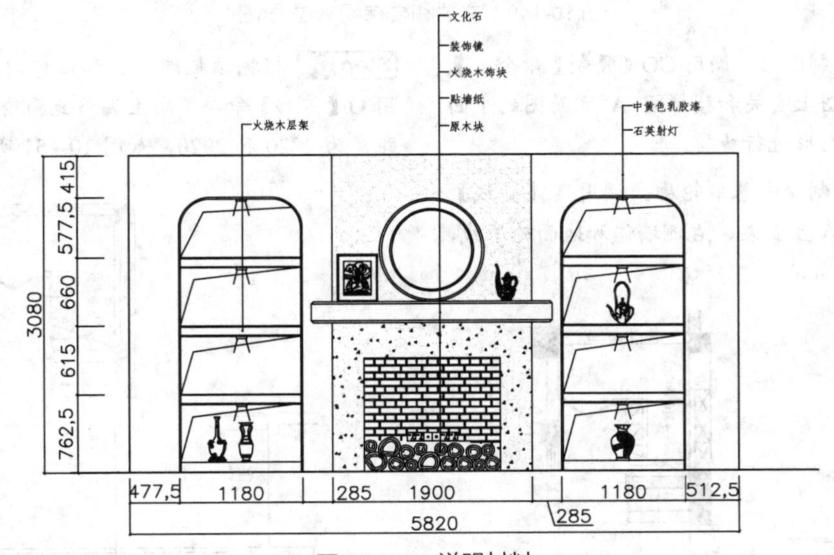

图 10-148　说明材料

Step 27 插入图名。调用 I【插入】命令，插入【图名】图块，设置名称为【客厅 B 立面图】，客厅 B 立面图绘制完成。

10.6.2　绘制玄关和楼梯间 A 立面图

玄关和楼梯间 A 立面图如图 10-149 所示，玄关和楼梯间 A 立面图主要表达了玄关鞋柜和楼梯的做法，下面讲解绘制方法。

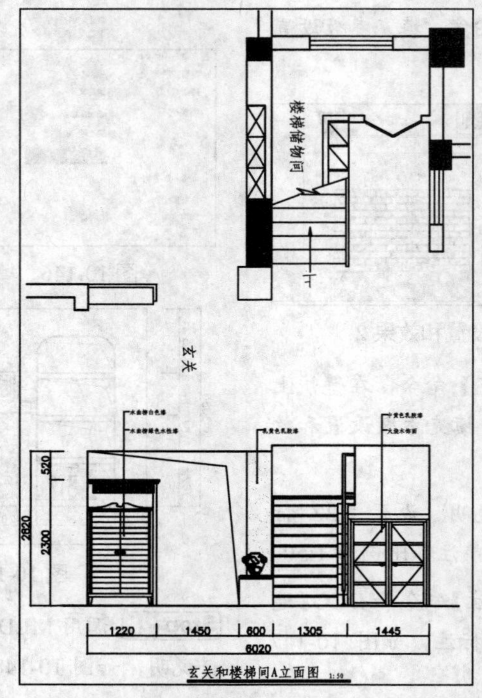

图 10-149　玄关和楼梯间 A 立面图

Step 01 复制图形。调用 CO【复制】命令，复制平面布置图上玄关和楼梯间 A 立面图的平面部分，并对图形进行旋转。

Step 02 绘制立面基本轮廓。调用 L【直线】命令，绘制 A 立面左、右侧墙体和地面轮廓线，如图 10-150 所示。

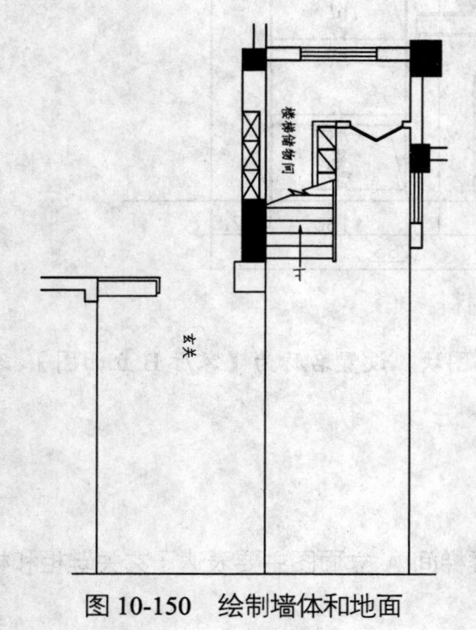

图 10-150　绘制墙体和地面

Step 03 根据顶棚图玄关和楼梯间的标高，调用 O【偏移】命令，向上偏移地面轮廓线，偏移距离为 2820 和 2920，如图 10-151 所示。

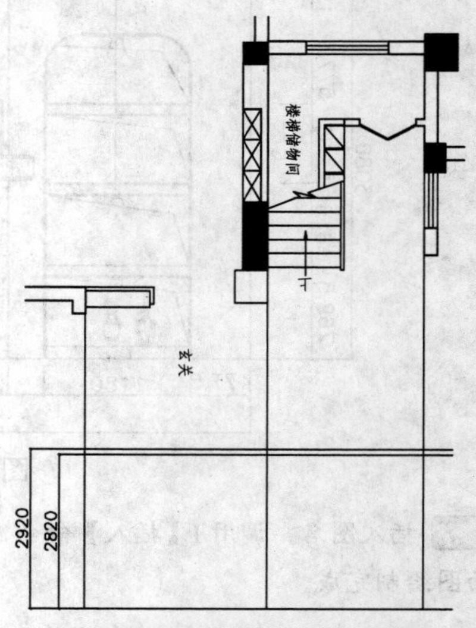

图 10-151　偏移地面轮廓线

Step 04 调用 TR【修剪】命令，修剪多余线段，并将修剪后的线段转换至【QT_墙体】图层，如图 10-152 所示。

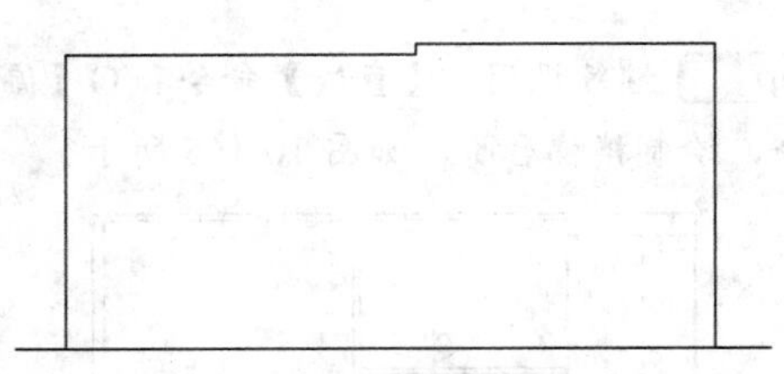
图10-152　修剪立面轮廓

Step 05 绘制装饰门廊。调用PL【多段线】命令和F【圆角】命令，绘制图形，如图10-153所示。

Step 06 调用L【直线】命令和O【偏移】命令，绘制并偏移线段，如图10-154所示。

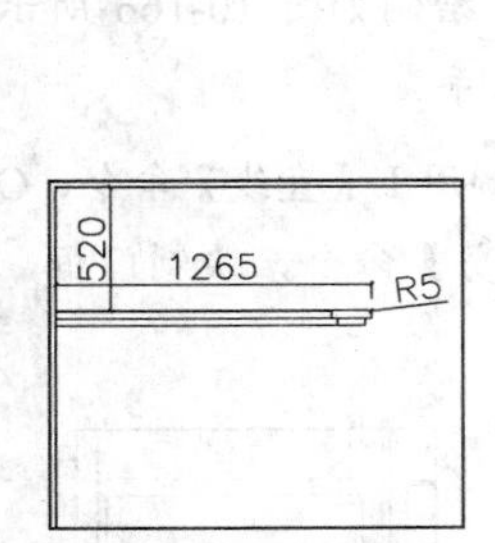

图10-153　绘制图形1

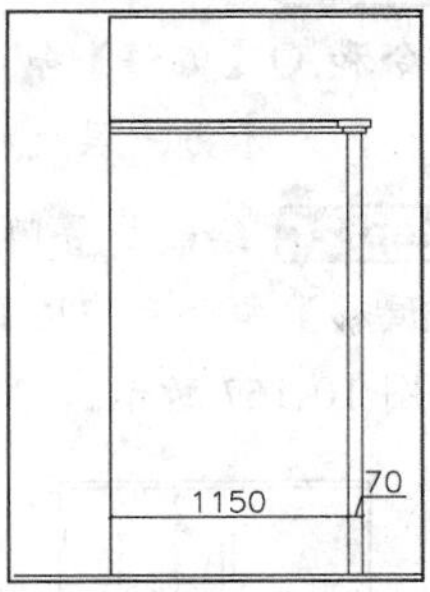

图10-154　绘制并偏移线段1

Step 07 调用PL【多段线】命令、L【直线】命令和O【偏移】命令，绘制如图10-155所示图形。

Step 08 绘制装饰柱。调用REC【矩形】命令、L【直线】命令和A【圆弧】命令，绘制装饰柱，如图10-156所示。

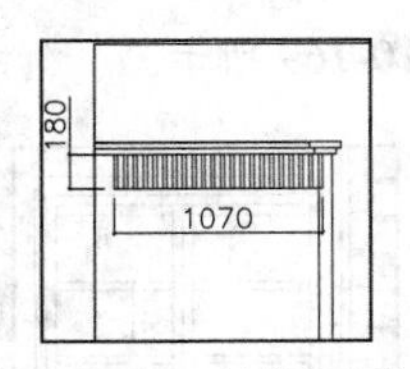

图10-155　绘制图形2

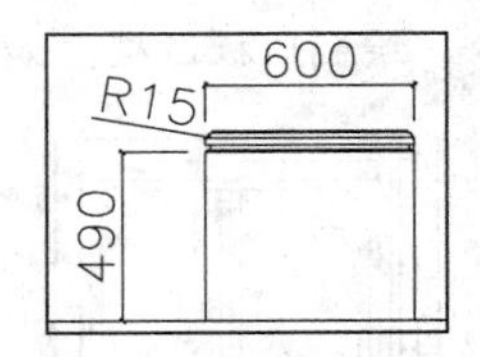

图10-156　绘制装饰柱

Step 09 调用L【直线】命令和O【偏移】命令，绘制并偏移线段，如图10-157所示。

Step 10 调用H【填充】命令，在线段内填充【AR-SAND】图案，如图10-158所示。

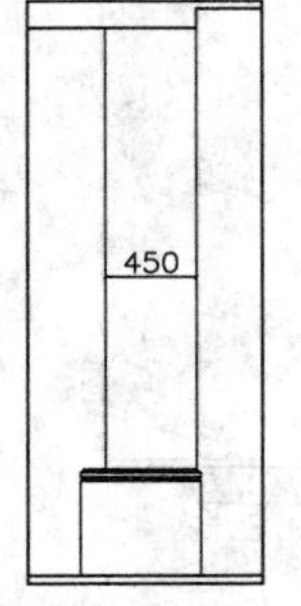

图10-157　绘制并偏移线段2

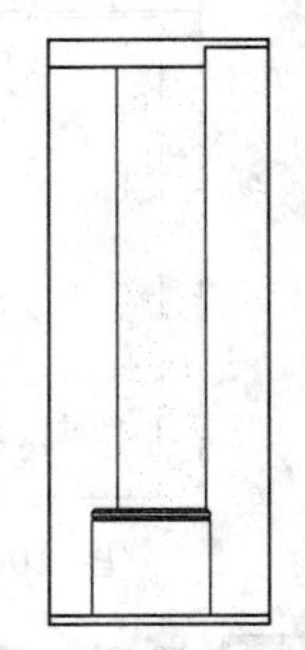
图10-158　填充图案

Step 11 调用PL【多段线】命令，在门廊和装饰柱之间绘制折线，表示镂空，如图10-159所示。

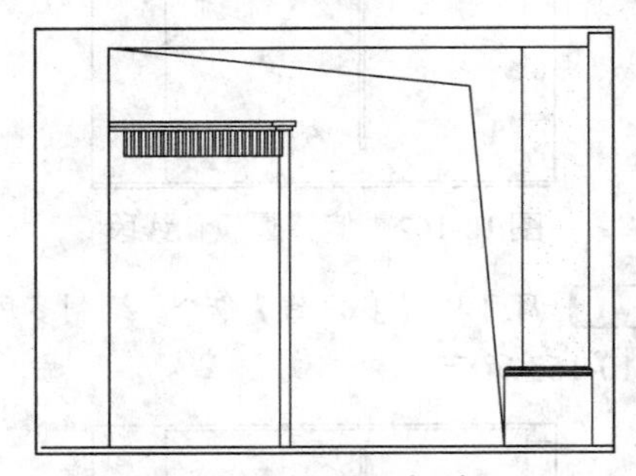
图10-159　绘制折线1

Step 12 绘制楼梯。调用REC【矩形】命令，绘制尺寸为47×2515的矩形，并移动到相应的位置，如图10-160所示。

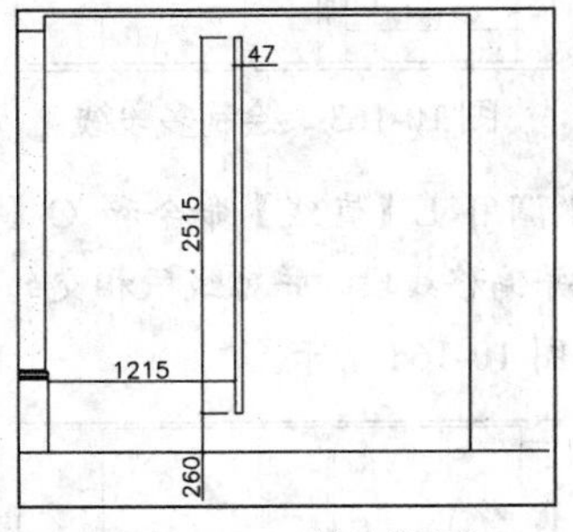

图10-160　绘制矩形

Step 13 调用F【圆角】命令，对矩形进行圆角，如图10-161所示。

Step 14 调用X【分解】命令，对矩形进行分解。

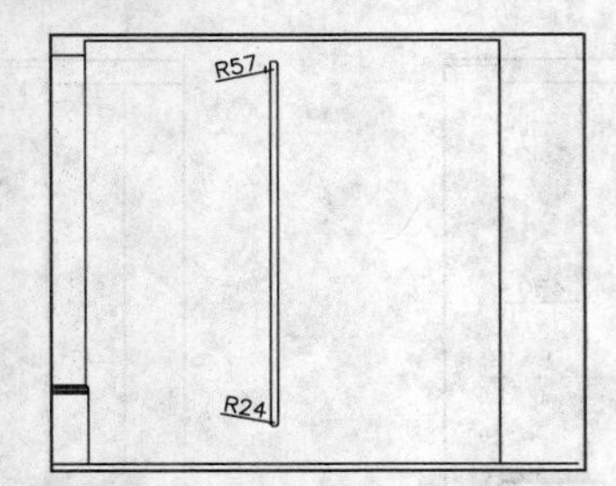

图 10-161　圆角矩形

Step 15 调用 O【偏移】命令，将圆弧和线段向内偏移 5，并进行调整，如图 10-162 所示。

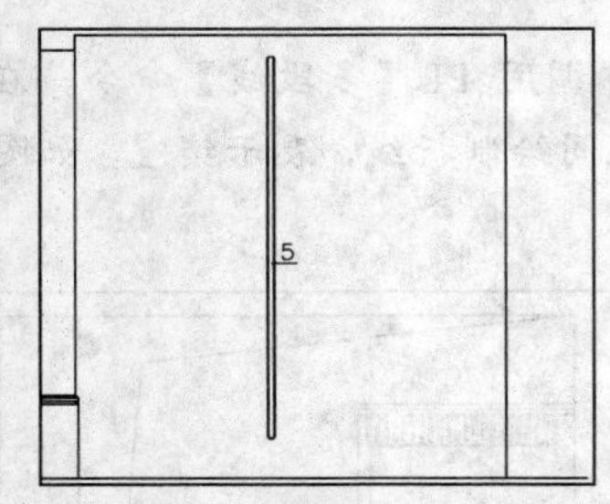

图 10-162　偏移圆弧和线段

Step 16 调用 PL【多段线】命令，绘制多段线，如图 10-163 所示。

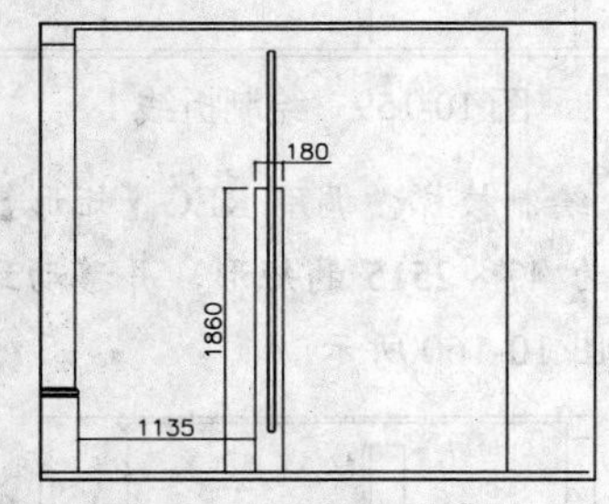

图 10-163　绘制多段线

Step 17 调用 L【直线】命令和 O【偏移】命令，绘制并偏移线段，并对线段相交的位置进行修剪，如图 10-164 所示。

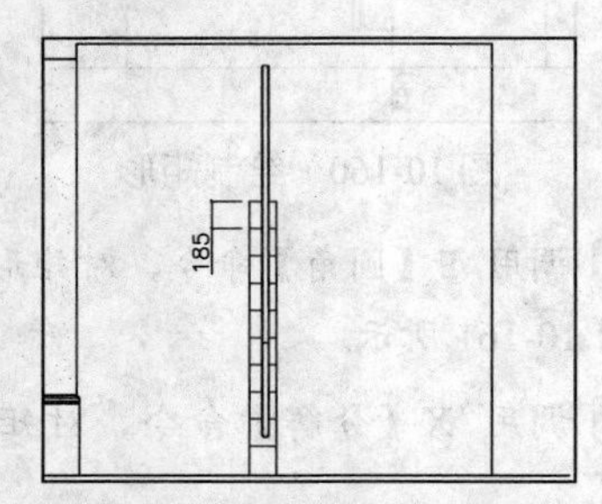

图 10-164　绘制并偏移线段 3

Step 18 继续调用 L【直线】命令和 O【偏移】命令，绘制楼梯台阶，如图 10-165 所示。

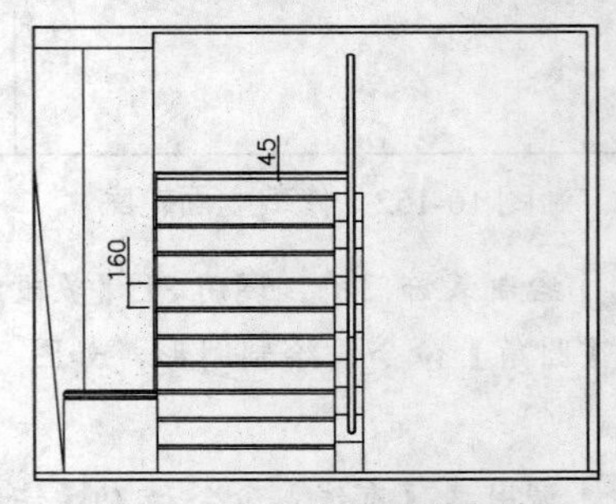

图 10-165　绘制楼梯台阶

Step 19 调用 PL【多段线】命令、L【直线】命令和 O【偏移】命令，绘制如图 10-166 所示图形，表示另一层楼梯扶手。

Step 20 绘制折叠门。调用 L【直线】命令、O【偏移】命令和 TR【修剪】命令，绘制门框，如图 10-167 所示。

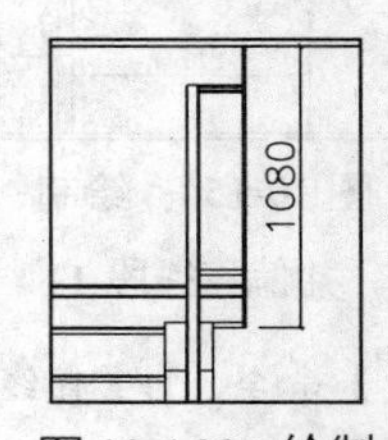

图 10-166　绘制楼梯扶手

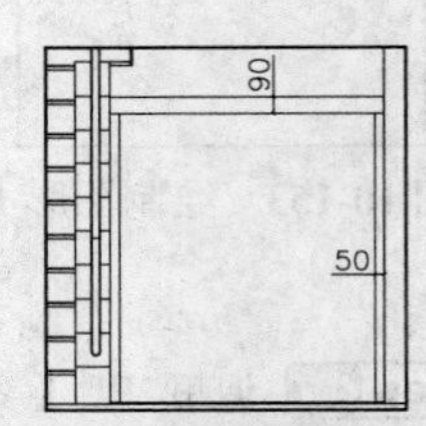

图 10-167　绘制门框

Step 21 调用 L【直线】命令，绘制线段，如图 10-168 所示。

Step 22 调用 L【直线】命令和 O【偏移】命令，绘制门板造型，如图 10-169 所示。

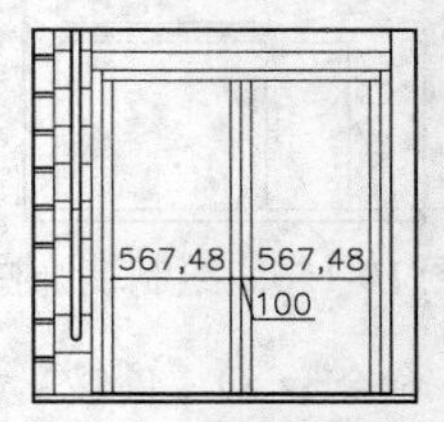

图 10-168　绘制线段

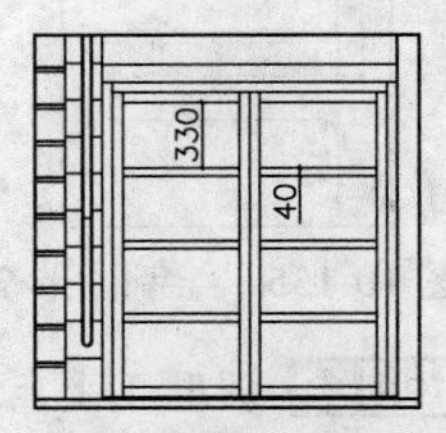

图 10-169　绘制门板造型

Step 23 调用 PL【多段线】命令，绘制折线表示门开启方向，如图 10-170 所示。

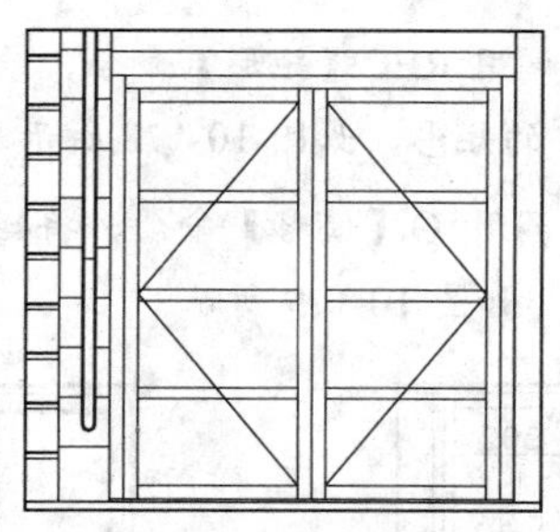

图 10-170　绘制折线 2

Step 24 从图库中插入【鞋柜】、【门把手】和【盆栽】等图库到立面图中，并对图形与图块相交的部分进行修剪，如图 10-171 所示。

Step 25 标注尺寸和文字说明。调用 DLI【线性标注】命令和 DCO【连续性标注】命令，进行尺寸标注，如图 10-172 所示。

Step 26 调用 MLD【多重引线】命令，进行材料说明，如图 10-173 所示。

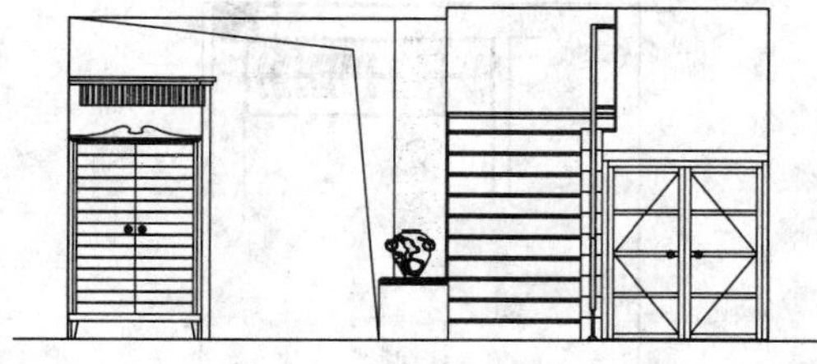

图 10-171　插入图块

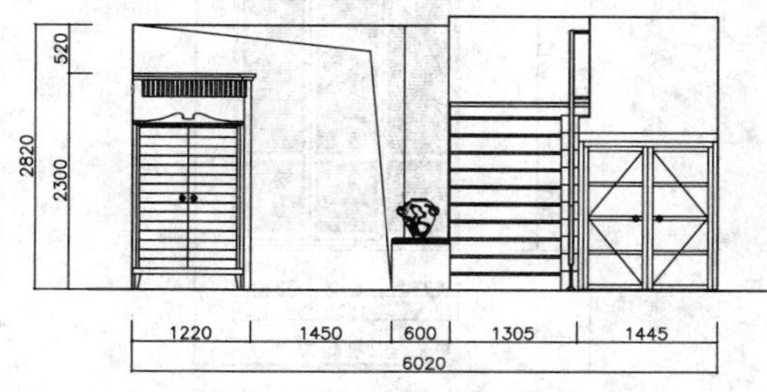

图 10-172　标注尺寸

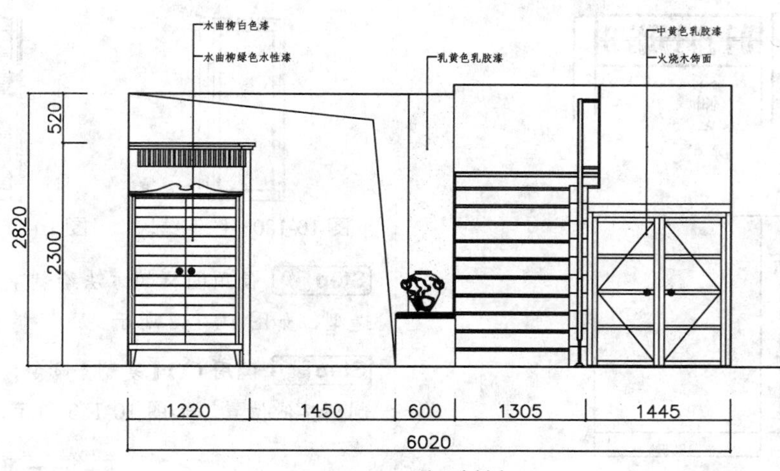

图 10-173　说明材料

Step 27 插入图名。调用 I【插入】命令，插入【图名】图块，设置名称为【玄关和楼梯 A 立面图】，玄关和楼梯 A 立面图绘制完成。

10.6.3　绘制更衣室 2 衣柜立面图和衣柜内部结构图

更衣室 2 衣柜立面图如图 10-174 所示，主要表达了衣柜的外观造型，其内部结构使用结构图单独表示。

1．绘制更衣室衣柜立面图

Step 01 调用 CO【复制】命令，复制平面布置图上衣柜的平面部分，并进行旋转。

Step 02 调用 REC【矩形】命令，根据复制的平面图，绘制尺寸为 1855×2440 的矩形，如图 10-175 所示。

Step 03 调用 L【直线】命令和 O【偏移】命

令，绘制衣柜的边框，如图 10-176 所示。

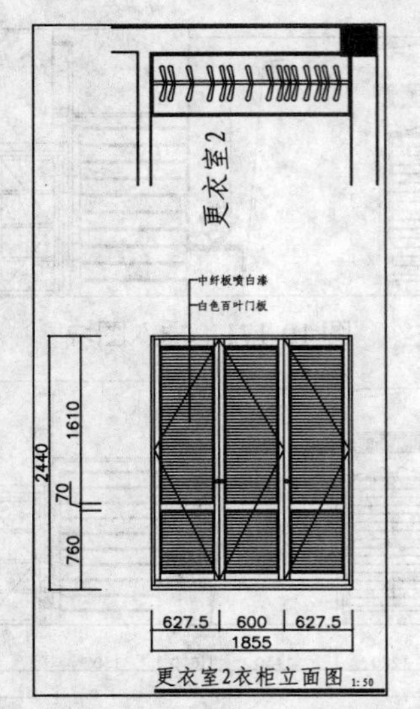

图 10-174　更衣室 2 衣柜立面图

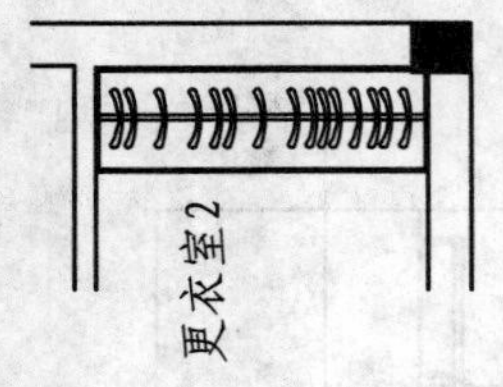

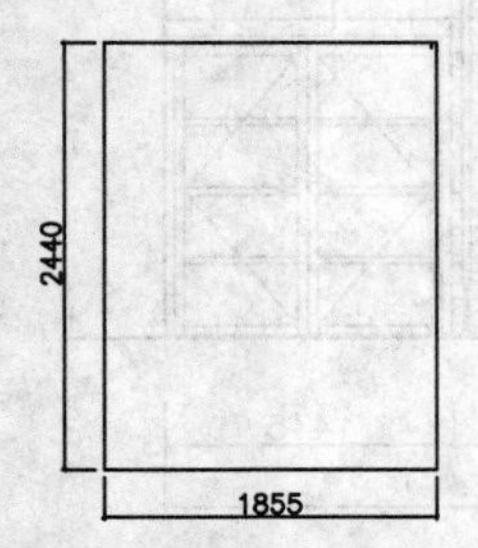

图 10-175　绘制矩形 1

Step 04 继续调用 L【直线】命令和 O【偏移】命令，划分衣柜，如图 10-177 所示。

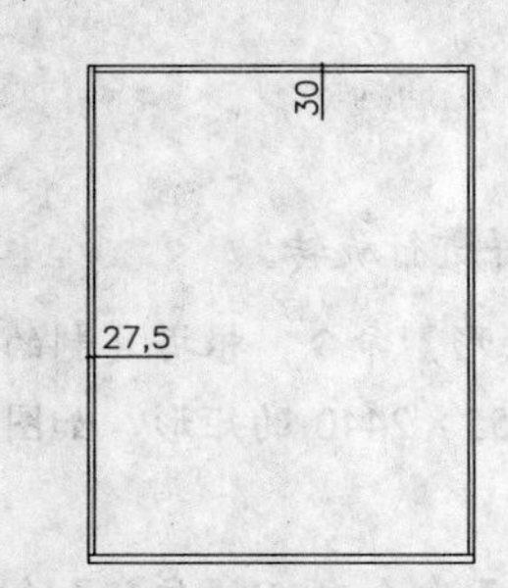

图 10-176　绘制衣柜边框

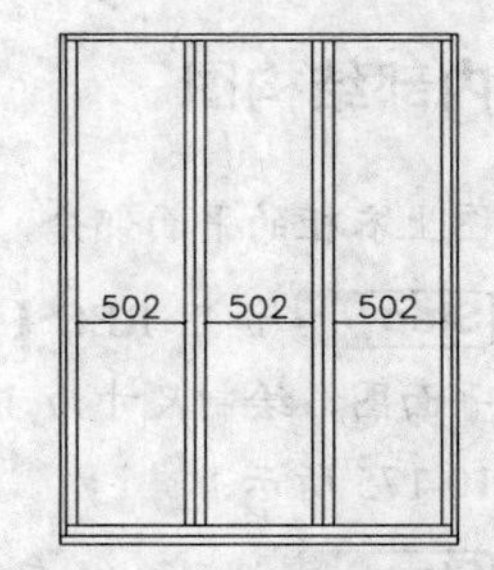

图 10-177　划分衣柜

Step 05 调用 REC【矩形】命令，绘制尺寸为 1510×502 的矩形，如图 10-178 所示。

Step 06 调用 O【偏移】命令，将矩形向内偏移 10 和 5，如图 10-179 所示。

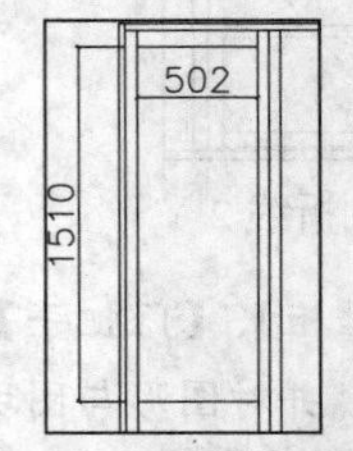

图 10-178　绘制矩形 2

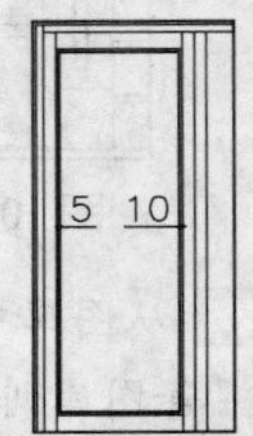

图 10-179　偏移矩形

Step 07 调用 L【直线】命令，绘制线段连接矩形，如图 10-180 所示。

Step 08 调用 H【填充】命令，在最小的矩形内填充【LINE】图案，如图 10-181 所示。

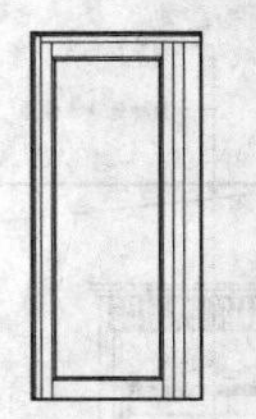
图 10-180　绘制线段

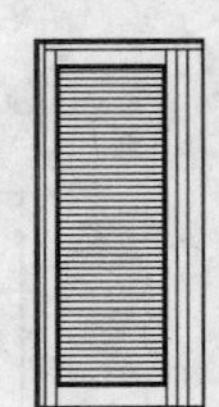
图 10-181　填充图案

Step 09 使用同样的方法绘制下方的衣柜面板造型，如图 10-182 所示。

Step 10 调用 CO【复制】命令，将衣柜面板复制到其他位置，如图 10-183 所示。

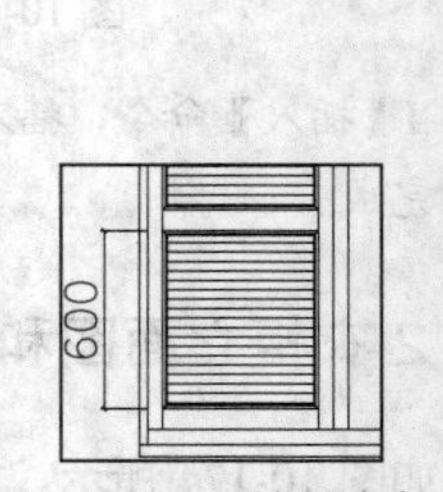

图 10-182　绘制衣柜面板造型

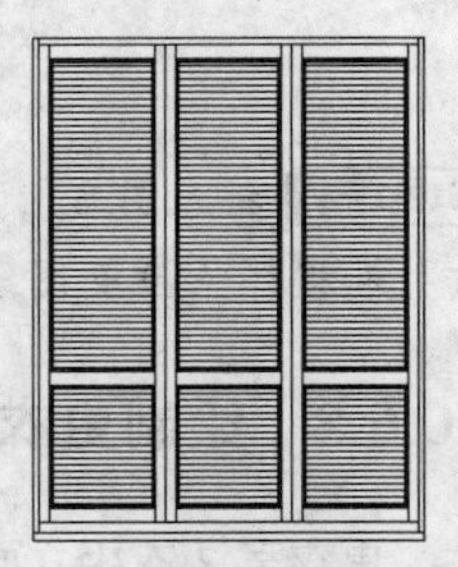
图 10-183　复制衣柜面板

Step 11 调用 PL【多段线】命令，绘制折线表示门开启方向，如图 10-184 所示。

Step 12 调用 C【圆】命令和 CO【复制】命令，

绘制半径为15的圆表示拉手，如图10-185所示。

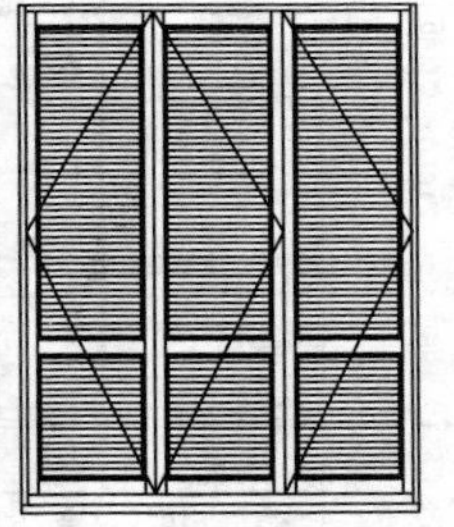
图10-184　绘制折线

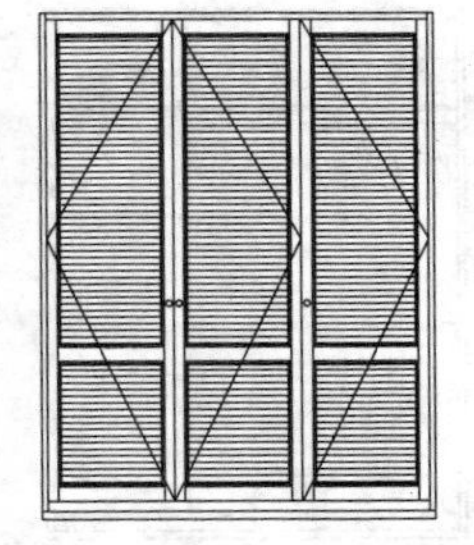
图10-185　绘制拉手

Step 13 调用DLI【线性标注】命令和DCO【连续性标注】命令，进行尺寸标注，如图10-186所示。

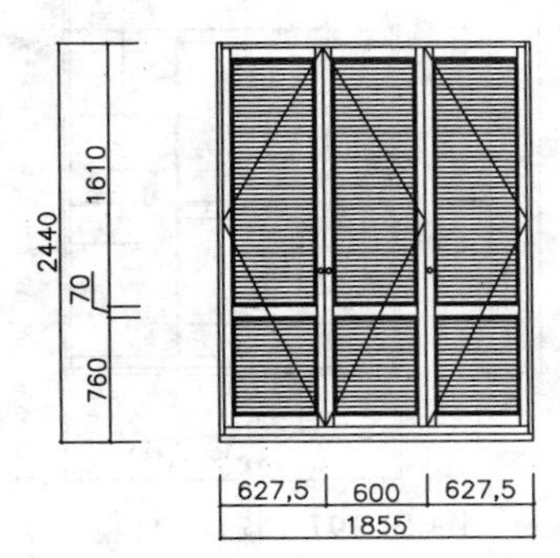

图10-186　标注尺寸

Step 14 调用MLD【多重引线】命令，进行材料说明，如图10-187所示。

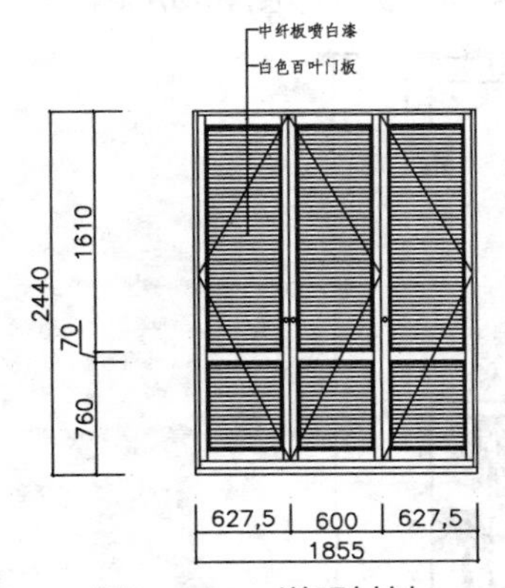

图10-187　说明材料

Step 15 调用I【插入】命令，插入【图名】图块，设置【图名】为【更衣室2衣柜立面图】。

2．绘制更衣室衣柜内部结构图

为了清楚地将衣柜内部结构图表达清楚，需要绘制衣柜内部结构图，衣柜内部结构为柜门打开时的投影图形，如图10-188所示。

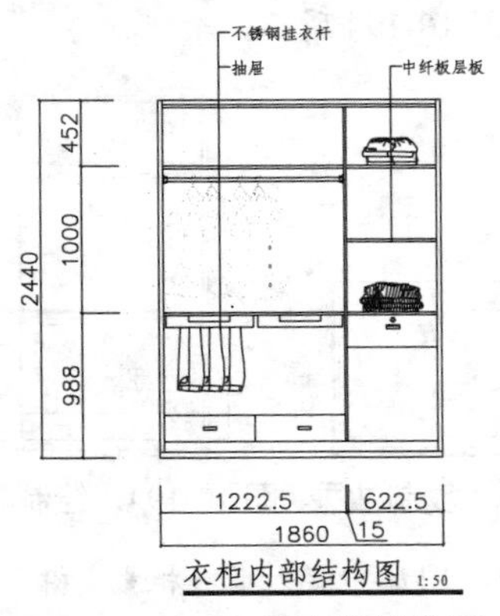

图10-188　衣柜内部结构图

Step 01 调用CO【复制】命令，复制衣柜立面图，删除柜门和其他与结构图无关的图形，如图10-189所示。

Step 02 调用L【直线】命令和O【偏移】命令，绘制衣柜层板，如图10-190所示。

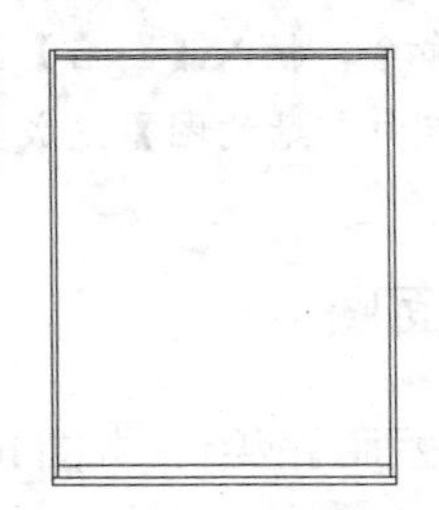
图10-189　整理图形

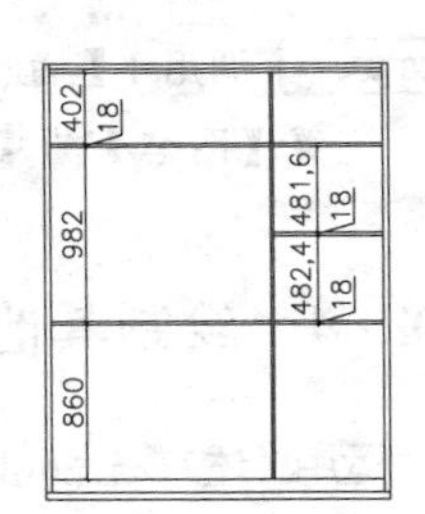

图10-190　绘制层板

Step 03 调用PL【多段线】命令、L【直线】命令和O【偏移】命令，绘制挂衣杆，如图10-191所示。

Step 04 调用PL【多段线】命令，绘制抽屉，如图10-192所示。

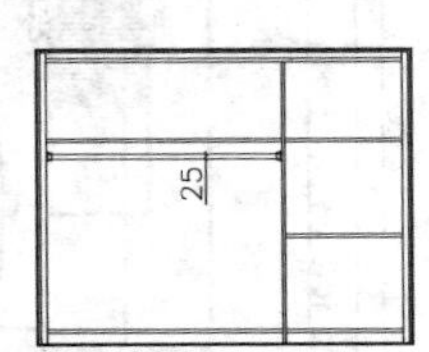

图10-191　绘制挂衣杆

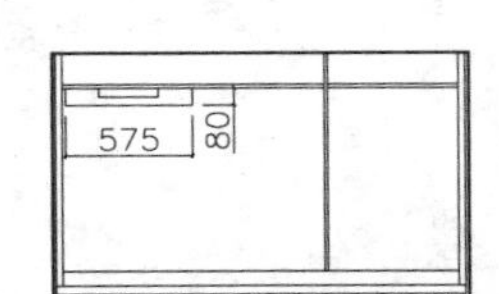

图10-192　绘制抽屉

Step 05 调用CO【复制】命令，对抽屉进行复制，如图10-193所示。

Step 06 调用 L【直线】命令、C【圆】命令、O【偏移】命令和 REC【矩形】命令，绘制其他抽屉，如图 10-194 所示。

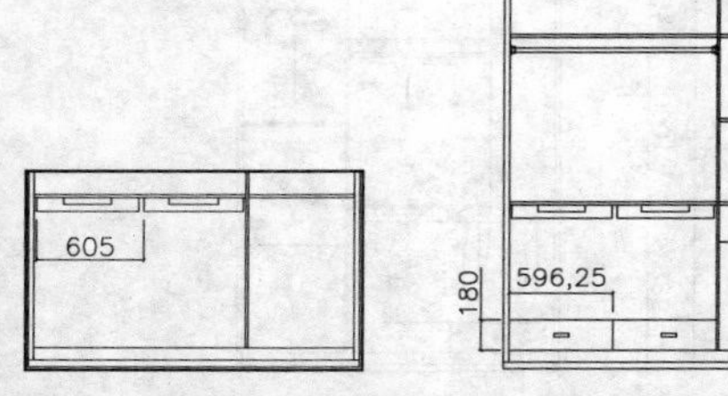

图 10-193　复制抽屉　图 10-194　绘制其他抽屉

Step 07 从图库中插入【衣柜】、【裤子】和【被子】等图块，如图 10-195 所示。

Step 08 调用 DLI【线性标注】命令和 DCO【连续性标注】命令，进行尺寸标注，如图 10-196 所示。

Step 09 调用 MLD【多重引线】命令，进行材料说明，如图 10-197 所示。

Step 10 调用 I【插入】命令，插入【图名】图块，设置【图名】为【衣柜内部结构图】完成更衣室 2 衣柜立面图和衣柜内部结构图的绘制。

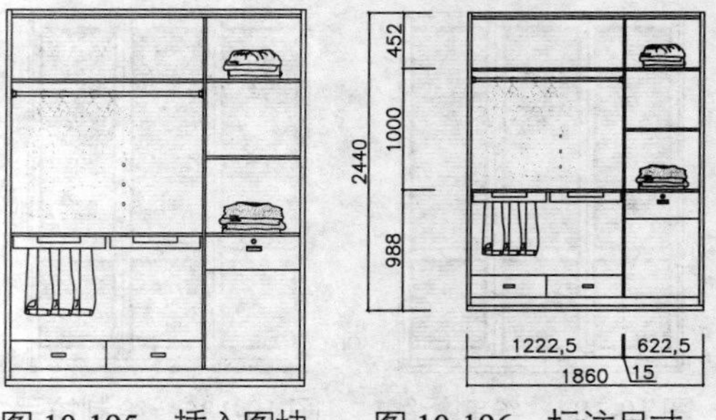

图 10-195　插入图块　　图 10-196　标注尺寸

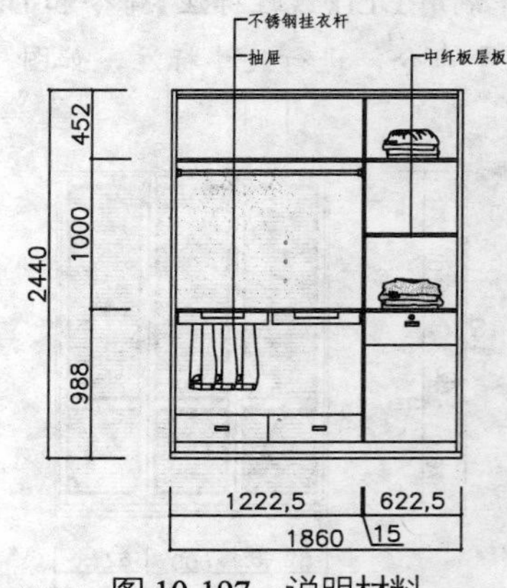

图 10-197　说明材料

10.6.4　绘制其他立面图

运用上述方法完成其他立面图的绘制，如图 10-198、图 10-199、图 10-200、图 10-201 和图 10-202 所示。

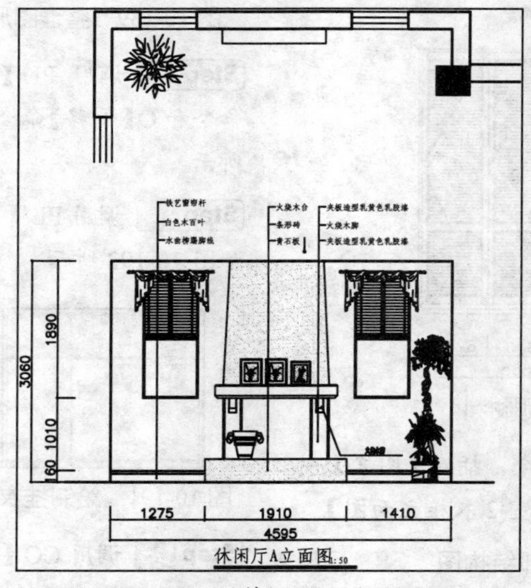

图 10-198　休闲厅 A 立面图

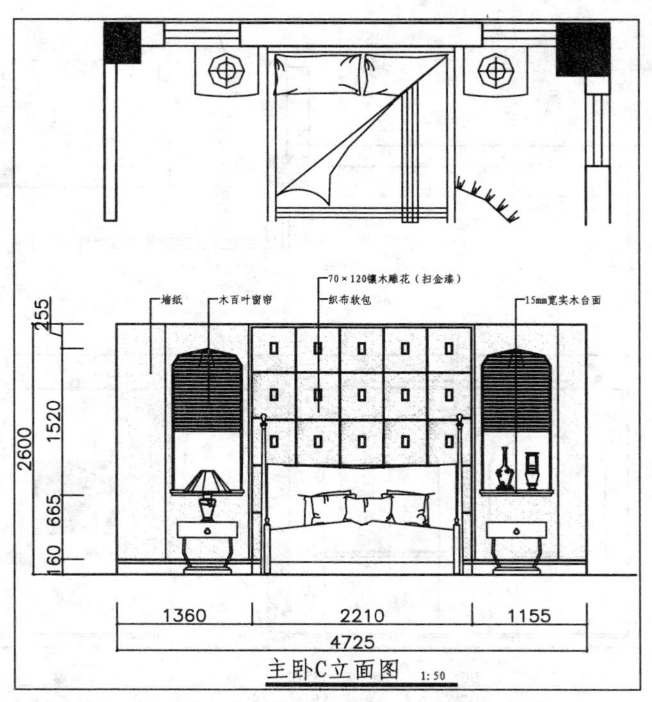

图 10-199 主卧 C 立面图

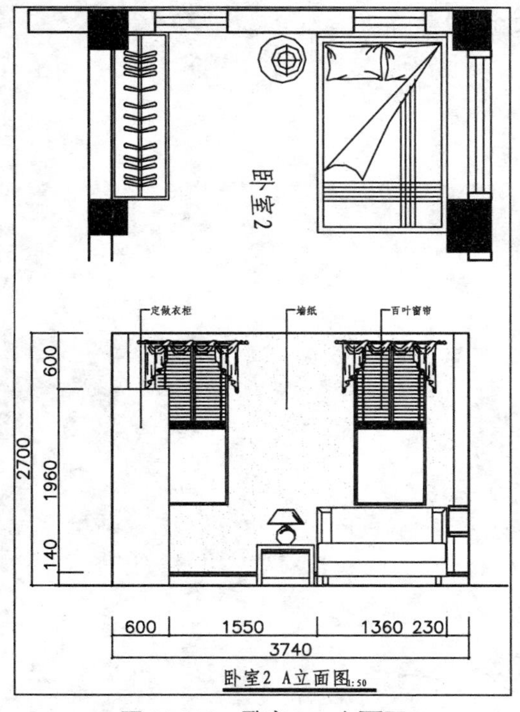

图 10-200 卧室 2 A 立面图

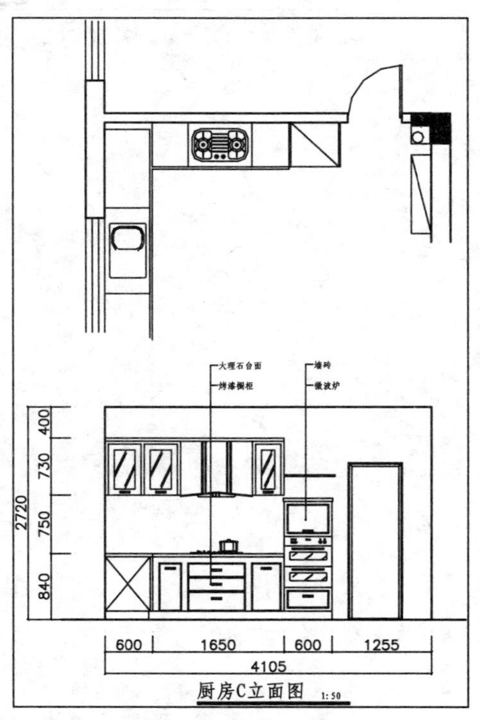

图 10-201 厨房 C 立面图

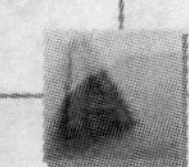

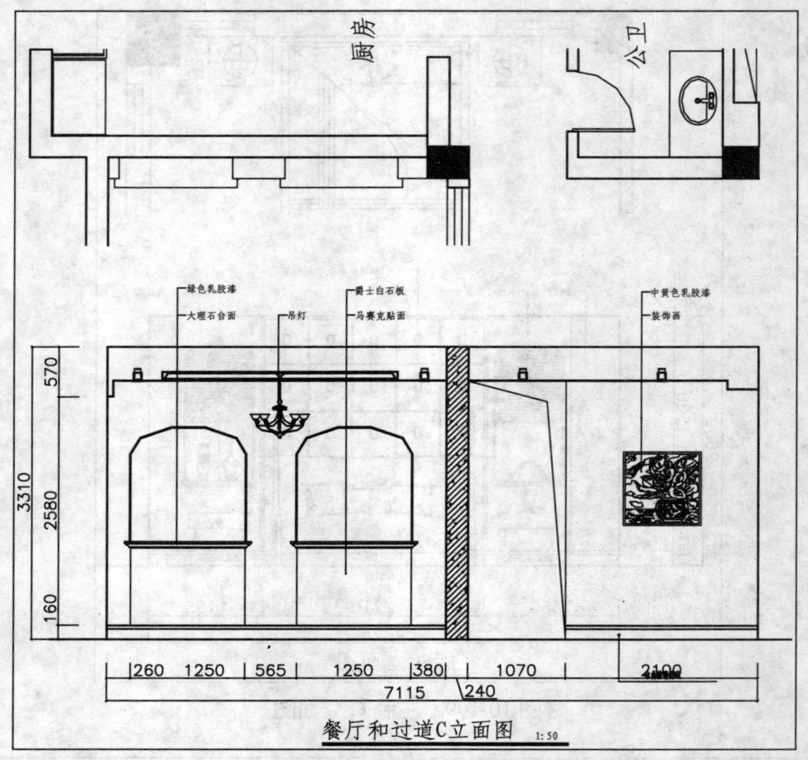

图 10-202　餐厅和过道 C 立面图

公装设计实战篇

- 第 11 章　办公空间室内设计
- 第 12 章　酒店大堂和客房室内设计
- 第 13 章　中西餐厅室内设计

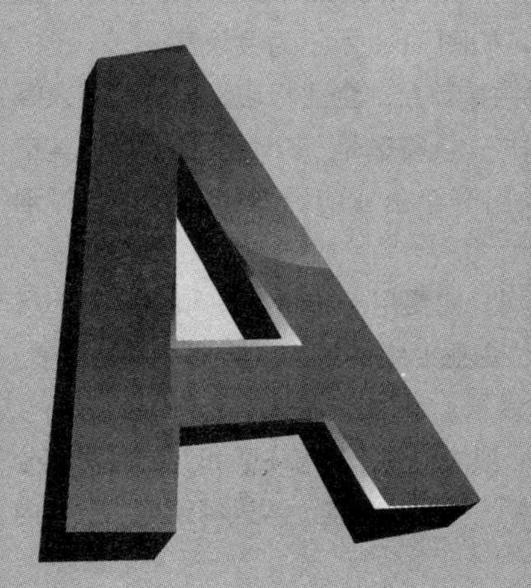

第  章　办公空间室内设计

⊙学习目的：

本章讲解某房地产公司办公空间设计。通过本章的学习，读者可了解办公空间的设计思路和方法，并能够熟练掌握办公空间施工图的绘制方法。

⊙学习重点：

★★★★ 绘制办公空间建筑平面图　　★★★☆ 绘制办公空间立面图

★★★☆ 绘制办公空间平面布置图　　★★☆☆ 绘制办公空间地材图

★★★☆ 绘制办公空间顶棚图　　★★☆☆ 办公空间设计概述

11.1　办公空间设计概述

随着社会经济的发展，各种公司应运而生，现代办公空间作为一个企业的指挥部越来越受到人们的重视，已初步形成了一个独特的空间类型，办公空间设计也成了装修企业一个必须研究的科目。

11.1.1　现代办公空间的空间组成

图 11-1　会议室

一般来讲，现代办公空间由如下几个部分组成：接待区、会议室、总经理办公室、财务室、员工办公区、机房、贮藏室、茶水间、机要室等，如图 11-1 所示为会议室。

- 接待区：主要由接待台、企业标志、招牌、客人等待区等部分组成。接待区是一个企业的门脸，其空间设计要反映出一个企业的行业特征和企业管理文化。
- 会议室：一般来说，每个企业都有一个独立的会议空间，主要用于接待客户和企业内部员工培训以及会议之用。会议室中应包括电视柜、能反映企业业绩的锦旗、奖杯、荣誉证书、与名人合影照片等。会议室内还要设置白板等书写用设置。
- 总经理办公室：在现代办公空间设计中也是一个重点。一般由会客（休息）区和办公区两部分组成。会客区由小会议桌、沙发茶几组成，办公区由书柜、板台、板椅、客人椅组成。空间内

要反映总经理的一些个人爱好和品位，同时也能反映一些企业文化特征，如图 11-2 所示。

- 员工办公区：员工办公区是工作中最繁忙的区域，一般分为全开敞式、半开敞式和封闭式三类。半开敞式办公的优点是通过组合一些低的隔断对开敞式空间进行重新分割，每个员工都有自己的小空间，人与人之间互不干扰。由于隔断的高度一般在 1.5m 左右，保持了一定的私密性，同时当人站立起来时，又没有视觉障碍，利于员工交流，如图 11-3 所示。
- 机房：需要有机房的，机房面积一般性在 $2\sim4m^2$（中、小型），适合于中小型办公空间。位置一般设置为居中或不规则空间，但要考虑其通风性。

图 11-2　总经理办公室

图 11-3　半封闭办公区

11.1.2　办公空间的灯光布置和配色

1．灯光布置

一般写字楼内的办公空间，大多工作时间在白天，因此人工照明应与天然采光结合，营造舒适的照明环境。

在室内亮度分布变化过大而且视线不固定场所，由于眼睛到处环视，其适应情况经常变化，从而会引起眼睛的疲劳和不适，因而在灯光的设计上，可以采用重点照明和局部照明结合的方式，过于平均的照明会使室内过于呆板。

例如，开放式办公区中，灯光照明设计可以是办公位重点照明，其他区域弱些；前厅接待区中，Logo 形象墙及接待台区域可以重点照明，其他区域可以弱些；会议室空间，主要考虑会议桌上方区域的照明，其他区域可以局部辅助照明。

2．色彩设计

办公室大面积的色彩应用，应降低其彩度（如墙面、顶面、地面）；小面积的色彩应用，应提高彩度（如局部配件、装饰）。明亮色、弱色应扩大面积；暗色、强烈色应缩小面积。

一般来说，开放式办公区域多为人流聚集地，应强调整体统一效果，配色时采用同色相的浓淡系列配色比较合适。

11.2　绘制办公空间建筑平面图

本例所选取的办公空间建筑平面图如图 11-4 所示，其尺寸由现场测量可得，下面简单介绍绘制方法。

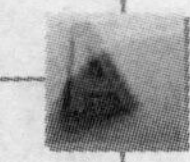

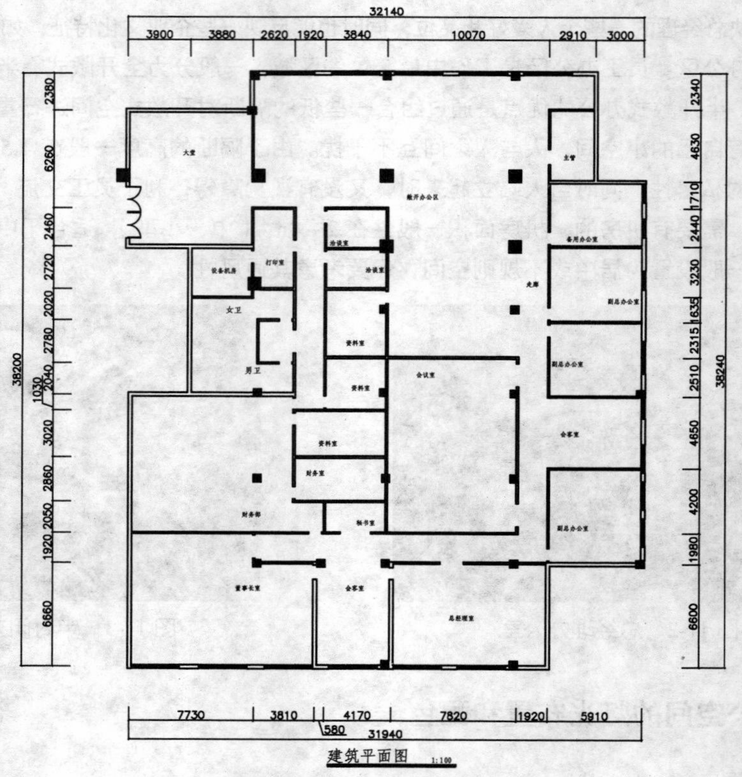

图 11-4　建筑平面图

1．绘制轴网

绘制完成的轴网如图 11-5 所示，其绘制步骤如下。

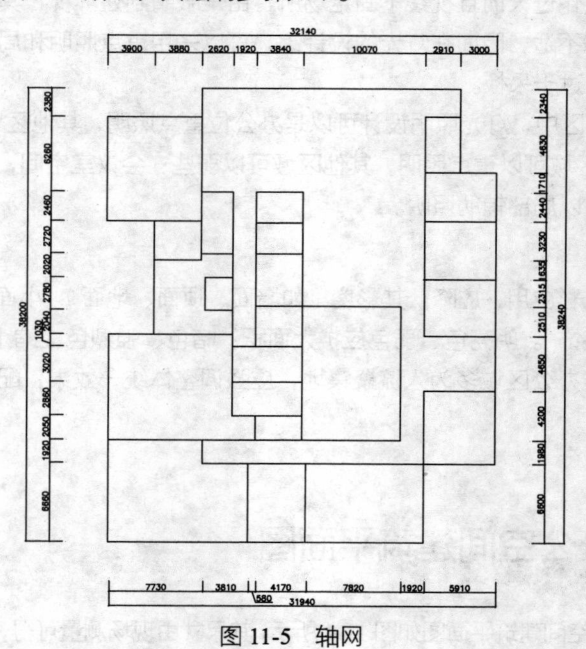

图 11-5　轴网

Step 01 设置【ZX_轴线】图层为当前图层。

Step 02 调用 PL【多段线】命令，绘制外部轴线，如图 11-6 所示。

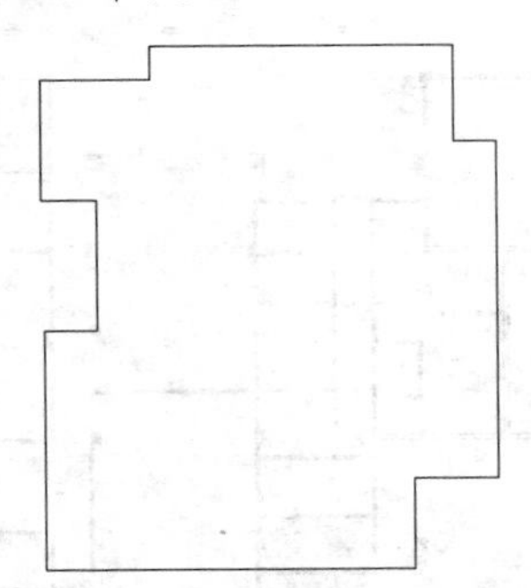

图 11-6　绘制外部轴线

Step 03 继续调用 PL【多段线】命令，找到需要分隔的房间，绘制内部轴网，如图 11-7 所示。

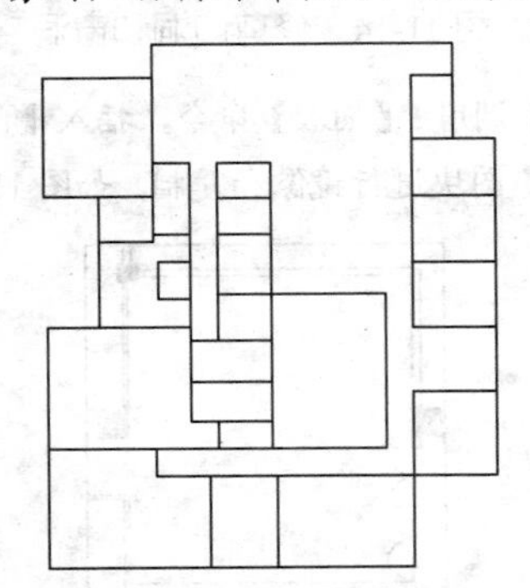

图 11-7　绘制内部轴网

2. 标注尺寸

Step 01 设置【BZ_标注】图层为当前图层。

Step 02 调用 REC【矩形】命令，绘制矩形，框住轴网，如图 11-8 所示。

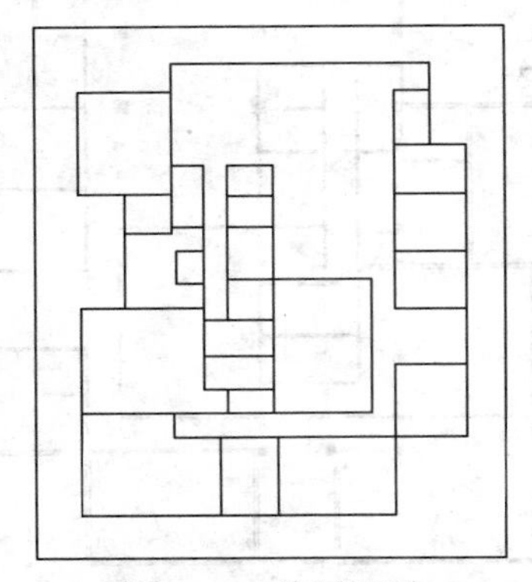

图 11-8　绘制矩形

Step 03 调用 DLI【线性标注】命令和 DCO【连续性标注】命令，标注尺寸，标注后删除矩形，如图 11-5 所示。

3. 绘制墙体

Step 01 设置【QT_墙体】图层为当前图层。

Step 02 调用 ML【多线】命令，绘制外墙体，设置比例为 240，如图 11-9 所示。

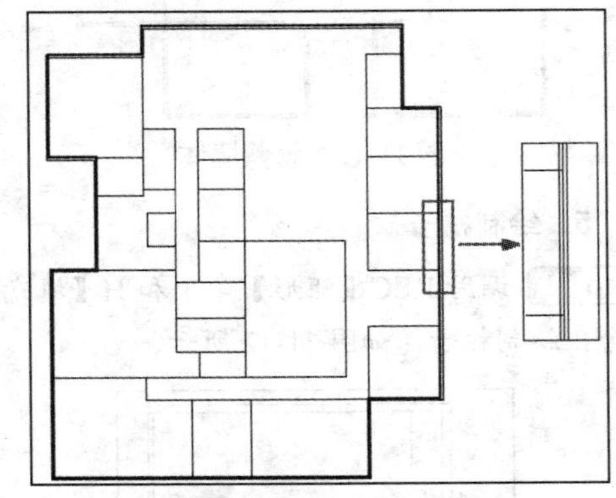

图 11-9　绘制外墙体

Step 03 继续调用 ML【多线】命令，绘制内墙体，设置比例为 240 和 120，如图 11-10 所示。

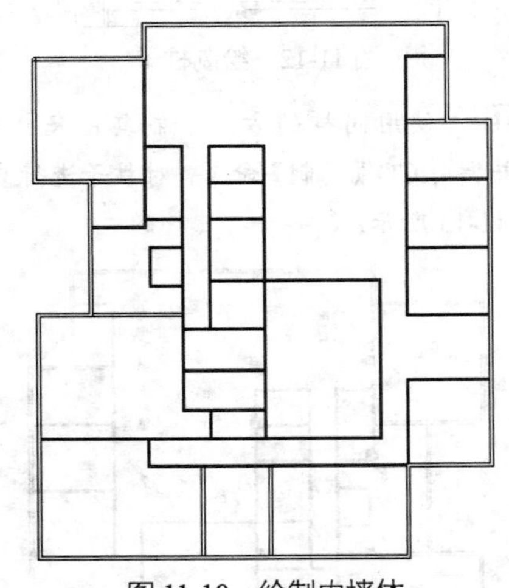

图 11-10　绘制内墙体

4. 修剪墙体

Step 01 调用 X【分解】命令，分解墙体。

Step 02 调用 CHA【倒角】命令和 TR【修剪】命令，对墙体进行修剪，如图 11-11 所示。

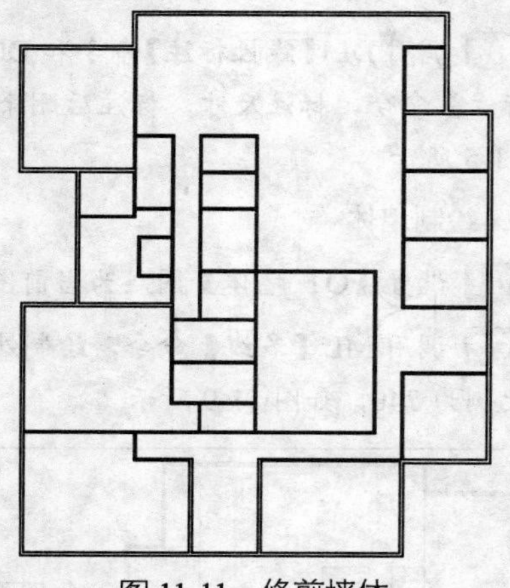

图 11-11　修剪墙体

5．绘制柱子

Step 01 调用 REC【矩形】命令和 H【填充】命令，绘制柱子，如图 11-12 所示。

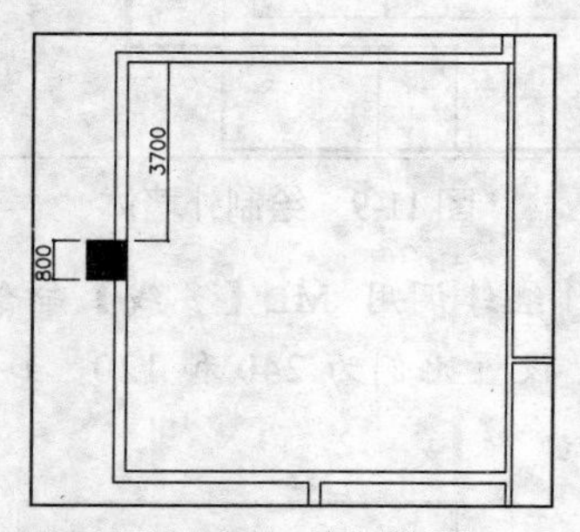

图 11-12　绘制柱子

Step 02 使用同样的方法绘制其他尺寸的柱子，并调用 CO【复制】命令，对柱子进行复制，如图 11-13 所示。

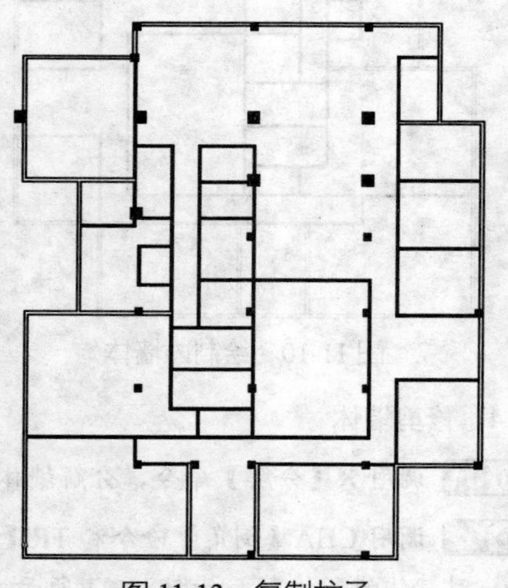

图 11-13　复制柱子

6．绘制门窗

Step 01 调用 O【偏移】命令和 TR【修剪】命令，修剪门洞和窗洞，如图 11-14 所示。

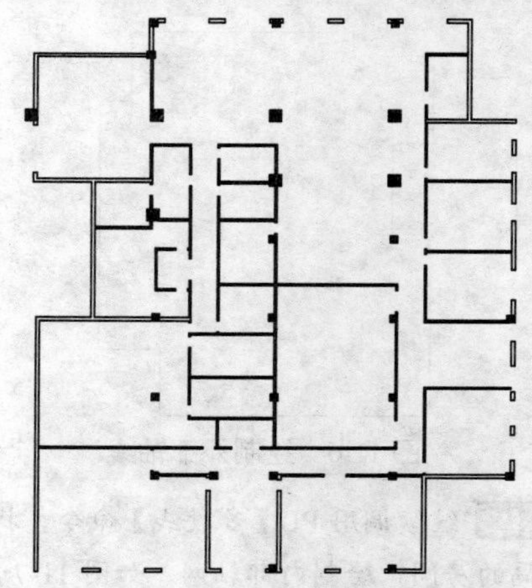

图 11-14　修剪门洞和窗洞

Step 02 调用 I【插入】命令，插入【门】图块，并对【门】图块进行镜像和复制，如图 11-15 所示。

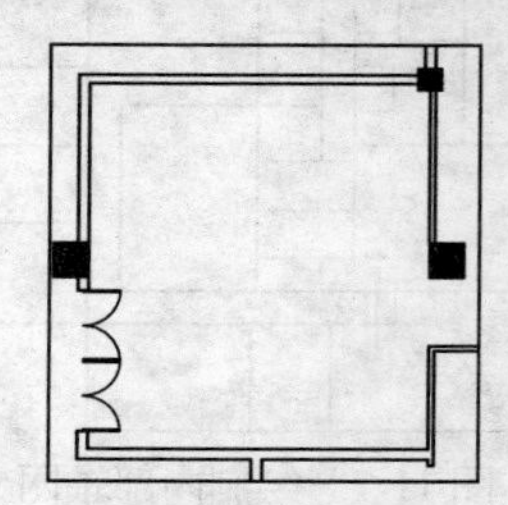

图 11-15　绘制门

Step 03 调用 L【直线】命令和 O【偏移】命令，绘制平开窗，如图 11-16 所示。

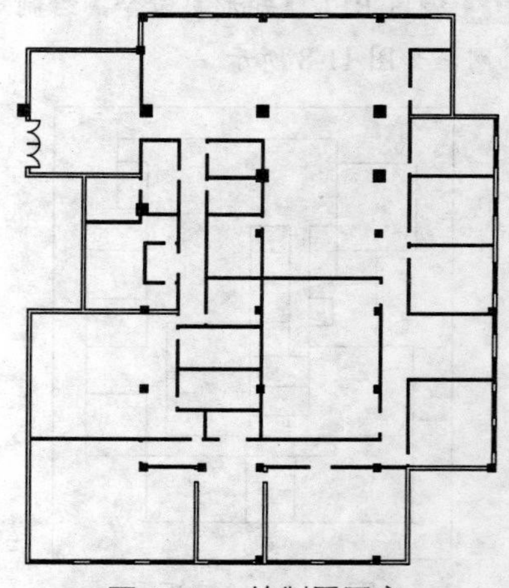

图 11-16　绘制平开窗

7．文字标注

Step 01 调用 MT【多行文字】命令，标注房间名称，如图 11-17 所示。

Step 02 调用 CO【复制】命令，对房间名称进行复制，并双击对文字进行修改，如图 11-18 所示。

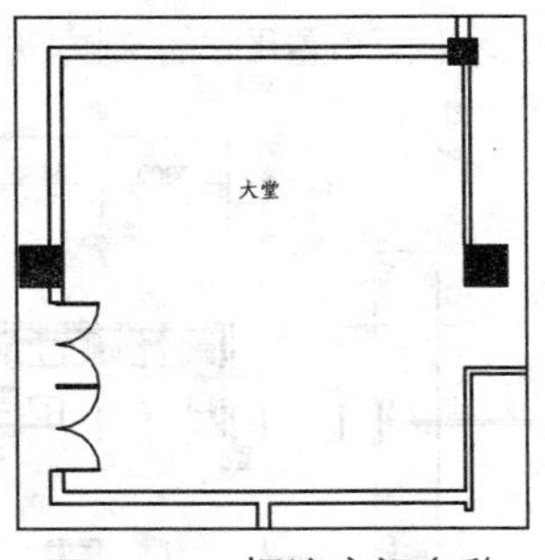

图 11-17　标注房间名称

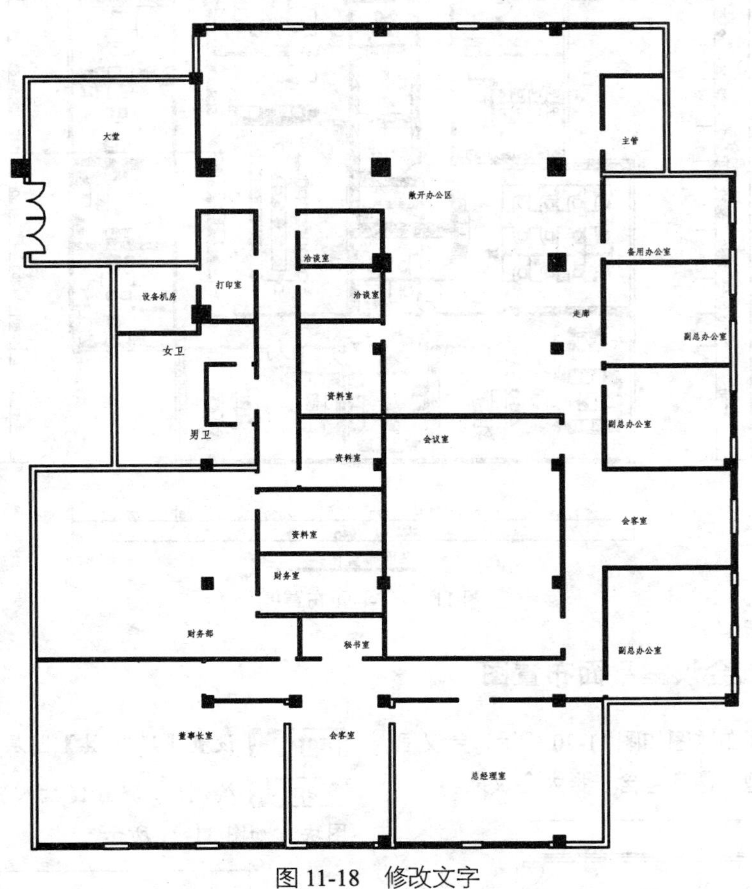

图 11-18　修改文字

8．插入图名

调用 I【插入】命令，插入【图名】图块，设置图名为【建筑平面图】，如图 11-4 所示，完成建筑平面图的绘制。

11.3　绘制办公空间平面布置图

如图 11-19 所示为办公空间平面布置图，本节以会议室、敞开式办公区和董事长办公室平面布置为例，介绍平面布置图的绘制方法。

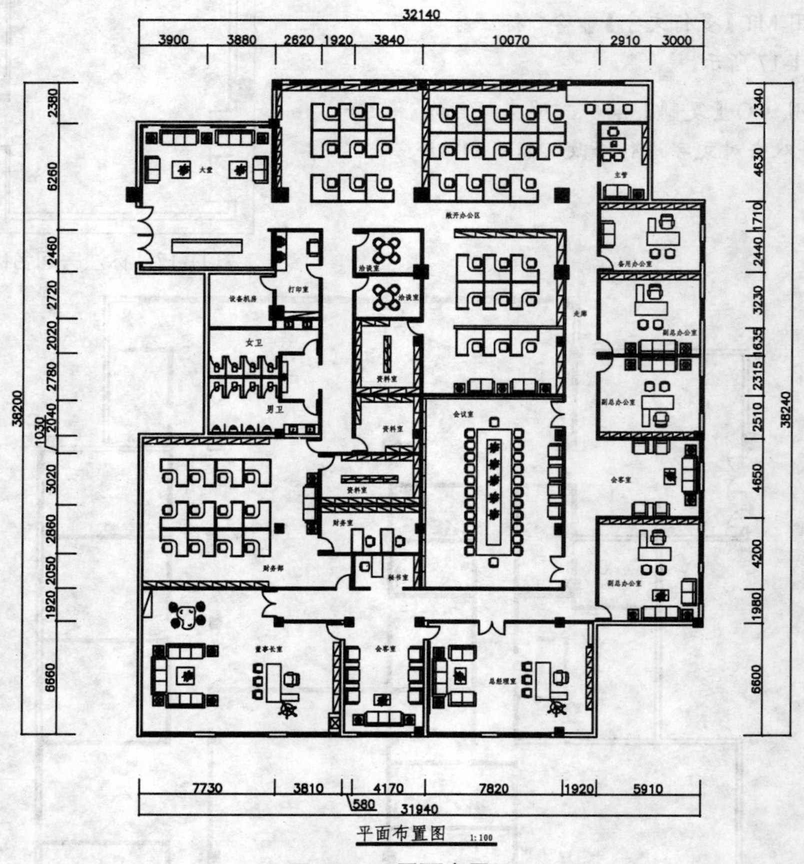

图 11-19　平面布置图

11.3.1　绘制会议室平面布置图

会议室平面布置图如图 11-20 所示，会议室采用的是回字型，通常包含一张大会议桌。

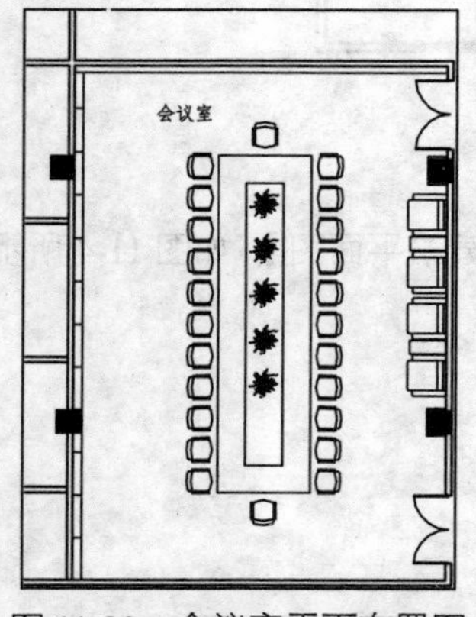

图 11-20　会议室平面布置图

Step 01 设置【JJ_家具】图层为当前图层。

Step 02 绘制门。调用 I【插入】命令，插入【门】图块，如图 11-21 所示。

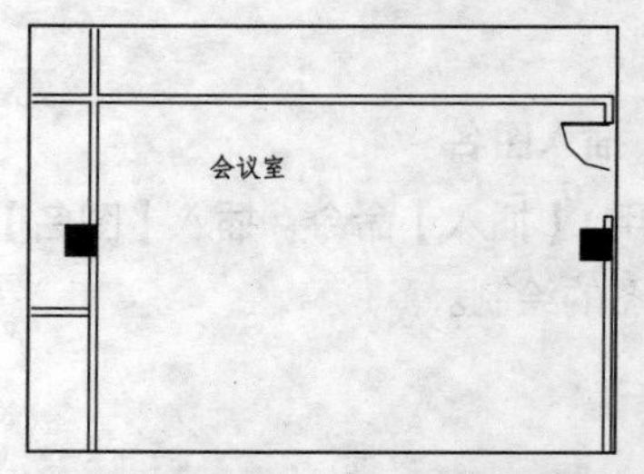

图 11-21　插入【门】图块

Step 03 调用 MI【镜像】命令，对门进行镜像，如图 11-22 所示。

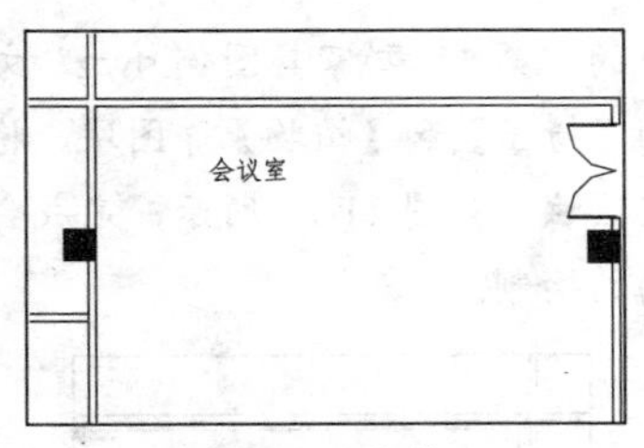

图 11-22　镜像门

Step 04 调用 CO【复制】命令，对双开门进行复制，如图 11-23 所示。

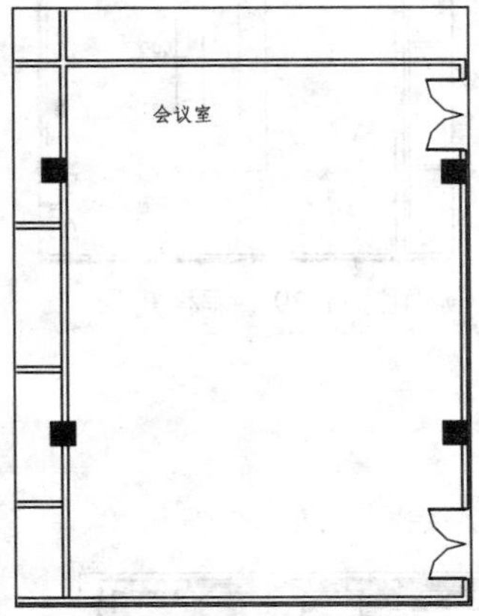

图 11-23　复制双开门

Step 05 绘制造型墙。调用 L【直线】命令，绘制线段表示投影屏幕，如图 11-24 所示。

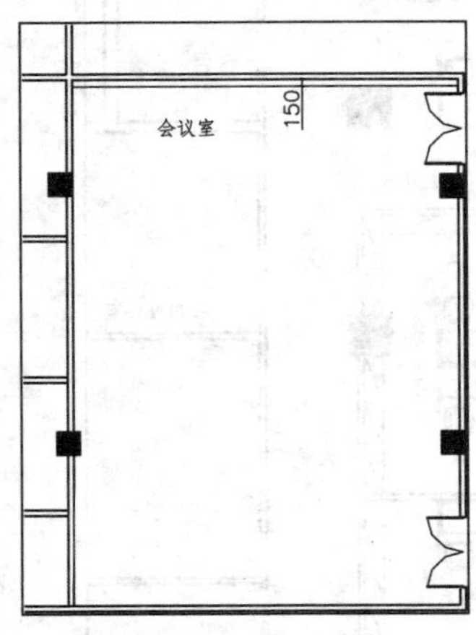

图 11-24　绘制线段

Step 06 调用 L【直线】命令和 O【偏移】命令，绘制造型墙，如图 11-25 所示。

Step 07 绘制装饰柱。调用 PL【多段线】命令，在原始柱外侧绘制多段线，如图 11-26 所示。

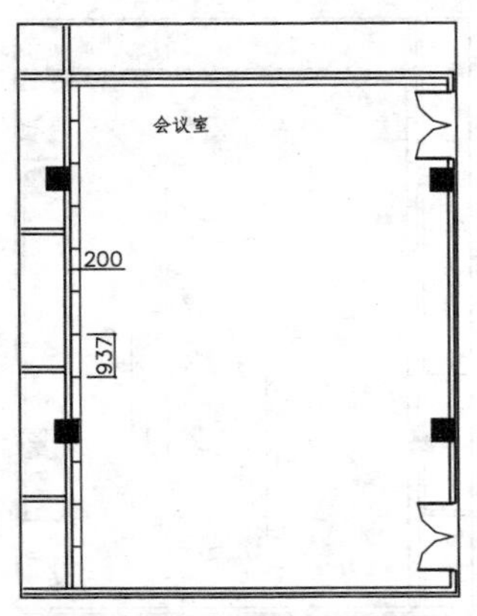

图 11-25　绘制造型墙

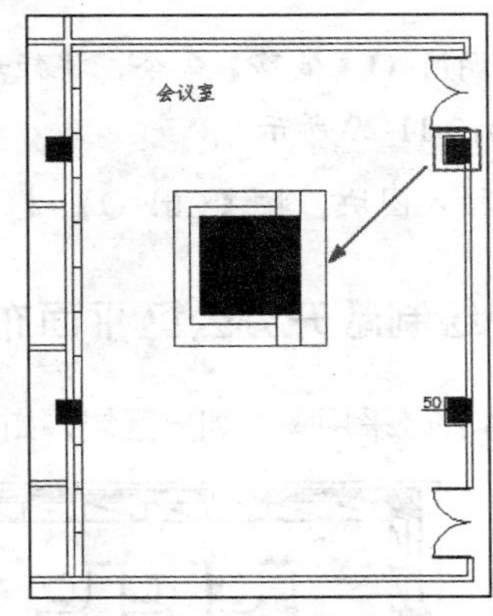

图 11-26　绘制多段线

Step 08 绘制会议桌。调用 O【偏移】命令，绘制辅助线，如图 11-27 所示。

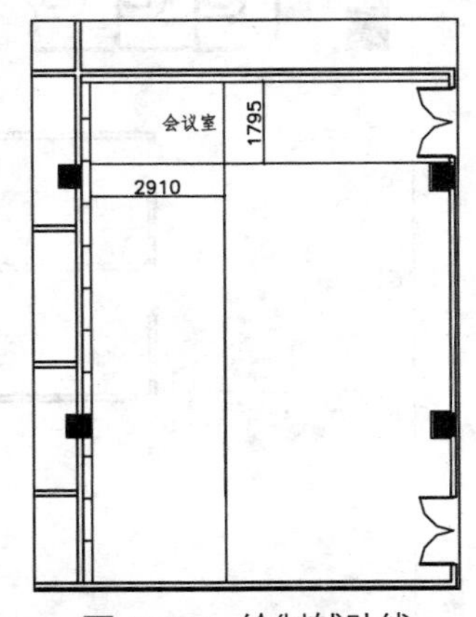

图 11-27　绘制辅助线

Step 09 调用 REC【矩形】命令，以辅助线的交点为矩形的第一个角点，绘制尺寸为 2000×7375 的矩形，然后删除辅助线，如图 11-28 所示。

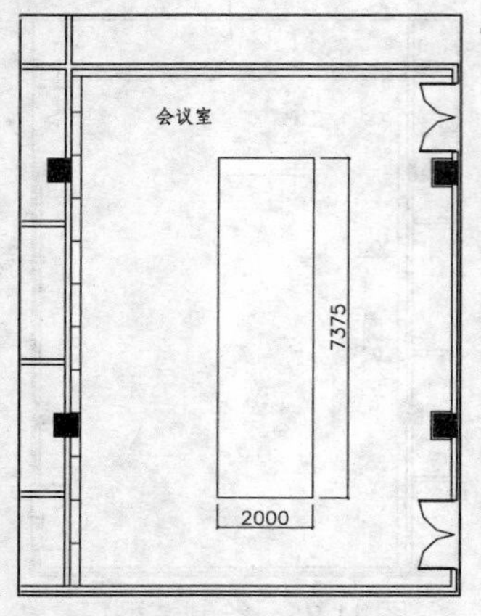

图 11-28 绘制矩形

Step 10 调用 O【偏移】命令，将矩形向内偏移 600，如图 11-29 所示。

Step 11 插入图块。按【Ctrl+O】键，打开配套光盘中的“第 11 章\家具图例.dwg”文件，选择其中的【椅子】和【植物】等图块，将其复制至会议室区域，如图 11-20 所示，完成会议室平面布置图的绘制。

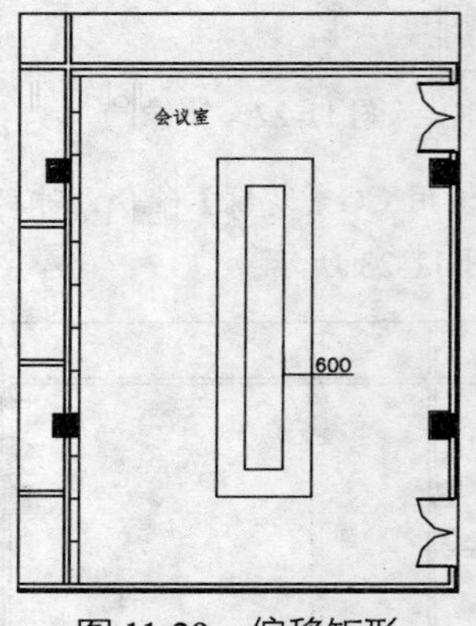

图 11-29 偏移矩形

11.3.2 绘制敞开办公区平面布置图

敞开办公区采用隔断划分区域，如图 11-30 所示，下面讲解绘制方法。

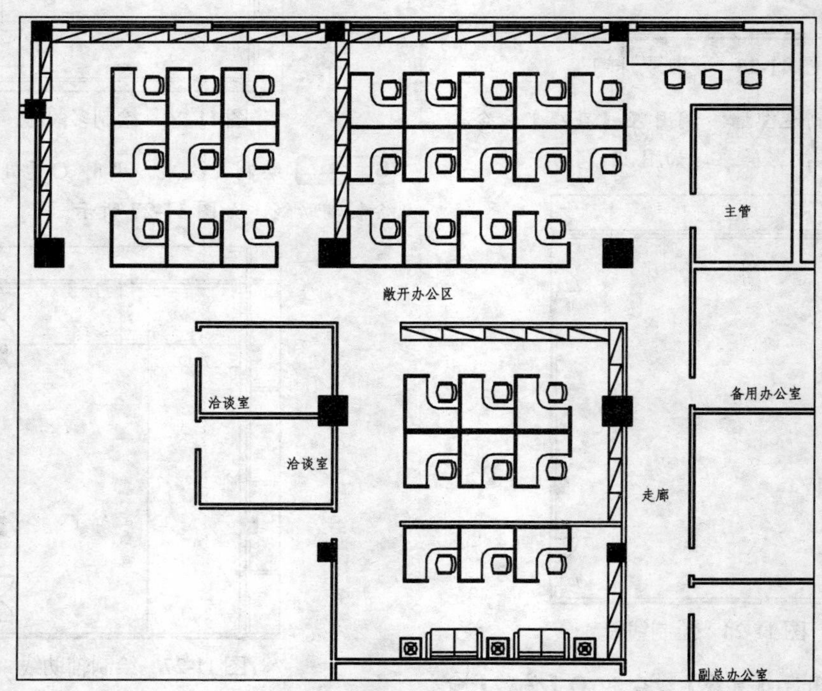

图 11-30 敞开办公区平面布置图

Step 01 绘制隔断。调用 PL【多段线】命令，绘制隔断，如图 11-31 所示。

Step 02 绘制地柜。调用 PL【多段线】命令，绘制多段线，如图 11-32 所示。

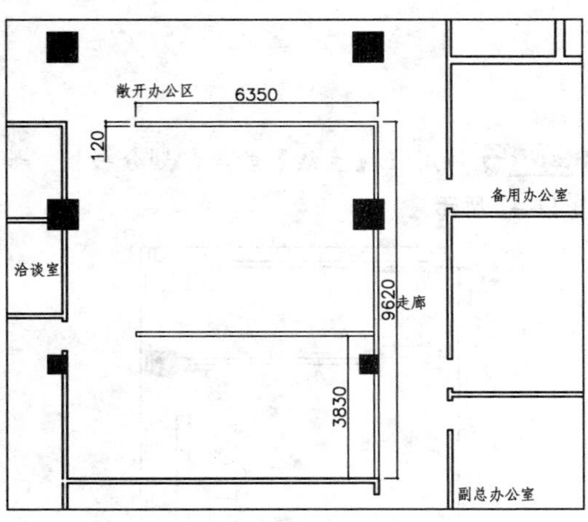

图 11-31　绘制隔断

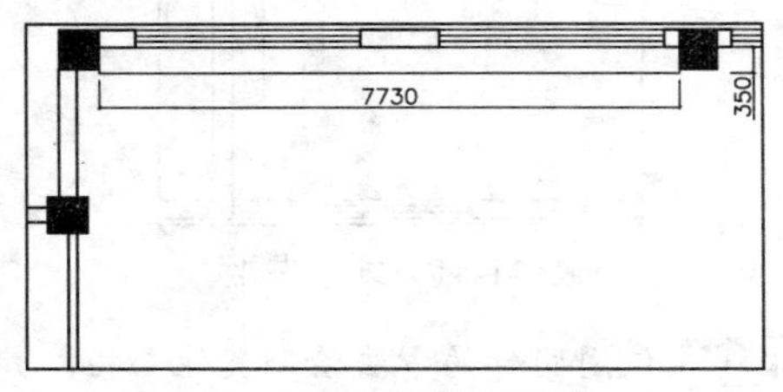

图 11-32　绘制多段线

Step 03 调用 X【分解】命令，对多段线进行分解。

Step 04 调用 DIV【定数等分】命令，对线段进行定数等分，如图 11-33 所示。

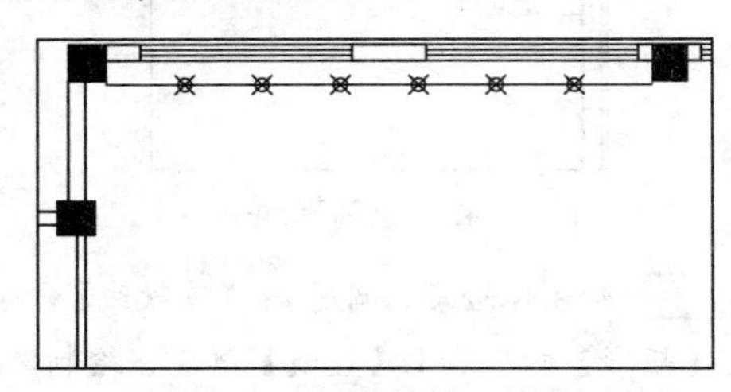

图 11-33　定数等分线段

Step 05 调用 L【直线】命令，以等分点为线段的起点绘制线段，然后删除等分点，如图 11-34 所示。

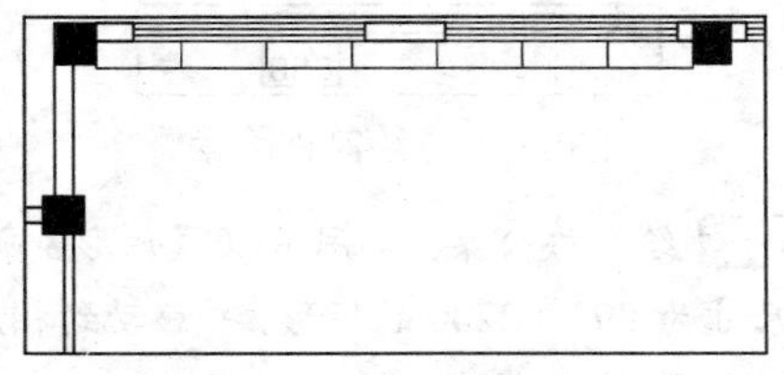

图 11-34　绘制线段

Step 06 继续调用 L【直线】命令，在地柜中绘制对角线，如图 11-35 所示。

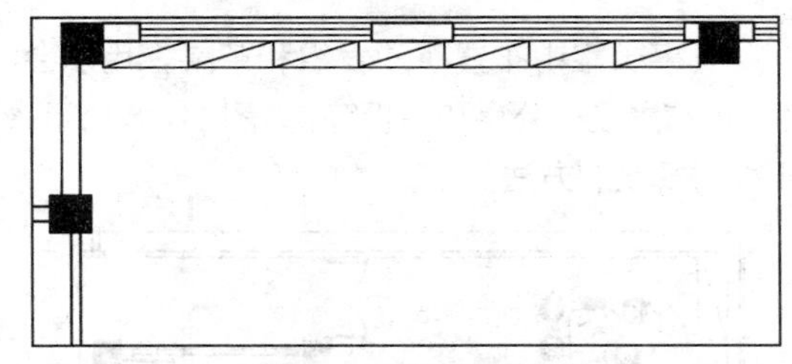

图 11-35　绘制对角线

Step 07 使用同样的方法绘制其他地柜，如图 11-36 所示。

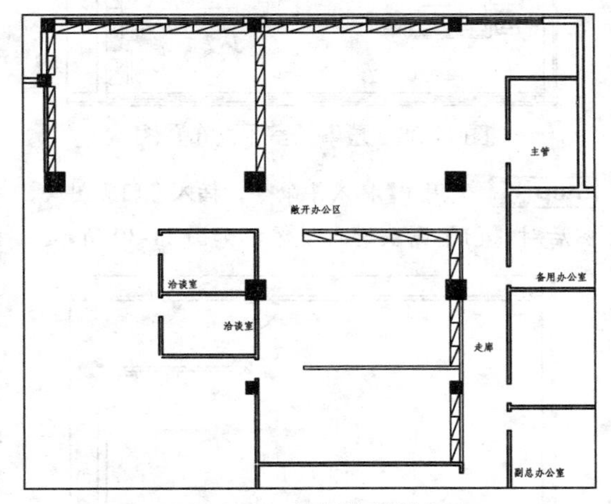

图 11-36　绘制其他地柜

Step 08 绘制办公桌。调用 PL【多段线】命令，绘制多段线表示办公桌，如图 11-37 所示。

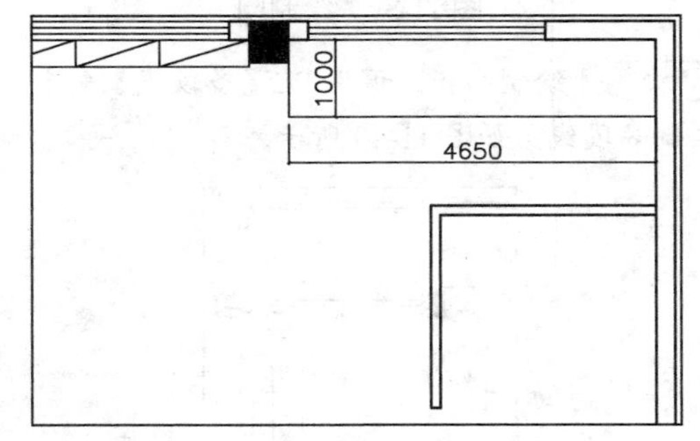

图 11-37　绘制办公桌

Step 09 从图库中插入【办公桌】和【办公椅】图块到敞开办公区中，如图 11-30 所示，完成敞开办公区平面布置图的绘制。

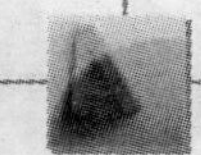

11.3.3 绘制董事长室平面布置图

董事长室中布置了沙发组和茶桌，用以会客，还布置了办公桌和书柜等，如图 11-38 所示，下面讲解绘制方法。

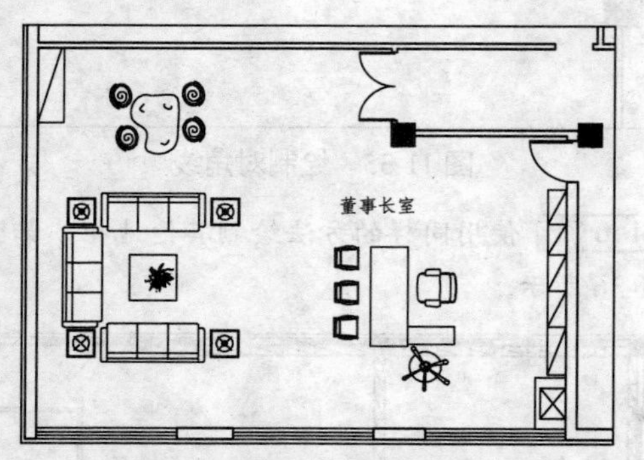

图 11-38 董事长室平面布置图

Step 01 调用 I【插入】命令，插入【门】图块，然后对【门】图块进行镜像，如图 11-39 所示。

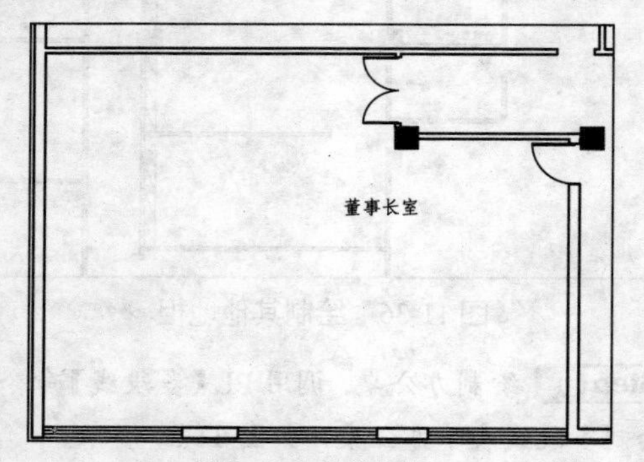

图 11-39 绘制门

Step 02 绘制书柜。调用 PL【多段线】命令，绘制多段线，如图 11-40 所示。

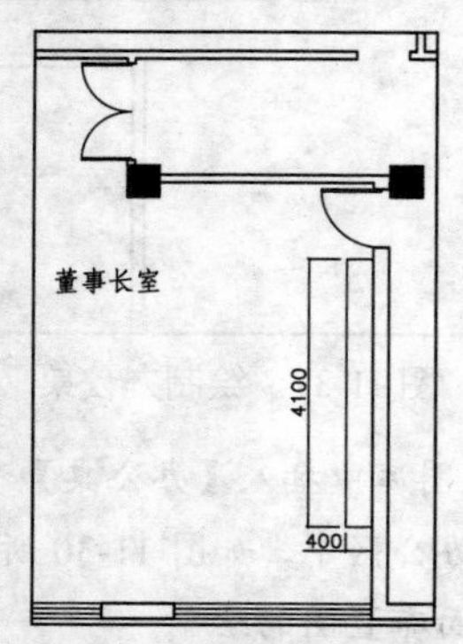

图 11-40 绘制多段线 1

Step 03 调用 L【直线】命令，划分书柜，如图 11-41 所示。

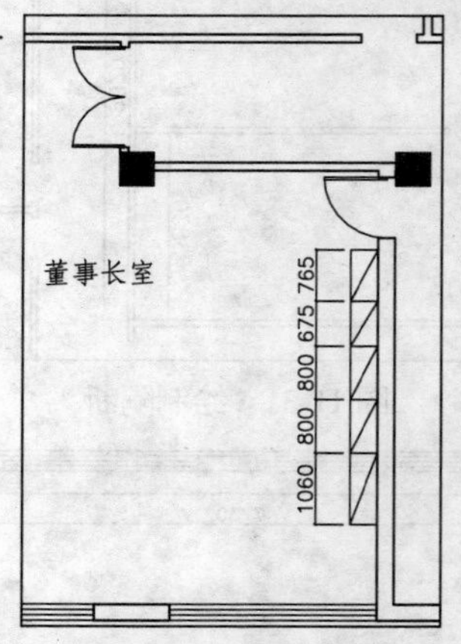

图 11-41 划分书柜

Step 04 使用同样的方法绘制其他书柜，如图 11-42 所示。

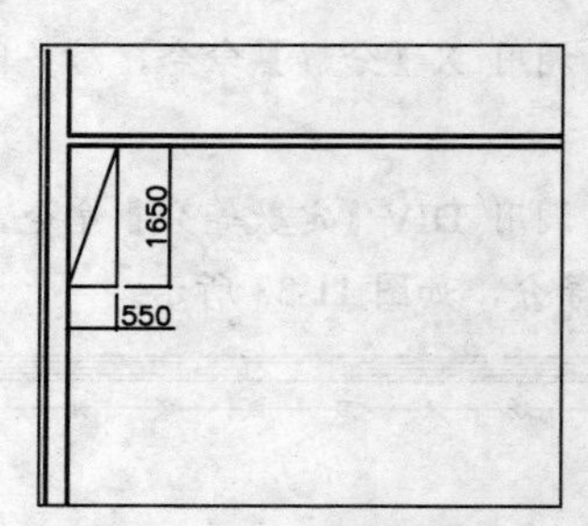

图 11-42 绘制其他书柜

Step 05 绘制保险箱。调用 PL【多段线】命令、REC【矩形】命令和 L【直线】命令，绘制保险箱，如图 11-43 所示。

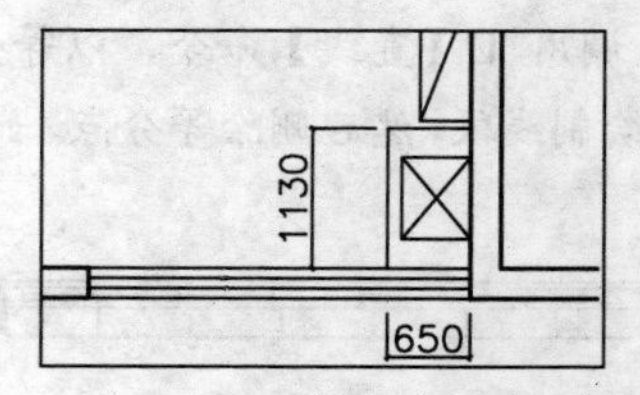

图 11-43 绘制保险箱

Step 06 绘制办公桌。调用 REC【矩形】命令，绘制尺寸为 800 × 2200 的矩形，并移动到相应的位置，如图 11-44 所示。

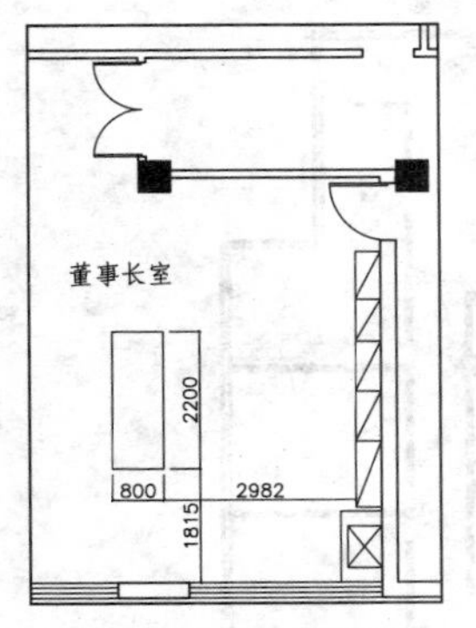

图 11-44　绘制矩形

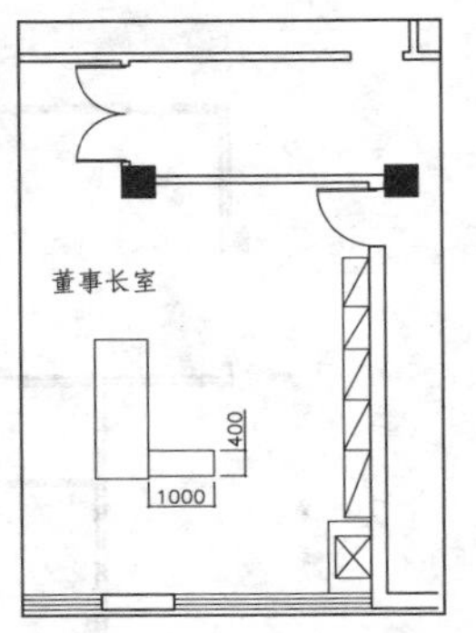

图 11-45　绘制多段线 2

Step 07 调用 PL【多段线】命令，绘制多段线，如图 11-45 所示。

Step 08 从图库中插入【茶桌】、【沙发组】和【办公椅】等块到董事长室中，如图 11-38 所示，完成董事长室平面布置图的绘制。

11.4　绘制办公空间地材图

办公空间地面要与整体环境协调一致。本例办公空间地材图如图 11-46 所示，董事长室、总经理室和机房采用的地面材料是实木地板，大堂采用的是石材，其他办公空间采用的地面材料是地毯，卫生间采用的是防滑砖，下面介绍绘制方法。

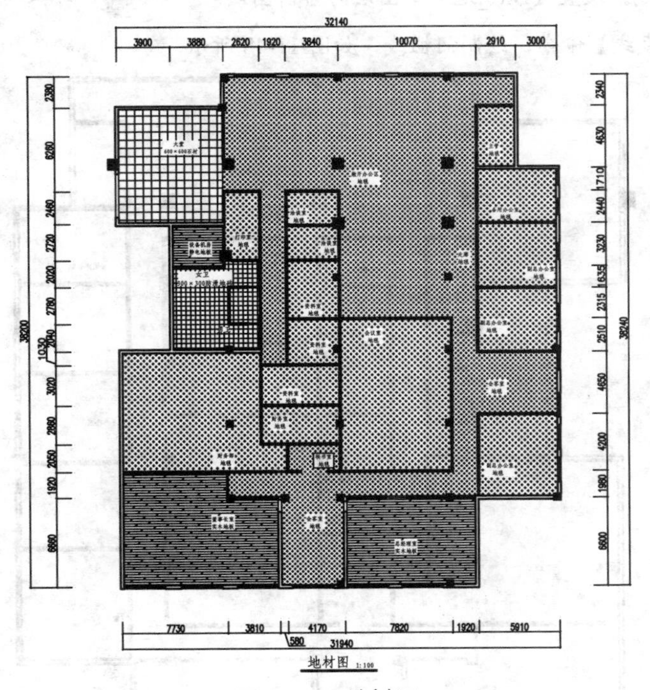

图 11-46　地材图

Step 01 复制图形。调用 CO【复制】命令，复制办公空间平面布置图，并删除多余的家具，如图 11-47 所示。

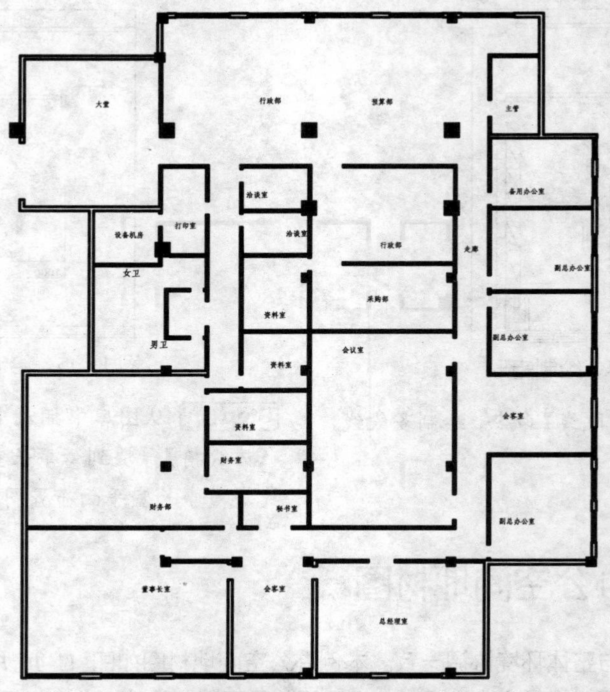

图 11-47　整理图形

Step 02 绘制门槛线。设置【DM_地面】图层为当前图层。

Step 03 调用 L【直线】命令，绘制门槛线，如图 11-48 所示。

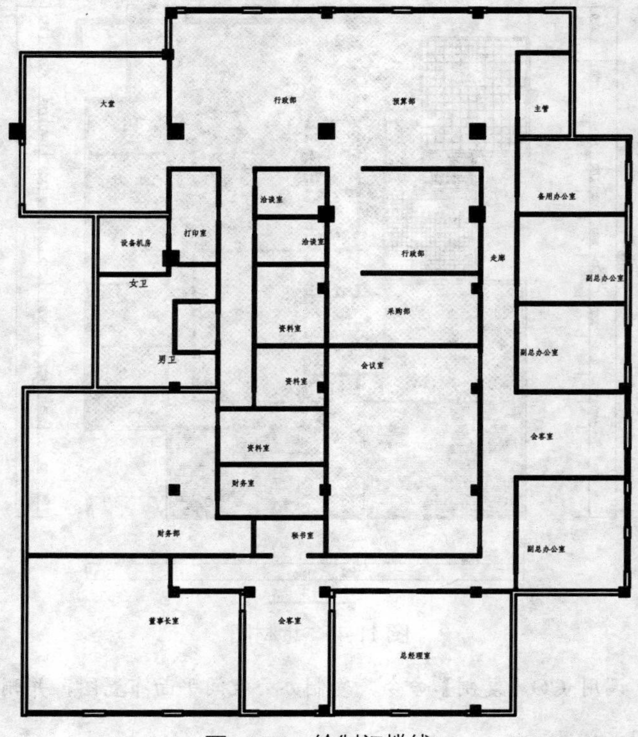

图 11-48　绘制门槛线

Step 04 材料标注。双击文字，添加材料名称和规格，如图 11-49 所示。

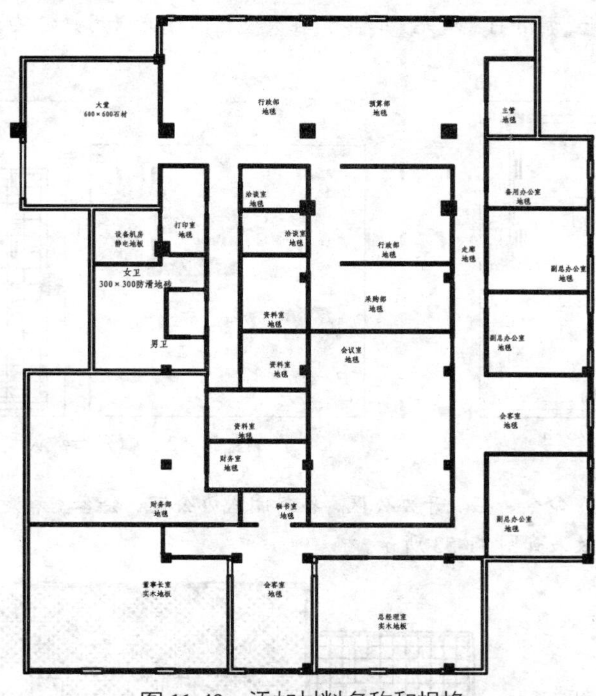

图 11-49　添加材料名称和规格

Step 05 调用 REC【矩形】命令，绘制矩形，框住文字，以方便进行地面材料填充，如图 11-50 所示。

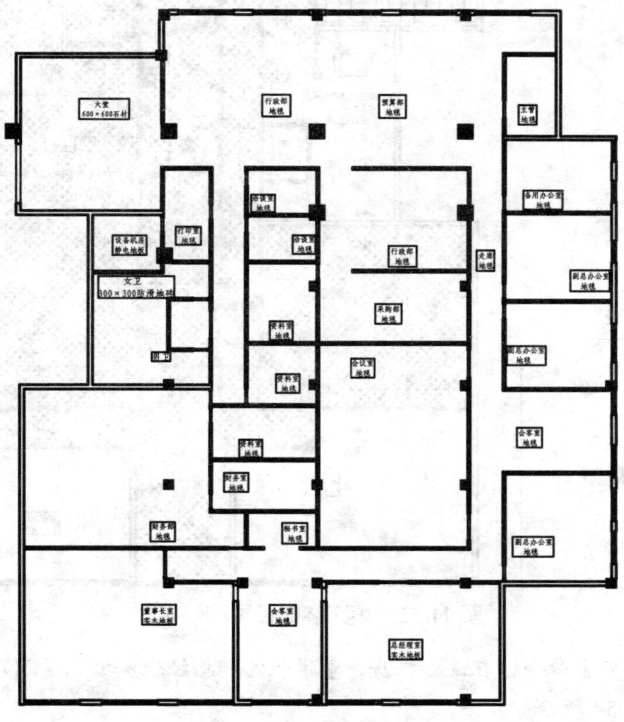

图 11-50　绘制矩形

Step 06 调用 L【直线】命令，绘制线段区别地面材料，如图 11-51 所示。

Step 07 填充地面图例。调用 H【填充】命令，在大堂区域填充【用户定义】图案，填充参数设置和效果如图 11-52 所示。

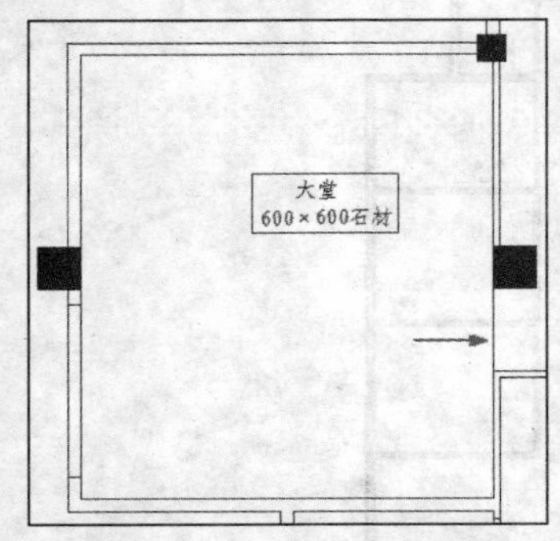

图 11-51　绘制线段

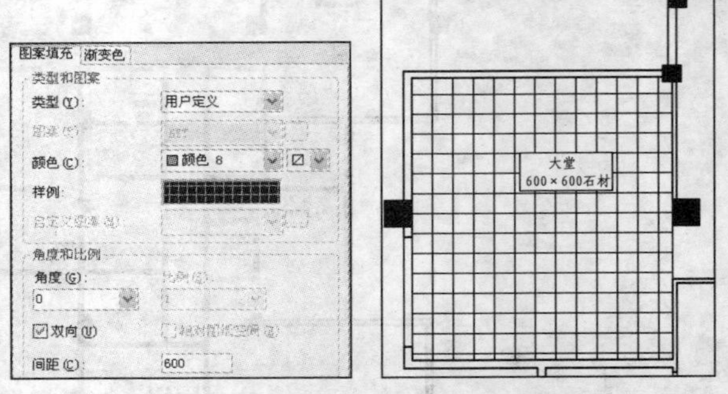

图 11-52　填充参数设置和效果 1

Step 08 调用 H【填充】命令，在敞开办公区、各封闭式办公室、会客室和走廊区域填充【CROSS】图案，填充参数设置和效果如图 11-53 所示。

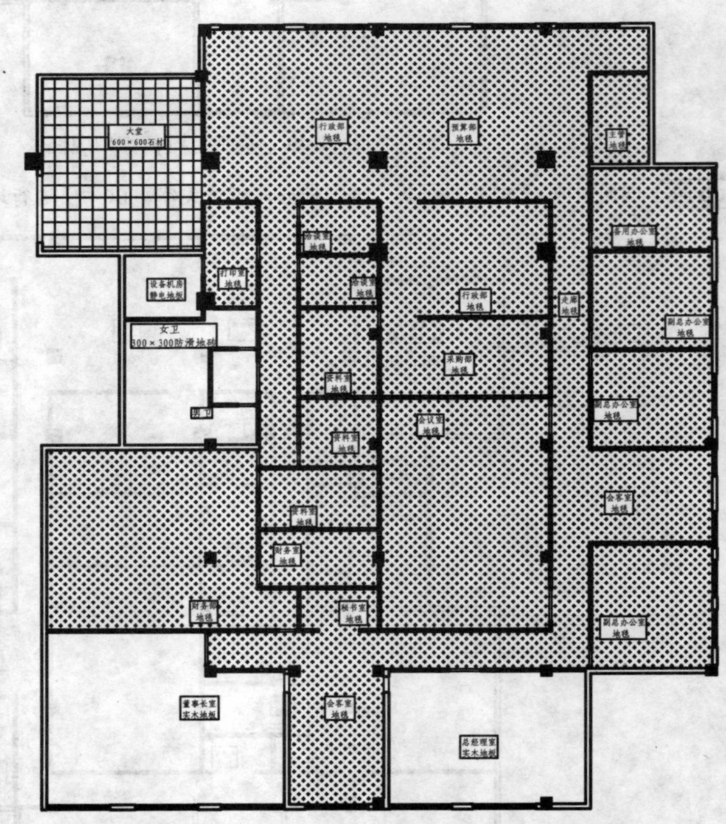

图 11-53　填充参数设置和效果 2

Step 09 调用 H【填充】命令，在设备机房、董事长室和总经理室填充【DOLMIT】图案，填充参数设置和效果如图 11-54 所示。

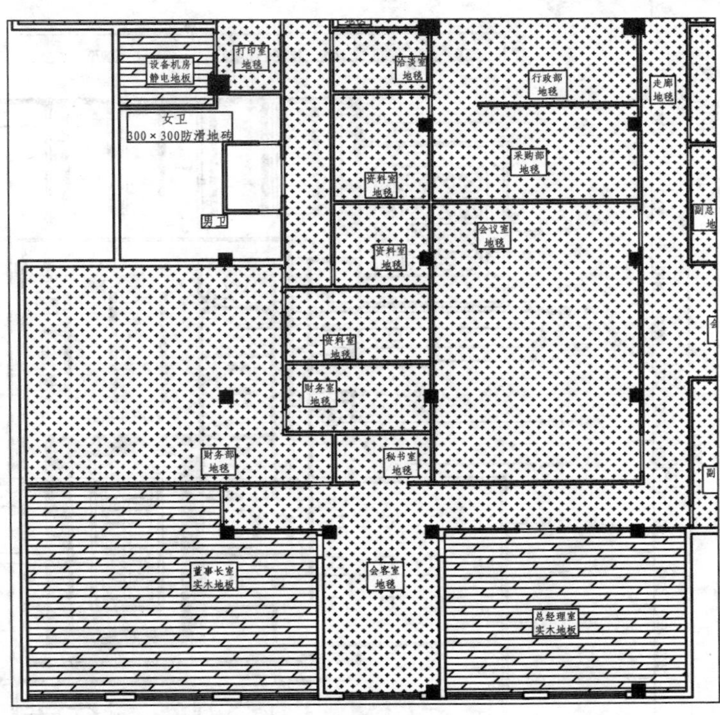

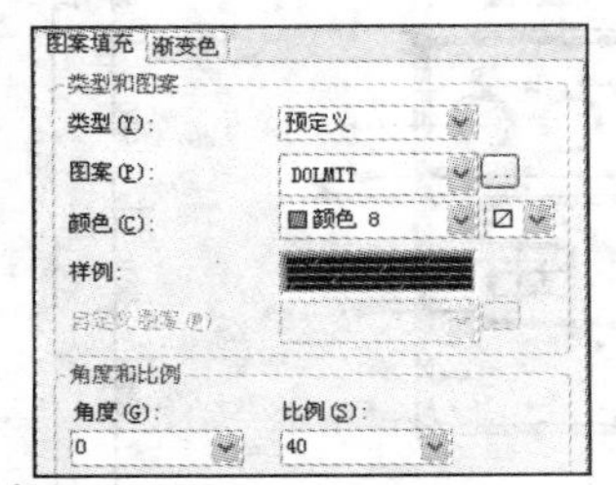

图 11-54　填充参数设置和效果 3

Step 10 在卫生间区域填充【ANGLE】图案，填充参数设置和效果如图 11-55 所示。

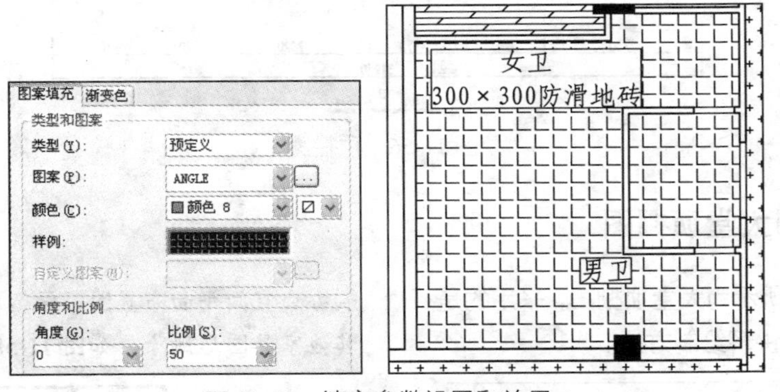

图 11-55　填充参数设置和效果 4

Step 11 填充后删除前面绘制的矩形，如图 11-46 所示，完成地材图的绘制。

11.5　绘制办公空间顶棚图

一般写字楼内的办公空间，大多工作时间在白天，因此人工照明应与天然采光结合，营造舒适的照明环境。如图 11-56 所示为办公空间顶棚图，本节以大堂、会议室和董事长室顶棚为例讲解绘制方法。

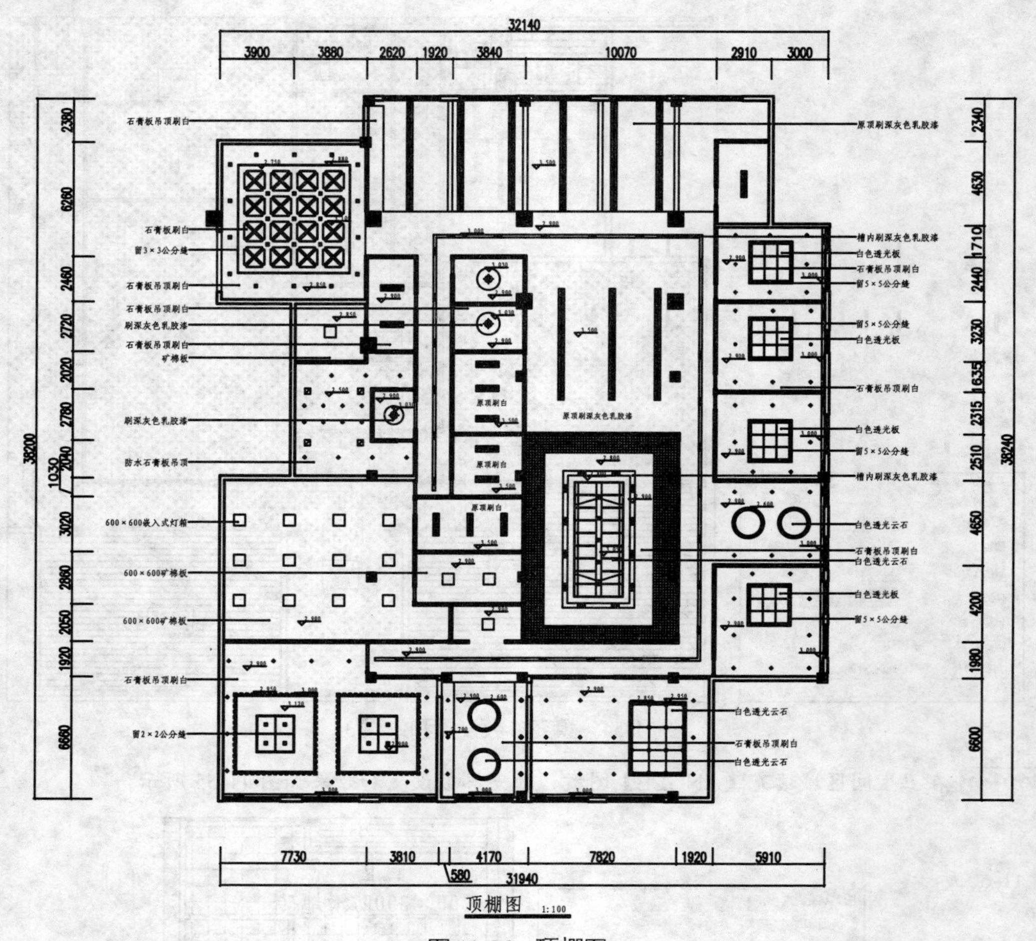

图 11-56　顶棚图

11.5.1　绘制大堂顶棚图

如图 11-57 所示为大堂顶棚图，采用的是石膏板吊顶，下面讲解绘制方法。

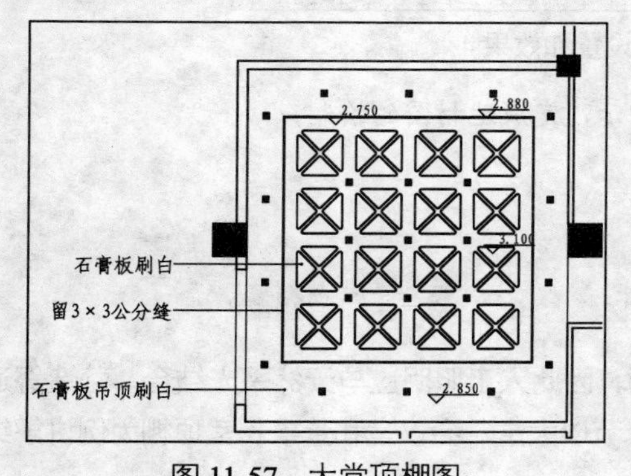

图 11-57　大堂顶棚图

Step 01 复制图形。调用 CO【复制】命令，复制办公空间平面布置图，保留所有到顶的家具，其他家具图形删除，如图 11-58 所示。

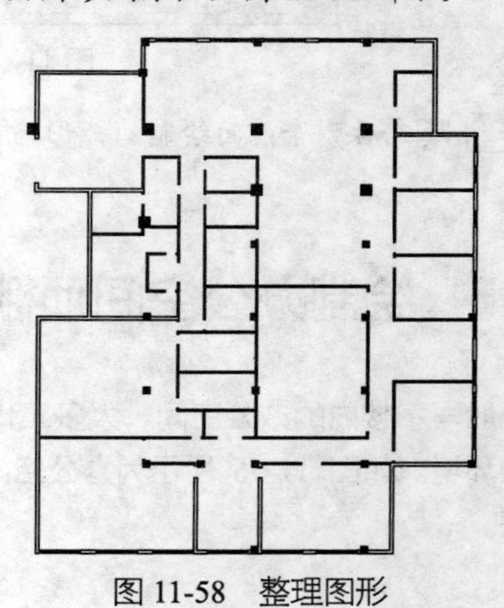

图 11-58　整理图形

Step 02 绘制墙体线。设置【DM_地面】图层为当前图层。

Step 03 调用 L【直线】命令，绘制墙体线，如图 11-59 所示。

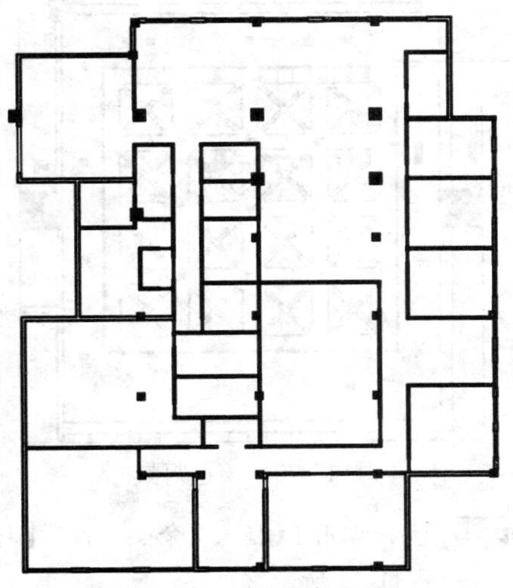

图 11-59　绘制墙体线

Step 04 绘制吊顶造型。设置【DD_吊顶】图层为当前图层。

Step 05 调用 L【直线】命令，绘制线段，如图 11-60 所示。

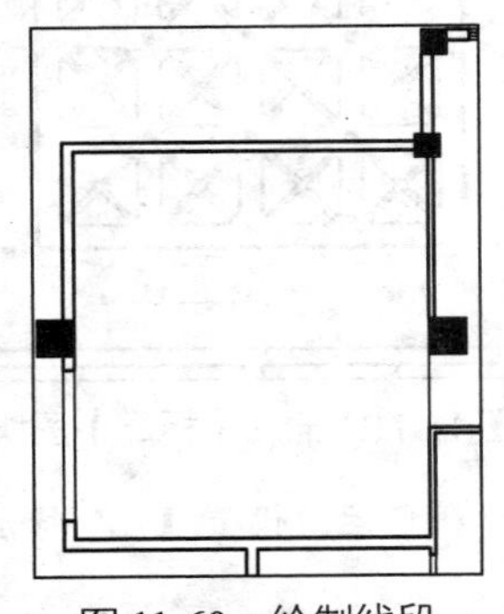

图 11-60　绘制线段

Step 06 调用 REC【矩形】命令，绘制边长为 5940 的正方形，并移动到相应的位置，如图 11-61 所示。

Step 07 调用 O【偏移】命令，将正方形向内偏移 30，如图 11-62 所示。

Step 08 调用 REC【矩形】命令，绘制边长为 1095 的正方形，如图 11-63 所示。

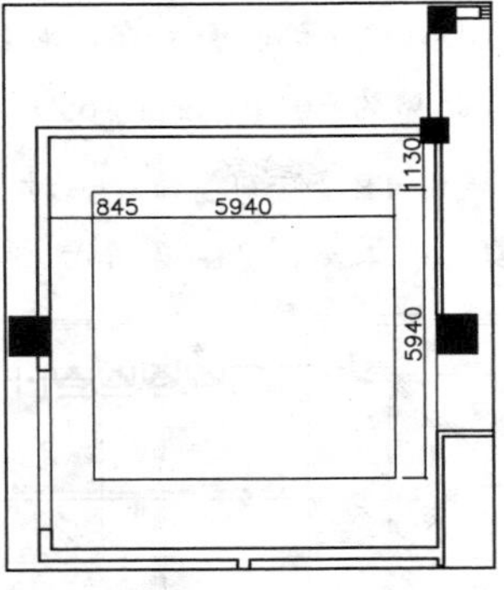

图 11-61　绘制正方形 1

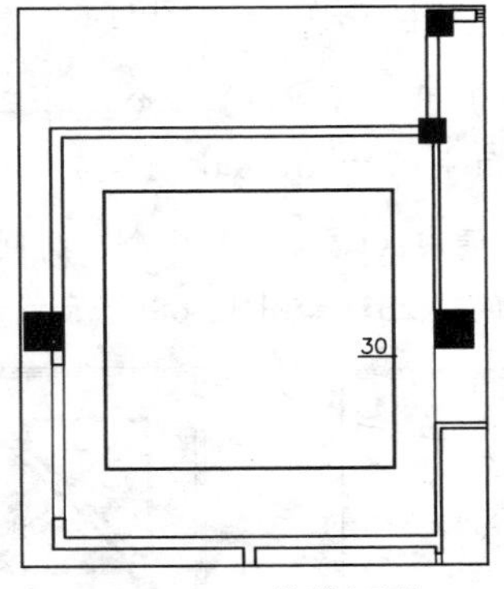

图 11-62　偏移矩形

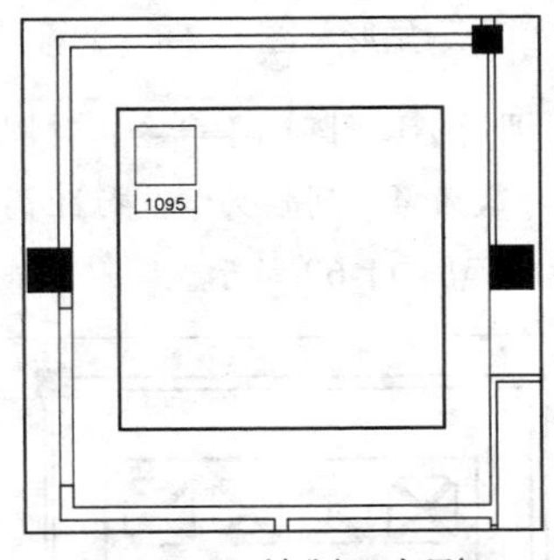

图 11-63　绘制正方形 2

Step 09 调用 L【直线】命令，在正方形内绘制对角线，如图 11-64 所示。

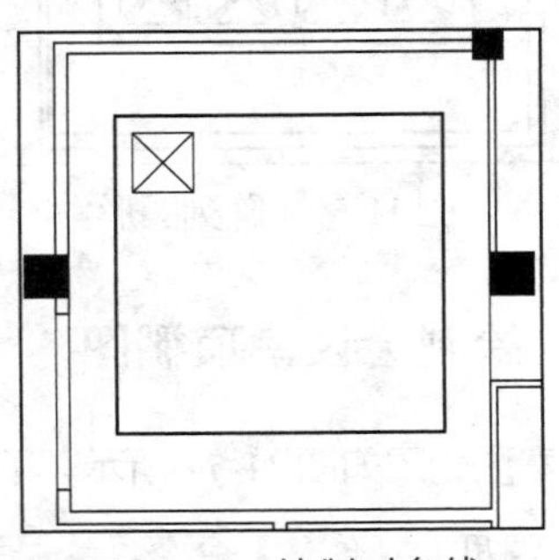

图 11-64　绘制对角线

Step 10 调用 O【偏移】命令，将线段向两侧偏移，偏移距离为30，如图11-65所示。

Step 11 调用 TR【修剪】命令，对正方形和线段进行修剪，效果如图11-66所示。

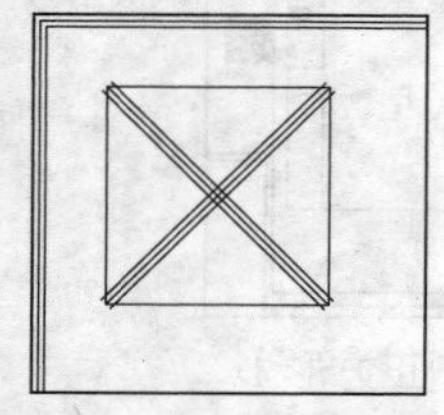

图11-65 偏移线段

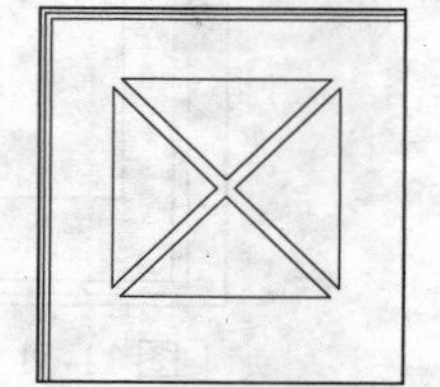

图11-66 修剪线段

Step 12 调用 F【圆角】命令，对三角形进行圆角，圆角半径为50，如图11-67所示。

Step 13 调用 O【偏移】命令，将圆角后的三角形向内偏移20，如图11-68所示。

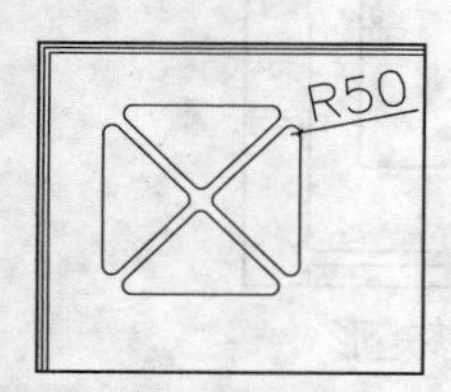

图11-67 圆角三角形

图11-68 偏移圆角三角形

Step 14 调用 AR【阵列】命令，对图形进行阵列，设置行数为4、列数为4，行距离和列距离均为1395，如图11-69所示。

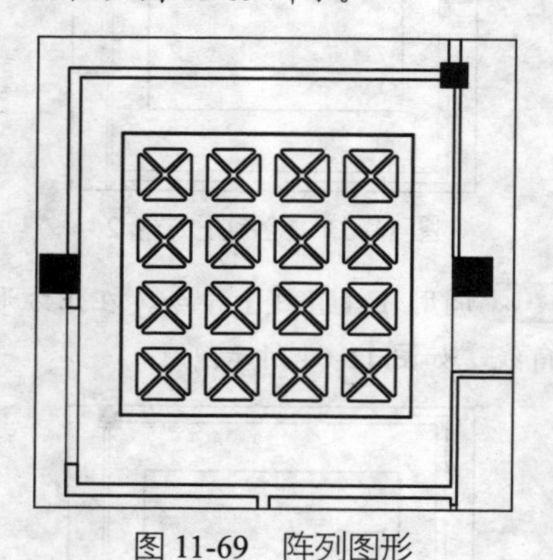

图11-69 阵列图形

Step 15 布置灯具。打开配套光盘中的“第11章\家具图例.dwg”文件，将灯具图例复制到大堂顶棚图中，如图11-70所示。

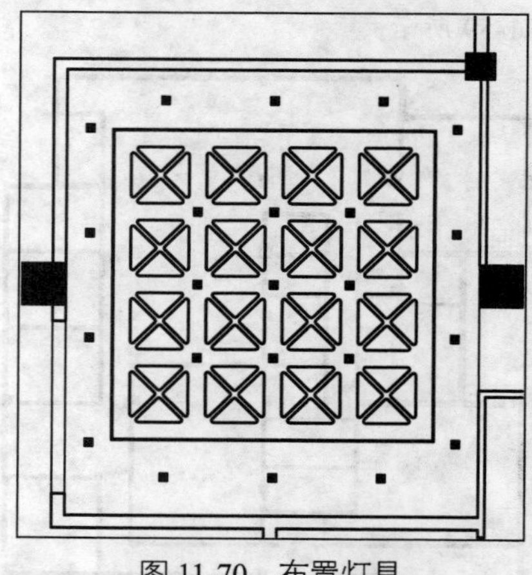

图11-70 布置灯具

Step 16 直接调用 I【插入】命令，插入【标高】图块，如图11-71所示。

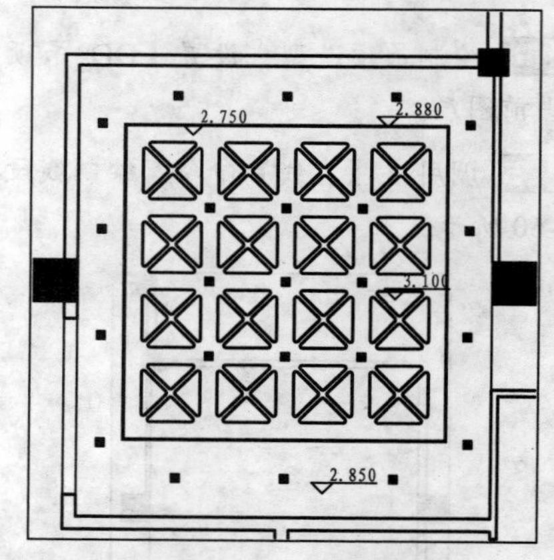

图11-71 插入【标高】图块

Step 17 材料标注。设置【BZ_标注】图层为当前图层。

Step 18 调用 MLD【多重引线】命令，标注顶棚材料，如图11-57所示，完成大堂顶棚图的绘制。

11.5.2 绘制会议室顶棚图

会议室顶棚图如图11-72所示，下面讲解绘制方法。

Step 01 调用 O【偏移】命令，绘制辅助线，如图11-73所示。

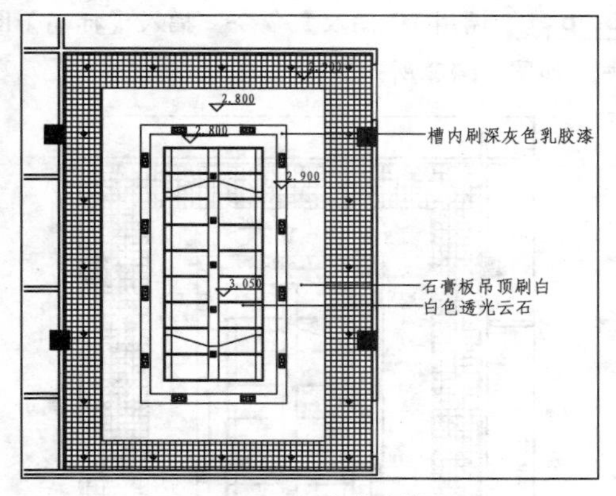

图 11-72　会议室顶棚图

Step 02 调用 REC【矩形】命令，以辅助线的交点为矩形的第一个角点，绘制尺寸为 5800×9490 的矩形，然后删除辅助线，如图 11-74 所示。

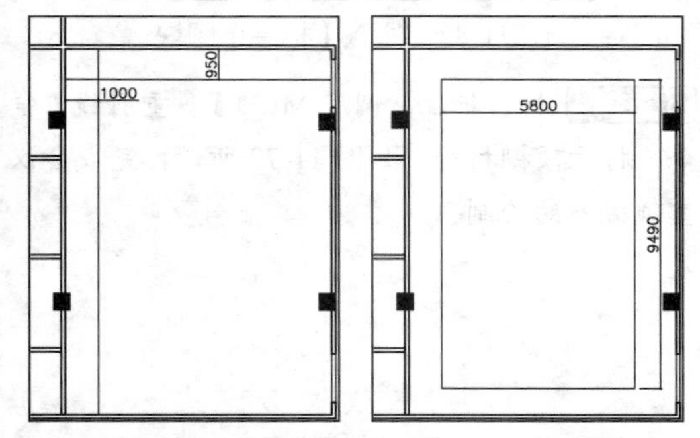

图 11-73　绘制辅助线　　图 11-74　绘制矩形

Step 03 调用 H【填充】命令，在矩形外填充【用户定义】图案，填充参数设置和效果如图 11-75 所示。

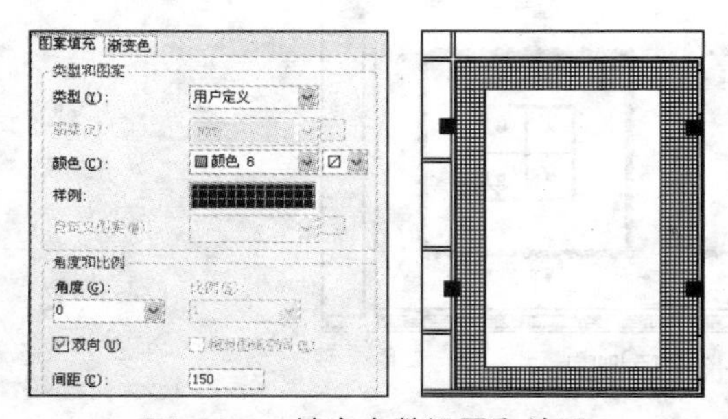

图 11-75　填充参数设置和效果

Step 04 调用 O【偏移】命令，将矩形向内偏移 1000、250、350 和 30，如图 11-76 所示。

Step 05 调用 L【直线】命令和 O【偏移】命令，绘制并偏移线段，如图 11-77 所示。

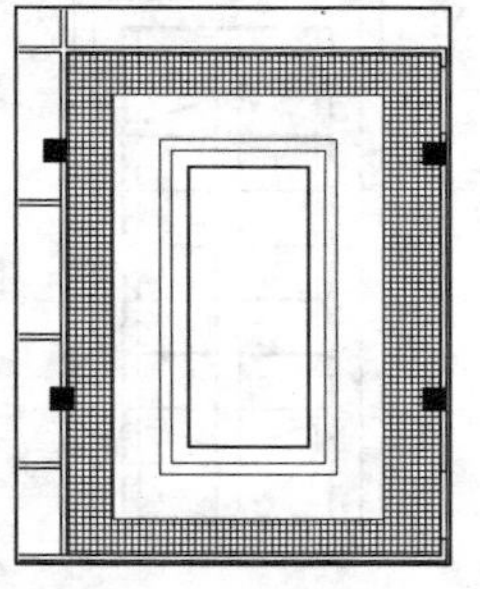

图 11-76　偏移矩形

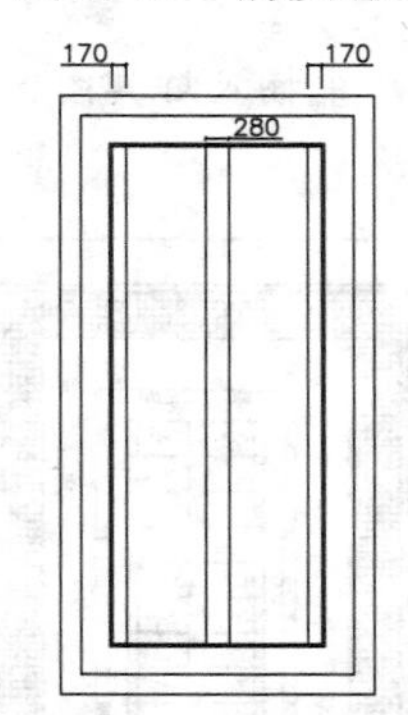

图 11-77　绘制并偏移线段 1

Step 06 继续调用 L【直线】命令和 O【偏移】命令，绘制并偏移线段，如图 11-78 所示。

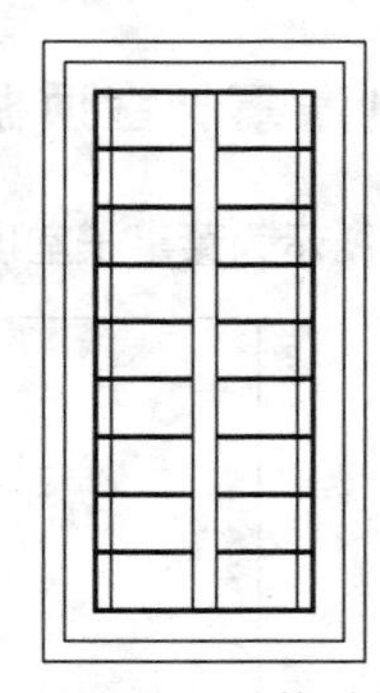

图 11-78　绘制并偏移线段 2

Step 07 调用 PL【多段线】命令，绘制多段线，如图 11-79 所示。

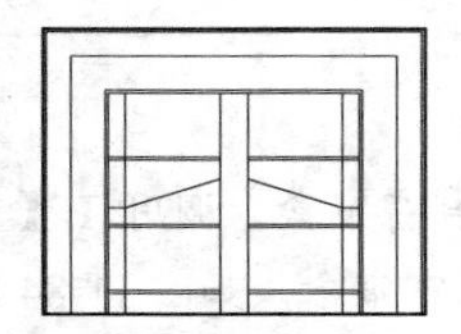

图 11-79　绘制多段线

Step 08 调用 MI【镜像】命令，对多段线进行镜像，如图 11-80 所示。

图 11-80　镜像多段线

Step 09 从图库中插入灯具图例到顶棚图中，如图 11-81 所示。

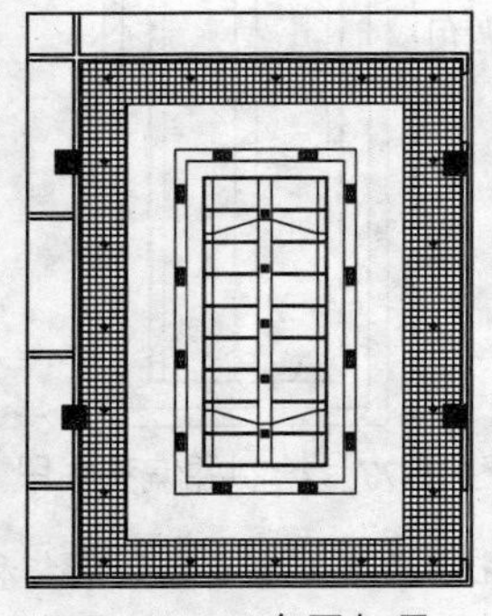

图 11-81　布置灯具

Step 10 调用 I【插入】命令，插入【标高】图块，如图 11-82 所示。

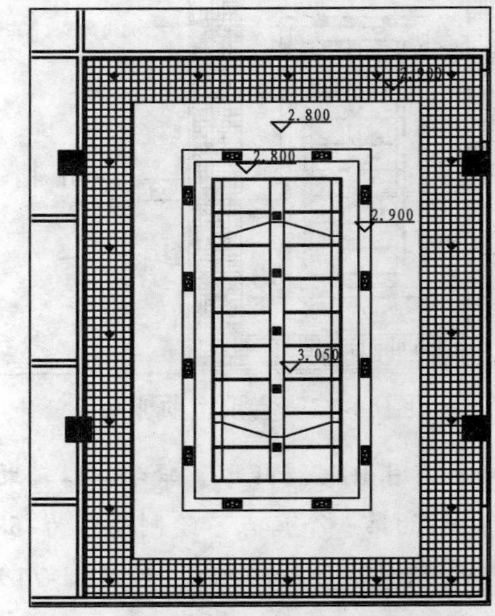

图 11-82　插入【标高】图块

Step 11 材料标注。调用 MLD【多重引线】命令，标注顶棚材料，如图 11-72 所示，完成会议室顶棚图的绘制。

11.5.3　绘制董事长室顶棚图

如图 11-83 所示为董事长室顶棚图，下面讲解绘制方法。

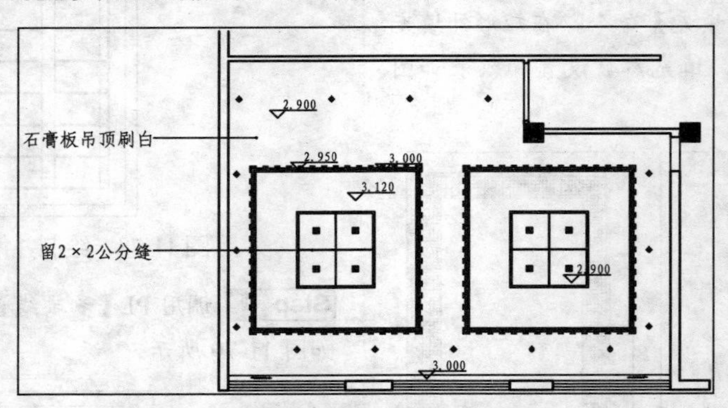

图 11-83　董事长室顶棚图

Step 01 绘制窗帘盒。调用 L【直线】命令，绘制线段表示窗帘盒，如图 11-84 所示。

Step 02 调用 PL【多段线】命令，绘制窗帘，如图 11-85 所示。

Step 03 调用 MI【镜像】命令，将窗帘镜像到另一侧，如图 11-86 所示。

Step 04 调用 REC【矩形】命令，绘制边长为 1900 的正方形，并移动到相应的位置，如图 11-87 所示。

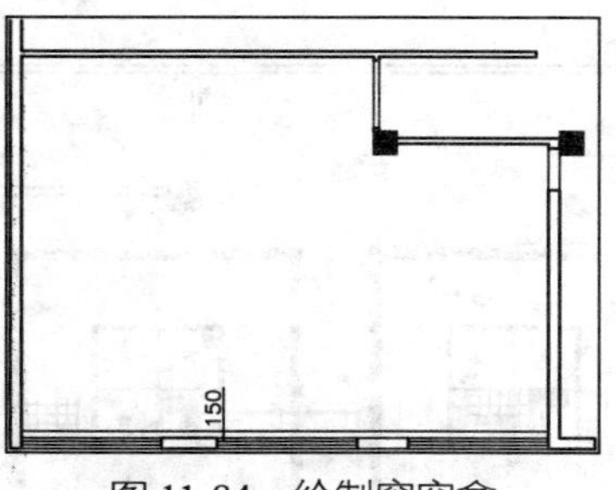

图 11-84 绘制窗帘盒

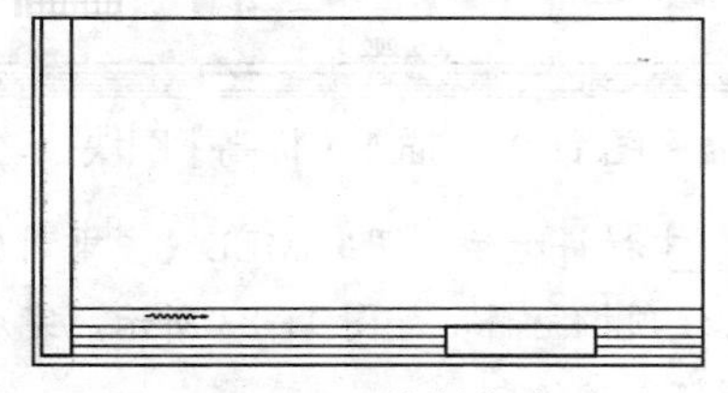

图 11-85 绘制窗帘

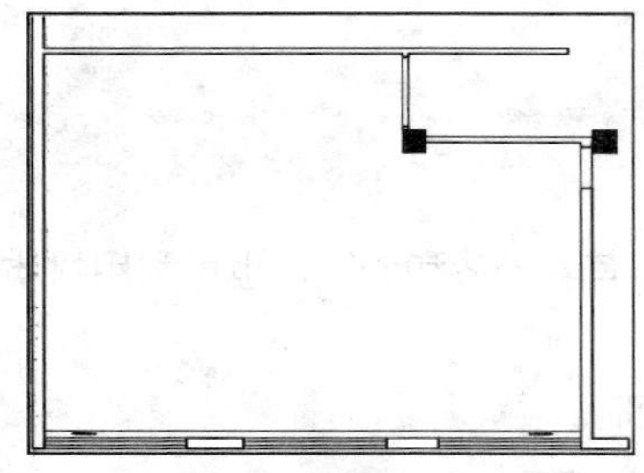

图 11-86 镜像窗帘

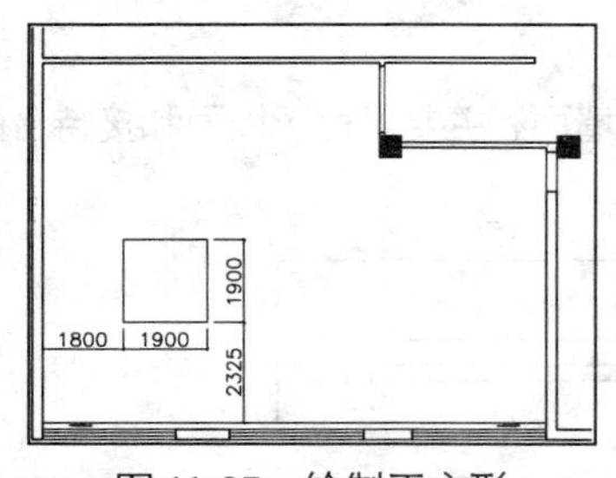

图 11-87 绘制正方形

Step 05 调用 O【偏移】命令，将正方形向外偏移 50、1050、50、50 和 50，如图 11-88 所示。

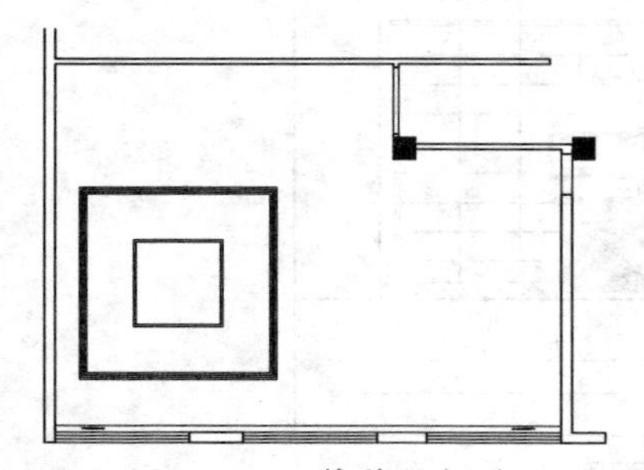

图 11-88 偏移正方形

Step 06 将最外面的正方形设置为虚线，表示灯带，如图 11-89 所示。

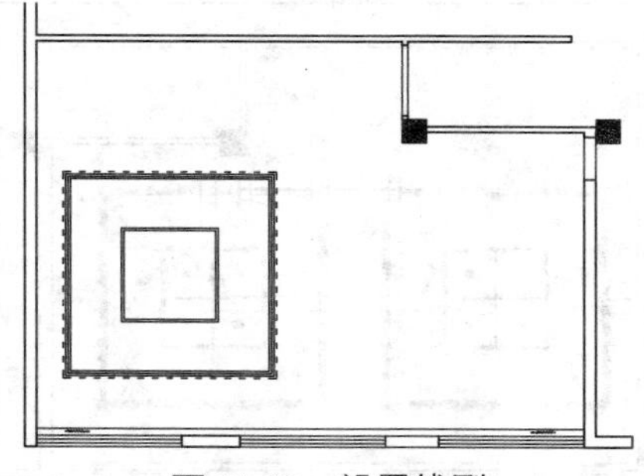

图 11-89 设置线型

Step 07 调用 L【直线】命令和 O【偏移】命令，绘制并偏移线段，如图 11-90 所示。

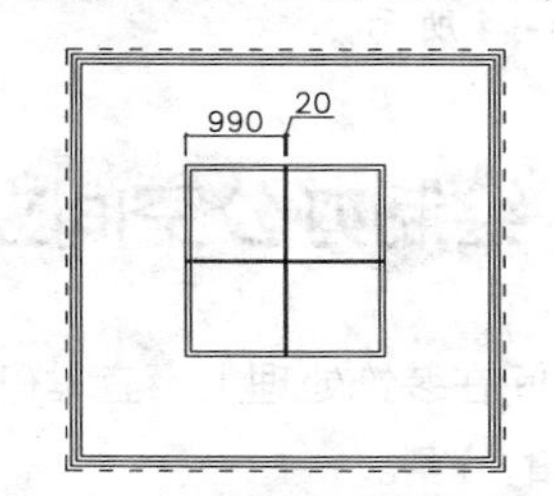

图 11-90 绘制并偏移线段

Step 08 调用 TR【修剪】命令，对线段相交的位置进行修剪，如图 11-91 所示。

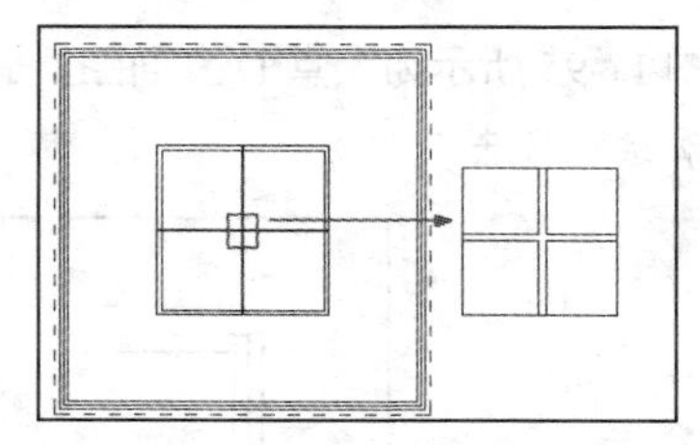

图 11-91 修剪线段

Step 09 调用 CO【复制】命令，将吊顶造型复制到右侧，如图 11-92 所示。

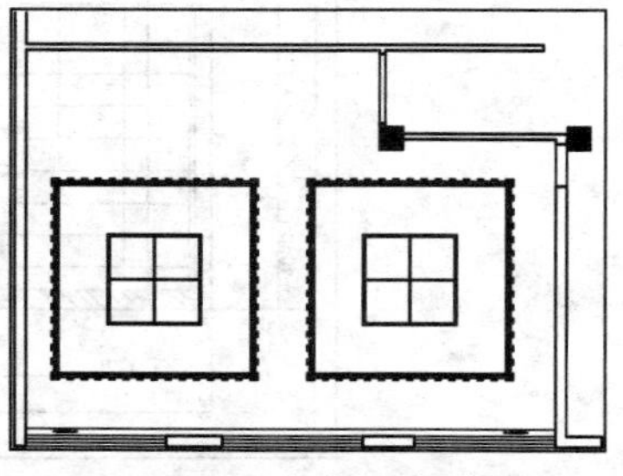

图 11-92 复制吊顶造型

Step 10 从图库中插入灯具图例到顶棚图中，如图 11-93 所示。

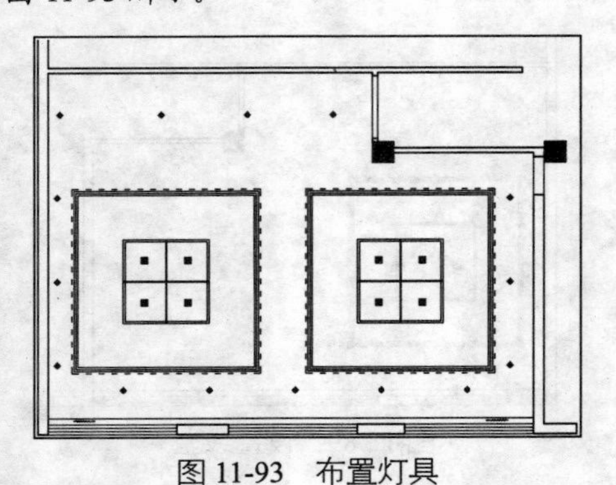

图 11-93　布置灯具

Step 11 调用 I【插入】命令，插入【标高】图块，如图 11-94 所示。

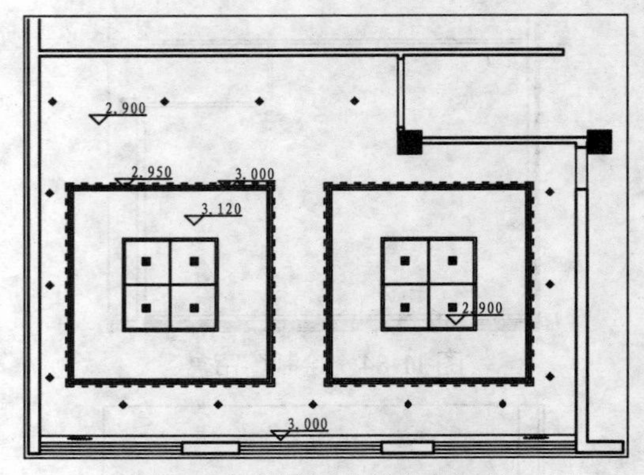

图 11-94　插入【标高】图块

Step 12 材料标注。调用 MLD【多重引线】命令，标注顶棚材料，如图 11-83 所示，完成董事长室顶棚图的绘制。

11.6　绘制办公空间立面图

办公空间在装饰处理上不宜堆砌过多的材料，常用墙面有乳胶漆和墙纸，也可利用材质的拼接进行有规律的分割。

本节以大堂和董事长室立面为例介绍办公空间立面的绘制。

11.6.1　绘制大堂 D 立面图

如图 11-95 所示为大堂 D 立面图，是大堂接待台所在的墙面，主要表达了墙面和接待台的做法，下面讲解绘制方法。

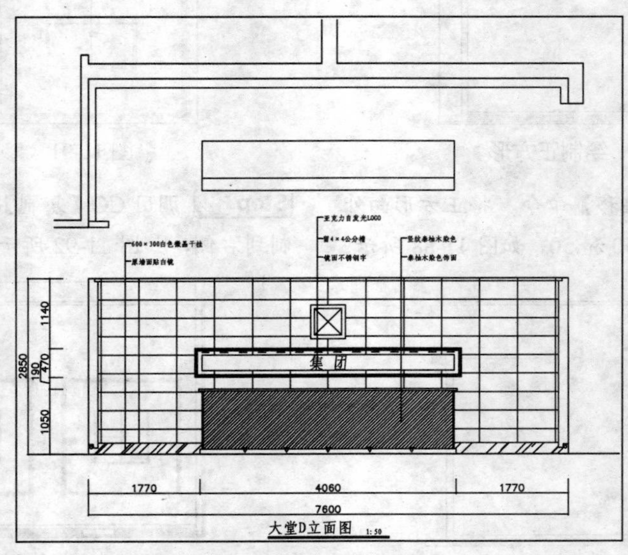

图 11-95　大堂 D 立面图

Step 01 复制图形。调用CO【复制】命令，复制平面布置图上大堂D立面的平面部分，并对图形进行旋转。

Step 02 绘制立面轮廓。调用L【直线】命令，应用投影法，绘制墙体的投影线，并在图形下方绘制线段表示地面，如图11-96所示。

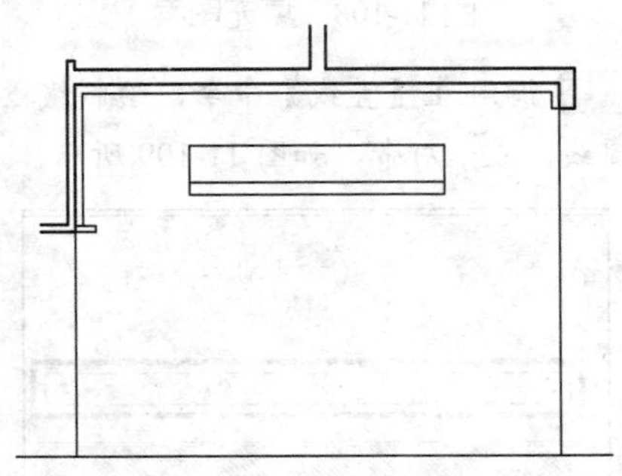

图11-96 绘制墙体和地面

Step 03 调用L【直线】命令，在距离地面2850的位置绘制水平线段表示顶棚，如图11-97所示。

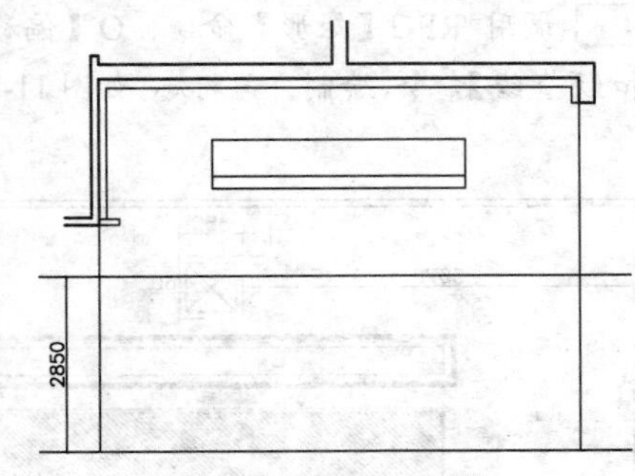

图11-97 绘制顶棚

Step 04 调用TR【修剪】命令，修剪得到立面基本轮廓，并转换至【QT_墙体】图层，如图11-98所示。

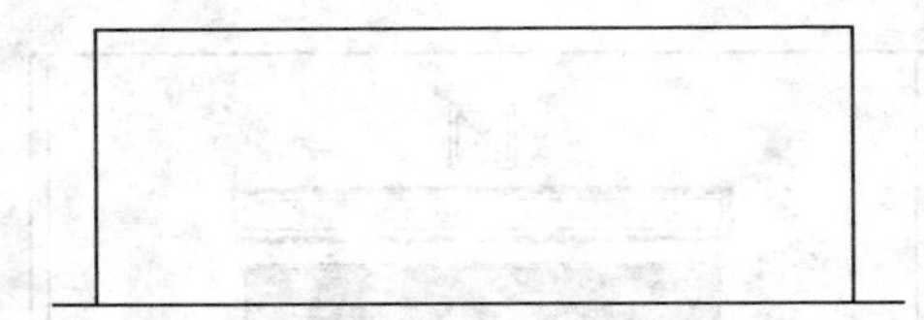

图11-98 修剪立面轮廓

Step 05 绘制墙面造型。调用PL【多段线】命令，绘制多段线，如图11-99所示。

Step 06 调用MI【镜像】命令，将多段线镜像到另一侧，如图11-100所示。

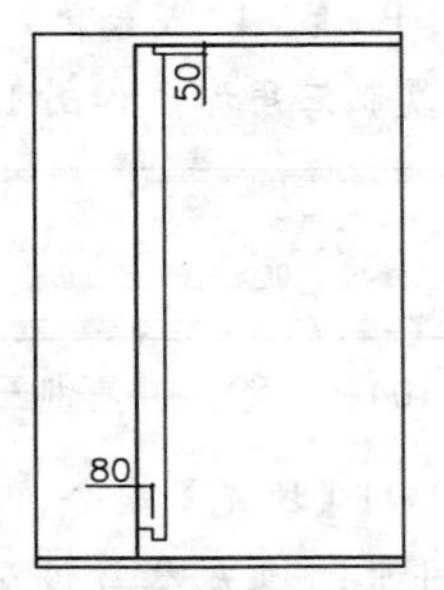

图11-99 绘制多段线1

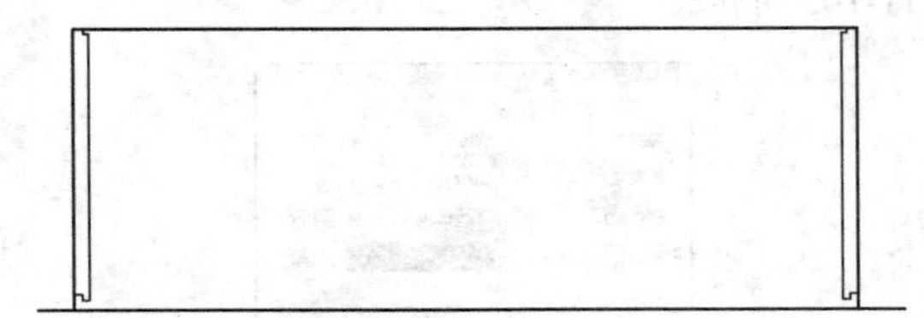

图11-100 镜像多段线

Step 07 绘制接待台。调用REC【矩形】命令，绘制尺寸为4100×30的矩形，并移动到相应的位置，如图11-101所示。

图11-101 绘制矩形1

Step 08 调用PL【多段线】命令，绘制多段线，如图11-102所示。

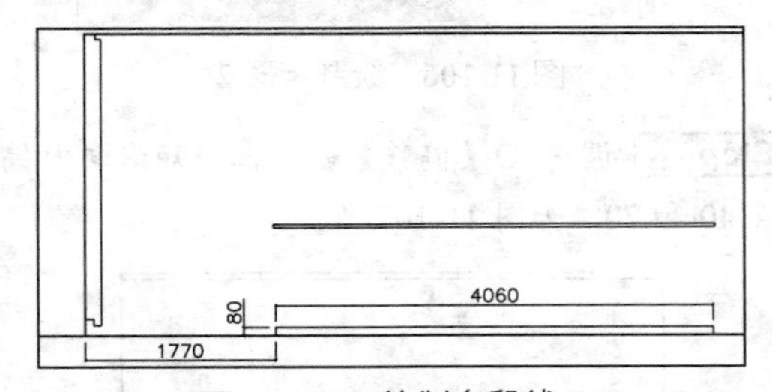

图11-102 绘制多段线2

Step 09 调用L【直线】命令和O【偏移】命令，绘制并偏移线段，如图11-103所示。

图11-103 绘制并偏移线段

Step 10 调用 PL【多段线】命令和 CO【复制】命令，绘制并复制三角形，如图 11-104 所示。

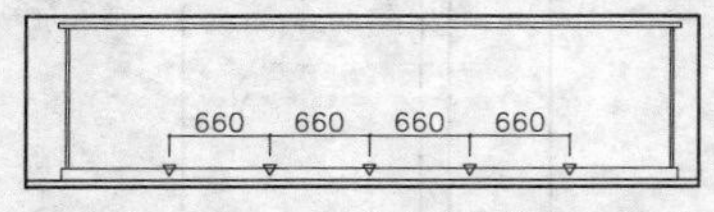

图 11-104　绘制并复制三角形

Step 11 调用 H【填充】命令，对接待台填充【ANSI31】图案，填充参数设置和效果如图 11-105 所示。

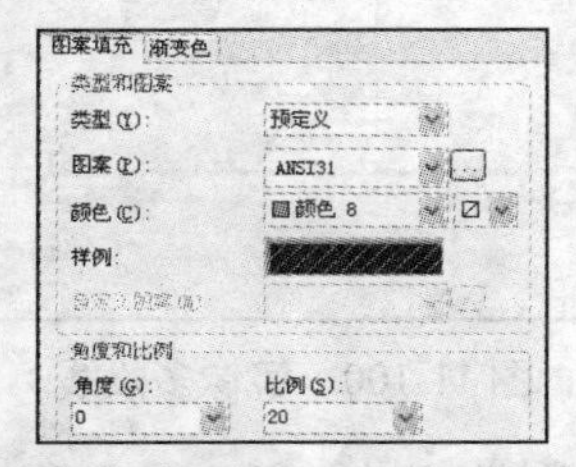

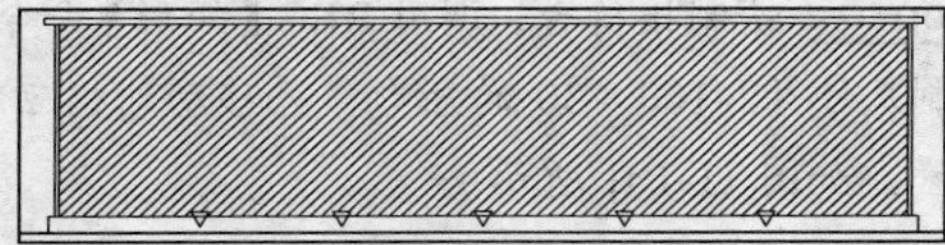

图 11-105　填充参数设置和效果 1

Step 12 调用 REC【矩形】命令，绘制尺寸为 4220×470 的矩形，如图 11-106 所示。

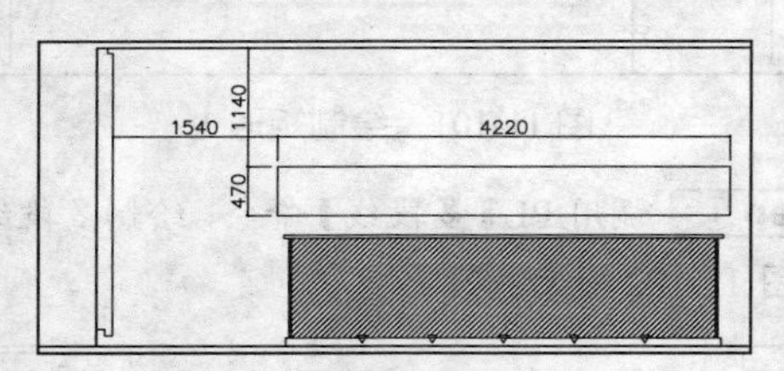

图 11-106　绘制矩形 2

Step 13 调用 O【偏移】命令，将矩形向内偏移 40 和 70，如图 11-107 所示。

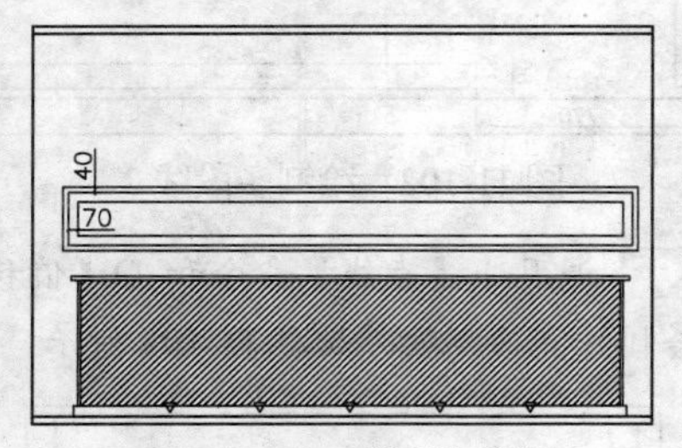

图 11-107　偏移矩形

Step 14 调用 H【填充】命令，在图形内填充【ANSI31】图案，如图 11-108 所示。

图 11-108　填充图案

Step 15 调用 L【直线】命令，绘制线段并设置为虚线，表示灯带，如图 11-109 所示。

图 11-109　绘制灯带

Step 16 调用 REC【矩形】命令、O【偏移】命令和 L【直线】命令，绘制公司标志，如图 11-110 所示。

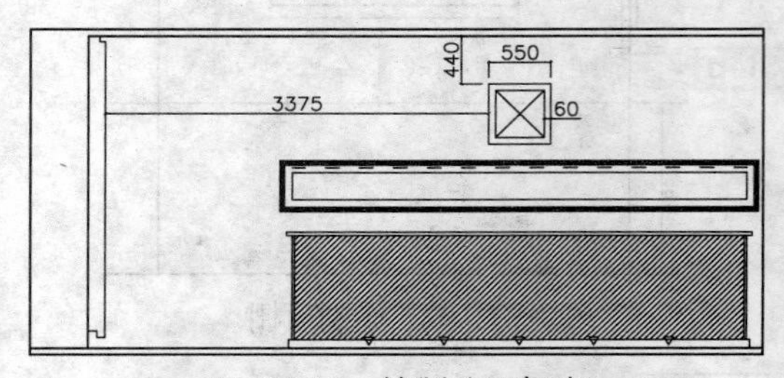

图 11-110　绘制公司标志

Step 17 调用 L【直线】命令，绘制线段，如图 11-111 所示。

图 11-111　绘制线段 1

Step 18 调用 H【填充】命令，在线段内填充【AR-RROOF】图案，填充参数设置和效果如图 11-112 所示。

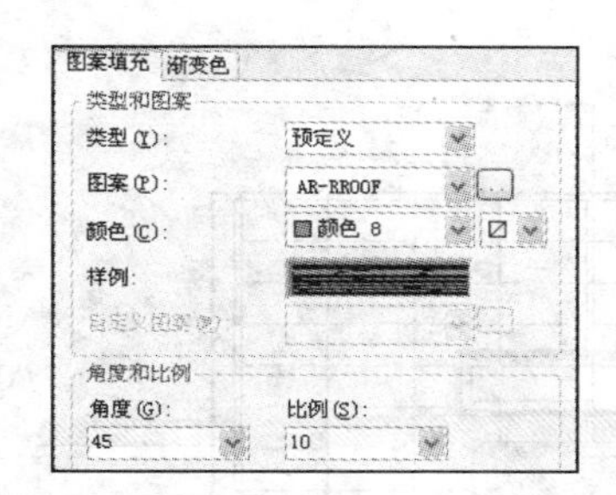

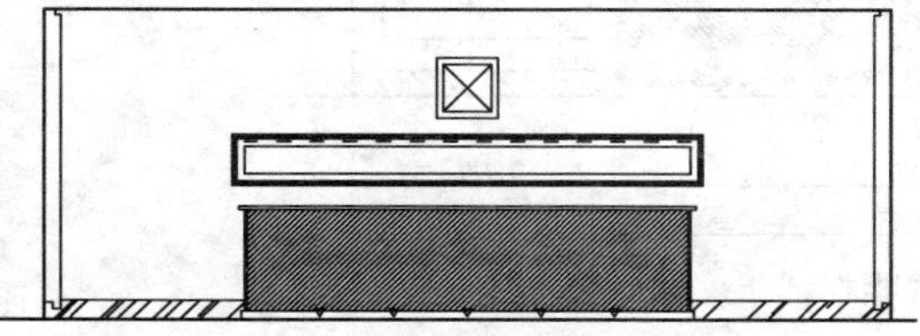

图 11-112　填充参数设置和效果 2

Step 19 绘制墙面石材。调用 L【直线】命令，绘制线段，如图 11-113 所示。

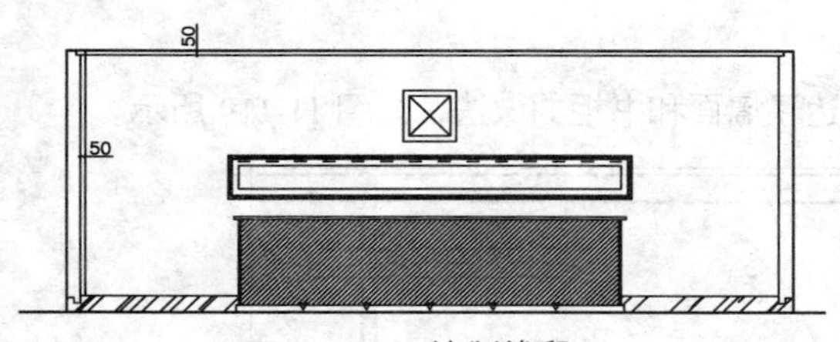

图 11-113　绘制线段 2

Step 20 调用 O【偏移】命令，对线段进行偏移，如图 11-114 所示。

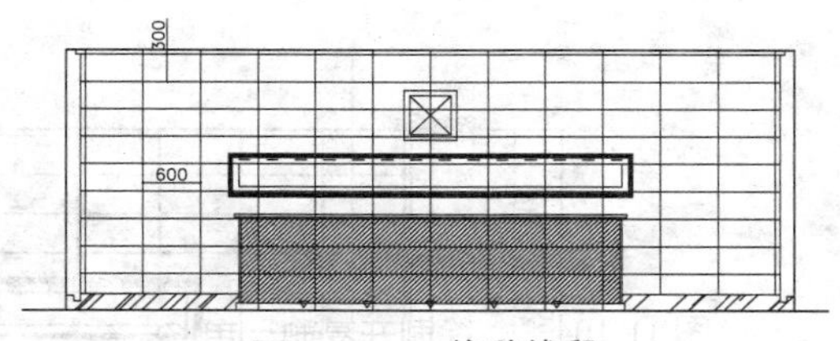

图 11-114　偏移线段

Step 21 调用 TR【修剪】命令，对线段与图形相交的位置进行修剪，如图 11-115 所示。

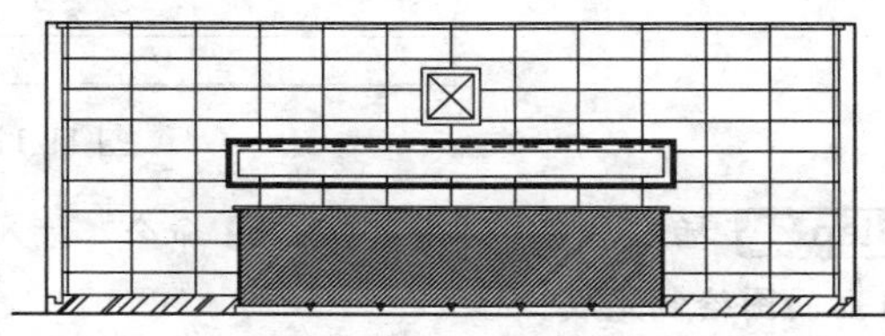

图 11-115　修剪线段

Step 22 按【Ctrl+O】快捷键，打开配套光盘中的“第 11 章\家具图例.dwg”文件，选择其中的【公司名称】和【灯带】图块，将其复制至大堂区域，如图 11-116 所示。

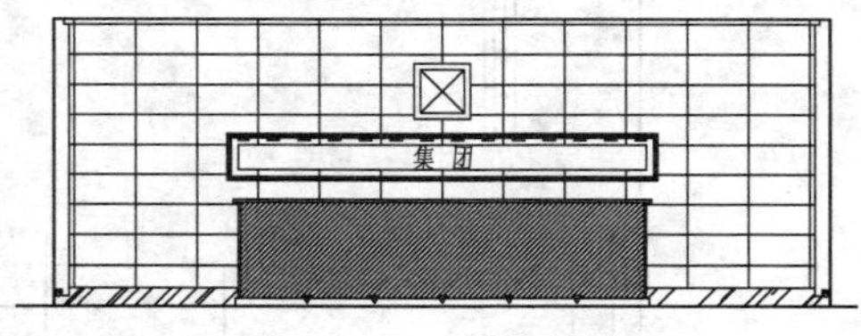

图 11-116　插入图块

Step 23 标注尺寸和文字说明。设置【BZ_标注】图层为当前图层，设置当前注释比例为 1:50。

Step 24 调用 DLI【线性标注】命令和 DCO【连续性标注】命令，对立面进行尺寸标注，如图 11-117 所示。

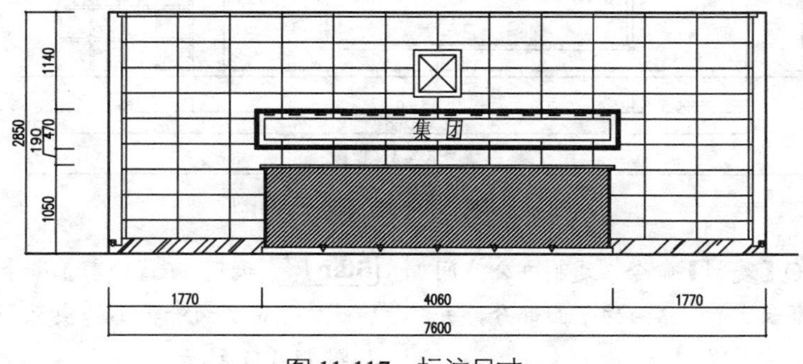

图 11-117　标注尺寸

Step 25 调用 MLD【多重引线】命令，对立面材料进行文字说明，如图 11-118 所示。

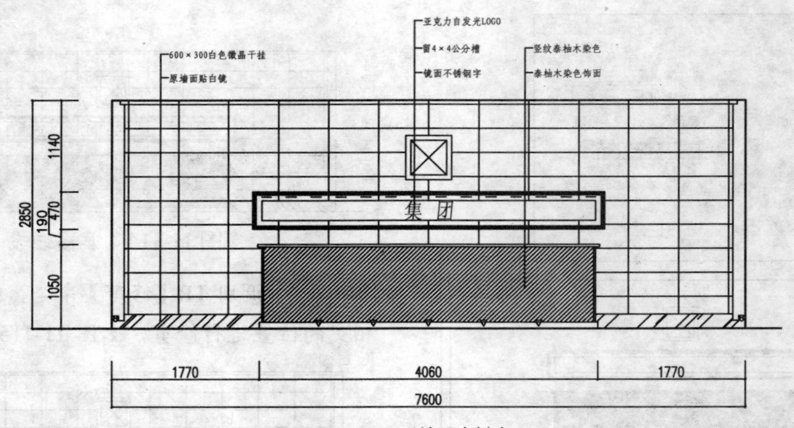

图 11-118　说明材料

Step 26 插入图名。调用 I【插入】命令，插入【图名】图块，设置图名为【大堂 D 立面图】，大堂 D 立面图绘制完成。

11.6.2　绘制董事长室 A 立面图

董事长室 A 立面图是沙发所在的墙面，主要表达了墙面和书柜的做法，如图 11-119 所示。

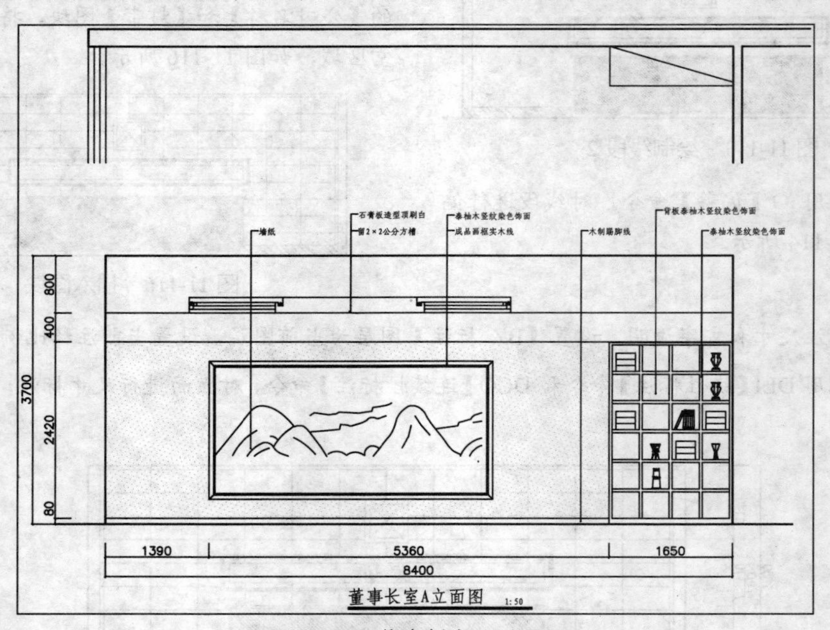

图 11-119　董事长室 A 立面图

Step 01 调用 CO【复制】命令，复制办公空间平面布置图上董事长室 A 立面的平面部分，并对图形进行旋转。

Step 02 借助平面图，绘制顶面、地面和墙体的投影线，如图 11-120 所示。

Step 03 调用 TR【修剪】命令，修剪出立面外轮廓，并将立面外轮廓转换至【QT_墙体】图层，如图 11-121 所示。

Step 04 绘制吊顶。调用 L【直线】命令，绘制线段，如图 11-122 所示。

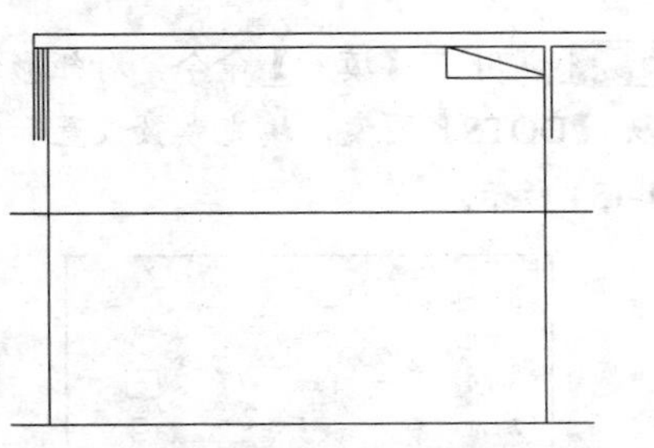
图 11-120 绘制顶面、地面和墙体

图 11-121 修剪立面轮廓

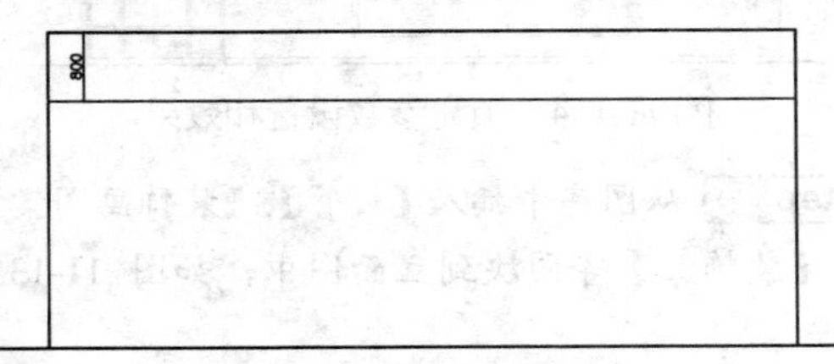

图 11-122 绘制线段 1

Step 05 调用 PL【多段线】命令，绘制多段线，如图 11-123 所示。

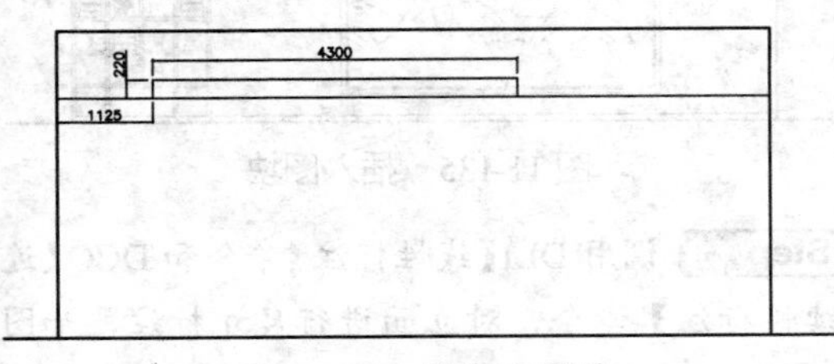

图 11-123 绘制多段线

Step 06 调用 PL【多段线】命令、L【直线】命令和 O【偏移】命令，绘制吊顶造型，如图 11-124 所示。

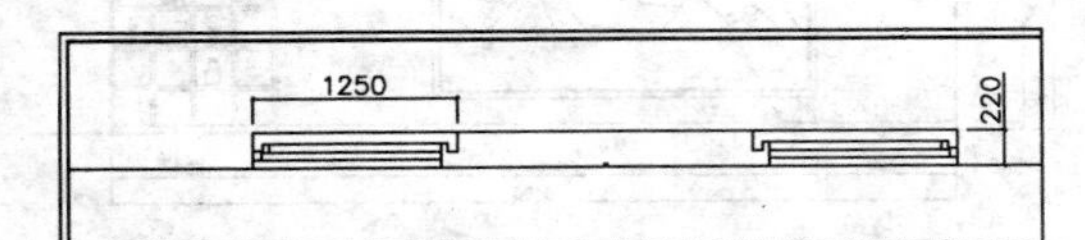

图 11-124 绘制吊顶造型

Step 07 绘制书柜。调用 REC【矩形】命令，绘制尺寸为 1650×2500 的矩形，如图 11-125 所示。

Step 08 调用 X【分解】命令，对矩形进行分解。

Step 09 调用 O【偏移】命令，将分解后的线段向内偏移，并对线段进行调整，如图 11-126 所示。

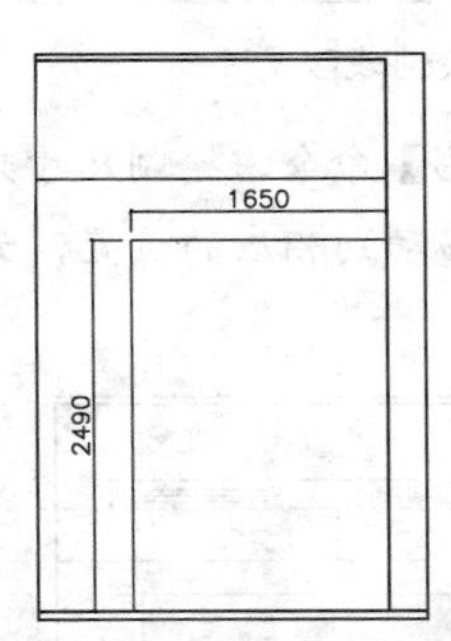

图 11-125 绘制矩形 1

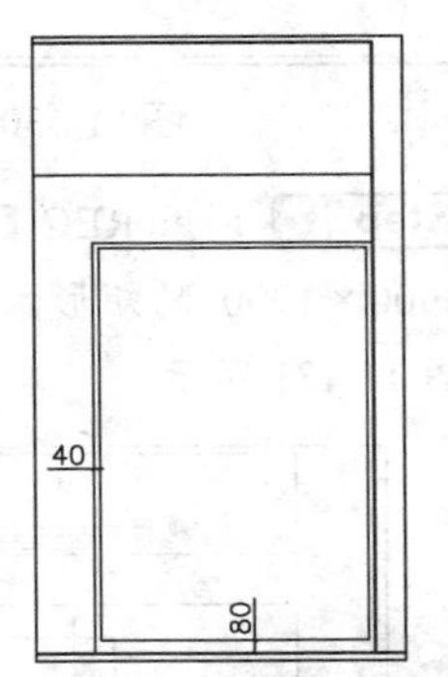

图 11-126 偏移线段

Step 10 用 L【直线】命令和 O【偏移】命令，划分书柜，如图 11-127 所示。

Step 11 调用 TR【修剪】命令，对线段进行修剪，如图 11-128 所示。

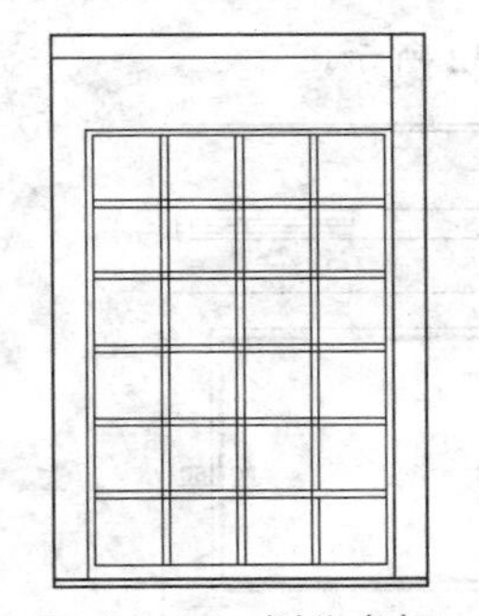
图 11-127 划分书柜

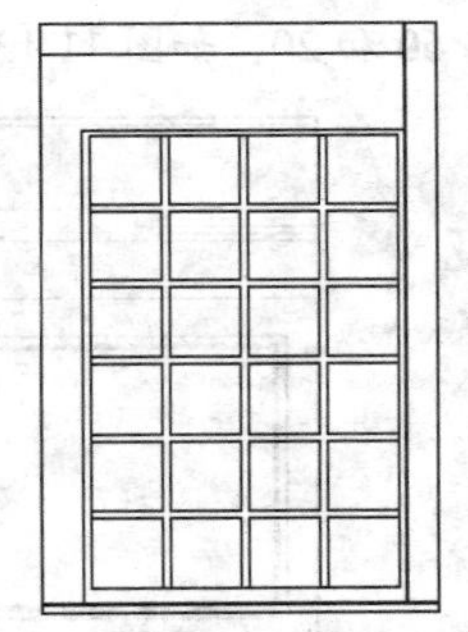
图 11-128 修剪线段

Step 12 绘制踢脚线。调用 L【直线】命令，绘制线段表示踢脚线，如图 11-129 所示。

Step 13 绘制墙面。调用 L【直线】命令，绘制线段，如图 11-130 所示。

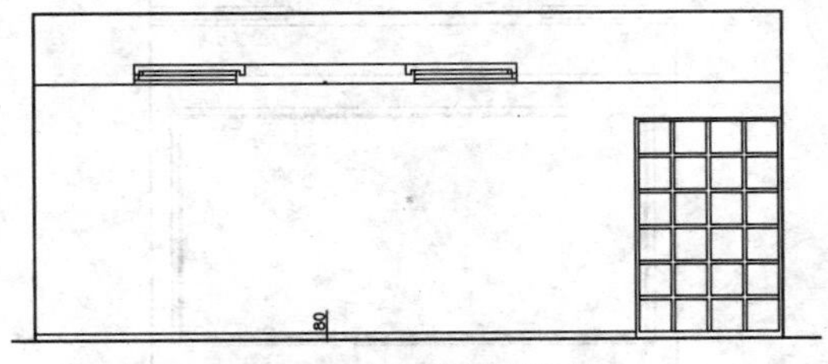

图 11-129 绘制踢脚线

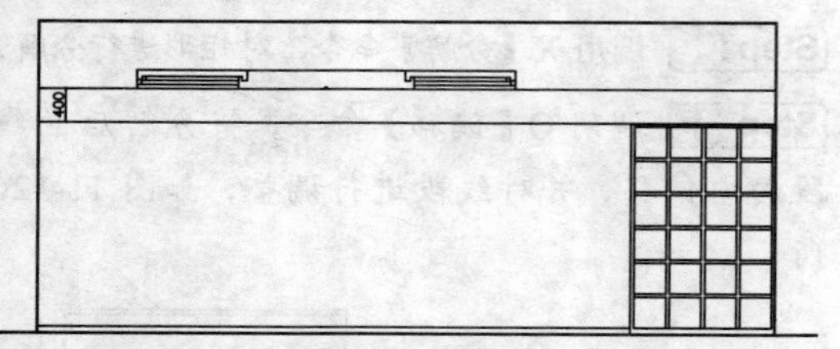

图 11-130 绘制线段 2

Step 14 调用 REC【矩形】命令，绘制尺寸为 3900×1900 的矩形，并移动到相应的位置，如图 11-131 所示。

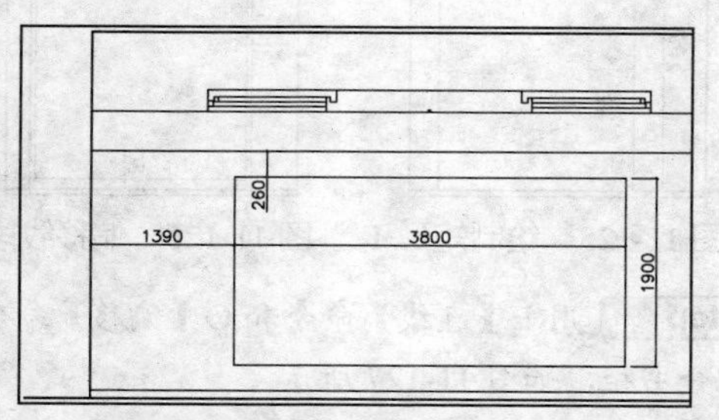

图 11-131 绘制矩形 2

Step 15 调用 O【偏移】命令，将矩形向内偏移 60 和 20，如图 11-132 所示。

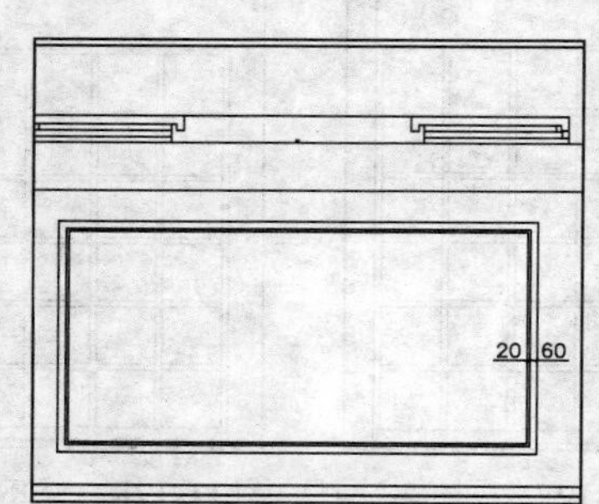

图 11-132 偏移矩形

Step 16 调用 L【直线】命令，绘制线段连接矩形，如图 11-133 所示。

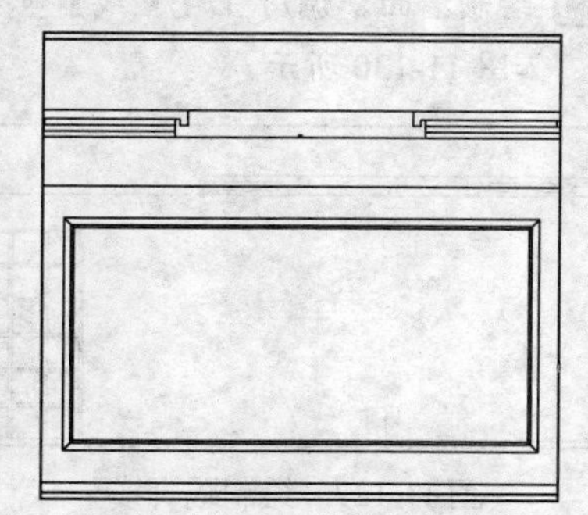

图 11-133 绘制线段 3

Step 17 调用 H【填充】命令，对矩形外的墙面填充【DOTS】图案，填充参数设置和效果如图 11-134 所示。

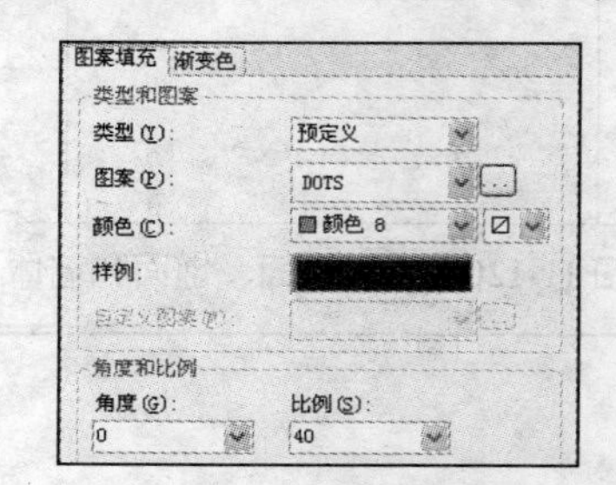

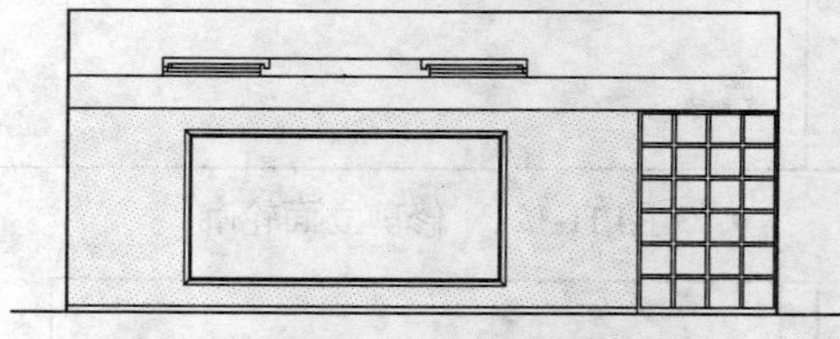

图 11-134 填充参数设置和效果

Step 18 从图库中插入【灯管】、【装饰画图案】和【装饰品】等图块到立面图中，如图 11-135 所示。

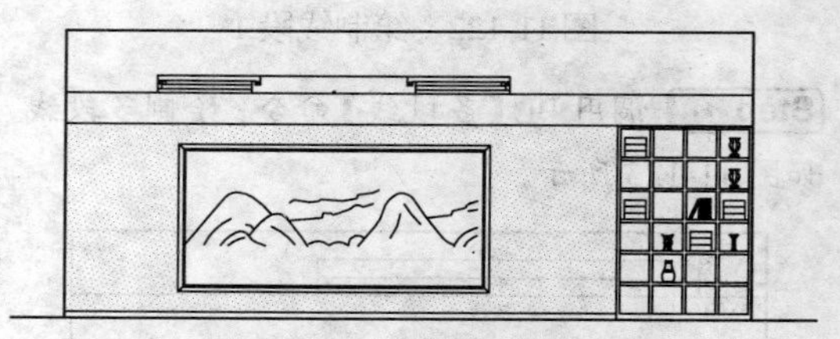

图 11-135 插入图块

Step 19 调用 DLI【线性标注】命令和 DCO【连续性标注】命令，对立面进行尺寸标注，如图 11-136 所示。

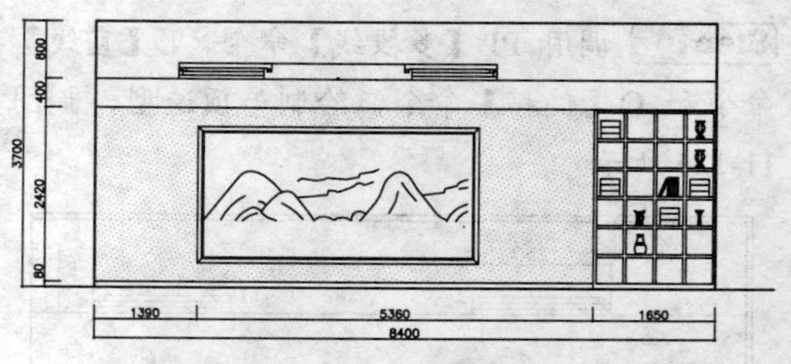

图 11-136 标注尺寸

Step 20 调用 MLD【多重引线】命令，对立面材料进行文字说明，如图 11-137 所示。

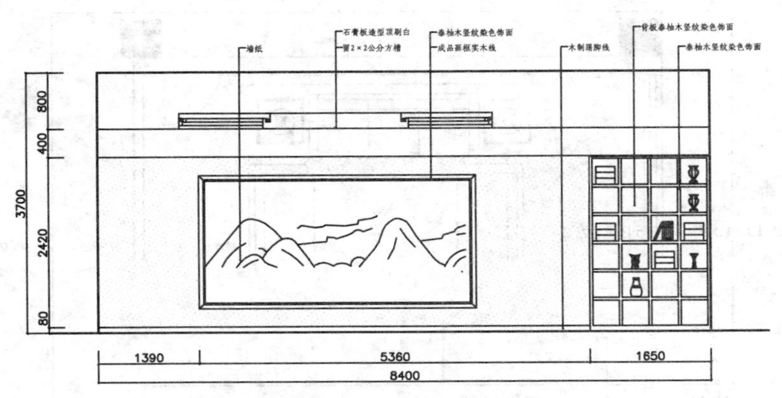

图 11-137　说明材料

Step 21 插入图名。调用 I【插入】命令，插入【图名】图块，设置图名为【董事长室 A 立面图】，董事长室 A 立面图绘制完成。

11.6.3　绘制其他立面图

请读者参考前面讲解的方法绘制完成董事长室 C 立面图、总经理室 A 立面图、总经理室 C 立面图、会议室 A 立面图、敞开办公区 B 立面图和敞开办公区 D 立面图，如图 11-138、图 11-139、图 11-140、图 11-141、图 11-142 和图 11-143 所示。

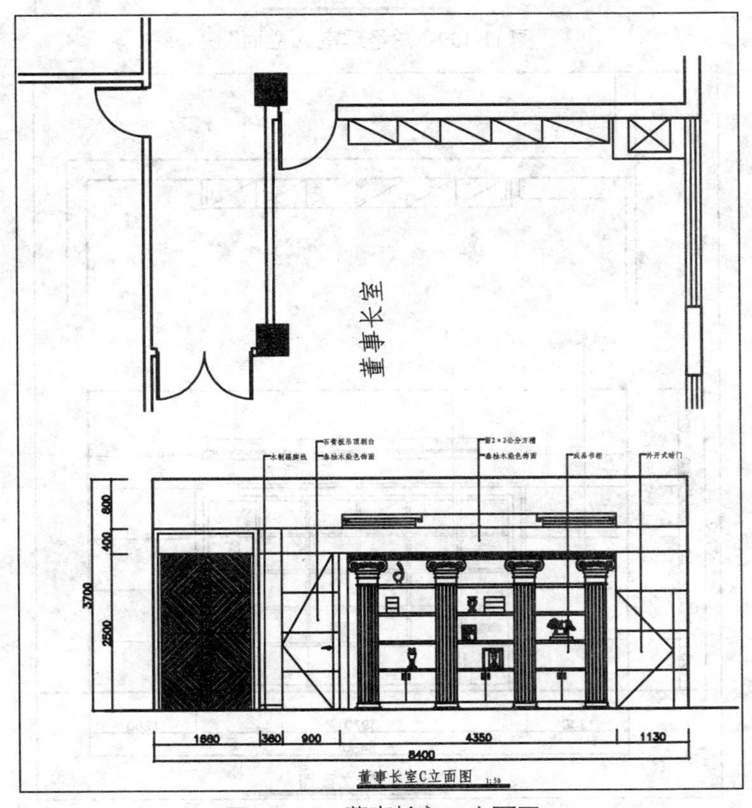

图 11-138　董事长室 C 立面图

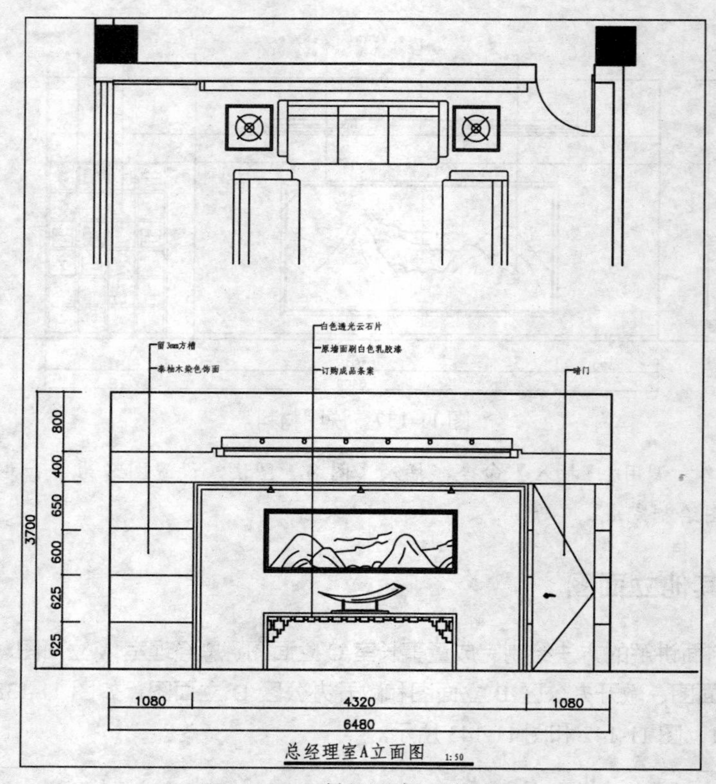

图 11-139　总经理室 A 立面图

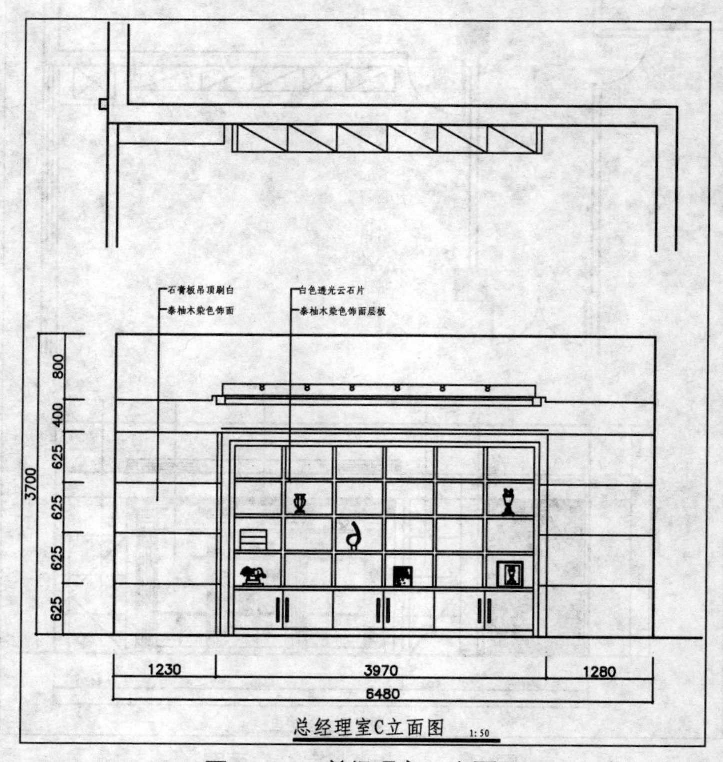

图 11-140　总经理室 C 立面图

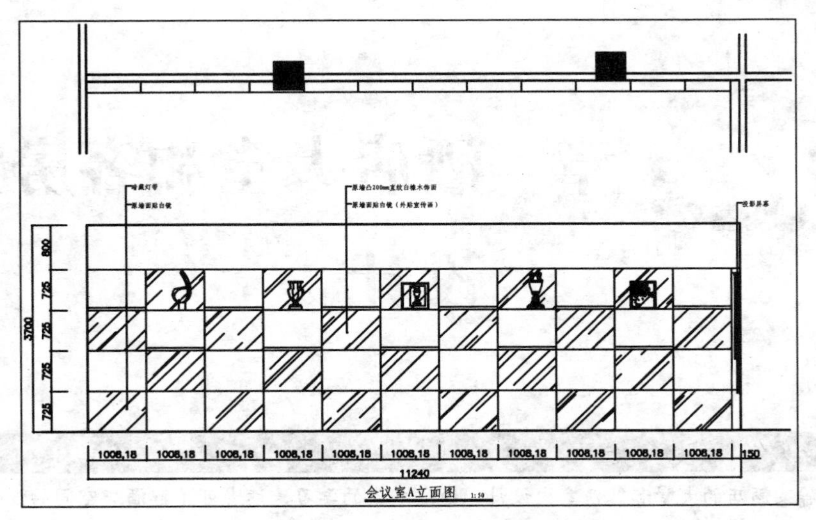

图 11-141　会议室 A 立面图

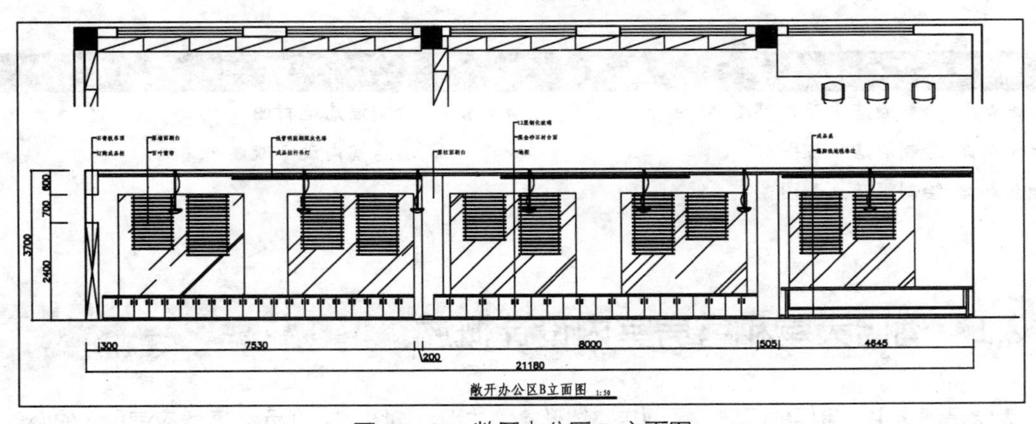

图 11-142　敞开办公区 B 立面图

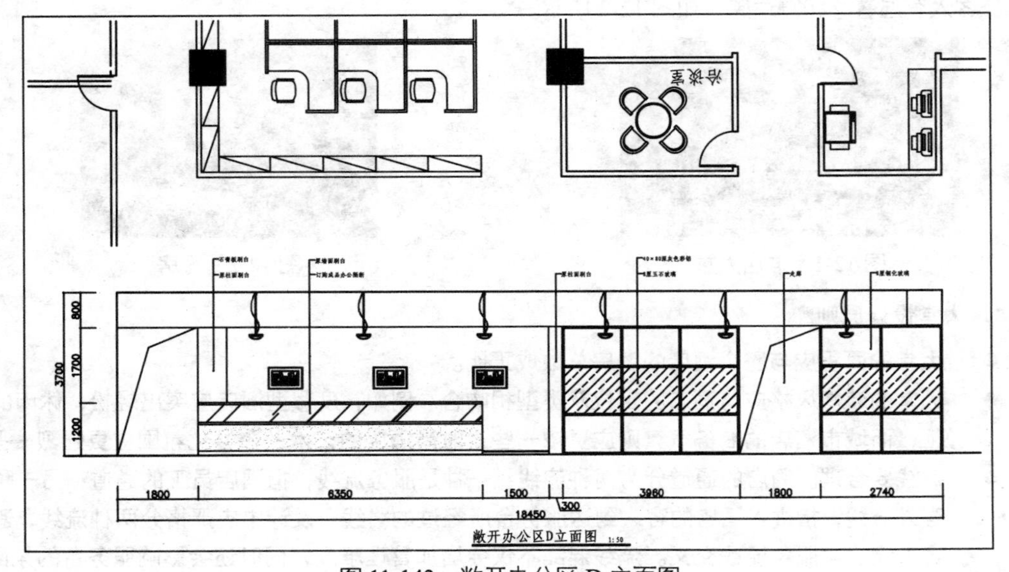

图 11-143　敞开办公区 D 立面图

第12章 酒店大堂和客房室内设计

⊙学习目的：

本章讲解某酒店的大堂和客房室内设计，通过本章的学习，读者可了解酒店空间的设计思路和方法，并能够熟练掌握酒店空间施工图的绘制方法。

⊙学习重点：

★★★★ 绘制酒店平面布置图

★★☆☆ 绘制酒店地材图

★★★☆ 绘制酒店顶棚图

★☆☆☆ 酒店室内设计概述

★★★☆ 绘制酒店立面图

12.1 酒店大堂和客房室内设计概述

大堂是酒店中最重要的区域，是酒店整体形象的体现，如图 12-1 所示。客房应满足人的心理需要，让客人有温馨感和舒适感，如图 12-2 所示。

图 12-1 酒店大堂

图 12-2 客房

1．大堂设计原则

- 大堂的面积应与整个酒店的客房总数成正比。
- 大堂的装修风格应与酒店的定位及类型相吻合。例如，度假型酒店应突出轻松、休闲的特征，而城市酒店的商务气氛则应更浓一些，时尚酒店的艺术及个性化氛围应更强烈一些。
- 流线要合理。酒店的通道分为两种流线：一种是服务流线，指酒店员工的通道；另一种是客人流线，指进入酒店的客人到达服务台所经过的路线。设计中应严格分两种流线，避免客人流线与服务流线交叉。流线混乱不仅会增加管理难度，同时还会影响服务台的氛围。

2. 客房各区域设计要素

- 公共走廊及客房门：公共走廊宜在照明上重点突出客房门（目的性）照明。门框及门边墙角容易损坏的部位，设计上需考虑保护，门的宽度以 880～900mm 为宜。
- 房内门廊区：常规的客房会形成入口处的 1.0～1.2m 宽的小走廊，可在房门后做入墙式衣柜，还可以在此区域增加理容镜、整装台灯。
- 工作区：以书桌为中心，宽带、传真、电话以及各种插口需安排整齐，书桌的位置也应设置在采光好的位置。
- 娱乐休闲区、会客区：设计中可增加阅读、欣赏音乐等功能，改变了客人在房间内只能躺在床上看书的单一局面。
- 就寝区：是整个客房中面积最大的功能区域，床头柜可设立在床的两侧，床屏与床头背景是客房中相对完整的面积，可以着重设计。
- 卫生间：可采用干湿分区，避免功能交叉。

12.2 绘制酒店大堂建筑平面图

酒店大堂建筑平面图如图 12-3 所示，它由墙体、柱子、楼梯等建筑构成。

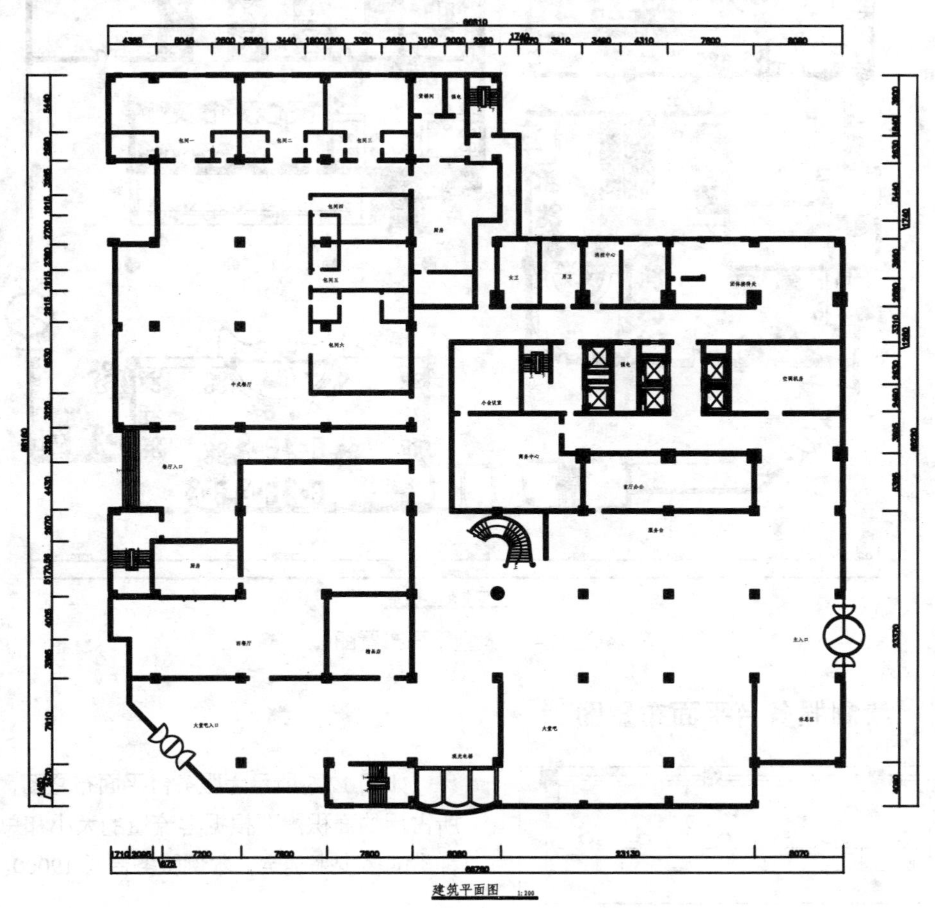

图 12-3 大堂建筑平面图

12.3 绘制酒店大堂平面布置图

酒店大堂包括休息区、服务台、大堂吧、西餐厅、中式餐厅、精品店、包间、商务中心、小会议室、厨房和消控中心等区域。设计大堂布局时，各功能分区要合理，通常将服务台和大堂休息处设在入口大门的两侧，如图 12-4 所示。

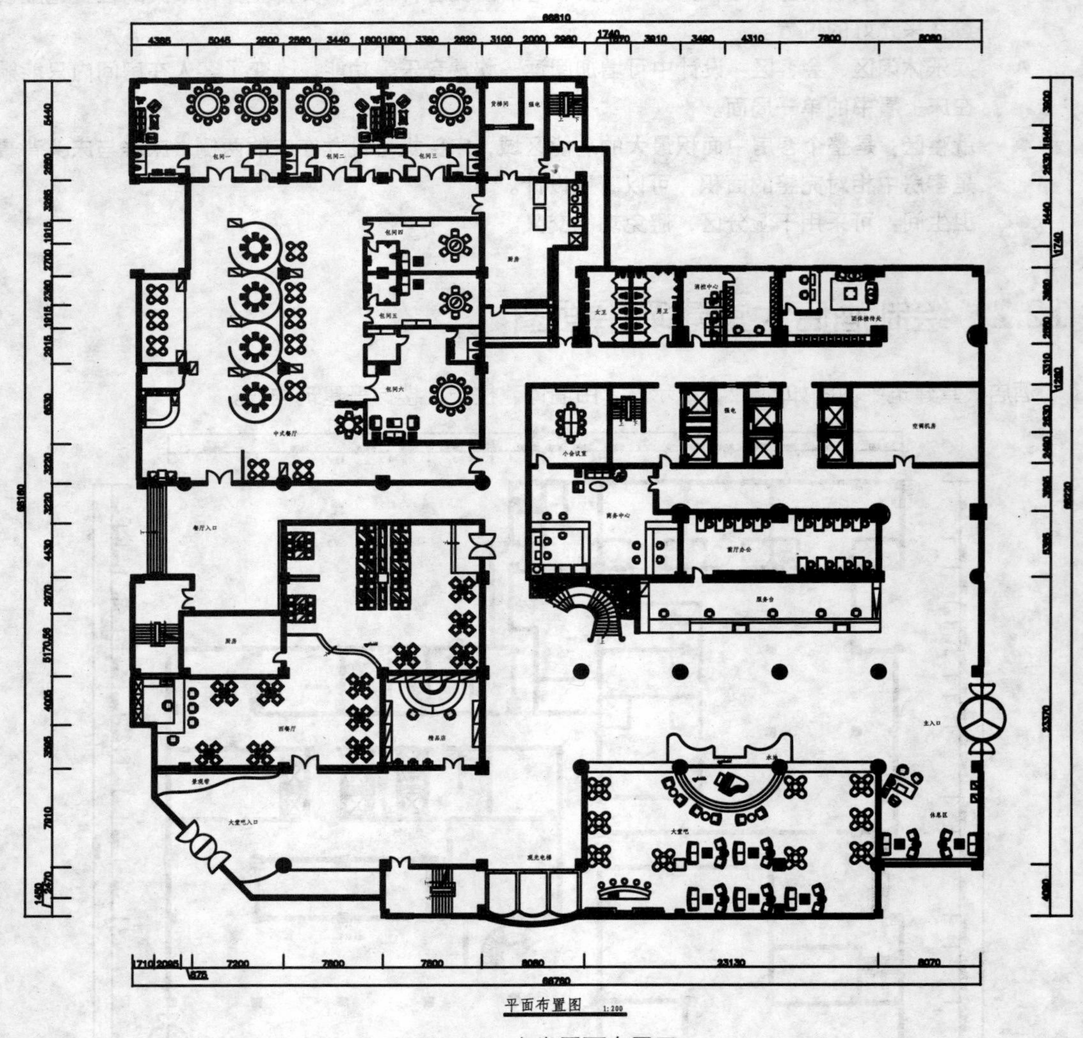

图 12-4 大堂平面布置图

12.3.1 绘制服务台平面布置图

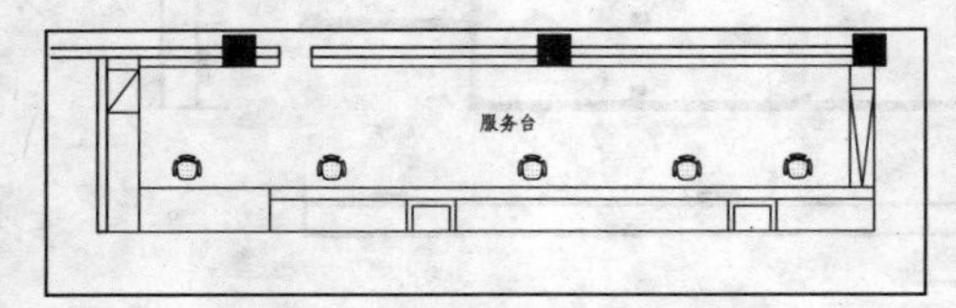

图 12-5 服务台平面布置图

如图 12-5 所示为服务台平面布置图，服务台所占用的面积需要根据客流量的大小和总台业务种类的多少来确定，本例服务台长 19000。

Step 01 设置【JJ_家具】图层为当前图层。

Step 02 绘制服务台。调用 PL【多段线】命令、L【直线】命令和 O【偏移】命令，绘制左侧服务台，如图 12-6 所示。

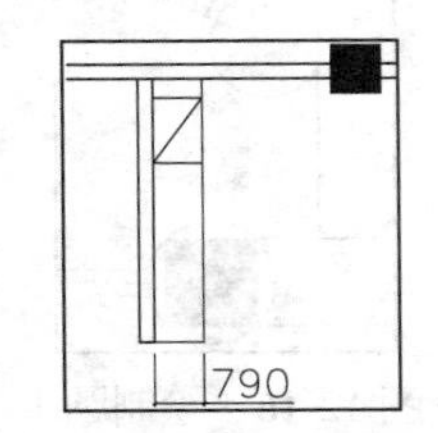

图 12-6　绘制左侧服务台

Step 03 调用 REC【矩形】命令，绘制尺寸为 18210 × 1100 的矩形，如图 12-7 所示。

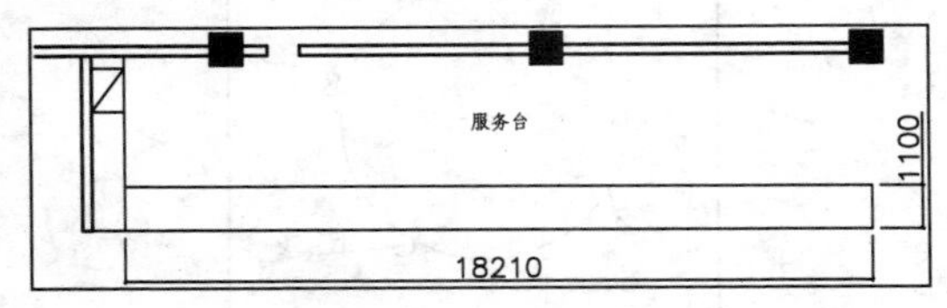

图 12-7　绘制矩形

Step 04 调用 L【直线】命令、PL【多段线】命令和 O【偏移】命令，在矩形内绘制图形，如图 12-8 所示。

Step 05 调用 L【直线】命令和 O【偏移】命令，绘制右侧服务台，如图 12-9 所示。

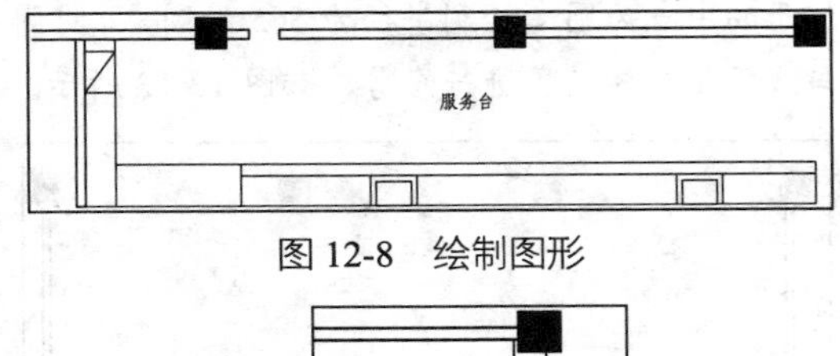

图 12-8　绘制图形

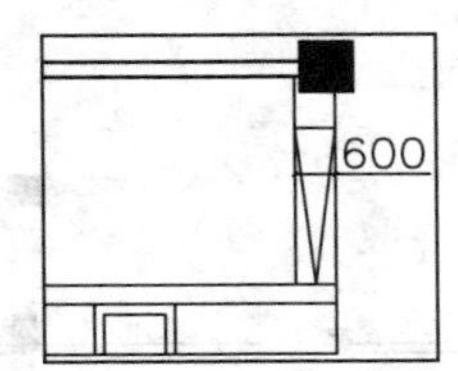

图 12-9　绘制右侧服务台

Step 06 绘制背景墙。调用 PL【多段线】命令，绘制多段线表示背景墙，如图 12-10 所示。

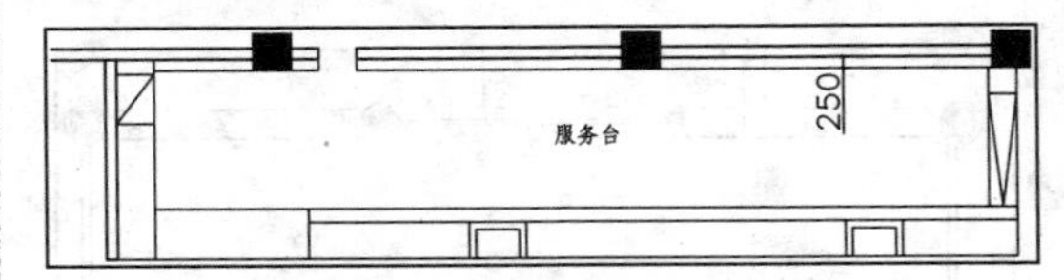

图 12-10　绘制多段线

Step 07 插入图块。打开配套光盘中的“第 12 章\家具图例.dwg”文件，选择其中的【座椅】图块，将其复制到服务台平面布置图中，如图 12-5 所示，完成服务台平面布置图的绘制。

12.3.2　绘制大堂吧平面布置图

大堂吧是供客户会客或休息的区域，如图 12-11 所示，下面讲解绘制方法。

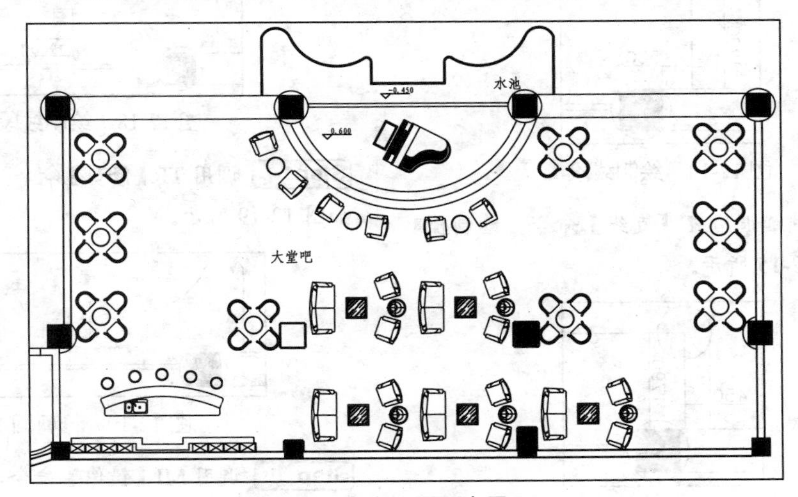

图 12-11　大堂吧平面布置图

Step 01 绘制装饰柱。调用 C【圆】命令，以柱子的中点为圆心绘制半径为565的圆，并对圆与线段相交的位置进行修剪，如图12-12所示。

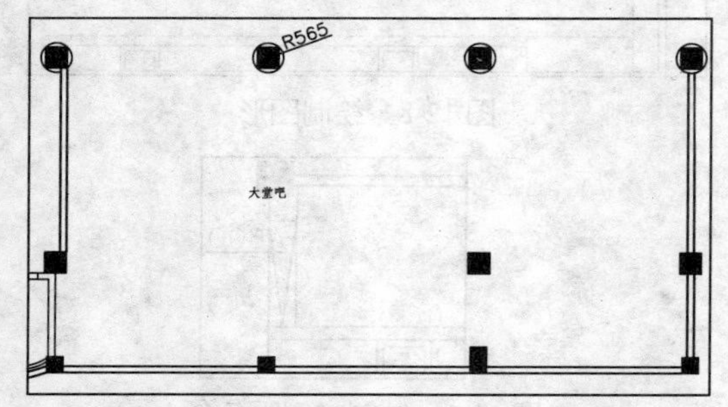

图12-12　绘制装饰柱1

Step 02 调用 L【直线】命令和 O【偏移】命令，绘制并偏移线段，如图12-13所示。

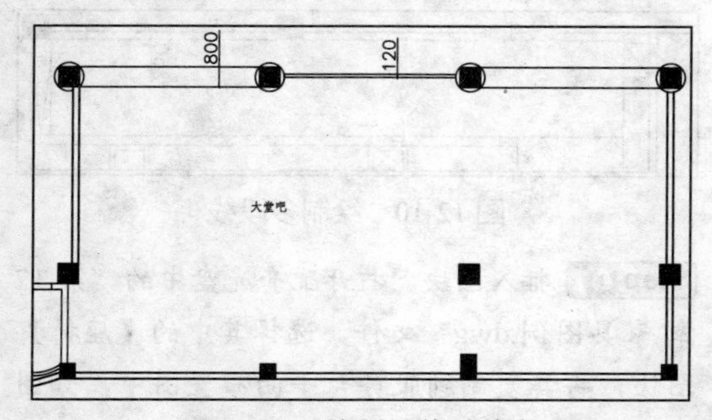

图12-13　绘制并偏移线段

Step 03 绘制水池。调用 L【直线】命令，绘制线段，如图12-14所示。

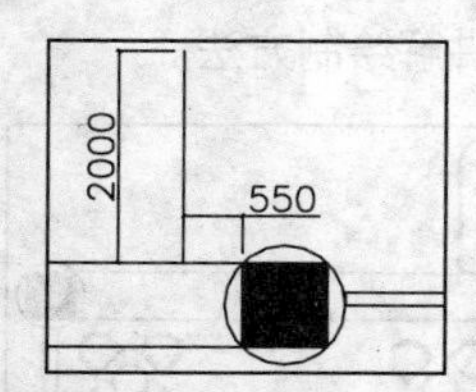

图12-14　绘制线段1

Step 04 继续调用 L【直线】命令，绘制辅助线，如图12-15所示。

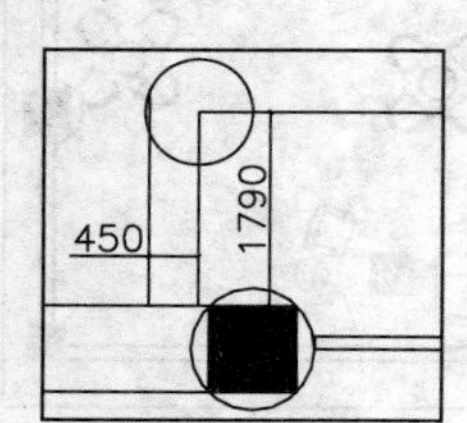

图12-15　绘制辅助线1

Step 05 调用 C【圆】命令，以辅助线的交点为圆心绘制半径为490的圆，然后删除辅助线，如图12-16所示。

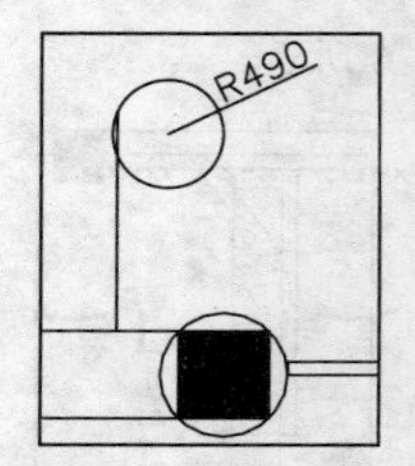

图12-16　绘制圆1

Step 06 使用相同的方法，绘制其他圆，如图12-17所示。

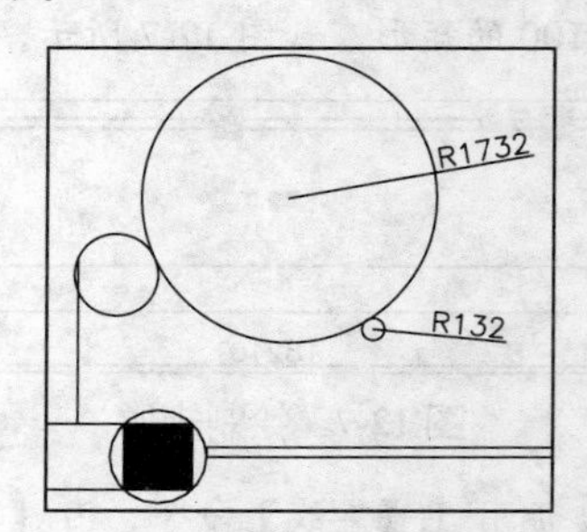

图12-17　绘制其他圆

Step 07 调用 L【直线】命令，绘制线段，如图12-18所示。

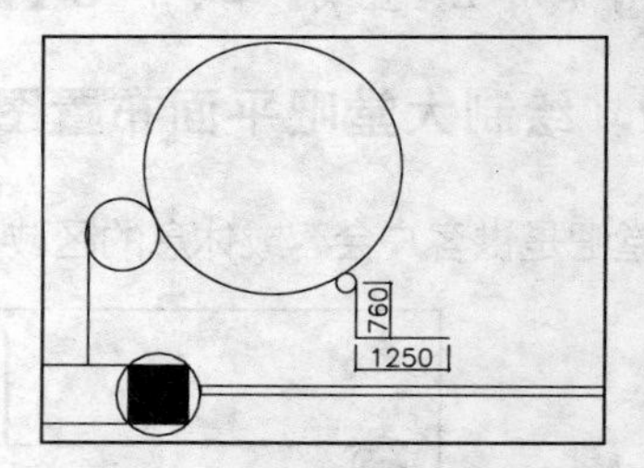

图12-18　绘制线段2

Step 08 调用 TR【修剪】命令，对圆进行修剪，如图12-19所示。

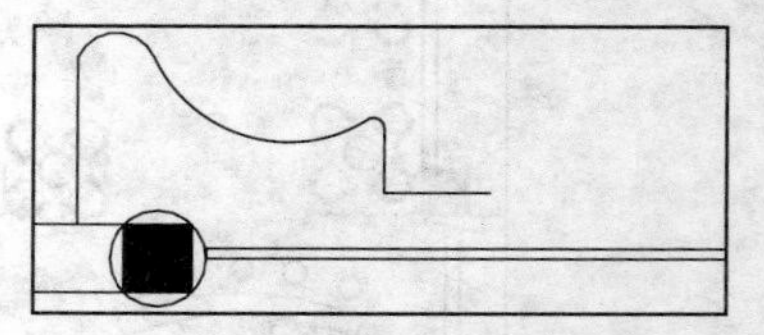
图12-19　修剪圆1

Step 09 调用 MI【镜像】命令，将线段和圆弧镜像到右侧，如图12-20所示。

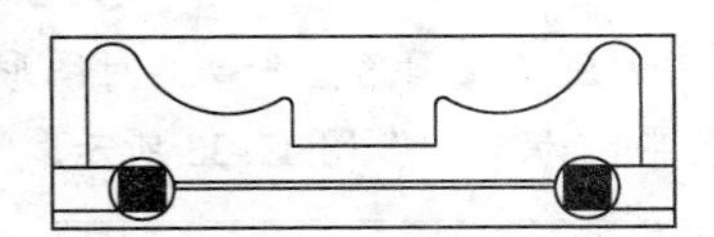

图 12-20　镜像线段和圆弧

Step 10 调用 O【偏移】命令，将线段和圆弧向外偏移 50，如图 12-21 所示。

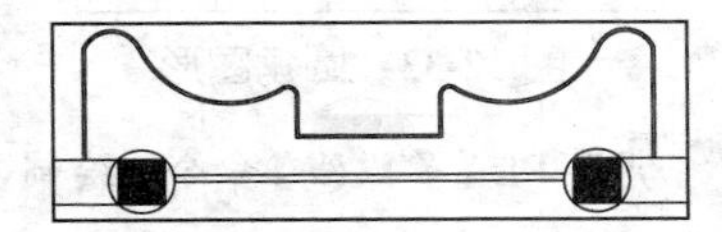

图 12-21　偏移线段和圆弧

Step 11 调用 MT【多行文字】命令，在绘制的图形中标注名称，如图 12-22 所示。

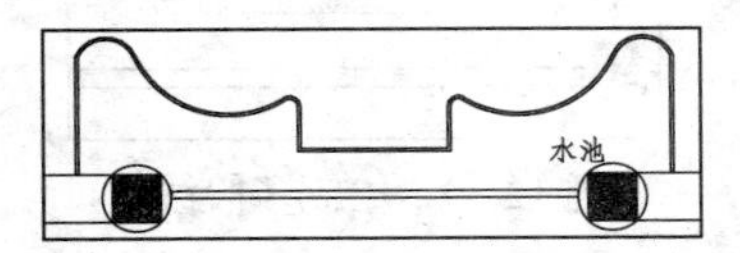

图 12-22　标注名称

Step 12 绘制钢琴台。调用 L【直线】命令，绘制辅助线，如图 12-23 所示。

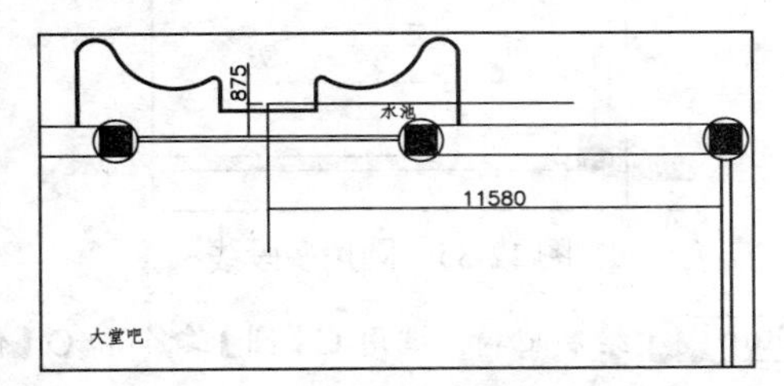

图 12-23　绘制辅助线 2

Step 13 调用 C【圆】命令，以辅助线的交点为圆心绘制半径为 3920 的圆，然后删除辅助线，如图 12-24 所示。

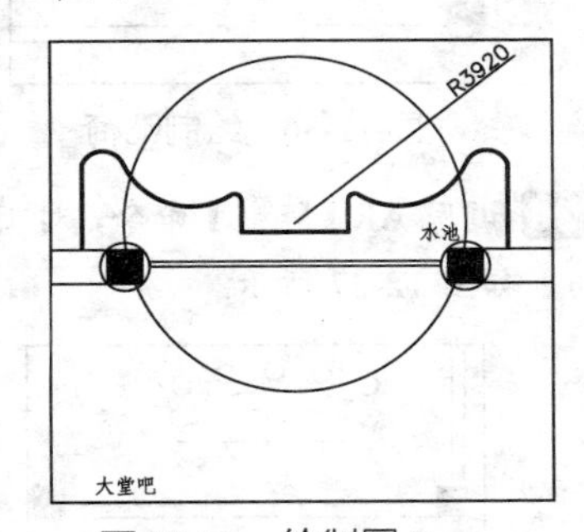

图 12-24　绘制圆 2

Step 14 调用 TR【修剪】命令，对圆进行修剪，如图 12-25 所示。

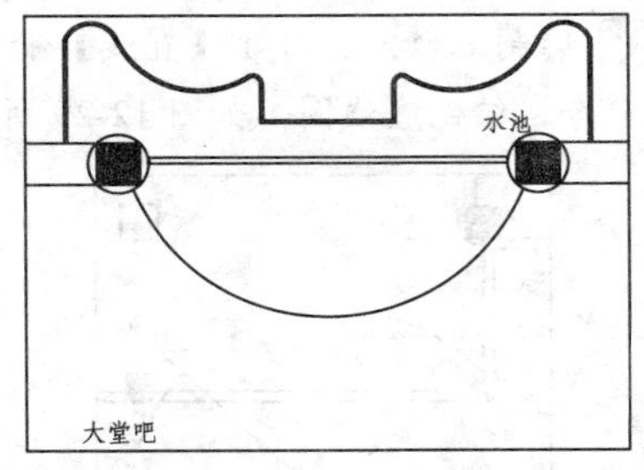

图 12-25　修剪圆 2

Step 15 调用 O【偏移】命令，将圆弧向外偏移两次 300，如图 12-26 所示。

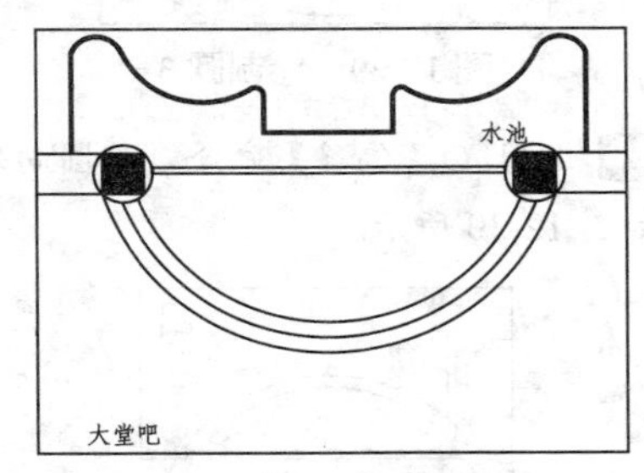

图 12-26　偏移圆弧

Step 16 调用 I【插入】命令，插入【标高】图块，表示地台的高度和水池的深度，如图 12-27 所示。

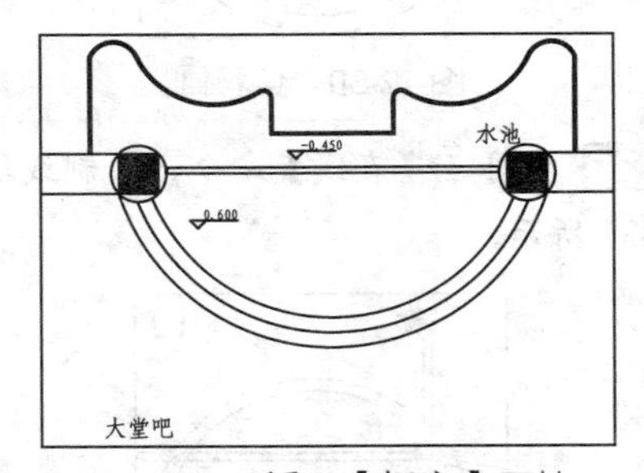

图 12-27　插入【标高】图块

Step 17 调用 REC【矩形】命令、C【圆】命令和 TR【修剪】命令，绘制装饰柱，如图 12-28 所示。

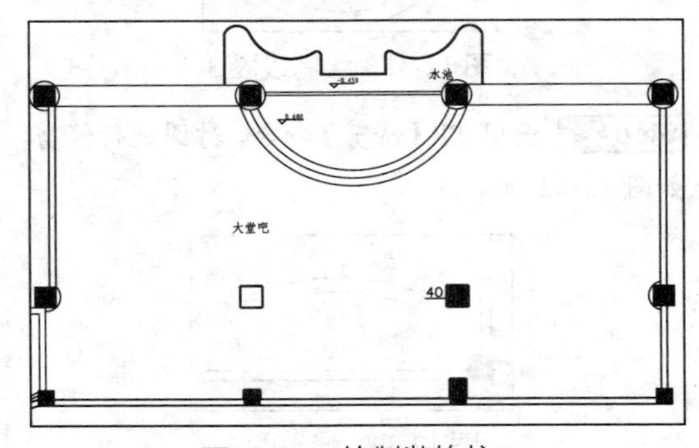

图 12-28　绘制装饰柱 2

Step 18 绘制吧台。调用 L【直线】命令和 C【圆】命令，绘制直线圆，如图 12-29 所示。

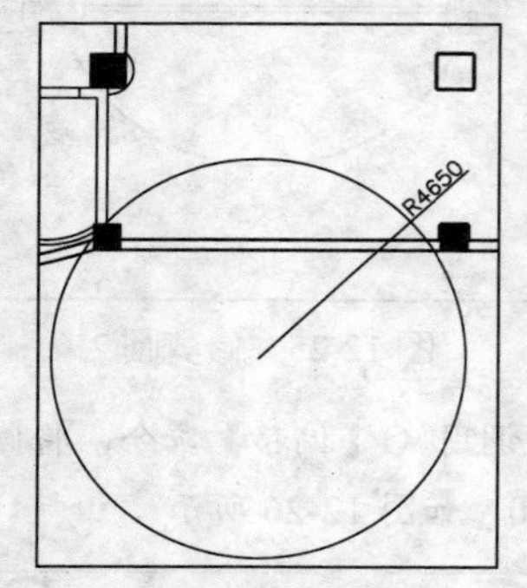

图 12-29　绘制圆 3

Step 19 调用 O【偏移】命令，将圆向外偏移 350，如图 12-30 所示。

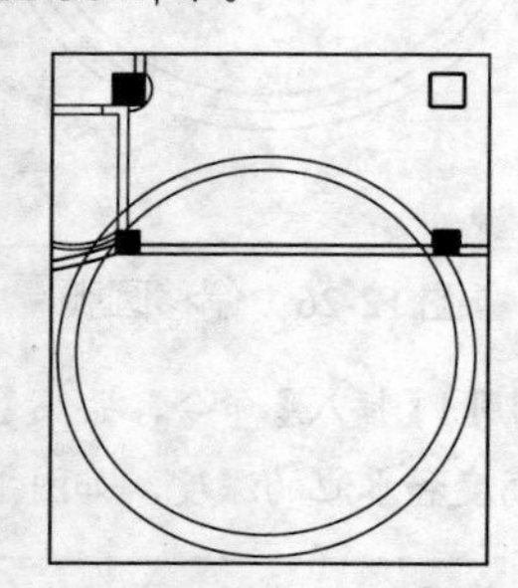

图 12-30　偏移圆

Step 20 调用 L【直线】命令，绘制线段，如图 12-31 所示。

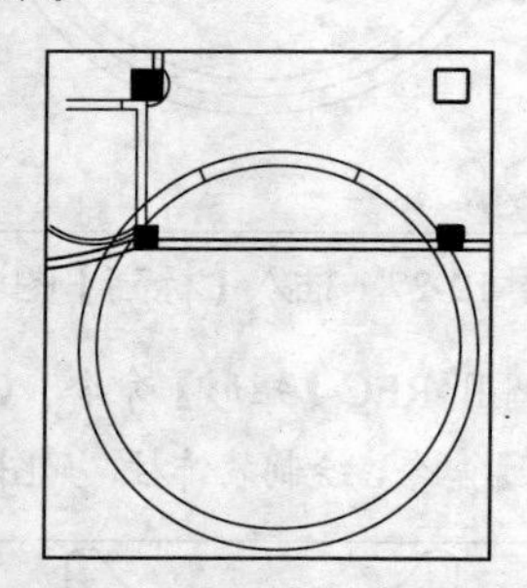

图 12-31　绘制线段 3

Step 21 调用 TR【修剪】命令，对圆进行修剪，如图 12-32 所示。

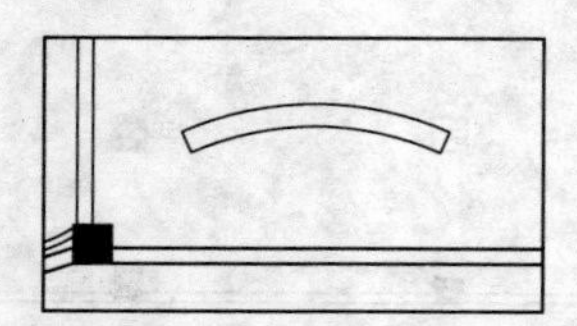

图 12-32　修剪圆 3

Step 22 调用 F【圆角】命令，对图形进行圆角，圆角半径为 50，如图 12-33 所示。

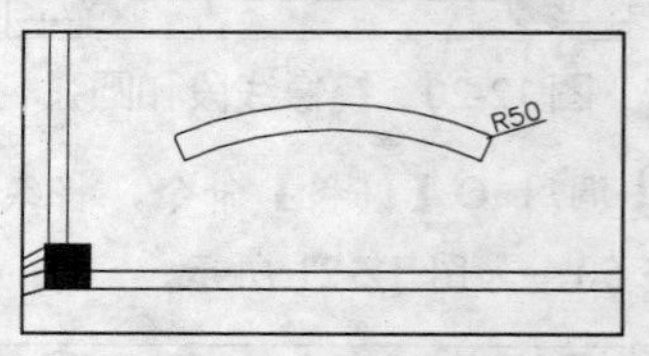

图 12-33　圆角图形

Step 23 调用 PL【多段线】命令，绘制多段线，如图 12-34 所示。

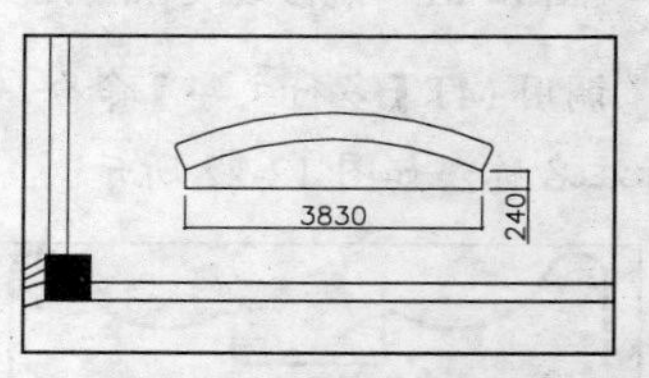

图 12-34　绘制多段线 1

Step 24 调用 F【圆角】命令，对多段线进行圆角，如图 12-35 所示。

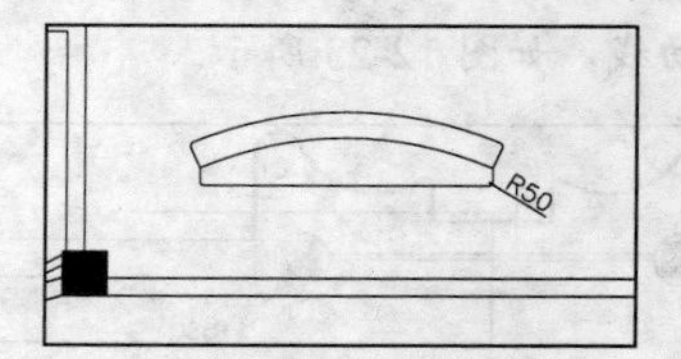

图 12-35　圆角多段线

Step 25 绘制吧椅。调用 C【圆】命令和 O【偏移】命令，绘制吧椅，如图 12-36 所示。

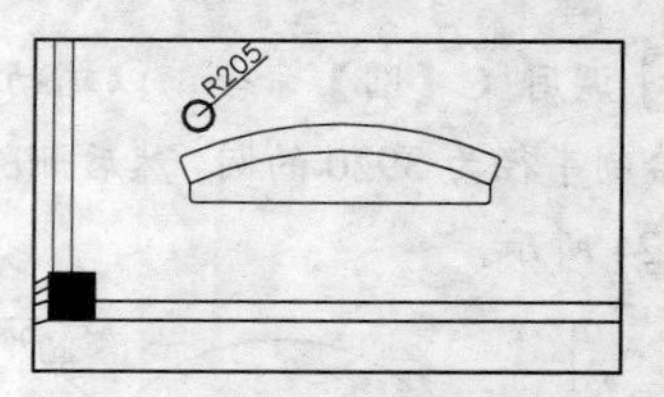

图 12-36　绘制吧椅

Step 26 调用 AR【阵列】命令，对吧椅进行路径阵列，如图 12-37 所示。

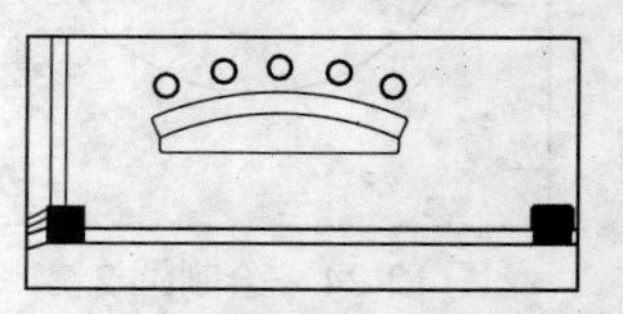

图 12-37　阵列吧椅

Step 27 绘制酒柜。调用 PL【多段线】命令、

L【直线】命令和O【偏移】命令，绘制酒柜，如图12-38所示。

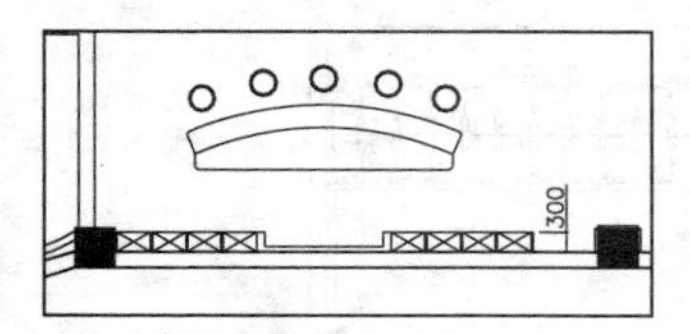

图12-38 绘制酒柜

Step 28 调用PL【多段线】命令，绘制多段线，如图12-39所示。

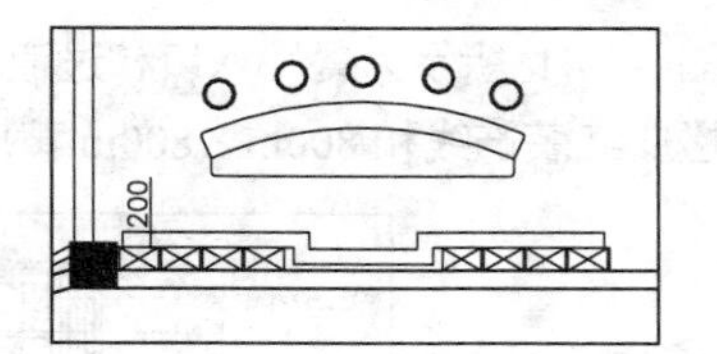

图12-39 绘制多段线2

Step 29 从图库中插入【休闲桌椅】、【休闲沙发】和【洗手盆】等图块到大堂吧平面布置图中，如图12-11所示，大堂吧平面布置图绘制完成。

12.4 绘制酒店大堂地材图

酒店大堂地面材料主要有地毯、实木地板、防滑砖、仿古砖、大理石、皮石和钢化夹胶玻璃等，如图12-40所示。下面以餐厅入口和过道地材图为例讲解地材图的绘制方法。

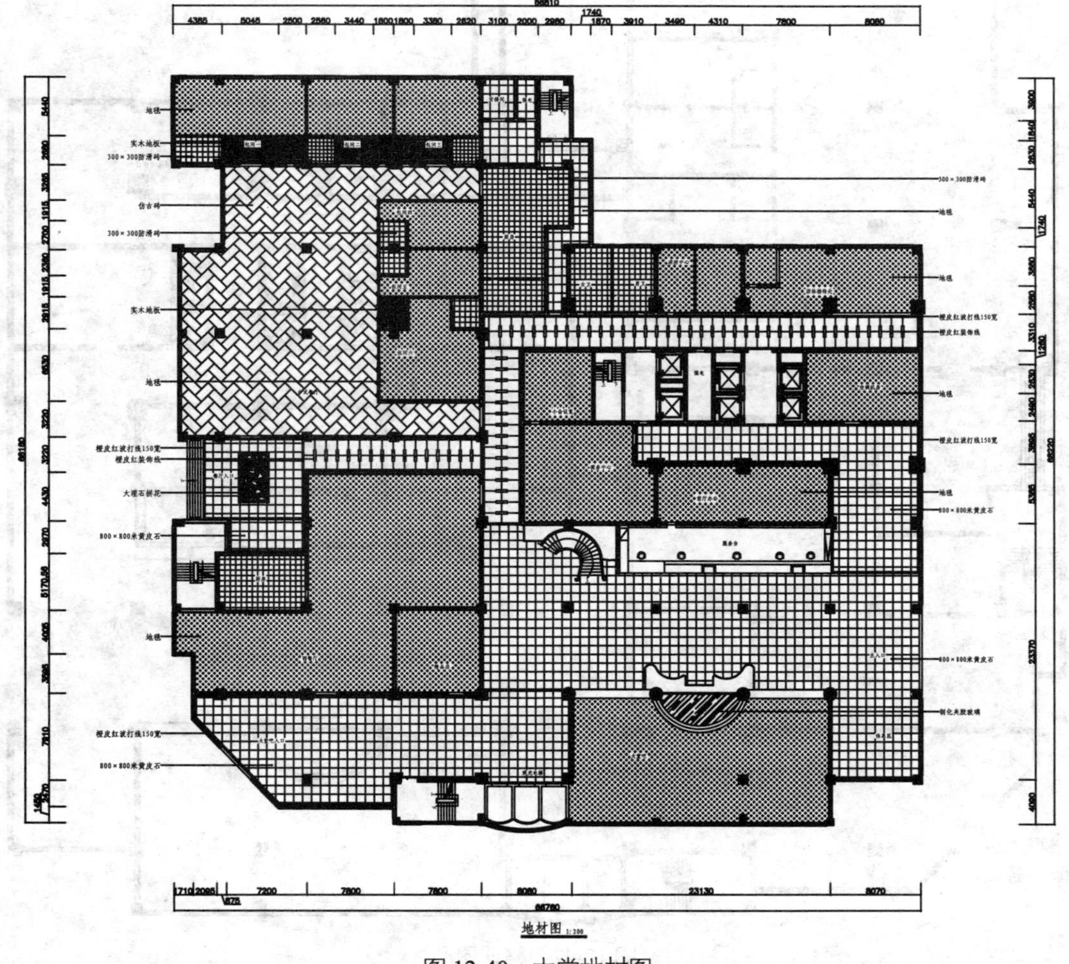

图12-40 大堂地材图

如图 12-41 所示为餐厅入口和过道地材图，四周采用橙皮红波打线，入口处铺大理石拼花，走廊布置橙皮红装饰线和 800m×800m 黄皮石。

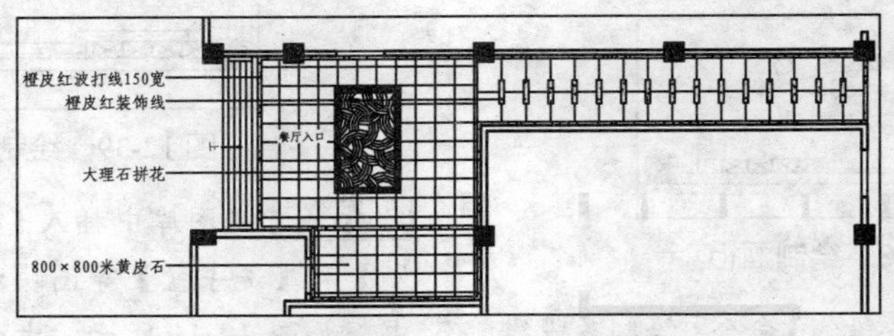

图 12-41　餐厅入口和过道地材图

Step 01 整理图形。地材图可在平面布置图的基础上进行绘制，调用 CO【复制】命令，复制酒店大堂的平面布置图，删除里面的家具，如图 12-42 所示。

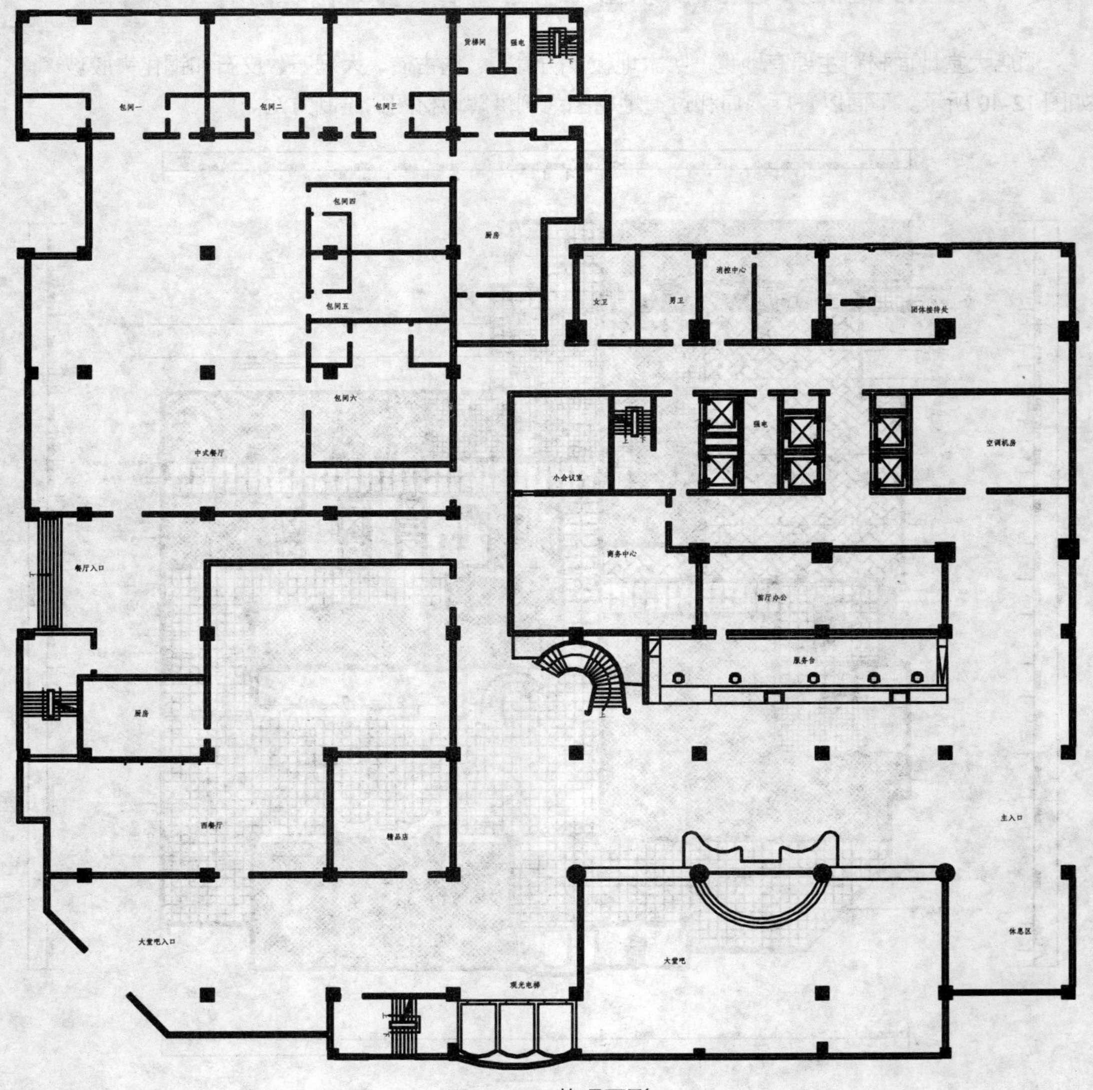

图 12-42　整理图形

Step 02 绘制门槛线。设置【DM_地面】图层为当前图层。

Step 03 调用 L【直线】命令，连接墙体的两端，如图 12-43 所示。

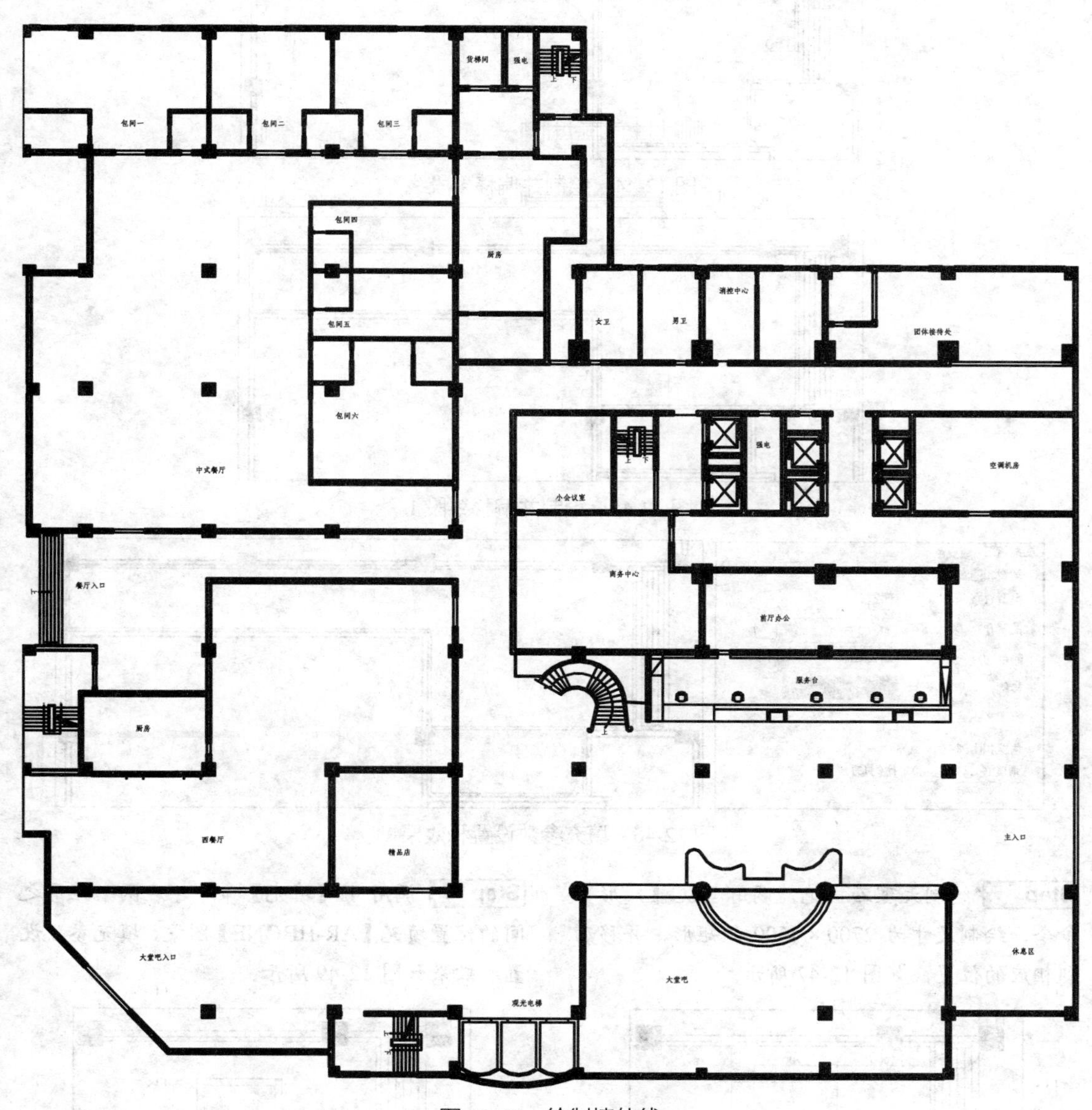

图 12-43　绘制墙体线

Step 04 绘制收边线。调用 PL【多段线】命令，绘制多段线，然后将多段线向内偏移 150，如图 12-44 所示。

Step 05 调用 L【直线】命令和 O【偏移】命令，绘制并偏移线段，如图 12-45 所示。

Step 06 调用 H【填充】命令，在多段线和线段内填充【AR-CONC】图案，填充参数设置和效果如图 12-46 所示。

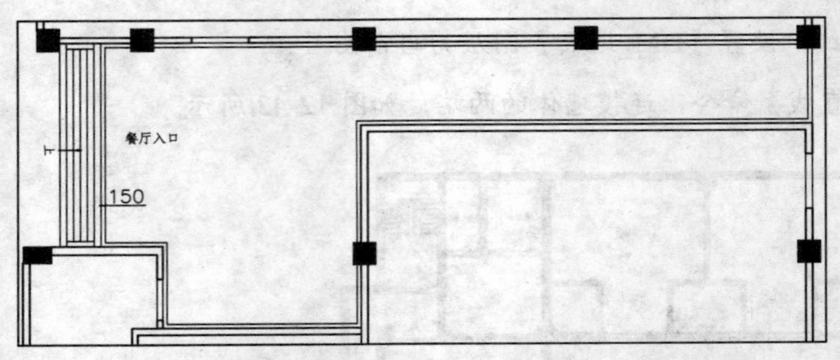

图 12-44　绘制并偏移多段线

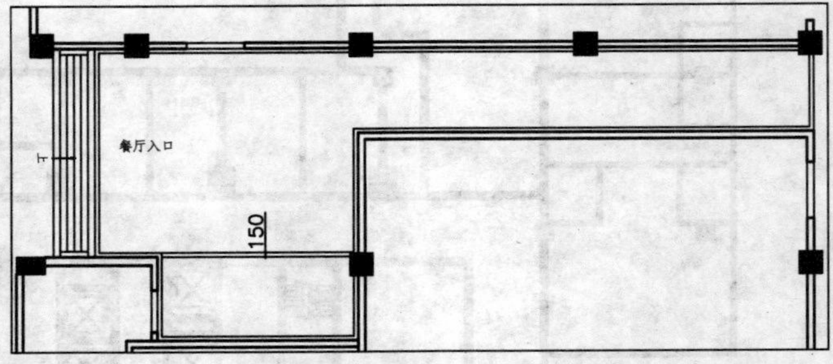

图 12-45　绘制并偏移线段 1

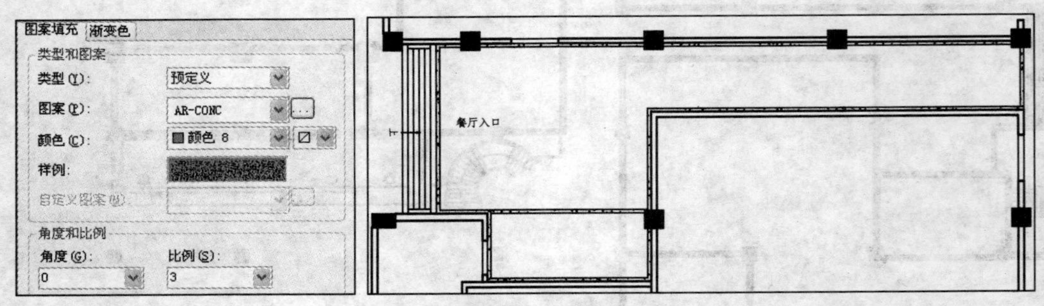

图 12-46　填充参数设置和效果 1

Step 07 绘制大理石拼花。调用 REC【矩形】命令，绘制尺寸为 2700 × 4500 的矩形，并移动到相应的位置，如图 12-47 所示。

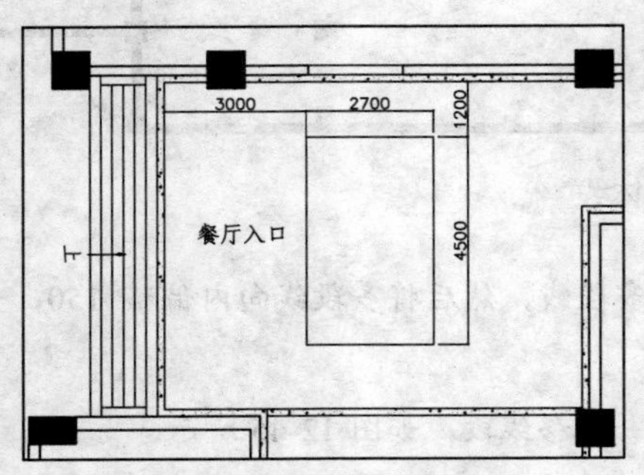

图 12-47　绘制矩形 1

Step 08 调用 O【偏移】命令，将矩形向内偏移 225，如图 12-48 所示。

Step 09 调用 H【填充】命令，在两个矩形之间的位置填充【AR-HBONE】图案，填充参数设置和效果如图 12-49 所示。

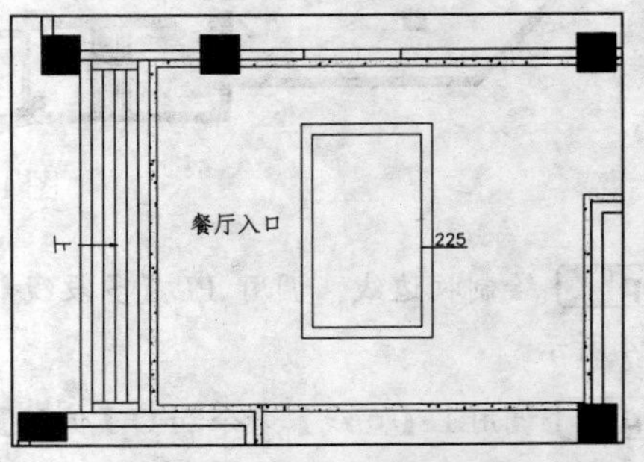

图 12-48　偏移矩形

Step 10 绘制装饰线。调用 L【直线】命令，绘制线段表示分隔线，如图 12-50 所示。

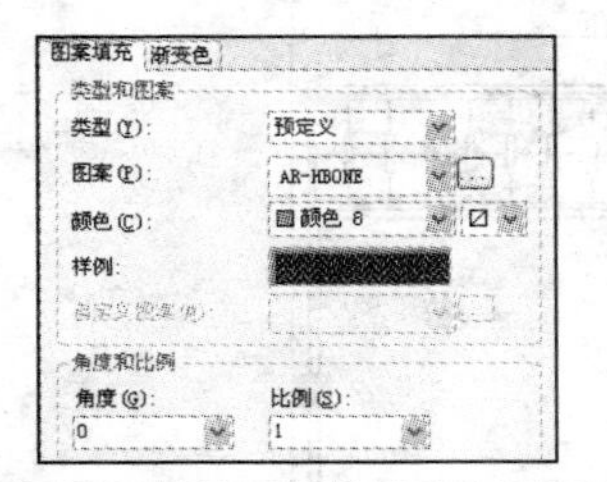

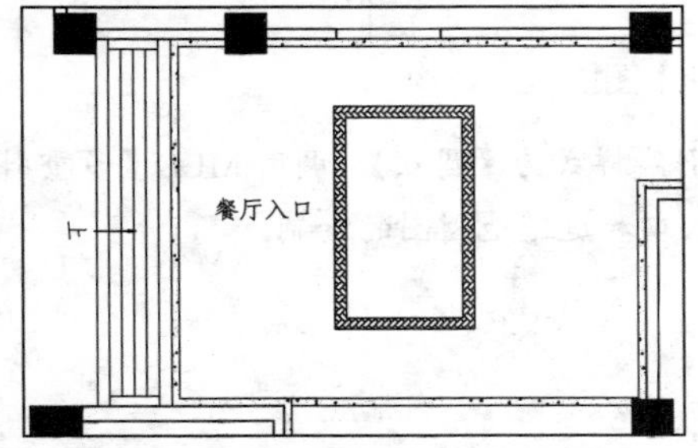

图 12-49　填充参数设置和效果 2

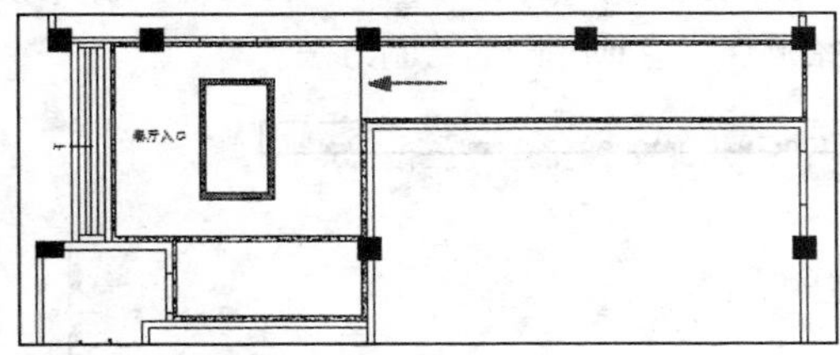

图 12-50　绘制线段

Step 11 调用 L【直线】命令和 O【偏移】命令，绘制并偏移线段，如图 12-51 所示。

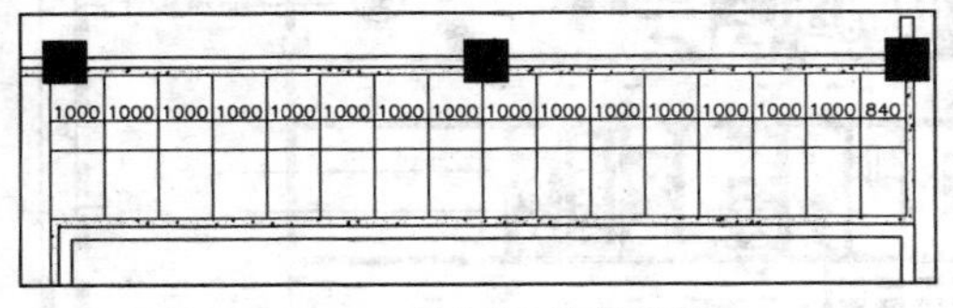

图 12-51　绘制并偏移线段 2

Step 12 调用 REC【矩形】命令，绘制尺寸为 200 × 1000 的矩形，如图 12-52 所示。

Step 13 调用 TR【修剪】命令，修剪矩形内的线段，如图 12-53 所示。

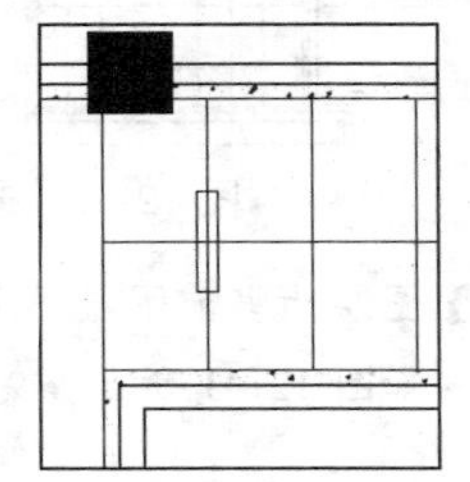

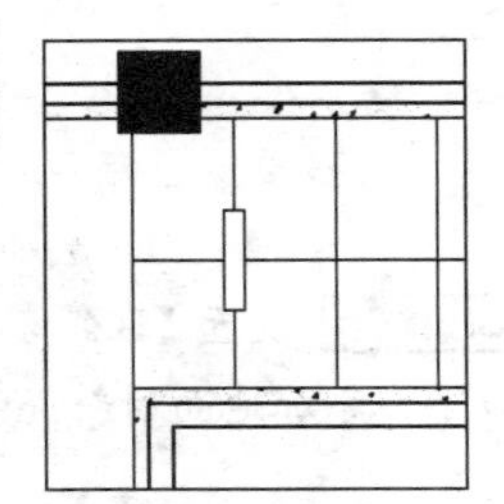

图 12-52　绘制矩形 2　　图 12-53　修剪线段

Step 14 调用 CO【复制】命令，将矩形向右复制，并修剪多余的线段，如图 12-54 所示。

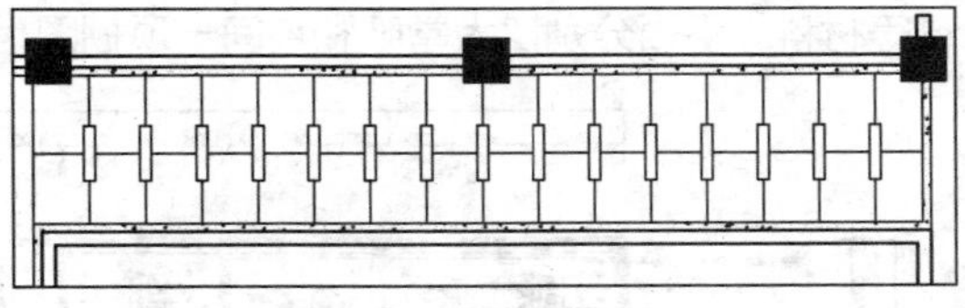

图 12-54　复制矩形

Step 15 调用 H【填充】命令，在矩形内填充【AR-CONC】图案，如图 12-55 所示。

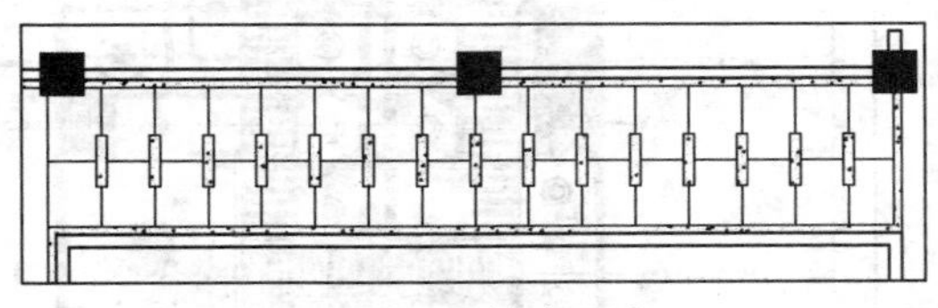

图 12-55　填充图案

Step 16 继续调用 H【填充】命令，在餐厅入口区域填充【用户定义】图案，填充参数设置和效果如图 12-56 所示。

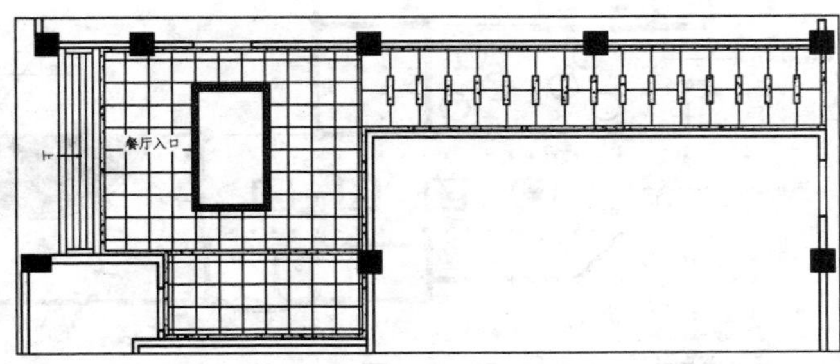

图 12-56　填充参数设置和效果 3

Step 17 从图库中插入【拼花】图块到地材图中，如图 12-57 所示。

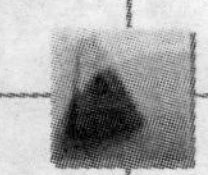

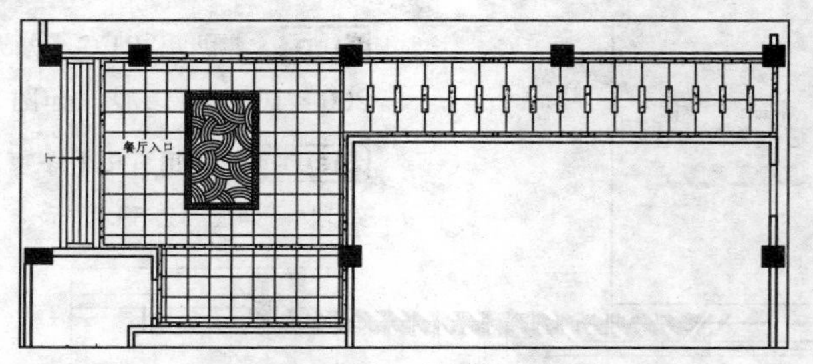

图 12-57　插入【拼花】图块

Step 18 设置【BZ_标注】图层为当前图层。设置多重引线样式为【圆点】，调用 MLD【多重引线】命令，添加地面材料说明，如图 12-41 所示，完成餐厅入口和过道地材图的绘制。

12.5　绘制酒店大堂顶棚图

酒店大堂顶棚图如图 12-58 所示，主要使用纸面石膏板吊顶、铝板、实木线条、墙纸和磨砂玻璃等材料。下面分别以大堂吧和包间一顶棚图为例介绍酒店大堂顶棚图的绘制方法。

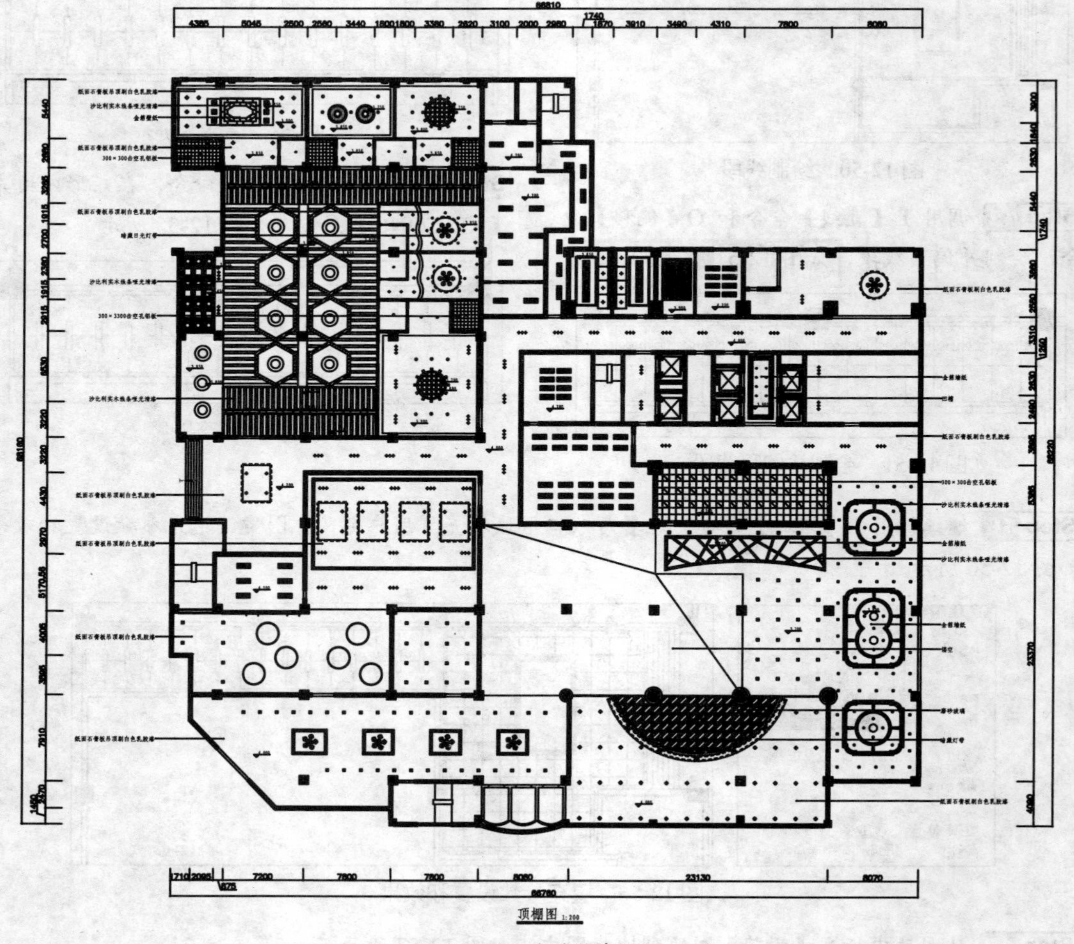

图 12-58　大堂顶棚图

12.5.1 绘制大堂吧顶棚图

如图12-59所示为大堂吧顶棚图，下面介绍绘制方法。

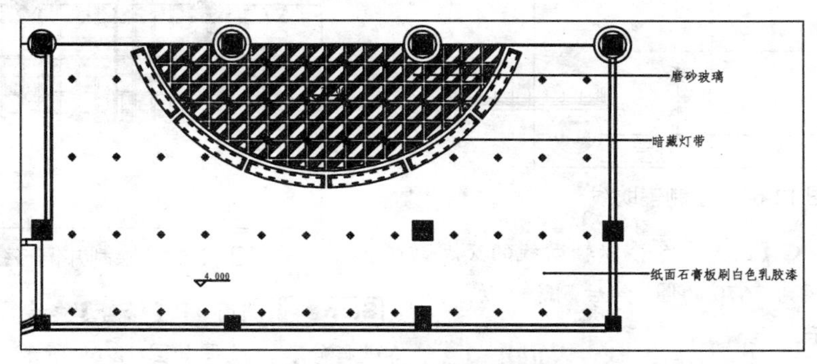

图12-59　大堂吧顶棚图

Step 01 复制图形。调用CO【复制】命令，复制平面布置图，并删除与顶面无关的图形，如图12-60所示。

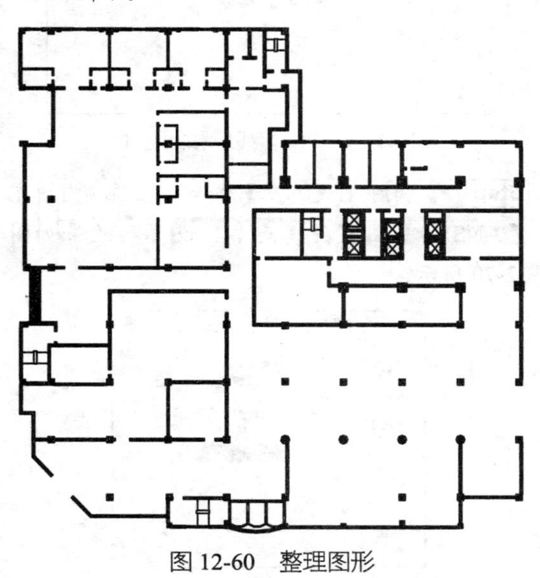

图12-60　整理图形

Step 02 调用L【直线】命令，绘制墙体线，如图12-61所示。

Step 03 设置【DD_吊顶】图层为当前图层。

Step 04 调用O【偏移】命令，将圆形装饰柱向外偏移200，如图12-62所示。

Step 05 调用L【直线】命令，绘制线段，如图12-63所示。

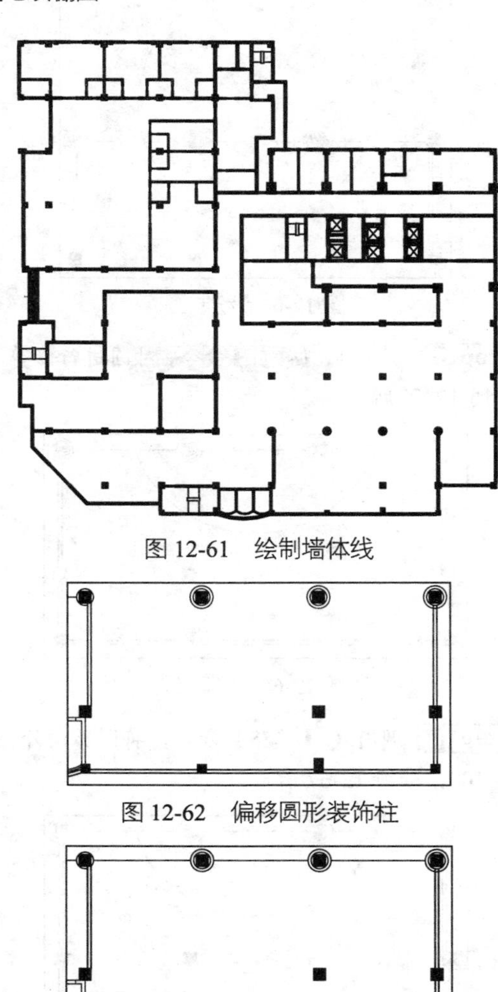

图12-61　绘制墙体线

图12-62　偏移圆形装饰柱

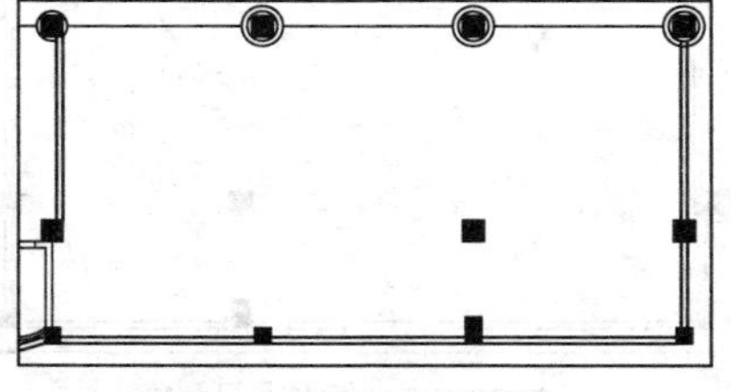

图12-63　绘制线段1

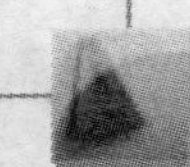

Step 06 调用 L【直线】命令，绘制辅助线，如图 12-64 所示。

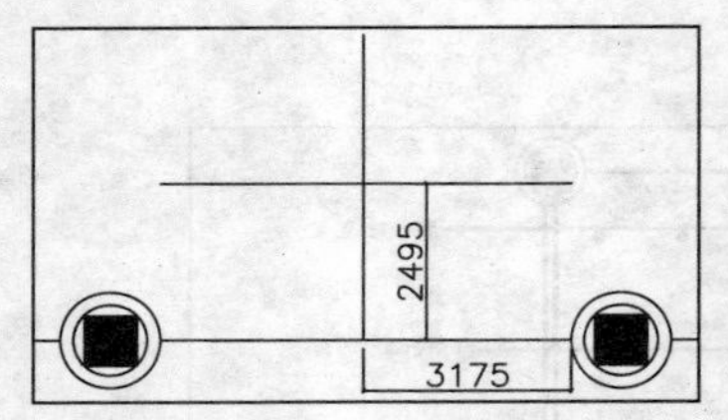

图 12-64 绘制辅助线

Step 07 调用 C【圆】命令，以辅助线的交点为圆心绘制半径为 7670 的圆，然后删除辅助线，如图 12-65 所示。

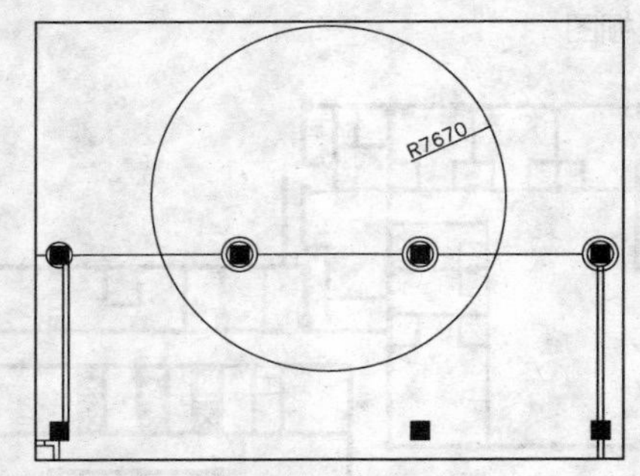

图 12-65 绘制圆

Step 08 调用 TR【修剪】命令，对圆进行修剪，如图 12-66 所示。

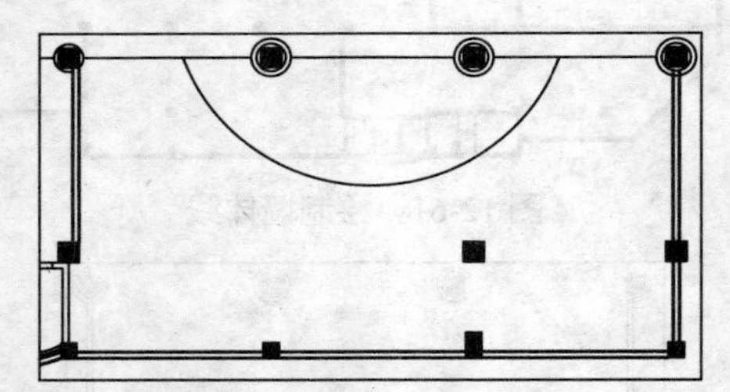

图 12-66 修剪圆

Step 09 调用 O【偏移】命令，将圆弧向外偏移 100，如图 12-67 所示。

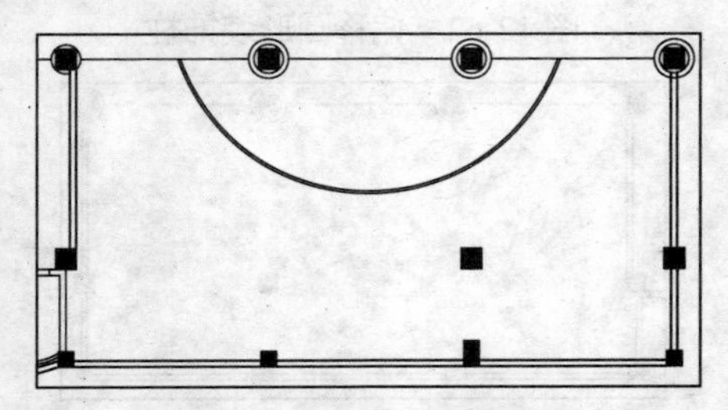

图 12-67 偏移圆弧 1

Step 10 调用 L【直线】命令和 O【偏移】命令，绘制并偏移线段，如图 12-68 所示。

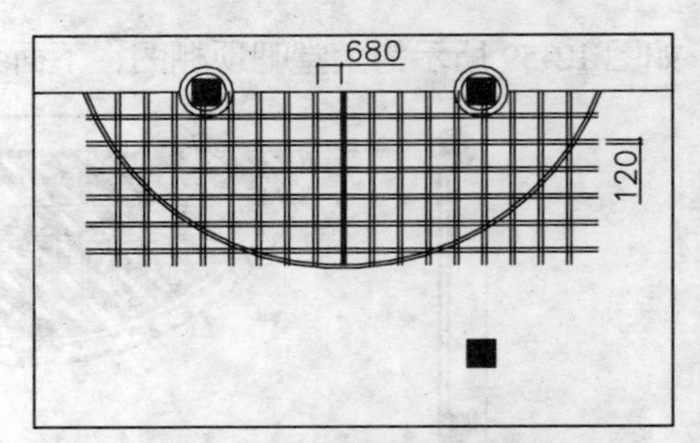

图 12-68 绘制并偏移线段

Step 11 调用 TR【修剪】命令，对线段和圆弧进行修剪，效果如图 12-69 所示。

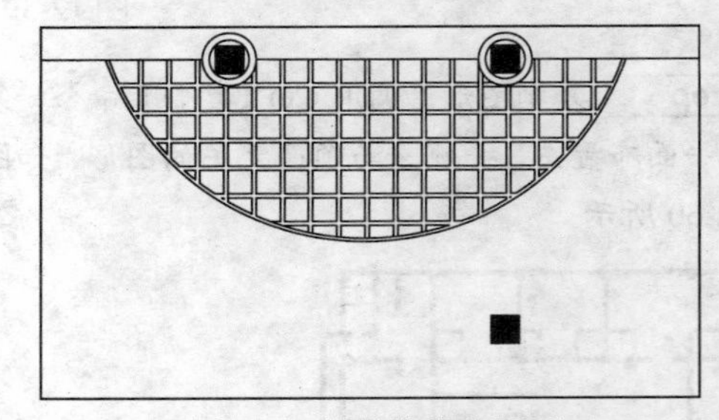

图 12-69 修剪线段和圆弧 1

Step 12 调用 H【填充】命令，在顶棚内填充【ANSI34】图案，填充参数设置和效果如图 12-70 所示。

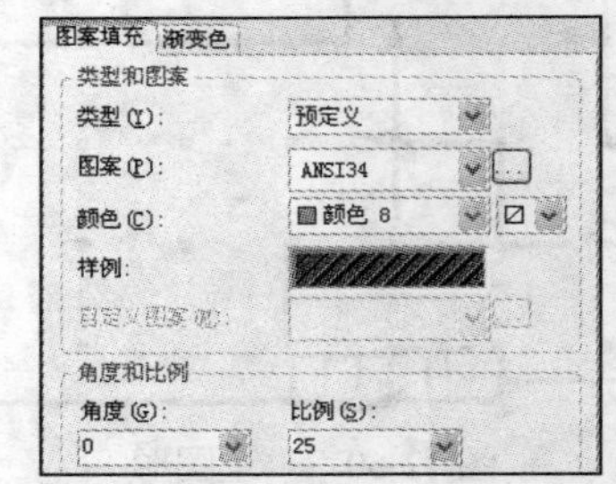

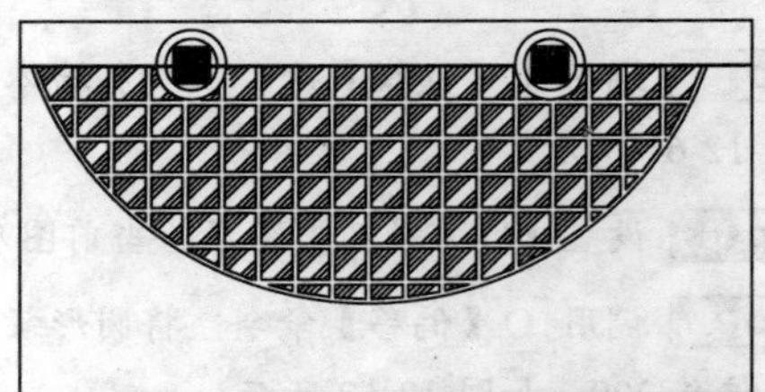

图 12-70 填充参数设置和效果

Step 13 调用 O【偏移】命令，将圆弧向外偏移 200 和 500，如图 12-71 所示。

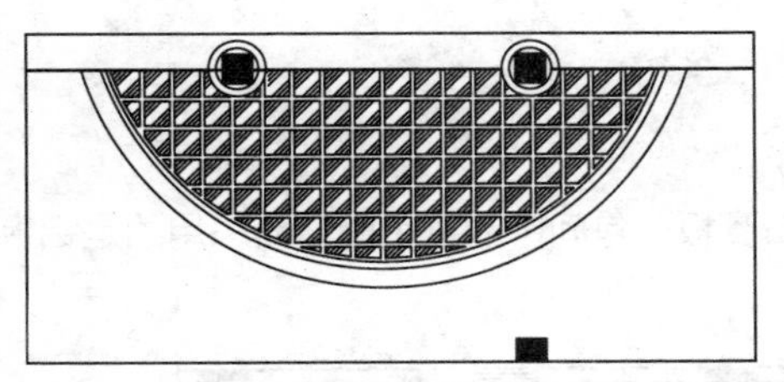

图 12-71　偏移圆弧 2

Step 14 调用 L【直线】命令，绘制线段，如图 12-72 所示。

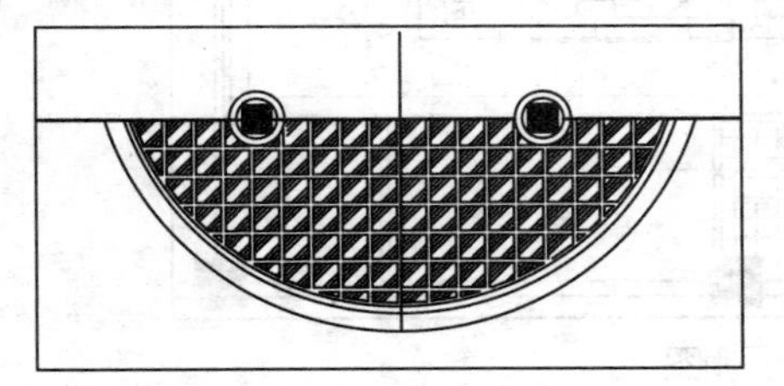

图 12-72　绘制线段 2

Step 15 调用 AR【阵列】命令，对线段进行环形阵列，指定圆心作为基点，项目数为 6、项目角度为 22，然后将阵列后的线段镜像到另一侧，如图 12-73 所示。

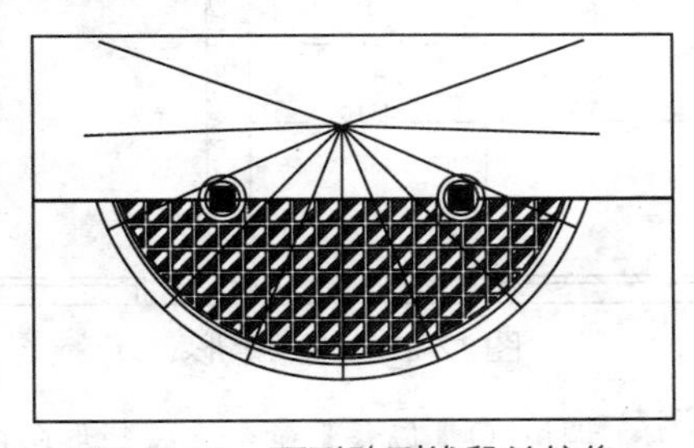

图 12-73　环形阵列线段并镜像

Step 16 删除多余的线段，调用 O【偏移】命令，将线段向两侧偏移 82，然后删除中间的线段，如图 12-74 所示。

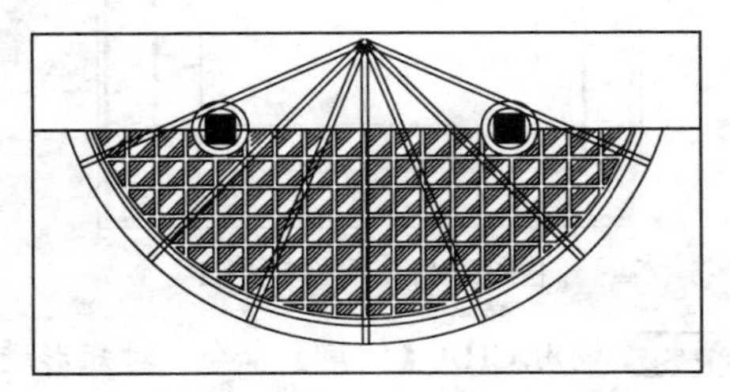

图 12-74　偏移线段

Step 17 调用 TR【修剪】命令，对线段和圆弧进行修剪，如图 12-75 所示。

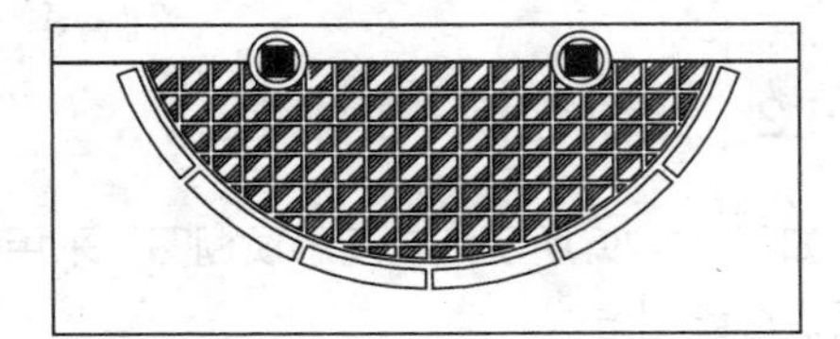

图 12-75　修剪线段和圆弧 2

Step 18 调用 O【偏移】命令，将圆弧和线段向内偏移 100，并设置为虚线表示灯带，如图 12-76 所示。

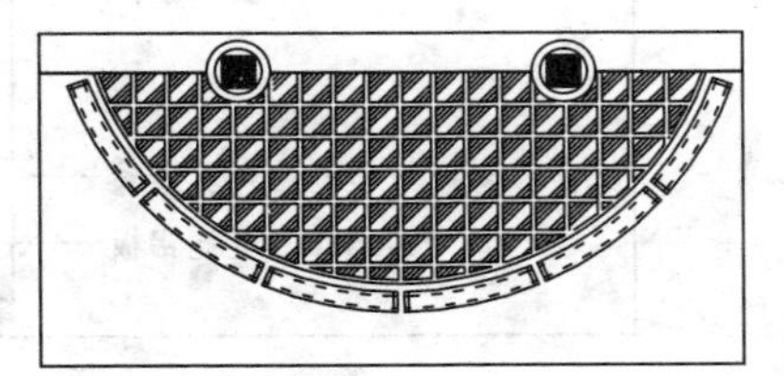

图 12-76　绘制灯带

Step 19 布置灯具。从配套光盘中的“第 12 章\家具图例.dwg”文件中调用灯具，布置灯具后的效果如图 12-77 所示。

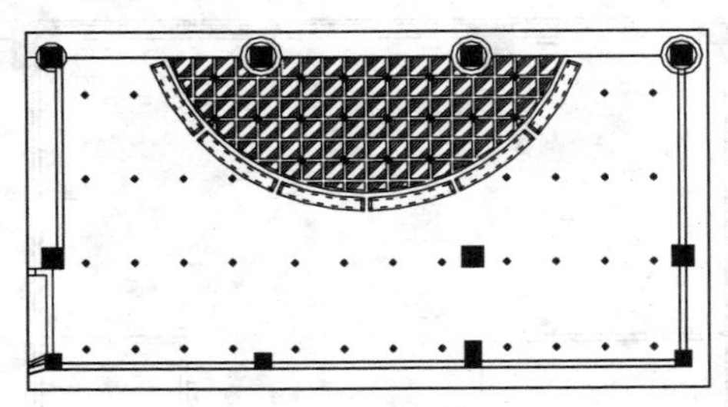

图 12-77　布置灯具

Step 20 标注标高和文字说明。调用 I【插入】命令，插入【标高】图块标注标高，如图 12-78 所示。

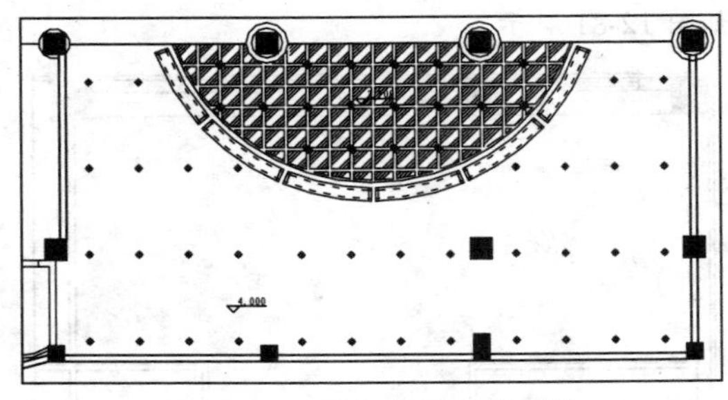

图 12-78　插入【标高】图块

Step 21 调用 MLD【多重引线】命令，标注文字说明，如图 12-59 所示，大堂吧顶棚图绘制完成。

12.5.2 绘制包间一顶棚图

如图 12-79 所示为包间一顶棚图，采用的是纸面石膏板，包间中的卫生间顶面采用的是铝板，下面讲解绘制方法。

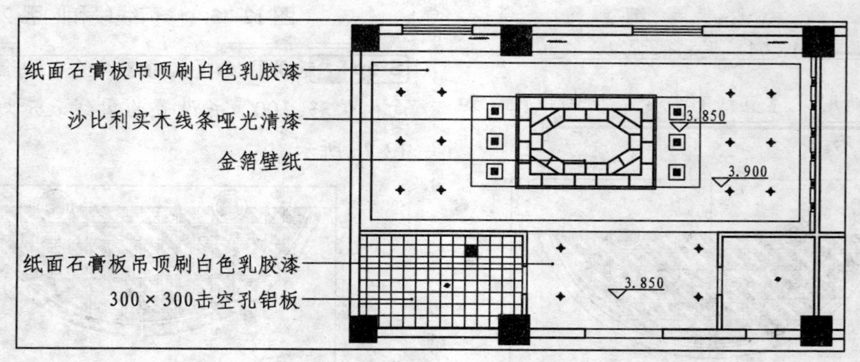

图 12-79 包间一顶棚图

Step 01 设置【DD_吊顶】图层为当前图层。

Step 02 调用 PL【多段线】命令，绘制窗帘，并对窗帘进行复制和镜像，如图 12-80 所示。

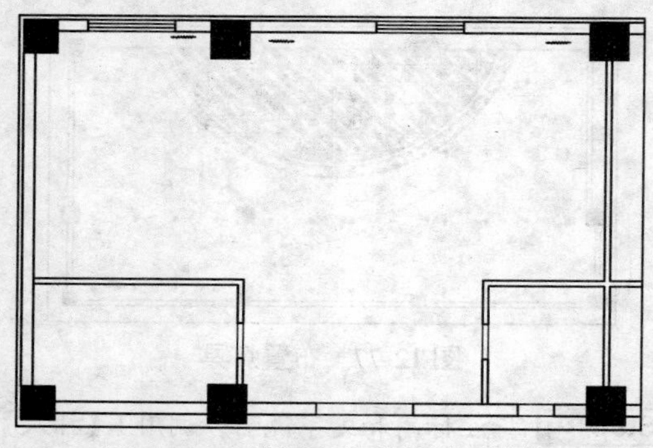

图 12-80 绘制窗帘并复制和镜像

Step 03 调用 L【直线】命令，绘制窗帘盒，如图 12-81 所示。

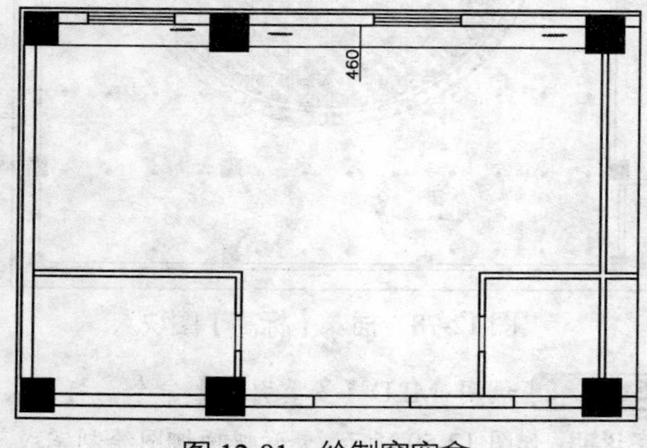

图 12-81 绘制窗帘盒

Step 04 调用 REC【矩形】命令，绘制尺寸为 3610×2495 的矩形，并移动到相应的位置，如图 12-82 所示。

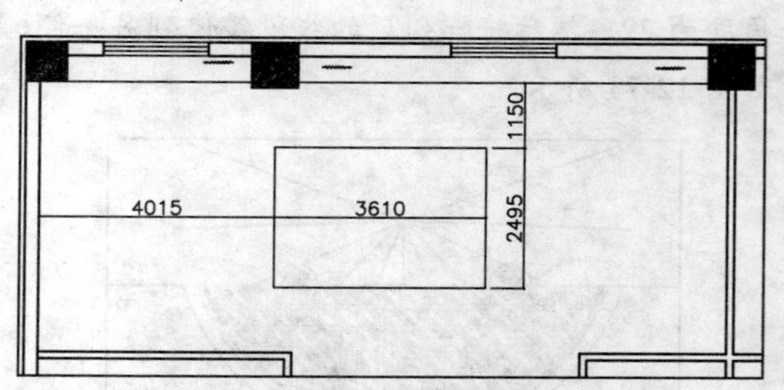

图 12-82 绘制矩形

Step 05 调用 O【偏移】命令，将矩形向内偏移 50、20、300、20 和 320，如图 12-83 所示。

图 12-83 偏移矩形 1

Step 06 调用 CHA【倒角】命令，对矩形进行倒角，如图 12-84 所示。

Step 07 调用 O【偏移】命令，将倒角后的矩形向外偏移 20、280 和 20，如图 12-85 所示。

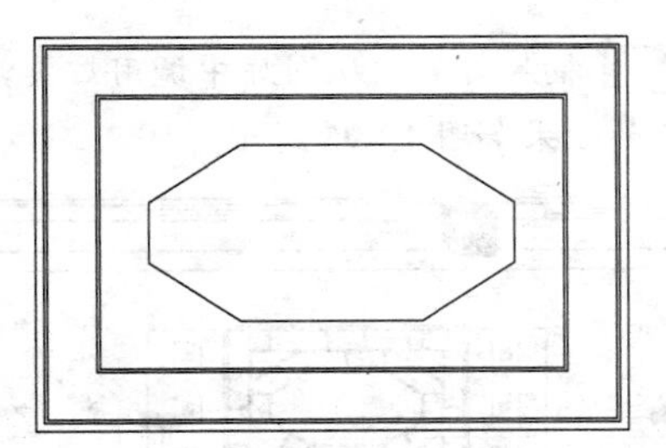

图 12-84　倒角矩形

图 12-85　偏移矩形 2

Step 08 调用 L【直线】命令和 O【偏移】命令，绘制并偏移线段，然后对线段和矩形进行修剪，如图 12-86 所示。

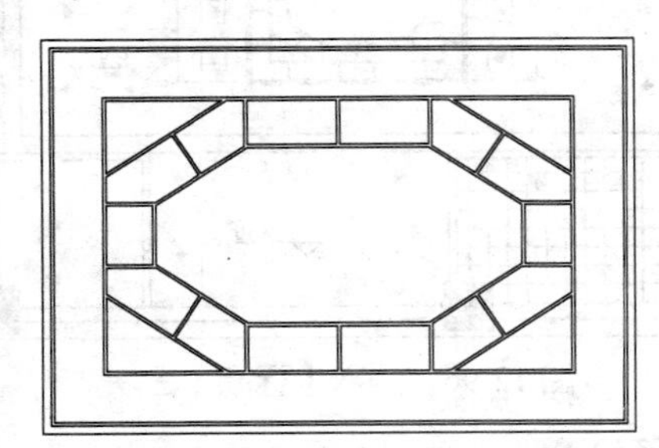

图 12-86　绘制并修剪线段和矩形

Step 09 调用 L【直线】命令、O【偏移】命令和 TR【修剪】命令，对图形进行细化，如图 12-87 所示。

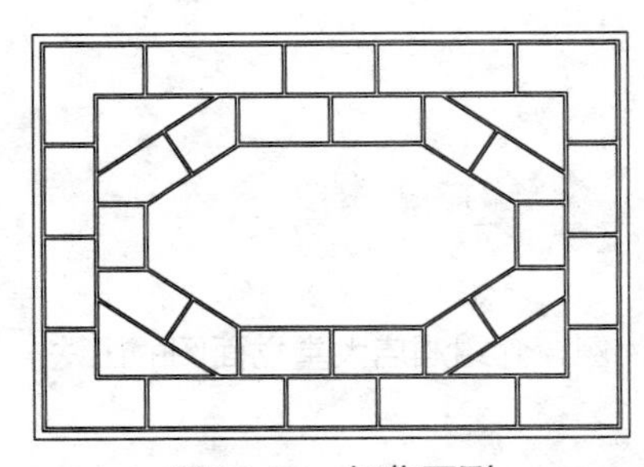

图 12-87　细化图形

Step 10 调用 REC【矩形】命令，绘制其他矩形，如图 12-88 所示。

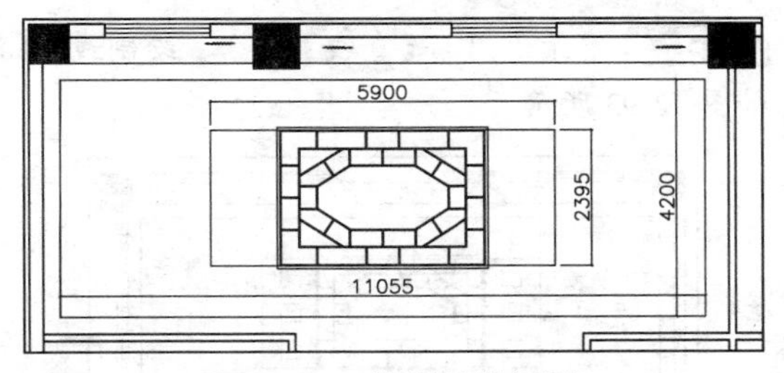

图 12-88　绘制其他矩形

Step 11 调用 REC【矩形】命令，绘制边长为 400 的矩形，然后将矩形向下复制，如图 12-89 所示。

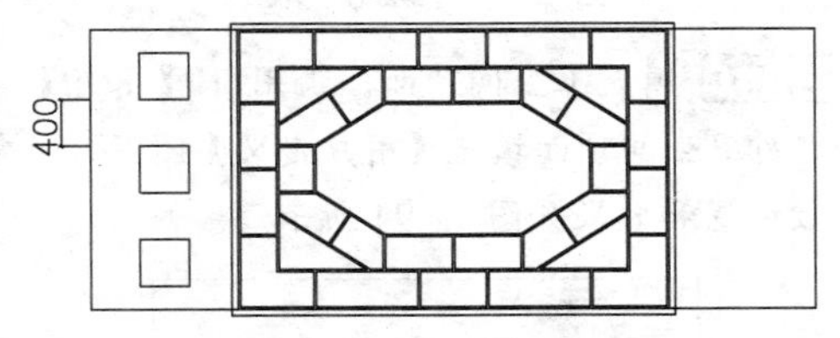

图 12-89　绘制并复制矩形

Step 12 调用 MI【镜像】命令，将矩形镜像到右侧，如图 12-90 所示。

图 12-90　镜像矩形

Step 13 调用 PL【多段线】命令，绘制多线段，如图 12-91 所示。

Step 14 调用 L【直线】命令，绘制线段，如图 12-92 所示。

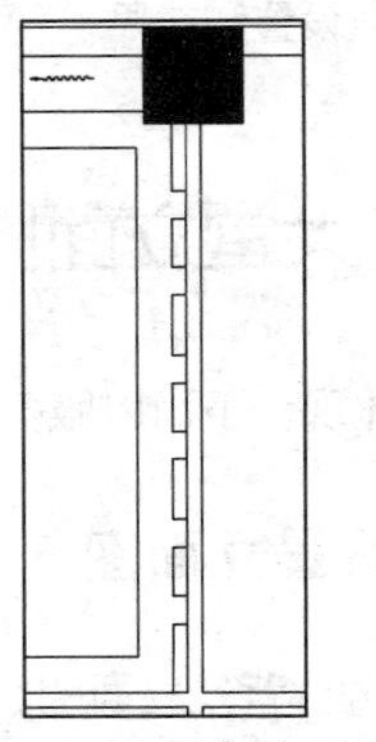

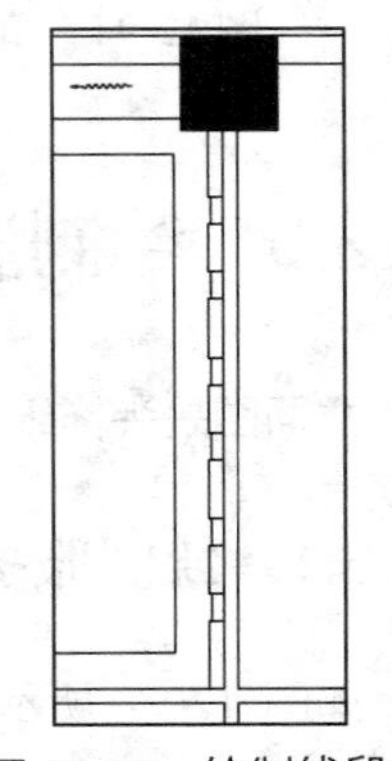

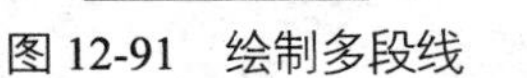

图 12-91　绘制多段线　图 12-92　绘制线段 1

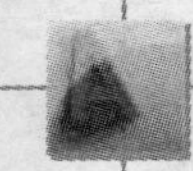

Step 15 继续调用 L【直线】命令，绘制线段，如图 12-93 所示。

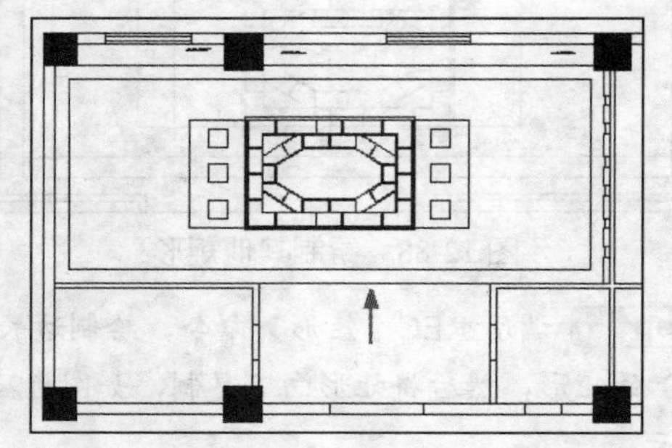

图 12-93　绘制线段 2

Step 16 填充卫生间顶面。调用 H【填充】命令，对卫生间顶面填充【用户定义】图案，填充参数设置和效果如图 12-94 所示。

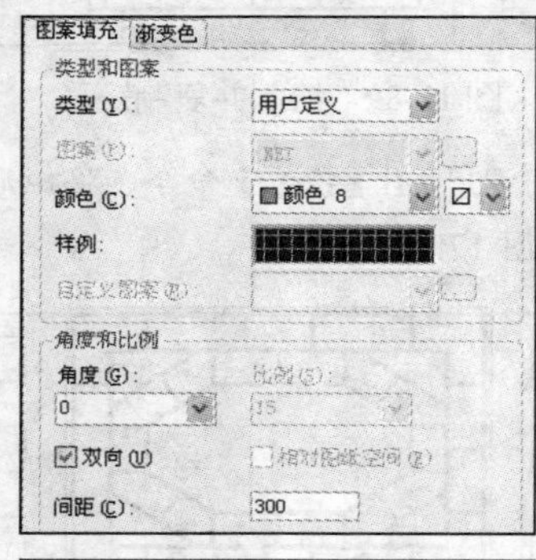

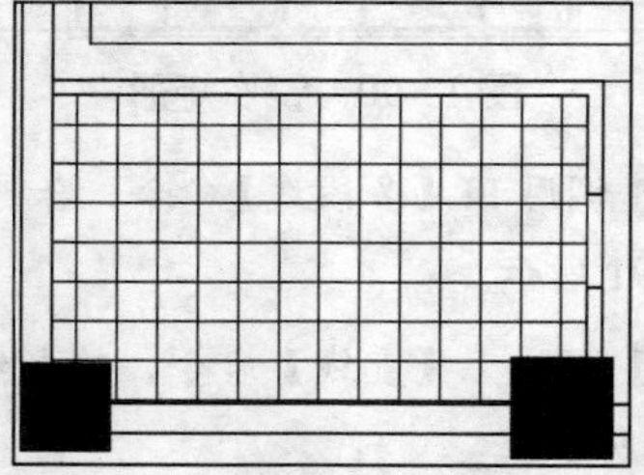

图 12-94　填充参数设置和效果

Step 17 插入灯具。从图库中调用灯具，布置灯具后的效果如图 12-95 所示。

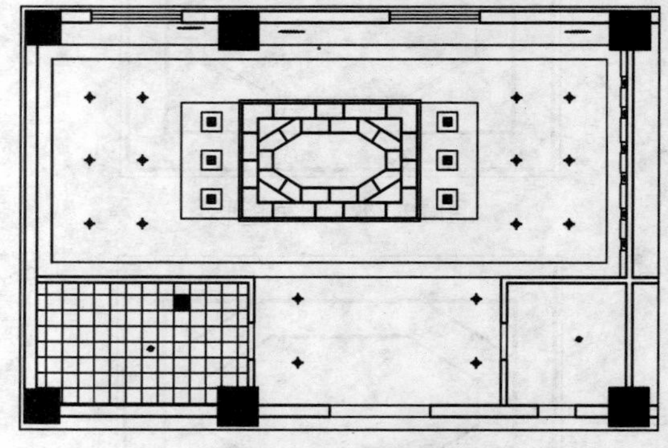

图 12-95　布置灯具

Step 18 调用 I【插入】命令，插入【标高】图块，如图 12-96 所示。

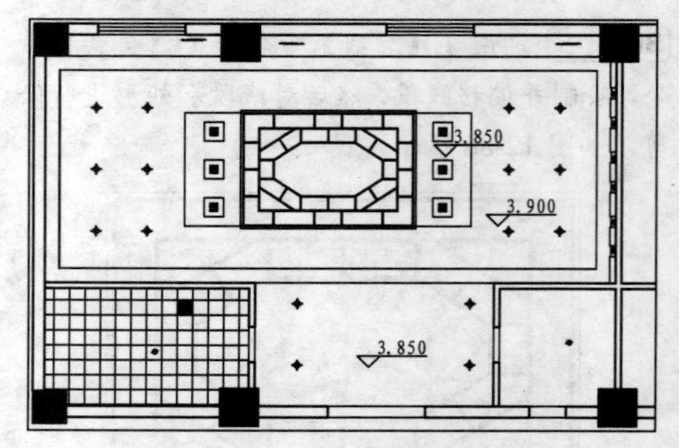

图 12-96　插入【标高】图块

Step 19 调用 MLD【多重引线】命令，标注材料，如图 12-79 所示，完成包间一顶棚图的绘制。

12.6　绘制酒店大堂立面图

立面图是装饰细节的体现，下面以服务台背景立面图为例，介绍酒店大堂立面图的画法。

12.6.1　绘制服务台背景立面图

如图 12-97 所示为服务台背景立面图，主要表达了服务台所在墙面的造型和做法，下面讲解绘制方法。

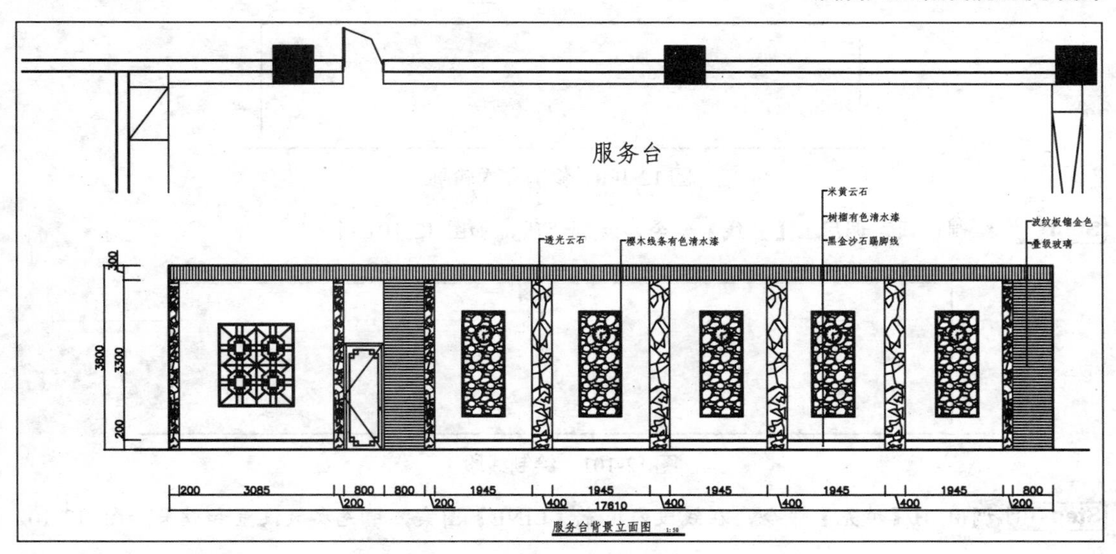

图 12-97　服务台背景立面图

Step 01 调用 CO【复制】命令，复制一层服务台背景的平面部分。

Step 02 绘制立面轮廓。调用 L【直线】命令，利用投影法绘制服务台背景立面左右侧轮廓和地面，如图 12-98 所示。

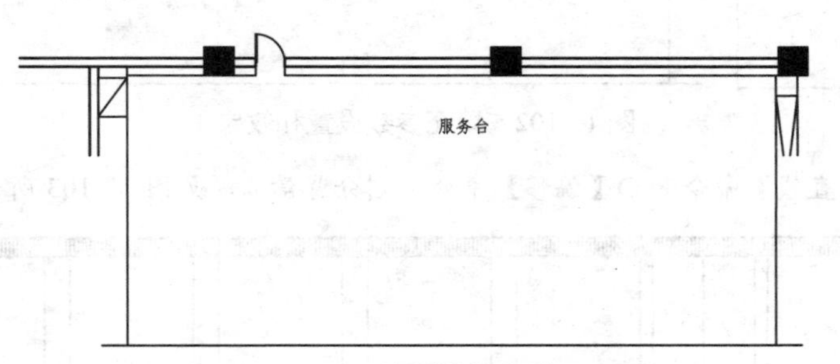

图 12-98　绘制墙体和地面

Step 03 继续调用 L【直线】命令，按照顶棚图吊顶的轮廓绘制投影线，再根据吊顶的标高在立面图内绘制水平线段，确定吊顶的位置，如图 12-99 所示。

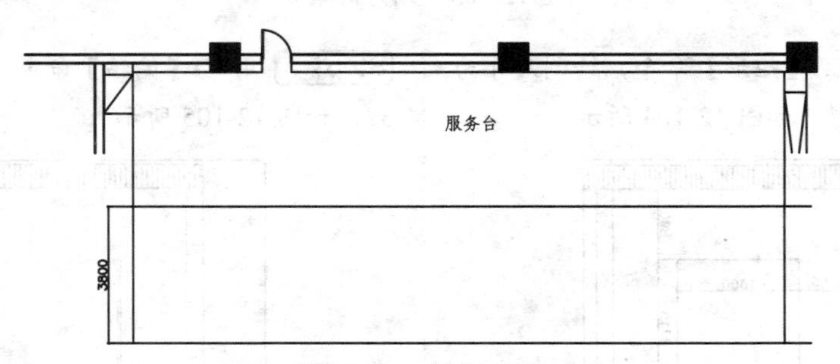

图 12-99　绘制吊顶

Step 04 调用 TR【修剪】命令，修剪出立面轮廓，并将外轮廓线转换至【QT_墙体】图层，如图 12-100 所示。

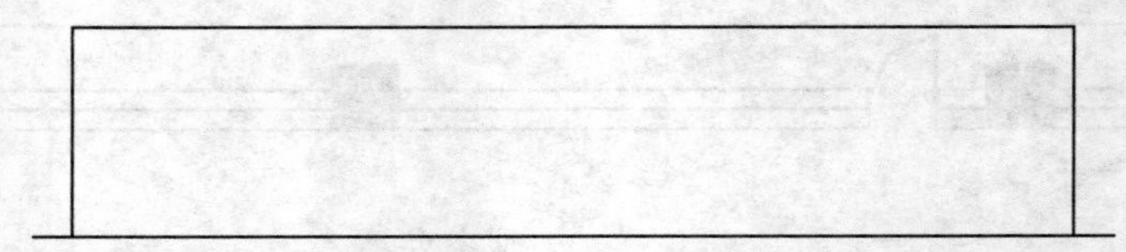

图 12-100　修剪立面轮廓

Step 05 绘制吊顶。调用 L【直线】命令，绘制线段，如图 12-101 所示。

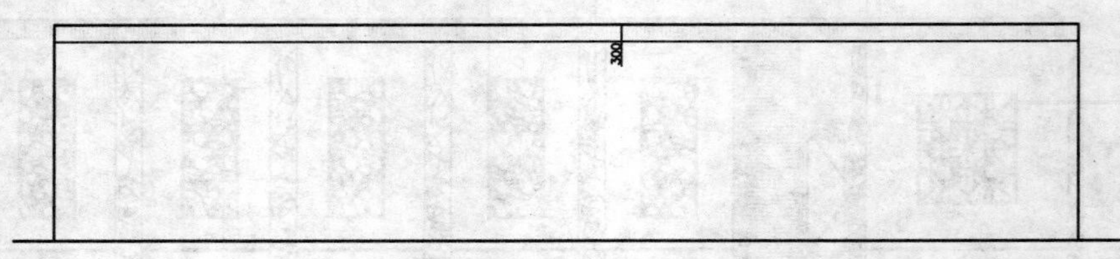

图 12-101　绘制线段 1

Step 06 调用 H【填充】命令，在线段内填充【LINE】图案，填充参数设置和效果如图 12-102 所示。

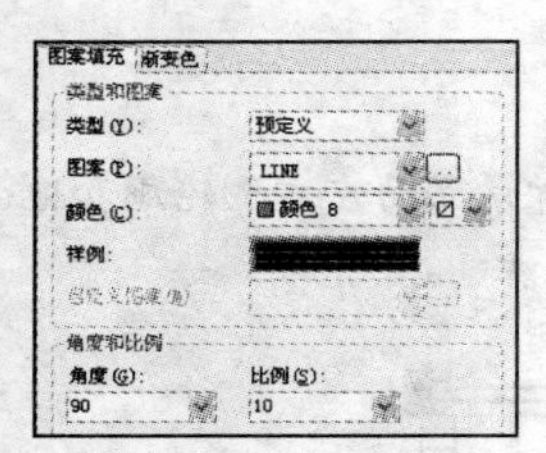

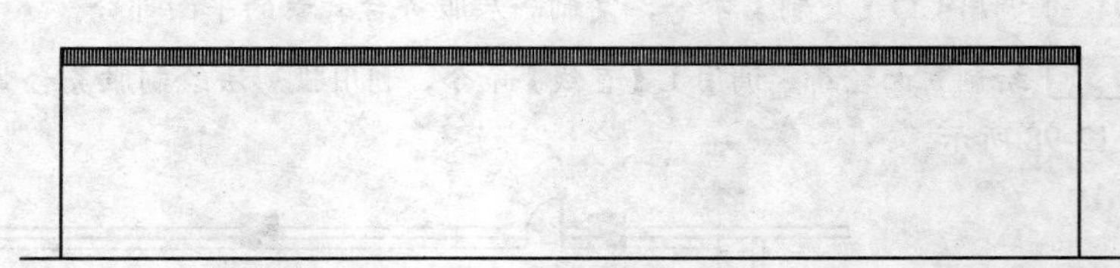

图 12-102　填充参数设置和效果 1

Step 07 调用 L【直线】命令和 O【偏移】命令，划分背景墙，如图 12-103 所示。

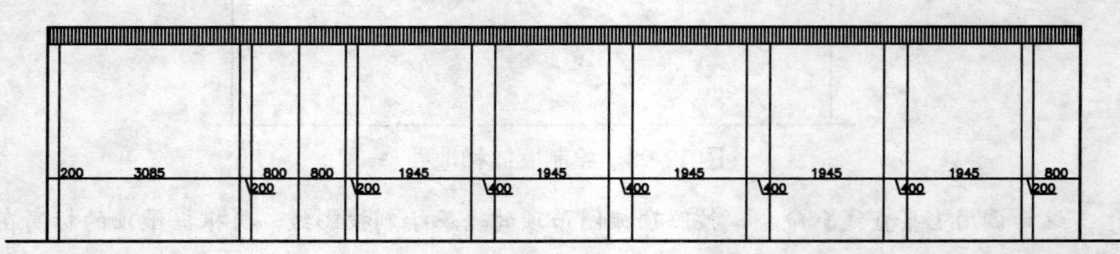

图 12-103　划分背景墙

Step 08 调用 REC【矩形】命令，绘制尺寸为 1500×1715 的矩形，如图 12-104 所示。

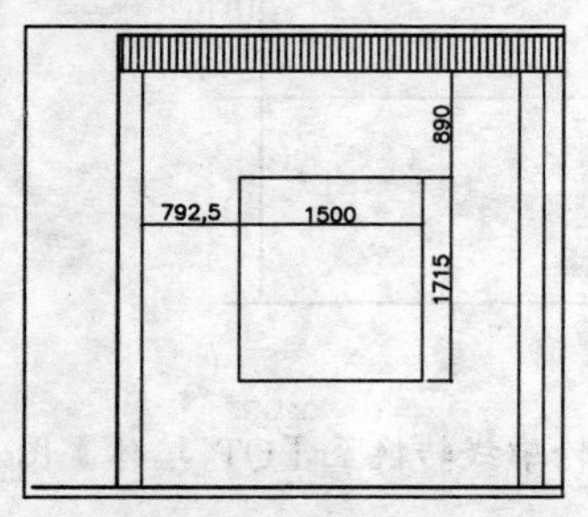

图 12-104　绘制矩形 1

Step 09 用 O【偏移】命令，将矩形向内偏移 32，如图 12-105 所示。

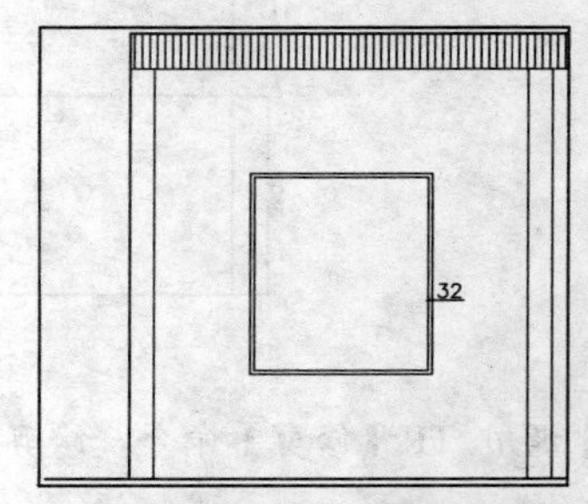

图 12-105　偏移矩形 1

Step 10 调用 L【直线】命令和 O【偏移】命令，绘制并偏移线段，如图 12-106 所示。

Step 11 调用 POL【多边形】命令，绘制多边形，如图 12-107 所示。

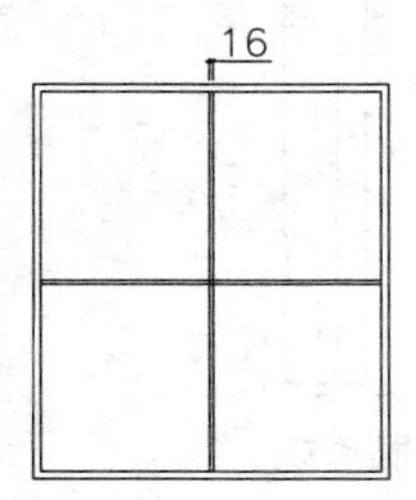

图 12-106　绘制并偏移线段

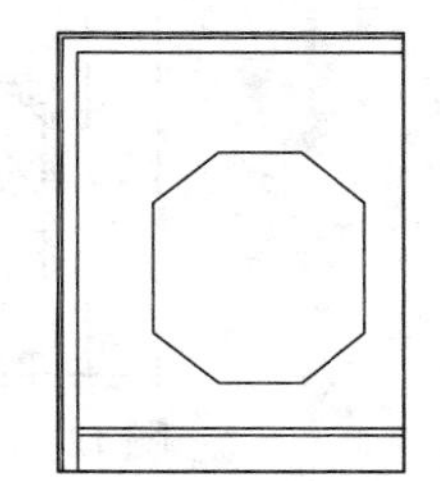
图 12-107　绘制多边形

Step 12 调用 O【偏移】命令，将多边形向内偏移 16，如图 12-108 所示。

Step 13 调用 REC【矩形】命令和 O【偏移】命令，绘制并偏移矩形，如图 12-109 所示。

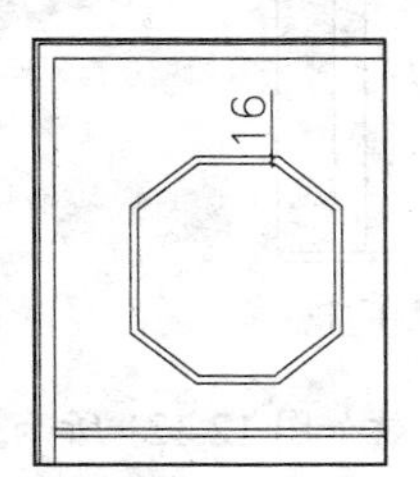

图 12-108　偏移多边形

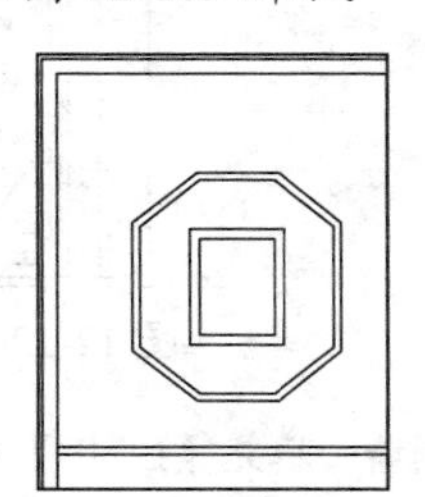
图 12-109　绘制并偏移矩形

Step 14 调用 L【直线】命令、O【偏移】命令和 TR【修剪】命令，绘制线段，如图 12-110 所示。

Step 15 调用 PL【多段线】命令，绘制多段线，如图 12-111 所示。

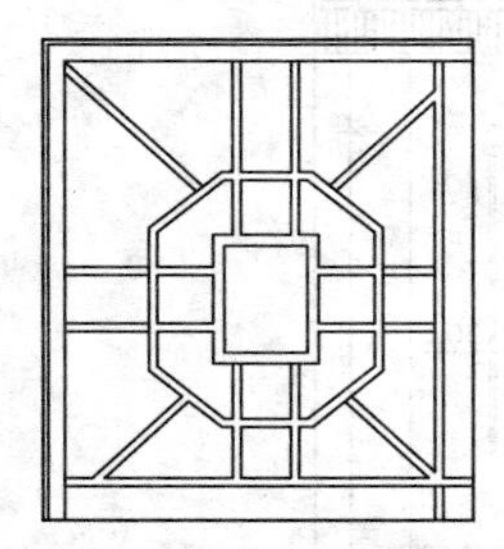
图 12-110　绘制线段 2

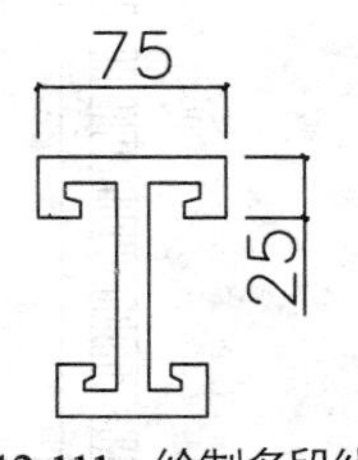

图 12-111　绘制多段线 1

Step 16 调用 MI【镜像】命令和 RO【旋转】命令，对多段线进行复制和镜像，如图 12-112 所示。

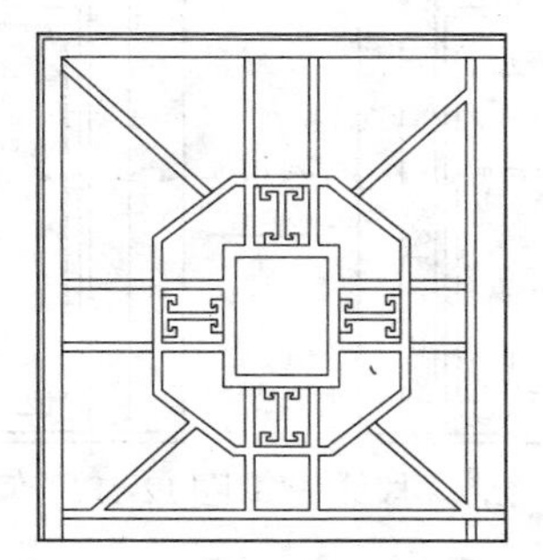
图 12-112　复制和镜像多段线

Step 17 调用 MI【镜像】命令，对图形进行镜像，并对多余的线段进行修剪，如图 12-113 所示。

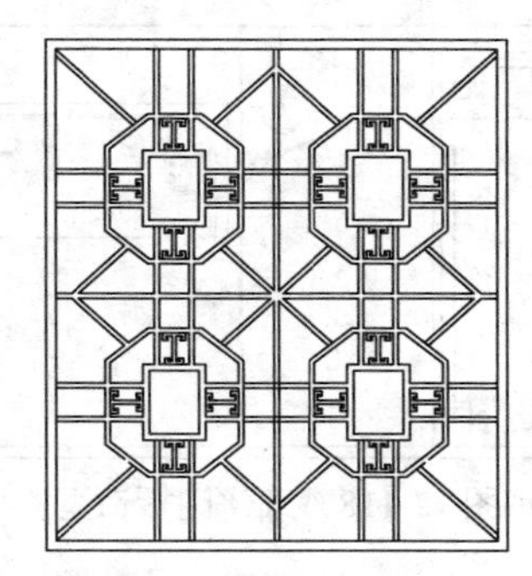
图 12-113　镜像并修剪图形

Step 18 绘制门。调用 PL【多段线】命令和 O【偏移】命令，绘制门框，如图 12-114 所示。

Step 19 调用 L【直线】命令，绘制线段连接多段线，如图 12-115 所示。

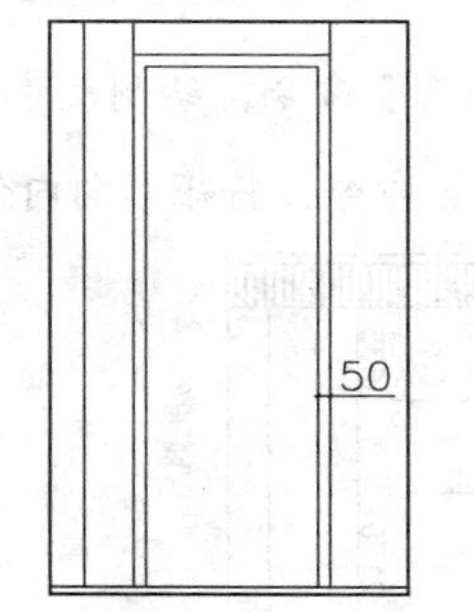

图 12-114　绘制门框

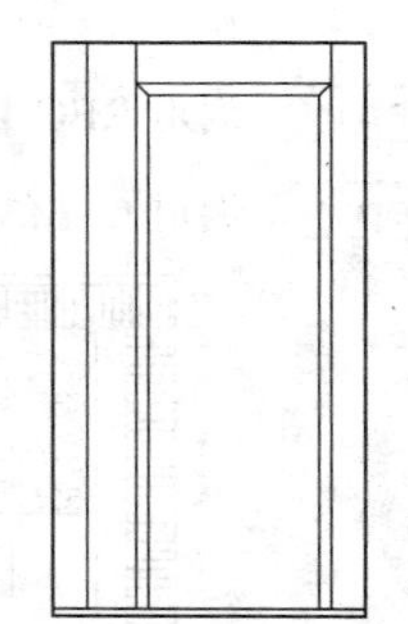
图 12-115　绘制线段 3

Step 20 调用 PL【多段线】命令，绘制多段线，如图 12-116 所示。

Step 21 调用 O【偏移】命令，将多段线向内偏移 8，如图 12-117 所示。

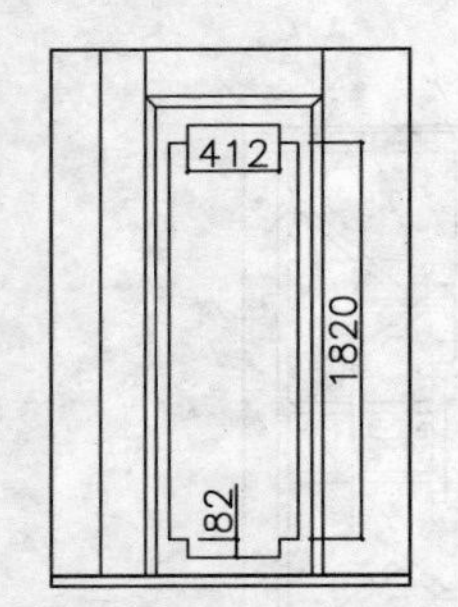

图 12-116 绘制多段线 2

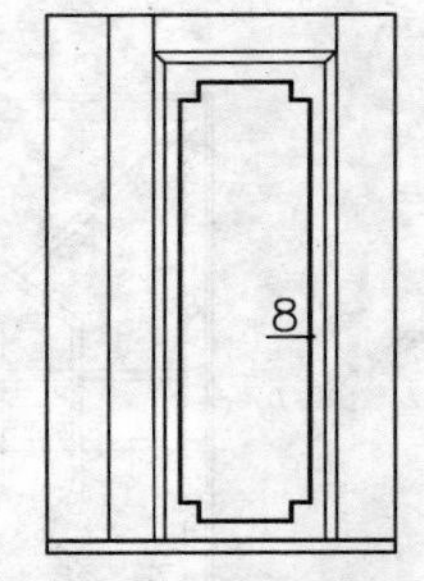

图 12-117 偏移多段线

Step 22 调用 REC【矩形】命令、O【偏移】命令、MI【镜像】命令和 TR【修剪】命令，细化门板造型，如图 12-118 所示。

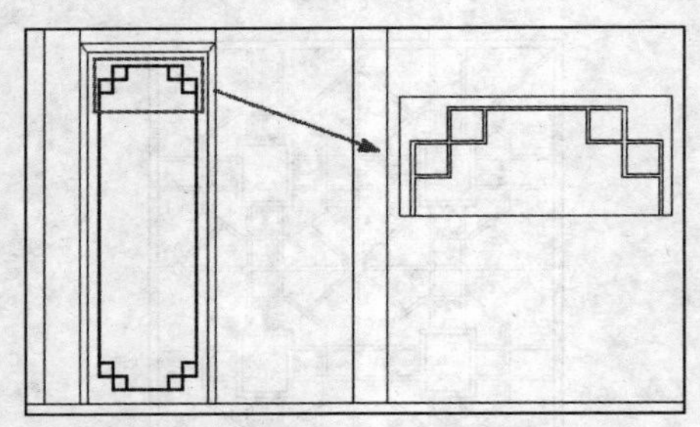
图 12-118 细化门板造型

Step 23 调用 PL【多段线】命令，绘制折线表示门开启方向，如图 12-119 所示。

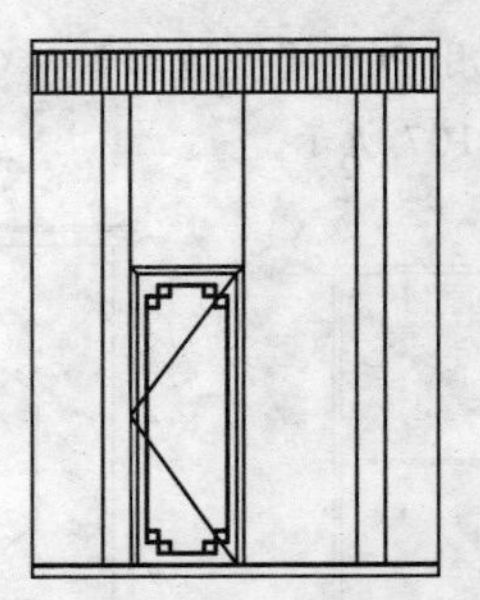
图 12-119 绘制折线

Step 24 调用 C【圆】命令和 O【偏移】命令，绘制门把手，如图 12-120 所示。

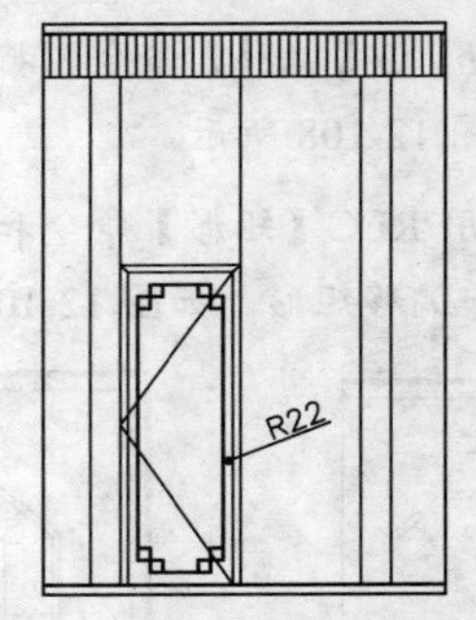

图 12-120 绘制门把手

Step 25 调用 H【填充】命令，在线段内和立面的右侧墙面填充【LINE】图案，效如图 12-121 所示。

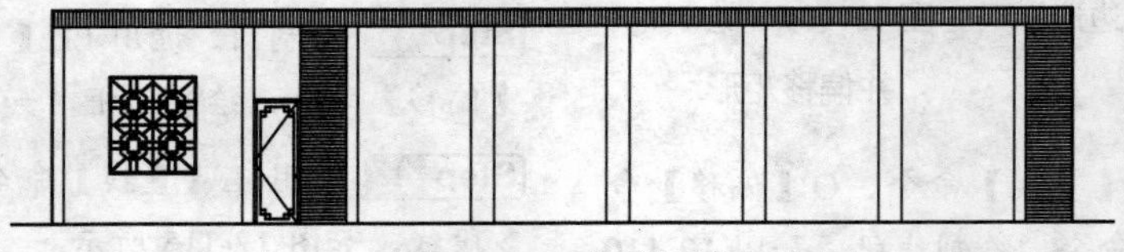
图 12-121 填充图案

Step 26 调用 REC【矩形】命令，绘制尺寸为 850×3175 的矩形，如图 12-122 所示。

Step 27 调用 O【偏移】命令，将矩形向内偏移 30.5，如图 12-123 所示。

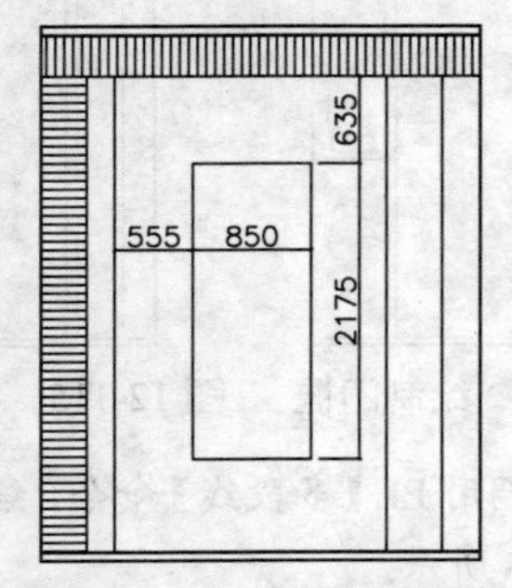

图 12-122 绘制矩形 2

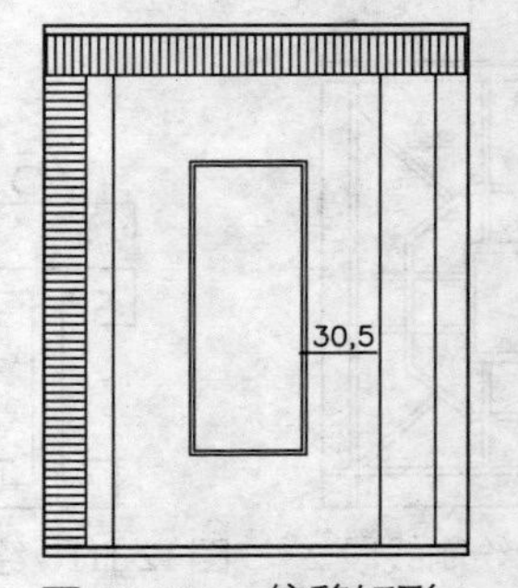

图 12-123 偏移矩形 2

Step 28 调用 CO【复制】命令，对矩形进行复制，如图 12-124 所示。

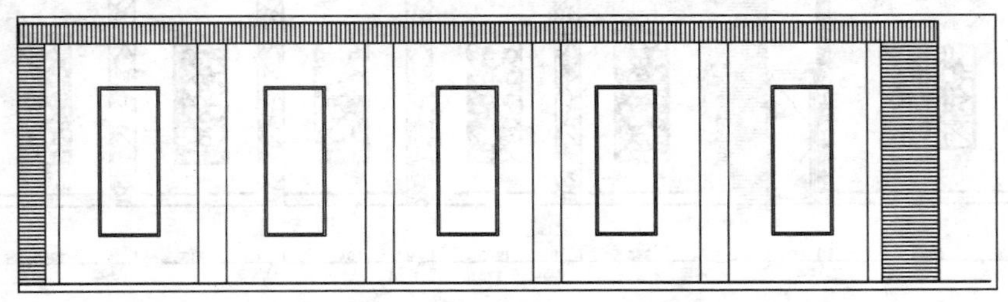

图 12-124　复制矩形

Step 29 调用 L【直线】命令和 O【偏移】命令，绘制踢脚线，如图 12-125 所示。

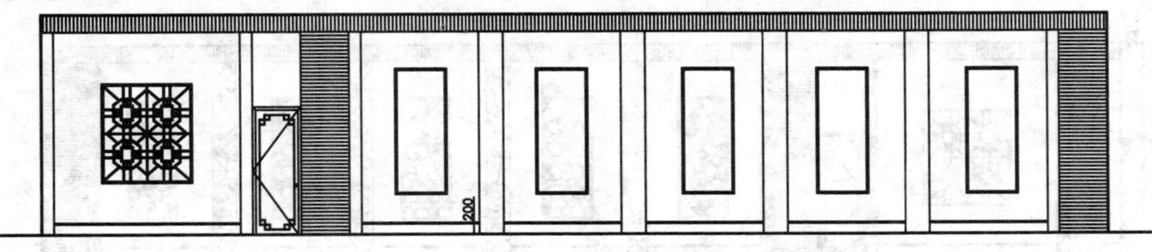

图 12-125　绘制踢脚线

Step 30 从图库中插入【云石】和【时钟】图块，如图 12-126 所示。

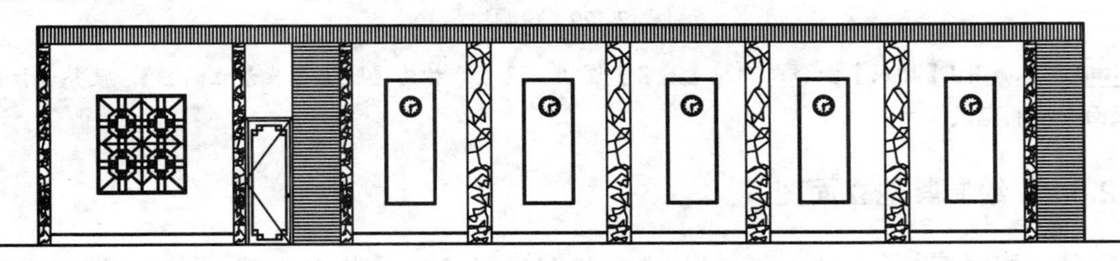

图 12-126　插入图块

Step 31 调用 H【填充】命令，在立面区域填充【GRAVEL】图案，填充参数设置和效果如图 12-127 所示。

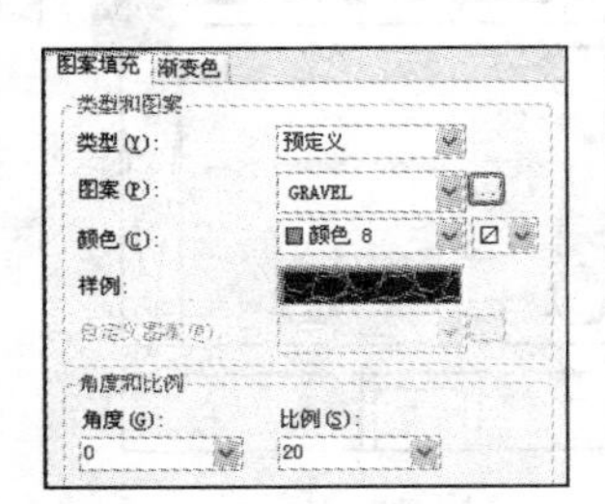

图 12-127　填充参数设置和效果 2

Step 32 标注尺寸和材料说明。调用 DLI【线性标注】命令和 DCO【连续性标注】命令，标注立面的尺寸，如图 12-128 所示。

Step 33 调用 MLD【多重引线】命令，进行材料说明，如图 12-129 所示。

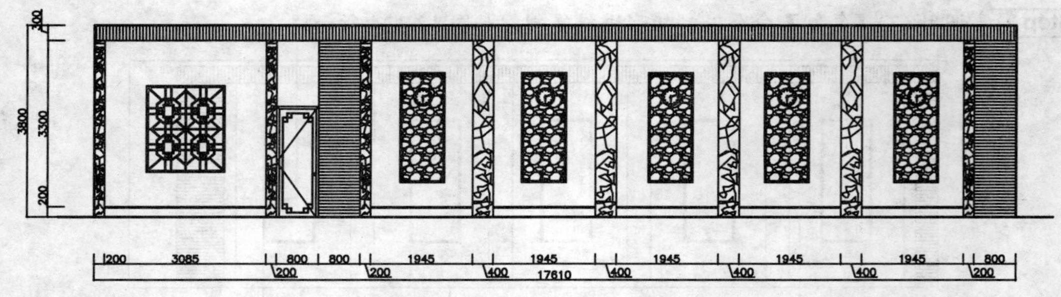

图 12-128　标注尺寸

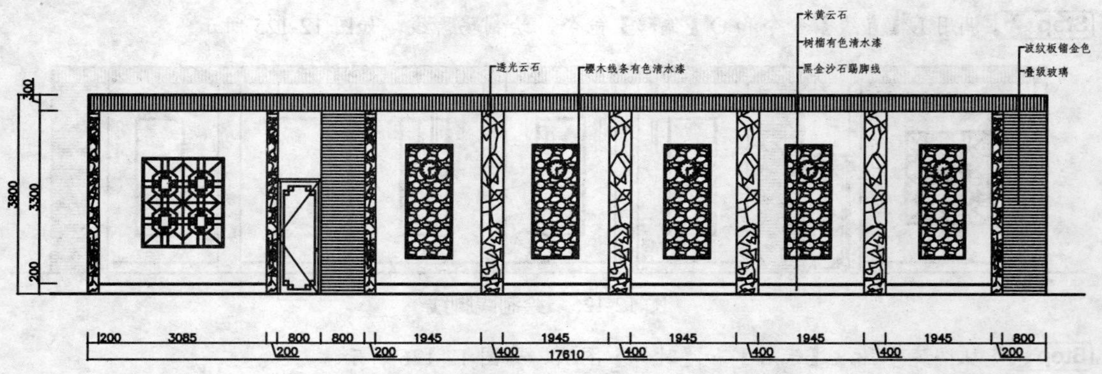

图 12-129　说明材料

Step 34 调用 I【插入】命令，插入【图名】图块，设置名称为【服务台背景立面图】，服务台背景立面图绘制完成。

12.6.2　绘制其他立面图

请读者参考前面介绍的绘制方法完成如图 12-130、图 12-131 和图 12-132 所示的立面图，这里就不再详细讲解了。

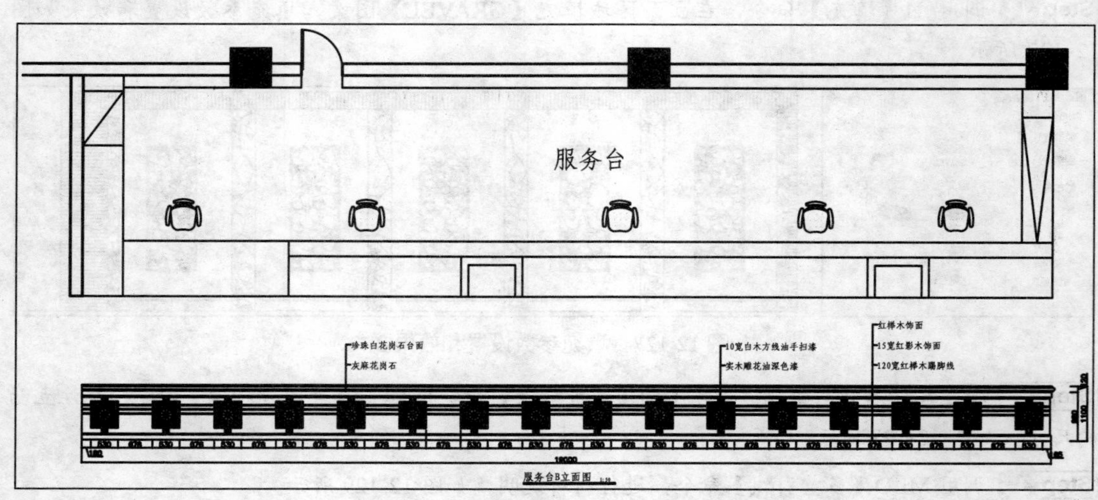

图 12-130　服务台 B 立面图

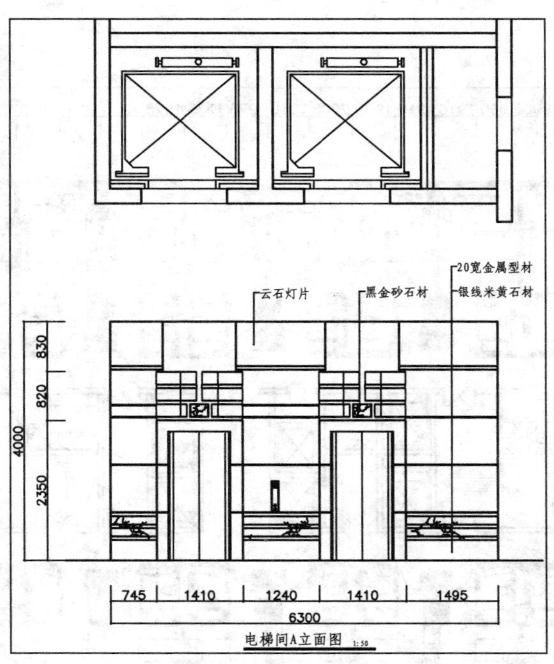

图 12-131　电梯间 A 立面图

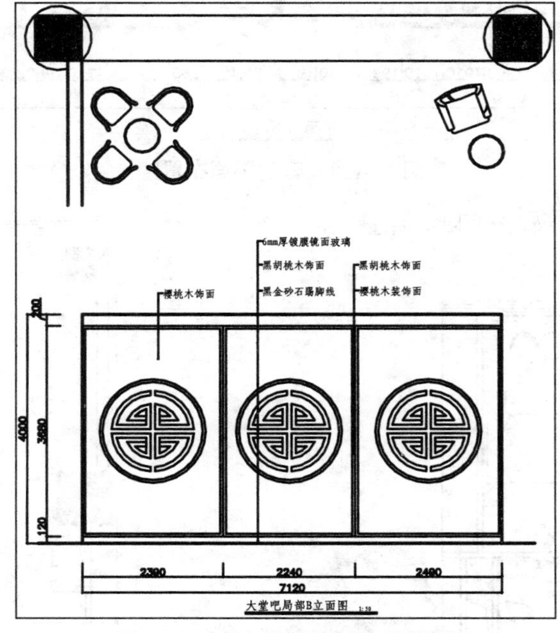

图 12-132　大堂吧局部 B 立面图

12.7　绘制酒店客房平面布置图

如图 12-133 所示为酒店客房平面布置图，根据客房的类型，本节介绍双人床间平面布置图的绘

制方法。

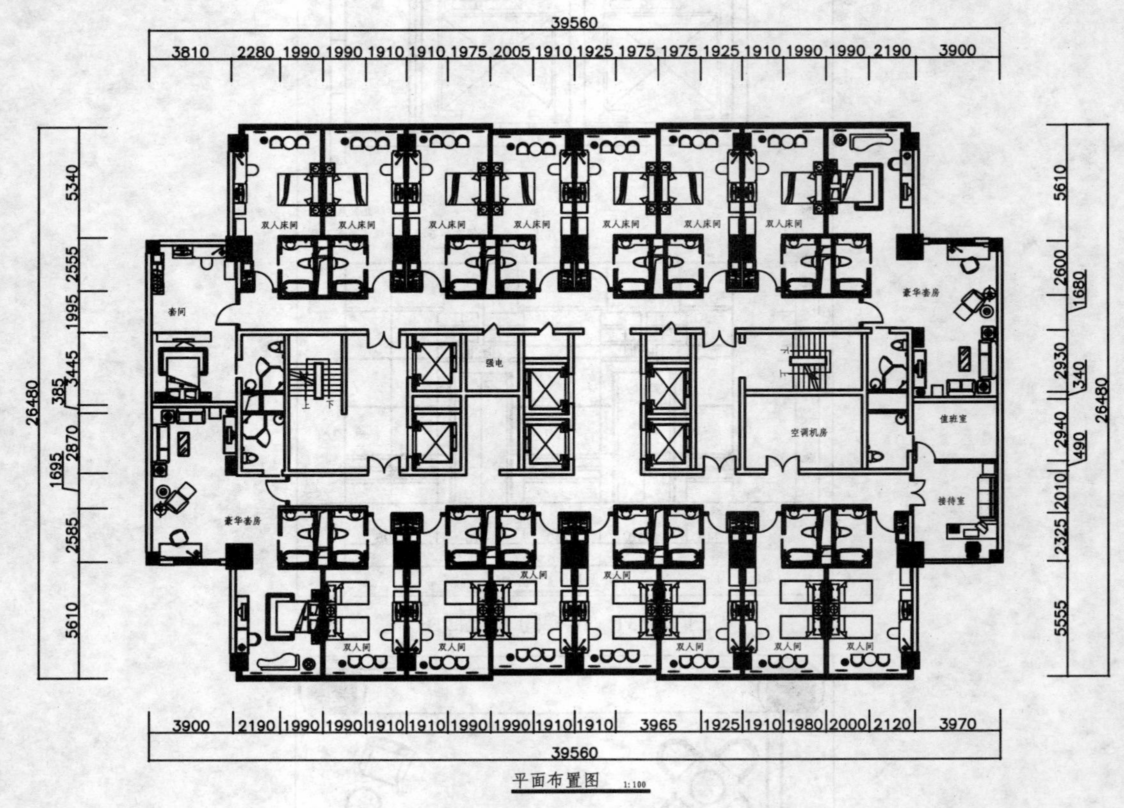

图 12-133 客房平面布置图

如图 12-134 所示为双人床间平面布置图，下面讲解绘制方法。

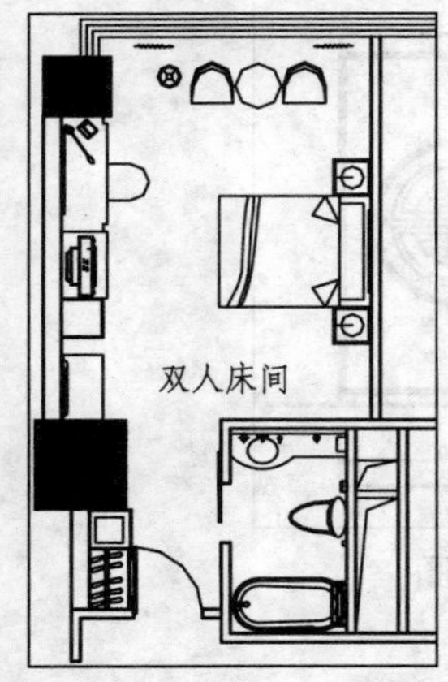

图 12-134 双人床间平面布置图

Step 01 设置【JJ_家具】图层为当前图层。

Step 02 调用 I【插入】命令，插入【门】图块，如图 12-135 所示。

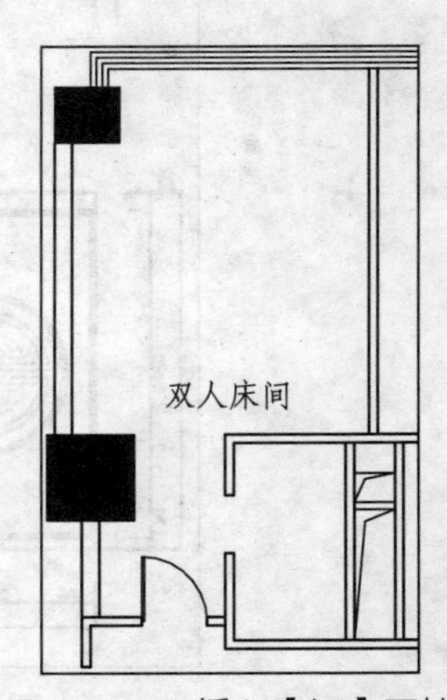

图 12-135 插入【门】图块

Step 03 绘制衣柜。调用 PL【多段线】命令和 L【直线】命令，绘制衣柜轮廓，如图 12-136 所示。

Step 04 调用 PL【多段线】命令、L【直线】命令和 O【偏移】命令，绘制挂衣杆，如图 12-137 所示。

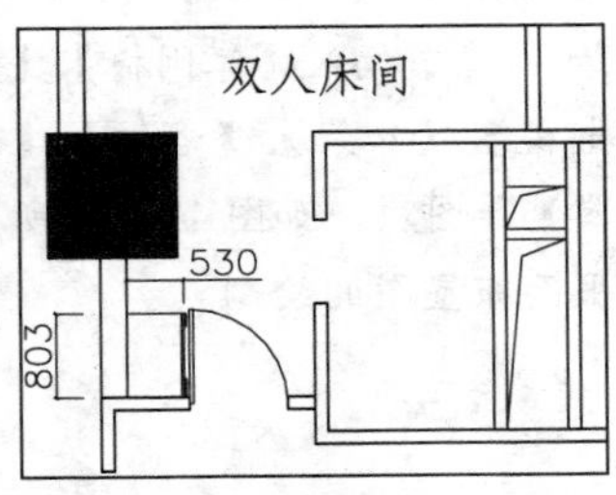

图 12-136　绘制衣柜轮廓

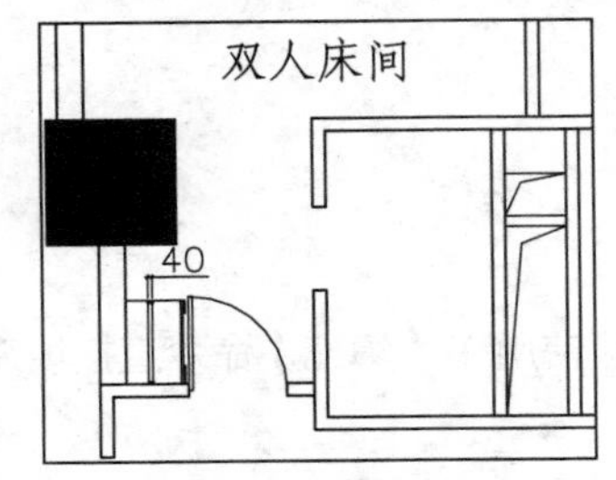

图 12-137　绘制挂衣杆

Step 05 调用 REC【矩形】命令、O【偏移】命令和 L【直线】命令，绘制保险柜，如图 12-138 所示。

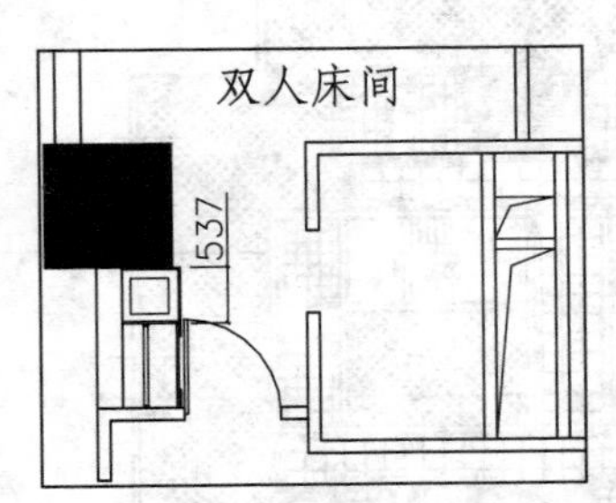

图 12-138　绘制保险柜

Step 06 绘制行李架。调用 REC【矩形】命令，绘制行李架，如图 12-139 所示。

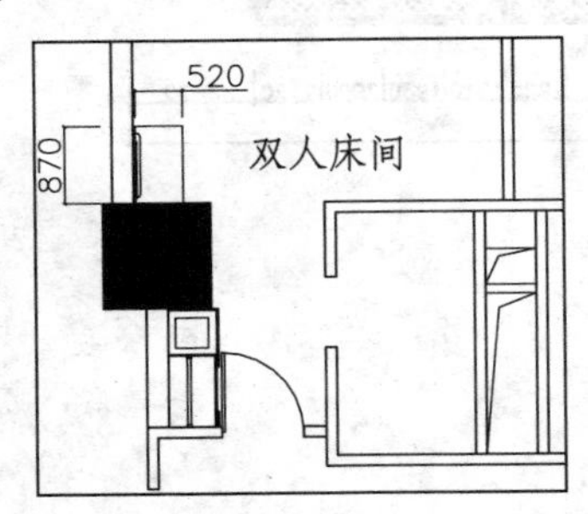

图 12-139　绘制行李架

Step 07 调用 PL【多段线】命令、O【偏移】命令和 L【直线】命令，绘制电视柜和化妆台，如图 12-140 所示。

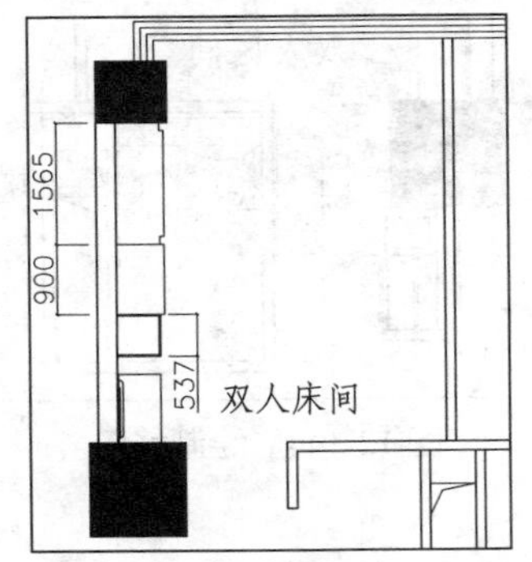

图 12-140　绘制电视柜和化妆台

Step 08 调用 PL【多段线】命令和 MI【镜像】命令，绘制窗帘，如图 12-141 所示。

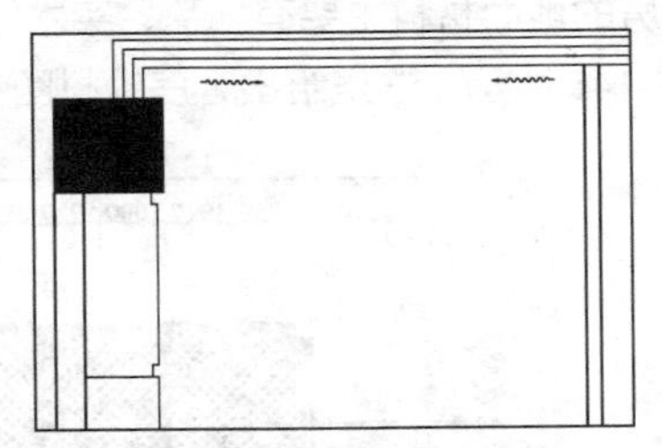
图 12-141　绘制窗帘

Step 09 绘制洗手盆台面。调用 L【直线】命令，绘制线段，如图 12-142 所示。

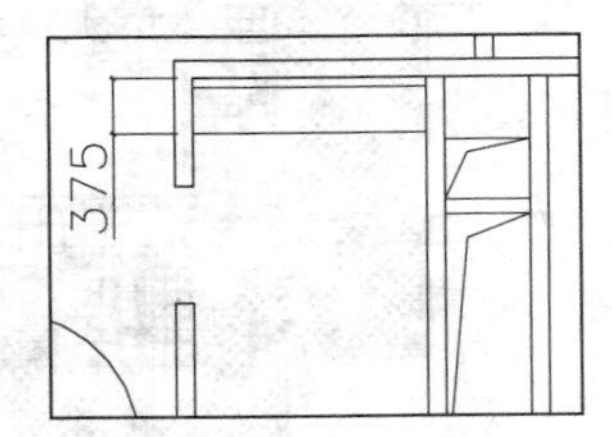

图 12-142　绘制线段

Step 10 调用 L【直线】命令、C【圆】命令和 TR【修剪】命令，绘制圆弧，如图 12-143 所示。

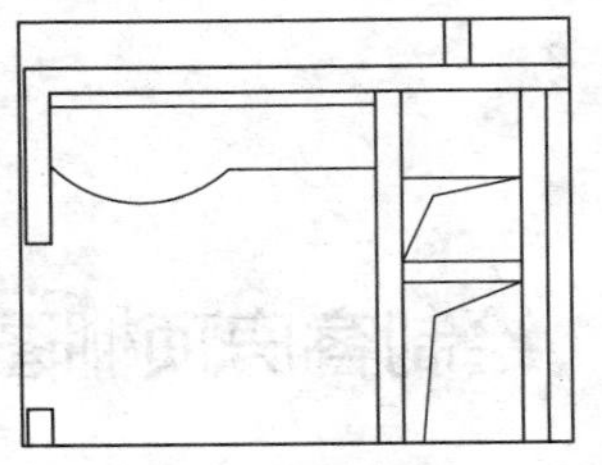
图 12-143　绘制圆弧

Step 11 调用 REC【矩形】命令，绘制矩形表示卫生间的移门，如图 12-144 所示。

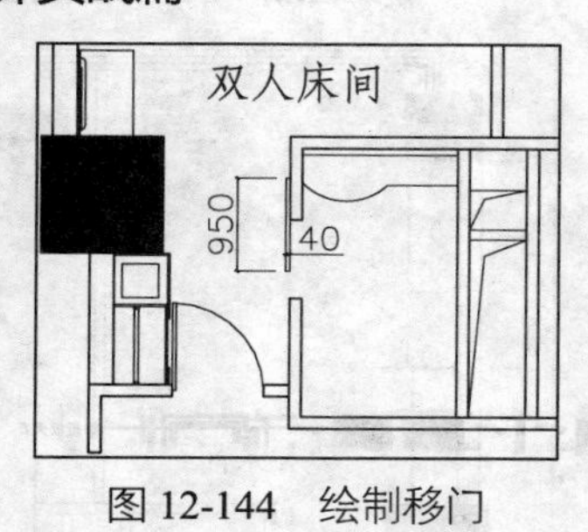

图 12-144　绘制移门

Step 12 从图库中插入【休闲椅】、【床】、【床头柜】、【电视】、【衣架】、【浴缸】、【洗手盆】和【座便器】等图块，如图 12-134 所示，完成双人床间平面布置图的绘制。

12.8　绘制客房地材图

客房的地面材料主要有地毯、实木地板和防滑地砖等。可使用 H【填充】命令直接填充图案，如图 12-145 所示，这里给出客房地材图供读者参考。

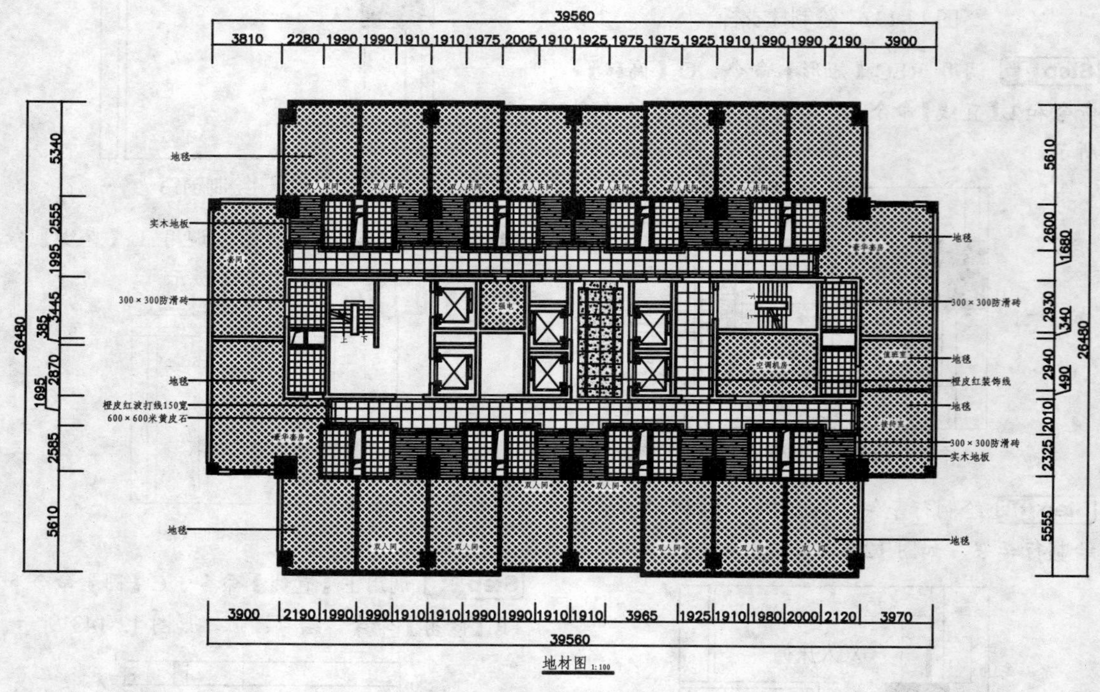

图 12-145　客房地材图

12.9　绘制客房顶棚图

如图 12-146 所示为客房顶棚图，客房的顶棚周边做石膏角线造型，床的上方布置灯具，卫生间为铝塑板天花。下面以一双人床间顶棚图为例进行讲解。

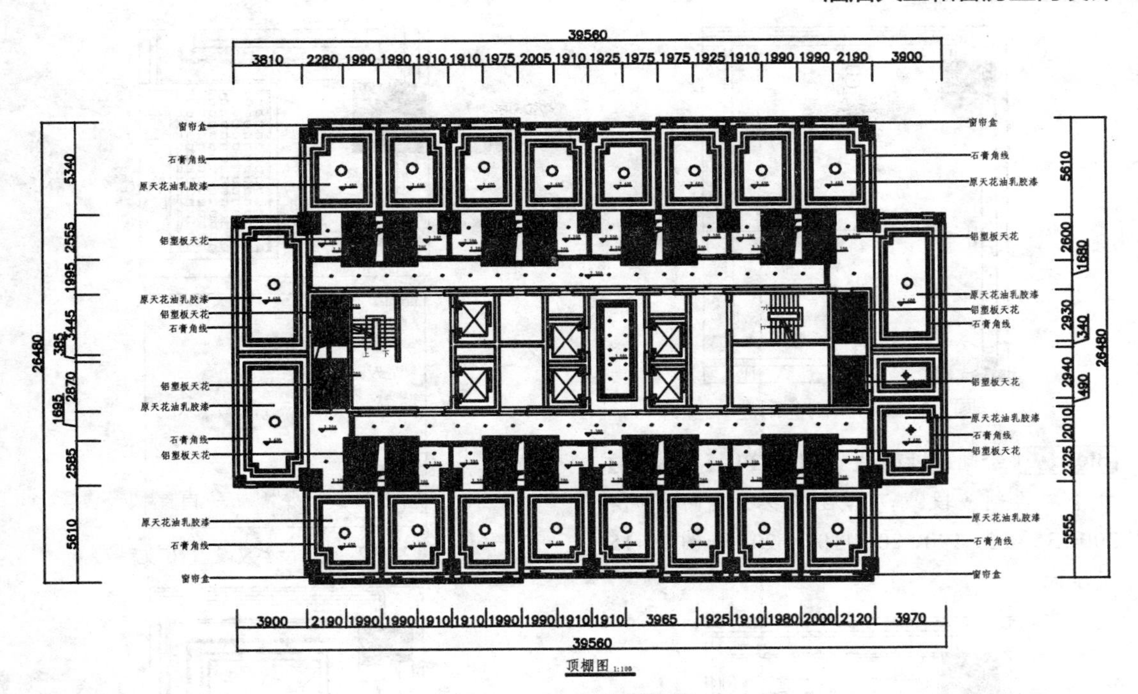

图 12-146　客房顶棚图

如图 12-147 所示为双人床间顶棚图，下面讲解绘制方法。

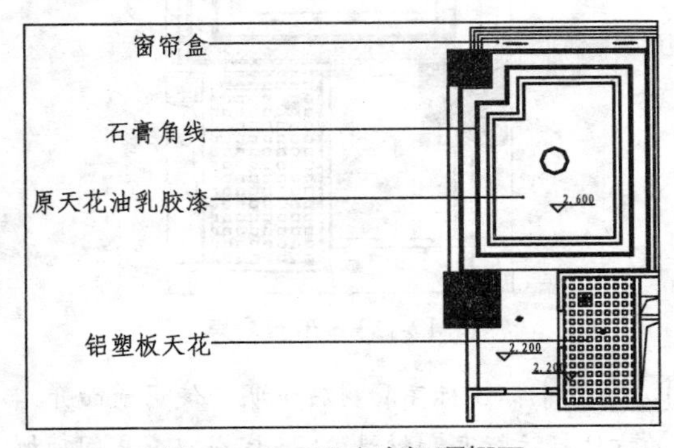

图 12-147　双人床间顶棚图

Step 01 调用 CO【复制】命令，复制客房平面布置图，删除其中所有的平面布置图形，如图 12-148 所示。

Step 02 调用 L【直线】命令，绘制墙体线，如图 12-149 所示。

Step 03 绘制窗帘盒。调用 L【直线】命令，绘制线段，如图 12-150 所示。

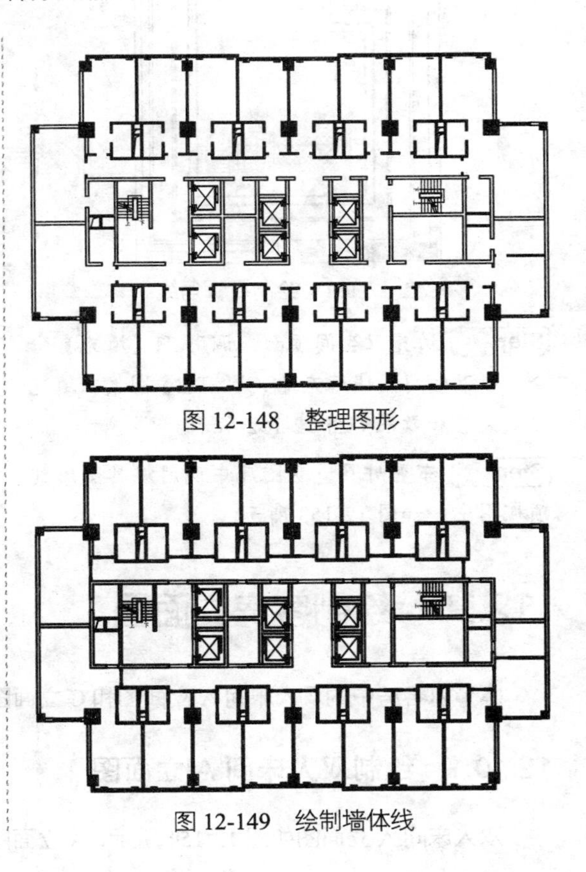

图 12-148　整理图形

图 12-149　绘制墙体线

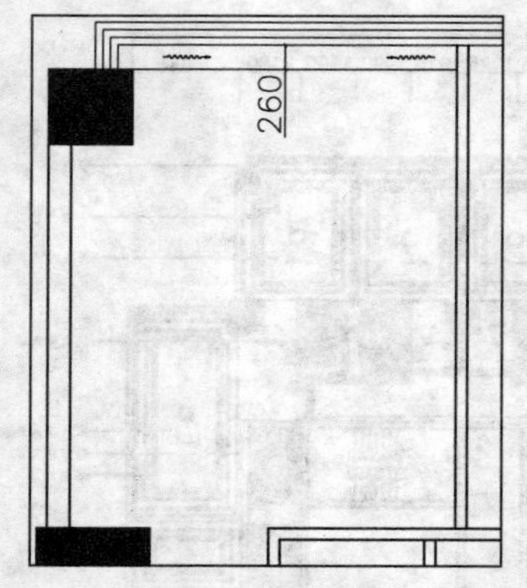

图 12-150　绘制窗帘盒

Step 04 绘制石膏角线。调用 PL【多段线】命令，绘制多段线，然后将多段线向内偏移 300、35、25、190、20、110 和 20，如图 12-151 所示。

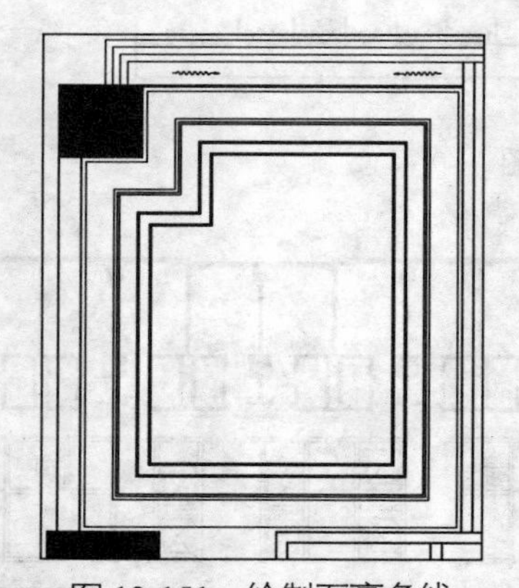

图 12-151　绘制石膏角线

Step 05 填充卫生间顶面。调用 H【填充】命令，在卫生间区域填充【SQUARE】图案，填充参数设置和效果如图 12-152 所示。

Step 06 布置灯具。从图库中调用灯具图形到顶棚图中，如图 12-153 所示。

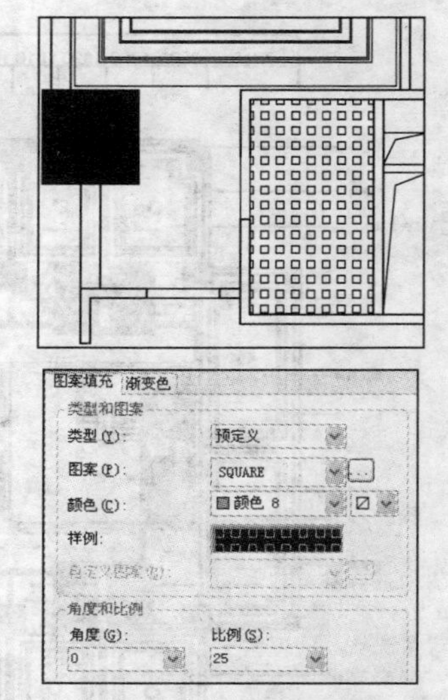

图 12-152　填充参数设置和效果

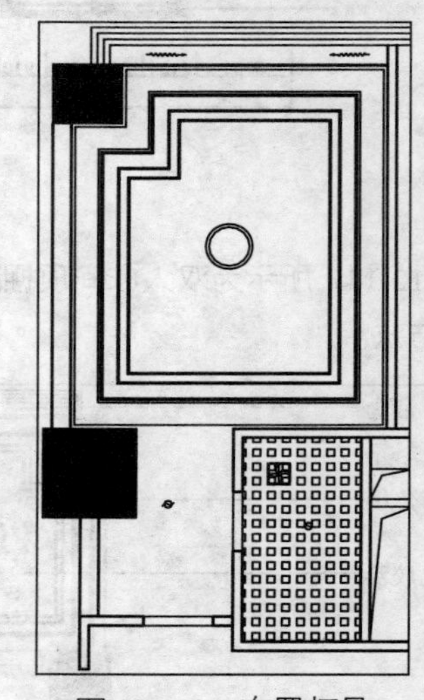

图 12-153　布置灯具

Step 07 标注标高和材料说明。使用前面介绍的方法标注标高和材料说明，完成双人床间顶棚图的绘制。

12.10　绘制客房立面图

本节以客房中的双人床间 A 立面图和 C 立面图为例，介绍酒店客房立面图的绘制。

12.10.1　绘制双人床间 A 立面图

双人床间 A 立面图如图 12-154 所示，A 立面图主要表达了衣柜的做法，以及行李架、电视柜和梳妆台所在的墙面。

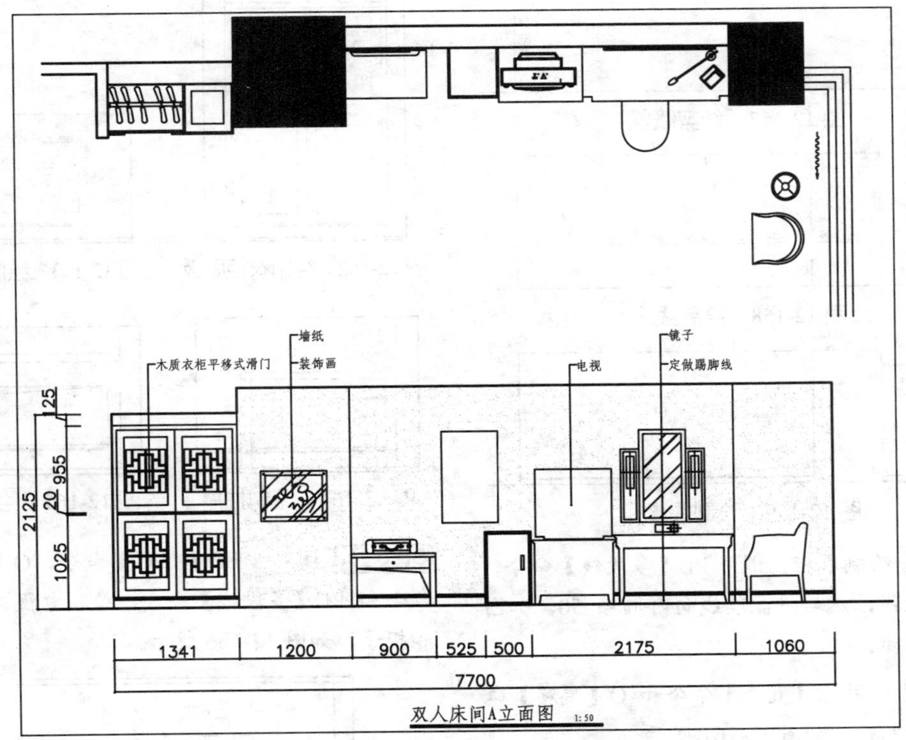

图 12-154　双人床间 A 立面图

Step 01 绘制立面轮廓。调用 CO【复制】命令，复制双人床间平面布置 A 立面的平面布置图，并对图形进行旋转。

Step 02 调用 L【直线】命令，应用投影法绘制墙体和地面，如图 12-155 所示。

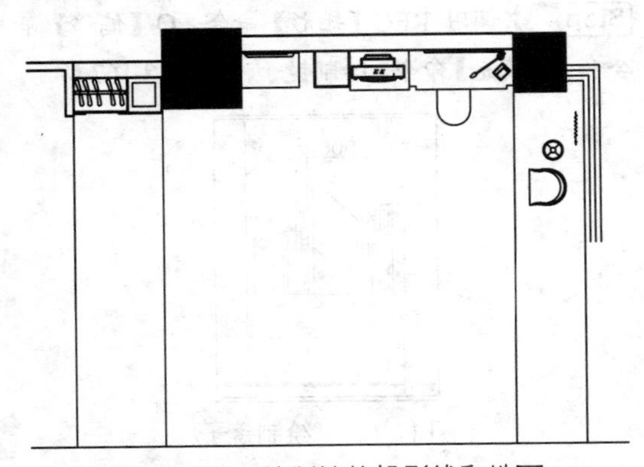

图 12-155　绘制墙体投影线和地面

Step 03 调用 O【偏移】命令，向上偏移地面轮廓线，如图 12-156 所示。

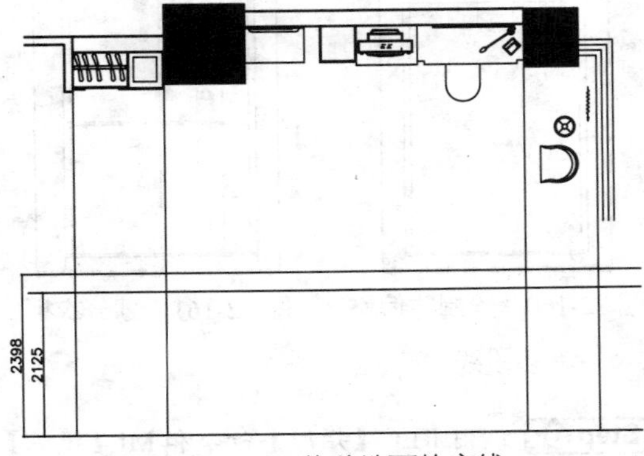

图 12-156　偏移地面轮廓线

Step 04 调用 TR【修剪】命令，对线段进行修剪，并将修剪后的线段转换至【QT_墙体】图层，如图 12-157 所示。

Step 05 调用 L【直线】命令，绘制线段，如图 12-158 所示。

Step 06 调用 L【直线】命令和 O【偏移】命令，绘制踢脚线，如图 12-159 所示。

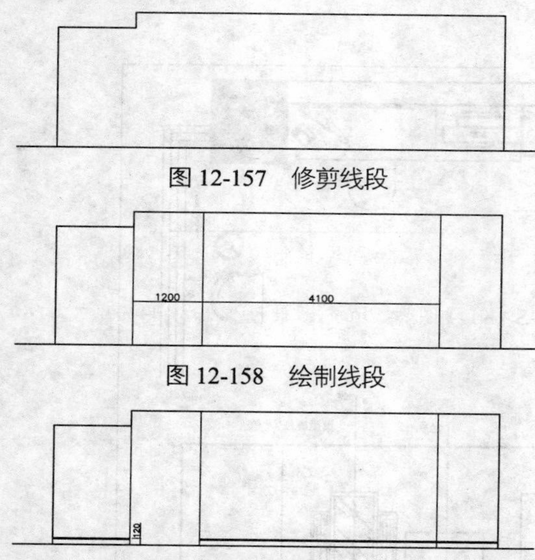

图 12-157　修剪线段

图 12-158　绘制线段

图 12-159　绘制踢脚线

Step 07 绘制衣柜。调用 PL【多段线】命令，绘制多段线，然后将多段线向内偏移 50，如图 12-160 所示。

Step 08 调用 L【直线】命令和 O【偏移】命令，划分衣柜，如图 12-161 所示。

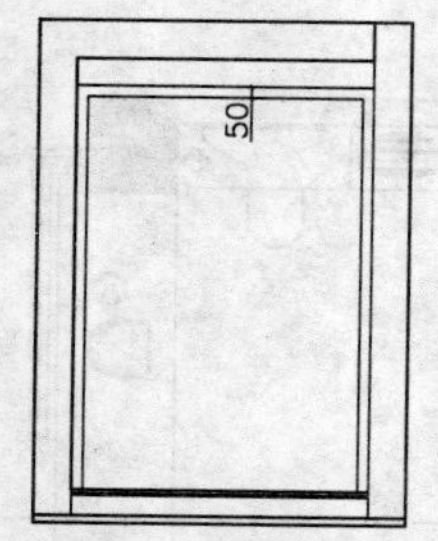

图 12-160　绘制并偏移多段线

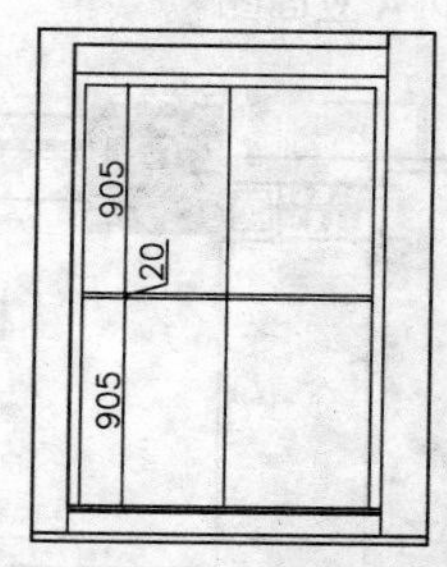

图 12-161　划分衣柜

Step 09 调用 REC【矩形】命令和 MI【镜像】命令，绘制衣柜面板，如图 12-162 所示。

Step 10 绘制行李架。调用 PL【多段线】命令，绘制行李架轮廓，并对踢脚线与行李架相交的位置进行修剪，如图 12-163 所示。

Step 11 调用 L【直线】命令和 C【圆】命令，绘制抽屉，如图 12-164 所示。

Step 12 调用 PL【多段线】命令，绘制折线表示镂空，如图 12-165 所示。

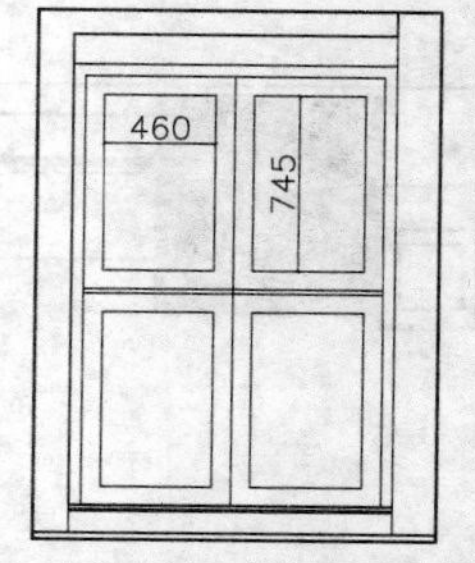

图 12-162　绘制衣柜面板

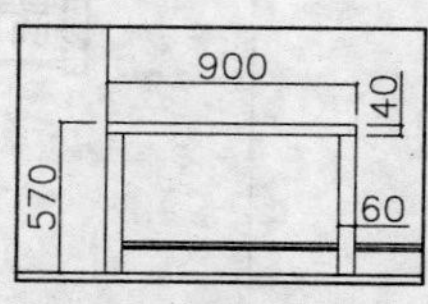

图 12-163　绘制行李架

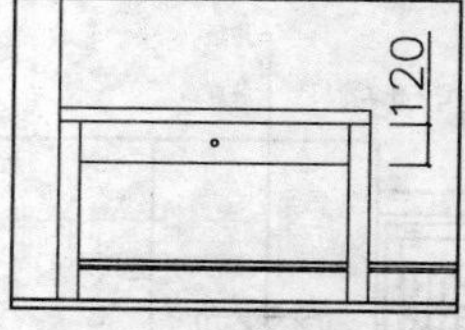

图 12-164　绘制抽屉

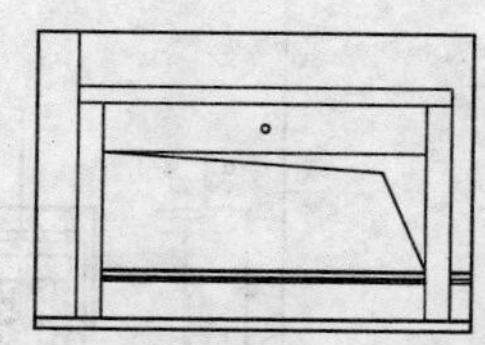

图 12-165　绘制折线

Step 13 调用 REC【矩形】命令、O【偏移】命令和 PL【多段线】命令，绘制电视、电视柜和柜子，如图 12-166 所示。

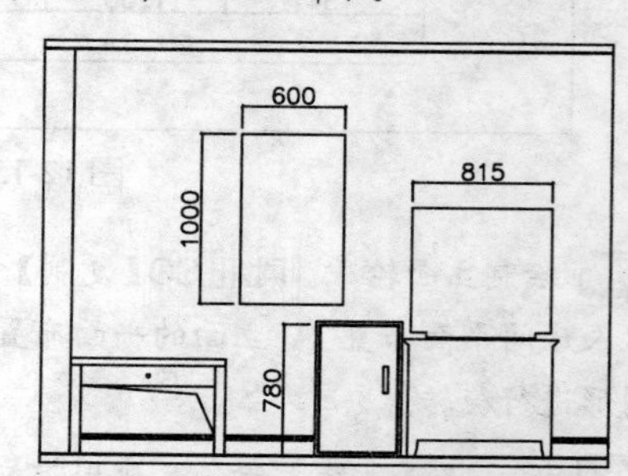

图 12-166　绘制电视、电视柜和柜子

Step 14 调用 REC【矩形】命令、O【偏移】命令和 H【填充】命令，绘制镜子，如图 12-167 所示。

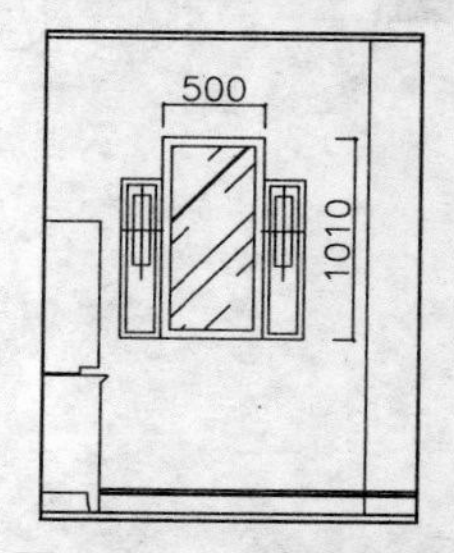

图 12-167　绘制镜子

Step 15 从图库中插入【衣柜面板造型】、【行李箱】、【梳妆台】和【休闲椅】等图块，并对图块与踢脚线相交的部分进行修剪，如图 12-168 所示。

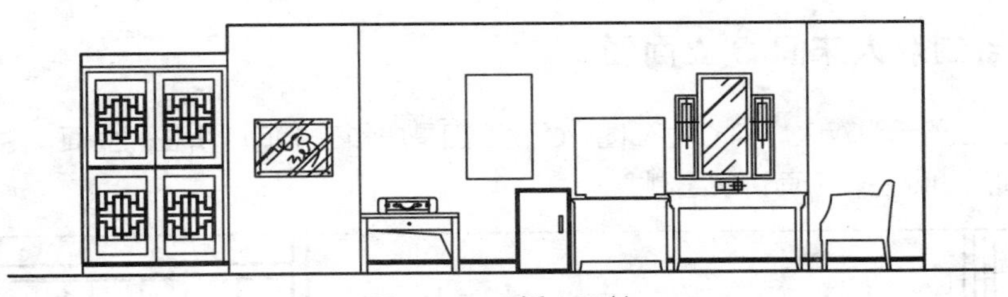

图 12-168　插入图块

Step 16 调用 H【填充】命令，对客房墙面填充【AR-SAND】图案，填充参数设置和效果如图 12-169 所示。

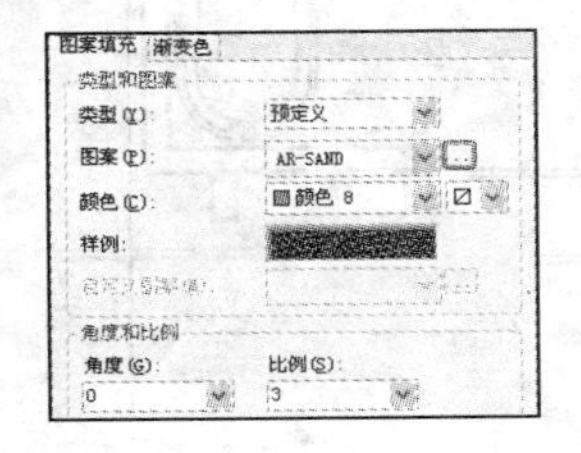

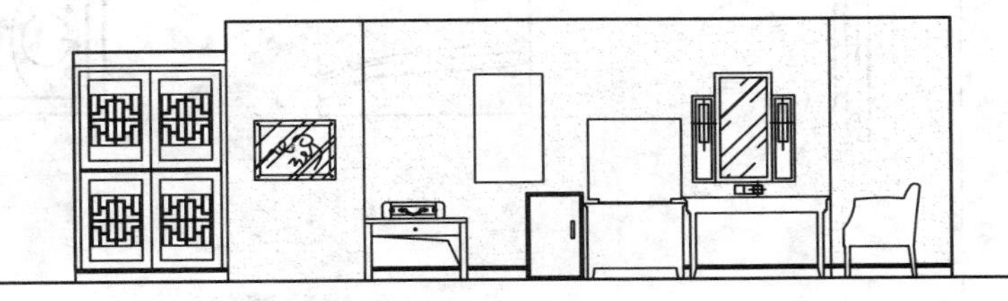

图 12-169　填充参数设置和效果

Step 17 标注尺寸和材料说明。设置【BZ_标注】图层为当前图层。调用 DLI【线性标注】命令和 DCO【连续性标注】命令，进行尺寸标注，如图 12-170 所示。

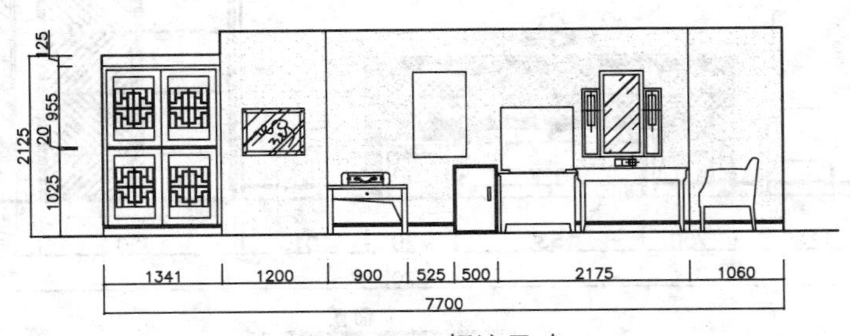

图 12-170　标注尺寸

Step 18 调用 MLD【多重引线】命令，对立面进行材料说明，如图 12-171 所示。

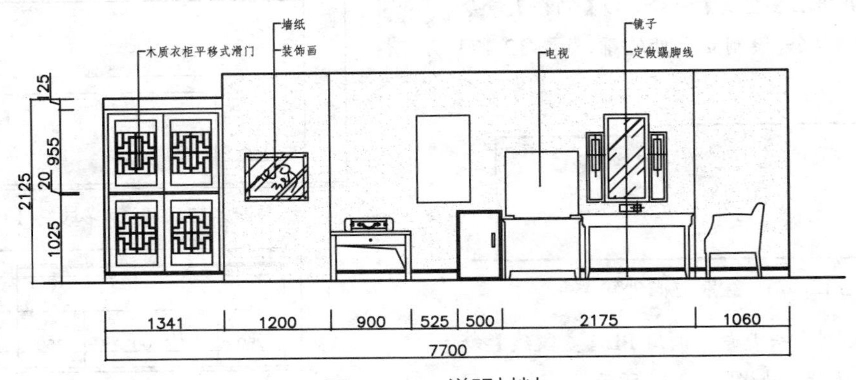

图 12-171　说明材料

Step 19 插入图名。调用 I【插入】命令，插入【图名】图块，设置图名为【双人床间 A 立面图】，完成双人床间 A 立面图的绘制。

12.10.2 绘制双人床间C立面图

如图12-172所示为双人床间C立面图，C立面图是床和卫生间门所在的立面，主要表达了床头背景和卫生间门的做法，下面讲解绘制方法。

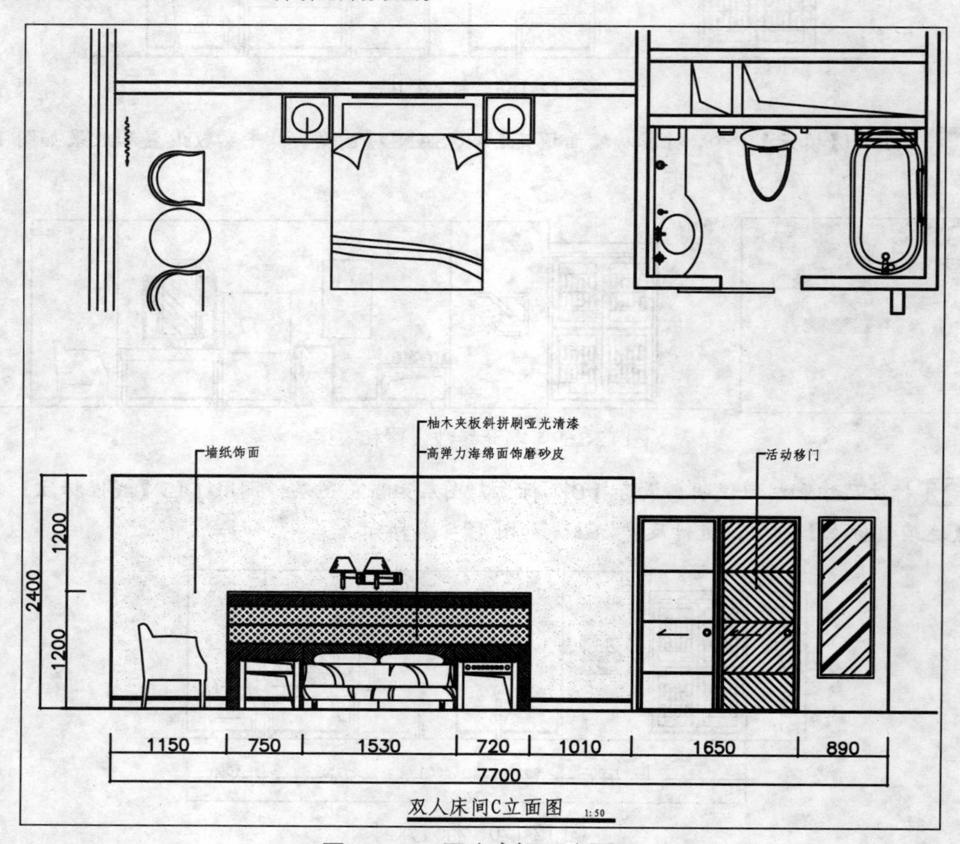

图12-172 双人床间C立面图

Step 01 调用L【直线】命令、O【偏移】命令和TR【修剪】命令，绘制立面外轮廓，如图12-173所示。

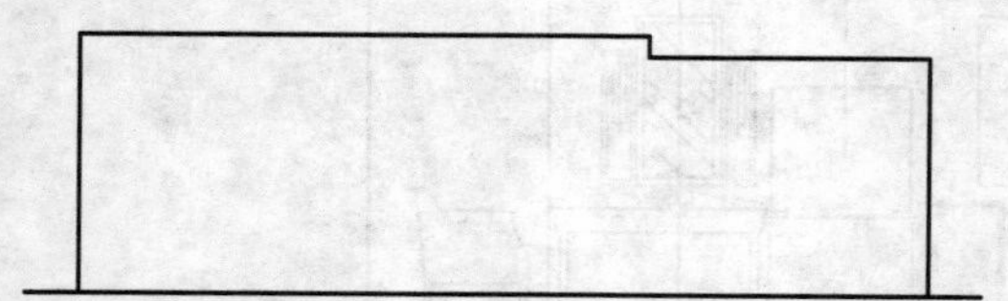

图12-173 绘制立面外轮廓

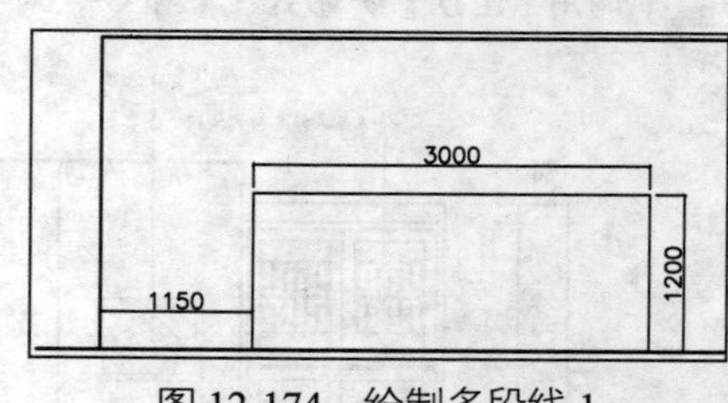

图12-174 绘制多段线1

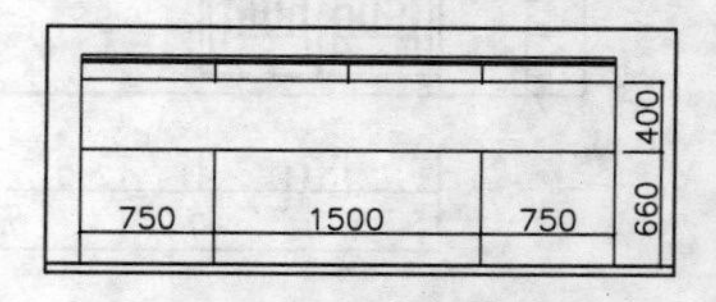

图12-175 绘制线段1

Step 02 绘制床头背景。调用PL【多段线】命令，绘制多段线，如图12-174所示。

Step 03 调用L【直线】命令和O【偏移】命令，绘制线段，如图12-175所示。

Step 04 调用REC【矩形】命令，绘制尺寸为2980×185、圆角半径为20的圆角矩形，如图

12-176 所示。

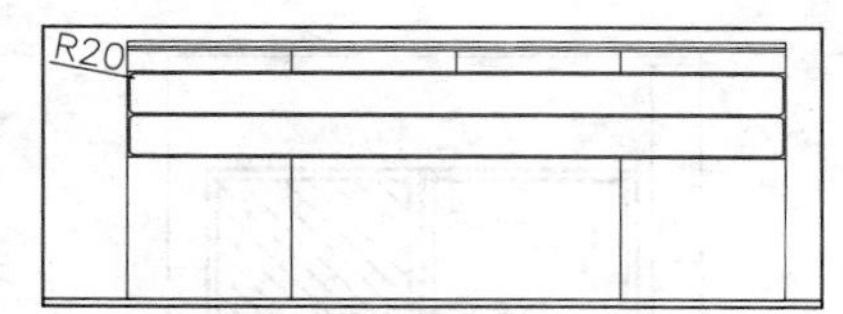

图 12-176　绘制圆角矩形

Step 05 调用 H【填充】命令，在圆角矩形中填充【CROSS】图案，填充参数设置和效果如图 12-177 所示。

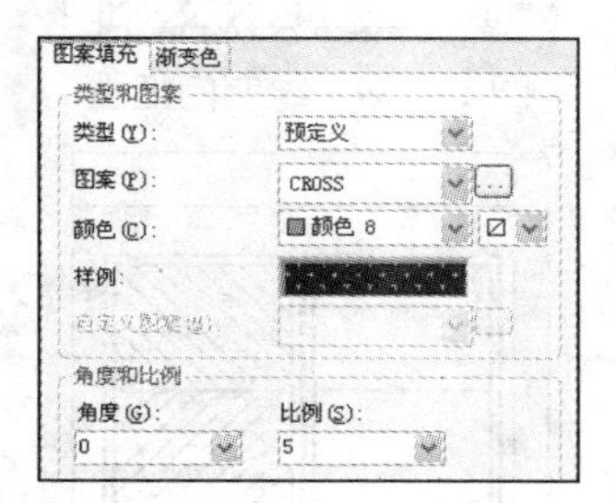

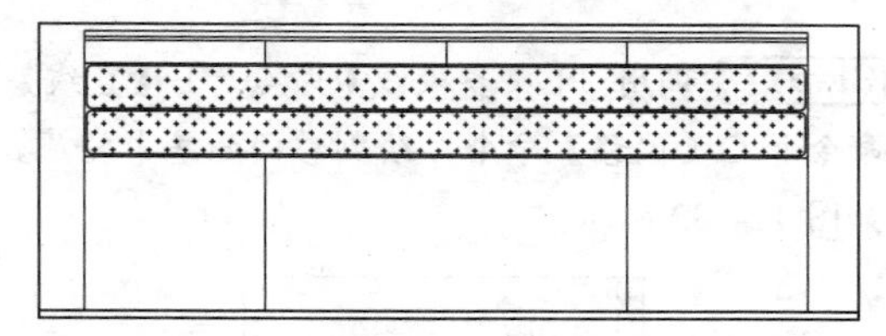

图 12-177　填充参数设置和效果

Step 06 调用 PL【多段线】命令、L【直线】命令和 O【偏移】命令，绘制床头柜，如图 12-178 所示。

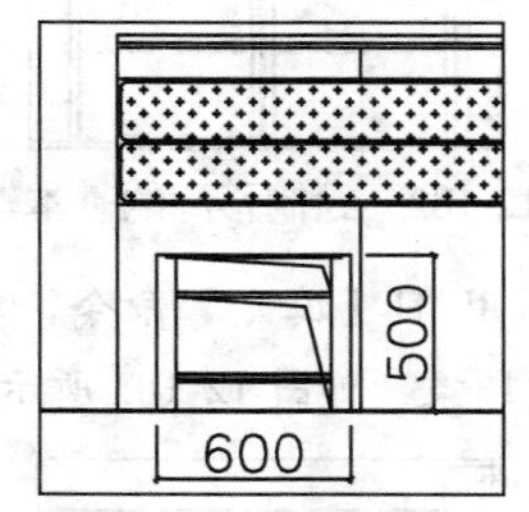

图 12-178　绘制床头柜

Step 07 调用 MI【镜像】命令，对床头柜进行镜像，并绘制按钮，如图 12-179 所示。

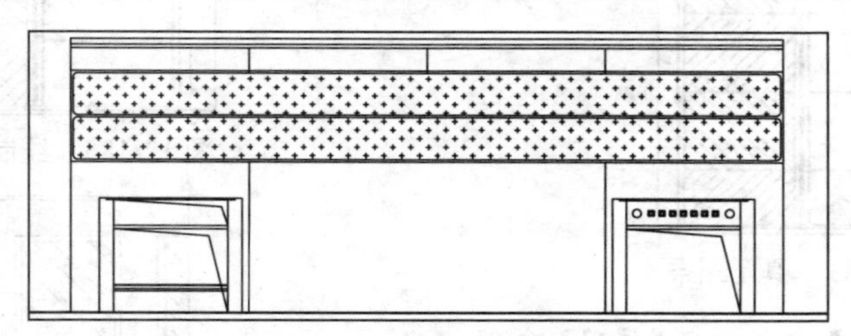

图 12-179　镜像床头柜并绘制按钮

Step 08 调用 L【直线】命令，绘制线段，如图 12-180 所示。

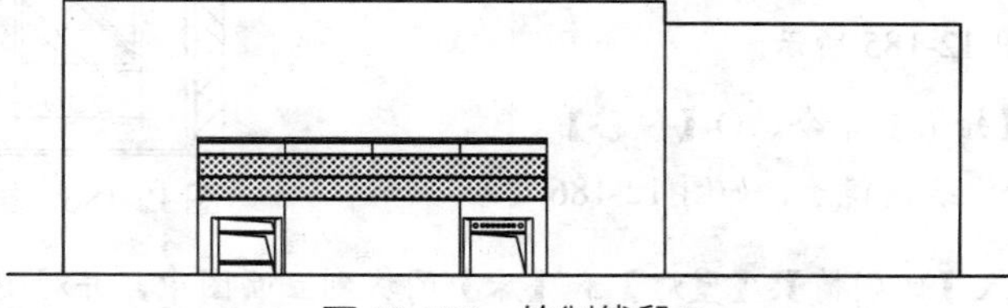

图 12-180　绘制线段 2

Step 09 调用 L【直线】命令和 O【偏移】命令，绘制踢脚线，如图 12-181 所示。

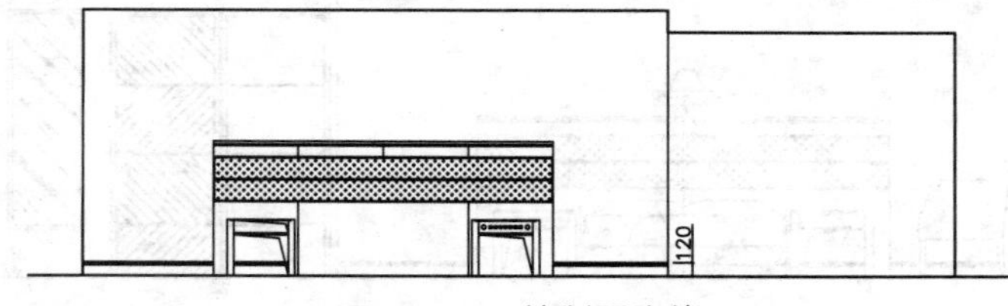

图 12-181　绘制踢脚线

Step 10 调用 PL【多段线】命令、L【直线】命令和 O【偏移】命令，绘制移门的基本轮廓，如图 12-182 所示。

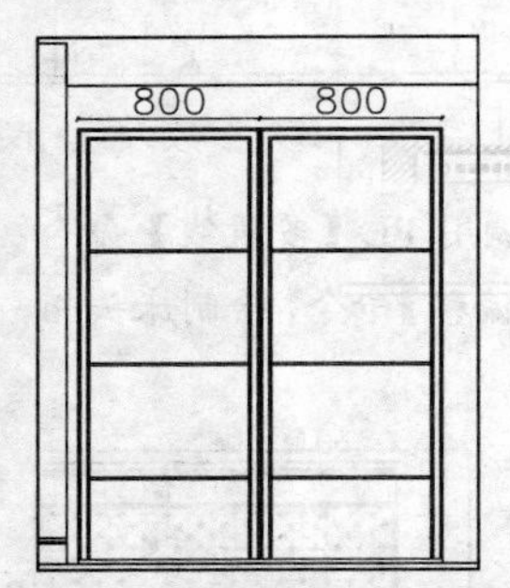

图 12-182 绘制移门的基本轮廓

Step 11 调用 H【填充】命令，对门板填充【ANSI31】图案，如图 12-183 所示。

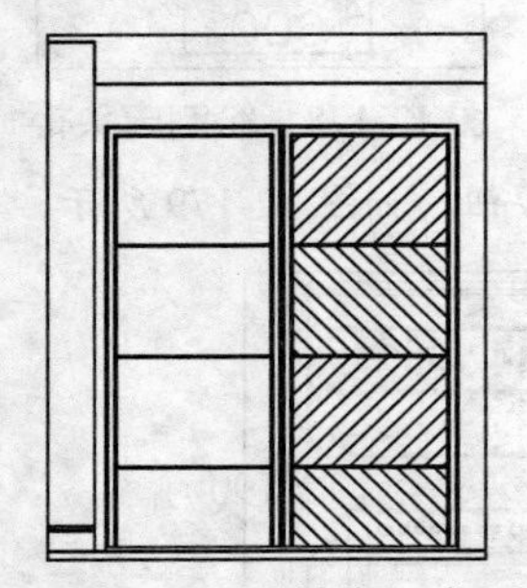

图 12-183 填充图案

Step 12 调用 C【圆】命令和 O【偏移】命令，绘制门把手，如图 12-184 所示。

Step 13 调用 PL【多段线】命令，绘制多段线表示门移动方向，如图 12-185 所示。

Step 14 调用 REC【矩形】命令、O【偏移】命令和 H【填充】命令，绘制镜子，如图 12-186 所示。

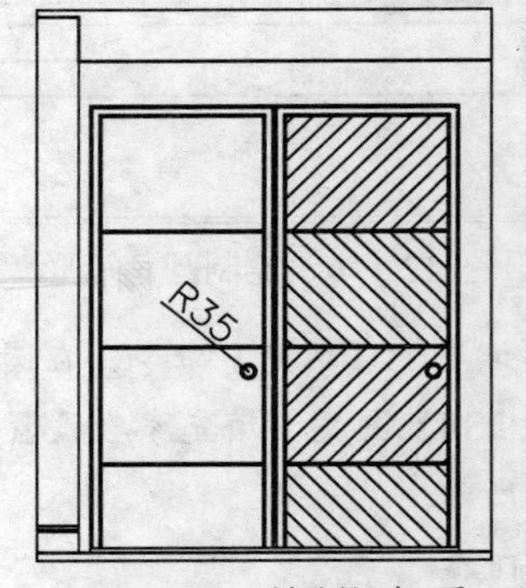

图 12-184 绘制门把手

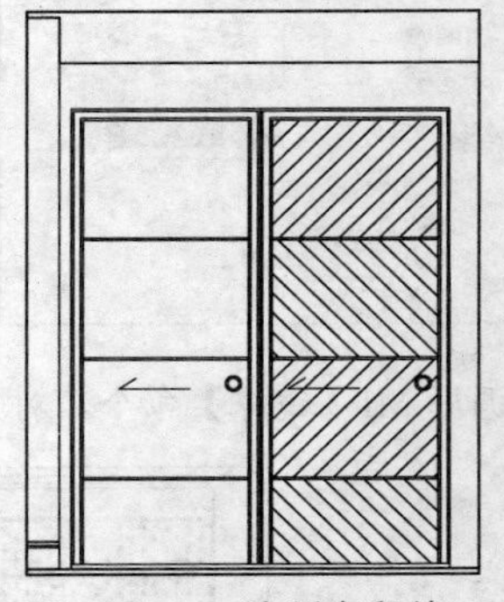

图 12-185 绘制多段线 2

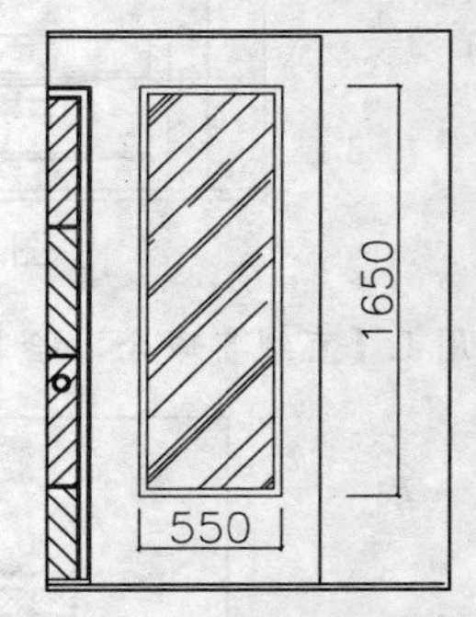

图 12-186 绘制镜子

Step 15 从图库中插入【休闲椅】、【壁灯】和【床】图块到立面图中，并对图形与踢脚线相交的线段进行修剪，如图 12-187 所示。

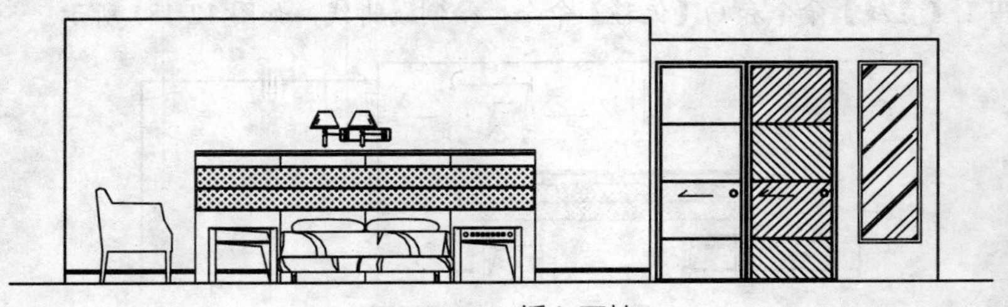

图 12-187 插入图块

Step 16 调用 H【填充】命令，在床屏中填充【LINE】图案，如图 12-188 所示。

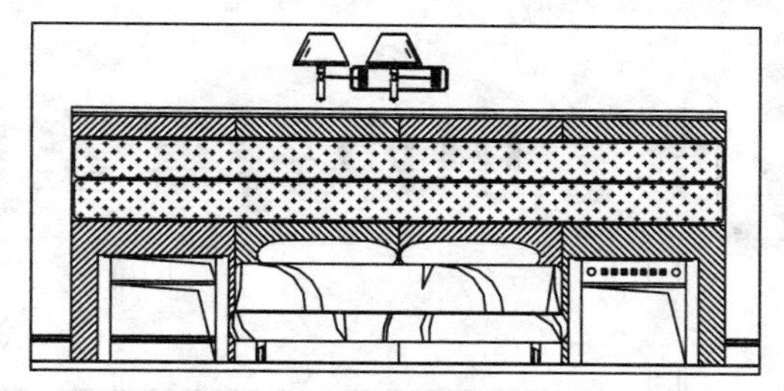

图 12-188　填充床屏

Step 17 继续调用 H【填充】命令，对墙面填充【AR-SAND】图案，如图 12-189 所示。

图 12-189　填充墙面

Step 18 最后进行尺寸标注、材料说明和插入图名，完成双人床间 C 立面图的绘制。

12.10.3　绘制其他立面图

使用前面介绍的方法绘制双人床间 B 立面图，绘制完成的效果如图 12-190 所示。

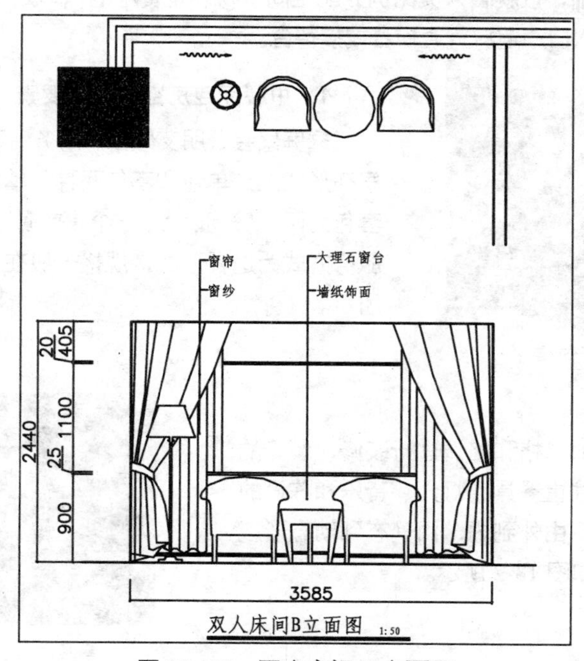

图 12-190　双人床间 B 立面图

第13章 中西餐厅室内设计

⊙学习目的：

本章讲解中西餐厅餐饮空间的室内设计。通过本章的学习，读者可了解餐饮空间的设计思路和方法，并能够熟练掌握餐饮空间施工图的绘制方法。

⊙学习重点：

★★★★ 绘制中西餐厅立面图

★★★☆ 绘制中西餐厅建筑平面图

★★★☆ 绘制中西餐厅平面布置图

★★★☆ 绘制中西餐厅顶棚图

★★☆☆ 绘制中西餐厅地材图

★☆☆☆ 中西餐厅室内设计概述

13.1 中西餐厅室内设计概述

中西餐厅设计原则是，按就餐人员比例分配空间，特别是餐厅的入口处设计应当宽敞、明亮，避免人流拥挤和阻塞，入口通道应直通柜台或接待台。

图 13-1 餐厅包房

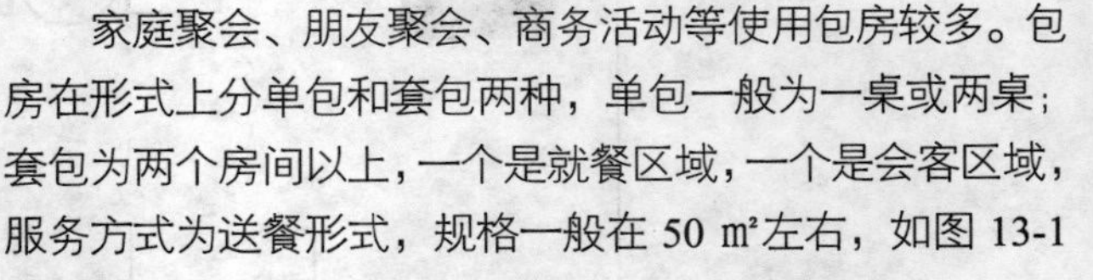

1. 中餐厅包房空间设计要素

家庭聚会、朋友聚会、商务活动等使用包房较多。包房在形式上分单包和套包两种，单包一般为一桌或两桌；套包为两个房间以上，一个是就餐区域，一个是会客区域，服务方式为送餐形式，规格一般在 50 ㎡左右，如图 13-1 所示。

2. 西餐厅设计要素

西餐厅是按照西式的风格和格调进行装修，装修的主要特点是华丽，并且注重餐具、灯光、音乐和陈设的搭配。餐厅中讲究宁静，由外到内、由静态到动态形成一种高贵典雅的气氛，如图 13-2 所示。

图 13-2 西餐厅

13.2 绘制中西餐厅建筑平面图

中西餐厅建筑平面图如图 13-3 和图 13-4 所示，下面以一层为例简单介绍其绘制方法。

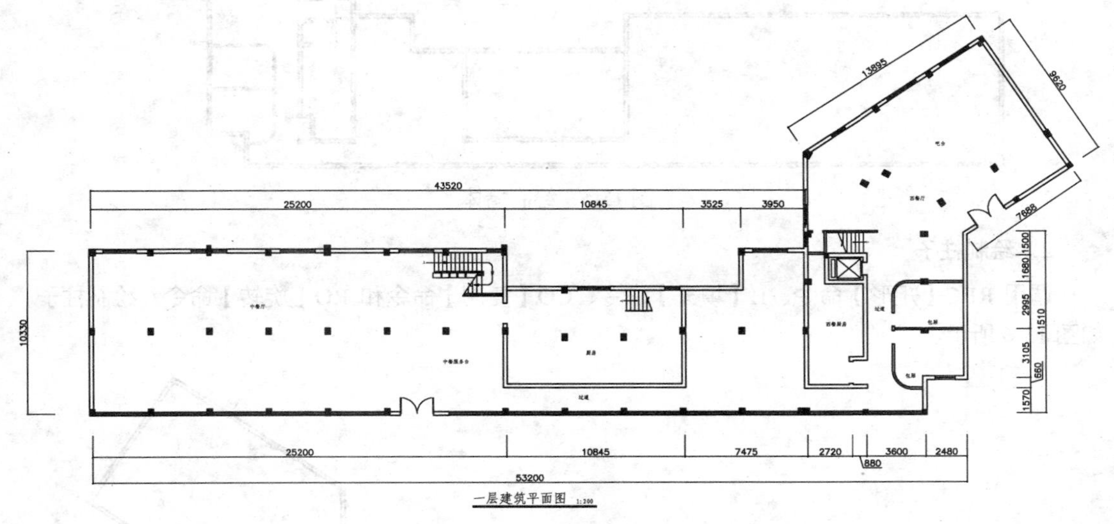

图 13-3　一层建筑平面图

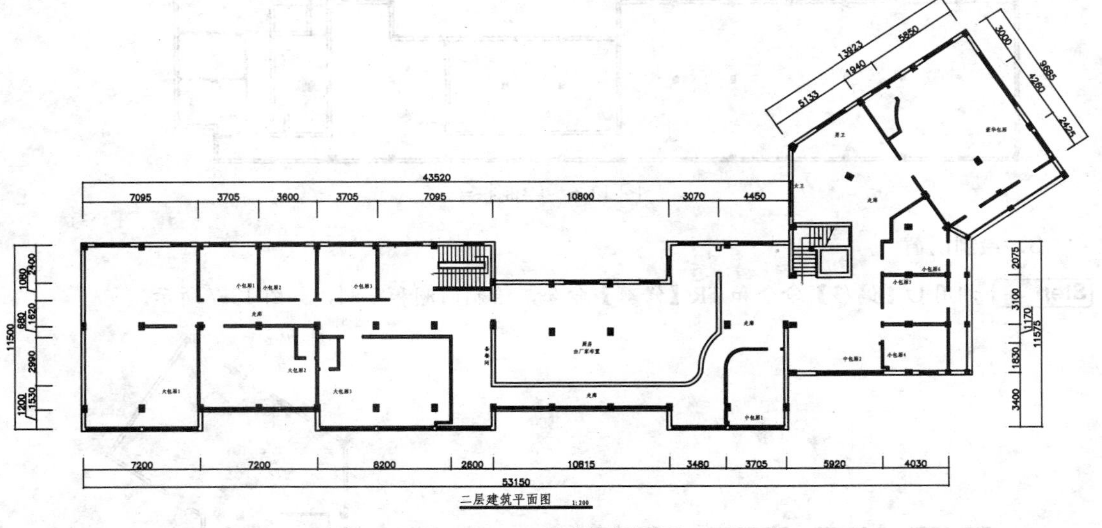

图 13-4　二层建筑平面图

1．绘制墙体

使用前面章节介绍的方法调用 PL【多段线】命令、TR【修剪】命令和 CHA【倒角】命令，绘制轴线，然后调用 O【偏移】命令，将轴线向两侧偏移得到墙体，并将偏移后的线段转换至【QT_墙体】图层，然后调用 CHA【倒角】命令和 TR【修剪】命令，对墙体进行修剪，如图 13-5 所示。

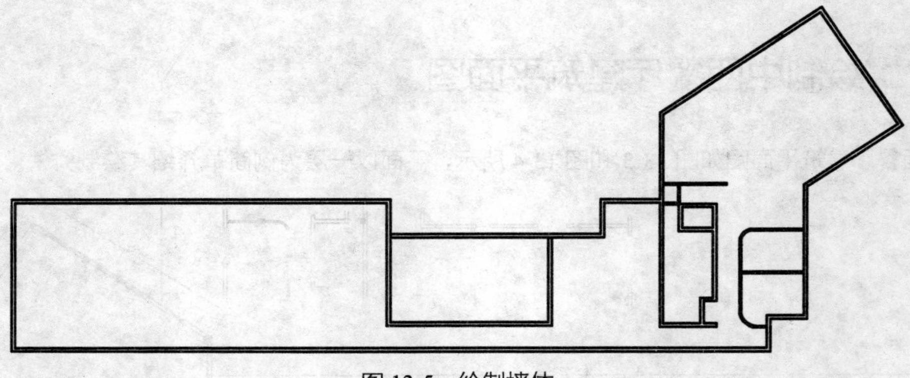

图 13-5　绘制墙体

2．绘制柱子

调用 REC【矩形】命令、H【填充】命令、CO【复制】命令和 RO【旋转】命令，绘制柱子，如图 13-6 所示。

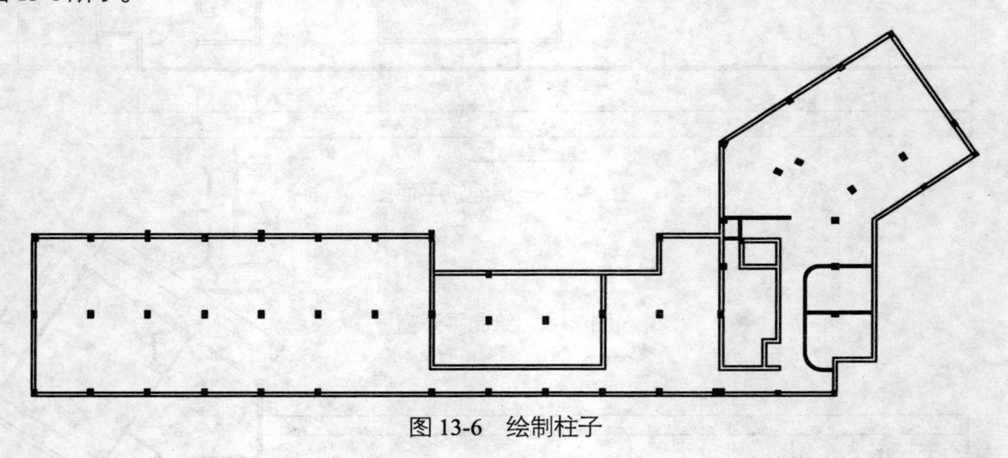

图 13-6　绘制柱子

3．绘制门窗

Step 01 调用 O【偏移】命令和 TR【修剪】命令，绘制门洞和窗洞，如图 13-7 所示。

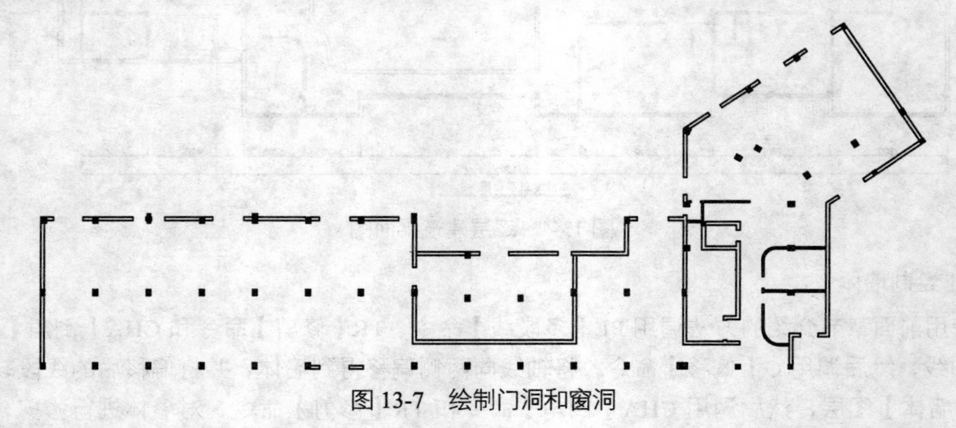

图 13-7　绘制门洞和窗洞

Step 02 调用 I【插入】命令和 MI【镜像】命令，绘制双开门，如图 13-8 所示。

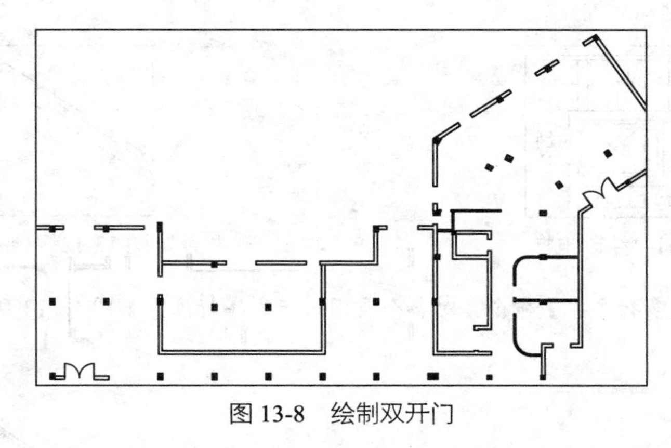

图 13-8　绘制双开门

Step 03 调用 L【直线】命令和 O【偏移】命令，绘制平开窗，如图 13-9 所示。

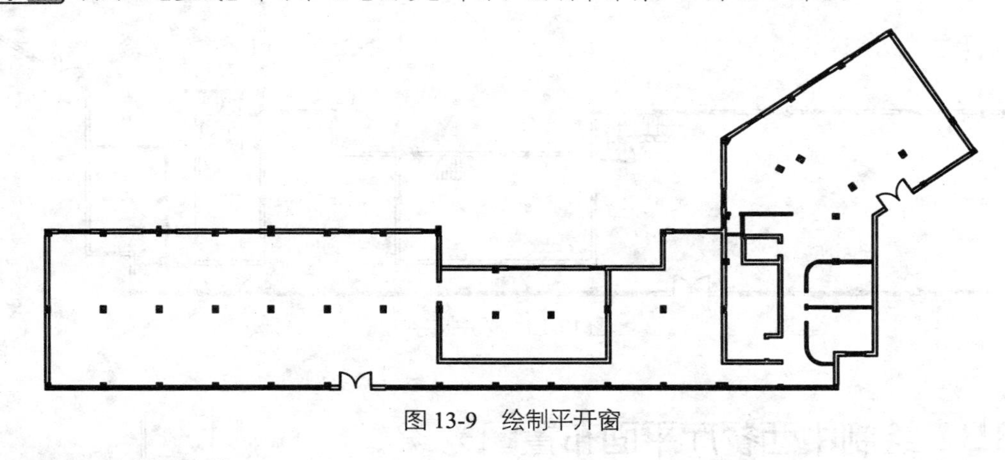

图 13-9　绘制平开窗

4．绘制楼梯和电梯

Step 01 设置【LT_楼梯】图层为当前图层。

Step 02 调用 L【直线】命令、O【偏移】命令、TR【修剪】命令、PL【多段线】命令、REC【矩形】命令和 MT【多行文字】命令，绘制楼梯，如图 13-10 所示。

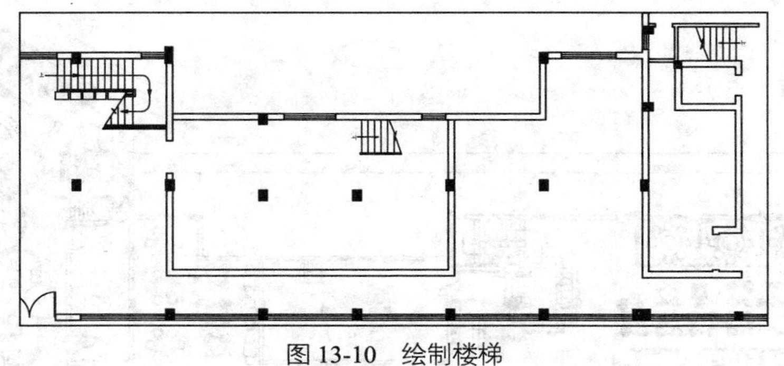

图 13-10　绘制楼梯

Step 03 调用 REC【矩形】命令和 L【直线】命令，绘制电梯，如图 13-11 所示。

5．绘制管道和标注文字

Step 01 调用 PL【多段线】命令和 C【圆】命令，绘制管道，如图 13-12 所示。

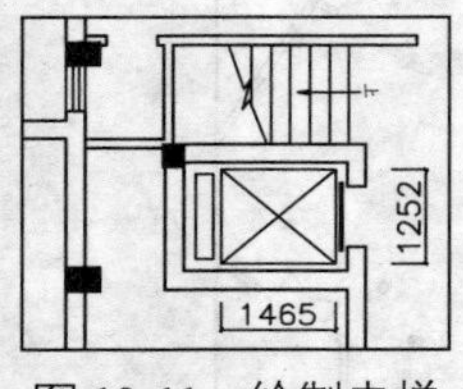

图 13-11　绘制电梯

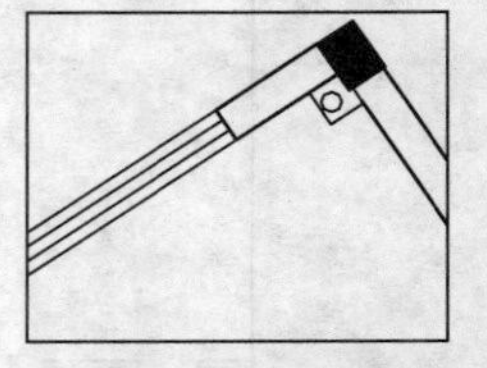

图 13-12　绘制管道

Step 02 调用 MT【多行文字】命令，对各个空间进行文字标注，如图 13-13 所示。

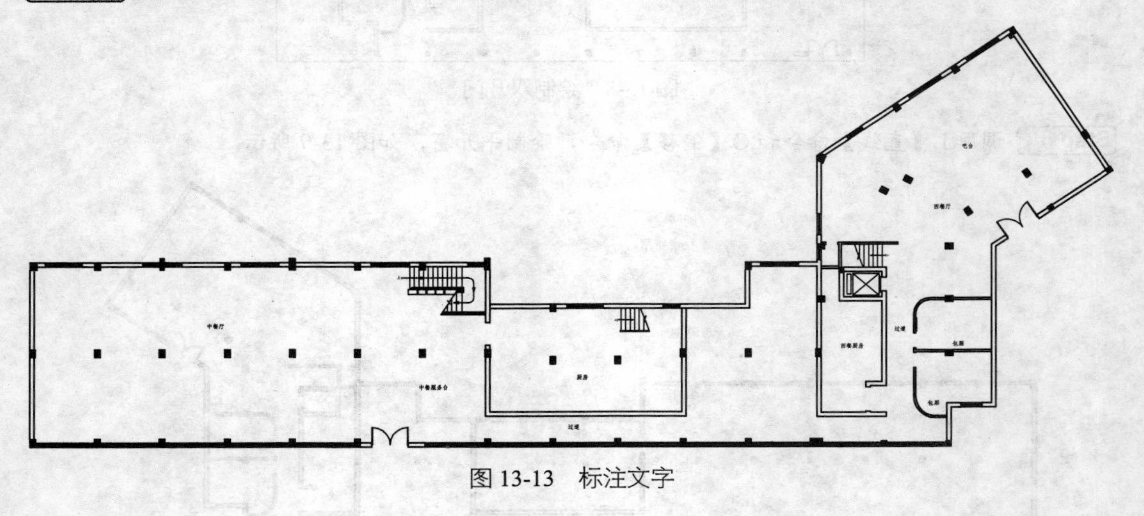

图 13-13　标注文字

13.3　绘制中西餐厅平面布置图

中西餐厅一层和二层平面布置图如图 13-14 和图 13-15 所示，下面分别讲解一层中餐服务台和水桥以及二层豪华包厢平面布置图的绘制方法。

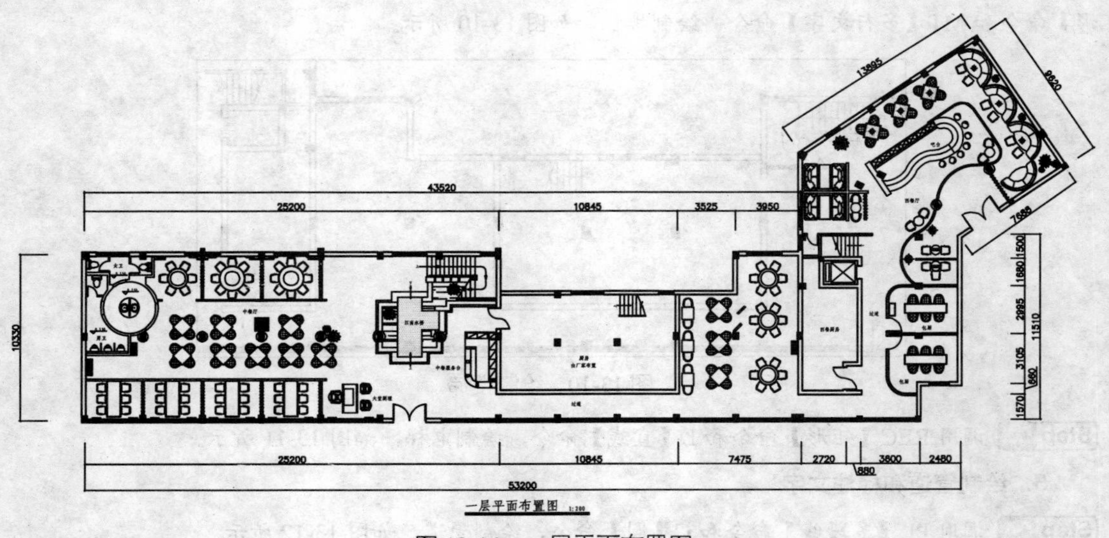

图 13-14　一层平面布置图

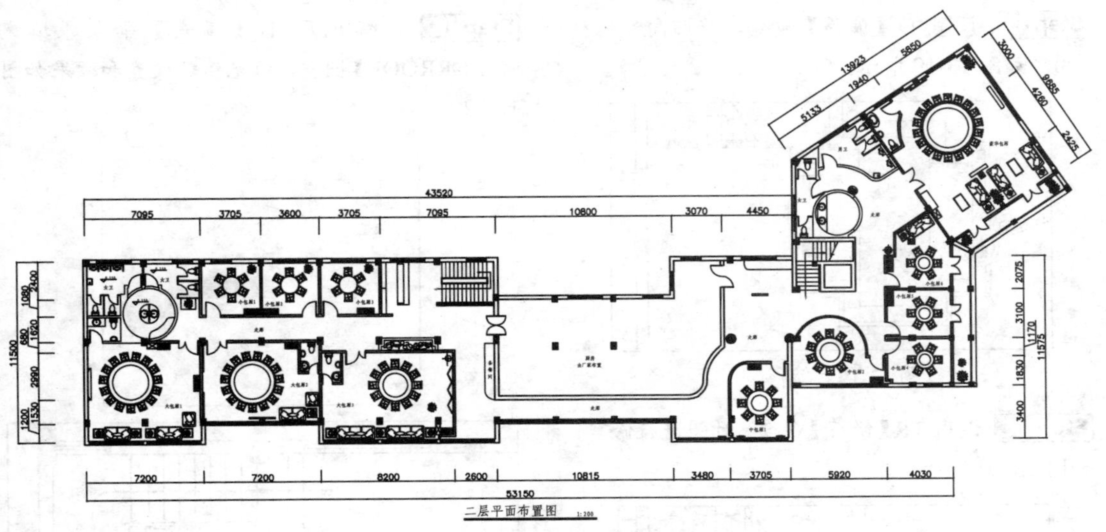

图 13-15　二层平面布置图

13.3.1　绘制一层中餐服务台和水桥平面布置图

中餐服务台布置在中式餐厅的入口处，并在前方设计了一个江南水桥，带有浓厚的中式气息，如图 13-16 所示，下面讲解绘制方法。

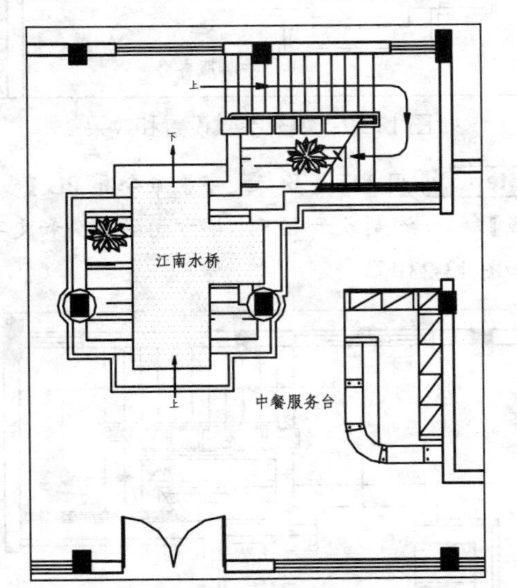

图 13-16　一层中餐服务台和水桥平面布置图

Step 01 设置【JJ_家具】图层为当前图层。

Step 02 绘制水桥。调用 PL【多段线】命令、L【直线】命令和 TR【修剪】命令，绘制水桥的基本轮廓，如图 13-17 所示。

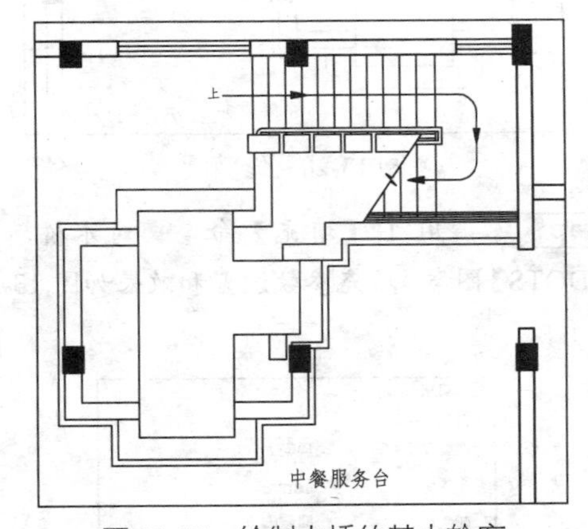

图 13-17　绘制水桥的基本轮廓

Step 03 调用 C【圆】命令，以柱子的中点为圆心绘制半径为 320 的圆，并修剪多余的线段，如图 13-18 所示。

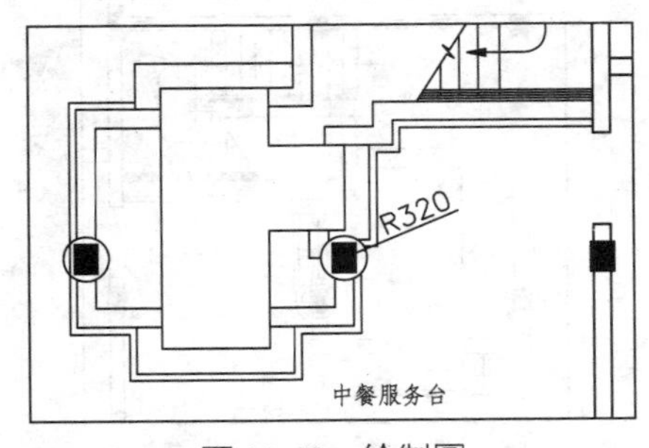

图 13-18　绘制圆

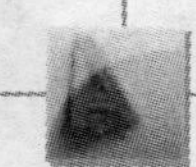

Step 04 调用 O【偏移】命令，将圆向外偏移100，如图 13-19 所示。

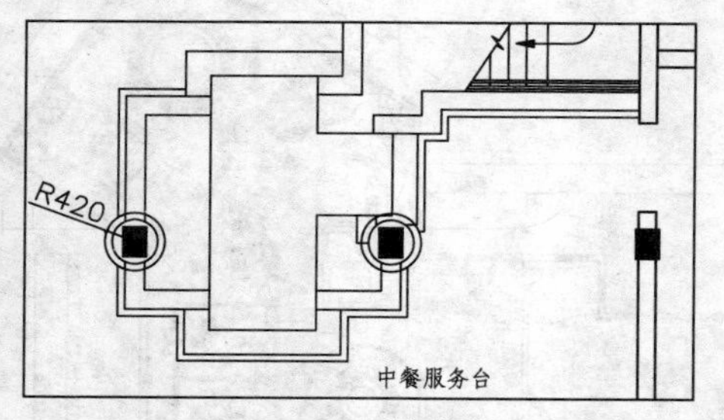

图 13-19　偏移圆

Step 05 调用 TR【修剪】命令，对圆进行修剪，如图 13-20 所示。

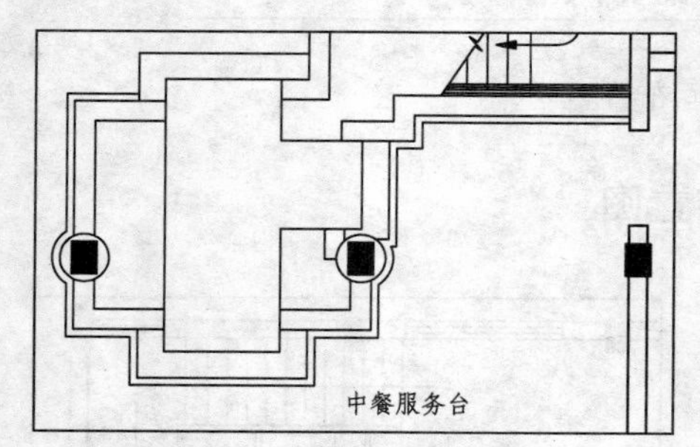

图 13-20　修剪圆

Step 06 调用 H【填充】命令，对水桥填充【DOTS】图案，填充参数设置和效果如图 13-21 所示。

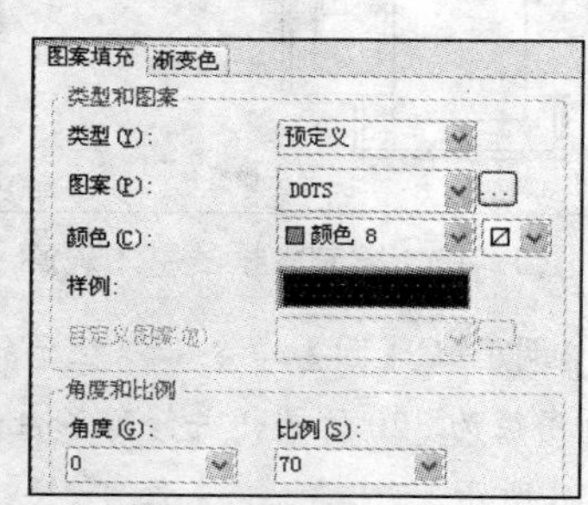

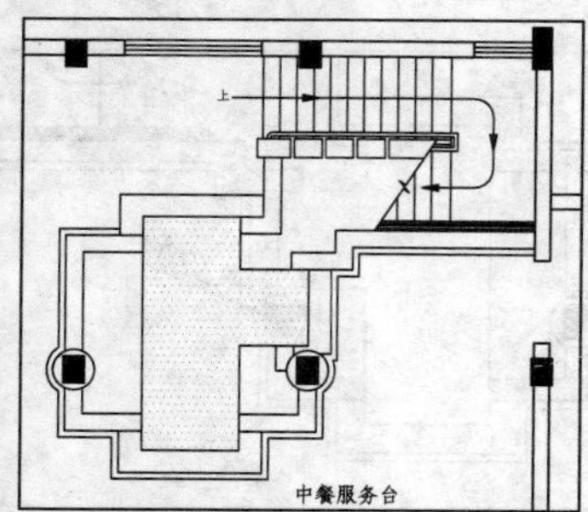

图 13-21　填充参数设置和效果 1

Step 07 继续调用 H【填充】命令，填充【AR-RROOF】图案，填充参数设置和效果如图 13-22 所示。

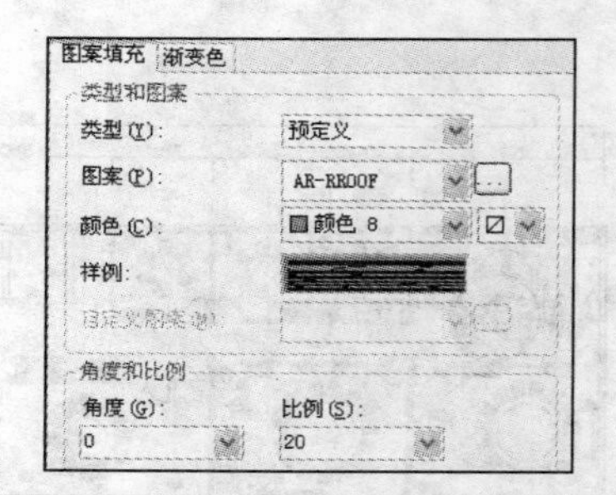

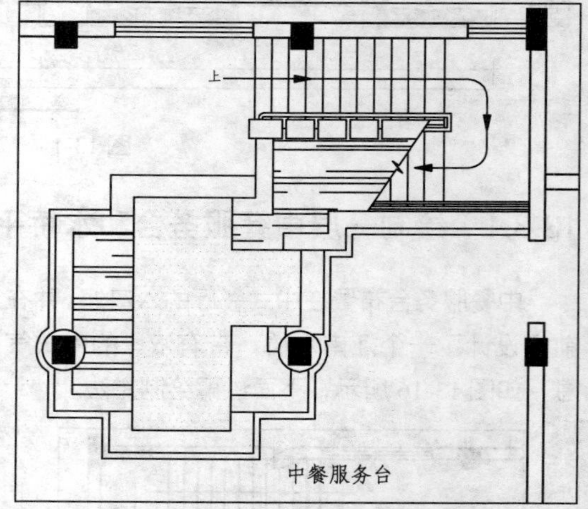

图 13-22　填充参数设置和效果 2

Step 08 用 MT【多行文字】命令和 PL【多段线】命令，绘制表示上下水桥方向的箭头和文字，如图 13-23 所示。

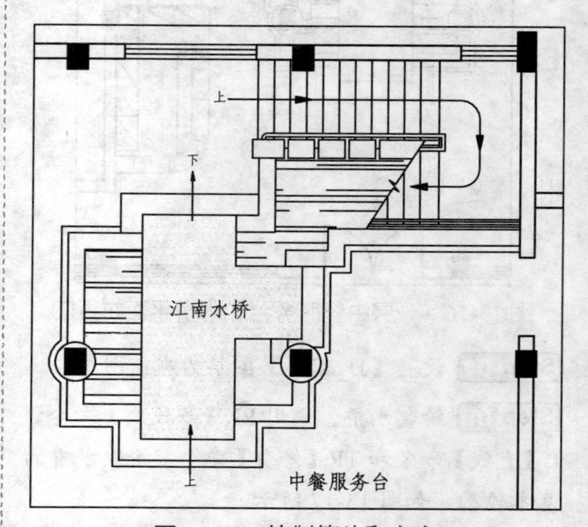

图 13-23　绘制箭头和文字

Step 09 绘制服务台。调用 PL【多段线】命令，绘制多段线，如图 13-24 所示。

Step 10 调用 F【圆角】命令，对多段线进行圆角，圆角半径为 795，如图 13-25 所示。

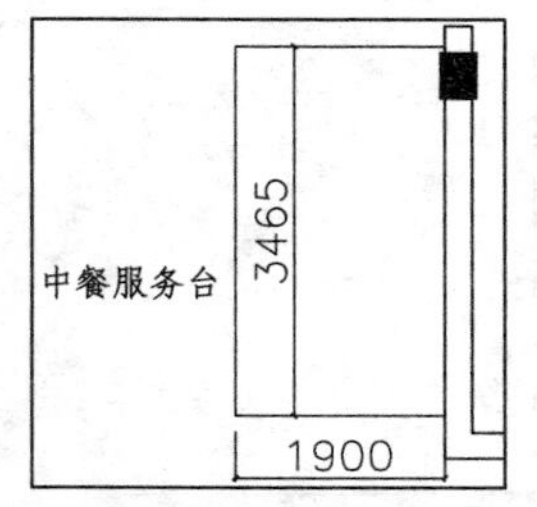

图 13-24　绘制多段线

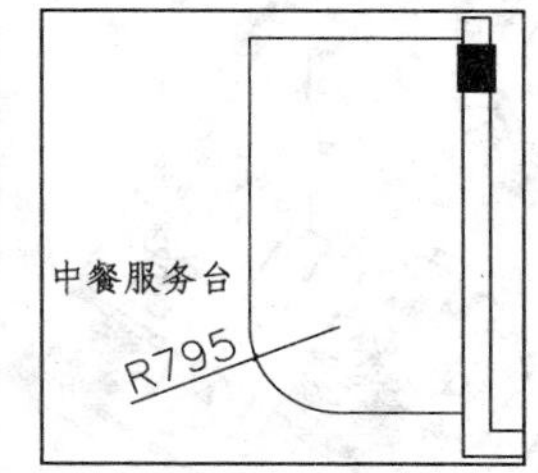

图 13-25　圆角多段线

Step 11 调用 X【分解】命令，分解多段线，然后调用 O【偏移】命令，将多段线向右偏移 350，如图 13-26 所示。

Step 12 调用 PL【多段线】命令和 L【直线】命令，绘制线段，如图 13-27 所示。

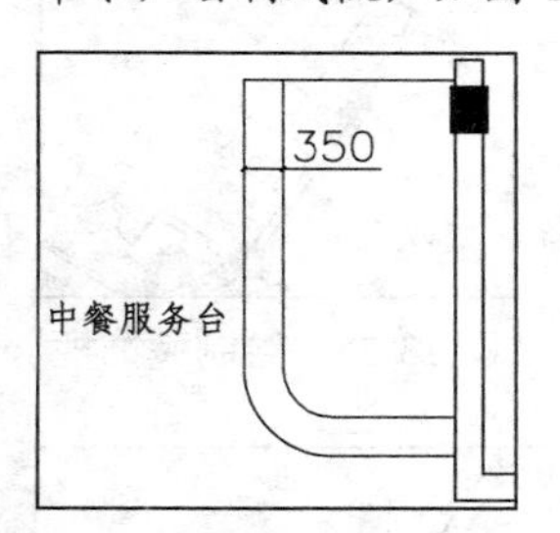

图 13-26　分解并偏移多段线

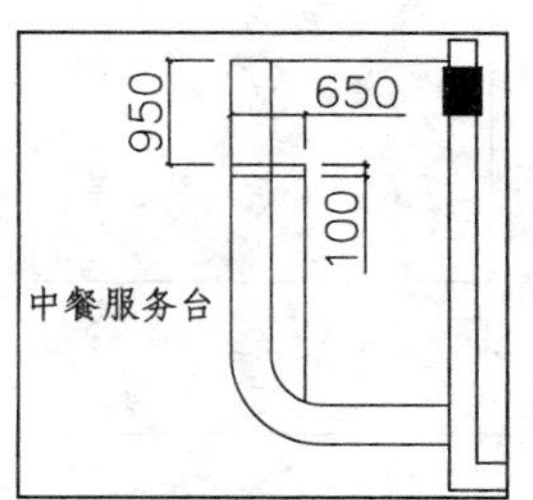

图 13-27　绘制线段

Step 13 调用 TR【修剪】命令，修剪线段，如图 13-28 所示。

Step 14 调用 L【直线】命令和 O【偏移】命令，划分服务台，如图 13-29 所示。

Step 15 调用 C【圆】命令，绘制半径为 10 的圆，并对圆进行复制，如图 13-30 所示。

中餐服务台

图 13-28　修剪线段

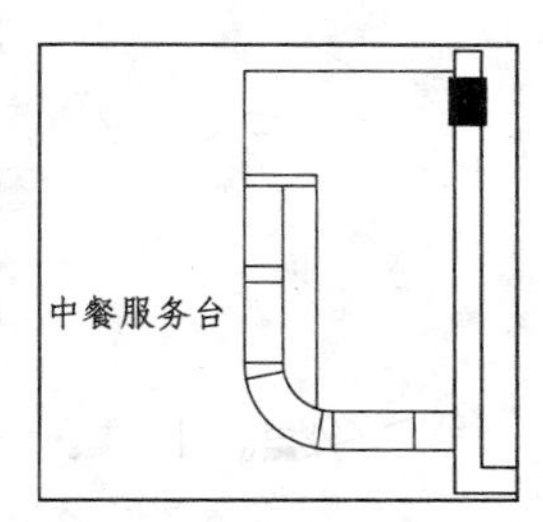

图 13-29　划分服务台

Step 16 调用 PL【多段线】命令和 L【直线】命令，绘制酒柜，如图 13-31 所示。

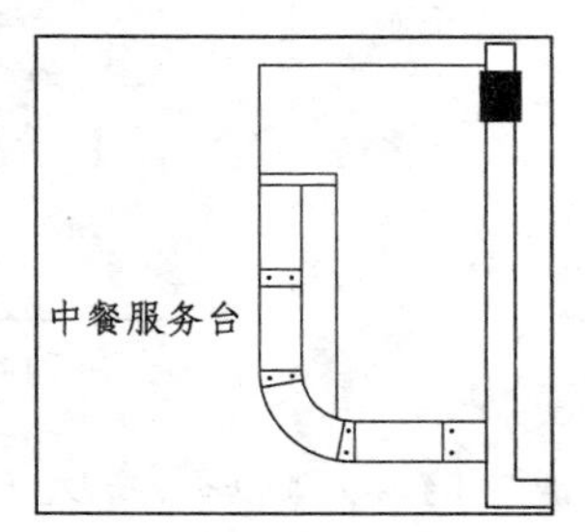

图 13-30　绘制并复制圆

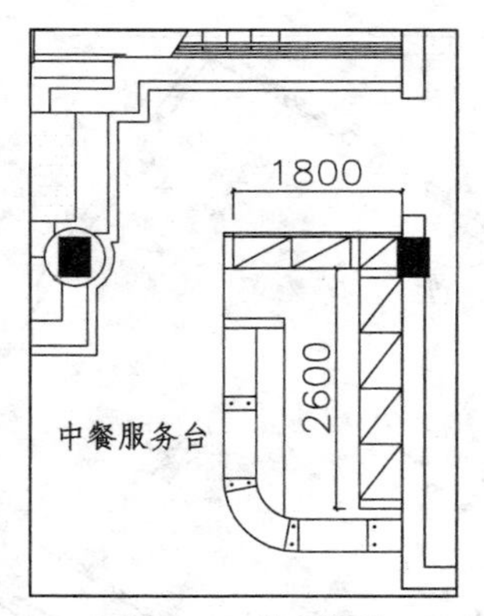

图 13-31　绘制酒柜

Step 17 按【Ctrl+O】快捷键，打开配套光盘中的“第 13 章\家具图例.dwg”文件，从图库中选择【植物】图块到平面布置图中，如图 13-16 所示，完成一层中餐服务台和水桥平面布置图的绘制。

13.3.2　绘制二层豪华包厢平面布置图

二层豪华包厢平面布置图如图 13-32 所示，包括会客区和就餐区，采用屏风隔断，下面讲解绘制方法。

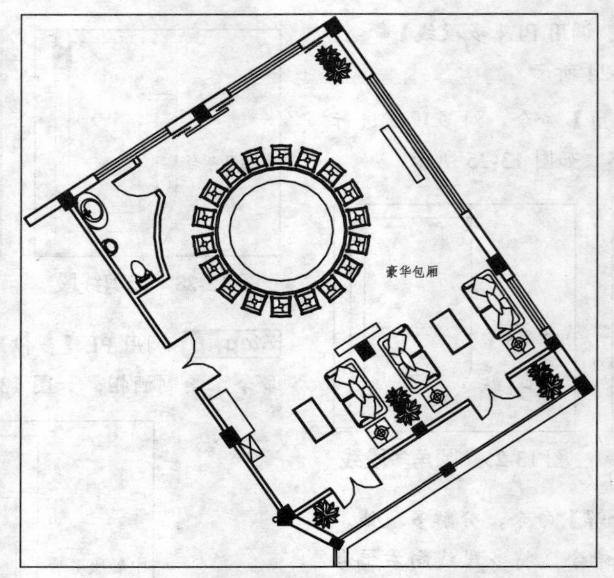

图 13-32　二层豪华包厢平面布置图

Step 01 调用 I【插入】命令，插入【门】图块，并对图块进行旋转和镜像，如图 13-33 所示。

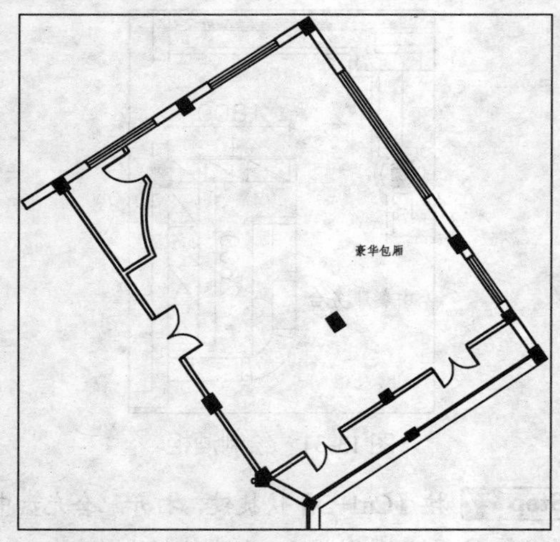

图 13-33　绘制门

Step 02 绘制装饰柜和备餐台。调用 PL【多段线】命令，绘制多段线表示备餐台，如图 13-34 所示。

Step 03 调用 REC【矩形】命令、RO【旋转】命令和 L【直线】命令，绘制装饰柜，如图 13-35 所示。

Step 04 调用 REC【矩形】命令和 RO【旋转】命令，绘制屏风隔断，如图 13-36 所示。

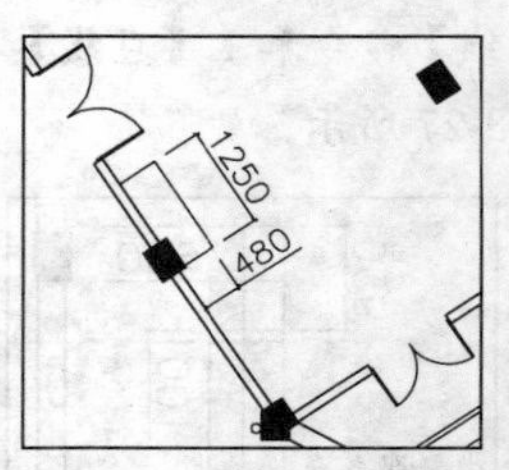

图 13-34　绘制备餐台

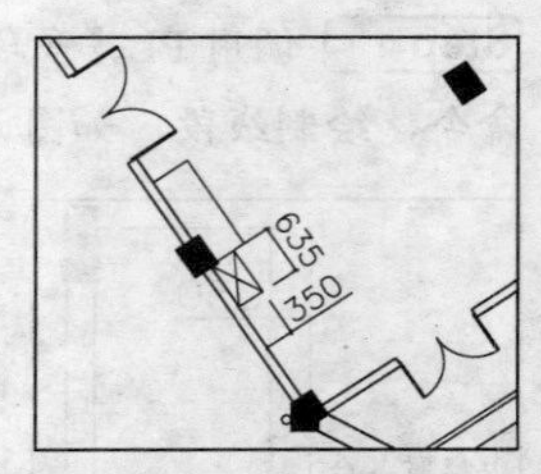

图 13-35　绘制装饰柜

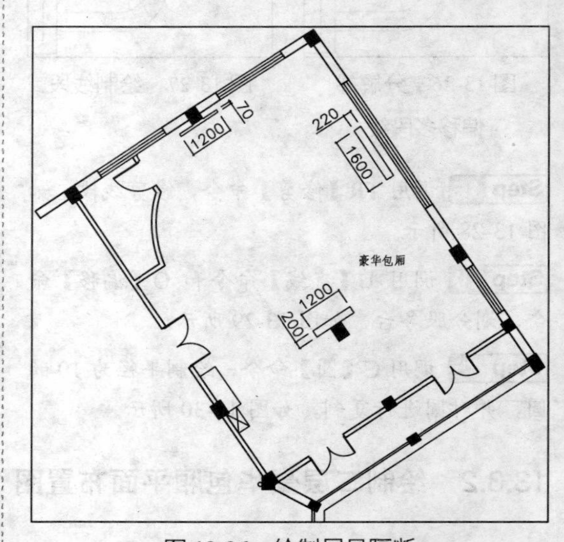

图 13-36　绘制屏风隔断

Step 05 调用 PL【多段线】命令和 RO【旋转】命令，绘制窗帘，如图 13-37 所示。

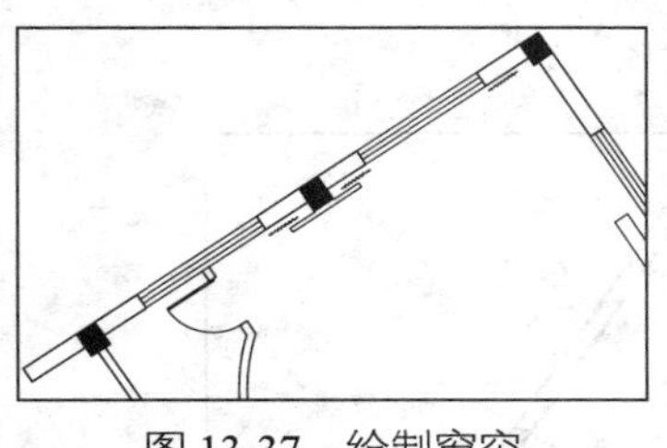

图 13-37　绘制窗帘

Step 06 从图库中插入【餐桌】、【植物】、【沙发】、【茶几】和【卫具】等图块到平面布置图中，完成二层豪华包厢平面布置图的绘制。

13.4　绘制中西餐厅地材图

如图 13-38 和图 13-39 所示为中西餐厅地材图，中西餐厅使用的地面材料有米黄大理石、防滑砖、钢化玻璃、马赛克、实木地板和地砖。下面以西餐酒吧地材图为例讲解地材图的绘制方法，其他地材图可使用 H【填充】命令，填充图案即可。

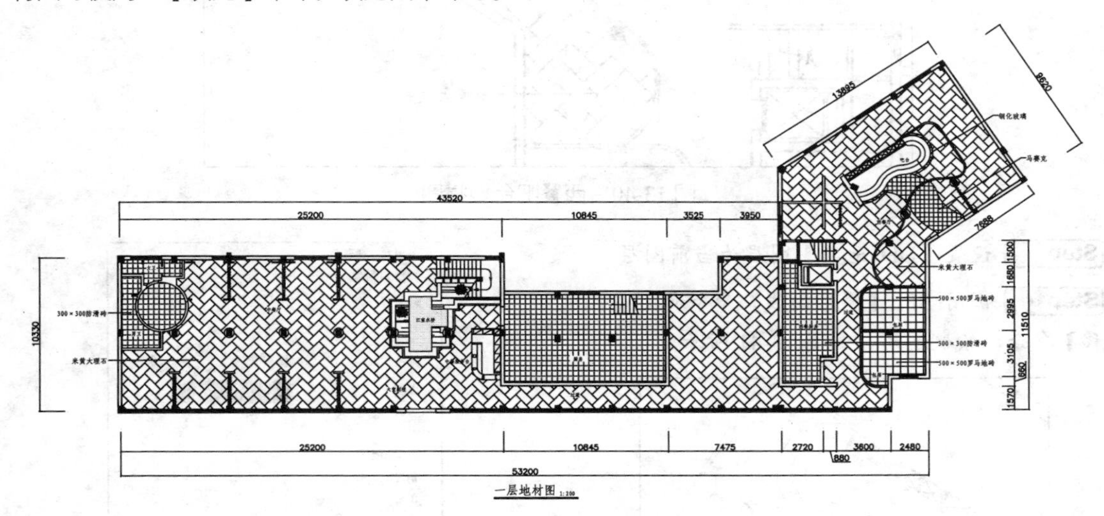

图 13-38　一层地材图

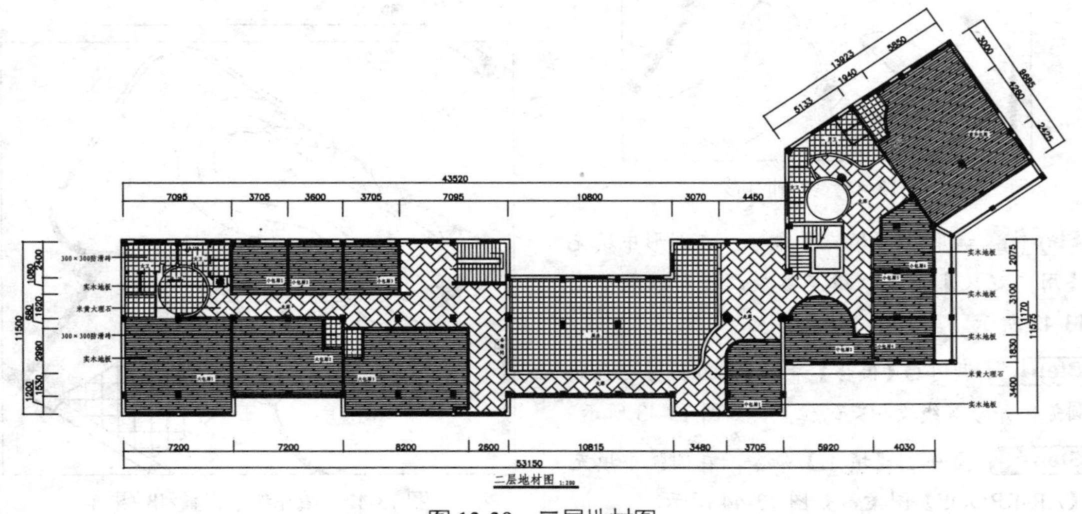

图 13-39　二层地材图

吧台的地材图如图13-40所示，下面讲解绘制方法。

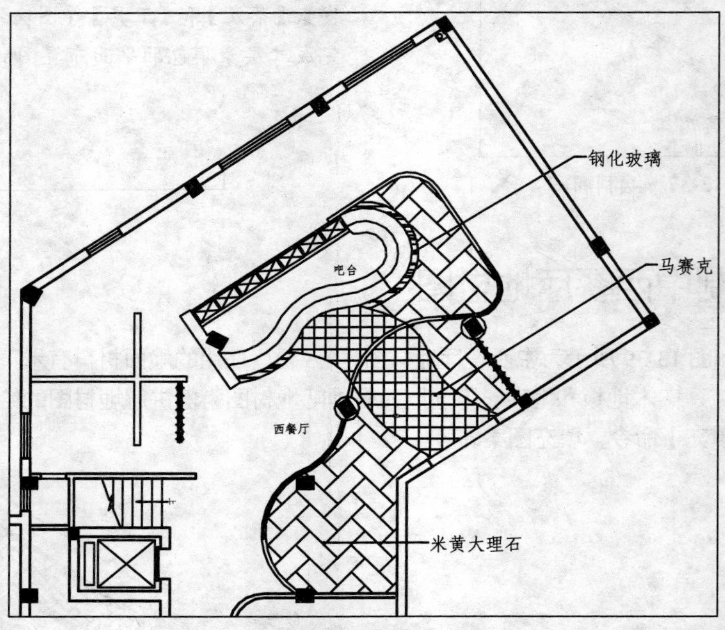

图13-40　西餐吧台地材图

Step 01 设置【DD_地面】图层为当前图层。

Step 02 调用SPL【样条曲线】命令和O【偏移】命令，绘制图形，如图13-41所示。

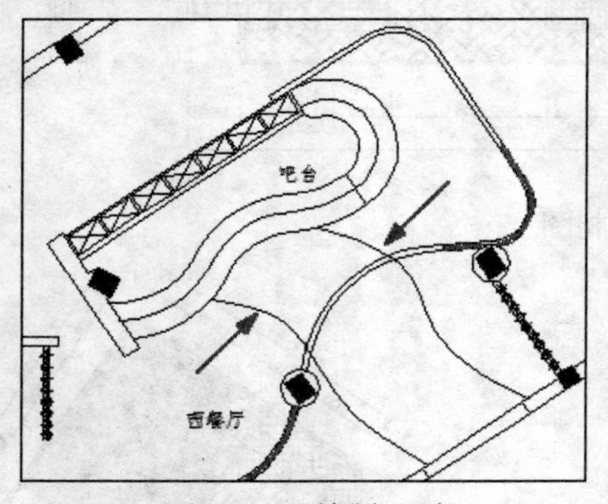

图13-41　绘制图形

Step 03 调用H【填充】命令，在图形中填充【用户定义】图案，填充参数设置和效果如图13-42所示。

Step 04 调用O【偏移】命令，向外偏移吧台的圆弧，并修剪线段相交的位置，如图13-43所示。

Step 05 调用H【填充】命令，在圆弧中填充【AR-RROOF】图案，如图13-44所示。

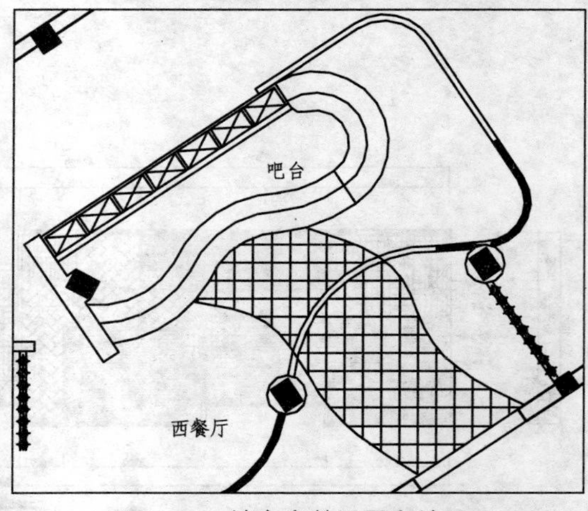

图13-42　填充参数设置和效果1

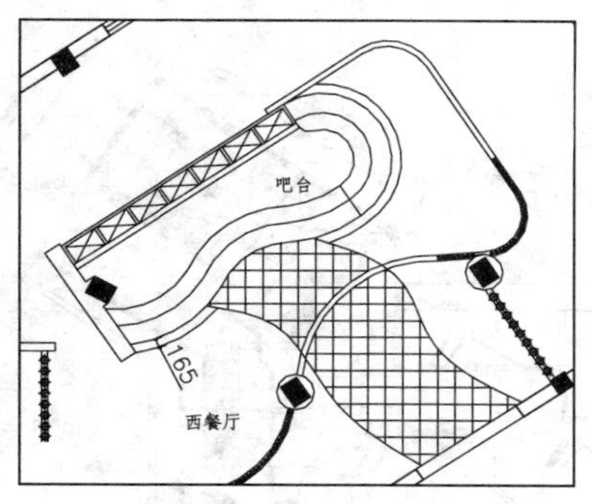

图 13-43　偏移圆弧

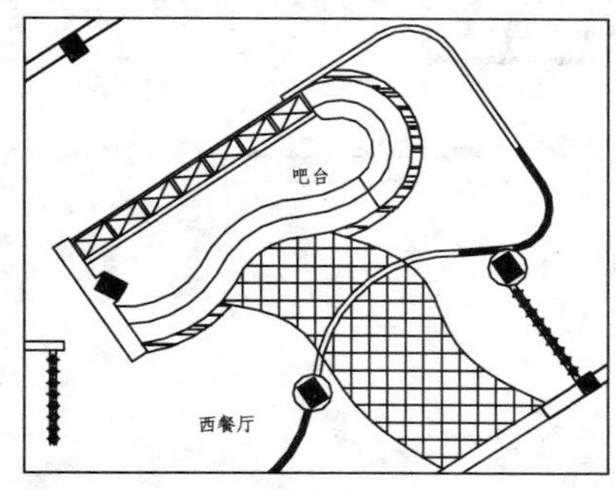

图 13-44　填充图案

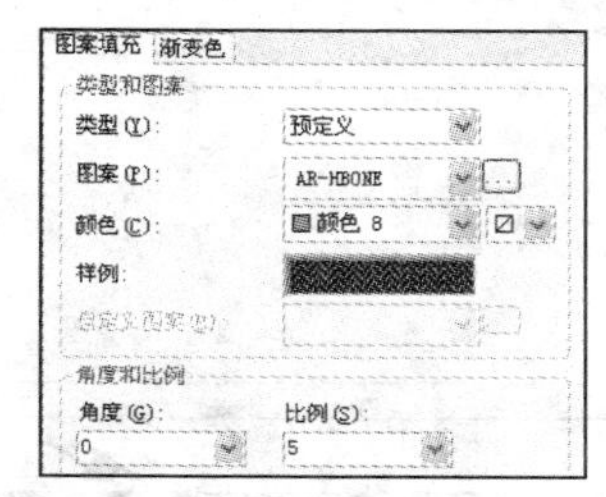

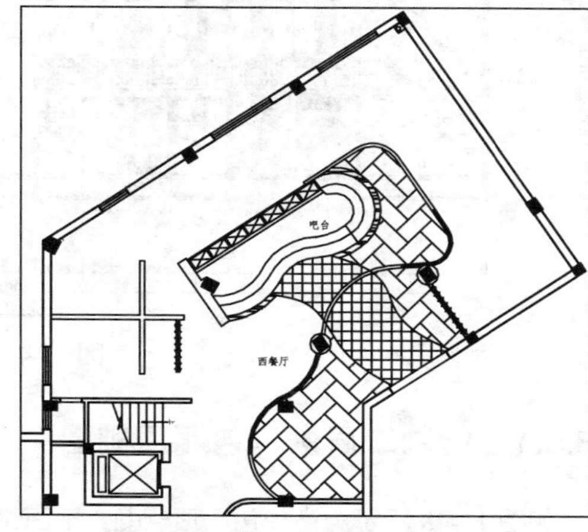

图 13-45　填充参数设置和效果 2

Step 06 继续调用 H【填充】命令，对吧台其他区域填充【AR-HBONE】图案，填充参数设置和效果如图 13-45 所示。

Step 07 调用 MLD【多重引线】命令，对地面材料进行说明，如图 13-40 所示，完成西餐吧台地材图的绘制。

13.5　绘制中西餐厅顶棚图

如图 13-46 和图 13-47 所示为中西餐厅顶棚图，采用的是纸面石膏板吊顶。下面以二层包厢 3 顶棚和豪华包厢顶棚为例，介绍顶棚图的绘制方法。

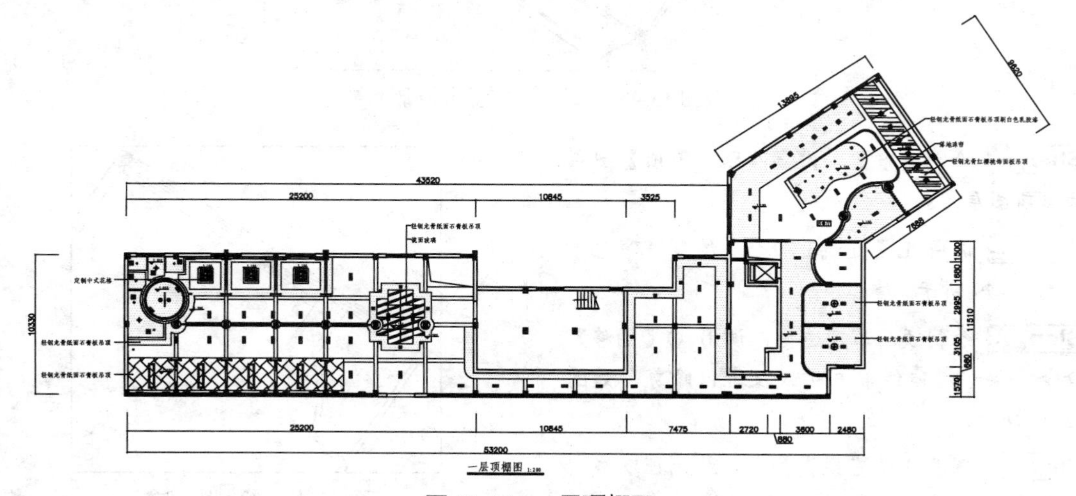

图 13-46　一层顶棚图

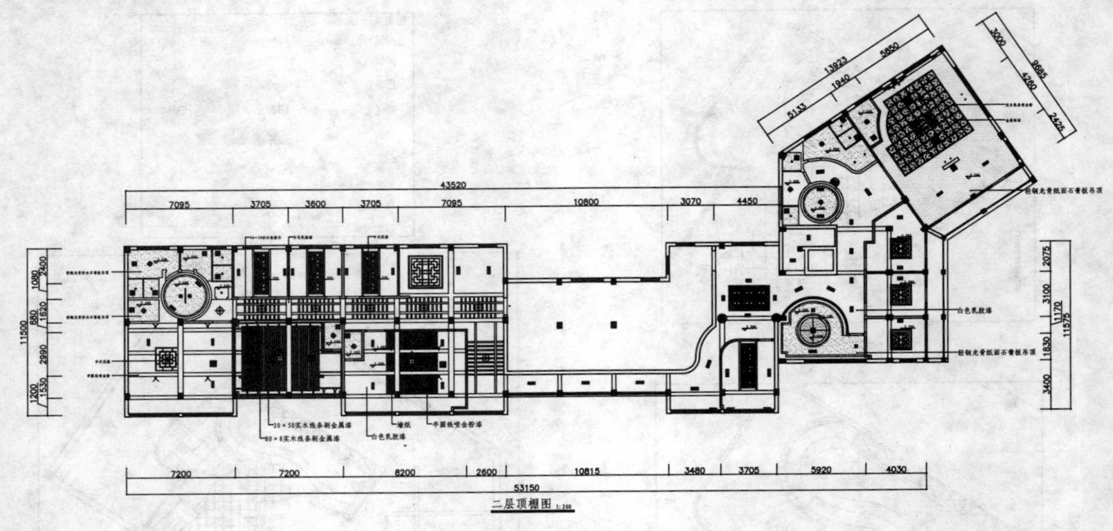

图 13-47　二层顶棚图

13.5.1　绘制二层豪华包厢顶棚图

如图 13-48 所示为豪华包厢顶棚图，下面讲解绘制方法。

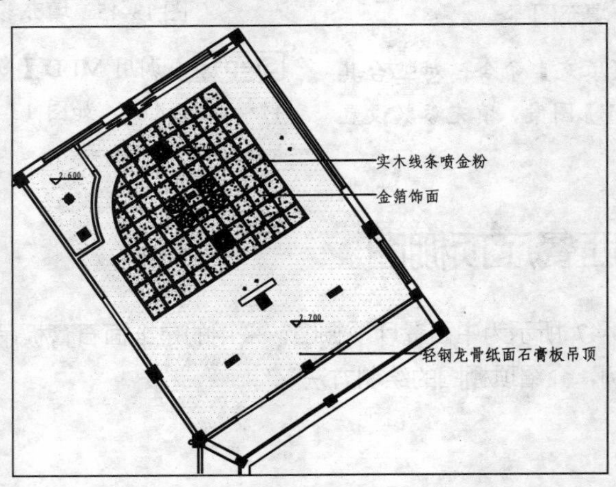

图 13-48　二层豪华包厢顶棚图

Step 01 绘制窗帘盒。设置【DD_吊顶】图层为当前图层。

Step 02 调用 L【直线】命令，绘制窗帘盒，如图 13-49 所示。

Step 03 绘制顶面吊顶造型。调用 O【偏移】命令，偏移墙体线，并对线段进行修剪，如图 13-50 所示。

Step 04 调用 L【直线】命令，绘制辅助线，如图 13-51 所示。

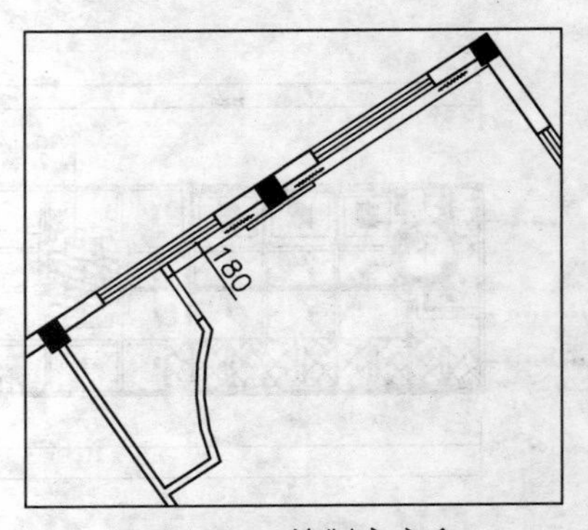

图 13-49　绘制窗帘盒

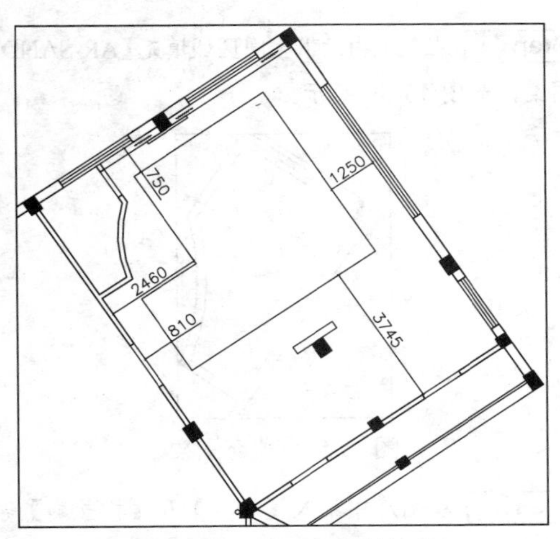

图 13-50　偏移和修剪线段

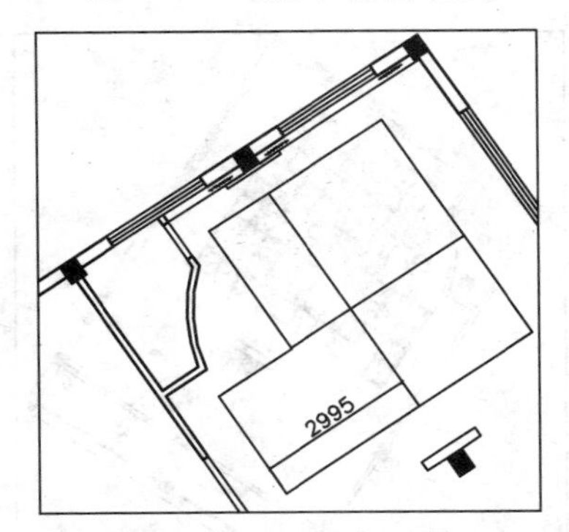

图 13-51　绘制辅助线

Step 05 调用 C【圆】命令，以辅助线的交点为圆心绘制半径为 2440 的圆，然后删除辅助线，如图 13-52 所示。

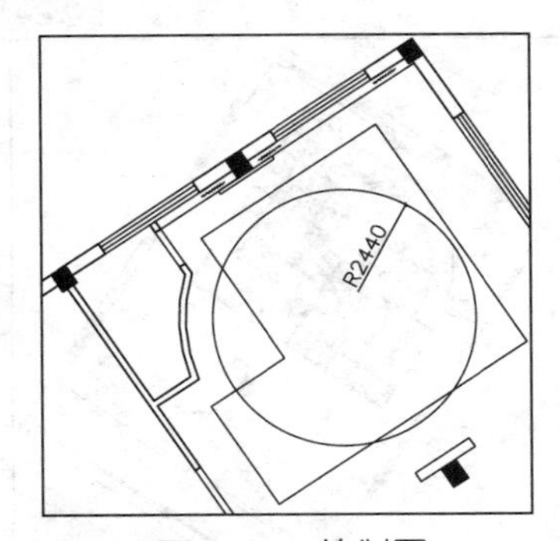

图 13-52　绘制圆

Step 06 调用 TR【修剪】命令，对圆和线段进行修剪，如图 13-53 所示。

Step 07 调用 O【偏移】命令，将圆弧和线段向内偏移 50，如图 13-54 所示。

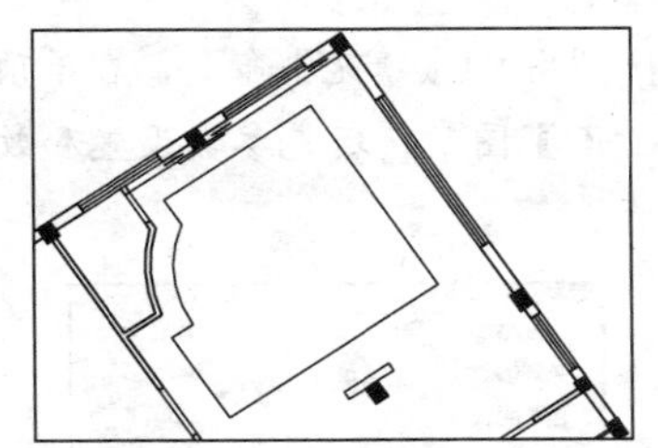

图 13-53　修剪圆和线段

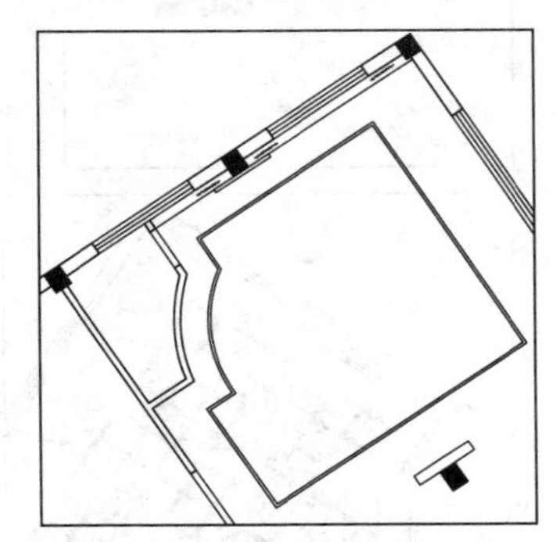

图 13-54　偏移圆弧和线段

Step 08 调用 L【直线】命令，绘制线段，并对线段进行偏移，如图 13-55 所示。

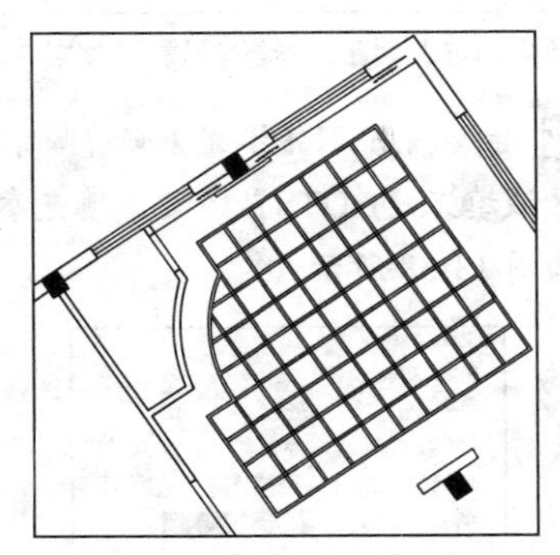

图 13-55　绘制并偏移线段

Step 09 调用 TR【修剪】命令，修剪线段，如图 13-56 所示。

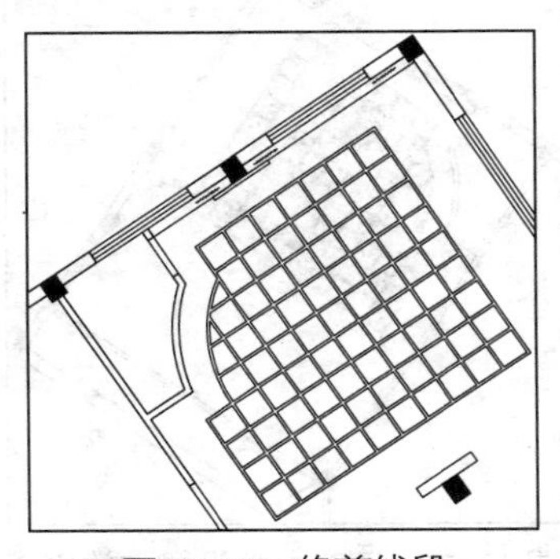

图 13-56　修剪线段

Step 10 调用 H【填充】命令，在吊顶内填充【AR-CONC】图案，填充参数设置和效果如图 13-57 所示。

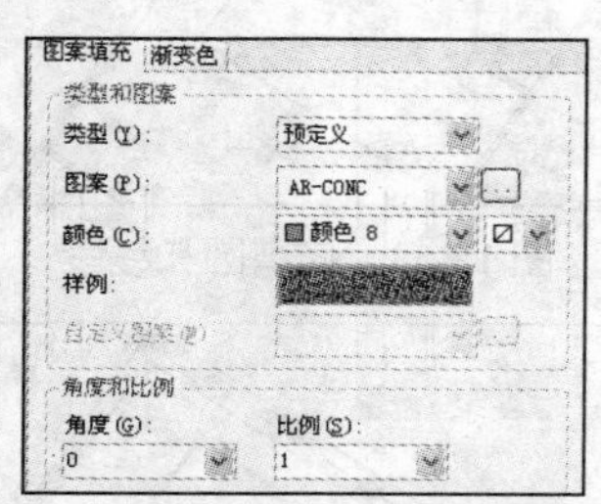

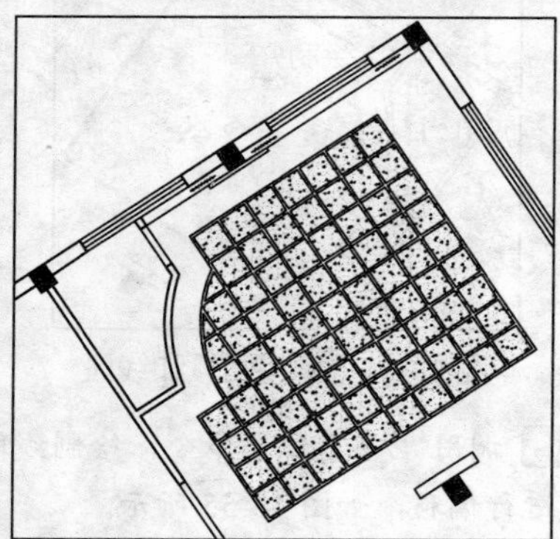

图 13-57 填充参数设置和效果 1

Step 11 继续调用 H【填充】命令，在包厢吊顶其他区域填充【DOTS】图案，填充参数设置和效果如图 13-58 所示。

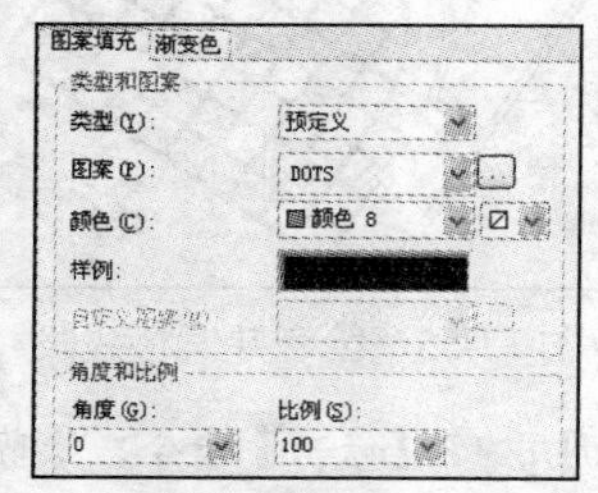

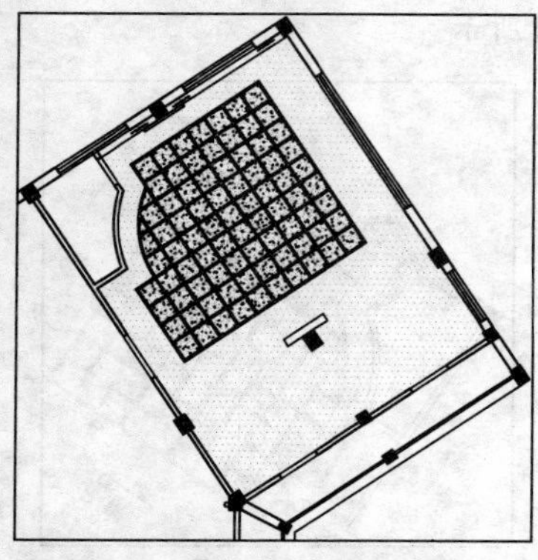

图 13-58 填充参数设置和效果 2

Step 12 在包厢内的卫生间区域填充【AR-SAND】图案，如图 13-59 所示。

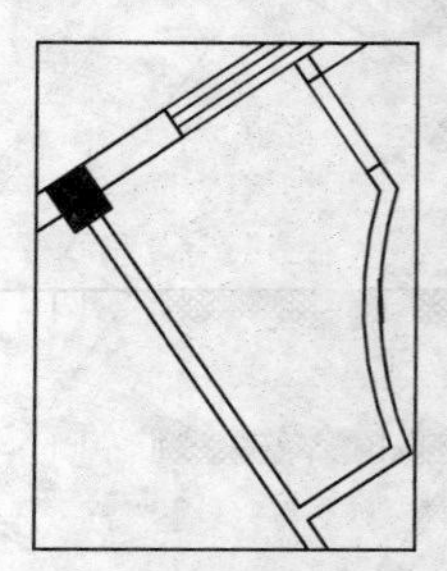

图 13-59 填充图案

Step 13 从图库中插入【灯具】和【排气扇】等图块，将其复制至包厢顶棚区域，如图 13-60 所示。

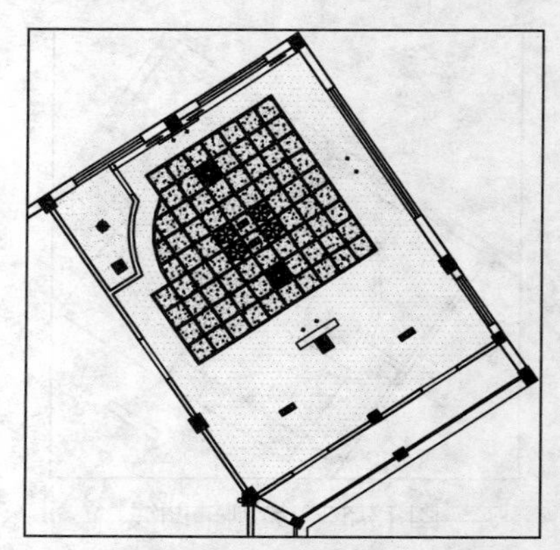

图 13-60 布置灯具

Step 14 调用 I【插入】命令，插入【标高】图块，并设置正确的标高值，如图 13-61 所示。

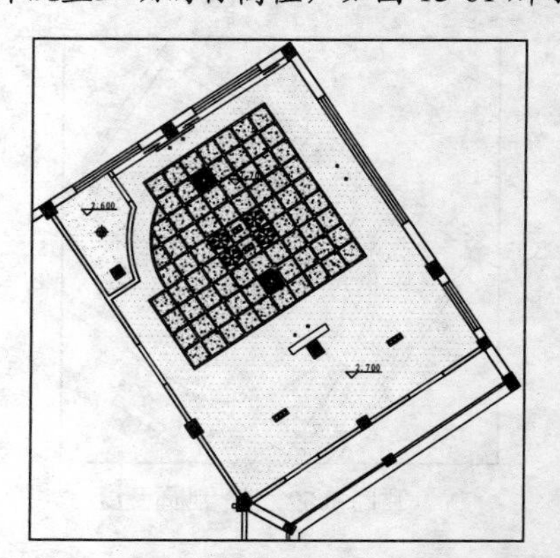

图 13-61 插入【标高】图块

Step 15 调用 MLD【多重引线】命令，对材料进行说明，如图 13-48 所示，完成二层豪华包厢顶棚图的绘制。

13.5.2 绘制二层大包厢3顶棚图

如图13-62所示为二层大包厢3顶棚图，包厢顶面采用的是墙纸饰面，下面讲解绘制方法。

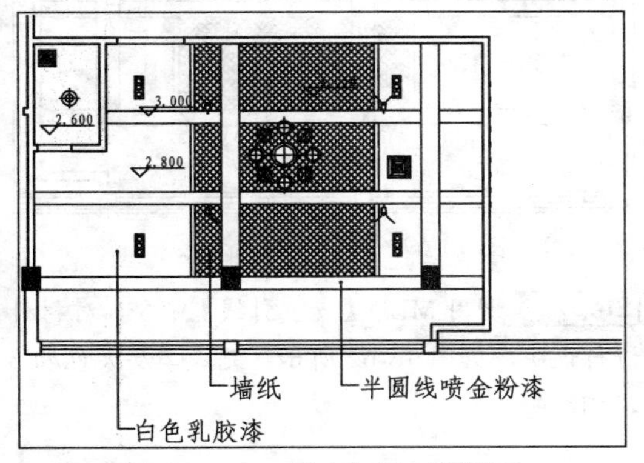

图13-62 二层大包厢3顶棚图

Step 01 调用L【直线】命令和O【偏移】命令，绘制并偏移线段，如图13-63所示。

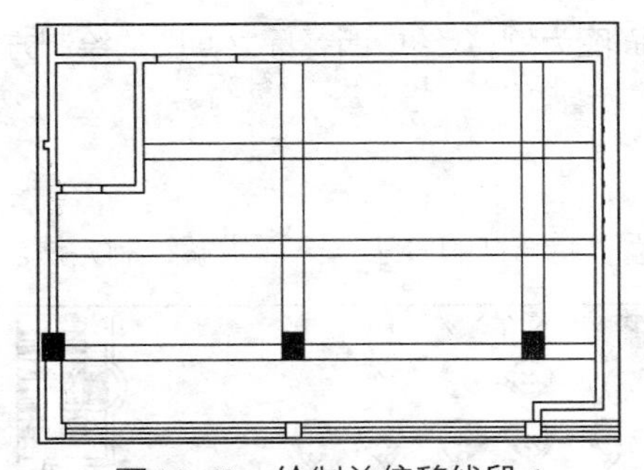

图13-63 绘制并偏移线段1

Step 02 调用TR【修剪】命令，对线段相交的位置进行修剪，如图13-64所示。

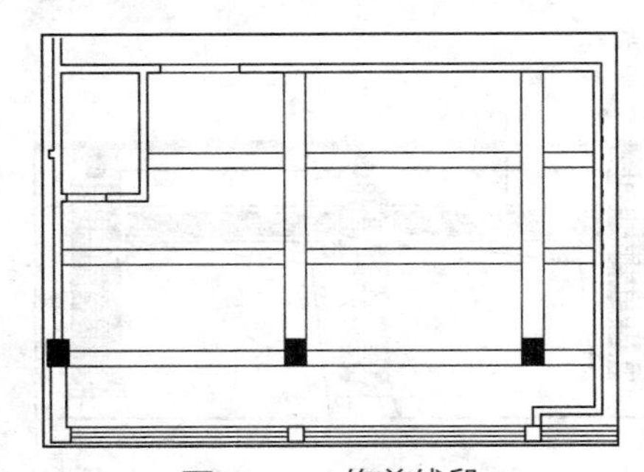

图13-64 修剪线段

Step 03 调用L【直线】命令和O【偏移】命令，绘制并偏移线段，如图13-65所示。

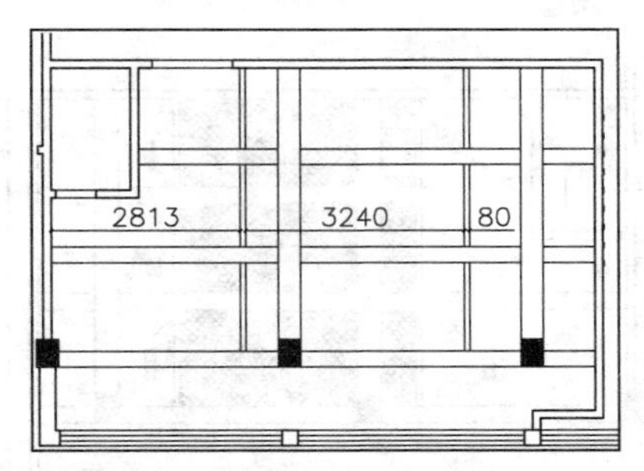

图13-65 绘制并偏移线段2

Step 04 调用H【填充】命令，在线段中填充【用户定义】图案，填充参数设置和效果如图13-66所示。

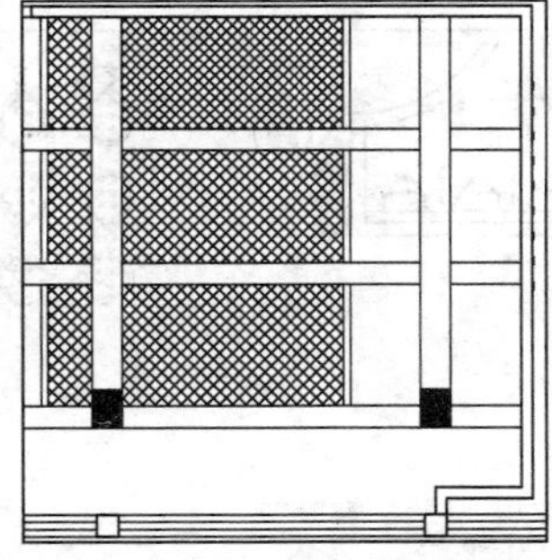

图13-66 填充参数设置和效果

Step 05 继续H【填充】命令，在卫生间区域填充【AR-SAND】图案，如图13-67所示。

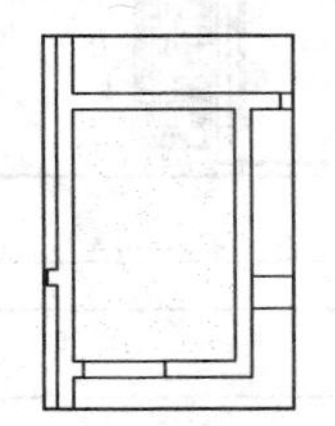

图13-67 填充卫生间

Step 06 从图库中插入【灯具】和【排气扇】等图块，将其复制至包厢顶棚区域，效果如图 13-68 所示。

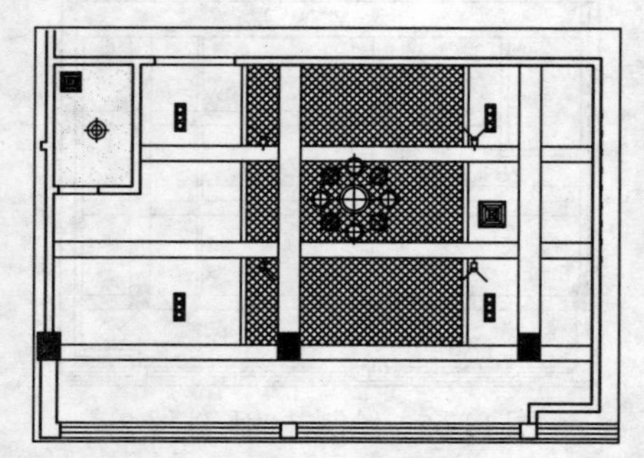

图 13-68　布置灯具

Step 07 调用 I【插入】命令，插入【标高】图块，如图 13-69 所示。

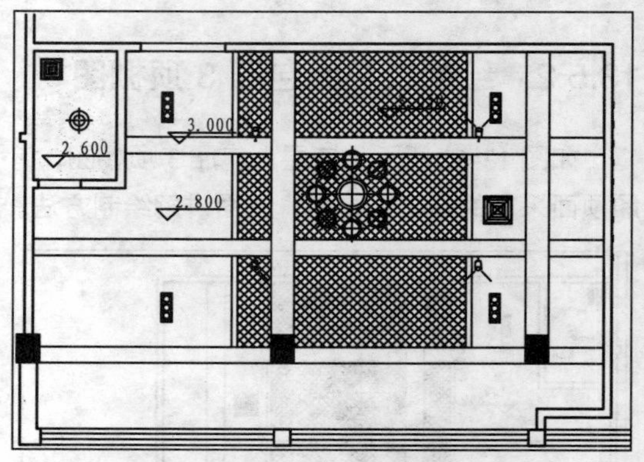

图 13-69　插入【标高】图块

Step 08 调用 MLD【多重引线】命令，对材料进行说明，如图 13-62 所示，完成二层大包厢 3 顶棚图的绘制。

13.6　绘制中西餐厅立面图

本节以一层中式餐厅 B 立面图和二层豪华包厢 C 立面图为例，介绍中西餐厅立面图的绘制方法。

13.6.1　绘制一层中式餐厅 B 立面图

如图 13-70 所示为一层中式餐厅 B 立面图，主要表达了装饰柱的做法，下面讲解绘制方法。

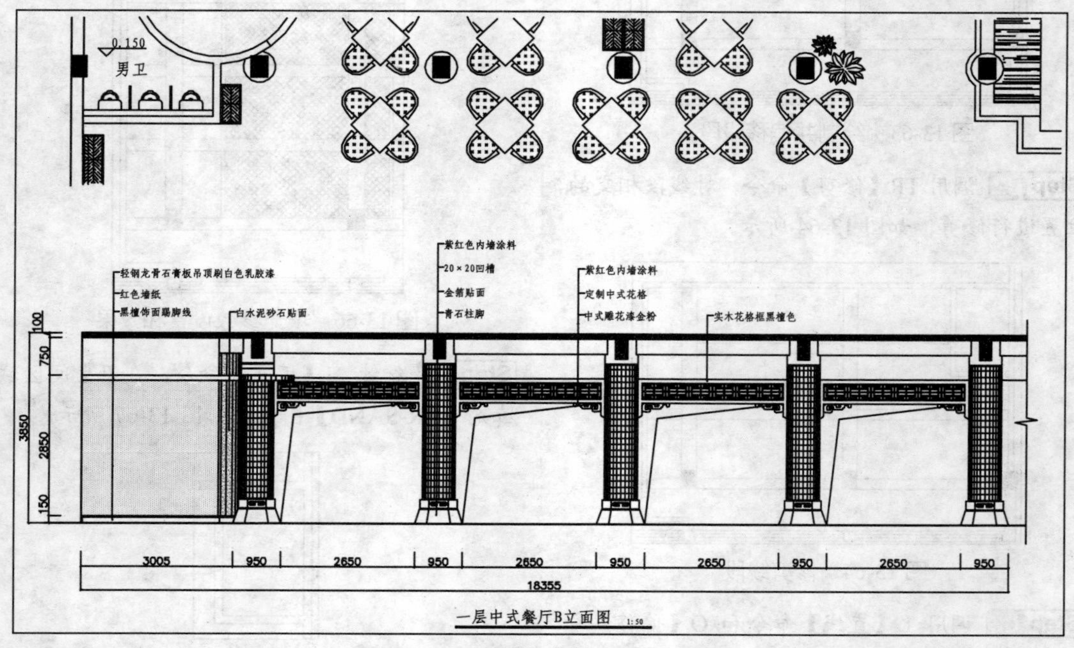

图 13-70　一层中式餐厅 B 立面图

Step 01 复制图形。调用 L【直线】命令，复制平面布置图上中式餐厅 B 立面图的平面部分。

Step 02 绘制立面外轮廓。调用 L【直线】命令，绘制左侧墙体和地面，如图 13-71 所示。

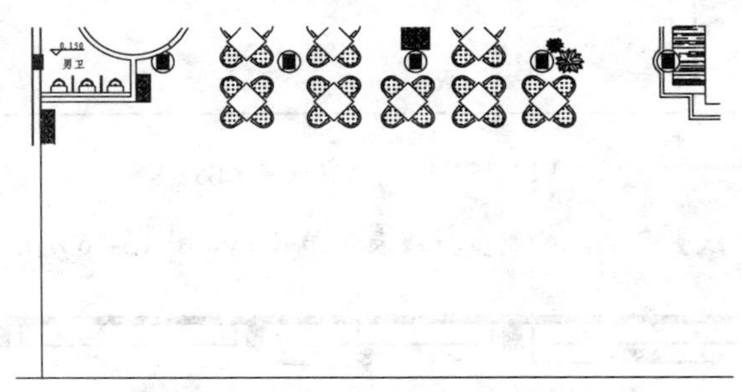

图 13-71　绘制左侧墙体和地面

Step 03 调用 O【偏移】命令，在距离地面 3850 的位置绘制顶棚线，如图 13-72 所示。

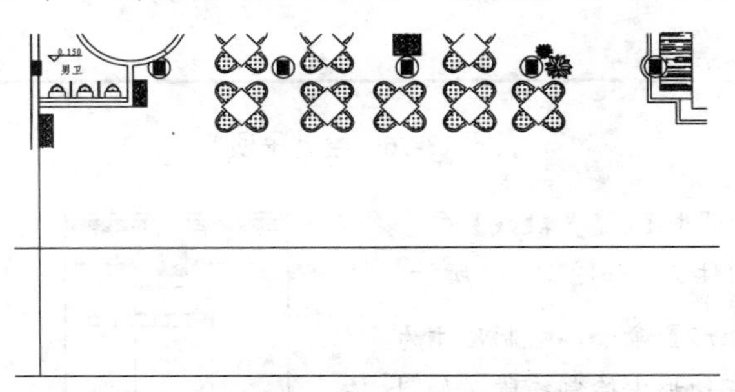

图 13-72　绘制顶棚线

Step 04 调用 PL【多段线】命令，在右侧绘制折断线，如图 13-73 所示；然后调用 TR【修剪】命令，修剪出立面轮廓，并转换至【QT_墙体】图层。

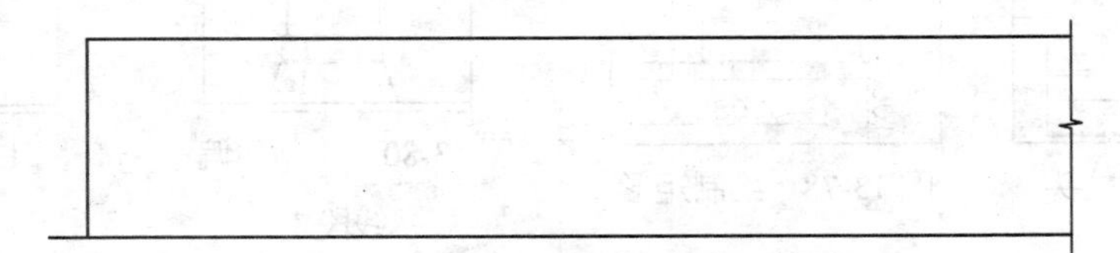

图 13-73　绘制折断线并修剪立面

Step 05 绘制楼板。调用 PL【多段线】命令，绘制多段线，如图 13-74 所示。

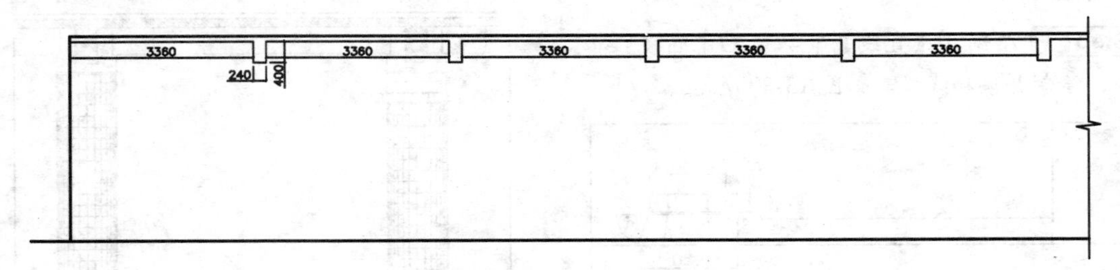

图 13-74　绘制多段线

Step 06 调用 H【填充】命令，在多段线内填充【ANSI35】图案，填充参数设置和效果如图 13-75 所示。

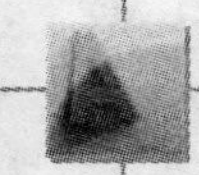

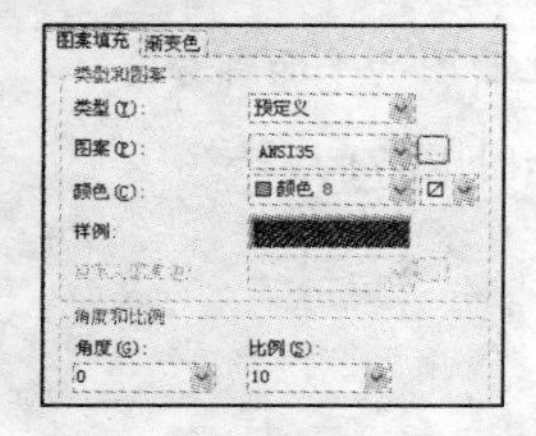

图 13-75 填充参数设置和效果

Step 07 调用 PL【多段线】命令，绘制多段线表示吊顶，如图 13-76 所示。

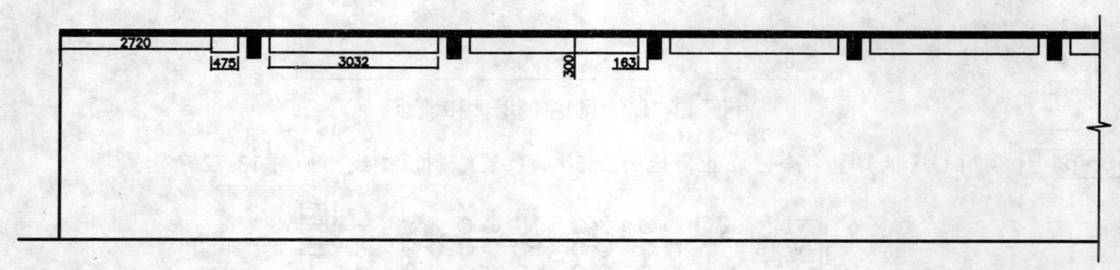

图 13-76 绘制吊顶

Step 08 绘制装饰柱。调用 PL【多段线】命令和 L【直线】命令，绘制柱头，如图 13-77 所示。

Step 09 调用 REC【矩形】命令，绘制尺寸为 1080×100 的矩形，并在矩形中绘制线段，如图 13-78 所示。

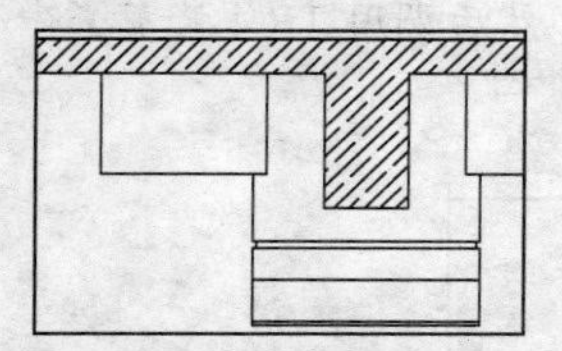

图 13-77 绘制柱头

图 13-78 绘制矩形

Step 10 绘制柱脚。调用 PL【多段线】命令、O【偏移】命令和 REC【矩形】命令，绘制柱脚，如图 13-79 所示。

Step 11 绘制 L【直线】命令和 O【偏移】命令，绘制并偏移线段，如图 13-80 所示。

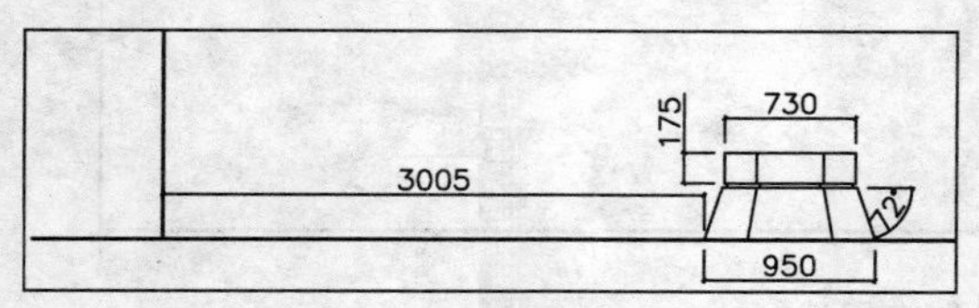

图 13-79 绘制柱脚

Step 12 继续调用 L【直线】命令和 O【偏移】命令，细化柱身，如图 13-81 所示。

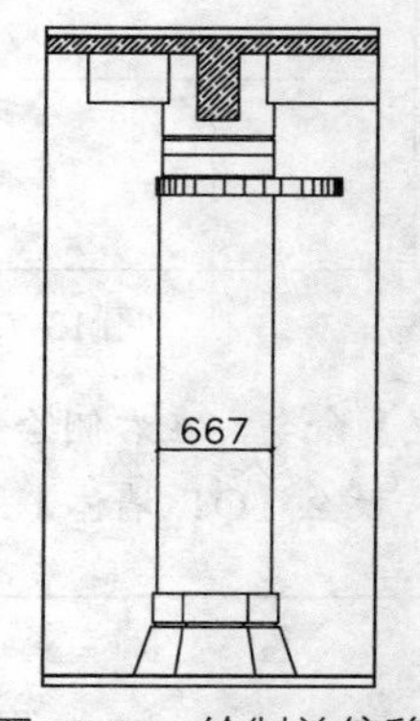

图 13-80 绘制并偏移线段 1

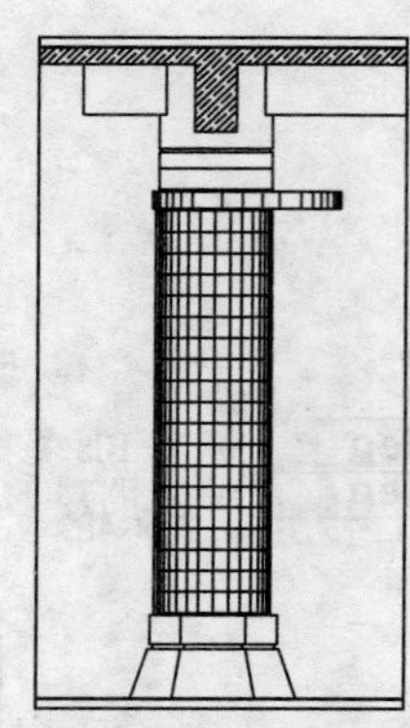

图 13-81 细化柱身

Step 13 使用同样的方法绘制同类型装饰柱，如图 13-82 所示。

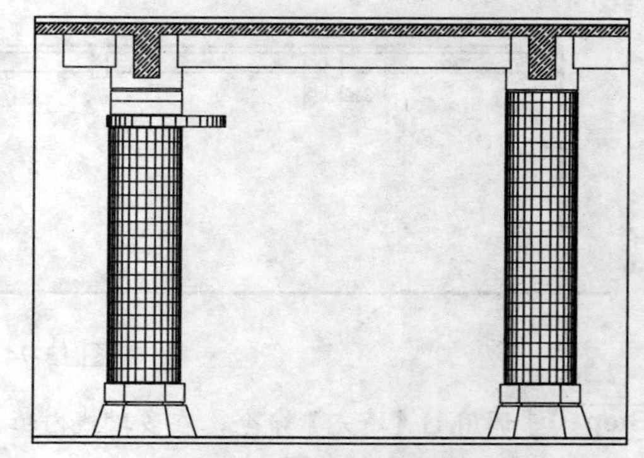

图 13-82 绘制同类型装饰柱

Step 14 调用 CO【复制】命令，将装饰柱复制到其他位置，如图 13-83 所示。

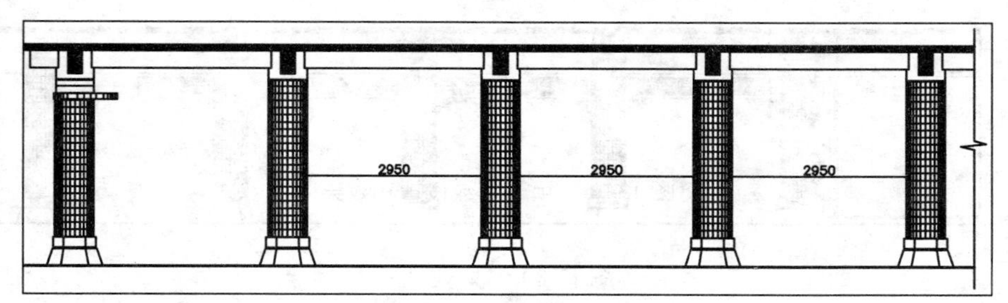

图 13-83　复制装饰柱

Step 15 绘制踢脚线。调用 PL【多段线】命令和 L【直线】命令，绘制踢脚线，如图 13-84 所示。

Step 16 调用 L【直线】命令和 O【偏移】命令，绘制并偏移线段，如图 13-85 所示。

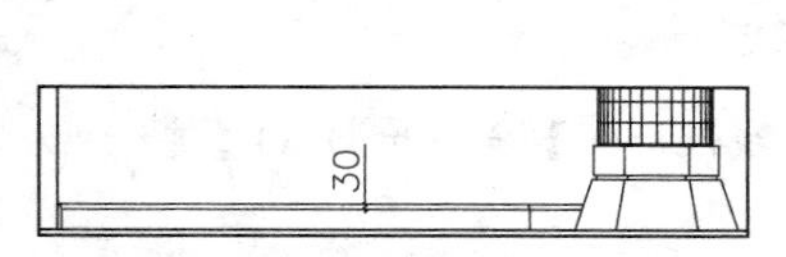

图 13-84　绘制踢脚线

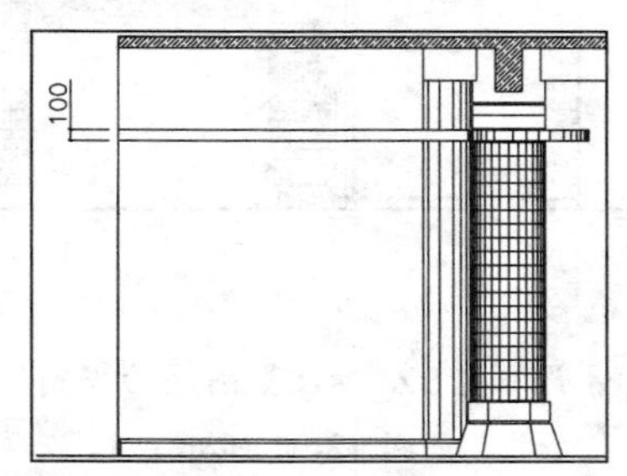

图 13-85　绘制并偏移线段 2

Step 17 调用 H【填充】命令，对墙面填充【DOTS】图案，如图 13-86 所示。

Step 18 继续调用 H【填充】命令，在线段内填充【AR-SAND】图案，如图 13-87 所示。

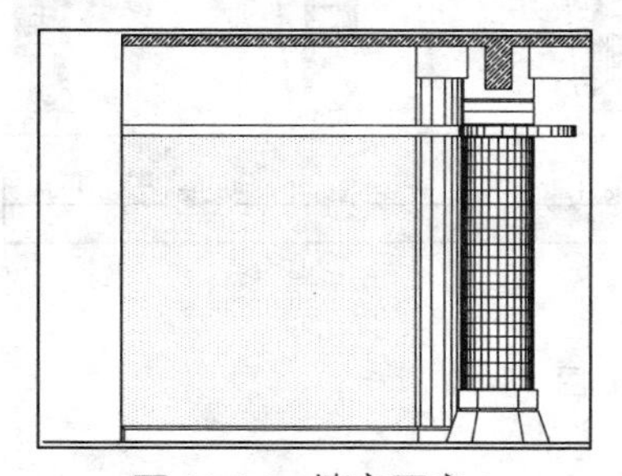

图 13-86　填充图案 1

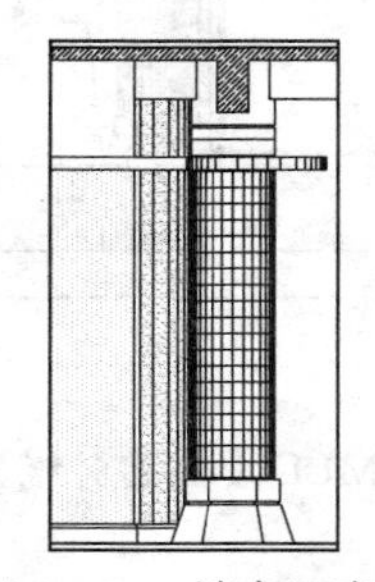

图 13-87　填充图案 2

Step 19 调用 L【直线】命令，绘制线段，如图 13-88 所示。

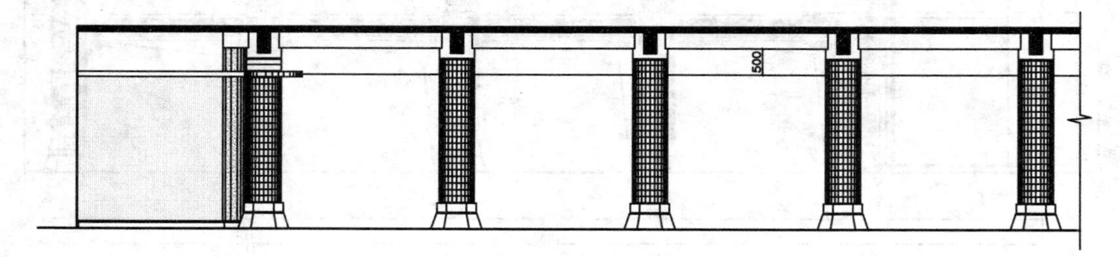

图 13-88　绘制线段

Step 20 从图库中插入【中式雕花】图块到立面图中，如图 13-89 所示。

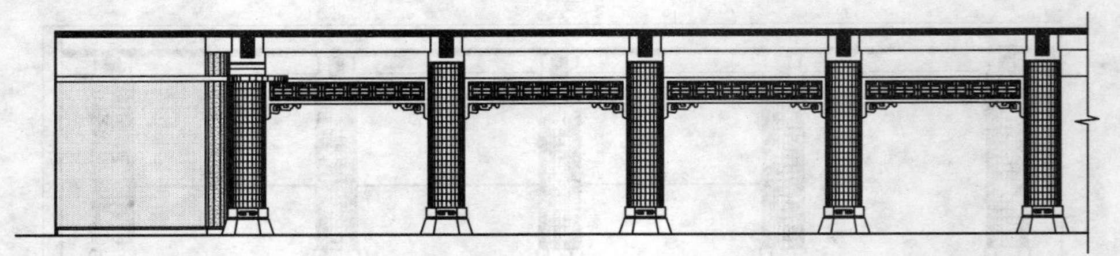

图 13-89　插入图块

Step 21 调用 PL【多段线】命令，绘制折线，表示镂空，如图 13-90 所示。

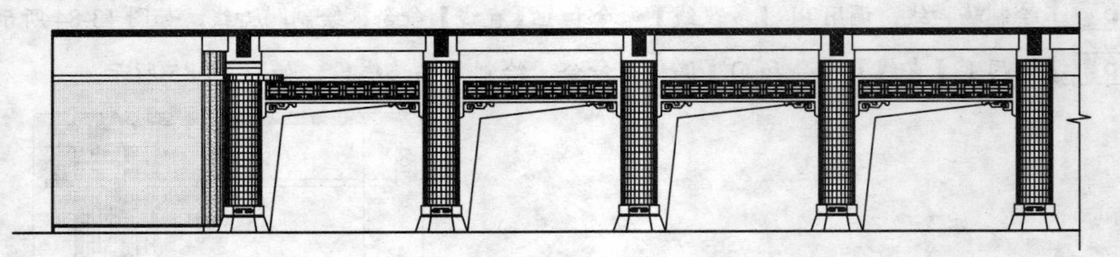

图 13-90　绘制折线

Step 22 设置【BZ_标注】图层为当前图层。调用 DLI【线性标注】命令和 DCO【连续性标注】命令，标注尺寸，如图 13-91 所示。

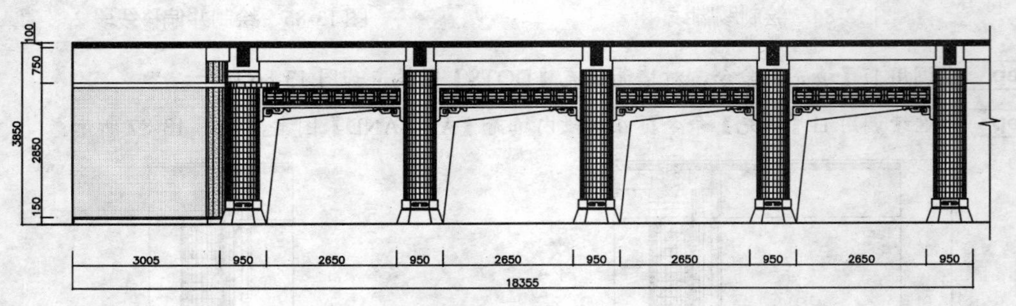

图 13-91　标注尺寸

Step 23 调用 MLD【多重引线】命令，说明材料名称，如图 13-92 所示。

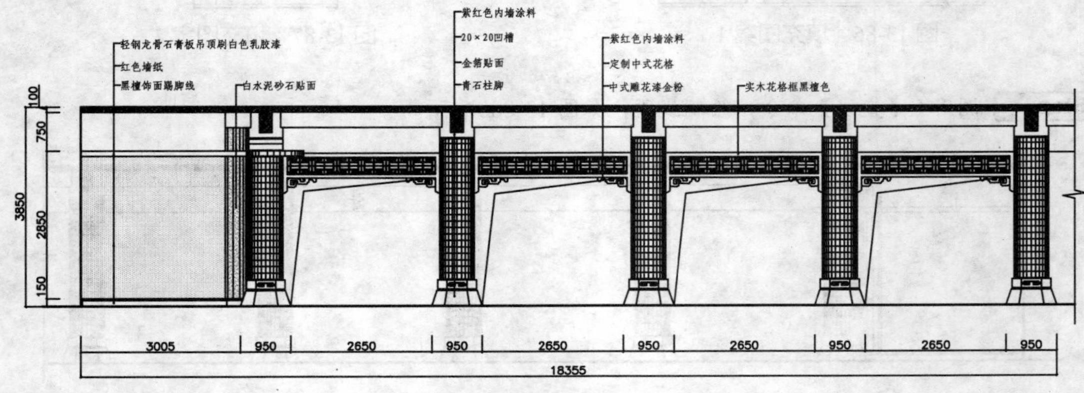

图 13-92　说明材料

Step 24 调用 I【插入】命令，插入【图名】图块，设置图名为【一层中式餐厅 B 立面图】，完成一层中式餐厅 B 立面图的绘制。

13.6.2 绘制二层豪华包厢 C 立面图

如图 13-93 所示为二层豪华包厢 C 立面图，C 立面图是包厢字画隔断和会客沙发所在的墙面，下面讲解绘制方法。

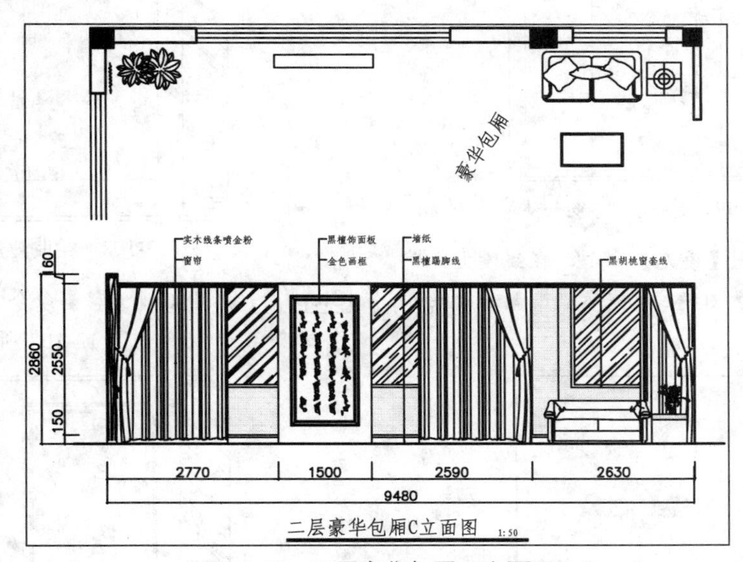

图 13-93 二层豪华包厢 C 立面图

Step 01 调用 L【直线】命令、O【偏移】命令和 TR【修剪】命令，绘制包厢 C 立面的基本轮廓，如图 13-94 所示。

Step 02 调用 L【直线】命令和 O【偏移】命令，划分立面，如图 13-95 所示。

图 13-94 绘制立面基本轮廓

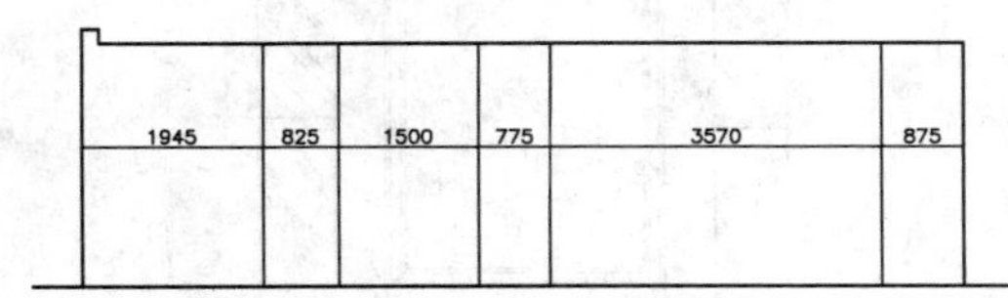

图 13-95 划分立面

Step 03 绘制吊顶。调用 PL【多段线】命令和 A【圆弧】命令，绘制角线，如图 13-96 所示。

Step 04 调用 L【直线】命令，绘制线段，如图 13-97 所示。

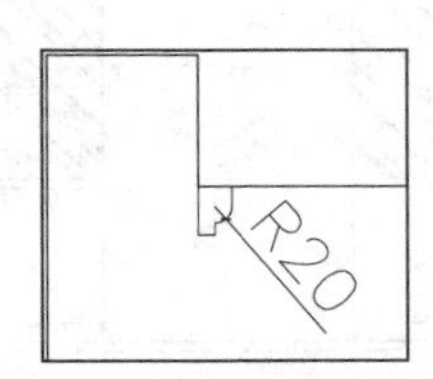

图 13-96 绘制角线

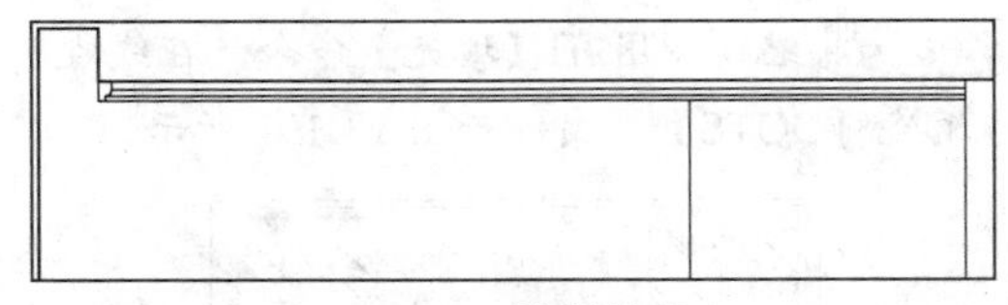

图 13-97 绘制线段 1

Step 05 调用 MI【镜像】命令和 L【直线】命令，绘制同类吊顶造型，如图 13-98 所示。

Step 06 绘制墙面造型。调用 L【直线】命令和 O【偏移】命令，绘制并偏移线段，如图 13-99 所示。

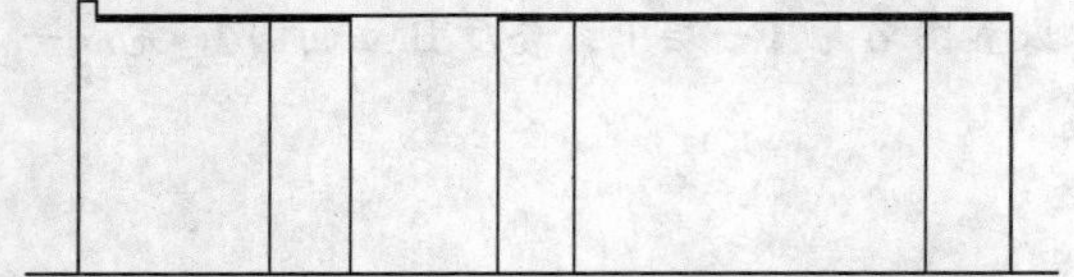

图 13-98　绘制同类吊顶造型

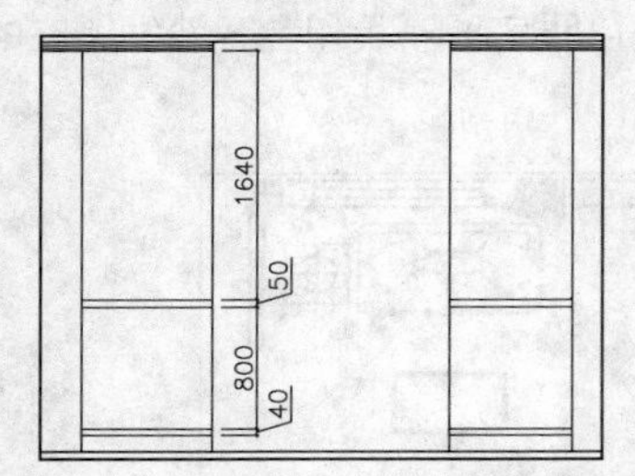

图 13-99　绘制并偏移线段

Step 07 调用 H【填充】命令，在线段上方填充【AR-RROOF】图案，填充参数设置和效果如图 13-100 所示。

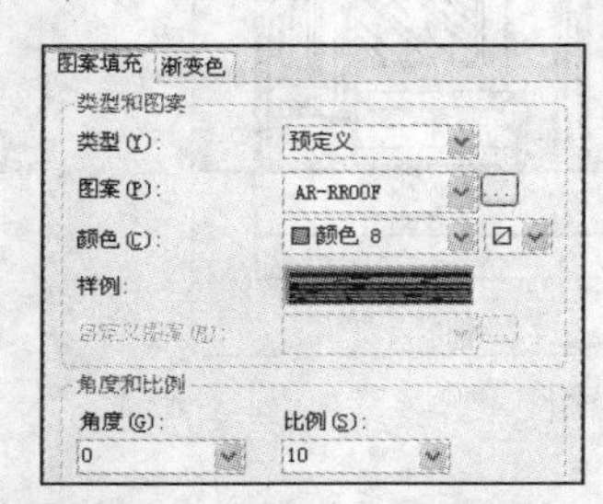

图 13-100　填充参数设置和效果

Step 08 继续调用 H【填充】命令，在线段下方填充【DOTS】图案，如图 13-101 所示。

图 13-101　填充图案 1

Step 09 绘制字画边框。调用 REC【矩形】命令，绘制尺寸为 1100×200 的矩形，并移动到相应的位置，如图 13-102 所示。

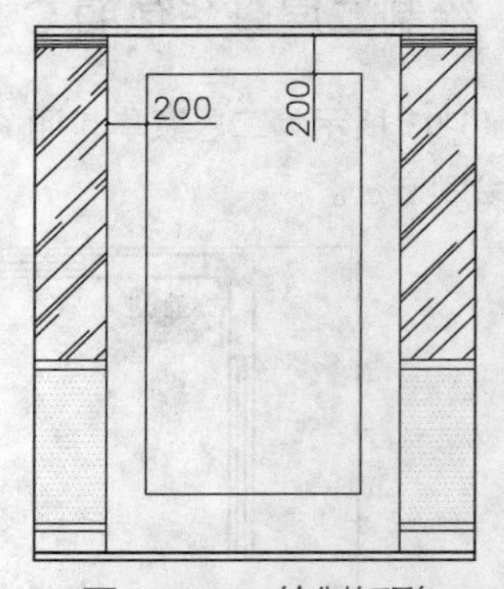

图 13-102　绘制矩形

Step 10 调用 O【偏移】命令，将矩形向内偏移 20、40 和 20，如图 13-103 所示。

图 13-103　偏移矩形

Step 11 调用 L【直线】命令，绘制线段连接矩形，如图 13-104 所示。

图 13-104　绘制线段 2

Step 12 绘制柱子。调用 PL【多段线】命令、

F【圆角】命令、MI【镜像】命令、L【直线】命令和O【偏移】命令，绘制柱子，如图13-105所示。

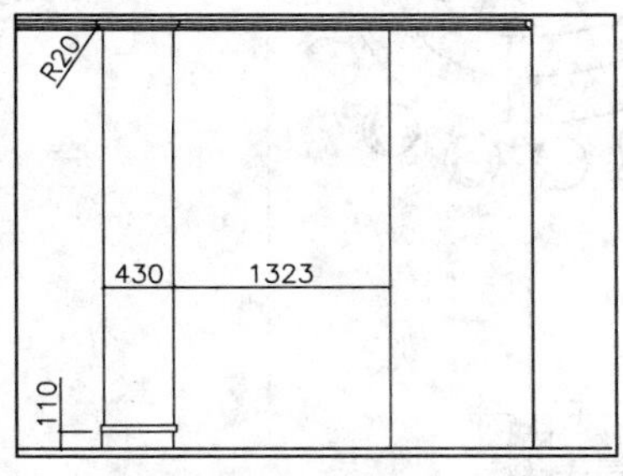

图13-105 绘制柱子

Step 13 绘制窗。调用PL【多段线】命令，绘制多段线，如图13-106所示。

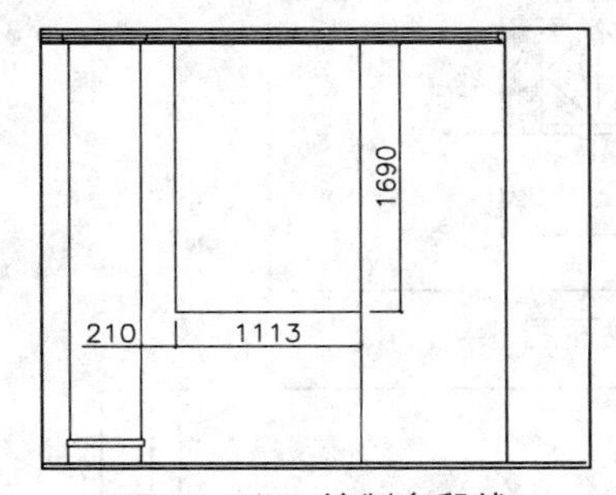

图13-106 绘制多段线

Step 14 调用 O【偏移】命令，将多段线向内偏移50，如图13-107所示。

Step 15 调用 H【填充】命令，在多段线内填充【AR-RROOF】图案，如图13-108所示。

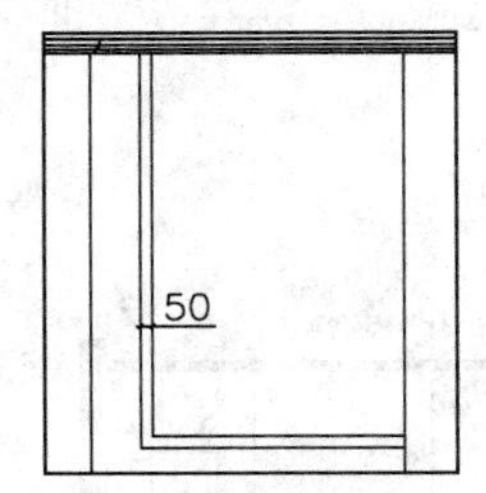

图13-107 偏移多段线

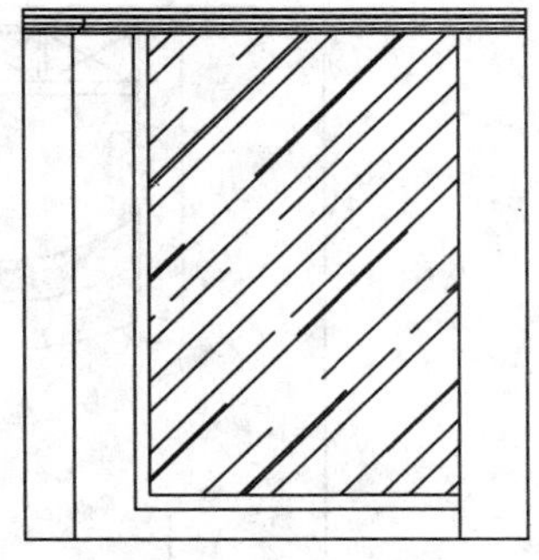

图13-108 填充图案2

Step 16 从图库中插入【沙发】、【窗帘】、【字画】和【茶几】图块到立面图中，并对线段相交的位置进行修剪，如图13-109所示。

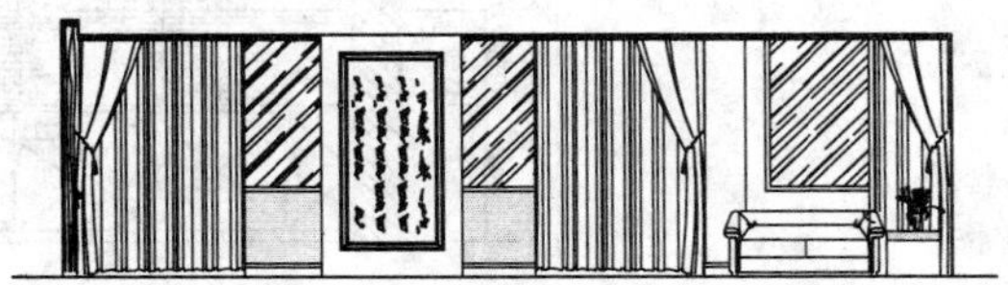

图13-109 插入图块

Step 17 调用 H【填充】命令，对沙发所在的墙面填充【DOTS】图案，如图13-110所示。

图13-110 填充图案3

Step 18 最后进行尺寸标注、材料说明和插入图名等操作，完成二层豪华包厢C立面图的绘制。

13.6.3 绘制其他立面图

运用前面介绍的方法完成如图13-111、图13-112、图13-113、图13-114和图13-115所示立面图的绘制。

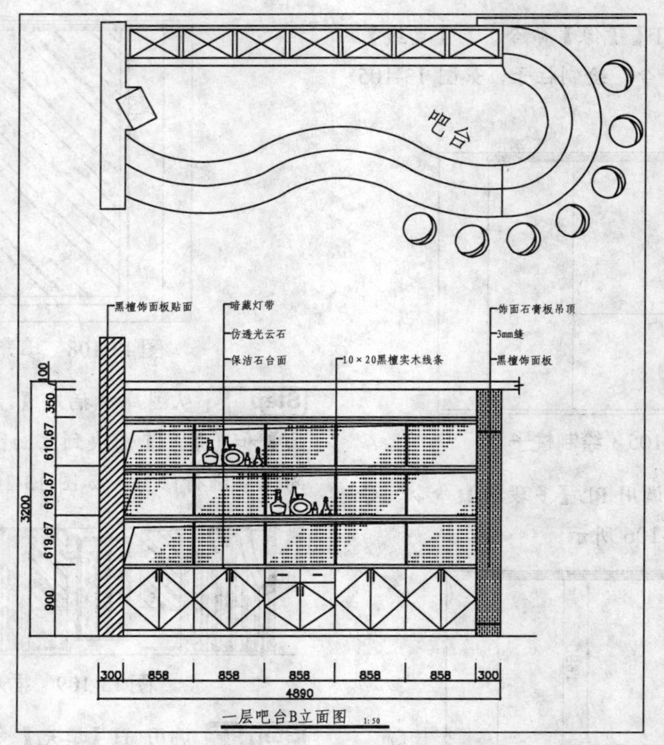

图 13-111　一层吧台 B 立面图

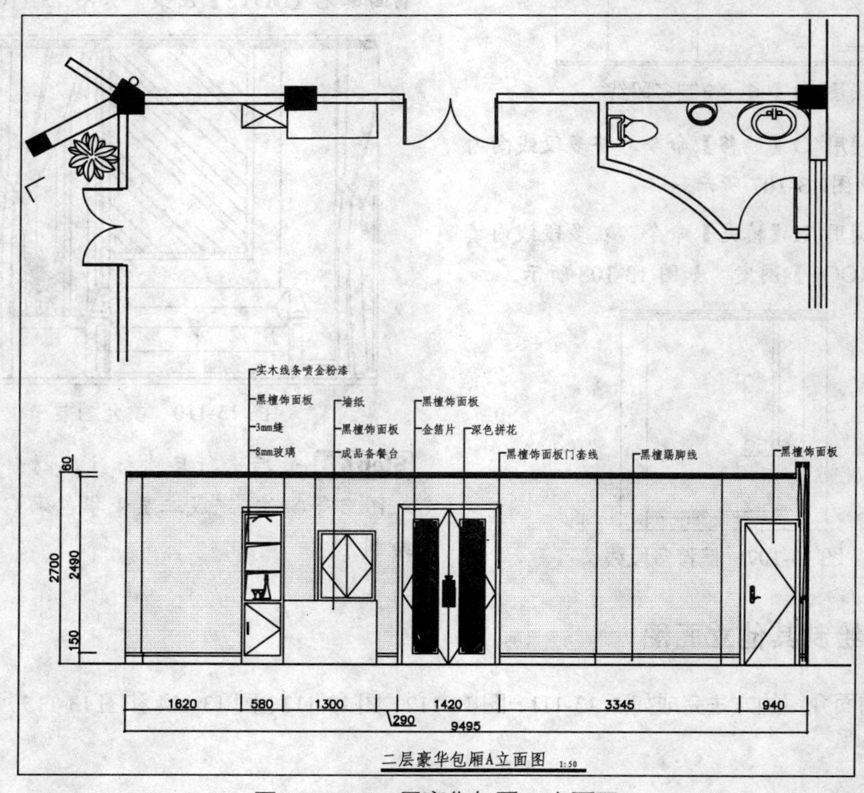

图 13-112　二层豪华包厢 A 立面图

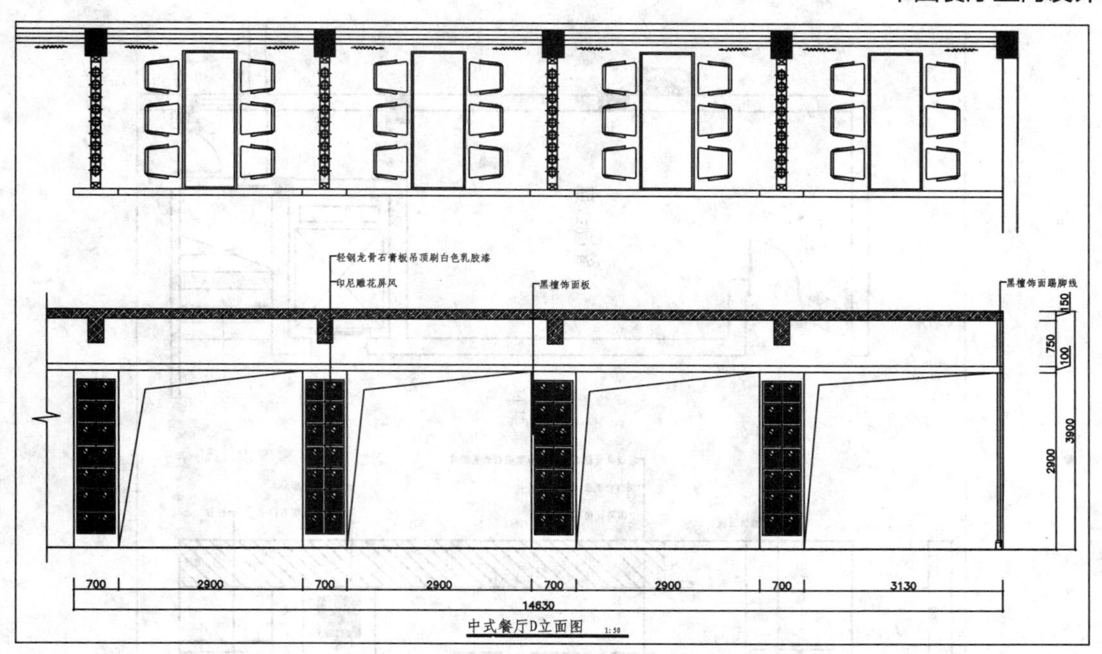

图 13-113　中式餐厅 D 立面图

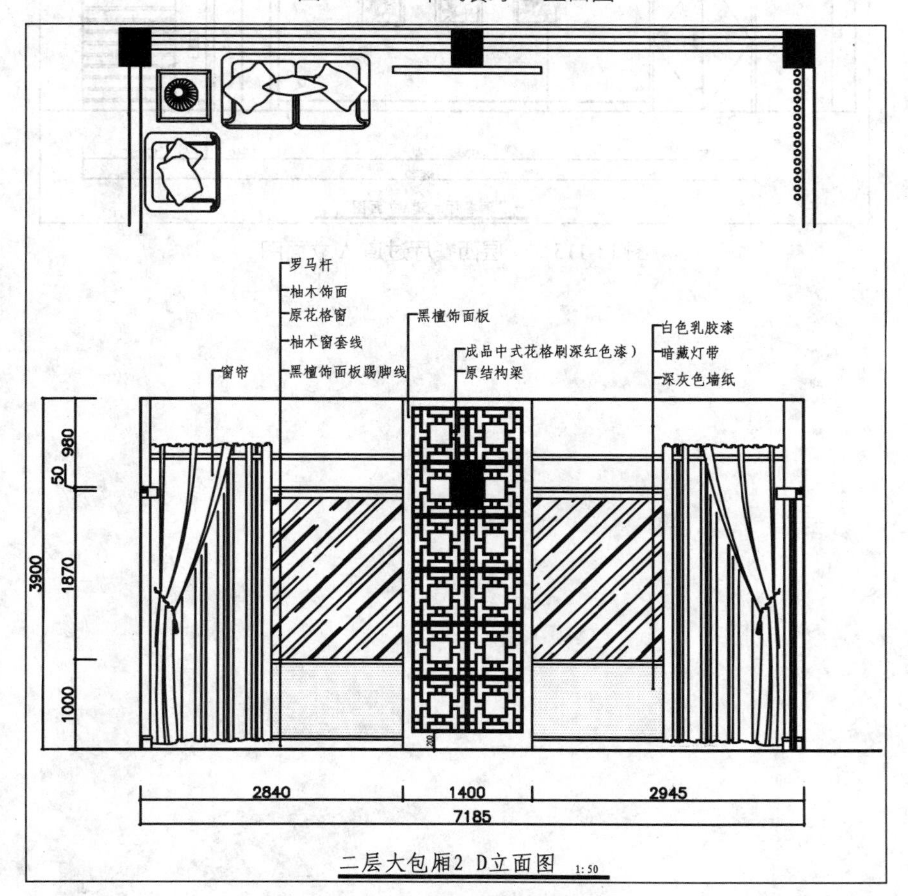

图 13-114　二层大包厢 2 D 立面图

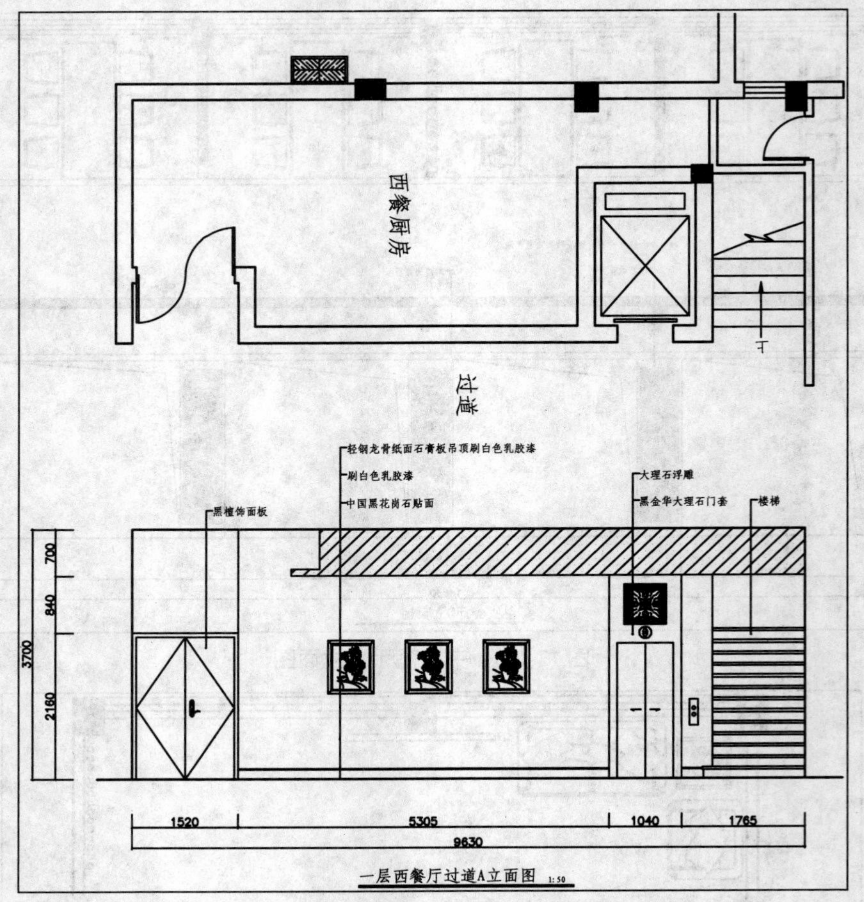

图 13-115 一层西餐厅过道 A 立面图

详图及施工图打印篇

- 第 14 章　绘制电气图和冷热水管走向图
- 第 15 章　绘制室内装潢剖面图和详图
- 第 16 章　室内施工图打印输出

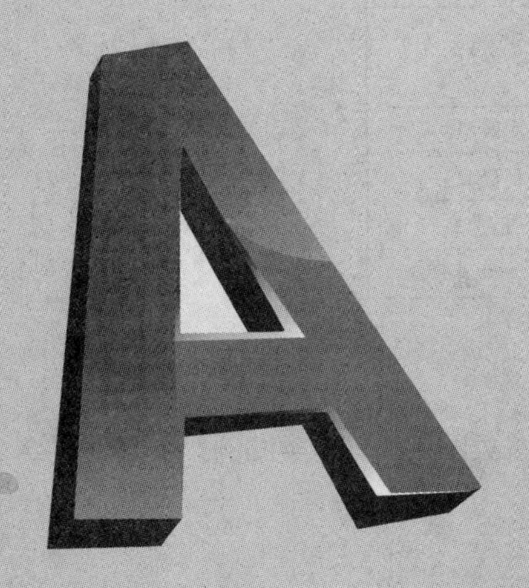

第14章 绘制电气图和冷热水管走向图

⊙学习目的：

本章讲解室内家装电气图和冷热水管走向图的绘制方法，其中，家装电气图包括插座平面图和照明平面图。

⊙学习重点：

★★★☆ 绘制图例表

★★☆☆ 绘制照明平面图

★★☆☆ 绘制插座平面图

★★☆☆ 绘制冷热水管走向图

14.1 绘制图例表

图例表用来说明各种图例图形的名称、规格以及安装形式等。在绘制电气图之前需要绘制图例表。图例表由图例图形和图例名称构成，如图 14-1 所示为本章绘制的图例表。

图标	名称	图标	名称
	单联开关		镜前灯
	双联开关		浴霸
	三联开关		艺术吊灯
	筒灯		
	防雾筒灯	H	电话线口
	射灯	T	电视线口
	吸顶灯	W	宽带网线
	壁灯		单相二、三孔插座
	配电箱		

图 14-1 图例表

电气图图例按照类型可分为插座类图例、灯具类图例、开关类图例和其他类图例，下面介绍绘制方法。

14.1.1 绘制开关类图例

开关类图例基本相同，下面以“三联开关”图例图形为例，介绍开关类图例图形的绘制方法，其尺寸如图 14-2 所示。

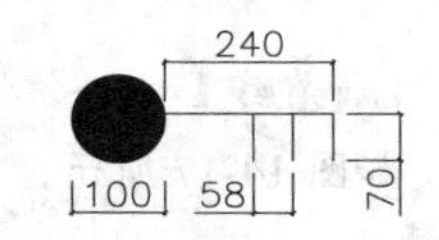

图 14-2 三联开关尺寸

Step 01 设置【DQ_电气】图层为当前图层。

Step 02 调用 DO【圆环】命令，绘制填充圆环，设置圆环的内径为 0、外径为 100，如图 14-3 所示。

Step 03 调用 L【直线】命令，绘制线段，如图 14-4 所示。

图 14-3 绘制圆环

图 14-4 绘制线段

Step 04 调用 O【偏移】命令，将线段向左侧偏移两次，如图 14-5 所示。

Step 05 调用 RO【旋转】命令，将绘制图形旋转 45°，如图 14-6 所示，“三联开关”图例绘制完成。

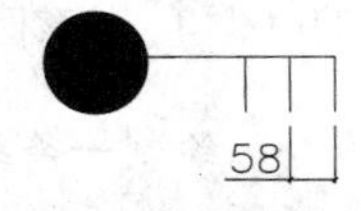

图 14-5 偏移线段

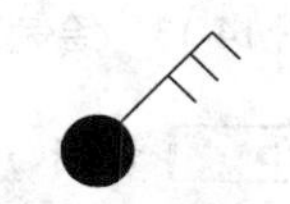

图 14-6 旋转图形

14.1.2 绘制插座类图例

下面以“单相二、三孔插座”图例图形为例，介绍插座类图例图形的画法，其尺寸如图 14-7 所示。

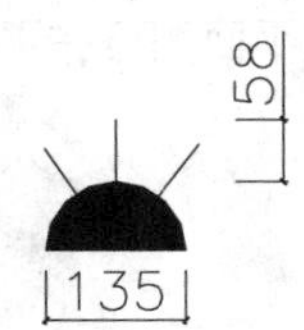

图 14-7 单相二、三孔插座尺寸

Step 01 调用 C【圆】命令，绘制半径为 135 的圆，如图 14-8 所示。

Step 02 调用 L【直线】命令，通过圆心绘制一条线段，然后调用 TR【修剪】命令，修剪圆的下半部分，得到一个半圆，如图 14-9 所示。

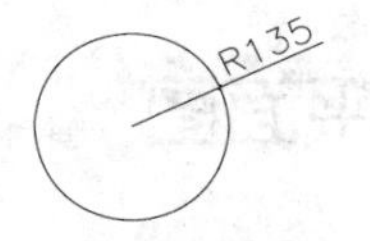

图 14-8 绘制圆

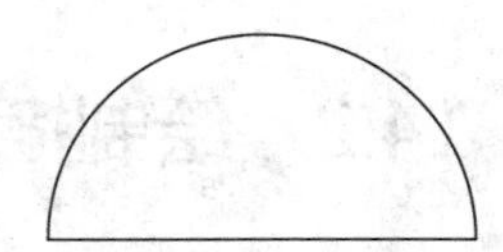

图 14-9 修剪圆

Step 03 调用 L【直线】命令，在半圆上方绘制线段，如图 14-10 所示。

Step 04 调用 H【填充】命令，在圆内填充【SOLID】图案，如图 14-11 所示，“单相二、三孔插座”图例绘制完成。

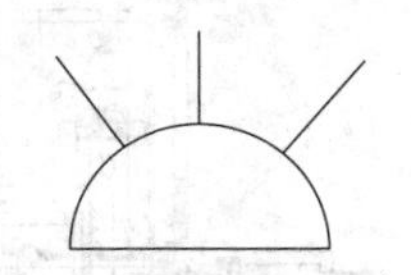

图 14-10 绘制线段

图 14-11 填充图案

14.1.3 绘制灯具类图例

灯具类图例包括艺术吊灯、吸顶灯、射灯、筒灯、壁灯和镜前灯，在绘制顶棚图时，直接调用了图库中的图例。这里以艺术吊灯为例，介绍灯具类图例的绘制方法，如图 14-12 所示为艺术吊灯的尺寸。

Step 01 调用 C【圆】命令，绘制一个半径为 150 的圆，如图 14-13 所示。

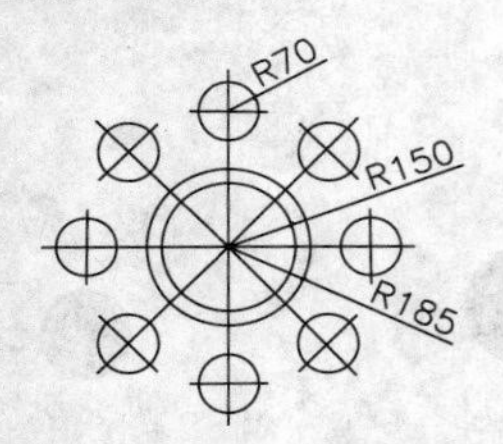

图 14-12　艺术吊灯尺寸

Step 02 调用 O【偏移】命令，将圆向外偏移35，如图 14-14 所示。

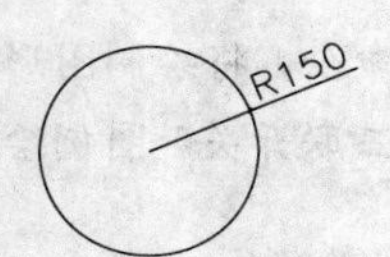

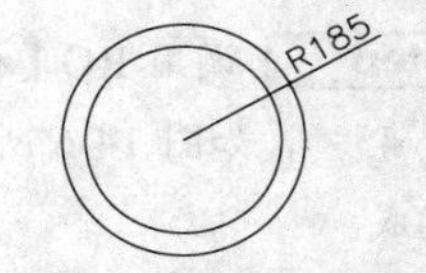

图 14-13　绘制圆 1　　　图 14-14　偏移圆

Step 03 调用 L【直线】命令，绘制一条线段穿过圆心，如图 14-15 所示。

Step 04 调用 C【圆】命令，在线段上方绘制半径为 70 的圆，如图 14-16 所示。

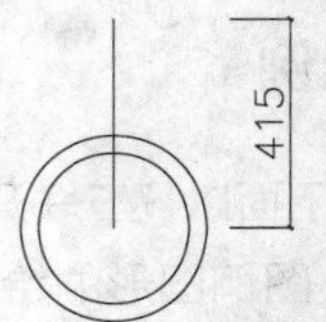

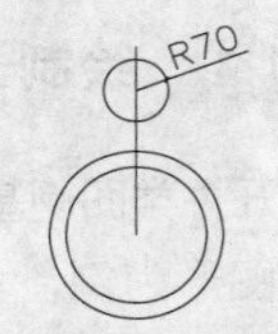

图 14-15　绘制线段　　　图 14-16　绘制圆 2

Step 05 调用 L【直线】命令，绘制一条水平线段穿过圆心，如图 14-17 所示。

Step 06 调用 AR【阵列】命令，对图形进行环形阵列，设置阵列中心点为大圆的圆心，设置项目数为 8，如图 14-18 所示，“艺术吊灯”图例绘制完成。

图 14-17　绘制水平线段　　　图 14-18　阵列

14.2　绘制插座平面图

插座平面图主要反映了插座的安装位置、数量和连线情况。插座平面图可在平面布置图的基础上进行绘制，主要由插座、配电箱和连线等部分组成。

如图 14-19 所示为绘制完成的插座平面图，下面讲解绘制方法。

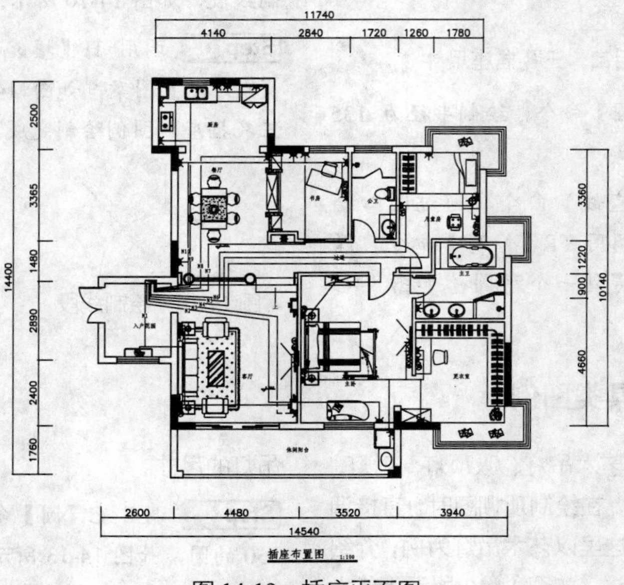

图 14-19　插座平面图

Step 01 打开配套光盘中的“第 14 章\简欧风格错层室内设计.dwg”文件，选择错层的平面布置图，复制到本节中，如图 14-20 所示。

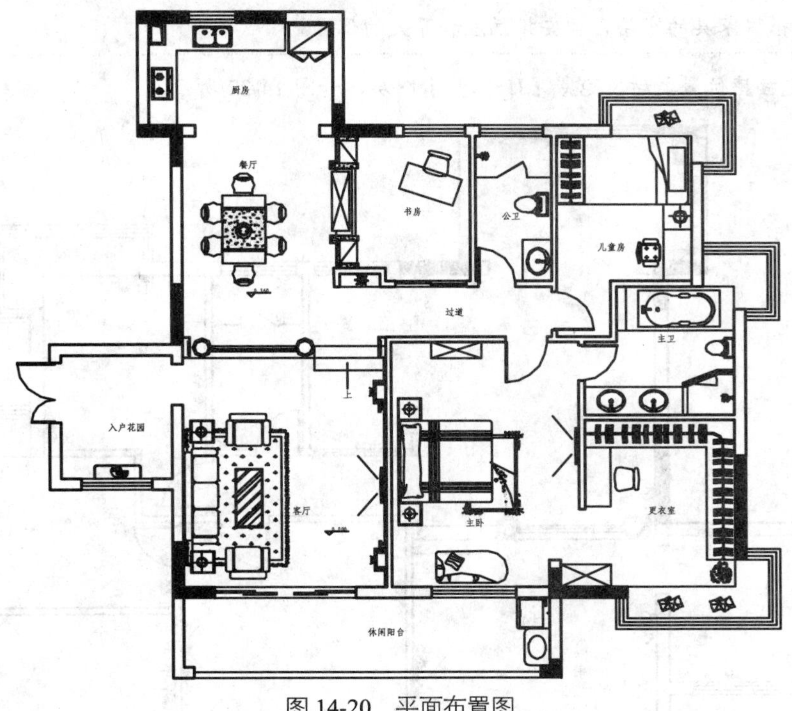

图 14-20　平面布置图

Step 02 复制图例表中的插座、配电箱等图例到平面布置图的相应位置，如图 14-21 所示。

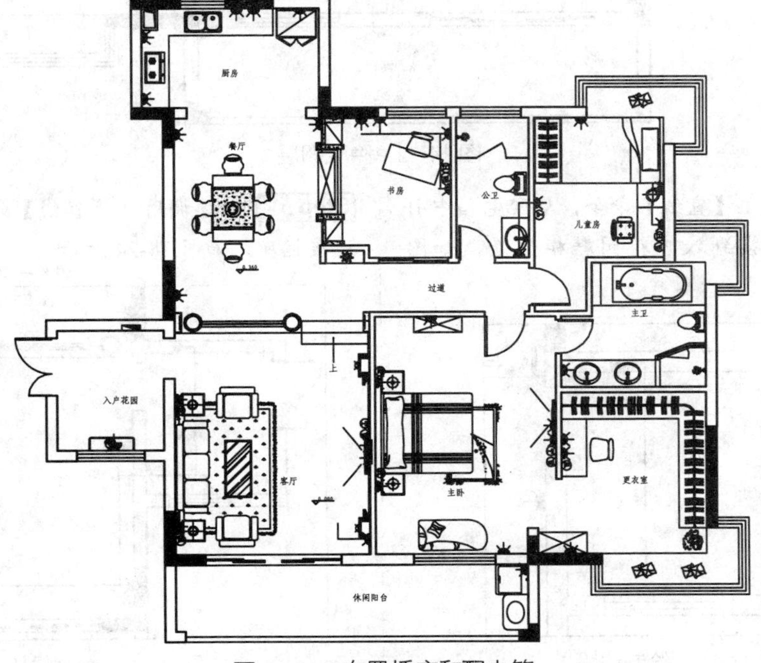

图 14-21　布置插座和配电箱

专家提醒

家具图形在电气图中起参照作用，如在摆放有电视的位置，就应该考虑在此处设置一个插座，还可以根据家具的布局合理安排插座和开关的位置。

Step 03 确定插座位置之后，隐藏【JJ_家具】图层，如图 14-22 所示。

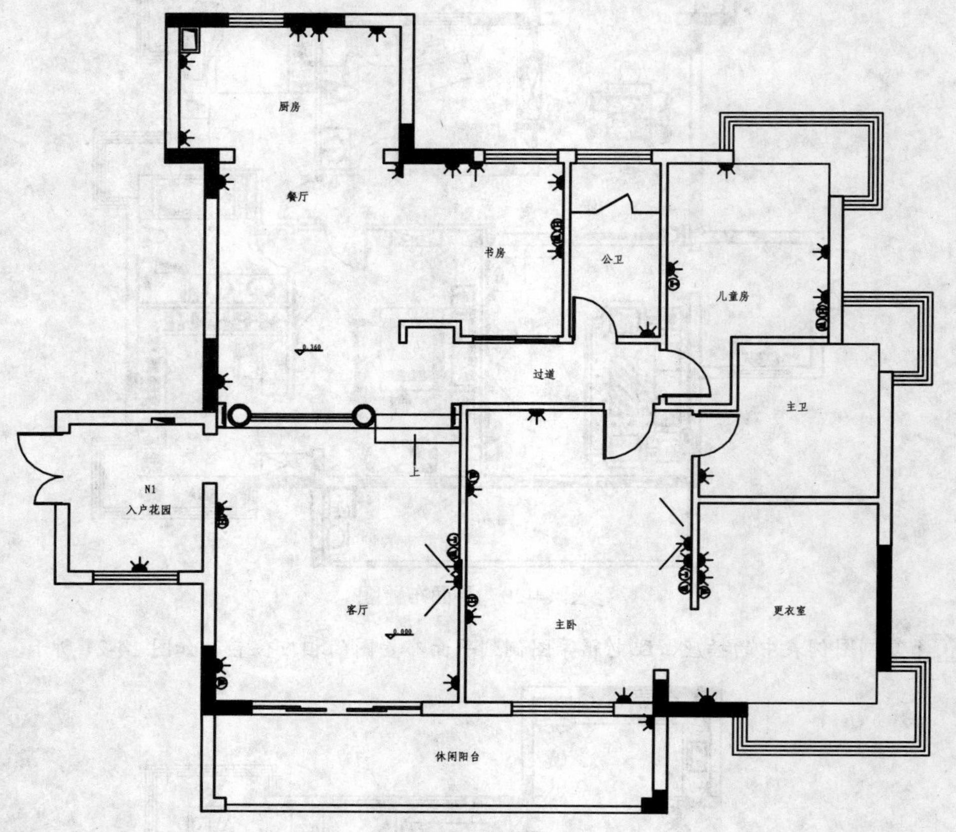

图 14-22　隐藏图层

Step 04 调用 L【直线】命令，从配电箱中引出一条线段连接到入户花园鞋柜位置，如图 14-23 所示。

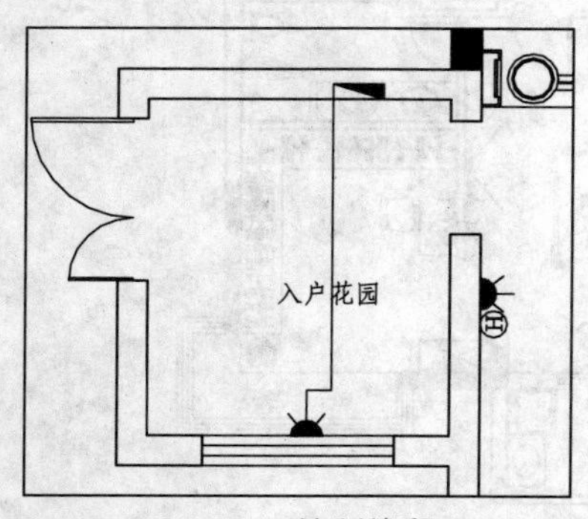

图 14-23　绘制线段 1

Step 05 继续调用 L【直线】命令，绘制线段连接插座，如图 14-24 所示。

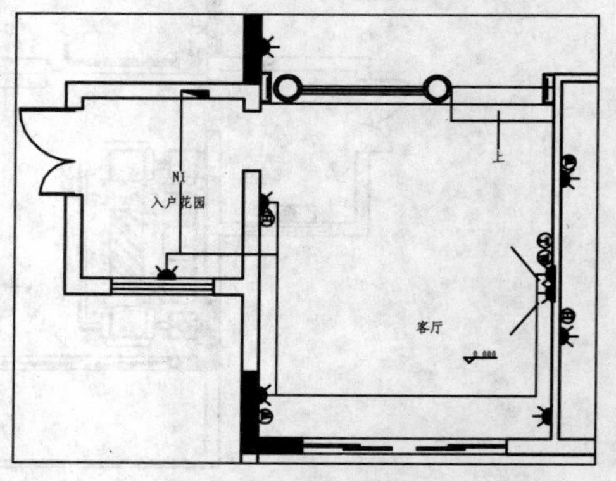

图 14-24　绘制线段 2

Step 06 调用 MT【多行文字】命令，在连线上输入回路编号，如图 14-25 所示。

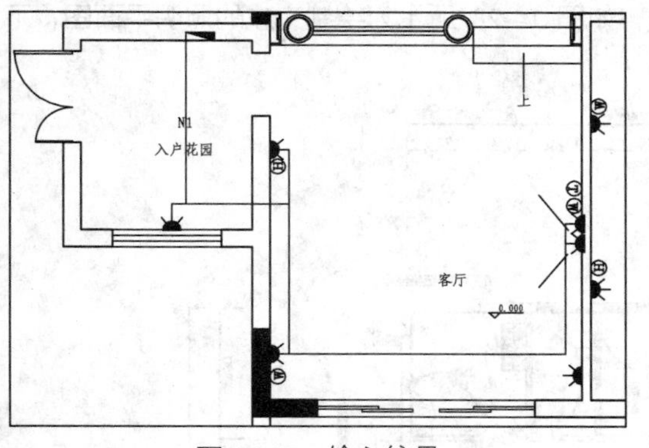

图 14-25 输入编号

Step 07 此时回路编号与连线重叠，调用 TR【修剪】命令，对编号重叠的连线部分进行修剪，如图 14-26 所示。

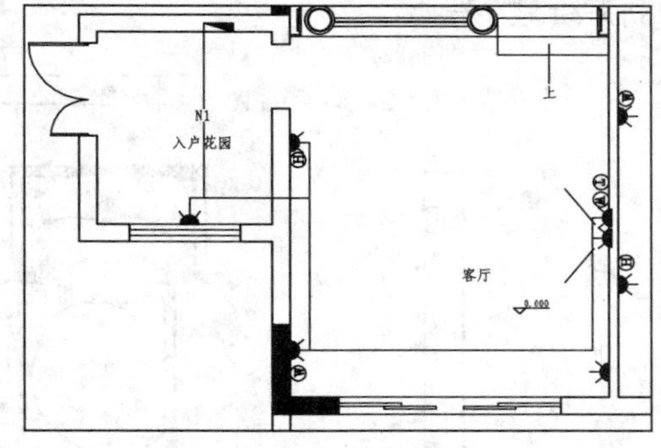

图 14-26 修剪线段

Step 08 使用同样的方法，完成其他插座连线的绘制，如图 14-27 所示，完成插座平面图的绘制。

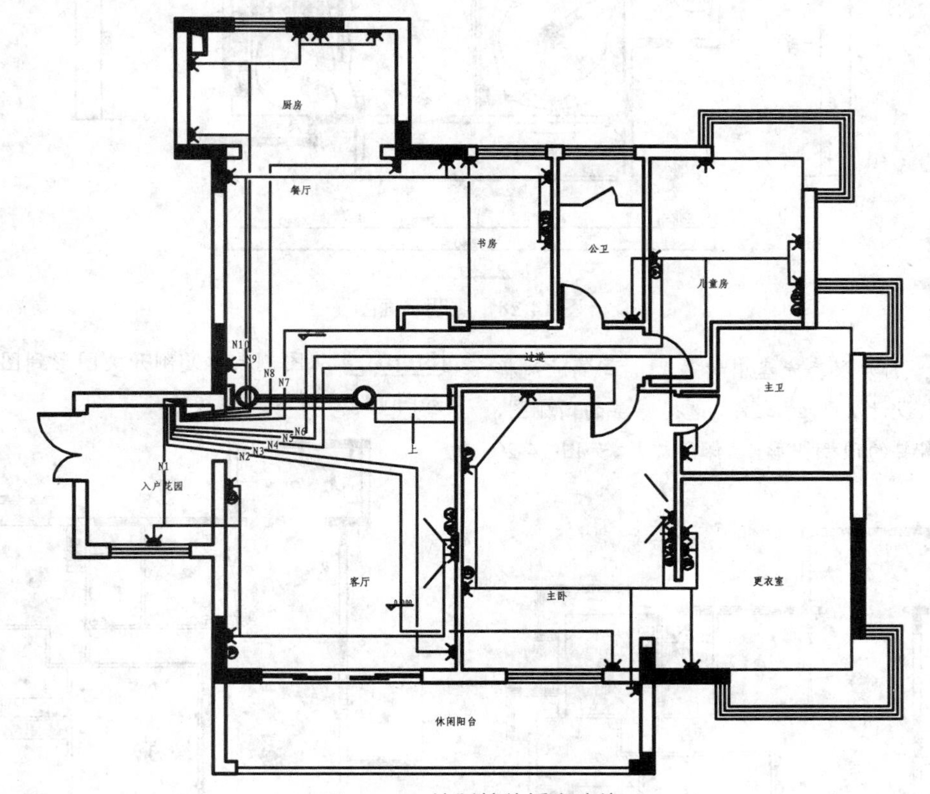

图 14-27 绘制其他插座连线

14.3 绘制照明平面图

照明平面图反映了灯具、开关的安装位置、数量和连线的走向，是电气施工不可缺少的图样，同时也是将来电气线路检修和改造的主要依据。

照明平面图在顶棚图的基础上绘制，主要由灯具、开关以及它们之间的连线组成。

照明平面图的绘制方法与插座平面图基本相同，如图 14-28 所示为绘制完成的照明平面图，下面讲解绘制方法。

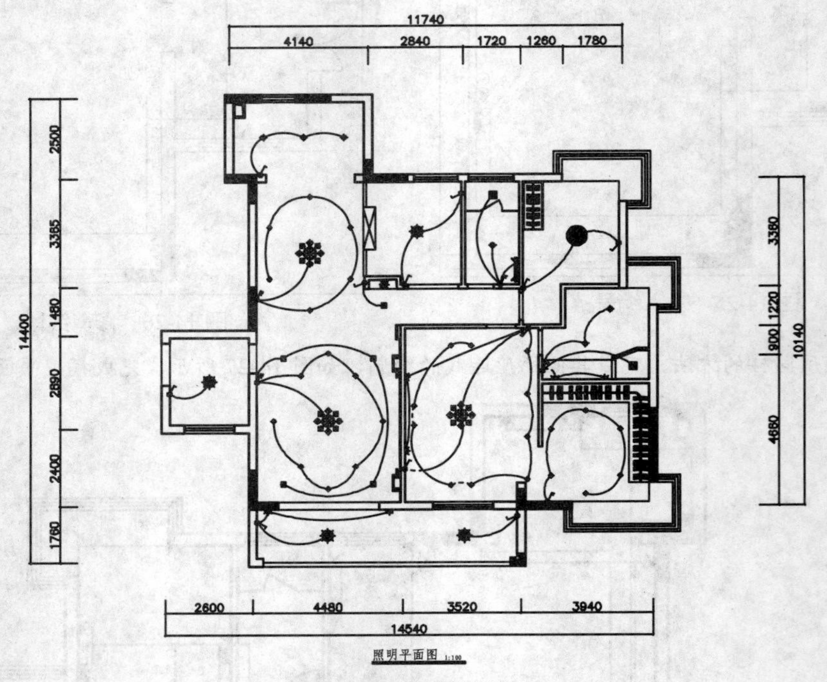

图 14-28 照明平面图

Step 01 打开配套光盘中的第“14 章\简欧风格错层室内设计 2.dwg”文件，选择错层的顶棚图，删除不需要的顶棚图形，只保留灯具，如图 14-29 所示。

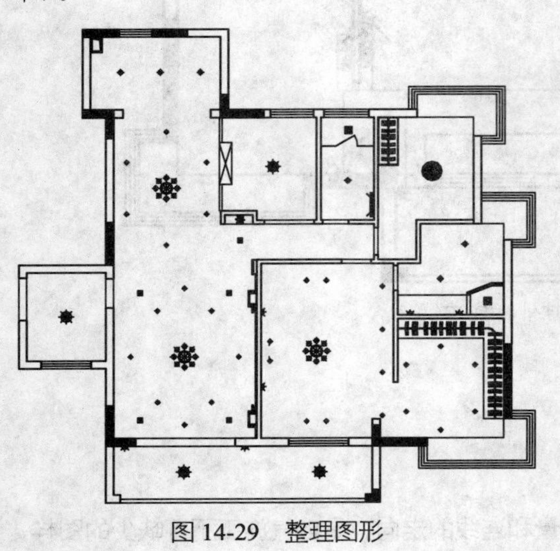

图 14-29 整理图形

Step 02 从图例表中复制开关图形到图形中，如图 14-30 所示。

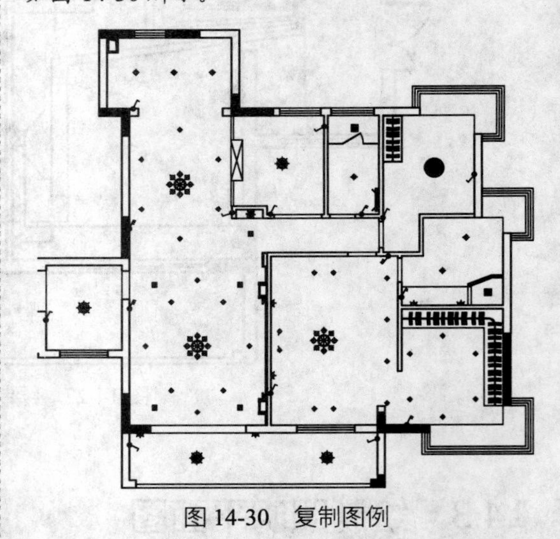

图 14-30 复制图例

Step 03 调用 A【圆弧】命令，绘制连线，如图 14-31 所示。

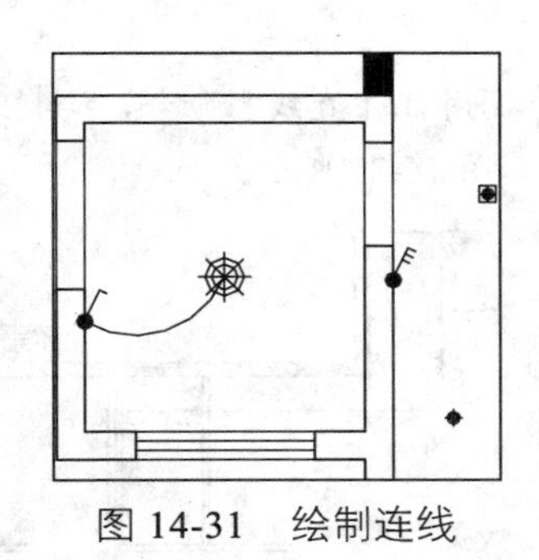

图 14-31　绘制连线

Step 04 继续调用 A【圆弧】命令，绘制其他连线，如图 14-32 所示，完成照明平面图的绘制。

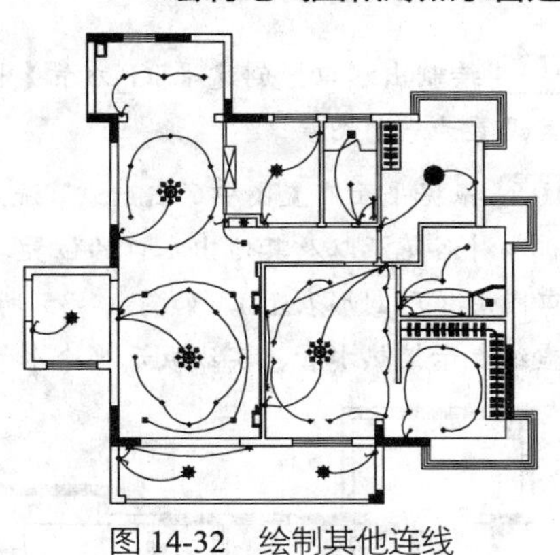

图 14-32　绘制其他连线

14.4　绘制冷热水管走向图

冷热水管走向图反映了住宅水管的分布走向，指导水电施工。冷热水管走向图需要绘制的内容主要为冷、热水管和出水口。

14.4.1　绘制图例表

冷热水管走向图需要绘制冷、热水管及出水口图例，如图 14-33 所示，由于图形比较简单，请读者运用前面所学知识自行完成，这里就不再详细讲解了。

图标	名称
——○	冷水管及水口
┈┈○	热水管及水口

图 14-33　冷热水管走向图图例表

14.4.2　绘制冷热水管走向图

冷热水管走向图主要绘制冷、热水管和出水口，其中冷、热水管分别使用实线和虚线表示，如图 14-34 所示为绘制完成的冷热水管走向图。

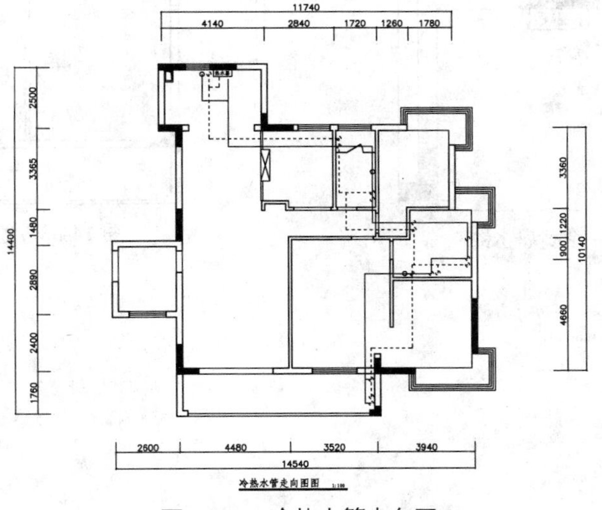

图 14-34　冷热水管走向图

Step 01 绘制出水口。创建【SG_水管】图层，并将其设置为当前图层。

Step 02 根据平面布置图中的洗脸盆、洗菜盆、洗衣机和淋浴花洒以及其他出水口的位置，绘制出水口图形（用圆形表示），如图 14-35 所示，其中虚线表示接热水管，实线表示接冷水管。

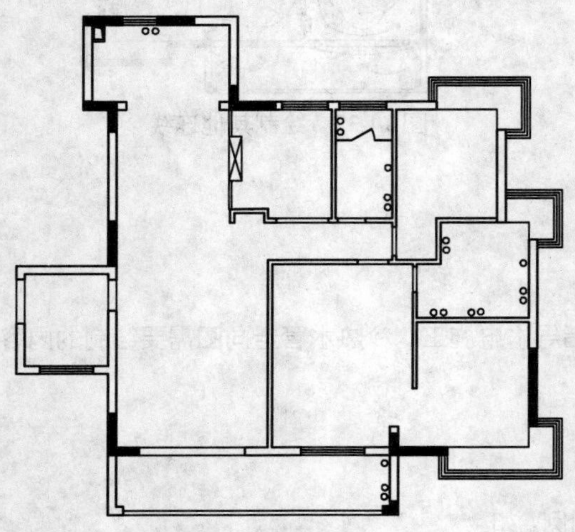

图 14-35 绘制出水口

专家提醒

为方便观察，因此【JJ_家具】图层。

Step 03 绘制水管。调用 PL【多段线】命令和 MT【多行文字】命令，绘制热水器，如图 14-36 所示。

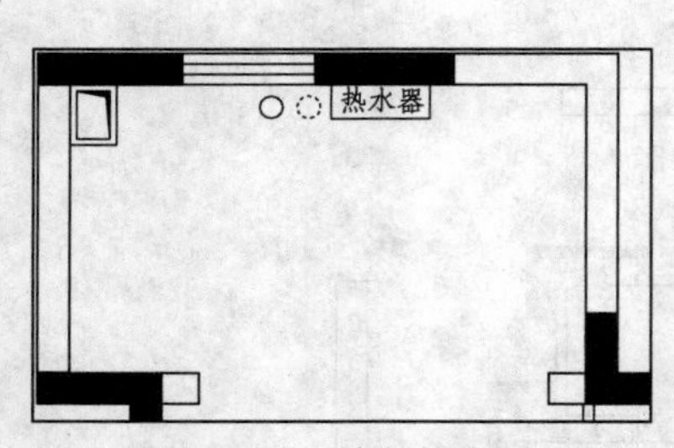

图 14-36 绘制热水器

Step 04 调用 L【直线】命令，绘制线段表示冷水管，如图 14-37 所示。

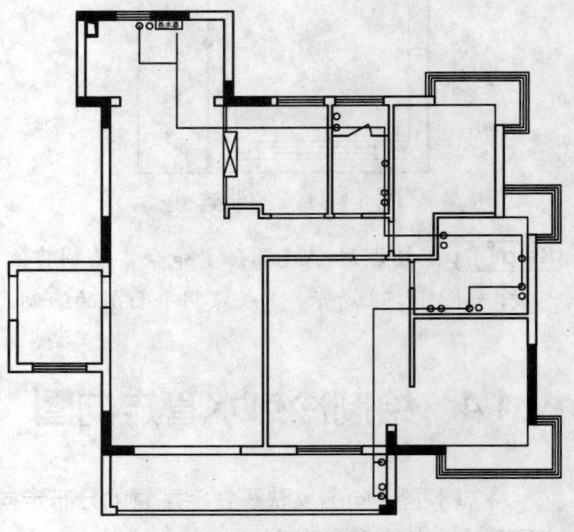

图 14-37 绘制冷水管

Step 05 继续调用 L【直线】命令，绘制虚线将热水管连接至各个热水出水口，如图 14-38 所示，错层冷热水管走向图绘制完成。

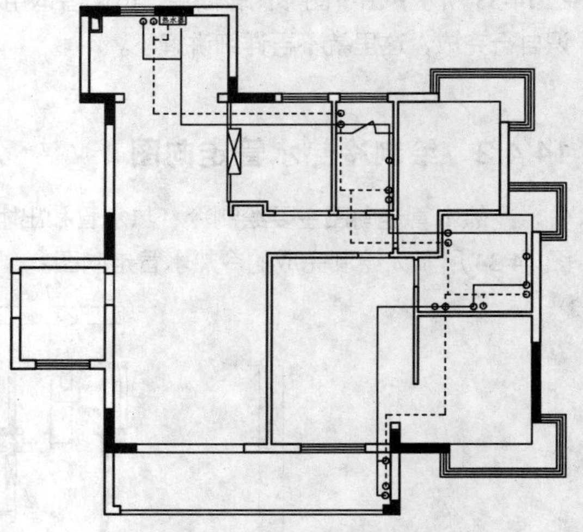

图 14-38 绘制热水管

第15章　绘制室内装潢剖面图和详图

⊙学习目的：

本章主要讲解室内装潢剖面图和大样详图的绘制方法，其中，包括顶棚造型、吧台、酒柜和楼梯剖面图和大样图。

⊙学习重点：

★★★☆ 绘制吧台剖面图和大样图

★★★☆ 绘制酒柜剖面图和大样图

★★☆☆ 绘制顶棚造型剖面图

★★☆☆ 绘制楼梯剖面图

15.1　绘制顶棚造型剖面图

剖面图是室内施工图中不可缺少的部分，因为任何平面图形，不可能把所有的装饰装修结构、细节和尺寸表达得非常清楚。本节以办公区域顶棚造型剖面图为例介绍剖面图的绘制方法。

如图 15-1 所示为绘制完成的顶棚造型剖面图，下面讲解绘制方法。

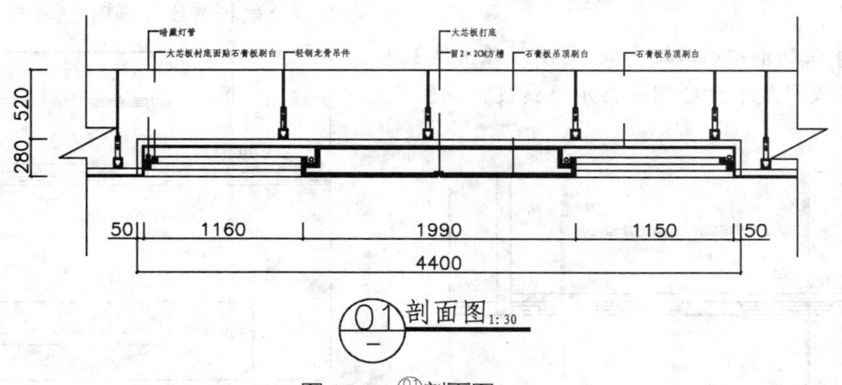

图 15-1　01 剖面图

Step 01 插入剖切索引符号。调用 I【插入】命令，打开【插入】对话框，在【名称】列表中选择【剖切索引】图块，单击【确定】按钮，在需要剖切的位置拾取适当的一点确定剖切索引符号的位置，然后适当调整图块上的动态控制点，使其指向正确的剖切位置，如图 15-2 所示。

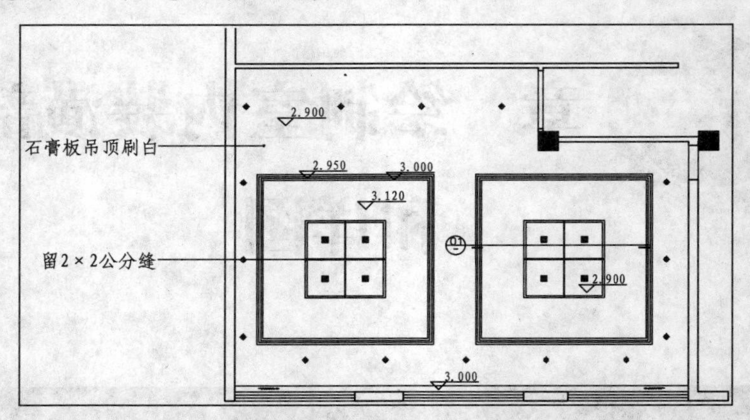

图 15-2　插入剖切索引符号

Step 02 设置【JD_节点】图层为当前图层。设置当前注释比例为 1:30。

Step 03 绘制基本轮廓。调用 L【直线】命令，根据剖切的位置绘制剖切面的投影线，如图 15-3 所示。

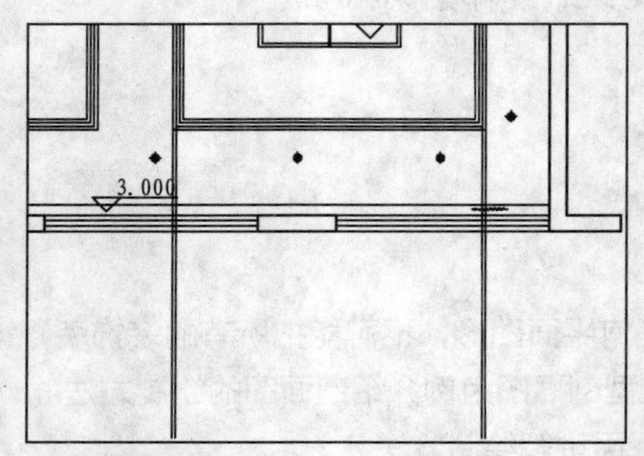

图 15-3　绘制投影线

Step 04 绘制吊顶顶面轮廓线。调用 L【直线】命令，在投影线下方绘制一条水平线段，如图 15-4 所示。

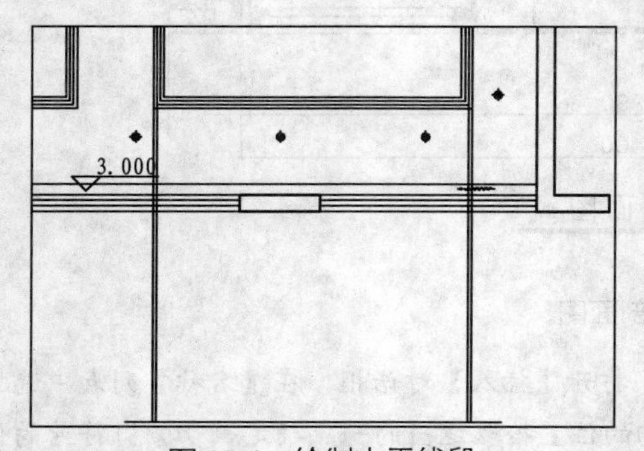

图 15-4　绘制水平线段

Step 05 调用 O【偏移】命令，向上偏移水平线段，偏移距离为 220、280 和 800，如图 15-5 所示。

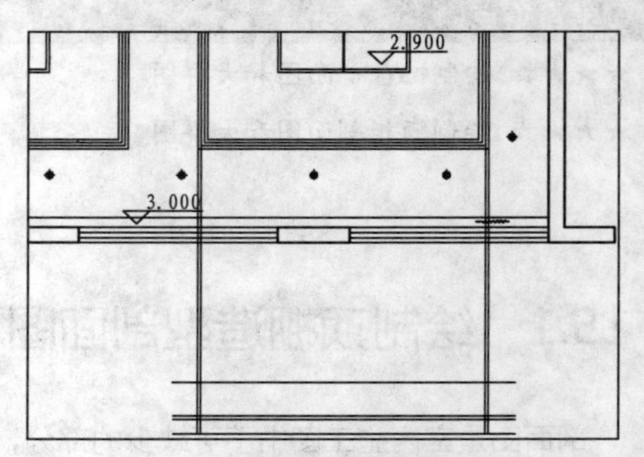

图 15-5　偏移水平线段

Step 06 调用 PL【多段线】命令和 MI【镜像】命令，绘制折断线，如图 15-6 所示。

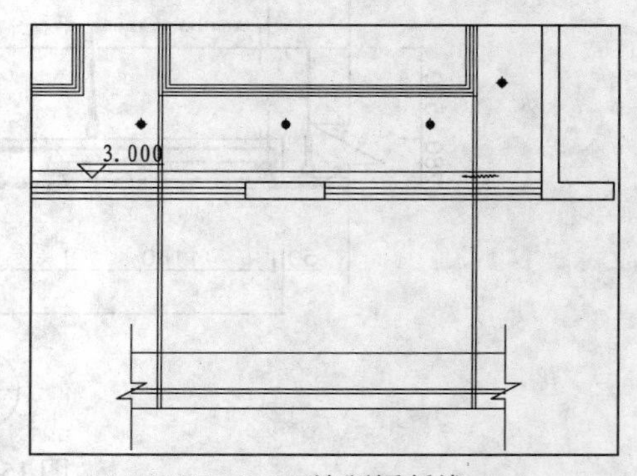

图 15-6　绘制折断线

Step 07 调用 TR【修剪】命令，修剪线段，得到吊顶面层轮廓，如图 15-7 所示。

Step 08 调用 PL【多段线】命令，绘制多段线，如图 15-8 所示。

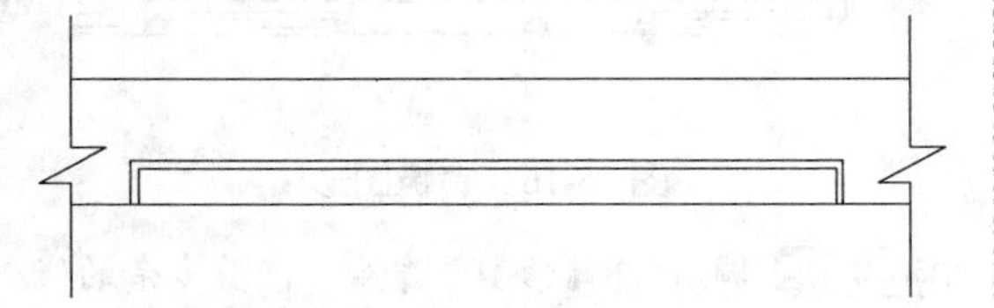

图 15-7　修剪线段 1

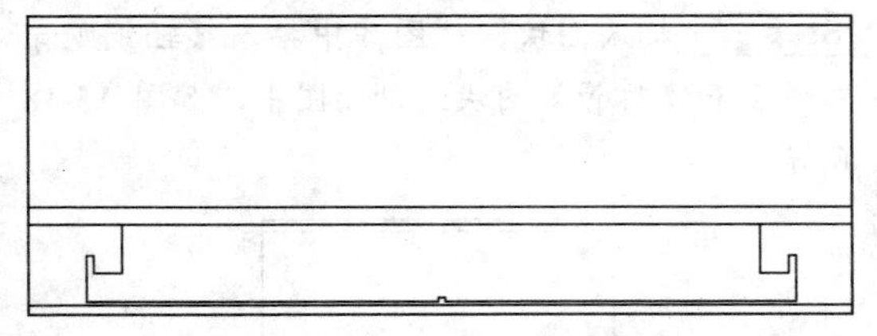

图 15-8　绘制多段线

Step 09 调用 O【偏移】命令，将多段线向内偏移 20，并对线段进行调整，如图 15-9 所示。

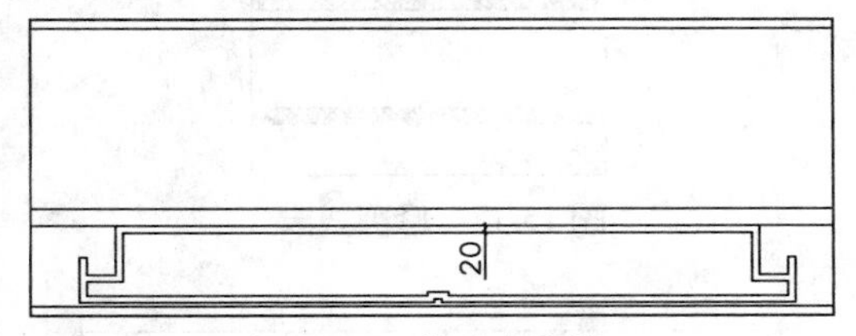

图 15-9　偏移多段线

Step 10 调用 H【填充】命令，在多段线内填充【ANSI38】图案，填充参数设置和效果如图 15-10 所示。

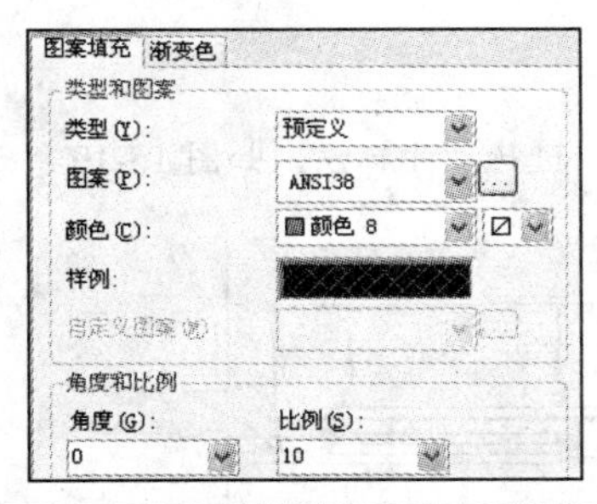

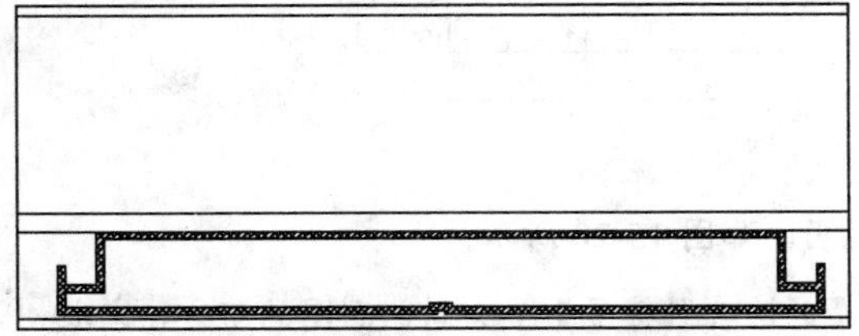

图 15-10　填充参数设置和效果 1

Step 11 调用 PL【多段线】命令，绘制多段线，然后将多段线向外偏移 10，经过修剪后的效果如图 15-11 所示。

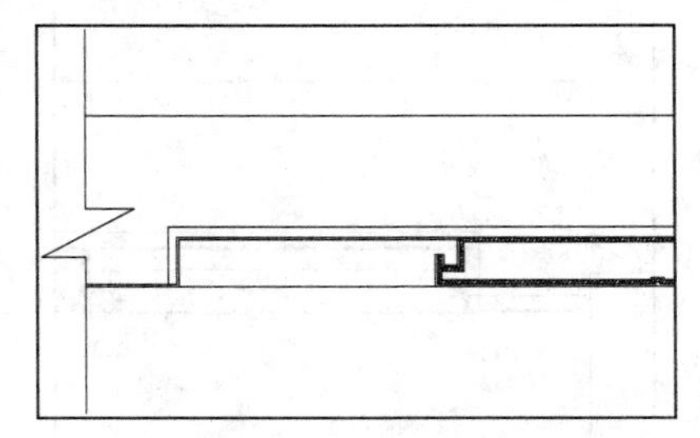

图 15-11　修剪线段

Step 12 调用 H【填充】命令，在多段线内填充【ANSI31】图案，填充参数设置和效果如图 15-12 所示。

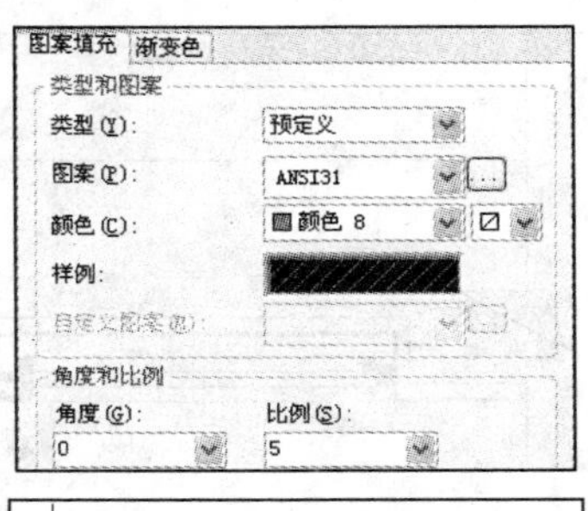

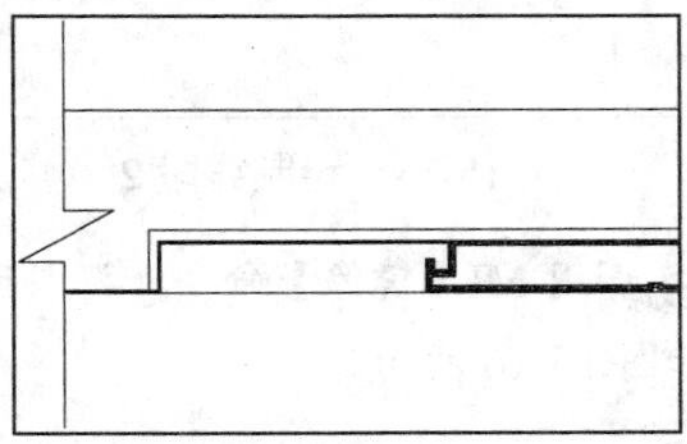

图 15-12　填充参数设置和效果 2

Step 13 调用 L【直线】命令，绘制线段，如图 15-13 所示。

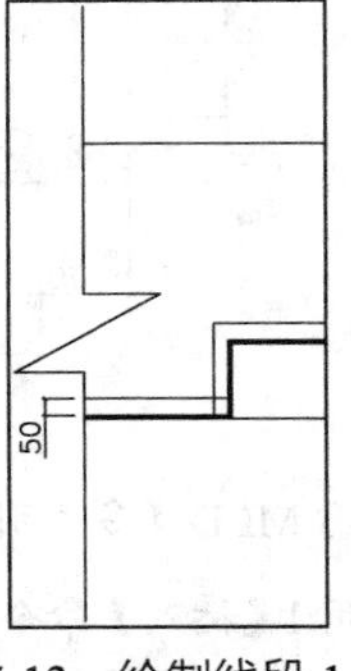

图 15-13　绘制线段 1

Step 14 调用 PL【多段线】命令和 H【填充】命令，绘制图形，如图 15-14 所示。

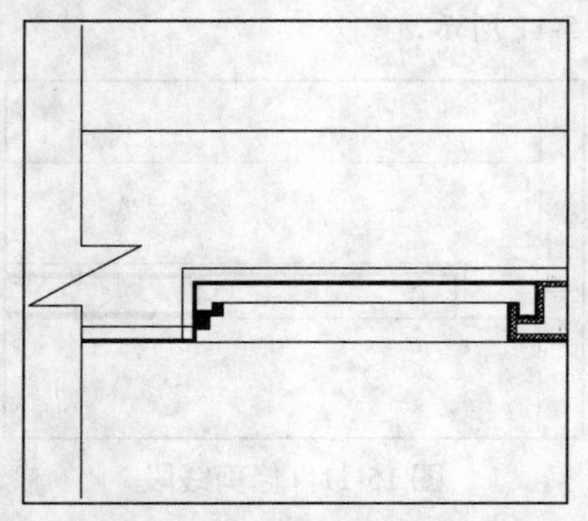

图 15-14　绘制图形

Step 15 调用 L【直线】命令，绘制线段，如图 15-15 所示。

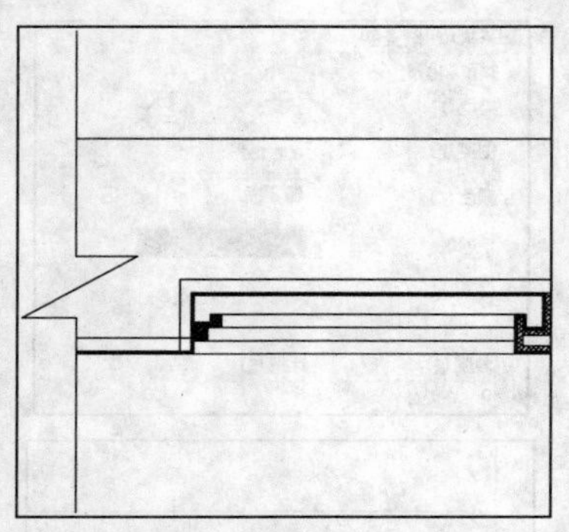

图 15-15　绘制线段 2

Step 16 调用 MI【镜像】命令，将图形镜像到右侧，如图 15-16 所示。

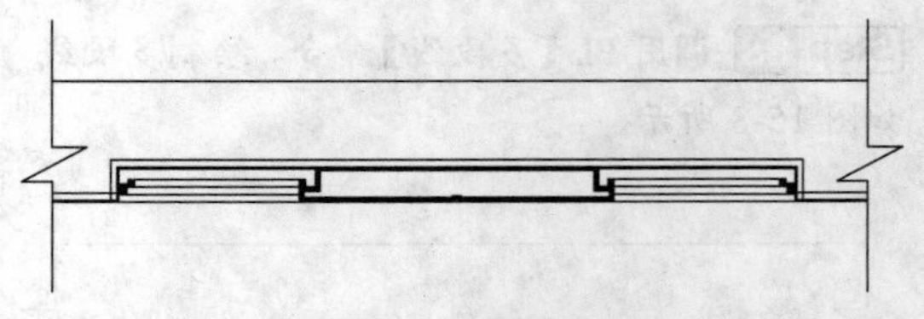

图 15-16　镜像图形

Step 17 调用 TR【修剪】命令，修剪多余的线段，如图 15-17 所示。

Step 18 插入图块。从图库中插入【轻钢龙骨吊件】和【灯管】图块到剖面图中，如图 15-18 所示。

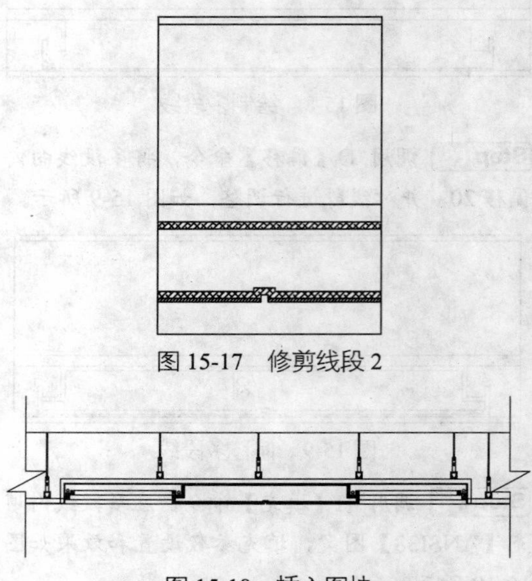

图 15-17　修剪线段 2

图 15-18　插入图块

Step 19 设置【BZ_标注】图层为当前图层。

Step 20 调用 DLI【线性标注】命令和 DCO【连续】命令，进行尺寸标注，如图 15-19 所示。

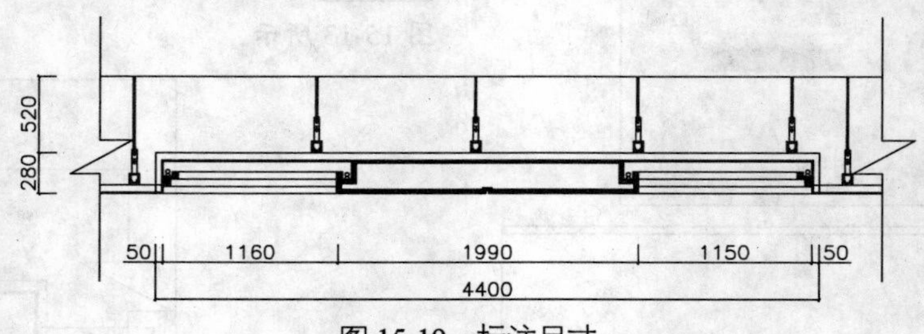

图 15-19　标注尺寸

Step 21 调用 MLD【多重引线】命令，进行材料说明，如图 15-20 所示。

Step 22 调用 I【插入】命令，插入【图名】图块和【剖切索引符号】图块到剖面图的下方，完成剖面图的绘制。

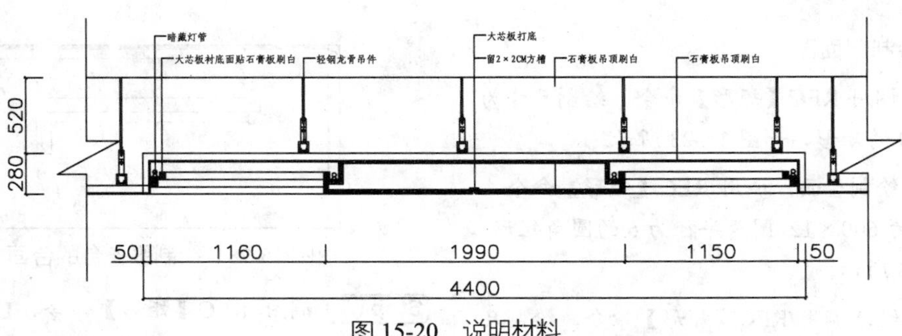

图 15-20　说明材料

15.2　绘制吧台剖面图和大样图

吧台剖面图主要表达了吧台的结构和使用的材料，本节以舞厅吧台为例介绍吧台剖面图和大样图的绘制方法。

如图 15-21 所示为吧台剖面图和大样图，下面讲解绘制方法。

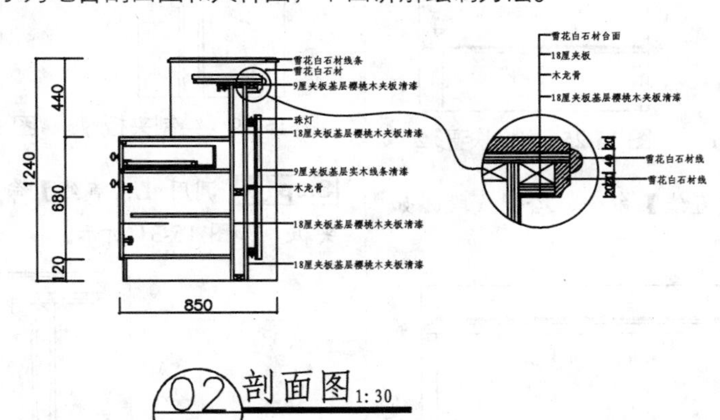

图 15-21　02剖面图和大样图

1. 插入图块

调用 I【插入】命令，插入剖切索引符号到吧台立面图中，如图 15-22 所示。

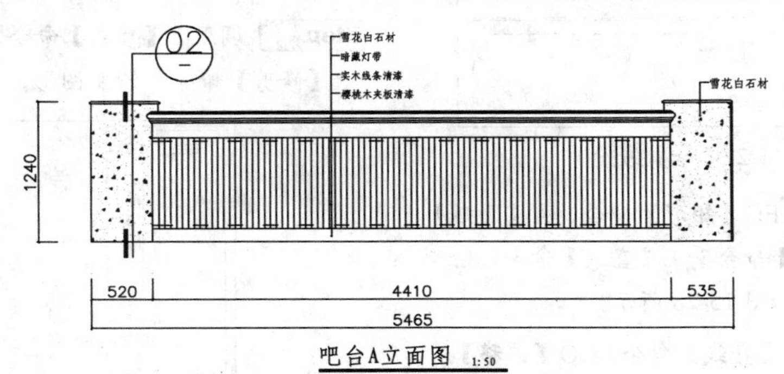

图 15-22　插入剖切索引符号

2. 绘制剖面图

Step 01 调用 REC【矩形】命令，绘制尺寸为570×1220的矩形，如图15-23所示。

Step 02 绘制台面。调用 REC【矩形】命令，绘制尺寸为600×12、圆角半径为6的圆角矩形，如图15-24所示。

Step 03 继续调用 REC【矩形】命令，绘制尺寸为570×3的矩形，并移动到相应的位置，如图15-25所示。

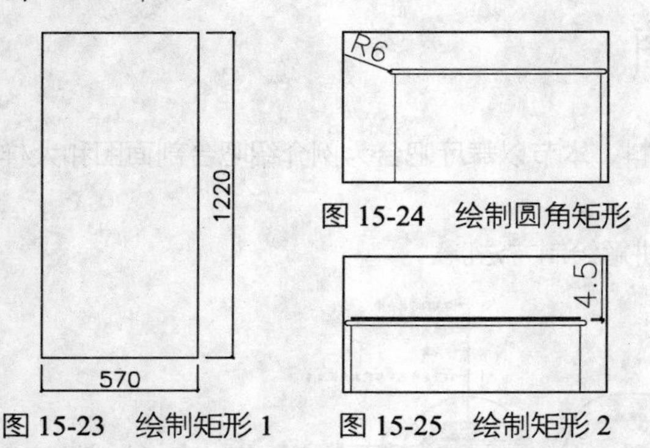

图15-23 绘制矩形1

图15-24 绘制圆角矩形

图15-25 绘制矩形2

Step 04 调用 L【直线】命令，绘制线段，如图15-26所示。

图15-26 绘制线段

Step 05 调用 TR【修剪】命令，修剪多余的线段，如图15-27所示。

图15-27 修剪线段

Step 06 调用 REC【矩形】命令、A【圆弧】命令、TR【修剪】命令和L【直线】命令，绘制服务台的台面，如图15-28所示。

Step 07 调用 L【直线】命令和 O【偏移】命令，绘制夹板，如图15-29所示。

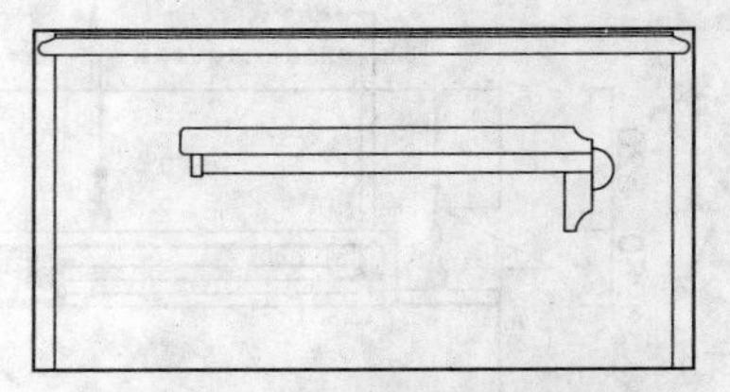

图15-28 绘制服务台的台面

Step 08 调用 REC【矩形】命令、L【直线】命令和M【移动】命令，绘制图形，如图15-30所示。

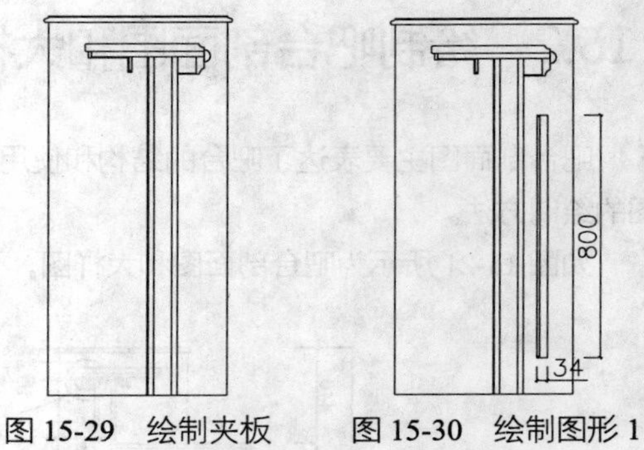

图15-29 绘制夹板　　图15-30 绘制图形1

Step 09 调用 L【直线】命令，绘制木龙骨和夹板，如图15-31所示。

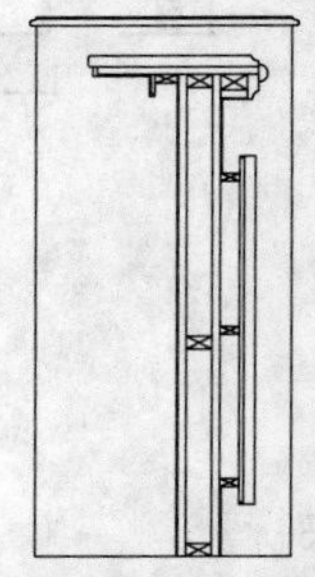

图15-31 绘制木龙骨和夹板

Step 10 调用L【直线】命令、C【圆】命令和TR【修剪】命令，绘制图形，如图15-32所示。

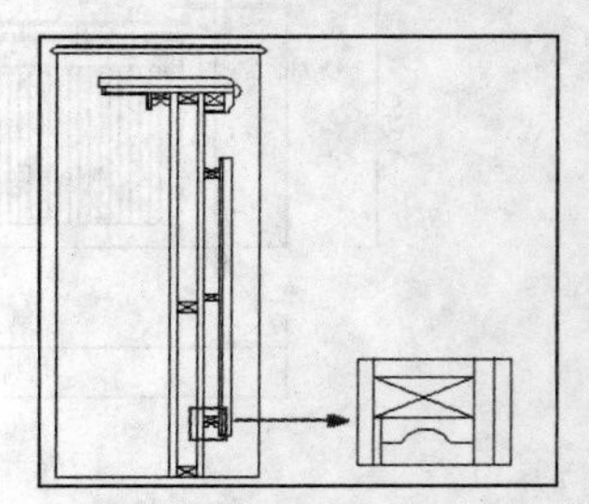

图15-32 绘制图形2

Step 11 调用 PL【多段线】命令和 TR【修剪】命令，绘制台面，如图 15-33 所示。

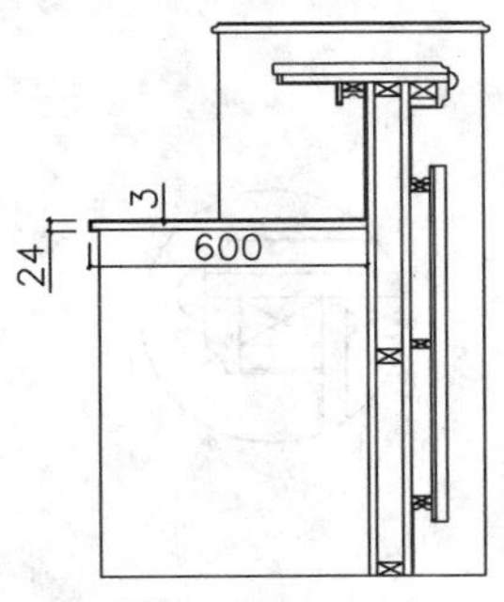

图 15-33　绘制台面

Step 12 调用 L【直线】命令、O【偏移】命令和 TR【修剪】命令，绘制面板和柜门，如图 15-34 所示。

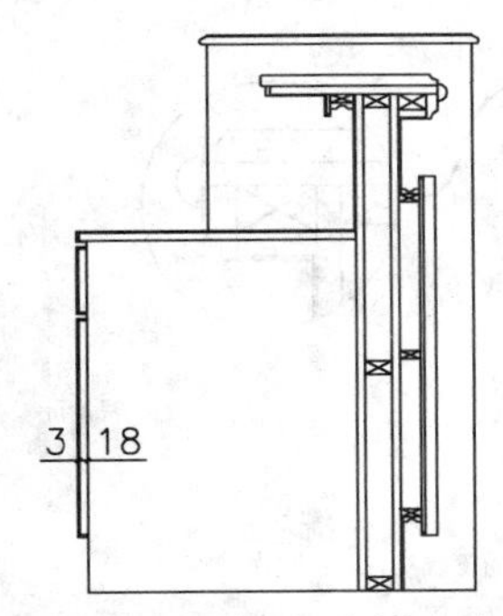

图 15-34　绘制面板和柜门

Step 13 调用 PL【多段线】命令和 L【直线】命令，绘制抽屉，如图 15-35 所示。

Step 14 继续调用 PL【多段线】命令和 L【直线】命令，绘制层板，如图 15-36 所示。

图 15-35　绘制抽屉

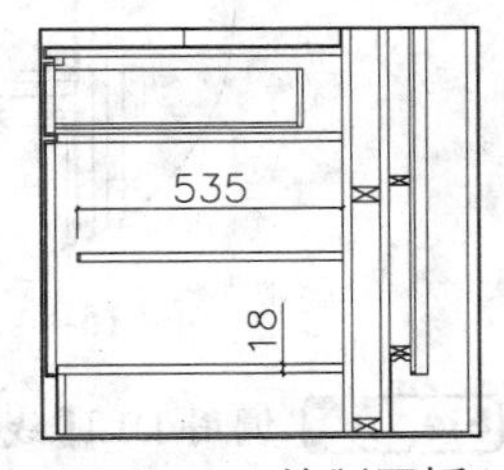

图 15-36　绘制层板

Step 15 从图库中插入【合页】、【拉手】和【抽屉轨道】图块到剖面图中，如图 15-37 所示。

Step 16 调用 DLI【线性标注】命令和 DCO【连续性标注】命令，标注尺寸，如图 15-38 所示。

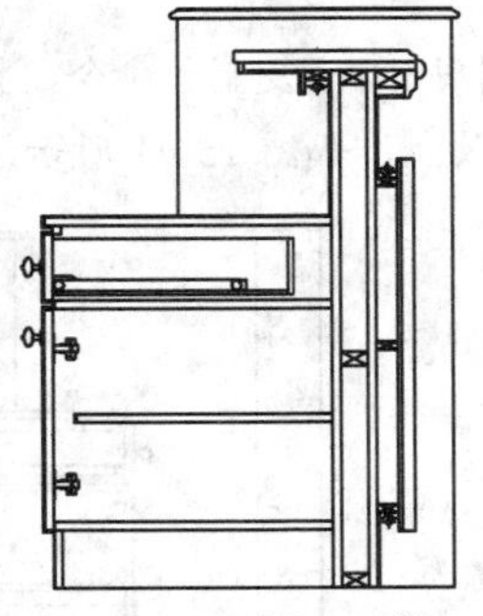

图 15-37　插入图块

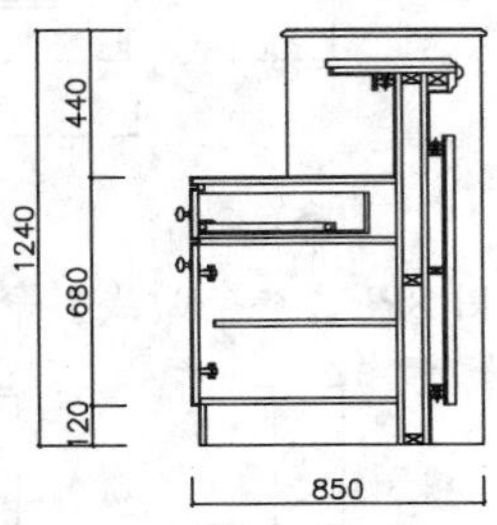

图 15-38　标注尺寸

Step 17 调用命令 MLD【多重引线】命令，进行材料说明，如图 15-39 所示。

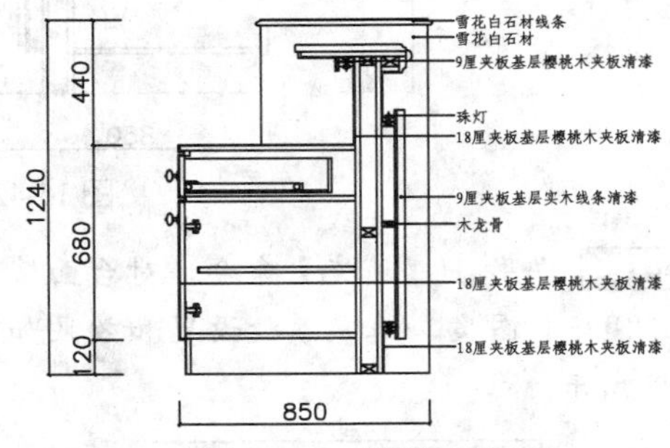

图 15-39　说明材料

3. 绘制大样图

Step 01 调用 C【圆】命令，在剖面图中需要放大的位置绘制圆，表达放大的区域，如图 15-40 所示。

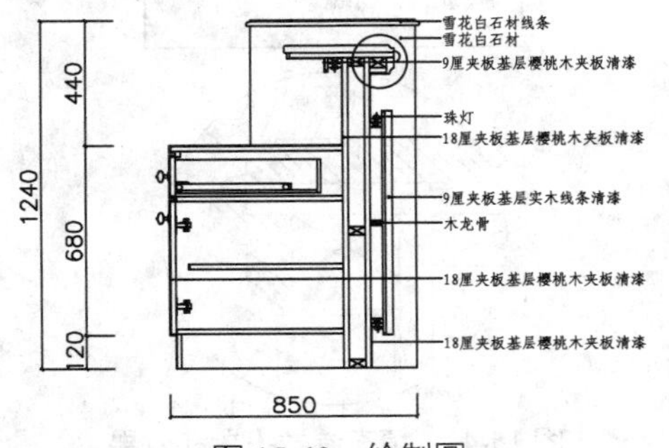

图 15-40　绘制圆

Step 02 调用 CO【复制】命令，将圆内的图形复制到剖面图的右侧，并调用 SC【缩放】命令，将复制的图形放大，如图 15-41 所示。

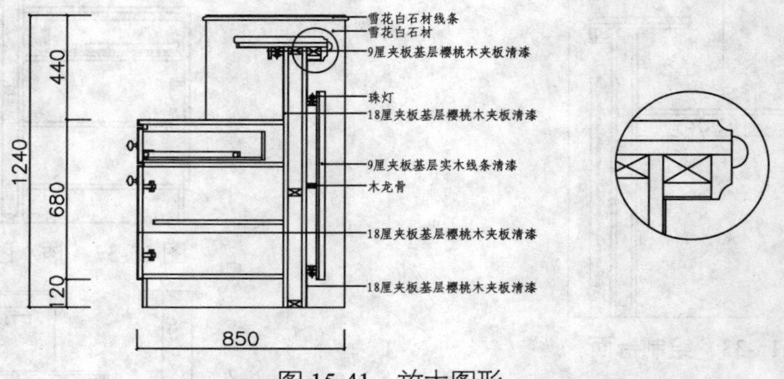

图 15-41 放大图形

Step 03 调用 SPL【样条曲线】命令，绘制样条曲线连接两个圆，如图 15-42 所示。

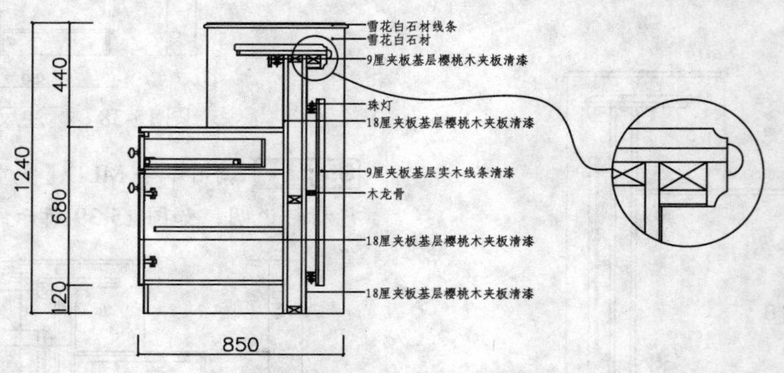

图 15-42 绘制样条曲线

Step 04 调用 H【填充】命令，对台面填充【ANSI33】图案，填充参数设置和效果如图 15-43 所示。

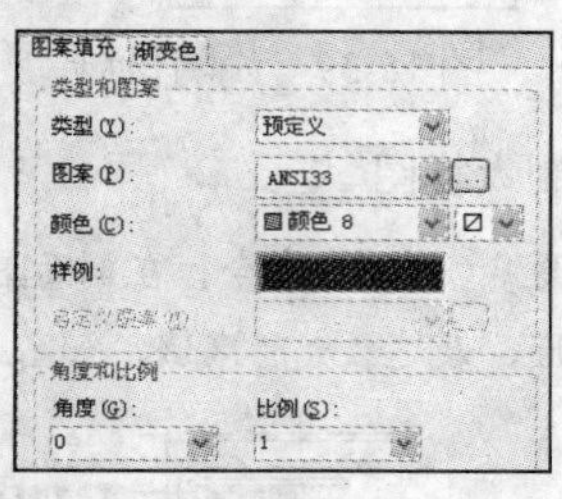

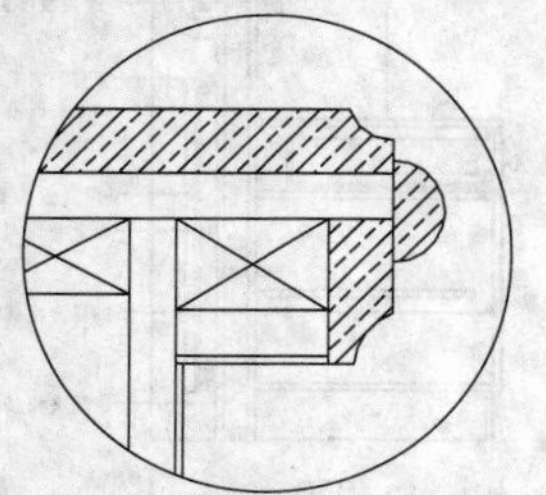

图 15-43 填充参数设置和效果

Step 05 调用 L【直线】命令和 O【偏移】命令，细化夹板，如图 15-44 所示。

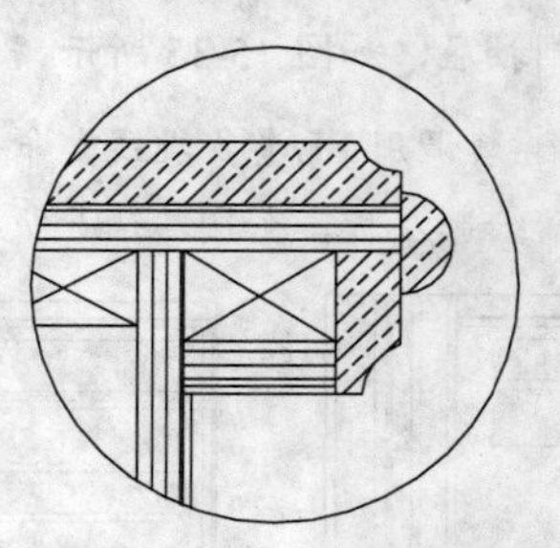

图 15-44 细化夹板

Step 06 调用 DLI【线性标注】命令和 DCO【连续】命令，对放大的图形进行尺寸标注，但所标注的尺寸与实际尺寸有差别，这是因为图形被放大的原因，如图 15-45 所示。

Step 07 调用 DDE【文字编辑】命令，单击尺寸文字，对数字进行修改，如图 15-46 所示。

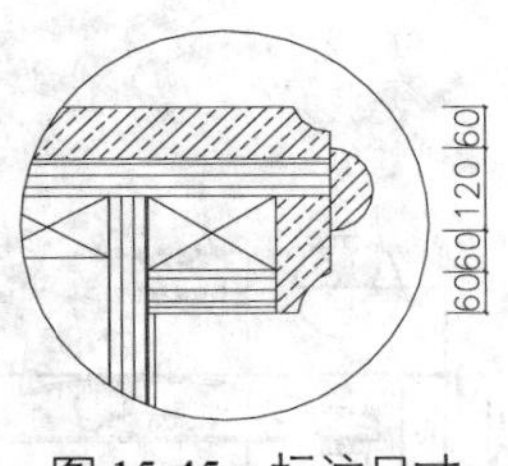

图 15-45　标注尺寸

Step 08 调用 MLD【多重引线】命令，进行材料说明，如图 15-47 所示。

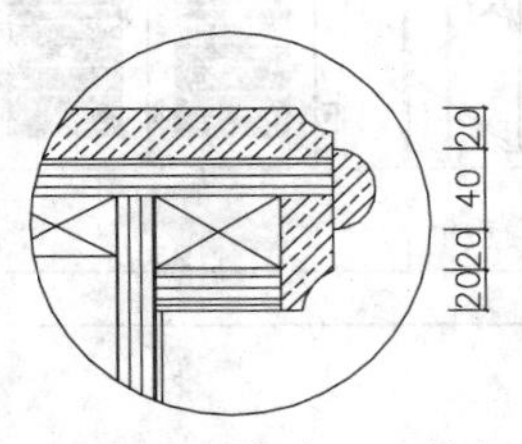

图 15-46　修改尺寸数字

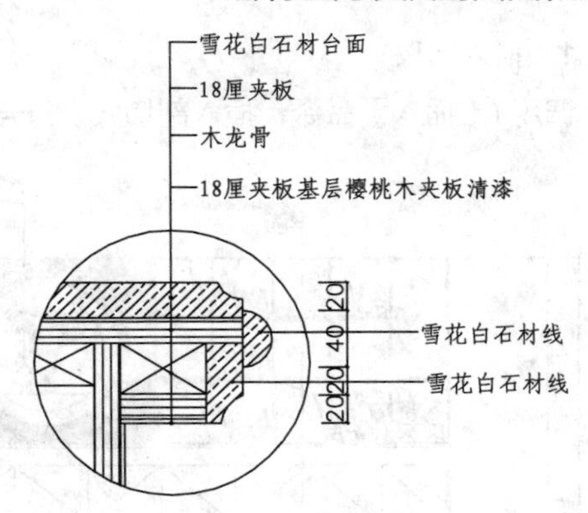

图 15-47　说明材料

Step 09 调用 I【插入】命令，插入【图名】图块和【剖切索引符号】图块到剖面图的下方，完成02剖面图和大样图的绘制。

15.3　绘制酒柜剖面图和大样图

本节以舞厅酒柜剖面图和大样图为例，介绍酒柜剖面图和大样图的绘制方法。

如图 15-48 所示为酒柜剖面图和大样图，下面讲解绘制方法。

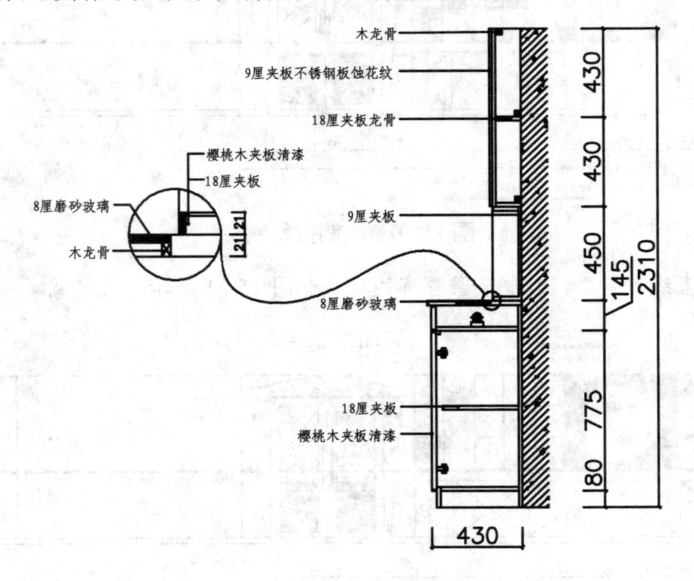

图 15-48　03剖面图

1．插入图块

调用 I【插入】命令，插入剖切索引符号，如图 15-49 所示。

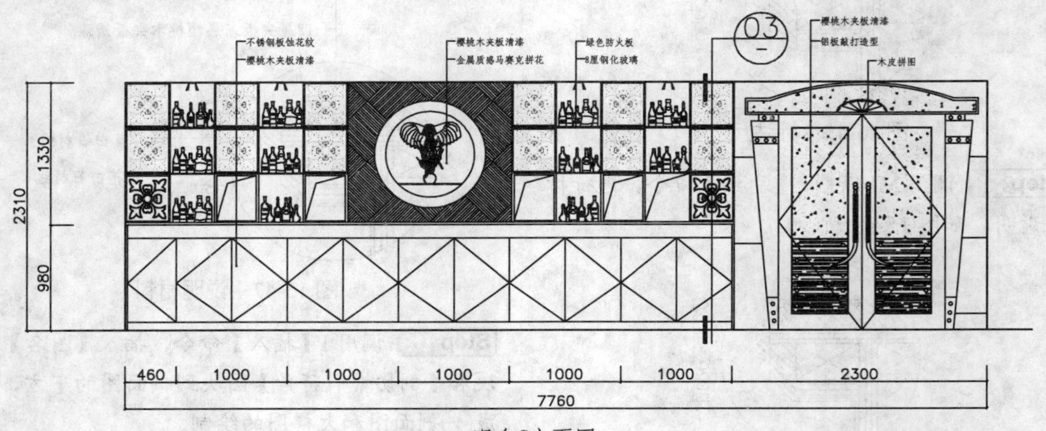

图 15-49　插入剖切索引符号

2．绘制剖面图

Step 01 调用 L【直线】命令，在立面图的右侧绘制水平投影线，如图 15-50 所示。

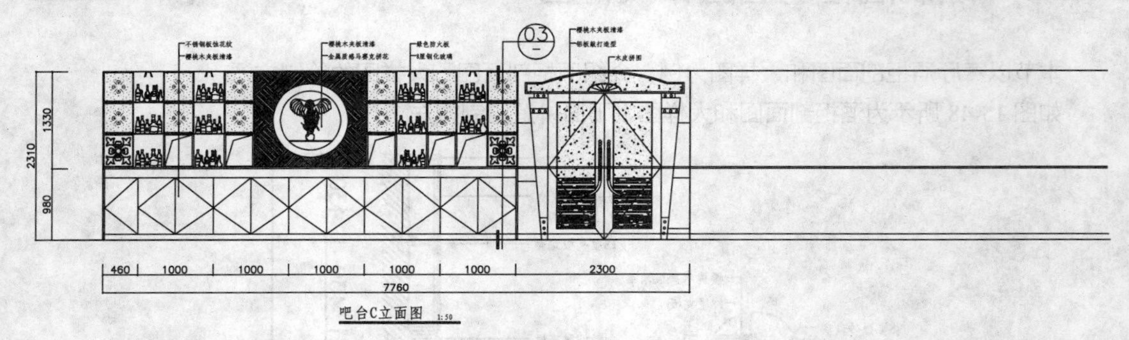

图 15-50　绘制投影线

Step 02 调用 L【直线】命令，绘制一条垂直线段，如图 15-51 所示。

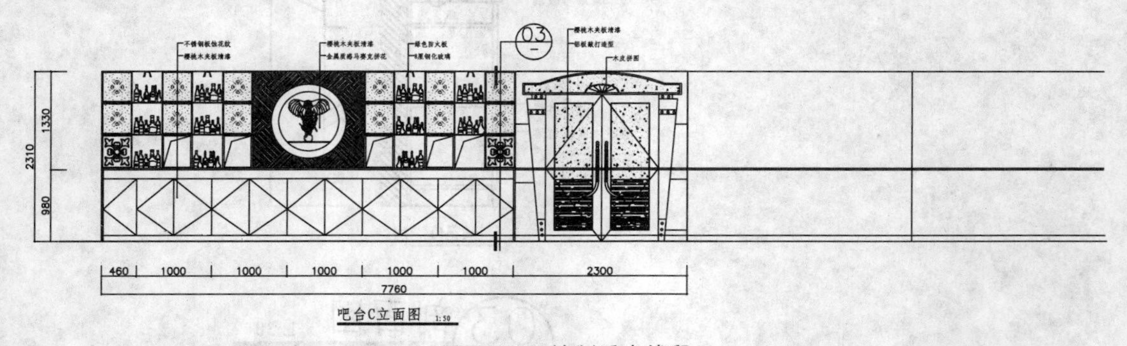

图 15-51　绘制垂直线段

Step 03 调用 O【偏移】命令，将垂直线段向左偏移 140、409、430 和 450，如图 15-52 所示。

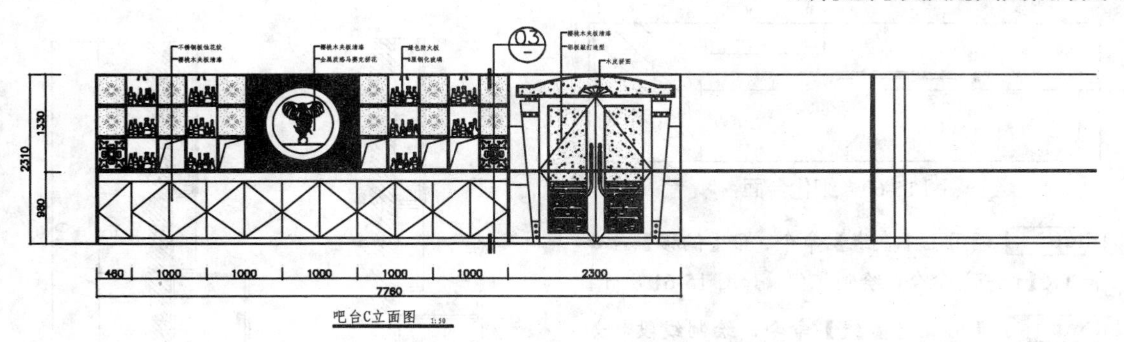

图 15-52　偏移垂直线段

Step 04 调用 TR【修剪】命令，对线段进行修剪，如图 15-53 所示。

Step 05 绘制墙体。调用 REC【矩形】命令，绘制矩形，如图 15-54 所示。

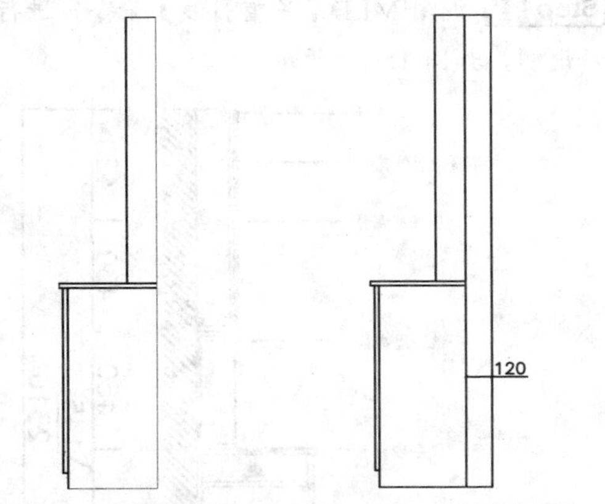

图 15-53　修剪线段　　图 15-54　绘制矩形

Step 06 调用 H【填充】命令，在矩形中填充【ANSI31】图案和【AR-CONC】图案，填充参数设置和效果如图 15-55 所示。

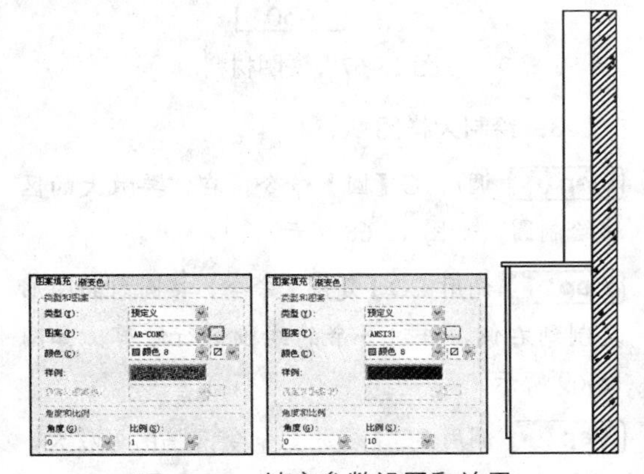

图 15-55　填充参数设置和效果

Step 07 调用 X【分解】命令，分解矩形。

Step 08 删除矩形右侧的线段，如图 15-56 所示。

Step 09 调用 L【直线】命令和 O【偏移】命令，绘制并偏移线段，如图 15-57 所示。

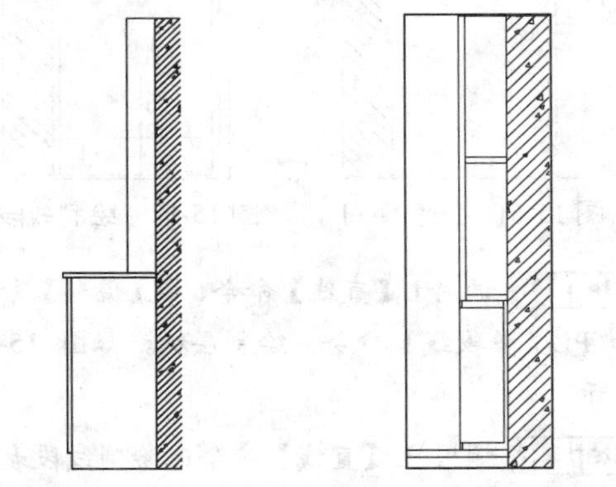

图 15-56　删除线段　　图 15-57　绘制并偏移线段

Step 10 调用 PL【多段线】命令，绘制多段线，如图 15-58 所示。

Step 11 调用 REC【矩形】命令、L【直线】命令和 CO【复制】命令，绘制木方，如图 15-59 所示。

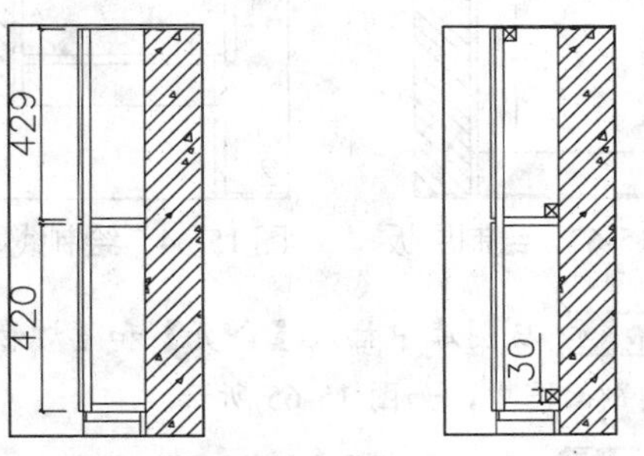

图 15-58　绘制多段线　　图 15-59　绘制木方

Step 12 调用 L【直线】命令和 TR【修剪】命令，细化台面，如图 15-60 所示。

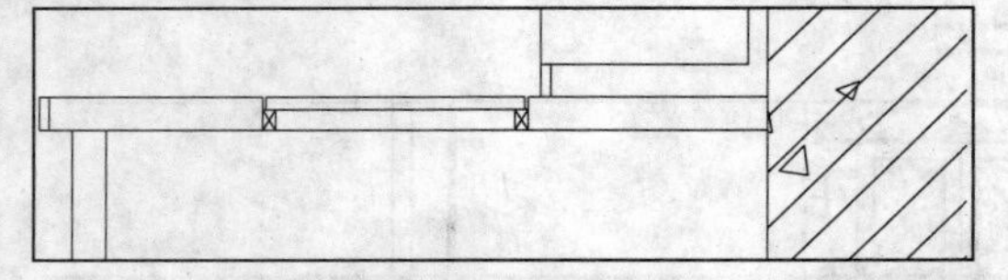

图 15-60　细化台面

Step 13 调用 L【直线】命令、O【偏移】命令和 TR【修剪】命令，绘制柜门，如图 15-61 所示。

Step 14 调用 L【直线】命令，绘制线段，如图 15-62 所示。

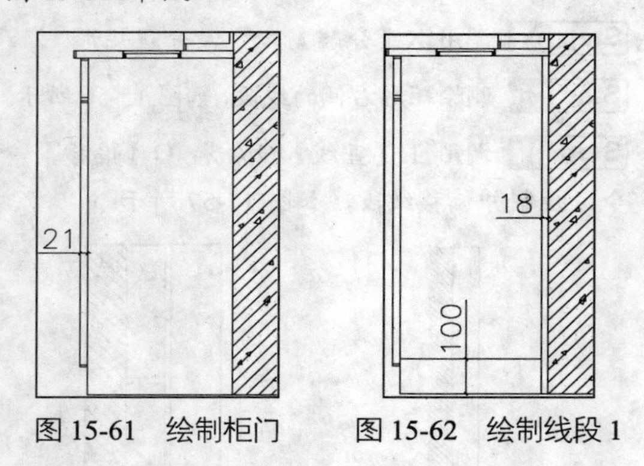

图 15-61　绘制柜门　　图 15-62　绘制线段 1

Step 15 调用 L【直线】命令、O【偏移】命令和 PL【多段线】命令，绘制层板，如图 15-63 所示。

Step 16 调用 L【直线】命令，绘制线段表示夹板，如图 15-64 所示。

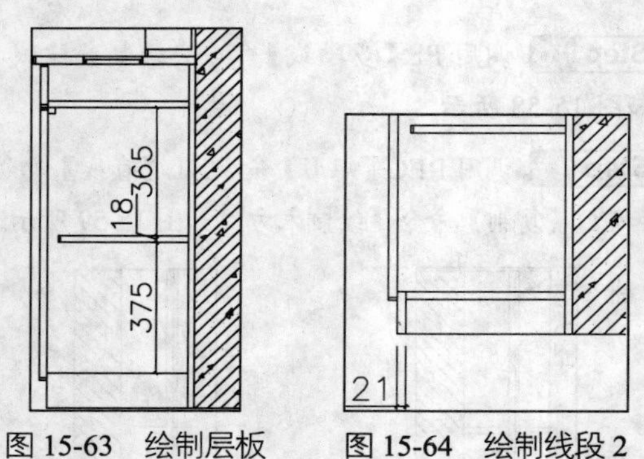

图 15-63　绘制层板　　图 15-64　绘制线段 2

Step 17 从图库中插入【合页】和【灯管】图块到剖面图中，如图 15-65 所示。

Step 18 调用 DLI【线性标注】命令和 DCO【连续性标注】命令，进行尺寸标注，如图 15-66 所示。

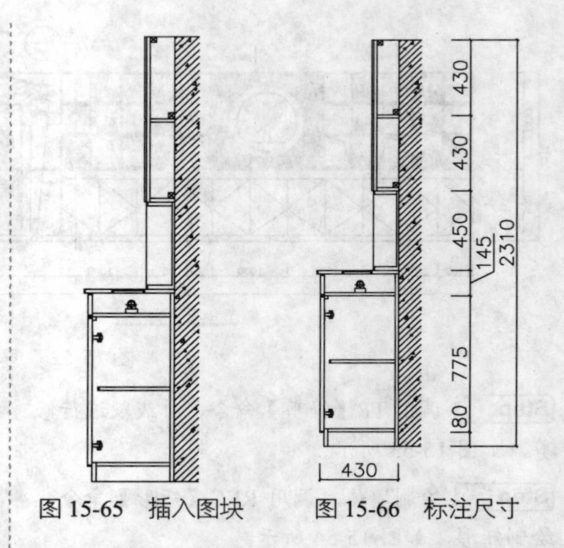

图 15-65　插入图块　　图 15-66　标注尺寸

Step 19 调用 MLD【多重引线】命令，进行材料说明，如图 15-67 所示。

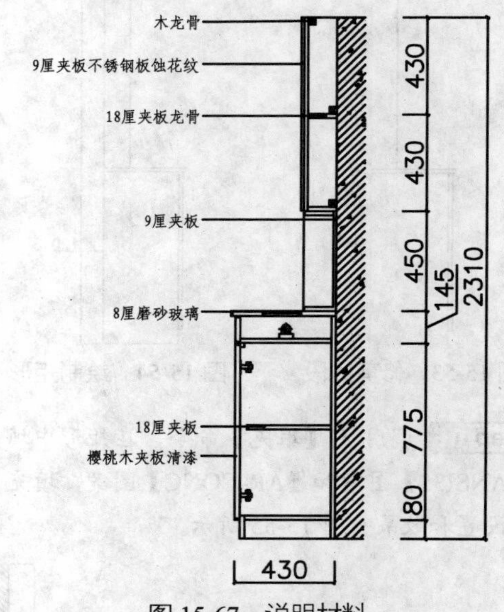

图 15-67　说明材料

3．绘制大样图

Step 01 调用 C【圆】命令，在需要放大的区域绘制圆，如图 15-68 所示。

Step 02 调用 CO【复制】命令，将圆内的图形复制到右侧，并对多余的线段进行修剪，如图 15-69 所示。

Step 03 调用 SC【缩放】命令，将图形放大，如图 15-70 所示。

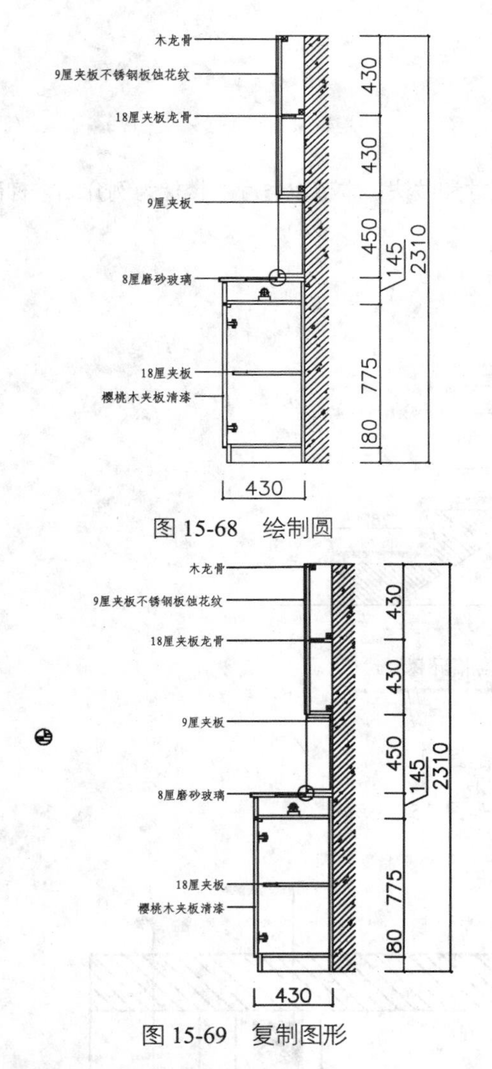

图 15-68 绘制圆

图 15-69 复制图形

Step 04 调用 H【填充】命令，在夹板中填充【ANSI31】图案，如图 15-71 所示。

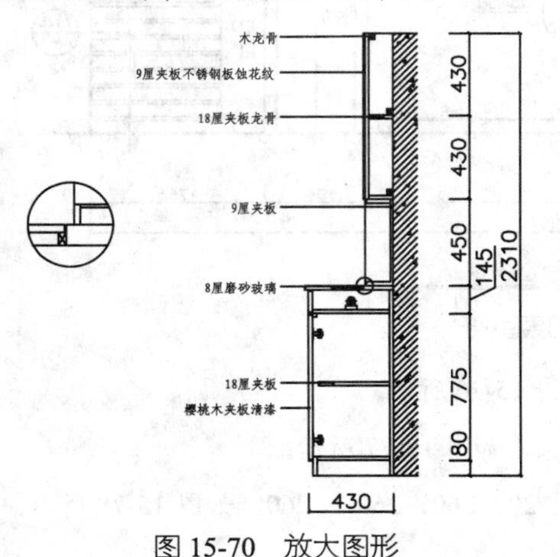

图 15-70 放大图形

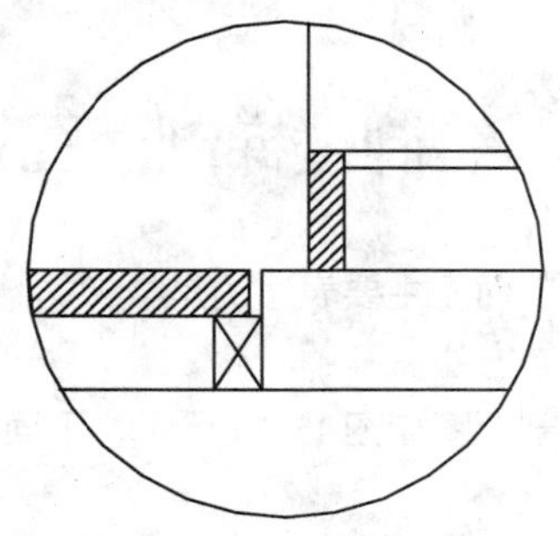

图 15-71 填充图案

Step 05 调用 SPL【样条曲线】命令，绘制样条曲线连接两个圆，如图 15-72 所示。

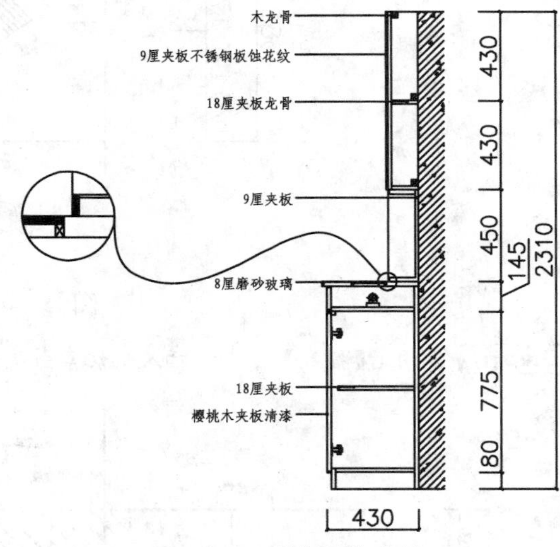

图 15-72 绘制样条曲线

Step 06 调用 DLI【线性标注】命令、DCO【连续性标注】命令、MLD【多重引线】命令和 DDE【文字编辑】命令，进行尺寸标注和材料说明，如图 15-73 所示。

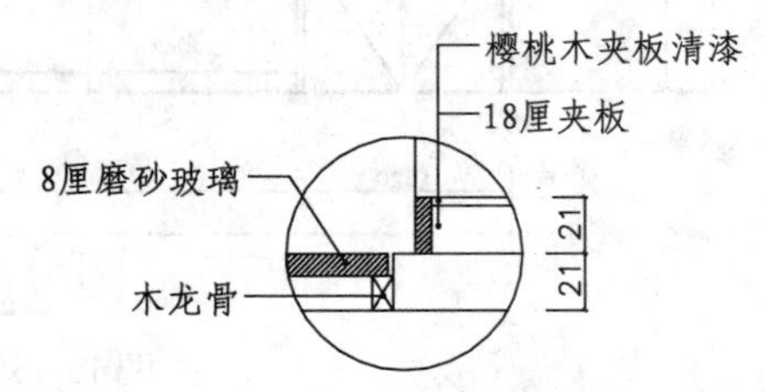

图 15-73 标注尺寸、说明材料

Step 07 调用 I【插入】命令，插入【图名】图块和【剖切索引符号】图块到剖面图的下方，完成03剖面图和大样图的绘制。

15.4 绘制楼梯剖面图

楼梯剖面图主要表达的是楼梯的结构材料以及尺寸和做法，本节以餐厅的楼梯为例介绍楼梯剖面图的绘制方法。

楼梯剖面图如图 15-74 所示，下面讲解绘制方法。

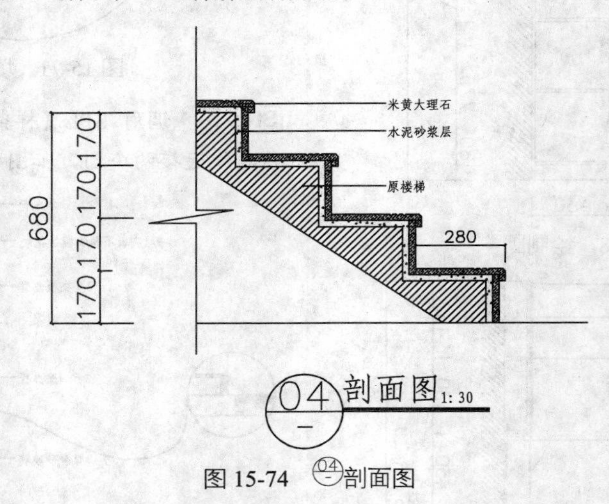

图 15-74 04剖面图

Step 01 调用 I【插入】命令，插入剖切索引符号，如图 15-75 所示。

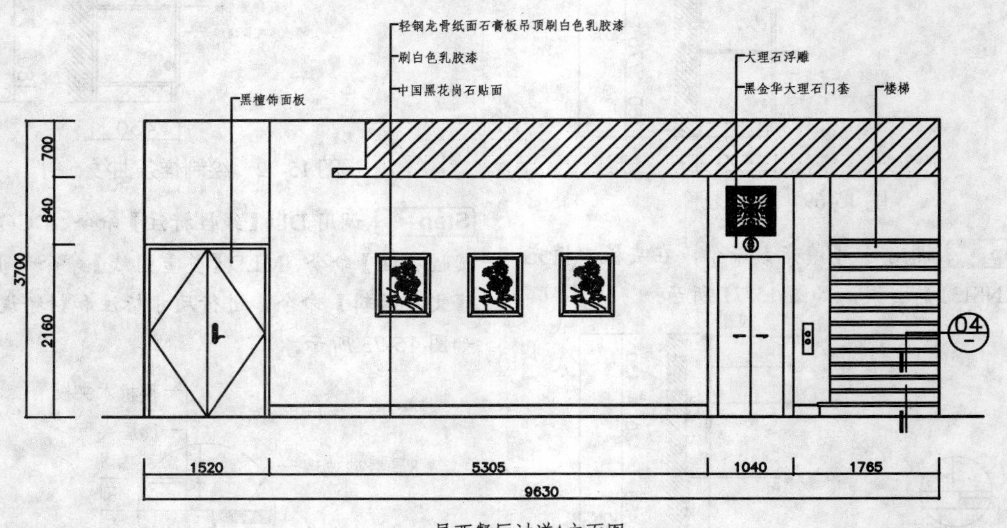

图 15-75 插入剖切索引符号

Step 02 调用 L【直线】命令，绘制水平投影线，如图 15-76 所示。

Step 03 继续调用 L【直线】命令，绘制一条垂直线段，如图 15-77 所示。

Step 04 调用 O【偏移】命令，将垂直线段向右偏移 120、260、260 和 260，如图 15-78 所示。

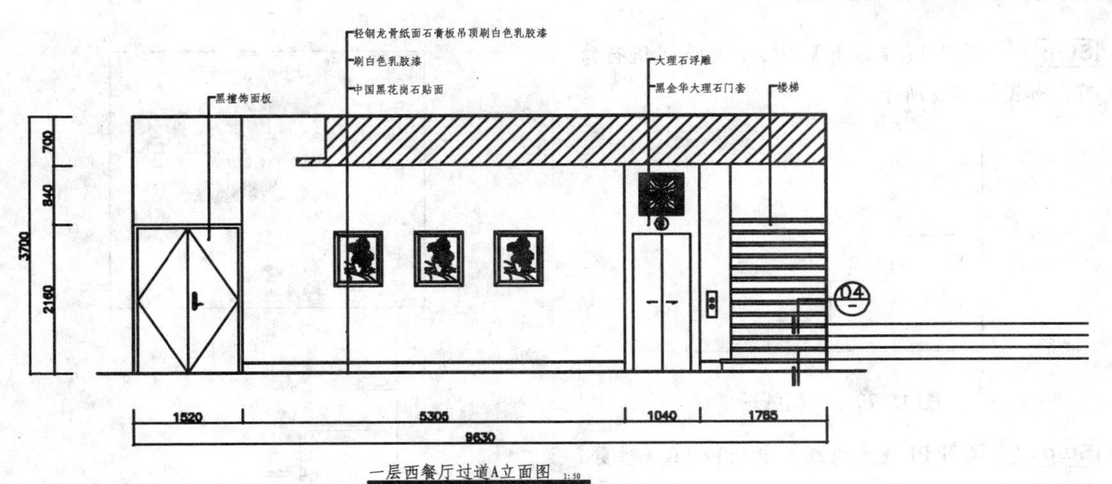

图 15-76 绘制水平投影线

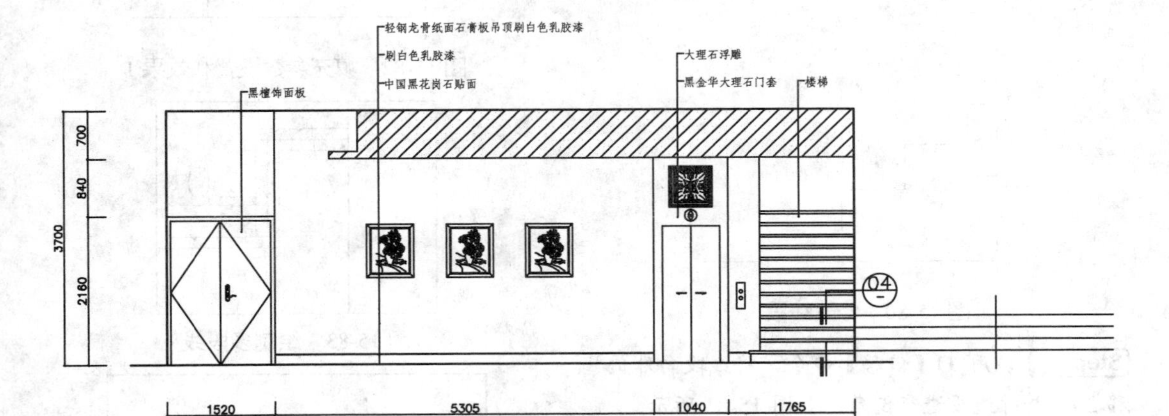

图 15-77 绘制垂直线段

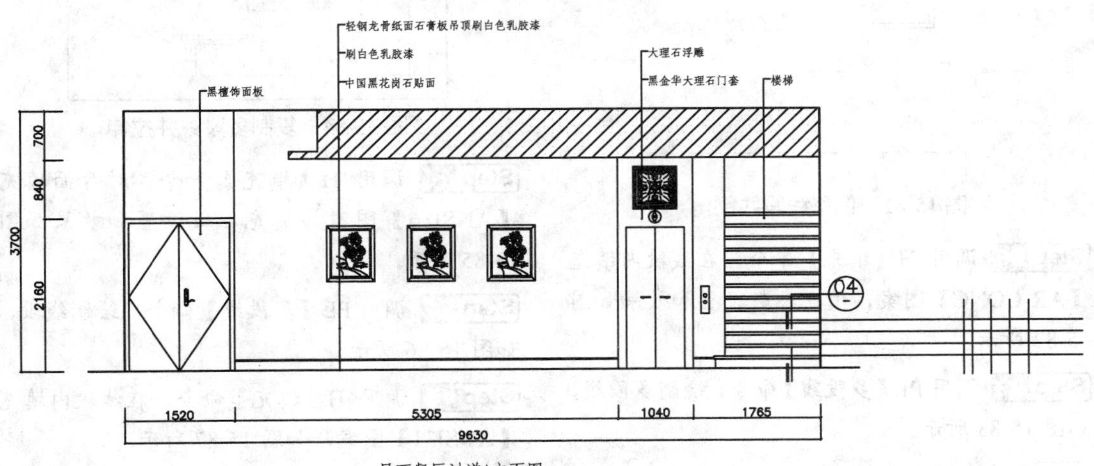

图 15-78 偏移垂直线段

Step 05 调用 TR【修剪】命令，对线段进行修剪，如图 15-79 所示。

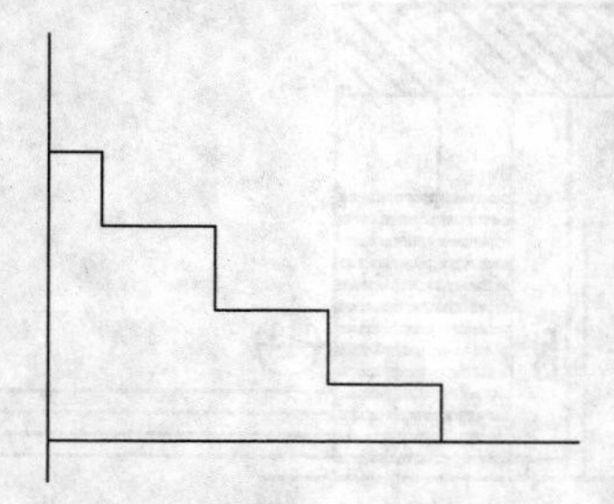

图 15-79　修剪线段

Step 06 调用 PL【多段线】命令和 TR【修剪】命令，将左侧的线段修改成折断线，如图 15-80 所示。

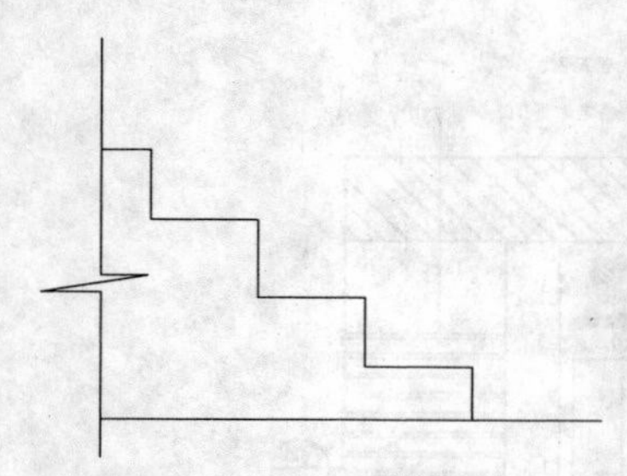

图 15-80　修改线段

Step 07 调用 O【偏移】命令，将线段向外偏移 20，并对线段进行倒角，如图 15-81 所示。

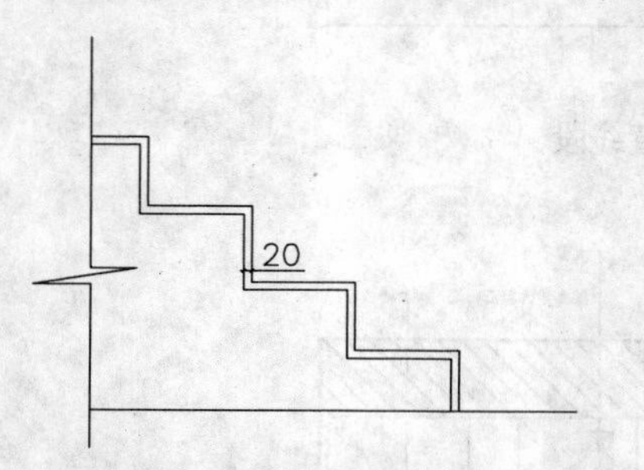

图 15-81　偏移线段并倒角

Step 08 调用 H【填充】命令，在线段内填充【AR-CONC】图案，填充参数设置和效果如图 15-82 所示。

Step 09 调用 PL【多段线】命令，绘制多段线，如图 15-83 所示。

Step 10 调用 CO【复制】命令，复制多段线，并对线段进行拉伸，如图 15-84 所示。

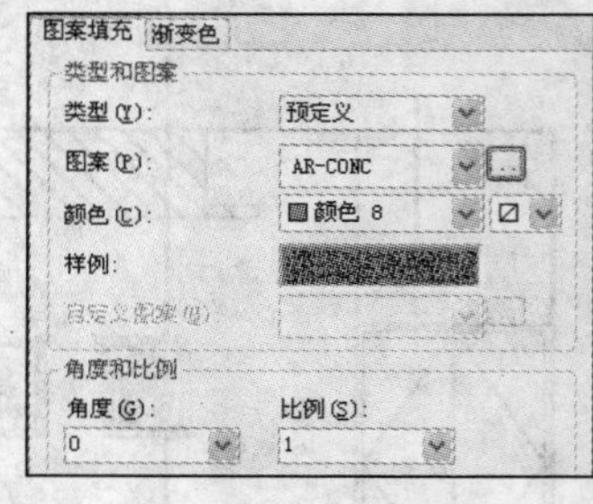

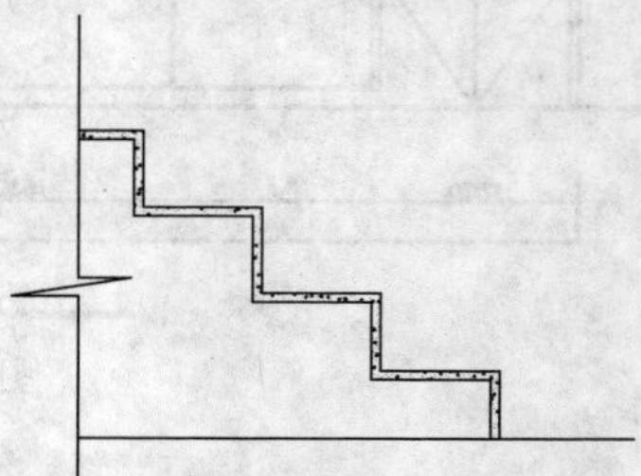

图 15-82　填充参数设置和效果 1

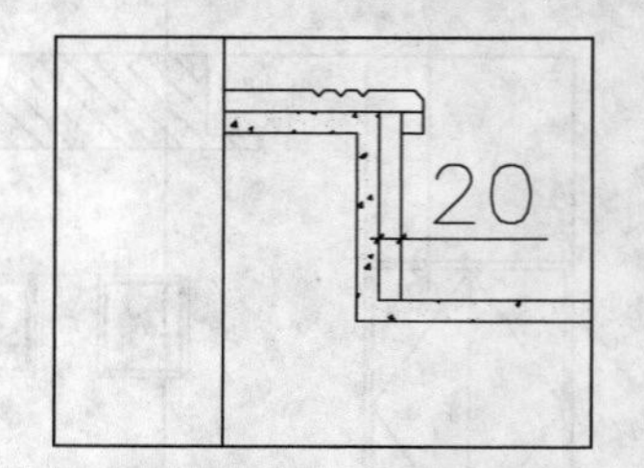

图 15-83　绘制多段线

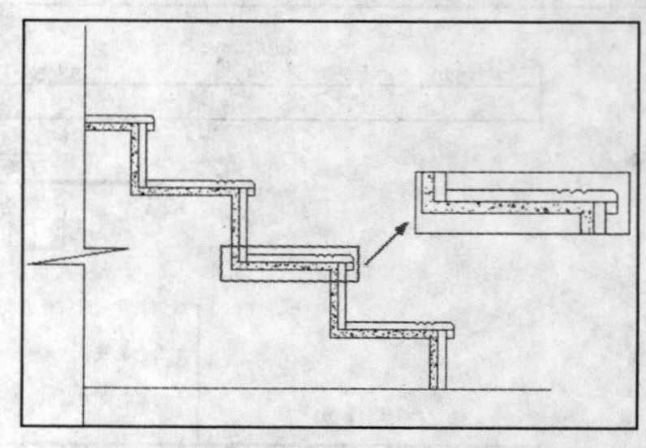

图 15-84　复制多段线并拉伸

Step 11 调用 H【填充】命令，对台面填充【ANSI36】图案，填充参数设置和效果如图 15-85 所示。

Step 12 调用 PL【多段线】命令，绘制线段，如图 15-86 所示。

Step 13 调用 H【填充】命令，在线段内填充【ANSI31】图案，如图 15-87 所示。

Step 14 最后进行尺寸标注和材料说明，如图 15-74 所示，完成 04 剖面图的绘制。

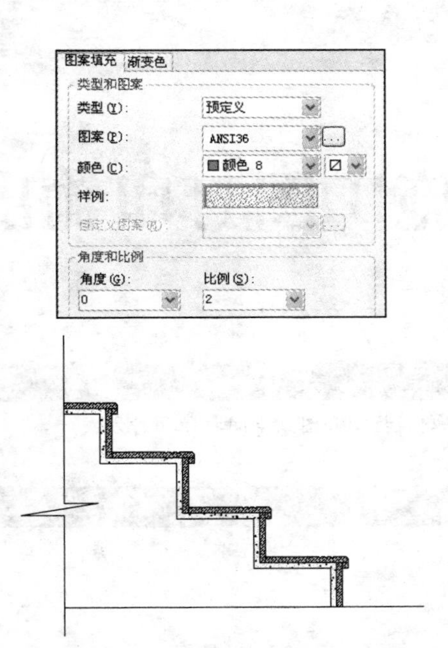

图 15-85　填充参数设置和效果 2

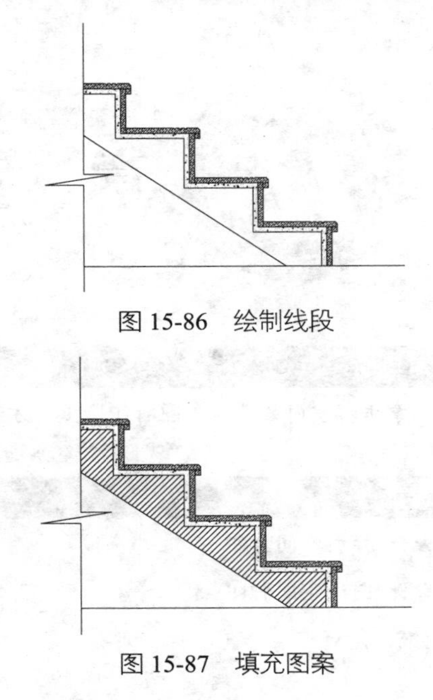

图 15-86　绘制线段

图 15-87　填充图案

第  章　室内施工图打印输出

⊙学习目的：

本章讲解室内装潢施工图打印输出的方法，包括模型空间打印和图纸空间打印两种方式。

⊙学习重点：

★★★☆ 模型空间打印

★★☆☆ 图纸空间打印

16.1 模型空间打印

打印分为模型空间打印和图纸空间打印两种方式。模型空间打印指的是在模型窗口进行相关设置并进行打印；图纸空间打印是指在布局窗口中进行相关设置并进行打印。

当打开或新建 AutoCAD 文档时，系统默认显示的是模型窗口。但如果当前工作区已经以布局窗口显示，可以单击状态栏中的【模型】选项卡（AutoCAD【二维草图与注释】工作空间），或绘图区左下角的【模型】选项卡（【AutoCAD 经典】工作空间），从布局窗口切换到模型窗口。

下面以小户型平面布置图为例，介绍模型空间的打印方法。

16.1.1 插入图签

Step 01 打开“第 16 章\平面布置图.dwg”文件，如图 16-1 所示。

Step 02 调用 I【插入】命令，插入【A3 图签】图块到当前图形，如图 16-2 所示。

Step 03 调用 SC【缩放】命令，将图签放大 75 倍。

专家提醒

由于样板中的图签是按 1:1 的比例绘制的，即图签图幅大小为 420×297（A3 图纸），而平面布置图的绘图比例同样是 1:1，其图形尺寸约为 10000×8000。为了使图形能够打印在图签之内，需要将图签放大，或者将图形缩小，缩放比例为 1:75（与该图的尺寸标注比例相同）。

Step 04 调用 M【移动】命令，移动图签至平面布置图上方，如图 16-3 所示。

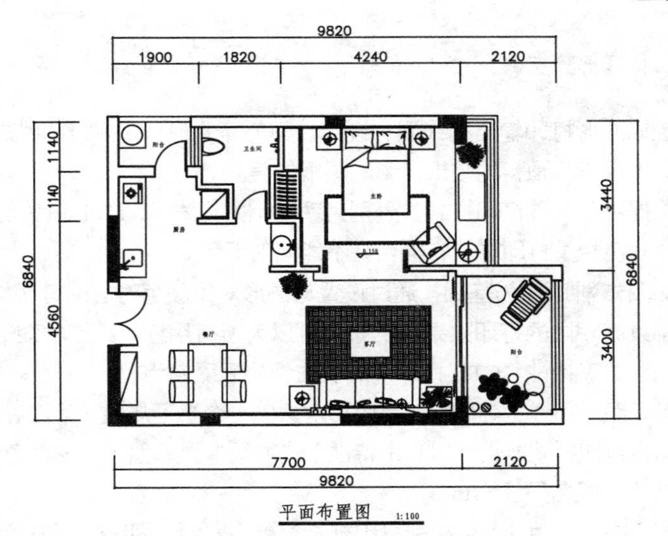

图 16-1　平面布置图

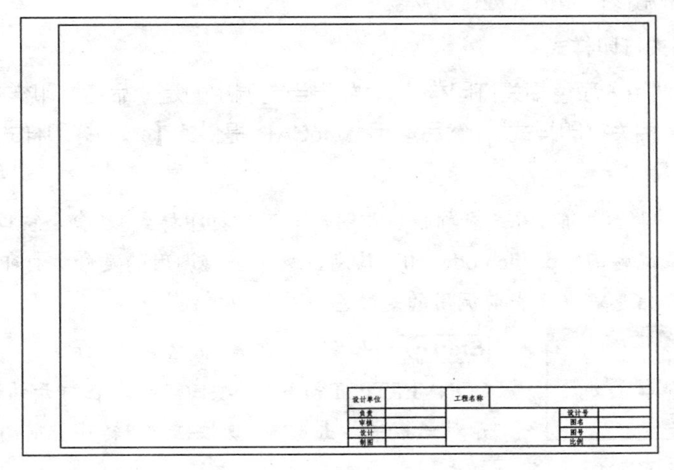

图 16-2　插入图签

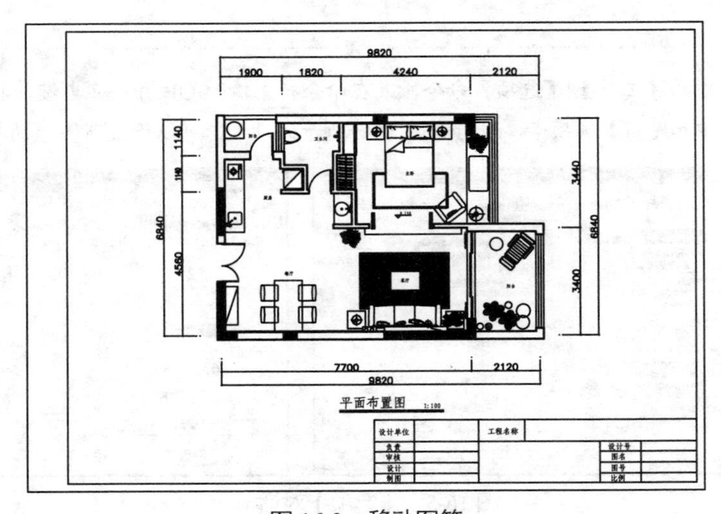

图 16-3　移动图签

16.1.2 创建打印样式

打印样式用于控制图形打印输出的线型、线宽、颜色等外观。如果打印时未调用打印样式，就有可能在打印输出时出现不可预料的结果，影响图纸的美观。

AutoCAD 2013 提供了两种打印样式，分别为颜色相关样式（CTB）和命名样式（STB）。一个图形可以调用命名或颜色相关打印样式，但两者不能同时调用。

CTB 样式类型以 255 种颜色为基础，通过设置与图形对象颜色对应的打印样式，使得所有具有该颜色的图形对象都具有相同的打印效果。例如，可以为所有用红色绘制的图形设置相同的打印笔宽、打印线型和填充样式等特性。CTB 打印样式表文件的后缀名为“*.ctb”。

STB 样式和线型、颜色、线宽等一样，是图形对象的一个普通属性。可以在【图层特性管理器】选项板中为某图层指定打印样式，也可以在【特性】选项板中为单独的图形对象设置打印样式属性。STB 打印样式表文件的后缀名是“*.stb”。

绘制室内装潢施工图，调用“颜色相关打印样式”更为方便，同时也可兼容 AutoCAD R14 等早期版本，因此本书采用该打印样式进行讲解。

1. 激活颜色相关打印样式

AutoCAD 默认调用“颜色相关打印样式”，如果当前调用的是“命名打印样式”，则需要通过以下方法转换为“颜色相关打印样式”，然后调用 AutoCAD 提供的【添加打印样式表】向导快速创建颜色相关打印样式。

Step 01 在转换打印样式之前，首先应判断当前图形调用的打印样式。在命令窗口中输入 pstylemode 并按回车键，如果系统返回“pstylemode = 0”信息，表示当前调用的是命名打印样式；如果系统返回“pstylemode = 1”信息，表示当前调用的是颜色相关打印样式。

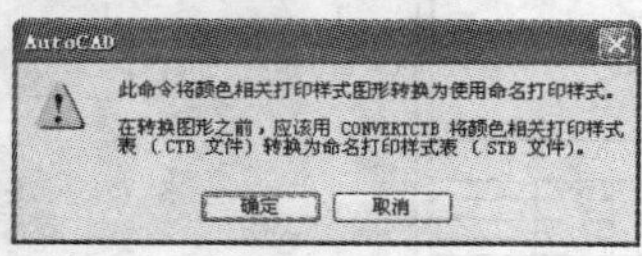

图 16-4 提示对话框

Step 02 如果当前是命名打印样式，在命名窗口输入 CONVERTPSTYLES 并按回车键，在打开的如图 16-4 所示的提示对话框中单击【确定】按钮，即转换当前图形为颜色相关打印样式。

专家提醒

选择菜单栏中的【工具】|【选项】命令，或在命令行中输入 OP 并按回车键，打开【选项】对话框，单击【打印和发布】选项卡，进行如图 16-5 所示的设置，可以设置新图形的打印样式。

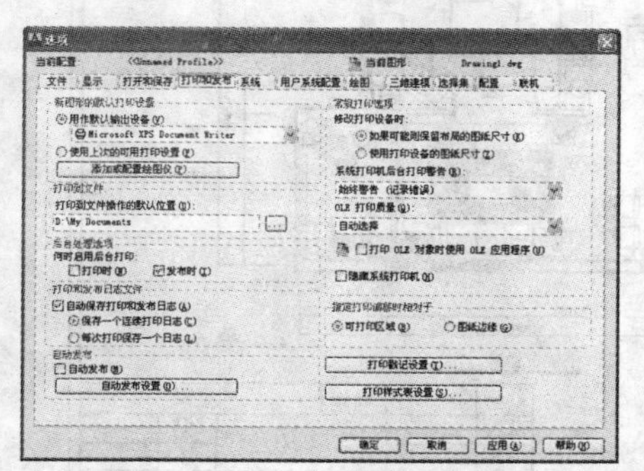
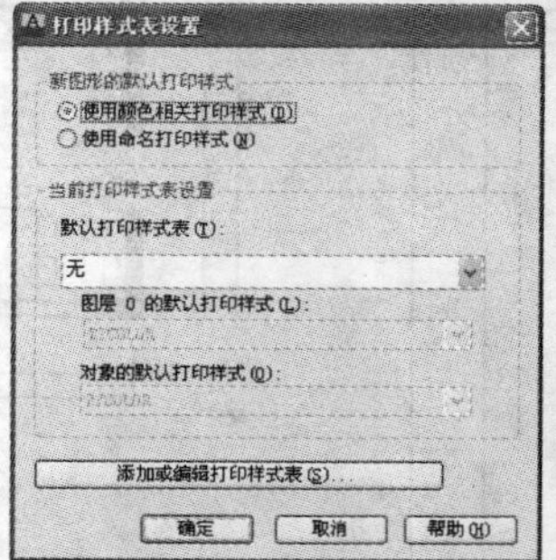

图 16-5 【选项】对话框

2. 创建颜色相关打印样式表

Step 01 在命令窗口中输入 STYLESMANAGER 并按回车键，或选择菜单栏中的【文件】|【打印样式管理器】命令，打开【PlotStyles】文件夹，如图 16-6 所示。该文件夹是所有 CTB 和 STB 打印样式表文件的存放路径。

图 16-6 【Plot Styles】文件夹

Step 02 双击【添加打印样式表向导】快捷方式图标，启动【添加打印样式表】向导，在打开的如图 16-7 所示的对话框中单击【下一步】按钮。

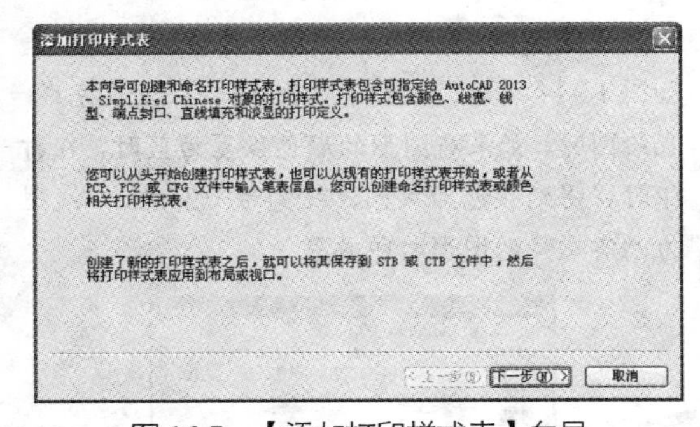

图 16-7 【添加打印样式表】向导

Step 03 在打开的如图 16-8 所示的【添加打印样式-开始】对话框中点选【创建新打印样式表】单选钮，单击【下一步】按钮。

Step 04 在打开的如图 16-9 所示的【添加打印样式-选择打印样式表】对话框中点选【调用颜色相关打印样式表】单选钮，单击【下一步】按钮。

Step 05 在打开的如图 16-10 所示的【添加打印样式-文件名】对话框的【文件名】文本框中输入打印样式表的名称，单击【下一步】按钮。

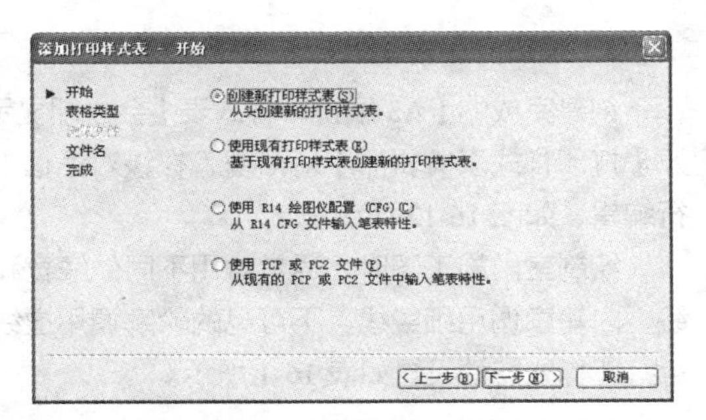

图 16-8 【添加打印样式表－开始】对话框

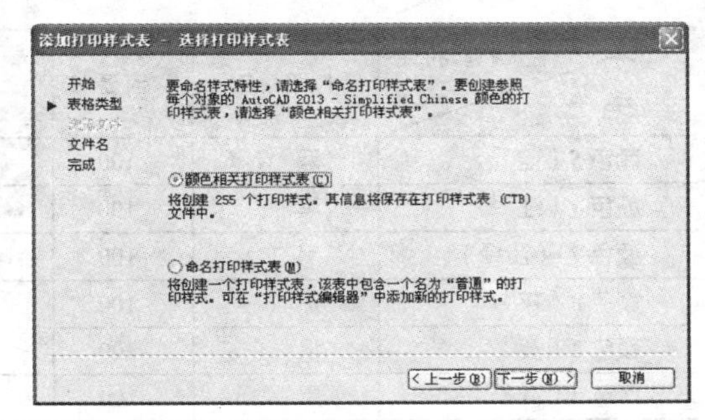

图 16-9 【添加打印样式表－选择打印样式表】对话框

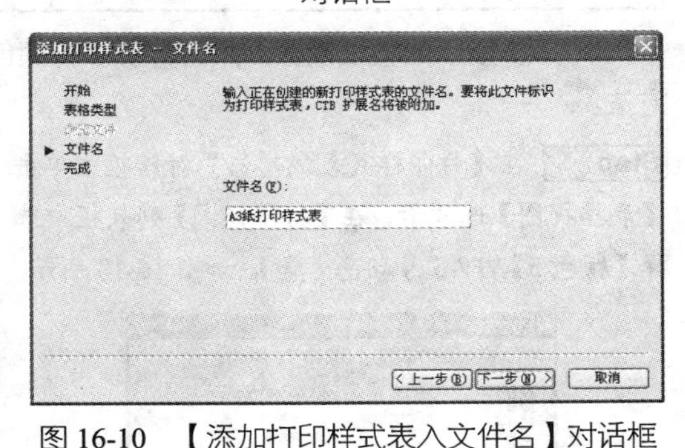

图 16-10 【添加打印样式表入文件名】对话框

Step 06 在打开的如图 16-11 所示的【添加打印样式-完成】对话框中单击【完成】按钮，关闭【添加打印样式表】向导，打印样式创建完毕。

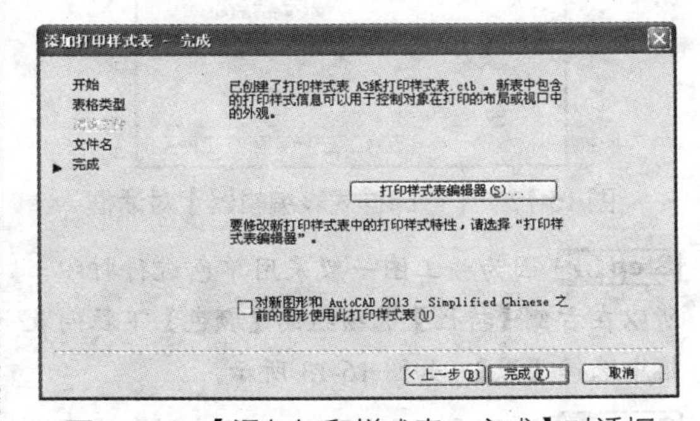

图 16-11 【添加打印样式表－完成】对话框

3．编辑打印样式表

创建完成的【A3纸打印样式表】会立即显示在【Plot Styles】文件夹中，双击该打印样式表，打开【打印样式表编辑器】对话框，在该对话框中单击【表格视图】选项卡，即可对该打印样式表进行编辑，如图16-12所示。

绘制室内施工图时，通常调用不同的线宽和线型来表示不同的结构，例如物体外轮廓调用中实线，内轮廓调用细实线，不可见的轮廓调用虚线，从而使打印的施工图清晰、美观。本书调用的颜色打印样式特性设置如表16-1所示。

表16-1　颜色打印样式特性设置

打印特性 / 颜色	打印颜色	淡显	线型	线宽
颜色5（蓝）	黑	100	——实心	0.35mm（粗实线）
颜色1（红）	黑	100	——实心	0.18（中实线）
颜色74（浅绿）	黑	100	——实心	0.09（细实线）
颜色8（灰）	黑	100	——实心	0.09（细实线）
颜色2（黄）	黑	100	— —划	0.35（粗虚线）
颜色4（青）	黑	100	— —划	0.18（中虚线）
颜色9（灰白）	黑	100	—·—·长划 短划	0.09（细点划线）
颜色7（黑）	黑	100	调用对象线型	调用对象线宽

表16-1所示的特性设置，共包含了8种颜色样式，这里以颜色5（蓝）为例，介绍具体的设置方法。

Step 01 在【打印样式表编辑器】对话框中单击【表格视图】选项卡，在【打印样式】列表框中选择【颜色5】，即5号颜色（蓝），如图16-13所示。

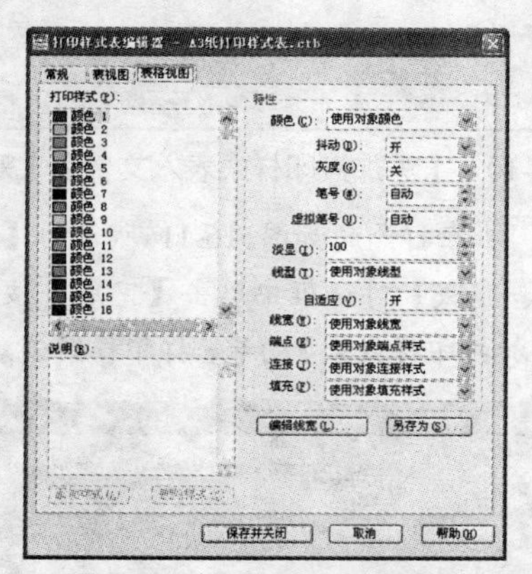

图16-12　【打印样式表编辑器】对话框

Step 02 因为施工图一般采用单色进行打印，所以在右侧【特性】选项组的【颜色】下拉列表框中选择【黑】，如图16-13所示。

Step 03 设置【淡显】为100，【线型】为【实心】，【线宽】为0.35mm，其他参数为默认值，如图16-14所示。至此，【颜色5】样式设置完成。在绘图时，如果将图形的颜色设置为蓝时，在打印时将得到颜色为黑色、线宽为0.35mm、线型为“实心”的图形打印效果。

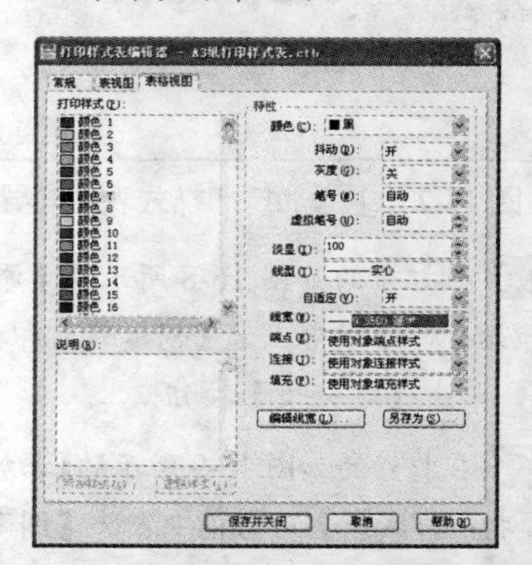

图16-13　设置【颜色5】样式特性

Step 04 使用相同的方法，根据表16-1所示设置其他颜色样式，完成后单击【保存并关闭】按钮保存打印样式。

专家提醒

【颜色7】是为了方便打印样式中没有的线宽或线型而设置的。例如，当图形的线型为双点划线时，而样式中并没有这种线型，此时就可以将图形的颜色设置为黑色，即颜色7，那么打印时就会根据图形自身所设置的线型进行打印。

16.1.3 页面设置

Step 01 选择菜单栏中的【文件】|【页面设置管理器】命令，打开【页面设置管理器】对话框，如图16-14所示。

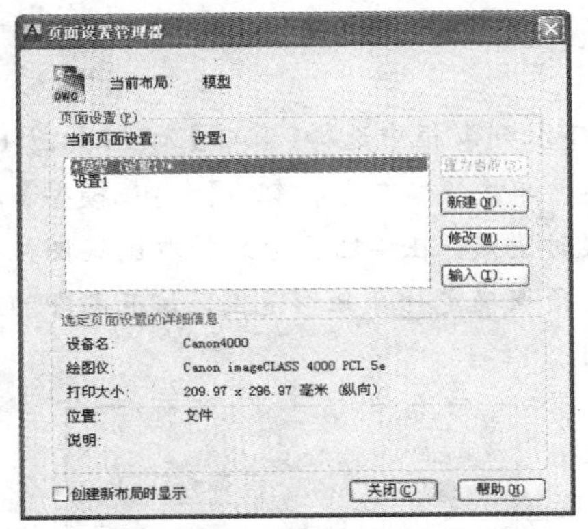

图16-14 【页面设置管理器】对话框

Step 02 单击【新建】按钮，打开如图16-15所示的【新建页面设置】对话框，在对话框中输入新页面设置名称【A3图纸页面设置】，单击【确定】按钮，即创建了新的页面设置“A3图纸页面设置”。

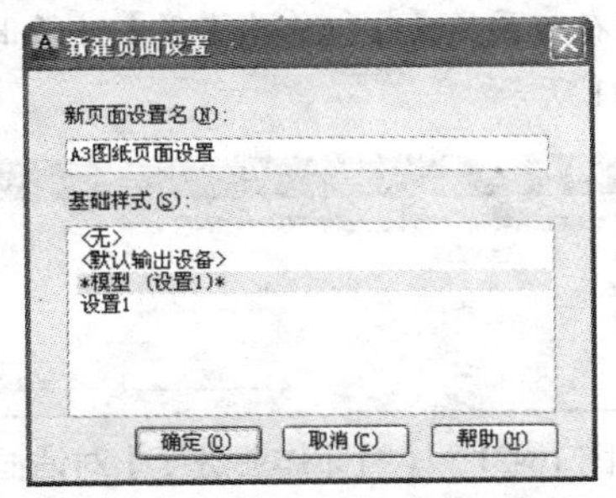

图16-15 【新建页面设置】对话框

Step 03 系统打开【页面设置-模型】对话框，如图16-16所示。在【打印机/绘图仪】选项组中选择用于打印当前图纸的打印机，在【图纸尺寸】选项组中选择【A3】图纸。

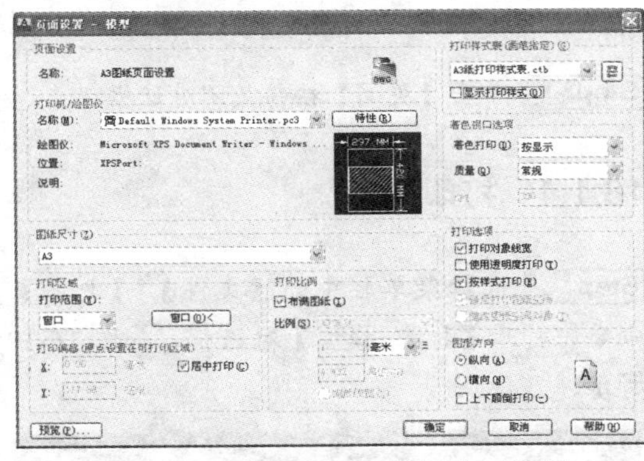

图16-16 【页面设置-模型】对话框

Step 04 在【打印样式表】下拉列表框中选择样板中已设置好的打印样式【A3纸打印样式表.ctb】，如图16-17所示。在随后弹出的【问题】对话框中单击【是】按钮，将指定的打印样式指定给所有布局。

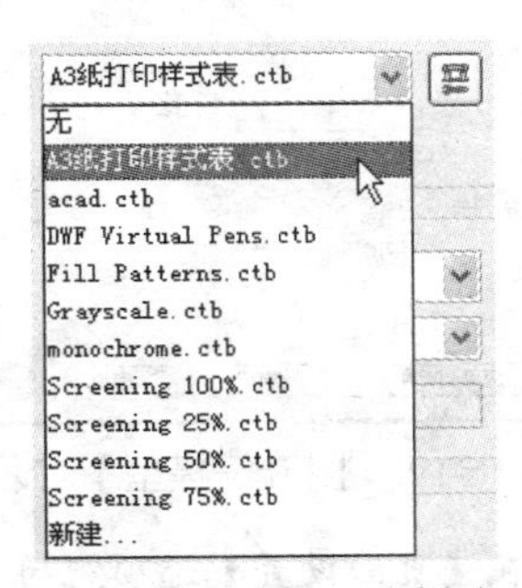

图16-17 选择打印样式

Step 05 勾选【打印选项】选项组中的【按样式打印】复选框，如图16-16所示，使打印样式生效，否则图形将按其自身的特性进行打印。

Step 06 勾选【打印比例】选项组中的【布满图纸】复选框，图形将根据图纸尺寸缩放打印图形，使打印图形布满图纸。

Step 07 在【图形方向】选项组中设置图形打

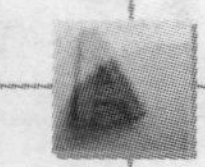

印方向为横向。

Step 08 设置完成后单击【预览】按钮，检查打印效果。

Step 09 单击【确定】按钮返回【页面设置管理器】对话框，在【页面设置】列表中可以看到刚才新建的页面设置【A3图纸页面设置】，选择该页面设置，单击【置为当前】按钮，如图16-18所示。

Step 10 单击【关闭】按钮关闭对话框。

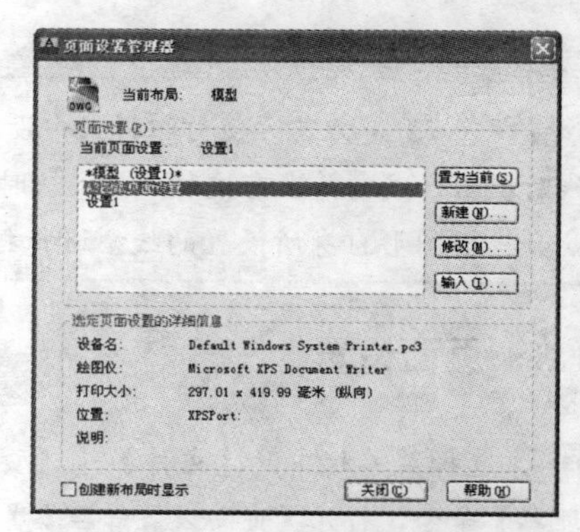

图16-18　指定当前页面设置

16.1.4　打印

Step 01 选择菜单栏中的【文件】|【打印】命令，打开【打印-模型】对话框，如图16-19所示。

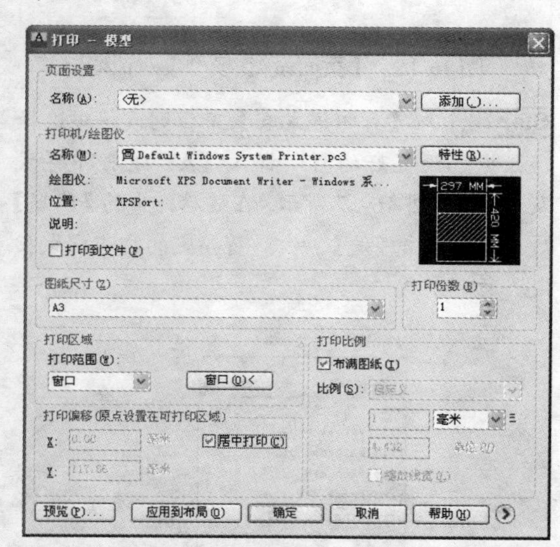

图16-19　【打印-模型】对话框

Step 02 在【页面设置】选项组的【名称】下拉列表框中选择前面创建的【A3图纸页面设置】。

Step 03 在【打印区域】选项组中的【打印范围】下拉列表框中选择【窗口】选项，如图16-20所示。单击【窗口】按钮，【打印-模型】对话框暂时隐藏，在绘图区分别拾取图签图幅的两个对角点确定一个矩形范围，该范围即为打印范围。

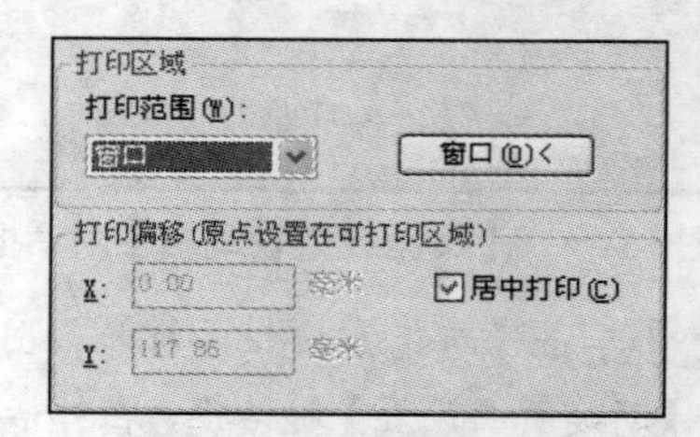

图16-20　设置打印范围

Step 04 完成设置后，确认打印机与计算机已正确连接，单击【确定】按钮开始打印。打印进度显示在打开的【打印作业进度】对话框中，如图16-21所示。

图16-21　【打印作业进度】对话框

16.2　图纸空间打印

当需要在一张图纸中打印输出不同比例的图形时，可使用图纸空间打印方式。

本例以剖面图和大样图为例，介绍图纸空间的视口布局和打印方法。

16.2.1 进入布局空间

Step 01 按【Ctrl+O】键，打开本书第15章绘制的“绘制室内装潢中剖面图和详图.dwg”文件，删除其他图形只留下酒柜剖面图及大样图和楼梯剖面图。

Step 02 在【AutoCAD 经典】工作空间下，单击绘图区左下角的【布局1】或【布局2】选项卡即可进入图纸空间。

Step 03 单击绘图区左下角的【布局1】选项卡进入图纸空间。当第一次进入布局时，系统会自动创建一个视口，该视口一般不符合我们的要求，可以将其删除，删除后的效果如图16-22所示。

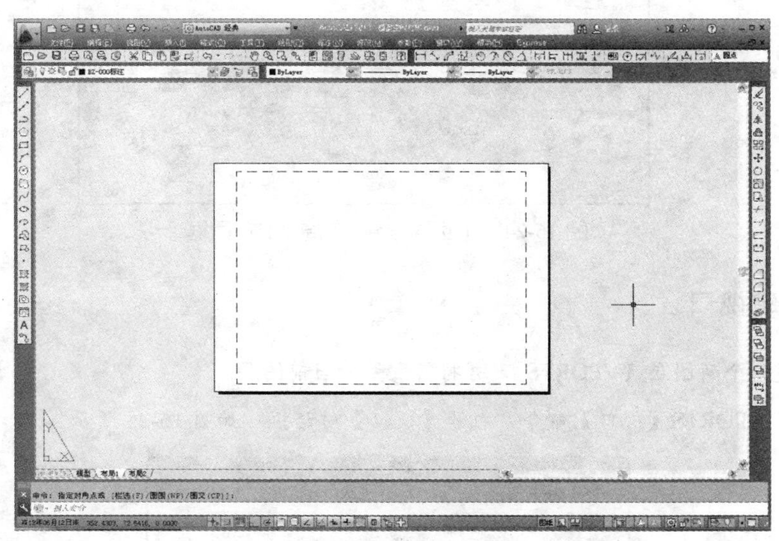

图16-22 删除视口

技巧点拨

在任意【布局】选项卡上单击鼠标右键，从弹出菜单中选择【新建布局】命令，可以创建新的布局。

16.2.2 页面设置

Step 01 在【布局1】选项卡上单击鼠标右键，从弹出菜单中选择【页面设置管理器】命令，如图16-23所示。在打开的【页面设置管理器】对话框中单击【新建】按钮，打开【新建页面设置】对话框，在【新页面设置名】文本框中输入【A3图纸页面设置-图纸空间】，单击【确定】按钮。

Step 02 系统打开【页面设置-布局1】对话框后，在【打印范围】下拉列表框中选择【布局】，在【比例】下拉列表框中选择【1:1】，其他参数设置如图16-24所示。

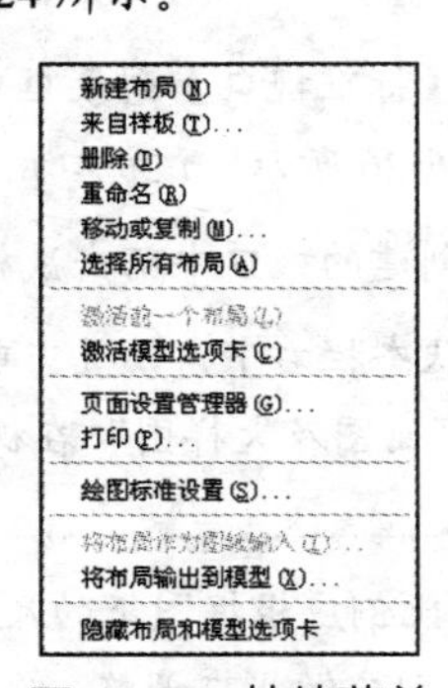

图16-23 快捷菜单

Step 03 设置完成后单击【确定】按钮，关闭【页面设置-布局 1】对话框，在【页面设置管理器】对话框中选择新建的【A3 图纸页面设置-图纸空间】页面设置，单击【置为当前】按钮，将该页面设置应用到当前布局。

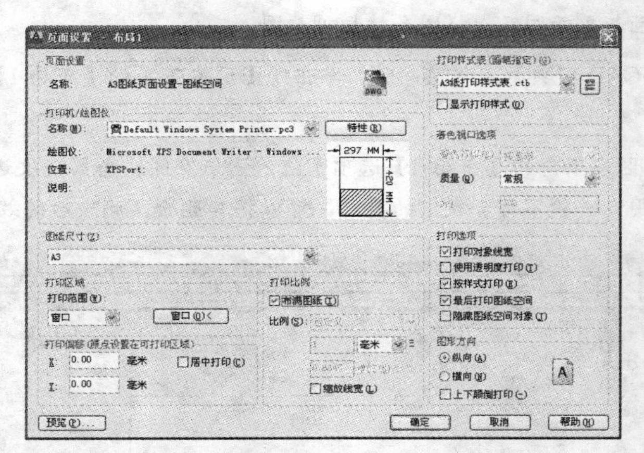

图 16-24 【页面设置-布局 1】对话框

16.2.3 创建视口

Step 01 创建一个新图层【VPORTS】，并将其设置为当前图层。

Step 02 调用 VPORTS【视口】命令，打开【视口】对话框，如图 16-25 所示。

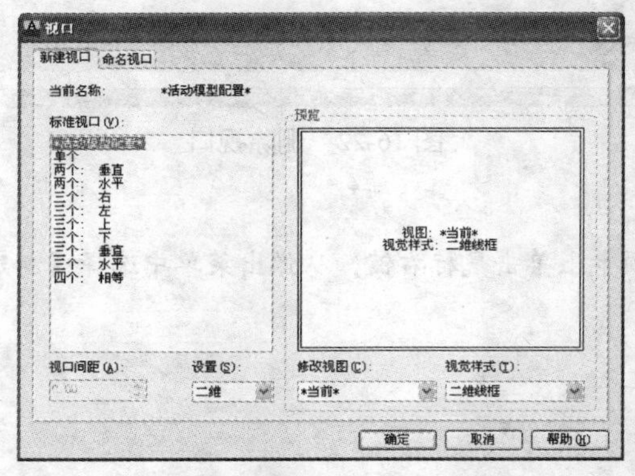

图 16-25 【视口】对话框

Step 03 在【标准视口】列表框中选择【单个】，单击【确定】按钮，在布局内拖动鼠标创建一个视口，如图 16-26 所示，该视口用于显示“03剖面图及大样图”。

Step 04 在创建的视口中双击鼠标，进入模型空间，处于模型空间的视口边框以粗线显示。

Step 05 在状态栏右下角设置当前注释比例为 1:30，如图 16-27 所示。调用 P【平移】命令平移视图，使“03剖面图及大样图”在视口中显示出来。

专家提醒

视口的比例应根据图纸的尺寸适当设置，在这里设置为 1:30 以适合 A3 图纸，如果是其他尺寸图纸，则应做相应调整。

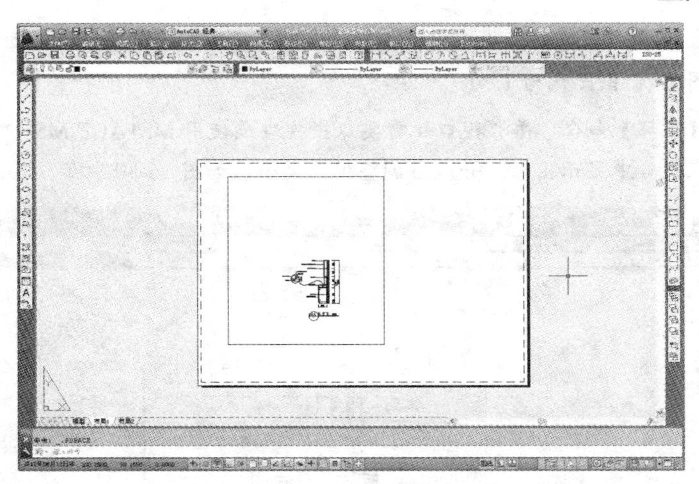

图 16-26　创建视口

图 16-27　设置比例

Step 06 假如图形尺寸标注比例为 1:50，当视口比例设置为 1:30 时，尺寸标注比例也自动调整为 1:30。要实现这个功能，只需要单击状态栏右下角的按钮使其亮显即可，如图 16-28 所示。启用该功能后，就可以随意设置视口比例，而无需手动修改图形标注比例（前提是图形标注为“可注释性”）。

图 16-28　开启【添加比例】功能

Step 07 在视口外双击鼠标，或在命令窗口中输入 PSPACE 并按回车键，返回图纸空间。

Step 08 选择视口，使用夹点法适当调整视口大小，使视口内只显示“03剖面图及大样图”，如图 16-29 所示。

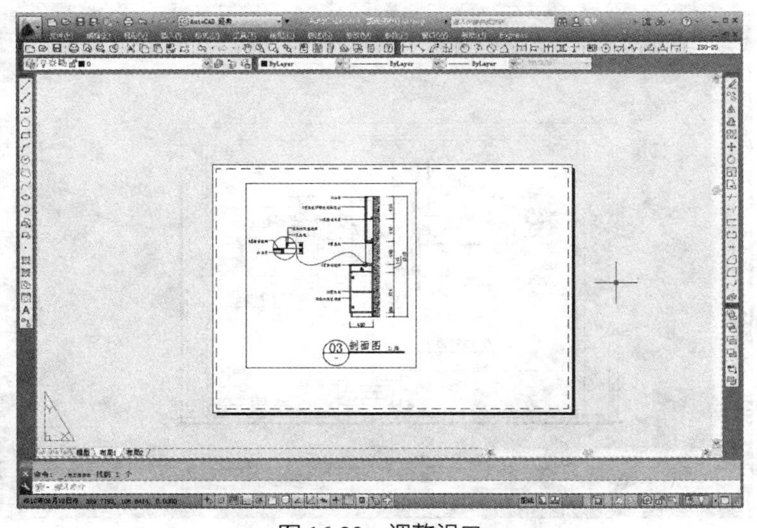

图 16-29　调整视口

Step 09 创建第二个视口。选择第一个视口，调用 CO【复制】命令复制出第二个视口，该视口用于显示“04剖面图”，输出比例为1:30。

Step 10 调用 P【平移】命令，平移视口（需要双击视口或使用 MSPACE/MS 命令进入模型空间），使“02剖面图”在视口中显示出来，并适当调整视口大小，如图 16-30 所示。

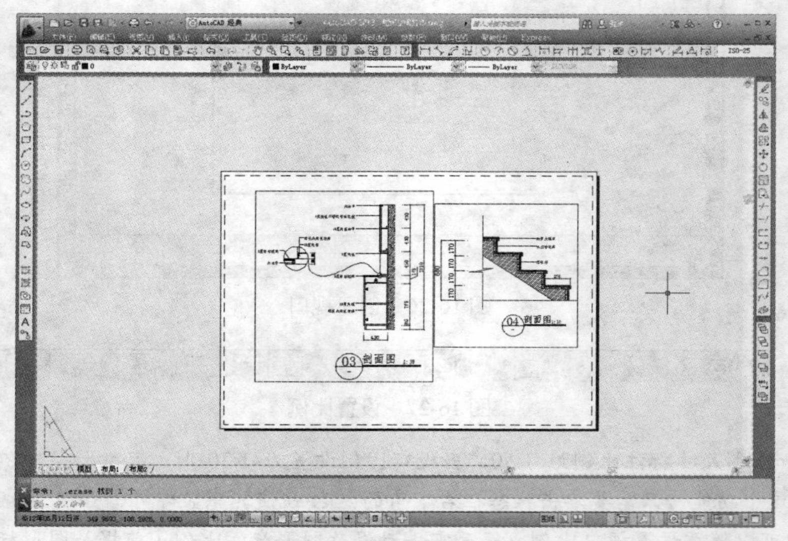

图 16-30　创建第二个视口

16.2.4　加入图签

Step 01 调用 PSPACE【图纸空间】命令，进入图纸空间。

Step 02 调用 INSERT【插入】命令，在打开的【插入】对话框中选择图块【A3 图签】，单击【确定】按钮，关闭【插入】对话框。在绘图区拾取一点确定图签位置，插入图签后的效果如图 16-31 所示。

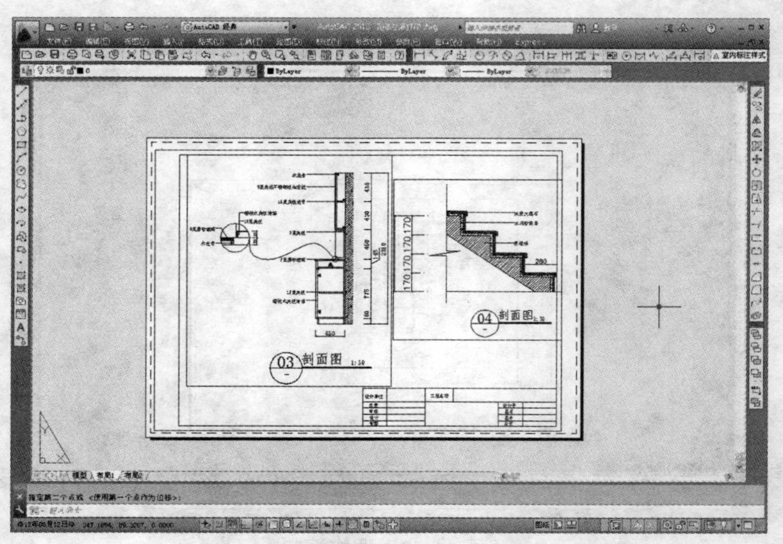

图 16-31　插入图签

16.2.5 打印

Step 01 选择菜单栏中的【文件】|【打印预览】命令，预览当前的打印效果，如图 16-32 所示。

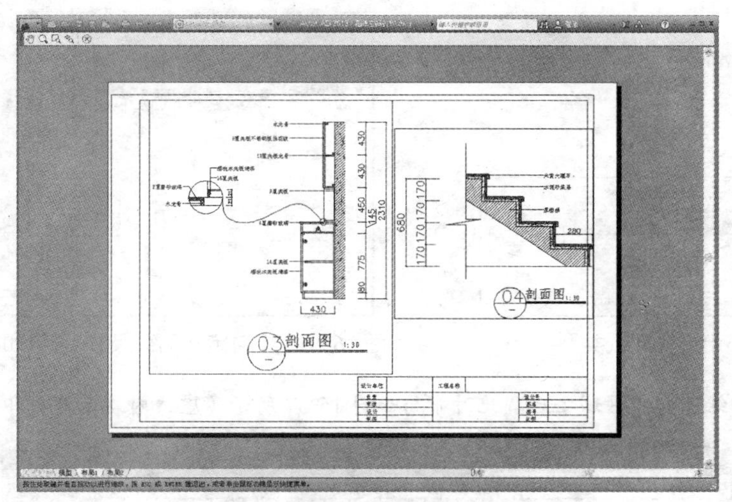

图 16-32 预览打印效果

专家提醒

从如图 16-32 所示打印效果可以看出，图签部分不能完全打印，这是因为图签大小超越了图纸可打印区域的缘故。

Step 02 选择菜单栏中的【文件】|【绘图仪管理器】命令，打开【Plotters】文件夹，如图 16-33 所示。

Step 03 在对话框中双击当前使用的打印机名称，打开【绘图仪配置编辑器】对话框。单击【设备和文档设置】选项卡，在上方的树形结构目录中选择【修改标准图纸尺寸（可打印区域）】选项，如图 16-34 所示。

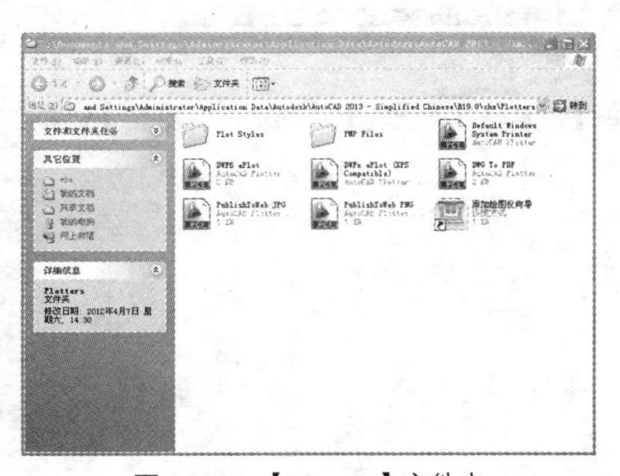

图 16-33 【Plotters】文件夹

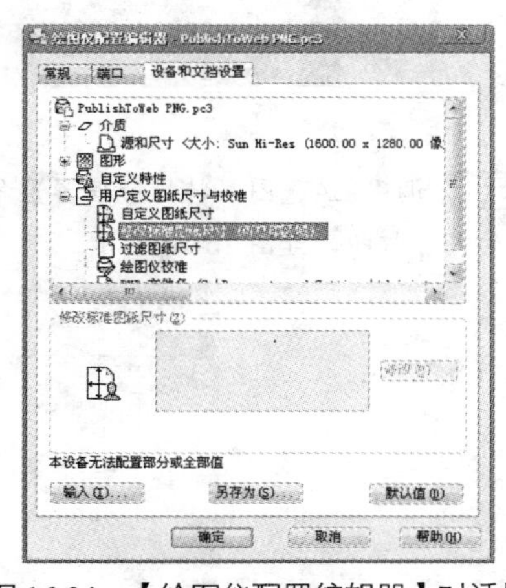

图 16-34 【绘图仪配置编辑器】对话框

Step 04 在【修改标准图纸尺寸】选项组中选择当前使用的图纸类型（即在【页面设置】对话框中的【图纸尺寸】下拉列表框中选择的图纸类型），如图 16-35 所示。

Step 05 单击【修改】按钮，打开【自定义图纸尺寸-可打印区域】对话框，如图16-36所示，将【上】、【下】、【左】、【右】页边距分别设置为2、2、10、2（使可打印范围略大于图框即可），单击两次【下一步】按钮，再单击【完成】按钮，返回【绘图仪配置编辑器】对话框，单击【确定】按钮关闭对话框。

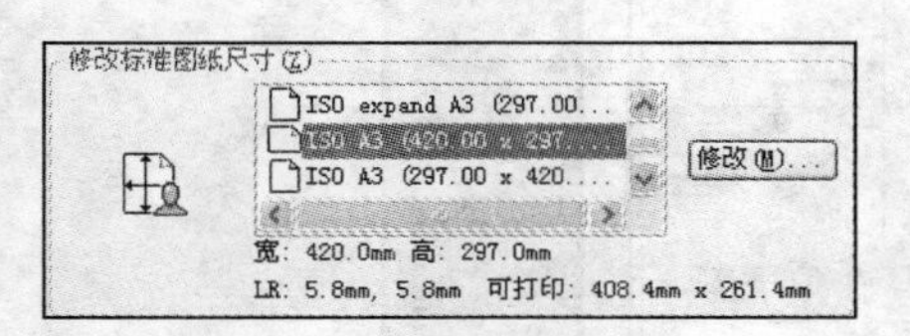

图16-35 选择图纸类型

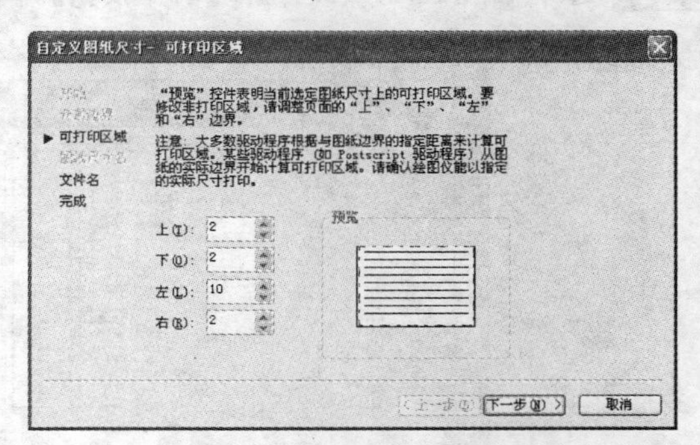

图16-36 【自定义图纸尺寸-可打印区域】对话框

Step 06 修改图纸可打印区域之后，此时布局如图16-37所示（虚线内表示可打印区域）。

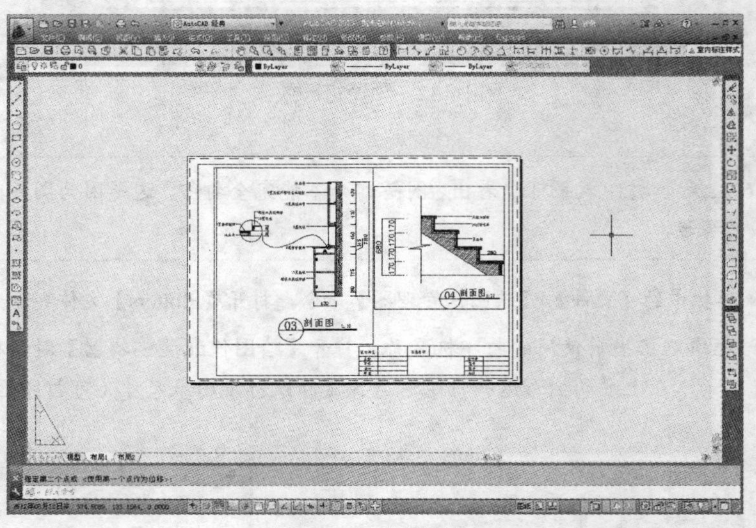

图16-37 布局效果

Step 07 调用LA【图层特性管理器】命令，打开【图层特性管理器】选项板，将图层【VPORTS】设置为不可打印，如图16-38所示。

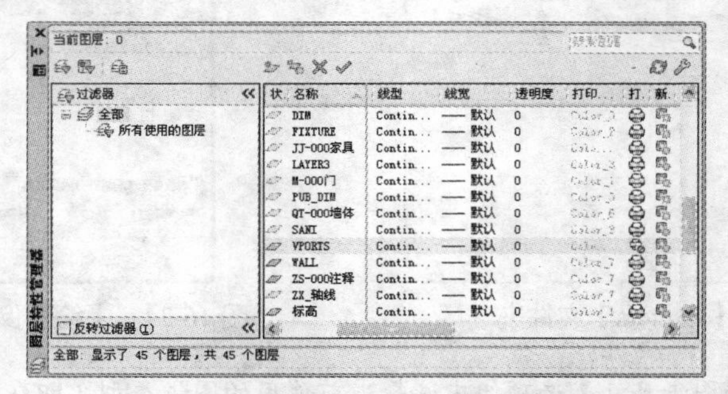

图16-38 设置【VPORTS】图层属性

Step 08 此时再次预览打印效果，如图 16-39 所示，图签已能正确打印。

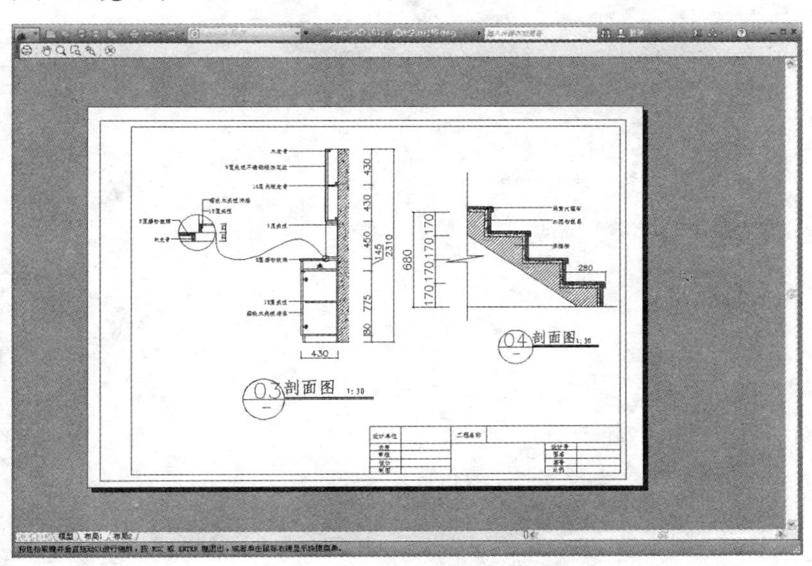

图 16-39　预览打印效果